经典译丛·人工智能与智能系统

最优化导论

（第四版）

An Introduction to Optimization

Fourth Edition

[美] Edwin K. P. Chong
Stanislaw H. Żak 著

孙志强 白圣建 郑永斌 刘 伟 译

宫二玲 审校

電子工業出版社
Publishing House of Electronics Industry
北京·BEIJING

内容简介

本书是一本关于最优化技术的入门教材，全书共分为四部分。第一部分是预备知识。第二部分主要介绍无约束优化问题，并介绍线性方程组的求解方法、神经网络方法和全局搜索算法。第三部分介绍线性规划问题，包括线性优化问题的模型、单纯形法、对偶线性规划以及一些非单纯形法，简单介绍了整数规划问题。第四部分介绍有约束非线性优化问题，包括纯等式约束下和不等式约束下的优化问题的最优性条件、凸优化问题、有约束优化问题的求解算法和多目标优化问题。中文版已根据作者2020年4月30日版勘误表进行了内容更正。

本书实例丰富，推导过程伴以大量的几何演示，便于理解和掌握。本书主要面向高年级本科生，也可作为硕士研究生深入学习最优化技术的入门参考书。

版权贸易合同登记号　图字：01-2015-4295

图书在版编目(CIP)数据

最优化导论：第四版／(美)埃德温·K. P. 钟(Edwin K. P. Chong)，(美)斯坦尼斯瓦夫·H. 扎克(Stanislaw H. Zak)著；孙志强等译. —北京：电子工业出版社，2021.1
书名原文：An Introduction to Optimization, Fourth Edition
ISBN 978-7-121-40436-8

Ⅰ. ①最…　Ⅱ. ①埃… ②斯… ③孙…　Ⅲ. ①最优化算法　Ⅳ. ①O242.23

中国版本图书馆 CIP 数据核字(2021)第 010908 号

责任编辑：杨　博
印　　刷：三河市君旺印务有限公司
装　　订：三河市君旺印务有限公司
出版发行：电子工业出版社
　　　　　北京市海淀区万寿路 173 信箱　　邮编：100036
开　　本：787×1092　1/16　印张：26.75　字数：685 千字
版　　次：2021 年 1 月第 1 版(原著第 4 版)
印　　次：2025 年 3 月第 5 次印刷
定　　价：89.00 元

凡所购买电子工业出版社图书有缺损问题，请向购买书店调换。若书店售缺，请与本社发行部联系，联系及邮购电话：(010)88254888，88258888。

质量投诉请发邮件至 zlts@phei.com.cn，盗版侵权举报请发邮件至 dbqq@phei.com.cn。

本书咨询联系方式：classic-series-info@phei.com.cn。

译 者 序

2010年春季，我怀着忐忑不安的心情接下"最优化技术"这门本科生课程，第一次作为大学教师走上讲台。共36个学时的课程，我却觉得无比漫长。当最后一次课的下课铃声响起，我如释重负地问学生："你们觉得这门课怎么样？"学生们异口同声地说："难！"这并没有出乎我的意料，接下来的考试成绩也证明了这一点。2011年，我对着一批新的学生再次问这个问题，学生们给了我同样的答复。我开始深入思考这些问题，结合教学过程中学生们的表现，以及课后与学生们的交流，慢慢地找出了这门课的难点所在。难点可以分为两个方面。一方面是整个课程的知识基础，这门课涉及线性代数、向量微分、多元函数、数值分析等知识，学生们在大学本科的一年级和二年级课程里已学过，但大部分知识点已经忘得差不多了。由于课时的限制，在课堂上无法重温这些内容。另一方面，相关算法的推导过程确实存在一定的难度，大部分教材往往偏重于从数学的角度进行推导，每个定理的证明都对应着一长串符号和公式，容易让学生望而生畏。从那时起，我开始着手为这门课程寻找一本更为合适的教材。一个偶然的机会，发现了*An Introduction to Optimization*, *Second Edition*，当时的心情可谓如获至宝，花了一周的时间把书详细地阅读了一遍，庆幸自己淘到了一本合适的教材。

与市面上绝大部分最优化方面的教材不同，本书内容格外翔实，推导过程更为清晰易懂。尤为特别的是，本书还专门辟出一部分内容，用于介绍相关的基础知识，包括线性代数、微积分、空间和集合、多元函数等。因此，要想温习这些基础知识，就不用再去翻那些大部头的教材了。本书的内容组织也更为合理，按照无约束问题、有约束问题的顺序进行组织。有约束优化问题按照线性规划、仅含等式约束的优化问题和含不等式约束的优化问题的顺序开展讨论，中间穿插相关理论，如对偶等。如此布局，真正做到了由浅入深，更好地起到了对学习过程的引导作用。本书图文并茂，擅长从几何角度进行推导，但也不回避必要的理论推导，适合不同层次的学生进行学习。此外，本书介绍了一些新的随机搜索算法，包括遗传算法、模拟退火算法、粒子群算法等，体现了最优化领域的一些新进展。书中还简单介绍了神经网络理论。

本书的这些优点，使得其特别适合作为本科生教材。丰富的内容和合理的组织结构使得本书的适用面非常广，适合作为控制科学、信息科学、经济学等专业的本科生教材。针对不同的专业和课时，可对知识内容进行适当剪裁。对于30个学时左右的最优化课程，建议讲授第二部分的第6章至第11章、第三部分的第15章至第18章、第四部分的第20章至第23章，适当介绍第一部分的有关知识内容和全局搜索方法（第二部分的第14章）。建议以讲授算法为主，尽量避免详细的数学推导，如应避开算法的收敛性分析、半定规划等比较难以理解的内容。对于60个学时左右的课程，建议讲授全书的内容（第一部分可供自学），选择某些经典算法（如梯度方法、单纯形法）或理论（如KKT理论）等进行详细讨论分析。

2012 年春，将本书确定为我校“最优化技术”的课程教材。在教学过程中，我与共同承担本门课程教学的白圣建博士、郑永斌博士多次讨论，深感将其翻译为中文教材的重要性和必要性。在授课过程中，我和两位博士陆续开展了一些翻译工作。2015 年 1 月份，正式启动了本书第四版的翻译工作。按照分工，刘伟博士承担了第一部分的翻译工作，我翻译了第二部分，白圣建博士翻译了第三部分，郑永斌博士翻译了第四部分。经过 4 个月的努力工作，几易其稿，终于完成了全部的翻译工作。统稿工作由我负责，宫二玲副教授对全书进行了审校。

特别指出，optimization 一词可以翻译为“优化”或“最优化”，按照惯常的做法，在正文中，将其翻译为“优化”，而在书名中翻译为“最优化”。在翻译过程中，我们尽可能做到术语准确，语句通顺；在忠于原著的基础上，调整了某些说法，使之符合中文的表达习惯，还纠正了原书的一些错误。尽管如此，书中仍有可能存在一些翻译不当甚至是错误之处。欢迎读者提出宝贵建议。

本书涉及较多外国科学家的姓名。在翻译过程中，对于一些常见的人名，已经有成熟公认的中文译名的，如黎卡提、牛顿、高斯、柯西-施瓦茨不等式中的两个人名等，我们都将其译为中文；对于一些不常见的人名，如 Karmarkar、Spendly、Hext 等，则保留英文原名。下面给出全书中英文人名对照表。

Ricatti　黎卡提
Gram　格拉姆
Schmidt　施密特
Beltrami　贝尔特拉米
Courant　库朗
Bland　布兰德
Boltzmann　玻尔兹曼
Bolzano　波尔查诺
Weierstrass　魏尔斯特拉斯
Brent　布伦特
Cauchy　柯西
Schwarz　施瓦茨
Clairaut　克莱罗
Cramer　克莱姆
Dantzig　丹齐格
DeMorgan　德摩根
Fourier　傅里叶
Karush　卡罗需
Kuhn　库恩
Tucker　塔克
Fibonacci　斐波那契
Jacobi　雅可比
Gauss　高斯
Newton　牛顿
Lyapunov　李雅普诺夫
Markov　马尔可夫
Jordan　约当
Sylvester　西尔维斯特
Raphson　拉弗森
Pareto　帕累托
Rayleigh　瑞利
Sherman　谢尔曼
Morrison　莫里森
Woodbury　伍德伯里

孙志强

前　　言

无论是在工程技术领域还是经济领域，最优化技术在决策过程中都起着至关重要的作用。所谓决策，指的是在多个不同的备选项中做出选择。我们期望能够做出“最好的”选择。备选项的好坏程度可以采用目标函数或性能指标进行度量。最优化理论和方法解决的就是如何在给定的目标函数下做出“最好的”选择的问题。

近年来，最优化技术相关领域的关注度非常高，这主要得益于计算机技术，包括用户友好软件、高速并行处理器和人工神经网络等技术的快速发展。涌现出了如 MATLAB 优化工具箱以及很多其他商用软件包等大量优化软件工具，这也是最优化技术关注度高这一现象的鲜活例证。

目前，有一些非常优秀的关于最优化理论和方法的研究生教材（如参考文献[3]，[39]，[43]，[51]，[87]，[88]，[104]，[129]）；同时，也有一些本科生教材侧重于介绍工程设计中的最优化技术（如参考文献[1]和[109]）。但是，仍然缺乏一本针对高年级本科生或低年级研究生的关于最优化理论和方法的入门教材。本书的初衷正是填补这一空白。我们在美国印第安纳州的普渡大学西拉法叶校区[①]开设了单学期的面向高年级本科生和低年级研究生的最优化课程。课程的讲义材料就是本书的素材。本书需要用到线性代数和多变量微积分方面的基础知识。为了便于读者理解，本书的第一部分概要介绍一些必备的数学背景知识。本书还绘制了大量图片，作为文字材料的补充。每章的最后都提供了大量习题。[②] 部分习题需要利用 MATLAB 编程实现，基于 MATLAB 学生版足以完成本书中全部 MATLAB 习题。习题答案手册中给出了这部分习题的 MATLAB 源代码。

本书旨在为读者提供有关优化理论和方法的实用知识。为此，引入了大量实例来演示书中介绍的理论和算法。但是，本书并非关于最新的数字优化算法的使用指南，而是为读者提供足够的最优化技术的基础知识背景，为深入学习最优化领域中的一些高级主题奠定基础。

目前，最优化仍是一个非常活跃的研究领域。近年来，研究人员提出了很多新的优化算法。本书涵盖了该领域中部分最新热点算法。比如，讨论了粒子群优化算法、遗传算法等随机搜索算法，它们在复杂自适应系统的学习过程中的作用越来越重要。针对最优化方法在各种新问题中的广泛应用，本书也展开了相关讨论。比如，梯度下降方法可用于前馈神经网络的训练。本书专门开辟一章讨论这一主题。神经网络是当前非常活跃的一个研究领域，相关书籍非常多。神经网络训练这一主题恰好与无约束优化算法框架

---

① 西拉法叶校区是普渡大学的主校区，通常所说的普渡大学就是指这一校区。——译者注

② 采用本书作为教材的教师，可向邮箱 te_service@ phei.com.cn 发送邮件索取习题答案手册，手册中包括所有习题的答案。

完美契合。因此，关于前馈神经网络训练的这一章不仅是无约束优化算法的应用实例，还是当前得到广泛关注的一个热点话题的概述。

本书内容分为四个部分。第一部分概要介绍线性代数、几何学和微积分中的一些基本定义、表示方法和关系式，这些内容在本书中将频繁用到。第二部分讨论无约束优化问题。首先，介绍集合约束下优化问题和无约束优化问题的有关理论基础，包括极大点和极小点的充分条件和必要条件；接下来，讨论多种迭代优化算法及其性质，包括线性搜索算法。在这一部分中，还会讨论全局搜索算法、最小二乘分析以及递推最小二乘算法。第三部分和第四部分讨论的是有约束优化问题。第三部分对应的是线性规划问题，这是有约束优化问题中非常重要的一类问题。在这一部分中，利用一些具体示例分析了线性规划问题的性质，讨论求解线性规划问题的单纯形法；简单介绍对偶线性规划问题；讨论求解线性规划问题的一些非单纯形法，包括 Khachiyan 算法、仿射尺度法和 Karmarkar 算法。在该部分的最后，讨论整数规划问题。第四部分讨论有约束非线性优化问题。类似于第二部分，首先讨论有约束非线性优化问题，包括凸优化问题的一些基础理论；然后讨论有约束优化问题的不同求解算法；最后讨论多目标优化问题。

尽管我们尽最大努力避免出现错误，但书中可能仍存在一些未被发现的错误。中文版已根据我们提供的勘误表进行了内容更正。

感谢所有为本书写作提供帮助的人。特别感谢劳伦斯·利弗莫尔国家实验室（Lawrence Livermore National Laboratories）的 Dennis Goodman，他为本书第二部分的早期版本提出了非常宝贵的意见，并为我们提供了非线性优化问题的讲义。感谢德雷塞尔大学的 Moshe Kam，他为我们罗列了一些关于非单纯形法的参考书，这些参考书非常有帮助。感谢 Ed Silverman 和 Russell Quong 为本书第一版的第一部分提出的宝贵意见。感谢选修普渡大学 ECE 580 课程和选修科罗拉多州立大学 ECE 520 课程或 MATH 520 课程的所有同学，他们为本书提供了非常有益的帮助和建议。特别感谢 Christopher Taylor 对本书初稿的认真校对。本书第四版吸收了读者们对前三版中的众多宝贵建议，在此一并致谢。

E. K. P. Chong
美国，科罗拉多州，科林斯堡
S. H. Żak
美国，印第安纳州，西拉法叶

目　　录

第一部分　数学知识回顾

第二部分 无约束优化问题

第三部分　线 性 规 划

第四部分 有约束非线性优化问题

第一部分

数学知识回顾

- 第 1 章　证明方法与相关记法
- 第 2 章　向量空间与矩阵
- 第 3 章　变换
- 第 4 章　有关几何概念
- 第 5 章　微积分基础

第 1 章　证明方法与相关记法

1.1　证明方法

考虑两个命题，A 和 B，它们为真或假。比如，A 表示命题“约翰是一名工科生”，B 表示命题“约翰正在学习最优化课程”。可以将这些命题组合成“A 且 B”或“A 或 B”。此处，“A 且 B”表示“约翰是一名工科生，并且正在学习最优化课程”。还可以组合成另外一些命题，如“非 A”“非 B”“非(A 且 B)”等。比如，“非 A”表示“约翰不是一名工科生”。这些组合命题的真假取决于原始命题 A 和 B 的真假。这些关系可以用真值表进行表示，如表 1.1 和表 1.2 所示。

表 1.1　“A 且 B”和“A 或 B”的真值表

A	B	A 且 B	A 或 B
假	假	假	假
假	真	假	真
真	假	假	真
真	真	真	真

表 1.2　“非 A”的真值表

A	非 A
假	真
真	假

由表 1.1 和表 1.2，很容易发现命题“非(A 且 B)”等价于命题“(非 A)或(非 B)”(留作习题 1.3)，这称为德摩根定律。

为了便于命题证明，可利用条件命题来表示一个组合命题。比如，“A 蕴含 B”可记为“A⇒B”。条件命题“A⇒B”就是组合命题“(非 A)或 B”，经常读作“A 仅当 B”“如果 A，则 B”“A 是 B 的充分条件”或“B 是 A 的必要条件”。

可以将两个条件命题组合成等价命题的形式“A⇔B”，即“A⇒B 且 B⇒A”。命题“A⇔B”读作“A 成立，当且仅当 B 成立”，或“A 等价于 B”，或“A 对于 B 是充分必要的”。条件命题和等价命题的真值表见表 1.3。

表 1.3　蕴含和等价的真值表

A	B	A⇒B	A⇐B	A⇔B
假	假	真	真	真
假	真	真	假	假
真	假	假	真	假
真	真	真	真	真

利用真值表可以很容易地验证，命题“A⇒B”等价于命题“非 B⇒非 A”，后者称为前者的逆反命题。德摩根定律的逆反命题为命题“非(A 或 B)”等价于“非 A 且非 B”。

我们所处理的大部分命题都具有“A⇒B”的形式。有 3 种证明命题“A⇒B”的方法，如下所示：

1）直接法；
2）对位证明法；
3）反证法或归纳法。

在直接法中，我们从 A 开始，一步步进行推演，得到相应的中间结果，最后以 B 结束。

对位证明法是另外一种非常有用的证明方法，该方法基于“A⇒B”与“(非 B)⇒(非 A)”的等价性进行证明。从非 B 开始，推断出多个中间结果，最后以非 A 作为结论。

还有一种推理方法是反证法，该方法基于“A⇒B”与“非(A 且(非 B))”的等价性进行证明。从“A 且(非 B)”开始，推导出与假设前提相矛盾的结果。

有时候也采用归纳法来进行命题证明。在该方法中，假定序列中各项的属性满足如下给定条件：

1）第 1 项具有该属性；
2）如果第 n 项具有该属性，那么第 $n+1$ 项也具有该属性。

如果这两个条件都成立，归纳法可证明序列中的任意项均具有该属性。

直观上，该推理方法是比较容易理解的。如果第 1 项具有某个给定属性，那么第 2 个条件意味着第 2 项也具有该属性。之后，第 2 个条件又意味着第 3 项也具有该属性，以此类推。归纳法是直观推理的一种形式化描述。

关于不同证明方法的详细讨论，可参见参考文献[130]。

1.2　记法

本书采用如下记法：如果 X 是一个集合，那么 $x \in X$ 意味着 x 是 X 的一个元素。如果 x 不是集合 X 的一个元素，记为 $x \notin X$。集合采用大括号“$\{\}$”进行表示，仅写出前几个元素，后面用省略号“…”表示。比如，$\{x_1, x_2, x_3, \cdots\}$ 表示包含 x_1，x_2，x_3 等元素的集合。还可以显式地描述集合的构成法则，比如，$\{x: x \in \mathbb{R}, x > 5\}$ 表示“所有 x 的集合：使得 x 是实数，且 x 大于 5”。x 后面冒号的含义为“使得”。这一集合的另外一种表示方式为 $\{x \in \mathbb{R}: x > 5\}$。

如果 X 和 Y 为集合，那么 $X \subset Y$ 表示 X 的元素也是 Y 的元素。此时，称 X 是 Y 的子集；$X \setminus Y$（X 减 Y）表示一个集合，由在 X 中但不在 Y 中的所有元素构成，$X \setminus Y$ 是 X 的子集。记号 $f: X \to Y$ 表示“f 是一个从集合 X 到集合 Y 的函数”。符号“$:=$”表示一个算术赋值操作，$x := y$ 表示“将 y 赋予 x”。符号 $\triangleq$ 表示“定义为相等”。

本书采用符号□作为定理、引理、命题和推论的结尾。符号■表示证明、定义和示例的结束。

参考文献的引用格式采用 IEEE 样式，比如，[77]表示参考文献列表中编号为 77 的文献，参考文献列表位于本书的最后。

习题

1.1 建立命题"(非B)⇒(非A)"的真值表，证明该命题等价于命题"A⇒B"。

1.2 建立命题"非[A且(非B)]"的真值表，证明该命题等价于命题"A⇒B"。

1.3 建立合适的真值表，证明德摩根定律。

1.4 证明对于任意命题A和B，都有"A⇔(A且B)或[A且(非B)]"。这是因为命题A可以拆分为"A且B"和"A且(非B)"。比如，想要证明对于任意实数x，都有$|x| \geqslant x$，需要分别证明"$|x| \geqslant x$且$x \geqslant 0$"和"$|x| \geqslant x$且$x < 0$"。按照这两种情况分别证明要比直接证明$|x| \geqslant x$更加简单(见2.4节及习题2.7)。

1.5 (本习题来自参考文献[22]的第80页至第81页)给定排成一行的4张卡片，卡片的一面为字母，另一面为数字。在卡片可见的一面上写着符号

$$S \quad 8 \quad 3 \quad A$$

请分析应该翻转哪张卡片才能判断规则"如果在卡片的一面为元音，那么在另外一面为偶数"是否正确。

第 2 章　向量空间与矩阵

2.1　向量与矩阵

n 维列向量定义为含有 n 个数的数组，记为

$$\boldsymbol{a}=\begin{bmatrix}a_1\\a_2\\\vdots\\a_n\end{bmatrix}$$

a_i表示向量 $\boldsymbol{a}$ 的第 i 个元素。定义 $\mathbb{R}$ 为全体实数组成的集合，那么由实数组成的 n 维列向量可表示为 $\mathbb{R}^n$，称为 n 维实数向量空间。通常将 $\mathbb{R}^n$ 的元素用小写粗体字母表示(如 $\boldsymbol{x}$)。向量 $\boldsymbol{x}\in\mathbb{R}^n$ 中的元素记为 x_1，…，x_n。

n 维行向量记为

$$[a_1,a_2,\cdots,a_n]$$

行向量 $\boldsymbol{a}$ 的转置记为 $\boldsymbol{a}^\top$。比如，如果

$$\boldsymbol{a}=\begin{bmatrix}a_1\\a_2\\\vdots\\a_n\end{bmatrix}$$

那么

$$\boldsymbol{a}^\top=[a_1,a_2,\cdots,a_n]$$

相应地，可以记为 $\boldsymbol{a}=[a_1,a_2,\cdots,a_n]^\top$。在本书中，如果不进行特别说明，只要提到向量，均指列向量。

给定向量 $\boldsymbol{a}=[a_1,a_2,\cdots,a_n]^\top$ 和 $\boldsymbol{b}=[b_1,b_2,\cdots,b_n]^\top$，如果 $a_i=b_i$，$i=1,2,\cdots,n$，那么这两个向量相等。

向量 $\boldsymbol{a}$ 与 $\boldsymbol{b}$ 的和记为 $\boldsymbol{a}+\boldsymbol{b}$，计算方式为

$$\boldsymbol{a}+\boldsymbol{b}=[a_1+b_1,a_2+b_2,\cdots,a_n+b_n]^\top$$

向量的相加运算具有如下性质：

1. 交换性 $\boldsymbol{a}+\boldsymbol{b}=\boldsymbol{b}+\boldsymbol{a}$；
2. 结合性 $(\boldsymbol{a}+\boldsymbol{b})+\boldsymbol{c}=\boldsymbol{a}+(\boldsymbol{b}+\boldsymbol{c})$；
3. 存在零向量

$$\mathbf{0}=[0,0,\cdots,0]^\top$$

使得

$$\boldsymbol{a}+\boldsymbol{0}=\boldsymbol{0}+\boldsymbol{a}=\boldsymbol{a}$$

向量$[a_1-b_1,a_2-b_2,\cdots,a_n-b_n]^\top$称为 $\boldsymbol{a}$ 和 $\boldsymbol{b}$ 之间的差，记为 $\boldsymbol{a}-\boldsymbol{b}$。

向量 $\boldsymbol{0}-\boldsymbol{b}$ 记为 $-\boldsymbol{b}$，有以下公式成立：

$$\boldsymbol{b}+(\boldsymbol{a}-\boldsymbol{b})=\boldsymbol{a}$$
$$-(-\boldsymbol{b})=\boldsymbol{b}$$
$$-(\boldsymbol{a}-\boldsymbol{b})=\boldsymbol{b}-\boldsymbol{a}$$

向量 $\boldsymbol{b}-\boldsymbol{a}$ 是向量方程 $\boldsymbol{a}+\boldsymbol{x}=\boldsymbol{b}$ 的唯一解。假定 $\boldsymbol{x}=[x_1,x_2,\cdots,x_n]^\top$ 是 $\boldsymbol{a}+\boldsymbol{x}=\boldsymbol{b}$ 的解，那么有

$$\begin{gathered}a_1+x_1=b_1\\a_2+x_2=b_2\\\vdots\\a_n+x_n=b_n\end{gathered}$$

从而有

$$\boldsymbol{x}=\boldsymbol{b}-\boldsymbol{a}$$

向量 $\boldsymbol{a}\in\mathbb{R}^n$ 与标量 $\alpha\in\mathbb{R}$ 的乘积定义为

$$\alpha\boldsymbol{a}=[\alpha a_1,\alpha a_2,\cdots,\alpha a_n]^\top$$

该运算符具有如下性质：

1. 分配性：对于任意实数 α 和 β，有

$$\alpha(\boldsymbol{a}+\boldsymbol{b})=\alpha\boldsymbol{a}+\alpha\boldsymbol{b}$$
$$(\alpha+\beta)\boldsymbol{a}=\alpha\boldsymbol{a}+\beta\boldsymbol{a}$$

2. 结合性

$$\alpha(\beta\boldsymbol{a})=(\alpha\beta)\boldsymbol{a}$$

3. 标量 1 满足

$$1\boldsymbol{a}=\boldsymbol{a}$$

4. 任意标量 α 满足

$$\alpha\boldsymbol{0}=\boldsymbol{0}$$

5. 标量 0 满足

$$0\boldsymbol{a}=\boldsymbol{0}$$

6. 标量 -1 满足

$$(-1)\boldsymbol{a}=-\boldsymbol{a}$$

注意，当且仅当 $\alpha=0$ 或 $\boldsymbol{a}=\boldsymbol{0}$ 时，$\alpha\boldsymbol{a}=0$。可以看出，$\alpha\boldsymbol{a}=0$ 等价于 $\alpha a_1=\alpha a_2=\cdots=\alpha a_n=0$。如果 $\alpha=0$ 或 $\boldsymbol{a}=\boldsymbol{0}$，那么有 $\alpha\boldsymbol{a}=0$。如果 $\boldsymbol{a}\neq0$，那么至少其中一个元素 $a_k\neq0$。对于此元素，$\alpha a_k=0$，因此必定有 $\alpha=0$。类似地，可证明 $\alpha\neq0$ 时，必有 $\boldsymbol{a}=\boldsymbol{0}$。

如果方程

$$\alpha_1\boldsymbol{a}_1+\alpha_2\boldsymbol{a}_2+\cdots+\alpha_k\boldsymbol{a}_k=\boldsymbol{0}$$

只有在所有的系数 $\alpha_i(i=1,\cdots,k)$ 都等于零的前提下才成立，那么称向量集 $\{\boldsymbol{a}_1,\boldsymbol{a}_2,\cdots,$

$\boldsymbol{a}_k\}$是线性无关的。如果向量集$\{\boldsymbol{a}_1, \boldsymbol{a}_2, \cdots, \boldsymbol{a}_k\}$不是线性无关的，那么称其为线性相关的。

如果集合中只包括一个向量$\boldsymbol{0}$，由于对于任意$\alpha \neq 0$，都有$\alpha\boldsymbol{0} = \boldsymbol{0}$，因此，该集合是线性相关的。实际上，所有包含$\boldsymbol{0}$向量的集合都是线性相关的。

如果集合中只包括单个非零向量$\boldsymbol{a} \neq \boldsymbol{0}$，只有$\alpha = 0$时，才有$\alpha\boldsymbol{a} = \boldsymbol{0}$成立，因此，该集合是线性无关的。

给定向量$\boldsymbol{a}$，如果存在标量$\alpha_1, \cdots, \alpha_k$，使得

$$\boldsymbol{a} = \alpha_1\boldsymbol{a}_1 + \alpha_2\boldsymbol{a}_2 + \cdots + \alpha_k\boldsymbol{a}_k$$

那么称向量$\boldsymbol{a}$为$\boldsymbol{a}_1, \boldsymbol{a}_2, \cdots, \boldsymbol{a}_k$的线性组合。

命题 2.1　向量集$\{\boldsymbol{a}_1, \boldsymbol{a}_2, \cdots, \boldsymbol{a}_k\}$是线性相关的，当且仅当集合中的一个向量可以表示为其他向量的线性组合。　□

证明：必要性。如果$\{\boldsymbol{a}_1, \boldsymbol{a}_2, \cdots, \boldsymbol{a}_k\}$是线性相关的，那么有

$$\alpha_1\boldsymbol{a}_1 + \alpha_2\boldsymbol{a}_2 + \cdots + \alpha_k\boldsymbol{a}_k = \boldsymbol{0}$$

其中至少存在一个标量$\alpha_i \neq 0$，从而有

$$\boldsymbol{a}_i = -\frac{\alpha_1}{\alpha_i}\boldsymbol{a}_1 - \frac{\alpha_2}{\alpha_i}\boldsymbol{a}_2 - \cdots - \frac{\alpha_k}{\alpha_i}\boldsymbol{a}_k$$

充分性。假定向量$\boldsymbol{a}_1$可以被表示为其他向量的线性组合：

$$\boldsymbol{a}_1 = \alpha_2\boldsymbol{a}_2 + \alpha_3\boldsymbol{a}_3 + \cdots + \alpha_k\boldsymbol{a}_k$$

那么有

$$(-1)\boldsymbol{a}_1 + \alpha_2\boldsymbol{a}_2 + \cdots + \alpha_k\boldsymbol{a}_k = \boldsymbol{0}$$

因为第 1 个标量非零，所以向量集$\{\boldsymbol{a}_1, \boldsymbol{a}_2, \cdots, \boldsymbol{a}_k\}$是线性相关的。类似地，如果将$\boldsymbol{a}_i$，$i = 2, \cdots, k$表示为其他向量的线性组合，也可以得到同样的结论。　■

令$\mathcal{V}$表示$\mathbb{R}^n$的一个子集，如果$\mathcal{V}$在向量加和运算及标量乘积运算下是封闭的，那么称$\mathcal{V}$为$\mathbb{R}^n$的子空间。也就是说，如果$\boldsymbol{a}$和$\boldsymbol{b}$是$\mathcal{V}$中的向量，那么$\boldsymbol{a}+\boldsymbol{b}$和$\alpha\boldsymbol{a}$（$\alpha$是任意标量）也是$\mathcal{V}$中的向量。

每个子空间都包含零向量$\boldsymbol{0}$，这是因为如果$\boldsymbol{a}$是子空间的一个元素，那么有$(-1)\boldsymbol{a} = -\boldsymbol{a}$，因此，$\boldsymbol{a} - \boldsymbol{a} = \boldsymbol{0}$也属于该子空间。

假定$\boldsymbol{a}_1, \boldsymbol{a}_2, \cdots, \boldsymbol{a}_k$是$\mathbb{R}^n$中的任意向量，它们所有线性组合的集合称为$\boldsymbol{a}_1, \boldsymbol{a}_2, \cdots, \boldsymbol{a}_k$张成的子空间，记为

$$\operatorname{span}[\boldsymbol{a}_1, \boldsymbol{a}_2, \cdots, \boldsymbol{a}_k] = \left\{\sum_{i=1}^{k}\alpha_i\boldsymbol{a}_i : \alpha_1, \cdots, \alpha_k \in \mathbb{R}\right\}$$

对于向量$\boldsymbol{a}$，子空间$\operatorname{span}[\boldsymbol{a}]$由向量$\alpha\boldsymbol{a}$组成，$\alpha$为任意实数（$\alpha \in \mathbb{R}$）。类似地，如果$\boldsymbol{a}$可表示为$\boldsymbol{a}_1, \boldsymbol{a}_2, \cdots, \boldsymbol{a}_k$的线性组合，则有

$$\operatorname{span}[\boldsymbol{a}_1, \boldsymbol{a}_2, \cdots, \boldsymbol{a}_k, \boldsymbol{a}] = \operatorname{span}[\boldsymbol{a}_1, \boldsymbol{a}_2, \cdots, \boldsymbol{a}_k]$$

因此，任意向量集合都能够张成一个子空间。

给定子空间$\mathcal{V}$，如果存在线性无关的向量集合$\{\boldsymbol{a}_1, \boldsymbol{a}_2, \cdots, \boldsymbol{a}_k\} \subset \mathcal{V}$使得$\mathcal{V} = \operatorname{span}[\boldsymbol{a}_1, \boldsymbol{a}_2, \cdots, \boldsymbol{a}_k]$，那么称$\{\boldsymbol{a}_1, \boldsymbol{a}_2, \cdots, \boldsymbol{a}_k\}$是子空间$\mathcal{V}$的一组基。子空间$\mathcal{V}$中的所有基都包含相同数量的向量，这一数量称为$\mathcal{V}$的维数，记为$\dim\mathcal{V}$。

命题 2.2　如果$\{\boldsymbol{a}_1, \boldsymbol{a}_2, \cdots, \boldsymbol{a}_k\}$是$\mathcal{V}$的一组基，那么$\mathcal{V}$中的任意向量$\boldsymbol{a}$可以唯一地表示为

$$\boldsymbol{a} = \alpha_1\boldsymbol{a}_1 + \alpha_2\boldsymbol{a}_2 + \cdots + \alpha_k\boldsymbol{a}_k$$

其中，$\alpha_i \in \mathbb{R}$，$i=1,2,\cdots,k$。□

证明：假定$\boldsymbol{a}$可以表示为以下两种形式：

$$\boldsymbol{a} = \alpha_1\boldsymbol{a}_1 + \alpha_2\boldsymbol{a}_2 + \cdots + \alpha_k\boldsymbol{a}_k$$

或

$$\boldsymbol{a} = \beta_1\boldsymbol{a}_1 + \beta_2\boldsymbol{a}_2 + \cdots + \beta_k\boldsymbol{a}_k$$

只需证明$\alpha_i = \beta_i$，$i=1, \cdots, k$即可。

已知

$$\alpha_1\boldsymbol{a}_1 + \alpha_2\boldsymbol{a}_2 + \cdots + \alpha_k\boldsymbol{a}_k = \beta_1\boldsymbol{a}_1 + \beta_2\boldsymbol{a}_2 + \cdots + \beta_k\boldsymbol{a}_k$$

该式可以改写为

$$(\alpha_1 - \beta_1)\boldsymbol{a}_1 + (\alpha_2 - \beta_2)\boldsymbol{a}_2 + \cdots + (\alpha_k - \beta_k)\boldsymbol{a}_k = \boldsymbol{0}$$

因为集合$\{\boldsymbol{a}_i: i=1, 2, \cdots, k\}$是线性无关的，所以有$\alpha_1 - \beta_1 = \alpha_2 - \beta_2 = \cdots = \alpha_k - \beta_k = 0$，从而可得$\alpha_i = \beta_i$，$i=1, \cdots, k$。■

给定$\mathcal{V}$的一组基$\{\boldsymbol{a}_1, \boldsymbol{a}_2, \cdots, \boldsymbol{a}_k\}$和向量$\boldsymbol{a} \in \mathcal{V}$，如果

$$\boldsymbol{a} = \alpha_1\boldsymbol{a}_1 + \alpha_2\boldsymbol{a}_2 + \cdots + \alpha_k\boldsymbol{a}_k$$

那么系数α_i，$i=1, \cdots, k$称为$\boldsymbol{a}$对应于基$\{\boldsymbol{a}_1, \boldsymbol{a}_2, \cdots, \boldsymbol{a}_k\}$的坐标。

$\mathbb{R}^n$的标准基为

$$\boldsymbol{e}_1 = \begin{bmatrix} 1 \\ 0 \\ 0 \\ \vdots \\ 0 \\ 0 \end{bmatrix}, \quad \boldsymbol{e}_2 = \begin{bmatrix} 0 \\ 1 \\ 0 \\ \vdots \\ 0 \\ 0 \end{bmatrix}, \cdots, \boldsymbol{e}_n = \begin{bmatrix} 0 \\ 0 \\ 0 \\ \vdots \\ 0 \\ 1 \end{bmatrix}$$

在标准基下，向量$\boldsymbol{x}$可表示为

$$\boldsymbol{x} = \begin{bmatrix} x_1 \\ x_2 \\ \vdots \\ x_n \end{bmatrix} = x_1\boldsymbol{e}_1 + x_2\boldsymbol{e}_2 + \cdots + x_n\boldsymbol{e}_n$$

这就是称其为“标准基”的原因。

可按照类似的方式定义复向量空间。令$\mathbb{C}$表示复数集合，$\mathbb{C}^n$表示n维复数向量。可以看出，集合$\mathbb{C}^n$具有与$\mathbb{R}^n$类似的属性，其中标量可以取复数。

矩阵指的是行列数组，通常用大写粗体字母表示(如$\boldsymbol{A}$)。m行n列矩阵称为$m \times n$矩阵，记为

$$\boldsymbol{A} = \begin{bmatrix} a_{11} & a_{12} & \cdots & a_{1n} \\ a_{21} & a_{22} & \cdots & a_{2n} \\ \vdots & \vdots & \ddots & \vdots \\ a_{m1} & a_{m2} & \cdots & a_{mn} \end{bmatrix}$$

位于矩阵第 i 行第 j 列的实数 a_{ij} 称为矩阵的第 (i, j) 个元素。如果认为 $\boldsymbol{A}$ 是由 n 个列向量组成的，那么它的每列都是 $\mathbb{R}^m$ 空间的一个列向量。类似地，如果认为 $\boldsymbol{A}$ 是由 m 个行向量组成的，那么它的每行都是一个 n 维的行向量。

考虑 $m \times n$ 矩阵 $\boldsymbol{A}$，其转置 $\boldsymbol{A}^\top$ 则是一个 $n \times m$ 矩阵：

$$\boldsymbol{A}^\top = \begin{bmatrix} a_{11} & a_{21} & \cdots & a_{m1} \\ a_{12} & a_{22} & \cdots & a_{m2} \\ \vdots & \vdots & \ddots & \vdots \\ a_{1n} & a_{2n} & \cdots & a_{mn} \end{bmatrix}$$

即 $\boldsymbol{A}$ 的列是 $\boldsymbol{A}^\top$ 的行，反之亦然。

符号 $\mathbb{R}^{m \times n}$ 表示所有 $m \times n$ 矩阵组成的集合，矩阵中的每个元素都是实数。$\mathbb{R}^n$ 中的列向量可视为 $\mathbb{R}^{n \times 1}$ 中的某个元素。类似地，可以将 n 维行向量视为 $\mathbb{R}^{1 \times n}$ 中的元素。因此，向量的转置可以认为是矩阵转置的特殊形式，因此，不对它们进行区分。需要注意的是，行向量与 $1 \times n$ 的矩阵记号间存在少许差别：用逗号来分割行向量中的不同元素，而在矩阵中通常不使用逗号。但是，在同一行中使用逗号作为分割符号，区分效果比较明显，因此，在位于多个矩阵同一行时，有时候也会利用逗号进行分割。

2.2 矩阵的秩

考虑 $m \times n$ 矩阵

$$\boldsymbol{A} = \begin{bmatrix} a_{11} & a_{12} & \cdots & a_{1n} \\ a_{21} & a_{22} & \cdots & a_{2n} \\ \vdots & \cdots & \ddots & \vdots \\ a_{m1} & a_{m2} & \cdots & a_{mn} \end{bmatrix}$$

$\boldsymbol{A}$ 的第 k 列用 $\boldsymbol{a}_k$ 表示：

$$\boldsymbol{a}_k = \begin{bmatrix} a_{1k} \\ a_{2k} \\ \vdots \\ a_{mk} \end{bmatrix}$$

矩阵 $\boldsymbol{A}$ 中线性无关列的最大数目称为 $\boldsymbol{A}$ 的秩，记为 rank $\boldsymbol{A}$。可以看出，rank $\boldsymbol{A}$ 正是 span$[\boldsymbol{a}_1, \boldsymbol{a}_2, \cdots, \boldsymbol{a}_n]$ 的维数。

命题 2.3　在以下运算中，矩阵 $\boldsymbol{A}$ 的秩保持不变：

1. 矩阵 $\boldsymbol{A}$ 的某个(些)列乘以非零标量；
2. 矩阵内部交换列次序；
3. 在矩阵中加入一列，该列是其他列的线性组合。　□

证明：

1. 令 $\boldsymbol{b}_k = \alpha_k \boldsymbol{a}_k$，其中 $\alpha_k \neq 0$，$k = 1, \cdots, n$，再令 $\boldsymbol{B} = [\boldsymbol{b}_1, \boldsymbol{b}_2, \cdots, \boldsymbol{b}_n]$，显然有

$$\text{span}[\boldsymbol{a}_1, \boldsymbol{a}_2, \cdots, \boldsymbol{a}_n] = \text{span}[\boldsymbol{b}_1, \boldsymbol{b}_2, \cdots, \boldsymbol{b}_n]$$

因此,

$$\operatorname{rank} \boldsymbol{A} = \operatorname{rank} \boldsymbol{B}$$

2. 线性无关向量的数目不依赖于它们的次序。

3. 令

$$\begin{aligned} \boldsymbol{b}_1 &= \boldsymbol{a}_1 + c_2\boldsymbol{a}_2 + \cdots + c_n\boldsymbol{a}_n \\ \boldsymbol{b}_2 &= \boldsymbol{a}_2, \\ &\vdots \\ \boldsymbol{b}_n &= \boldsymbol{a}_n \end{aligned}$$

对于任意的 α_1, …, α_n, 有

$$\alpha_1\boldsymbol{b}_1 + \alpha_2\boldsymbol{b}_2 + \cdots + \alpha_n\boldsymbol{b}_n = \alpha_1\boldsymbol{a}_1 + (\alpha_2 + \alpha_1 c_2)\boldsymbol{a}_2 + \cdots + (\alpha_n + \alpha_1 c_n)\boldsymbol{a}_n$$

因此

$$\operatorname{span}[\boldsymbol{b}_1, \boldsymbol{b}_2, \cdots, \boldsymbol{b}_n] \subset \operatorname{span}[\boldsymbol{a}_1, \boldsymbol{a}_2, \cdots, \boldsymbol{a}_n]$$

另外有

$$\begin{aligned} \boldsymbol{a}_1 &= \boldsymbol{b}_1 - c_2\boldsymbol{b}_2 - \cdots - c_n\boldsymbol{b}_n \\ \boldsymbol{a}_2 &= \boldsymbol{b}_2 \\ &\vdots \\ \boldsymbol{a}_n &= \boldsymbol{b}_n \end{aligned}$$

从而可得,

$$\operatorname{span}[\boldsymbol{a}_1, \boldsymbol{a}_2, \cdots, \boldsymbol{a}_n] \subset \operatorname{span}[\boldsymbol{b}_1, \boldsymbol{b}_2, \cdots, \boldsymbol{b}_n]$$

因此, $\operatorname{rank} \boldsymbol{A} = \operatorname{rank} \boldsymbol{B}$。 ■

如果矩阵 $\boldsymbol{A}$ 的行数等于列数($\boldsymbol{A}$ 为 $n\times n$ 矩阵), 那么该矩阵称为方阵。行列式是与每个方阵 $\boldsymbol{A}$ 相对应的一个标量, 记为 $\det \boldsymbol{A}$ 或 $|\boldsymbol{A}|$。方阵的行列式是各列的函数, 具有如下性质:

1. 矩阵 $\boldsymbol{A} = [\boldsymbol{a}_1, \boldsymbol{a}_2, \cdots, \boldsymbol{a}_n]$ 的行列式是各列的线性函数, 即对于任意 $\alpha, \beta \in \mathbb{R}$ 和 $\boldsymbol{a}_k^{(1)}, \boldsymbol{a}_k^{(2)} \in \mathbb{R}^n$, 都有

$$\begin{aligned} &\det[\boldsymbol{a}_1, \cdots, \boldsymbol{a}_{k-1}, \alpha\boldsymbol{a}_k^{(1)} + \beta\boldsymbol{a}_k^{(2)}, \boldsymbol{a}_{k+1}, \cdots, \boldsymbol{a}_n] \\ &= \alpha \det[\boldsymbol{a}_1, \cdots, \boldsymbol{a}_{k-1}, \boldsymbol{a}_k^{(1)}, \boldsymbol{a}_{k+1}, \cdots, \boldsymbol{a}_n] \\ &\quad + \beta \det[\boldsymbol{a}_1, \cdots, \boldsymbol{a}_{k-1}, \boldsymbol{a}_k^{(2)}, \boldsymbol{a}_{k+1}, \cdots, \boldsymbol{a}_n] \end{aligned}$$

2. 如果对于某个 k, 有 $\boldsymbol{a}_k = \boldsymbol{a}_{k+1}$, 那么有

$$\det \boldsymbol{A} = \det[\boldsymbol{a}_1, \cdots, \boldsymbol{a}_k, \boldsymbol{a}_{k+1}, \cdots, \boldsymbol{a}_n] = \det[\boldsymbol{a}_1, \cdots, \boldsymbol{a}_k, \boldsymbol{a}_k, \cdots, \boldsymbol{a}_n] = 0$$

3. 令

$$\boldsymbol{I}_n = [\boldsymbol{e}_1, \boldsymbol{e}_2, \cdots, \boldsymbol{e}_n] = \begin{bmatrix} 1 & 0 & \cdots & 0 \\ 0 & 1 & \cdots & 0 \\ \vdots & \vdots & \ddots & \vdots \\ 0 & 0 & \cdots & 1 \end{bmatrix}$$

其中$\{\boldsymbol{e}_1, \cdots, \boldsymbol{e}_n\}$是 $\mathbb{R}^n$ 的标准基，则有

$$\det \boldsymbol{I}_n = 1$$

注意，如果性质 1 中 $\alpha=\beta=0$，那么有

$$\det[\boldsymbol{a}_1, \cdots, \boldsymbol{a}_{k-1}, \boldsymbol{0}, \boldsymbol{a}_{k+1}, \cdots, \boldsymbol{a}_n] = 0$$

因此，如果其中一列为 $\boldsymbol{0}$，那么该矩阵的行列式等于零。

如果在矩阵的一列中加上另外一列与某个标量的乘积，行列式的值不会发生改变。该性质可利用性质 1 和性质 2 进行证明：

$$\begin{aligned}
&\det[\boldsymbol{a}_1, \cdots, \boldsymbol{a}_{k-1}, \boldsymbol{a}_k + \alpha\boldsymbol{a}_j, \boldsymbol{a}_{k+1}, \cdots, \boldsymbol{a}_j, \cdots, \boldsymbol{a}_n] \\
&\quad = \det[\boldsymbol{a}_1, \cdots, \boldsymbol{a}_{k-1}, \boldsymbol{a}_k, \boldsymbol{a}_{k+1}, \cdots, \boldsymbol{a}_j, \cdots, \boldsymbol{a}_n] \\
&\qquad + \alpha \det[\boldsymbol{a}_1, \cdots, \boldsymbol{a}_{k-1}, \boldsymbol{a}_j, \boldsymbol{a}_{k+1}, \cdots, \boldsymbol{a}_j, \cdots, \boldsymbol{a}_n] \\
&\quad = \det[\boldsymbol{a}_1, \cdots, \boldsymbol{a}_n]
\end{aligned}$$

但是，如果交换矩阵内的列次序，行列式的符号将发生改变：

$$\begin{aligned}
&\det[\boldsymbol{a}_1, \cdots, \boldsymbol{a}_{k-1}, \boldsymbol{a}_k, \boldsymbol{a}_{k+1}, \cdots, \boldsymbol{a}_n] \\
&\quad = \det[\boldsymbol{a}_1, \cdots, \boldsymbol{a}_k + \boldsymbol{a}_{k+1}, \boldsymbol{a}_{k+1}, \cdots, \boldsymbol{a}_n] \\
&\quad = \det[\boldsymbol{a}_1, \cdots, \boldsymbol{a}_k + \boldsymbol{a}_{k+1}, \boldsymbol{a}_{k+1} - (\boldsymbol{a}_k + \boldsymbol{a}_{k+1}), \cdots, \boldsymbol{a}_n] \\
&\quad = \det[\boldsymbol{a}_1, \cdots, \boldsymbol{a}_k + \boldsymbol{a}_{k+1}, -\boldsymbol{a}_k, \cdots, \boldsymbol{a}_n] \\
&\quad = -\det[\boldsymbol{a}_1, \cdots, \boldsymbol{a}_k + \boldsymbol{a}_{k+1}, \boldsymbol{a}_k, \cdots, \boldsymbol{a}_n] \\
&\quad = -(\det[\boldsymbol{a}_1, \cdots, \boldsymbol{a}_k, \boldsymbol{a}_k, \cdots, \boldsymbol{a}_n] + \det[\boldsymbol{a}_1, \cdots, \boldsymbol{a}_{k+1}, \boldsymbol{a}_k, \cdots, \boldsymbol{a}_n]) \\
&\quad = -\det[\boldsymbol{a}_1, \cdots, \boldsymbol{a}_{k+1}, \boldsymbol{a}_k, \cdots, \boldsymbol{a}_n]
\end{aligned}$$

给定 $m\times n$ 矩阵 $\boldsymbol{A}$，其 p 阶子式是一个 $p\times p$ 矩阵的行列式，该 $p\times p$ 矩阵由矩阵 $\boldsymbol{A}$ 去掉 $m-p$ 行和 $n-p$ 列获得，其中 $p\leqslant\min\{m, n\}$，$\min\{m, n\}$ 表示 m 和 n 中较小的一个。

可以利用子式来研究矩阵的秩。特别的，有如下命题成立：

命题 2.4　如果一个 $m\times n(m\geqslant n)$ 矩阵 $\boldsymbol{A}$ 具有非零的 n 阶子式，那么 $\boldsymbol{A}$ 的各列是线性无关的，即 $\operatorname{rank}\boldsymbol{A}=n$。 □

证明：假定 $\boldsymbol{A}$ 具有非零的 n 阶子式。不失一般性，假定 $\boldsymbol{A}$ 对应的 n 阶子式的前 n 行是非零的。令 x_i，$i=1, \cdots, n$ 为满足等式

$$x_1\boldsymbol{a}_1 + x_2\boldsymbol{a}_2 + \cdots + x_n\boldsymbol{a}_n = \boldsymbol{0}$$

的一组标量。

上式可等价写成如下的 m 个方程

$$\begin{gathered}
a_{11}x_1 + a_{12}x_2 + \cdots + a_{1n}x_n = 0 \\
a_{21}x_1 + a_{22}x_2 + \cdots + a_{2n}x_n = 0 \\
\vdots \\
a_{n1}x_1 + a_{n2}x_2 + \cdots + a_{nn}x_n = 0 \\
\vdots \\
a_{m1}x_1 + a_{m2}x_2 + \cdots + a_{mn}x_n = 0
\end{gathered}$$

对于 $i=1, \cdots, n$，令

$$\tilde{\boldsymbol{a}}_i = \begin{bmatrix} a_{1i} \\ \vdots \\ a_{ni} \end{bmatrix}$$

那么有 $x_1\tilde{\boldsymbol{a}}_1 + \cdots + x_n\tilde{\boldsymbol{a}}_n = \boldsymbol{0}$。

假定 n 阶子式 $\det[\tilde{\boldsymbol{a}}_1, \tilde{\boldsymbol{a}}_2, \cdots, \tilde{\boldsymbol{a}}_n]$ 非零。由行列式的性质可知，列 $\tilde{\boldsymbol{a}}_1$，$\tilde{\boldsymbol{a}}_2$，…，$\tilde{\boldsymbol{a}}_n$ 是线性无关的，故有 $x_i = 0$，$i = 1$，…，n。由此可知，列 $\boldsymbol{a}_1$，$\boldsymbol{a}_2$，…，$\boldsymbol{a}_n$ 是线性无关的。

■

由该命题可知，如果矩阵存在一个非零子式，那么与非零子式相对应的列都是线性无关的。

如果矩阵 $\boldsymbol{A}$ 具有 r 阶子式 $|\boldsymbol{M}|$，具备以下性质：1）$|\boldsymbol{M}| \neq 0$；2）从 $\boldsymbol{A}$ 中再抽取一行和一列，增加到 $\boldsymbol{M}$ 中，由此得到的新子式为零。那么有

$$\operatorname{rank} \boldsymbol{A} = r$$

因此，矩阵 $\boldsymbol{A}$ 的秩等于它的非零子式的最高阶数。

一个非奇异(可逆)的矩阵是一个行列式非零的方阵。假定 $\boldsymbol{A}$ 是 $n \times n$ 方阵，$\boldsymbol{A}$ 是非奇异的，当且仅当存在 $n \times n$ 方阵 $\boldsymbol{B}$，使得

$$\boldsymbol{AB} = \boldsymbol{BA} = \boldsymbol{I}_n$$

其中，$\boldsymbol{I}_n$ 表示 $n \times n$ 单位矩阵：

$$\boldsymbol{I}_n = \begin{bmatrix} 1 & 0 & \cdots & 0 \\ 0 & 1 & \cdots & 0 \\ \vdots & \vdots & \ddots & \vdots \\ 0 & 0 & \cdots & 1 \end{bmatrix}$$

矩阵 $\boldsymbol{B}$ 称为 $\boldsymbol{A}$ 的逆矩阵，记为 $\boldsymbol{B} = \boldsymbol{A}^{-1}$。

2.3 线性方程组

给定包含 n 个未知量的 m 个方程：

$$\begin{aligned} a_{11}x_1 + a_{12}x_2 + \cdots + a_{1n}x_n &= b_1 \\ a_{21}x_1 + a_{22}x_2 + \cdots + a_{2n}x_n &= b_2 \\ &\vdots \\ a_{m1}x_1 + a_{m2}x_2 + \cdots + a_{mn}x_n &= b_m \end{aligned}$$

该方程组可以表示为向量等式：

$$x_1\boldsymbol{a}_1 + x_2\boldsymbol{a}_2 + \cdots + x_n\boldsymbol{a}_n = \boldsymbol{b}$$

其中

$$\boldsymbol{a}_j = \begin{bmatrix} a_{1j} \\ a_{2j} \\ \vdots \\ a_{mj} \end{bmatrix}, \quad \boldsymbol{b} = \begin{bmatrix} b_1 \\ b_2 \\ \vdots \\ b_m \end{bmatrix}$$

可将该方程组写成矩阵形式:

$$\boldsymbol{A}\boldsymbol{x}=\boldsymbol{b}$$

其中, $\boldsymbol{A}$ 为系数矩阵:

$$\boldsymbol{A}=[\boldsymbol{a}_1,\boldsymbol{a}_2,\cdots,\boldsymbol{a}_n]$$

增广矩阵定义为

$$[\boldsymbol{A},\boldsymbol{b}]=[\boldsymbol{a}_1,\boldsymbol{a}_2,\cdots,\boldsymbol{a}_n,\boldsymbol{b}]$$

未知数向量为

$$\boldsymbol{x}=\begin{bmatrix}x_1\\x_2\\\vdots\\x_n\end{bmatrix}$$

定理 2.1　方程组 $\boldsymbol{A}\boldsymbol{x}=\boldsymbol{b}$ 有解, 当且仅当

$$\operatorname{rank}\boldsymbol{A}=\operatorname{rank}[\boldsymbol{A},\boldsymbol{b}]$$ □

证明: 必要性。方程组 $\boldsymbol{A}\boldsymbol{x}=\boldsymbol{b}$ 有解, 意味着 $\boldsymbol{b}$ 是 $\boldsymbol{A}$ 中各列的线性组合, 即存在 x_1, $\cdots$, x_n, 使得 $x_1\boldsymbol{a}_1+x_2\boldsymbol{a}_2+\cdots+x_n\boldsymbol{a}_n=\boldsymbol{b}$。可知 $\boldsymbol{b}$ 属于 $\operatorname{span}[\boldsymbol{a}_1,\cdots,\boldsymbol{a}_n]$, 从而有

$$\begin{aligned}\operatorname{rank}\boldsymbol{A}&=\dim\operatorname{span}[\boldsymbol{a}_1,\cdots,\boldsymbol{a}_n]\\&=\dim\operatorname{span}[\boldsymbol{a}_1,\cdots,\boldsymbol{a}_n,\boldsymbol{b}]\\&=\operatorname{rank}[\boldsymbol{A},\boldsymbol{b}]\end{aligned}$$

充分性。假定 $\operatorname{rank}\boldsymbol{A}=\operatorname{rank}[\boldsymbol{A},\boldsymbol{b}]=r$, 其中 $\boldsymbol{A}$ 中线性无关的列数为 r。不失一般性, 令 $\boldsymbol{a}_1$, $\boldsymbol{a}_2$, $\cdots$, $\boldsymbol{a}_r$ 表示这些线性无关列。由于 $\operatorname{rank}[\boldsymbol{A},\boldsymbol{b}]=r$, 那么 $[\boldsymbol{A},\boldsymbol{b}]$ 的其他列可以表示为 $\boldsymbol{a}_1$, $\boldsymbol{a}_2$, $\cdots$, $\boldsymbol{a}_r$ 的线性组合, 因此, $\boldsymbol{a}_1$, $\boldsymbol{a}_2$, $\cdots$, $\boldsymbol{a}_r$ 也是矩阵 $[\boldsymbol{A},\boldsymbol{b}]$ 的线性无关列。$\boldsymbol{b}$ 也可以表示为这些列的线性组合。因此, 存在 x_1, $\cdots$, x_n, 使得 $x_1\boldsymbol{a}_1+x_2\boldsymbol{a}_2+\cdots+x_n\boldsymbol{a}_n=\boldsymbol{b}$。 ■

定理 2.2　考虑方程 $\boldsymbol{A}\boldsymbol{x}=\boldsymbol{b}$, 其中 $\boldsymbol{A}\in\mathbb{R}^{m\times n}$ 且 $\operatorname{rank}\boldsymbol{A}=m$。可以通过为 $n-m$ 个未知数赋予任意值并求解其他未知数来获得 $\boldsymbol{A}\boldsymbol{x}=\boldsymbol{b}$ 的解。 □

证明: 已知 $\operatorname{rank}\boldsymbol{A}=m$, 因此总可以找到 $\boldsymbol{A}$ 的 m 个线性无关列。不失一般性, 令 $\boldsymbol{a}_1$, $\boldsymbol{a}_2$, $\cdots$, $\boldsymbol{a}_m$ 表示这些线性无关列。方程 $\boldsymbol{A}\boldsymbol{x}=\boldsymbol{b}$ 可以重写为

$$x_1\boldsymbol{a}_1+x_2\boldsymbol{a}_2+\cdots+x_m\boldsymbol{a}_m=\boldsymbol{b}-x_{m+1}\boldsymbol{a}_{m+1}-\cdots-x_n\boldsymbol{a}_n$$

为 x_{m+1}, x_{m+2}, $\cdots$, x_n 赋予任意值, 假定

$$x_{m+1}=d_{m+1},\ x_{m+2}=d_{m+2},\ \cdots,\ x_n=d_n$$

令

$$\boldsymbol{B}=[\boldsymbol{a}_1,\boldsymbol{a}_2,\cdots,\boldsymbol{a}_m]\in\mathbb{R}^{m\times m}$$

注意 $\det\boldsymbol{B}\neq0$。上面的方程组可以表示为

$$\boldsymbol{B}\begin{bmatrix}x_1\\x_2\\\vdots\\x_m\end{bmatrix}=[\boldsymbol{b}-d_{m+1}\boldsymbol{a}_{m+1}-\cdots-d_n\boldsymbol{a}_n]$$

由于矩阵 $\boldsymbol{B}$ 是可逆的，因此可以求得$[x_1, x_2, \cdots, x_m]^\top$：

$$\begin{bmatrix} x_1 \\ x_2 \\ \vdots \\ x_m \end{bmatrix} = \boldsymbol{B}^{-1}\left[\boldsymbol{b} - d_{m+1}\boldsymbol{a}_{m+1} - \cdots - d_n\boldsymbol{a}_n\right]$$

■

2.4 内积和范数

实数 a 的绝对值记为$|a|$，定义为

$$|a| = \begin{cases} a, & a \geqslant 0 \\ -a, & a < 0 \end{cases}$$

有如下公式成立：

1. $|a| = |-a|$。
2. $-|a| \leqslant a \leqslant |a|$。
3. $|a+b| \leqslant |a| + |b|$。
4. $||a| - |b|| \leqslant |a-b| \leqslant |a| + |b|$。
5. $|ab| = |a||b|$。
6. 如果$|a| \leqslant c$ 且$|b| \leqslant d$，那么有$|a+b| \leqslant c+d$。
7. 不等式$|a| < b$ 等价于 $-b < a < b$（$a < b$ 且 $-a < b$）。如果将式中所有的"$<$"用"$\leqslant$"代替，也有同样的结论成立。
8. 不等式$|a| > b$ 等价于 $a > b$ 或 $-a > b$。如果将式中所有的"$>$"用"$\geqslant$"代替，也有同样的结论成立。

对于 $\boldsymbol{x}, \boldsymbol{y} \in \mathbb{R}^n$，定义欧氏内积为

$$\langle \boldsymbol{x}, \boldsymbol{y} \rangle = \sum_{i=1}^{n} x_i y_i = \boldsymbol{x}^\top \boldsymbol{y}$$

内积是一个实值函数$\langle \cdot, \cdot \rangle$：$\mathbb{R}^n \times \mathbb{R}^n \to \mathbb{R}$，具有如下性质：

1. 非负性：$\langle \boldsymbol{x}, \boldsymbol{x} \rangle \geqslant 0$，当且仅当 $\boldsymbol{x} = \boldsymbol{0}$ 时，$\langle \boldsymbol{x}, \boldsymbol{x} \rangle = 0$。
2. 对称性：$\langle \boldsymbol{x}, \boldsymbol{y} \rangle = \langle \boldsymbol{y}, \boldsymbol{x} \rangle$。
3. 可加性：$\langle \boldsymbol{x} + \boldsymbol{y}, \boldsymbol{z} \rangle = \langle \boldsymbol{x}, \boldsymbol{z} \rangle + \langle \boldsymbol{y}, \boldsymbol{z} \rangle$。
4. 齐次性：对于任意 $r \in \mathbb{R}$，总有$\langle r\boldsymbol{x}, \boldsymbol{y} \rangle = r\langle \boldsymbol{x}, \boldsymbol{y} \rangle$成立。

内积式中的第 2 个向量也满足可加性和齐次性，即

$$\langle \boldsymbol{x}, \boldsymbol{y} + \boldsymbol{z} \rangle = \langle \boldsymbol{x}, \boldsymbol{y} \rangle + \langle \boldsymbol{x}, \boldsymbol{z} \rangle$$

$$\langle \boldsymbol{x}, r\boldsymbol{y} \rangle = r\langle \boldsymbol{x}, \boldsymbol{y} \rangle \quad \text{任意 } r \in \mathbb{R}$$

这可以利用内积的性质 2 和性质 4 来证明。实际上，

$$\begin{aligned} \langle \boldsymbol{x}, \boldsymbol{y} + \boldsymbol{z} \rangle &= \langle \boldsymbol{y} + \boldsymbol{z}, \boldsymbol{x} \rangle \\ &= \langle \boldsymbol{y}, \boldsymbol{x} \rangle + \langle \boldsymbol{z}, \boldsymbol{x} \rangle \\ &= \langle \boldsymbol{x}, \boldsymbol{y} \rangle + \langle \boldsymbol{x}, \boldsymbol{z} \rangle \end{aligned}$$

并且

$$\langle \boldsymbol{x}, r\boldsymbol{y}\rangle = \langle r\boldsymbol{y}, \boldsymbol{x}\rangle = r\langle \boldsymbol{y}, \boldsymbol{x}\rangle = r\langle \boldsymbol{x}, \boldsymbol{y}\rangle$$

可以定义 $\mathbb{R}^n \times \mathbb{R}^n$ 上的其他实值函数满足上述性质 1 到性质 4(见习题2.8)。欧氏内积的一些性质也适用于其他形式的内积。

给定向量 $\boldsymbol{x}$ 和 $\boldsymbol{y}$，如果 $\langle \boldsymbol{x}, \boldsymbol{y}\rangle = 0$，那么称 $\boldsymbol{x}$ 和 $\boldsymbol{y}$ 是正交的。

向量 $\boldsymbol{x}$ 的欧氏范数(Euclidean norm)定义为

$$\|\boldsymbol{x}\| = \sqrt{\langle \boldsymbol{x}, \boldsymbol{x}\rangle} = \sqrt{\boldsymbol{x}^\top \boldsymbol{x}}$$

定理 2.3　柯西-施瓦茨不等式。 对于 $\mathbb{R}^n$ 中任意两个向量 $\boldsymbol{x}$ 和 $\boldsymbol{y}$，有柯西-施瓦茨不等式

$$|\langle \boldsymbol{x}, \boldsymbol{y}\rangle| \leqslant \|\boldsymbol{x}\|\|\boldsymbol{y}\|$$

成立。进一步，当且仅当对于某个 $\alpha \in \mathbb{R}$ 有 $\boldsymbol{x} = \alpha\boldsymbol{y}$ 时，该不等式的等号成立。 □

证明： 首先假定 $\boldsymbol{x}$ 和 $\boldsymbol{y}$ 是单位向量，即 $\|\boldsymbol{x}\| = \|\boldsymbol{y}\| = 1$，那么有

$$\begin{aligned} 0 \leqslant \|\boldsymbol{x} - \boldsymbol{y}\|^2 &= \langle \boldsymbol{x} - \boldsymbol{y}, \boldsymbol{x} - \boldsymbol{y}\rangle \\ &= \|\boldsymbol{x}\|^2 - 2\langle \boldsymbol{x}, \boldsymbol{y}\rangle + \|\boldsymbol{y}\|^2 \\ &= 2 - 2\langle \boldsymbol{x}, \boldsymbol{y}\rangle \end{aligned}$$

即

$$\langle \boldsymbol{x}, \boldsymbol{y}\rangle \leqslant 1$$

当且仅当 $\boldsymbol{x} = \boldsymbol{y}$ 时，等号成立。

其次，假定 $\boldsymbol{x}$ 和 $\boldsymbol{y}$ 都是非零向量(当其中一个为零时，显然不等式成立)，可以用单位向量 $\boldsymbol{x}/\|\boldsymbol{x}\|$ 和 $\boldsymbol{y}/\|\boldsymbol{y}\|$ 替换 $\boldsymbol{x}$ 和 $\boldsymbol{y}$。那么，利用性质 4，有

$$\langle \boldsymbol{x}, \boldsymbol{y}\rangle \leqslant \|\boldsymbol{x}\|\|\boldsymbol{y}\|$$

用 $-\boldsymbol{x}$ 取代 $\boldsymbol{x}$，重新应用性质 4，有

$$-\langle \boldsymbol{x}, \boldsymbol{y}\rangle \leqslant \|\boldsymbol{x}\|\|\boldsymbol{y}\|$$

这两个不等式意味着绝对值不等式成立。当且仅当 $\boldsymbol{x}/\|\boldsymbol{x}\| = \pm\boldsymbol{y}/\|\boldsymbol{y}\|$ 时，即对于某个 $\alpha \in \mathbb{R}$ 有 $\boldsymbol{x} = \alpha\boldsymbol{y}$ 时，等号成立。 ■

向量 $\boldsymbol{x}$ 的欧氏范数 $\|\boldsymbol{x}\|$ 具有如下性质：

1. 非负性：$\|\boldsymbol{x}\| \geqslant 0$，当且仅当 $\boldsymbol{x} = \boldsymbol{0}$ 时，$\|\boldsymbol{x}\| = 0$；
2. 齐次性：$\|r\boldsymbol{x}\| = |r|\,\|\boldsymbol{x}\|$，$r \in \mathbb{R}$；
3. 三角不等式：$\|\boldsymbol{x} + \boldsymbol{y}\| \leqslant \|\boldsymbol{x}\| + \|\boldsymbol{y}\|$。

三角不等式可以利用柯西-施瓦茨不等式来证明。已知

$$\|\boldsymbol{x} + \boldsymbol{y}\|^2 = \|\boldsymbol{x}\|^2 + 2\langle \boldsymbol{x}, \boldsymbol{y}\rangle + \|\boldsymbol{y}\|^2$$

根据柯西-施瓦茨不等式，可得

$$\begin{aligned} \|\boldsymbol{x} + \boldsymbol{y}\|^2 &\leqslant \|\boldsymbol{x}\|^2 + 2\|\boldsymbol{x}\|\|\boldsymbol{y}\| + \|\boldsymbol{y}\|^2 \\ &= (\|\boldsymbol{x}\| + \|\boldsymbol{y}\|)^2 \end{aligned}$$

因此有

$$\|\boldsymbol{x}+\boldsymbol{y}\| \leqslant \|\boldsymbol{x}\|+\|\boldsymbol{y}\|$$

可以看出，如果 $\boldsymbol{x}$ 和 $\boldsymbol{y}$ 是正交的，即 $\langle\boldsymbol{x}, \boldsymbol{y}\rangle=0$，那么有

$$\|\boldsymbol{x}+\boldsymbol{y}\|^2=\|\boldsymbol{x}\|^2+\|\boldsymbol{y}\|^2$$

这是 $\mathbb{R}^n$ 中的毕达哥拉斯定理。

欧氏范数是通用向量范数的一个特例，通用向量范数是满足非负性、齐次性和三角不等式的任意函数。$\mathbb{R}^n$ 中向量范数有很多种不同的定义方式，包括 1 范数(定义为 $\|\boldsymbol{x}\|_1=|x_1|+\cdots+|x_n|$)和 ∞ 范数(定义为 $\|\boldsymbol{x}\|_\infty=\max_i|x_i|$，$\max_i$ 表示对于所有 i，取向量元素中最大的一项)。通常，欧氏范数指 2 范数，记为 $\|\boldsymbol{x}\|_2$。以上范数均是 p 范数的特例，p 范数为

$$\|\boldsymbol{x}\|_p=\begin{cases}(|x_1|^p+\cdots+|x_n|^p)^{1/p}, & 1\leqslant p<\infty\\ \max\{|x_1|,\cdots,|x_n|\}, & p=\infty\end{cases}$$

下面利用范数来定义连续函数。如果对于所有的 $\varepsilon>0$，都存在一个 $\delta>0$，使得 $\|\boldsymbol{y}-\boldsymbol{x}\|<\delta \Rightarrow \|\boldsymbol{f}(\boldsymbol{y})-\boldsymbol{f}(\boldsymbol{x})\|<\varepsilon$，那么函数 $\boldsymbol{f}: \mathbb{R}^n \to \mathbb{R}^m$ 在点 $\boldsymbol{x}$ 是连续的。如果函数 $\boldsymbol{f}$ 在 $\mathbb{R}^n$ 中的任意点都是连续的，称该函数在 $\mathbb{R}^n$ 中是连续的。注意，函数向量 $\boldsymbol{f}=[f_1, \cdots, f_m]^\top$ 是连续的，当且仅当它的每个元素 f_i，$i=1, \cdots, m$ 是连续的。

对于复数空间 $\mathbb{C}^n$，内积 $\langle\boldsymbol{x}, \boldsymbol{y}\rangle$ 定义为 $\sum_{i=1}^n x_i\bar{y}_i$，上画线表示共轭。$\mathbb{C}^n$ 上的内积是一个复值函数，具有如下性质：

1. $\langle\boldsymbol{x}, \boldsymbol{x}\rangle \geqslant 0$，当且仅当 $\boldsymbol{x}=\boldsymbol{0}$ 时，$\langle\boldsymbol{x}, \boldsymbol{x}\rangle=0$。
2. $\langle\boldsymbol{x}, \boldsymbol{y}\rangle=\overline{\langle\boldsymbol{y}, \boldsymbol{x}\rangle}$。
3. $\langle\boldsymbol{x}+\boldsymbol{y}, \boldsymbol{z}\rangle=\langle\boldsymbol{x}, \boldsymbol{z}\rangle+\langle\boldsymbol{y}, \boldsymbol{z}\rangle$。
4. $\langle r\boldsymbol{x}, \boldsymbol{y}\rangle=r\langle\boldsymbol{x}, \boldsymbol{y}\rangle$，其中 $r\in\mathbb{C}$。

利用性质 1 至性质 4，可以推导出其他一些性质，如

$$\langle\boldsymbol{x}, r_1\boldsymbol{y}+r_2\boldsymbol{z}\rangle=\bar{r}_1\langle\boldsymbol{x}, \boldsymbol{y}\rangle+\bar{r}_2\langle\boldsymbol{x}, \boldsymbol{z}\rangle$$

其中 $r_1, r_2\in\mathbb{C}$。对于 $\mathbb{C}^n$，向量范数可以类似的定义为 $\|\boldsymbol{x}\|^2=\langle\boldsymbol{x}, \boldsymbol{x}\rangle$。关于复数空间中范数的更多信息，可参阅 Gel'fand 的著作[47]。

习题

2.1　矩阵 $\boldsymbol{A}\in\mathbb{R}^{m\times n}$ 且 $\operatorname{rank}\boldsymbol{A}=m$，试证明 $m\leqslant n$。

2.2　试证明方程组 $\boldsymbol{Ax}=\boldsymbol{b}$，$\boldsymbol{A}\in\mathbb{R}^{m\times n}$ 具有唯一解的充要条件是 $\operatorname{rank}\boldsymbol{A}=\operatorname{rank}[\boldsymbol{A}, \boldsymbol{b}]=n$。

2.3　(改编自参考文献[38])已知如果 $k\geqslant n+1$，那么向量 $\boldsymbol{a}_1, \boldsymbol{a}_2, \cdots, \boldsymbol{a}_k\in\mathbb{R}^n$ 是线性相关的，即存在一组标量 $\alpha_1, \cdots, \alpha_k$，至少有一个 $\alpha_i\neq 0$ 使得 $\sum_{i=1}^k \alpha_i\boldsymbol{a}_i=\boldsymbol{0}$ 成立。试证明如果 $k\geqslant n+2$，那么存在一组标量 $\alpha_1, \cdots, \alpha_k$，至少有一个 $\alpha_i\neq 0$，使得 $\sum_{i=1}^k \alpha_i\boldsymbol{a}_i=\boldsymbol{0}$ 成立，且 $\sum_{i=1}^k \alpha_i=0$。

2.4　考虑一个 $m\times m$ 矩阵 $\boldsymbol{M}$，它具有如下形式

$$\boldsymbol{M}=\begin{bmatrix}\boldsymbol{M}_{m-k,k} & \boldsymbol{I}_{m-k}\\ \boldsymbol{M}_{k,k} & \boldsymbol{O}_{k,m-k}\end{bmatrix}$$

其中，$\boldsymbol{M}_{k,k}$是$k\times k$矩阵，$\boldsymbol{M}_{m-k,k}$是$(m-k)\times k$矩阵，$\boldsymbol{I}_{m-k}$是$(m-k)\times(m-k)$的单位矩阵，$\boldsymbol{O}_{k,m-k}$是$k\times(m-k)$的零矩阵。

a. 试证明

$$|\det \boldsymbol{M}| = |\det \boldsymbol{M}_{k,k}|$$

提示：可参照命题 19.1 的证明过程。

b. 在某些特定的条件下，有以下更强的结论成立：

$$\det \boldsymbol{M} = \det(-\boldsymbol{M}_{k,k})$$

试指出该结论成立的条件，并说明在大部分条件下该结论并不成立。

2.5　已知对于任意的a，b，c，$d\in\mathbb{C}$，有

$$\det\begin{bmatrix} a & b \\ c & d \end{bmatrix} = ad - bc$$

假定$\boldsymbol{A}$、$\boldsymbol{B}$、$\boldsymbol{C}$和$\boldsymbol{D}$为同样维数的实数或复数方阵。试讨论使下式成立的充分条件：

$$\det\begin{bmatrix} \boldsymbol{A} & \boldsymbol{B} \\ \boldsymbol{C} & \boldsymbol{D} \end{bmatrix} = \boldsymbol{AD} - \boldsymbol{BC}$$

关于方阵行列式的详细讨论可参见参考文献[121]。

2.6　给定线性方程组

$$\begin{aligned} x_1 + x_2 + 2x_3 + x_4 &= 1 \\ x_1 - 2x_2 - x_4 &= -2 \end{aligned}$$

请利用定理 2.1 判断该方程组是否有解。然后，利用定理 2.2 的方法求取该方程组的解。

2.7　证明实数绝对值的 7 个性质。

2.8　函数$\langle\cdot,\cdot\rangle_2$：$\mathbb{R}^2\times\mathbb{R}^2\to\mathbb{R}$定义为$\langle\boldsymbol{x},\boldsymbol{y}\rangle_2 = 2x_1y_1 + 3x_2y_1 + 3x_1y_2 + 5x_2y_2$，其中，$\boldsymbol{x} = [x_1, x_2]^\top$，$\boldsymbol{y} = [y_1, y_2]^\top$。试证明$\langle\cdot,\cdot\rangle_2$满足内积的 4 个性质。

注：该习题是习题 3.21 的一个特例。

2.9　试证明，对于任意两个向量$\boldsymbol{x}$，$\boldsymbol{y}\in\mathbb{R}^n$，有$\left|\|\boldsymbol{x}\| - \|\boldsymbol{y}\|\right| \leqslant \|\boldsymbol{x}-\boldsymbol{y}\|$。

提示：可将$\boldsymbol{x}$改写为$\boldsymbol{x} = (\boldsymbol{x}-\boldsymbol{y}) + \boldsymbol{y}$，利用三角不等式进行证明。对$\boldsymbol{y}$进行类似转换，也能完成证明。

2.10　利用习题 2.9 的结论证明范数$\|\cdot\|$是一致连续函数，即对所有的$\varepsilon>0$，都存在$\delta>0$，如果$\|\boldsymbol{x}-\boldsymbol{y}\|<\delta$，则有$\left|\|\boldsymbol{x}\| - \|\boldsymbol{y}\|\right| < \varepsilon$。

第3章 变　　换

3.1 线性变换

给定函数 $\mathcal{L}: \mathbb{R}^n \to \mathbb{R}^m$，如果

1. 对于任意 $\boldsymbol{x} \in \mathbb{R}^n$ 和 $a \in \mathbb{R}$，都有 $\mathcal{L}(a\boldsymbol{x}) = a\mathcal{L}(\boldsymbol{x})$；
2. 对于任意 $\boldsymbol{x}, \boldsymbol{y} \in \mathbb{R}^n$，都有 $\mathcal{L}(\boldsymbol{x}+\boldsymbol{y}) = \mathcal{L}(\boldsymbol{x}) + \mathcal{L}(\boldsymbol{y})$。

那么称函数 $\mathcal{L}$ 为一个线性变换。

分别为 $\mathbb{R}^n$ 和 $\mathbb{R}^m$ 指定一组基，线性变换 $\mathcal{L}$ 可以利用矩阵进行表示。具体而言，对于向量 $\boldsymbol{x} \in \mathbb{R}^n$，将其表示为 $\mathbb{R}^n$ 中基向量的线性组合，用 $\boldsymbol{x}'$表示，如果 $\boldsymbol{y} = \mathcal{L}(\boldsymbol{x})$，且 $\boldsymbol{y}'$是 $\boldsymbol{y}$ 关于 $\mathbb{R}^m$ 中给定基的线性组合，那么，存在一个矩阵 $\boldsymbol{A} \in \mathbb{R}^{m\times n}$，满足

$$\boldsymbol{y}' = \boldsymbol{A}\boldsymbol{x}'$$

$\boldsymbol{A}$ 称为 $\mathcal{L}$ 关于 $\mathbb{R}^n$ 和 $\mathbb{R}^m$ 中给定基的矩阵表示。如果为 $\mathbb{R}^n$ 和 $\mathbb{R}^m$ 指定的是标准基，那么矩阵表示 $\boldsymbol{A}$ 满足

$$\mathcal{L}(\boldsymbol{x}) = \boldsymbol{A}\boldsymbol{x}$$

令 $\{\boldsymbol{e}_1, \boldsymbol{e}_2, \cdots, \boldsymbol{e}_n\}$ 和 $\{\boldsymbol{e}_1', \boldsymbol{e}_2', \cdots, \boldsymbol{e}_n'\}$ 是 $\mathbb{R}^n$ 的两组基。定义矩阵 $\boldsymbol{T}$ 为

$$\boldsymbol{T} = [\boldsymbol{e}_1', \boldsymbol{e}_2', \cdots, \boldsymbol{e}_n']^{-1}[\boldsymbol{e}_1, \boldsymbol{e}_2, \cdots, \boldsymbol{e}_n]$$

那么 $\boldsymbol{T}$ 称为从 $\{\boldsymbol{e}_1, \boldsymbol{e}_2, \cdots, \boldsymbol{e}_n\}$ 到 $\{\boldsymbol{e}_1', \boldsymbol{e}_2', \cdots, \boldsymbol{e}_n'\}$ 的转换矩阵。显然有

$$[\boldsymbol{e}_1, \boldsymbol{e}_2, \cdots, \boldsymbol{e}_n] = [\boldsymbol{e}_1', \boldsymbol{e}_2', \cdots, \boldsymbol{e}_n']\boldsymbol{T}$$

即 $\boldsymbol{T}$ 的第 i 列是 $\boldsymbol{e}_i$ 关于 $\{\boldsymbol{e}_1', \boldsymbol{e}_2', \cdots, \boldsymbol{e}_n'\}$ 的坐标向量。

给定 $\mathbb{R}^n$ 中的一个向量，令 $\boldsymbol{x}$ 是该向量关于 $\{\boldsymbol{e}_1, \boldsymbol{e}_2, \cdots, \boldsymbol{e}_n\}$ 的坐标，$\boldsymbol{x}'$是该向量关于 $\{\boldsymbol{e}_1', \boldsymbol{e}_2', \cdots, \boldsymbol{e}_n'\}$ 的坐标，那么可以证明关系式 $\boldsymbol{x}' = \boldsymbol{T}\boldsymbol{x}$ 成立（证明过程留作习题 3.1）。

考虑线性变换

$$\mathcal{L}: \mathbb{R}^n \to \mathbb{R}^n$$

令 $\boldsymbol{A}$ 为 $\mathcal{L}$ 关于 $\{\boldsymbol{e}_1, \boldsymbol{e}_2, \cdots, \boldsymbol{e}_n\}$ 的矩阵表示，$\boldsymbol{B}$ 为 $\mathcal{L}$ 关于 $\{\boldsymbol{e}_1', \boldsymbol{e}_2', \cdots, \boldsymbol{e}_n'\}$ 的矩阵表示。令 $\boldsymbol{y} = \boldsymbol{A}\boldsymbol{x}$ 且 $\boldsymbol{y}' = \boldsymbol{B}\boldsymbol{x}'$，因此有 $\boldsymbol{y}' = \boldsymbol{T}\boldsymbol{y} = \boldsymbol{T}\boldsymbol{A}\boldsymbol{x} = \boldsymbol{B}\boldsymbol{x}' = \boldsymbol{B}\boldsymbol{T}\boldsymbol{x}$，从而可得 $\boldsymbol{T}\boldsymbol{A} = \boldsymbol{B}\boldsymbol{T}$ 或 $\boldsymbol{A} = \boldsymbol{T}^{-1}\boldsymbol{B}\boldsymbol{T}$。

给定两个 $n \times n$ 矩阵 $\boldsymbol{A}$ 和 $\boldsymbol{B}$，如果存在一个非奇异矩阵 $\boldsymbol{T}$，使得 $\boldsymbol{A} = \boldsymbol{T}^{-1}\boldsymbol{B}\boldsymbol{T}$，那么称 $\boldsymbol{A}$ 和 $\boldsymbol{B}$ 是相似的。在不同的基下，相似矩阵对应的线性变换是相同的。

3.2 特征值与特征向量

令 $\boldsymbol{A}$ 是 $n \times n$ 实数方阵。存在标量 λ（可能为复数）和非零向量 $\boldsymbol{v}$ 满足等式 $\boldsymbol{A}\boldsymbol{v} = \lambda\boldsymbol{v}$，$\lambda$ 称为 $\boldsymbol{A}$ 的特征值，$\boldsymbol{v}$ 称为 $\boldsymbol{A}$ 的特征向量。λ 为 $\boldsymbol{A}$ 的特征值的充要条件是矩阵 $\lambda\boldsymbol{I} - \boldsymbol{A}$ 是

奇异的，即 $\det[\lambda\boldsymbol{I}-\boldsymbol{A}]=0$，其中 $\boldsymbol{I}$ 是 $n\times n$ 单位矩阵，即有 n 次方程成立：

$$\det[\lambda\boldsymbol{I}-\boldsymbol{A}]=\lambda^n+a_{n-1}\lambda^{n-1}+\cdots+a_1\lambda+a_0=0$$

多项式 $\det[\lambda\boldsymbol{I}-\boldsymbol{A}]$ 称为矩阵 $\boldsymbol{A}$ 的特征多项式，而上面的方程称为特征方程。由代数的基本原理可知，特征方程必定有 n 个根(可能存在相同的根)，即为 $\boldsymbol{A}$ 的 n 个特征值。下面的定理说明，如果 $\boldsymbol{A}$ 有 n 个相异的特征值，那么它也有 n 个线性无关的特征向量。

定理 3.1　假定特征方程 $\det[\lambda\boldsymbol{I}-\boldsymbol{A}]=0$ 存在 n 个相异的根 $\lambda_1, \lambda_2, \cdots, \lambda_n$，那么存在 n 个线性无关的向量 $\boldsymbol{v}_1, \boldsymbol{v}_2, \cdots, \boldsymbol{v}_n$，使得

$$\boldsymbol{A}\boldsymbol{v}_i=\lambda_i\boldsymbol{v}_i,\quad i=1,2,\cdots,n$$

□

证明：由 $\det[\lambda_i\boldsymbol{I}-\boldsymbol{A}]=0$，$i=1, \cdots, n$ 可知，存在一组非零向量 $\boldsymbol{v}_i$，$i=1, \cdots, n$，使得 $\boldsymbol{A}\boldsymbol{v}_i=\lambda_i\boldsymbol{v}_i$，$i=1, \cdots, n$。下面证明 $\{\boldsymbol{v}_1, \boldsymbol{v}_2, \cdots, \boldsymbol{v}_n\}$ 是线性无关的。为此，令 $c_1, \cdots, c_n$ 是满足关系式 $\sum_{i=1}^n c_i\boldsymbol{v}_i=\boldsymbol{0}$ 的一组标量，只需证明 $c_i=0$，$i=1, \cdots, n$ 即可。

考虑矩阵

$$\boldsymbol{Z}=(\lambda_2\boldsymbol{I}-\boldsymbol{A})(\lambda_3\boldsymbol{I}-\boldsymbol{A})\cdots(\lambda_n\boldsymbol{I}-\boldsymbol{A})$$

首先证明 $c_1=0$。因为有 $\lambda_n\boldsymbol{v}_n-\boldsymbol{A}\boldsymbol{v}_n=\boldsymbol{0}$，故有

$$\begin{aligned}\boldsymbol{Z}\boldsymbol{v}_n&=(\lambda_2\boldsymbol{I}-\boldsymbol{A})(\lambda_3\boldsymbol{I}-\boldsymbol{A})\cdots(\lambda_{n-1}\boldsymbol{I}-\boldsymbol{A})(\lambda_n\boldsymbol{I}-\boldsymbol{A})\boldsymbol{v}_n\\&=(\lambda_2\boldsymbol{I}-\boldsymbol{A})(\lambda_3\boldsymbol{I}-\boldsymbol{A})\cdots(\lambda_{n-1}\boldsymbol{I}-\boldsymbol{A})(\lambda_n\boldsymbol{v}_n-\boldsymbol{A}\boldsymbol{v}_n)\\&=\boldsymbol{0}\end{aligned}$$

重复这一过程，可得

$$\boldsymbol{Z}\boldsymbol{v}_k=\boldsymbol{0},\qquad k=2,3,\cdots,n$$

但是

$$\begin{aligned}\boldsymbol{Z}\boldsymbol{v}_1&=(\lambda_2\boldsymbol{I}-\boldsymbol{A})(\lambda_3\boldsymbol{I}-\boldsymbol{A})\cdots(\lambda_{n-1}\boldsymbol{I}-\boldsymbol{A})(\lambda_n\boldsymbol{I}-\boldsymbol{A})\boldsymbol{v}_1\\&=(\lambda_2\boldsymbol{I}-\boldsymbol{A})(\lambda_3\boldsymbol{I}-\boldsymbol{A})\cdots(\lambda_{n-1}\boldsymbol{v}_1-\boldsymbol{A}\boldsymbol{v}_1)(\lambda_n-\lambda_1)\\&\ \ \vdots\\&=(\lambda_2\boldsymbol{I}-\boldsymbol{A})(\lambda_3\boldsymbol{I}-\boldsymbol{A})\boldsymbol{v}_1\cdots(\lambda_{n-1}-\lambda_1)(\lambda_n-\lambda_1)\\&=(\lambda_2-\lambda_1)(\lambda_3-\lambda_1)\cdots(\lambda_{n-1}-\lambda_1)(\lambda_n-\lambda_1)\boldsymbol{v}_1\end{aligned}$$

由上面等式可以发现

$$\begin{aligned}\boldsymbol{Z}\left(\sum_{i=1}^n c_i\boldsymbol{v}_i\right)&=\sum_{i=1}^n c_i\boldsymbol{Z}\boldsymbol{v}_i\\&=c_1\boldsymbol{Z}\boldsymbol{v}_1\\&=c_1(\lambda_2-\lambda_1)(\lambda_3-\lambda_1)\cdots(\lambda_n-\lambda_1)\boldsymbol{v}_1=0\end{aligned}$$

因为 λ_i 是唯一的，必定有 $c_1=0$。

以此类推，可以证明所有的 c_i 都必定为零，因此特征向量 $\{\boldsymbol{v}_1, \boldsymbol{v}_2, \cdots, \boldsymbol{v}_n\}$ 是线性无关的。　■■

考虑由特征向量 $\{\boldsymbol{v}_1, \boldsymbol{v}_2, \cdots, \boldsymbol{v}_n\}$ 构成的一组线性无关基。在这一组基下，可对矩阵 $\boldsymbol{A}$ 进行对角化，即对于所有的 $i\neq j$，对角矩阵的第 (i, j) 个元素 $a_{ij}=0$。令

$$\boldsymbol{T}=[\boldsymbol{v}_1,\boldsymbol{v}_2,\cdots,\boldsymbol{v}_n]^{-1}$$

则有

$$\begin{aligned}\boldsymbol{TAT}^{-1} &= \boldsymbol{TA}[\boldsymbol{v}_1, \boldsymbol{v}_2, \cdots, \boldsymbol{v}_n]\\ &= \boldsymbol{T}[\boldsymbol{Av}_1, \boldsymbol{Av}_2, \cdots, \boldsymbol{Av}_n]\\ &= \boldsymbol{T}[\lambda_1\boldsymbol{v}_1, \lambda_2\boldsymbol{v}_2, \cdots, \lambda_n\boldsymbol{v}_n]\\ &= \boldsymbol{TT}^{-1}\begin{bmatrix}\lambda_1 & & & 0\\ & \lambda_2 & & \\ & & \ddots & \\ 0 & & & \lambda_n\end{bmatrix}\\ &= \begin{bmatrix}\lambda_1 & & & 0\\ & \lambda_2 & & \\ & & \ddots & \\ 0 & & & \lambda_n\end{bmatrix}\end{aligned}$$

上面用到了关系式 $\boldsymbol{TT}^{-1} = \boldsymbol{I}$。

对于矩阵 $\boldsymbol{A}$，若 $\boldsymbol{A} = \boldsymbol{A}^\top$，则称 $\boldsymbol{A}$ 为对称矩阵。

定理 3.2　一个实对称矩阵的所有特征值都是实数。□

证明：令

$$\boldsymbol{Ax} = \lambda\boldsymbol{x}$$

其中，$\boldsymbol{x} \neq \boldsymbol{0}$。$\boldsymbol{x}$ 与 $\boldsymbol{Ax}$ 的内积为

$$\langle\boldsymbol{Ax}, \boldsymbol{x}\rangle = \langle\lambda\boldsymbol{x}, \boldsymbol{x}\rangle = \lambda\langle\boldsymbol{x}, \boldsymbol{x}\rangle$$

又有

$$\langle\boldsymbol{Ax}, \boldsymbol{x}\rangle = \langle\boldsymbol{x}, \boldsymbol{A}^\top\boldsymbol{x}\rangle = \langle\boldsymbol{x}, \boldsymbol{Ax}\rangle = \langle\boldsymbol{x}, \lambda\boldsymbol{x}\rangle = \bar{\lambda}\langle\boldsymbol{x}, \boldsymbol{x}\rangle$$

上式满足 $\mathbb{C}^n$ 中内积的定义。注意 $\langle\boldsymbol{x}, \boldsymbol{x}\rangle$ 是实数且 $\langle\boldsymbol{x}, \boldsymbol{x}\rangle > 0$，因此有

$$\lambda\langle\boldsymbol{x}, \boldsymbol{x}\rangle = \bar{\lambda}\langle\boldsymbol{x}, \boldsymbol{x}\rangle$$

且

$$(\lambda - \bar{\lambda})\langle\boldsymbol{x}, \boldsymbol{x}\rangle = 0$$

根据 $\langle\boldsymbol{x}, \boldsymbol{x}\rangle > 0$，可得

$$\lambda = \bar{\lambda}$$

从而可得，λ 是实数。■

定理 3.3　对于任意 $n \times n$ 实对称矩阵，其 n 个特征向量是相互正交的。□

证明：此处仅给出 n 个特征值各不相同的情况下的证明过程。一般情况下的证明过程可参见参考文献[62]的第 104 页。

假定 $\boldsymbol{Av}_1 = \lambda_1\boldsymbol{v}_1$，$\boldsymbol{Av}_2 = \lambda_2\boldsymbol{v}_2$，其中 $\lambda_1 \neq \lambda_2$，那么有

$$\langle\boldsymbol{Av}_1, \boldsymbol{v}_2\rangle = \langle\lambda_1\boldsymbol{v}_1, \boldsymbol{v}_2\rangle = \lambda_1\langle\boldsymbol{v}_1, \boldsymbol{v}_2\rangle$$

根据 $\boldsymbol{A} = \boldsymbol{A}^\top$，有

$$\langle\boldsymbol{Av}_1, \boldsymbol{v}_2\rangle = \langle\boldsymbol{v}_1, \boldsymbol{A}^\top\boldsymbol{v}_2\rangle = \langle\boldsymbol{v}_1, \boldsymbol{Av}_2\rangle = \lambda_2\langle\boldsymbol{v}_1, \boldsymbol{v}_2\rangle$$

因此

$$\lambda_1\langle \boldsymbol{v}_1, \boldsymbol{v}_2\rangle = \lambda_2\langle \boldsymbol{v}_1, \boldsymbol{v}_2\rangle$$

由于 $\lambda_1 \neq \lambda_2$，可以推出

$$\langle \boldsymbol{v}_1, \boldsymbol{v}_2\rangle = 0$$

■

如果 $\boldsymbol{A}$ 是对称矩阵，那么它的特征向量集合构成了 $\mathbb{R}^n$ 空间的正交基。如果对基 $\{\boldsymbol{v}_1, \boldsymbol{v}_2, \cdots, \boldsymbol{v}_n\}$ 进行标准化，使得每个向量 $\boldsymbol{v}_i$ 的范数都为 1，那么可以定义矩阵

$$\boldsymbol{T} = [\boldsymbol{v}_1, \boldsymbol{v}_2, \cdots, \boldsymbol{v}_n]$$

该矩阵满足

$$\boldsymbol{T}^\top \boldsymbol{T} = \boldsymbol{I}$$

从而有

$$\boldsymbol{T}^\top = \boldsymbol{T}^{-1}$$

如果一个矩阵的转置等于它的逆，那么该矩阵称为正交矩阵。

3.3 正交投影

已知 $\mathbb{R}^n$ 的子空间 $\mathcal{V}$ 是一个在向量加和与标量乘积下封闭的子集。也就是说，如果对于所有的 $\alpha, \beta \in \mathbb{R}$，有 $\boldsymbol{x}_1, \boldsymbol{x}_2 \in \mathcal{V} \Rightarrow \alpha\boldsymbol{x}_1 + \beta\boldsymbol{x}_2 \in \mathcal{V}$，那么 $\mathcal{V}$ 是 $\mathbb{R}^n$ 的子空间。进一步，子空间 $\mathcal{V}$ 的维数等于 $\mathcal{V}$ 中线性无关向量的最大数量。如果 $\mathcal{V}$ 是 $\mathbb{R}^n$ 的子空间，那么 $\mathcal{V}$ 的正交补记为 $\mathcal{V}^\perp$，包含与 $\mathcal{V}$ 中每个向量正交的所有向量。因此，

$$\mathcal{V}^\perp = \{\boldsymbol{x} : \boldsymbol{v}^\top \boldsymbol{x} = 0,\ \text{所有}\ \boldsymbol{v} \in \mathcal{V}\}$$

$\mathcal{V}$ 的正交补也是一个子空间（证明过程留作习题 3.7）。$\mathcal{V}$ 和 $\mathcal{V}^\perp$ 能够共同张成 $\mathbb{R}^n$，也就是说，对于每一个向量 $\boldsymbol{x} \in \mathbb{R}^n$，它都可以唯一地表示为

$$\boldsymbol{x} = \boldsymbol{x}_1 + \boldsymbol{x}_2$$

其中，$\boldsymbol{x}_1 \in \mathcal{V}$，$\boldsymbol{x}_2 \in \mathcal{V}^\perp$。该表达式称为 $\boldsymbol{x}$ 相对于 $\mathcal{V}$ 的正交分解。$\boldsymbol{x}_1$ 和 $\boldsymbol{x}_2$ 称为 $\boldsymbol{x}$ 在子空间 $\mathcal{V}$ 和 $\mathcal{V}^\perp$ 上的正交投影。$\mathbb{R}^n = \mathcal{V} \oplus \mathcal{V}^\perp$ 表示 $\mathbb{R}^n$ 是 $\mathcal{V}$ 与 $\mathcal{V}^\perp$ 的直和。如果对于所有的 $\boldsymbol{x} \in \mathbb{R}^n$，都有 $\boldsymbol{P}\boldsymbol{x} \in \mathcal{V}$ 且 $\boldsymbol{x} - \boldsymbol{P}\boldsymbol{x} \in \mathcal{V}^\perp$，则称线性变换 $\boldsymbol{P}$ 是 $\mathcal{V}$ 上的正交投影算子。

在后续的讨论中，将采用以下符号和记法。令 $\boldsymbol{A} \in \mathbb{R}^{m \times n}$，$\boldsymbol{A}$ 的值域空间或像空间记为

$$\mathcal{R}(\boldsymbol{A}) \triangleq \{\boldsymbol{A}\boldsymbol{x} : \boldsymbol{x} \in \mathbb{R}^n\}$$

$\boldsymbol{A}$ 的零空间或核记为

$$\mathcal{N}(\boldsymbol{A}) \triangleq \{\boldsymbol{x} \in \mathbb{R}^n : \boldsymbol{A}\boldsymbol{x} = \boldsymbol{0}\}$$

可以证明，$\mathcal{R}(\boldsymbol{A})$ 和 $\mathcal{N}(\boldsymbol{A})$ 都是子空间（证明过程留作习题 3.9）。

定理 3.4 对于任意矩阵 $\boldsymbol{A}$，总有 $\mathcal{R}(\boldsymbol{A})^\perp = \mathcal{N}(\boldsymbol{A}^\top)$ 和 $\mathcal{N}(\boldsymbol{A})^\perp = \mathcal{R}(\boldsymbol{A}^\top)$ 成立。 □

证明：假定 $\boldsymbol{x} \in \mathcal{R}(\boldsymbol{A})^\perp$，则对于所有的 $\boldsymbol{y}$，都有 $\boldsymbol{y}^\top(\boldsymbol{A}^\top\boldsymbol{x}) = (\boldsymbol{A}\boldsymbol{y})^\top\boldsymbol{x} = 0$，这意味着 $\boldsymbol{A}^\top\boldsymbol{x} = \boldsymbol{0}$。因此，$\boldsymbol{x} \in \mathcal{N}(\boldsymbol{A}^\top)$，说明 $\mathcal{R}(\boldsymbol{A})^\perp \subset \mathcal{N}(\boldsymbol{A}^\top)$。

已有 $\boldsymbol{x} \in \mathcal{N}(\boldsymbol{A}^\top)$，则对于所有的 $\boldsymbol{y}$ 有 $(\boldsymbol{A}\boldsymbol{y})^\top\boldsymbol{x} = \boldsymbol{y}^\top(\boldsymbol{A}^\top\boldsymbol{x}) = 0$，即 $\boldsymbol{x} \in \mathcal{R}(\boldsymbol{A})^\perp$。可知 $\mathcal{N}(\boldsymbol{A}^\top) \subset \mathcal{R}(\boldsymbol{A})^\perp$，因此 $\mathcal{R}(\boldsymbol{A})^\perp = \mathcal{N}(\boldsymbol{A}^\top)$。

对于任意子空间 $\mathcal{V}$，都可以证明 $(\mathcal{V}^\perp)^\perp = \mathcal{V}$（证明过程留作习题 3.11），定理 3.4 中的

结论$\mathcal{N}(\boldsymbol{A})^{\perp}=\mathcal{R}(\boldsymbol{A}^{\top})$与此一脉相承。■

根据定理3.4，可以构造出正交投影算子的充分必要条件。注意，如果$\boldsymbol{P}$是$\mathcal{V}$上的一个正交投影算子，那么对于所有$\boldsymbol{x}\in\mathcal{V}$都有$\boldsymbol{Px}=\boldsymbol{x}$且$\mathcal{R}(\boldsymbol{P})=\mathcal{V}$(证明过程留作习题3.14)。

定理3.5 矩阵$\boldsymbol{P}$是子空间$\mathcal{V}=\mathcal{R}(\boldsymbol{P})$上的一个正交投影算子，当且仅当$\boldsymbol{P}^2=\boldsymbol{P}=\boldsymbol{P}^{\top}$。□

证明：必要性。如果$\boldsymbol{P}$是在$\mathcal{V}=\mathcal{R}(\boldsymbol{P})$上的正交投影算子，那么$\mathcal{R}(\boldsymbol{I}-\boldsymbol{P})\subset\mathcal{R}(\boldsymbol{P})^{\perp}$。但是，根据定理3.4，有$\mathcal{R}(\boldsymbol{P})^{\perp}=\mathcal{N}(\boldsymbol{P}^{\top})$。因此可知，$\mathcal{R}(\boldsymbol{I}-\boldsymbol{P})\subset\mathcal{N}(\boldsymbol{P}^{\top})$。如果对于所有的$\boldsymbol{y}$，都有$\boldsymbol{P}^{\top}(\boldsymbol{I}-\boldsymbol{P})\boldsymbol{y}=\boldsymbol{0}$，那么意味着$\boldsymbol{P}^{\top}(\boldsymbol{I}-\boldsymbol{P})=\boldsymbol{O}$，其中$\boldsymbol{O}$是一个零矩阵。因此，可知$\boldsymbol{P}^{\top}=\boldsymbol{P}^{\top}\boldsymbol{P}$，得到$\boldsymbol{P}=\boldsymbol{P}^{\top}=\boldsymbol{P}^2$。

充分性。假定$\boldsymbol{P}^2=\boldsymbol{P}=\boldsymbol{P}^{\top}$。对于任意向量$\boldsymbol{x}$和$\boldsymbol{y}$，有$(\boldsymbol{Py})^{\top}(\boldsymbol{I}-\boldsymbol{P})\boldsymbol{x}=\boldsymbol{y}^{\top}\boldsymbol{P}^{\top}(\boldsymbol{I}-\boldsymbol{P})\boldsymbol{x}=\boldsymbol{y}^{\top}\boldsymbol{P}(\boldsymbol{I}-\boldsymbol{P})\boldsymbol{x}=0$。因此，$(\boldsymbol{I}-\boldsymbol{P})\boldsymbol{x}\in\mathcal{R}(\boldsymbol{P})^{\perp}$，意味着$\boldsymbol{P}$是一个正交投影算子。■

3.4 二次型函数

二次型函数f: $\mathbb{R}^n\to\mathbb{R}$定义为具有如下形式的函数：

$$f(\boldsymbol{x})=\boldsymbol{x}^{\top}\boldsymbol{Q}\boldsymbol{x}$$

其中，$\boldsymbol{Q}$是一个$n\times n$实数矩阵。不失一般性，可以假定$\boldsymbol{Q}$是对称阵，即$\boldsymbol{Q}=\boldsymbol{Q}^{\top}$。即使矩阵$\boldsymbol{Q}$是非对称的，也可以利用如下对称阵来代替：

$$\boldsymbol{Q}_0=\boldsymbol{Q}_0^{\top}=\frac{1}{2}\left(\boldsymbol{Q}+\boldsymbol{Q}^{\top}\right)$$

可以看出

$$\boldsymbol{x}^{\top}\boldsymbol{Q}\boldsymbol{x}=\boldsymbol{x}^{\top}\boldsymbol{Q}_0\boldsymbol{x}=\boldsymbol{x}^{\top}\left(\frac{1}{2}\boldsymbol{Q}+\frac{1}{2}\boldsymbol{Q}^{\top}\right)\boldsymbol{x}$$

如果对于任意非零向量$\boldsymbol{x}$，都有$\boldsymbol{x}^{\top}\boldsymbol{Qx}>0$，那么二次型$\boldsymbol{x}^{\top}\boldsymbol{Qx}$，$\boldsymbol{Q}=\boldsymbol{Q}^{\top}$是正定的。如果对于所有的$\boldsymbol{x}$，都有$\boldsymbol{x}^{\top}\boldsymbol{Qx}\geqslant 0$，那么二次型是半正定的。类似地，如果对于所有非零的向量$\boldsymbol{x}$都有$\boldsymbol{x}^{\top}\boldsymbol{Qx}<0$，或对所有的$\boldsymbol{x}$都有$\boldsymbol{x}^{\top}\boldsymbol{Qx}\leqslant 0$，那么相应的二次型是负定的或半负定的。

前面已经讨论过，矩阵$\boldsymbol{Q}$的子式是经由矩阵$\boldsymbol{Q}$依次移除部分行列而获得的行列式。$\boldsymbol{Q}$的主子式包括$\det\boldsymbol{Q}$自身以及由$\boldsymbol{Q}$依次移除第i行和第i列获得的其他子式。也就是说，$\boldsymbol{Q}$的主子式为

$$\det\begin{bmatrix} q_{i_1i_1} & q_{i_1i_2} & \cdots & q_{i_1i_p} \\ q_{i_2i_1} & q_{i_2i_2} & \cdots & q_{i_2i_p} \\ \vdots & \vdots & & \vdots \\ q_{i_pi_1} & q_{i_pi_2} & \cdots & q_{i_pi_p} \end{bmatrix},\quad 1\leqslant i_1<\cdots<i_p\leqslant n,\quad p=1,2,\cdots,n$$

矩阵$\boldsymbol{Q}$的顺序主子式为$\det\boldsymbol{Q}$自身以及从矩阵$\boldsymbol{Q}$中依次移除最后一行和最后一列获得的所有子式，即

$$\Delta_1 = q_{11}, \qquad \Delta_2 = \det\begin{bmatrix} q_{11} & q_{12} \\ q_{21} & q_{22} \end{bmatrix}$$

$$\Delta_3 = \det\begin{bmatrix} q_{11} & q_{12} & q_{13} \\ q_{21} & q_{22} & q_{23} \\ q_{31} & q_{32} & q_{33} \end{bmatrix}, \cdots, \quad \Delta_n = \det \boldsymbol{Q}$$

下面证明西尔维斯特准则，该准则可以仅根据 $\boldsymbol{Q}$ 的顺序主子式判定二次型$\boldsymbol{x}^\top\boldsymbol{Q}\boldsymbol{x}$ 是否正定。

定理 3.6　西尔维斯特准则。给定二次型 $\boldsymbol{x}^\top\boldsymbol{Q}\boldsymbol{x}$，其中 $\boldsymbol{Q}=\boldsymbol{Q}^\top$，该二次型是正定的，当且仅当 $\boldsymbol{Q}$ 的顺序主子式是正定的。□

证明：要证明西尔维斯特准则，关键在于证明顺序主子式全部非零的二次型可以用某组基下坐标的平方和进行表示，即

$$\frac{\Delta_0}{\Delta_1}\tilde{x}_1^2 + \frac{\Delta_1}{\Delta_2}\tilde{x}_2^2 + \cdots + \frac{\Delta_{n-1}}{\Delta_n}\tilde{x}_n^2$$

其中，$\tilde{x}_i$ 是向量 $\boldsymbol{x}$ 相对于该组基的坐标，$\Delta_0 \triangleq 1$，$\Delta_1, \cdots, \Delta_n$ 是 $\boldsymbol{Q}$ 的顺序主子式。

考虑二次型函数$f(\boldsymbol{x})=\boldsymbol{x}^\top\boldsymbol{Q}\boldsymbol{x}$，其中 $\boldsymbol{Q}=\boldsymbol{Q}^\top$。令$\{\boldsymbol{e}_1, \boldsymbol{e}_2, \cdots, \boldsymbol{e}_n\}$是 $\mathbb{R}^n$ 的标准基，$\boldsymbol{x}$ 是 $\mathbb{R}^n$ 中的某个向量，则有

$$\boldsymbol{x} = x_1\boldsymbol{e}_1 + x_2\boldsymbol{e}_2 + \cdots + x_n\boldsymbol{e}_n$$

$\{\boldsymbol{v}_1, \boldsymbol{v}_2, \cdots, \boldsymbol{v}_n\}$是 $\mathbb{R}^n$ 中的另外一组基，那么，向量 $\boldsymbol{x}$ 可以用新基表示，对应的坐标为 $\tilde{\boldsymbol{x}}$，即

$$\boldsymbol{x} = [\boldsymbol{v}_1, \boldsymbol{v}_2, \cdots, \boldsymbol{v}_n]\tilde{\boldsymbol{x}} \triangleq \boldsymbol{V}\tilde{\boldsymbol{x}}$$

相应的，二次型可以写为

$$\boldsymbol{x}^\top\boldsymbol{Q}\boldsymbol{x} = \tilde{\boldsymbol{x}}^\top\boldsymbol{V}^\top\boldsymbol{Q}\boldsymbol{V}\tilde{\boldsymbol{x}} = \tilde{\boldsymbol{x}}^\top\tilde{\boldsymbol{Q}}\tilde{\boldsymbol{x}}$$

其中

$$\tilde{\boldsymbol{Q}} = \boldsymbol{V}^\top\boldsymbol{Q}\boldsymbol{V} = \begin{bmatrix} \tilde{q}_{11} & \cdots & \tilde{q}_{1n} \\ \vdots & \ddots & \vdots \\ \tilde{q}_{n1} & \cdots & \tilde{q}_{nn} \end{bmatrix}$$

注意 $\tilde{q}_{ij}=\langle \boldsymbol{v}_i, \boldsymbol{Q}\boldsymbol{v}_j\rangle$。我们的目标是确定基$\{\boldsymbol{v}_1, \boldsymbol{v}_2, \cdots, \boldsymbol{v}_n\}$所应满足的条件，使得对于 $i\neq j$，有 $\tilde{q}_{ij}=0$。

按照以下方式构造基$\{\boldsymbol{v}_1, \boldsymbol{v}_2, \cdots, \boldsymbol{v}_n\}$

$$\begin{aligned} \boldsymbol{v}_1 &= \alpha_{11}\boldsymbol{e}_1 \\ \boldsymbol{v}_2 &= \alpha_{21}\boldsymbol{e}_1 + \alpha_{22}\boldsymbol{e}_2 \\ &\vdots \\ \boldsymbol{v}_n &= \alpha_{n1}\boldsymbol{e}_1 + \alpha_{n2}\boldsymbol{e}_2 + \cdots + \alpha_{nn}\boldsymbol{e}_n \end{aligned}$$

可得对于 $j=1, \cdots, i-1$，如果

$$\langle \boldsymbol{v}_i, \boldsymbol{Q}\boldsymbol{e}_j\rangle = 0$$

那么有

$$\langle \boldsymbol{v}_i, \boldsymbol{Q}\boldsymbol{v}_j \rangle = 0$$

因此，目标就变为确定系数 $\alpha_{i1}, \alpha_{i2}, \cdots, \alpha_{ii}, i=1, \cdots, n$，使得向量

$$\boldsymbol{v}_i = \alpha_{i1}\boldsymbol{e}_1 + \alpha_{i2}\boldsymbol{e}_2 + \cdots + \alpha_{ii}\boldsymbol{e}_i$$

满足如下 i 个关系式：

$$\begin{aligned} \langle \boldsymbol{v}_i, \boldsymbol{Q}\boldsymbol{e}_j \rangle &= 0, \qquad j = 1, \cdots, i-1 \\ \langle \boldsymbol{e}_i, \boldsymbol{Q}\boldsymbol{v}_i \rangle &= 1 \end{aligned}$$

如果以上关系式满足，可得

$$\tilde{\boldsymbol{Q}} = \begin{bmatrix} \alpha_{11} & \cdots & 0 \\ \vdots & \ddots & \vdots \\ 0 & \cdots & \alpha_{nn} \end{bmatrix}$$

实际上，对于每个 $i=1, \cdots, n$，以上 i 个关系式可以唯一地确定系数 $\alpha_{i1}, \cdots, \alpha_{ii}$。将 $\boldsymbol{v}_i$ 的表达式代入以上关系式，可以得到一组方程：

$$\begin{aligned} \alpha_{i1}q_{11} + \alpha_{i2}q_{12} + \cdots + \alpha_{ii}q_{1i} &= 0 \\ &\vdots \\ \alpha_{i1}q_{i-1\,1} + \alpha_{i2}q_{i-1\,2} + \cdots + \alpha_{ii}q_{i-1\,i} &= 0 \\ \alpha_{i1}q_{i1} + \alpha_{i2}q_{i2} + \cdots + \alpha_{ii}q_{ii} &= 1 \end{aligned}$$

可将以上方程写为矩阵形式：

$$\begin{bmatrix} q_{11} & q_{12} & \cdots & q_{1i} \\ q_{21} & q_{22} & \cdots & q_{2i} \\ \vdots & \vdots & \ddots & \vdots \\ q_{i1} & q_{i2} & \cdots & q_{ii} \end{bmatrix} \begin{bmatrix} \alpha_{i1} \\ \alpha_{i2} \\ \vdots \\ \alpha_{ii} \end{bmatrix} = \begin{bmatrix} 0 \\ 0 \\ \vdots \\ 1 \end{bmatrix}$$

如果矩阵 $\boldsymbol{Q}$ 的顺序主子式不为零，那么系数 α_{ij} 可以利用克莱姆法则获得。具体而言，有

$$\alpha_{ii} = \frac{1}{\Delta_i} \det \begin{bmatrix} q_{11} & \cdots & q_{1\,i-1} & 0 \\ \vdots & \ddots & \vdots & 0 \\ q_{i-1\,1} & \cdots & q_{i-1\,i-1} & 0 \\ q_{i1} & \cdots & q_{i\,i-1} & 1 \end{bmatrix} = \frac{\Delta_{i-1}}{\Delta_i}$$

因此

$$\tilde{\boldsymbol{Q}} = \begin{bmatrix} \frac{1}{\Delta_1} & & & 0 \\ & \frac{\Delta_1}{\Delta_2} & & \\ & & \ddots & \\ 0 & & & \frac{\Delta_{n-1}}{\Delta_n} \end{bmatrix}$$

因此，在新的基 $\{v_1, v_2, \cdots, v_n\}$ 下，二次型可以表示为如下平方和的形式：

$$\boldsymbol{x}^\top \boldsymbol{Q}\boldsymbol{x} = \tilde{\boldsymbol{x}}^\top \tilde{\boldsymbol{Q}} \tilde{\boldsymbol{x}} = \frac{1}{\Delta_1}\tilde{x}_1^2 + \frac{\Delta_1}{\Delta_2}\tilde{x}_2^2 + \cdots + \frac{\Delta_{n-1}}{\Delta_n}\tilde{x}_n^2$$

以此为起点，可以证明二次型为正定的充分必要条件是 $\Delta_i > 0, i=1, \cdots, n$。

充分性很容易证明，如果有 $\Delta_i > 0, i=1, \cdots, n$，那么根据前面的推导可知，存在一组基，使得

$$\boldsymbol{x}^{\top}\boldsymbol{Q}\boldsymbol{x}=\tilde{\boldsymbol{x}}^{\top}\tilde{\boldsymbol{Q}}\tilde{\boldsymbol{x}}>0$$

对于任意 $\boldsymbol{x}\neq\boldsymbol{0}$(或对于任意 $\tilde{\boldsymbol{x}}\neq\boldsymbol{0}$)都成立。

为证明必要性，首先证明对于 $i=1,\cdots,n$，有 $\Delta_i\neq0$。为此，假定对于某个 k，有 $\Delta_k=0$。注意到 $\Delta_k=\det\boldsymbol{Q}_k$，其中

$$\boldsymbol{Q}_k=\begin{bmatrix}q_{11} & \cdots & q_{1k}\\ \vdots & \ddots & \vdots\\ q_{k1} & \cdots & q_{kk}\end{bmatrix}$$

那么，存在一个向量 $\boldsymbol{v}\in\mathbb{R}^k$，$\boldsymbol{v}\neq\boldsymbol{0}$，使得 $\boldsymbol{v}^{\top}\boldsymbol{Q}_k=\boldsymbol{0}$。令 $\boldsymbol{x}\in\mathbb{R}^n$，且 $\boldsymbol{x}=[\boldsymbol{v}^{\top},\boldsymbol{0}^{\top}]^{\top}$，可得

$$\boldsymbol{x}^{\top}\boldsymbol{Q}\boldsymbol{x}=\boldsymbol{v}^{\top}\boldsymbol{Q}_k\boldsymbol{v}=0$$

但是已知 $\boldsymbol{x}\neq\boldsymbol{0}$，这与二次型 f 是正定的这一事实相矛盾。因此，如果 $\boldsymbol{x}^{\top}\boldsymbol{Q}\boldsymbol{x}>0$，那么必定有 $\Delta_i\neq0$，$i=1,\cdots,n$。根据前面得到的等式：

$$\boldsymbol{x}^{\top}\boldsymbol{Q}\boldsymbol{x}=\tilde{\boldsymbol{x}}^{\top}\tilde{\boldsymbol{Q}}\tilde{\boldsymbol{x}}=\frac{1}{\Delta_1}\tilde{x}_1^2+\frac{\Delta_1}{\Delta_2}\tilde{x}_2^2+\cdots+\frac{\Delta_{n-1}}{\Delta_n}\tilde{x}_n^2$$

其中 $\tilde{\boldsymbol{x}}=[\boldsymbol{v}_1,\cdots,\boldsymbol{v}_n]\boldsymbol{x}$，可知，如果二次型是正定的，那么 $\boldsymbol{Q}$ 的所有顺序主子式都是正定的。

■

需要注意的是，如果 $\boldsymbol{Q}$ 不是对称矩阵，那么西尔维斯特法则不能用于检验二次型 $\boldsymbol{x}^{\top}\boldsymbol{Q}\boldsymbol{x}$ 的正定性。比如，给定矩阵

$$\boldsymbol{Q}=\begin{bmatrix}1 & 0\\ -4 & 1\end{bmatrix}$$

$\boldsymbol{Q}$ 的顺序主子式为 $\Delta_1=1>0$，$\Delta_2=\det\boldsymbol{Q}=1>0$。可以找到向量 $\boldsymbol{x}=[1,1]^{\top}$，使得 $\boldsymbol{x}^{\top}\boldsymbol{Q}\boldsymbol{x}=-2<0$，这意味着二次型不是正定的。可以看出

$$\begin{aligned}\boldsymbol{x}^{\top}\boldsymbol{Q}\boldsymbol{x}=\boldsymbol{x}^{\top}\begin{bmatrix}1 & 0\\ -4 & 1\end{bmatrix}\boldsymbol{x}&=\frac{1}{2}\boldsymbol{x}^{\top}\left(\begin{bmatrix}1 & 0\\ -4 & 1\end{bmatrix}+\begin{bmatrix}1 & -4\\ 0 & 1\end{bmatrix}\right)\boldsymbol{x}\\ &=\boldsymbol{x}^{\top}\begin{bmatrix}1 & -2\\ -2 & 1\end{bmatrix}\boldsymbol{x}=\boldsymbol{x}^{\top}\boldsymbol{Q}_0\boldsymbol{x}\end{aligned}$$

$\boldsymbol{Q}_0$ 的顺序主子式为 $\Delta_1=1>0$，$\Delta_2=\det\boldsymbol{Q}_0=-3<0$，与前面的结论一致。

一个实数二次型是半正定的必要条件是它的顺序主子式是非负的。但是，这并不是充分条件(见习题 3.16)。实际上，一个实数二次型是半正定的，当且仅当所有的主子式都是非负的(证明过程参见参考文献[44]的第 307 页)。

如果二次型 $\boldsymbol{x}^{\top}\boldsymbol{Q}\boldsymbol{x}$ 是正定的，那么对称阵 $\boldsymbol{Q}$ 是正定的。如果 $\boldsymbol{Q}$ 是正定的，记为 $\boldsymbol{Q}>0$。类似地，根据相应二次型的性质，可以分别定义对称阵 $\boldsymbol{Q}$ 为半正定($\boldsymbol{Q}\geqslant0$)、负定($\boldsymbol{Q}<0$)和半负定的($\boldsymbol{Q}\leqslant0$)。如果对称矩阵 $\boldsymbol{Q}$ 既不是半正定也不是半负定的，那么 $\boldsymbol{Q}$ 是不定矩阵。注意，矩阵 $\boldsymbol{Q}$ 是正定(或半正定)的，当且仅当矩阵 $-\boldsymbol{Q}$ 是负定(半负定)的。

西尔维斯特准则提供了一种判定二次型或对称矩阵是否正定的方法，另外一个判定方法为检查 $\boldsymbol{Q}$ 的特征值，如定理 3.7 所示。

定理 3.7　对称矩阵 $\boldsymbol{Q}$ 是正定(半正定)的，当且仅当 $\boldsymbol{Q}$ 的所有特征值是正的(非负的)。 □

证明：对于任意向量 $\boldsymbol{x}$，令 $\boldsymbol{y}=\boldsymbol{T}^{-1}\boldsymbol{x}=\boldsymbol{T}^{\top}\boldsymbol{x}$，其中 $\boldsymbol{T}$ 是一个正交矩阵，各列就是矩阵 $\boldsymbol{Q}$ 的特征向量。那么，有 $\boldsymbol{x}^{\top}\boldsymbol{Q}\boldsymbol{x}=\boldsymbol{y}^{\top}\boldsymbol{T}^{\top}\boldsymbol{Q}\boldsymbol{T}\boldsymbol{y}=\sum_{i=1}^{n}\lambda_i y_i^2$。由此可推知该定理成立。 ■

通过对角化，可以证明一个对称半正定矩阵 $\boldsymbol{Q}$ 具有对称的半正定平方根 $\boldsymbol{Q}^{1/2}$，满足 $\boldsymbol{Q}^{1/2}\boldsymbol{Q}^{1/2}=\boldsymbol{Q}$。采用上面的算子 $\boldsymbol{T}$，可将 $\boldsymbol{Q}^{1/2}$ 表示为

$$\boldsymbol{Q}^{1/2}=\boldsymbol{T}\begin{bmatrix}\lambda_1^{1/2} & \cdots & & 0\\ & \lambda_2^{1/2} & & \\ \vdots & & \ddots & \vdots\\ 0 & \cdots & & \lambda_n^{1/2}\end{bmatrix}\boldsymbol{T}^{\top}$$

容易证明 $\boldsymbol{Q}^{1/2}$ 是对称矩阵，且是半正定的。那么，二次型 $\boldsymbol{x}^{\top}\boldsymbol{Q}\boldsymbol{x}$ 可以表示为 $\|\boldsymbol{Q}^{1/2}\boldsymbol{x}\|^2$。

前面给出了二次型函数和对称矩阵正定性的两类判据。需要再次强调的是，顺序主子式非负是对称矩阵半正定的必要条件，不是充分条件。

3.5　矩阵范数

矩阵范数有很多种定义方式，由于矩阵集合 $\mathbb{R}^{m\times n}$ 可以视为实数向量空间 $\mathbb{R}^{mn}$，所以矩阵范数与正则向量范数没有本质的区别。可将矩阵 $\boldsymbol{A}$ 的范数记为 $\|\boldsymbol{A}\|$，它是一个满足如下条件的任意函数 $\|\cdot\|$：

1. 如果 $\boldsymbol{A}\neq\boldsymbol{O}$，那么有 $\|\boldsymbol{A}\|>0$，$\|\boldsymbol{O}\|=0$，$\boldsymbol{O}$ 是一个零矩阵。
2. 对于任意 $c\in\mathbb{R}$，有 $\|c\boldsymbol{A}\|=|c|\,\|\boldsymbol{A}\|$。
3. $\|\boldsymbol{A}+\boldsymbol{B}\|\leqslant\|\boldsymbol{A}\|+\|\boldsymbol{B}\|$。

Frobenius 范数是矩阵范数的定义方式之一，按照下式进行计算：

$$\|\boldsymbol{A}\|_F=\left(\sum_{i=1}^{m}\sum_{j=1}^{n}(a_{ij})^2\right)^{\frac{1}{2}}$$

其中，$\boldsymbol{A}\in\mathbb{R}^{m\times n}$。需要指出的是，Frobenius 范数等价于 $\mathbb{R}^{mn}$ 上的欧氏范数。

本书仅考虑那些满足如下附加条件的矩阵范数：

4. $\|\boldsymbol{A}\boldsymbol{B}\|\leqslant\|\boldsymbol{A}\|\,\|\boldsymbol{B}\|$。

容易证明，Frobenius 范数满足该附加条件。

鉴于很多问题中矩阵和向量会同时出现，因此在定义矩阵范数时，应考虑其与向量范数的关联，便于计算和推导。为此，考虑一类特殊的矩阵范数，称为导出范数。令 $\|\cdot\|_{(n)}$ 和 $\|\cdot\|_{(m)}$ 分别为 $\mathbb{R}^n$ 和 $\mathbb{R}^m$ 上的向量范数。如果对于任意矩阵 $\boldsymbol{A}\in\mathbb{R}^{m\times n}$ 和任意向量 $\boldsymbol{x}\in\mathbb{R}^n$，有如下不等式成立：

$$\|\boldsymbol{A}\boldsymbol{x}\|_{(m)}\leqslant\|\boldsymbol{A}\|\|\boldsymbol{x}\|_{(n)}$$

则称该矩阵范数可由向量范数导出，或与向量范数兼容。

导出矩阵范数定义为

$$\|\boldsymbol{A}\| = \max_{\|\boldsymbol{x}\|_{(n)}=1} \|\boldsymbol{A}\boldsymbol{x}\|_{(m)}$$

也就是说，$\|\boldsymbol{A}\|$ 是向量 $\boldsymbol{Ax}$ 范数的最大值，其中向量 $\boldsymbol{x}$ 是范数为 1 的任意向量。接下来，在不会引起歧义的情况下，将忽略 $\|\cdot\|_{(n)}$ 和 $\|\cdot\|_{(m)}$ 中的下标(m)和(n)。

由于向量范数是连续的(见习题 2.10)，因此，对于每个矩阵 $\boldsymbol{A}$，最大值

$$\max_{\|\boldsymbol{x}\|=1} \|\boldsymbol{A}\boldsymbol{x}\|$$

是存在的，即存在向量 $\boldsymbol{x}_0$ 且 $\|\boldsymbol{x}_0\| = 1$，使得 $\|\boldsymbol{Ax}_0\| = \|\boldsymbol{A}\|$。这一结论可由魏尔斯特拉斯定理导出(见定理 4.2)。

导出范数满足矩阵范数的条件 1 至条件 4 以及兼容性条件，下面一一给出证明。

条件 1 的证明：令 $\boldsymbol{A} \neq \boldsymbol{O}$，可找到向量 $\boldsymbol{x}$，$\|\boldsymbol{x}\| = 1$，满足 $\boldsymbol{Ax} \neq \boldsymbol{0}$，因此 $\|\boldsymbol{Ax}\| \neq 0$。从而，$\|\boldsymbol{A}\| = \max_{\|\boldsymbol{x}\|=1} \|\boldsymbol{Ax}\| \neq 0$。另一方面，如果 $\boldsymbol{A} = \boldsymbol{O}$，那么有 $\|\boldsymbol{A}\| = \max_{\|\boldsymbol{x}\|=1} \|\boldsymbol{Ox}\| = 0$。 ■

条件 2 的证明：根据定义可知，$\|c\boldsymbol{A}\| = \max_{\|\boldsymbol{x}\|=1} \|c\boldsymbol{Ax}\|$。显然有 $\|c\boldsymbol{Ax}\| = |c|\,\|\boldsymbol{Ax}\|$，因此可得 $\|c\boldsymbol{A}\| = \max_{\|\boldsymbol{x}\|=1} |c|\,\|\boldsymbol{Ax}\| = |c| \max_{\|\boldsymbol{x}\|=1} \|\boldsymbol{Ax}\| = |c|\,\|\boldsymbol{A}\|$。 ■

兼容性条件的证明：令 $\boldsymbol{y}$ 为不等于 $\boldsymbol{0}$ 的任意向量，那么 $\boldsymbol{x} = \boldsymbol{y}/\|\boldsymbol{y}\|$ 满足条件 $\|\boldsymbol{x}\| = 1$。由此可推得 $\|\boldsymbol{Ay}\| = \|\boldsymbol{A}(\|\boldsymbol{y}\|\boldsymbol{x})\| = \|\boldsymbol{y}\|\,\|\boldsymbol{Ax}\| \leqslant \|\boldsymbol{y}\|\,\|\boldsymbol{A}\|$。 ■

条件 3 的证明：对于矩阵 $\boldsymbol{A}+\boldsymbol{B}$，总可以找到向量 $\boldsymbol{x}_0$ 使得 $\|\boldsymbol{A}+\boldsymbol{B}\| = \|(\boldsymbol{A}+\boldsymbol{B})\boldsymbol{x}_0\|$ 且 $\|\boldsymbol{x}_0\| = 1$，因此有

$$\begin{aligned}
\|\boldsymbol{A}+\boldsymbol{B}\| &= \|(\boldsymbol{A}+\boldsymbol{B})\boldsymbol{x}_0\| \\
&= \|\boldsymbol{A}\boldsymbol{x}_0 + \boldsymbol{B}\boldsymbol{x}_0\| \\
&\leqslant \|\boldsymbol{A}\boldsymbol{x}_0\| + \|\boldsymbol{B}\boldsymbol{x}_0\| \\
&\leqslant \|\boldsymbol{A}\|\|\boldsymbol{x}_0\| + \|\boldsymbol{B}\|\|\boldsymbol{x}_0\| \\
&= \|\boldsymbol{A}\| + \|\boldsymbol{B}\|
\end{aligned}$$

条件 3 成立。 ■

条件 4 的证明：对于矩阵 $\boldsymbol{AB}$，总可以找到向量 $\boldsymbol{x}_0$ 使得 $\|\boldsymbol{x}_0\| = 1$ 且 $\|\boldsymbol{ABx}_0\| = \|\boldsymbol{AB}\|$。因此，有

$$\begin{aligned}
\|\boldsymbol{AB}\| &= \|\boldsymbol{AB}\boldsymbol{x}_0\| \\
&= \|\boldsymbol{A}(\boldsymbol{B}\boldsymbol{x}_0)\| \\
&\leqslant \|\boldsymbol{A}\|\|\boldsymbol{B}\boldsymbol{x}_0\| \\
&\leqslant \|\boldsymbol{A}\|\|\boldsymbol{B}\|\|\boldsymbol{x}_0\| \\
&= \|\boldsymbol{A}\|\|\boldsymbol{B}\|
\end{aligned}$$

说明条件 4 成立。 ■

定理 3.8　令

$$\|\boldsymbol{x}\| = \left(\sum_{k=1}^{n} |x_k|^2\right)^{1/2} = \sqrt{\langle \boldsymbol{x}, \boldsymbol{x} \rangle}$$

那么由该向量范数导出的矩阵范数为

$$\|\boldsymbol{A}\| = \sqrt{\lambda_1}$$

其中，λ_1是矩阵$\boldsymbol{A}^\top\boldsymbol{A}$的最大特征值。 □

证明： 已知

$$\|\boldsymbol{Ax}\|^2 = \langle \boldsymbol{Ax}, \boldsymbol{Ax}\rangle = \langle \boldsymbol{x}, \boldsymbol{A}^\top\boldsymbol{Ax}\rangle$$

矩阵$\boldsymbol{A}^\top\boldsymbol{A}$是对称半正定矩阵。令$\lambda_1 \geqslant \lambda_2 \geqslant \cdots \geqslant \lambda_n \geqslant 0$为$\boldsymbol{A}^\top\boldsymbol{A}$的特征值，而$\boldsymbol{x}_1$，$\boldsymbol{x}_2$，…，$\boldsymbol{x}_n$是与这些特征值相对应的一组正交的特征向量。对于任意满足$\|\boldsymbol{x}\|=1$的向量$\boldsymbol{x}$，可以表示为$\boldsymbol{x}_i$，$i=1$，…，n的线性组合：

$$\boldsymbol{x} = c_1\boldsymbol{x}_1 + c_2\boldsymbol{x}_2 + \cdots + c_n\boldsymbol{x}_n$$

注意

$$\langle \boldsymbol{x}, \boldsymbol{x}\rangle = c_1^2 + c_2^2 + \cdots + c_n^2 = 1$$

可得

$$\begin{aligned}
\|\boldsymbol{Ax}\|^2 &= \langle \boldsymbol{x}, \boldsymbol{A}^\top\boldsymbol{Ax}\rangle \\
&= \langle c_1\boldsymbol{x}_1 + \cdots + c_n\boldsymbol{x}_n, c_1\lambda_1\boldsymbol{x}_1 + \cdots + c_n\lambda_n\boldsymbol{x}_n\rangle \\
&= \lambda_1 c_1^2 + \cdots + \lambda_n c_n^2 \\
&\leqslant \lambda_1(c_1^2 + \cdots + c_n^2) \\
&= \lambda_1
\end{aligned}$$

对于$\boldsymbol{A}^\top\boldsymbol{A}$中与特征值$\lambda_1$对应的特征向量$\boldsymbol{x}_1$，有

$$\|\boldsymbol{Ax}_1\|^2 = \langle \boldsymbol{x}_1, \boldsymbol{A}^\top\boldsymbol{Ax}_1\rangle = \langle \boldsymbol{x}_1, \lambda_1\boldsymbol{x}_1\rangle = \lambda_1$$

得到

$$\max_{\|\boldsymbol{x}\|=1} \|\boldsymbol{Ax}\| = \sqrt{\lambda_1}$$

定理得证。 ■

利用上面给出的结果，可以推出如下不等式：

瑞利不等式。 如果$n \times n$矩阵$\boldsymbol{P}$是一个实数对称正定矩阵，则有

$$\lambda_{\min}(\boldsymbol{P})\|\boldsymbol{x}\|^2 \leqslant \boldsymbol{x}^\top\boldsymbol{Px} \leqslant \lambda_{\max}(\boldsymbol{P})\|\boldsymbol{x}\|^2$$

其中，$\lambda_{\min}(\boldsymbol{P})$表示$\boldsymbol{P}$的最小特征值，$\lambda_{\max}(\boldsymbol{P})$表示$\boldsymbol{P}$的最大特征值。

例 3.1　考虑矩阵：

$$\boldsymbol{A} = \begin{bmatrix} 2 & 1 \\ 1 & 2 \end{bmatrix}$$

给定$\mathbb{R}^2$空间的向量范数为

$$\|\boldsymbol{x}\| = \sqrt{x_1^2 + x_2^2}$$

有

$$\boldsymbol{A}^\top\boldsymbol{A} = \begin{bmatrix} 5 & 4 \\ 4 & 5 \end{bmatrix}$$

且$\det[\lambda\boldsymbol{I}_2 - \boldsymbol{A}^\top\boldsymbol{A}] = \lambda^2 - 10\lambda + 9 = (\lambda-1)(\lambda-9)$，因此，$\|\boldsymbol{A}\| = \sqrt{9} = 3$。

$\boldsymbol{A}^{\top}\boldsymbol{A}$ 与 $\lambda_1=9$ 相对应的特征向量为

$$\boldsymbol{x}_1 = \frac{1}{\sqrt{2}}\begin{bmatrix}1\\1\end{bmatrix}$$

注意

$$\begin{aligned}\|\boldsymbol{A}\boldsymbol{x}_1\| &= \left\|\frac{1}{\sqrt{2}}\begin{bmatrix}2 & 1\\1 & 2\end{bmatrix}\begin{bmatrix}1\\1\end{bmatrix}\right\| \\ &= \frac{1}{\sqrt{2}}\left\|\begin{bmatrix}3\\3\end{bmatrix}\right\| \\ &= \frac{1}{\sqrt{2}}\sqrt{3^2+3^2} \\ &= 3\end{aligned}$$

因此，$\|\boldsymbol{A}\boldsymbol{x}_1\| = \|\boldsymbol{A}\|$。由于 $\boldsymbol{A}=\boldsymbol{A}^{\top}$，可推知 $\|\boldsymbol{A}\| = \max_{1\leqslant i\leqslant n}|\lambda_i(\boldsymbol{A})|$，其中 $\boldsymbol{A}$ 的特征值是 $\lambda_1(\boldsymbol{A})$，…，$\lambda_n(\boldsymbol{A})$（可能存在相同的特征值）。■

提醒： 一般来说，$\max_{1\leqslant i\leqslant n}|\lambda_i(\boldsymbol{A})| \neq \|\boldsymbol{A}\|$。实际上，有 $\|\boldsymbol{A}\| \geqslant \max_{1\leqslant i\leqslant n}|\lambda_i(\boldsymbol{A})|$ 成立，如下面的示例所示（同时可参见习题 5.2）。

例 3.2　令矩阵

$$\boldsymbol{A} = \begin{bmatrix}0 & 1\\0 & 0\end{bmatrix}$$

有

$$\boldsymbol{A}^{\top}\boldsymbol{A} = \begin{bmatrix}0 & 0\\0 & 1\end{bmatrix}$$

且

$$\det[\lambda\boldsymbol{I}_2 - \boldsymbol{A}^{\top}\boldsymbol{A}] = \det\begin{bmatrix}\lambda & 0\\0 & \lambda-1\end{bmatrix} = \lambda(\lambda-1)$$

注意 0 是 $\boldsymbol{A}$ 的唯一特征值。因此，对于 $i=1, 2$，有 $\|\boldsymbol{A}\| = 1 > |\lambda_i(\boldsymbol{A})| = 0$。■

本章和第 2 章讨论了线性代数方面的基础知识，关于线性代数方面更为完整的基础知识，可参见参考文献[47, 66, 95, 126]。矩阵方面的专门知识可参见参考文献[44, 62]。关于利用数值方法进行矩阵计算方面的讨论可参见参考文献[41, 53]。

习题

3.1　给定 $\mathbb{R}^n$ 中的一个向量，令 $\boldsymbol{x}$ 是该向量关于基 $\{\boldsymbol{e}_1, \boldsymbol{e}_2, \cdots, \boldsymbol{e}_n\}$ 的坐标，$\boldsymbol{x}'$ 是该向量关于基 $\{\boldsymbol{e}_1', \boldsymbol{e}_2', \cdots, \boldsymbol{e}_n'\}$ 的坐标。试证明存在关系式 $\boldsymbol{x}'=\boldsymbol{T}\boldsymbol{x}$，其中 $\boldsymbol{T}$ 是从 $\{\boldsymbol{e}_1, \boldsymbol{e}_2, \cdots, \boldsymbol{e}_n\}$ 到 $\{\boldsymbol{e}_1', \boldsymbol{e}_2', \cdots, \boldsymbol{e}_n'\}$ 的变换矩阵。

3.2　给定以下条件，试寻找从 $\{\boldsymbol{e}_1, \boldsymbol{e}_2, \boldsymbol{e}_3\}$ 到 $\{\boldsymbol{e}_1', \boldsymbol{e}_2', \boldsymbol{e}_3'\}$ 的变换矩阵 $\boldsymbol{T}$：

a. $\boldsymbol{e}_1' = \boldsymbol{e}_1 + 3\boldsymbol{e}_2 - 4\boldsymbol{e}_3$, $\boldsymbol{e}_2' = 2\boldsymbol{e}_1 - \boldsymbol{e}_2 + 5\boldsymbol{e}_3$, $\boldsymbol{e}_3' = 4\boldsymbol{e}_1 + 5\boldsymbol{e}_2 + 3\boldsymbol{e}_3$;

b. $\boldsymbol{e}_1 = \boldsymbol{e}_1' + \boldsymbol{e}_2' + 3\boldsymbol{e}_3'$, $\boldsymbol{e}_2 = 2\boldsymbol{e}_1' - \boldsymbol{e}_2' + 4\boldsymbol{e}_3'$, $\boldsymbol{e}_3 = 3\boldsymbol{e}_1' + 5\boldsymbol{e}_3'$。

3.3 考虑 $\mathbb{R}^3$ 的两组基 $\{\boldsymbol{e}_1, \boldsymbol{e}_2, \boldsymbol{e}_3\}$ 和 $\{\boldsymbol{e}_1', \boldsymbol{e}_2', \boldsymbol{e}_3'\}$，其中 $\boldsymbol{e}_1 = 2\boldsymbol{e}_1' + \boldsymbol{e}_2' - \boldsymbol{e}_3'$，$\boldsymbol{e}_2 = 2\boldsymbol{e}_1' - \boldsymbol{e}_2' + 2\boldsymbol{e}_3'$，$\boldsymbol{e}_3 = 3\boldsymbol{e}_1' + \boldsymbol{e}_3'$。如果在基 $\{\boldsymbol{e}_1, \boldsymbol{e}_2, \boldsymbol{e}_3\}$ 下，某一线性变换的矩阵表示为

$$\boldsymbol{A} = \begin{bmatrix} 2 & -1 & 0 \\ 0 & 1 & -1 \\ 0 & 0 & 1 \end{bmatrix}$$

试确定该线性变换在基 $\{\boldsymbol{e}_1', \boldsymbol{e}_2', \boldsymbol{e}_3'\}$ 下的矩阵表示。

3.4 考虑 $\mathbb{R}^4$ 的两组基 $\{\boldsymbol{e}_1, \boldsymbol{e}_2, \boldsymbol{e}_3, \boldsymbol{e}_4\}$ 和 $\{\boldsymbol{e}_1', \boldsymbol{e}_2', \boldsymbol{e}_3', \boldsymbol{e}_4'\}$，其中 $\boldsymbol{e}_1' = \boldsymbol{e}_1$，$\boldsymbol{e}_2' = \boldsymbol{e}_1 + \boldsymbol{e}_2$，$\boldsymbol{e}_3' = \boldsymbol{e}_1 + \boldsymbol{e}_2 + \boldsymbol{e}_3$，$\boldsymbol{e}_4' = \boldsymbol{e}_1 + \boldsymbol{e}_2 + \boldsymbol{e}_3 + \boldsymbol{e}_4$。如果在基 $\{\boldsymbol{e}_1, \boldsymbol{e}_2, \boldsymbol{e}_3, \boldsymbol{e}_4\}$ 下，某一线性变换的矩阵表示为

$$\boldsymbol{A} = \begin{bmatrix} 2 & 0 & 1 & 0 \\ -3 & 2 & 0 & 1 \\ 0 & 1 & -1 & 2 \\ 1 & 0 & 0 & 3 \end{bmatrix}$$

试确定该线性变换在基 $\{\boldsymbol{e}_1', \boldsymbol{e}_2', \boldsymbol{e}_3', \boldsymbol{e}_4'\}$ 下的矩阵表示。

3.5 考虑由如下矩阵给定的线性变换

$$\boldsymbol{A} = \begin{bmatrix} -1 & 0 & 0 & 0 \\ 1 & 1 & 0 & 0 \\ 2 & 5 & 2 & 1 \\ -1 & 1 & 0 & 3 \end{bmatrix}$$

试确定 $\mathbb{R}^4$ 中的一组基，使得相对于该组基，线性变换 $\boldsymbol{A}$ 的矩阵表示是一个对角阵。

3.6 令 $\lambda_1, \cdots, \lambda_n$ 为矩阵 $\boldsymbol{A} \in \mathbb{R}^{n \times n}$ 的特征值。试证明，矩阵 $\boldsymbol{I}_n - \boldsymbol{A}$ 的特征值为 $1 - \lambda_1, \cdots, 1 - \lambda_n$。

3.7 如果 $\mathcal{V}$ 是一个子空间，试证明 $\mathcal{V}^{\perp}$ 也是一个子空间。

3.8 试确定矩阵

$$\boldsymbol{A} = \begin{bmatrix} 4 & -2 & 0 \\ 2 & 1 & -1 \\ 2 & -3 & 1 \end{bmatrix}$$

的零空间。

3.9 给定矩阵 $\boldsymbol{A} \in \mathbb{R}^{m \times n}$，试证明 $\mathcal{R}(\boldsymbol{A})$ 是 $\mathbb{R}^m$ 的子空间，而 $\mathcal{N}(\boldsymbol{A})$ 是 $\mathbb{R}^n$ 的子空间。

3.10 试证明，如果矩阵 $\boldsymbol{A}$ 和 $\boldsymbol{B}$ 都由 m 个行向量组成，且 $\mathcal{N}(\boldsymbol{A}^{\top}) \subset \mathcal{N}(\boldsymbol{B}^{\top})$，那么有 $\mathcal{R}(\boldsymbol{B}) \subset \mathcal{R}(\boldsymbol{A})$。

提示：对于任意的 m 个行向量组成的矩阵 $\boldsymbol{M}$，总有 $\dim\mathcal{R}(\boldsymbol{M}) + \dim\mathcal{N}(\boldsymbol{M}^{\top}) = m$，这是线性代数的基础理论之一，参见参考文献[126]的第 75 页，据此开展证明。

3.11 已知 $\mathcal{V}$ 是一个子空间，试证明 $(\mathcal{V}^{\perp})^{\perp} = \mathcal{V}$。

提示：利用习题 3.10 的结论进行证明。

3.12 已知 $\mathcal{V}$ 和 $\mathcal{W}$ 都是子空间，试证明如果 $\mathcal{V} \subset \mathcal{W}$，那么有 $\mathcal{W}^{\perp} \subset \mathcal{V}^{\perp}$。

3.13 已知 $\mathcal{V}$ 是 $\mathbb{R}^n$ 的子空间，试证明存在矩阵 $\boldsymbol{V}$ 和 $\boldsymbol{U}$，使得 $\mathcal{V} = \mathcal{R}(\boldsymbol{V}) = \mathcal{N}(\boldsymbol{U})$。

3.14 已知 $\boldsymbol{P}$ 是子空间 $\mathcal{V}$ 上的一个正交投影算子。试证明如下结论：

a. 对于所有 $\boldsymbol{x} \in \mathcal{V}$，都有 $\boldsymbol{P}\boldsymbol{x} = \boldsymbol{x}$；

b. $\mathcal{R}(\boldsymbol{P}) = \mathcal{V}$。

3.15 试判定二次型

$$\boldsymbol{x}^{\top} \begin{bmatrix} 1 & -8 \\ 1 & 1 \end{bmatrix} \boldsymbol{x}$$

是正定的、半正定的、负定的、半负定的还是不定的？

3.16 已知

$$\boldsymbol{A} = \begin{bmatrix} 2 & 2 & 2 \\ 2 & 2 & 2 \\ 2 & 2 & 0 \end{bmatrix}$$

试证明尽管 $\boldsymbol{A}$ 的所有顺序主子式都是非负的，$\boldsymbol{A}$ 并不是半正定的。

3.17 考虑如下矩阵：

$$\boldsymbol{Q} = \begin{bmatrix} 0 & 1 & 1 \\ 1 & 0 & 1 \\ 1 & 1 & 0 \end{bmatrix}$$

a. 试判定该矩阵是正定的、负定的还是不定的？

b. 试判定在子空间

$$\mathcal{M} = \{\boldsymbol{x} : x_1 + x_2 + x_3 = 0\}$$

中，矩阵 $\boldsymbol{Q}$ 是正定的、负定的还是不定的？

3.18 给定如下3种二次型，试判定它们是正定的、半正定的、负定的、半负定的还是不定的？

a. $f(x_1, x_2, x_3) = x_2^2$

b. $f(x_1, x_2, x_3) = x_1^2 + 2x_2^2 - x_1x_3$

c. $f(x_1, x_2, x_3) = x_1^2 + x_3^2 + 2x_1x_2 + 2x_1x_3 + 2x_2x_3$

3.19 试确定一个线性变换，使得如下二次型能够变换为对角阵：

$$f(x_1, x_2, x_3) = 4x_1^2 + x_2^2 + 9x_3^2 - 4x_1x_2 - 6x_2x_3 + 12x_1x_3$$

提示：仿照定理3.6的证明过程。

3.20 考虑二次型：

$$f(x_1, x_2, x_3) = x_1^2 + x_2^2 + 5x_3^2 + 2\xi x_1x_2 - 2x_1x_3 + 4x_2x_3$$

试确定参数 ξ 的取值范围，使得该二次型是正定的。

3.21 考虑函数 $\langle\cdot,\cdot\rangle_{\boldsymbol{Q}}: \mathbb{R}^n \times \mathbb{R}^n \to \mathbb{R}$，定义为 $\langle\boldsymbol{x}, \boldsymbol{y}\rangle_{\boldsymbol{Q}} = \boldsymbol{x}^\top \boldsymbol{Q}\boldsymbol{y}$，其中 $\boldsymbol{x}, \boldsymbol{y} \in \mathbb{R}^n$，且 $\boldsymbol{Q} \in \mathbb{R}^{n\times n}$ 是对称正定阵。试证明 $\langle\cdot,\cdot\rangle_{\boldsymbol{Q}}$ 满足内积的4个条件（见2.4节）。

3.22 考虑 $\mathbb{R}^n$ 上的向量范数 $\|\cdot\|_\infty$，定义为 $\|\boldsymbol{x}\|_\infty = \max_i |x_i|$，其中 $\boldsymbol{x} = [x_1, \cdots, x_n]^\top$。类似地，可以定义 $\mathbb{R}^m$ 上的向量范数 $\|\cdot\|_\infty$。试证明，由这些向量范数导出的矩阵范数为

$$\|\boldsymbol{A}\|_\infty = \max_i \sum_{k=1}^{n} |a_{ik}|$$

其中，a_{ij} 表示 $\boldsymbol{A} \in \mathbb{R}^{m\times n}$ 的第 (i, j) 个元素。

3.23 考虑 $\mathbb{R}^n$ 上的向量范数 $\|\cdot\|_1$，定义为 $\|\boldsymbol{x}\|_1 = \sum_{i=1}^{n} |x_i|$，其中 $\boldsymbol{x} = [x_1, \cdots, x_n]^\top$。类似地，可以定义 $\mathbb{R}^m$ 上的向量范数 $\|\cdot\|_1$。试证明，由这些向量范数导出的矩阵范数为

$$\|\boldsymbol{A}\|_1 = \max_k \sum_{i=1}^{m} |a_{ik}|$$

其中，a_{ij} 表示 $\boldsymbol{A} \in \mathbb{R}^{m\times n}$ 的第 (i, j) 个元素。

第 4 章　有关几何概念

4.1　线段

本章将讨论范围限定在 $\mathbb{R}^n$ 空间。该空间的每个元素都是 n 维向量 $\boldsymbol{x}=[x_1, x_2, \cdots, x_n]^\top$。

$\boldsymbol{x}$ 和 $\boldsymbol{y}$ 是空间 $\mathbb{R}^n$ 中的两点，两者之间的线段指的是连接 $\boldsymbol{x}$ 和 $\boldsymbol{y}$ 的直线上所有点的集合(如图 4.1 所示)。如果 $\boldsymbol{z}$ 位于 $\boldsymbol{x}$ 和 $\boldsymbol{y}$ 之间的线段上，那么有

$$\boldsymbol{z}-\boldsymbol{y}=\alpha(\boldsymbol{x}-\boldsymbol{y})$$

其中，α 是位于区间 $[0, 1]$ 的实数。该等式可写为 $\boldsymbol{z}=\alpha\boldsymbol{x}+(1-\alpha)\boldsymbol{y}$。因此，$\boldsymbol{x}$ 和 $\boldsymbol{y}$ 之间的线段可以表示为

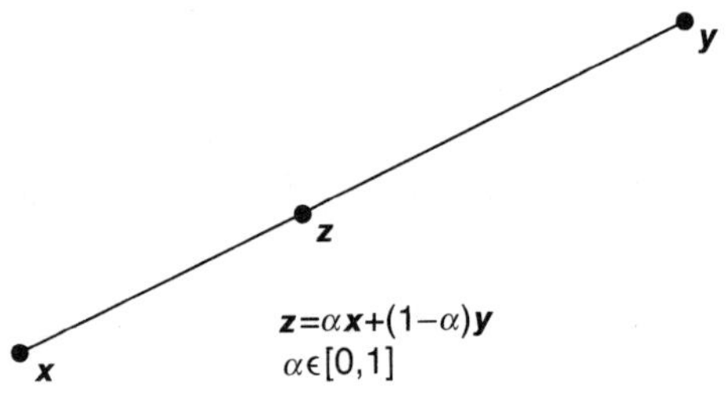

图 4.1　线段

$$\{\alpha\boldsymbol{x}+(1-\alpha)\boldsymbol{y}:\alpha\in[0,1]\}$$

4.2　超平面与线性簇

令 $u_1, u_2, \cdots, u_n, v\in\mathbb{R}$，其中至少存在一个 u_i 不为零。由所有满足线性方程

$$u_1x_1+u_2x_2+\cdots+u_nx_n=v$$

的点 $\boldsymbol{x}=[x_1, x_2, \cdots, x_n]^\top$ 组成的集合称为空间 $\mathbb{R}^n$ 的超平面。超平面可以写为

$$\{\boldsymbol{x}\in\mathbb{R}^n:\boldsymbol{u}^\top\boldsymbol{x}=v\}$$

其中

$$\boldsymbol{u}=[u_1,u_2,\cdots,u_n]^\top$$

注意，超平面不一定是 $\mathbb{R}^n$ 的子空间，因为超平面通常不包含原点。当 $n=2$ 时，超平面方程为 $u_1x_1+u_2x_2=v$，刚好是一个直线方程。因此，直线是 $\mathbb{R}^2$ 中的超平面。在 $\mathbb{R}^3$(三维空间)中，超平面是一些普通平面。通过对超平面进行转换，使其包含 $\mathbb{R}^n$ 的原点，就可以将其转换为 $\mathbb{R}^n$ 的子空间(见图 4.2)。由于对应子空间的维数是 $n-1$，因此称超平面是 $n-1$ 维的。

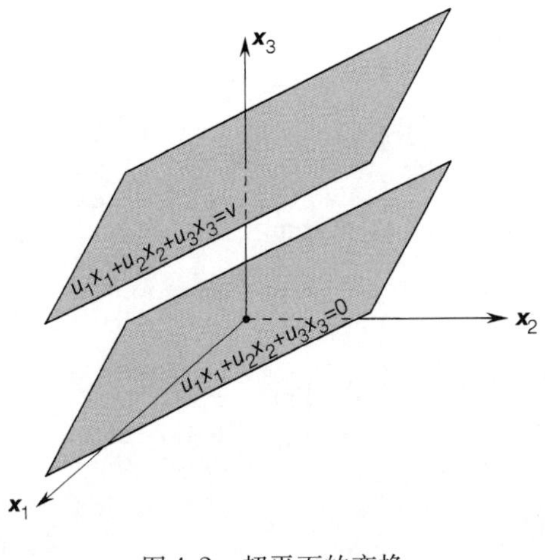

图 4.2　超平面的变换

超平面 $H=\{\boldsymbol{x}: u_1x_1+\cdots+u_nx_n=v\}$ 将 $\mathbb{R}^n$ 空间分为两半。其中一半包含满足不等式

$u_1x_1+u_2x_2+\cdots+u_nx_n\geqslant v$的所有点，记为

$$H_+=\{\boldsymbol{x}\in\mathbb{R}^n:\boldsymbol{u}^\top\boldsymbol{x}\geqslant v\}$$

$\boldsymbol{u}$ 的定义与前面一致，

$$\boldsymbol{u}=[u_1,u_2,\cdots,u_n]^\top$$

空间的另外一半包含满足不等式 $u_1x_1+u_2x_2+\cdots+u_nx_n\leqslant v$ 的所有点，记为

$$H_-=\{\boldsymbol{x}\in\mathbb{R}^n:\boldsymbol{u}^\top\boldsymbol{x}\leqslant v\}$$

H_+称为正半空间，而 H_- 称为负半空间。

令 $\boldsymbol{a}=[a_1,a_2,\cdots,a_n]^\top$ 表示超平面 H 中的任意一点，故有 $\boldsymbol{u}^\top\boldsymbol{a}-v=0$。可得

$$\begin{aligned}\boldsymbol{u}^\top\boldsymbol{x}-v&=\boldsymbol{u}^\top\boldsymbol{x}-v-(\boldsymbol{u}^\top\boldsymbol{a}-v)\\&=\boldsymbol{u}^\top(\boldsymbol{x}-\boldsymbol{a})\\&=u_1(x_1-a_1)+u_2(x_2-a_2)+\cdots+u_n(x_n-a_n)=0\end{aligned}$$

其中，$(x_i-a_i)(i=1,\cdots,n)$ 是向量 $\boldsymbol{x}-\boldsymbol{a}$ 的元素。因此，超平面 H 包含满足方程 $\langle\boldsymbol{u},\boldsymbol{x}-\boldsymbol{a}\rangle=0$ 的所有点 $\boldsymbol{x}$。也就是说，超平面 H 包含所有使得 $\boldsymbol{u}$ 和 $\boldsymbol{x}-\boldsymbol{a}$ 正交的点 $\boldsymbol{x}$，如图 4.3 所示，称向量 $\boldsymbol{u}$ 正交于超平面 H。集合 H_+ 包含所有满足$\langle\boldsymbol{u},\boldsymbol{x}-\boldsymbol{a}\rangle\geqslant 0$ 的点，而集合 H_- 包含所有满足$\langle\boldsymbol{u},\boldsymbol{x}-\boldsymbol{a}\rangle\leqslant 0$ 的点。

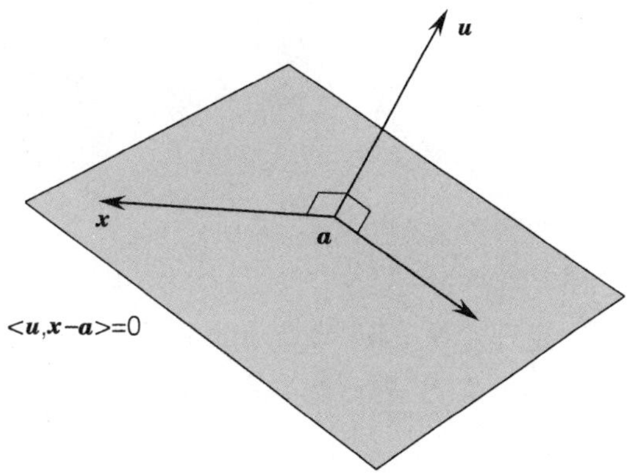

图 4.3　超平面 $H=\{\boldsymbol{x}\in\mathbb{R}^n:\boldsymbol{u}^\top(\boldsymbol{x}-\boldsymbol{a})=0\}$

线性簇为集合

$$\{\boldsymbol{x}\in\mathbb{R}^n:\boldsymbol{A}\boldsymbol{x}=\boldsymbol{b}\}$$

其中，矩阵 $\boldsymbol{A}\in\mathbb{R}^{m\times n}$，向量 $\boldsymbol{b}\in\mathbb{R}^m$。如果 $\dim\mathcal{N}(\boldsymbol{A})=r$，则称线性簇的维数为 r。当且仅当 $\boldsymbol{b}=\boldsymbol{0}$ 时，线性簇是一个子空间。如果 $\boldsymbol{A}=\boldsymbol{O}$，那么该线性簇正好是 $\mathbb{R}^n$。如果线性簇的维数小于 n，那么它是有限个超平面的交集。

4.3　凸集

已知两点 $\boldsymbol{u},\boldsymbol{v}\in\mathbb{R}^n$ 之间的线段可表示为集合$\{\boldsymbol{w}\in\mathbb{R}^n:\boldsymbol{w}=\alpha\boldsymbol{u}+(1-\alpha)\boldsymbol{v},\ \alpha\in[0,1]\}$。点 $\boldsymbol{w}=\alpha\boldsymbol{u}+(1-\alpha)\boldsymbol{v}(\alpha\in[0,1])$称为点 $\boldsymbol{u}$ 和点 $\boldsymbol{v}$ 的凸组合。

如果对于所有 $\boldsymbol{u},\boldsymbol{v}\in\Theta$，$\boldsymbol{u}$ 和 $\boldsymbol{v}$ 之间的线段都位于 Θ 内，那么称集合 $\Theta\subset\mathbb{R}^n$ 为凸集。图 4.4 给出了凸集的示例，而图 4.5 则相应地给出了非凸集的示例。注意，当且仅当对于所有 $\boldsymbol{u},\boldsymbol{v}\in\Theta$，$\alpha\in(0,1)$时，都有 $\alpha\boldsymbol{u}+(1-\alpha)\boldsymbol{v}\in\Theta$，$\Theta$ 是一个凸集。

凸集可以是

- 空集
- 单点组成的集合
- 一条直线或线段
- 子空间
- 超平面

- 线性簇
- 半空间
- $\mathbb{R}^n$

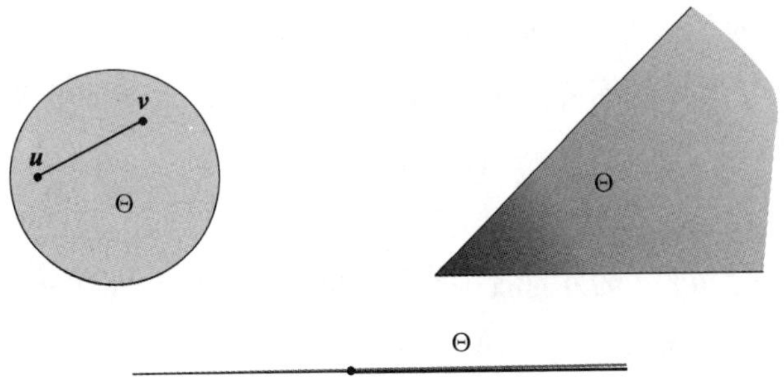

图 4.4　凸集

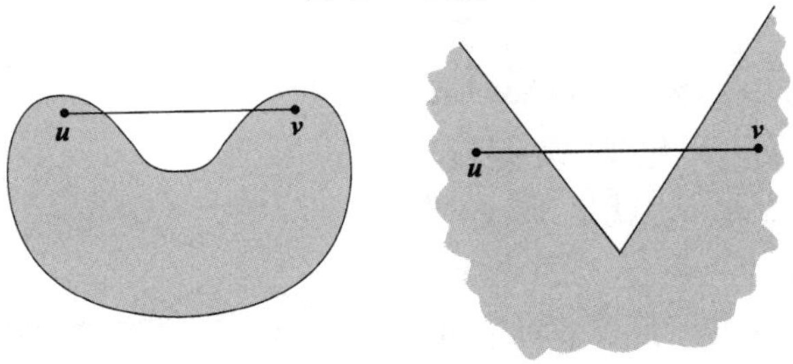

图 4.5　非凸集

定理 4.1　$\mathbb{R}^n$ 的凸子集具有如下性质：

a. 如果 Θ 是一个凸集，且 β 是一个实数，那么集合

$$\beta\Theta = \{\boldsymbol{x} : \boldsymbol{x} = \beta\boldsymbol{v}, \boldsymbol{v} \in \Theta\}$$

也是凸集。

b. 如果 Θ_1 和 Θ_2 都是凸集，那么集合

$$\Theta_1 + \Theta_2 = \{\boldsymbol{x} : \boldsymbol{x} = \boldsymbol{v}_1 + \boldsymbol{v}_2, \boldsymbol{v}_1 \in \Theta_1, \boldsymbol{v}_2 \in \Theta_2\}$$

也是凸集。

c. 任意多个凸集的交集部分是凸集(见图 4.6 所示的两个凸集相交的情况)。　□

证明：

a. 令 $\beta\boldsymbol{v}_1, \beta\boldsymbol{v}_2 \in \beta\Theta$，其中 $\boldsymbol{v}_1$，$\boldsymbol{v}_2 \in \Theta$。因为 Θ 是一个凸集，所有对于任意 $\alpha \in (0,1)$，都有 $\alpha\boldsymbol{v}_1 + (1-\alpha)\boldsymbol{v}_2 \in \Theta$。从而可得

$$\alpha\beta\boldsymbol{v}_1 + (1-\alpha)\beta\boldsymbol{v}_2 = \beta(\alpha\boldsymbol{v}_1 + (1-\alpha)\boldsymbol{v}_2) \in \beta\Theta$$

因此，$\beta\Theta$ 是一个凸集。

b. 令 $\boldsymbol{v}_1$，$\boldsymbol{v}_2 \in \Theta_1 + \Theta_2$，有 $\boldsymbol{v}_1 = \boldsymbol{v}_1' + \boldsymbol{v}_1''$，$\boldsymbol{v}_2 = +\boldsymbol{v}_2' + \boldsymbol{v}_2''$，其中 $\boldsymbol{v}_1'$，$\boldsymbol{v}_2' \in \Theta_1$ 且 $\boldsymbol{v}_1''$，$\boldsymbol{v}_2'' \in \Theta_2$。因为 Θ_1 和 Θ_2 都是凸集，所以对于所有 $\alpha \in (0, 1)$，都有

$$\boldsymbol{x}_1 = \alpha\boldsymbol{v}_1' + (1-\alpha)\boldsymbol{v}_2' \in \Theta_1$$

且

$$\boldsymbol{x}_2 = \alpha\boldsymbol{v}_1'' + (1-\alpha)\boldsymbol{v}_2'' \in \Theta_2$$

根据 $\Theta_1 + \Theta_2$ 的定义，可知 $\boldsymbol{x}_1 + \boldsymbol{x}_2 \in \Theta_1 + \Theta_2$，有

$$\begin{aligned}\alpha\boldsymbol{v}_1+(1-\alpha)\boldsymbol{v}_2&=\alpha(\boldsymbol{v}_1'+\boldsymbol{v}_1'')+(1-\alpha)(\boldsymbol{v}_2'+\boldsymbol{v}_2'')\\&=\boldsymbol{x}_1+\boldsymbol{x}_2\in\Theta_1+\Theta_2\end{aligned}$$

因此 $\Theta_1+\Theta_2$ 是凸集。

c. 令 C 是多个凸集组成的集合，$\boldsymbol{x}_1$，$\boldsymbol{x}_2\in\cap_{\Theta\in C}\Theta$，$\cap_{\Theta\in C}\Theta$ 表示 C 中所有元素的交集。那么，对于每个 $\Theta\in C$，都有 $\boldsymbol{x}_1$，$\boldsymbol{x}_2\in\Theta$。因为每个 $\Theta\in C$ 都是凸集，所以对于所有 $\alpha\in(0,1)$，都有 $\alpha\boldsymbol{x}_1+(1-\alpha)\boldsymbol{x}_2\in\Theta$，从而可得 $\alpha\boldsymbol{x}_1+(1-\alpha)\boldsymbol{x}_2\in\cap_{\Theta\in C}\Theta$，该性质得证。■

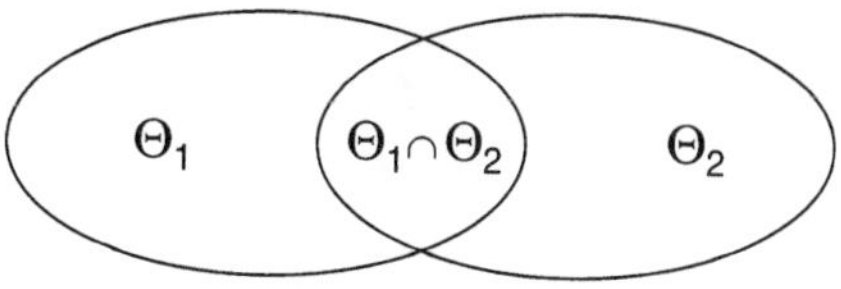

图4.6　两个凸集的交集

如果不存在两个点 $\boldsymbol{u}$ 和 $\boldsymbol{v}$，使得对于某个 $\alpha\in(0,1)$ 有 $\boldsymbol{x}=\alpha\boldsymbol{u}+(1-\alpha)\boldsymbol{v}$，那么称点 $\boldsymbol{x}$ 是凸集 Θ 的极点。比如，对于图4.4中的圆而言，其边界上的任意点都是极点；对于圆右侧的集合而言，其顶点（尖角）是极点；对于最下面的线段而言，其终点也是极点。

4.4　邻域

点 $\boldsymbol{x}\in\mathbb{R}^n$ 的邻域可以表示为

$$\{\boldsymbol{y}\in\mathbb{R}^n:\|\boldsymbol{y}-\boldsymbol{x}\|<\varepsilon\}$$

其中，ε 为某个正数。邻域也可视为半径为 ε、中心为 $\boldsymbol{x}$ 的球体。

在平面 $\mathbb{R}^2$ 中，点 $\boldsymbol{x}=[x_1,x_2]^\top$ 的邻域包含所有以 $\boldsymbol{x}$ 为中心的圆形内部的点。在 $\mathbb{R}^3$ 中，点 $\boldsymbol{x}=[x_1,x_2,x_3]^\top$ 的邻域包含所有以 $\boldsymbol{x}$ 为中心的球体内部的点（见图4.7）。

如果集合 S 包含 $\boldsymbol{x}$ 的某个邻域，即 $\boldsymbol{x}$ 的某个邻域的所有点都属于 S（见图4.8），那么点 $\boldsymbol{x}\in S$ 称为集合 S 的内点。S 的所有内点的集合称为 S 的内部。

如果 $\boldsymbol{x}$ 的每个邻域既包含 S 中的点，也包含 S 外的点（见图4.8），那么称点 $\boldsymbol{x}$ 为集合 S 的边界点。需要注意的是，S 的边界点可能是 S 中的元素，也可能不是 S 中的元素。S 的所有边界点的集合称为 S 的边界。

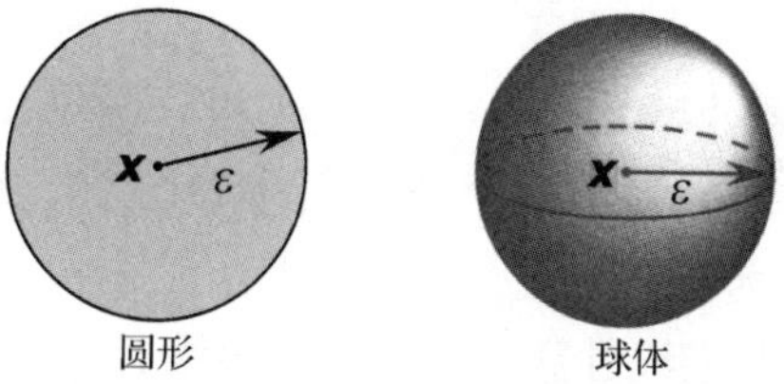

图4.7　在 $\mathbb{R}^2$ 和 $\mathbb{R}^3$ 中点 $\boldsymbol{x}$ 的邻域示意图

如果集合 S 包含它的每个点的邻域，那么称该集合是开集。也就是说，如果 S 的每个点都是内点，或者 S 不包含任何边界点，那么 S 是开集。

如果集合 S 包含边界点，那么称 S 是闭集（见图4.9）。可以证明，当且仅当一个集合的补是开集，那么该集合是闭集。

如果一个集合可以被一个有限半径的球体所包围，那么该集合称为有界集。如果一个集合既是闭集又是有界集，那么该集合称为紧集。紧集对于优化问题而言是非常重要的，以下定理可以证实这一点。

定理4.2　魏尔斯特拉斯定理。假设 $f:\Omega\to\mathbb{R}$ 是一个连续函数，其中 $\Omega\subset\mathbb{R}^n$ 是紧集。那么，必定存在点 $\boldsymbol{x}_0\in\Omega$，使得对于所有的 $\boldsymbol{x}\in\Omega$ 都有 $f(\boldsymbol{x}_0)\leqslant f(\boldsymbol{x})$。也就是说，$f$ 能够在 Ω 上取得极小值。□

证明： 见参考文献[112]的第89页或参考文献[2]的第154页。■

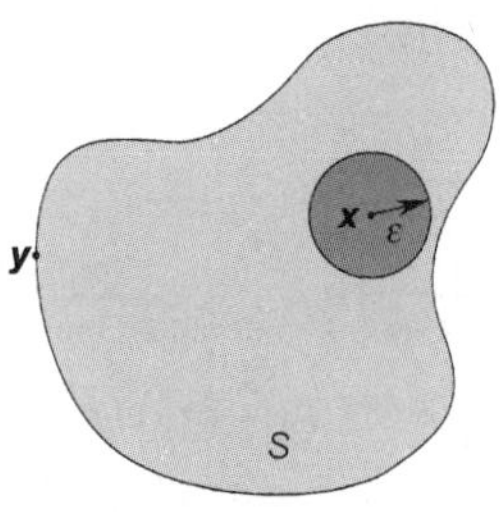

图 4.8　$\boldsymbol{x}$ 是集合 S 的内点，$\boldsymbol{y}$ 是边界点

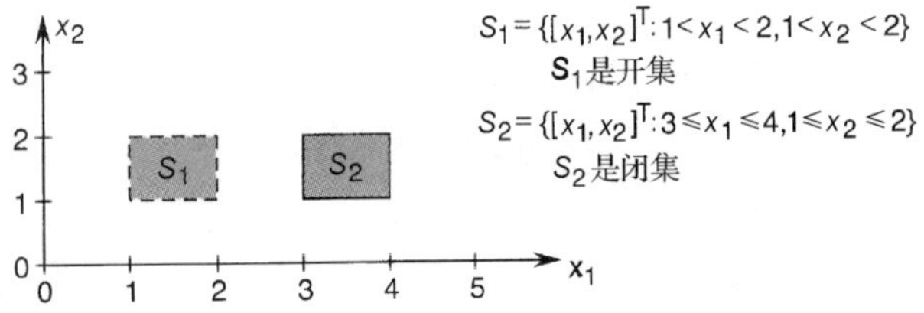

图 4.9　开集和闭集

4.5　多面体和多胞形

令 Θ 为一个凸集，$\boldsymbol{y}$ 是 Θ 的一个边界点。某个经过点 $\boldsymbol{y}$ 的超平面将 $\mathbb{R}^n$ 空间分为两个半空间，如果 Θ 完全位于其中一个半空间内，那么称该超平面为集合 Θ 的支撑超平面。

根据定理 4.1 可知，任意多个凸集的交集也是凸集。此处关心的是有限个半空间的交集。由于在 $\mathbb{R}^n$ 中每个半空间 H_+ 或 H_- 都是凸集，因此任意数量的半空间的交集是凸集。

如果一个集合可以表示为有限个半空间的交集，那么称该集合为多面体，如图 4.10 所示。

一个非空有界多面体称为多胞形，如图 4.11 所示。

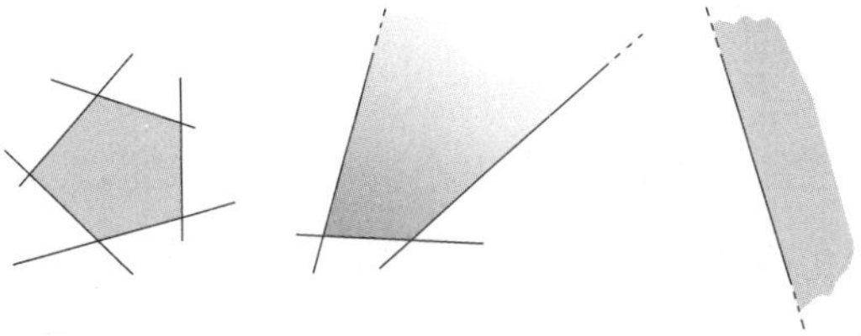

图 4.10　多面体

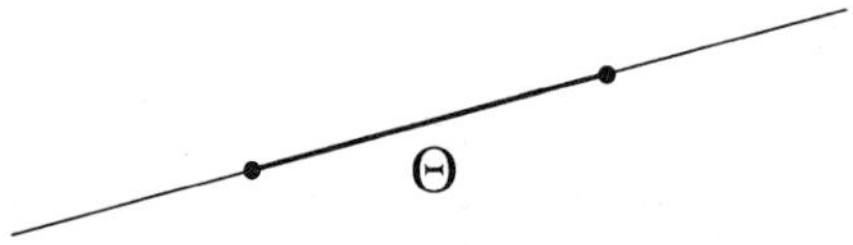

图 4.11　一维多胞形

对于每个凸多面体 $\Theta \subset \mathbb{R}^n$，都存在一个非负整数 $k \leqslant n$，使得 Θ 能够包含在一个维数为 k 的线性簇中，却无法完全包含于 $\mathbb{R}^n$ 的任意 $k-1$ 维线性簇中。更进一步说，包含 Θ 的 k 维线性簇是唯一的，该线性簇称为多面体 Θ 的包，而 k 称为 Θ 的维数。比如，一个零维多面体是 $\mathbb{R}^n$ 中的点，它的包是其本身。一维多面体是一条线段，它的包是该线段所在的直线。任意 $k(k>0)$ 维多面体的边界，包含有限数量的 $k-1$ 维多面体。比如，一维多面体的边界是线段的两个终点。

如果 $k-1$ 维多面体能构成 k 维多面体的边界，那么这个 $k-1$ 维多面体称为 k 维多面体的面。而每一个 $k-1$ 维多面体的面又可拆分为多个 $k-2$ 维多面体的面。也可以将该 $k-2$ 维的面称为原来的 k 维多面体的面。因此，每个 k 维多面体都具有维数为 $k-1$, $k-2$, …, 1, 0 的多个面。一个多面体的零维面称为顶点，一维面称为棱。

习题

4.1　试证明集合 $S \subset \mathbb{R}^n$ 是线性簇，当且仅当对于所有的 $\boldsymbol{x}$, $\boldsymbol{y} \in S$ 和 $\alpha \in \mathbb{R}$，都有 $\alpha\boldsymbol{x}+(1-\alpha)\boldsymbol{y} \in S$。

4.2　试证明集合 $\{\boldsymbol{x} \in \mathbb{R}^n: \|\boldsymbol{x}\| \leqslant r\}$ 是凸集，其中 $r>0$ 为给定实数，$\|\boldsymbol{x}\| = \sqrt{\boldsymbol{x}^\top \boldsymbol{x}}$ 为 $\boldsymbol{x} \in \mathbb{R}^n$ 的欧氏范数。

4.3　试证明对于任意矩阵 $\boldsymbol{A} \in \mathbb{R}^{m \times n}$ 和向量 $\boldsymbol{b} \in \mathbb{R}^m$，集合(线性簇) $\{\boldsymbol{x} \in \mathbb{R}^n: \boldsymbol{A}\boldsymbol{x}=\boldsymbol{b}\}$ 都是凸集。

4.4　试证明集合 $\{\boldsymbol{x} \in \mathbb{R}^n: \boldsymbol{x} \geqslant \boldsymbol{0}\}$ 是凸集，$\boldsymbol{x} \geqslant 0$ 表示 $\boldsymbol{x}$ 的每个元素都是非负的。

第 5 章　微积分基础

5.1　序列与极限

实数序列是一个函数，它的定义域是自然数 1，2，⋯，k，⋯组成的集合，值域是 $\mathbb{R}$。因此，实数序列可以写成集合$\{x_1, x_2, \cdots, x_k, \cdots\}$，常记为$\{x_k\}$（有时也记为$\{x_k\}_{k=1}^{\infty}$，以明确标明 k 的取值范围）。

如果 $x_1 < x_2 < \cdots < x_k \cdots$，那么序列$\{x_k\}$是递增的，即对于所有的 k，都有 $x_k < x_{k+1}$。如果 $x_k \leqslant x_{k+1}$，则称该序列是非减的。类似地，可以定义递减和非增序列。非增和非减序列称为单调序列。

如果对于任意正数 ε，存在一个数 K（K 可能与 ε 有关），使得对于所有的 $k > K$，都有 $|x_k - x^*| < \varepsilon$，即对于所有 $k > K$，x_k位于 $x^* - \varepsilon$ 和 $x^* + \varepsilon$ 之间，则称 $x^* \in \mathbb{R}$ 为序列$\{x_k\}$的极限，记为

$$x^* = \lim_{k\to\infty} x_k$$

或

$$x_k \to x^*$$

如果一个序列存在极限，那么该序列称为收敛序列。

实数序列的定义可以扩展至 $\mathbb{R}^n$，即序列是由 n 维实数向量组成的。具体来说，$\mathbb{R}^n$ 中的序列是一个定义域为自然数 1，2，⋯，k，⋯，值域为 $\mathbb{R}^n$ 的函数。$\mathbb{R}^n$ 中的序列记为$\{\boldsymbol{x}^{(1)}, \boldsymbol{x}^{(2)}, \cdots\}$或$\{\boldsymbol{x}^{(k)}\}$。对于 $\mathbb{R}^n$ 中的序列极限，可以用向量范数代替绝对值。也就是说，如果对于任意正数 ε，存在一个数 K（K 可能依赖于 ε），使得对于所有的 $k > K$，都有 $\|\boldsymbol{x}^{(k)} - \boldsymbol{x}^*\| < \varepsilon$，则称 $\boldsymbol{x}^*$ 为序列$\{\boldsymbol{x}^{(k)}\}$的极限，记为 $\boldsymbol{x}^* = \lim_{k\to\infty} \boldsymbol{x}^{(k)}$ 或 $\boldsymbol{x}^{(k)} \to \boldsymbol{x}^*$。

定理 5.1　收敛序列的极限是唯一的。□

证明： 利用反证法来证明。假定序列$\{\boldsymbol{x}^{(k)}\}$存在两个不同的极限 $\boldsymbol{x}_1$ 和 $\boldsymbol{x}_2$，那么可知 $\|\boldsymbol{x}_1 - \boldsymbol{x}_2\| > 0$。令

$$\varepsilon = \frac{1}{2}\|\boldsymbol{x}_1 - \boldsymbol{x}_2\|$$

根据极限的定义，存在 K_1 和 K_2，使得对于 $k > K_1$，有 $\|\boldsymbol{x}^{(k)} - \boldsymbol{x}_1\| < \varepsilon$，而对于 $k > K_2$，有 $\|\boldsymbol{x}^{(k)} - \boldsymbol{x}_2\| < \varepsilon$。令 $K = \max\{K_1, K_2\}$，如果 $k > K$，那么有 $\|\boldsymbol{x}^{(k)} - \boldsymbol{x}_1\| < \varepsilon$ 且 $\|\boldsymbol{x}^{(k)} - \boldsymbol{x}_2\| < \varepsilon$。将 $\|\boldsymbol{x}^{(k)} - \boldsymbol{x}_1\| < \varepsilon$ 与 $\|\boldsymbol{x}^{(k)} - \boldsymbol{x}_2\| < \varepsilon$ 相加，可得

$$\|\boldsymbol{x}^{(k)} - \boldsymbol{x}_1\| + \|\boldsymbol{x}^{(k)} - \boldsymbol{x}_2\| < 2\varepsilon$$

应用三角不等式，得到

$$\begin{aligned}\|-\boldsymbol{x}_1+\boldsymbol{x}_2\| &= \|\boldsymbol{x}^{(k)}-\boldsymbol{x}_1-\boldsymbol{x}^{(k)}+\boldsymbol{x}_2\| \\ &= \|(\boldsymbol{x}^{(k)}-\boldsymbol{x}_1)-(\boldsymbol{x}^{(k)}-\boldsymbol{x}_2)\| \\ &\leqslant \|\boldsymbol{x}^{(k)}-\boldsymbol{x}_1\|+\|\boldsymbol{x}^{(k)}-\boldsymbol{x}_2\|\end{aligned}$$

因此

$$\|-\boldsymbol{x}_1+\boldsymbol{x}_2\| = \|\boldsymbol{x}_1-\boldsymbol{x}_2\| < 2\varepsilon$$

这与初始假设 $\|\boldsymbol{x}_1-\boldsymbol{x}_2\|=2\varepsilon$ 是矛盾的，定理得证。 ■

如果对于所有的 $k=1, 2, \cdots$，都存在 $B \geqslant 0$，使得 $\|\boldsymbol{x}^{(k)}\| \leqslant B$，则称 $\mathbb{R}^n$ 中的序列 $\{\boldsymbol{x}^{(k)}\}$ 是有界的。

定理 5.2 任意收敛序列是有界的。 □

证明： 令 $\{\boldsymbol{x}^{(k)}\}$ 是一个极限为 $\boldsymbol{x}^*$ 的收敛序列。选择 $\varepsilon=1$，根据极限的定义可知，存在一个自然数 K 使得对于所有 $k>K$，都有

$$\|\boldsymbol{x}^{(k)}-\boldsymbol{x}^*\| < 1$$

应用习题 2.9 的结论可得，对于所有 $k>K$，有

$$\|\boldsymbol{x}^{(k)}\|-\|\boldsymbol{x}^*\| \leqslant \|\boldsymbol{x}^{(k)}-\boldsymbol{x}^*\| < 1，\text{任意 } k>K$$

因此，对于所有 $k>K$，有

$$\|\boldsymbol{x}^{(k)}\| < \|\boldsymbol{x}^*\|+1，\text{任意 } k>K$$

令

$$B=\max\left\{\|\boldsymbol{x}^{(1)}\|, \|\boldsymbol{x}^{(2)}\|, \cdots, \|\boldsymbol{x}^{(K)}\|, \|\boldsymbol{x}^*\|+1\right\}$$

那么，对于所有 k，有

$$B \geqslant \|\boldsymbol{x}^{(k)}\|，\text{任意 } k$$

即序列 $\{\boldsymbol{x}^{(k)}\}$ 是有界的。 ■

对于 $\mathbb{R}$ 中的序列 $\{x_k\}$，如果对于所有的 $k=1, 2, \cdots$，都有 $x_k \leqslant B$，那么 B 称为该序列的上界。此时，称序列 $\{x_k\}$ 有上界。类似地，如果对于所有的 $k=1, 2, \cdots$，都有 $x_k \geqslant B$，那么称 B 为该序列的下界。此时，称序列 $\{x_k\}$ 有下界。显然，如果一个序列既有上界，又有下界，那么它是有界的。

如果 $\mathbb{R}$ 中任意序列 $\{x_k\}$ 有上界，那么它有上确界(最小上界)，即 $\{x_k\}$ 上界 B 的最小值。类似地，如果 $\mathbb{R}$ 中任意序列 $\{x_k\}$ 有下界，那么它有下确界(最大下界)。如果 B 是序列 $\{x_k\}$ 的上确界，那么对于所有 k，都有 $x_k \leqslant B$，且对于任意 $\varepsilon>0$，都存在 K，使得 $x_K>B-\varepsilon$。对于下确界也有类似的结论。如果 B 是序列 $\{x_k\}$ 的下确界，那么对于所有 k，都有 $x_K \geqslant B$，且对于任意 $\varepsilon>0$，都存在 K，使得 $x_K<B+\varepsilon$。

定理 5.3 $\mathbb{R}$ 中任意单调有界序列是收敛序列。 □

证明： 这里仅对非减序列进行证明，对于非增序列可按照类似方式进行证明。

令 $\{x_k\}$ 为 $\mathbb{R}$ 中一个有界非减序列，x^* 为其上确界。那么对于某个 $\varepsilon>0$，必定存在 K，使得 $x_K>x^*-\varepsilon$。因为 $\{x_k\}$ 是非减序列，所以对于任意 $k \geqslant K$，有

$$x_k \geqslant x_K > x^*-\varepsilon$$

同时，由于 x^* 是 $\{x_k\}$ 的上确界，可知

$$x_k \leqslant x^* < x^* + \varepsilon$$

因此，对于任意 $k \geqslant K$，都有

$$|x_k - x^*| < \varepsilon$$

即 $x_k \to x^*$。■

给定序列 $\{\boldsymbol{x}^{(k)}\}$ 和自然数递增序列 $\{m_k\}$，序列

$$\{\boldsymbol{x}^{(m_k)}\} = \{\boldsymbol{x}^{(m_1)}, \boldsymbol{x}^{(m_2)}, \cdots\}$$

称为 $\{\boldsymbol{x}^{(k)}\}$ 的一个子序列。可以看出，子序列是去掉给定序列中的部分元素得到的。

定理 5.4　给定一个极限为 $\boldsymbol{x}^*$ 的收敛序列 $\{\boldsymbol{x}^{(k)}\}$，那么 $\{\boldsymbol{x}^{(k)}\}$ 的任意子序列也收敛于 $\boldsymbol{x}^*$。□

证明：令 $\{\boldsymbol{x}^{(m_k)}\}$ 是 $\{\boldsymbol{x}^{(k)}\}$ 的一个子序列，其中 $\{m_k\}$ 是一个自然数递增序列。可以证明，对于所有 $k = 1, 2, \cdots$，都有 $m_k \geqslant k$。首先，因为 m_1 是一个自然数，所以 $m_1 \geqslant 1$；其次，利用数学归纳法，假定 $m_k \geqslant k$，那么有 $m_{k+1} > m_k \geqslant k$，即 $m_{k+1} \geqslant k + 1$。因此，对于所有的 $k = 1, 2, \cdots$，都有 $m_k \geqslant k$。

给定 $\varepsilon > 0$，根据极限的定义可知，存在 K，使得对于任意 $k > K$，都有 $\|\boldsymbol{x}^{(k)} - \boldsymbol{x}^*\| < \varepsilon$。因为 $m_k \geqslant k$，所以对于任意 $k > K$，可得 $\|\boldsymbol{x}^{(m_k)} - \boldsymbol{x}^*\| < \varepsilon$。这说明

$$\lim_{k\to\infty} \boldsymbol{x}^{(m_k)} = \boldsymbol{x}^*$$

■

可以证明，任意有界序列都包含一个收敛子序列。这一结论称为波尔查诺－魏尔斯特拉斯定理（见参考文献[2]的第 70 页）。

给定函数 $\boldsymbol{f}: \mathbb{R}^n \to \mathbb{R}^m$ 和点 $\boldsymbol{x}_0 \in \mathbb{R}^n$。假定存在 $\boldsymbol{f}^*$，使得对于任意极限为 $\boldsymbol{x}_0$ 的收敛序列 $\{\boldsymbol{x}^{(k)}\}$，都有

$$\lim_{k\to\infty} \boldsymbol{f}(\boldsymbol{x}^{(k)}) = \boldsymbol{f}^*$$

极限 $\boldsymbol{f}^*$ 用

$$\lim_{\boldsymbol{x}\to\boldsymbol{x}_0} \boldsymbol{f}(\boldsymbol{x})$$

表示。

可以证明，$\boldsymbol{f}$ 在 $\boldsymbol{x}_0$ 处连续，当且仅当对于任意极限为 $\boldsymbol{x}_0$ 的收敛序列 $\{\boldsymbol{x}^{(k)}\}$，满足

$$\lim_{k\to\infty} \boldsymbol{f}(\boldsymbol{x}^{(k)}) = \boldsymbol{f}\left(\lim_{k\to\infty} \boldsymbol{x}^{(k)}\right) = \boldsymbol{f}(\boldsymbol{x}_0)$$

（见参考文献[2]的第 137 页）。因此，利用上面的记号，可得函数 $\boldsymbol{f}$ 在 $\boldsymbol{x}_0$ 处是连续的，当且仅当

$$\lim_{\boldsymbol{x}\to\boldsymbol{x}_0} \boldsymbol{f}(\boldsymbol{x}) = \boldsymbol{f}(\boldsymbol{x}_0)$$

本节最后给出有关序列和矩阵极限的一些结论，它们在优化问题求解算法的性质分析过程中非常有用（比如，在第 9 章分析牛顿法的性质时，就用到了其中一部分结论）。

给定 $m \times n$ 矩阵序列 $\{\boldsymbol{A}_k\}$ 和 $m \times n$ 矩阵 $\boldsymbol{A}$，如果

$$\lim_{k\to\infty}\|\boldsymbol{A}-\boldsymbol{A}_k\|=0$$

则称该矩阵序列收敛于矩阵 $\boldsymbol{A}$。

引理 5.1　令 $\boldsymbol{A}\in\mathbb{R}^{n\times n}$，当且仅当 $\boldsymbol{A}$ 的所有特征值满足 $|\lambda_i(\boldsymbol{A})|<1$，$i=1,\cdots,n$ 时，有 $\lim_{k\to\infty}\boldsymbol{A}^k=\boldsymbol{O}$。□

证明： 为了证明此引理，将矩阵 $\boldsymbol{A}$ 表示为约当标准型[47]。任意方阵与约当标准型是相似的，即存在一个非奇异矩阵 $\boldsymbol{T}$，能够使得

$$\boldsymbol{T}\boldsymbol{A}\boldsymbol{T}^{-1}=\operatorname{diag}[\boldsymbol{J}_{m_1}(\lambda_1),\cdots,\boldsymbol{J}_{m_s}(\lambda_1),\boldsymbol{J}_{n_1}(\lambda_2),\cdots,\boldsymbol{J}_{t_\nu}(\lambda_q)]\triangleq\boldsymbol{J}$$

其中，$\boldsymbol{J}_r(\lambda)$ 为 $r\times r$ 矩阵：

$$\boldsymbol{J}_r(\lambda)=\begin{bmatrix}\lambda & 1 & & 0\\ & \lambda & \ddots & \\ & & \ddots & 1\\ 0 & & & \lambda\end{bmatrix}$$

上面的 $\lambda_1,\cdots,\lambda_q$ 是 $\boldsymbol{A}$ 的 q 个相异的特征值，λ_1 的重数为 $m_1+\cdots+m_s$，以此类推。

上式可以重写为 $\boldsymbol{A}=\boldsymbol{T}^{-1}\boldsymbol{J}\boldsymbol{T}$。注意

$$(\boldsymbol{J}_r(\lambda))^k=\begin{bmatrix}\lambda^k & \binom{k}{k-1}\lambda^{k-1} & \cdots & \binom{k}{k-r+1}\lambda^{k-r+1}\\ 0 & \lambda^k & \cdots & \binom{k}{k-r+2}\lambda^{k-r+2}\\ \vdots & \vdots & \ddots & \vdots\\ 0 & 0 & \cdots & \lambda^k\end{bmatrix}$$

其中

$$\binom{k}{i}=\frac{k!}{i!(k-i)!}$$

进一步，可得

$$\boldsymbol{A}^k=\boldsymbol{T}^{-1}\boldsymbol{J}^k\boldsymbol{T}$$

因此

$$\lim_{k\to\infty}\boldsymbol{A}^k=\boldsymbol{T}^{-1}\left(\lim_{k\to\infty}\boldsymbol{J}^k\right)\boldsymbol{T}=\boldsymbol{O}$$

因此，当且仅当 $|\lambda_i|<1$，$i=1,\cdots,n$ 时，引理结论成立。■

引理 5.2　$n\times n$ 的矩阵序列

$$\boldsymbol{I}_n+\boldsymbol{A}+\boldsymbol{A}^2+\cdots+\boldsymbol{A}^k+\cdots$$

是收敛的，当且仅当 $\lim_{k\to\infty}\boldsymbol{A}^k=\boldsymbol{O}$。此时，序列的和为 $(\boldsymbol{I}_n-\boldsymbol{A})^{-1}$。□

证明： 必要性是显而易见的。

为证明充分性，已知 $\lim_{k\to\infty}\boldsymbol{A}^k=\boldsymbol{O}$。根据引理5.1，可以推出 $|\lambda_i(\boldsymbol{A})|<1$，$i=1,\cdots,n$。这说明 $\det(\boldsymbol{I}_n-\boldsymbol{A})\neq0$，因此 $(\boldsymbol{I}_n-\boldsymbol{A})^{-1}$ 存在。考虑如下关系式

$$(\boldsymbol{I}_n+\boldsymbol{A}+\boldsymbol{A}^2+\cdots+\boldsymbol{A}^k)(\boldsymbol{I}_n-\boldsymbol{A})=\boldsymbol{I}_n-\boldsymbol{A}^{k+1}$$

在该等式两侧右乘$(\boldsymbol{I}_n-\boldsymbol{A})^{-1}$，可得

$$\boldsymbol{I}_n+\boldsymbol{A}+\boldsymbol{A}^2+\cdots+\boldsymbol{A}^k=(\boldsymbol{I}_n-\boldsymbol{A})^{-1}-\boldsymbol{A}^{k+1}(\boldsymbol{I}_n-\boldsymbol{A})^{-1}$$

因此

$$\lim_{k\to\infty}\sum_{j=0}^{k}\boldsymbol{A}^j=(\boldsymbol{I}_n-\boldsymbol{A})^{-1}$$

由$\lim_{k\to\infty}\boldsymbol{A}^{k+1}=\boldsymbol{O}$，可得

$$\sum_{j=0}^{\infty}\boldsymbol{A}^j=(\boldsymbol{I}_n-\boldsymbol{A})^{-1}$$

定理得证。 ■

给定矩阵值函数$\boldsymbol{A}$: $\mathbb{R}^r\to\mathbb{R}^{n\times n}$和点$\boldsymbol{\xi}_0\in\mathbb{R}^r$，如果

$$\lim_{\|\boldsymbol{\xi}-\boldsymbol{\xi}_0\|\to 0}\|\boldsymbol{A}(\boldsymbol{\xi})-\boldsymbol{A}(\boldsymbol{\xi}_0)\|=0$$

那么$\boldsymbol{A}$在点$\boldsymbol{\xi}_0$处连续。

引理5.3　令$\boldsymbol{A}$: $\mathbb{R}^r\to\mathbb{R}^{n\times n}$为$n\times n$的矩阵值函数，它在点$\boldsymbol{\xi}_0$处连续。如果$\boldsymbol{A}(\boldsymbol{\xi}_0)^{-1}$存在，那么对于充分接近点$\boldsymbol{\xi}_0$的$\boldsymbol{\xi}$，$\boldsymbol{A}(\boldsymbol{\xi})^{-1}$存在，且$\boldsymbol{A}(\cdot)^{-1}$在点$\boldsymbol{\xi}_0$处连续。 □

证明：可仿照参考文献[114]的思路进行证明。首先证明对于所有充分接近点$\boldsymbol{\xi}_0$的$\boldsymbol{\xi}$，$\boldsymbol{A}(\boldsymbol{\xi})^{-1}$存在。有

$$\boldsymbol{A}(\boldsymbol{\xi})=\boldsymbol{A}(\boldsymbol{\xi}_0)-\boldsymbol{A}(\boldsymbol{\xi}_0)+\boldsymbol{A}(\boldsymbol{\xi})=\boldsymbol{A}(\boldsymbol{\xi}_0)(\boldsymbol{I}_n-\boldsymbol{K}(\boldsymbol{\xi}))$$

其中，

$$\boldsymbol{K}(\boldsymbol{\xi})=\boldsymbol{A}(\boldsymbol{\xi}_0)^{-1}(\boldsymbol{A}(\boldsymbol{\xi}_0)-\boldsymbol{A}(\boldsymbol{\xi}))$$

因此，有

$$\|\boldsymbol{K}(\boldsymbol{\xi})\|\leqslant\|\boldsymbol{A}(\boldsymbol{\xi}_0)^{-1}\|\|\boldsymbol{A}(\boldsymbol{\xi}_0)-\boldsymbol{A}(\boldsymbol{\xi})\|$$

和

$$\lim_{\|\boldsymbol{\xi}-\boldsymbol{\xi}_0\|\to 0}\|\boldsymbol{K}(\boldsymbol{\xi})\|=0$$

因为$\boldsymbol{A}$在点$\boldsymbol{\xi}_0$处连续，所以对于充分接近点$\boldsymbol{\xi}_0$的$\boldsymbol{\xi}$，有

$$\|\boldsymbol{A}(\boldsymbol{\xi}_0)-\boldsymbol{A}(\boldsymbol{\xi})\|\leqslant\frac{\theta}{\|\boldsymbol{A}(\boldsymbol{\xi}_0)^{-1}\|}$$

其中，$\theta\in(0,1)$。可推知

$$\|\boldsymbol{K}(\boldsymbol{\xi})\|\leqslant\theta<1$$

且

$$(\boldsymbol{I}_n-\boldsymbol{K}(\boldsymbol{\xi}))^{-1}$$

存在。再根据

$$\boldsymbol{A}(\boldsymbol{\xi})^{-1}=(\boldsymbol{A}(\boldsymbol{\xi}_0)(\boldsymbol{I}_n-\boldsymbol{K}(\boldsymbol{\xi})))^{-1}=(\boldsymbol{I}_n-\boldsymbol{K}(\boldsymbol{\xi}))^{-1}\boldsymbol{A}(\boldsymbol{\xi}_0)^{-1}$$

可知$\boldsymbol{A}(\boldsymbol{\xi})^{-1}$在充分接近点$\boldsymbol{\xi}_0$的$\boldsymbol{\xi}$处存在。

接下来证明 $\boldsymbol{A}(\cdot)^{-1}$ 的连续性，注意

$$\begin{aligned}\|\boldsymbol{A}(\boldsymbol{\xi}_0)^{-1}-\boldsymbol{A}(\boldsymbol{\xi})^{-1}\| &= \|\boldsymbol{A}(\boldsymbol{\xi})^{-1}-\boldsymbol{A}(\boldsymbol{\xi}_0)^{-1}\| \\ &= \|((\boldsymbol{I}_n-\boldsymbol{K}(\boldsymbol{\xi}))^{-1}-\boldsymbol{I}_n)\boldsymbol{A}(\boldsymbol{\xi}_0)^{-1}\|\end{aligned}$$

同时，由于 $\|\boldsymbol{K}(\boldsymbol{\xi})\|<1$，根据引理 5.2，有

$$(\boldsymbol{I}_n-\boldsymbol{K}(\boldsymbol{\xi}))^{-1}-\boldsymbol{I}_n=\boldsymbol{K}(\boldsymbol{\xi})+\boldsymbol{K}^2(\boldsymbol{\xi})+\cdots=\boldsymbol{K}(\boldsymbol{\xi})(\boldsymbol{I}_n+\boldsymbol{K}(\boldsymbol{\xi})+\cdots)$$

因此

$$\begin{aligned}\|(\boldsymbol{I}_n-\boldsymbol{K}(\boldsymbol{\xi}))^{-1}-\boldsymbol{I}_n\| &\leqslant \|\boldsymbol{K}(\boldsymbol{\xi})\|(1+\|\boldsymbol{K}(\boldsymbol{\xi})\|+\|\boldsymbol{K}(\boldsymbol{\xi})\|^2+\cdots) \\ &= \frac{\|\boldsymbol{K}(\boldsymbol{\xi})\|}{1-\|\boldsymbol{K}(\boldsymbol{\xi})\|}\end{aligned}$$

其中，$\|\boldsymbol{K}(\boldsymbol{\xi})\|<1$。从而有

$$\|\boldsymbol{A}(\boldsymbol{\xi})^{-1}-\boldsymbol{A}(\boldsymbol{\xi}_0)^{-1}\|\leqslant\frac{\|\boldsymbol{K}(\boldsymbol{\xi})\|}{1-\|\boldsymbol{K}(\boldsymbol{\xi})\|}\|\boldsymbol{A}(\boldsymbol{\xi}_0)^{-1}\|$$

由

$$\lim_{\|\boldsymbol{\xi}-\boldsymbol{\xi}_0\|\to 0}\|\boldsymbol{K}(\boldsymbol{\xi})\|=0$$

可得

$$\lim_{\|\boldsymbol{\xi}-\boldsymbol{\xi}_0\|\to 0}\|\boldsymbol{A}(\boldsymbol{\xi})^{-1}-\boldsymbol{A}(\boldsymbol{\xi}_0)^{-1}\|=0$$

定理得证。 ■

5.2　可微性

微积分的基本理念是利用仿射函数对函数进行近似。如果存在线性函数 $\mathcal{L}$: $\mathbb{R}^n\to\mathbb{R}^m$ 和向量 $\boldsymbol{y}\in\mathbb{R}^m$，使得对于任意 $\boldsymbol{x}\in\mathbb{R}^n$，都有

$$\mathcal{A}(\boldsymbol{x})=\mathcal{L}(\boldsymbol{x})+\boldsymbol{y}$$

那么称函数 $\mathcal{A}$: $\mathbb{R}^n\to\mathbb{R}^m$ 是一个仿射函数。给定函数 $\boldsymbol{f}$: $\mathbb{R}^n\to\mathbb{R}^m$ 和点 $\boldsymbol{x}_0\in\mathbb{R}^n$，希望找到一个仿射函数 $\mathcal{A}$，使其在点 $\boldsymbol{x}_0$ 附近能够近似函数 $\boldsymbol{f}$。首先，显然仿射函数应该满足

$$\mathcal{A}(\boldsymbol{x}_0)=\boldsymbol{f}(\boldsymbol{x}_0)$$

由 $\mathcal{A}(\boldsymbol{x})=\mathcal{L}(\boldsymbol{x})+\boldsymbol{y}$，可得 $\boldsymbol{y}=\boldsymbol{f}(\boldsymbol{x}_0)-\mathcal{L}(\boldsymbol{x}_0)$。对 $\mathcal{L}$ 进行线性化，得到

$$\mathcal{L}(\boldsymbol{x})+\boldsymbol{y}=\mathcal{L}(\boldsymbol{x})-\mathcal{L}(\boldsymbol{x}_0)+\boldsymbol{f}(\boldsymbol{x}_0)=\mathcal{L}(\boldsymbol{x}-\boldsymbol{x}_0)+\boldsymbol{f}(\boldsymbol{x}_0)$$

因此，仿射函数可写为

$$\mathcal{A}(\boldsymbol{x})=\mathcal{L}(\boldsymbol{x}-\boldsymbol{x}_0)+\boldsymbol{f}(\boldsymbol{x}_0)$$

接下来，要求相对于 $\boldsymbol{x}$ 接近 $\boldsymbol{x}_0$ 的速度，$\mathcal{A}(\boldsymbol{x})$ 能够接近于 $\boldsymbol{f}(\boldsymbol{x})$ 的速度应该更快，即

$$\lim_{\boldsymbol{x}\to\boldsymbol{x}_0,\boldsymbol{x}\in\Omega}\frac{\|\boldsymbol{f}(\boldsymbol{x})-\mathcal{A}(\boldsymbol{x})\|}{\|\boldsymbol{x}-\boldsymbol{x}_0\|}=0$$

以上条件可以保证 $\mathcal{A}$ 在点 $\boldsymbol{x}_0$ 附近实现对 $\boldsymbol{f}$ 的近似，即保证在某个给定点上的近似误差是相对于该点与 $\boldsymbol{x}_0$ 之间距离的一个“无穷小量”。

给定函数 $\boldsymbol{f}$: $\Omega\to\mathbb{R}^m$，$\Omega\subset\mathbb{R}^n$，如果存在一个仿射函数能够在点 $\boldsymbol{x}_0$ 附近近似函数 $\boldsymbol{f}$，那

么就称函数$\boldsymbol{f}$在点$\boldsymbol{x}_0 \in \Omega$处是可微的，即存在线性函数$\mathcal{L}$: $\mathbb{R}^n \to \mathbb{R}^m$，使得

$$\lim_{\boldsymbol{x}\to\boldsymbol{x}_0,\boldsymbol{x}\in\Omega} \frac{\|\boldsymbol{f}(\boldsymbol{x}) - (\mathcal{L}(\boldsymbol{x}-\boldsymbol{x}_0) + \boldsymbol{f}(\boldsymbol{x}_0))\|}{\|\boldsymbol{x}-\boldsymbol{x}_0\|} = 0$$

上式中的线性函数$\mathcal{L}$可由$\boldsymbol{f}$和$\boldsymbol{x}_0$唯一确定，$\mathcal{L}$称为$\boldsymbol{f}$在点$\boldsymbol{x}_0$的导数。如果函数$\boldsymbol{f}$在定义域Ω上处处可微，那么称$\boldsymbol{f}$在Ω上是可微的。

在$\mathbb{R}$中，仿射函数可写为$ax+b$的形式，其中，a，$b \in \mathbb{R}$。因此，一个自变量x为实数的实值函数$f(x)$，如果它在点x_0处可微，那么在点x_0附近，其函数值可以用函数

$$\mathcal{A}(x) = ax + b$$

来近似。

由$f(x_0) = \mathcal{A}(x_0) = ax_0 + b$可得

$$\mathcal{A}(x) = ax + b = a(x - x_0) + f(x_0)$$

$\mathcal{A}(x)$的线性部分，前面记为$\mathcal{L}(x)$，此处就是ax。若实数的范数定义为其绝对值，那么根据可微的定义，有

$$\lim_{x\to x_0} \frac{|f(x) - (a(x-x_0) + f(x_0))|}{|x - x_0|} = 0$$

该式等价于

$$\lim_{x\to x_0} \frac{f(x) - f(x_0)}{x - x_0} = a$$

a一般记为$f'(x_0)$，称为f在点x_0处的导数。因此，仿射函数可以表示为

$$\mathcal{A}(x) = f(x_0) + f'(x_0)(x - x_0)$$

该仿射函数是f在点x_0处的切线，如图 5.1 所示。

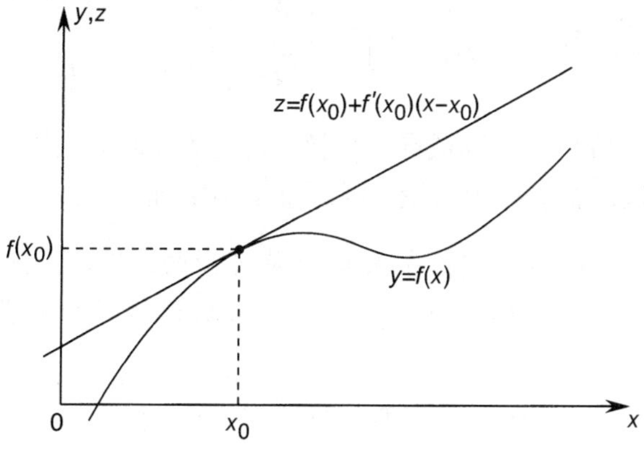

图 5.1　导数的示意图

5.3　导数矩阵

任意从$\mathbb{R}^n$到$\mathbb{R}^m$的线性变换，特别是$\boldsymbol{f}$: $\mathbb{R}^n \to \mathbb{R}^m$的导数$\mathcal{L}$，都可以表示为一个$m \times n$矩阵。为了确定可微函数$\boldsymbol{f}$: $\mathbb{R}^n \to \mathbb{R}^m$的导数$\mathcal{L}$所对应的矩阵表示$\boldsymbol{L}$，引入$\mathbb{R}^n$空间的标准基$\{\boldsymbol{e}_1, \cdots, \boldsymbol{e}_n\}$。考虑向量

$$\boldsymbol{x}_j = \boldsymbol{x}_0 + t\boldsymbol{e}_j, \quad j = 1, \cdots, n$$

根据导数的定义，有

$$\lim_{t \to 0} \frac{\boldsymbol{f}(\boldsymbol{x}_j) - (t\boldsymbol{L}\boldsymbol{e}_j + \boldsymbol{f}(\boldsymbol{x}_0))}{t} = \boldsymbol{0}$$

这意味着，对于$j=1, \cdots, n$，有

$$\lim_{t \to 0} \frac{\boldsymbol{f}(\boldsymbol{x}_j) - \boldsymbol{f}(\boldsymbol{x}_0)}{t} = \boldsymbol{L}\boldsymbol{e}_j$$

$\boldsymbol{L}\boldsymbol{e}_j$是矩阵$\boldsymbol{L}$的第$j$列。向量$\boldsymbol{x}_j$与$\boldsymbol{x}_0$仅仅在第$j$个元素上存在差异，该元素上的差值为$t$。因此，上式的左边等于偏导数

$$\frac{\partial \boldsymbol{f}}{\partial x_j}(\boldsymbol{x}_0)$$

可以通过向量中每个元素求极限的方式来计算向量极限，因此，如果

$$\boldsymbol{f}(\boldsymbol{x}) = \begin{bmatrix} f_1(\boldsymbol{x}) \\ \vdots \\ f_m(\boldsymbol{x}) \end{bmatrix}$$

那么有

$$\frac{\partial \boldsymbol{f}}{\partial x_j}(\boldsymbol{x}_0) = \begin{bmatrix} \frac{\partial f_1}{\partial x_j}(\boldsymbol{x}_0) \\ \vdots \\ \frac{\partial f_m}{\partial x_j}(\boldsymbol{x}_0) \end{bmatrix}$$

矩阵$\boldsymbol{L}$可写为

$$\left[\frac{\partial \boldsymbol{f}}{\partial x_1}(\boldsymbol{x}_0) \ \cdots \ \frac{\partial \boldsymbol{f}}{\partial x_n}(\boldsymbol{x}_0)\right] = \begin{bmatrix} \frac{\partial f_1}{\partial x_1}(\boldsymbol{x}_0) & \cdots & \frac{\partial f_1}{\partial x_n}(\boldsymbol{x}_0) \\ \vdots & & \vdots \\ \frac{\partial f_m}{\partial x_1}(\boldsymbol{x}_0) & \cdots & \frac{\partial f_m}{\partial x_n}(\boldsymbol{x}_0) \end{bmatrix}$$

矩阵$\boldsymbol{L}$称为$\boldsymbol{f}$在点$\boldsymbol{x}_0$的雅可比矩阵或导数矩阵，记为$D\boldsymbol{f}(\boldsymbol{x}_0)$。为方便起见，常用$D\boldsymbol{f}(\boldsymbol{x}_0)$表示$\boldsymbol{f}$在点$\boldsymbol{x}_0$处的导数。根据以上讨论，可以总结出定理5.5。

定理5.5 如果函数$\boldsymbol{f}$: $\mathbb{R}^n \to \mathbb{R}^m$在点$\boldsymbol{x}_0$处是可微的，那么$\boldsymbol{f}$在点$\boldsymbol{x}_0$的导数可以唯一确定，并表示为$m \times n$的导数矩阵$D\boldsymbol{f}(\boldsymbol{x}_0)$。能够在$\boldsymbol{x}_0$附近对函数$\boldsymbol{f}$进行最佳近似的仿射函数为

$$\mathcal{A}(\boldsymbol{x}) = \boldsymbol{f}(\boldsymbol{x}_0) + D\boldsymbol{f}(\boldsymbol{x}_0)(\boldsymbol{x} - \boldsymbol{x}_0)$$

即

$$\boldsymbol{f}(\boldsymbol{x}) = \mathcal{A}(\boldsymbol{x}) + \boldsymbol{r}(\boldsymbol{x})$$

且$\lim_{\boldsymbol{x} \to \boldsymbol{x}_0} \|\boldsymbol{r}(\boldsymbol{x})\| / \|\boldsymbol{x} - \boldsymbol{x}_0\| = 0$。导数矩阵$D\boldsymbol{f}(\boldsymbol{x}_0)$的列为向量偏导数。向量

$$\frac{\partial \boldsymbol{f}}{\partial x_j}(\boldsymbol{x}_0)$$

是函数曲线$\boldsymbol{f}$在点$\boldsymbol{x}_0$的切线向量，可通过只调整$\boldsymbol{x}$的第j个元素的值求得。 □

如果f: $\mathbb{R}^n \to \mathbb{R}$是可微的，那么函数

$$\nabla f(\boldsymbol{x}) = \begin{bmatrix} \frac{\partial f}{\partial x_1}(\boldsymbol{x}) \\ \vdots \\ \frac{\partial f}{\partial x_n}(\boldsymbol{x}) \end{bmatrix} = Df(\boldsymbol{x})^\top$$

称为 f 的梯度。梯度是从一个从 $\mathbb{R}^n$ 到 $\mathbb{R}^n$ 的函数。如果绘制梯度向量 $\nabla f(\boldsymbol{x})$，其起点为点 $\boldsymbol{x}$，箭头表示方向，如此可将梯度表示为向量场。

给定函数 f: $\mathbb{R}^n \to \mathbb{R}$，如果梯度 ∇f 可微，则称 f 是二次可微的，∇f 的导数记为

$$D^2 f = \begin{bmatrix} \frac{\partial^2 f}{\partial x_1^2} & \frac{\partial^2 f}{\partial x_2 \partial x_1} & \cdots & \frac{\partial^2 f}{\partial x_n \partial x_1} \\ \frac{\partial^2 f}{\partial x_1 \partial x_2} & \frac{\partial^2 f}{\partial x_2^2} & \cdots & \frac{\partial^2 f}{\partial x_n \partial x_2} \\ \vdots & \vdots & \ddots & \vdots \\ \frac{\partial^2 f}{\partial x_1 \partial x_n} & \frac{\partial^2 f}{\partial x_2 \partial x_n} & \cdots & \frac{\partial^2 f}{\partial x_n^2} \end{bmatrix}$$

其中，$\frac{\partial^2 f}{\partial x_i \partial x_j}$ 表示 f 首先对 x_j 求导，再对 x_i 求导的偏导数。矩阵 $D^2 f(\boldsymbol{x})$ 称为 f 在点 $\boldsymbol{x}$ 的黑塞矩阵，常记为 $\boldsymbol{F}(\boldsymbol{x})$。

给定函数 $\boldsymbol{f}$: $\Omega \to \mathbb{R}^m$，$\Omega \subset \mathbb{R}^n$，如果该函数在 Ω 上是可微的，且 $D\boldsymbol{f}$: $\Omega \to \mathbb{R}^{m \times n}$ 是连续的，则称该函数在 Ω 上是连续可微的，即 $\boldsymbol{f}$ 的各元素具有连续偏导数。满足这种条件的函数 $\boldsymbol{f}$，将其记为 $\boldsymbol{f} \in \mathcal{C}^1$。如果 $\boldsymbol{f}$ 中的各元素具有 p 阶连续偏导数，那么记为 $\boldsymbol{f} \in \mathcal{C}^p$。

如果 f: $\mathbb{R}^n \to \mathbb{R}$ 在点 $\boldsymbol{x}$ 是二次连续可微的，那么 f 在点 $\boldsymbol{x}$ 的黑塞矩阵是对称的。这是微积分中的一个非常著名的结论，称为克莱罗定理或施瓦茨定理。然而，如果 f 的二次偏导数是不连续的，那么就不能保证黑塞矩阵是对称的。下面的例子能够证实这一点，该示例也非常有名。

例 5.1　函数

$$f(\boldsymbol{x}) = \begin{cases} x_1 x_2 (x_1^2 - x_2^2)/(x_1^2 + x_2^2), & \boldsymbol{x} \neq \boldsymbol{0} \\ 0, & \boldsymbol{x} = \boldsymbol{0} \end{cases}$$

下面计算该函数在原点 $\boldsymbol{0} = [0, 0]^\top$ 的黑塞矩阵。函数 f 的黑塞矩阵为

$$\boldsymbol{F} = \begin{bmatrix} \frac{\partial^2 f}{\partial x_1^2} & \frac{\partial^2 f}{\partial x_2 x_1} \\ \frac{\partial^2 f}{\partial x_1 x_2} & \frac{\partial^2 f}{\partial x_2^2} \end{bmatrix}$$

依次计算黑塞矩阵 $\boldsymbol{F}$ 中各个元素在 $\boldsymbol{0} = [0, 0]^\top$ 处的值。首先，计算

$$\frac{\partial^2 f}{\partial x_1^2} = \frac{\partial}{\partial x_1}\left(\frac{\partial f}{\partial x_1}\right)$$

其中

$$\frac{\partial f}{\partial x_1}(\boldsymbol{x}) = \begin{cases} x_2 (x_1^4 - x_2^4 + 4x_1^2 x_2^2)/(x_1^2 + x_2^2)^2, & \boldsymbol{x} \neq \boldsymbol{0} \\ 0, & \boldsymbol{x} = \boldsymbol{0} \end{cases}$$

注意

$$\frac{\partial f}{\partial x_1}([x_1, 0]^\top) = 0$$

因此，

$$\frac{\partial^2 f}{\partial x_1^2}(\mathbf{0}) = 0$$

同时，有

$$\frac{\partial f}{\partial x_1}([0, x_2]^\top) = -x_2$$

从而，混合偏导数为

$$\frac{\partial^2 f}{\partial x_2 x_1}(\mathbf{0}) = -1$$

接下来，计算

$$\frac{\partial^2 f}{\partial x_2^2} = \frac{\partial}{\partial x_2}\left(\frac{\partial f}{\partial x_2}\right)$$

其中，

$$\frac{\partial f}{\partial x_2}(x_1, x_2) = \begin{cases} x_1(x_1^4 - x_2^4 - 4x_1^2x_2^2)/(x_1^2 + x_2^2)^2, & \boldsymbol{x} \neq \mathbf{0} \\ 0, & \boldsymbol{x} = \mathbf{0} \end{cases}$$

注意

$$\frac{\partial f}{\partial x_2}([0, x_2]^\top) = 0$$

因此有

$$\frac{\partial^2 f}{\partial x_2^2}(\mathbf{0}) = 0$$

同时，有

$$\frac{\partial f}{\partial x_2}([x_1, 0]^\top) = x_1$$

从而可得混合偏导数为

$$\frac{\partial^2 f}{\partial x_1 x_2}(\mathbf{0}) = 1$$

最后，求得函数在原点 $\mathbf{0}$ 处的黑塞矩阵为

$$\boldsymbol{F}(\mathbf{0}) = \begin{bmatrix} 0 & -1 \\ 1 & 0 \end{bmatrix}$$

它不是对称矩阵。 ■

5.4　微分法则

利用函数 $\boldsymbol{f}: \mathbb{R} \to \mathbb{R}^n$ 和函数 $g: \mathbb{R}^n \to \mathbb{R}$ 可构成复合函数 $g(\boldsymbol{f}(t))$，对其进行微分需要用到链式法则。本节首先介绍这一法则。

定理 5.6　如果 $g: \mathcal{D} \to \mathbb{R}$ 在开集 $\mathcal{D} \subset \mathbb{R}^n$ 上是可微的，且 $\boldsymbol{f}: (a, b) \to \mathcal{D}$ 在 (a, b) 上可微。那么它们的复合函数 $h: (a, b) \to \mathbb{R}$, $h(t) = g(\boldsymbol{f}(t))$ 在 (a, b) 上是可微的，且导数为

$$h'(t) = Dg(\boldsymbol{f}(t))D\boldsymbol{f}(t) = \nabla g(\boldsymbol{f}(t))^\top \begin{bmatrix} f_1'(t) \\ \vdots \\ f_n'(t) \end{bmatrix}$$ □

证明： 根据微分的定义，可知函数 $h(t)$ 的导数为

$$h'(t) = \lim_{s\to t}\frac{h(s)-h(t)}{s-t} = \lim_{s\to t}\frac{g(\boldsymbol{f}(s))-g(\boldsymbol{f}(t))}{s-t}$$

前提是上述极限存在。利用定理 5.5，可得

$$g(\boldsymbol{f}(s)) - g(\boldsymbol{f}(t)) = Dg(\boldsymbol{f}(t))(\boldsymbol{f}(s)-\boldsymbol{f}(t)) + r(s)$$

其中，$\lim_{s\to t} r(s)/(s-t) = 0$。因此，

$$\frac{h(s)-h(t)}{s-t} = Dg(\boldsymbol{f}(t))\frac{\boldsymbol{f}(s)-\boldsymbol{f}(t)}{s-t} + \frac{r(s)}{s-t}$$

令 $s\to t$，可得

$$h'(t) = \lim_{s\to t} Dg(\boldsymbol{f}(t))\frac{\boldsymbol{f}(s)-\boldsymbol{f}(t)}{s-t} + \frac{r(s)}{s-t} = Dg(\boldsymbol{f}(t))D\boldsymbol{f}(t)$$ ■

接下来讨论乘积法则。令 $\boldsymbol{f}$: $\mathbb{R}^n\to\mathbb{R}^m$ 和 $\boldsymbol{g}$: $\mathbb{R}^n\to\mathbb{R}^m$ 表示两个可微函数，函数 h: $\mathbb{R}^n\to\mathbb{R}$ 定义为 $h(\boldsymbol{x}) = \boldsymbol{f}(\boldsymbol{x})^\top \boldsymbol{g}(\boldsymbol{x})$，那么 h 也是可微的，且

$$Dh(\boldsymbol{x}) = \boldsymbol{f}(\boldsymbol{x})^\top D\boldsymbol{g}(\boldsymbol{x}) + \boldsymbol{g}(\boldsymbol{x})^\top D\boldsymbol{f}(\boldsymbol{x})$$

最后，给出多变量微积分领域中的一组公式。这些公式非常有用，利用它们可以计算各种不同情况下函数关于 $\boldsymbol{x}$ 的导数。给定矩阵 $\boldsymbol{A}\in\mathbb{R}^{m\times n}$ 和向量 $\boldsymbol{y}\in\mathbb{R}^m$，有

$$D(\boldsymbol{y}^\top \boldsymbol{A}\boldsymbol{x}) = \boldsymbol{y}^\top \boldsymbol{A}$$

特别的，当 $m = n$ 时，有

$$D(\boldsymbol{x}^\top \boldsymbol{A}\boldsymbol{x}) = \boldsymbol{x}^\top(\boldsymbol{A}+\boldsymbol{A}^\top)$$

如果 $\boldsymbol{y}\in\mathbb{R}^n$，那么由第 1 个公式可推知

$$D(\boldsymbol{y}^\top \boldsymbol{x}) = \boldsymbol{y}^\top$$

如果 $\boldsymbol{Q}$ 是对称矩阵，那么由第 2 个公式可推知

$$D(\boldsymbol{x}^\top \boldsymbol{Q}\boldsymbol{x}) = 2\boldsymbol{x}^\top \boldsymbol{Q}$$

特别的，当 $\boldsymbol{Q} = \boldsymbol{I}$ 时，有

$$D(\boldsymbol{x}^\top \boldsymbol{x}) = 2\boldsymbol{x}^\top$$

5.5　水平集与梯度

函数 f: $\mathbb{R}^n\to\mathbb{R}$ 在水平 c 上的水平集定义为

$$S = \{\boldsymbol{x} : f(\boldsymbol{x}) = c\}$$

对于 f: $\mathbb{R}^2\to\mathbb{R}$，水平集 S 是一条曲线，能够直接观察；对于 f: $\mathbb{R}^3\to\mathbb{R}$，水平集 S 通常是一组曲面。

例 5.2　考虑 $\mathbb{R}^2$ 中的实值函数

$$f(\boldsymbol{x}) = 100(x_2 - x_1^2)^2 + (1 - x_1)^2, \qquad \boldsymbol{x} = [x_1, x_2]^\top$$

该函数称为 Rosenbrock 函数，其图像如图 5.2 所示。图 5.3 给出了 f 在水平 0.7、7、70、200 和 700 上的水平集。这些水平集具有像香蕉一样的特殊形状，因此 Rosenbrock 函数也称为香蕉函数。■

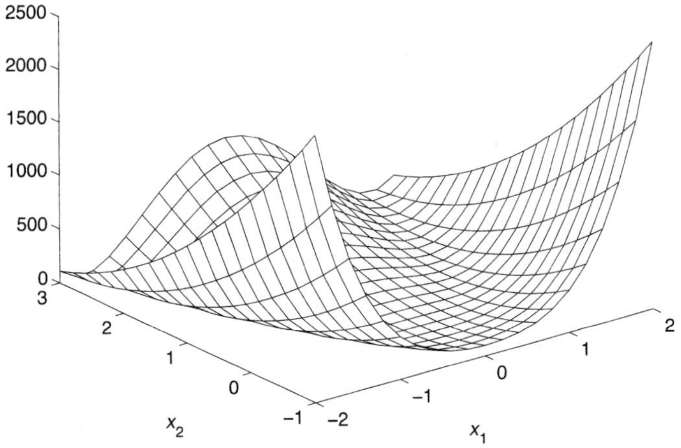

图 5.2　Rosenbrock 函数的图像

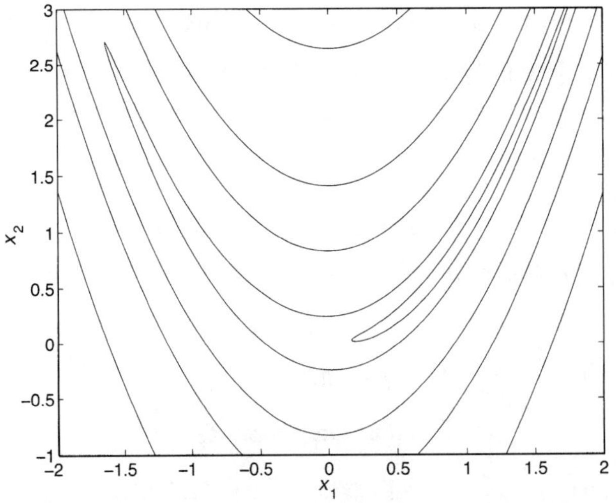

图 5.3　Rosenbrock(香蕉)函数的水平集

当提到点 $\boldsymbol{x}_0$ 位于函数 f 的水平为 c 的水平集 S 上时，即意味着 $f(\boldsymbol{x}_0) = c$。假定存在一条位于 S 中的曲线 γ，可以用一个连续可微函数 $\boldsymbol{g}: \mathbb{R} \to \mathbb{R}^n$ 进行参数化，同时假定 $\boldsymbol{g}(t_0) = \boldsymbol{x}_0$ 且 $D\boldsymbol{g}(t_0) = \boldsymbol{v} \neq \boldsymbol{0}$，那么 $\boldsymbol{v}$ 是 γ 在点 $\boldsymbol{x}_0$ 的切线向量，如图 5.4 所示。利用链式法则求函数 $h(t) = f(\boldsymbol{g}(t))$ 在点 t_0 的导数，可得

$$h'(t_0) = Df(\boldsymbol{g}(t_0))D\boldsymbol{g}(t_0) = Df(\boldsymbol{x}_0)\boldsymbol{v}$$

同时，由于 γ 位于 S 内，可知

$$h(t)=f(\boldsymbol{g}(t))=c$$

这说明 h 是常数。因此，$h'(t_0)=0$，且

$$Df(\boldsymbol{x}_0)\boldsymbol{v}=\nabla f(\boldsymbol{x}_0)^\top\boldsymbol{v}=0$$

由此可以证明，当 f 连续可微时，以下定理成立（见图 5.4）。

定理 5.7　对于水平为 $f(\boldsymbol{x})=f(\boldsymbol{x}_0)$ 的水平集中的任意一条经过点 $\boldsymbol{x}_0$ 的光滑曲线，其在点 $\boldsymbol{x}_0$ 的切向量与函数 f 在点 $\boldsymbol{x}_0$ 的梯度 $\nabla f(\boldsymbol{x}_0)$ 正交。□

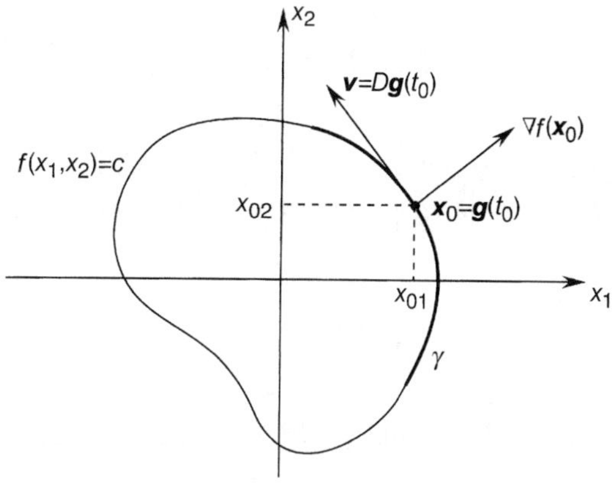

图 5.4　梯度与水平集中任意曲线的切向量正交

根据该定理，可以说 $\nabla f(\boldsymbol{x}_0)$ 在点 $\boldsymbol{x}_0$ 正交于水平集 S，或者说 $\nabla f(\boldsymbol{x}_0)$ 是水平集在点 $\boldsymbol{x}_0$ 的法向量。同时，如果 $\nabla f(\boldsymbol{x}_0)\neq\boldsymbol{0}$，那么满足所有 $\nabla f(\boldsymbol{x}_0)^\top(\boldsymbol{x}-\boldsymbol{x}_0)=0$ 的所有 $\boldsymbol{x}$ 组成的集合称为水平集 S 在点 $\boldsymbol{x}_0$ 的切平面（或切线）。

接下来将会发现，$\nabla f(\boldsymbol{x}_0)$ 是函数 f 在点 $\boldsymbol{x}_0$ 处增加速度最快的方向。由于 $\nabla f(\boldsymbol{x}_0)$ 正交于水平为 $f(\boldsymbol{x})=f(\boldsymbol{x}_0)$ 的水平集，因此，可以推出结论：一个实值可微函数在某点增加速度最快的方向正交于函数 f 在该点的水平集。

图 5.5 给出了函数为 $f:\mathbb{R}^2\to\mathbb{R}$ 时，最速上升路径的示意图。在图 5.5 中，在阴影曲面上自下而上的曲线具有如下性质：曲线在 (x_1, x_2) 平面上的投影总是正交于轮廓线。由于该曲线指示的是函数 f 增长速度最快的方向，因此也称为最速上升路径。

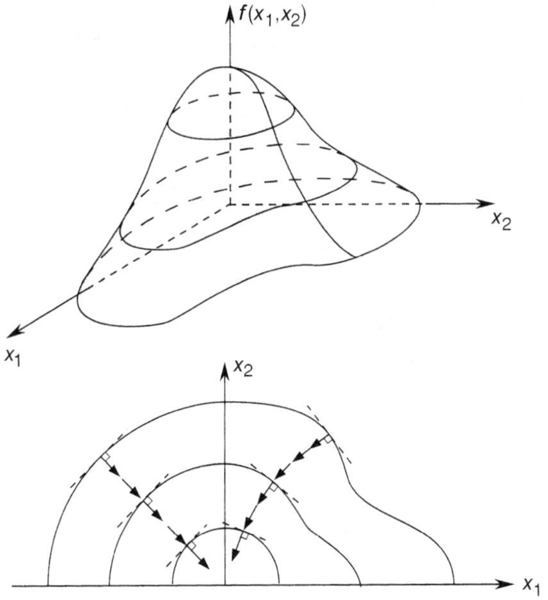

图 5.5　最速上升路径示意图

函数 $f:\mathbb{R}^n\to\mathbb{R}$ 的图像为集合 $\{[\boldsymbol{x}^\top, f(\boldsymbol{x})]^\top, \boldsymbol{x}\in\mathbb{R}^n\}\subset\mathbb{R}^{n+1}$，函数 f 的梯度可以理解为函数图像的一个切平面，且是一个超平面。更进一步，令 $\boldsymbol{x}_0\in\mathbb{R}^n$，$z_0=f(\boldsymbol{x}_0)$，则

$[\boldsymbol{x}_0^\top, z_0]^\top \in \mathbb{R}^{n+1}$为$f$图像中的一点。如果$f$在点$\boldsymbol{\xi}$处可微，那么$f$的图像在$\boldsymbol{\xi}=[\boldsymbol{x}_0^\top, z_0]^\top$处存在一个非垂直的切线超平面。经过点$\boldsymbol{\xi}$的超平面是所有满足

$$u_1(x_1-x_{01})+\cdots+u_n(x_n-x_{0n})+v(z-z_0)=0$$

的点$[x_1, \cdots, x_n, z]^\top \in \mathbb{R}^{n+1}$构成的集合。其中，向量$[u_1, \cdots, u_n, v]^\top \in \mathbb{R}^{n+1}$正交于超平面。假定该超平面是非垂直的($v \neq 0$)，令

$$d_i = -\frac{u_i}{v}$$

可将上面的超平面方程重写为

$$z = d_1(x_1-x_{01})+\cdots+d_n(x_n-x_{0n})+z_0$$

上式中等号右端可以理解为一个函数z: $\mathbb{R}^n \to \mathbb{R}$。由于超平面与函数$f$的图像相切，函数$f$和$z$在点$\boldsymbol{x}_0$必定具有相同的偏导数。因此，如果$f$在点$\boldsymbol{x}_0$处可微，那么其切线超平面可以由梯度表示：

$$z-z_0 = Df(\boldsymbol{x}_0)(\boldsymbol{x}-\boldsymbol{x}_0) = (\boldsymbol{x}-\boldsymbol{x}_0)^\top \nabla f(\boldsymbol{x}_0)$$

5.6 泰勒级数

泰勒公式是最优化领域中诸多数值算法和模型的基础，由泰勒定理给出。

定理 5.8 **泰勒定理**。假定函数f: $\mathbb{R} \to \mathbb{R}$ 在区间$[a, b]$上是m阶连续可微的，即$f \in \mathcal{C}^m$，令$h=b-a$，有

$$f(b) = f(a)+\frac{h}{1!}f^{(1)}(a)+\frac{h^2}{2!}f^{(2)}(a)+\cdots+\frac{h^{m-1}}{(m-1)!}f^{(m-1)}(a)+R_m$$

上式称为泰勒公式，其中$f^{(i)}$表示f的i阶导数。有

$$R_m = \frac{h^m(1-\theta)^{m-1}}{(m-1)!}f^{(m)}(a+\theta h) = \frac{h^m}{m!}f^{(m)}(a+\theta' h)$$

其中$\theta, \theta' \in (0, 1)$。 □

证明： R_m称为余项，下面证明余项公式成立。已知

$$R_m = f(b)-f(a)-\frac{h}{1!}f^{(1)}(a)-\frac{h^2}{2!}f^{(2)}(a)-\cdots-\frac{h^{m-1}}{(m-1)!}f^{(m-1)}(a)$$

将上式中的a替换为x，可得辅助函数$g_m(x)$：

$$\begin{aligned} g_m(x) = f(b)-f(x)-\frac{b-x}{1!}f^{(1)}(x)-\frac{(b-x)^2}{2!}f^{(2)}(x) \\ -\cdots-\frac{(b-x)^{m-1}}{(m-1)!}f^{(m-1)}(x) \end{aligned}$$

对$g_m(x)$进行一阶微分，可得

$$\begin{aligned} g_m^{(1)}(x) &= -f^{(1)}(x)+\left[f^{(1)}(x)-\frac{b-x}{1!}f^{(2)}(x)\right] \\ &\quad +\left[2\frac{b-x}{2!}f^{(2)}(x)-\frac{(b-x)^2}{2!}f^{(3)}(x)\right]+\cdots \\ &\quad +\left[(m-1)\frac{(b-x)^{m-2}}{(m-1)!}f^{(m-1)}(x)-\frac{(b-x)^{m-1}}{(m-1)!}f^{(m)}(x)\right] \\ &= -\frac{(b-x)^{m-1}}{(m-1)!}f^{(m)}(x) \end{aligned}$$

可知 $g_m(b)=0$ 且 $g_m(a)=R_m$。利用中值定理，可得

$$\frac{g_m(b)-g_m(a)}{b-a}=g_m^{(1)}(a+\theta h)$$

其中，$\theta\in(0,1)$。上式等价于

$$-\frac{R_m}{h}=-\frac{(b-a-\theta h)^{m-1}}{(m-1)!}f^{(m)}(a+\theta h)=-\frac{h^{m-1}(1-\theta)^{m-1}}{(m-1)!}f^{(m)}(a+\theta h)$$

因此，可得

$$R_m=\frac{h^m(1-\theta)^{m-1}}{(m-1)!}f^{(m)}(a+\theta h)$$

关于公式

$$R_m=\frac{h^m}{m!}f^{(m)}(a+\theta' h)$$

的推导过程，可参见参考文献[81]或参考文献[83]。■

泰勒定理的一个重要性质就是余项 R_m 的形式。在继续讨论这一问题之前，先引入阶符号：O 和 o。

令 g 表示定义在原点 $\mathbf{0}\in\mathbb{R}^n$ 的邻域上的一个实值函数，且有如果 $\boldsymbol{x}\neq\mathbf{0}$，则 $g(\boldsymbol{x})\neq 0$。函数 $\boldsymbol{f}:\Omega\to\mathbb{R}^m$ 的定义域为 $\Omega\subset\mathbb{R}^n$，包含原点 $\mathbf{0}$。有

1. $\boldsymbol{f}(\boldsymbol{x})=O(g(\boldsymbol{x}))$ 表示商 $\|\boldsymbol{f}(\boldsymbol{x})\|/|g(\boldsymbol{x})|$ 在原点 $\mathbf{0}$ 附近有界，即存在 $K>0$ 和 $\delta>0$，使得如果 $\|\boldsymbol{x}\|<\delta$，$\boldsymbol{x}\in\Omega$，那么 $\|\boldsymbol{f}(\boldsymbol{x})\|/|g(\boldsymbol{x})|\leqslant K$。
2. $\boldsymbol{f}(\boldsymbol{x})=o(g(\boldsymbol{x}))$ 意味着

$$\lim_{\boldsymbol{x}\to 0,\boldsymbol{x}\in\Omega}\frac{\|\boldsymbol{f}(\boldsymbol{x})\|}{|g(\boldsymbol{x})|}=0$$

符号 $O(g(\boldsymbol{x}))$ 表示一个在原点 $\mathbf{0}$ 的邻域上有界的函数，这一边界可通过对函数 $g(\boldsymbol{x})$ 进行适当缩放得到。以下函数都属于这一类函数：

- $x=O(x)$
- $\begin{bmatrix} x^3 \\ 2x^2+3x^4 \end{bmatrix}=O(x^2)$
- $\cos x=O(1)$
- $\sin x=O(x)$

符号 $o(g(\boldsymbol{x}))$ 表示相对于函数 $g(\boldsymbol{x})$ 能够更快地接近于零的函数，即 $\lim_{\boldsymbol{x}\to\mathbf{0}}\|o(g(\boldsymbol{x}))\|/|g(\boldsymbol{x})|=0$。下面的函数都属于这类函数：

- $x^2=o(x)$
- $\begin{bmatrix} x^3 \\ 2x^2+3x^4 \end{bmatrix}=o(x)$
- $x^3=o(x^2)$
- $x=o(1)$

可以看出，如果$\boldsymbol{f}(\boldsymbol{x})=o(g(\boldsymbol{x}))$，那么有$\boldsymbol{f}(\boldsymbol{x})=O(g(\boldsymbol{x}))$(反过来不一定成立)。同时，如果$\boldsymbol{f}(\boldsymbol{x})=O(\|\boldsymbol{x}\|^{p})$，那么对于任意$\varepsilon>0$，都有$\boldsymbol{f}(\boldsymbol{x})=o(\|\boldsymbol{x}\|^{p-\varepsilon})$。

已知函数$f\in\mathcal{C}^{m}$，泰勒定理的余项为

$$R_m=\frac{h^m}{m!}f^{(m)}(a+\theta h)$$

其中，$\theta\in(0,1)$。将其代入泰勒公式，可得

$$f(b)=f(a)+\frac{h}{1!}f^{(1)}(a)+\frac{h^2}{2!}f^{(2)}(a)+\cdots+\frac{h^{m-1}}{(m-1)!}f^{(m-1)}(a)+\frac{h^m}{m!}f^{(m)}(a+\theta h)$$

利用$f^{(m)}$的连续性，可知当$h\to 0$，有$f^{(m)}(a+\theta h)\to f^{(m)}(a)$，即$f^{(m)}(a+\theta h)=f^{(m)}(a)+o(1)$。因此，

$$\frac{h^m}{m!}f^{(m)}(a+\theta h)=\frac{h^m}{m!}f^{(m)}(a)+o(h^m)$$

这里用到了$h^m o(1)=o(h^m)$。因此，可将泰勒公式重写为

$$f(b)=f(a)+\frac{h}{1!}f^{(1)}(a)+\frac{h^2}{2!}f^{(2)}(a)+\cdots+\frac{h^m}{m!}f^{(m)}(a)+o(h^m)$$

进一步，假定函数$f\in\mathcal{C}^{m+1}$，那么可以将上式中的$o(h^m)$替换为$O(h^{m+1})$。因此，余项为R_{m+1}，对应的泰勒公式为

$$f(b)=f(a)+\frac{h}{1!}f^{(1)}(a)+\frac{h^2}{2!}f^{(2)}(a)+\cdots+\frac{h^m}{m!}f^{(m)}(a)+R_{m+1}$$

其中，

$$R_{m+1}=\frac{h^{m+1}}{(m+1)!}f^{(m+1)}(a+\theta' h)$$

其中，$\theta'\in(0,1)$。由于$f^{(m+1)}$在$[a,b]$上是有界的(由定理4.2可得)，可知

$$R_{m+1}=O(h^{m+1})$$

因此，对于函数$f\in\mathcal{C}^{m+1}$，泰勒公式为

$$f(b)=f(a)+\frac{h}{1!}f^{(1)}(a)+\frac{h^2}{2!}f^{(2)}(a)+\cdots+\frac{h^m}{m!}f^{(m)}(a)+O(h^{m+1})$$

下面讨论实值函数$f:\mathbb{R}^n\to\mathbb{R}$在点$\boldsymbol{x}_0\in\mathbb{R}^n$的泰勒级数展开式。假定$f\in\mathcal{C}^2$，令$\boldsymbol{x}$和$\boldsymbol{x}_0$表示$\mathbb{R}^n$中的点，令$\boldsymbol{z}(\alpha)=\boldsymbol{x}_0+\alpha(\boldsymbol{x}-\boldsymbol{x}_0)/\|\boldsymbol{x}-\boldsymbol{x}_0\|$。定义函数$\phi:\mathbb{R}\to\mathbb{R}$为

$$\phi(\alpha)=f(\boldsymbol{z}(\alpha))=f(\boldsymbol{x}_0+\alpha(\boldsymbol{x}-\boldsymbol{x}_0)/\|\boldsymbol{x}-\boldsymbol{x}_0\|)$$

利用链式法则，可得一阶导数为

$$\begin{aligned}\phi'(\alpha)&=\frac{\mathrm{d}\phi}{\mathrm{d}\alpha}(\alpha)\\&=Df(\boldsymbol{z}(\alpha))D\boldsymbol{z}(\alpha)=Df(\boldsymbol{z}(\alpha))\frac{(\boldsymbol{x}-\boldsymbol{x}_0)}{\|\boldsymbol{x}-\boldsymbol{x}_0\|}\\&=(\boldsymbol{x}-\boldsymbol{x}_0)^{\top}Df(\boldsymbol{z}(\alpha))^{\top}/\|\boldsymbol{x}-\boldsymbol{x}_0\|\end{aligned}$$

二阶导数为

$$
\begin{aligned}
\phi''(\alpha) &= \frac{\mathrm{d}^2\phi}{\mathrm{d}\alpha^2}(\alpha) \\
&= \frac{\mathrm{d}}{\mathrm{d}\alpha}\left(\frac{\mathrm{d}\phi}{\mathrm{d}\alpha}\right)(\alpha) \\
&= \frac{(\boldsymbol{x}-\boldsymbol{x}_0)^\top}{\|\boldsymbol{x}-\boldsymbol{x}_0\|}\frac{\mathrm{d}}{\mathrm{d}\alpha}Df(\boldsymbol{z}(\alpha))^\top \\
&= \frac{(\boldsymbol{x}-\boldsymbol{x}_0)^\top}{\|\boldsymbol{x}-\boldsymbol{x}_0\|}D(Df)(\boldsymbol{z}(\alpha))^\top\frac{\mathrm{d}\boldsymbol{z}}{\mathrm{d}\alpha}(\alpha) \\
&= \frac{1}{\|\boldsymbol{x}-\boldsymbol{x}_0\|^2}(\boldsymbol{x}-\boldsymbol{x}_0)^\top D^2f(\boldsymbol{z}(\alpha))^\top(\boldsymbol{x}-\boldsymbol{x}_0) \\
&= \frac{1}{\|\boldsymbol{x}-\boldsymbol{x}_0\|^2}(\boldsymbol{x}-\boldsymbol{x}_0)^\top D^2f(\boldsymbol{z}(\alpha))(\boldsymbol{x}-\boldsymbol{x}_0)
\end{aligned}
$$

其中，

$$
D^2f = \begin{bmatrix}
\frac{\partial^2 f}{\partial x_1^2} & \frac{\partial^2 f}{\partial x_2\partial x_1} & \cdots & \frac{\partial^2 f}{\partial x_n\partial x_1} \\
\frac{\partial^2 f}{\partial x_1\partial x_2} & \frac{\partial^2 f}{\partial x_2^2} & \cdots & \frac{\partial^2 f}{\partial x_n\partial x_2} \\
\vdots & \vdots & \ddots & \vdots \\
\frac{\partial^2 f}{\partial x_1\partial x_n} & \frac{\partial^2 f}{\partial x_2\partial x_n} & \cdots & \frac{\partial^2 f}{\partial x_n^2}
\end{bmatrix}
$$

由于

$$
\begin{aligned}
f(\boldsymbol{x}) &= \phi(\|\boldsymbol{x}-\boldsymbol{x}_0\|) \\
&= \phi(0) + \frac{\|\boldsymbol{x}-\boldsymbol{x}_0\|}{1!}\phi'(0) + \frac{\|\boldsymbol{x}-\boldsymbol{x}_0\|^2}{2!}\phi''(0) + o(\|\boldsymbol{x}-\boldsymbol{x}_0\|^2)
\end{aligned}
$$

从而有

$$
\begin{aligned}
f(\boldsymbol{x}) = f(\boldsymbol{x}_0) &+ \frac{1}{1!}Df(\boldsymbol{x}_0)(\boldsymbol{x}-\boldsymbol{x}_0) \\
&+ \frac{1}{2!}(\boldsymbol{x}-\boldsymbol{x}_0)^\top D^2f(\boldsymbol{x}_0)(\boldsymbol{x}-\boldsymbol{x}_0) + o(\|\boldsymbol{x}-\boldsymbol{x}_0\|^2)
\end{aligned}
$$

如果函数$f\in\mathcal{C}^3$，那么泰勒公式展开到余项 R_3，即

$$
\begin{aligned}
f(\boldsymbol{x}) = f(\boldsymbol{x}_0) &+ \frac{1}{1!}Df(\boldsymbol{x}_0)(\boldsymbol{x}-\boldsymbol{x}_0) \\
&+ \frac{1}{2!}(\boldsymbol{x}-\boldsymbol{x}_0)^\top D^2f(\boldsymbol{x}_0)(\boldsymbol{x}-\boldsymbol{x}_0) + O(\|\boldsymbol{x}-\boldsymbol{x}_0\|^3)
\end{aligned}
$$

最后给出中值定理，它与泰勒定理密切相关。

定理 5.9　如果函数$\boldsymbol{f}$: $\mathbb{R}^n\to\mathbb{R}^m$ 在开集 $\Omega\subset\mathbb{R}^n$ 上可微，那么对于任意两点 $\boldsymbol{x},\boldsymbol{y}\in\Omega$，存在矩阵 $\boldsymbol{M}$，使得

$$\boldsymbol{f}(\boldsymbol{x}) - \boldsymbol{f}(\boldsymbol{y}) = \boldsymbol{M}(\boldsymbol{x}-\boldsymbol{y})$$

成立。□

将泰勒公式(此处令 $m=1$)应用于$\boldsymbol{f}$中的每个元素即可得到中值定理。容易看出，针对 $\boldsymbol{x}$ 和 $\boldsymbol{y}$ 之间的线段中的点计算 $D\boldsymbol{f}$(对于不同的行，线段端点不同)，矩阵 $\boldsymbol{M}$ 中的各行就直接对应着 $D\boldsymbol{f}$ 中的各行。

若要进一步了解微积分的相关知识，可参见参考文献[13, 81, 83, 115, 120, 134]。

实分析的基础知识可参见参考文献[2, 112]，更深入的知识可参见参考文献[89, 111]。关于符号 O 的有关说明，可参见参考文献[77]的第 104 页至第 108 页。

习题

5.1 试证明使 $\lim_{k\to\infty}\boldsymbol{A}^k=\boldsymbol{O}$ 成立的充分条件为 $\|\boldsymbol{A}\|<1$。

5.2 试证明对于任意矩阵 $\boldsymbol{A}\in\mathbb{R}^{n\times n}$，都有

$$\|\boldsymbol{A}\|\geqslant\max_{1\leqslant i\leqslant n}|\lambda_i(\boldsymbol{A})|$$

提示：利用习题 5.1 的结论。

5.3 考虑函数

$$f(\boldsymbol{x})=(\boldsymbol{a}^\top\boldsymbol{x})(\boldsymbol{b}^\top\boldsymbol{x})$$

其中 $\boldsymbol{a}$、$\boldsymbol{b}$ 和 $\boldsymbol{x}$ 是 n 维向量。

a. 计算 $\nabla f(\boldsymbol{x})$；

b. 计算黑塞矩阵 $\boldsymbol{F}(\boldsymbol{x})$。

5.4 已知函数 f: $\mathbb{R}^2\to\mathbb{R}$ 和 $\boldsymbol{g}$: $\mathbb{R}\to\mathbb{R}^2$ 分别定义为 $f(\boldsymbol{x})=x_1^2/6+x_2^2/4$ 和 $\boldsymbol{g}(t)=[3t+5, 2t-6]^\top$，令 F: $\mathbb{R}\to\mathbb{R}$ 为 $F(t)=f(\boldsymbol{g}(t))$，试利用链式法则计算 $\frac{\mathrm{d}F}{\mathrm{d}t}(t)$。

5.5 给定 $f(\boldsymbol{x})=x_1x_2/2$，$\boldsymbol{g}(s,t)=[4s+3t, 2s+t]^\top$，利用链式法则计算 $\frac{\partial}{\partial s}f(\boldsymbol{g}(s,t))$ 和 $\frac{\partial}{\partial t}f(\boldsymbol{g}(s,t))$。

5.6 令 $\boldsymbol{x}(t)=[e^t+t^3, t^2, t+1]^\top$，$t\in\mathbb{R}$ 且 $f(\boldsymbol{x})=x_1^3x_2x_3^2+x_1x_2+x_3$，$\boldsymbol{x}=[x_1, x_2, x_3]^\top\in\mathbb{R}^3$，试计算 $\frac{\mathrm{d}}{\mathrm{d}t}f(\boldsymbol{x}(t))$，将其写为 t 的函数。

5.7 已知 $\boldsymbol{f}(\boldsymbol{x})=o(g(\boldsymbol{x}))$，试证明对于任意 $\varepsilon>0$，存在 $\delta>0$，使得如果 $\|\boldsymbol{x}\|<\delta$，有 $\|\boldsymbol{f}(\boldsymbol{x})\|<\varepsilon|g(\boldsymbol{x})|$。

5.8 利用习题 5.7 的结论证明，如果函数 f: $\mathbb{R}^n\to\mathbb{R}$ 和 g: $\mathbb{R}^n\to\mathbb{R}$ 满足 $f(\boldsymbol{x})=-g(\boldsymbol{x})+o(g(\boldsymbol{x}))$，且对于所有的 $\boldsymbol{x}\neq0$，都有 $g(\boldsymbol{x})>0$，那么对于所有足够小的 $\boldsymbol{x}\neq\boldsymbol{0}$，都有 $f(\boldsymbol{x})<0$。

5.9 令

$$f_1(x_1,x_2)=x_1^2-x_2^2$$
$$f_2(x_1,x_2)=2x_1x_2$$

在同一张图中绘出与 $f_1(x_1, x_2)=12$ 和 $f_2(x_1, x_2)=16$ 对应的水平集。在图中标记出满足 $\boldsymbol{f}(\boldsymbol{x})=[f_1(x_1, x_2), f_2(x_1, x_2)]^\top=[12, 16]^\top$ 的点 $\boldsymbol{x}=[x_1, x_2]^\top$。

5.10 写出下列函数在给定点 $\boldsymbol{x}_0$ 的泰勒级数展开式，忽略其三次及更高次项。

a. $f(\boldsymbol{x})=x_1\mathrm{e}^{-x_2}+x_2+1$, $\boldsymbol{x}_0=[1,0]^\top$

b. $f(\boldsymbol{x})=x_1^4+2x_1^2x_2^2+x_2^4$, $\boldsymbol{x}_0=[1,1]^\top$

c. $f(\boldsymbol{x})=\mathrm{e}^{x_1-x_2}+\mathrm{e}^{x_1+x_2}+x_1+x_2+1$, $\boldsymbol{x}_0=[1,0]^\top$

第二部分

无约束优化问题

- 第 6 章　集合约束和无约束优化问题的基础知识
- 第 7 章　一维搜索方法
- 第 8 章　梯度方法
- 第 9 章　牛顿法
- 第 10 章　共轭方向法
- 第 11 章　拟牛顿法
- 第 12 章　求解线性方程组
- 第 13 章　无约束优化问题和神经网络
- 第 14 章　全局搜索算法

第6章　集合约束和无约束优化问题的基础知识

6.1　引言

本章讨论如下形式的优化问题：

$$\begin{array}{ll}\text{minimize} & f(\boldsymbol{x}) \\ \text{subject to} & \boldsymbol{x} \in \Omega\end{array}$$

其中，函数f: $\mathbb{R}^n \to \mathbb{R}$ 称为目标函数或价值函数，是一个实值函数。该优化问题的含义是寻找合适的$\boldsymbol{x}$，使得函数f达到最小。$\boldsymbol{x}$ 是一个 n 维向量，表示为$\boldsymbol{x} = [x_1, x_2, \cdots, x_n]^\top \in \mathbb{R}^n$，$x_1$，$x_2$，…，$x_n$ 相互独立，通常称为决策变量。集合 Ω 是 n 维实数空间 $\mathbb{R}^n$ 的一个子集，称为约束集或可行集。

上述优化问题可以视为一个决策问题，旨在从约束集 Ω 中找出“最好的”决策变量向量$\boldsymbol{x}$。所谓“最好的”向量，指的是能够使目标函数值达到最小的向量，称为函数f在约束集 Ω 上的极小点。同一问题可能存在很多个不同的极小点。在这种情况下，只要给出任一极小点就可以了。

有一些优化问题要求使得目标函数值达到最大，即最大化问题。对于这类问题，需要寻找其极大点。极小点和极大点统称为极值点。最大化问题可以等价转换为最小化问题，只需要将目标函数 f 取负，即变换为 $-f$ 即可。因此，不失一般性，可以只考虑最小化问题。

上述问题是有约束优化问题的一般形式，约束变量只能从约束集 Ω 中取值。如果 $\Omega = \mathbb{R}^n$，则该问题就成为一个无约束优化问题。本章讨论的是一般形式优化问题的基本性质，自然包括无约束优化问题。本部分中的其他章将讨论无约束优化问题的迭代求解算法。

约束 $\boldsymbol{x}\in\Omega$ 称为集合约束。通常，约束集 Ω 可以表示为 $\Omega=\{\boldsymbol{x}:\boldsymbol{h}(\boldsymbol{x})=\boldsymbol{0}, \boldsymbol{g}(\boldsymbol{x})\leqslant\boldsymbol{0}\}$，其中，$\boldsymbol{h}$ 和 $\boldsymbol{g}$ 表示由函数组成的向量，这种形式的约束称为函数约束。本章讨论的是集合约束的情况，包括 $\Omega = \mathbb{R}^n$ 这一特殊情况，即无约束的情况。第三和第四部分将讨论函数约束下的优化问题。

在讨论上述优化问题的最优性条件之前，首先给出两类极小点的定义。

定义 6.1　存在一个 n 元实值函数f: $\mathbb{R}^n \to \mathbb{R}$，定义域为 $\Omega \subset \mathbb{R}^n$。对于定义域 Ω 中的一个点 $\boldsymbol{x}^*$，如果存在 $\varepsilon>0$，对于所有满足 $\|\boldsymbol{x}-\boldsymbol{x}^*\|<\varepsilon$，$\boldsymbol{x}\in\Omega\setminus\{\boldsymbol{x}^*\}$ 的向量$\boldsymbol{x}$，不等式$f(\boldsymbol{x}) \geqslant f(\boldsymbol{x}^*)$ 都成立，则称$\boldsymbol{x}^*$是函数f在定义域 Ω 中的一个局部极小点。如果对于所有 $\boldsymbol{x}\in\Omega\setminus\{\boldsymbol{x}^*\}$，不等式$f(\boldsymbol{x}) \geqslant f(\boldsymbol{x}^*)$ 都成立，则称$\boldsymbol{x}^*$是函数f在定义域 Ω 中的一个全局极小点。 ■

如果将上述定义中的$f(\boldsymbol{x}) \geqslant f(\boldsymbol{x}^*)$替换为$f(\boldsymbol{x}) > f(\boldsymbol{x}^*)$，那么局部极小点和全局极小点则对应成为严格局部极小点和严格全局极小点。图 6.1 给出了当 $n=1$ 时，即某个一元函数的局部极小点、全局极小点和严格全局极小点。

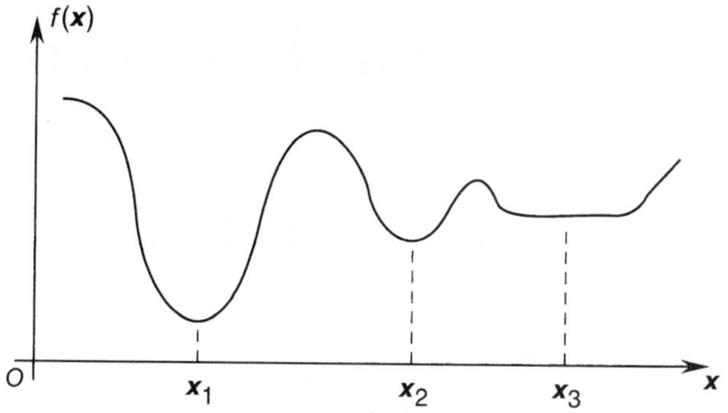

图 6.1　某函数的极小点：$\boldsymbol{x}_1$——严格全局极小点；$\boldsymbol{x}_2$——严格局部极小点；$\boldsymbol{x}_3$——(非严格)局部极小点

函数f在定义域Ω上的全局极小点$\boldsymbol{x}^*$可以表示为$f(\boldsymbol{x}^*)=\min_{\boldsymbol{x}\in\Omega}f(\boldsymbol{x})$或$\boldsymbol{x}^*=\arg\min_{\boldsymbol{x}\in\Omega}f(\boldsymbol{x})$。如果不存在约束，则可以简化表示为$\boldsymbol{x}^*=\arg\min_{\boldsymbol{x}}f(\boldsymbol{x})$或$\boldsymbol{x}^*=\arg\min f(\boldsymbol{x})$。换句话说，对于实值函数$f$，$\arg\min f(x)$指的是能够使函数$f$达到最小的自变量。通常可以假定$\arg\min f(\boldsymbol{x})$是唯一的(如果超过一个，则任选其中之一即可)。比如，对于某个一元函数$f:\mathbb{R}\to\mathbb{R}$，$f(x)=(x+1)^2+x$可知无约束情况下，$\arg\min f(x)=-1$；当存在约束$x\in\Omega$，如$x\geqslant 0$时，其极小点为$\arg\min_{x\geqslant 0}f(x)=0$。

严格的说，只有得到了优化问题的全局极小点，才意味着问题得到了解决。实际上，全局极小点是很难得到的。因此，在实际应用中，通常只需要找出局部极小点就可以了。

6.2　局部极小点的条件

本节讨论局部极小点$\boldsymbol{x}^*$满足的条件。首先，回顾一下关于n元实值函数$f:\mathbb{R}^n\to\mathbb{R}$的求导问题。函数$f$的一阶导数$Df$为

$$Df \triangleq \left[\frac{\partial f}{\partial x_1},\frac{\partial f}{\partial x_2},\cdots,\frac{\partial f}{\partial x_n}\right]$$

函数f的梯度∇f正好是导数Df的转置，即$\nabla f=(Df)^\top$。函数$f:\mathbb{R}^n\to\mathbb{R}$的二阶导数，也称为黑塞矩阵，可表示为

$$\boldsymbol{F}(\boldsymbol{x}) \triangleq D^2 f(\boldsymbol{x}) = \begin{bmatrix} \frac{\partial^2 f}{\partial x_1^2}(\boldsymbol{x}) & \cdots & \frac{\partial^2 f}{\partial x_n \partial x_1}(\boldsymbol{x}) \\ \vdots & & \vdots \\ \frac{\partial^2 f}{\partial x_1 \partial x_n}(\boldsymbol{x}) & \cdots & \frac{\partial^2 f}{\partial x_n^2}(\boldsymbol{x}) \end{bmatrix}$$

例 6.1　求二元函数$f(x_1,x_2)=5x_1+8x_2+x_1x_2-x_1^2-2x_2^2$的一阶和二阶导数。

一阶导数为

$$Df(\boldsymbol{x})=(\nabla f(\boldsymbol{x}))^\top=\left[\frac{\partial f}{\partial x_1}(\boldsymbol{x}),\frac{\partial f}{\partial x_2}(\boldsymbol{x})\right]=[5+x_2-2x_1, 8+x_1-4x_2]$$

二阶导数为

$$\boldsymbol{F}(\boldsymbol{x})=D^2f(\boldsymbol{x})=\begin{bmatrix}\frac{\partial^2 f}{\partial x_1^2}(\boldsymbol{x}) & \frac{\partial^2 f}{\partial x_2\partial x_1}(\boldsymbol{x})\\ \frac{\partial^2 f}{\partial x_1\partial x_2}(\boldsymbol{x}) & \frac{\partial^2 f}{\partial x_2^2}(\boldsymbol{x})\end{bmatrix}=\begin{bmatrix}-2 & 1\\ 1 & -4\end{bmatrix}$$ ■

优化问题的极小点可能位于约束集 Ω 的内部，也可能位于边界上。为了讨论位于边界上的极小点需要满足的条件，需要引入可行方向的定义。

定义 6.2　对于向量 $\boldsymbol{d}\in\mathbb{R}^n$，$\boldsymbol{d}\neq\boldsymbol{0}$ 和约束集中的某个点 $\boldsymbol{x}\in\Omega$，如果存在一个实数 $\alpha_0>0$，使得对于所有 $\alpha\in[0,\alpha_0]$，$\boldsymbol{x}+\alpha\boldsymbol{d}$ 仍然在约束集内，即 $\boldsymbol{x}+\alpha\boldsymbol{d}\in\Omega$，则称 $\boldsymbol{d}$ 为 $\boldsymbol{x}$ 处的可行方向。 ■

可行方向的几何演示如图 6.2 所示。

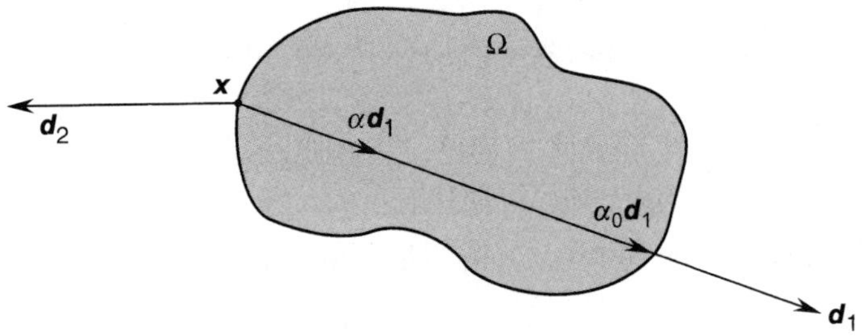

图 6.2　可行方向在二维空间内的演示。$\boldsymbol{d}_1$是一个可行方向，$\boldsymbol{d}_2$不是可行方向

$\boldsymbol{d}$ 为 n 元实值函数f: $\mathbb{R}^n\to\mathbb{R}$ 在 $\boldsymbol{x}\in\Omega$ 处的可行方向，则函数f沿方向 $\boldsymbol{d}$ 的方向导数 $\partial f/\partial\boldsymbol{d}$ 可表示为

$$\frac{\partial f}{\partial\boldsymbol{d}}(\boldsymbol{x})=\lim_{\alpha\to 0}\frac{f(\boldsymbol{x}+\alpha\boldsymbol{d})-f(\boldsymbol{x})}{\alpha}$$

这也是一个实值函数。如果 $\|\boldsymbol{d}\|=1$，那么方向导数 $\partial f/\partial\boldsymbol{d}$ 表示的是函数f的值在 $\boldsymbol{x}$ 处沿方向 $\boldsymbol{d}$ 的增长率。为了计算方向导数，假定 $\boldsymbol{x}$ 和 $\boldsymbol{d}$ 已知，这样$f(\boldsymbol{x}+\alpha\boldsymbol{d})$ 就变成了关于 α 的函数，有

$$\frac{\partial f}{\partial\boldsymbol{d}}(\boldsymbol{x})=\left.\frac{\mathrm{d}}{\mathrm{d}\alpha}f(\boldsymbol{x}+\alpha\boldsymbol{d})\right|_{\alpha=0}$$

应用链式法则，可得

$$\frac{\partial f}{\partial\boldsymbol{d}}(\boldsymbol{x})=\left.\frac{\mathrm{d}}{\mathrm{d}\alpha}f(\boldsymbol{x}+\alpha\boldsymbol{d})\right|_{\alpha=0}=\nabla f(\boldsymbol{x})^\top\boldsymbol{d}=\langle\nabla f(\boldsymbol{x}),\boldsymbol{d}\rangle=\boldsymbol{d}^\top\nabla f(\boldsymbol{x})$$

由此可见，当 $\boldsymbol{d}$ 是一个单位向量($\|\boldsymbol{d}\|=1$)时，函数f的值在 $\boldsymbol{x}$ 处沿方向 $\boldsymbol{d}$ 的增长率可以用内积 $\langle\nabla f(\boldsymbol{x}),\boldsymbol{d}\rangle$ 表示。

例 6.2　某多元函数f: $\mathbb{R}^3\to\mathbb{R}$ 为 $f(\boldsymbol{x})=x_1x_2x_3$，定义方向 $\boldsymbol{d}$ 为

$$\boldsymbol{d}=\left[\frac{1}{2},\frac{1}{2},\frac{1}{\sqrt{2}}\right]^\top$$

则f沿方向 $\boldsymbol{d}$ 的方向导数为

$$\frac{\partial f}{\partial \boldsymbol{d}}(\boldsymbol{x}) = \nabla f(\boldsymbol{x})^\top \boldsymbol{d} = [x_2x_3, x_1x_3, x_1x_2] \begin{bmatrix} 1/2 \\ 1/2 \\ 1/\sqrt{2} \end{bmatrix} = \frac{x_2x_3 + x_1x_3 + \sqrt{2}x_1x_2}{2}$$

由于 $\|\boldsymbol{d}\| = 1$，因此，这也是函数 f 在 $\boldsymbol{x}$ 处沿方向 $\boldsymbol{d}$ 的增长率。■

介绍了前面这些预备知识之后，下面给出并证明极小点所满足的有关条件。首先讨论极小点的一阶必要条件。

定理 6.1　一阶必要条件。 多元实值函数 f 在约束集 Ω 上一阶连续可微，即 $f \in \mathcal{C}^1$，约束集 Ω 是 $\mathbb{R}^n$ 的子集。如果 $\boldsymbol{x}^*$ 是函数 f 在 Ω 上的局部极小点，则对于 $\boldsymbol{x}^*$ 处的任意可行方向 $\boldsymbol{d}$，都有

$$\boldsymbol{d}^\top \nabla f(\boldsymbol{x}^*) \geqslant 0$$

成立。□

证明： 定义

$$\boldsymbol{x}(\alpha) = \boldsymbol{x}^* + \alpha \boldsymbol{d} \in \Omega$$

易知 $\boldsymbol{x}(0) = \boldsymbol{x}^*$。定义复合函数

$$\phi(\alpha) = f(\boldsymbol{x}(\alpha))$$

由泰勒定理，可得

$$f(\boldsymbol{x}^* + \alpha \boldsymbol{d}) - f(\boldsymbol{x}^*) = \phi(\alpha) - \phi(0) = \phi'(0)\alpha + o(\alpha) = \alpha \boldsymbol{d}^\top \nabla f(\boldsymbol{x}(0)) + o(\alpha)$$

其中，$\alpha \geqslant 0$，$o(\alpha)$ 为 α 的高阶无穷小（请回顾第一部分的有关内容）。由于 $\boldsymbol{x}^*$ 是局部极小点，因此，当 $\alpha > 0$ 足够小时，都有 $f(\boldsymbol{x}^* + \alpha \boldsymbol{d}) \geqslant f(\boldsymbol{x}^*)$，即 $\phi(\alpha) \geqslant \phi(0)$。由此可知，$\boldsymbol{d}^\top \nabla f(\boldsymbol{x}^*) \geqslant 0$（见习题 5.8）。■

图 6.3 给出了定理 6.1 的几何演示。

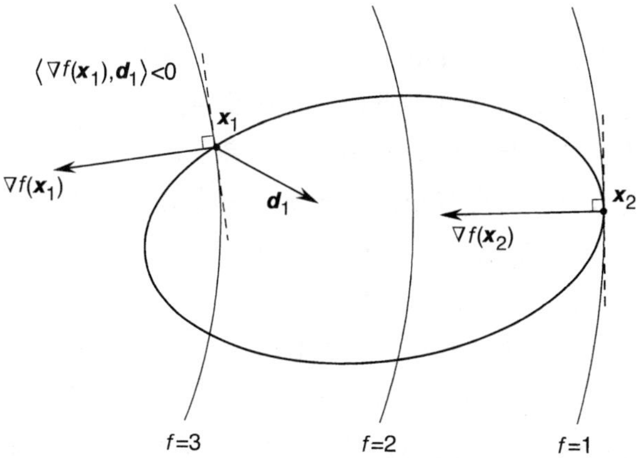

图 6.3　有约束情况下极小点一阶必要条件演示。$\boldsymbol{x}_1$ 不满足一阶必要条件，$\boldsymbol{x}_2$ 满足一阶必要条件

一阶必要条件还可以采用方向导数的形式进行表示，即对于所有的可行方向 $\boldsymbol{d}$，都有

$$\frac{\partial f}{\partial \boldsymbol{d}}(\boldsymbol{x}^*) \geqslant 0$$

也就是说，对于局部极小点 $\boldsymbol{x}^*$，在约束集 Ω 内，函数 f 的值沿 $\boldsymbol{x}^*$ 处任意可行方向 $\boldsymbol{d}$ 的增

长率都是非负的。利用方向导数的概念，可以对定理 6.1 进行证明。由于对于 $\boldsymbol{x}^*$ 处任意可行方向 $\boldsymbol{d}$，总存在一个 $\bar{\alpha} > 0$，对于所有 $\alpha \in (0, \bar{\alpha})$，都有下式成立：

$$f(\boldsymbol{x}^*) \leqslant f(\boldsymbol{x}^* + \alpha\boldsymbol{d})$$

故有

$$\frac{f(\boldsymbol{x}^* + \alpha\boldsymbol{d}) - f(\boldsymbol{x}^*)}{\alpha} \geqslant 0$$

对左侧求 $\alpha \to 0$ 时的极限，正好是函数 f 在 $\boldsymbol{x}^*$ 处沿着方向 $\boldsymbol{d}$ 的方向导数，因此有

$$\frac{\partial f}{\partial \boldsymbol{d}}(\boldsymbol{x}^*) \geqslant 0$$

局部极小点 $\boldsymbol{x}^*$ 位于约束集 Ω 的内部时(见 4.4 节)，可视为定理 6.1 的一种特殊情况。在这种情况下，任意方向都是 $\boldsymbol{x}^*$ 处的可行方向，因此可得到如下推论。

推论 6.1　局部极小点位于约束集内部时的一阶必要条件。 多元实值函数 f 在约束集 Ω 上一阶连续可微，即 $f \in \mathcal{C}^1$，约束集 Ω 是 $\mathbb{R}^n$ 的子集。如果 $\boldsymbol{x}^*$ 是函数 f 在 Ω 上的局部极小点，且是 Ω 的内点，则有

$$\nabla f(\boldsymbol{x}^*) = \boldsymbol{0}$$

成立。 □

证明： 由于 $\boldsymbol{x}^*$ 是 Ω 的内点，则任意 $\boldsymbol{d} \in \mathbb{R}^n$ 都是 $\boldsymbol{x}^*$ 处的可行方向，因此，对于任意 $\boldsymbol{d} \in \mathbb{R}^n$，都有 $\boldsymbol{d}^\top \nabla f(\boldsymbol{x}^*) \geqslant 0$ 和 $-\boldsymbol{d}^\top \nabla f(\boldsymbol{x}^*) \geqslant 0$ 同时成立。由此可知，$\boldsymbol{d}^\top \nabla f(\boldsymbol{x}^*) = 0$ 对于所有的 $\boldsymbol{d} \in \mathbb{R}^n$ 都成立。显然，$\nabla f(\boldsymbol{x}^*) = \boldsymbol{0}$。 ■

例 6.3　考虑如下有约束优化问题：

$$\begin{array}{ll} \text{minimize} & x_1^2 + 0.5x_2^2 + 3x_2 + 4.5 \\ \text{subject to} & x_1, x_2 \geqslant 0 \end{array}$$

试回答以下问题：

a. $\boldsymbol{x} = [1, 3]^\top$ 是否满足局部极小点的一阶必要条件？

b. $\boldsymbol{x} = [0, 3]^\top$ 是否满足局部极小点的一阶必要条件？

c. $\boldsymbol{x} = [1, 0]^\top$ 是否满足局部极小点的一阶必要条件？

d. $\boldsymbol{x} = [0, 0]^\top$ 是否满足局部极小点的一阶必要条件？

解： 目标函数是一个二元实值函数 $f: \mathbb{R}^2 \to \mathbb{R}$，$f(\boldsymbol{x}) = x_1^2 + 0.5x_2^2 + 3x_2 + 4.5$，自变量 $\boldsymbol{x} = [x_1, x_2]^\top$。函数 f 的水平集如图 6.4 所示。

a. 在 $\boldsymbol{x} = [1, 3]^\top$ 处，函数 f 的梯度为 $\nabla f(\boldsymbol{x}) = [2x_1, x_2 + 3]^\top = [2, 6]^\top$。$\boldsymbol{x}$ 是约束集 $\Omega = \{\boldsymbol{x}: x_1 \geqslant 0, x_2 \geqslant 0\}$ 的内点，因此，只有当 $\nabla f(\boldsymbol{x}) = \boldsymbol{0}$ 时才满足一阶必要条件。很明显，点 $\boldsymbol{x} = [1, 3]^\top$ 不满足局部极小点的一阶必要条件。

b. 在 $\boldsymbol{x} = [0, 3]^\top$ 处，函数 f 的梯度为 $\nabla f(\boldsymbol{x}) = [0, 6]^\top$；对于某个方向 $\boldsymbol{d} = [d_1, d_2]^\top$，有 $\boldsymbol{d}^\top \nabla f(\boldsymbol{x}) = 6d_2$。如果 $\boldsymbol{d}$ 是 $\boldsymbol{x}$ 处的可行方向，则必须满足 $d_1 \geqslant 0$，d_2 可以取任意实数，因此，$\boldsymbol{x} = [0, 3]^\top$ 不满足局部极小点的一阶必要条件，因为 d_2 可以为负值。比如，$\boldsymbol{d} = [1, -1]^\top$ 是一个可行方向，而 $\boldsymbol{d}^\top \nabla f(\boldsymbol{x}) = -6 < 0$，显然不满足一阶必要条件。

c. 在 $\boldsymbol{x}=[1,0]^\top$ 处，函数 f 的梯度为 $\nabla f(\boldsymbol{x})=[2,3]^\top$，有 $\boldsymbol{d}^\top\nabla f(\boldsymbol{x})=2d_1+3d_2$。如果 $\boldsymbol{d}$ 是 $\boldsymbol{x}$ 处的可行方向，则必须满足 $d_2\geqslant 0$，d_1 可以取任意实数 $\mathbb{R}$。比如，$\boldsymbol{d}=[-5,1]^\top$ 是一个可行方向，但 $\boldsymbol{d}^\top\nabla f(\boldsymbol{x})=-7<0$，因此，$\boldsymbol{x}=[1,0]^\top$ 也不满足局部极小点的一阶必要条件。

d. 在 $\boldsymbol{x}=[0,0]^\top$ 处，函数 f 的梯度为 $\nabla f(\boldsymbol{x})=[0,3]^\top$，有 $\boldsymbol{d}^\top\nabla f(\boldsymbol{x})=3d_2$。只有当 $d_1\geqslant 0$ 和 $d_2\geqslant 0$ 同时成立时，$\boldsymbol{d}$ 才是可行方向。因此，$\boldsymbol{x}=[0,0]^\top$ 满足局部极小点的一阶必要条件。■

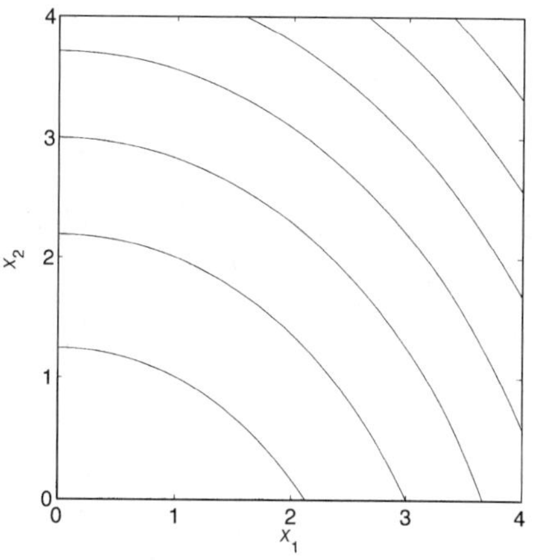

图 6.4　例 6.3 中目标函数的水平集

例 6.4　图 6.5 给出了移动无线通信系统的简化模型（为了便于计算，基站之间的距离已按比例缩小）。移动电话用户位于点 x 处，如图 6.5 所示。

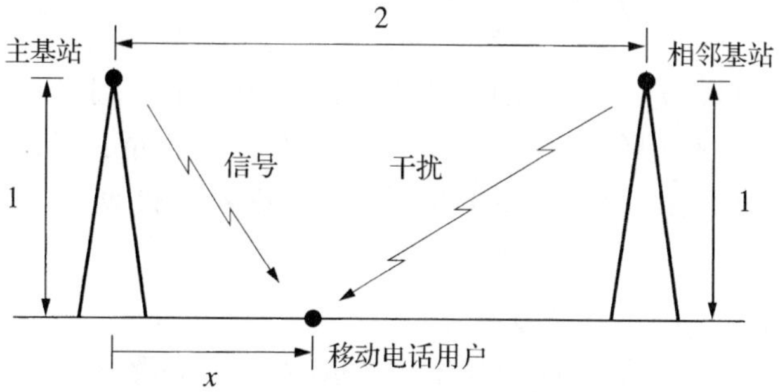

图 6.5　移动无线通信的简化模型

可以看出，共有两组基站天线，分别为主基站天线和相邻基站天线。两组天线以相同的功率向移动电话用户传输信号。用户接收到的基站信号功率与用户和基站之间距离的平方成反比关系。希望为移动电话用户找到一个合适的坐标位置，使得信号干扰比最大，即用户接收到的来自主基站信号功率与来自相邻基站信号功率之间的比例最大。

利用一阶必要条件可以解决这一问题。用户与主基站天线之间距离的平方为 $1+x^2$，与相邻基站之间距离的平方则为 $1+(2-x)^2$。因此，信号干扰比为

$$f(x)=\frac{1+(2-x)^2}{1+x^2}$$

对该函数求导，可得

$$\begin{aligned}f'(x)&=\frac{-2(2-x)(1+x^2)-2x(1+(2-x)^2)}{(1+x^2)^2}\\&=\frac{4(x^2-2x-1)}{(1+x^2)^2}\end{aligned}$$

由一阶必要条件可得，在最合适的位置 x^* 处，应该有 $f'(x^*)=0$ 成立。求解这一方程可

得 $x^*=1-\sqrt{2}$ 或 $x^*=1+\sqrt{2}$。对比这两个解对应的目标函数值后发现，$x^*=1-\sqrt{2}$ 才是用户的最优位置。■

从上面的例子可以看出，利用一阶必要条件可以解出 $1-\sqrt{2}$ 和 $1+\sqrt{2}$ 这两个备选的最优解。在接下来的例子中，可以发现，利用一阶必要条件来排除备选的最优解并不适用于所有情况；但是，在某些情况下，可以对优化问题进行适当转换，使其能够满足一阶必要条件的应用要求。

例 6.5 考虑如下的集合约束优化问题：

$$\begin{aligned}\text{minimize}\quad & f(\boldsymbol{x})\\ \text{subject to}\quad & \boldsymbol{x}\in\Omega\end{aligned}$$

其中，$\Omega=\{[x_1,x_2]^\top: x_1^2+x_2^2=1\}$。

a. 对于约束集中的某个点 $\boldsymbol{x}^*\in\Omega$，找出其所有的可行方向。

b. 找出约束集 Ω 中所有满足一阶必要条件的点，即备选的最优解。

c. 利用一阶必要条件是否能够从备选的最优解中排除非最优解？

d. 利用极坐标变换，对决策变量向量 $\boldsymbol{x}\in\Omega$ 进行参数化，将其写为单变量 θ 的函数：

$$x_1=\cos\theta,\qquad x_2=\sin\theta$$

这样，该问题就成为一个无约束问题(决策变量为 θ)，利用一阶必要条件可导出该问题的极小点所满足的必要条件：$\boldsymbol{x}^*\in\Omega$ 是局部最优值，那么对于满足某种条件的所有方向 $\boldsymbol{d}$，都有 $\boldsymbol{d}^\top\nabla f(\boldsymbol{x}^*)=0$ 成立。试指出 $\boldsymbol{d}$ 应该满足的条件。

解：

a. 在任意 $\boldsymbol{x}^*\in\Omega$ 处，都不存在可行方向。

b. 由 a 的结论可知，约束集 Ω 中所有点都满足一阶必要条件。这就意味着所有点都是备选的局部极小点。

c. 一阶必要条件无法从备选的局部极小点中排除非极小点。

d. 构造复合函数 $h(\theta)=f(\boldsymbol{g}(\theta))$，其中，函数 $\boldsymbol{g}(\theta)$ 为二值函数 $\boldsymbol{g}:\mathbb{R}\to\mathbb{R}^2$，自变量为 θ，输出为 $\boldsymbol{x}=[x_1,x_2]^\top$。函数 $\boldsymbol{g}(\theta)$ 的一阶导数为 $D\boldsymbol{g}(\theta)=[-\sin\theta,\cos\theta]^\top$，由链式法则可得

$$h'(\theta)=Df(\boldsymbol{g}(\theta))D\boldsymbol{g}(\theta)=D\boldsymbol{g}(\theta)^\top\nabla f(\boldsymbol{g}(\theta))$$

注意 $D\boldsymbol{g}(\theta)$ 在 $\boldsymbol{x}=\boldsymbol{g}(\theta)$ 处与约束集 Ω 相切，也就是说，$D\boldsymbol{g}(\theta)$ 与 $\boldsymbol{x}=\boldsymbol{g}(\theta)$ 相互正交。

如果 $\boldsymbol{x}^*\in\Omega$ 是局部极小点，令 $\boldsymbol{x}^*=\boldsymbol{g}(\theta^*)$，$\theta^*$ 即为复合函数 $h(\theta)$ 的极小点。根据一阶必要条件，可知 $h'(\theta^*)=0$，这意味着对于所有与约束集 Ω 在 $\boldsymbol{x}^*$ 处相切的方向 $\boldsymbol{d}$(或者是所有与 $\boldsymbol{x}^*$ 正交的方向 $\boldsymbol{d}$)，都有 $\boldsymbol{d}^\top\nabla f(\boldsymbol{x}^*)=0$。■

接下来给出局部极小点满足的二阶必要条件。

定理 6.2　局部极小点的二阶必要条件。 多元实值函数 f 在约束集 Ω 上二阶连续可微，即 $f\in\mathcal{C}^2$，约束集 Ω 是 $\mathbb{R}^n$ 的子集。如果 $\boldsymbol{x}^*$ 是函数 f 在 Ω 上的局部极小点，$\boldsymbol{d}$ 是 $\boldsymbol{x}^*$ 处的一个可行方向，且 $\boldsymbol{d}^\top\nabla f(\boldsymbol{x}^*)=0$，则有

$$\boldsymbol{d}^{\top}\boldsymbol{F}(\boldsymbol{x}^{*})\boldsymbol{d} \geqslant 0$$

其中，$\boldsymbol{F}$ 为函数 f 的黑塞矩阵。□

证明： 利用反证法进行证明。假定在局部极小点 $\boldsymbol{x}^{*}$ 处存在一个可行方向 $\boldsymbol{d}$，满足 $\boldsymbol{d}^{\top}\nabla f(\boldsymbol{x}^{*}) = 0$，且 $\boldsymbol{d}^{\top}\boldsymbol{F}(\boldsymbol{x}^{*})\boldsymbol{d} < 0$。令 $\boldsymbol{x}(\alpha) = \boldsymbol{x}^{*} + \alpha\boldsymbol{d}$，定义复合函数

$$\phi(\alpha) = f(\boldsymbol{x}^{*} + \alpha\boldsymbol{d}) = f(\boldsymbol{x}(\alpha))$$

由泰勒定理可得

$$\phi(\alpha) = \phi(0) + \phi''(0)\frac{\alpha^2}{2} + o(\alpha^2)$$

根据前面的假设，可得 $\phi'(0) = \boldsymbol{d}^{\top}\nabla f(\boldsymbol{x}^{*}) = 0$，$\phi''(0) = \boldsymbol{d}^{\top}\boldsymbol{F}(\boldsymbol{x}^{*})\boldsymbol{d} < 0$，因此，当 α 足够小时，有

$$\phi(\alpha) - \phi(0) = \phi''(0)\frac{\alpha^2}{2} + o(\alpha^2) < 0$$

即

$$f(\boldsymbol{x}^{*} + \alpha\boldsymbol{d}) < f(\boldsymbol{x}^{*})$$

这与 $\boldsymbol{x}^{*}$ 是局部极小点的假设相矛盾。因此一定有

$$\phi''(0) = \boldsymbol{d}^{\top}\boldsymbol{F}(\boldsymbol{x}^{*})\boldsymbol{d} \geqslant 0$$ ■

推论 6.2　局部极小点位于约束集内部时的二阶必要条件。 多元实值函数 f 在约束集 Ω 上二阶连续可微，即 $f \in \mathcal{C}^2$，约束集 Ω 是 $\mathbb{R}^n$ 的子集。如果 $\boldsymbol{x}^{*}$ 是函数 $f: \Omega \to \mathbb{R}$，$f \in \mathcal{C}^2$ 在 Ω 上的局部极小点，且是 Ω 的内点，则有

$$\nabla f(\boldsymbol{x}^{*}) = \boldsymbol{0}$$

黑塞矩阵 $\boldsymbol{F}(\boldsymbol{x}^{*})$ 半正定（$\boldsymbol{F}(\boldsymbol{x}^{*}) \geqslant 0$）。也就是说，对于所有的向量 $\boldsymbol{d} \in \mathbb{R}^n$，都有

$$\boldsymbol{d}^{\top}\boldsymbol{F}(\boldsymbol{x}^{*})\boldsymbol{d} \geqslant 0$$ □

证明： 当 $\boldsymbol{x}^{*}$ 是约束集的内点时，所有的方向都是可行方向，根据推论 6.1 和定理 6.2 即可证得上述结论。■

下面的例子说明了必要条件的非充分性。

例 6.6　考虑单变量函数 $f(x) = x^3$，$f: \mathbb{R} \to \mathbb{R}$，由于 $f'(0) = 0$，$f''(0) = 0$，因此，点 $x = 0$ 同时满足一阶和二阶必要条件。但是，$x = 0$ 并不是一个极小点，如图 6.6 所示。■

例 6.7　考虑二元单值函数 $f(\boldsymbol{x}) = x_1^2 - x_2^2$，$f: \mathbb{R}^2 \to \mathbb{R}$。求解 $\nabla f(\boldsymbol{x}) = [2x_1, -2x_2]^{\top} = \boldsymbol{0}$ 可得到满足一阶必要条件的点，即 $\boldsymbol{x} = [0, 0]^{\top}$。函数 f 的黑塞矩阵为

$$\boldsymbol{F}(\boldsymbol{x}) = \begin{bmatrix} 2 & 0 \\ 0 & -2 \end{bmatrix}$$

$\boldsymbol{F}$ 是一个不定矩阵，即对于某些向量 $\boldsymbol{d}_1 \in \mathbb{R}^2$（如 $\boldsymbol{d}_1 = [1, 0]^{\top}$），有 $\boldsymbol{d}_1^{\top}\boldsymbol{F}\boldsymbol{d}_1 > 0$；对于某些向量 $\boldsymbol{d}_2$（如 $\boldsymbol{d}_2 = [0, 1]^{\top}$），又有 $\boldsymbol{d}_2^{\top}\boldsymbol{F}\boldsymbol{d}_2 < 0$。因此，$\boldsymbol{x} = [0, 0]^{\top}$ 不满足二阶必要条件，不是极小点。函数 $f(\boldsymbol{x}) = x_1^2 - x_2^2$ 的图像如图 6.7 所示。■

接下来给出局部极小点 $\boldsymbol{x}^{*}$ 满足的充分条件。

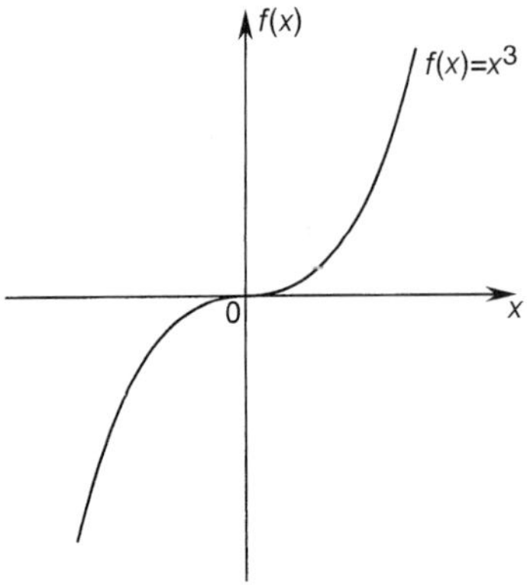

图 6.6　点 $x=0$ 同时满足一阶和二阶必要条件，但不是极小点

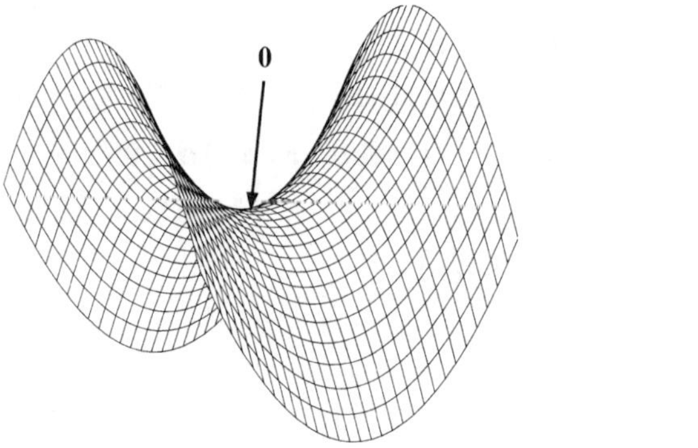

图 6.7　函数 $f(\boldsymbol{x})=x_1^2-x_2^2$ 的图像。$\boldsymbol{x}=\boldsymbol{0}$ 满足一阶必要条件，但不满足二阶必要条件，不是极小点

定理 6.3　局部极小点的二阶充分条件(局部极小点为内点)。多元实值函数 f 在约束集上二阶连续可微，即 $f\in\mathcal{C}^2$，$\boldsymbol{x}^*$ 是约束集的一个内点，如果同时满足

1. $\nabla f(\boldsymbol{x}^*)=\boldsymbol{0}$。
2. $\boldsymbol{F}(\boldsymbol{x}^*)>0$。

则 $\boldsymbol{x}^*$ 是函数 f 的一个严格局部极小点。　□

证明：由于 $f\in\mathcal{C}^2$，可得黑塞矩阵是对称矩阵，即 $\boldsymbol{F}(\boldsymbol{x}^*)=\boldsymbol{F}^\top(\boldsymbol{x}^*)$。根据条件 2 和瑞利不等式可知，如果 $\boldsymbol{d}\neq\boldsymbol{0}$，有 $0<\lambda_{\min}(\boldsymbol{F}(\boldsymbol{x}^*))\|\boldsymbol{d}\|^2\leqslant\boldsymbol{d}^\top\boldsymbol{F}(\boldsymbol{x}^*)\boldsymbol{d}$，再根据泰勒定理和条件 1，可得

$$f(\boldsymbol{x}^*+\boldsymbol{d})-f(\boldsymbol{x}^*)=\frac{1}{2}\boldsymbol{d}^\top\boldsymbol{F}(\boldsymbol{x}^*)\boldsymbol{d}+o(\|\boldsymbol{d}\|^2)\geqslant\frac{\lambda_{\min}(\boldsymbol{F}(\boldsymbol{x}^*))}{2}\|\boldsymbol{d}\|^2+o(\|\boldsymbol{d}\|^2)$$

因此，对于所有 $\|\boldsymbol{d}\|$ 足够小的向量 $\boldsymbol{d}$，都有

$$f(\boldsymbol{x}^*+\boldsymbol{d})>f(\boldsymbol{x}^*)$$

定理得证。　■

例 6.8　考虑函数 $f(\boldsymbol{x})=x_1^2+x_2^2$，当且仅当 $\boldsymbol{x}=[0,0]^\top$ 时，函数的梯度 $\nabla f(\boldsymbol{x})=[2x_1,2x_2]^\top=\boldsymbol{0}$。对于所有的 $\boldsymbol{x}\in\mathbb{R}^2$，有

$$\boldsymbol{F}(\boldsymbol{x})=\begin{bmatrix}2&0\\0&2\end{bmatrix}>0$$

$\boldsymbol{x}=[0,0]^\top$ 同时满足一阶和二阶必要条件、二阶充分条件，是一个严格局部极小点。实际上，这也是一个严格全局极小点。函数 $f(\boldsymbol{x})=x_1^2+x_2^2$ 图像如图 6.8 所示。　■

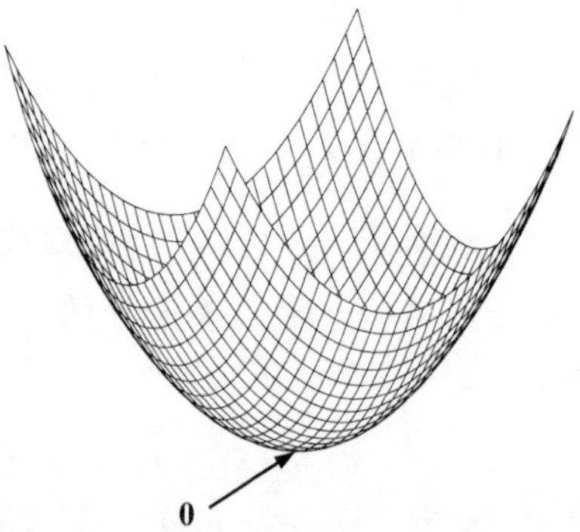

图 6.8　函数 $f(\boldsymbol{x})=x_1^2+x_2^2$ 的图像

本章讨论了求解无约束非线性优化问题的理论基础。在接下来的章节中，将着重关注这类问题的迭代求解方法，这些方法具有很高的实用价值。比如，实际工作中可能会遇到一个高度非线性的目标

函数，具有 20 个决策变量。如果利用一阶必要条件进行求解，就必须求解一个由 20 个非线性方程、20 个未知量构成的方程组。这种非线性的方程组通常会有多组不同的解。此外，如果目标函数是二阶连续可微的，应用二阶必要或充分条件进行求解，需要进行 210 次二阶求导。这意味着巨大的工作量，迭代求解方法可以避免这一问题。首先将讨论单变量函数极小点的迭代求解方法，这是第 7 章的内容。

习题

6.1 考虑如下优化问题：

$$\begin{array}{ll} \text{minimize} & f(\boldsymbol{x}) \\ \text{subject to} & \boldsymbol{x} \in \Omega \end{array}$$

其中，f 为二阶连续可微函数，即 $f \in \mathcal{C}^2$。当函数 f、约束集 Ω、$\boldsymbol{x}^*$ 分别为如下 4 种情况时，请分别判断 $\boldsymbol{x}^*$ 是否(i)绝对是局部极小点，(ii)绝对不是局部极小点或者(iii)可能是局部极小点。

a. f: $\mathbb{R}^2 \to \mathbb{R}$, $\Omega = \{\boldsymbol{x} = [x_1, x_2]^\top : x_1 \geqslant 1\}$, $\boldsymbol{x}^* = [1, 2]^\top$，函数 f 在 $\boldsymbol{x}^*$ 处的梯度为 $\nabla f(\boldsymbol{x}^*) = [1,1]^\top$；

b. f: $\mathbb{R}^2 \to \mathbb{R}$, $\Omega = \{\boldsymbol{x} = [x_1, x_2]^\top : x_1 \geqslant 1, x_2 \geqslant 2\}$, $\boldsymbol{x}^* = [1, 2]^\top$，函数 f 在 $\boldsymbol{x}^*$ 处的梯度为 $\nabla f(\boldsymbol{x}^*) = [1,0]^\top$；

c. f: $\mathbb{R}^2 \to \mathbb{R}$, $\Omega = \{\boldsymbol{x} = [x_1, x_2]^\top : x_1 \geqslant 0, x_2 \geqslant 0\}$, $\boldsymbol{x}^* = [1, 2]^\top$，函数 f 在 $\boldsymbol{x}^*$ 处的梯度为 $\nabla f(\boldsymbol{x}^*) = [0, 0]^\top$，黑塞矩阵为 $\boldsymbol{F}(\boldsymbol{x}^*) = \boldsymbol{I}$（单位矩阵）；

d. f: $\mathbb{R}^2 \to \mathbb{R}$, $\Omega = \{\boldsymbol{x} = [x_1, x_2]^\top : x_1 \geqslant 1, x_2 \geqslant 2\}$, $\boldsymbol{x}^* = [1, 2]^\top$，函数 f 在 $\boldsymbol{x}^*$ 处的梯度为 $\nabla f(\boldsymbol{x}^*) = [1, 0]^\top$，黑塞矩阵为

$$\boldsymbol{F}(\boldsymbol{x}^*) = \begin{bmatrix} 1 & 0 \\ 0 & -1 \end{bmatrix}$$

6.2 试求函数

$$f(x_1, x_2) = \frac{1}{3}x_1^3 - 4x_1 + \frac{1}{3}x_2^3 - 16x_2$$

的极小点和极大点。

6.3 $\boldsymbol{x}^*$ 是函数 f 在约束集 Ω 上的全局极小点，且 $\boldsymbol{x}^* \in \Omega' \subset \Omega$，试证明 $\boldsymbol{x}^*$ 同样也是函数 f 在约束集 Ω' 上的全局极小点。

6.4 $\boldsymbol{x}^*$ 是函数 f 在约束集 Ω 上的局部极小点，且 $\Omega \subset \Omega'$，如果 $\boldsymbol{x}^*$ 是 Ω 的一个内点，试证明 $\boldsymbol{x}^*$ 同样也是约束集 Ω' 上的局部极小点，并证明如果 $\boldsymbol{x}^*$ 不是 Ω 的内点，这一结论不成立。

6.5 目标函数 f 为一元单值函数，且三阶连续可微，即 f: $\mathbb{R} \to \mathbb{R}$，$f \in \mathcal{C}^3$，约束集为 Ω，0 是约束集 Ω 的内点。

a. 如果 0 是局部极小点，由一阶必要条件可知，函数 f 的一阶导数 $f'(0) = 0$；由二阶必要条件可知，函数 f 在 0 处的二阶导数 $f''(0) \geqslant 0$。试据此写出局部极小点 0 需要满足的三阶必要条件[包括 f 在 0 处的三阶导数 $f'''(0)$]，并加以证明。

b. 写出一个具体的函数 f，使得 0 能够同时满足一阶、二阶和三阶必要条件，但不是局部极小点（需要给出证明过程）。

c. 当 f 是三阶多项式时，0 同时满足一阶、二阶和三阶必要条件，是否能够作为 0 是局部极小点的充分条件？

6.6 目标函数 f 为一元单值函数，且三阶连续可微，即 f: $\mathbb{R} \to \mathbb{R}$，$f \in \mathcal{C}^3$，约束集为 $\Omega = [0, 1]$。$x^* = 0$ 是局部极小点。

a. 由一阶必要条件可知，函数 f 在 0 处的一阶导数 $f'(0) \geqslant 0$；由二阶必要条件可知，如果 $f'(0) = 0$，

那么f在0处的二阶导数$f''(0)\geqslant 0$。试据此写出局部极小点0需要满足的三阶必要条件(包括f在0处的三阶导数$f'''(0)$),并加以证明。

b. 写出一个具体的函数f,使得0能够同时满足一阶、二阶和三阶必要条件,但不是局部极小点(需要给出证明过程)。

6.7 目标函数为f: $\mathbb{R}^n\to\mathbb{R}$, $x_0\in\mathbb{R}^n$ 约束集为 $\Omega\subset\mathbb{R}^n$, 试证明

$$\boldsymbol{x}_0+\arg\min_{\boldsymbol{x}\in\Omega} f(\boldsymbol{x})=\arg\min_{\boldsymbol{y}\in\Omega'} f(\boldsymbol{y})$$

其中, $\Omega'=\{\boldsymbol{y}: \boldsymbol{y}-\boldsymbol{x}_0\in\Omega\}$。

6.8 考虑如下二元单值函数f: $\mathbb{R}^2\to\mathbb{R}$:

$$f(\boldsymbol{x})=\boldsymbol{x}^\top\begin{bmatrix}1&2\\4&7\end{bmatrix}\boldsymbol{x}+\boldsymbol{x}^\top\begin{bmatrix}3\\5\end{bmatrix}+6$$

a. 试求f在点$[1,1]^\top$处的梯度和黑塞矩阵;

b. 试求f在点$[1,1]^\top$处沿函数值增长最快方向的方向导数(方向向量为单位向量);

c. 寻找能够满足内点情况下的一阶必要条件的点,并说明该点是否同时满足二阶必要条件。

6.9 函数为

$$f(x_1,x_2)=x_1^2x_2+x_2^3x_1$$

a. 试确定在$\boldsymbol{x}^{(0)}=[2,1]^\top$处函数$f$下降最快的方向;

b. 函数f在$\boldsymbol{x}^{(0)}$处沿下降最快方向的增长率是多少?

c. 试求函数f在$\boldsymbol{x}^{(0)}$处沿方向$\boldsymbol{d}=[3,4]^\top$的增长率。

6.10 考虑二元单值函数f: $\mathbb{R}^2\to\mathbb{R}$:

$$f(\boldsymbol{x})=\boldsymbol{x}^\top\begin{bmatrix}2&5\\-1&1\end{bmatrix}\boldsymbol{x}+\boldsymbol{x}^\top\begin{bmatrix}3\\4\end{bmatrix}+7$$

a. 试求函数f在点$[0,1]^\top$处沿方向$[1,0]^\top$的方向导数;

b. 找出所有满足局部极小点一阶必要条件的点,并判断函数f是否存在局部极小点。如果存在,找出所有的局部极小点,否则,请给出解释。

6.11 考虑如下优化问题:

$$\begin{aligned}\text{minimize}\quad & -x_2^2\\ \text{subject to}\quad & |x_2|\leqslant x_1^2\\ & x_1\geqslant 0\end{aligned}$$

其中, $x_1, x_2\in\mathbb{R}$。

a. $[x_1,x_2]^\top=\boldsymbol{0}$是否满足局部极小点的一阶必要条件?也就是说,令$f$表示目标函数,是否对于$\boldsymbol{0}$处的所有可行方向$\boldsymbol{d}$,都有$\boldsymbol{d}^\top\nabla f(\boldsymbol{0})\geqslant 0$?

b. 判断$[x_1,x_2]^\top=\boldsymbol{0}$究竟是局部极小点、严格局部极小点、局部极大点还是严格局部极大点?或者不是其中任何一种?

6.12 考虑如下优化问题:

$$\begin{aligned}\text{minimize}\quad & f(\boldsymbol{x})\\ \text{subject to}\quad & \boldsymbol{x}\in\Omega\end{aligned}$$

其中,目标函数为二元单值函数f: $\mathbb{R}^2\to\mathbb{R}$, $f(\boldsymbol{x})=5x_2$, 自变量$\boldsymbol{x}$为二维向量$\boldsymbol{x}=[x_1,x_2]^\top$,可行集为$\Omega=\{\boldsymbol{x}=[x_1,x_2]^\top: x_1^2+x_2^2\geqslant 1\}$。

a. $\boldsymbol{x}^*=[0,1]^\top$是否满足一阶必要条件?

b. $\boldsymbol{x}^*=[0,1]^\top$是否满足二阶必要条件?

c. $\boldsymbol{x}^*=[0,1]^\top$是不是局部极小点?

6.13 考虑如下优化问题:

$$\begin{array}{ll} \text{minimize} & f(\boldsymbol{x}) \\ \text{subject to} & \boldsymbol{x} \in \Omega \end{array}$$

其中，目标函数为二元单值函数f: $\mathbb{R}^2 \to \mathbb{R}$，$f(\boldsymbol{x}) = -3x_1$，自变量$\boldsymbol{x}$为二维向量$\boldsymbol{x} = [x_1, x_2]^\top$，可行集为$\Omega = \{\boldsymbol{x} = [x_1, x_2]^\top : x_1 + x_2^2 \leqslant 2\}$。试回答以下问题，并给出完整的证明。

a. $\boldsymbol{x}^* = [2, 0]^\top$是否满足一阶必要条件？

b. $\boldsymbol{x}^* = [2, 0]^\top$是否满足二阶必要条件？

c. $\boldsymbol{x}^* = [2, 0]^\top$是不是局部极小点？

6.14　考虑如下优化问题：

$$\begin{array}{ll} \text{minimize} & f(\boldsymbol{x}) \\ \text{subject to} & \boldsymbol{x} \in \Omega \end{array}$$

其中，$\Omega = \{\boldsymbol{x} \in \mathbb{R}^2 : x_1^2 + x_2^2 \geqslant 1\}$，$f(\boldsymbol{x}) = x_2$。

a. 找出所有满足一阶必要条件的点；

b. 在所有满足一阶必要条件的点中，找出能够满足二阶必要条件的点；

c. 在所有满足一阶必要条件的点中，找出局部极小点。

6.15　考虑如下优化问题：

$$\begin{array}{ll} \text{minimize} & f(\boldsymbol{x}) \\ \text{subject to} & \boldsymbol{x} \in \Omega \end{array}$$

其中，目标函数为二元单值函数f: $\mathbb{R}^2 \to \mathbb{R}$，$f(\boldsymbol{x}) = 3x_1$，自变量$\boldsymbol{x}$为二维向量$\boldsymbol{x} = [x_1, x_2]^\top$，可行集为$\Omega = \{\boldsymbol{x} = [x_1, x_2]^\top : x_1 + x_2^2 \geqslant 2\}$。试回答以下问题，并给出完整的证明。

a. $\boldsymbol{x}^* = [2, 0]^\top$是否满足一阶必要条件？

b. $\boldsymbol{x}^* = [2, 0]^\top$是否满足二阶必要条件？

c. $\boldsymbol{x}^* = [2, 0]^\top$是不是局部极小点？

提示：绘制出函数f的水平集和约束集的图像。

6.16　考虑如下优化问题：

$$\begin{array}{ll} \text{minimize} & f(\boldsymbol{x}) \\ \text{subject to} & \boldsymbol{x} \in \Omega \end{array}$$

其中，目标函数为二元单值函数f: $\mathbb{R}^2 \to \mathbb{R}$，$f(\boldsymbol{x}) = 4x_1^2 - x_2^2$，自变量$\boldsymbol{x}$为二维向量$\boldsymbol{x} = [x_1, x_2]^\top$，可行集为$\Omega = \{\boldsymbol{x} : x_1^2 + 2x_1 - x_2 \geqslant 0, x_1 \geqslant 0, x_2 \geqslant 0\}$。

a. $\boldsymbol{x}^* = \boldsymbol{0} = [0, 0]^\top$是否满足一阶必要条件？

b. $\boldsymbol{x}^* = \boldsymbol{0}$是否满足二阶必要条件？

c. $\boldsymbol{x}^* = \boldsymbol{0}$是不是局部极小点？

6.17　考虑如下优化问题：

$$\begin{array}{ll} \text{maximize} & f(\boldsymbol{x}) \\ \text{subject to} & \boldsymbol{x} \in \Omega \end{array}$$

其中，可行集为$\Omega \subset \{\boldsymbol{x} \in \mathbb{R}^2, x_1 > 0, x_2 > 0\}$，$f$: $\Omega \to \mathbb{R}$目标函数为$f(\boldsymbol{x}) = \log(x_1) + \log(x_2)$，log表示自然对数，自变量为$\boldsymbol{x} = [x_1, x_2]^\top$，$\boldsymbol{x}^*$是问题的最优解。试回答以下问题，并给出完整的证明。

a. $\boldsymbol{x}^*$有没有可能是可行集Ω的内点？

b. 是否存在满足二阶必要条件的点？如果存在，请给出。

6.18　存在n个实数$x_1, x_2, \cdots, x_n$，假定存在一个实数$\bar{x} \in \mathbb{R}$，使其与$x_1, x_2, \cdots, x_n$的差值平方和最小，试找出$\bar{x}$。

6.19　某艺术品收藏家站在距离墙为x英尺的地方，墙上挂着一幅长度为a英尺的艺术作品（绘画作品），该作品的下缘距离收藏家眼睛的垂直距离为b英尺，如图6.9所示。试确定合适的距离x，使得收藏家的视角θ达到最大。

提示:

(1)最大化 θ 相当于最大化 $\tan(\theta)$;

(2)若 $\theta=\theta_2-\theta_1$, 则有 $\tan(\theta)=(\tan(\theta_2)-\tan(\theta_1))/(1+\tan(\theta_2)\tan(\theta_1))$。

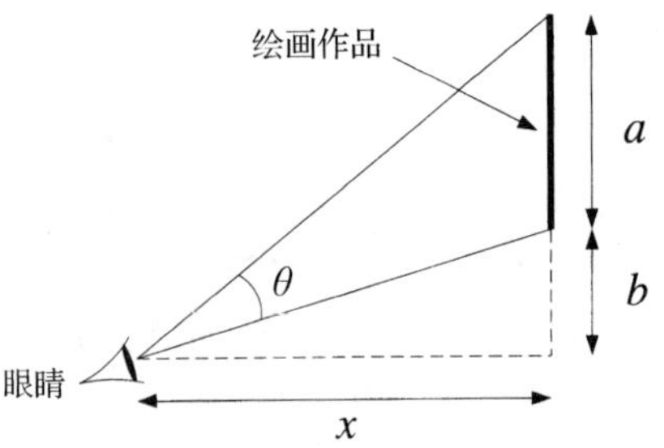

图 6.9　艺术品收藏家眼睛位置和作品位置示意

6.20　图 6.10 给出了胎心监测系统的简化模型(为了简化计算, 距离已经做了等比缩小处理), 心跳传感器所处的位置为 x。

传感器接收到的心跳信号的能量与传感器和心跳信号源(胎儿或母亲的心脏)之间的距离平方成反比。试确定传感器最为合适的位置, 使得信号干扰比最小, 即来自胎儿心跳的能量与母亲心跳的能量之间的比值最大。

6.21　某水陆两用飞机需要从点 A(位于陆地上)转移到点 B(位于水中), 如图 6.11 所示。飞机在陆地和水中的速度分别是 v_1 和 v_2。

a. 如果飞机以最短的时间完成从 A 到 B 的转移, 请利用一阶必要条件证明最优路径满足斯涅耳定律, 即图 6.11 中的夹角 θ_1 和 θ_2 满足以下关系:

$$\frac{\sin\theta_1}{\sin\theta_2}=\frac{v_1}{v_2}$$

b. 前面得到的最优路径是否满足二阶充分条件?

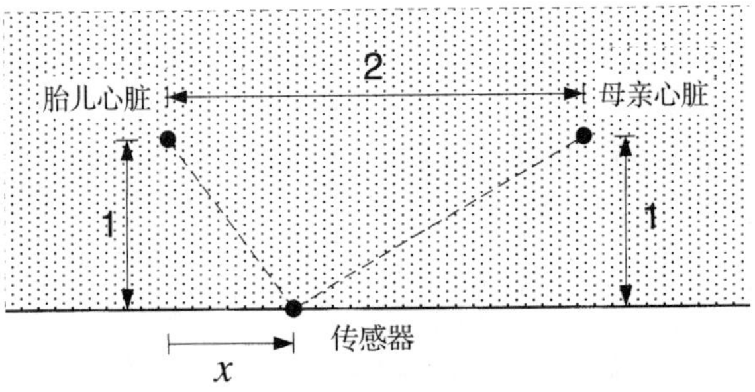

图 6.10　胎心监测系统的简化模型

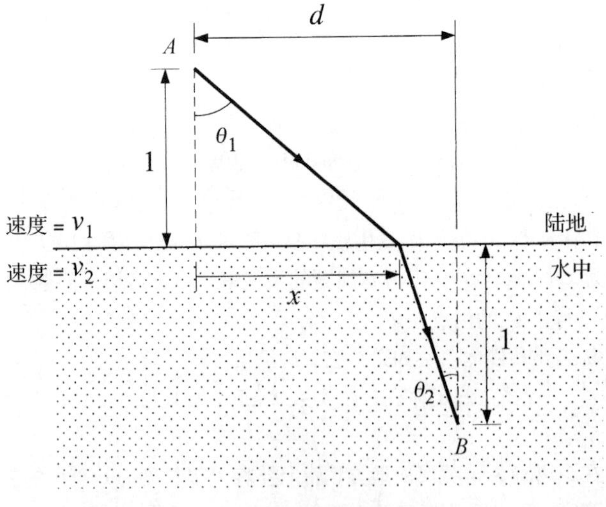

图 6.11　水陆两用飞机的运动路径

6.22 如果你有一块土地准备卖给两个买主，卖给一个买主 x_1 个单位，收益 $U_1(x_1)$ 美元，卖给 x_2 个单位的土地卖给另一个买主，收益为 $U_2(x_2)$ 美元，那么，希望能够合理地调整 x_1 和 x_2 的大小，使得卖地的总收益达到最大(在土地总面积一定的前提下，x_1 和 x_2 的分配比例没有限制)。

a. 试针对该问题建立一个如下所示的优化模型：

$$\begin{array}{ll} \text{maximize} & f(\boldsymbol{x}) \\ \text{subject to} & \boldsymbol{x} \in \Omega \end{array}$$

写出目标函数 f，确定可行集 Ω。绘制出可行集。

b. 令收益函数 $U_i(x_i) = a_i x_i$，$i = 1, 2$，其中，a_1 和 a_2 是已知的正数，且 $a_1 > a_2$。试在可行集中找出所有满足一阶必要条件的点，并给出过程。

c. 从所有满足一阶必要条件的可行点中，找出所有满足二阶必要条件的点。

6.23 二元单值函数 f: $\mathbb{R}^2 \to \mathbb{R}$ 为

$$f(\boldsymbol{x}) = (x_1 - x_2)^4 + x_1^2 - x_2^2 - 2x_1 + 2x_2 + 1$$

其中，$\boldsymbol{x} = [x_1, x_2]^\top$。如果约束集为 $\mathbb{R}^2$，试找出所有满足局部极小点 f 一阶必要条件的点；并判断它们是否满足二阶必要条件。

6.24 $\boldsymbol{d}$ 为点 $\boldsymbol{x} \in \Omega$ 处的可行方向，试证明对于所有的 $\beta > 0$，$\beta \boldsymbol{d}$ 也是 $\boldsymbol{x}$ 处的可行方向。

6.25 约束集 $\Omega = \{\boldsymbol{x} \in \mathbb{R}^n: \boldsymbol{A}\boldsymbol{x} = \boldsymbol{b}\}$，试证明对于方向 $\boldsymbol{d} \in \mathbb{R}^n$，当且仅当 $\boldsymbol{A}\boldsymbol{d} = \boldsymbol{0}$ 时，$\boldsymbol{d}$ 是 $\boldsymbol{x} \in \Omega$ 处的可行方向。

6.26 考虑如下优化问题：

$$\begin{array}{ll} \text{minimize} & f(\boldsymbol{x}) \\ \text{subject to} & x_1, x_2 \geqslant 0 \end{array}$$

其中，目标函数为二元单值函数 f: $\mathbb{R}^2 \to \mathbb{R}$，决策变量 $\boldsymbol{x} = [x_1, x_2]^\top$。$\nabla f(\boldsymbol{0}) \neq \boldsymbol{0}$，且

$$\frac{\partial f}{\partial x_1}(\boldsymbol{0}) \leqslant 0, \qquad \frac{\partial f}{\partial x_2}(\boldsymbol{0}) \leqslant 0$$

试证明 $\boldsymbol{0}$ 不可能是该问题的极小点。

6.27 某最小化优化问题的目标函数为 $f(\boldsymbol{x}) = \boldsymbol{c}^\top \boldsymbol{x}$，可行集为 $\Omega \subset \mathbb{R}^n$，其中，$\boldsymbol{c}$ 为非零向量 $\boldsymbol{c} \in \mathbb{R}^n$。试证明该问题的最优解不可能位于 Ω 的边界上。

6.28 考虑如下所示的优化问题：

$$\begin{array}{ll} \text{maximize} & c_1 x_1 + c_2 x_2 \\ \text{subject to} & x_1 + x_2 \leqslant 1 \\ & x_1, x_2 \geqslant 0 \end{array}$$

其中，c_1 和 c_2 为常数，且 $c_1 > c_2 \geqslant 0$。这是一个线性优化问题(见第三部分)。假定该问题存在一个最优可行解 $\boldsymbol{x}^*$，试利用一阶必要条件证明最优可行解 $\boldsymbol{x}^*$ 是唯一的，且 $\boldsymbol{x}^* = [1, 0]^\top$。

提示：首先证明 $\boldsymbol{x}^*$ 不会位于约束集的内部，然后证明 $\boldsymbol{x}^*$ 不会位于直线 $L_1 = \{\boldsymbol{x}: x_1 = 0, 0 \leqslant x_2 < 1\}$、$L_2 = \{\boldsymbol{x}: 0 \leqslant x_1 < 1, x_2 = 0\}$ 和 $L_3 = \{\boldsymbol{x}: 0 \leqslant x_1 \leqslant 1, x_2 = 1 - x_1\}$ 上。

6.29 直线拟合问题。$[x_1, y_1]^\top, \cdots, [x_n, y_n]^\top$，$n \geqslant 2$ 是位于二维平面 $\mathbb{R}^2$ 中的点，即 $x_i, y_i \in \mathbb{R}$，$i = 1, 2, \cdots, n$。希望找到一条直线，能够对这些点进行“最准确的拟合”(“最准确”的含义是均方误差最小)，也就是说，构造如下函数：

$$f(a, b) = \frac{1}{n} \sum_{i=1}^{n} (a x_i + b - y_i)^2$$

为系数 a 和 b 寻找合适的值，使该函数达到最小。

a. 令

$$\overline{X} = \frac{1}{n}\sum_{i=1}^{n} x_i$$

$$\overline{Y} = \frac{1}{n}\sum_{i=1}^{n} y_i$$

$$\overline{X^2} = \frac{1}{n}\sum_{i=1}^{n} x_i^2$$

$$\overline{Y^2} = \frac{1}{n}\sum_{i=1}^{n} y_i^2$$

$$\overline{XY} = \frac{1}{n}\sum_{i=1}^{n} x_i y_i$$

证明函数$f(a, b)$可以写为$\boldsymbol{z}^\top \boldsymbol{Q}\boldsymbol{z} - 2\boldsymbol{c}^\top \boldsymbol{z} + d$,其中,$\boldsymbol{z} = [a, b]^\top$,$\boldsymbol{Q} = \boldsymbol{Q}^\top \in \mathbb{R}^{2\times 2}$,$\boldsymbol{c} \in \mathbb{R}^2$,$d \in \mathbb{R}$,利用$\overline{X}$、$\overline{Y}$、$\overline{X^2}$、$\overline{Y^2}$和$\overline{XY}$来表示$\boldsymbol{Q}$、$\boldsymbol{c}$和$d$。

b. 假定x_i,$i = 1, \cdots, n$不全相等,确定合适的系数a^*和b^*,使得直线能够达到"最准确的拟合",利用$\overline{X}$、$\overline{Y}$、$\overline{X^2}$、$\overline{Y^2}$和$\overline{XY}$来表示a^*和b^*。证明$[a^*, b^*]^\top$是函数f唯一的局部极小点。

提示:$\overline{X^2} - (\overline{X})^2 = \frac{1}{n}\sum_{i=1}^{n}(x_i - \overline{X})^2$。

c. 证明$\overline{Y} = a^*\overline{X} + b^*$,其中$a^*$和$b^*$是上一个问题中求出的。这意味着只要计算得到$a^*$,系数$b^*$就可以根据$b^* = \overline{Y} - a^*\overline{X}$得到。

6.30 给定一个向量集合$\{\boldsymbol{x}^{(1)}, \cdots, \boldsymbol{x}^{(p)}\}$,$\boldsymbol{x}^{(i)} \in \mathbb{R}^n$,$i = 1, 2, \cdots, p$。寻找一个合适的向量$\bar{\boldsymbol{x}} \in \mathbb{R}^n$,使其与$\boldsymbol{x}^{(1)}, \cdots, \boldsymbol{x}^{(p)}$的距离(范数)平方和的均值

$$\frac{1}{p}\sum_{i=1}^{p}\|\bar{\boldsymbol{x}} - \boldsymbol{x}^{(i)}\|^2$$

达到最小。利用二阶必要条件证明向量$\bar{\boldsymbol{x}}$是严格局部极小点,并指出$\bar{\boldsymbol{x}}$与集合$\{\boldsymbol{x}^{(1)}, \cdots, \boldsymbol{x}^{(p)}\}$重心之间的关系。

6.31 考虑函数f: $\Omega \to \mathbb{R}$,且一阶连续可微,约束集$\Omega \subset \mathbb{R}^n$是凸集且$f \in \mathcal{C}^1$。给定某个点$\boldsymbol{x}^* \in \Omega$,如果存在一个实数$c > 0$,使得$\boldsymbol{x}^*$处的所有可行方向$\boldsymbol{d}$,都有$\boldsymbol{d}^\top \nabla f(\boldsymbol{x}^*) \geqslant c\|\boldsymbol{d}\|$成立。试证明$\boldsymbol{x}^*$是函数$f$在约束集$\Omega$上的严格局部极小点。

6.32 证明更为一般化的二阶充分条件,如下所示:

定理: Ω是$\mathbb{R}^n$的子集,且为凸集;函数f为Ω上的实值函数,且二阶连续可微$f \in \mathcal{C}^2$,$\boldsymbol{x}^*$为Ω中的某个点。如果存在实数$c > 0$,使得对于$\boldsymbol{x}^*$处所有的可行方向$\boldsymbol{d}$($\boldsymbol{d} \neq \boldsymbol{0}$),有以下不等式成立:

1. $\boldsymbol{d}^\top \nabla f(\boldsymbol{x}^*) \geqslant 0$;
2. $\boldsymbol{d}^\top \boldsymbol{F}(\boldsymbol{x}^*)\boldsymbol{d} \geqslant c\|\boldsymbol{d}\|^2$。

则$\boldsymbol{x}^*$是函数f的严格局部极小值。

6.33 考虑如下所示的二次型函数f: $\mathbb{R}^n \to \mathbb{R}$:

$$f(\boldsymbol{x}) = \frac{1}{2}\boldsymbol{x}^\top \boldsymbol{Q}\boldsymbol{x} - \boldsymbol{x}^\top \boldsymbol{b}$$

其中,$\boldsymbol{Q} = \boldsymbol{Q}^\top > 0$。试证明,当且仅当$\boldsymbol{x}^*$满足一阶必要条件,$\boldsymbol{x}^*$是函数$f$的极小点。

6.34 考虑线性系统方程$x_{k+1} = ax_k + bu_{k+1}$,$k \geqslant 0$,其中$x_i \in \mathbb{R}$,$u_i \in \mathbb{R}$。初始条件为$x_0 = 0$。寻找合适的控制输入信号$u_1, \cdots, u_n$,使得

$$-qx_n + r\sum_{i=1}^{n} u_i^2$$

达到最小,其中,q,$r > 0$为给定的常数。这一目标函数的物理意义为在保证x_n尽可能大的同时使得输入信号总能量$\sum_{i=1}^{n} u_i^2$尽可能小。常数q和r表示这两个目标的相对权重。

第 7 章　一维搜索方法

7.1　引言

本章将讨论目标函数为一元单值函数 f: $\mathbb{R}\to\mathbb{R}$ 时的最小化优化问题(即一维问题)的迭代求解方法。这些方法统称为一维搜索法，也称为线性搜索法。由于以下两个方面的原因，一维搜索法受到普遍重视。第一，一维搜索法是多变量问题求解方法的一个特例；第二，一维搜索法是多变量问题求解算法的一部分(7.8 节中将加以讨论)。

迭代算法从初始搜索点 $x^{(0)}$ 出发，产生一个迭代序列 $x^{(1)}$，$x^{(2)}$，…。在第 $k=0,1,2,\cdots$ 次迭代中，通过当前迭代点 $x^{(k)}$ 和目标函数 f 构建下一个迭代点 $x^{(k+1)}$。某些算法可能只需用到迭代点处的目标函数值；另外一些算法还可能用到目标函数的导数 f'，甚至是二阶导数 f''。本章将介绍以下算法：

- 黄金分割法(只使用目标函数值 f)
- 斐波那契数列法(只使用目标函数值 f)
- 二分法(只使用目标函数的一阶导数 f')
- 割线法(只使用目标函数的一阶导数 f')
- 牛顿法(同时使用目标函数一阶导数 f' 和二阶导数 f'')

关于一维搜索法的分类和介绍，更详尽的内容可参见参考文献[27]。

7.2　黄金分割法

黄金分割法可用于求解一元单值函数 f: $\mathbb{R}\to\mathbb{R}$ 在闭区间 $[a_0, b_0]$ 上的极小点。后两节讨论的斐波那契数列法和二分法也都是针对这一问题的。该问题的唯一前提是目标函数 f 在区间 $[a_0, b_0]$ 上是单峰的，即存在唯一的局部极小点，如图 7.1 所示。

这些方法的思路为挑选区间 $[a_0, b_0]$ 中的点，计算对应的目标函数值，通过比较不断缩小极小点所在的区间。如何选择合适的点，是这些方法的核心，其指导思想是利用尽可能少的计算次数来找出函数 f 的极小点，即不断压缩极小点所在的区间，直到达到足够的精度水平。

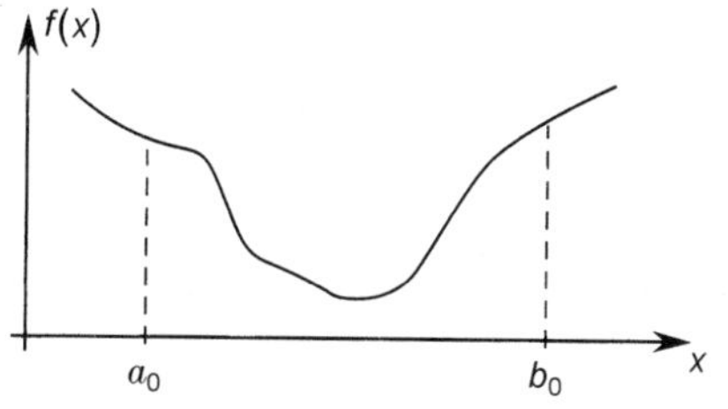

图 7.1　单峰函数

如果在每次迭代中只计算一个点的目标函数值 f，将无法开展比较并压缩极小点所在的区间。因此，每次需要计算两个点处的目标函数值 f，如图 7.2 所示。可以按照对称压缩方式来缩小极小点所在区间，即

$$a_1 - a_0 = b_0 - b_1 = \rho(b_0 - a_0).$$

其中

$$\rho < \frac{1}{2}$$

计算目标函数 f 在这些中间点处的值，如果 $f(a_1) < f(b_1)$，那么极小点应该位于区间 $[a_0, b_1]$ 中；否则，若 $f(a_1) \geqslant f(b_1)$，极小点应该位于区间 $[a_1, b_0]$ 中，如图 7.3 所示。

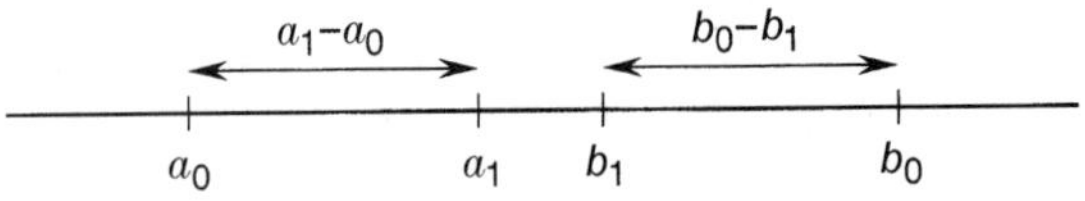

图 7.2　计算中间点的函数值对区间进行压缩

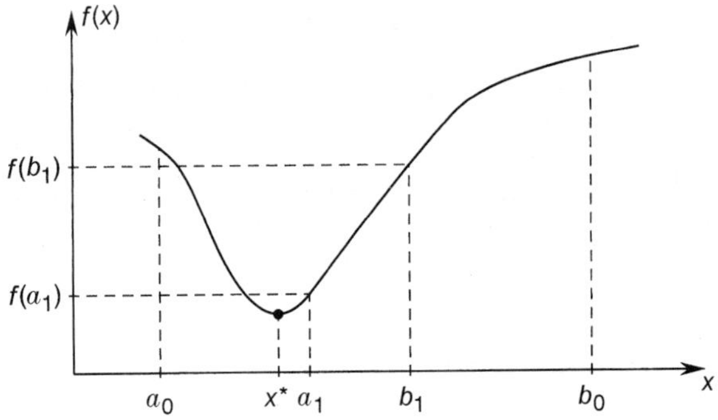

图 7.3　当 $f(a_1) < f(b_1)$ 时，极小点 $x^* \in [a_0, b_1]$

按照以上方式，完成了对区间的首次压缩之后，可以利用与之前一样的 $\rho < \frac{1}{2}$ 来重复以上过程并确定两个新的中间点：a_2 和 b_2。如此往复，通过多次计算，即可获得精度水平足够的区间。希望能够以尽可能少的计算次数来达到这一目的。以图 7.3 所示的函数为例，由于 $f(a_1) < f(b_1)$，极小点已经被压缩到 $x^* \in [a_0, b_1]$。由于 a_1 已经位于区间 $[a_0, b_1]$ 中，且 $f(a_1)$ 已知，因此，可令 a_1 作为 b_2。这样，只需要计算 a_2 及其对应的目标函数值 f 即可。为此，需要确定合适的参数 ρ，使得每次迭代只需要计算一次目标函数 f 的值。不失一般性，可认为初始区间 $[a_0, b_0]$ 的长度为 1。由图 7.4 可知，

$$\rho(b_1 - a_0) = b_1 - b_2$$

由 $b_1 - a_0 = 1 - \rho$，$b_1 - b_2 = 1 - 2\rho$，可得

$$\rho(1 - \rho) = 1 - 2\rho$$

整理后，可得一元二次方程：

$$\rho^2 - 3\rho + 1 = 0$$

解之可得

$$\rho_1 = \frac{3 + \sqrt{5}}{2}, \qquad \rho_2 = \frac{3 - \sqrt{5}}{2}$$

要求 $\rho < \frac{1}{2}$，因此

$$\rho = \frac{3 - \sqrt{5}}{2} \approx 0.382$$

注意

$$1-\rho=\frac{\sqrt{5}-1}{2}$$

故有

$$\frac{\rho}{1-\rho}=\frac{3-\sqrt{5}}{\sqrt{5}-1}=\frac{\sqrt{5}-1}{2}=\frac{1-\rho}{1}$$

$$\frac{\rho}{1-\rho}=\frac{1-\rho}{1}$$

即以$\frac{\rho}{1-\rho}$的比例划分区间，能够使得短区间与长区间长度之间的比值等于长区间与整个区间长度的比值。这意味着这种划分方式服从由古希腊几何学家提出的著名的黄金分割法则。

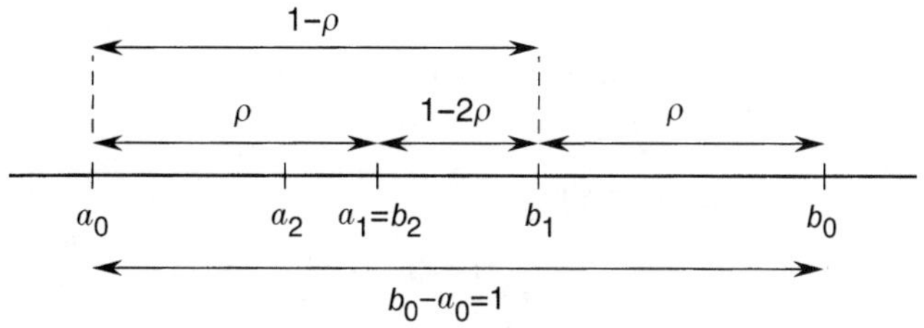

图 7.4　确定合适的参数 ρ 使得每次迭代只需计算一次函数 f 的值

利用黄金分割法开展区间压缩，意味着每一步只需要确定一个新点并计算一次目标函数 f 的值(第 1 步除外)。区间按照 $1-\rho\approx0.61803$ 的比例逐步压缩。因此，经过 N 步压缩之后，极小点所在区间长度将压缩到初始区间长度的 $(1-\rho)^N\approx(0.61803)^N$，这称为总压缩比。

例 7.1　利用黄金分割法确定函数

$$f(x)=x^4-14x^3+60x^2-70x$$

在区间[0, 2]中的极小点(该函数来自参考文献[21]中的示例)。要求将极小点所在区间的长度压缩到 0.3 之内。

经过 N 步压缩，区间[0, 2]可被压缩到原区间长度的$(0.61803)^N$，因此，可以按照以下方式选择 N：

$$(0.61803)^N\leqslant 0.3/2$$

求解可得 $N=4$，即经过 4 步压缩即可达到目的。

第 1 次迭代：选定两个中间点 a_1 和 b_1：

$$a_1=a_0+\rho(b_0-a_0)=0.7639$$
$$b_1=a_0+(1-\rho)(b_0-a_0)=1.236$$

其中，$\rho=(3-\sqrt{5})/2$。计算对应的目标函数值：

$$f(a_1)=-24.36$$
$$f(b_1)=-18.96$$

由于 $f(a_1)<f(b_1)$，因此，区间被压缩为

$$[a_0, b_1] = [0, 1.236]$$

第 2 次迭代：以 a_1 作为本次迭代中的 b_2，按照以下方式确定 a_2：

$$a_2 = a_0 + \rho(b_1 - a_0) = 0.4721$$

计算目标函数值：

$$f(a_2) = -21.10$$
$$f(b_2) = f(a_1) = -24.36$$

由于 $f(b_2) < f(a_2)$，因此，区间被进一步压缩为

$$[a_2, b_1] = [0.4721, 1.236]$$

第 3 次迭代：令 $a_3 = b_2$，按照如下方式确定 b_3：

$$b_3 = a_2 + (1 - \rho)(b_1 - a_2) = 0.9443$$

计算目标函数值：

$$f(a_3) = f(b_2) = -24.36$$
$$f(b_3) = -23.59$$

由于 $f(b_3) > f(a_3)$，区间被进一步压缩为

$$[a_2, b_3] = [0.4721, 0.9443]$$

第 4 次迭代：令 $b_4 = a_3$，按照如下方式确定 a_4：

$$a_4 = a_2 + \rho(b_3 - a_2) = 0.6525$$

计算目标函数值：

$$f(a_4) = -23.84$$
$$f(b_4) = f(a_3) = -24.36$$

由于 $f(a_4) > f(b_4)$，极小点所在区间压缩为 $[a_4, b_3] = [0.6525, 0.9443]$。区间长度 $b_3 - a_4 = 0.292 < 0.3$，满足精度指标要求。 ■

7.3　斐波那契数列法

利用黄金分割法进行区间压缩过程中，参数 ρ 始终保持不变。如果在区间压缩过程中，允许参数 ρ 不断调整，比如，第 k 次迭代使用参数 ρ_k；第 $k+1$ 次迭代使用参数 ρ_{k+1}，以此类推，可产生一种新的搜索方法。

与黄金分割法的理念类似，在新方法中，需要确定一个参数序列，即 ρ_k，$0 \leqslant \rho_k \leqslant 1/2$，$k = 1, 2, \cdots$，使得每次迭代中只需要计算一次目标函数值即可。两次迭代的中间点选择方式如图 7.5 所示，由此可见，两次迭代中的参数满足

$$\rho_{k+1}(1 - \rho_k) = 1 - 2\rho_k$$

整理后，可得

$$\rho_{k+1} = 1 - \frac{\rho_k}{1 - \rho_k}$$

存在很多组序列 $\rho_1, \rho_2, \cdots$ 能够满足上式，且 $0 \leqslant \rho_k \leqslant 1/2$。显然，黄金分割法中的参数序列 $\rho_1 = \rho_2 = \rho_3 = \cdots = (3 - \sqrt{5})/2$ 就能够满足要求。

假定已经给定了一个序列 ρ_1，ρ_2，…能够满足以上条件，将其应用到压缩过程中，经过 N 次迭代之后，可将极小点所在区间的长度压缩到初始区间长度的

$$(1-\rho_1)(1-\rho_2)\cdots(1-\rho_N)$$

采用不同的序列 ρ_1，ρ_2，…，总压缩比也不同。显然，总压缩比越小越好。因此，接下来的问题就是如何选择合适的序列，使得总压缩比达到最小。这可以采用有约束优化问题进行描述：

$$\begin{aligned}\text{minimize}\quad & (1-\rho_1)(1-\rho_2)\cdots(1-\rho_N)\\ \text{subject to}\quad & \rho_{k+1}=1-\frac{\rho_k}{1-\rho_k},\ k=1,\cdots,N-1\\ & 0\leqslant\rho_k\leqslant\frac{1}{2},\ k=1,\cdots,N\end{aligned}$$

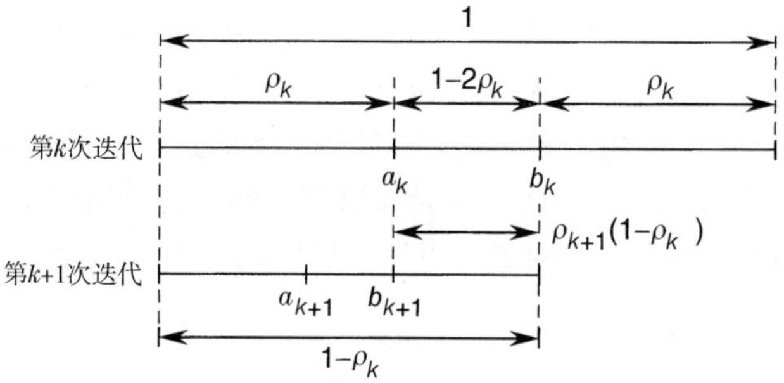

图 7.5　相邻两次迭代中间点的选择

在给出上述优化问题的最优解之前，首先介绍斐波那契数列 F_1，F_2，F_3，…的有关知识。按惯常做法，令 $F_{-1}=0$，$F_0=1$；对于 $k\geqslant 0$，有

$$F_{k+1}=F_k+F_{k-1}$$

由此可得斐波那契数列的前 8 项为

F_1	F_2	F_3	F_4	F_5	F_6	F_7	F_8
1	2	3	5	8	13	21	34

上述优化问题的最优解可采用斐波那契数列表示，即

$$\begin{aligned}\rho_1&=1-\frac{F_N}{F_{N+1}}\\ \rho_2&=1-\frac{F_{N-1}}{F_N}\\ &\vdots\\ \rho_k&=1-\frac{F_{N-k+1}}{F_{N-k+2}}\\ &\vdots\\ \rho_N&=1-\frac{F_1}{F_2}\end{aligned}$$

其中，F_k 表示斐波那契数列中的第 k 个元素。这也正是斐波那契数列法这一名称的由来，该方法以上述序列 ρ_1，ρ_2，…作为参数序列。本节后面将证明斐波那契数列法的最优性。

斐波那契数列法的总压缩比为

$$(1-\rho_1)(1-\rho_2)\cdots(1-\rho_N)=\frac{F_N}{F_{N+1}}\frac{F_{N-1}}{F_N}\cdots\frac{F_1}{F_2}=\frac{F_1}{F_{N+1}}=\frac{1}{F_{N+1}}$$

由于该方法使用的最优参数序列ρ_1, ρ_2, …, 因此, 总压缩比比黄金分割法要小。也就是说, 对于同样长度的初始区间, 在相同的迭代次数下, 斐波那契数列法得到压缩区间比黄金分割法要小, 因此, 可以说前者要优于后者。

需要指出的是, 斐波那契数列法存在一个奇怪之处:

$$\rho_N=1-\frac{F_1}{F_2}=\frac{1}{2}$$

即最后一次迭代的参数为1/2。

前面已经多次提到过, 在每次迭代中, 需要选择两个中间点, 一个来自上一次迭代, 另一个根据对称原则确定。但是, 如果$\rho_N=1/2$, 两个中间点将在区间中点上重合, 因此, 也就无法对区间进行压缩了。为了避免这一问题, 可令最后一次迭代的参数为$\rho_N=1/2-\varepsilon$, ε是一个很小的正实数。这就意味着, 新的迭代点稍稍向区间中点的左侧或右侧偏离。这种细微的修正, 不会影响到斐波那契数列法的应用效果。

由此可得, 最后一次迭代中, 对极小点所在区间的压缩比可能是

$$1-\rho_N=\frac{1}{2}$$

或

$$1-(\rho_N-\varepsilon)=\frac{1}{2}+\varepsilon=\frac{1+2\varepsilon}{2}$$

两个压缩比能够产生两个不同的新点, 分别计算对应的目标函数值, 保留目标函数值更小的点。这意味着, 在最坏的情况下, 斐波那契数列法的总压缩比为

$$\frac{1+2\varepsilon}{F_{N+1}}$$

例 7.2 考虑如下目标函数:

$$f(x)=x^4-14x^3+60x^2-70x$$

试利用斐波那契数列法确定函数在区间[0, 2]上的极小点, 要求将极小点x所在区间的长度压缩到0.3之内。

考虑最坏的情况, 经过N步迭代之后, 极小点所在区间已经压缩到初始区间的$(1+2\varepsilon)/F_{N+1}$。因此, 可按照如下方式确定迭代次数:

$$\frac{1+2\varepsilon}{F_{N+1}}\leqslant\frac{\text{最终区间长度}}{\text{初始区间长度}}=\frac{0.3}{2}=0.15$$

因此,

$$F_{N+1}\geqslant\frac{1+2\varepsilon}{0.15}$$

如果令$\varepsilon\leqslant 0.1$, 则只需要$N=4$次迭代即可满足要求。

第1次迭代: 确定压缩比

$$1-\rho_1=\frac{F_4}{F_5}=\frac{5}{8}$$

计算

$$a_1 = a_0 + \rho_1(b_0 - a_0) = \frac{3}{4}$$

$$b_1 = a_0 + (1-\rho_1)(b_0 - a_0) = \frac{5}{4}$$

$$f(a_1) = -24.34$$

$$f(b_1) = -18.65$$

$$f(a_1) < f(b_1)$$

由此可得，区间被压缩为

$$[a_0, b_1] = \left[0, \frac{5}{4}\right]$$

第 2 次迭代：与第一次迭代类似，可得

$$1 - \rho_2 = \frac{F_3}{F_4} = \frac{3}{5}$$

$$a_2 = a_0 + \rho_2(b_1 - a_0) = \frac{1}{2}$$

$$b_2 = a_1 = \frac{3}{4}$$

$$f(a_2) = -21.69$$

$$f(b_2) = f(a_1) = -24.34$$

$$f(a_2) > f(b_2)$$

区间被进一步压缩为

$$[a_2, b_1] = \left[\frac{1}{2}, \frac{5}{4}\right]$$

第 3 次迭代：类似地，可计算得到

$$1 - \rho_3 = \frac{F_2}{F_3} = \frac{2}{3}$$

$$a_3 = b_2 = \frac{3}{4}$$

$$b_3 = a_2 + (1-\rho_3)(b_1 - a_2) = 1$$

$$f(a_3) = f(b_2) = -24.34$$

$$f(b_3) = -23$$

$$f(a_3) < f(b_3)$$

区间被压缩到

$$[a_2, b_3] = \left[\frac{1}{2}, 1\right]$$

第 4 次迭代：令 $\varepsilon = 0.05$，有

$$1 - \rho_4 = \frac{F_1}{F_2} = \frac{1}{2}$$

$$a_4 = a_2 + (\rho_4 - \varepsilon)(b_3 - a_2) = 0.725$$

$$b_4 = a_3 = \frac{3}{4}$$

$$f(a_4) = -24.27$$

$$f(b_4) = f(a_3) = -24.34$$

$$f(a_4) > f(b_4)$$

区间被压缩到

$$[a_4, b_3] = [0.725, 1]$$

由于 $b_3 - a_4 = 0.275 < 0.3$，精度已经满足要求，迭代过程结束。■

接下来证明斐波那契数列的最优性，需要说明的是，直接略过这一部分也不会影响到本节的完整性。

前面已经提到过，斐波那契数列法中的参数 $\rho_1, \rho_2, \cdots, \rho_N$，$\rho_k = 1 - F_{N-k+1}/F_{N-k+2}$ 是通过求解如下的优化问题得到的：

$$\begin{aligned} \text{minimize} \quad & (1-\rho_1)(1-\rho_2)\cdots(1-\rho_N) \\ \text{subject to} \quad & \rho_{k+1} = 1 - \frac{\rho_k}{1-\rho_k},\ k = 1, \cdots, N-1 \\ & 0 \leqslant \rho_k \leqslant \frac{1}{2},\ k = 1, \cdots, N \end{aligned}$$

容易验证斐波那契数列法中的参数 $\rho_1, \rho_2, \cdots, \rho_N$ 能够满足该优化问题的可行性(见习题7.4)。斐波那契数列法的总压缩比为 $(1-\rho_1)\cdots(1-\rho_N) = 1/F_{N+1}$。因此，为了证明方法的最优性，只需要证明对于可行集中的任意序列 $\rho_1, \cdots, \rho_N$，都有 $(1-\rho_1)\cdots(1-\rho_N) \geqslant 1/F_{N+1}$ 即可。

为了便于描述，令 $r_k = 1 - \rho_k$，代入上述优化问题后，可得

$$\begin{aligned} \text{minimize} \quad & r_1 \cdots r_N \\ \text{subject to} \quad & r_{k+1} = \frac{1}{r_k} - 1,\ k = 1, \cdots, N-1 \\ & \frac{1}{2} \leqslant r_k \leqslant 1,\ k = 1, \cdots, N \end{aligned}$$

注意如果 $r_1, r_2, \cdots$ 满足 $r_{k+1} = \dfrac{1}{r_k} - 1$，那么当且仅当 $r_{k+1} \leqslant 1$，有 $r_k \geqslant 1/2$。类似地，当且仅当 $r_{k-1} \leqslant 2/3 < 1$，有 $r_k \geqslant 1/2$。因此，这意味着可以从上面的优化问题中去掉约束 $r_k \leqslant 1$。因此，上述问题的约束简化为

$$\begin{aligned} r_{k+1} &= \frac{1}{r_k} - 1,\ k = 1, \cdots, N-1 \\ r_k &\geqslant \frac{1}{2},\ k = 1, \cdots, N \end{aligned}$$

在继续证明之前，需要用到以下多条引理。这些引理的前提条件是序列 $r_1, r_2, \cdots$ 满足

$$r_{k+1} = \frac{1}{r_k} - 1, \qquad r_k \geqslant \frac{1}{2}, \qquad k = 1, 2, \cdots$$

引理 7.1 当 $k \geqslant 2$ 时，

$$r_k = -\frac{F_{k-2} - F_{k-1} r_1}{F_{k-3} - F_{k-2} r_1}$$ □

证明： 利用数学归纳法进行证明。当 $k = 2$ 时，有

$$r_2 = \frac{1}{r_1} - 1 = \frac{1 - r_1}{r_1} = -\frac{F_0 - F_1 r_1}{F_{-1} - F_0 r_1}$$

这说明，$k=2$ 时结论成立。假设该结论在 $k\geqslant 2$ 时也成立，那么接下来只需证明在 $k+1$ 时也成立。显然

$$\begin{aligned} r_{k+1} &= \frac{1}{r_k} - 1 \\ &= \frac{-F_{k-3} + F_{k-2}r_1}{F_{k-2} - F_{k-1}r_1} - \frac{F_{k-2} - F_{k-1}r_1}{F_{k-2} - F_{k-1}r_1} \\ &= -\frac{F_{k-2} + F_{k-3} - (F_{k-1} + F_{k-2})r_1}{F_{k-2} - F_{k-1}r_1} \\ &= -\frac{F_{k-1} - F_k r_1}{F_{k-2} - F_{k-1}r_1} \end{aligned}$$

推导过程中使用了斐波那契数列相邻项的关系式。 ■

引理 7.2　当 $k\geqslant 2$ 时，有

$$(-1)^k(F_{k-2} - F_{k-1}r_1) > 0$$ □

证明： 利用数学归纳法进行证明。当 $k=2$ 时，有

$$(-1)^2(F_0 - F_1 r_1) = 1 - r_1$$

由于 $r_1 = 1/(1+r_2) \leqslant 2/3$，因此 $1-r_1>0$，说明 $k=2$ 时结论成立。假定该结论在 $k\geqslant 2$ 时也成立，那么接下来只需证明在 $k+1$ 时也成立，有

$$(-1)^{k+1}(F_{k-1} - F_k r_1) = (-1)^{k+1} r_{k+1} \frac{1}{r_{k+1}} (F_{k-1} - F_k r_1)$$

由引理 7.1，得到

$$r_{k+1} = -\frac{F_{k-1} - F_k r_1}{F_{k-1} - F_{k-1} r_1}$$

将 $1/r_{k+1}$ 代入上式中，可得

$$(-1)^{k+1}(F_{k-1} - F_k r_1) = r_{k+1}(-1)^k(F_{k-2} - F_{k-1}r_1) > 0$$

得证。 ■

引理 7.3　当 $k\geqslant 2$ 时，有

$$(-1)^{k+1} r_1 \geqslant (-1)^{k+1}\frac{F_k}{F_{k+1}}$$ □

证明： 由于 $r_{k+1} = \dfrac{1}{r_k} - 1$，$r_k \geqslant \dfrac{1}{2}$，可得 $r_{k+1} \leqslant 1$，结合引理 7.1 可得

$$-\frac{F_{k-1} - F_k r_1}{F_{k-2} - F_{k-1}r_1} \leqslant 1$$

分子分母同时乘以 $(-1)^k$，有

$$\frac{(-1)^{k+1}(F_{k-1} - F_k r_1)}{(-1)^k(F_{k-2} - F_{k-1}r_1)} \leqslant 1$$

由引理 7.2 可得，$(-1)^k(F_{k-2} - F_{k-1}r_1) > 0$，上式两端同时乘以 $(-1)^k(F_{k-2} - F_{k-1}r_1)$，可得

$$(-1)^{k+1}(F_{k-1} - F_k r_1) \leqslant (-1)^k(F_{k-2} - F_{k-1}r_1)$$

整理后，可得

$$(-1)^{k+1}(F_{k-1}+F_k)r_1 \geqslant (-1)^{k+1}(F_{k-2}+F_{k-1})$$

根据斐波那契数列相邻项的关系式，可得

$$(-1)^{k+1}F_{k+1}r_1 \geqslant (-1)^{k+1}F_k$$

两边同时除以 F_{k+1}，即可完成证明。 ■

接下来，就可以开始证明斐波那契数列法的最优性，并证明其作为最优解的唯一性了。

定理 7.1 存在序列 $r_1, \cdots, r_N$, $N \geqslant 2$ 满足以下约束

$$r_{k+1} = \frac{1}{r_k} - 1,\ k = 1, \cdots, N-1$$

$$r_k \geqslant \frac{1}{2},\ k = 1, \cdots, N$$

则有

$$r_1 \cdots r_N \geqslant \frac{1}{F_{N+1}}$$

更进一步，当且仅当 $r_k = F_{N-k+1}/F_{N-k+2}$, $k=1, \cdots, N$ 时，

$$r_1 \cdots r_N = \frac{1}{F_{N+1}}$$

换句话说，斐波那契数列法中的参数 $r_1, \cdots, r_N$ 是优化问题 $r_k = F_{N-k+1}/F_{N-k+2}$, $k=1, \cdots, N$ 的唯一最优解。 □

证明： 利用引理 7.1 计算得到 $r_1, \cdots, r_N$，并进行适当的约分处理，可得

$$r_1 \cdots r_N = (-1)^N(F_{N-2} - F_{N-1}r_1) = (-1)^N F_{N-2} + F_{N-1}(-1)^{N+1}r_1$$

由引理 7.3 可得

$$\begin{aligned} r_1 \cdots r_N &\geqslant (-1)^N F_{N-2} + F_{N-1}(-1)^{N+1}\frac{F_N}{F_{N+1}} \\ &= (-1)^N(F_{N-2}F_{N+1} - F_{N-1}F_N)\frac{1}{F_{N+1}} \end{aligned}$$

容易证明 $(-1)^N(F_{N-2}F_{N+1} - F_{N-1}F_N) = 1$ 成立(证明过程留作习题 7.5)，因此，

$$r_1 \cdots r_N \geqslant \frac{1}{F_{N+1}}$$

由此可得，当且仅当

$$r_1 \cdots r_N = \frac{1}{F_{N+1}}$$

有

$$r_1 = \frac{F_N}{F_{N+1}}$$

r_1 恰好是斐波那契数列法的参数，因此，r_1 一旦确定，$r_2, r_3, \cdots, r_N$ 即可唯一确定。 ■

关于斐波那契数列法及其变体的更为详细的讨论，可参见参考文献[133]。

7.4　二分法

与前面相同，本节继续讨论求解一元单值函数f: $\mathbb{R}\to\mathbb{R}$ 在区间$[a_0, b_0]$的极小点问题。类似地，仍然要求函数f在区间$[a_0, b_0]$为单峰函数。不同的是，要求函数f是连续可微的，这样，在区间压缩过程中，可以使用函数的一阶导数f'。

二分法是一种利用目标函数的一阶导数来连续压缩区间的方法，计算过程比较简单。首先，确定初始区间的中点$x^{(0)}=(a_0+b_0)/2$。然后，计算函数f在$x^{(0)}$处的一阶导数$f'(x^{(0)})$。如果$f'(x^{(0)})>0$，说明极小点位于$x^{(0)}$的左侧，也就是说，极小点所在区间可以压缩为$[a_0, x^{(0)}]$；反之，如果$f'(x^{(0)})<0$，说明极小点位于$x^{(0)}$的右侧，极小点所在区间可以压缩为$[x^{(0)}, b_0]$。最后，如果$f'(x^{(0)})=0$，说明$x^{(0)}$就是函数f的极小点，搜索停止。

按照以上方式，每次迭代都可以得到一个新的区间。在第k次迭代中，计算出极小点所在区间的中点，记为$x^{(k)}$，根据$f'(x^{(k)})$的符号[假定$f'(x^{(k)})$不等于零]，可以将当前区间压缩为$x^{(k)}$左侧或右侧的区间。如果$f'(x^{(k)})=0$，那说明$x^{(k)}$就是极小点，搜索过程结束。

二分法与黄金分割法和斐波那契数列法存在两个明显的区别。首先，二分法使用的是目标函数的导数f'，而不是黄金分割法和斐波那契数列法所使用的函数值；其次，在每次迭代中，区间的压缩比为1/2。因此，经过N步迭代之后，整个区间的总压缩比为$(1/2)^N$。这一总压缩比比黄金分割法和斐波那契数列法的总压缩比要小。

例 7.3　再次考虑例 7.1 中的函数：

$$f(x)=x^4-14x^3+60x^2-70x$$

利用二分法找出区间[0, 2]内的极小点，精度要求为区间长度不能超过 0.3。黄金分割法至少需要 4 次迭代才能达到要求。如果采用二分法，所需的迭代次数N应满足

$$(0.5)^N\leqslant 0.3/2$$

可以看出，只需要 3 次即可满足精度要求。■

7.5　牛顿法

继续考虑一元单值函数f在区间上求极小点的问题，本节假设函数连续二阶可微，即$x^{(k)}$处的$f(x^{(k)})$、$f'(x^{(k)})$和$f''(x^{(k)})$均可求得。这样，可以构造一个经过点$(x^{(k)}, f(x^{(k)}))$处的二次函数，该函数在$x^{(k)}$的一阶和二阶导数分别为$f'(x^{(k)})$和$f''(x^{(k)})$，如下所示：

$$q(x)=f(x^{(k)})+f'(x^{(k)})(x-x^{(k)})+\frac{1}{2}f''(x^{(k)})(x-x^{(k)})^2$$

明显地，有$q(x^{(k)})=f(x^{(k)})$，$q'(x^{(k)})=f'(x^{(k)})$和$q''(x^{(k)})=f''(x^{(k)})$。$q(x)$可认为是函数$f(x)$的近似，因此，求函数$f$的极小点可近似于求解$q$的极小点。函数$q$的极小点应满足一阶必要条件：

$$0 = q'(x) = f'(x^{(k)}) + f''(x^{(k)})(x - x^{(k)})$$

令 $x = x^{(k+1)}$，可得

$$x^{(k+1)} = x^{(k)} - \frac{f'(x^{(k)})}{f''(x^{(k)})}$$

例 7.4　利用牛顿法求解如下函数的极小点：

$$f(x) = \frac{1}{2}x^2 - \sin x$$

初始值为 $x^{(0)} = 0.5$，精度为 $\varepsilon = 10^{-5}$，即当 $\left| x^{(k+1)} - x^{(k)} \right| < \varepsilon$ 时停止迭代。

计算函数 f 的一阶和二阶导数：

$$f'(x) = x - \cos x, \qquad f''(x) = 1 + \sin x$$

由此可得

$$\begin{aligned} x^{(1)} &= 0.5 - \frac{0.5 - \cos 0.5}{1 + \sin 0.5} \\ &= 0.5 - \frac{-0.3775}{1.479} \\ &= 0.7552 \end{aligned}$$

以此类推，可得

$$\begin{aligned} x^{(2)} &= x^{(1)} - \frac{f'(x^{(1)})}{f''(x^{(1)})} = x^{(1)} - \frac{0.02710}{1.685} = 0.7391 \\ x^{(3)} &= x^{(2)} - \frac{f'(x^{(2)})}{f''(x^{(2)})} = x^{(2)} - \frac{9.461 \times 10^{-5}}{1.673} = 0.7390 \\ x^{(4)} &= x^{(3)} - \frac{f'(x^{(3)})}{f''(x^{(3)})} = x^{(3)} - \frac{1.17 \times 10^{-9}}{1.673} = 0.7390 \end{aligned}$$

由于 $\left| x^{(4)} - x^{(3)} \right| < \varepsilon = 10^{-5}$，迭代结束。$x^{(4)}$ 处的一阶导数为 $f'(x^{(4)}) = -8.6 \times 10^{-6} \approx 0$，且二阶导数 $f''(x^{(4)}) = 1.673 > 0$，这说明 $x^* \approx x^{(4)}$ 是一个严格极小点。■

当 $f''(x) > 0$ 对于区间内所有的 x 都成立时，牛顿法能够正常运行，如图 7.6 所示。但是，如果在某些点处，有 $f''(x) < 0$，牛顿法可能收敛到极大点，如图 7.7 所示。

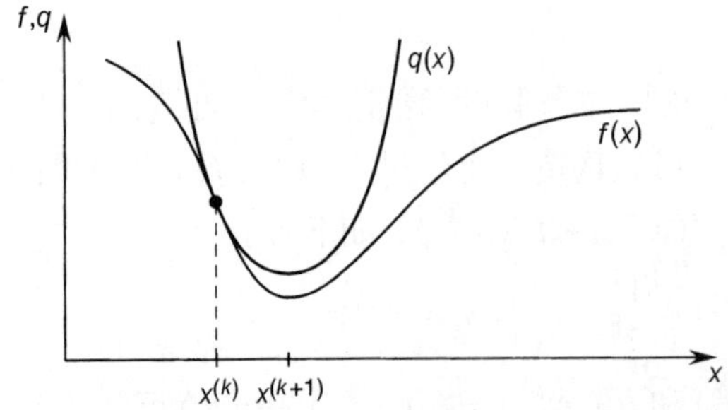

图 7.6　$f''(x) > 0$ 时的牛顿法

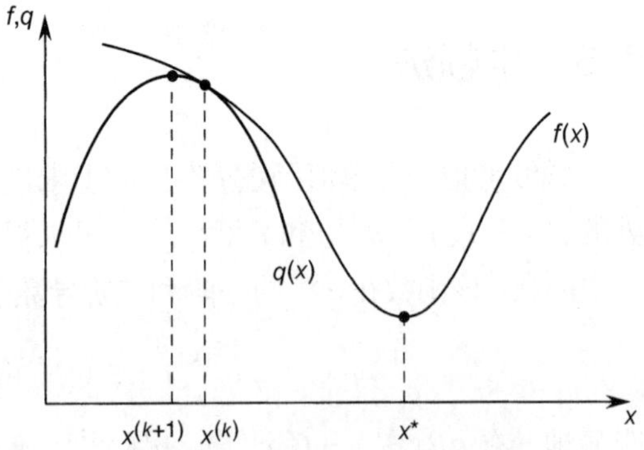

图 7.7　$f''(x) < 0$ 时的牛顿法

牛顿法能够不断地迫使目标函数 f 的一阶导数趋向于零，实际上，令 $g(x) = f'(x)$，可以得到一个迭代公式，用于求解方程 $g(x) = 0$：

$$x^{(k+1)} = x^{(k)} - \frac{g(x^{(k)})}{g'(x^{(k)})}$$

这说明牛顿法可以用于求解方程。

例 7.5　利用牛顿法求解方程：

$$g(x) = x^3 - 12.2x^2 + 7.45x + 42 = 0$$

初始值 $x^{(0)} = 12$。$g(x)$ 的一阶导数为 $g'(x) = 3x^2 - 24.4x + 7.45$。

开展两次迭代，可得

$$x^{(1)} = 12 - \frac{102.6}{146.65} = 11.33$$
$$x^{(2)} = 11.33 - \frac{14.73}{116.11} = 11.21$$

■

用于求解方程 $g(x) = 0$ 时，牛顿法也称为牛顿切线法。采用几何演示的方式可以很容易看出这一名字的由来，如图 7.8 所示。

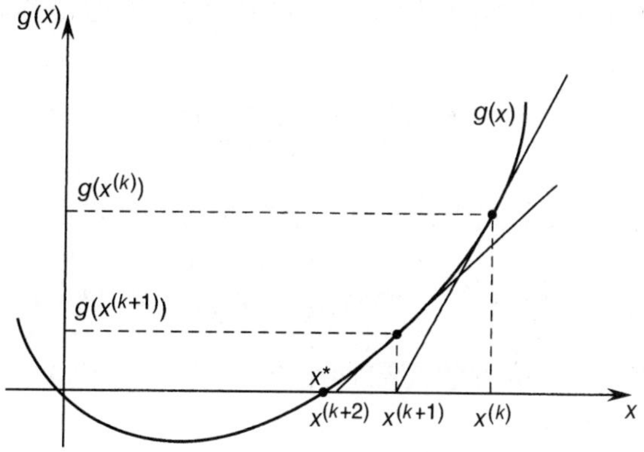

图 7.8　牛顿切线法

在点 $x^{(k)}$ 处绘制 $g(x)$ 的切线，交于 x 轴上的点 $x^{(k+1)}$，希望能够更接近于 $g(x) = 0$ 的根 x^*。注意 $g(x)$ 在点 $x^{(k)}$ 处的斜率为

$$g'(x^{(k)}) = \frac{g(x^{(k)})}{x^{(k)} - x^{(k+1)}}$$

故有

$$x^{(k+1)} = x^{(k)} - \frac{g(x^{(k)})}{g'(x^{(k)})}$$

需要指出的是，如果初始点处的比值 $g(x^{(0)})/g'(x^{(0)})$ 不是足够小，牛顿切线法可能会失效，如图 7.9 所示。因此，初始点的选择非常重要。

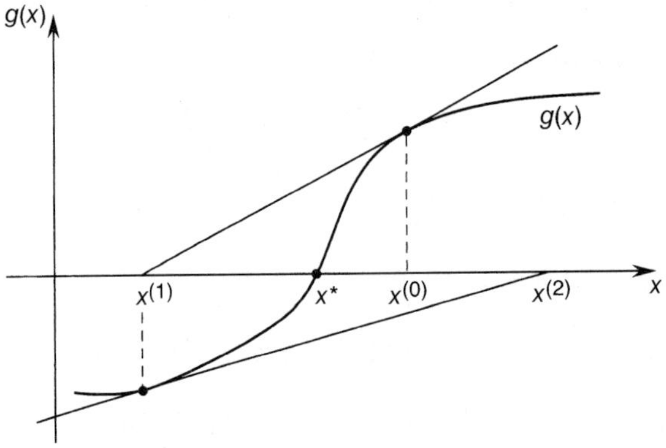

图 7.9　牛顿切线法不收敛于 $g(x)=0$ 的根 x^* 的示例

7.6　割线法

从迭代公式可以看出，牛顿法需要用到目标函数 f 的二阶导数：

$$x^{(k+1)} = x^{(k)} - \frac{f'(x^{(k)})}{f''(x^{(k)})}$$

如果二阶导数不存在，可以采用不同点处的一阶导数对其近似得到。比如，可以利用下式近似计算 $f''(x^{(k)})$：

$$\frac{f'(x^{(k)}) - f'(x^{(k-1)})}{x^{(k)} - x^{(k-1)}}$$

将这一近似式代入牛顿法迭代公式中，可得一个新的迭代公式：

$$x^{(k+1)} = x^{(k)} - \frac{x^{(k)} - x^{(k-1)}}{f'(x^{(k)}) - f'(x^{(k-1)})} f'(x^{(k)})$$

该公式对应的方法为割线法。该方法需要两个初始点 $x^{(-1)}$ 和 $x^{(0)}$。对上式进行整理后，可得割线法的另外一个迭代公式：

$$x^{(k+1)} = \frac{f'(x^{(k)})x^{(k-1)} - f'(x^{(k-1)})x^{(k)}}{f'(x^{(k)}) - f'(x^{(k-1)})}$$

这两个公式是等价的。

可以看出，与牛顿法相同，割线法也不需要计算函数值 $f(x^{(k)})$，也是不断迫使函数 f 的一阶导数 f' 趋近于零。因此，割线法也可以用于求解方程 $g(x)=0$，其迭代公式为

$$x^{(k+1)} = x^{(k)} - \frac{x^{(k)} - x^{(k-1)}}{g(x^{(k)}) - g(x^{(k-1)})} g(x^{(k)})$$

或

$$x^{(k+1)} = \frac{g(x^{(k)})x^{(k-1)} - g(x^{(k-1)})x^{(k)}}{g(x^{(k)}) - g(x^{(k-1)})}$$

割线法求解方程的过程如图 7.10 所示(注意与图 7.8 的对比)。不同于牛顿法使用 g 的斜率来确定下一个迭代点，割线法使用的是第 $k-1$ 个和第 k 个迭代点之间的割线确定第 $k+1$ 个迭代点。

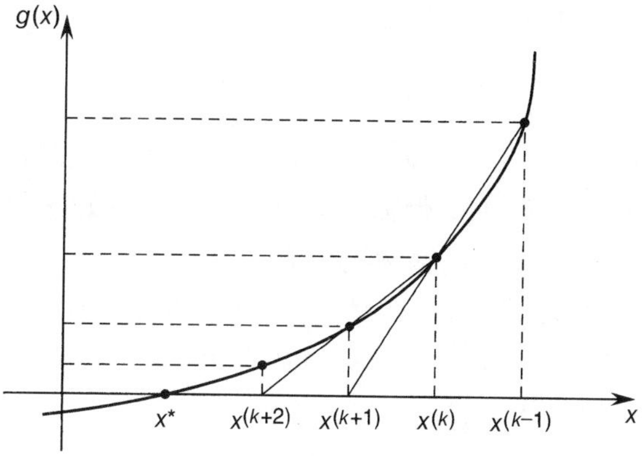

图 7.10　割线法求解方程

例 7.6　利用割线法求解方程

$$g(x) = x^3 - 12.2x^2 + 7.45x + 42 = 0$$

的根。初始点为 $x^{(-1)}=13$ 和 $x^{(0)}=12$，进行两次迭代，可得

$$x^{(1)} = 11.40$$

$$x^{(2)} = 11.25$$

■

例 7.7　在某电路中，某电阻上电压的衰减模型为 $V(t)=\mathrm{e}^{-Rt}$，其中 $V(t)$ 表示在时刻 t，电阻上的电压值；R 表示电阻值。

如果在时刻 $t_1, t_2, \cdots, t_n$ 分别测量电压，得到 n 个电压值 $V_1, V_2, \cdots, V_n$。希望根据这些数据得到关于电阻值 R 的最佳估计。所谓最佳估计，指的是估计值能够使得测量电压和预测电压之间误差的平方和最小。

由此可得，目标函数为

$$f(R) = \sum_{i=1}^{n}(V_i - \mathrm{e}^{-Rt_i})^2$$

利用割线法求其极小点。目标函数的一阶导数为

$$f'(R) = 2\sum_{i=1}^{n}(V_i - \mathrm{e}^{-Rt_i})\mathrm{e}^{-Rt_i}t_i$$

相应的迭代公式为

$$R_{k+1} = R_k - \frac{R_k - R_{k-1}}{\sum_{i=1}^{n}(V_i - \mathrm{e}^{-R_k t_i})\mathrm{e}^{-R_k t_i}t_i - (V_i - \mathrm{e}^{-R_{k-1}t_i})\mathrm{e}^{-R_{k-1}t_i}t_i} \times \sum_{i=1}^{n}(V_i - \mathrm{e}^{-R_k t_i})\mathrm{e}^{-R_k t_i}t_i$$

■

关于割线法的进一步讨论，可参见参考文献[32]。牛顿法和割线法都属于二次拟合方法。在牛顿法中，$x^{(k+1)}$是二次拟合函数的平稳点，该拟合函数与目标函数在点 $x^{(k)}$ 处的一阶导数 f' 和二阶导数 f'' 相等；在割线法中，$x^{(k+1)}$ 也是二次拟合函数的平稳点，该函数 f 与目标函数在 $x^{(k-1)}$ 和 $x^{(k)}$ 处的一阶导数相等。割线法只用到了目标函数的一阶导数 f'（没有用到二阶导数 f''），需要两个初始点。可以证明，如果令 $x^{(k+1)}$ 为某个二次函数的平稳点，该函数与目标函数在 $x^{(k)}$、$x^{(k-1)}$ 和 $x^{(k-2)}$ 处的值相等，则又可得到一种新的极小

点求解方法，迭代过程只需计算目标函数值，如下所示：

$$x^{(k+1)}=\frac{\sigma_{12}f(x^{(k)})+\sigma_{20}f(x^{(k-1)})+\sigma_{01}f(x^{(k-2)})}{2(\delta_{12}f(x^{(k)})+\delta_{20}f(x^{(k-1)})+\delta_{01}f(x^{(k-2)}))}$$

其中，$\sigma_{ij}=(x^{(k-i)})^2-(x^{(k-j)})^2$，$\delta_{ij}=x^{(k-i)}-x^{(k-j)}$(证明过程留作习题 7.9)。该方法不需要计算一阶导数 f' 和二阶导数 f''，但需要同时计算 3 个点处的目标函数值 f，一开始也需要 3 个初始点。有时称该方法为逆抛物线插值法。

类似地，还可以采用更高阶的多项式对目标函数进行拟合(或插值)。比如，令 $x^{(k+1)}$ 为某三次拟合函数的平稳点，该函数与目标函数在 $x^{(k)}$、$x^{(k-1)}$ 和 $x^{(k-2)}$ 处一阶导数 f' 相等，由此可推导出更高阶的迭代公式。

由于以上方法各有优缺点，因此，实际应用可以各种方法联合使用，取长补短。比如，黄金分割法在稳健性方面优于逆抛物线插值法，但收敛速度慢。布伦特方法则是在结合这两种方法的基础上得到的一种新方法，比黄金分割法收敛速度快，同时还保持了其稳健性[17]。

7.7　划界法

前面讨论的方法有一个应用前提，即需要提供目标函数极小点所在的初始区间。这一区间确定是极小点所在的上下边界，因此，寻找这一初始区间的方法称为划界法。

为了寻找某个单峰函数极小点所在的区间 $[a, b]$，只需要找出 3 个点 $a<c<b$，使得函数值满足 $f(c)<f(a)$ 和 $f(c)<f(b)$ 即可。划界法的计算过程比较简单。任选 3 个点 $x_0<x_1<x_2$，如果 $f(x_1)<f(x_0)$ 且 $f(x_1)<f(x_2)$，那么极小点所在的区间就是 $[x_0, x_2]$；否则，如果 $f(x_0)>f(x_1)>f(x_2)$，则选择一个点 $x_3>x_2$，检查 $f(x_2)<f(x_3)$ 是否成立，如果成立，极小点所在区间就是 $[x_1, x_3]$，否则，重复该过程，直到能够找到一个 x_3，使得 $f(x_2)<f(x_3)$ 成立。通常情况下，新点的选择应该保证其与前一个相邻点的距离超过其前两个点之间的距离。比如，可以令相邻各点之间的距离倍增，如图 7.11 所示。如果 $f(x_0)<f(x_1)<f(x_2)$，也可以采用类似的过程反向搜索极小点所在的区间。

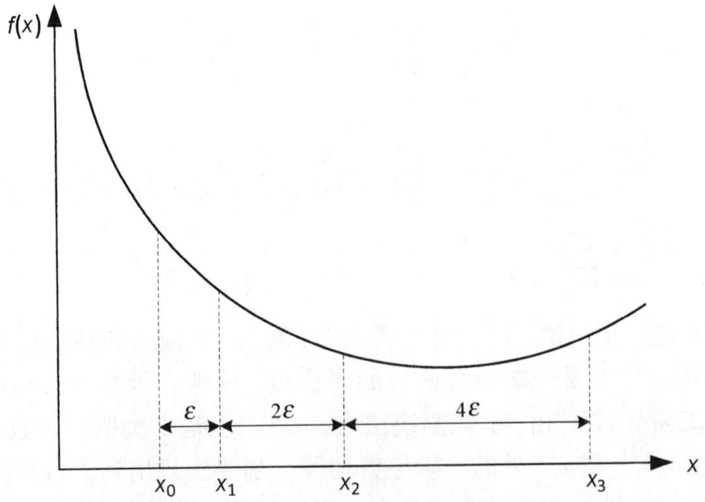

图 7.11　利用划界法确定极小点所在区间的过程

根据以上流程，最后将得到3个点x_{k-2}、x_{k-1}和x_k，满足$f(x_{k-1})<f(x_{k-2})$和$f(x_{k-1})<f(x_k)$，极小点所在的区间就是$[x_{k-2}, x_k]$。接下来就可以利用前面讨论的方法，如黄金分割法、斐波那契数列法和二分法等对区间进行压缩，求出目标函数的极小点了。需要注意的是，在划界法中，已经计算得到了目标函数值$f(x_{k-2})$、$f(x_{k-1})$和$f(x_k)$。如果求取目标函数值涉及的计算量比较大或存在一定的困难，那么可以直接将x_{k-1}作为迭代过程中的一个点。比如，如果使用黄金分割法，可令$x_{k-1}-x_{k-2}=\rho(x_k-x_{k-2})$，其中，$\rho=(3-\sqrt{5})/2$，这样，就是把$x_{k-1}$作为黄金分割法中的一个初始点了，可以省去一次目标函数值的求取工作。为了达到这一目的，在划界法中，应该按照$x_k=x_{k-1}+(2-\rho)(x_{k-1}-x_{k-2})$的方式来选择新点，也就是说，相邻点之间距离的扩展倍数为$2-\rho\approx1.618$。

7.8　多维优化问题中的一维搜索

一维搜索方法在多维优化问题中发挥着重要作用，特别是对于多维优化问题的迭代求解算法而言(接下来几章中将专门讨论)，通常每次迭代都包括一维搜索的过程。令目标函数为$f: \mathbb{R}^n\to\mathbb{R}$，求其极小点的迭代算法中的迭代公式为

$$\boldsymbol{x}^{(k+1)}=\boldsymbol{x}^{(k)}+\alpha_k\boldsymbol{d}^{(k)}$$

其中，$\boldsymbol{x}^{(0)}$为给定的初始搜索点，$\alpha_k\geqslant0$为步长，其确定方式为使函数

$$\phi_k(\alpha)=f(\boldsymbol{x}^{(k)}+\alpha\boldsymbol{d}^{(k)})$$

达到最小；向量$\boldsymbol{d}^{(k)}$称为搜索方向。这就是多维优化问题中的一维搜索过程，如图7.12所示。通过开展一维搜索，可以保证在某些条件下，

$$f(\boldsymbol{x}^{(k+1)})<f(\boldsymbol{x}^{(k)})$$

本章讨论的所有一维搜索方法(包括划界法)都可以用于求取函数ϕ_k的极小点。比如，可以使用割线法来确定α_k。利用链式法则计算函数ϕ_k的一阶导数：

$$\phi_k'(\alpha)=\boldsymbol{d}^{(k)\top}\nabla f(\boldsymbol{x}^{(k)}+\alpha\boldsymbol{d}^{(k)})$$

这意味着如果利用割线法开展一维搜索，需要用到目标函数f的梯度∇f、初始搜索点$\boldsymbol{x}^{(k)}$和搜索方向$\boldsymbol{d}^{(k)}$(习题7.11要求利用MATLAB实现割线法)。当然，也可以使用其他的一维搜索方法，见参考文献[43, 88]。

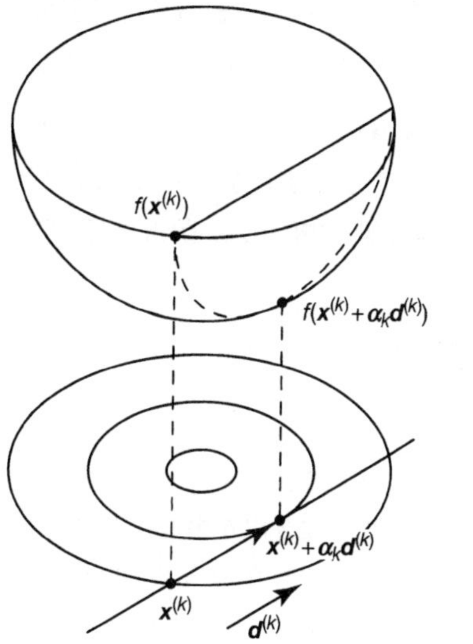

图7.12　多维优化问题中的一维搜索

一维搜索方法在实际应用中存在一些问题。首先，精确地求解函数α_k的极小点ϕ_k可能需要非常大的计算量；在某些极端情况下，ϕ_k甚至并不存在。其次，实际应用经验表明，应该将更多的计算资源配置到多维优化算法而不是追求高精度的一维搜索上。这意味着应该为一维搜索算法设计合适的停止条件，并使得即使一维搜索结果精度偏低，仍然能够保证目标函数值f在两次迭代中得到足够程度的下降。一个最基本的理念是要保证步长α_k不要太小或太大。

实际应用中存在一些常用的停止条件。首先，选定 3 个常数：$\varepsilon \in (0, 1)$，$\gamma > 1$ 和 $\eta \in (\varepsilon, 1)$。通过要求

$$\phi_k(\alpha_k) \leqslant \phi_k(0) + \varepsilon \alpha_k \phi_k'(0)$$

可以保证 α_k 不会太大。通过要求

$$\phi_k(\gamma \alpha_k) \geqslant \phi_k(0) + \varepsilon \gamma \alpha_k \phi_k'(0)$$

可保证 α_k 不会太小。这称为 Armijo 条件。

如果将 Armijo 条件中第二个不等式调整为

$$\phi_k(\alpha_k) \geqslant \phi_k(0) + \eta \alpha_k \phi_k'(0)$$

就成为了 Goldstein 条件。

Armijo 条件中的第一个不等式和 Goldstein 条件联合称为 Armijo-Goldstein 条件。Wolfe 条件只包括函数 ϕ_k 的一阶导数 ϕ_k'：

$$\phi_k'(\alpha_k) \geqslant \eta \phi_k'(0)$$

Wolfe 条件的一个变体称为强 Wolfe 条件：

$$|\phi_k'(\alpha_k)| \leqslant \eta |\phi_k'(0)|$$

Armijo 划界法是一种简单实用的(非精确)一维搜索方法。一开始先为步长 α_k 选定一个备选值。如果能够满足预定的停止条件(通常是 Armijo 条件中的第一个不等式)，则停止搜索将其作为步长；否则，在该备选值上乘以一个缩小系数 $\tau \in (0, 1)$，通常选 $\tau = 0.5$，再次检验其是否满足停止条件。如果一开始选定的备选值为 $\alpha^{(0)}$，那么经过 m 次迭代之后，步长为 $\alpha_k = \tau^m \alpha^{(0)}$。实际上，该算法就是从备选值持续回溯，直到满足停止条件。简而言之，该算法就是从序列 $\alpha_k = \tau^m \alpha^{(0)}$，$m = 0, 1, 2, \cdots$ 中选择一个能够满足停止条件的最大值作为步长。

关于实用化一维搜索方法的更多信息，可见参考文献[43]的第 26 页至第 40 页、参考文献[96]的 10.5 节、参考文献[11]的附录 C、参考文献[49]和[50]①。

习题

7.1　某函数在区间[5, 8]上是单峰的。试确定一个极小点所在的最终区间，为获得该区间，黄金分割法至少需要开展 4 次迭代而斐波那契数列法只需要开展 3 次迭代。斐波那契数列法中的 ε 可以任选。

7.2　某函数为 $f(x) = x^2 + 4\cos x$，$x \in \mathbb{R}$，试确定函数 f 在区间[1, 2]中的极小点 x^*。(需要注意的是，$\cos x$ 中 x 的单位为 rad)

a. 绘制函数 $f(x)$ 在区间[1, 2]上随 x 的变化曲线；

b. 利用黄金分割法将极小点 x^* 压缩到长度为 0.2 的区间内。利用下表列出所有的中间结果：

---

① 感谢 Dennis M. Goodman 提供文献[49]和[50]。

迭代次数 k	a_k	b_k	$f(a_k)$	$f(b_k)$	新的区间
1	?	?	?	?	[?, ?]
2	?	?	?	?	[?, ?]
…	…	…	…	…	…

c. 利用斐波那契数列法重新完成问题 b，$\varepsilon=0.05$。利用上表列出所有中间结果。

迭代次数 k	ρ_k	a_k	b_k	$f(a_k)$	$f(b_k)$	新的区间
1	?	?	?	?	?	[?, ?]
2	?	?	?	?	?	[?, ?]
…	…	…	…	…	…	…

d. 利用牛顿法完成问题 b，迭代次数与黄金分割法的迭代次数相同，初始值 $x^{(0)}=1$。

7.3　函数 $f(x)=8\mathrm{e}^{1-x}+7\log(x)$，log 表示自然对数。

a. 利用 MATLAB 绘制函数 $f(x)$ 在区间[1, 2]上随 x 的变化曲线，并验证函数 f 在[1, 2]上的确是单峰的。

b. 编写一个 MATLAB 程序，利用黄金分割法将函数 f 的极小点所在区间从[1, 2]压缩到长度只有 0.23。利用习题 7.2 中给出的表格列出所有中间结果。

c. 重复问题 b，将黄金分割法替换为斐波那契数列法，$\varepsilon=0.05$。利用习题 7.2 中给出的表格列出所有中间结果。

7.4　$\rho_1, \rho_2, \cdots, \rho_N$ 表示斐波那契数列法中用到的参数序列，试证明，对于所有的 $k=1, \cdots, N$，$0\leqslant\rho_k\leqslant 1/2$，都有下式成立：

$$\rho_{k+1}=1-\frac{\rho_k}{1-\rho_k}$$

7.5　试证明，如果 $F_0, F_1, \cdots$ 是一个斐波那契数列，那么对于任意 $k=2, 3, \cdots$，都有下式成立：

$$F_{k-2}F_{k+1}-F_{k-1}F_k=(-1)^k$$

7.6　试证明斐波那契数列的通项公式为

$$F_n=\frac{1}{\sqrt{5}}\left(\left(\frac{1+\sqrt{5}}{2}\right)^{n+1}-\left(\frac{1-\sqrt{5}}{2}\right)^{n+1}\right)$$

7.7　假定有一种非常高效的计算指数函数的方法，试结合该方法，利用牛顿法设计一种迭代方法，求出 log(2) 的近似值，log 表示自然对数。初始值为 $x^{(0)}=1$，执行两次迭代即可。

7.8　考虑方程 $g(x)=(\mathrm{e}^x-1)/(\mathrm{e}^x+1)=0$，$x\in\mathbb{R}$，$\mathrm{e}^x$ 表示 x 的指数（0 是该方程的唯一解）。

a. 写出利用牛顿切线法求解该问题的算法步骤，可利用简单记法：$\sinh x=(\mathrm{e}^x-\mathrm{e}^{-x})/2$。

b. 寻找合适的初始值 $x^{(0)}$，使得整个迭代陷入周期性循环，即 $x^{(0)}=x^{(2)}=x^{(4)}=\cdots$。不需要明确计算出初始值的大小，只需要给出初始值应该满足的方程就可以了。提示：绘制函数 g 的图像。

c. 讨论为了保证迭代过程收敛，初始值必须满足的条件。

7.9　基于二次拟合的思想，设计一种求解目标函数极小点的一维搜索方法，只使用 $x^{(k)}$、$x^{(k-1)}$ 和 $x^{(k-2)}$ 处的目标函数值 $f(x^{(k)})$、$f(x^{(k-1)})$ 和 $f(x^{(k-2)})$ 来导出 $x^{(k+1)}$。

提示：可采用简化记号 $\sigma_{ij}=(x^{(k-i)})^2-(x^{(k-j)})^2$，$\delta_{ij}=x^{(k-i)}-x^{(k-j)}$。在利用 MATLAB 编程时，这种简化记号也很方便。需要注意的是，该方法需要 3 个初始点。

7.10　利用 MATLAB 编程实现割线法。

a. 编写 MATLAB 程序，利用割线法求解方程 $g(x)=0$，迭代的停止规则为 $|x^{(k+1)}-x^{(k)}|<|x^{(k)}|\varepsilon$，$\varepsilon>0$ 为给定常数。

b. 函数 $g(x)=(2x-1)^2+4(4-1024x)^4$，利用割线法求解方程 $g(x)=0$ 的根，初始值为 $x^{(-1)}=0$，$x^{(0)}=1$，$\varepsilon=10^{-5}$，并给出在所求出的根下，函数 $g(x)$ 的值。

7.11 编写 MATLAB 函数，利用割线法实现多维优化问题中的一维搜索算法。该函数的输入参数为关于梯度计算的 M 文件名、当前迭代点和当前搜索方向。比如，函数可以命名为 `linesearch_secant`，按照 `alpha = linesearch_secant('grad', x, d)`的方式进行调用，其中，`grad.m` 为能够计算目标函数梯度的 M 文件，`x` 表示当前迭代点，`d` 表示搜索方向；`alpha` 表示函数的返回值(即迭代的最佳步长，在接下来的习题 8.25 和习题 10.11 中将会用到)。

注意：在本书的习题解答手册中，使用的停止规则为 $\left|\boldsymbol{d}^{\top}\nabla f(\boldsymbol{x}+\alpha\boldsymbol{d})\right| \leqslant \varepsilon\left|\boldsymbol{d}^{\top}\nabla f(\boldsymbol{x})\right|$，$\varepsilon$ 为预设精度，∇f 表示梯度，$\boldsymbol{x}$ 为当前迭代点，$\boldsymbol{d}$ 为搜索方向。该停止规则的含义为按照比例 ε 来降低目标函数 f 在方向 $\boldsymbol{d}$ 上的方向导数。在编程实现中，令 $\varepsilon = 10^{-4}$，一维搜索的两个初始点分别为 0 和 0.001。

7.12 如果利用梯度算法求函数

$$f(\boldsymbol{x}) = \frac{1}{2}\boldsymbol{x}^{\top}\begin{bmatrix}2 & 1\\1 & 2\end{bmatrix}\boldsymbol{x}$$

的极小点。初始值为 $\boldsymbol{x}^{(0)} = [0.8,\ -0.25]^{\top}$，

a. 以 $\boldsymbol{x}^{(0)} = [0.8,\ -0.25]^{\top}$ 作为当前迭代点，$f(\boldsymbol{x})$ 在 $\boldsymbol{x}^{(0)}$ 处的梯度负方向作为搜索方向，请为开展一维搜索做好准备工作，即利用图 7.11 所示的划界法找出最佳步长所在的区间，$\varepsilon = 0.075$。

b. 利用黄金分割法将最佳步长所在区间的长度压缩在 0.01 之内。按照习题 7.2 中所给表格的形式列写出所有的中间结果。

c. 利用斐波那契数列法重复完成问题 b。

第 8 章 梯度方法

8.1 引言

本章讨论一类求取实值函数在 $\mathbb{R}^n$ 上的极小点的方法，它们在搜索过程中用到了函数的梯度，故称为梯度方法。在接下来的讨论中，将用到水平集、法向量和切向量等概念，这些概念和术语已经在本书第一部分进行过比较详细的讨论。

重温函数 $f: \mathbb{R}^n \to \mathbb{R}$ 水平集的概念，水平集指的是能够满足 $f(\boldsymbol{x}) = c$ 的所有 $\boldsymbol{x}$ 组成的集合，c 为常数。因此，对于点 $\boldsymbol{x}_0 \in \mathbb{R}$，如果 $f(\boldsymbol{x}_0) = c$，则可以说该点是水平为 c 的水平集中的元素。图 8.1 以几何的方式直观地演示了二元单值函数 $f: \mathbb{R}^2 \to \mathbb{R}$ 水平集的概念。

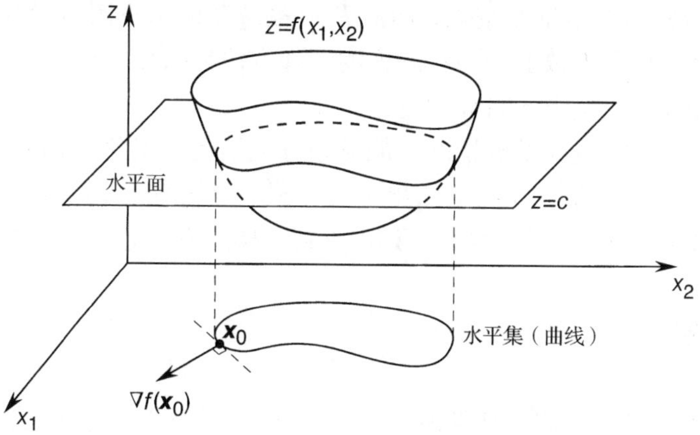

图 8.1　函数 f 的水平面（水平为 c）

如果函数 f 在 $\boldsymbol{x}_0$ 处的梯度 $\nabla f(\boldsymbol{x}_0)$ 不是零向量，那么它与水平集 $f(\boldsymbol{x}) = c$ 中任意一条经过 $\boldsymbol{x}_0$ 处的光滑曲线的切向量正交。因此，一个实值可微函数在某点处函数值增加最快的方向正交于经过该点的函数水平集。也就是说，在梯度方向上，自变量的细微变动，所导致的目标函数值的增加幅度要超过其他任意方向。为了证明这一点，回顾一下函数 f 在点 $\boldsymbol{x}$ 处，在方向 d 上增长率的记法：$\langle \nabla f(\boldsymbol{x}), \boldsymbol{d} \rangle$，$\|\boldsymbol{d}\| = 1$。由于 $\|\boldsymbol{d}\| = 1$，由柯西-施瓦茨不等式可得

$$\langle \nabla f(\boldsymbol{x}), \boldsymbol{d} \rangle \leqslant \|\nabla f(\boldsymbol{x})\|$$

若令 $\boldsymbol{d} = \nabla f(\boldsymbol{x}) / \|\nabla f(\boldsymbol{x})\|$，则有

$$\left\langle \nabla f(\boldsymbol{x}), \frac{\nabla f(\boldsymbol{x})}{\|\nabla f(\boldsymbol{x})\|} \right\rangle = \|\nabla f(\boldsymbol{x})\|$$

因此，可以看出，梯度方向 $\nabla f(\boldsymbol{x})$ 就是函数 f 在 $\boldsymbol{x}$ 处增加最快的方向。反之，梯度负方向 $-\nabla f(\boldsymbol{x})$ 就是函数 f 在 $\boldsymbol{x}$ 处减少最快的方向。由此可知，如果需要搜索函数的极小点，梯度负方向应该是一个很好的搜索方向。

令 $\boldsymbol{x}^{(0)}$ 作为初始搜索点，并沿着梯度负方向构造一个新点 $\boldsymbol{x}^{(0)}-\alpha\nabla f(\boldsymbol{x}^{(0)})$，由泰勒定理可得

$$f(\boldsymbol{x}^{(0)}-\alpha\nabla f(\boldsymbol{x}^{(0)}))=f(\boldsymbol{x}^{(0)})-\alpha\|\nabla f(\boldsymbol{x}^{(0)})\|^2+o(\alpha)$$

因此，如果 $\nabla f(\boldsymbol{x}^{(0)})\neq\mathbf{0}$，那么当 $\alpha>0$ 足够小时，有

$$f(\boldsymbol{x}^{(0)}-\alpha\nabla f(\boldsymbol{x}^{(0)}))<f(\boldsymbol{x}^{(0)})$$

成立。这意味着，从搜索目标函数极小点的角度来看，$\boldsymbol{x}^{(0)}-\alpha\nabla f(\boldsymbol{x}^{(0)})$ 相对于 $\boldsymbol{x}^{(0)}$ 有所改善。这为极小点搜索工作提供了很好的启发。

可以设计一种方法实现以上理念。给定一个搜索点 $\boldsymbol{x}^{(k)}$，由此点出发，根据向量 $-\alpha_k\nabla f(\boldsymbol{x}^{(k)})$ 指定的方向和幅值运动，构造新点 $\boldsymbol{x}^{(k+1)}$，其中 α_k 是一个正实数，称为步长。这样，可得到迭代公式：

$$\boldsymbol{x}^{(k+1)}=\boldsymbol{x}^{(k)}-\alpha_k\nabla f(\boldsymbol{x}^{(k)})$$

这称为梯度下降方法(或简称为梯度方法)。在搜索过程中，梯度不断变化，当接近极小点时，梯度应该趋近于0。可以设定很小的步长，每次迭代都重新计算梯度；当然也可以设置很大的步长。前者的工作量非常大，而后者则容易在极小点附近产生锯齿状的收敛路径，优势在于梯度的计算次数要少一些。梯度下降方法包括很多种不同的具体算法，最常用的算法为最速下降法，接下来将详细讨论。

梯度方法便于实现，且大部分情况下能够很好地运行。因此，实际应用非常广泛。参考文献[85]的第481页至第515页中给出了关于最速下降法应用到最优控制器计算中的详细讨论，有兴趣的读者可深入学习。第13章利用梯度方法完成了一类神经网络的训练。

8.2　最速下降法

最速下降法是梯度方法的一种具体实现，其理念为在每次迭代中选择合适的步长 α_k，使得目标函数值能够得到最大程度的减小。α_k 实际上可以认为是函数 $\phi_k(\alpha)\triangleq f(\boldsymbol{x}^{(k)}-\alpha\nabla f(\boldsymbol{x}^{(k)}))$ 的极小点，即

$$\alpha_k=\mathop{\arg\min}_{\alpha\geqslant 0} f(\boldsymbol{x}^{(k)}-\alpha\nabla f(\boldsymbol{x}^{(k)}))$$

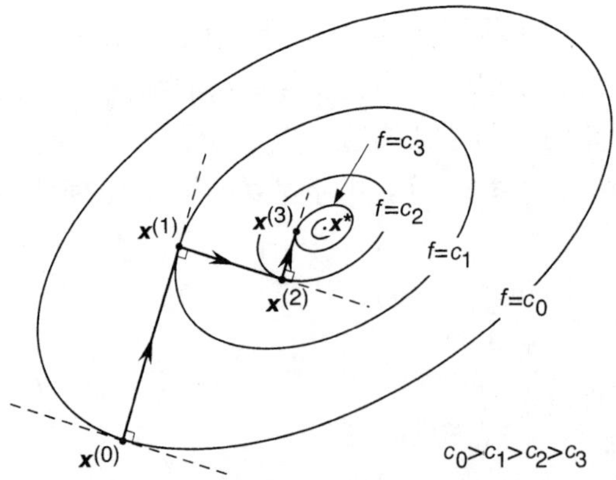

图 8.2　最速下降法产生的迭代点序列

总体而言，最速下降法是按照以下方式运行的：在每步迭代中，从迭代点 $\boldsymbol{x}^{(k)}$ 出发，沿着梯度负方向 $-\nabla f(\boldsymbol{x}^{(k)})$ 开展一维搜索，直到找到步长的最优值，确定新的迭代点 $\boldsymbol{x}^{(k+1)}$。图 8.2 给出了最速下降法的一个典型的迭代搜索过程，以及所产生的迭代点序列。

可以看出，最速下降法的相邻搜索方向是正交的，命题 8.1 将讨论这一问题。

命题 8.1　利用最速下降法搜索函数 $f:\mathbb{R}^2\to\mathbb{R}$ 的极小点，迭代过程产生的序列为

$\{\boldsymbol{x}^{(k)}\}_{k=0}^{\infty}$，那么，$\boldsymbol{x}^{(k+1)}-\boldsymbol{x}^{(k)}$ 与 $\boldsymbol{x}^{(k+2)}-\boldsymbol{x}^{(k+1)}$ 正交对于所有的 $k\geqslant 0$ 都成立。 □

证明： 由最速下降法的迭代公式可知

$$\langle \boldsymbol{x}^{(k+1)}-\boldsymbol{x}^{(k)}, \boldsymbol{x}^{(k+2)}-\boldsymbol{x}^{(k+1)}\rangle = \alpha_k\alpha_{k+1}\langle \nabla f(\boldsymbol{x}^{(k)}), \nabla f(\boldsymbol{x}^{(k+1)})\rangle$$

因此，为了证明命题成立，只需证明

$$\langle \nabla f(\boldsymbol{x}^{(k)}), \nabla f(\boldsymbol{x}^{(k+1)})\rangle = 0$$

注意 α_k 是一个非负实数，是函数 $\phi_k(\alpha)\triangleq f(\boldsymbol{x}^{(k)}-\alpha\nabla f(\boldsymbol{x}^{(k)}))$ 的极小点。因此，利用局部极小点的一阶必要条件和链式法则，可得

$$\begin{aligned}
0 &= \phi_k'(\alpha_k) \\
&= \frac{\mathrm{d}\phi_k}{\mathrm{d}\alpha}(\alpha_k) \\
&= \nabla f(\boldsymbol{x}^{(k)}-\alpha_k\nabla f(\boldsymbol{x}^{(k)}))^\top(-\nabla f(\boldsymbol{x}^{(k)})) \\
&= -\langle \nabla f(\boldsymbol{x}^{(k+1)}), \nabla f(\boldsymbol{x}^{(k)})\rangle
\end{aligned}$$

得证。 ■

命题 8.1 表明，$\nabla f(\boldsymbol{x}^{(k)})$ 平行于水平集 $\{f(\boldsymbol{x})=f(\boldsymbol{x}^{(k+1)})\}$ 在 $\boldsymbol{x}^{(k+1)}$ 处的切平面。在迭代过程中，每产生一个新的迭代点，对应的目标函数值都会下降。

命题 8.2　利用最速下降法搜索函数 f：$\mathbb{R}^n\to\mathbb{R}$ 的极小点，迭代过程产生的序列为 $\{\boldsymbol{x}^{(k)}\}_{k=0}^{\infty}$，如果 $\nabla f(\boldsymbol{x}^{(k)})\neq\boldsymbol{0}$，那么 $f(\boldsymbol{x}^{(k+1)})<f(\boldsymbol{x}^{(k)})$。 □

证明： 已知

$$\boldsymbol{x}^{(k+1)} = \boldsymbol{x}^{(k)}-\alpha_k\nabla f(\boldsymbol{x}^{(k)})$$

其中，$\alpha_k\geqslant 0$ 是函数

$$\phi_k(\alpha) = f(\boldsymbol{x}^{(k)}-\alpha\nabla f(\boldsymbol{x}^{(k)}))$$

的极小点，$\alpha\geqslant 0$。对于所有的 $\alpha\geqslant 0$，都有

$$\phi_k(\alpha_k)\leqslant\phi_k(\alpha)$$

利用链式法则，可得

$$\phi_k'(0) = \frac{\mathrm{d}\phi_k}{\mathrm{d}\alpha}(0) = -(\nabla f(\boldsymbol{x}^{(k)}-0\nabla f(\boldsymbol{x}^{(k)})))^\top\nabla f(\boldsymbol{x}^{(k)}) = -\|\nabla f(\boldsymbol{x}^{(k)})\|^2 < 0$$

由于 $\nabla f(\boldsymbol{x}^{(k)})\neq\boldsymbol{0}$，因此，$\phi_k'(0)<0$，这说明存在一个 $\bar{\alpha}>0$，对于所有的 $\alpha\in(0,\bar{\alpha}]$，都有 $\phi_k(0)>\phi_k(\alpha)$ 成立。故有

$$f(\boldsymbol{x}^{(k+1)}) = \phi_k(\alpha_k)\leqslant\phi_k(\bar{\alpha}) < \phi_k(0) = f(\boldsymbol{x}^{(k)})$$

得证。 ■

命题 8.2 说明了最速下降法的下降特性：只要 $\nabla f(\boldsymbol{x}^{(k)})\neq\boldsymbol{0}$，就有 $f(\boldsymbol{x}^{(k+1)})<f(\boldsymbol{x}^{(k)})$。对于某个 k，如果有 $\nabla f(\boldsymbol{x}^{(k)})=\boldsymbol{0}$，说明 $\boldsymbol{x}^{(k)}$ 满足局部极小点一阶必要条件，此时，$\boldsymbol{x}^{(k+1)}=\boldsymbol{x}^{(k)}$。这可以作为设计迭代停止规则的基础。

在实际应用中，采用数值计算方法很难恰好得到梯度为零的结果，因此，$\nabla f(\boldsymbol{x}^{(k+1)})=\boldsymbol{0}$ 并不适合直接作为停止规则。一种实用的停止规则是计算梯度的范数 $\|\nabla f(\boldsymbol{x}^{(k)})\|$，如果小于某个预设的阈值，则迭代停止。此外，还可以计算相邻两个迭代点对应的目标函数值之

差的绝对值 $\left|f(\boldsymbol{x}^{(k+1)})-f(\boldsymbol{x}^{(k)})\right|$，如果小于某个预设阈值，则迭代停止，即当

$$|f(\boldsymbol{x}^{(k+1)})-f(\boldsymbol{x}^{(k)})|<\varepsilon$$

时，迭代停止，$\varepsilon>0$ 为预设阈值。还有一种停止规则是计算相邻两个迭代点差值的范数 $\|\boldsymbol{x}^{(k+1)}-\boldsymbol{x}^{(k)}\|$，即当

$$\|\boldsymbol{x}^{(k+1)}-\boldsymbol{x}^{(k)}\|<\varepsilon$$

时，停止迭代，$\varepsilon>0$ 为预设阈值。此外，还可以计算上述停止规则的相对值作为停止规则，比如

$$\frac{|f(\boldsymbol{x}^{(k+1)})-f(\boldsymbol{x}^{(k)})|}{|f(\boldsymbol{x}^{(k)})|}<\varepsilon$$

或

$$\frac{\|\boldsymbol{x}^{(k+1)}-\boldsymbol{x}^{(k)}\|}{\|\boldsymbol{x}^{(k)}\|}<\varepsilon$$

以上这两种相对停止规则要优于前面的绝对停止规则，因为相对停止规则是尺度无关的，比如，等比例缩放目标函数的值，对是否满足停止规则 $\left|f(\boldsymbol{x}^{(k+1)})-f(\boldsymbol{x}^{(k)})\right|/\left|f(\boldsymbol{x}^{(k)})\right|<\varepsilon$ 并没有影响；同理，等比例缩放决策变量，也对是否满足停止规则 $\|\boldsymbol{x}^{(k+1)}-\boldsymbol{x}^{(k)}\|/\|\boldsymbol{x}^{(k)}\|<\varepsilon$ 没有影响。

为了避免相对停止规则中的分母过小，可按照以下方式进行修改：

$$\frac{|f(\boldsymbol{x}^{(k+1)})-f(\boldsymbol{x}^{(k)})|}{\max\{1,|f(\boldsymbol{x}^{(k)})|\}}<\varepsilon$$

或

$$\frac{\|\boldsymbol{x}^{(k+1)}-\boldsymbol{x}^{(k)}\|}{\max\{1,\|\boldsymbol{x}^{(k)}\|\}}<\varepsilon$$

需要指出的是，这些停止规则适用于本书第二部分讨论的所有迭代求解方法。

例 8.1 利用最速下降法求解函数

$$f(x_1,x_2,x_3)=(x_1-4)^4+(x_2-3)^2+4(x_3+5)^4$$

的极小点。初始搜索点为 $\boldsymbol{x}^{(0)}=[4,2-1]^\top$，开展3次迭代。

目标函数的梯度为

$$\nabla f(\boldsymbol{x})=[4(x_1-4)^3,2(x_2-3),16(x_3+5)^3]^\top$$

因此，$\boldsymbol{x}^{(0)}$ 处的梯度为

$$\nabla f(\boldsymbol{x}^{(0)})=[0,-2,1024]^\top$$

确定 $\boldsymbol{x}^{(1)}$ 处的步长：

$$\begin{aligned}\alpha_0&=\mathop{\arg\min}_{\alpha\geqslant 0} f(\boldsymbol{x}^{(0)}-\alpha\nabla f(\boldsymbol{x}^{(0)}))\\&=\mathop{\arg\min}_{\alpha\geqslant 0}(0+(2+2\alpha-3)^2+4(-1-1024\alpha+5)^4)\\&=\mathop{\arg\min}_{\alpha\geqslant 0}\phi_0(\alpha)\end{aligned}$$

应用7.6节中的割线法开展一维搜索，可得

$$\alpha_0 = 3.967 \times 10^{-3}$$

利用 MATLAB 绘制了函数 $\phi_0(\alpha)$ 的图像，如图 8.3 所示。步长确定之后，可得新的迭代点 $\boldsymbol{x}^{(1)}$：

$$\boldsymbol{x}^{(1)} = \boldsymbol{x}^{(0)} - \alpha_0 \nabla f(\boldsymbol{x}^{(0)}) = [4.000, 2.008, -5.062]^\top$$

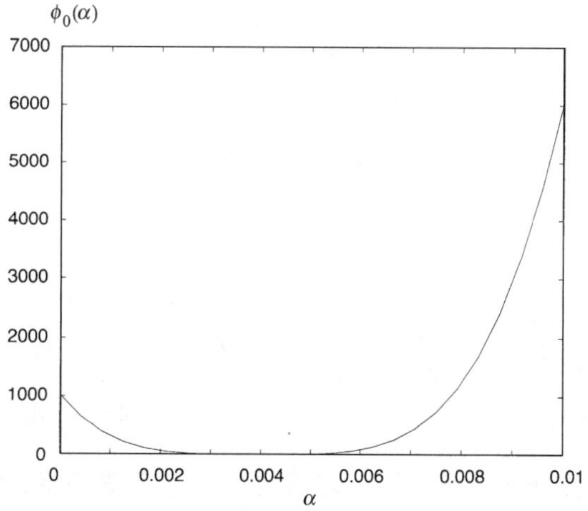

图8.3 函数 $\phi_0(\alpha)$ 的图像

接下来计算 $\boldsymbol{x}^{(2)}$。首先计算

$$\nabla f(\boldsymbol{x}^{(1)}) = [0.000, -1.984, -0.003875]^\top$$

确定 $\boldsymbol{x}^{(1)}$ 处的步长 α_1：

$$\begin{aligned}\alpha_1 &= \underset{\alpha\geqslant 0}{\arg\min}(0 + (2.008 + 1.984\alpha - 3)^2 + 4(-5.062 + 0.003875\alpha + 5)^4) \\ &= \underset{\alpha\geqslant 0}{\arg\min}\, \phi_1(\alpha)\end{aligned}$$

再利用割线法开展一维搜索，可得 $\alpha_1 = 0.5000$，函数 $\phi_1(\alpha)$ 的图像如图 8.4 所示。步长确定之后，可得

$$\boldsymbol{x}^{(2)} = \boldsymbol{x}^{(1)} - \alpha_1 \nabla f(\boldsymbol{x}^{(1)}) = [4.000, 3.000, -5.060]^\top$$

最后计算 $\boldsymbol{x}^{(3)}$，计算 $\boldsymbol{x}^{(2)}$ 处目标函数的梯度：

$$\nabla f(\boldsymbol{x}^{(2)}) = [0.000, 0.000, -0.003525]^\top$$

确定步长 α_2：

$$\begin{aligned}\alpha_2 &= \underset{\alpha\geqslant 0}{\arg\min}(0.000 + 0.000 + 4(-5.060 + 0.003525\alpha + 5)^4) \\ &= \underset{\alpha\geqslant 0}{\arg\min}\, \phi_2(\alpha)\end{aligned}$$

利用割线法开展一维搜索，可得 $\alpha_2 = 16.29$。函数 $\phi_2(\alpha)$ 的图像如图 8.5 所示。

迭代点 $\boldsymbol{x}^{(3)}$ 为

$$\boldsymbol{x}^{(3)} = [4.000, 3.000, -5.002]^\top$$

注意函数f的极小点就是$[4, 3, -5]^\top$，可以看出，只需要3次迭代就得到了函数的极小点。但是，并非总是如此。千万不要因为这个例子，就得到关于最速下降法迭代次数的任何结论。

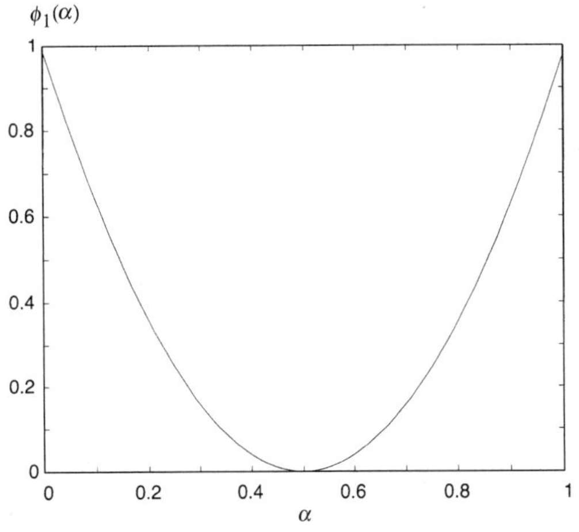

图8.4　函数$\phi_1(\alpha)$的图像

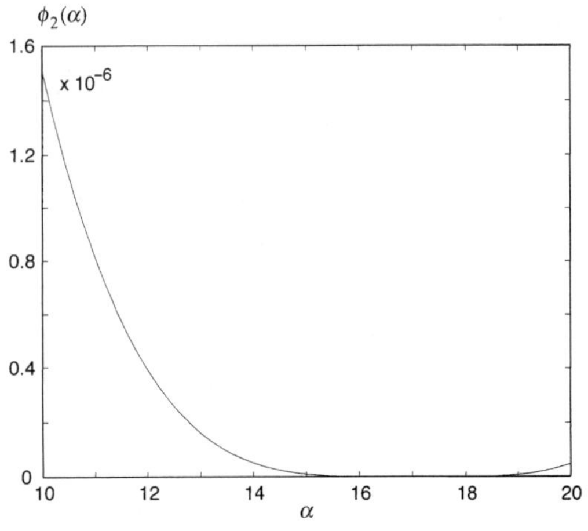

图8.5　函数$\phi_2(\alpha)$的图像

前面并没有提到数值计算，实际上，前面这个例子就是利用计算机完成的(并不是手算的)。在这个例子中，为了演示最速下降法的运行步骤，我们一步步地列写了中间结果，实际上整个运算过程是利用MATLAB完成的(证明过程留作习题8.25)。 ■

将最速下降法应用到二次型函数中，观察其运行情况。目标函数为

$$f(\boldsymbol{x}) = \frac{1}{2}\boldsymbol{x}^\top \boldsymbol{Q}\boldsymbol{x} - \boldsymbol{b}^\top \boldsymbol{x}$$

其中，$\boldsymbol{Q} \in \mathbb{R}^{n\times n}$为对称正定矩阵，$\boldsymbol{b} \in \mathbb{R}^n$，$\boldsymbol{x} \in \mathbb{R}^n$。函数$f$有唯一的极小点，可通过令梯度为$\boldsymbol{0}$求得，由于$D(\boldsymbol{x}^\top \boldsymbol{Q}\boldsymbol{x}) = \boldsymbol{x}^\top(\boldsymbol{Q}+\boldsymbol{Q}^\top) = 2\boldsymbol{x}^\top \boldsymbol{Q}$，$D(\boldsymbol{b}^\top \boldsymbol{x}) = \boldsymbol{b}^\top$，故有

$$\nabla f(\boldsymbol{x}) = \boldsymbol{Q}\boldsymbol{x} - \boldsymbol{b}$$

$\boldsymbol{Q}$为对称矩阵是一个不失一般性的假设。比如，对于一个二次型$\boldsymbol{x}^\top \boldsymbol{A}\boldsymbol{x}(\boldsymbol{A} \neq \boldsymbol{A}^\top)$，由于标量是否转置对标量本身没有影响，故有

$$(\boldsymbol{x}^\top \boldsymbol{A}\boldsymbol{x})^\top = \boldsymbol{x}^\top \boldsymbol{A}^\top \boldsymbol{x} = \boldsymbol{x}^\top \boldsymbol{A}\boldsymbol{x}$$

因此

$$\begin{aligned}\boldsymbol{x}^\top \boldsymbol{A}\boldsymbol{x} &= \frac{1}{2}\boldsymbol{x}^\top \boldsymbol{A}\boldsymbol{x} + \frac{1}{2}\boldsymbol{x}^\top \boldsymbol{A}^\top \boldsymbol{x} \\ &= \frac{1}{2}\boldsymbol{x}^\top(\boldsymbol{A}+\boldsymbol{A}^\top)\boldsymbol{x} \\ &\triangleq \frac{1}{2}\boldsymbol{x}^\top \boldsymbol{Q}\boldsymbol{x}\end{aligned}$$

注意

$$(\boldsymbol{A}+\boldsymbol{A}^\top)^\top = \boldsymbol{Q}^\top = \boldsymbol{A}+\boldsymbol{A}^\top = \boldsymbol{Q}$$

函数f的黑塞矩阵为$\boldsymbol{F}(\boldsymbol{x}) = \boldsymbol{Q} = \boldsymbol{Q}^\top > 0$。为了方便起见，记为$\boldsymbol{g}^{(k)} = \nabla f(\boldsymbol{x}^{(k)})$，针对二次型函数，最速下降法的迭代公式为

$$\boldsymbol{x}^{(k+1)} = \boldsymbol{x}^{(k)} - \alpha_k \boldsymbol{g}^{(k)}$$

其中，

$$\begin{aligned}\alpha_k &= \arg\min_{\alpha \geqslant 0} f(\boldsymbol{x}^{(k)} - \alpha \boldsymbol{g}^{(k)}) \\ &= \arg\min_{\alpha \geqslant 0} \left(\frac{1}{2} (\boldsymbol{x}^{(k)} - \alpha \boldsymbol{g}^{(k)})^\top \boldsymbol{Q} (\boldsymbol{x}^{(k)} - \alpha \boldsymbol{g}^{(k)}) - (\boldsymbol{x}^{(k)} - \alpha \boldsymbol{g}^{(k)})^\top \boldsymbol{b} \right)\end{aligned}$$

当目标函数为二次型函数时，可以确定 $\boldsymbol{x}^{(k)}$ 处步长 α_k 的解析式。如果 $\boldsymbol{g}^{(k)} = \boldsymbol{0}$，则迭代停止，找到了极小点 $\boldsymbol{x}^{(k)} = \boldsymbol{x}^*$，因此，假定 $\boldsymbol{g}^{(k)} \neq \boldsymbol{0}$。由于 $\alpha_k \geqslant 0$ 是函数 $\phi_k(\alpha) = f(\boldsymbol{x}^{(k)} - \alpha \boldsymbol{g}^{(k)})$ 的极小点，因此，利用局部极小点的一阶必要条件，可得

$$\phi_k'(\alpha) = (\boldsymbol{x}^{(k)} - \alpha \boldsymbol{g}^{(k)})^\top \boldsymbol{Q} (-\boldsymbol{g}^{(k)}) - \boldsymbol{b}^\top (-\boldsymbol{g}^{(k)})$$

当 $\alpha \boldsymbol{g}^{(k)\top} \boldsymbol{Q} \boldsymbol{g}^{(k)} = (\boldsymbol{x}^{(k)\top} \boldsymbol{Q} - \boldsymbol{b}^\top) \boldsymbol{g}^{(k)}$ 时，$\phi_k'(\alpha) = 0$。由于

$$\boldsymbol{x}^{(k)\top} \boldsymbol{Q} - \boldsymbol{b}^\top = \boldsymbol{g}^{(k)\top}$$

因此

$$\alpha_k = \frac{\boldsymbol{g}^{(k)\top} \boldsymbol{g}^{(k)}}{\boldsymbol{g}^{(k)\top} \boldsymbol{Q} \boldsymbol{g}^{(k)}}$$

由此可见，目标函数为二次型函数时，最速下降法的迭代公式为

$$\boldsymbol{x}^{(k+1)} = \boldsymbol{x}^{(k)} - \frac{\boldsymbol{g}^{(k)\top} \boldsymbol{g}^{(k)}}{\boldsymbol{g}^{(k)\top} \boldsymbol{Q} \boldsymbol{g}^{(k)}} \boldsymbol{g}^{(k)}$$

其中，

$$\boldsymbol{g}^{(k)} = \nabla f(\boldsymbol{x}^{(k)}) = \boldsymbol{Q} \boldsymbol{x}^{(k)} - \boldsymbol{b}$$

例 8.2　目标函数为

$$f(x_1, x_2) = x_1^2 + x_2^2$$

从任意初始点 $\boldsymbol{x}^{(0)} \in \mathbb{R}^2$ 出发，都可以通过一次迭代得到极小点 $\boldsymbol{x}^* = \boldsymbol{0} \in \mathbb{R}^2$，如图 8.6 所示。

但是，当目标函数为

$$f(x_1, x_2) = \frac{x_1^2}{5} + x_2^2$$

时，最速下降法的迭代路径则不断在狭窄的谷底内来回往复，形成锯齿，迭代效率较低，如图 8.7 所示。这是最速下降法的一个主要缺陷，在后续几章中将讨论一些更为复杂的方法，能够解决这一问题。■

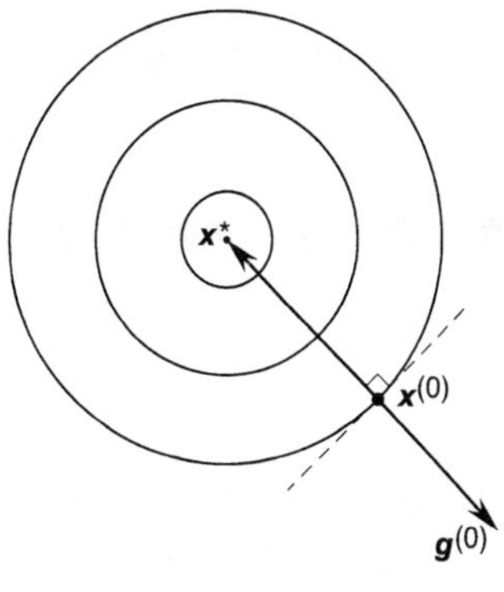

图 8.6　利用最速下降法求 $f(x_1, x_2) = x_1^2 + x_2^2$ 的极小点

下一节将讨论最速下降法的收敛特性，有助于更好地理解该方法。

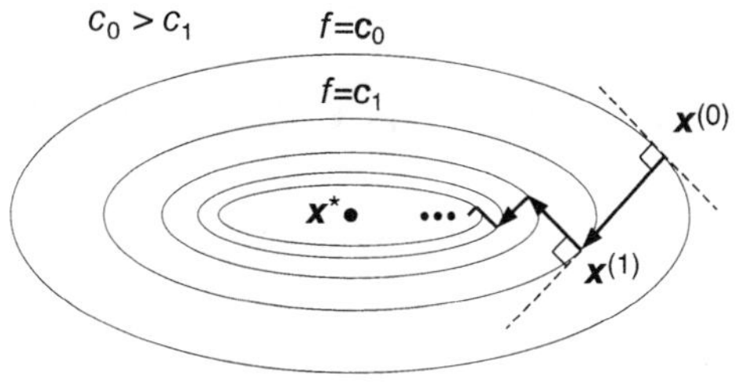

图 8.7　最速下降法在狭窄的谷底内搜索极小点

8.3　梯度方法性质分析

收敛性

作为一种迭代方法，最速下降法能够随着迭代的进行，产生一个迭代点序列，除了初始迭代点，每个迭代点都是从前一个迭代点中按照一定方式衍生而来的。顾名思义，该方法中的“下降”二字指的是随着迭代的进行，目标函数值是随之下降的(也就是说，算法具有下降特性)。

如果对于任意初始点，算法都能够保证产生一组迭代点序列，最终收敛到满足局部极小点一阶必要条件的点，那么该算法就被认为是全局收敛的。如果要求初始点足够靠近极小点，算法产生的迭代点序列才能收敛到满足局部极小点一阶必要条件的点，那么算法就不是全局收敛的，而是局部收敛的。算法的局部收敛性决定了初始点应该离极小点多近才能保证算法收敛到极小点。对于全局或局部收敛的算法，评价算法究竟有多快收敛到极小点的指标是收敛率。

本节将讨论梯度下降法，包括最速下降法和步长固定梯度法的收敛特性。为了分析算法的收敛特性，需要将目标函数设定为二次型函数。从便于分析讨论的角度出发，将目标函数f设定为

$$V(\boldsymbol{x}) = f(\boldsymbol{x}) + \frac{1}{2}\boldsymbol{x}^{*\top}\boldsymbol{Q}\boldsymbol{x}^* = \frac{1}{2}(\boldsymbol{x}-\boldsymbol{x}^*)^\top\boldsymbol{Q}(\boldsymbol{x}-\boldsymbol{x}^*)$$

其中，$\boldsymbol{Q}=\boldsymbol{Q}^\top>0$。极小点$\boldsymbol{x}^*$通过求解方程$\boldsymbol{Q}\boldsymbol{x}=\boldsymbol{b}$得到，即$\boldsymbol{x}^*=\boldsymbol{Q}^{-1}\boldsymbol{b}$。函数$V$与$f$只相差一个常数项$\frac{1}{2}\boldsymbol{x}^{*\top}\boldsymbol{Q}\boldsymbol{x}^*$。在讨论方法的收敛性之前，首先引入以下引理。

引理 8.1　迭代公式

$$\boldsymbol{x}^{(k+1)} = \boldsymbol{x}^{(k)} - \alpha_k\boldsymbol{g}^{(k)}$$

满足

$$V(\boldsymbol{x}^{(k+1)}) = (1-\gamma_k)V(\boldsymbol{x}^{(k)})$$

其中，$\boldsymbol{g}^{(k)}=\boldsymbol{Q}\boldsymbol{x}^{(k)}-b$。如果$\boldsymbol{g}^{(k)}=\boldsymbol{0}$，$\gamma_k=1$；如果$\boldsymbol{g}^{(k)}\neq\boldsymbol{0}$，

$$\gamma_k = \alpha_k\frac{\boldsymbol{g}^{(k)\top}\boldsymbol{Q}\boldsymbol{g}^{(k)}}{\boldsymbol{g}^{(k)\top}\boldsymbol{Q}^{-1}\boldsymbol{g}^{(k)}}\left(2\frac{\boldsymbol{g}^{(k)\top}\boldsymbol{g}^{(k)}}{\boldsymbol{g}^{(k)\top}\boldsymbol{Q}\boldsymbol{g}^{(k)}} - \alpha_k\right)$$

□

证明：推导过程比较直接，如果$\boldsymbol{g}^{(k)}=\boldsymbol{0}$，上述结论显然成立；因此，考虑$\boldsymbol{g}^{(k)}\neq\boldsymbol{0}$时的情况，首先计算

$$\frac{V(\boldsymbol{x}^{(k)}) - V(\boldsymbol{x}^{(k+1)})}{V(\boldsymbol{x}^{(k)})}$$

的值。为方便推导，记$\boldsymbol{y}^{(k)}=\boldsymbol{x}^{(k)}-\boldsymbol{x}^*$，有$V(\boldsymbol{x}^{(k)})=\frac{1}{2}\boldsymbol{y}^{(k)\top}\boldsymbol{Q}\boldsymbol{y}^{(k)}$，可得

$$\begin{aligned}
V(\boldsymbol{x}^{(k+1)}) &= \frac{1}{2}(\boldsymbol{x}^{(k+1)}-\boldsymbol{x}^*)^\top\boldsymbol{Q}(\boldsymbol{x}^{(k+1)}-\boldsymbol{x}^*) \\
&= \frac{1}{2}(\boldsymbol{x}^{(k)}-\boldsymbol{x}^*-\alpha_k\boldsymbol{g}^{(k)})^\top\boldsymbol{Q}(\boldsymbol{x}^{(k)}-\boldsymbol{x}^*-\alpha_k\boldsymbol{g}^{(k)}) \\
&= \frac{1}{2}\boldsymbol{y}^{(k)\top}\boldsymbol{Q}\boldsymbol{y}^{(k)} - \alpha_k\boldsymbol{g}^{(k)\top}\boldsymbol{Q}\boldsymbol{y}^{(k)} + \frac{1}{2}\alpha_k^2\boldsymbol{g}^{(k)\top}\boldsymbol{Q}\boldsymbol{g}^{(k)}
\end{aligned}$$

因此

$$\frac{V(\boldsymbol{x}^{(k)})-V(\boldsymbol{x}^{(k+1)})}{V(\boldsymbol{x}^{(k)})}=\frac{2\alpha_k\boldsymbol{g}^{(k)\top}\boldsymbol{Q}\boldsymbol{y}^{(k)}-\alpha_k^2\boldsymbol{g}^{(k)\top}\boldsymbol{Q}\boldsymbol{g}^{(k)}}{\boldsymbol{y}^{(k)\top}\boldsymbol{Q}\boldsymbol{y}^{(k)}}$$

由于

$$\boldsymbol{g}^{(k)}=\boldsymbol{Q}\boldsymbol{x}^{(k)}-\boldsymbol{b}=\boldsymbol{Q}\boldsymbol{x}^{(k)}-\boldsymbol{Q}\boldsymbol{x}^{*}=\boldsymbol{Q}\boldsymbol{y}^{(k)}$$

故有

$$\boldsymbol{y}^{(k)\top}\boldsymbol{Q}\boldsymbol{y}^{(k)}=\boldsymbol{g}^{(k)\top}\boldsymbol{Q}^{-1}\boldsymbol{g}^{(k)}$$
$$\boldsymbol{g}^{(k)\top}\boldsymbol{Q}\boldsymbol{y}^{(k)}=\boldsymbol{g}^{(k)\top}\boldsymbol{g}^{(k)}$$

代入前面的式子中，可得

$$\frac{V(\boldsymbol{x}^{(k)})-V(\boldsymbol{x}^{(k+1)})}{V(\boldsymbol{x}^{(k)})}=\alpha_k\frac{\boldsymbol{g}^{(k)\top}\boldsymbol{Q}\boldsymbol{g}^{(k)}}{\boldsymbol{g}^{(k)\top}\boldsymbol{Q}^{-1}\boldsymbol{g}^{(k)}}\left(2\frac{\boldsymbol{g}^{(k)\top}\boldsymbol{g}^{(k)}}{\boldsymbol{g}^{(k)\top}\boldsymbol{Q}\boldsymbol{g}^{(k)}}-\alpha_k\right)=\gamma_k$$ ■

由于$\gamma_k=1-V(\boldsymbol{x}^{(k+1)})/V(\boldsymbol{x}^{(k)})$，$V$是非负函数，因此对于所有$k$，都有$\gamma_k\leqslant 1$。如果对于某个$k$，有$\gamma_k=1$，那么$V(\boldsymbol{x}^{(k+1)})=0$，等价于$\boldsymbol{x}^{(k+1)}=\boldsymbol{x}^*$。在这种情况下，对于所有的$i\geqslant k+1$，有$\boldsymbol{x}^{(i)}=\boldsymbol{x}^*$，$\gamma_i=1$。这说明当且仅当$\boldsymbol{g}^{(k)}=\boldsymbol{0}$或$\boldsymbol{g}^{(k)}$是矩阵$\boldsymbol{Q}$的特征向量时，$\gamma_k=1$(见引理8.3)。

接下来就可以给出并证明梯度方法主要的收敛定理了。该定理给出了梯度方法产生的迭代点序列$\{\boldsymbol{x}^{(k)}\}$能够收敛到极小点$\boldsymbol{x}^*$，即$\boldsymbol{x}^{(k)}\to\boldsymbol{x}^*$或$\lim_{k\to\infty}\boldsymbol{x}^{(k)}=\boldsymbol{x}^*$的充要条件。

定理 8.1 $\{\boldsymbol{x}^{(k)}\}$表示梯度方法产生迭代点序列，$\boldsymbol{x}^{(k+1)}=\boldsymbol{x}^{(k)}-\alpha_k\boldsymbol{g}^{(k)}$。$\gamma_k$按照引理8.1中的方式定义，且假定对于所有$k$，都有$\gamma_k>0$。那么，当且仅当

$$\sum_{k=0}^{\infty}\gamma_k=\infty$$

时，$\{\boldsymbol{x}^{(k)}\}$在任何初始值$\boldsymbol{x}^{(0)}$下都收敛到极小点$\boldsymbol{x}^*$。 □

证明： 根据引理8.1，可知$V(\boldsymbol{x}^{(k+1)})=(1-\gamma_k)V(\boldsymbol{x}^{(k)})$，进一步可得

$$V(\boldsymbol{x}^{(k)})=\left(\prod_{i=0}^{k-1}(1-\gamma_i)\right)V(\boldsymbol{x}^{(0)})$$

当$\gamma_k\geqslant 1$时，结论显然成立。因此，只考虑$\gamma_k<1$对应的情形。注意当且仅当$V(\boldsymbol{x}^{(k)})\to 0$时，有$\boldsymbol{x}^{(k)}\to\boldsymbol{x}^*$。由上式可知，当且仅当$\prod_{i=0}^{\infty}(1-\gamma_i)=0$时，$V(\boldsymbol{x}^{(k)})\to 0$。而$\prod_{i=0}^{\infty}(1-\gamma_i)=0$与$\sum_{i=0}^{\infty}-\log(1-\gamma_i)=\infty$是等价的(只需求前者的自然对数即可)。由引理8.1可知，$1-\gamma_k\geqslant 0$，因此，$\log(1-\gamma_i)$是存在的($\log(0)$认定为$-\infty$)。定理的证明就可以转换为证明当且仅当

$$\sum_{i=0}^{\infty}\gamma_i=\infty$$

时，$\sum_{i=0}^{\infty}-\log(1-\gamma_i)=\infty$。

首先证明，当$\sum_{i=0}^{\infty}\gamma_i=\infty$时，有$\sum_{i=0}^{\infty}-\log(1-\gamma_i)=\infty$。对于任意正实数$x\in\mathbb{R}$都

有 $\log(x)\leqslant x-1$[绘制关于 $\log(x)$ 和 $x-1$ 的图像即可明显看出]。因此，$\log(1-\gamma_i)\leqslant 1-\gamma_i-1=-\gamma_i$，有 $-\log(1-\gamma_i)\geqslant\gamma_i$。显然，当 $\sum_{i=0}^{\infty}\gamma_i=\infty$ 时，$\sum_{i=0}^{\infty}-\log(1-\gamma_i)=\infty$。

接着证明当 $\sum_{i=0}^{\infty}-\log(1-\gamma_i)=\infty$ 时，有 $\sum_{i=0}^{\infty}\gamma_i=\infty$。采用反证法，假定 $\sum_{i=0}^{\infty}\gamma_i<\infty$，则必有 $\gamma_i\to 0$。容易得出对于 $x\in\mathbb{R}$，$x\leqslant 1$，当 x 足够接近于 1 时，有 $\log(x)\geqslant 2(x-1)$ 成立[这也可以通过绘制 $\log(x)$ 和 $2(x-1)$ 的图像观察得到]。因此，当 i 足够大时，有 $\log(1-\gamma_i)\geqslant 2(1-\gamma_i-1)=-2\gamma_i$，这说明 $-\log(1-\gamma_i)\leqslant 2\gamma_i$，意味着 $\sum_{i=0}^{\infty}-\log(x-\gamma_i)<\infty$。这与前提条件是矛盾的。因此，$\sum_{i=0}^{\infty}-\log(1-\gamma_i)=\infty$ 时，必有 $\sum_{i=0}^{\infty}\gamma_i=\infty$。

证明完毕。 ■

定理 8.1 中关于 $\gamma_k>0$ 对于所有 k 都成立这一假设非常重要，这与梯度方法的下降性质是相对应的(见习题 8.23)。如果放弃这一假设，定理 8.1 中的结论并不成立，也就是说，定理 8.1 并不能推广到一般情况。请看下面的示例。

例 8.3 给出一个反例，证明定理 8.1 中关于 $\gamma_k>0$ 对于所有 k 都成立这一假设是必不可少的。比如，按照合适的方式选择步长 α_k，使得 $\gamma_{2k}=-1/2$，$\gamma_{2k+1}=1/2$，$k=0,1,2,\cdots$($\boldsymbol{Q}=\boldsymbol{I}_n$ 时，可以进行类似选择)，由引理 8.1 可知

$$V(\boldsymbol{x}^{(2(k+1))})=(1-1/2)(1+1/2)V(\boldsymbol{x}^{(2k)})=(3/4)V(\boldsymbol{x}^{(2k)})$$

因此，$V(\boldsymbol{x}^{(2k)})\to 0$；由于 $V(\boldsymbol{x}^{(2k+1)})=(3/2)V(\boldsymbol{x}^{(2k)})$，可知 $V(\boldsymbol{x}^{(2k+1)})\to 0$。由此可得 $V(\boldsymbol{x}^{(k)})\to 0$，这说明对于任意的初始点 $\boldsymbol{x}^{(0)}$，都有 $\boldsymbol{x}^{(k)}\to\boldsymbol{x}^*$。但是，对于所有的 k，都有

$$\sum_{i=0}^{k}\gamma_i\leqslant 0$$

成立，这意味着前提条件 $\sum_{k=0}^{\infty}\gamma_k=\infty$ 不成立，因此当存在某些 k，$\gamma_k\leqslant 0$ 时，定理 8.1 中的结论不能成立。 ■

根据定理 8.1，接下来可以讨论具体的梯度方法，如最速下降法和步长固定梯度法的收敛性。为此，引入瑞利不等式，对于任意的 $\boldsymbol{Q}=\boldsymbol{Q}^{\top}>0$，有

$$\lambda_{\min}(\boldsymbol{Q})\|\boldsymbol{x}\|^2\leqslant\boldsymbol{x}^{\top}\boldsymbol{Q}\boldsymbol{x}\leqslant\lambda_{\max}(\boldsymbol{Q})\|\boldsymbol{x}\|^2$$

其中，$\lambda_{\min}(\boldsymbol{Q})$ 表示矩阵 $\boldsymbol{Q}$ 的特征值中的最小值，即最小特征值，$\lambda_{\max}(\boldsymbol{Q})$ 表示 $\boldsymbol{Q}$ 的最大特征值。当 $\boldsymbol{Q}=\boldsymbol{Q}^{\top}>0$，有

$$\lambda_{\min}(\boldsymbol{Q}^{-1})=\frac{1}{\lambda_{\max}(\boldsymbol{Q})}$$

$$\lambda_{\max}(\boldsymbol{Q}^{-1})=\frac{1}{\lambda_{\min}(\boldsymbol{Q})}$$

$$\lambda_{\min}(\boldsymbol{Q}^{-1})\|\boldsymbol{x}\|^2\leqslant\boldsymbol{x}^{\top}\boldsymbol{Q}^{-1}\boldsymbol{x}\leqslant\lambda_{\max}(\boldsymbol{Q}^{-1})\|\boldsymbol{x}\|^2$$

引理 8.2 $\boldsymbol{Q}$ 为 $n\times n$ 对称正定矩阵，即 $\boldsymbol{Q}=\boldsymbol{Q}^{\top}>0$，对于所有的向量 $\boldsymbol{x}\in\mathbb{R}^n$，有

$$\frac{\lambda_{\min}(\boldsymbol{Q})}{\lambda_{\max}(\boldsymbol{Q})}\leqslant\frac{(\boldsymbol{x}^{\top}\boldsymbol{x})^2}{(\boldsymbol{x}^{\top}\boldsymbol{Q}\boldsymbol{x})(\boldsymbol{x}^{\top}\boldsymbol{Q}^{-1}\boldsymbol{x})}\leqslant\frac{\lambda_{\max}(\boldsymbol{Q})}{\lambda_{\min}(\boldsymbol{Q})}$$ □

证明：利用瑞利不等式以及上面给出的对称正定矩阵的性质，可得

$$\frac{(\boldsymbol{x}^\top \boldsymbol{x})^2}{(\boldsymbol{x}^\top \boldsymbol{Q}\boldsymbol{x})(\boldsymbol{x}^\top \boldsymbol{Q}^{-1}\boldsymbol{x})} \leqslant \frac{\|\boldsymbol{x}\|^4}{\lambda_{\min}(\boldsymbol{Q})\|\boldsymbol{x}\|^2\lambda_{\min}(\boldsymbol{Q}^{-1})\|\boldsymbol{x}\|^2} = \frac{\lambda_{\max}(\boldsymbol{Q})}{\lambda_{\min}(\boldsymbol{Q})}$$

$$\frac{(\boldsymbol{x}^\top \boldsymbol{x})^2}{(\boldsymbol{x}^\top \boldsymbol{Q}\boldsymbol{x})(\boldsymbol{x}^\top \boldsymbol{Q}^{-1}\boldsymbol{x})} \geqslant \frac{\|\boldsymbol{x}\|^4}{\lambda_{\max}(\boldsymbol{Q})\|\boldsymbol{x}\|^2\lambda_{\max}(\boldsymbol{Q}^{-1})\|\boldsymbol{x}\|^2} = \frac{\lambda_{\min}(\boldsymbol{Q})}{\lambda_{\max}(\boldsymbol{Q})}$$

证明完毕。 ■

接下来给出最速下降法的收敛性定理。

定理 8.2　对于最速下降法，对于任意的初始点 $\boldsymbol{x}^{(0)}$，都有 $\boldsymbol{x}^{(k)} \to \boldsymbol{x}^*$。 □

证明：当在某个 k 下，$\boldsymbol{g}^{(k)} = \boldsymbol{0}$，那么 $\boldsymbol{x}^{(k)} = \boldsymbol{x}^*$ 且结论成立。因此，假定对于所有 k，都有 $\boldsymbol{g}^{(k)} \neq \boldsymbol{0}$。最速下降法的步长为

$$\alpha_k = \frac{\boldsymbol{g}^{(k)\top}\boldsymbol{g}^{(k)}}{\boldsymbol{g}^{(k)\top}\boldsymbol{Q}\boldsymbol{g}^{(k)}}$$

将其代入 γ_k 的计算公式中，可得

$$\gamma_k = \frac{(\boldsymbol{g}^{(k)\top}\boldsymbol{g}^{(k)})^2}{(\boldsymbol{g}^{(k)\top}\boldsymbol{Q}\boldsymbol{g}^{(k)})(\boldsymbol{g}^{(k)\top}\boldsymbol{Q}^{-1}\boldsymbol{g}^{(k)})}$$

注意，对于所有 k，有 $\gamma_k > 0$。根据引理 8.2，可得 $\gamma_k \geqslant (\lambda_{\min}(\boldsymbol{Q})/\lambda_{\max}(\boldsymbol{Q})) > 0$。因此，$\sum_{k=0}^{\infty}\gamma_k = \infty$，由定理 8.1 可推得 $\boldsymbol{x}^{(k)} \to \boldsymbol{x}^*$。 ■

最后考虑步长固定梯度法的收敛性。在该方法中，对于所有 k，步长 $\alpha_k = \alpha \in \mathbb{R}$，相应的迭代公式为

$$\boldsymbol{x}^{(k+1)} = \boldsymbol{x}^{(k)} - \alpha\boldsymbol{g}^{(k)}$$

这种步长固定梯度法简单实用。由于步长固定，因此，在每步迭代中，不需要开展一维搜索确定步长 α_k。显然，该方法的收敛性与步长 α 有关。步长 α 应该也不是随意选取的。接下来的定理给出了当方法收敛时，α 必须满足的充要条件。

定理 8.3　对于步长固定梯度法，当且仅当步长

$$0 < \alpha < \frac{2}{\lambda_{\max}(\boldsymbol{Q})}$$

时，$\boldsymbol{x}^{(k)} \to \boldsymbol{x}^*$。 □

证明：充分性。首先证明正向成立。利用瑞利不等式，可得

$$\lambda_{\min}(\boldsymbol{Q})\boldsymbol{g}^{(k)\top}\boldsymbol{g}^{(k)} \leqslant \boldsymbol{g}^{(k)\top}\boldsymbol{Q}\boldsymbol{g}^{(k)} \leqslant \lambda_{\max}(\boldsymbol{Q})\boldsymbol{g}^{(k)\top}\boldsymbol{g}^{(k)}$$

$$\boldsymbol{g}^{(k)\top}\boldsymbol{Q}^{-1}\boldsymbol{g}^{(k)} \leqslant \frac{1}{\lambda_{\min}(\boldsymbol{Q})}\boldsymbol{g}^{(k)\top}\boldsymbol{g}^{(k)}$$

结合 γ_k 的计算公式，可得

$$\gamma_k \geqslant \alpha\left(\lambda_{\min}(\boldsymbol{Q})\right)^2\left(\frac{2}{\lambda_{\max}(\boldsymbol{Q})} - \alpha\right) > 0$$

因此，当对于所有 k，$\gamma_k > 0$ 成立，有 $\sum_{k=0}^{\infty}\gamma_k = \infty$。由定理 8.1 可推得 $\boldsymbol{x}^{(k)} \to \boldsymbol{x}^*$。

必要性。接下来证明反向成立。利用反证法进行证明，在方法收敛的前提下，假定有

$\alpha \leqslant 0$ 或 $\alpha \geqslant 2/\lambda_{\max}(\boldsymbol{Q})$。选择合适的 $\boldsymbol{x}^{(0)}$，使得 $\boldsymbol{x}^{(0)}-\boldsymbol{x}^*$ 是矩阵 $\boldsymbol{Q}$ 的特征向量，对应特征值为 $\lambda_{\max}(\boldsymbol{Q})$。由于

$$\boldsymbol{x}^{(k+1)}=\boldsymbol{x}^{(k)}-\alpha(\boldsymbol{Q}\boldsymbol{x}^{(k)}-\boldsymbol{b})=\boldsymbol{x}^{(k)}-\alpha(\boldsymbol{Q}\boldsymbol{x}^{(k)}-\boldsymbol{Q}\boldsymbol{x}^*)$$

可得

$$\begin{aligned}\boldsymbol{x}^{(k+1)}-\boldsymbol{x}^* &= \boldsymbol{x}^{(k)}-\boldsymbol{x}^*-\alpha(\boldsymbol{Q}\boldsymbol{x}^{(k)}-\boldsymbol{Q}\boldsymbol{x}^*)\\ &=(\boldsymbol{I}_n-\alpha\boldsymbol{Q})(\boldsymbol{x}^{(k)}-\boldsymbol{x}^*)\\ &=(\boldsymbol{I}_n-\alpha\boldsymbol{Q})^{k+1}(\boldsymbol{x}^{(0)}-\boldsymbol{x}^*)\\ &=(1-\alpha\lambda_{\max}(\boldsymbol{Q}))^{k+1}(\boldsymbol{x}^{(0)}-\boldsymbol{x}^*)\end{aligned}$$

最后一步是根据“$\boldsymbol{x}^{(0)}-\boldsymbol{x}^*$ 是矩阵 $\boldsymbol{Q}$ 的特征向量”推得的。等号两侧同时取范数，可得

$$\|\boldsymbol{x}^{(k+1)}-\boldsymbol{x}^*\|=|1-\alpha\lambda_{\max}(\boldsymbol{Q})|^{k+1}\|\boldsymbol{x}^{(0)}-\boldsymbol{x}^*\|$$

由于 $\alpha \leqslant 0$ 或 $\alpha \geqslant 2/\lambda_{\max}(\boldsymbol{Q})$，故有

$$|1-\alpha\lambda_{\max}(\boldsymbol{Q})|\geqslant 1$$

因此，$\|\boldsymbol{x}^{(k+1)}-\boldsymbol{x}^*\|$ 不可能收敛到 0，说明 $\{\boldsymbol{x}^{(k)}\}$ 不会收敛到 $\boldsymbol{x}^*$，与前提相冲突。证明完毕。 ■

例 8.4 利用步长固定梯度法求解函数：

$$f(\boldsymbol{x})=\boldsymbol{x}^\top\begin{bmatrix}4 & 2\sqrt{2}\\ 0 & 5\end{bmatrix}\boldsymbol{x}+\boldsymbol{x}^\top\begin{bmatrix}3\\ 6\end{bmatrix}+24$$

的极小点。

迭代公式为

$$\boldsymbol{x}^{(k+1)}=\boldsymbol{x}^{(k)}-\alpha\nabla f(\boldsymbol{x}^{(k)})$$

迭代过程中，步长 $\alpha\in\mathbb{R}$ 保持不变。

为了能够利用定理 8.3 确定步长的范围，首先对函数中的矩阵进行对称化处理，将函数变换为二次型函数的形式：

$$f(\boldsymbol{x})=\frac{1}{2}\boldsymbol{x}^\top\begin{bmatrix}8 & 2\sqrt{2}\\ 2\sqrt{2} & 10\end{bmatrix}\boldsymbol{x}+\boldsymbol{x}^\top\begin{bmatrix}3\\ 6\end{bmatrix}+24$$

矩阵对称化后，特征值为 6 和 12。根据定理 8.3，可知当且仅当 $0<\alpha<2/12$ 时，对于任意初始值 $\boldsymbol{x}^{(0)}$，步长固定梯度方法能够收敛到极小点。 ■

收敛率

接下来讨论梯度方法的收敛率，特别关注最速下降法的收敛率问题。为此，引入定理 8.4。

定理 8.4 利用最速下降法求解二次型函数的极小点，在任意第 k 次迭代，都有

$$V(\boldsymbol{x}^{(k+1)})\leqslant\frac{\lambda_{\max}(\boldsymbol{Q})-\lambda_{\min}(\boldsymbol{Q})}{\lambda_{\max}(\boldsymbol{Q})}V(\boldsymbol{x}^{(k)})$$ □

证明： 在定理 8.2 的证明过程中，已知 $\gamma_k\geqslant\lambda_{\min}(\boldsymbol{Q})/\lambda_{\max}(\boldsymbol{Q})$，因此，

$$\frac{V(\boldsymbol{x}^{(k)})-V(\boldsymbol{x}^{(k+1)})}{V(\boldsymbol{x}^{(k)})}=\gamma_k\geqslant\frac{\lambda_{\min}(\boldsymbol{Q})}{\lambda_{\max}(\boldsymbol{Q})}$$

整理后，即可得到以上结论。 ■

定理8.4是讨论最速下降法收敛率的起点。定义

$$r = \frac{\lambda_{\max}(\boldsymbol{Q})}{\lambda_{\min}(\boldsymbol{Q})} = \|\boldsymbol{Q}\|\|\boldsymbol{Q}^{-1}\|$$

为矩阵 $\boldsymbol{Q}$ 的条件数。因此，由定理8.4可知

$$V(\boldsymbol{x}^{(k+1)}) \leqslant \left(1 - \frac{1}{r}\right) V(\boldsymbol{x}^{(k)})$$

因式 $(1-1/r)$ 称为收敛率，在序列 $\{V(\boldsymbol{x}^{(k)})\}$ 收敛到0的过程(即 $\{\boldsymbol{x}^{(k)}\}$ 收敛到 $\boldsymbol{x}^*$ 的过程)中发挥着重要作用。这一不等式表明，$(1-1/r)$ 越小，$V(\boldsymbol{x}^{(k+1)})$ 相对于 $V(\boldsymbol{x}^{(k)})$ 缩小的程度就越大，意味着 $V(\boldsymbol{x}^{(k)})$ 收敛到0的速度就越快。收敛率 $(1-1/r)$ 随着 r 的减小而减小。如果 $r=1$，则有 $\lambda_{\max}(\boldsymbol{Q})=\lambda_{\min}(\boldsymbol{Q})$。以二元函数 f 为例，其等值线是圆，如图8.6所示。在这种情况下，最速下降法能够经过一次迭代即收敛到极小点。随着 r 的增加，$\{V(\boldsymbol{x}^{(k)})\}$ ($\{\boldsymbol{x}^{(k)}\}$)的收敛速度下降。r 增加，意味着二元函数 f 等值线成为椭圆，离心率增加，如图8.7所示。参考文献[88]的第238页至第239页从另外一个角度对收敛率进行了说明，有兴趣的读者可自行学习。

为了更深入地分析 $\{\boldsymbol{x}^{(k)}\}$ 的收敛性，引入以下定义：

定义8.1 存在一个序列 $\{\boldsymbol{x}^{(k)}\}$，能够收敛到 $\boldsymbol{x}^*$，即 $\lim_{k\to\infty}\|\boldsymbol{x}^{(k)}-\boldsymbol{x}^*\|=0$。如果

$$0 < \lim_{k\to\infty} \frac{\|\boldsymbol{x}^{(k+1)} - \boldsymbol{x}^*\|}{\|\boldsymbol{x}^{(k)} - \boldsymbol{x}^*\|^p} < \infty$$

则序列 $\{\boldsymbol{x}^{(k)}\}$ 的收敛阶数为 p，其中 $p\in\mathbb{R}$。

如果对于所有 $p>0$，有

$$\lim_{k\to\infty} \frac{\|\boldsymbol{x}^{(k+1)} - \boldsymbol{x}^*\|}{\|\boldsymbol{x}^{(k)} - \boldsymbol{x}^*\|^p} = 0$$

则称收敛阶数为 ∞。 ■

需要注意的是，在该定义中，0/0认定为等于0。

序列收敛的阶数是收敛率的评价指标，阶数越高，收敛率越高，收敛速度越快。有时也直接把阶数称为收敛率(如参考文献[96])。如果 $p=1$(一阶收敛)，$\lim_{k\to\infty}\|\boldsymbol{x}^{(k+1)}-\boldsymbol{x}^*\|/\|\boldsymbol{x}^{(k)}-\boldsymbol{x}^*\|=1$，则称收敛是拟线性的。如果 $p=1$ 且 $\lim_{k\to\infty}\|\boldsymbol{x}^{(k+1)}-\boldsymbol{x}^*\|/\|\boldsymbol{x}^{(k)}-\boldsymbol{x}^*\|<1$，则称收敛是线性的。如果 $p>1$，则称收敛是超线性的。如果 $p=2$(二阶收敛)，则称收敛是二次型的。

例8.5

1. 令 $x^{(k)}=1/k$，有 $x^{(k)}\to 0$，因此，

$$\frac{|x^{(k+1)}|}{|x^{(k)}|^p} = \frac{1/(k+1)}{1/k^p} = \frac{k^p}{k+1}$$

如果 $p<1$，序列 $\{x^{(k)}\}$ 将收敛到0；否则，当 $p>1$ 时，序列将趋向于无穷。如果 $p=1$，序列将收敛到1。因此，该序列的收敛阶数为1(即线性收敛)。

2. 令 $x^{(k)}=\gamma^k$，$0<\gamma<1$，有 $x^{(k)}\to 0$，因此，

$$\frac{|x^{(k+1)}|}{|x^{(k)}|^p} = \frac{\gamma^{k+1}}{(\gamma^k)^p} = \gamma^{k+1-kp} = \gamma^{k(1-p)+1}$$

如果 $p<1$，序列 $\{x^{(k)}\}$ 将收敛到 0；否则，$p>1$ 时，序列将趋向于无穷。如果 $p=1$，序列将收敛到 γ。因此，该序列的收敛阶数为 1。

3. 令 $x^{(k)}=\gamma^{(q^k)}$，$q>1$，$0<\gamma<1$，有 $x^{(k)}\to 0$，因此，

$$\frac{|x^{(k+1)}|}{|x^{(k)}|^p}=\frac{\gamma^{(q^{k+1})}}{(\gamma^{(q^k)})^p}=\gamma^{(q^{k+1}-pq^k)}=\gamma^{(q-p)q^k}$$

如果 $p<q$，序列 $\{\boldsymbol{x}^{(k)}\}$ 将收敛到 0；否则，$p>q$ 时，序列将趋向于无穷。如果 $p=q$，序列将收敛到 1(实际上，上式将始终为 1)。因此，序列的收敛阶数为 q。

4. 令 $x^{(k)}=1$ 对于所有 k 都成立，显然 $x^{(k)}\to 1$，因此

$$\frac{|x^{(k+1)}-1|}{|x^{(k)}-1|^p}=\frac{0}{0^p}=0$$

对于所有 p 都成立。因此，序列 $\{x^{(k)}\}$ 的收敛阶数为 ∞。 ■

收敛阶数可以利用阶数符号 O 来表示，前面已经介绍过，当 h 足够小时，如果存在常数 c，使得 $|a|\leqslant c|h|$ 成立，那么可以记为 $a=O(h)$(表示 h 的阶数)。因此，如果

$$\|\boldsymbol{x}^{(k+1)}-\boldsymbol{x}^*\|=O(\|\boldsymbol{x}^{(k)}-\boldsymbol{x}^*\|^p)$$

则表明收敛阶数至少为 p(见定理 8.5)。比如，

$$\|\boldsymbol{x}^{(k+1)}-\boldsymbol{x}^*\|=O(\|\boldsymbol{x}^{(k)}-\boldsymbol{x}^*\|^2)$$

意味着收敛阶数至少为 2。在第 9 章分析牛顿法的收敛性时，将用到这些知识。

定理 8.5 已知序列 $\{\boldsymbol{x}^{(k)}\}$ 将收敛到 $\boldsymbol{x}^*$，如果

$$\|\boldsymbol{x}^{(k+1)}-\boldsymbol{x}^*\|=O(\|\boldsymbol{x}^{(k)}-\boldsymbol{x}^*\|^p)$$

那么，序列的收敛阶数(如果存在)至少为 p。 □

证明： 令 s 表示序列 $\{\boldsymbol{x}^{(k)}\}$ 的收敛阶数，由于

$$\|\boldsymbol{x}^{(k+1)}-\boldsymbol{x}^*\|=O(\|\boldsymbol{x}^{(k)}-\boldsymbol{x}^*\|^p)$$

因此，一定存在一个 c，当 k 足够大时，有

$$\frac{\|\boldsymbol{x}^{(k+1)}-\boldsymbol{x}^*\|}{\|\boldsymbol{x}^{(k)}-\boldsymbol{x}^*\|^p}\leqslant c$$

接下来有

$$\begin{aligned}\frac{\|\boldsymbol{x}^{(k+1)}-\boldsymbol{x}^*\|}{\|\boldsymbol{x}^{(k)}-\boldsymbol{x}^*\|^s}&=\frac{\|\boldsymbol{x}^{(k+1)}-\boldsymbol{x}^*\|}{\|\boldsymbol{x}^{(k)}-\boldsymbol{x}^*\|^p}\|\boldsymbol{x}^{(k)}-\boldsymbol{x}^*\|^{p-s}\\&\leqslant c\|\boldsymbol{x}^{(k)}-\boldsymbol{x}^*\|^{p-s}\end{aligned}$$

对上式取极限，可得

$$\lim_{k\to\infty}\frac{\|\boldsymbol{x}^{(k+1)}-\boldsymbol{x}^*\|}{\|\boldsymbol{x}^{(k)}-\boldsymbol{x}^*\|^s}\leqslant c\lim_{k\to\infty}\|\boldsymbol{x}^{(k)}-\boldsymbol{x}^*\|^{p-s}$$

s 是序列的收敛阶数，故

$$\lim_{k\to\infty}\frac{\|\boldsymbol{x}^{(k+1)}-\boldsymbol{x}^*\|}{\|\boldsymbol{x}^{(k)}-\boldsymbol{x}^*\|^s}>0$$

联合前面两个不等式，可得

$$c\lim_{k\to\infty}\|\boldsymbol{x}^{(k)}-\boldsymbol{x}^*\|^{p-s}>0$$

由于 $\lim_{k\to\infty}\|\boldsymbol{x}^{(k)}-\boldsymbol{x}^*\|=0$，可推知 $s\geqslant p$，这说明序列的收敛阶数至少为 p。■

类似地，可以证明，如果

$$\|\boldsymbol{x}^{(k+1)}-\boldsymbol{x}^*\|=o(\|\boldsymbol{x}^{(k)}-\boldsymbol{x}^*\|^p)$$

序列的收敛阶数（如果存在）一定大于 p。

例 8.6 给定一个标量序列 $\{x^{(k)}\}$，收敛阶数为 p，且满足

$$\lim_{k\to\infty}\frac{|x^{(k+1)}-2|}{|x^{(k)}-2|^3}=0$$

从该方程可以看出，$|x^{(k+1)}-2|\to 0$，因此，$\{x^{(k)}\}$ 的极限一定是 2。可以看出，$|x^{(k+1)}-2|=o(|x^{(k)}-2|^3)$，由此可知，$p>3$。■

任意收敛序列的收敛阶数不会小于 1（证明过程留作习题 8.3）。接下来，利用一个示例，说明步长固定梯度法的收敛阶数大于 1。

例 8.7 利用步长固定梯度法求一元函数 $f:\mathbb{R}\to\mathbb{R}$ 的极小点：

$$f(x)=x^2-\frac{x^3}{3}$$

迭代公式为 $x^{(k+1)}=x^{(k)}-\alpha f'(x^{(k)})$，步长 $\alpha=1/2$，初始点为 $x^{(0)}=1$。f' 表示函数 f 的一阶导数。

首先，证明该方法能够收敛到函数 f 的局部极小点。函数的导数为 $f'(x)=2x-x^2$，将其与步长一同代入迭代公式中，可得

$$x^{(k+1)}=x^{(k)}-\alpha f'(x^{(k)})=\frac{1}{2}(x^{(k)})^2$$

由于 $x^{(0)}=1$，可得 $x^{(k)}=(1/2)2^{k-1}$。由此可见，该方法能够收敛到 f 的一个局部极小点 0。

接下来，计算方法的收敛阶数，注意

$$\frac{|x^{(k+1)}|}{|x^{(k)}|^2}=\frac{1}{2}$$

可知收敛阶数为 2。■

可以证明，在最坏情况下，最速下降法的收敛阶数为 1。也就是说，在某些情况下，最速下降法的收敛阶数为 1。在证明该命题之前，先引入如下引理：

引理 8.3 对于最速下降法而言，如果对于所有 k，$\boldsymbol{g}^{(k)}\neq\boldsymbol{0}$，那么当且仅当 $\boldsymbol{g}^{(k)}$ 是矩阵 $\boldsymbol{Q}$ 的一个特征向量时，$\gamma_k=1$。□

证明： 对于最速下降法而言，对于所有 k，$\boldsymbol{g}^{(k)}\neq\boldsymbol{0}$，有

$$\gamma_k=\frac{(\boldsymbol{g}^{(k)\top}\boldsymbol{g}^{(k)})^2}{(\boldsymbol{g}^{(k)\top}\boldsymbol{Q}\boldsymbol{g}^{(k)})(\boldsymbol{g}^{(k)\top}\boldsymbol{Q}^{-1}\boldsymbol{g}^{(k)})}$$

充分性可以很容易得到验证。只证明必要性，由于 $\gamma_k=1$，有 $V(\boldsymbol{x}^{(k+1)})=0$，这意味着 $\boldsymbol{x}^{(k+1)}=\boldsymbol{x}^*$。因此，

$$\boldsymbol{x}^* = \boldsymbol{x}^{(k)} - \alpha_k \boldsymbol{g}^{(k)}$$

上式两端同时左乘矩阵 $\boldsymbol{Q}$，并减去向量 $\boldsymbol{b}$，可得

$$\boldsymbol{0} = \boldsymbol{g}^{(k)} - \alpha_k \boldsymbol{Q}\boldsymbol{g}^{(k)}$$

整理后，可得

$$\boldsymbol{Q}\boldsymbol{g}^{(k)} = \frac{1}{\alpha_k}\boldsymbol{g}^{(k)}$$

说明 $\boldsymbol{g}^{(k)}$ 是矩阵 $\boldsymbol{Q}$ 的特征向量。 ■

由该引理可知，如果 $\boldsymbol{g}^{(k)}$ 不是 $\boldsymbol{Q}$ 的特征向量，那么 $\gamma_k < 1$（γ_k 不可能超过 1）。利用这一结论，可导出定理 8.6。该定理讨论的是最速下降法在最坏情况下的收敛阶数。

定理 8.6 最速下降法在求解目标函数 f 的极小点时，产生一个收敛的迭代点序列 $\{\boldsymbol{x}^{(k)}\}$，该序列在最坏情况下的收敛阶数为 1。也就是说，存在一个目标函数 f 和某个初始点 $\boldsymbol{x}^{(0)}$，能够使得 $\{\boldsymbol{x}^{(k)}\}$ 的收敛阶数为 1。 □

证明： 目标函数 $f: \mathbb{R}^n \to \mathbb{R}$ 为二次型函数，黑塞矩阵为 $\boldsymbol{Q}$。矩阵 $\boldsymbol{Q}$ 的最大和最小特征值分别为 $\lambda_{\max}(\boldsymbol{Q})$ 和 $\lambda_{\min}(\boldsymbol{Q})$，且 $\lambda_{\max}(\boldsymbol{Q}) > \lambda_{\min}(\boldsymbol{Q})$。为了证明 $\{\boldsymbol{x}^{(k)}\}$ 的收敛阶数为 1，只需要证明存在一个 $\boldsymbol{x}^{(0)}$，能够使得对于某个 $c > 0$，不等式

$$\|\boldsymbol{x}^{(k+1)} - \boldsymbol{x}^*\| \geqslant c\|\boldsymbol{x}^{(k)} - \boldsymbol{x}^*\|$$

成立即可（见习题 8.2）。利用瑞利不等式，可得

$$\begin{aligned} V(\boldsymbol{x}^{(k+1)}) &= \frac{1}{2}(\boldsymbol{x}^{(k+1)} - \boldsymbol{x}^*)^\top \boldsymbol{Q}(\boldsymbol{x}^{(k+1)} - \boldsymbol{x}^*) \\ &\leqslant \frac{\lambda_{\max}(\boldsymbol{Q})}{2}\|\boldsymbol{x}^{(k+1)} - \boldsymbol{x}^*\|^2 \end{aligned}$$

类似地，有

$$V(\boldsymbol{x}^{(k)}) \geqslant \frac{\lambda_{\min}(\boldsymbol{Q})}{2}\|\boldsymbol{x}^{(k)} - \boldsymbol{x}^*\|^2$$

结合引理 8.1 以及上面这两个不等式，可得

$$\|\boldsymbol{x}^{(k+1)} - \boldsymbol{x}^*\| \geqslant \sqrt{(1-\gamma_k)\frac{\lambda_{\min}(\boldsymbol{Q})}{\lambda_{\max}(\boldsymbol{Q})}}\|\boldsymbol{x}^{(k)} - \boldsymbol{x}^*\|$$

因此，在选择初始点 $\boldsymbol{x}^{(0)}$ 时，只需要使得对于某个 $d < 1$，有 $\gamma_k \leqslant d$ 即可。

前面已经提到过，在最速下降法中，如果对于所有 k，有 $\boldsymbol{g}^{(k)} \neq \boldsymbol{0}$，则 γ_k 与 $\boldsymbol{g}^{(k)}$ 的关系式为

$$\gamma_k = \frac{(\boldsymbol{g}^{(k)\top}\boldsymbol{g}^{(k)})^2}{(\boldsymbol{g}^{(k)\top}\boldsymbol{Q}\boldsymbol{g}^{(k)})(\boldsymbol{g}^{(k)\top}\boldsymbol{Q}^{-1}\boldsymbol{g}^{(k)})}$$

首先考虑 $n = 2$ 时的情形，选择初始点 $\boldsymbol{x}^{(0)} \neq \boldsymbol{x}^*$，保证 $\boldsymbol{x}^{(0)} - \boldsymbol{x}^*$ 不是矩阵 $\boldsymbol{Q}$ 的特征向量，那么 $\boldsymbol{g}^{(0)} = \boldsymbol{Q}(\boldsymbol{x}^{(0)} - \boldsymbol{x}^*) \neq \boldsymbol{0}$ 也不是 $\boldsymbol{Q}$ 的特征向量。由命题 8.1 可知，对于所有 k，$\boldsymbol{g}^{(k)} = -(\boldsymbol{x}^{(k+1)} - \boldsymbol{x}^{(k)})/\alpha_k$ 都不是 $\boldsymbol{Q}$ 的特征向量[因为对应于特征值 $\lambda_{\max}(\boldsymbol{Q})$ 和 $\lambda_{\min}(\boldsymbol{Q})$ 的两个特征向量是正交的]。而 $\boldsymbol{g}^{(k)}$ 位于其中的某一个正交方向上，因此，由引理 8.3 可知，对于任意 k，γ_k 一定是 $\boldsymbol{Q}$ 的某个特征值，而这两个特征值都严格小于 1。$n = 2$ 时，定理得证。

接下来考虑 n 为一般取值时的情形，令 $\boldsymbol{v}_1$ 和 $\boldsymbol{v}_2$ 表示矩阵 $\boldsymbol{Q}$ 的两个相互正交的特征向量，分别对应特征值 $\lambda_{\max}(\boldsymbol{Q})$ 和 $\lambda_{\min}(\boldsymbol{Q})$。选择合适的初始点 $\boldsymbol{x}^{(0)}$，使得 $\boldsymbol{x}^{(0)}-\boldsymbol{x}^*\neq\boldsymbol{0}$ 位于向量 $\boldsymbol{v}_1$ 和 $\boldsymbol{v}_2$ 张成的子空间，且不等于其中任何一个。注意，$\boldsymbol{g}^{(0)}=\boldsymbol{Q}(\boldsymbol{x}^{(0)}-\boldsymbol{x}^*)$ 也位于向量 $\boldsymbol{v}_1$ 和 $\boldsymbol{v}_2$ 张成的子空间，但不等于其中任何一个。类似地，在等式 $\boldsymbol{x}^{(k+1)}=\boldsymbol{x}^{(k)}-\alpha_k\boldsymbol{g}^{(k)}$ 两侧左乘矩阵 $\boldsymbol{Q}$，整理后可得 $\boldsymbol{g}^{(k+1)}=(\boldsymbol{I}-\alpha_k\boldsymbol{Q})\boldsymbol{g}^{(k)}$。$\boldsymbol{Q}$ 的特征向量同时也是 $\boldsymbol{I}-\alpha_k\boldsymbol{Q}$ 的特征向量。因此，对于所有 k，$\boldsymbol{g}^{(k)}$ 都位于 $\boldsymbol{v}_1$ 和 $\boldsymbol{v}_2$ 张成的子空间。也就是说，序列 $\{\boldsymbol{g}^{(k)}\}$ 被限制在 $\boldsymbol{v}_1$ 和 $\boldsymbol{v}_2$ 张成的二维子空间内，接着参照 $n=2$ 时的证明过程即可完成证明。 ■

下一章将讨论牛顿法。如果初始点的选择比较合适，该方法的收敛阶数至少为 2。

习题

8.1 利用最速下降法求解函数

$$f(x_1,x_2)=x_1+\frac{1}{2}x_2+\frac{1}{2}x_1^2+x_2^2+3$$

的极小点，初始点为 $\boldsymbol{x}^{(0)}=\boldsymbol{0}$，开展两次迭代。同时，利用解析方法求出该函数的极小点。

8.2 序列 $\{\boldsymbol{x}^{(k)}\}$ 能够收敛到 $\boldsymbol{x}^*$，证明如果存在 $c>0$，使得对于足够大的 k，有

$$\|\boldsymbol{x}^{(k+1)}-\boldsymbol{x}^*\|\geqslant c\|\boldsymbol{x}^{(k)}-\boldsymbol{x}^*\|^p$$

那么序列的收敛阶数(如果存在)最大为 p。

8.3 序列 $\{\boldsymbol{x}^{(k)}\}$ 能够收敛到 $\boldsymbol{x}^*$，证明不存在 $p<1$，能够使得

$$\lim_{k\to\infty}\frac{\|\boldsymbol{x}^{(k+1)}-\boldsymbol{x}^*\|}{\|\boldsymbol{x}^{(k)}-\boldsymbol{x}^*\|^p}>0$$

8.4 序列 $\{x^{(k)}\}$ 的表达式为 $x^{(k)}=2^{-2k^2}$。

a. 求序列 $\{x^{(k)}\}$ 的极限；

b. 求序列 $\{x^{(k)}\}$ 的收敛阶数。

8.5 序列 $\{x^{(k)}\}$ 和 $\{y^{(k)}\}$ 按照递推的方式进行定义，如下所示：

$$x^{(k+1)}=ax^{(k)}$$
$$y^{(k+1)}=(y^{(k)})^b$$

其中，$a\in\mathbb{R}$，$b\in\mathbb{R}$，$0<a<1$，$b>1$，$x^{(0)}\neq0$，$y^{(0)}\neq0$，$|y^{(0)}|<1$。

a. 推导 $x^{(k)}$ 的表达式，以 $x^{(0)}$ 和 a 表示，据此说明 $x^{(k)}\to0$。

b. 推导 $y^{(k)}$ 的表达式，以 $y^{(0)}$ 和 b 表示，据此说明 $y^{(k)}\to0$。

c. 分别计算序列 $\{x^{(k)}\}$ 和 $\{y^{(k)}\}$ 的收敛阶数。

d. 计算能够使得 $|x^{(k)}|\leqslant c|x^{(0)}|$ $(0<c<1)$ 成立的最少递推次数 k。提示：结果需要用 a 和 c 来表示，可以使用符号 $\lceil z\rceil$ 表示不小于 z 的最小整数。

e. 计算能够使得 $|y^{(k)}|\leqslant c|y^{(0)}|$ $(0<c<1)$ 成立的最少递推次数 k。

f. 对问题 e 和问题 d 的结果进行比较，着重分析 c 特别小时的情况。

8.6 利用黄金分割法求某个函数的极小点，u_k 表示第 k 次迭代得到的区间长度，计算序列 $\{u_k\}$ 的收敛阶数。

8.7 目标函数为 $f:\mathbb{R}\to\mathbb{R}$，一阶导数为 f'，导数下降搜索法(Derivative Descent Search, DDS)是一种比较简单的一维搜索方法，可用于求函数 f 的极小点。具体流程为在点 $x^{(k)}$ 处，沿着导数的负方向进行搜索，步长为 $\alpha>0$，即迭代公式为 $x^{(k+1)}=x^{(k)}-\alpha f'(x^{(k)})$。

假定目标函数为一元二次函数 $f(x)=\frac{1}{2}ax^2-bx+c$，其中，$a$、$b$ 和 c 为常数，$a>0$。

a. 写出目标函数f极小点x^*的表达式(用a、b和c表示)。

b. 针对该目标函数f，写出 DDS 方法的迭代公式。

c. 假定 DDS 方法收敛，证明其能够收敛到x^*。

d. 假定 DDS 方法收敛，求出其收敛阶数。

e. 确定步长α的取值范围，保证对于任何初始点$x^{(0)}$，该方法都收敛(仅针对该目标函数f)。

8.8 目标函数为

$$f(\boldsymbol{x}) = 3(x_1^2 + x_2^2) + 4x_1x_2 + 5x_1 + 6x_2 + 7$$

其中，$\boldsymbol{x} = [x_1, x_2]^\top \in \mathbb{R}^2$。利用步长固定梯度法

$$\boldsymbol{x}^{(k+1)} = \boldsymbol{x}^{(k)} - \alpha\nabla f(\boldsymbol{x}^{(k)})$$

求该函数的极小点。试确定步长α的最大取值范围，能够保证算法全局收敛。

8.9 这是一个求根问题，求方程$\boldsymbol{h}(\boldsymbol{x}) = \boldsymbol{0}$的根，其中

$$\boldsymbol{h}(\boldsymbol{x}) = \begin{bmatrix} 4 + 3x_1 + 2x_2 \\ 1 + 2x_1 + 3x_2 \end{bmatrix}$$

利用迭代公式$\boldsymbol{x}^{(k+1)} = \boldsymbol{x}^{(k)} - \alpha\boldsymbol{h}(\boldsymbol{x}^{(k)})$进行求解，其中，$\alpha$是一个与$k$无关的标量。

a. 直接求出$\boldsymbol{h}(\boldsymbol{x}) = \boldsymbol{0}$的根$\boldsymbol{x}^*$。

b. 确定α的最大取值范围，保证这种迭代方法能够全局收敛于$\boldsymbol{h}(\boldsymbol{x}) = \boldsymbol{0}$。

c. 当α偏离问题 b 中给出的最大取值范围时，请给出一个形如$[x_1, 0]^\top$的初始值$\boldsymbol{x}^{(0)}$，使得该方法的下降性质不能得到保证。

8.10 目标函数$f: \mathbb{R}^2 \to \mathbb{R}$为

$$f(\boldsymbol{x}) = \frac{3}{2}(x_1^2 + x_2^2) + (1 + a)x_1x_2 - (x_1 + x_2) + b$$

其中，参数a和b为未知实数。

a. 将函数f写为常见的多变量二次型的形式。

b. 确定a和b的取值范围，保证函数f存在唯一的全局极小点，并求出这一极小点。

c. 采用迭代方法求函数f的极小点，迭代公式为

$$\boldsymbol{x}^{(k+1)} = \boldsymbol{x}^{(k)} - \frac{2}{5}\nabla f(\boldsymbol{x}^{(k)})$$

试确定a和b的取值范围，使得对于任意初始值$\boldsymbol{x}^{(0)}$，该方法都能够收敛到函数f的极小点。

8.11 目标函数$f: \mathbb{R} \to \mathbb{R}$为$f(x) = \frac{1}{2}(x - c)^2$，$c \in \mathbb{R}$，利用如下迭代公式来求解函数$f$的极小点：

$$x^{(k+1)} = x^{(k)} - \alpha_k f'(x^{(k)})$$

其中，f'为函数f的导数，α_k为步长，满足$0 < \alpha_k < 1$。

a. 推导$f(x^{(k+1)})$和$f(x^{(k)})$的关系式，式中应包括α_k。

b. 证明当且仅当

$$\sum_{k=0}^{\infty} \alpha_k = \infty$$

时，该方法全局收敛。

提示：注意使用问题 a 的结果，且对于任意序列$\{\alpha_k\} \subset (0, 1)$，都有

$$\prod_{k=0}^{\infty}(1 - \alpha_k) = 0 \Leftrightarrow \sum_{k=0}^{\infty} \alpha_k = \infty$$

8.12 目标函数$f: \mathbb{R} \to \mathbb{R}$为$f(x) = x^3 - x$，采用步长固定梯度法$x^{(k+1)} = x^{(k)} - \alpha f'(x^{(k)})$求函数$f$的局部极小点，试确定$\alpha$的最大取值范围，保证该算法是局部收敛的(即对于所有与局部极小点x^*足够接近的初始值$x^{(0)}$，都有$x^{(k)} \to x^*$)。

8.13 目标函数为$f(x)=(x-1)^2$，$x\in\mathbb{R}$，利用迭代方法求解函数f的极小点，迭代公式为$x^{(k+1)}=x^{(k)}-\alpha 2^{-k}f'(x^{(k)})$，$f'$为函数$f$的导数，$0<\alpha<1$。请分析该方法是否具有下降性质以及是否是全局收敛的。

8.14 目标函数f: $\mathbb{R}\to\mathbb{R}$ 连续三阶可微，即$f\in\mathcal{C}^3$，一阶导数为f'，二阶导数为f''，有唯一的极小点x^*，利用步长固定梯度法求解极小点：

$$x^{(k+1)}=x^{(k)}-\alpha f'(x^{(k)})$$

假定$f''(x^*)\neq 0$，$\alpha=1/f''(x^*)$，方法能够收敛到x^*，试证明方法的收敛阶数至少为2。

8.15 目标函数为$f(x)=\|\boldsymbol{a}x-\boldsymbol{b}\|^2$，$\boldsymbol{a}$ 和 $\boldsymbol{b}$ 表示 n 维向量 $\mathbb{R}^n$，且 $\boldsymbol{a}\neq\boldsymbol{0}$，

a. 写出函数f极小点x^*的解析式(用$\boldsymbol{a}$和$\boldsymbol{b}$表示)。

b. 利用梯度方法求解函数f的极小点，迭代公式为

$$x^{(k+1)}=x^{(k)}-\alpha f'(x^{(k)})$$

f'为函数f的导数，试确定步长α的最大取值范围，保证在任意初始点$x^{(0)}$下，该方法都能够收敛到x^*。

8.16 考虑如下优化问题：

$$\text{minimize}\quad \|\boldsymbol{Ax}-\boldsymbol{b}\|^2$$

其中，$\boldsymbol{A}\in\mathbb{R}^{m\times n}$，$m\geqslant n$，$\boldsymbol{b}\in\mathbb{R}^m$。

a. 证明目标函数实际上是一个二次型函数，写出其梯度和黑塞矩阵。

b. 如果采用步长固定梯度法求解该问题，试写出其迭代公式。

c. 令

$$\boldsymbol{A}=\begin{bmatrix}1 & 0\\ 0 & 2\end{bmatrix}$$

试确定b中步长固定梯度法步长α的最大取值范围，保证能够收敛到函数f的极小点。

8.17 目标函数$\boldsymbol{f}$: $\mathbb{R}^n\to\mathbb{R}^n$ 为$\boldsymbol{f}(\boldsymbol{x})=\boldsymbol{Ax}+\boldsymbol{b}$，其中，$\boldsymbol{A}\in\mathbb{R}^{n\times n}$，$\boldsymbol{b}\in\mathbb{R}^n$。已知$\boldsymbol{A}$可逆，$\boldsymbol{x}^*$是函数$\boldsymbol{f}$的零点[即$\boldsymbol{f}(\boldsymbol{x}^*)=\boldsymbol{0}$]，利用迭代方法求解$\boldsymbol{x}^*$，迭代公式为

$$\boldsymbol{x}^{(k+1)}=\boldsymbol{x}^{(k)}-\alpha\boldsymbol{f}(\boldsymbol{x}^{(k)})$$

其中，$\alpha\in\mathbb{R}$，$\alpha>0$。如果对于任意初始点$\boldsymbol{x}^{(0)}$，不等式$\|\boldsymbol{x}^{(k+1)}-\boldsymbol{x}^*\|\leqslant\|\boldsymbol{x}^{(k)}-\boldsymbol{x}^*\|$对所有$k$都成立，则称该方法是全局单调的。

a. 假定矩阵$\boldsymbol{A}$的所有特征值都是实数，试证明方法全局单调的必要条件为$\boldsymbol{A}$的所有特征值都是非负的。

提示：可使用反证法。

b. 令

$$\boldsymbol{A}=\begin{bmatrix}3 & 2\\ 2 & 3\end{bmatrix},\qquad \boldsymbol{b}=\begin{bmatrix}3\\ -1\end{bmatrix}$$

确定α的最大取值范围，使得该方法是全局收敛的(即对于任意的初始点$\boldsymbol{x}^{(0)}$，都有$\boldsymbol{x}^{(k)}\to\boldsymbol{x}^*$)。

8.18 目标函数f: $\mathbb{R}^n\to\mathbb{R}$ 为$f(\boldsymbol{x})=\frac{1}{2}\boldsymbol{x}^\top\boldsymbol{Qx}-\boldsymbol{x}^\top\boldsymbol{b}$，$\boldsymbol{b}\in\mathbb{R}^n$，$\boldsymbol{Q}$为$n\times n$的对称正定实矩阵。利用最速下降法求函数$f$的极小点，初始点$\boldsymbol{x}^{(0)}\neq\boldsymbol{Q}^{-1}\boldsymbol{b}$，试证明当且仅当初始点$\boldsymbol{x}^{(0)}$的选择能够使得$\boldsymbol{g}^{(0)}=\boldsymbol{Qx}^{(0)}-\boldsymbol{b}$是矩阵$\boldsymbol{Q}$的一个特征向量时，该方法一次迭代就能够收敛到极小点，即$\boldsymbol{x}^{(1)}=\boldsymbol{Q}^{-1}\boldsymbol{b}$。

8.19 利用最速下降法$\boldsymbol{x}^{(k+1)}=\boldsymbol{x}^{(k)}-\alpha_k\boldsymbol{g}^{(k)}$求二次型函数$f$的极小点，函数$f$的黑塞矩阵为$\boldsymbol{Q}>0$。$\lambda_{\max}$和$\lambda_{\min}$分别表示矩阵$\boldsymbol{Q}$的最大和最小特征值，请判断下面两个不等式是否有可能成立。(所谓不等式有可能成立，指的是存在一些具体的函数f，通过选择合适的初始点$\boldsymbol{x}^{(0)}$能够使得不等式成立。)

a. $\alpha_0\geqslant 2/\lambda_{\max}$

b. $\alpha_0>1/\lambda_{\min}$

8.20 利用步长固定梯度法求函数

$$f(\boldsymbol{x})=\boldsymbol{x}^{\top}\begin{bmatrix}3/2 & 2\\ 0 & 3/2\end{bmatrix}\boldsymbol{x}+\boldsymbol{x}^{\top}\begin{bmatrix}3\\ -1\end{bmatrix}-22$$

的极小点。

a. 确定步长的取值范围，使得算法能够收敛到极小点。

b. 如果步长设定为1000(非常大)，试找到一个初始点 $\boldsymbol{x}^{(0)}$ 使得算法发散(不收敛)。

8.21 利用步长固定梯度法求以下两个函数 f: $\mathbb{R}^2\to\mathbb{R}$ 的极小点，并分别给出步长 α 的最大取值范围，保证方法是全局收敛的。

a. $f(\boldsymbol{x})=1+2x_1+3(x_1^2+x_2^2)+4x_1x_2$

b. $f(\boldsymbol{x})=\boldsymbol{x}^{\top}\begin{bmatrix}3 & 3\\ 1 & 3\end{bmatrix}\boldsymbol{x}+[16,23]\boldsymbol{x}+\pi^2$

8.22 函数 f: $\mathbb{R}^n\to\mathbb{R}$ 为 $f(\boldsymbol{x})=\frac{1}{2}\boldsymbol{x}^{\top}\boldsymbol{Q}\boldsymbol{x}-\boldsymbol{x}^{\top}\boldsymbol{b}$，$\boldsymbol{b}\in\mathbb{R}^n$，$\boldsymbol{Q}$ 是 $n\times n$ 的对称正定实矩阵。利用迭代公式

$$\boldsymbol{x}^{(k+1)}=\boldsymbol{x}^{(k)}-\beta\alpha_k\boldsymbol{g}^{(k)}$$

求函数 f 的极小点，$\boldsymbol{g}^{(k)}=\boldsymbol{Q}\boldsymbol{x}^{(k)}-\boldsymbol{b}$，$\alpha_k=\boldsymbol{g}^{(k)\top}\boldsymbol{g}^{(k)}/\boldsymbol{g}^{(k)\top}\boldsymbol{Q}\boldsymbol{g}^{(k)}$，$\beta\in\mathbb{R}$ 是给定常数(当 $\beta=1$ 时就成为最速下降法)。试证明当且仅当 $0<\beta<2$ 时，序列 $\{\boldsymbol{x}^{(k)}\}$ 收敛到函数 f 的极小点 $\boldsymbol{x}^*=\boldsymbol{Q}^{-1}\boldsymbol{b}$。

8.23 函数 f: $\mathbb{R}^n\to\mathbb{R}$ 为 $f(\boldsymbol{x})=\frac{1}{2}\boldsymbol{x}^{\top}\boldsymbol{Q}\boldsymbol{x}-\boldsymbol{x}^{\top}\boldsymbol{b}$，$\boldsymbol{b}\in\mathbb{R}^n$，$\boldsymbol{Q}$ 是 $n\times n$ 的对称正定实矩阵。利用迭代公式

$$\boldsymbol{x}^{(k+1)}=\boldsymbol{x}^{(k)}-\alpha_k\boldsymbol{g}^{(k)}$$

求函数 f 的极小点，其中 $\boldsymbol{g}^{(k)}=\boldsymbol{Q}\boldsymbol{x}^{(k)}-\boldsymbol{b}$ 为函数 f 在 $\boldsymbol{x}^{(k)}$ 处的梯度，α_k 为步长。试证明当且仅当对于所有 k，$\gamma_k>0$ 都成立时，该方法具备下降特性[只要 $\boldsymbol{g}^{(k)}\neq\boldsymbol{0}$，就有 $f(\boldsymbol{x}^{(k+1)})<f(\boldsymbol{x}^{(k)})$]。

8.24 利用如下的通用迭代公式求目标函数 f: $\mathbb{R}^n\to\mathbb{R}$ 的极小点：

$$\boldsymbol{x}^{(k+1)}=\boldsymbol{x}^{(k)}+\alpha_k\boldsymbol{d}^{(k)}$$

其中，$\boldsymbol{d}^{(1)}$，$\boldsymbol{d}^{(2)}$，…是给定的 n 维向量，步长 α_k 按照使 $f(\boldsymbol{x}^{(k)}+\alpha\boldsymbol{d}^{(k)})$ 达到最小的方式求取，即

$$\alpha_k=\arg\min f(\boldsymbol{x}^{(k)}+\alpha\boldsymbol{d}^{(k)})$$

证明对于任意 k，向量 $\boldsymbol{x}^{(k+1)}-\boldsymbol{x}^{(k)}$ 正交于 $\nabla f(\boldsymbol{x}^{(k+1)})$(假定梯度存在)。

8.25 编写一个简单的 MATLAB 程序，实现最速下降法，其中一维搜索过程采用割线法(直接使用在习题7.11中已经编写的割线法 MATLAB 函数)。停止规则为 $\|\boldsymbol{g}^{(k)}\|\leqslant\varepsilon$，其中 $\varepsilon=10^{-6}$。首先，利用该程序重新求解习题8.1，并将输出结果与手算结果进行对比，以测试程序的准确性；接下来，将初始点调整为 $[-4,5,1]^{\top}$，确定能够满足停止规则的最少迭代次数，并给出最后一个迭代点所对应的目标函数值，观察其与0的接近程度。

8.26 利用习题8.25中编写的 MATLAB 程序，求解 Rosenbrock 函数的极小点：

$$f(\boldsymbol{x})=100(x_2-x_1^2)^2+(1-x_1)^2$$

初始点为 $\boldsymbol{x}^{(0)}=[-2,2]^{\top}$。当函数 f 的梯度范数小于 10^{-4} 时，停止迭代。

第9章　牛　顿　法

9.1　引言

在确定搜索方向时，最速下降法只用到了目标函数的一阶导数(梯度)。这种方式并非总是最高效的。在某些情况下，如果能够在迭代方法中引入高阶导数，其效率可能将优于最速下降法。牛顿法(有时候也称为牛顿-拉弗森方法)就是如此，它同时使用一阶和二阶导数来确定搜索方向。当初始点与目标函数的极小点足够接近时，牛顿法的效率确实要优于最速下降法。给定一个迭代点之后，首先构造一个二次型函数，其与目标函数在该点处的一阶和二阶导数相等，以此可以作为目标函数的近似表达式；接下来求该二次型函数的极小点，以此作为下一次迭代的初始点。重复以上过程，以求得目标函数的极小点。这就是牛顿法的基本思路。如果目标函数本身就是二次型函数，那么构造的近似函数与目标函数就是完全一致的。否则，如果目标函数不是二次型函数，那么近似函数得到的极小点给出的是目标函数极小点所在的大体位置，如图 9.1 所示。

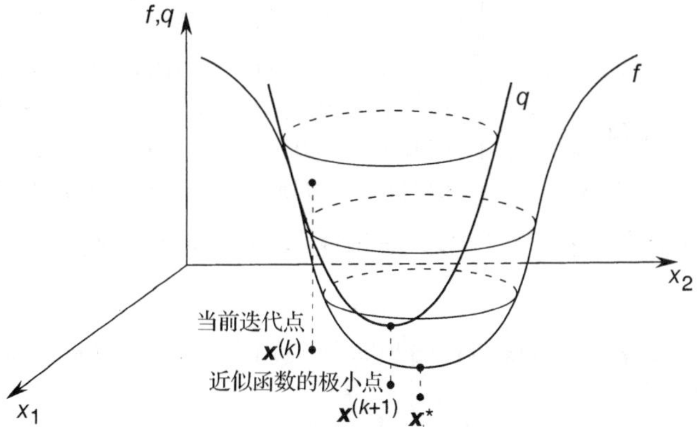

图 9.1　目标函数的二次型近似函数(用一阶和二阶导数构造而来)

当目标函数f: $\mathbb{R}^n\to\mathbb{R}$ 二阶连续可微时，将函数f在点$\boldsymbol{x}^{(k)}$处进行泰勒展开，忽略三次以上的项，可得到二次型近似函数：

$$f(\boldsymbol{x}) \approx f(\boldsymbol{x}^{(k)}) + (\boldsymbol{x}-\boldsymbol{x}^{(k)})^\top \boldsymbol{g}^{(k)} + \frac{1}{2}(\boldsymbol{x}-\boldsymbol{x}^{(k)})^\top \boldsymbol{F}(\boldsymbol{x}^{(k)})(\boldsymbol{x}-\boldsymbol{x}^{(k)}) \triangleq q(\boldsymbol{x})$$

为了简化描述，令$\boldsymbol{g}^{(k)}=\nabla f(\boldsymbol{x}^{(k)})$，将局部极小点的一阶必要条件应用到函数 q，可得

$$\mathbf{0} = \nabla q(\boldsymbol{x}) = \boldsymbol{g}^{(k)} + \boldsymbol{F}(\boldsymbol{x}^{(k)})(\boldsymbol{x}-\boldsymbol{x}^{(k)})$$

如果$\boldsymbol{F}(\boldsymbol{x}^{(k)})>0$，函数 q 的极小点为

$$\boldsymbol{x}^{(k+1)} = \boldsymbol{x}^{(k)} - \boldsymbol{F}(\boldsymbol{x}^{(k)})^{-1}\boldsymbol{g}^{(k)}$$

这就是牛顿法的迭代公式。

例 9.1　利用牛顿法求解 Powell 函数的极小点：

$$f(x_1,x_2,x_3,x_4)=(x_1+10x_2)^2+5(x_3-x_4)^2+(x_2-2x_3)^4+10(x_1-x_4)^4$$

初始点为 $\boldsymbol{x}^{(0)}=[3,-1,0,1]^\top$，开展 3 次迭代。

初始点 $\boldsymbol{x}^{(0)}$ 对应的函数值 $f(\boldsymbol{x}^{(0)})=215$，梯度为

$$\nabla f(\boldsymbol{x})=\begin{bmatrix}2(x_1+10x_2)+40(x_1-x_4)^3\\20(x_1+10x_2)+4(x_2-2x_3)^3\\10(x_3-x_4)-8(x_2-2x_3)^3\\-10(x_3-x_4)-40(x_1-x_4)^3\end{bmatrix}$$

黑塞矩阵 $\boldsymbol{F}(\boldsymbol{x})$ 为

$$\begin{bmatrix}2+120(x_1-x_4)^2 & 20 & 0 & -120(x_1-x_4)^2\\20 & 200+12(x_2-2x_3)^2 & -24(x_2-2x_3)^2 & 0\\0 & -24(x_2-2x_3)^2 & 10+48(x_2-2x_3)^2 & -10\\-120(x_1-x_4)^2 & 0 & -10 & 10+120(x_1-x_4)^2\end{bmatrix}$$

第 1 次迭代：

$$\boldsymbol{g}^{(0)}=[306,-144,-2,-310]^\top$$

$$\boldsymbol{F}(\boldsymbol{x}^{(0)})=\begin{bmatrix}482 & 20 & 0 & -480\\20 & 212 & -24 & 0\\0 & -24 & 58 & -10\\-480 & 0 & -10 & 490\end{bmatrix}$$

$$\boldsymbol{F}(\boldsymbol{x}^{(0)})^{-1}=\begin{bmatrix}0.1126 & -0.0089 & 0.0154 & 0.1106\\-0.0089 & 0.0057 & 0.0008 & -0.0087\\0.0154 & 0.0008 & 0.0203 & 0.0155\\0.1106 & -0.0087 & 0.0155 & 0.1107\end{bmatrix}$$

$$\boldsymbol{F}(\boldsymbol{x}^{(0)})^{-1}\boldsymbol{g}^{(0)}=[1.4127,-0.8413,-0.2540,0.7460]^\top$$

故有

$$\boldsymbol{x}^{(1)}=\boldsymbol{x}^{(0)}-\boldsymbol{F}(\boldsymbol{x}^{(0)})^{-1}\boldsymbol{g}^{(0)}=[1.5873,-0.1587,0.2540,0.2540]^\top$$

$$f(\boldsymbol{x}^{(1)})=31.8$$

第 2 次迭代：

$$\boldsymbol{g}^{(1)}=[94.81,-1.179,2.371,-94.81]^\top$$

$$\boldsymbol{F}(\boldsymbol{x}^{(1)})=\begin{bmatrix}215.3 & 20 & 0 & -213.3\\20 & 205.3 & -10.67 & 0\\0 & -10.67 & 31.34 & -10\\-213.3 & 0 & -10 & 223.3\end{bmatrix}$$

$$\boldsymbol{F}(\boldsymbol{x}^{(1)})^{-1}\boldsymbol{g}^{(1)}=[0.5291,-0.0529,0.0846,0.0846]^\top$$

有

$$\boldsymbol{x}^{(2)}=\boldsymbol{x}^{(1)}-\boldsymbol{F}(\boldsymbol{x}^{(1)})^{-1}\boldsymbol{g}^{(1)}=[1.0582,-0.1058,0.1694,0.1694]^\top$$

$$f(\boldsymbol{x}^{(2)})=6.28$$

第 3 次迭代：

$$\boldsymbol{g}^{(2)} = [28.09, -0.3475, 0.7031, -28.08]^\top$$

$$\boldsymbol{F}(\boldsymbol{x}^{(2)}) = \begin{bmatrix} 96.80 & 20 & 0 & -94.80 \\ 20 & 202.4 & -4.744 & 0 \\ 0 & -4.744 & 19.49 & -10 \\ -94.80 & 0 & -10 & 104.80 \end{bmatrix}$$

$$\boldsymbol{x}^{(3)} = [0.7037, -0.0704, 0.1121, 0.1111]^\top$$

$$f(\boldsymbol{x}^{(3)}) = 1.24$$

■

注意，在一次迭代中(令迭代次数序号为 k)，牛顿法可以分为两步：

1. 求解 $\boldsymbol{F}(\boldsymbol{x}^{(k)})\boldsymbol{d}^{(k)} = -\boldsymbol{g}^{(k)}$，得到 $\boldsymbol{d}^{(k)}$；
2. 确定下一个迭代点 $\boldsymbol{x}^{(k+1)} = \boldsymbol{x}^{(k)} + \boldsymbol{d}^{(k)}$。

第1步需要求解一个 n 维的线性非齐次方程组，因此，应该设计一种高效的求解方法，以提高牛顿法的实用程度。

第7章中，牛顿法指的是一种一维搜索法，适用于单变量函数，除求极小点所在区间外，还可以用于方程求解。类似地，此处的牛顿法也可用于求解多元方程

$$\boldsymbol{g}(\boldsymbol{x}) = \boldsymbol{0}$$

其中，$\boldsymbol{x} \in \mathbb{R}^n$，$\boldsymbol{g}: \mathbb{R}^n \to \mathbb{R}^n$。此时，$\boldsymbol{F}(\boldsymbol{x})$ 表示的是函数 $\boldsymbol{g}$ 在 $\boldsymbol{x}$ 处的雅可比矩阵，矩阵 $\boldsymbol{F}(\boldsymbol{x})$ 为 $n \times n$ 的，第 (i, j) 个元素为 $(\partial g_i / \partial x_j)(\boldsymbol{x})$，$i, j = 1, 2, \cdots, n$。

9.2 牛顿法性质分析

在单变量的情况下，如果函数的二阶导数 $f'' < 0$，牛顿法无法收敛到极小点，如图7.7所示。与此类似，在多变量的情况下，如果目标函数的黑塞矩阵 $\boldsymbol{F}(\boldsymbol{x}^{(k)})$ 非正定，牛顿法确定的搜索方向并不一定是目标函数值下降的方向。甚至在某些情况下，即使 $\boldsymbol{F}(\boldsymbol{x}^{(k)}) > 0$，牛顿法也不具有下降特性，即可能出现 $f(\boldsymbol{x}^{(k+1)}) \geqslant f(\boldsymbol{x}^{(k)})$。比如，当初始点 $\boldsymbol{x}^{(0)}$ 远离目标函数的极小点时，就有可能出现这种情况。本节最后给出了修正措施，可以解决这一问题。尽管存在一些缺陷，牛顿法的一大优势在于，如果初始点离极小点比较近，那么将表现出相当好的收敛性。接下来将针对这一点开展讨论。

为了方便分析，选定目标函数 f 为二次型函数。此时，牛顿法只需要一次迭代即可从任意初始点 $\boldsymbol{x}^{(0)}$ 收敛到函数 f 的极小点 $\boldsymbol{x}^*$，$\boldsymbol{x}^*$ 满足 $\nabla f(\boldsymbol{x}^*) = \boldsymbol{0}$。令目标函数为

$$f(\boldsymbol{x}) = \frac{1}{2}\boldsymbol{x}^\top \boldsymbol{Q}\boldsymbol{x} - \boldsymbol{x}^\top \boldsymbol{b}$$

其梯度和黑塞矩阵分别为

$$\boldsymbol{g}(\boldsymbol{x}) = \nabla f(\boldsymbol{x}) = \boldsymbol{Q}\boldsymbol{x} - \boldsymbol{b}$$

$$\boldsymbol{F}(\boldsymbol{x}) = \boldsymbol{Q}$$

利用牛顿法迭代公式，可得在任意初始点 $\boldsymbol{x}^{(0)}$ 下，有

$$\begin{aligned} \boldsymbol{x}^{(1)} &= \boldsymbol{x}^{(0)} - \boldsymbol{F}(\boldsymbol{x}^{(0)})^{-1}\boldsymbol{g}^{(0)} \\ &= \boldsymbol{x}^{(0)} - \boldsymbol{Q}^{-1}[\boldsymbol{Q}\boldsymbol{x}^{(0)} - \boldsymbol{b}] \\ &= \boldsymbol{Q}^{-1}\boldsymbol{b} \\ &= \boldsymbol{x}^* \end{aligned}$$

由此可知，目标函数为二次型函数时，对于任意初始点 $\boldsymbol{x}^{(0)}$，牛顿法的收敛阶数为∞(注意与习题 8.18 相比较，在习题 8.18 中，采用的是最速下降法)。

为了分析一般意义下牛顿法的收敛性，需要用到 5.1 节中的一些结论。令 $\{\boldsymbol{x}^{(k)}\}$ 表示利用牛顿法求解函数 $f: \mathbb{R}^n \to \mathbb{R}$ 极小点时所产生的迭代点序列，可证明 $\{\boldsymbol{x}^{(k)}\}$ 至少以阶数为 2 的收敛率收敛到 $\boldsymbol{x}^*$。

定理 9.1　函数 f 三阶连续可微，点 $\boldsymbol{x}^* \in \mathbb{R}^n$ 满足 $\nabla f(\boldsymbol{x}^*) = \boldsymbol{0}$，且 $\boldsymbol{F}(\boldsymbol{x}^*)$ 可逆。那么，对于所有与 $\boldsymbol{x}^*$ 足够接近的 $\boldsymbol{x}^{(0)}$，牛顿法能够正常运行，且至少以阶数为 2 的收敛率收敛到 $\boldsymbol{x}^*$。
□

证明：对函数 f 的梯度 ∇f 在 $\boldsymbol{x}^{(0)}$ 处进行泰勒展开，可得

$$\nabla f(\boldsymbol{x}) - \nabla f(\boldsymbol{x}^{(0)}) - \boldsymbol{F}(\boldsymbol{x}^{(0)})(\boldsymbol{x} - \boldsymbol{x}^{(0)}) = O(\|\boldsymbol{x} - \boldsymbol{x}^{(0)}\|^2)$$

由于函数 f 三阶连续可微，$\boldsymbol{F}(\boldsymbol{x}^*)$ 可逆，因此，存在常数 $\varepsilon > 0$，$c_1 > 0$ 和 $c_2 > 0$，使得当 $\boldsymbol{x}^{(0)}$，$\boldsymbol{x} \in \{\boldsymbol{x}: \|\boldsymbol{x} - \boldsymbol{x}^*\| \leqslant \varepsilon\}$ 时，下式成立：

$$\|\nabla f(\boldsymbol{x}) - \nabla f(\boldsymbol{x}^{(0)}) - \boldsymbol{F}(\boldsymbol{x}^{(0)})(\boldsymbol{x} - \boldsymbol{x}^{(0)})\| \leqslant c_1 \|\boldsymbol{x} - \boldsymbol{x}^{(0)}\|^2$$

结合引理 5.3 可知，$F(\boldsymbol{x})^{-1}$ 存在且满足

$$\|\boldsymbol{F}(\boldsymbol{x})^{-1}\| \leqslant c_2$$

目标函数梯度 ∇f 的泰勒展开式的余项包含了函数 f 的三阶导数，由于它是连续的，因此能够位于集合 $\{\boldsymbol{x}: \|\boldsymbol{x} - \boldsymbol{x}^*\| \leqslant \varepsilon\}$ 中，由此可得上面的第一个不等式成立。

令 $\boldsymbol{x}^{(0)} \in \{\boldsymbol{x}: \|\boldsymbol{x} - \boldsymbol{x}^*\| \leqslant \varepsilon\}$，将该不等式中的 $\boldsymbol{x}$ 替换为 $\boldsymbol{x}^*$，由于 $\nabla f(\boldsymbol{x}^*) = \boldsymbol{0}$，可得

$$\|\boldsymbol{F}(\boldsymbol{x}^{(0)})(\boldsymbol{x}^{(0)} - \boldsymbol{x}^*) - \nabla f(\boldsymbol{x}^{(0)})\| \leqslant c_1 \|\boldsymbol{x}^{(0)} - \boldsymbol{x}^*\|^2$$

从牛顿法迭代公式的等号两侧同时减去 $\boldsymbol{x}^*$，并计算范数，可得

$$\begin{aligned}
\|\boldsymbol{x}^{(1)} - \boldsymbol{x}^*\| &= \|\boldsymbol{x}^{(0)} - \boldsymbol{x}^* - \boldsymbol{F}(\boldsymbol{x}^{(0)})^{-1} \nabla f(\boldsymbol{x}^{(0)})\| \\
&= \|\boldsymbol{F}(\boldsymbol{x}^{(0)})^{-1} (\boldsymbol{F}(\boldsymbol{x}^{(0)})(\boldsymbol{x}^{(0)} - \boldsymbol{x}^*) - \nabla f(\boldsymbol{x}^{(0)}))\| \\
&\leqslant \|\boldsymbol{F}(\boldsymbol{x}^{(0)})^{-1}\| \|\boldsymbol{F}(\boldsymbol{x}^{(0)})(\boldsymbol{x}^{(0)} - \boldsymbol{x}^*) - \nabla f(\boldsymbol{x}^{(0)})\|
\end{aligned}$$

结合前面给出的这些不等式以及常数 c_1，c_2，可得

$$\|\boldsymbol{x}^{(1)} - \boldsymbol{x}^*\| \leqslant c_1 c_2 \|\boldsymbol{x}^{(0)} - \boldsymbol{x}^*\|^2$$

选择合适的 $\boldsymbol{x}^{(0)}$，使得

$$\|\boldsymbol{x}^{(0)} - \boldsymbol{x}^*\| \leqslant \frac{\alpha}{c_1 c_2}$$

其中，$\alpha \in (0, 1)$。由此可得

$$\|\boldsymbol{x}^{(1)} - \boldsymbol{x}^*\| \leqslant \alpha \|\boldsymbol{x}^{(0)} - \boldsymbol{x}^*\|$$

利用归纳法，易知

$$\|\boldsymbol{x}^{(k+1)} - \boldsymbol{x}^*\| \leqslant c_1 c_2 \|\boldsymbol{x}^{(k)} - \boldsymbol{x}^*\|^2$$
$$\|\boldsymbol{x}^{(k+1)} - \boldsymbol{x}^*\| \leqslant \alpha \|\boldsymbol{x}^{(k)} - \boldsymbol{x}^*\|$$

因此，

$$\lim_{k \to \infty} \|\boldsymbol{x}^{(k)} - \boldsymbol{x}^*\| = 0$$

说明序列$\{\boldsymbol{x}^{(k)}\}$收敛于$\boldsymbol{x}^*$。由于$\|\boldsymbol{x}^{(k+1)}-\boldsymbol{x}^*\| \leqslant c_1c_2\|\boldsymbol{x}^{(k)}-\boldsymbol{x}^*\|^2$，因此收敛阶数至少为2，即$\|\boldsymbol{x}^{(k+1)}-\boldsymbol{x}^*\| = O(\|\boldsymbol{x}^{(k)}-\boldsymbol{x}^*\|^2)$。 ■

提醒：定理9.1中并没有要求$\boldsymbol{x}^*$是局部极小点。比如，如果$\boldsymbol{x}^*$是一个局部极大点，函数f三阶连续可微，$\boldsymbol{F}(\boldsymbol{x}^*)$可逆，那么如果选择一个合适的初始点，牛顿法仍然能够收敛到$\boldsymbol{x}^*$。

定理9.1表明，如果初始点靠近极小(大)点，那么牛顿法将具有非常好的收敛性。但是，如果初始点离极小(大)点较远，牛顿法并不一定收敛(有时候会导致黑塞矩阵为奇异矩阵，方法失效)。特别是在求解最小化问题时，该方法不一定具备下降特性，也就是说，有时候会出现$f(\boldsymbol{x}^{(k+1)}) \geqslant f(\boldsymbol{x}^{(k)})$。幸运的是，可以对牛顿法进行一些修正，使其保持下降特性。在讨论修正方法之前，先给出如下定理：

定理9.2 $\{\boldsymbol{x}^{(k)}\}$为利用牛顿法求解目标函数$f(\boldsymbol{x})$极小点时得到的迭代点序列，如果$\boldsymbol{F}(\boldsymbol{x}^{(k)})>0$，且$\boldsymbol{g}^{(k)}=\nabla f(\boldsymbol{x}^{(k)})\neq\boldsymbol{0}$，那么从点$\boldsymbol{x}^{(k)}$到点$\boldsymbol{x}^{(k+1)}$的搜索方向

$$\boldsymbol{d}^{(k)} = -\boldsymbol{F}(\boldsymbol{x}^{(k)})^{-1}\boldsymbol{g}^{(k)} = \boldsymbol{x}^{(k+1)} - \boldsymbol{x}^{(k)}$$

是一个下降方向，即存在一个$\bar{\alpha}>0$，使得对于所有$\alpha\in(0,\bar{\alpha})$，都有

$$f(\boldsymbol{x}^{(k)} + \alpha\boldsymbol{d}^{(k)}) < f(\boldsymbol{x}^{(k)})$$

成立。 □

证明：构造复合函数

$$\phi(\alpha) = f(\boldsymbol{x}^{(k)} + \alpha\boldsymbol{d}^{(k)})$$

应用链式法则，可得

$$\phi'(\alpha) = \nabla f(\boldsymbol{x}^{(k)} + \alpha\boldsymbol{d}^{(k)})^\top\boldsymbol{d}^{(k)}$$

由于$\boldsymbol{F}(\boldsymbol{x}^{(k)})^{-1}>0$，$\boldsymbol{g}^{(k)}\neq\boldsymbol{0}$，有

$$\phi'(0) = \nabla f(\boldsymbol{x}^{(k)})^\top\boldsymbol{d}^{(k)} = -\boldsymbol{g}^{(k)\top}\boldsymbol{F}(\boldsymbol{x}^{(k)})^{-1}\boldsymbol{g}^{(k)} < 0$$

因此，一定存在一个$\bar{\alpha}>0$，使得对于所有$\alpha\in(0,\bar{\alpha})$，有$\phi(\alpha)<\phi(0)$，这就意味着对于所有$\alpha\in(0,\bar{\alpha})$，$f(\boldsymbol{x}^{(k)}+\alpha\boldsymbol{d}^{(k)})<f(\boldsymbol{x}^{(k)})$成立。

定理得证。 ■

根据定理9.2，可对牛顿法进行如下修正：

$$\boldsymbol{x}^{(k+1)} = \boldsymbol{x}^{(k)} - \alpha_k\boldsymbol{F}(\boldsymbol{x}^{(k)})^{-1}\boldsymbol{g}^{(k)}$$

其中，

$$\alpha_k = \mathop{\arg\min}_{\alpha\geqslant 0} f(\boldsymbol{x}^{(k)} - \alpha\boldsymbol{F}(\boldsymbol{x}^{(k)})^{-1}\boldsymbol{g}^{(k)})$$

也就是说，每次迭代都在方向$-\boldsymbol{F}(\boldsymbol{x}^{(k)})^{-1}\boldsymbol{g}^{(k)}$上开展一次一维搜索，由此确定每次搜索的步长。由定理9.2可知，修正牛顿法具备下降特性，即当$\boldsymbol{g}^{(k)}\neq\boldsymbol{0}$时，有

$$f(\boldsymbol{x}^{(k+1)}) < f(\boldsymbol{x}^{(k)})$$

当目标函数维数n比较大时，计算黑塞矩阵$\boldsymbol{F}(\boldsymbol{x}^{(k)})$所需要的计算量比较大；况且，还要求解$n$维线性方程组$\boldsymbol{F}(\boldsymbol{x}^{(k)})\boldsymbol{d}^{(k)}=-\boldsymbol{g}^{(k)}$。这是牛顿法的缺陷之一。第10章和第11章将讨论相关方法，以解决这一问题。

牛顿法中隐含的另外一个问题是黑塞矩阵可能不正定。下一节将介绍牛顿法的一种修正方法，可以解决这一问题。

9.3 Levenberg-Marquardt 修正

如果黑塞矩阵 $\boldsymbol{F}(\boldsymbol{x}^{(k)})$ 不正定，那么搜索方向 $\boldsymbol{d}^{(k)} = -\boldsymbol{F}(\boldsymbol{x}^{(k)})^{-1}\boldsymbol{g}^{(k)}$ 可能不会是下降方向。牛顿法的 Levenberg-Marquardt 修正能够解决这一问题，保证每次产生的方向是下降方向，修正后的迭代公式为

$$\boldsymbol{x}^{(k+1)} = \boldsymbol{x}^{(k)} - (\boldsymbol{F}(\boldsymbol{x}^{(k)}) + \mu_k \boldsymbol{I})^{-1}\boldsymbol{g}^{(k)}$$

其中，$\mu_k \geqslant 0$。

$\boldsymbol{F}$ 为对称矩阵，并不要求是正定的。$\boldsymbol{F}$ 的特征值为 $\lambda_1, \lambda_2, \cdots, \lambda_n$，分别对应特征向量 $\boldsymbol{v}_1, \boldsymbol{v}_2, \cdots, \boldsymbol{v}_n$。特征值 $\lambda_1, \lambda_2, \cdots, \lambda_n$ 全部为实数，但不要求是正数。对 $\boldsymbol{F}$ 进行简单修正，得到新矩阵 $\boldsymbol{G} = \boldsymbol{F} + \mu\boldsymbol{I}$，其中 $\mu \geqslant 0$。可知矩阵 $\boldsymbol{G}$ 的特征值为 $\lambda_1 + \mu, \lambda_2 + \mu, \cdots, \lambda_n + \mu$，且满足

$$\begin{aligned}\boldsymbol{G}\boldsymbol{v}_i &= (\boldsymbol{F} + \mu\boldsymbol{I})\boldsymbol{v}_i \\ &= \boldsymbol{F}\boldsymbol{v}_i + \mu\boldsymbol{I}\boldsymbol{v}_i \\ &= \lambda_i\boldsymbol{v}_i + \mu\boldsymbol{v}_i \\ &= (\lambda_i + \mu)\boldsymbol{v}_i\end{aligned}$$

这说明，$\boldsymbol{v}_i$，$i = 1, 2, \cdots, n$ 同样是 $\boldsymbol{G}$ 的特征向量，对应的特征值为 $\lambda_i + \mu$，$i = 1, 2, \cdots, n$。因此，只要 μ 足够大，总可以保证矩阵 $\boldsymbol{G}$ 的特征值都为正数，即 $\boldsymbol{G}$ 是正定矩阵。同理，只要牛顿法的 Levenberg-Marquardt 修正中的参数 μ_k 足够大，总能保证搜索方向 $\boldsymbol{d}^{(k)} = -(\boldsymbol{F}(\boldsymbol{x}^{(k)}) + \mu_k\boldsymbol{I})^{-1}\boldsymbol{g}^{(k)}$ 是一个下降方向(参照定理 9.2 中关于下降方向的说明)。在此基础上，再按照 9.2 节的方法，引入一个搜索步长 α_k，可得新的迭代公式为

$$\boldsymbol{x}^{(k+1)} = \boldsymbol{x}^{(k)} - \alpha_k(\boldsymbol{F}(\boldsymbol{x}^{(k)}) + \mu_k \boldsymbol{I})^{-1}\boldsymbol{g}^{(k)}$$

这样，就可以保证牛顿法的 Levenberg-Marquardt 修正的下降特性了。

令 $\mu_k \to 0$，牛顿法的 Levenberg-Marquardt 修正就可以逐步接近牛顿法；令 $\mu_k \to \infty$，Levenberg-Marquardt 修正又会表现出步长较小时梯度方法的特性。在实际应用中，一开始可以为 μ_k 选择较小的值，然后逐渐缓慢增加，直到出现下降特性，即 $f(\boldsymbol{x}^{(k+1)}) < f(\boldsymbol{x}^{(k)})$ 为止。

9.4 牛顿法在非线性最小二乘问题中的应用

本节考虑一类特殊的优化问题，并尝试利用牛顿法求解。优化问题模型如下：

$$\text{minimize} \quad \sum_{i=1}^{m}(r_i(\boldsymbol{x}))^2$$

其中，$r_i: \mathbb{R}^n \to \mathbb{R}$，$i = 1, \cdots, m$ 为给定的函数。这类问题称为非线性最小二乘问题。12.1 节将讨论该问题的一个特例，即函数 r_i，$i = 1, 2, \cdots, m$ 全部都是线性函数的情况。

例 9.2 对于某一过程，在 m 个时刻开展 m 次测量，得到一组测量值，如图 9.2 所示(图中 $m = 21$)。令 $t_1, t_2, \cdots, t_m$ 表示测量时刻，$y_1, y_2, \cdots, y_m$ 表示测量值，其中，$t_1 = 0$，

$t_{21}=10$。希望构造一个正弦函数拟合这些测量数据：

$$y = A\sin(\omega t+\phi)$$

通过为参数 A、ω 和 ϕ 选择合适的值，能够实现非常好的拟合。为了求解这一问题，构造目标函数：

$$\sum_{i=1}^{m}(y_i - A\sin(\omega t_i+\phi))^2$$

其含义为计算测量时刻处对应的测量值和正弦函数值之间误差的平方和。令 $\boldsymbol{x}=[A,\ \omega,\ \phi]^\top$ 表示决策变量向量，由此可得到一个非线性最小二乘问题，函数 r_i 为

$$r_i(\boldsymbol{x}) = y_i - A\sin(\omega t_i+\phi)$$

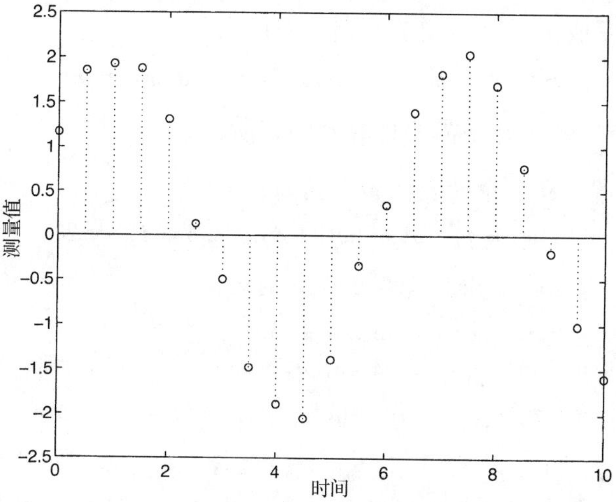

图9.2 例9.2中的测量值 ■

令 $\boldsymbol{r}=[r_1,\ \cdots,\ r_m]^\top$，可将目标函数写为 $f(\boldsymbol{x})=\boldsymbol{r}(\boldsymbol{x})^\top\boldsymbol{r}(\boldsymbol{x})$。为了能够应用牛顿法，先计算函数 f 的梯度和黑塞矩阵。梯度 $\nabla f(\boldsymbol{x})$ 的第 j 个元素为

$$(\nabla f(\boldsymbol{x}))_j = \frac{\partial f}{\partial x_j}(\boldsymbol{x}) = 2\sum_{i=1}^{m} r_i(\boldsymbol{x})\frac{\partial r_i}{\partial x_j}(\boldsymbol{x})$$

$\boldsymbol{r}$ 的雅可比矩阵为

$$\boldsymbol{J}(\boldsymbol{x}) = \begin{bmatrix} \frac{\partial r_1}{\partial x_1}(\boldsymbol{x}) & \cdots & \frac{\partial r_1}{\partial x_n}(\boldsymbol{x}) \\ \vdots & & \vdots \\ \frac{\partial r_m}{\partial x_1}(\boldsymbol{x}) & \cdots & \frac{\partial r_m}{\partial x_n}(\boldsymbol{x}) \end{bmatrix}$$

因此，函数 f 的梯度可表示为

$$\nabla f(\boldsymbol{x}) = 2\boldsymbol{J}(\boldsymbol{x})^\top\boldsymbol{r}(\boldsymbol{x})$$

函数 f 的黑塞矩阵的第 $(k,\ j)$ 个元素为

$$\begin{aligned}\frac{\partial^2 f}{\partial x_k\partial x_j}(\boldsymbol{x}) &= \frac{\partial}{\partial x_k}\left(\frac{\partial f}{\partial x_j}(\boldsymbol{x})\right)\\ &= \frac{\partial}{\partial x_k}\left(2\sum_{i=1}^{m} r_i(\boldsymbol{x})\frac{\partial r_i}{\partial x_j}(\boldsymbol{x})\right)\\ &= 2\sum_{i=1}^{m}\left(\frac{\partial r_i}{\partial x_k}(\boldsymbol{x})\frac{\partial r_i}{\partial x_j}(\boldsymbol{x}) + r_i(\boldsymbol{x})\frac{\partial^2 r_i}{\partial x_k\partial x_j}(\boldsymbol{x})\right)\end{aligned}$$

令 $\boldsymbol{S}(\boldsymbol{x})$ 表示矩阵，其 (k, j) 元素为

$$\sum_{i=1}^{m} r_i(\boldsymbol{x}) \frac{\partial^2 r_i}{\partial x_k \partial x_j}(\boldsymbol{x})$$

因此，可将黑塞矩阵写为

$$\boldsymbol{F}(\boldsymbol{x}) = 2(\boldsymbol{J}(\boldsymbol{x})^\top \boldsymbol{J}(\boldsymbol{x}) + \boldsymbol{S}(\boldsymbol{x}))$$

这样，可得到将牛顿法应用到非线性最小二乘问题时对应的迭代公式：

$$\boldsymbol{x}^{(k+1)} = \boldsymbol{x}^{(k)} - (\boldsymbol{J}(\boldsymbol{x})^\top \boldsymbol{J}(\boldsymbol{x}) + \boldsymbol{S}(\boldsymbol{x}))^{-1} \boldsymbol{J}(\boldsymbol{x})^\top \boldsymbol{r}(\boldsymbol{x})$$

矩阵 $\boldsymbol{S}(\boldsymbol{x})$ 包含函数 $\boldsymbol{r}$ 的二阶导数，其中的元素都很小，在实际应用中，经常将其忽略。此时，牛顿法就变成了通常所说的高斯-牛顿法：

$$\boldsymbol{x}^{(k+1)} = \boldsymbol{x}^{(k)} - (\boldsymbol{J}(\boldsymbol{x})^\top \boldsymbol{J}(\boldsymbol{x}))^{-1} \boldsymbol{J}(\boldsymbol{x})^\top \boldsymbol{r}(\boldsymbol{x})$$

需要指出的是，高斯-牛顿法并不需要计算 $\boldsymbol{r}$ 的二阶导数。

例 9.3　再次考虑例 9.2 中的数据拟合问题，其中，

$$r_i(\boldsymbol{x}) = y_i - A\sin(\omega t_i + \phi), \qquad i = 1, \cdots, 21$$

雅可比矩阵 $J(\boldsymbol{x})$ 是一个 21 ×3 矩阵，各元素分别为

$$\begin{aligned}
(J(\boldsymbol{x}))_{(i,1)} &= -\sin(\omega t_i + \phi), \\
(J(\boldsymbol{x}))_{(i,2)} &= -t_i A\cos(\omega t_i + \phi), \\
(J(\boldsymbol{x}))_{(i,3)} &= -A\cos(\omega t_i + \phi), \qquad i = 1, \cdots, 21
\end{aligned}$$

给定了数据对 (t_1, y_1)，(t_2, y_2)，…，(t_m, y_m) 之后，就可以利用牛顿法找出拟合程度最高的正弦函数，如图 9.3 所示，该正弦函数的参数为 $A=2.01$、$\omega=0.992$ 和 $\phi=0.541$。

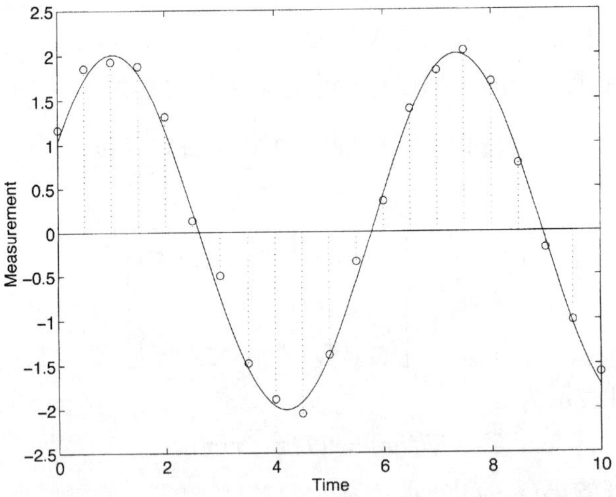

图 9.3　例 9.3 的拟合程度最高的正弦函数　■

高斯-牛顿法的一个潜在问题是 $\boldsymbol{J}(\boldsymbol{x})^\top \boldsymbol{J}(\boldsymbol{x})$ 可能不正定。类似地，这一问题可以利用 Levenberg-Marquardt 修正加以解决：

$$\boldsymbol{x}^{(k+1)} = \boldsymbol{x}^{(k)} - (\boldsymbol{J}(\boldsymbol{x})^\top \boldsymbol{J}(\boldsymbol{x}) + \mu_k \boldsymbol{I})^{-1} \boldsymbol{J}(\boldsymbol{x})^\top \boldsymbol{r}(\boldsymbol{x})$$

实际上，Levenberg-Marquardt 修正就是专门针对非线性最小二乘问题而提出来的，因此，

可以直接称为 Levenberg-Marquardt 方法。可以将上式中的 $\mu_k \boldsymbol{I}$ 视为对牛顿法中 $\boldsymbol{S}(\boldsymbol{x})$ 的近似，这也是对 Levenberg-Marquardt 方法的另外一种解释。

习题

9.1 目标函数 $f: \mathbb{R} \to \mathbb{R}$ 为 $f(x) = (x - x_0)^4$，$x_0 \in \mathbb{R}$ 为常数。利用牛顿法求解该函数的极小点。

a. 写出针对该问题的牛顿法迭代公式。

b. 令 $y^{(k)} = |x^{(k)} - x_0|$，$x^{(k)}$ 为牛顿法第 k 次迭代时的迭代点，证明序列 $\{y^{(k)}\}$ 满足 $y^{(k+1)} = \frac{2}{3} y^{(k)}$。

c. 证明对于任意初始点 $x^{(0)}$，都有 $x^{(k)} \to x_0$。

d. 证明牛顿法的迭代序列 $\{x^{(k)}\}$ 的收敛阶数为 1。

e. 定理 9.1 表明，在某些情况下，牛顿法的收敛阶数至少是 2。为什么这一定理在这一问题中不成立？

9.2 这是关于割线法收敛阶数的问题，其中的一些符号和说法与定理 9.1 的证明过程类似。

a. 函数 $f: \mathbb{R} \to \mathbb{R}$ 二阶连续可微，x^* 为局部极小点，$f''(x^*) \neq 0$。利用迭代公式 $x^{(k+1)} = x^{(k)} - \alpha_k f'(x^{(k)})$ 求极小点，步长序列 $\{\alpha_k\}$ 是一个正实数序列，能够收敛到 $1/f''(x^*)$。证明如果 $x^{(k)} \to x^*$，那么该算法的收敛阶数是超线性（即严格大于 1）的。

b. 根据问题 a 中的结果，可以对割线法的收敛阶数做出什么样的结论？

9.3 目标函数为 $f(x) = x^{\frac{4}{3}} = (\sqrt[3]{x})^4$，$x \in \mathbb{R}$。显然，函数 f 的全局极小点为 0。

a. 利用牛顿法求解这一问题，请写出其迭代公式。

b. 证明只要初始点不为 0，牛顿法就不会收敛到 0（无论初始点与 0 之间的距离有多近）。

9.4 目标函数为 Rosenbrock 函数：$f(\boldsymbol{x}) = 100(x_2 - x_1^2)^2 + (1 - x_1)^2$，$\boldsymbol{x} = [x_1, x_2]^\top$（知名的“恶意”函数——经常被用作优化算法测试的标准函数）。由于该函数的水平集呈现香蕉的形状，故也称为香蕉函数。

a. 证明 $[1, 1]^\top$ 是函数 f 在 $\mathbb{R}^2$ 上的全局极小点。

b. 初始点为 $[0, 0]^\top$，利用牛顿法开展两次迭代。提示：二维矩阵的求逆公式为

$$\begin{bmatrix} a & b \\ c & d \end{bmatrix}^{-1} = \frac{1}{ad - bc} \begin{bmatrix} d & -b \\ -c & a \end{bmatrix}$$

c. 利用梯度法重复问题 b，每次迭代步长固定为 $\alpha_k = 0.05$。

9.5 修正牛顿法的迭代公式为

$$\boldsymbol{x}^{(k+1)} = \boldsymbol{x}^{(k)} - \alpha_k \boldsymbol{F}(\boldsymbol{x}^{(k)})^{-1} \boldsymbol{g}^{(k)}$$

其中，$\alpha_k = \arg\min_{\alpha > 0} f(\boldsymbol{x}^{(k)} - \alpha \boldsymbol{F}(\boldsymbol{x}^{(k)})^{-1} \boldsymbol{g}^{(k)})$。利用该方法求解二次型函数 $f(\boldsymbol{x}) = \frac{1}{2} \boldsymbol{x}^\top \boldsymbol{Q} \boldsymbol{x} - \boldsymbol{x}^\top \boldsymbol{b}$ 的极小点，其中，$\boldsymbol{Q} = \boldsymbol{Q}^\top > 0$。标准的牛顿法能够从任意初始点 $\boldsymbol{x}^{(0)}$ 出发，只需要一次迭代就达到极小点 $\boldsymbol{x}^*$，$\nabla f(\boldsymbol{x}^*) = \boldsymbol{0}$。请分析修正牛顿法是否也具备同样的特性？

第10章 共轭方向法

10.1 引言

从计算效率上来看，共轭方向法位于最速下降法和牛顿法之间。共轭方向法具有以下特性：

1. 对于 n 维二次型问题，能够在 n 步之内得到结果；
2. 作为共轭方向法的典型代表，共轭梯度法不需要计算黑塞矩阵；
3. 不需要存储 $n\times n$ 的矩阵，也不需要对其进行求逆。

一般情况下，共轭方向法的性能优于最速下降法，但不如牛顿法。从最速下降法和牛顿法中可以看出，影响迭代搜索算法效率的关键因素为每次迭代的搜索方向。接下来将会看到，对于一个 n 变量的二次型函数 $f(\boldsymbol{x})=\frac{1}{2}\boldsymbol{x}^\top\boldsymbol{Q}\boldsymbol{x}-\boldsymbol{x}^\top\boldsymbol{b}$，$\boldsymbol{x}\in\mathbb{R}^n$，$\boldsymbol{Q}=\boldsymbol{Q}^\top>0$ 来说，最好的搜索方向为 $\boldsymbol{Q}$ 共轭方向。如果 $\mathbb{R}^n$ 中的两个方向 $\boldsymbol{d}^{(1)}$ 和 $\boldsymbol{d}^{(2)}$ 满足 $\boldsymbol{d}^{(1)\top}\boldsymbol{Q}\boldsymbol{d}^{(2)}=0$，则它们是关于 $\boldsymbol{Q}$ 共轭的。由此引出以下定义：

定义 10.1 $\boldsymbol{Q}$ 为 $n\times n$ 的对称实矩阵，对于方向 $\boldsymbol{d}^{(0)}$，$\boldsymbol{d}^{(1)}$，$\boldsymbol{d}^{(2)}$，…，$\boldsymbol{d}^{(m)}$，如果对于所有的 $i\neq j$，有 $\boldsymbol{d}^{(i)\top}\boldsymbol{Q}\boldsymbol{d}^{(j)}=0$，则称它们是关于 $\boldsymbol{Q}$ 共轭的。■

引理 10.1 $\boldsymbol{Q}$ 为 $n\times n$ 的对称正定矩阵，如果方向 $\boldsymbol{d}^{(0)}$，$\boldsymbol{d}^{(1)}$，…，$\boldsymbol{d}^{(k)}\in\mathbb{R}^n$，$k\leqslant n-1$ 非零，且是关于 $\boldsymbol{Q}$ 共轭的，那么它们是线性无关的。□

证明： 若存在一组标量 α_0，α_1，…，α_k，使得

$$\alpha_0\boldsymbol{d}^{(0)}+\alpha_1\boldsymbol{d}^{(1)}+\cdots+\alpha_k\boldsymbol{d}^{(k)}=\mathbf{0}$$

等号两端左乘 $\boldsymbol{d}^{(j)\top}\boldsymbol{Q}$，$0\leqslant j\leqslant k$，根据 $\boldsymbol{Q}$ 共轭的定义，可知 $\boldsymbol{d}^{(j)\top}\boldsymbol{Q}\boldsymbol{d}^{(i)}=0$，$i\neq j$，由此可得

$$\alpha_j\boldsymbol{d}^{(j)\top}\boldsymbol{Q}\boldsymbol{d}^{(j)}=\mathbf{0}$$

由于 $\boldsymbol{Q}=\boldsymbol{Q}^\top>0$，$\boldsymbol{d}^{(j)}\neq\mathbf{0}$，因此 $\alpha_j=0$，$j=0,1,\cdots,k$。这说明，$\boldsymbol{d}^{(0)}$，$\boldsymbol{d}^{(1)}$，…，$\boldsymbol{d}^{(k)}$，$k\leqslant n-1$ 是线性无关的。■

例 10.1 矩阵 $\boldsymbol{Q}$ 为

$$\boldsymbol{Q}=\begin{bmatrix}3&0&1\\0&4&2\\1&2&3\end{bmatrix}$$

由于 $\boldsymbol{Q}$ 的所有顺序主子式都为正数，

$$\Delta_1=3>0,\qquad \Delta_2=\det\begin{bmatrix}3&0\\0&4\end{bmatrix}=12>0,\qquad \Delta_3=\det\boldsymbol{Q}=20>0$$

因此，$\boldsymbol{Q}$ 为正定矩阵，有 $\boldsymbol{Q}=\boldsymbol{Q}^{\top}>0$。如何构造一组关于 $\boldsymbol{Q}$ 共轭的向量 $\boldsymbol{d}^{(0)}$，$\boldsymbol{d}^{(1)}$，$\boldsymbol{d}^{(2)}$ 呢？

令 $\boldsymbol{d}^{(0)}=[1,0,0]^{\top}$，$\boldsymbol{d}^{(1)}=[d_1^{(1)},d_2^{(1)},d_3^{(1)}]^{\top}$，$\boldsymbol{d}^{(2)}=[d_1^{(2)},d_2^{(2)},d_3^{(2)}]^{\top}$，必须满足 $\boldsymbol{d}^{(0)\top}\boldsymbol{Q}\boldsymbol{d}^{(1)}=0$，有

$$\boldsymbol{d}^{(0)\top}\boldsymbol{Q}\boldsymbol{d}^{(1)}=[1,0,0]\begin{bmatrix}3&0&1\\0&4&2\\1&2&3\end{bmatrix}\begin{bmatrix}d_1^{(1)}\\d_2^{(1)}\\d_3^{(1)}\end{bmatrix}=3d_1^{(1)}+d_3^{(1)}$$

令 $d_1^{(1)}=1$，$d_2^{(1)}=0$，$d_3^{(1)}=-3$，有 $\boldsymbol{d}^{(1)}=[1,0,-3]^{\top}$，$\boldsymbol{d}^{(0)\top}\boldsymbol{Q}\boldsymbol{d}^{(1)}=0$。

第三个向量 $\boldsymbol{d}^{(2)}$ 与前两个向量 $\boldsymbol{d}^{(0)}$ 和 $\boldsymbol{d}^{(1)}$ 是关于 $\boldsymbol{Q}$ 共轭的，因此，要求 $\boldsymbol{d}^{(0)\top}\boldsymbol{Q}\boldsymbol{d}^{(2)}=0$，$\boldsymbol{d}^{(1)\top}\boldsymbol{Q}\boldsymbol{d}^{(2)}=0$，有

$$\boldsymbol{d}^{(0)\top}\boldsymbol{Q}\boldsymbol{d}^{(2)}=3d_1^{(2)}+d_3^{(2)}=0$$
$$\boldsymbol{d}^{(1)\top}\boldsymbol{Q}\boldsymbol{d}^{(2)}=-6d_2^{(2)}-8d_3^{(2)}=0$$

选择 $\boldsymbol{d}^{(2)}=[1,4,-3]^{\top}$，即可得到一组关于 $\boldsymbol{Q}$ 共轭的向量。■

这种构造关于 $\boldsymbol{Q}$ 共轭向量的方法效率非常低。格拉姆-施密特(Gram-Schmidt)过程可以将 $\mathbb{R}^n$ 中的一组基向量转换为一组标准正交基向量，借鉴这一过程，可以设计一种系统化的构造关于 $\boldsymbol{Q}$ 共轭向量的算法流程(证明过程留作习题 10.1)。

10.2 基本的共轭方向算法

本节介绍基本的共轭方向算法，针对 n 维二次型函数的最小化问题：

$$f(\boldsymbol{x})=\frac{1}{2}\boldsymbol{x}^{\top}\boldsymbol{Q}\boldsymbol{x}-\boldsymbol{x}^{\top}\boldsymbol{b}$$

其中，$\boldsymbol{Q}=\boldsymbol{Q}^{\top}>\boldsymbol{0}$，$\boldsymbol{x}\in\mathbb{R}^n$。注意，由于 $\boldsymbol{Q}>\boldsymbol{0}$，因此函数 f 有一个全局极小点，可通过求解 $\boldsymbol{Q}\boldsymbol{x}=\boldsymbol{b}$ 得到。

基本的共轭方向算法。 给定初始点 $\boldsymbol{x}^{(0)}$ 和一组关于 $\boldsymbol{Q}$ 共轭的方向 $\boldsymbol{d}^{(0)}$，$\boldsymbol{d}^{(1)}$，…，$\boldsymbol{d}^{(n-1)}$，迭代公式为($k\geqslant 0$ 表示迭代次数)

$$\boldsymbol{g}^{(k)}=\nabla f(\boldsymbol{x}^{(k)})=\boldsymbol{Q}\boldsymbol{x}^{(k)}-\boldsymbol{b}$$
$$\alpha_k=-\frac{\boldsymbol{g}^{(k)\top}\boldsymbol{d}^{(k)}}{\boldsymbol{d}^{(k)\top}\boldsymbol{Q}\boldsymbol{d}^{(k)}}$$
$$\boldsymbol{x}^{(k+1)}=\boldsymbol{x}^{(k)}+\alpha_k\boldsymbol{d}^{(k)}$$

定理 10.1　对于任意初始点 $\boldsymbol{x}^{(0)}$，基本的共轭方向算法都能在 n 次迭代之内收敛到唯一的全局极小点 $\boldsymbol{x}^*$，即 $\boldsymbol{x}^{(n)}=\boldsymbol{x}^*$。□

证明： 由于方向 $\boldsymbol{d}^{(i)}$，$i=0,1,\cdots,n-1$ 线性无关，因此，$\boldsymbol{x}^*-\boldsymbol{x}^{(0)}\in\mathbb{R}^n$ 可由它们线性表出，即

$$\boldsymbol{x}^*-\boldsymbol{x}^{(0)}=\beta_0\boldsymbol{d}^{(0)}+\cdots+\beta_{n-1}\boldsymbol{d}^{(n-1)}$$

其中，β_i，$i=0,1,\cdots,n-1$ 为常数。

在等号两端同时左乘 $\boldsymbol{d}^{(k)\top}\boldsymbol{Q}$, $0\leqslant k<n$, 由 $\boldsymbol{Q}$ 共轭的性质可知, $\boldsymbol{d}^{(k)\top}\boldsymbol{Q}\boldsymbol{d}^{(i)}=0$, $k\neq i$, 因此有

$$\boldsymbol{d}^{(k)\top}\boldsymbol{Q}(\boldsymbol{x}^*-\boldsymbol{x}^{(0)})=\beta_k\boldsymbol{d}^{(k)\top}\boldsymbol{Q}\boldsymbol{d}^{(k)}$$

整理后, 可得

$$\beta_k=\frac{\boldsymbol{d}^{(k)\top}\boldsymbol{Q}(\boldsymbol{x}^*-\boldsymbol{x}^{(0)})}{\boldsymbol{d}^{(k)\top}\boldsymbol{Q}\boldsymbol{d}^{(k)}}$$

迭代点 $\boldsymbol{x}^{(k)}$ 可写为

$$\boldsymbol{x}^{(k)}=\boldsymbol{x}^{(0)}+\alpha_0\boldsymbol{d}^{(0)}+\cdots+\alpha_{k-1}\boldsymbol{d}^{(k-1)}$$

即

$$\boldsymbol{x}^{(k)}-\boldsymbol{x}^{(0)}=\alpha_0\boldsymbol{d}^{(0)}+\cdots+\alpha_{k-1}\boldsymbol{d}^{(k-1)}$$

而

$$\boldsymbol{x}^*-\boldsymbol{x}^{(0)}=(\boldsymbol{x}^*-\boldsymbol{x}^{(k)})+(\boldsymbol{x}^{(k)}-\boldsymbol{x}^{(0)})$$

等式两端同时左乘 $\boldsymbol{d}^{(k)\top}\boldsymbol{Q}$, 由于 $\boldsymbol{g}^{(k)}=\boldsymbol{Q}\boldsymbol{x}^{(k)}-\boldsymbol{b}$, $\boldsymbol{Q}\boldsymbol{x}^*=\boldsymbol{b}$, 可得

$$\boldsymbol{d}^{(k)\top}\boldsymbol{Q}(\boldsymbol{x}^*-\boldsymbol{x}^{(0)})=\boldsymbol{d}^{(k)\top}\boldsymbol{Q}(\boldsymbol{x}^*-\boldsymbol{x}^{(k)})=-\boldsymbol{d}^{(k)\top}\boldsymbol{g}^{(k)}$$

因此有

$$\beta_k=-\frac{\boldsymbol{d}^{(k)\top}\boldsymbol{g}^{(k)}}{\boldsymbol{d}^{(k)\top}\boldsymbol{Q}\boldsymbol{d}^{(k)}}=\alpha_k$$

这说明 $\boldsymbol{x}^*=\boldsymbol{x}^{(n)}$, 证明完毕。 ■

例 10.2　利用基本的共轭方向算法求函数

$$f(x_1,x_2)=\frac{1}{2}\boldsymbol{x}^\top\begin{bmatrix}4&2\\2&2\end{bmatrix}\boldsymbol{x}-\boldsymbol{x}^\top\begin{bmatrix}-1\\1\end{bmatrix},\boldsymbol{x}\in\mathbb{R}^2$$

的极小点, 初始点为 $\boldsymbol{x}^{(0)}=[0,0]^\top$, 给定 $\boldsymbol{Q}$ 共轭方向为 $\boldsymbol{d}^{(0)}=[1,0]^\top$, $\boldsymbol{d}^{(1)}=\left[-\frac{3}{8},\frac{3}{4}\right]^\top$。

首先计算

$$\boldsymbol{g}^{(0)}=-\boldsymbol{b}=[1,-1]^\top$$

有

$$\alpha_0=-\frac{\boldsymbol{g}^{(0)\top}\boldsymbol{d}^{(0)}}{\boldsymbol{d}^{(0)\top}\boldsymbol{Q}\boldsymbol{d}^{(0)}}=-\frac{[1,-1]\begin{bmatrix}1\\0\end{bmatrix}}{[1,0]\begin{bmatrix}4&2\\2&2\end{bmatrix}\begin{bmatrix}1\\0\end{bmatrix}}=-\frac{1}{4}$$

因此

$$\boldsymbol{x}^{(1)}=\boldsymbol{x}^{(0)}+\alpha_0\boldsymbol{d}^{(0)}=\begin{bmatrix}0\\0\end{bmatrix}-\frac{1}{4}\begin{bmatrix}1\\0\end{bmatrix}=\begin{bmatrix}-\frac{1}{4}\\0\end{bmatrix}$$

再计算

$$\boldsymbol{g}^{(1)} = \boldsymbol{Q}\boldsymbol{x}^{(1)} - \boldsymbol{b} = \begin{bmatrix} 4 & 2 \\ 2 & 2 \end{bmatrix} \begin{bmatrix} -\frac{1}{4} \\ 0 \end{bmatrix} - \begin{bmatrix} -1 \\ 1 \end{bmatrix} = \begin{bmatrix} 0 \\ -\frac{3}{2} \end{bmatrix}$$

$$\alpha_1 = -\frac{\boldsymbol{g}^{(1)\top}\boldsymbol{d}^{(1)}}{\boldsymbol{d}^{(1)\top}\boldsymbol{Q}\boldsymbol{d}^{(1)}} = -\frac{[0, -\frac{3}{2}] \begin{bmatrix} -\frac{3}{8} \\ \frac{3}{4} \end{bmatrix}}{[-\frac{3}{8}, \frac{3}{4}] \begin{bmatrix} 4 & 2 \\ 2 & 2 \end{bmatrix} \begin{bmatrix} -\frac{3}{8} \\ \frac{3}{4} \end{bmatrix}} = 2$$

因此，

$$\boldsymbol{x}^{(2)} = \boldsymbol{x}^{(1)} + \alpha_1 \boldsymbol{d}^{(1)} = \begin{bmatrix} -\frac{1}{4} \\ 0 \end{bmatrix} + 2 \begin{bmatrix} -\frac{3}{8} \\ \frac{3}{4} \end{bmatrix} = \begin{bmatrix} -1 \\ \frac{3}{2} \end{bmatrix}$$

由于函数 f 是一个二维的二次型函数，故 $\boldsymbol{x}^{(2)} = \boldsymbol{x}^*$。 ■

目标函数为 n 维二次型函数时，共轭方向法能够在 n 步迭代之后得到极小点。接下来我们会发现，共轭方向法的中间迭代步骤具有一种很有意义的性质。选定 $\boldsymbol{x}^{(0)}$ 作为迭代初始点，$\boldsymbol{d}^{(0)}$ 为初始搜索方向，有

$$\boldsymbol{x}^{(1)} = \boldsymbol{x}^{(0)} - \left(\frac{\boldsymbol{g}^{(0)\top}\boldsymbol{d}^{(0)}}{\boldsymbol{d}^{(0)\top}\boldsymbol{Q}\boldsymbol{d}^{(0)}} \right) \boldsymbol{d}^{(0)}$$

可以证明

$$\boldsymbol{g}^{(1)\top}\boldsymbol{d}^{(0)} = 0$$

推导过程为

$$\begin{aligned} \boldsymbol{g}^{(1)\top}\boldsymbol{d}^{(0)} &= (\boldsymbol{Q}\boldsymbol{x}^{(1)} - \boldsymbol{b})^\top \boldsymbol{d}^{(0)} \\ &= \boldsymbol{x}^{(0)\top}\boldsymbol{Q}\boldsymbol{d}^{(0)} - \left(\frac{\boldsymbol{g}^{(0)\top}\boldsymbol{d}^{(0)}}{\boldsymbol{d}^{(0)\top}\boldsymbol{Q}\boldsymbol{d}^{(0)}} \right) \boldsymbol{d}^{(0)\top}\boldsymbol{Q}\boldsymbol{d}^{(0)} - \boldsymbol{b}^\top \boldsymbol{d}^{(0)} \\ &= \boldsymbol{g}^{(0)\top}\boldsymbol{d}^{(0)} - \boldsymbol{g}^{(0)\top}\boldsymbol{d}^{(0)} = 0 \end{aligned}$$

方程 $\boldsymbol{g}^{(1)\top}\boldsymbol{d}^{(0)} = 0$ 表示步长 α_0 为 $\alpha_0 = \arg\min \phi_0(\alpha)$，其中，$\phi_0(\alpha) = f(\boldsymbol{x}^{(0)} + \alpha\boldsymbol{d}^{(0)})$。下面给出具体的推导过程。

由链式法则，可得

$$\frac{\mathrm{d}\phi_0}{\mathrm{d}\alpha}(\alpha) = \nabla f(\boldsymbol{x}^{(0)} + \alpha\boldsymbol{d}^{(0)})^\top \boldsymbol{d}^{(0)}$$

将 $\alpha = \alpha_0$ 代入上式，可得

$$\frac{\mathrm{d}\phi_0}{\mathrm{d}\alpha}(\alpha_0) = \boldsymbol{g}^{(1)\top}\boldsymbol{d}^{(0)} = 0$$

由于 ϕ_0 是关于 α 的平方函数，其中，α^2 项的系数为 $\boldsymbol{d}^{(0)\top}\boldsymbol{Q}\boldsymbol{d}^{(0)} > 0$，说明 ϕ_0 存在唯一的极小点，因此，$\alpha_0 = \arg\min_{\alpha\in\mathbb{R}} \phi_0(\alpha)$。

以此类推，可以证明，对于所有 k，都有

$$\boldsymbol{g}^{(k+1)\top}\boldsymbol{d}^{(k)} = 0$$

即

$$\alpha_k = \arg\min f(\boldsymbol{x}^{(k)} + \alpha\boldsymbol{d}^{(k)})$$

实际上，还存在更为一般化的结论，如下面的引理所示。

引理 10.2　在共轭方向算法中，对于所有 k, $0\leqslant k\leqslant n-1$, $0\leqslant i\leqslant k$, 都有

$$\boldsymbol{g}^{(k+1)\top}\boldsymbol{d}^{(i)}=0$$

□

证明： 由于 $\boldsymbol{g}^{(k)}=\boldsymbol{Q}\boldsymbol{x}^{(k)}-\boldsymbol{b}$, 因此

$$\boldsymbol{Q}(\boldsymbol{x}^{(k+1)}-\boldsymbol{x}^{(k)})=\boldsymbol{Q}\boldsymbol{x}^{(k+1)}-\boldsymbol{b}-(\boldsymbol{Q}\boldsymbol{x}^{(k)}-\boldsymbol{b})=\boldsymbol{g}^{(k+1)}-\boldsymbol{g}^{(k)}$$

由此可得

$$\boldsymbol{g}^{(k+1)}=\boldsymbol{g}^{(k)}+\alpha_k\boldsymbol{Q}\boldsymbol{d}^{(k)}$$

利用数学归纳法进行证明。前面已证明过，$\boldsymbol{g}^{(1)\top}\boldsymbol{d}^{(0)}=0$，因此，当 $k=0$ 时，结论成立。接下来只需要证明如果结论对于 $k-1$ 成立，即$\boldsymbol{g}^{(k)\top}\boldsymbol{d}^{(i)}=0$，$i\leqslant k-1$，那么应该对于 k 也成立，即 $\boldsymbol{g}^{(k+1)\top}\boldsymbol{d}^{(i)}=0$，$i\leqslant k$。固定 $k>0$，$0\leqslant i<k$，根据归纳法的假设，可知 $\boldsymbol{g}^{(k)\top}\boldsymbol{d}^{(i)}=0$ 成立。

由于

$$\boldsymbol{g}^{(k+1)}=\boldsymbol{g}^{(k)}+\alpha_k\boldsymbol{Q}\boldsymbol{d}^{(k)}$$

根据 $\boldsymbol{Q}$ 共轭性质可知，$\boldsymbol{d}^{(k)\top}\boldsymbol{Q}\boldsymbol{d}^{(i)}=0$，联合可得

$$\boldsymbol{g}^{(k+1)\top}\boldsymbol{d}^{(i)}=\boldsymbol{g}^{(k)\top}\boldsymbol{d}^{(i)}+\alpha_k\boldsymbol{d}^{(k)\top}\boldsymbol{Q}\boldsymbol{d}^{(i)}=0$$

接下来只需再证明

$$\boldsymbol{g}^{(k+1)\top}\boldsymbol{d}^{(k)}=0$$

即可。

由于 $\boldsymbol{Q}\boldsymbol{x}^{(k)}-\boldsymbol{b}=\boldsymbol{g}^{(k)}$，因此，

$$\begin{aligned}\boldsymbol{g}^{(k+1)\top}\boldsymbol{d}^{(k)}&=(\boldsymbol{Q}\boldsymbol{x}^{(k+1)}-\boldsymbol{b})^\top\boldsymbol{d}^{(k)}\\&=\left(\boldsymbol{x}^{(k)}-\frac{\boldsymbol{g}^{(k)\top}\boldsymbol{d}^{(k)}}{\boldsymbol{d}^{(k)\top}\boldsymbol{Q}\boldsymbol{d}^{(k)}}\boldsymbol{d}^{(k)}\right)^\top\boldsymbol{Q}\boldsymbol{d}^{(k)}-\boldsymbol{b}^\top\boldsymbol{d}^{(k)}\\&=\left(\boldsymbol{Q}\boldsymbol{x}^{(k)}-\boldsymbol{b}\right)^\top\boldsymbol{d}^{(k)}-\boldsymbol{g}^{(k)\top}\boldsymbol{d}^{(k)}\\&=0\end{aligned}$$

因此，由归纳法可知，对于所有的 $0\leqslant k\leqslant n-1$，$0\leqslant i\leqslant k$，都有

$$\boldsymbol{g}^{(k+1)\top}\boldsymbol{d}^{(i)}=0$$

■

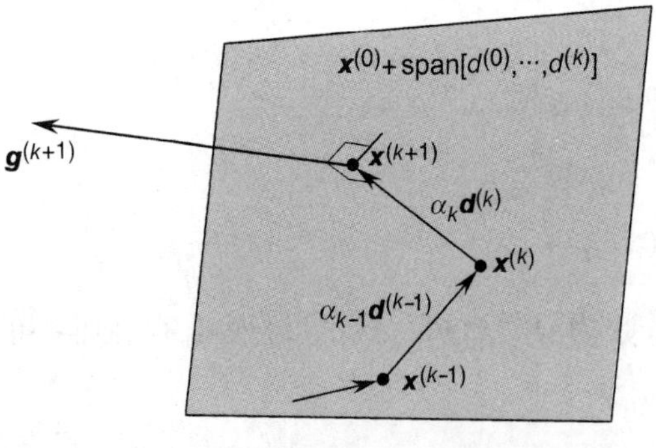

图 10.1　引理 10.2 的示意图

由引理 10.2 可知，$\boldsymbol{g}^{(k+1)}$ 正交于由向量 $\boldsymbol{d}^{(0)}$，$\boldsymbol{d}^{(1)}$，…，$\boldsymbol{d}^{(k)}$ 张成的子空间中的任意向量，如图 10.1 所示。

该引理可用于证明共轭方向法的一个很有意思的最优性性质。可以证明 $f(\boldsymbol{x}^{(k+1)})$ 不仅能够满足 $f(\boldsymbol{x}^{(k+1)})=\min_\alpha f(\boldsymbol{x}^{(k)}+\alpha\boldsymbol{d}^{(k)})$，而且还能满足

$$f(\boldsymbol{x}^{(k+1)})=\min_{a_0,\cdots,a_k}f\left(\boldsymbol{x}^{(0)}+\sum_{i=0}^k a_i\boldsymbol{d}^{(i)}\right)$$

换言之，如果记

$$\mathcal{V}_k = \boldsymbol{x}^{(0)} + \mathrm{span}[\boldsymbol{d}^{(0)}, \boldsymbol{d}^{(1)}, \cdots, \boldsymbol{d}^{(k)}]$$

则有 $f(\boldsymbol{x}^{(k+1)}) = \min_{x\in\mathcal{V}_k} f(\boldsymbol{x})$。随着 k 的增大，子空间 $\mathrm{span}[\boldsymbol{d}^{(0)}, \boldsymbol{d}^{(1)}, \cdots, \boldsymbol{d}^{(k)}]$ 不断"扩张"，直到充满整个 $\mathbb{R}^n$（前提是向量 $\boldsymbol{d}^{(0)}, \boldsymbol{d}^{(1)}, \cdots$ 是线性无关的）。因此，当 k 足够大时，$\boldsymbol{x}^*$ 将位于 $\mathcal{V}_k$ 中。基于此，以上结论有时也称为扩张子空间定理（见参考文献[88]的第 266 页）。

定义矩阵 $\boldsymbol{D}^{(k)}$ 为

$$\boldsymbol{D}^{(k)} = [\boldsymbol{d}^{(0)}, \cdots, \boldsymbol{d}^{(k)}]$$

其中，$\boldsymbol{d}^{(i)}$ 为矩阵 $\boldsymbol{D}^{(k)}$ 的第 i 列。注意，$\boldsymbol{x}^{(0)} + \mathcal{R}(\boldsymbol{D}^{(k)}) = \mathcal{V}_k$，同时，

$$\begin{aligned}\boldsymbol{x}^{(k+1)} &= \boldsymbol{x}^{(0)} + \sum_{i=0}^{k} \alpha_i \boldsymbol{d}^{(i)} \\ &= \boldsymbol{x}^{(0)} + \boldsymbol{D}^{(k)}\boldsymbol{\alpha}\end{aligned}$$

其中，$\boldsymbol{\alpha} = [\alpha_0, \cdots, \alpha_k]^\top$。因此，

$$\boldsymbol{x}^{(k+1)} \in \boldsymbol{x}^{(0)} + \mathcal{R}(\boldsymbol{D}^{(k)}) = \mathcal{V}_k$$

对于任意向量 $\boldsymbol{x}\in\mathcal{V}_k$，存在一个向量 $\boldsymbol{a}$，使得 $\boldsymbol{x} = \boldsymbol{x}^{(0)} + \boldsymbol{D}^{(k)}\boldsymbol{a}$。令 $\phi_k(\boldsymbol{a}) = f(\boldsymbol{x}^{(0)} + \boldsymbol{D}^{(k)}\boldsymbol{a})$，可知 ϕ_k 是一个二次型函数，具有唯一的极小点（见习题 6.33 和习题 10.7）。由链式法则可得

$$D\phi_k(\boldsymbol{a}) = \nabla f(\boldsymbol{x}^{(0)} + \boldsymbol{D}^{(k)}\boldsymbol{a})^\top \boldsymbol{D}^{(k)}$$

代入 $\boldsymbol{\alpha}$ 可得

$$\begin{aligned}D\phi_k(\boldsymbol{\alpha}) &= \nabla f(\boldsymbol{x}^{(0)} + \boldsymbol{D}^{(k)}\boldsymbol{\alpha})^\top \boldsymbol{D}^{(k)} \\ &= \nabla f(\boldsymbol{x}^{(k+1)})^\top \boldsymbol{D}^{(k)} \\ &= \boldsymbol{g}^{(k+1)\top} \boldsymbol{D}^{(k)}\end{aligned}$$

由引理 10.2 可知，$\boldsymbol{g}^{(k+1)\top}\boldsymbol{D}^{(k)} = \boldsymbol{0}^\top$。因此，$\boldsymbol{\alpha}$ 能够满足函数 ϕ_k 局部极小点的一阶必要条件，是 ϕ_k 的极小点，即

$$f(\boldsymbol{x}^{(k+1)}) = \min_{\boldsymbol{a}} f(\boldsymbol{x}^{(0)} + \boldsymbol{D}^{(k)}\boldsymbol{a}) = \min_{\boldsymbol{x}\in\mathcal{V}_k} f(\boldsymbol{x})$$

扩张子空间定理证明完毕。

共轭方向法的计算效率很高，但是，前提是必须能够给定一组 $\boldsymbol{Q}$ 共轭方向。幸运的是，存在一种方法，能够随着迭代的进行，逐一产生 $\boldsymbol{Q}$ 共轭方向，无须提前指定。下一节将讨论这种能够在迭代过程中产生 $\boldsymbol{Q}$ 共轭方向的方法。

10.3 共轭梯度法

共轭梯度法不需要预先给定 $\boldsymbol{Q}$ 共轭方向，而是随着迭代的进行不断产生 $\boldsymbol{Q}$ 共轭方向。在每次迭代中，利用上一个搜索方向和目标函数在当前迭代点的梯度向量之间的线性组合构造一个新方向，使其与前面已经产生的搜索方向组成 $\boldsymbol{Q}$ 共轭方向。这就是共轭梯度法这一名字的由来。这一过程利用前面得出的一个结论，即对于一个 n 维二次型函数，沿着 $\boldsymbol{Q}$ 共轭方向进行搜索，经过 n 次迭代，即可得到极小点。

考虑二次型目标函数：

$$f(\boldsymbol{x}) = \frac{1}{2}\boldsymbol{x}^\top\boldsymbol{Q}\boldsymbol{x} - \boldsymbol{x}^\top\boldsymbol{b},\quad \boldsymbol{x}\in\mathbb{R}^n$$

其中，$\boldsymbol{Q}=\boldsymbol{Q}^\top>0$。初始点为 $\boldsymbol{x}^{(0)}$，搜索方向采用最速下降法的方向，即函数 f 在 $\boldsymbol{x}^{(0)}$ 处梯度的负方向，即

$$\boldsymbol{d}^{(0)} = -\boldsymbol{g}^{(0)}$$

产生下一个迭代点：

$$\boldsymbol{x}^{(1)} = \boldsymbol{x}^{(0)} + \alpha_0\boldsymbol{d}^{(0)}$$

其中，步长为

$$\alpha_0 = \mathop{\arg\min}_{\alpha\geqslant 0} f(\boldsymbol{x}^{(0)} + \alpha\boldsymbol{d}^{(0)}) = -\frac{\boldsymbol{g}^{(0)\top}\boldsymbol{d}^{(0)}}{\boldsymbol{d}^{(0)\top}\boldsymbol{Q}\boldsymbol{d}^{(0)}}$$

再开展下一次迭代，搜索方向 $\boldsymbol{d}^{(1)}$ 应该和 $\boldsymbol{d}^{(0)}$ 是关于 $\boldsymbol{Q}$ 共轭的，可将 $\boldsymbol{d}^{(1)}$ 写为 $\boldsymbol{g}^{(1)}$ 和 $\boldsymbol{d}^{(0)}$ 之间的线性组合。推广开来，在第 $k+1$ 次迭代中，搜索方向 $\boldsymbol{d}^{(k+1)}$ 写为 $\boldsymbol{g}^{(k+1)}$ 和 $\boldsymbol{d}^{(k)}$ 之间的线性组合，可写为

$$\boldsymbol{d}^{(k+1)} = -\boldsymbol{g}^{(k+1)} + \beta_k\boldsymbol{d}^{(k)},\quad k=0,1,2,\cdots$$

按照如下方式选择系数 β_k，$k=1, 2, \cdots$，可以使得 $\boldsymbol{d}^{(k+1)}$ 和 $\boldsymbol{d}^{(0)}$，$\boldsymbol{d}^{(1)}$，$\cdots$，$\boldsymbol{d}^{(k)}$ 组成 $\boldsymbol{Q}$ 共轭方向：

$$\beta_k = \frac{\boldsymbol{g}^{(k+1)\top}\boldsymbol{Q}\boldsymbol{d}^{(k)}}{\boldsymbol{d}^{(k)\top}\boldsymbol{Q}\boldsymbol{d}^{(k)}}$$

共轭梯度法的算法步骤可以归纳如下：

1. 令 $k:=0$；选择初始值 $\boldsymbol{x}^{(0)}$。
2. 计算 $\boldsymbol{g}^{(0)}=\nabla f(\boldsymbol{x}^{(0)})$，如果 $\boldsymbol{g}^{(0)}=\boldsymbol{0}$，停止迭代；否则，令 $\boldsymbol{d}^{(0)}=-\boldsymbol{g}^{(0)}$。
3. 计算 $\alpha_k = -\dfrac{\boldsymbol{g}^{(k)\top}\boldsymbol{d}^{(k)}}{\boldsymbol{d}^{(k)\top}\boldsymbol{Q}\boldsymbol{d}^{(k)}}$。
4. 计算 $\boldsymbol{x}^{(k+1)}=\boldsymbol{x}^{(k)}+\alpha_k\boldsymbol{d}^{(k)}$。
5. 计算 $\boldsymbol{g}^{(k+1)}=\nabla f(\boldsymbol{x}^{(k+1)})$，如果 $\boldsymbol{g}^{(k+1)}=\boldsymbol{0}$，停止迭代。
6. 计算 $\beta_k=\dfrac{\boldsymbol{g}^{(k+1)\top}\boldsymbol{Q}\boldsymbol{d}^{(k)}}{\boldsymbol{d}^{(k)\top}\boldsymbol{Q}\boldsymbol{d}^{(k)}}$。
7. 计算 $\boldsymbol{d}^{(k+1)}=-\boldsymbol{g}^{(k+1)}+\beta_k\boldsymbol{d}^{(k)}$。
8. 令 $k:=k+1$，回到第 3 步。

命题 10.1 共轭梯度法中的搜索方向 $\boldsymbol{d}^{(0)}$，$\boldsymbol{d}^{(1)}$，$\cdots$，$\boldsymbol{d}^{(n-1)}$ 是 $\boldsymbol{Q}$ 共轭方向。 □

证明： 利用归纳法进行证明。首先证明 $\boldsymbol{d}^{(0)\top}\boldsymbol{Q}\boldsymbol{d}^{(1)}=0$。为此，将 $\boldsymbol{d}^{(0)\top}\boldsymbol{Q}\boldsymbol{d}^{(1)}$ 写为

$$\boldsymbol{d}^{(0)\top}\boldsymbol{Q}\boldsymbol{d}^{(1)} = \boldsymbol{d}^{(0)\top}\boldsymbol{Q}(-\boldsymbol{g}^{(1)} + \beta_0\boldsymbol{d}^{(0)})$$

将

$$\beta_0 = \frac{\boldsymbol{g}^{(1)\top}\boldsymbol{Q}\boldsymbol{d}^{(0)}}{\boldsymbol{d}^{(0)\top}\boldsymbol{Q}\boldsymbol{d}^{(0)}}$$

代入上式，可得 $\boldsymbol{d}^{(0)\top}\boldsymbol{Q}\boldsymbol{d}^{(1)}=0$。

假定 $\boldsymbol{d}^{(0)}$，$\boldsymbol{d}^{(1)}$，…，$\boldsymbol{d}^{(k)}$，$k<n-1$ 是 $\boldsymbol{Q}$ 共轭方向，由引理 10.2 可知，$\boldsymbol{g}^{(k+1)\top}\boldsymbol{d}^{(j)}=0$，$j=0, 1, \cdots, k$，即 $\boldsymbol{g}^{(k+1)}$ 与所有方向 $\boldsymbol{d}^{(0)}$，$\boldsymbol{d}^{(1)}$，…，$\boldsymbol{d}^{(k)}$ 都正交。接下来只需要证明

$$\boldsymbol{g}^{(k+1)\top}\boldsymbol{g}^{(j)}=0,\quad j=0,1,\cdots,k$$

固定某个 $j\in\{0, \cdots, k\}$，有

$$\boldsymbol{d}^{(j)}=-\boldsymbol{g}^{(j)}+\beta_{j-1}\boldsymbol{d}^{(j-1)}$$

将其代入 $\boldsymbol{g}^{(k+1)\top}\boldsymbol{d}^{(j)}=0$ 可得

$$\boldsymbol{g}^{(k+1)\top}\boldsymbol{d}^{(j)}=0=-\boldsymbol{g}^{(k+1)\top}\boldsymbol{g}^{(j)}+\beta_{j-1}\boldsymbol{g}^{(k+1)\top}\boldsymbol{d}^{(j-1)}$$

由于 $\boldsymbol{g}^{(k+1)\top}\boldsymbol{d}^{(j-1)}=0$，因此，$\boldsymbol{g}^{(k+1)\top}\boldsymbol{g}^{(j)}=0$。

最后证明 $\boldsymbol{d}^{(k+1)\top}\boldsymbol{Q}\boldsymbol{d}^{(j)}=0$，$j=0, \cdots, k$。已知

$$\boldsymbol{d}^{(k+1)\top}\boldsymbol{Q}\boldsymbol{d}^{(j)}=(-\boldsymbol{g}^{(k+1)}+\beta_k\boldsymbol{d}^{(k)})^\top\boldsymbol{Q}\boldsymbol{d}^{(j)}$$

如果 $j<k$，由前面的假设可知 $\boldsymbol{d}^{(k)\top}\boldsymbol{Q}\boldsymbol{d}^{(j)}=0$，因此，

$$\boldsymbol{d}^{(k+1)\top}\boldsymbol{Q}\boldsymbol{d}^{(j)}=-\boldsymbol{g}^{(k+1)\top}\boldsymbol{Q}\boldsymbol{d}^{(j)}$$

已知 $\boldsymbol{g}^{(j+1)}=\boldsymbol{g}^{(j)}+\alpha_j\boldsymbol{Q}\boldsymbol{d}^{(j)}$，由于 $\boldsymbol{g}^{(k+1)\top}\boldsymbol{g}^{(i)}=0$，$i=0, \cdots, k$，故有

$$\boldsymbol{d}^{(k+1)\top}\boldsymbol{Q}\boldsymbol{d}^{(j)}=-\boldsymbol{g}^{(k+1)\top}\frac{(\boldsymbol{g}^{(j+1)}-\boldsymbol{g}^{(j)})}{\alpha_j}=0$$

因此可得

$$\boldsymbol{d}^{(k+1)\top}\boldsymbol{Q}\boldsymbol{d}^{(j)}=0,\quad j=0,\cdots,k-1$$

还需要证明 $\boldsymbol{d}^{(k+1)\top}\boldsymbol{Q}\boldsymbol{d}^{(k)}=0$。已知

$$\boldsymbol{d}^{(k+1)\top}\boldsymbol{Q}\boldsymbol{d}^{(k)}=(-\boldsymbol{g}^{(k+1)}+\beta_k\boldsymbol{d}^{(k)})^\top\boldsymbol{Q}\boldsymbol{d}^{(k)}$$

将系数 β_k 的计算公式代入，可得 $\boldsymbol{d}^{(k+1)\top}\boldsymbol{Q}\boldsymbol{d}^{(k)}=0$。命题证明完毕。■

例 10.3　目标函数为二次型函数：

$$f(x_1,x_2,x_3)=\frac{3}{2}x_1^2+2x_2^2+\frac{3}{2}x_3^2+x_1x_3+2x_2x_3-3x_1-x_3$$

利用共轭梯度法求其极小点，初始点为 $\boldsymbol{x}^{(0)}=[0, 0, 0]^\top$。

函数 f 可以写为

$$f(\boldsymbol{x})=\frac{1}{2}\boldsymbol{x}^\top\boldsymbol{Q}\boldsymbol{x}-\boldsymbol{x}^\top\boldsymbol{b}$$

其中，

$$\boldsymbol{Q}=\begin{bmatrix}3&0&1\\0&4&2\\1&2&3\end{bmatrix},\qquad \boldsymbol{b}=\begin{bmatrix}3\\0\\1\end{bmatrix}$$

函数 f 的梯度为

$$\boldsymbol{g}(\boldsymbol{x})=\nabla f(\boldsymbol{x})=\boldsymbol{Q}\boldsymbol{x}-\boldsymbol{b}=[3x_1+x_3-3,4x_2+2x_3,x_1+2x_2+3x_3-1]^\top$$

因此，

$$\boldsymbol{g}^{(0)} = [-3, 0, -1]^\top$$
$$\boldsymbol{d}^{(0)} = -\boldsymbol{g}^{(0)}$$
$$\alpha_0 = -\frac{\boldsymbol{g}^{(0)\top}\boldsymbol{d}^{(0)}}{\boldsymbol{d}^{(0)\top}\boldsymbol{Q}\boldsymbol{d}^{(0)}} = \frac{10}{36} = 0.2778$$

新的迭代点为

$$\boldsymbol{x}^{(1)} = \boldsymbol{x}^{(0)} + \alpha_0\boldsymbol{d}^{(0)} = [0.8333, 0, 0.2778]^\top$$

可得

$$\boldsymbol{g}^{(1)} = \nabla f(\boldsymbol{x}^{(1)}) = [-0.2222, 0.5556, 0.6667]^\top$$
$$\beta_0 = \frac{\boldsymbol{g}^{(1)\top}\boldsymbol{Q}\boldsymbol{d}^{(0)}}{\boldsymbol{d}^{(0)\top}\boldsymbol{Q}\boldsymbol{d}^{(0)}} = 0.080\,25$$

对应的搜索方向为

$$\boldsymbol{d}^{(1)} = -\boldsymbol{g}^{(1)} + \beta_0\boldsymbol{d}^{(0)} = [0.4630, -0.5556, -0.5864]^\top$$

步长为

$$\alpha_1 = -\frac{\boldsymbol{g}^{(1)\top}\boldsymbol{d}^{(1)}}{\boldsymbol{d}^{(1)\top}\boldsymbol{Q}\boldsymbol{d}^{(1)}} = 0.2187$$

得到新的迭代点为

$$\boldsymbol{x}^{(2)} = \boldsymbol{x}^{(1)} + \alpha_1\boldsymbol{d}^{(1)} = [0.9346, -0.1215, 0.1495]^\top$$

开展第 3 次迭代，可得

$$\boldsymbol{g}^{(2)} = \nabla f(\boldsymbol{x}^{(2)}) = [-0.046\,73, -0.1869, 0.1402]^\top$$
$$\beta_1 = \frac{\boldsymbol{g}^{(2)\top}\boldsymbol{Q}\boldsymbol{d}^{(1)}}{\boldsymbol{d}^{(1)\top}\boldsymbol{Q}\boldsymbol{d}^{(1)}} = 0.070\,75$$
$$\boldsymbol{d}^{(2)} = -\boldsymbol{g}^{(2)} + \beta_1\boldsymbol{d}^{(1)} = [0.079\,48, 0.1476, -0.1817]^\top$$

步长为

$$\alpha_2 = -\frac{\boldsymbol{g}^{(2)\top}\boldsymbol{d}^{(2)}}{\boldsymbol{d}^{(2)\top}\boldsymbol{Q}\boldsymbol{d}^{(2)}} = 0.8231$$

可得

$$\boldsymbol{x}^{(3)} = \boldsymbol{x}^{(2)} + \alpha_2\boldsymbol{d}^{(2)} = [1.000, 0.000, 0.000]^\top$$

计算函数 f 在 $\boldsymbol{x}^{(3)}$ 处的梯度：

$$\boldsymbol{g}^{(3)} = \nabla f(\boldsymbol{x}^{(3)}) = \mathbf{0}$$

目标函数 f 是一个三变量二次型函数，正如我们期待的那样，3 次迭代即得到了函数 f 的极小点 $\boldsymbol{x}^*$，即 $\boldsymbol{x}^* = \boldsymbol{x}^{(3)}$。 ■

10.4 非二次型问题中的共轭梯度法

10.3 节中证明了共轭梯度法是共轭方向法的一种具体实现，能够在 n 步之内迭代求得 n 维正定二次型函数的极小点。如果将函数 $f(\boldsymbol{x}) = \frac{1}{2}\boldsymbol{x}^\top\boldsymbol{Q}\boldsymbol{x} - \boldsymbol{x}^\top\boldsymbol{b}$ 视为某个目标函数

泰勒展开式的二阶近似，就可以将共轭梯度法推广应用到一般的非线性函数。由泰勒展开式可知，如果展开点离函数极小点比较近，那么函数可以利用二次型函数进行较好的近似。二次型函数中的矩阵 $\boldsymbol{Q}$，即黑塞矩阵是常数矩阵。但是，对于一般的非线性函数而言，每次迭代都必须重新计算黑塞矩阵，这需要非常大的运算量。因此，有必要对共轭梯度法进行修改，消除每次迭代中求黑塞矩阵的环节，使得算法更加高效。

注意矩阵 $\boldsymbol{Q}$ 只出现在 α_k 和 β_k 的计算公式中，由于

$$\alpha_k = \arg\min_{\alpha \geqslant 0} f(\boldsymbol{x}^{(k)} + \alpha \boldsymbol{d}^{(k)})$$

说明 α_k 的计算公式可以替换为一维搜索过程。因此，只需要考虑从 β_k 的计算公式中去掉 $\boldsymbol{Q}$ 就可以了。幸运的是，这是可以做到的，使得 β_k 的计算只需要用到当前迭代点的函数值和梯度值。为此，假设二次型目标函数的黑塞矩阵未知，但目标函数和梯度是可求的。接下来将会看出，利用数学上的处理，可以将 $\boldsymbol{Q}$ 从 β_k 的计算公式中消除，从而实现对共轭梯度法的修正。有 3 种知名的修正方式：

Hestenes-Stiefel 公式。共轭梯度法中，β_k 的计算公式为

$$\beta_k = \frac{\boldsymbol{g}^{(k+1)\top} \boldsymbol{Q} \boldsymbol{d}^{(k)}}{\boldsymbol{d}^{(k)\top} \boldsymbol{Q} \boldsymbol{d}^{(k)}}$$

利用 $(\boldsymbol{g}^{(k+1)} - \boldsymbol{g}^{(k)})/\alpha_k$ 替代上式中的 $\boldsymbol{Q}\boldsymbol{d}^{(k)}$，整理后即可得到 Hestenes-Stiefel 公式。可以证明，对于二次型目标函数，这两项是相等的。已知 $\boldsymbol{x}^{(k+1)} = \boldsymbol{x}^{(k)} + \alpha_k \boldsymbol{d}^{(k)}$，等号两侧同时左乘矩阵 $\boldsymbol{Q}$，并减去向量 $\boldsymbol{b}$，由于 $\boldsymbol{g}^{(k)} = \boldsymbol{Q}\boldsymbol{x}^{(k)} - \boldsymbol{b}$，因此，$\boldsymbol{g}^{(k+1)} = \boldsymbol{g}^{(k)} + \alpha_k \boldsymbol{Q}\boldsymbol{d}^{(k)}$，简单整理后即有 $\boldsymbol{Q}\boldsymbol{d}^{(k)} = (\boldsymbol{g}^{(k+1)} - \boldsymbol{g}^{(k)})/\alpha_k$。这样，可得 Hestenes-Stiefel 公式为

$$\beta_k = \frac{\boldsymbol{g}^{(k+1)\top} [\boldsymbol{g}^{(k+1)} - \boldsymbol{g}^{(k)}]}{\boldsymbol{d}^{(k)\top} [\boldsymbol{g}^{(k+1)} - \boldsymbol{g}^{(k)}]}$$

Polak-Ribière 公式。将 Hestenes-Stiefel 公式的分母部分展开，可得

$$\beta_k = \frac{\boldsymbol{g}^{(k+1)\top} [\boldsymbol{g}^{(k+1)} - \boldsymbol{g}^{(k)}]}{\boldsymbol{d}^{(k)\top} \boldsymbol{g}^{(k+1)} - \boldsymbol{d}^{(k)\top} \boldsymbol{g}^{(k)}}$$

由引理 10.2 可知，$\boldsymbol{d}^{(k)\top} \boldsymbol{g}^{(k+1)} = 0$，在等式 $\boldsymbol{d}^{(k)} = -\boldsymbol{g}^{(k)} + \beta_{k-1} \boldsymbol{d}^{(k-1)}$ 的两侧同时左乘 $\boldsymbol{g}^{(k)\top}$，再次应用引理 10.2 可得

$$\boldsymbol{g}^{(k)\top} \boldsymbol{d}^{(k)} = -\boldsymbol{g}^{(k)\top} \boldsymbol{g}^{(k)} + \beta_{k-1} \boldsymbol{g}^{(k)\top} \boldsymbol{d}^{(k-1)} = -\boldsymbol{g}^{(k)\top} \boldsymbol{g}^{(k)}$$

由此可得 Polak-Ribière 公式为

$$\beta_k = \frac{\boldsymbol{g}^{(k+1)\top} [\boldsymbol{g}^{(k+1)} - \boldsymbol{g}^{(k)}]}{\boldsymbol{g}^{(k)\top} \boldsymbol{g}^{(k)}}$$

Fletcher-Reeves 公式。将 Polak-Ribière 公式的分子部分展开，可得

$$\beta_k = \frac{\boldsymbol{g}^{(k+1)\top} \boldsymbol{g}^{(k+1)} - \boldsymbol{g}^{(k+1)\top} \boldsymbol{g}^{(k)}}{\boldsymbol{g}^{(k)\top} \boldsymbol{g}^{(k)}}$$

由于

$$\boldsymbol{g}^{(k+1)\top} \boldsymbol{d}^{(k)} = -\boldsymbol{g}^{(k+1)\top} \boldsymbol{g}^{(k)} + \beta_{k-1} \boldsymbol{g}^{(k+1)\top} \boldsymbol{d}^{(k-1)}$$

利用引理 10.2，可得 $\boldsymbol{g}^{(k+1)\top}\boldsymbol{g}^{(k)}=0$。由此可得 Fletcher-Reeves 公式为

$$\beta_k=\frac{\boldsymbol{g}^{(k+1)\top}\boldsymbol{g}^{(k+1)}}{\boldsymbol{g}^{(k)\top}\boldsymbol{g}^{(k)}}$$

将以上这 3 个公式应用到共轭梯度法中，在迭代过程中就不需要求解黑塞矩阵 $\boldsymbol{Q}$，每次迭代只需要计算目标函数值和梯度就可以了。对于二次型问题，这 3 个公式是等价的；但是，当目标函数为一般的非线性函数时，这 3 个公式并不一致。

在投入实际应用之前，共轭梯度法还需要进行稍微调整。首先，正如在最速下降法中已经讨论过的，停止规则 $\nabla f(\boldsymbol{x}^{(k+1)})=\boldsymbol{0}$ 并不实用(见 8.2 节)。需要从 8.2 节中给出的停止规则选择合适的规则。

对于非二次型问题，共轭梯度法通常不会在 n 步之内收敛到极小点，随着迭代的进行，搜索方向将不再是 $\boldsymbol{Q}$ 共轭方向。常用的解决办法是每经过几次迭代之后(如 n 或 $n+1$ 次)，重新将搜索方向初始化为目标函数梯度的负方向，然后继续搜索直到满足停止规则。

在非二次型目标函数的最小化问题中，一维搜索非常重要，通过最小化函数 $\phi_k(\alpha)=f(\boldsymbol{x}^{(k)}+\alpha\boldsymbol{d}^{(k)})(\alpha\geqslant 0)$，确定搜索的步长。一维搜索结果的精度是共轭梯度法性能的关键影响因素。如果采用不精确的一维搜索方法，建议使用 Hestenes-Stiefel 公式计算 β_k，见参考文献[69])。

总的来说，究竟采用哪个公式计算 β_k，取决于具体的目标函数。比如，在某些情况下，Polak-Ribière 公式要优于 Fletcher-Reeves 公式，但在另外一些情况下并非如此。实际上，在某些情况下，利用 Polak-Ribière 公式计算 β_k 时，$\boldsymbol{g}^{(k)}$，$k=1,2,\cdots$ 的范数有界，且远离 0(见参考文献[107])。在参考文献[107]中，Powell 证明，从全局收敛特性分析结果来看，利用 Fletcher-Reeves 公式计算 β_k，共轭梯度方法的性能最为突出。Powell 还进一步提出了 β_k 的另外一个计算公式：

$$\beta_k=\max\left\{0,\frac{\boldsymbol{g}^{(k+1)\top}[\boldsymbol{g}^{(k+1)}-\boldsymbol{g}^{(k)}]}{\boldsymbol{g}^{(k)\top}\boldsymbol{g}^{(k)}}\right\}$$

参考文献[135]给出了关于共轭梯度法收敛性的一些一般性结论。参考文献[116]至参考文献[118]讨论了共轭梯度法在维纳滤波中的应用。

共轭梯度法与 Krylov 子空间法有关(见习题 10.6)。Krylov 子空间迭代方法由 Magnus Hestenes，Eduard Stiefel 和 Cornelius Lanczos 提出，被评为 20 世纪科学和工程领域中最有影响力的十大方法之一[40]。

参考文献[4]讨论了共轭梯度法在控制领域中的应用，利用该方法设计了比例微分控制器。此外，本文献还讨论了 Krylov 子空间迭代方法在离散反馈控制系统中的应用。

习题

10.1 [本题目改编自参考文献[88]中的习题 9.8(1)] $\boldsymbol{Q}$ 是一个 $n\times n$ 的对称正定实矩阵。给定一组 $\mathbb{R}^n$ 中的线性无关向量 $\{\boldsymbol{p}^{(0)},\cdots,\boldsymbol{p}^{(n-1)}\}$，利用格拉姆-施密特方法可以产生一组向量 $\{\boldsymbol{d}^{(0)},\cdots,\boldsymbol{d}^{(n-1)}\}$：

$$\boldsymbol{d}^{(0)}=\boldsymbol{p}^{(0)}$$

$$\boldsymbol{d}^{(k+1)}=\boldsymbol{p}^{(k+1)}-\sum_{i=0}^{k}\frac{\boldsymbol{p}^{(k+1)\top}\boldsymbol{Q}\boldsymbol{d}^{(i)}}{\boldsymbol{d}^{(i)\top}\boldsymbol{Q}\boldsymbol{d}^{(i)}}\boldsymbol{d}^{(i)}$$

试证明，向量 $\boldsymbol{d}^{(0)}, \cdots, \boldsymbol{d}^{(n-1)}$ 是关于 $\boldsymbol{Q}$ 共轭的。

10.2　函数 $f: \mathbb{R}^n \to \mathbb{R}$ 是二次型函数

$$f(\boldsymbol{x}) = \frac{1}{2}\boldsymbol{x}^\top \boldsymbol{Q}\boldsymbol{x} - \boldsymbol{x}^\top \boldsymbol{b}$$

其中，$\boldsymbol{Q} = \boldsymbol{Q}^\top > 0$。给定一组方向 $\{\boldsymbol{d}^{(0)}, \boldsymbol{d}^{(1)}, \cdots\} \subset \mathbb{R}^n$，采用迭代方法求解函数 f 的极小点，迭代公式为

$$\boldsymbol{x}^{(k+1)} = \boldsymbol{x}^{(k)} + \alpha_k \boldsymbol{d}^{(k)}$$

其中，α_k 为步长。如果对于所有 $k=0, 1, \cdots, n-1$ 和 $i=0, 1, \cdots, k$，都有 $\boldsymbol{g}^{(k+1)\top}\boldsymbol{d}^{(i)} = 0$，其中，$\boldsymbol{g}^{(k+1)} = \nabla f(\boldsymbol{x}^{(k+1)})$，那么请证明如果对于所有 $k=0, 1, \cdots, n-1$，$\boldsymbol{g}^{(k)\top}\boldsymbol{d}^{(k)} \neq 0$，向量 $\boldsymbol{d}^{(0)}, \cdots, \boldsymbol{d}^{(n-1)}$ 是关于 $\boldsymbol{Q}$ 共轭的。

10.3　函数 $f: \mathbb{R}^n \to \mathbb{R}$ 为 $f(\boldsymbol{x}) = \frac{1}{2}\boldsymbol{x}^\top \boldsymbol{Q}\boldsymbol{x} - \boldsymbol{x}^\top \boldsymbol{b}$，其中，$\boldsymbol{b} \in \mathbb{R}^n$，$\boldsymbol{Q}$ 是 $n \times n$ 的对称正定实矩阵。利用共轭梯度法求解该函数的极小点，请证明，$\boldsymbol{d}^{(k)\top}\boldsymbol{Q}\boldsymbol{d}^{(k)} = -\boldsymbol{d}^{(k)\top}\boldsymbol{Q}\boldsymbol{g}^{(k)}$。

10.4　$\boldsymbol{Q}$ 是一个 $n \times n$ 的对称实矩阵。

a. 证明存在一组 $\boldsymbol{Q}$ 共轭向量 $\{\boldsymbol{d}^{(1)}, \cdots, \boldsymbol{d}^{(n)}\}$，使得 $\boldsymbol{d}^{(i)}$ $(i=1, \cdots, n)$ 是矩阵 $\boldsymbol{Q}$ 的特征向量。
提示：对于任一对称实矩阵，都存在一组特征向量 $\{\boldsymbol{v}_1, \cdots, \boldsymbol{v}_n\}$，能够满足 $\boldsymbol{v}_i^\top \boldsymbol{v}_j = 0$，$i, j = 1, 2, \cdots, n$，$i \neq j$。

b. $\boldsymbol{Q}$ 是正定矩阵。证明如果 $\{\boldsymbol{d}^{(1)}, \cdots, \boldsymbol{d}^{(n)}\}$ 是 $\boldsymbol{Q}$ 共轭的，那么它们是相互正交的(即 $\boldsymbol{d}^{(i)\top}\boldsymbol{d}^{(j)} = \boldsymbol{0}$，$i, j = 1, 2, \cdots, n$，$i \neq j$)，且 $\boldsymbol{d}^{(i)} \neq \boldsymbol{0}$，$i = 1, \cdots, n$，$\{\boldsymbol{d}^{(1)}, \cdots, \boldsymbol{d}^{(n)}\}$ 是矩阵 $\boldsymbol{Q}$ 的特征向量。

10.5　利用如下迭代公式求解函数 f 的极小点：

$$\boldsymbol{x}^{(k+1)} = \boldsymbol{x}^{(k)} + \alpha_k \boldsymbol{d}^{(k)}$$

其中，$\alpha_k = \arg\min_\alpha f(\boldsymbol{x}^{(k)} + \alpha \boldsymbol{d}^{(k)})$。令 $\boldsymbol{g}^{(k)} = \nabla f(\boldsymbol{x}^{(k)})$。

如果函数 f 是二次型函数，黑塞矩阵为 $\boldsymbol{Q}$，按照公式 $\boldsymbol{d}^{(k+1)} = \gamma_k \boldsymbol{g}^{(k+1)} + \boldsymbol{d}^{(k)}$ 确定搜索方向，并希望能够保证方向 $\boldsymbol{d}^{(k)}$ 和 $\boldsymbol{d}^{(k+1)}$ 是 $\boldsymbol{Q}$ 共轭的。试求出参数 γ_k 的表达式，用 $\boldsymbol{d}^{(k)}$、$\boldsymbol{g}^{(k+1)}$ 和 $\boldsymbol{Q}$ 表示。

10.6　迭代公式为

$$\boldsymbol{x}^{(k+1)} = \boldsymbol{x}^{(k)} + \alpha_k \boldsymbol{d}^{(k)}$$

其中，$\alpha_k \in \mathbb{R}$ 为步长。选定初始值 $\boldsymbol{x}^{(0)} = \boldsymbol{0}$，据此求解二次型函数 $f: \mathbb{R}^n \to \mathbb{R}$

$$f(\boldsymbol{x}) = \frac{1}{2}\boldsymbol{x}^\top \boldsymbol{Q}\boldsymbol{x} - \boldsymbol{b}^\top \boldsymbol{x}$$

的极小点，其中 $\boldsymbol{Q} > 0$。令 $\boldsymbol{g}^{(k)} = \nabla f(\boldsymbol{x}^{(k)})$，按照如下方式求每次迭代的搜索方向：

$$\boldsymbol{d}^{(k+1)} = a_k \boldsymbol{g}^{(k+1)} + b_k \boldsymbol{d}^{(k)}$$

其中，a_k 和 b_k 为实数。按惯常做法，可令 $\boldsymbol{d}^{(-1)} = \boldsymbol{0}$。

a. 定义子空间 $\mathcal{V}_k = \operatorname{span}\{\boldsymbol{b}, \boldsymbol{Q}\boldsymbol{b}_1, \cdots, \boldsymbol{Q}^{k-1}\boldsymbol{b}\}$（称为 k 阶 Krylov 子空间）。证明，$\boldsymbol{d}^{(k)} \in \mathcal{V}_{k+1}$ 和 $\boldsymbol{x}^{(k)} \in \mathcal{V}_k$。提示：采用归纳法，$\mathcal{V}_0 = \{\boldsymbol{0}\}$，$\mathcal{V}_1 = \operatorname{span}[\boldsymbol{b}]$。

b. 根据问题 a 的结论，对这种结合了 Krylov 子空间的共轭梯度法的“最优性”能够得到什么结论？

10.7　二次型目标函数 $f: \mathbb{R}^n \to \mathbb{R}$ 为

$$f(\boldsymbol{x}) = \frac{1}{2}\boldsymbol{x}^\top \boldsymbol{Q}\boldsymbol{x} - \boldsymbol{x}^\top \boldsymbol{b}$$

其中，$\boldsymbol{Q} = \boldsymbol{Q}^\top > 0$。矩阵 $\boldsymbol{D} \in \mathbb{R}^{n \times r}$ 的秩为 r，$\boldsymbol{x}_0 \in \mathbb{R}^n$，函数 $\phi: \mathbb{R}^r \to \mathbb{R}$ 定义为

$$\phi(\boldsymbol{a}) = f(\boldsymbol{x}_0 + \boldsymbol{D}\boldsymbol{a})$$

试证明函数 ϕ 是二次型函数，二次项正定。

10.8　利用共轭梯度法求解二次型问题。

a. 证明该方法产生的各迭代点处对应的目标函数梯度是相互正交的，即对于$0\leqslant k\leqslant n-1$，$0\leqslant i\leqslant k$，有$\boldsymbol{g}^{(k+1)\top}\boldsymbol{g}^{(i)}=0$。提示：将$\boldsymbol{g}^{(i)}$写为$\boldsymbol{d}^{(i)}$和$\boldsymbol{d}^{(i-1)}$的形式。

b. 证明相隔两次或两次以上的迭代点对应的目标函数梯度是$\boldsymbol{Q}$共轭的，即对于$0\leqslant k\leqslant n-1$，$0\leqslant i\leqslant k-1$，有$\boldsymbol{g}^{(k+1)\top}\boldsymbol{Q}\boldsymbol{g}^{(i)}=0$。

10.9 将函数

$$f(x_1,x_2)=\frac{5}{2}x_1^2+x_2^2-3x_1x_2-x_2-7$$

写为二次型函数$f(\boldsymbol{x})=\frac{1}{2}\boldsymbol{x}^\top\boldsymbol{Q}\boldsymbol{x}-\boldsymbol{x}^\top\boldsymbol{b}+c$的形式，利用共轭梯度法构造一个向量$d^{(1)}$，使得其与向量$\boldsymbol{d}^{(0)}=\nabla f(\boldsymbol{x}^{(0)})$是$\boldsymbol{Q}$共轭的，其中$\boldsymbol{x}^{(0)}=\boldsymbol{0}$。

10.10 函数f为

$$f(\boldsymbol{x})=\frac{5}{2}x_1^2+\frac{1}{2}x_2^2+2x_1x_2-3x_1-x_2$$

其中，$\boldsymbol{x}\in[x_1,x_2]^\top\in\mathbb{R}^2$，

a. 将函数$f(\boldsymbol{x})$写为二次型$f(\boldsymbol{x})=\frac{1}{2}\boldsymbol{x}^\top\boldsymbol{Q}\boldsymbol{x}-\boldsymbol{x}^\top\boldsymbol{b}$的形式；

b. 利用共轭梯度法求解函数f的极小点，初始点为$\boldsymbol{x}^{(0)}=[0,0]^\top$；

c. 根据$\boldsymbol{Q}$和$\boldsymbol{b}$的值，利用解析方法求出函数f的极小点，并与问题 b 的结果进行比较。

10.11 编写 MATLAB 程序实现共轭梯度法，要求具有通用性。一维搜索过程采用割线法(习题 7.11 已要求编写割线法的 MATLAB 函数)。以 Rosenbrock 函数(见习题 9.4)作为测试函数，初始点为$\boldsymbol{x}^{(0)}=[-2,2]^\top$，在程序中，采用不同的公式来计算$\beta_k$，根据计算过程和结果比较各自的性能。要求每开展 6 次迭代，就将搜索方向重置为梯度的负方向。

第11章 拟牛顿法

11.1 引言

牛顿法是一种具有较高实用性的优化问题求解方法。牛顿法如果收敛，则收敛阶数至少是2。但是，需要指出的是，当目标函数为一般性的非线性函数时，牛顿法不能保证能够从任意初始点 $\boldsymbol{x}^{(0)}$ 收敛到函数的极小点。总的来说，如果初始点 $\boldsymbol{x}^{(0)}$ 不足够接近极小点，那么牛顿法可能不具有下降特性[即对于某些 k，有 $f(\boldsymbol{x}^{(k+1)}) \not< f(\boldsymbol{x}^{(k)})$]。

牛顿法的基本思路是在每次迭代中，利用二次型函数来局部近似目标函数 f，并求解近似函数的极小点作为下一个迭代点，迭代公式为

$$\boldsymbol{x}^{(k+1)} = \boldsymbol{x}^{(k)} - \boldsymbol{F}(\boldsymbol{x}^{(k)})^{-1}\boldsymbol{g}^{(k)}$$

对上式进行适当修正，可以保证牛顿法具有下降特性，即

$$\boldsymbol{x}^{(k+1)} = \boldsymbol{x}^{(k)} - \alpha_k\boldsymbol{F}(\boldsymbol{x}^{(k)})^{-1}\boldsymbol{g}^{(k)}$$

其中，α_k 为步长。合理地确定步长，使得

$$f(\boldsymbol{x}^{(k+1)}) < f(\boldsymbol{x}^{(k)})$$

比如，可以令 $\alpha_k = \arg\min_{\alpha\geqslant 0} f(\boldsymbol{x}^{(k)} - \alpha\boldsymbol{F}(\boldsymbol{x}^{(k)})^{-1}\boldsymbol{g}^{(k)})$（见定理9.2）。通过在方向 $-\boldsymbol{F}(\boldsymbol{x}^{(k)})^{-1}\boldsymbol{g}^{(k)}$ 上进行一维搜索，即可确定 α_k。一维搜索的过程实际上就是求一元实值函数 $\phi_k(\alpha) = f(\boldsymbol{x}^{(k)} - \alpha\boldsymbol{F}(\boldsymbol{x}^{(k)})^{-1}\boldsymbol{g}^{(k)})$ 的极小点，看起来比较简单，实际计算过程却不容易。

牛顿法的另外一个缺陷是必须计算黑塞矩阵 $\boldsymbol{F}(\boldsymbol{x}^{(k)})$ 和求解方程 $\boldsymbol{F}(\boldsymbol{x}^{(k)})\boldsymbol{d}^{(k)} = -\boldsymbol{g}^{(k)}$ [即计算 $\boldsymbol{d}^{(k)} = -\boldsymbol{F}(\boldsymbol{x}^{(k)})^{-1}\boldsymbol{g}^{(k)}$]。为了避免 $\boldsymbol{F}(\boldsymbol{x}^{(k)})^{-1}$ 这种矩阵求逆运算，可以通过设计 $\boldsymbol{F}(\boldsymbol{x}^{(k)})^{-1}$ 的近似矩阵来代替 $\boldsymbol{F}(\boldsymbol{x}^{(k)})^{-1}$，这就是拟牛顿法的基本思路。$\boldsymbol{F}(\boldsymbol{x}^{(k)})^{-1}$ 的近似矩阵随着迭代的进行不断更新，使其至少拥有 $\boldsymbol{F}(\boldsymbol{x}^{(k)})^{-1}$ 的部分性质。为了分析近似矩阵所应该具有的关于 $\boldsymbol{F}(\boldsymbol{x}^{(k)})^{-1}$ 的性质，引入等式

$$\boldsymbol{x}^{(k+1)} = \boldsymbol{x}^{(k)} - \alpha\boldsymbol{H}_k\boldsymbol{g}^{(k)}$$

其中，$\boldsymbol{H}_k$ 是 $n \times n$ 实矩阵，$\alpha > 0$ 为搜索步长。在 $\boldsymbol{x}^{(k)}$ 处对 f 进行一阶泰勒展开，并将 $\boldsymbol{x}^{(k+1)}$ 代入后，可得

$$\begin{aligned} f(\boldsymbol{x}^{(k+1)}) &= f(\boldsymbol{x}^{(k)}) + \boldsymbol{g}^{(k)\top}(\boldsymbol{x}^{(k+1)} - \boldsymbol{x}^{(k)}) + o(\|\boldsymbol{x}^{(k+1)} - \boldsymbol{x}^{(k)}\|) \\ &= f(\boldsymbol{x}^{(k)}) - \alpha\boldsymbol{g}^{(k)\top}\boldsymbol{H}_k\boldsymbol{g}^{(k)} + o(\|\boldsymbol{H}_k\boldsymbol{g}^{(k)}\|\alpha) \end{aligned}$$

当 α 趋向于0时，上式等号右侧的第2项主导了第3项。因此，当 α 比较小时，为了保证函数 f 从 $\boldsymbol{x}^{(k)}$ 到 $\boldsymbol{x}^{(k+1)}$ 是下降的，必须有

$$\boldsymbol{g}^{(k)\top}\boldsymbol{H}_k\boldsymbol{g}^{(k)} > 0$$

要保证上式成立，最简单的方式就是保证 $\boldsymbol{H}_k$ 是正定的。

命题 11.1　函数 f 一阶连续可微 $f\in\mathcal{C}^1$，$\boldsymbol{x}^{(k)}\in\mathbb{R}^n$，$\boldsymbol{g}^{(k)}=\nabla f(\boldsymbol{x}^{(k)})\neq\boldsymbol{0}$，$\boldsymbol{H}_k$ 是 $n\times n$ 对称正定实矩阵，如果令 $\boldsymbol{x}^{(k+1)}=\boldsymbol{x}^{(k)}-\alpha_k\boldsymbol{H}_k\boldsymbol{g}^{(k)}$，其中，$\alpha_k=\arg\min_{\alpha\geqslant 0}f(\boldsymbol{x}^{(k)}-\alpha\boldsymbol{H}_k\boldsymbol{g}^{(k)})$，那么有 $\alpha_k>0$，$f(\boldsymbol{x}^{(k+1)})<f(\boldsymbol{x}^{(k)})$。 □

在拟牛顿法中，构造黑塞矩阵逆矩阵的近似矩阵时，只需要用到目标函数值和梯度。因此，只要确定了合适的近似矩阵 $\boldsymbol{H}_k$ 构造方法，那么迭代过程中不需要任何涉及到黑塞矩阵以及线性方程求解的计算工作。

11.2　黑塞矩阵逆矩阵的近似

令 $\boldsymbol{H}_0,\boldsymbol{H}_1,\boldsymbol{H}_2,\cdots$ 表示黑塞矩阵逆矩阵 $\boldsymbol{F}(\boldsymbol{x}^{(k)})^{-1}$ 的一系列近似矩阵。我们要讨论的是这些近似矩阵应该满足的条件，这是拟牛顿法的基础。首先假定目标函数 f 的黑塞矩阵 $\boldsymbol{F}(\boldsymbol{x})$ 是常数矩阵，与 $\boldsymbol{x}$ 的取值无关，即目标函数是二次型函数，$\boldsymbol{F}(\boldsymbol{x})=\boldsymbol{Q}$，且 $\boldsymbol{Q}=\boldsymbol{Q}^\top$，则有

$$\boldsymbol{g}^{(k+1)}-\boldsymbol{g}^{(k)}=\boldsymbol{Q}(\boldsymbol{x}^{(k+1)}-\boldsymbol{x}^{(k)})$$

令

$$\Delta\boldsymbol{g}^{(k)}\triangleq\boldsymbol{g}^{(k+1)}-\boldsymbol{g}^{(k)}$$

$$\Delta\boldsymbol{x}^{(k)}\triangleq\boldsymbol{x}^{(k+1)}-\boldsymbol{x}^{(k)}$$

可得

$$\Delta\boldsymbol{g}^{(k)}=\boldsymbol{Q}\Delta\boldsymbol{x}^{(k)}$$

记对称正定实矩阵 $\boldsymbol{H}_0$ 作为近似矩阵的初始矩阵，在给定的 k 下，矩阵 $\boldsymbol{Q}^{-1}$ 应该满足

$$\boldsymbol{Q}^{-1}\Delta\boldsymbol{g}^{(i)}=\Delta\boldsymbol{x}^{(i)},\qquad 0\leqslant i\leqslant k$$

因此，近似矩阵 $\boldsymbol{H}_{k+1}$ 应该满足

$$\boldsymbol{H}_{k+1}\Delta\boldsymbol{g}^{(i)}=\Delta\boldsymbol{x}^{(i)},\qquad 0\leqslant i\leqslant k$$

如果共开展 n 次迭代，则共产生 n 个迭代方向 $\Delta\boldsymbol{x}^{(0)},\Delta\boldsymbol{x}^{(1)},\cdots,\Delta\boldsymbol{x}^{(n-1)}$。由此可得 $\boldsymbol{H}_n$ 应该满足的条件为

$$\begin{aligned}\boldsymbol{H}_n\Delta\boldsymbol{g}^{(0)}&=\Delta\boldsymbol{x}^{(0)}\\\boldsymbol{H}_n\Delta\boldsymbol{g}^{(1)}&=\Delta\boldsymbol{x}^{(1)}\\&\vdots\\\boldsymbol{H}_n\Delta\boldsymbol{g}^{(n-1)}&=\Delta\boldsymbol{x}^{(n-1)}\end{aligned}$$

将其改写为

$$\boldsymbol{H}_n[\Delta\boldsymbol{g}^{(0)},\Delta\boldsymbol{g}^{(1)},\cdots,\Delta\boldsymbol{g}^{(n-1)}]=[\Delta\boldsymbol{x}^{(0)},\Delta\boldsymbol{x}^{(1)},\cdots,\Delta\boldsymbol{x}^{(n-1)}]$$

矩阵 $\boldsymbol{Q}$ 能够满足

$$\boldsymbol{Q}[\Delta\boldsymbol{x}^{(0)},\Delta\boldsymbol{x}^{(1)},\cdots,\Delta\boldsymbol{x}^{(n-1)}]=[\Delta\boldsymbol{g}^{(0)},\Delta\boldsymbol{g}^{(1)},\cdots,\Delta\boldsymbol{g}^{(n-1)}]$$

和

$$\boldsymbol{Q}^{-1}[\Delta\boldsymbol{g}^{(0)},\Delta\boldsymbol{g}^{(1)},\cdots,\Delta\boldsymbol{g}^{(n-1)}]=[\Delta\boldsymbol{x}^{(0)},\Delta\boldsymbol{x}^{(1)},\cdots,\Delta\boldsymbol{x}^{(n-1)}]$$

这说明，如果$[\Delta \boldsymbol{g}^{(0)}, \Delta \boldsymbol{g}^{(1)}, \cdots, \Delta \boldsymbol{g}^{(n-1)}]$非奇异，那么矩阵$\boldsymbol{Q}^{-1}$能够在$n$次迭代之后唯一确定，即

$$\boldsymbol{Q}^{-1} = \boldsymbol{H}_n = [\Delta \boldsymbol{x}^{(0)}, \Delta \boldsymbol{x}^{(1)}, \cdots, \Delta \boldsymbol{x}^{(n-1)}][\Delta \boldsymbol{g}^{(0)}, \Delta \boldsymbol{g}^{(1)}, \cdots, \Delta \boldsymbol{g}^{(n-1)}]^{-1}$$

由此可得，如果$\boldsymbol{H}_n$能够使得方程$\boldsymbol{H}_n \Delta \boldsymbol{g}^{(i)} = \Delta \boldsymbol{x}^{(i)}$，$0 \leqslant i \leqslant n-1$ 成立，那么利用迭代公式$\boldsymbol{x}^{(k+1)} = \boldsymbol{x}^{(k)} - \alpha_k \boldsymbol{H}_k \boldsymbol{g}^{(k)}$，$\alpha_k = \arg\min_{\alpha \geqslant 0} f(\boldsymbol{x}^{(k)} - \alpha \boldsymbol{H}_k \boldsymbol{g}^{(k)})$求解$n$维二次型优化问题，可得$\boldsymbol{x}^{(n+1)} = \boldsymbol{x}^{(n)} - \alpha_n \boldsymbol{H}_n \boldsymbol{g}^{(n)}$，这与牛顿法迭代公式是一致的，说明一定能够在$n+1$次迭代内完成求解。实际上，接下来可以看到，利用这样的算法，能够在n次迭代内完成n维二次型优化问题的求解(见定理11.1)。

以上讨论给出了拟牛顿法的基本思路，拟牛顿法的迭代公式为

$$\begin{aligned}
\boldsymbol{d}^{(k)} &= -\boldsymbol{H}_k \boldsymbol{g}^{(k)} \\
\alpha_k &= \arg\min_{\alpha \geqslant 0} f(\boldsymbol{x}^{(k)} + \alpha \boldsymbol{d}^{(k)}) \\
\boldsymbol{x}^{(k+1)} &= \boldsymbol{x}^{(k)} + \alpha_k \boldsymbol{d}^{(k)}
\end{aligned}$$

其中，矩阵$\boldsymbol{H}_0$，$\boldsymbol{H}_1$，$\boldsymbol{H}_2$，…是对称矩阵。目标函数为二次型函数时，它们必须满足

$$\boldsymbol{H}_{k+1} \Delta \boldsymbol{g}^{(i)} = \Delta \boldsymbol{x}^{(i)}, \qquad 0 \leqslant i \leqslant k$$

其中，$\Delta \boldsymbol{x}^{(i)} = \boldsymbol{x}^{(i+1)} - \boldsymbol{x}^{(i)} = \alpha_i \boldsymbol{d}^{(i)}$，$\Delta \boldsymbol{g}^{(i)} = \boldsymbol{g}^{(i+1)} - \boldsymbol{g}^{(i)} = \boldsymbol{Q} \Delta \boldsymbol{x}^{(i)}$。实际上，拟牛顿法也是一种共轭方向法，接下来给出证明。

定理11.1 将拟牛顿法应用到二次型问题中，黑塞矩阵为$\boldsymbol{Q} = \boldsymbol{Q}^\top$，对于$0 \leqslant k < n-1$，有

$$\boldsymbol{H}_{k+1} \Delta \boldsymbol{g}^{(i)} = \Delta \boldsymbol{x}^{(i)}, \qquad 0 \leqslant i \leqslant k$$

其中，$\boldsymbol{H}_{k+1} = \boldsymbol{H}_{k+1}^\top$。如果$\alpha_i \neq 0$，$0 \leqslant i \leqslant k$，那么$\boldsymbol{d}^{(0)}$，$\boldsymbol{d}^{(1)}$，…，$\boldsymbol{d}^{(k+1)}$是$\boldsymbol{Q}$共轭的。 □

证明：采用归纳法进行证明。先证明$k=0$时，$\boldsymbol{d}^{(0)}$和$\boldsymbol{d}^{(1)}$是$\boldsymbol{Q}$共轭的。由于$\alpha_0 \neq 0$，可得$\boldsymbol{d}^{(0)} = \Delta \boldsymbol{x}^{(0)} / \alpha_0$，因此，

$$\begin{aligned}
\boldsymbol{d}^{(1)\top} \boldsymbol{Q} \boldsymbol{d}^{(0)} &= -\boldsymbol{g}^{(1)\top} \boldsymbol{H}_1 \boldsymbol{Q} \boldsymbol{d}^{(0)} \\
&= -\boldsymbol{g}^{(1)\top} \boldsymbol{H}_1 \frac{\boldsymbol{Q} \Delta \boldsymbol{x}^{(0)}}{\alpha_0} \\
&= -\boldsymbol{g}^{(1)\top} \frac{\boldsymbol{H}_1 \Delta \boldsymbol{g}^{(0)}}{\alpha_0} \\
&= -\boldsymbol{g}^{(1)\top} \frac{\Delta \boldsymbol{x}^{(0)}}{\alpha_0} \\
&= -\boldsymbol{g}^{(1)\top} \boldsymbol{d}^{(0)}
\end{aligned}$$

由于$\alpha_0 > 0$是函数$\phi(\alpha) = f(\boldsymbol{x}^{(0)} + \alpha \boldsymbol{d}^{(0)})$的极小点，因此，$\boldsymbol{g}^{(1)\top} \boldsymbol{d}^{(0)} = 0$(证明过程留作习题11.1)。因此，$\boldsymbol{d}^{(1)\top} \boldsymbol{Q} \boldsymbol{d}^{(0)} = 0$。

然后假设该定理在$k-1(k<n-1)$时成立，那么只需要证明定理在k时也成立即可。也就是说，需要证明$\boldsymbol{d}^{(0)}$，$\boldsymbol{d}^{(1)}$，…，$\boldsymbol{d}^{(k+1)}$是$\boldsymbol{Q}$共轭的。实际上，只要证明$\boldsymbol{d}^{(k+1)\top} \boldsymbol{Q} \boldsymbol{d}^{(i)} = 0$，$0 \leqslant i \leqslant k$就可以了。对于给定的$i$，$0 \leqslant i \leqslant k$，利用与$k=0$时相同的证明思路，加上$\alpha_i \neq 0$的前提条件，可得

$$
\begin{aligned}
\boldsymbol{d}^{(k+1)\top}\boldsymbol{Q}\boldsymbol{d}^{(i)} &= -\boldsymbol{g}^{(k+1)\top}\boldsymbol{H}_{k+1}\boldsymbol{Q}\boldsymbol{d}^{(i)} \\
&\ \ \vdots \\
&= -\boldsymbol{g}^{(k+1)\top}\boldsymbol{d}^{(i)}
\end{aligned}
$$

已经假设定理在 $k-1$ 下成立，即 $\boldsymbol{d}^{(0)},\cdots,\boldsymbol{d}^{(k)}$ 是 $\boldsymbol{Q}$ 共轭的；由引理 10.2 可知，$\boldsymbol{g}^{(k+1)\top}\boldsymbol{d}^{(i)}=0$。因此，$\boldsymbol{d}^{(k+1)\top}\boldsymbol{Q}\boldsymbol{d}^{(i)}=0$。证明完毕。■

由定理 11.1 可知，对于 n 维二次型问题，拟牛顿法最多经过 n 步迭代即可解出最优解。

注意，从矩阵 $\boldsymbol{H}_k$ 必须满足的方程来看，矩阵 $\boldsymbol{H}_k$ 并不能唯一确定。因此，这就给了计算矩阵 $\boldsymbol{H}_k$ 的自由发挥空间。本章讨论的有关算法中，矩阵 $\boldsymbol{H}_{k+1}$ 是通过在矩阵 $\boldsymbol{H}_k$ 上增加一个修正项得到的。接下来将讨论 3 种修正公式或方法。

11.3　秩 1 修正公式

在秩 1 修正公式中，修正项为 $\alpha_k\boldsymbol{z}^{(k)}\boldsymbol{z}^{(k)\top}$，$\alpha_k\in\mathbb{R}$，$\boldsymbol{z}^{(k)}\in\mathbb{R}^n$，是一个对称矩阵，近似矩阵的更新方程为

$$\boldsymbol{H}_{k+1}=\boldsymbol{H}_k+a_k\boldsymbol{z}^{(k)}\boldsymbol{z}^{(k)\top}$$

注意

$$\operatorname{rank}\boldsymbol{z}^{(k)}\boldsymbol{z}^{(k)\top}=\operatorname{rank}\left(\begin{bmatrix}z_1^{(k)}\\ \vdots\\ z_n^{(k)}\end{bmatrix}\begin{bmatrix}z_1^{(k)} & \cdots & z_n^{(k)}\end{bmatrix}\right)=1$$

故称为秩 1 修正算法(也称为单秩对称算法)。向量积 $\boldsymbol{z}^{(k)}\boldsymbol{z}^{(k)\top}$ 也称为并积或外积。很明显，如果 $\boldsymbol{H}_k$ 是对称的，则 $\boldsymbol{H}_{k+1}$ 也是对称的。

接下来的问题就成为在给定 $\boldsymbol{H}_k$，$\Delta\boldsymbol{g}^{(k)}$，$\Delta\boldsymbol{x}^{(k)}$ 后，确定 a_k 和 $\boldsymbol{z}^{(k)}$，使得近似矩阵能够满足 11.2 节中给出的条件，即 $\boldsymbol{H}_{k+1}\Delta\boldsymbol{g}^{(i)}=\Delta\boldsymbol{x}^{(i)}$，$i=1,\cdots,k$。首先考虑满足条件 $\boldsymbol{H}_{k+1}\Delta\boldsymbol{g}^{(k)}=\Delta\boldsymbol{x}^{(k)}$，换句话说，就是在给定 $\boldsymbol{H}_k$、$\Delta\boldsymbol{g}^{(k)}$ 和 $\Delta\boldsymbol{x}^{(k)}$ 的前提下，确定合适的 a_k 和 $\boldsymbol{z}^{(k)}$，保证

$$\boldsymbol{H}_{k+1}\Delta\boldsymbol{g}^{(k)}=(\boldsymbol{H}_k+a_k\boldsymbol{z}^{(k)}\boldsymbol{z}^{(k)\top})\Delta\boldsymbol{g}^{(k)}=\Delta\boldsymbol{x}^{(k)}$$

注意 $\boldsymbol{z}^{(k)\top}\Delta\boldsymbol{g}^{(k)}$ 是一个标量，因此，

$$\Delta\boldsymbol{x}^{(k)}-\boldsymbol{H}_k\Delta\boldsymbol{g}^{(k)}=(a_k\boldsymbol{z}^{(k)\top}\Delta\boldsymbol{g}^{(k)})\boldsymbol{z}^{(k)}$$

故有

$$\boldsymbol{z}^{(k)}=\frac{\Delta\boldsymbol{x}^{(k)}-\boldsymbol{H}_k\Delta\boldsymbol{g}^{(k)}}{a_k(\boldsymbol{z}^{(k)\top}\Delta\boldsymbol{g}^{(k)})}$$

据此可得

$$a_k\boldsymbol{z}^{(k)}\boldsymbol{z}^{(k)\top}=\frac{(\Delta\boldsymbol{x}^{(k)}-\boldsymbol{H}_k\Delta\boldsymbol{g}^{(k)})(\Delta\boldsymbol{x}^{(k)}-\boldsymbol{H}_k\Delta\boldsymbol{g}^{(k)})^\top}{a_k(\boldsymbol{z}^{(k)\top}\Delta\boldsymbol{g}^{(k)})^2}$$

这样，可得近似矩阵的中间更新方程为

$$\boldsymbol{H}_{k+1}=\boldsymbol{H}_k+\frac{(\Delta\boldsymbol{x}^{(k)}-\boldsymbol{H}_k\Delta\boldsymbol{g}^{(k)})(\Delta\boldsymbol{x}^{(k)}-\boldsymbol{H}_k\Delta\boldsymbol{g}^{(k)})^\top}{a_k(\boldsymbol{z}^{(k)\top}\Delta\boldsymbol{g}^{(k)})^2}$$

接下来，需要将上式等号右端项整理为只与 $\boldsymbol{H}_k$，$\Delta\boldsymbol{g}^{(k)}$，$\Delta\boldsymbol{x}^{(k)}$ 有关。为此，在 $\Delta\boldsymbol{x}^{(k)}-\boldsymbol{H}_k\Delta\boldsymbol{g}^{(k)}=(a_k\boldsymbol{z}^{(k)\top}\Delta\boldsymbol{g}^{(k)})\boldsymbol{z}^{(k)}$ 两端同时左乘 $\Delta\boldsymbol{g}^{(k)\top}$，可得

$$\Delta\boldsymbol{g}^{(k)\top}\Delta\boldsymbol{x}^{(k)}-\Delta\boldsymbol{g}^{(k)\top}\boldsymbol{H}_k\Delta\boldsymbol{g}^{(k)}=\Delta\boldsymbol{g}^{(k)\top}a_k\boldsymbol{z}^{(k)}\boldsymbol{z}^{(k)\top}\Delta\boldsymbol{g}^{(k)}$$

由于 a_k 为标量，$\Delta\boldsymbol{g}^{(k)\top}\boldsymbol{z}^{(k)}=\boldsymbol{z}^{(k)\top}\Delta\boldsymbol{g}^{(k)}$ 也是标量，因此，

$$\Delta\boldsymbol{g}^{(k)\top}\Delta\boldsymbol{x}^{(k)}-\Delta\boldsymbol{g}^{(k)\top}\boldsymbol{H}_k\Delta\boldsymbol{g}^{(k)}=a_k(\boldsymbol{z}^{(k)\top}\Delta\boldsymbol{g}^{(k)})^2$$

将其代入中间更新方程中，可得最终的更新方程为

$$\boldsymbol{H}_{k+1}=\boldsymbol{H}_k+\frac{(\Delta\boldsymbol{x}^{(k)}-\boldsymbol{H}_k\Delta\boldsymbol{g}^{(k)})(\Delta\boldsymbol{x}^{(k)}-\boldsymbol{H}_k\Delta\boldsymbol{g}^{(k)})^\top}{\Delta\boldsymbol{g}^{(k)\top}(\Delta\boldsymbol{x}^{(k)}-\boldsymbol{H}_k\Delta\boldsymbol{g}^{(k)})}$$

根据以上讨论，可归纳出秩 1 算法的步骤。

秩 1 算法

1. 令 $k:=0$；选择初始点 $\boldsymbol{x}^{(0)}$，任选一个对称正定实矩阵 $\boldsymbol{H}_0$。
2. 如果 $\boldsymbol{g}^{(k)}=\boldsymbol{0}$，停止迭代；否则，令 $\boldsymbol{d}^{(k)}=-\boldsymbol{H}_k\boldsymbol{g}^{(k)}$。
3. 计算

$$\alpha_k=\arg\min_{\alpha\geqslant 0} f(\boldsymbol{x}^{(k)}+\alpha\boldsymbol{d}^{(k)})$$
$$\boldsymbol{x}^{(k+1)}=\boldsymbol{x}^{(k)}+\alpha_k\boldsymbol{d}^{(k)}$$

4. 计算

$$\Delta\boldsymbol{x}^{(k)}=\alpha_k\boldsymbol{d}^{(k)}$$
$$\Delta\boldsymbol{g}^{(k)}=\boldsymbol{g}^{(k+1)}-\boldsymbol{g}^{(k)}$$
$$\boldsymbol{H}_{k+1}=\boldsymbol{H}_k+\frac{(\Delta\boldsymbol{x}^{(k)}-\boldsymbol{H}_k\Delta\boldsymbol{g}^{(k)})(\Delta\boldsymbol{x}^{(k)}-\boldsymbol{H}_k\Delta\boldsymbol{g}^{(k)})^\top}{\Delta\boldsymbol{g}^{(k)\top}(\Delta\boldsymbol{x}^{(k)}-\boldsymbol{H}_k\Delta\boldsymbol{g}^{(k)})}$$

5. 令 $k:=k+1$，回到第 2 步。

秩 1 算法是基于方程

$$\boldsymbol{H}_{k+1}\Delta\boldsymbol{g}^{(k)}=\Delta\boldsymbol{x}^{(k)}$$

推导出来的。但是，希望能够满足的条件是

$$\boldsymbol{H}_{k+1}\Delta\boldsymbol{g}^{(i)}=\Delta\boldsymbol{x}^{(i)},\qquad i=0,1,\cdots,k$$

可以证明，秩 1 算法能够自动满足上述方程，请看定理 11.2。

定理 11.2　将秩 1 算法应用到二次型问题中，其中 $\boldsymbol{Q}=\boldsymbol{Q}^\top$，有 $\boldsymbol{H}_{k+1}\Delta\boldsymbol{g}^{(i)}=\Delta\boldsymbol{x}^{(i)}$，$0\leqslant i\leqslant k$。□

证明： 利用归纳法进行证明。从前面的讨论可以看出，当 $k=0$ 时，该定理显然成立。假设定理在 $k-1\geqslant 0$ 下也成立，即 $\boldsymbol{H}_k\Delta\boldsymbol{g}^{(i)}=\Delta\boldsymbol{x}^{(i)}$，$i<k$，那么只需要证明定理在 k 下也成立即可。秩 1 算法的修正项能够满足

$$\boldsymbol{H}_{k+1}\Delta\boldsymbol{g}^{(k)}=\Delta\boldsymbol{x}^{(k)}$$

因此，只需要证明

$$\boldsymbol{H}_{k+1}\Delta\boldsymbol{g}^{(i)}=\Delta\boldsymbol{x}^{(i)},\quad i<k$$

给定 $i<k$，有

$$\boldsymbol{H}_{k+1}\Delta\boldsymbol{g}^{(i)}=\boldsymbol{H}_k\Delta\boldsymbol{g}^{(i)}+\frac{(\Delta\boldsymbol{x}^{(k)}-\boldsymbol{H}_k\Delta\boldsymbol{g}^{(k)})(\Delta\boldsymbol{x}^{(k)}-\boldsymbol{H}_k\Delta\boldsymbol{g}^{(k)})^\top}{\Delta\boldsymbol{g}^{(k)\top}(\Delta\boldsymbol{x}^{(k)}-\boldsymbol{H}_k\Delta\boldsymbol{g}^{(k)})}\Delta\boldsymbol{g}^{(i)}$$

已经假设 $\boldsymbol{H}_k\Delta\boldsymbol{g}^{(i)}=\Delta\boldsymbol{x}^{(i)}$，因此，只需要证明上式等号右端第二项等于0即可，这意味着需要证明

$$(\Delta\boldsymbol{x}^{(k)}-\boldsymbol{H}_k\Delta\boldsymbol{g}^{(k)})^\top\Delta\boldsymbol{g}^{(i)}=\Delta\boldsymbol{x}^{(k)\top}\Delta\boldsymbol{g}^{(i)}-\Delta\boldsymbol{g}^{(k)\top}\boldsymbol{H}_k\Delta\boldsymbol{g}^{(i)}=0$$

根据假设，可知

$$\Delta\boldsymbol{g}^{(k)\top}\boldsymbol{H}_k\Delta\boldsymbol{g}^{(i)}=\Delta\boldsymbol{g}^{(k)\top}(\boldsymbol{H}_k\Delta\boldsymbol{g}^{(i)})=\Delta\boldsymbol{g}^{(k)\top}\Delta\boldsymbol{x}^{(i)}$$

由于 $\Delta\boldsymbol{g}^{(k)}=\boldsymbol{Q}\Delta\boldsymbol{x}^{(k)}$，因此，有

$$\Delta\boldsymbol{g}^{(k)\top}\boldsymbol{H}_k\Delta\boldsymbol{g}^{(i)}=\Delta\boldsymbol{g}^{(k)\top}\Delta\boldsymbol{x}^{(i)}=\Delta\boldsymbol{x}^{(k)\top}\boldsymbol{Q}\Delta\boldsymbol{x}^{(i)}=\Delta\boldsymbol{x}^{(k)\top}\Delta\boldsymbol{g}^{(i)}$$

由此可得

$$(\Delta\boldsymbol{x}^{(k)}-\boldsymbol{H}_k\Delta\boldsymbol{g}^{(k)})^\top\Delta\boldsymbol{g}^{(i)}=\Delta\boldsymbol{x}^{(k)\top}\Delta\boldsymbol{g}^{(i)}-\Delta\boldsymbol{x}^{(k)\top}\Delta\boldsymbol{g}^{(i)}=0$$

证明完毕。 ■

例 11.1　目标函数为

$$f(x_1,x_2)=x_1^2+\frac{1}{2}x_2^2+3$$

利用秩1算法求函数 f 极小点。初始值为 $\boldsymbol{x}^{(0)}=[1,2]^\top$，$\boldsymbol{H}_0=\boldsymbol{I}_2$($2\times2$ 的单位阵)。

目标函数 f 写为矩阵的形式：

$$f(\boldsymbol{x})=\frac{1}{2}\boldsymbol{x}^\top\begin{bmatrix}2&0\\0&1\end{bmatrix}\boldsymbol{x}+3$$

可得函数 f 在 $\boldsymbol{x}^{(k)}$ 处的梯度为

$$\boldsymbol{g}^{(k)}=\begin{bmatrix}2&0\\0&1\end{bmatrix}\boldsymbol{x}^{(k)}$$

由于 $\boldsymbol{H}_0=\boldsymbol{I}_2$，故

$$\boldsymbol{d}^{(0)}=-\boldsymbol{g}^{(0)}=[-2,-2]^\top$$

目标函数为二次型函数，因此，

$$\begin{aligned}\alpha_0&=\underset{\alpha\geqslant0}{\arg\min}\,f(\boldsymbol{x}^{(0)}+\alpha\boldsymbol{d}^{(0)})=-\frac{\boldsymbol{g}^{(0)\top}\boldsymbol{d}^{(0)}}{\boldsymbol{d}^{(0)\top}\boldsymbol{Q}\boldsymbol{d}^{(0)}}\\&=\frac{[2,2]\begin{bmatrix}2\\2\end{bmatrix}}{[2,2]\begin{bmatrix}2&0\\0&1\end{bmatrix}\begin{bmatrix}2\\2\end{bmatrix}}=\frac{2}{3}\end{aligned}$$

可得新的迭代点为

$$\boldsymbol{x}^{(1)}=\boldsymbol{x}^{(0)}+\alpha_0\boldsymbol{d}^{(0)}=\left[-\frac{1}{3},\frac{2}{3}\right]^\top$$

接下来，计算

$$\Delta\boldsymbol{x}^{(0)}=\alpha_0\boldsymbol{d}^{(0)}=\left[-\frac{4}{3},-\frac{4}{3}\right]^\top$$

$$\boldsymbol{g}^{(1)}=\boldsymbol{Q}\boldsymbol{x}^{(1)}=\left[-\frac{2}{3},\frac{2}{3}\right]^\top$$

$$\Delta\boldsymbol{g}^{(0)}=\boldsymbol{g}^{(1)}-\boldsymbol{g}^{(0)}=\left[-\frac{8}{3},-\frac{4}{3}\right]^\top$$

由于

$$\Delta\boldsymbol{g}^{(0)\top}(\Delta\boldsymbol{x}^{(0)}-\boldsymbol{H}_0\Delta\boldsymbol{g}^{(0)})=\left[-\frac{8}{3},-\frac{4}{3}\right]\begin{bmatrix}\frac{4}{3}\\0\end{bmatrix}=-\frac{32}{9}$$

因此可得

$$\boldsymbol{H}_1=\boldsymbol{H}_0+\frac{(\Delta\boldsymbol{x}^{(0)}-\boldsymbol{H}_0\Delta\boldsymbol{g}^{(0)})(\Delta\boldsymbol{x}^{(0)}-\boldsymbol{H}_0\Delta\boldsymbol{g}^{(0)})^\top}{\Delta\boldsymbol{g}^{(0)\top}(\Delta\boldsymbol{x}^{(0)}-\boldsymbol{H}_0\Delta\boldsymbol{g}^{(0)})}=\begin{bmatrix}\frac{1}{2}&0\\0&1\end{bmatrix}$$

故可确定搜索方向为

$$\boldsymbol{d}^{(1)}=-\boldsymbol{H}_1\boldsymbol{g}^{(1)}=\left[\frac{1}{3},-\frac{2}{3}\right]^\top$$

步长为

$$\alpha_1=-\frac{\boldsymbol{g}^{(1)\top}\boldsymbol{d}^{(1)}}{\boldsymbol{d}^{(1)\top}\boldsymbol{Q}\boldsymbol{d}^{(1)}}=1$$

计算新的迭代点为

$$\boldsymbol{x}^{(2)}=\boldsymbol{x}^{(1)}+\alpha_1\boldsymbol{d}^{(1)}=[0,0]^\top$$

注意 $\boldsymbol{g}^{(2)}=\boldsymbol{0}$，也就是说 $\boldsymbol{x}^{(2)}=\boldsymbol{x}^*$。正如期望的那样，秩 1 算法能够在两次迭代内得到函数 f 的极小点。

注意方向 $\boldsymbol{d}^{(0)}$ 和 $\boldsymbol{d}^{(1)}$ 是 $\boldsymbol{Q}$ 共轭的，这与定理 11.1 给出的结论是一致的。■

需要指出的是，秩 1 算法并不能完全令人满意。首先，该算法产生的矩阵 $\boldsymbol{H}_{k+1}$ 并不一定是正定的(如接下来的例 11.2 所示)，这将导致 $\boldsymbol{d}^{(k+1)}$ 可能不是下降方向。即使对于二次型问题(见例 11.10)，这种情况也有可能发生。其次，如果

$$\Delta\boldsymbol{g}^{(k)\top}(\Delta\boldsymbol{x}^{(k)}-\boldsymbol{H}_k\Delta\boldsymbol{g}^{(k)})$$

接近于 0，在计算 $\boldsymbol{H}_{k+1}$ 时可能会面临一些困难。

例 11.2　假定 $\boldsymbol{H}_k>0$，可以证明，如果 $\Delta\boldsymbol{g}^{(k)\top}(\Delta\boldsymbol{x}^{(k)}-\boldsymbol{H}_k\Delta\boldsymbol{g}^{(k)})>0$，则有 $\boldsymbol{H}_{k+1}>0$(证明过程留作习题 11.7)。但是，如果 $\Delta\boldsymbol{g}^{(k)\top}(\Delta\boldsymbol{x}^{(k)}-\boldsymbol{H}_k\Delta\boldsymbol{g}^{(k)})<0$，矩阵 $\boldsymbol{H}_{k+1}$ 可能并不是正定的。为了演示这一问题，考虑如下目标函数

$$f(\boldsymbol{x})=(x_2-x_1)^4+12x_1x_2-x_1+x_2-3$$

初始点为

$$\boldsymbol{x}^{(0)} = [-0.5262, 0.6014]^{\top}$$

初始的近似矩阵为

$$\boldsymbol{H}_0 = \begin{bmatrix} 0.1186 & -0.0376 \\ -0.0376 & 0.1191 \end{bmatrix}$$

注意 $\boldsymbol{H}_0 > 0$。计算

$$\Delta \boldsymbol{g}^{(0)\top}(\Delta \boldsymbol{x}^{(0)} - \boldsymbol{H}_0 \Delta \boldsymbol{g}^{(0)}) = -0.000\,769\,48$$

$$\boldsymbol{H}_0 = \begin{bmatrix} 0.0331 & 0.0679 \\ 0.0679 & -0.0110 \end{bmatrix}$$

很容易验证 $\boldsymbol{H}_1$ 不是正定的(两个特征值分别为 0.0824 和 -0.0603,矩阵 $\boldsymbol{H}_1$ 非正定)。■

幸运的是,还有其他一些算法能够避免这一问题。比如,秩 2 算法可以保证在任意第 k 步迭代下,只要一维搜索是精确的,近似矩阵 $\boldsymbol{H}_k$ 就都是正定的。下一节将讨论这一算法。

11.4 DFP 算法

秩 2 算法最初是由 Davidon 于 1959 年提出的。1963 年,Fletcher 和 Powell 对其进行了修改。因此,该算法称为 DFP 算法,有时候也称为变尺度法。算法步骤如下:

DFP 算法

1. 令 $k := 0$;选择初始点 $\boldsymbol{x}^{(0)}$,任选一个对称正定实矩阵 $\boldsymbol{H}_0$。
2. 如果 $\boldsymbol{g}^{(k)} = \boldsymbol{0}$,停止迭代;否则,令 $\boldsymbol{d}^{(k)} = -\boldsymbol{H}_k \boldsymbol{g}^{(k)}$。
3. 计算

$$\alpha_k = \arg\min_{\alpha \geqslant 0} f(\boldsymbol{x}^{(k)} + \alpha \boldsymbol{d}^{(k)})$$

$$\boldsymbol{x}^{(k+1)} = \boldsymbol{x}^{(k)} + \alpha_k \boldsymbol{d}^{(k)}$$

4. 计算

$$\Delta \boldsymbol{x}^{(k)} = \alpha_k \boldsymbol{d}^{(k)}$$

$$\Delta \boldsymbol{g}^{(k)} = \boldsymbol{g}^{(k+1)} - \boldsymbol{g}^{(k)}$$

$$\boldsymbol{H}_{k+1} = \boldsymbol{H}_k + \frac{\Delta \boldsymbol{x}^{(k)} \Delta \boldsymbol{x}^{(k)\top}}{\Delta \boldsymbol{x}^{(k)\top} \Delta \boldsymbol{g}^{(k)}} - \frac{[\boldsymbol{H}_k \Delta \boldsymbol{g}^{(k)}][\boldsymbol{H}_k \Delta \boldsymbol{g}^{(k)}]^{\top}}{\Delta \boldsymbol{g}^{(k)\top} \boldsymbol{H}_k \Delta \boldsymbol{g}^{(k)}}$$

5. 令 $k := k+1$,回到第 2 步。

可以证明,DFP 算法也是一种拟牛顿法,即利用该算法求解二次型问题,有 $\boldsymbol{H}_{k+1} \Delta \boldsymbol{g}^{(i)} = \Delta \boldsymbol{x}^{(i)}$,$0 \leqslant i \leqslant k$ 成立。

定理 11.3 利用 DFP 算法求解二次型问题时,黑塞矩阵为 $\boldsymbol{Q} = \boldsymbol{Q}^{\top}$,有 $\boldsymbol{H}_{k+1} \Delta \boldsymbol{g}^{(i)} = \Delta \boldsymbol{x}^{(i)}$,$0 \leqslant i \leqslant k$。□

证明： 利用数学归纳法进行证明。当 $k=0$ 时，有

$$\begin{aligned}\boldsymbol{H}_1\Delta\boldsymbol{g}^{(0)}&=\boldsymbol{H}_0\Delta\boldsymbol{g}^{(0)}+\frac{\Delta\boldsymbol{x}^{(0)}\Delta\boldsymbol{x}^{(0)\top}}{\Delta\boldsymbol{x}^{(0)\top}\Delta\boldsymbol{g}^{(0)}}\Delta\boldsymbol{g}^{(0)}-\frac{\boldsymbol{H}_0\Delta\boldsymbol{g}^{(0)}\Delta\boldsymbol{g}^{(0)\top}\boldsymbol{H}_0}{\Delta\boldsymbol{g}^{(0)\top}\boldsymbol{H}_0\Delta\boldsymbol{g}^{(0)}}\Delta\boldsymbol{g}^{(0)}\\&=\Delta\boldsymbol{x}^{(0)}\end{aligned}$$

假定在 $k-1$ 时，定理成立，即 $\boldsymbol{H}_k\Delta\boldsymbol{g}^{(i)}=\Delta\boldsymbol{x}^{(i)}$，$0\leqslant i\leqslant k-1$。只需要证明 $\boldsymbol{H}_{k+1}\Delta\boldsymbol{g}^{(i)}=\Delta\boldsymbol{x}^{(i)}$，$0\leqslant i\leqslant k$ 即可。当 $i=k$ 时，有

$$\begin{aligned}\boldsymbol{H}_{k+1}\Delta\boldsymbol{g}^{(k)}&=\boldsymbol{H}_k\Delta\boldsymbol{g}^{(k)}+\frac{\Delta\boldsymbol{x}^{(k)}\Delta\boldsymbol{x}^{(k)\top}}{\Delta\boldsymbol{x}^{(k)\top}\Delta\boldsymbol{g}^{(k)}}\Delta\boldsymbol{g}^{(k)}-\frac{\boldsymbol{H}_k\Delta\boldsymbol{g}^{(k)}\Delta\boldsymbol{g}^{(k)\top}\boldsymbol{H}_k}{\Delta\boldsymbol{g}^{(k)\top}\boldsymbol{H}_k\Delta\boldsymbol{g}^{(k)}}\Delta\boldsymbol{g}^{(k)}\\&=\Delta\boldsymbol{x}^{(k)}\end{aligned}$$

当 $i<k$ 时，有

$$\begin{aligned}\boldsymbol{H}_{k+1}\Delta\boldsymbol{g}^{(i)}&=\boldsymbol{H}_k\Delta\boldsymbol{g}^{(i)}+\frac{\Delta\boldsymbol{x}^{(k)}\Delta\boldsymbol{x}^{(k)\top}}{\Delta\boldsymbol{x}^{(k)\top}\Delta\boldsymbol{g}^{(k)}}\Delta\boldsymbol{g}^{(i)}-\frac{\boldsymbol{H}_k\Delta\boldsymbol{g}^{(k)}\Delta\boldsymbol{g}^{(k)\top}\boldsymbol{H}_k}{\Delta\boldsymbol{g}^{(k)\top}\boldsymbol{H}_k\Delta\boldsymbol{g}^{(k)}}\Delta\boldsymbol{g}^{(i)}\\&=\Delta\boldsymbol{x}^{(i)}+\frac{\Delta\boldsymbol{x}^{(k)}}{\Delta\boldsymbol{x}^{(k)\top}\Delta\boldsymbol{g}^{(k)}}(\Delta\boldsymbol{x}^{(k)\top}\Delta\boldsymbol{g}^{(i)})\\&\quad-\frac{\boldsymbol{H}_k\Delta\boldsymbol{g}^{(k)}}{\Delta\boldsymbol{g}^{(k)\top}\boldsymbol{H}_k\Delta\boldsymbol{g}^{(k)}}(\Delta\boldsymbol{g}^{(k)\top}\Delta\boldsymbol{x}^{(i)})\end{aligned}$$

利用假设以及定理 11.1，可得

$$\begin{aligned}\Delta\boldsymbol{x}^{(k)\top}\Delta\boldsymbol{g}^{(i)}&=\Delta\boldsymbol{x}^{(k)\top}\boldsymbol{Q}\Delta\boldsymbol{x}^{(i)}\\&=\alpha_k\alpha_i\boldsymbol{d}^{(k)\top}\boldsymbol{Q}\boldsymbol{d}^{(i)}\\&=0\end{aligned}$$

同理可得

$$\Delta\boldsymbol{g}^{(k)\top}\Delta\boldsymbol{x}^{(i)}=0$$

故有

$$\boldsymbol{H}_{k+1}\Delta\boldsymbol{g}^{(i)}=\Delta\boldsymbol{x}^{(i)}$$

证明完毕。■

由定理 11.1 和定理 11.3 可知，DFP 算法是一种共轭方向法。

例 11.3　利用 DFP 算法求函数

$$f(\boldsymbol{x})=\frac{1}{2}\boldsymbol{x}^\top\begin{bmatrix}4&2\\2&2\end{bmatrix}\boldsymbol{x}-\boldsymbol{x}^\top\begin{bmatrix}-1\\1\end{bmatrix},\qquad \boldsymbol{x}\in\mathbb{R}^2$$

的极小点。初始点为 $\boldsymbol{x}^{(0)}=[0,0]^\top$，$\boldsymbol{H}_0=\boldsymbol{I}_2$。

函数 f 在 $\boldsymbol{x}^{(k)}$ 处的梯度为

$$\boldsymbol{g}^{(k)}=\begin{bmatrix}4&2\\2&2\end{bmatrix}\boldsymbol{x}^{(k)}-\begin{bmatrix}-1\\1\end{bmatrix}$$

因此，

$$\begin{aligned}\boldsymbol{g}^{(0)}&=[1,-1]^\top\\\boldsymbol{d}^{(0)}&=-\boldsymbol{H}_0\boldsymbol{g}^{(0)}=-\begin{bmatrix}1&0\\0&1\end{bmatrix}\begin{bmatrix}1\\-1\end{bmatrix}=\begin{bmatrix}-1\\1\end{bmatrix}\end{aligned}$$

函数f为二次型函数，可得步长为

$$\alpha_0=\arg\min_{\alpha\geqslant 0} f(\boldsymbol{x}^{(0)}+\alpha\boldsymbol{d}^{(0)})=-\frac{\boldsymbol{g}^{(0)\top}\boldsymbol{d}^{(0)}}{\boldsymbol{d}^{(0)\top}\boldsymbol{Q}\boldsymbol{d}^{(0)}}$$

$$=-\frac{[1,-1]\begin{bmatrix}-1\\1\end{bmatrix}}{[-1,1]\begin{bmatrix}4&2\\2&2\end{bmatrix}\begin{bmatrix}-1\\1\end{bmatrix}}=1$$

因此，

$$\boldsymbol{x}^{(1)}=\boldsymbol{x}^{(0)}+\alpha_0\boldsymbol{d}^{(0)}=[-1,1]^\top$$

接下来计算

$$\Delta\boldsymbol{x}^{(0)}=\boldsymbol{x}^{(1)}-\boldsymbol{x}^{(0)}=[-1,1]^\top$$

$$\boldsymbol{g}^{(1)}=\begin{bmatrix}4&2\\2&2\end{bmatrix}\begin{bmatrix}-1\\1\end{bmatrix}-\begin{bmatrix}-1\\1\end{bmatrix}=\begin{bmatrix}-1\\-1\end{bmatrix}$$

和

$$\Delta\boldsymbol{g}^{(0)}=\boldsymbol{g}^{(1)}-\boldsymbol{g}^{(0)}=[-2,0]^\top$$

继续计算

$$\Delta\boldsymbol{x}^{(0)}\Delta\boldsymbol{x}^{(0)\top}=\begin{bmatrix}-1\\1\end{bmatrix}[-1,1]=\begin{bmatrix}1&-1\\-1&1\end{bmatrix}$$

$$\Delta\boldsymbol{x}^{(0)\top}\Delta\boldsymbol{g}^{(0)}=[-1,1]\begin{bmatrix}-2\\0\end{bmatrix}=2$$

$$\boldsymbol{H}_0\Delta\boldsymbol{g}^{(0)}=\begin{bmatrix}1&0\\0&1\end{bmatrix}\begin{bmatrix}-2\\0\end{bmatrix}=\begin{bmatrix}-2\\0\end{bmatrix}$$

可得

$$(\boldsymbol{H}_0\Delta\boldsymbol{g}^{(0)})(\boldsymbol{H}_0\Delta\boldsymbol{g}^{(0)})^\top=\begin{bmatrix}-2\\0\end{bmatrix}[-2,0]=\begin{bmatrix}4&0\\0&0\end{bmatrix}$$

$$\Delta\boldsymbol{g}^{(0)\top}\boldsymbol{H}_0\Delta\boldsymbol{g}^{(0)}=[-2,0]\begin{bmatrix}1&0\\0&1\end{bmatrix}\begin{bmatrix}-2\\0\end{bmatrix}=4$$

由此可得$\boldsymbol{H}_1$为

$$\boldsymbol{H}_1=\boldsymbol{H}_0+\frac{\Delta\boldsymbol{x}^{(0)}\Delta\boldsymbol{x}^{(0)\top}}{\Delta\boldsymbol{x}^{(0)\top}\Delta\boldsymbol{g}^{(0)}}-\frac{(\boldsymbol{H}_0\Delta\boldsymbol{g}^{(0)})(\boldsymbol{H}_0\Delta\boldsymbol{g}^{(0)})^\top}{\Delta\boldsymbol{g}^{(0)\top}\boldsymbol{H}_0\Delta\boldsymbol{g}^{(0)}}$$

$$=\begin{bmatrix}1&0\\0&1\end{bmatrix}+\frac{1}{2}\begin{bmatrix}1&-1\\-1&1\end{bmatrix}-\frac{1}{4}\begin{bmatrix}4&0\\0&0\end{bmatrix}$$

$$=\begin{bmatrix}\frac{1}{2}&-\frac{1}{2}\\-\frac{1}{2}&\frac{3}{2}\end{bmatrix}$$

可得搜索方向为$\boldsymbol{d}^{(1)}=-\boldsymbol{H}_1\boldsymbol{g}^{(1)}=[0,1]^\top$，步长为

$$\alpha_1 = \arg\min_{\alpha \geqslant 0} f(\boldsymbol{x}^{(1)} + \alpha \boldsymbol{d}^{(1)}) = -\frac{\boldsymbol{g}^{(1)\top}\boldsymbol{d}^{(1)}}{\boldsymbol{d}^{(1)\top}\boldsymbol{Q}\boldsymbol{d}^{(1)}} = \frac{1}{2}$$

因此，迭代点为

$$\boldsymbol{x}^{(2)} = \boldsymbol{x}^{(1)} + \alpha_1 \boldsymbol{d}^{(1)} = [-1, 3/2]^\top = \boldsymbol{x}^*$$

函数f为两变量二次型函数，$\boldsymbol{x}^{(2)}$就是极小点$\boldsymbol{x}^*$。

由于$\boldsymbol{d}^{(0)\top}\boldsymbol{Q}\boldsymbol{d}^{(1)} = \boldsymbol{d}^{(1)\top}\boldsymbol{Q}\boldsymbol{d}^{(0)} = 0$，因此，$\boldsymbol{d}^{(0)}$和$\boldsymbol{d}^{(1)}$是$\boldsymbol{Q}$共轭方向。 ■

接下来证明在DFP算法中，只要矩阵$\boldsymbol{H}_k$正定，$\boldsymbol{H}_{k+1}$就一定是正定的。

定理 11.4 假定$\boldsymbol{g}^{(k)} \neq \boldsymbol{0}$，在DFP算法中，只要矩阵$\boldsymbol{H}_k$正定，$\boldsymbol{H}_{k+1}$就一定是正定的。 □

证明： 由DFP算法中近似矩阵的更新方程，可得

$$\begin{aligned}\boldsymbol{x}^\top \boldsymbol{H}_{k+1}\boldsymbol{x} &= \boldsymbol{x}^\top \boldsymbol{H}_k \boldsymbol{x} + \frac{\boldsymbol{x}^\top \Delta\boldsymbol{x}^{(k)}\Delta\boldsymbol{x}^{(k)\top}\boldsymbol{x}}{\Delta\boldsymbol{x}^{(k)\top}\Delta\boldsymbol{g}^{(k)}} - \frac{\boldsymbol{x}^\top(\boldsymbol{H}_k\Delta\boldsymbol{g}^{(k)})(\boldsymbol{H}_k\Delta\boldsymbol{g}^{(k)})^\top\boldsymbol{x}}{\Delta\boldsymbol{g}^{(k)\top}\boldsymbol{H}_k\Delta\boldsymbol{g}^{(k)}} \\ &= \boldsymbol{x}^\top \boldsymbol{H}_k \boldsymbol{x} + \frac{(\boldsymbol{x}^\top\Delta\boldsymbol{x}^{(k)})^2}{\Delta\boldsymbol{x}^{(k)\top}\Delta\boldsymbol{g}^{(k)}} - \frac{(\boldsymbol{x}^\top\boldsymbol{H}_k\Delta\boldsymbol{g}^{(k)})^2}{\Delta\boldsymbol{g}^{(k)\top}\boldsymbol{H}_k\Delta\boldsymbol{g}^{(k)}}\end{aligned}$$

定义

$$\begin{aligned}\boldsymbol{a} &\triangleq \boldsymbol{H}_k^{1/2}\boldsymbol{x} \\ \boldsymbol{b} &\triangleq \boldsymbol{H}_k^{1/2}\Delta\boldsymbol{g}^{(k)}\end{aligned}$$

其中，$\boldsymbol{H}_k = \boldsymbol{H}_k^{1/2}\boldsymbol{H}_k^{1/2}$。

注意，由于$\boldsymbol{H}_k > 0$，因此其平方根是存在的。关于正定矩阵平方根的有关知识，可参见3.4节。结合$\boldsymbol{a}$和$\boldsymbol{b}$的定义，可得

$$\begin{aligned}\boldsymbol{x}^\top\boldsymbol{H}_k\boldsymbol{x} &= \boldsymbol{x}^\top\boldsymbol{H}_k^{1/2}\boldsymbol{H}_k^{1/2}\boldsymbol{x} = \boldsymbol{a}^\top\boldsymbol{a} \\ \boldsymbol{x}^\top\boldsymbol{H}_k\Delta\boldsymbol{g}^{(k)} &= \boldsymbol{x}^\top\boldsymbol{H}_k^{1/2}\boldsymbol{H}_k^{1/2}\Delta\boldsymbol{g}^{(k)} = \boldsymbol{a}^\top\boldsymbol{b} \\ \Delta\boldsymbol{g}^{(k)\top}\boldsymbol{H}_k\Delta\boldsymbol{g}^{(k)} &= \Delta\boldsymbol{g}^{(k)\top}\boldsymbol{H}_k^{1/2}\boldsymbol{H}_k^{1/2}\Delta\boldsymbol{g}^{(k)} = \boldsymbol{b}^\top\boldsymbol{b}\end{aligned}$$

因此，

$$\begin{aligned}\boldsymbol{x}^\top\boldsymbol{H}_{k+1}\boldsymbol{x} &= \boldsymbol{a}^\top\boldsymbol{a} + \frac{(\boldsymbol{x}^\top\Delta\boldsymbol{x}^{(k)})^2}{\Delta\boldsymbol{x}^{(k)\top}\Delta\boldsymbol{g}^{(k)}} - \frac{(\boldsymbol{a}^\top\boldsymbol{b})^2}{\boldsymbol{b}^\top\boldsymbol{b}} \\ &= \frac{\|\boldsymbol{a}\|^2\|\boldsymbol{b}\|^2 - (\langle\boldsymbol{a},\boldsymbol{b}\rangle)^2}{\|\boldsymbol{b}\|^2} + \frac{(\boldsymbol{x}^\top\Delta\boldsymbol{x}^{(k)})^2}{\Delta\boldsymbol{x}^{(k)\top}\Delta\boldsymbol{g}^{(k)}}\end{aligned}$$

同时，根据引理10.2，可得$\Delta\boldsymbol{x}^{(k)\top}\boldsymbol{g}^{(k+1)} = \alpha_k\boldsymbol{d}^{(k)\top}\boldsymbol{g}^{(k+1)} = 0$（证明过程留作习题11.1），因此，

$$\Delta\boldsymbol{x}^{(k)\top}\Delta\boldsymbol{g}^{(k)} = \Delta\boldsymbol{x}^{(k)\top}(\boldsymbol{g}^{(k+1)} - \boldsymbol{g}^{(k)}) = -\Delta\boldsymbol{x}^{(k)\top}\boldsymbol{g}^{(k)}$$

由于

$$\Delta\boldsymbol{x}^{(k)} = \alpha_k\boldsymbol{d}^{(k)} = -\alpha_k\boldsymbol{H}_k\boldsymbol{g}^{(k)}$$

因此，

$$\Delta\boldsymbol{x}^{(k)\top}\Delta\boldsymbol{g}^{(k)} = -\Delta\boldsymbol{x}^{(k)\top}\boldsymbol{g}^{(k)} = \alpha_k\boldsymbol{g}^{(k)\top}\boldsymbol{H}_k\boldsymbol{g}^{(k)}$$

由此可得

$$\boldsymbol{x}^{\top}\boldsymbol{H}_{k+1}\boldsymbol{x}=\frac{\|\boldsymbol{a}\|^2\|\boldsymbol{b}\|^2-(\langle\boldsymbol{a},\boldsymbol{b}\rangle)^2}{\|\boldsymbol{b}\|^2}+\frac{(\boldsymbol{x}^{\top}\Delta\boldsymbol{x}^{(k)})^2}{\alpha_k\boldsymbol{g}^{(k)\top}\boldsymbol{H}_k\boldsymbol{g}^{(k)}}$$

上式中等号右端项都是非负的。由柯西-施瓦茨不等式可知，第 1 项是非负的；由于 $\boldsymbol{H}_k>0$ 和 $\alpha_k>0$，因此，第 2 项也是非负的(由命题 11.1 可知)。为了证明当 $\boldsymbol{x}\neq\boldsymbol{0}$ 时，$\boldsymbol{x}^{\top}\boldsymbol{H}_{k+1}\boldsymbol{x}>0$，只需要证明这两项不会同时为零即可。

只有当 $\boldsymbol{a}$ 和 $\boldsymbol{b}$ 成正比，即 $\boldsymbol{a}=\beta\boldsymbol{b}$ 时(β 为标量)，第 1 项才等于零。因此，只要证明 $\boldsymbol{a}=\beta\boldsymbol{b}$ 时，$(\boldsymbol{x}^{\top}\Delta\boldsymbol{x}^{(k)})^2/(\alpha_k\boldsymbol{g}^{(k)\top}\boldsymbol{H}_k\boldsymbol{g}^{(k)})>0$，即可证明这两项不会同时为零。注意

$$\boldsymbol{H}_k^{1/2}\boldsymbol{x}=\boldsymbol{a}=\beta\boldsymbol{b}=\beta\boldsymbol{H}_k^{1/2}\Delta\boldsymbol{g}^{(k)}=\boldsymbol{H}_k^{1/2}(\beta\Delta\boldsymbol{g}^{(k)})$$

因此

$$\boldsymbol{x}=\beta\Delta\boldsymbol{g}^{(k)}$$

结合上式以及等式 $\Delta\boldsymbol{x}^{(k)\top}\Delta\boldsymbol{g}^{(k)}=\alpha_k\boldsymbol{g}^{(k)\top}\boldsymbol{H}_k\boldsymbol{g}^{(k)}$，可得

$$\begin{aligned}\frac{(\boldsymbol{x}^{\top}\Delta\boldsymbol{x}^{(k)})^2}{\alpha_k\boldsymbol{g}^{(k)\top}\boldsymbol{H}_k\boldsymbol{g}^{(k)}}&=\frac{\beta^2(\Delta\boldsymbol{g}^{(k)\top}\Delta\boldsymbol{x}^{(k)})^2}{\alpha_k\boldsymbol{g}^{(k)\top}\boldsymbol{H}_k\boldsymbol{g}^{(k)}}=\frac{\beta^2(\alpha_k\boldsymbol{g}^{(k)\top}\boldsymbol{H}_k\boldsymbol{g}^{(k)})^2}{\alpha_k\boldsymbol{g}^{(k)\top}\boldsymbol{H}_k\boldsymbol{g}^{(k)}}\\&=\beta^2\alpha_k\boldsymbol{g}^{(k)\top}\boldsymbol{H}_k\boldsymbol{g}^{(k)}>0\end{aligned}$$

因此，当 $\boldsymbol{x}\neq\boldsymbol{0}$ 时，

$$\boldsymbol{x}^{\top}\boldsymbol{H}_{k+1}\boldsymbol{x}>0$$

定理得证。 ■

DFP 算法能够使得矩阵 $\boldsymbol{H}_k$ 保持正定，因此，其优于秩 1 算法。但是，当处理一些规模较大的非二次型问题时，DFP 有时会被“卡住”，即迭代无法继续开展。造成这一现象的原因在于矩阵 $\boldsymbol{H}_k$ 接近成为奇异矩阵了。下一节将讨论的 BFGS 算法能够解决这一问题。

11.5 BFGS 算法

20 世纪 70 年代，Broyden、Fletcher、Goldfard 和 Shanno 分别独立地提出了一种近似矩阵的更新算法，因此，该方法被称为 BFGS 算法。

为了推导 BFGS 算法，需要用到对偶或互补的概念，见参考文献[43，88]。前面已经讨论过，黑塞矩阵逆矩阵的近似矩阵需要满足以下条件：

$$\boldsymbol{H}_{k+1}\Delta\boldsymbol{g}^{(i)}=\Delta\boldsymbol{x}^{(i)},\qquad 0\leqslant i\leqslant k$$

这是根据 $\Delta\boldsymbol{g}^{(i)}=\boldsymbol{Q}\Delta\boldsymbol{x}^{(i)}$，$0\leqslant i\leqslant k$ 推导出的。基于这一条件，可以构造黑塞矩阵逆矩阵 $\boldsymbol{Q}^{-1}$ 近似矩阵的更新公式，秩 1 算法和 DFP 算法都是据此而来的。但是，除了构造 $\boldsymbol{Q}^{-1}$ 的近似矩阵，还可以构造矩阵 $\boldsymbol{Q}$ 的近似矩阵。令矩阵 $\boldsymbol{B}_k$ 表示在第 k 次迭代中关于矩阵 $\boldsymbol{Q}$ 的估计，则 $\boldsymbol{B}_{k+1}$ 应该满足

$$\Delta\boldsymbol{g}^{(i)}=\boldsymbol{B}_{k+1}\Delta\boldsymbol{x}^{(i)},\qquad 0\leqslant i\leqslant k$$

可以看出，这组方程与 $\boldsymbol{H}_{k+1}$ 应该满足的方程非常相似，唯一的区别在于 $\Delta\boldsymbol{x}^{(i)}$ 和 $\Delta\boldsymbol{g}^{(i)}$ 互换了位置。因此，给定关于 $\boldsymbol{H}_k$ 的更新公式，交换 $\Delta\boldsymbol{x}^{(i)}$ 和 $\Delta\boldsymbol{g}^{(i)}$ 的位置，并将 $\boldsymbol{H}_k$ 替换为 $\boldsymbol{B}_k$，即可得到 $\boldsymbol{B}_k$ 的更新公式。在 BFGS 算法中，矩阵 $\boldsymbol{B}_k$ 就对应于 DFP 算法中的 $\boldsymbol{H}_k$。满足这种结构的两类公式是对偶或互补的，见参考文献[43]。

已知 DFP 算法中关于 $\boldsymbol{H}_k$，即黑塞矩阵逆矩阵的近似矩阵的更新公式为

$$\boldsymbol{H}_{k+1}^{\mathrm{DFP}}=\boldsymbol{H}_k+\frac{\Delta\boldsymbol{x}^{(k)}\Delta\boldsymbol{x}^{(k)\top}}{\Delta\boldsymbol{x}^{(k)\top}\Delta\boldsymbol{g}^{(k)}}-\frac{\boldsymbol{H}_k\Delta\boldsymbol{g}^{(k)}\Delta\boldsymbol{g}^{(k)\top}\boldsymbol{H}_k}{\Delta\boldsymbol{g}^{(k)\top}\boldsymbol{H}_k\Delta\boldsymbol{g}^{(k)}}$$

利用互补的概念，可以得到 $\boldsymbol{B}_k$，即黑塞矩阵近似矩阵的更新公式：

$$\boldsymbol{B}_{k+1}=\boldsymbol{B}_k+\frac{\Delta\boldsymbol{g}^{(k)}\Delta\boldsymbol{g}^{(k)\top}}{\Delta\boldsymbol{g}^{(k)\top}\Delta\boldsymbol{x}^{(k)}}-\frac{\boldsymbol{B}_k\Delta\boldsymbol{x}^{(k)}\Delta\boldsymbol{x}^{(k)\top}\boldsymbol{B}_k}{\Delta\boldsymbol{x}^{(k)\top}\boldsymbol{B}_k\Delta\boldsymbol{x}^{(k)}}$$

这就是 BFGS 算法中的更新公式 $\boldsymbol{B}_k$。

基于上述公式，可知在 BFGS 方法中，为获得黑塞矩阵逆矩阵的近似矩阵的更新公式，只需对矩阵 $\boldsymbol{B}_{k+1}$求逆即可：

$$\begin{aligned}\boldsymbol{H}_{k+1}^{\mathrm{BFGS}}&=(\boldsymbol{B}_{k+1})^{-1}\\&=\left(\boldsymbol{B}_k+\frac{\Delta\boldsymbol{g}^{(k)}\Delta\boldsymbol{g}^{(k)\top}}{\Delta\boldsymbol{g}^{(k)\top}\Delta\boldsymbol{x}^{(k)}}-\frac{\boldsymbol{B}_k\Delta\boldsymbol{x}^{(k)}\Delta\boldsymbol{x}^{(k)\top}\boldsymbol{B}_k}{\Delta\boldsymbol{x}^{(k)\top}\boldsymbol{B}_k\Delta\boldsymbol{x}^{(k)}}\right)^{-1}\end{aligned}$$

可以看出，在求 $\boldsymbol{H}_{k+1}^{\mathrm{BFGS}}$的过程中，涉及矩阵求逆运算。为此，下面给出关于矩阵求逆的计算公式，即谢尔曼-莫里森(Sherman-Morrison)公式(见参考文献[63]的第 123 页或参考文献[53]的第 50 页)。

引理 11.1　如果矩阵 $\boldsymbol{A}$ 非奇异，$\boldsymbol{u}$ 和 $\boldsymbol{v}$ 为列向量，满足 $1+\boldsymbol{v}^\top\boldsymbol{A}^{-1}\boldsymbol{u}\neq 0$，那么 $\boldsymbol{A}+\boldsymbol{u}\boldsymbol{v}^\top$ 非奇异，其逆矩阵可以用 $\boldsymbol{A}^{-1}$表示，如下所示：

$$(\boldsymbol{A}+\boldsymbol{u}\boldsymbol{v}^\top)^{-1}=\boldsymbol{A}^{-1}-\frac{(\boldsymbol{A}^{-1}\boldsymbol{u})(\boldsymbol{v}^\top\boldsymbol{A}^{-1})}{1+\boldsymbol{v}^\top\boldsymbol{A}^{-1}\boldsymbol{u}}$$ □

证明： 在等式两端同时乘以 $\boldsymbol{A}+\boldsymbol{u}\boldsymbol{v}^\top$ 即可验证上式成立。■

由引理 11.1 可知，如果 $\boldsymbol{A}$ 的逆矩阵 $\boldsymbol{A}^{-1}$已知，那么矩阵 $\boldsymbol{A}$ 和另外一个秩为 1 的矩阵之和的逆矩阵可以通过对 $\boldsymbol{A}^{-1}$增加一个修正项得到。

对 $\boldsymbol{B}_{k+1}$应用两次引理 11.1，可得(证明过程留作习题 11.12)

$$\begin{aligned}\boldsymbol{H}_{k+1}^{\mathrm{BFGS}}=\boldsymbol{H}_k&+\left(1+\frac{\Delta\boldsymbol{g}^{(k)\top}\boldsymbol{H}_k\Delta\boldsymbol{g}^{(k)}}{\Delta\boldsymbol{g}^{(k)\top}\Delta\boldsymbol{x}^{(k)}}\right)\frac{\Delta\boldsymbol{x}^{(k)}\Delta\boldsymbol{x}^{(k)\top}}{\Delta\boldsymbol{x}^{(k)\top}\Delta\boldsymbol{g}^{(k)}}\\&-\frac{\boldsymbol{H}_k\Delta\boldsymbol{g}^{(k)}\Delta\boldsymbol{x}^{(k)\top}+(\boldsymbol{H}_k\Delta\boldsymbol{g}^{(k)}\Delta\boldsymbol{x}^{(k)\top})^\top}{\Delta\boldsymbol{g}^{(k)\top}\Delta\boldsymbol{x}^{(k)}}\end{aligned}$$

这就是 BFGS 算法中关于 $\boldsymbol{H}_k$的更新公式。

针对二次型问题时，DFP 算法满足 $\boldsymbol{H}_{k+1}^{\mathrm{DFP}}\Delta\boldsymbol{g}^{(i)}=\Delta\boldsymbol{x}^{(i)}$，$0\leqslant i\leqslant k$。因此，BFGS 算法应该满足 $\boldsymbol{B}_{k+1}\Delta\boldsymbol{x}^{(i)}=\Delta\boldsymbol{g}^{(i)}$，$0\leqslant i\leqslant k$，从 BFGS 算法的更新公式中可以看出，$\boldsymbol{H}_{k+1}^{\mathrm{BFGS}}\Delta\boldsymbol{g}^{(i)}=\Delta\boldsymbol{x}^{(i)}$，$0\leqslant i\leqslant k$。因此，BFGS 算法保持了拟牛顿法的一切性质，自然包括共轭方向的性质。而且，与 DFP 算法相同，BFGS 算法也能够使得近似矩阵一直保持正定，也就是说，当 $\boldsymbol{g}^{(k)}\neq\boldsymbol{0}$ 时，$\boldsymbol{H}_k^{\mathrm{BFGS}}>0$，就必有 $\boldsymbol{H}_{k+1}^{\mathrm{BFGS}}>0$。

当迭代过程中一维搜索的精度不高时，BFGS 算法仍然比较稳健。这一性质有助于将计算资源从追求高精度的一维搜索中释放出来。就效率而言，在很多情况下，BFGS 算法要远超 DFP 算法(关于这一问题的深入讨论，见参考文献[107])。

最后，利用下面的例子对 BFGS 算法进行演示。

例 11.4 利用 BFGS 算法求解二次型函数

$$f(\boldsymbol{x})=\frac{1}{2}\boldsymbol{x}^{\top}\boldsymbol{Q}\boldsymbol{x}-\boldsymbol{x}^{\top}\boldsymbol{b}+\log(\pi)$$

的极小点。其中，

$$\boldsymbol{Q}=\begin{bmatrix}5 & -3\\ -3 & 2\end{bmatrix},\qquad \boldsymbol{b}=\begin{bmatrix}0\\ 1\end{bmatrix}$$

令 $\boldsymbol{H}_0=\boldsymbol{I}_2$，初始点 $\boldsymbol{x}^{(0)}=[0,0]^{\top}$。计算结束后，可以验证 $\boldsymbol{H}_2=\boldsymbol{Q}^{-1}$。

计算

$$\boldsymbol{d}^{(0)}=-\boldsymbol{g}^{(0)}=-(\boldsymbol{Q}\boldsymbol{x}^{(0)}-\boldsymbol{b})=\boldsymbol{b}=\begin{bmatrix}0\\ 1\end{bmatrix}$$

目标函数为二次型函数，可得步长 α_0 为

$$\alpha_0=-\frac{\boldsymbol{g}^{(0)\top}\boldsymbol{d}^{(0)}}{\boldsymbol{d}^{(0)\top}\boldsymbol{Q}\boldsymbol{d}^{(0)}}=\frac{1}{2}$$

因此，可得迭代点

$$\boldsymbol{x}^{(1)}=\boldsymbol{x}^{(0)}+\alpha_0\boldsymbol{d}^{(0)}=\begin{bmatrix}0\\ 1/2\end{bmatrix}$$

计算 $\boldsymbol{H}_1=\boldsymbol{H}_1^{\mathrm{BFGS}}$ 之前，首先计算

$$\Delta\boldsymbol{x}^{(0)}=\boldsymbol{x}^{(1)}-\boldsymbol{x}^{(0)}=\begin{bmatrix}0\\ 1/2\end{bmatrix}$$

$$\boldsymbol{g}^{(1)}=\boldsymbol{Q}\boldsymbol{x}^{(1)}-\boldsymbol{b}=\begin{bmatrix}-3/2\\ 0\end{bmatrix}$$

$$\Delta\boldsymbol{g}^{(0)}=\boldsymbol{g}^{(1)}-\boldsymbol{g}^{(0)}=\begin{bmatrix}-3/2\\ 1\end{bmatrix}$$

因此，

$$\begin{aligned}\boldsymbol{H}_1&=\boldsymbol{H}_0+\left(1+\frac{\Delta\boldsymbol{g}^{(0)\top}\boldsymbol{H}_0\Delta\boldsymbol{g}^{(0)}}{\Delta\boldsymbol{g}^{(0)\top}\Delta\boldsymbol{x}^{(0)}}\right)\frac{\Delta\boldsymbol{x}^{(0)}\Delta\boldsymbol{x}^{(0)\top}}{\Delta\boldsymbol{x}^{(0)\top}\Delta\boldsymbol{g}^{(0)}}\\&\quad-\frac{\Delta\boldsymbol{x}^{(0)}\Delta\boldsymbol{g}^{(0)\top}\boldsymbol{H}_0+\boldsymbol{H}_0\Delta\boldsymbol{g}^{(0)}\Delta\boldsymbol{x}^{(0)\top}}{\Delta\boldsymbol{g}^{(0)\top}\Delta\boldsymbol{x}^{(0)}}\\&=\begin{bmatrix}1 & 3/2\\ 3/2 & 11/4\end{bmatrix}\end{aligned}$$

接下来，可得搜索方向和步长，分别为

$$\boldsymbol{d}^{(1)}=-\boldsymbol{H}_1\boldsymbol{g}^{(1)}=\begin{bmatrix}3/2\\ 9/4\end{bmatrix}$$

$$\alpha_1=-\frac{\boldsymbol{g}^{(1)\top}\boldsymbol{d}^{(1)}}{\boldsymbol{d}^{(1)\top}\boldsymbol{Q}\boldsymbol{d}^{(1)}}=2$$

得到新的迭代点为

$$\boldsymbol{x}^{(2)} = \boldsymbol{x}^{(1)} + \alpha_1 \boldsymbol{d}^{(1)} = \begin{bmatrix} 3 \\ 5 \end{bmatrix}$$

由于目标函数是定义在 $\mathbb{R}^2$ 上的二次型函数，因此，$\boldsymbol{x}^{(2)}$就是其极小点。目标函数在 $\boldsymbol{x}^{(2)}$ 处的梯度为 $\boldsymbol{0}$，即 $\boldsymbol{g}^{(2)} = \boldsymbol{0}$。

验证 $\boldsymbol{H}_2 = \boldsymbol{Q}^{-1}$，计算

$$\Delta \boldsymbol{x}^{(1)} = \boldsymbol{x}^{(2)} - \boldsymbol{x}^{(1)} = \begin{bmatrix} 3 \\ 9/2 \end{bmatrix}$$

$$\Delta \boldsymbol{g}^{(1)} = \boldsymbol{g}^{(2)} - \boldsymbol{g}^{(1)} = \begin{bmatrix} 3/2 \\ 0 \end{bmatrix}$$

故有

$$\begin{aligned} \boldsymbol{H}_2 &= \boldsymbol{H}_1 + \left(1 + \frac{\Delta \boldsymbol{g}^{(1)\top} \boldsymbol{H}_1 \Delta \boldsymbol{g}^{(1)}}{\Delta \boldsymbol{g}^{(1)\top} \Delta \boldsymbol{x}^{(1)}}\right) \frac{\Delta \boldsymbol{x}^{(1)} \Delta \boldsymbol{x}^{(1)\top}}{\Delta \boldsymbol{x}^{(1)\top} \Delta \boldsymbol{g}^{(1)}} \\ &\quad - \frac{\Delta \boldsymbol{x}^{(1)} \Delta \boldsymbol{g}^{(1)\top} \boldsymbol{H}_1 + \boldsymbol{H}_1 \Delta \boldsymbol{g}^{(1)} \Delta \boldsymbol{x}^{(1)\top}}{\Delta \boldsymbol{g}^{(1)\top} \Delta \boldsymbol{x}^{(1)}} \\ &= \begin{bmatrix} 2 & 3 \\ 3 & 5 \end{bmatrix} \end{aligned}$$

由于 $\boldsymbol{H}_2 \boldsymbol{Q} = \boldsymbol{Q} \boldsymbol{H}_2 = \boldsymbol{I}_2$，因此 $\boldsymbol{H}_2 = \boldsymbol{Q}^{-1}$。 ■

对于非二次型问题，拟牛顿法通常不会在 n 步之内收敛到极小点。与共轭梯度法类似，在处理非二次型问题时，也需要对拟牛顿法进行一些修正。比如，可以每经过几次迭代(如 n 或 $n+1$)，就将搜索方向重置为梯度负方向，然后继续迭代，直到满足停止规则。

习题

11.1 函数 $f: \mathbb{R}^n \to \mathbb{R}$ 一阶连续可微，即 $f \in \mathcal{C}^1$，求其极小点的迭代公式为

$$\boldsymbol{x}^{(k+1)} = \boldsymbol{x}^{(k)} + \alpha_k \boldsymbol{d}^{(k)}$$

其中，$\boldsymbol{d}^{(1)}$，$\boldsymbol{d}^{(2)}$，…为定义在 $\mathbb{R}^n$ 中的方向，步长 $\alpha_k \geqslant 0$，按照最小化函数 $f(\boldsymbol{x}^{(k)} + \alpha \boldsymbol{d}^{(k)})$ 的方式求取，即

$$\alpha_k = \underset{\alpha \geqslant 0}{\arg\min}\, f(\boldsymbol{x}^{(k)} + \alpha \boldsymbol{d}^{(k)})$$

实际上，这一迭代公式几乎适用于本书第二部分讨论过的所有方法，包括最速下降法、牛顿法、共轭梯度法和拟牛顿法等。

令 $\boldsymbol{g}^{(k)} = \nabla f(\boldsymbol{x}^{(k)})$，假定 $\boldsymbol{d}^{(k)\top} \boldsymbol{g}^{(k)} < 0$。

a. 证明 $\boldsymbol{d}^{(k)}$是 f 的下降方向，即存在一个 $\bar{\alpha} > 0$，使得对于所有 $\alpha \in (0, \bar{\alpha}]$，都有

$$f(\boldsymbol{x}^{(k)} + \alpha \boldsymbol{d}^{(k)}) < f(\boldsymbol{x}^{(k)})$$

b. 证明 $\alpha_k > 0$。

c. 证明 $\boldsymbol{d}^{(k)\top} \boldsymbol{g}^{(k+1)} = 0$。

d. 证明当 $\boldsymbol{g}^{(k)} \neq \mathbf{0}$ 时，以下方法均可满足 $\boldsymbol{d}^{(k)\top}\boldsymbol{g}^{(k)} < 0$

1. 最速下降法
2. 牛顿法，假定黑塞矩阵正定
3. 共轭梯度法
4. 拟牛顿法，假定 $\boldsymbol{H}_k > 0$

e. 目标函数为二次型函数 $f(\boldsymbol{x}) = \frac{1}{2}\boldsymbol{x}^\top \boldsymbol{Q}\boldsymbol{x} - \boldsymbol{x}^\top \boldsymbol{b}$，$\boldsymbol{Q} = \boldsymbol{Q}^\top > 0$，请推导步长 α_k 的计算公式，用 $\boldsymbol{Q}$、$\boldsymbol{d}^{(k)}$ 和 $\boldsymbol{g}^{(k)}$ 表示。

11.2 目标函数 f 二阶连续可微，即 $f \in \mathcal{C}^2$，利用修正牛顿法求其极小点：

$$\boldsymbol{x}^{(k+1)} = \boldsymbol{x}^{(k)} - \alpha_k \boldsymbol{F}(\boldsymbol{x}^{(k)})^{-1}\nabla f(\boldsymbol{x}^{(k)})$$

其中，α_k 按照一维搜索的方式确定。请说明该算法是否属于拟牛顿法？

11.3 在某些求目标函数 $f(\boldsymbol{x})$ 极小点的优化问题求解方法中，首先选定一个初始点 $\boldsymbol{x}^{(0)}$ 和对称正定实矩阵 $\boldsymbol{H}_0$，然后迭代计算矩阵 $\boldsymbol{H}_k$、搜索方向 $\boldsymbol{d}^{(k)} = -\boldsymbol{H}_k\boldsymbol{g}^{(k)}$ [其中 $\boldsymbol{g}^{(k)} = \nabla f(\boldsymbol{x}^{(k)})$] 和新迭代点 $\boldsymbol{x}^{(k+1)} = \boldsymbol{x}^{(k)} + \alpha_k \boldsymbol{d}^{(k)}$，其中

$$\alpha_k = \arg\min_{\alpha \geqslant 0} f\left(\boldsymbol{x}^{(k)} + \alpha \boldsymbol{d}^{(k)}\right)$$

假定目标函数为标准二次型函数：

$$f(\boldsymbol{x}) = \frac{1}{2}\boldsymbol{x}^\top \boldsymbol{Q}\boldsymbol{x} - \boldsymbol{x}^\top \boldsymbol{b} + c, \quad \boldsymbol{Q} = \boldsymbol{Q}^\top > 0$$

a. 求步长 α_k 的计算公式，用 $\boldsymbol{Q}$、$\boldsymbol{H}_k$、$\boldsymbol{d}^{(k)}$ 和 $\boldsymbol{g}^{(k)}$ 表示。

b. 为了保证步长 α_k 为正数，请给出 $\boldsymbol{H}_k$ 必须满足的充分条件。

11.4 考虑如下迭代公式：

$$\boldsymbol{x}^{(k+1)} = \boldsymbol{x}^{(k)} - \boldsymbol{H}\boldsymbol{g}^{(k)}$$

其中，$\boldsymbol{g}^{(k)} = \nabla f(\boldsymbol{x}^{(k)})$，$\boldsymbol{H}$ 为对称常数矩阵。

a. 目标函数 f 三阶连续可微，即 $f \in \mathcal{C}^3$，存在点 $\boldsymbol{x}^*$ 满足 $\nabla f(\boldsymbol{x}^*) = \mathbf{0}$，且 $\boldsymbol{F}(\boldsymbol{x}^*)^{-1}$ 存在。求矩阵 $\boldsymbol{H}$，使得当 $\boldsymbol{x}^{(0)}$ 足够接近 $\boldsymbol{x}^*$ 时，$\boldsymbol{x}^{(k)}$ 至少能够以阶数为 2 收敛到 $\boldsymbol{x}^*$。

b. 矩阵 $\boldsymbol{H}$ 求出后，请说明该算法是否属于拟牛顿法。

11.5 利用秩 1 算法求目标函数

$$f(\boldsymbol{x}) = \frac{1}{2}\boldsymbol{x}^\top \begin{bmatrix} 1 & 0 \\ 0 & 2 \end{bmatrix} \boldsymbol{x} - \boldsymbol{x}^\top \begin{bmatrix} 1 \\ -1 \end{bmatrix} + 7$$

的极小点，初始点为 $\boldsymbol{x}^{(0)} = \mathbf{0}$。

11.6 考虑如下迭代公式：

$$\boldsymbol{x}^{(k+1)} = \boldsymbol{x}^{(k)} - \alpha_k \boldsymbol{M}_k \nabla f(\boldsymbol{x}^{(k)})$$

其中，$f: \mathbb{R}^2 \to \mathbb{R}$，$f \in \mathcal{C}^1$，$\boldsymbol{M}_k \in \mathbb{R}^{2\times 2}$ 为

$$\boldsymbol{M}_k = \begin{bmatrix} 1 & 0 \\ 0 & a \end{bmatrix}$$

$a \in \mathbb{R}$。步长 α_k 为

$$\alpha_k = \arg\min_{\alpha \geqslant 0} f(\boldsymbol{x}^{(k)} - \alpha \boldsymbol{M}_k \nabla f(\boldsymbol{x}^{(k)}))$$

如果在第 k 次迭代时，有 $\nabla f(\boldsymbol{x}^{(k)}) = [1, 1]^\top$，试求 a 的最大取值范围，保证对于任意目标函数 f，都有 $\alpha_k > 0$。

11.7 在秩 1 算法中，如果 $\boldsymbol{H}_k > 0$，试证明当 $\Delta\boldsymbol{g}^{(k)\top}(\Delta\boldsymbol{x}^{(k)} - \boldsymbol{H}_k \Delta\boldsymbol{g}^{(k)}) > 0$ 时，有 $\boldsymbol{H}_{k+1} > 0$。

11.8 在秩 1 算法中近似矩阵更新方程的基础上，利用互补原理和矩阵求逆公式，设计一种新的更新方程。

11.9 目标函数为

$$
\begin{aligned}
f &= \frac{1}{2}\boldsymbol{x}^\top\boldsymbol{Q}\boldsymbol{x} - x^\top\boldsymbol{b} + c \\
&= \frac{1}{2}\boldsymbol{x}^\top\begin{bmatrix}1 & 0\\0 & 2\end{bmatrix}\boldsymbol{x} - \boldsymbol{x}^\top\begin{bmatrix}1\\-1\end{bmatrix} + 7
\end{aligned}
$$

初始点 $\boldsymbol{x}^{(0)}=\boldsymbol{0}$。试利用秩 1 算法产生两个 $\boldsymbol{Q}$ 共轭方向。

11.10 利用秩 1 算法求解例 11.3。

11.11 利用 DFP 算法求目标函数

$$
f(\boldsymbol{x}) = \frac{1}{2}\boldsymbol{x}^\top\boldsymbol{Q}\boldsymbol{x} - \boldsymbol{x}^\top\boldsymbol{b}
$$

的极小点，其中 $\boldsymbol{Q}=\boldsymbol{Q}^\top>0$。

a. 求步长 α_k 的计算公式，用 $\boldsymbol{Q}$、$\boldsymbol{g}^{(k)}$ 和 $\boldsymbol{d}^{(k)}$ 表示。

b. 证明当 $\boldsymbol{g}^{(k)}\neq\boldsymbol{0}$ 时，步长 $\alpha_k>0$。

11.12 利用引理 11.1 和互补原理，在 DFP 算法的基础上，推导 BFGS 算法中的更新公式。

提示：定义

$$
\begin{aligned}
\boldsymbol{A}_0 &= \boldsymbol{B}_k \\
\boldsymbol{u}_0 &= \frac{\Delta\boldsymbol{g}^{(k)}}{\Delta\boldsymbol{g}^{(k)\top}\Delta\boldsymbol{x}^{(k)}} \\
\boldsymbol{v}_0^\top &= \Delta\boldsymbol{g}^{(k)\top} \\
\boldsymbol{u}_1 &= -\frac{\boldsymbol{B}_k\Delta\boldsymbol{x}^{(k)}}{\Delta\boldsymbol{x}^{(k)\top}\boldsymbol{B}_k\Delta\boldsymbol{x}^{(k)}} \\
\boldsymbol{v}_1^\top &= \Delta\boldsymbol{x}^{(k)\top}\boldsymbol{B}_k, \\
\boldsymbol{A}_1 &= \boldsymbol{B}_k + \frac{\Delta\boldsymbol{g}^{(k)}\Delta\boldsymbol{g}^{(k)\top}}{\Delta\boldsymbol{g}^{(k)\top}\Delta\boldsymbol{x}^{(k)}} = \boldsymbol{A}_0 + \boldsymbol{u}_0\boldsymbol{v}_0^\top
\end{aligned}
$$

矩阵 $\boldsymbol{B}_{k+1}$ 可以表示为

$$
\begin{aligned}
\boldsymbol{B}_{k+1} &= \boldsymbol{A}_0 + \boldsymbol{u}_0\boldsymbol{v}_0^\top + \boldsymbol{u}_1\boldsymbol{v}_1^\top \\
&= \boldsymbol{A}_1 + \boldsymbol{u}_1\boldsymbol{v}_1^\top
\end{aligned}
$$

对其应用引理 11.1。

11.13 假定一维搜索是精确的，证明当 $\boldsymbol{H}_0=\boldsymbol{I}_n$（$n\times n$ 的单位阵）时，BFGS 算法与共轭梯度法（分别采用 Hestenes-Stiefel 公式、Polak-Ribière 公式和 Fletcher-Reeves 公式）的前两次迭代产生的迭代点 $\boldsymbol{x}^{(1)}$ 和 $\boldsymbol{x}^{(2)}$ 都是相同的。

11.14 函数 $f:\mathbb{R}^n\to\mathbb{R}$ 一阶连续可微 $f\in\mathcal{C}^1$，某迭代求解公式为 $\boldsymbol{x}^{(k+1)}=\boldsymbol{x}^{(k)}+\alpha_k\boldsymbol{d}^{(k)}$，步长 $\alpha_k\geqslant 0$ 按照一维搜索方式确定。令 $\boldsymbol{d}^{(k)}=-\boldsymbol{H}_k\boldsymbol{g}^{(k)}$，其中 $\boldsymbol{g}^{(k)}=\nabla f(\boldsymbol{x}^{(k)})$，$\boldsymbol{H}_k$ 为对称矩阵。

a. 将该迭代公式应用到二次型问题的求解过程，证明如果 $\boldsymbol{H}_k$ 满足下列条件，那么该算法为拟牛顿法：

1. $\boldsymbol{H}_{k+1}=\boldsymbol{H}_k+\boldsymbol{U}_k$。
2. $\boldsymbol{U}_k\Delta\boldsymbol{g}^{(k)}=\Delta\boldsymbol{x}^{(k)}-\boldsymbol{H}_k\Delta\boldsymbol{g}^{(k)}$。
3. $\boldsymbol{U}_k=\boldsymbol{a}^{(k)}\Delta\boldsymbol{x}^{(k)\top}+\boldsymbol{b}^{(k)}\Delta\boldsymbol{g}^{(k)\top}\boldsymbol{H}_k$，其中 $\boldsymbol{a}^{(k)}$ 和 $\boldsymbol{b}^{(k)}$ 为 $\mathbb{R}^n$ 中的向量。

b. 利用秩 1 算法、DFP 算法和 BFGS 算法求解二次型问题时，试问哪一种算法满足问题 a 中给出的 3 个条件？对于满足条件的算法，请给出 $\boldsymbol{a}^{(k)}$ 和 $\boldsymbol{b}^{(k)}$ 的值。

11.15 目标函数为 $f:\mathbb{R}^n\to\mathbb{R}$，利用迭代公式 $\boldsymbol{x}^{(k+1)}=\boldsymbol{x}^{(k)}-\alpha_k\boldsymbol{H}_k\boldsymbol{g}^{(k)}$ 求函数 f 的极小点，其中，$\boldsymbol{g}^{(k)}=\nabla f(\boldsymbol{x}^{(k)})$，$\boldsymbol{H}_k\in\mathbb{R}^{n\times n}$ 是对称矩阵。令 $\boldsymbol{H}_k=\phi\boldsymbol{H}_k^{\mathrm{DFP}}+(1-\phi)\boldsymbol{H}_k^{\mathrm{BFGS}}$，$\phi\in\mathbb{R}$，$\boldsymbol{H}_k^{\mathrm{DFP}}$ 和 $\boldsymbol{H}_k^{\mathrm{BFGS}}$ 分别是由 DFP 算法和 BFGS 算法产生的矩阵。

a. 证明该算法为拟牛顿法，并说明其是否为共轭方向法。

b. 如果 $0 \leqslant \phi \leqslant 1$，证明当 $\boldsymbol{H}_k^{\mathrm{DFP}} > 0$ 和 $\boldsymbol{H}_k^{\mathrm{BFGS}} > 0$ 时，则有 $\boldsymbol{H}_k > 0$ 对于所有 k 都成立。据此是否能够得出该算法具有下降性质的结论？

11.16 对拟牛顿法进行简单修改。针对二次型问题时，拟牛顿法应该满足的条件为 $\boldsymbol{H}_{k+1}\Delta\boldsymbol{g}^{(i)} = \Delta\boldsymbol{x}^{(i)}$，$0 \leqslant i \leqslant k$，将其修改为 $\boldsymbol{H}_{k+1}\Delta\boldsymbol{g}^{(i)} = \rho_i \Delta\boldsymbol{x}^{(i)}$，$0 \leqslant i \leqslant k$，$\rho_i > 0$。满足这种条件的算法称为 Huang 对称算法。证明 Huang 对称方法是一种共轭方向法。

11.17 编写 MATLAB 程序，实现拟牛顿法，可以求解目标函数为一般形式非线性函数时的优化问题。利用割线法开展一维搜索(习题 7.11 中已经要求编写割线法函数)。以 Rosenbrock 函数作为测试函数(见习题 9.4)，初始点为 $\boldsymbol{x}^{(0)} = [-2, 2]^{\top}$，对 $\boldsymbol{H}_k$ 不同的更新公式进行评测。在程序中，要求每 6 次迭代就将搜索方向更新为梯度负方向。

11.18 目标函数为

$$f(\boldsymbol{x}) = \frac{x_1^4}{4} + \frac{x_2^2}{2} - x_1x_2 + x_1 - x_2$$

a. 利用 MATLAB 绘制函数 f 在水平 -0.72、-0.6、-0.2、0.5 和 2 处的水平集，根据水平集确定函数 f 的极小点。

b. 令初始点分别为 $\boldsymbol{x}^{(0)} = [0, 0]^{\top}$ 和 $\boldsymbol{x}^{(0)} = [1.5, 1]^{\top}$，$\boldsymbol{H}_0 = \boldsymbol{I}_2$，利用 DFP 算法求函数 f 的极小点。分析在这两个初始点下，算法是否收敛到同一个点。如果不是，请给出原因。

第 12 章　求解线性方程组

12.1　最小二乘分析

考虑线性方程组：

$$\boldsymbol{A}\boldsymbol{x}=\boldsymbol{b}$$

其中，$\boldsymbol{A}\in\mathbb{R}^{m\times n}$，$\boldsymbol{b}\in\mathbb{R}^{m}$，$m\geqslant n$，$\operatorname{rank}\boldsymbol{A}=n$。未知数 n 的数量不大于方程 m 的数量，因此，如果 $\boldsymbol{b}$ 不属于矩阵 $\boldsymbol{A}$ 的值域空间，即 $\boldsymbol{b}\notin\mathcal{R}(\boldsymbol{A})$，则称该方程是矛盾的或过定的。在这种情况下，方程组无解。求解该方程就变成了寻找一个(组)向量 $\boldsymbol{x}$，使得 $\|\boldsymbol{A}\boldsymbol{x}-\boldsymbol{b}\|^2$ 达到最小。这是 9.4 节中讨论的非线性最小二乘问题的一个特例。

如果向量 $\boldsymbol{x}^*$ 能够使得 $\|\boldsymbol{A}\boldsymbol{x}-\boldsymbol{b}\|^2$ 达到最小，即对于所有 $\boldsymbol{x}\in\mathbb{R}^n$，都有

$$\|\boldsymbol{A}\boldsymbol{x}-\boldsymbol{b}\|^2\geqslant\|\boldsymbol{A}\boldsymbol{x}^*-\boldsymbol{b}\|^2$$

则称 $\boldsymbol{x}^*$ 为 $\boldsymbol{A}\boldsymbol{x}=\boldsymbol{b}$ 的最小二乘解。当方程组 $\boldsymbol{A}\boldsymbol{x}=\boldsymbol{b}$ 有解时，其解自然是一个最小二乘解；若 $\boldsymbol{A}\boldsymbol{x}=\boldsymbol{b}$ 无解，则只能寻求其最小二乘解，即能够使得 $\boldsymbol{A}\boldsymbol{x}$ 和 $\boldsymbol{b}$ 之间差值的范数达到最小的向量。为了分析最小二乘解的性质，引入如下引理：

引理 12.1　矩阵 $\boldsymbol{A}\in\mathbb{R}^{m\times n}$，$m\geqslant n$，当且仅当 $\operatorname{rank}\boldsymbol{A}^\top\boldsymbol{A}=n$(即方阵 $\boldsymbol{A}^\top\boldsymbol{A}$ 非奇异)时，$\operatorname{rank}\boldsymbol{A}=n$。 □

证明： 先证明当 $\operatorname{rank}\boldsymbol{A}=n$ 时，$\operatorname{rank}\boldsymbol{A}^\top\boldsymbol{A}=n$。这等价于证明 $\mathcal{N}(\boldsymbol{A}^\top\boldsymbol{A})=\{\boldsymbol{0}\}$。令 $\boldsymbol{x}\in\mathcal{N}(\boldsymbol{A}^\top\boldsymbol{A})$，即 $\boldsymbol{A}^\top\boldsymbol{A}\boldsymbol{x}=0$，因此，

$$\|\boldsymbol{A}\boldsymbol{x}\|^2=\boldsymbol{x}^\top\boldsymbol{A}^\top\boldsymbol{A}\boldsymbol{x}=\boldsymbol{0}$$

说明 $\boldsymbol{A}\boldsymbol{x}=\boldsymbol{0}$，由于 $\operatorname{rank}\boldsymbol{A}=n$，故有 $\boldsymbol{x}=0$。

再证明当 $\operatorname{rank}\boldsymbol{A}^\top\boldsymbol{A}=n$，即 $\mathcal{N}(\boldsymbol{A}^\top\boldsymbol{A})=\{\boldsymbol{0}\}$ 时，$\operatorname{rank}\boldsymbol{A}=n$。这等价于证明 $\mathcal{N}(\boldsymbol{A})=\{\boldsymbol{0}\}$。令 $\boldsymbol{x}\in\mathcal{N}(\boldsymbol{A})$，即 $\boldsymbol{A}\boldsymbol{x}=0$，可得 $\boldsymbol{A}^\top\boldsymbol{A}\boldsymbol{x}=0$，故有 $\boldsymbol{x}=0$。 ■

在定义方程组模型时，已经要求 $\operatorname{rank}\boldsymbol{A}=n$，由引理 12.1 可知，逆矩阵 $(\boldsymbol{A}^\top\boldsymbol{A})^{-1}$ 存在。下面的定理讨论了最小二乘解的有关性质。

定理 12.1　能够最小化 $\|\boldsymbol{A}\boldsymbol{x}-\boldsymbol{b}\|^2$ 的向量 $\boldsymbol{x}^*$ 具有唯一性，可通过求解方程组 $\boldsymbol{A}^\top\boldsymbol{A}\boldsymbol{x}=\boldsymbol{A}^\top\boldsymbol{b}$ 得到，即 $\boldsymbol{x}^*=(\boldsymbol{A}^\top\boldsymbol{A})^{-1}\boldsymbol{A}^\top\boldsymbol{b}$。 □

证明： 令 $\boldsymbol{x}^*=(\boldsymbol{A}^\top\boldsymbol{A})^{-1}\boldsymbol{A}^\top\boldsymbol{b}$，注意

$$\begin{aligned}\|\boldsymbol{A}\boldsymbol{x}-\boldsymbol{b}\|^2&=\|\boldsymbol{A}(\boldsymbol{x}-\boldsymbol{x}^*)+(\boldsymbol{A}\boldsymbol{x}^*-\boldsymbol{b})\|^2\\&=(\boldsymbol{A}(\boldsymbol{x}-\boldsymbol{x}^*)+(\boldsymbol{A}\boldsymbol{x}^*-\boldsymbol{b}))^\top(\boldsymbol{A}(\boldsymbol{x}-\boldsymbol{x}^*)+(\boldsymbol{A}\boldsymbol{x}^*-\boldsymbol{b}))\\&=\|\boldsymbol{A}(\boldsymbol{x}-\boldsymbol{x}^*)\|^2+\|\boldsymbol{A}\boldsymbol{x}^*-\boldsymbol{b}\|^2+2[\boldsymbol{A}(\boldsymbol{x}-\boldsymbol{x}^*)]^\top(\boldsymbol{A}\boldsymbol{x}^*-\boldsymbol{b})\end{aligned}$$

可以证明上式中等号右端的最后一项为零，将 $\boldsymbol{x}^*=(\boldsymbol{A}^\top\boldsymbol{A})^{-1}\boldsymbol{A}^\top\boldsymbol{b}$ 代入该项，可得

$$
\begin{aligned}
[\boldsymbol{A}(\boldsymbol{x}-\boldsymbol{x}^*)]^\top(\boldsymbol{A}\boldsymbol{x}^*-\boldsymbol{b}) &= (\boldsymbol{x}-\boldsymbol{x}^*)^\top\boldsymbol{A}^\top[\boldsymbol{A}(\boldsymbol{A}^\top\boldsymbol{A})^{-1}\boldsymbol{A}^\top-\boldsymbol{I}_n]\boldsymbol{b} \\
&= (\boldsymbol{x}-\boldsymbol{x}^*)^\top[(\boldsymbol{A}^\top\boldsymbol{A})(\boldsymbol{A}^\top\boldsymbol{A})^{-1}\boldsymbol{A}^\top-\boldsymbol{A}^\top]\boldsymbol{b} \\
&= (\boldsymbol{x}-\boldsymbol{x}^*)^\top(\boldsymbol{A}^\top-\boldsymbol{A}^\top)\boldsymbol{b} \\
&= 0
\end{aligned}
$$

因此，

$$
\|\boldsymbol{A}\boldsymbol{x}-\boldsymbol{b}\|^2 = \|\boldsymbol{A}(\boldsymbol{x}-\boldsymbol{x}^*)\|^2+\|\boldsymbol{A}\boldsymbol{x}^*-\boldsymbol{b}\|^2
$$

由于 rank $\boldsymbol{A}=n$，因此当 $\boldsymbol{x}\neq\boldsymbol{x}^*$ 时，有 $\|\boldsymbol{A}(\boldsymbol{x}-\boldsymbol{x}^*)\|^2>0$，由此可得

$$
\|\boldsymbol{A}\boldsymbol{x}-\boldsymbol{b}\|^2 > \|\boldsymbol{A}\boldsymbol{x}^*-\boldsymbol{b}\|^2
$$

这样，可知 $\boldsymbol{x}^*=(\boldsymbol{A}^\top\boldsymbol{A})^{-1}\boldsymbol{A}^\top\boldsymbol{b}$ 是 $\|\boldsymbol{A}\boldsymbol{x}-\boldsymbol{b}\|^2$ 的唯一极小点。 ■

可以从几何意义上对定理 12.1 进行解释。首先，注意矩阵 $\boldsymbol{A}$ 的所有列张成的子空间 $\mathcal{R}(\boldsymbol{A})$，即 $\boldsymbol{A}$ 的值域空间，是 $\mathbb{R}^m$ 的一个 n 维子空间。当且仅当向量 $\boldsymbol{b}$ 位于 n 维子空间 $\mathcal{R}(\boldsymbol{A})$ 中，方程组 $\boldsymbol{A}\boldsymbol{x}=\boldsymbol{b}$ 才有解(注：非最小二乘解)。当 $m=n$ 时，$\boldsymbol{b}\in\mathcal{R}(\boldsymbol{A})$ 总成立，$\boldsymbol{A}\boldsymbol{x}=\boldsymbol{b}$ 的解为 $\boldsymbol{x}^*=\boldsymbol{A}^{-1}\boldsymbol{b}$。考虑 $m>n$ 时的情况，直观上讲，由于矩阵 $\boldsymbol{A}$ 的列向量张成的子空间 $\mathcal{R}(\boldsymbol{A})$ 非常“薄”，因此 $\boldsymbol{b}\in\mathcal{R}(\boldsymbol{A})$ 的可能性应该比较小。假设 $\boldsymbol{b}$ 位于 $\mathcal{R}(\boldsymbol{A})$ 之外，希望能够在 $\mathcal{R}(\boldsymbol{A})$ 中找到一个向量 $\boldsymbol{h}\in\mathcal{R}(\boldsymbol{A})$，与向量 $\boldsymbol{b}$ 之间的距离比 $\mathcal{R}(\boldsymbol{A})$ 中其他向量与 $\boldsymbol{b}$ 之间的距离都更近。从几何意义上来看，向量 $\boldsymbol{h}$ 应该使得向量 $\boldsymbol{e}=\boldsymbol{h}-\boldsymbol{b}$ 正交于子空间 $\mathcal{R}(\boldsymbol{A})$，如图 12.1 所示。本书第一部分讨论过，当向量 $\boldsymbol{e}\in\mathbb{R}^m$ 正交于子空间 $\mathcal{R}(\boldsymbol{A})$ 的所有向量时，则称该向量正交于子空间 $\mathcal{R}(\boldsymbol{A})$。向量 $\boldsymbol{h}$ 为向量 $\boldsymbol{b}$ 在子空间 $\mathcal{R}(\boldsymbol{A})$ 上的正交投影，可以证明 $\boldsymbol{h}=\boldsymbol{A}\boldsymbol{x}^*=\boldsymbol{A}(\boldsymbol{A}^\top\boldsymbol{A})^{-1}\boldsymbol{A}^\top\boldsymbol{b}$。因此，能够最小化 $\|\boldsymbol{b}-\boldsymbol{h}\|$ 的向量 $\boldsymbol{h}\in\mathcal{R}(\boldsymbol{A})$ 恰好就是 $\boldsymbol{b}$ 在 $\mathcal{R}(\boldsymbol{A})$ 上的正交投影。换言之，能够最小化 $\|\boldsymbol{A}\boldsymbol{x}-\boldsymbol{b}\|$ 的向量 $\boldsymbol{x}^*$ 恰好是使得 $\boldsymbol{A}\boldsymbol{x}-\boldsymbol{b}$ 正交于 $\mathcal{R}(\boldsymbol{A})$ 的向量。

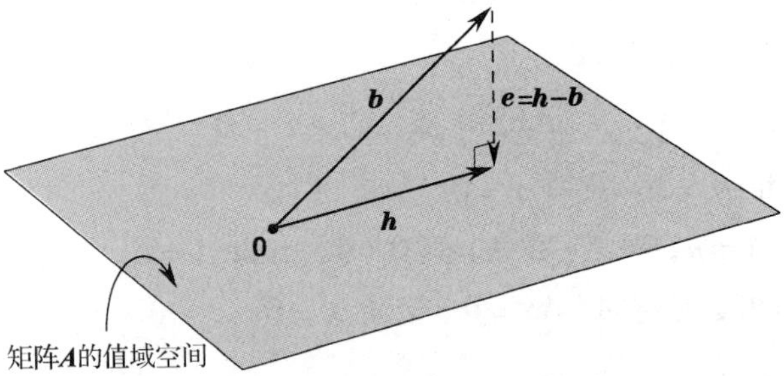

图 12.1　向量 $\boldsymbol{b}$ 在子空间 $\mathcal{R}(\boldsymbol{A})$ 中的投影

继续开展进一步讨论，将矩阵 $\boldsymbol{A}$ 写为列向量的形式 $\boldsymbol{A}=[\boldsymbol{a}_1,\cdots,\boldsymbol{a}_n]$，其中 $\boldsymbol{a}_1,\boldsymbol{a}_2,\cdots,\boldsymbol{a}_n$ 为 $\boldsymbol{A}$ 的各列向量。当且仅当向量 $\boldsymbol{e}$ 正交于 $\boldsymbol{A}$ 的各列向量 $\boldsymbol{a}_1,\boldsymbol{a}_2,\cdots,\boldsymbol{a}_n$ 时，$\boldsymbol{e}$ 正交于子空间 $\mathcal{R}(\boldsymbol{A})$。将这一命题换一种说法，当且仅当对于任意的标量组合 $\{x_1,x_2,\cdots,x_n\}$，有

$$
\langle \boldsymbol{e}, x_1\boldsymbol{a}_1+\cdots+x_n\boldsymbol{a}_n\rangle = 0
$$

都成立时，有

$$
\langle \boldsymbol{e}, \boldsymbol{a}_i\rangle = 0, \qquad i=1,\cdots,n
$$

成立。子空间 $\mathcal{R}(\boldsymbol{A})$ 的任意向量都可写为 $x_1\boldsymbol{a}_1+\cdots+x_n\boldsymbol{a}_n$ 的形式。

命题 12.1　如果向量 $\boldsymbol{h}\in\mathcal{R}(\boldsymbol{A})$ 使得 $\boldsymbol{h}-\boldsymbol{b}$ 正交于子空间 $\mathcal{R}(\boldsymbol{A})$，那么 $\boldsymbol{h}=\boldsymbol{A}\boldsymbol{x}^*=\boldsymbol{A}(\boldsymbol{A}^\top\boldsymbol{A})^{-1}\boldsymbol{A}^\top\boldsymbol{b}$。□

证明： 由于 $\boldsymbol{h}\in\mathcal{R}(\boldsymbol{A})=\text{span}[\boldsymbol{a}_1,\cdots,\boldsymbol{a}_n]$，因此可写为 $\boldsymbol{h}=x_1\boldsymbol{a}_1+\cdots+x_n\boldsymbol{a}_n$ 的形式，其中 $x_1,\cdots,x_n\in\mathbb{R}$。为了确定 $x_1,x_2,\cdots,x_n$，需要用到向量 $\boldsymbol{e}=\boldsymbol{h}-\boldsymbol{b}$ 正交于 $\text{span}[\boldsymbol{a}_1,\cdots,\boldsymbol{a}_n]$ 这一前提，即对于 $i=1,2,\cdots,n$，都有

$$\langle\boldsymbol{h}-\boldsymbol{b},\boldsymbol{a}_i\rangle=0$$

或

$$\langle\boldsymbol{h},\boldsymbol{a}_i\rangle=\langle\boldsymbol{b},\boldsymbol{a}_i\rangle$$

将向量 $\boldsymbol{h}=x_1\boldsymbol{a}_1+\cdots+x_n\boldsymbol{a}_n$ 代入上式中，可得 n 个线性方程组成的方程组：

$$\langle\boldsymbol{a}_1,\boldsymbol{a}_i\rangle x_1+\cdots+\langle\boldsymbol{a}_n,\boldsymbol{a}_i\rangle x_n=\langle\boldsymbol{b},\boldsymbol{a}_i\rangle,\quad i=1,\cdots,n$$

将其改写为矩阵形式，可得

$$\begin{bmatrix}\langle\boldsymbol{a}_1,\boldsymbol{a}_1\rangle & \cdots & \langle\boldsymbol{a}_n,\boldsymbol{a}_1\rangle\\ \vdots & & \vdots\\ \langle\boldsymbol{a}_1,\boldsymbol{a}_n\rangle & \cdots & \langle\boldsymbol{a}_n,\boldsymbol{a}_n\rangle\end{bmatrix}\begin{bmatrix}x_1\\ \vdots\\ x_n\end{bmatrix}=\begin{bmatrix}\langle\boldsymbol{b},\boldsymbol{a}_1\rangle\\ \vdots\\ \langle\boldsymbol{b},\boldsymbol{a}_n\rangle\end{bmatrix}$$

注意

$$\begin{bmatrix}\langle\boldsymbol{a}_1,\boldsymbol{a}_1\rangle & \cdots & \langle\boldsymbol{a}_n,\boldsymbol{a}_1\rangle\\ \vdots & & \vdots\\ \langle\boldsymbol{a}_1,\boldsymbol{a}_n\rangle & \cdots & \langle\boldsymbol{a}_n,\boldsymbol{a}_n\rangle\end{bmatrix}=\boldsymbol{A}^\top\boldsymbol{A}=\begin{bmatrix}\boldsymbol{a}_1^\top\\ \vdots\\ \boldsymbol{a}_n^\top\end{bmatrix}[\boldsymbol{a}_1\ \cdots\ \boldsymbol{a}_n]$$

和

$$\begin{bmatrix}\langle\boldsymbol{b},\boldsymbol{a}_1\rangle\\ \vdots\\ \langle\boldsymbol{b},\boldsymbol{a}_n\rangle\end{bmatrix}=\boldsymbol{A}^\top\boldsymbol{b}=\begin{bmatrix}\boldsymbol{a}_1^\top\\ \vdots\\ \boldsymbol{a}_n^\top\end{bmatrix}\boldsymbol{b}$$

由于 $\text{rank}\,\boldsymbol{A}=n$，$\boldsymbol{A}^\top\boldsymbol{A}$ 非奇异，因此，可得

$$\boldsymbol{x}=\begin{bmatrix}x_1\\ \vdots\\ x_n\end{bmatrix}=(\boldsymbol{A}^\top\boldsymbol{A})^{-1}\boldsymbol{A}^\top\boldsymbol{b}=\boldsymbol{x}^*$$

■

矩阵

$$\boldsymbol{A}^\top\boldsymbol{A}=\begin{bmatrix}\langle\boldsymbol{a}_1,\boldsymbol{a}_1\rangle & \cdots & \langle\boldsymbol{a}_n,\boldsymbol{a}_1\rangle\\ \vdots & & \vdots\\ \langle\boldsymbol{a}_1,\boldsymbol{a}_n\rangle & \cdots & \langle\boldsymbol{a}_n,\boldsymbol{a}_n\rangle\end{bmatrix}$$

在最小二乘解中扮演着重要的角色，通常称其为格拉姆矩阵。

接下来讨论另外一种获取最小二乘解的方法。首先，构造目标函数

$$
\begin{aligned}
f(\boldsymbol{x}) &= \|\boldsymbol{A}\boldsymbol{x}-\boldsymbol{b}\|^2 \\
&= (\boldsymbol{A}\boldsymbol{x}-\boldsymbol{b})^\top(\boldsymbol{A}\boldsymbol{x}-\boldsymbol{b}) \\
&= \frac{1}{2}\boldsymbol{x}^\top(2\boldsymbol{A}^\top\boldsymbol{A})\boldsymbol{x}-\boldsymbol{x}^\top(2\boldsymbol{A}^\top\boldsymbol{b})+\boldsymbol{b}^\top\boldsymbol{b}
\end{aligned}
$$

很明显，函数f为二次型函数。由于 rank $\boldsymbol{A}=n$，因此二次项是正定的。利用局部极小点的一阶必要条件，可求得f的唯一极小点(见习题6.33)，即极小点满足

$$\nabla f(\boldsymbol{x}) = 2\boldsymbol{A}^\top\boldsymbol{A}\boldsymbol{x}-2\boldsymbol{A}^\top\boldsymbol{b}=\boldsymbol{0}$$

该方程的唯一解为$\boldsymbol{x}^*=(\boldsymbol{A}^\top\boldsymbol{A})^{-1}\boldsymbol{A}^\top\boldsymbol{b}$。

例 12.1 有两种不同类型的混凝土。第一种混凝土的成分为 30% 的水泥、40% 的碎石和 30% 的沙子(指的是占总重量的比例)，第二种混凝土的成分为 10% 的水泥、20% 的碎石和 70% 的沙子。应该如何混合搅拌这两种混凝土，使得最终得到的混凝土成分中尽可能接近 5 磅水泥、3 磅碎石和 4 磅沙子？

这一问题可以归结为最小二乘问题，各参数为

$$\boldsymbol{A}=\begin{bmatrix}0.3 & 0.1\\ 0.4 & 0.2\\ 0.3 & 0.7\end{bmatrix},\qquad \boldsymbol{b}=\begin{bmatrix}5\\3\\4\end{bmatrix}$$

决策变量为$\boldsymbol{x}=[x_1, x_2]^\top$，$x_1$和$x_2$分别表示第一种和第二种混凝土的重量。由此可得，该问题的最小二乘解为

$$
\begin{aligned}
\boldsymbol{x}^* &= (\boldsymbol{A}^\top\boldsymbol{A})^{-1}\boldsymbol{A}^\top\boldsymbol{b} \\
&= \frac{1}{(0.34)(0.54)-(0.32)^2}\begin{bmatrix}0.54 & -0.32\\ -0.32 & 0.34\end{bmatrix}\begin{bmatrix}3.9\\3.9\end{bmatrix} \\
&= \begin{bmatrix}10.6\\0.961\end{bmatrix}
\end{aligned}
$$

(例 15.7 给出了这一问题的另外一种解法) ■

接下来的例子中，演示了如何利用最小二乘法求能够对测量值进行拟合的直线。

表 12.1 例 12.2 中的实验数据

i	0	1	2
t_i	2	3	4
y_i	3	4	15

例 12.2 直线拟合。考虑某单输入单输出过程，输入为$t\in\mathbb{R}$，输出为$y\in\mathbb{R}$。针对该过程进行了一组实验，得到一系列测量结果，如表 12.1 所示。第i次测量下，输入数据为t_i，输出数据为y_i。希望能够确定一条直线

$$y = mt + c$$

使其拟合测量结果。也就是说，需要确定参数m和c，使得$y_i=mt_i+c$，$i=0, 1, 2$。显然，不存在能够满足要求的参数m和c，即不存在一条直线能够同时经过这 3 组测量数据。因此，只能确定参数m和c，使得直线能够最好地拟合这些测量数据，如图 12.2 所示。

可以将该问题写为方程组的形式：

$$
\begin{aligned}
2m+c&=3\\
3m+c&=4\\
4m+c&=15
\end{aligned}
$$

进一步改写为矩阵形式：

$$\boldsymbol{A}\boldsymbol{x}=\boldsymbol{b}$$

其中，

$$\boldsymbol{A}=\begin{bmatrix}2&1\\3&1\\4&1\end{bmatrix},\quad \boldsymbol{b}=\begin{bmatrix}3\\4\\15\end{bmatrix},\quad \boldsymbol{x}=\begin{bmatrix}m\\c\end{bmatrix}$$

注意，由于

$$\operatorname{rank}\boldsymbol{A}<\operatorname{rank}[\boldsymbol{A},\boldsymbol{b}]$$

因此，向量 $\boldsymbol{b}$ 不属于 $\boldsymbol{A}$ 的值域空间。正如前面说过的，这 3 个方程是矛盾的。

拟合程度最好的直线应该使得

$$\|\boldsymbol{A}\boldsymbol{x}-\boldsymbol{b}\|^2=\sum_{i=0}^{2}(mt_i+c-y_i)^2$$

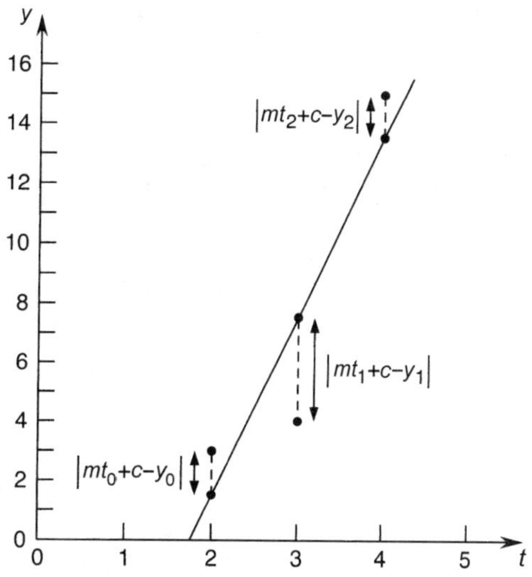

图 12.2　利用直线拟合实验数据

达到最小。其原理为由参数 m 和 c 确定的直线在各测量点的输出与实际输出值之间的垂直距离平方和（平方误差）最小。这属于最小二乘问题的范畴，问题的最小二乘解为

$$\boldsymbol{x}^*=\begin{bmatrix}m^*\\c^*\end{bmatrix}=(\boldsymbol{A}^\top\boldsymbol{A})^{-1}\boldsymbol{A}^\top\boldsymbol{b}=\begin{bmatrix}6\\-32/3\end{bmatrix}$$

可以验证误差向量 $\boldsymbol{e}=\boldsymbol{A}\boldsymbol{x}^*-\boldsymbol{b}$ 与矩阵 $\boldsymbol{A}$ 的各列都正交。■

接下来的例子讨论的是最小二乘法在无线通信中的应用。

例 12.3　信号衰减估计。一个无线发射机向接收机发送一组离散信号 $\{s_0, s_1, s_2\}$（持续 3 个时间单位），如图 12.3 所示。s_i 为实数，表示信号在时刻 i 的值。

信号发出后，可以通过两条路径传播到接收机：直接路径和间接（反射）路径。直接路径的时延为 10 个时间单位，衰减因子为 a_1；间接路径的时延为 12 个时间单位，衰减因子为 a_2。接收机接收到的信号是两路信号的叠加。

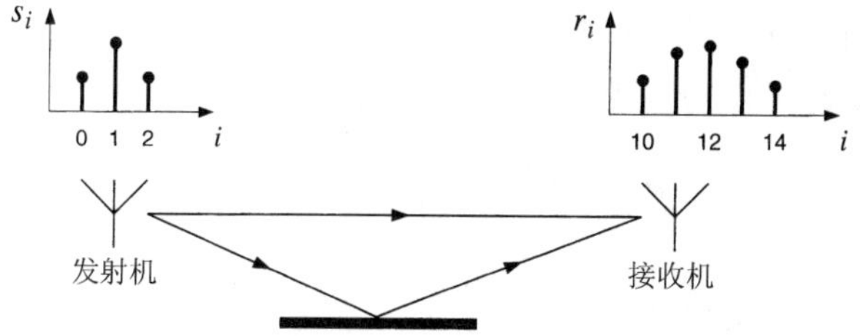

图 12.3　例 12.3 所示的无线信号传输过程

假定接收到的信号从时刻 10 到 14 对应的值分别为 $r_{10}, r_{11}, \cdots, r_{14}$，如图 12.3 所示。希望能够利用这些测量得到的信号值（如下所示），得到因子 a_1 和 a_2 的最小二乘估计。

s_0	s_1	s_2	r_{10}	r_{11}	r_{12}	r_{13}	r_{14}
1	2	1	4	7	8	6	3

可建立如下的最小二乘模型：

$$\boldsymbol{A}=\begin{bmatrix} s_0 & 0 \\ s_1 & 0 \\ s_2 & s_0 \\ 0 & s_1 \\ 0 & s_2 \end{bmatrix}, \qquad \boldsymbol{x}=\begin{bmatrix} a_1 \\ a_2 \end{bmatrix}, \qquad \boldsymbol{b}=\begin{bmatrix} r_{10} \\ r_{11} \\ r_{12} \\ r_{13} \\ r_{14} \end{bmatrix}$$

可得因子 a_1和 a_2的最小二乘估计为

$$\begin{aligned}\begin{bmatrix} a_1^* \\ a_2^* \end{bmatrix} &= (\boldsymbol{A}^\top\boldsymbol{A})^{-1}\boldsymbol{A}^\top\boldsymbol{b} \\ &= \begin{bmatrix} \|\boldsymbol{s}\|^2 & s_0s_2 \\ s_0s_2 & \|\boldsymbol{s}\|^2 \end{bmatrix}^{-1}\begin{bmatrix} s_0r_{10}+s_1r_{11}+s_2r_{12} \\ s_0r_{12}+s_1r_{13}+s_2r_{14} \end{bmatrix} \\ &= \begin{bmatrix} 6 & 1 \\ 1 & 6 \end{bmatrix}^{-1}\begin{bmatrix} 4+14+8 \\ 8+12+3 \end{bmatrix} \\ &= \frac{1}{35}\begin{bmatrix} 6 & -1 \\ -1 & 6 \end{bmatrix}\begin{bmatrix} 26 \\ 23 \end{bmatrix} \\ &= \frac{1}{35}\begin{bmatrix} 133 \\ 112 \end{bmatrix}\end{aligned}$$

■

下面给出一个最小二乘方法应用到数字信号处理中的例子。

例 12.4　离散傅里叶级数。存在一个离散信号，采用向量

$$\boldsymbol{b}=[b_1,b_2,\cdots,b_m]^\top$$

表示，希望能够利用一组正弦信号的组合来近似这一信号。具体来说，可利用下式来近似向量 $\boldsymbol{b}$：

$$y_0\boldsymbol{c}^{(0)}+\sum_{k=1}^{n}\left(y_k\boldsymbol{c}^{(k)}+z_k\boldsymbol{s}^{(k)}\right)$$

其中，y_0，y_1，⋯，y_n，z_1，⋯，$z_n\in\mathbb{R}$，向量 $\boldsymbol{c}^{(k)}$ 和 $\boldsymbol{s}^{(k)}$ 为

$$\begin{aligned}\boldsymbol{c}^{(0)} &= \left[\frac{1}{\sqrt{2}},\frac{1}{\sqrt{2}},\cdots,\frac{1}{\sqrt{2}}\right]^\top \\ \boldsymbol{c}^{(k)} &= \left[\cos\left(1\frac{2k\pi}{m}\right),\cos\left(2\frac{2k\pi}{m}\right),\cdots,\cos\left(m\frac{2k\pi}{m}\right)\right]^\top, \quad k=1,\cdots,n \\ \boldsymbol{s}^{(k)} &= \left[\sin\left(1\frac{2k\pi}{m}\right),\sin\left(2\frac{2k\pi}{m}\right),\cdots,\sin\left(m\frac{2k\pi}{m}\right)\right]^\top, \quad k=1,\cdots,n\end{aligned}$$

这种正弦信号的组合称为离散傅里叶级数(严格地说，这不是级数而是有限和)。希望确定合适的 y_0，y_1，⋯，y_n，z_1，⋯，z_n，使得

$$\left\|\left(y_0\boldsymbol{c}^{(0)}+\sum_{k=1}^{n}y_k\boldsymbol{c}^{(k)}+z_k\boldsymbol{s}^{(k)}\right)-\boldsymbol{b}\right\|^2$$

达到最小。

定义

$$
\boldsymbol{A} = \left[\boldsymbol{c}^{(0)}, \boldsymbol{c}^{(1)}, \cdots, \boldsymbol{c}^{(n)}, \boldsymbol{s}^{(1)}, \cdots, \boldsymbol{s}^{(n)}\right]
$$
$$
\boldsymbol{x} = [y_0, y_1, \cdots, y_n, z_1, \cdots, z_n]^{\top}
$$

可将问题转换为使得

$$
\|\boldsymbol{A}\boldsymbol{x} - \boldsymbol{b}\|^2
$$

达到最小。

假定 $m \geqslant 2n+1$，为了计算 $\boldsymbol{A}^{\top}\boldsymbol{A}$，引入三角恒等式：对于任意非零整数 k，只要不是 m 的整数倍，都有

$$
\sum_{i=1}^{m} \cos\left(i\frac{2k\pi}{m}\right) = 0
$$
$$
\sum_{i=1}^{m} \sin\left(i\frac{2k\pi}{m}\right) = 0
$$

据此可得

$$
\boldsymbol{c}^{(k)\top}\boldsymbol{c}^{(j)} = \begin{cases} m/2, & k = j \\ 0, & \text{其他} \end{cases}
$$
$$
\boldsymbol{s}^{(k)\top}\boldsymbol{s}^{(j)} = \begin{cases} m/2, & k = j \\ 0, & \text{其他} \end{cases}
$$
$$
\boldsymbol{c}^{(k)\top}\boldsymbol{s}^{(j)} = 0, \qquad \text{任意 } k, j
$$

因此，

$$
\boldsymbol{A}^{\top}\boldsymbol{A} = \frac{m}{2}\boldsymbol{I}_{2n+1}
$$

显然，$\boldsymbol{A}^{\top}\boldsymbol{A}$ 非奇异，逆矩阵为

$$
(\boldsymbol{A}^{\top}\boldsymbol{A})^{-1} = \frac{2}{m}\boldsymbol{I}_{2n+1}
$$

由此可得，该问题的解为

$$
\begin{aligned}
\boldsymbol{x}^* &= [y_0^*, y_1^*, \cdots, y_n^*, z_1^*, \cdots, z_n^*]^{\top} \\
&= (\boldsymbol{A}^{\top}\boldsymbol{A})^{-1}\boldsymbol{A}^{\top}\boldsymbol{b} \\
&= \frac{2}{m}\boldsymbol{A}^{\top}\boldsymbol{b}
\end{aligned}
$$

将上式展开，可得

$$
y_0^* = \frac{\sqrt{2}}{m}\sum_{i=1}^{m} b_i,
$$
$$
y_k^* = \frac{2}{m}\sum_{i=1}^{m} b_i \cos\left(i\frac{2k\pi}{m}\right), \qquad k = 1, \cdots, n
$$
$$
z_k^* = \frac{2}{m}\sum_{i=1}^{m} b_i \sin\left(i\frac{2k\pi}{m}\right), \qquad k = 1, \cdots, n
$$

称为离散傅里叶系数。 ■

最后给出一个例子，讨论如何利用最小二乘分析方法导出正交投影算子。

例 12.5　正交投影算子。$\mathcal{V}\subset\mathbb{R}^n$ 为一个子空间，给定一个向量 $\boldsymbol{x}\in\mathbb{R}^n$，可将向量进行正交分解，即

$$\boldsymbol{x}=\boldsymbol{x}_{\mathcal{V}}+\boldsymbol{x}_{\mathcal{V}^\perp}$$

其中，$\boldsymbol{x}_{\mathcal{V}}\in\mathcal{V}$ 表示 $\boldsymbol{x}$ 在 $\mathcal{V}$ 上的正交投影，$\boldsymbol{x}_{\mathcal{V}^\top}\in\mathcal{V}^\perp$ 表示 $\boldsymbol{x}$ 在 $\mathcal{V}^\perp$ 上的正交投影(见3.3节，且 $\mathcal{V}^\perp$ 是 $\mathcal{V}$ 的正交补)。存在矩阵 $\boldsymbol{P}$，使得 $\boldsymbol{x}_{\mathcal{V}}=\boldsymbol{Px}$，$\boldsymbol{P}$ 称为正交投影算子。接下来分别针对 $\mathcal{V}=\mathcal{R}(\boldsymbol{A})$ 和 $\mathcal{V}=\mathcal{N}(\boldsymbol{A})$ 这两种情况，讨论 $\boldsymbol{P}$ 的表达式。

矩阵 $\boldsymbol{A}\in\mathbb{R}^{m\times n}$，$m\geqslant n$，$\operatorname{rank}\boldsymbol{A}=n$。令 $\mathcal{V}=\mathcal{R}(\boldsymbol{A})$ 表示矩阵 $\boldsymbol{A}$ 的值域空间(任意子空间都可以写为某个矩阵的值域空间)，在这种情况下，可用矩阵 $\boldsymbol{A}$ 来表示矩阵 $\boldsymbol{P}$。由命题 12.1 可知，$\boldsymbol{x}_{\mathcal{V}}=\boldsymbol{A}(\boldsymbol{A}^\top\boldsymbol{A})^{-1}\boldsymbol{A}^\top\boldsymbol{x}$，故有 $\boldsymbol{P}=\boldsymbol{A}(\boldsymbol{A}^\top\boldsymbol{A})^{-1}\boldsymbol{A}^\top$。类似地，$\boldsymbol{x}_{\mathcal{V}}$ 还可写为

$$\boldsymbol{x}_{\mathcal{V}}=\arg\min_{\boldsymbol{y}\in\mathcal{V}}\|\boldsymbol{y}-\boldsymbol{x}\|$$

类似地，矩阵 $\boldsymbol{A}\in\mathbb{R}^{m\times n}$，$m\leqslant n$，$\operatorname{rank}\boldsymbol{A}=m$。令 $\mathcal{V}=\mathcal{N}(\boldsymbol{A})$ 表示矩阵 $\boldsymbol{A}$ 的零空间(任意子空间都可以写为某个矩阵的零空间)。在这种情况下，矩阵 $\boldsymbol{P}$ 也可以写为关于 $\boldsymbol{A}$ 的表达式 $\mathcal{N}(\boldsymbol{A})^\perp=\mathcal{R}(\boldsymbol{A}^\top)$。实际上，如果 $\mathcal{U}=\mathcal{R}(\boldsymbol{A}^\top)$，那么 $\boldsymbol{x}$ 关于 $\mathcal{U}$ 的正交分解为 $\boldsymbol{x}=\boldsymbol{x}_{\mathcal{U}}+\boldsymbol{x}_{\mathcal{U}^\perp}$，其中 $\boldsymbol{x}_{\mathcal{U}}=\boldsymbol{A}^\top(\boldsymbol{AA}^\top)^{-1}\boldsymbol{Ax}$(利用前一种情况下得到的结果推出)。由定理 3.4 可知，$\mathcal{N}(\boldsymbol{A})^\perp=\mathcal{R}(\boldsymbol{A}^\top)$，因此，$\boldsymbol{x}_{\mathcal{V}^\perp}=\boldsymbol{x}_{\mathcal{U}}=\boldsymbol{A}^\top(\boldsymbol{AA}^\top)^{-1}\boldsymbol{Ax}$。由此可得

$$\boldsymbol{x}_{\mathcal{V}}=\boldsymbol{x}-\boldsymbol{x}_{\mathcal{V}^\perp}=\boldsymbol{x}-\boldsymbol{A}^\top(\boldsymbol{AA}^\top)^{-1}\boldsymbol{Ax}=(\boldsymbol{I}-\boldsymbol{A}^\top(\boldsymbol{AA}^\top)^{-1}\boldsymbol{A})\boldsymbol{x}$$

这种情况下的正交投影算子为 $\boldsymbol{P}=\boldsymbol{I}-\boldsymbol{A}^\top(\boldsymbol{AA}^\top)^{-1}\boldsymbol{A}$。■

12.2　递推最小二乘算法

再次考虑12.1节中的例12.2。在该示例中，共给出了3组实验数据 (t_0,y_0)、(t_1,y_1) 和 (t_2,y_2)，利用最小二乘法确定了参数 m^* 和 c^*，由此确定的直线能够对这3组实验数据进行最好的拟合。假定又给出了一组测量数据 (t_3,y_3)，这样，共有4组数据 (t_0,y_0)、(t_1,y_1)、(t_2,y_2) 和 (t_3,y_3)。显然，可以按照前面给出的步骤，利用这4组数据，重新计算参数 m^* 和 c^*。但是，接下来可以看到，还存在一种更为高效的方法，即利用前面已经得到的参数 m^* 和 c^* 来计算加入新数据之后的参数 m^* 和 c^*。实际上，这一过程只是对已经得到的 m^* 和 c^* 进行更新，以适应新的数据。这称为递推最小二乘算法，本节将讨论这一算法。

某个优化问题为寻找合适的 $\boldsymbol{x}$，使得 $\|\boldsymbol{A}_0\boldsymbol{x}-\boldsymbol{b}^{(0)}\|^2$ 最小，已知这一问题的解为 $\boldsymbol{x}^{(0)}=\boldsymbol{G}_0^{-1}\boldsymbol{A}_0^\top\boldsymbol{b}^{(0)}$，其中 $\boldsymbol{G}_0=\boldsymbol{A}_0^\top\boldsymbol{A}_0$。如果增加了新的数据，用矩阵 $\boldsymbol{A}_1$ 和向量 $\boldsymbol{b}^{(1)}$ 表示，整个问题就成为寻找 $\boldsymbol{x}$，使得

$$\left\|\begin{bmatrix}\boldsymbol{A}_0\\\boldsymbol{A}_1\end{bmatrix}\boldsymbol{x}-\begin{bmatrix}\boldsymbol{b}^{(0)}\\\boldsymbol{b}^{(1)}\end{bmatrix}\right\|^2$$

达到最小。

这一问题的解为

$$\boldsymbol{x}^{(1)} = \boldsymbol{G}_1^{-1} \begin{bmatrix} \boldsymbol{A}_0 \\ \boldsymbol{A}_1 \end{bmatrix}^\top \begin{bmatrix} \boldsymbol{b}^{(0)} \\ \boldsymbol{b}^{(1)} \end{bmatrix}$$

其中，

$$\boldsymbol{G}_1 = \begin{bmatrix} \boldsymbol{A}_0 \\ \boldsymbol{A}_1 \end{bmatrix}^\top \begin{bmatrix} \boldsymbol{A}_0 \\ \boldsymbol{A}_1 \end{bmatrix}$$

目标是将 $\boldsymbol{x}^{(1)}$ 写为 $\boldsymbol{x}^{(0)}$、$\boldsymbol{G}_0$、新数据 $\boldsymbol{A}_1$ 和 $\boldsymbol{b}^{(1)}$ 的表达式。首先，将 $\boldsymbol{G}_1$ 写为

$$\begin{aligned} \boldsymbol{G}_1 &= \begin{bmatrix} \boldsymbol{A}_0^\top & \boldsymbol{A}_1^\top \end{bmatrix} \begin{bmatrix} \boldsymbol{A}_0 \\ \boldsymbol{A}_1 \end{bmatrix} \\ &= \boldsymbol{A}_0^\top \boldsymbol{A}_0 + \boldsymbol{A}_1^\top \boldsymbol{A}_1 \\ &= \boldsymbol{G}_0 + \boldsymbol{A}_1^\top \boldsymbol{A}_1 \end{aligned}$$

接下来，

$$\begin{aligned} \begin{bmatrix} \boldsymbol{A}_0 \\ \boldsymbol{A}_1 \end{bmatrix}^\top \begin{bmatrix} \boldsymbol{b}^{(0)} \\ \boldsymbol{b}^{(1)} \end{bmatrix} &= \begin{bmatrix} \boldsymbol{A}_0^\top & \boldsymbol{A}_1^\top \end{bmatrix} \begin{bmatrix} \boldsymbol{b}^{(0)} \\ \boldsymbol{b}^{(1)} \end{bmatrix} \\ &= \boldsymbol{A}_0^\top \boldsymbol{b}^{(0)} + \boldsymbol{A}_1^\top \boldsymbol{b}^{(1)} \end{aligned}$$

将 $\boldsymbol{A}_0^\top \boldsymbol{b}^{(0)}$ 展开为

$$\begin{aligned} \boldsymbol{A}_0^\top \boldsymbol{b}^{(0)} &= \boldsymbol{G}_0 \boldsymbol{G}_0^{-1} \boldsymbol{A}_0^\top \boldsymbol{b}^{(0)} \\ &= \boldsymbol{G}_0 \boldsymbol{x}^{(0)} \\ &= (\boldsymbol{G}_1 - \boldsymbol{A}_1^\top \boldsymbol{A}_1) \boldsymbol{x}^{(0)} \\ &= \boldsymbol{G}_1 \boldsymbol{x}^{(0)} - \boldsymbol{A}_1^\top \boldsymbol{A}_1 \boldsymbol{x}^{(0)} \end{aligned}$$

联合以上方程，可得 $\boldsymbol{x}^{(1)}$ 的表达式为

$$\begin{aligned} \boldsymbol{x}^{(1)} &= \boldsymbol{G}_1^{-1} \begin{bmatrix} \boldsymbol{A}_0 \\ \boldsymbol{A}_1 \end{bmatrix}^\top \begin{bmatrix} \boldsymbol{b}^{(0)} \\ \boldsymbol{b}^{(1)} \end{bmatrix} \\ &= \boldsymbol{G}_1^{-1} \left(\boldsymbol{G}_1 \boldsymbol{x}^{(0)} - \boldsymbol{A}_1^\top \boldsymbol{A}_1 \boldsymbol{x}^{(0)} + \boldsymbol{A}_1^\top \boldsymbol{b}^{(1)} \right) \\ &= \boldsymbol{x}^{(0)} + \boldsymbol{G}_1^{-1} \boldsymbol{A}_1^\top \left(\boldsymbol{b}^{(1)} - \boldsymbol{A}_1 \boldsymbol{x}^{(0)} \right) \end{aligned}$$

其中，$\boldsymbol{G}_1$ 可利用下式求出：

$$\boldsymbol{G}_1 = \boldsymbol{G}_0 + \boldsymbol{A}_1^\top \boldsymbol{A}_1$$

可以看出，可以只通过 $\boldsymbol{x}^{(0)}$、$\boldsymbol{G}_0$、新数据 $\boldsymbol{A}_1$ 和 $\boldsymbol{b}^{(1)}$ 得到 $\boldsymbol{x}^{(1)}$。这意味着增加新数据之后，可以利用已有的计算结果计算 $\boldsymbol{x}^{(1)}$，不需要从头重新计算。对 $\boldsymbol{x}^{(0)}$ 增加一个修正项 $\boldsymbol{G}_1^{-1}\boldsymbol{A}_1^\top(\boldsymbol{b}^{(1)} - \boldsymbol{A}_1\boldsymbol{x}^{(0)})$，即可得到 $\boldsymbol{x}^{(1)}$。注意，如果新数据与已有的数据是一致的，即 $\boldsymbol{A}_1\boldsymbol{x}^{(0)} = \boldsymbol{b}^{(1)}$，则修正项为 0，$\boldsymbol{x}^{(1)}$ 与 $\boldsymbol{x}^{(0)}$ 是相等的。

根据以上讨论结果，可以给出递推最小二乘算法的迭代公式。利用该公式，当新数据到来之后，可对已有的计算结果进行更新，从而得到新的结果。在第 $(k+1)$ 次递推中，计算公式为

$$\boldsymbol{G}_{k+1}=\boldsymbol{G}_k+\boldsymbol{A}_{k+1}^\top\boldsymbol{A}_{k+1}$$
$$\boldsymbol{x}^{(k+1)}=\boldsymbol{x}^{(k)}+\boldsymbol{G}_{k+1}^{-1}\boldsymbol{A}_{k+1}^\top\left(\boldsymbol{b}^{(k+1)}-\boldsymbol{A}_{k+1}\boldsymbol{x}^{(k)}\right)$$

向量 $\boldsymbol{b}^{(k+1)}-\boldsymbol{A}_{k+1}\boldsymbol{x}^{(k)}$ 通常称为新息。前面已经讨论过，如果新息为零，那么更新得到的 $\boldsymbol{x}^{(k+1)}$ 就是更新前的解 $\boldsymbol{x}^{(k)}$。

由迭代公式可以看出，在从 $\boldsymbol{x}^{(k)}$ 到 $\boldsymbol{x}^{(k+1)}$ 的更新过程中，需要用到逆矩阵 $\boldsymbol{G}_{k+1}^{-1}$，而不是矩阵 $\boldsymbol{G}_{k+1}$。可以给出关于 $\boldsymbol{G}_{k+1}^{-1}$ 的更新公式，为此需要引入新的引理。该引理是对谢尔曼-莫里森公式(见引理 11.1)的推广。这一工作是由伍德伯里完成的，相应的，公式称为谢尔曼-莫里森-伍德伯里公式(见参考文献[63]的第 124 页或参考文献[53]的第 50 页)。

引理 12.2 $\boldsymbol{A}$ 为非奇异矩阵，矩阵 $\boldsymbol{U}$ 和 $\boldsymbol{V}$ 能够使得 $\boldsymbol{I}+\boldsymbol{V}\boldsymbol{A}^{-1}\boldsymbol{U}$ 非奇异，则有 $\boldsymbol{A}+\boldsymbol{U}\boldsymbol{V}$ 非奇异，且

$$(\boldsymbol{A}+\boldsymbol{U}\boldsymbol{V})^{-1}=\boldsymbol{A}^{-1}-(\boldsymbol{A}^{-1}\boldsymbol{U})(\boldsymbol{I}+\boldsymbol{V}\boldsymbol{A}^{-1}\boldsymbol{U})^{-1}(\boldsymbol{V}\boldsymbol{A}^{-1})$$ □

证明： 在等式两侧乘以 $\boldsymbol{A}+\boldsymbol{U}\boldsymbol{V}$，即可验证引理成立。■

由引理 12.2，可得

$$\begin{aligned}\boldsymbol{G}_{k+1}^{-1}&=\left(\boldsymbol{G}_k+\boldsymbol{A}_{k+1}^\top\boldsymbol{A}_{k+1}\right)^{-1}\\&=\boldsymbol{G}_k^{-1}-\boldsymbol{G}_k^{-1}\boldsymbol{A}_{k+1}^\top(\boldsymbol{I}+\boldsymbol{A}_{k+1}\boldsymbol{G}_k^{-1}\boldsymbol{A}_{k+1}^\top)^{-1}\boldsymbol{A}_{k+1}\boldsymbol{G}_k^{-1}\end{aligned}$$

为了简化描述，记 $\boldsymbol{G}_k^{-1}$ 为 $\boldsymbol{P}_k$，代入递推最小二乘算法的迭代公式中，可得

$$\boldsymbol{P}_{k+1}=\boldsymbol{P}_k-\boldsymbol{P}_k\boldsymbol{A}_{k+1}^\top(\boldsymbol{I}+\boldsymbol{A}_{k+1}\boldsymbol{P}_k\boldsymbol{A}_{k+1}^\top)^{-1}\boldsymbol{A}_{k+1}\boldsymbol{P}_k$$
$$\boldsymbol{x}^{(k+1)}=\boldsymbol{x}^{(k)}+\boldsymbol{P}_{k+1}\boldsymbol{A}_{k+1}^\top\left(\boldsymbol{b}^{(k+1)}-\boldsymbol{A}_{k+1}\boldsymbol{x}^{(k)}\right)$$

考虑一种特殊情况，每次只新来一行新数据，即矩阵 $\boldsymbol{A}_{k+1}$ 只有一行，$\boldsymbol{A}_{k+1}=\boldsymbol{a}_{k+1}^\top$，$\boldsymbol{b}^{(k+1)}$ 是标量，$\boldsymbol{b}^{(k+1)}=b_{k+1}$，此时有

$$\boldsymbol{P}_{k+1}=\boldsymbol{P}_k-\frac{\boldsymbol{P}_k\boldsymbol{a}_{k+1}\boldsymbol{a}_{k+1}^\top\boldsymbol{P}_k}{1+\boldsymbol{a}_{k+1}^\top\boldsymbol{P}_k\boldsymbol{a}_{k+1}}$$
$$\boldsymbol{x}^{(k+1)}=\boldsymbol{x}^{(k)}+\boldsymbol{P}_{k+1}\boldsymbol{a}_{k+1}\left(b_{k+1}-\boldsymbol{a}_{k+1}^\top\boldsymbol{x}^{(k)}\right)$$

例 12.6 令

$$\boldsymbol{A}_0=\begin{bmatrix}1&0\\0&1\\1&1\end{bmatrix},\qquad \boldsymbol{b}^{(0)}=\begin{bmatrix}1\\1\\1\end{bmatrix}$$
$$\boldsymbol{A}_1=\boldsymbol{a}_1^\top=[2\ \ 1],\qquad \boldsymbol{b}^{(1)}=b_1=[3]$$
$$\boldsymbol{A}_2=\boldsymbol{a}_2^\top=[3\ \ 1],\qquad \boldsymbol{b}^{(2)}=b_2=[4]$$

首先确定能够使得 $\|\boldsymbol{A}_0\boldsymbol{x}-\boldsymbol{b}^{(0)}\|^2$ 最小化的向量 $\boldsymbol{x}^{(0)}$，然后利用递推最小二乘算法计算 $\boldsymbol{x}^{(2)}$，使得

$$\left\|\begin{bmatrix}\boldsymbol{A}_0\\\boldsymbol{A}_1\\\boldsymbol{A}_2\end{bmatrix}\boldsymbol{x}-\begin{bmatrix}\boldsymbol{b}^{(0)}\\\boldsymbol{b}^{(1)}\\\boldsymbol{b}^{(2)}\end{bmatrix}\right\|^2$$

最小化。

计算

$$\boldsymbol{P}_0 = (\boldsymbol{A}_0^\top \boldsymbol{A}_0)^{-1} = \begin{bmatrix} 2/3 & -1/3 \\ -1/3 & 2/3 \end{bmatrix}$$

$$\boldsymbol{x}^{(0)} = \boldsymbol{P}_0 \boldsymbol{A}_0^\top \boldsymbol{b}^{(0)} = \begin{bmatrix} 2/3 \\ 2/3 \end{bmatrix}$$

重复使用递推最小二乘算法两次，可得

$$\boldsymbol{P}_1 = \boldsymbol{P}_0 - \frac{\boldsymbol{P}_0 \boldsymbol{a}_1 \boldsymbol{a}_1^\top \boldsymbol{P}_0}{1 + \boldsymbol{a}_1^\top \boldsymbol{P}_0 \boldsymbol{a}_1} = \begin{bmatrix} 1/3 & -1/3 \\ -1/3 & 2/3 \end{bmatrix}$$

$$\boldsymbol{x}^{(1)} = \boldsymbol{x}^{(0)} + \boldsymbol{P}_1 \boldsymbol{a}_1 \left(b_1 - \boldsymbol{a}_1^\top \boldsymbol{x}^{(0)}\right) = \begin{bmatrix} 1 \\ 2/3 \end{bmatrix}$$

$$\boldsymbol{P}_2 = \boldsymbol{P}_1 - \frac{\boldsymbol{P}_1 \boldsymbol{a}_2 \boldsymbol{a}_2^\top \boldsymbol{P}_1}{1 + \boldsymbol{a}_2^\top \boldsymbol{P}_1 \boldsymbol{a}_2} = \begin{bmatrix} 1/6 & -1/4 \\ -1/4 & 5/8 \end{bmatrix}$$

$$\boldsymbol{x}^{(2)} = \boldsymbol{x}^{(1)} + \boldsymbol{P}_2 \boldsymbol{a}_2 \left(b_2 - \boldsymbol{a}_2^\top \boldsymbol{x}^{(1)}\right) = \begin{bmatrix} 13/12 \\ 5/8 \end{bmatrix}$$

很容易验证，由递推最小二乘算法得到的 $\boldsymbol{x}^{(2)}$ 与直接利用公式 $\boldsymbol{x}^{(2)} = (\boldsymbol{A}^\top \boldsymbol{A})^{-1} \boldsymbol{A}^\top \boldsymbol{b}$ 得到的结果是一致的，其中

$$\boldsymbol{A} = \begin{bmatrix} \boldsymbol{A}_0 \\ \boldsymbol{A}_1 \\ \boldsymbol{A}_2 \end{bmatrix}, \qquad \boldsymbol{b} = \begin{bmatrix} \boldsymbol{b}^{(0)} \\ \boldsymbol{b}^{(1)} \\ \boldsymbol{b}^{(2)} \end{bmatrix}$$

■

12.3 线性方程组的最小范数解

某线性方程组为

$$\boldsymbol{A}\boldsymbol{x} = \boldsymbol{b}$$

其中，$\boldsymbol{A} \in \mathbb{R}^{m \times n}$，$\boldsymbol{b} \in \mathbb{R}^m$，$m \leqslant n$，$\operatorname{rank} \boldsymbol{A} = m$。注意方程的数量不超过未知数的数量。因此，该方程组可能存在无数个解。但是，接下来将发现，只存在一个最接近原点的解，即 $\boldsymbol{A}\boldsymbol{x} = \boldsymbol{b}$ 的解中范数 $\|\boldsymbol{x}\|$ 最小的 $\boldsymbol{x}$。令 $\boldsymbol{x}^*$ 表示这个解，可知 $\boldsymbol{A}\boldsymbol{x}^* = \boldsymbol{b}$，并且对于任意满足 $\boldsymbol{A}\boldsymbol{x} = \boldsymbol{b}$ 的 $\boldsymbol{x}$，都有 $\|\boldsymbol{x}^*\| \leqslant \|\boldsymbol{x}\|$。也就是说，$\boldsymbol{x}^*$ 是如下优化问题的解：

$$\begin{aligned} &\text{minimize} \quad \|\boldsymbol{x}\| \\ &\text{subject to} \quad \boldsymbol{A}\boldsymbol{x} = \boldsymbol{b} \end{aligned}$$

在本书第四部分中，将更详细地讨论这类问题。

定理 12.2　$\boldsymbol{A}\boldsymbol{x} = \boldsymbol{b}$ 的解中范数 $\|\boldsymbol{x}\|$ 最小的解 $\boldsymbol{x}^*$ 是唯一的，可由下式给出：

$$\boldsymbol{x}^* = \boldsymbol{A}^\top (\boldsymbol{A}\boldsymbol{A}^\top)^{-1} \boldsymbol{b}$$

□

证明：令 $\boldsymbol{x}^* = \boldsymbol{A}^\top (\boldsymbol{A}\boldsymbol{A}^\top)^{-1} \boldsymbol{b}$，注意

$$\begin{aligned} \|\boldsymbol{x}\|^2 &= \|(\boldsymbol{x} - \boldsymbol{x}^*) + \boldsymbol{x}^*\|^2 \\ &= ((\boldsymbol{x} - \boldsymbol{x}^*) + \boldsymbol{x}^*)^\top ((\boldsymbol{x} - \boldsymbol{x}^*) + \boldsymbol{x}^*) \\ &= \|\boldsymbol{x} - \boldsymbol{x}^*\|^2 + \|\boldsymbol{x}^*\|^2 + 2\boldsymbol{x}^{*\top}(\boldsymbol{x} - \boldsymbol{x}^*) \end{aligned}$$

由于

$$\boldsymbol{x}^{*\top}(\boldsymbol{x}-\boldsymbol{x}^*)=0$$

故有

$$\begin{aligned}\boldsymbol{x}^{*\top}(\boldsymbol{x}-\boldsymbol{x}^*)&=[\boldsymbol{A}^\top(\boldsymbol{A}\boldsymbol{A}^\top)^{-1}\boldsymbol{b}]^\top[\boldsymbol{x}-\boldsymbol{A}^\top(\boldsymbol{A}\boldsymbol{A}^\top)^{-1}\boldsymbol{b}]\\&=\boldsymbol{b}^\top(\boldsymbol{A}\boldsymbol{A}^\top)^{-1}[\boldsymbol{A}\boldsymbol{x}-(\boldsymbol{A}\boldsymbol{A}^\top)(\boldsymbol{A}\boldsymbol{A}^\top)^{-1}\boldsymbol{b}]\\&=\boldsymbol{b}^\top(\boldsymbol{A}\boldsymbol{A}^\top)^{-1}(\boldsymbol{b}-\boldsymbol{b})=0\end{aligned}$$

因此，

$$\|\boldsymbol{x}\|^2=\|\boldsymbol{x}^*\|^2+\|\boldsymbol{x}-\boldsymbol{x}^*\|^2$$

由于对于所有 $\boldsymbol{x}\neq\boldsymbol{x}^*$，都有 $\|\boldsymbol{x}-\boldsymbol{x}^*\|^2>0$ 成立，因此，对于所有 $\boldsymbol{x}\neq\boldsymbol{x}^*$，都有

$$\|\boldsymbol{x}\|^2>\|\boldsymbol{x}^*\|^2$$

即

$$\|\boldsymbol{x}\|>\|\boldsymbol{x}^*\|$$

显然，$\boldsymbol{x}^*$ 是唯一的。 ■

例 12.7　在以下两个平面的交线上，寻找最接近空间 $\mathbb{R}^3$ 中原点的点：

$$\begin{aligned}x_1+2x_2-x_3&=1\\4x_1+x_2+3x_3&=0\end{aligned}$$

这一问题与下面的问题是等价的：

$$\begin{aligned}&\text{minimize}\quad \|\boldsymbol{x}\|\\&\text{subject to}\quad \boldsymbol{A}\boldsymbol{x}=\boldsymbol{b}\end{aligned}$$

其中，

$$\boldsymbol{A}=\begin{bmatrix}1&2&-1\\4&1&3\end{bmatrix},\qquad \boldsymbol{b}=\begin{bmatrix}1\\0\end{bmatrix}$$

因此，这一问题的解为

$$\boldsymbol{x}^*=\boldsymbol{A}^\top(\boldsymbol{A}\boldsymbol{A}^\top)^{-1}\boldsymbol{b}=\begin{bmatrix}0.0952\\0.3333\\-0.2381\end{bmatrix}$$ ■

针对本节给出的线性方程组 $\boldsymbol{A}\boldsymbol{x}=\boldsymbol{b}$，下一节将讨论一种迭代求解算法，即 Kaczmarz 算法。

12.4　Kaczmarz 算法

继续考虑 12.3 节中定义的方程组 $\boldsymbol{A}\boldsymbol{x}=\boldsymbol{b}$，$\boldsymbol{A}\in\mathbb{R}^{m\times n}$，$\boldsymbol{b}\in\mathbb{R}^m$，$m\leqslant n$，rank $\boldsymbol{A}=m$。本节介绍一种迭代求解算法，该算法由 Kaczmarz 于 1937 年首次提出[70]，能够在不直接计算 $\boldsymbol{A}\boldsymbol{A}^\top$ 逆矩阵的情况下收敛到 $\boldsymbol{x}^*=\boldsymbol{A}^\top(\boldsymbol{A}\boldsymbol{A}^\top)^{-1}\boldsymbol{b}$。这一点使得该算法非常实用，尤其是在矩阵 $\boldsymbol{A}$ 的行数非常多的情况下。

令 $\boldsymbol{a}_j^\top$ 表示矩阵 $\boldsymbol{A}$ 的第 j 行，b_j 表示向量 $\boldsymbol{b}$ 的第 j 个元素，μ 为正实数，满足 $0<\mu<2$。Kaczmarz 算法的步骤为

1. 令 $i := 0$，选定初始值 $\boldsymbol{x}^{(0)}$。
2. 对于 $j = 1, \cdots, m$，令

$$\boldsymbol{x}^{(im+j)} = \boldsymbol{x}^{(im+j-1)} + \mu\left(b_j - \boldsymbol{a}_j^\top \boldsymbol{x}^{(im+j-1)}\right)\frac{\boldsymbol{a}_j}{\boldsymbol{a}_j^\top \boldsymbol{a}_j}$$

3. 令 $i := i + 1$；回到第 2 步。

将上述算法步骤转换为自然语言，可得在前 m 次迭代中（$k = 0, \cdots, m-1$），有

$$\boldsymbol{x}^{(k+1)} = \boldsymbol{x}^{(k)} + \mu\left(b_{k+1} - \boldsymbol{a}_{k+1}^\top \boldsymbol{x}^{(k)}\right)\frac{\boldsymbol{a}_{k+1}}{\boldsymbol{a}_{k+1}^\top \boldsymbol{a}_{k+1}}$$

在每次迭代中，依次使用了矩阵 $\boldsymbol{A}$ 的各行及其对应的向量 $\boldsymbol{b}$ 中的元素。对于第 $(m+1)$ 次迭代，重新使用 $\boldsymbol{A}$ 的第 1 行以及 $\boldsymbol{b}$ 的第 1 个元素，即

$$\boldsymbol{x}^{(m+1)} = \boldsymbol{x}^{(m)} + \mu\left(b_1 - \boldsymbol{a}_1^\top \boldsymbol{x}^{(m)}\right)\frac{\boldsymbol{a}_1}{\boldsymbol{a}_1^\top \boldsymbol{a}_1}$$

第 $(m+2)$ 次迭代使用 $\boldsymbol{A}$ 的第 2 行以及 $\boldsymbol{b}$ 的第 2 个元素，以此类推，每进行 m 次迭代就从头循环一次。μ 可视为算法的步长，为了保证算法的收敛性，限定步长的取值范围为 $0 < \mu < 2$。

下面证明 Kaczmarz 算法的收敛性，相关过程和思路主要来自 Kaczmarz 的原始文献（见参考文献[70]）和 Parks 的后续阐释（见参考文献[102]）。

定理 12.3　在 Kaczmarz 算法中，如果 $\boldsymbol{x}^{(0)} = \boldsymbol{0}$，那么当 $k \to \infty$ 时，$\boldsymbol{x}^{(k)} \to \boldsymbol{x}^* = \boldsymbol{A}^\top(\boldsymbol{A}\boldsymbol{A}^\top)^{-1}\boldsymbol{b}$。 □

证明：不失一般性，可假设 $\|\boldsymbol{a}_i\| = 1$，$i = 1, \cdots, m$。如果 $\|\boldsymbol{a}_i\| \neq 1$，直接令 $\boldsymbol{a}_i / \|\boldsymbol{a}_i\|$ 来取代 $\boldsymbol{a}_i$，用 $b_i / \|\boldsymbol{a}_i\|$ 来取代 b_i 即可满足假设。

引入以下记法：对于任意 $j = 0, 1, 2, \cdots$，令 $R(j)$ 表示 $\{0, \cdots, m-1\}$ 中的唯一整数，能够对于某个正数 l，满足 $j = lm + R(j)$，即 $R(j)$ 是 j 除以 m 得到的余数。

根据这些记法，可将 Kaczmarz 算法写为

$$\boldsymbol{x}^{(k+1)} = \boldsymbol{x}^{(k)} + \mu(b_{R(k)+1} - \boldsymbol{a}_{R(k)+1}^\top \boldsymbol{x}^{(k)})\boldsymbol{a}_{R(k)+1}$$

根据恒等式 $\|\boldsymbol{x} + \boldsymbol{y}\|^2 = \|\boldsymbol{x}\|^2 + \|\boldsymbol{y}\|^2 + 2\langle \boldsymbol{x}, \boldsymbol{y}\rangle$，可得

$$\begin{aligned}
\|\boldsymbol{x}^{(k+1)} - \boldsymbol{x}^*\|^2 &= \|\boldsymbol{x}^{(k)} - \boldsymbol{x}^* + \mu(b_{R(k)+1} - \boldsymbol{a}_{R(k)+1}^\top \boldsymbol{x}^{(k)})\boldsymbol{a}_{R(k)+1}\|^2 \\
&= \|\boldsymbol{x}^{(k)} - \boldsymbol{x}^*\|^2 + \mu^2(b_{R(k)+1} - \boldsymbol{a}_{R(k)+1}^\top \boldsymbol{x}^{(k)})^2 \\
&\quad + 2\mu(b_{R(k)+1} - \boldsymbol{a}_{R(k)+1}^\top \boldsymbol{x}^{(k)})\boldsymbol{a}_{R(k)+1}^\top(\boldsymbol{x}^{(k)} - \boldsymbol{x}^*)
\end{aligned}$$

将 $\boldsymbol{a}_{R(k)+1}^\top \boldsymbol{x}^* = b_{R(k)+1}$ 代入该方程，可得

$$\begin{aligned}
\|\boldsymbol{x}^{(k+1)} - \boldsymbol{x}^*\|^2 &= \|\boldsymbol{x}^{(k)} - \boldsymbol{x}^*\|^2 - \mu(2-\mu)(b_{R(k)+1} - \boldsymbol{a}_{R(k)+1}^\top \boldsymbol{x}^{(k)})^2 \\
&= \|\boldsymbol{x}^{(k)} - \boldsymbol{x}^*\|^2 - \mu(2-\mu)(\boldsymbol{a}_{R(k)+1}^\top(\boldsymbol{x}^{(k)} - \boldsymbol{x}^*))^2
\end{aligned}$$

由于 $0 < \mu < 2$，因此，上式等号右端第二项非负，可得

$$\|\boldsymbol{x}^{(k+1)} - \boldsymbol{x}^*\|^2 \leqslant \|\boldsymbol{x}^{(k)} - \boldsymbol{x}^*\|^2$$

由于 $\|\boldsymbol{x}^{(k)} - \boldsymbol{x}^*\|^2 \geqslant 0$ 对于所有 k 都成立，因此 $\{\|\boldsymbol{x}^{(k)} - \boldsymbol{x}^*\|^2\}$ 是一个非增序列，存在下界。由此可知 $\{\|\boldsymbol{x}^{(k)} - \boldsymbol{x}^*\|^2\}$ 收敛（见定理 5.3），将 $\|\boldsymbol{x}^{(k)} - \boldsymbol{x}^*\|^2$ 做进一步处理，可得

$$\|\boldsymbol{x}^{(k)} - \boldsymbol{x}^*\|^2 = \|\boldsymbol{x}^{(0)} - \boldsymbol{x}^*\|^2 - \mu(2-\mu)\sum_{i=0}^{k-1}(\boldsymbol{a}_{R(i)+1}^\top(\boldsymbol{x}^{(i)} - \boldsymbol{x}^*))^2$$

由于$\{\|\boldsymbol{x}^{(k)} - \boldsymbol{x}^*\|^2\}$收敛，因此，

$$\sum_{i=0}^{\infty}(\boldsymbol{a}_{R(i)+1}^\top(\boldsymbol{x}^{(i)} - \boldsymbol{x}^*))^2 < \infty$$

这意味着

$$\boldsymbol{a}_{R(k)+1}^\top(\boldsymbol{x}^{(k)} - \boldsymbol{x}^*) \to 0$$

注意

$$\|\boldsymbol{x}^{(k+1)} - \boldsymbol{x}^{(k)}\|^2 = \mu^2(b_{R(k)+1} - \boldsymbol{a}_{R(k)+1}^\top\boldsymbol{x}^{(k)})^2 = \mu^2(\boldsymbol{a}_{R(k)+1}^\top(\boldsymbol{x}^{(k)} - \boldsymbol{x}^*))^2$$

因此，$\|\boldsymbol{x}^{(k+1)} - \boldsymbol{x}^{(k)}\|^2 \to 0$。由于$\{\|\boldsymbol{x}^{(k)} - \boldsymbol{x}^*\|^2\}$收敛，故$\{\boldsymbol{x}^{(k)}\}$是有界序列(见定理5.2)。

按照文献[70]中的做法，引入记法$\boldsymbol{x}^{(r,s)} \triangleq \boldsymbol{x}^{(rm+s)}$，$r=0, 1, 2, \cdots$；$s=0, \cdots, m-1$。因此，对于每个$s=0, \cdots, m-1$，随着$r\to\infty$，有

$$\boldsymbol{a}_{s+1}^\top(\boldsymbol{x}^{(r,s)} - \boldsymbol{x}^*) \to 0$$

考虑序列$\{\boldsymbol{x}^{(r,0)}: r\geqslant 0\}$，由于该序列有界，因此，可知存在一个收敛的子序列(可根据波尔查诺-魏尔斯特拉斯定理得到，见参考文献[2]的第70页，或5.1节关于序列和子序列的讨论)。以$\{\boldsymbol{x}^{(r,0)}: r\in\mathcal{E}\}$表示这一子序列，其中$\mathcal{E}$为$\{0, 1, \cdots\}$的子集。令$\boldsymbol{z}^*$表示$\{\boldsymbol{x}^{(r,0)}: r\in\mathcal{E}\}$的极限，有

$$\boldsymbol{a}_1^\top(\boldsymbol{z}^* - \boldsymbol{x}^*) = 0$$

注意随着$k\to\infty$，有$\|\boldsymbol{x}^{(k+1)} - \boldsymbol{x}^{(k)}\|^2 \to 0$，可知随着$r\to\infty$，有$\|\boldsymbol{x}^{(r,1)} - \boldsymbol{x}^{(r,0)}\|^2 \to 0$。因此，子序列$\{\boldsymbol{x}^{(r,1)}: r\in\mathcal{E}\}$也收敛到$\boldsymbol{z}^*$。有

$$\boldsymbol{a}_2^\top(\boldsymbol{z}^* - \boldsymbol{x}^*) = 0$$

重复以上过程，可得对于任意$i=1, \cdots, m$，都有

$$\boldsymbol{a}_i^\top(\boldsymbol{z}^* - \boldsymbol{x}^*) = 0$$

写为矩阵的形式，可得

$$\boldsymbol{A}(\boldsymbol{z}^* - \boldsymbol{x}^*) = \boldsymbol{0}$$

由于$\boldsymbol{x}^{(0)}=\boldsymbol{0}$，因此，对于所有$k$，都有$\boldsymbol{x}^{(k)}\in\mathcal{R}(\boldsymbol{A}^\top)$(证明过程留作习题12.25)。由于$\mathcal{R}(\boldsymbol{A}^\top)$为闭空间，因此，$\boldsymbol{z}^*\in\mathcal{R}(\boldsymbol{A}^\top)$。由此可知，存在一个$\boldsymbol{y}^*$，使得$\boldsymbol{z}^*=\boldsymbol{A}^\top\boldsymbol{y}^*$。这样，可得

$$\begin{aligned}\boldsymbol{A}(\boldsymbol{z}^* - \boldsymbol{x}^*) &= \boldsymbol{A}(\boldsymbol{A}^\top\boldsymbol{y}^* - \boldsymbol{A}^\top(\boldsymbol{A}\boldsymbol{A}^\top)^{-1}\boldsymbol{b}) \\ &= (\boldsymbol{A}\boldsymbol{A}^\top)\boldsymbol{y}^* - \boldsymbol{b} \\ &= \boldsymbol{0}\end{aligned}$$

由于$\operatorname{rank}\boldsymbol{A}=m$，$\boldsymbol{y}^*=(\boldsymbol{A}\boldsymbol{A}^\top)^{-1}\boldsymbol{b}$，因此，$\boldsymbol{z}^*=\boldsymbol{x}^*$，可知子序列$\{\|\boldsymbol{x}^{r,0} - \boldsymbol{x}^*\|^2: r\in\mathcal{E}\}$收敛到0。由于$\{\|\boldsymbol{x}^{r,0} - \boldsymbol{x}^*\|^2: r\in\mathcal{E}\}$是收敛序列$\{\|\boldsymbol{x}^{(k)} - \boldsymbol{x}^*\|^2\}$的一个子序列，因此，可得序列$\{\|\boldsymbol{x}^{(k)} - \boldsymbol{x}^*\|^2\}$也收敛到0，即$\boldsymbol{x}^{(k)}\to\boldsymbol{x}^*$。■

当$\boldsymbol{x}^{(0)}\neq\boldsymbol{0}$时，Kaczmarz算法收敛到集合$\{\boldsymbol{x}: \boldsymbol{A}\boldsymbol{x}=\boldsymbol{b}\}$中唯一能够使得距离$\|\boldsymbol{x} - \boldsymbol{x}^{(0)}\|$最小的点(证明过程留作习题12.26)。

如果设定 $\mu=1$，则 Kaczmarz 算法具有如下性质：在第 k 次迭代中，误差 $b_{R(k)+1}-\boldsymbol{a}_{R(k)+1}^{\top}\boldsymbol{x}^{(k+1)}$ 满足

$$b_{R(k)+1}-\boldsymbol{a}_{R(k)+1}^{\top}\boldsymbol{x}^{(k+1)}=0$$

证明过程留作习题 12.28。将 $b_{R(k)+1}=\boldsymbol{a}_{R(k)+1}^{\top}\boldsymbol{x}^{*}$ 代入，可得

$$\boldsymbol{a}_{R(k)+1}^{\top}(\boldsymbol{x}^{(k+1)}-\boldsymbol{x}^{*})=0$$

由此可得，$\boldsymbol{x}^{(k+1)}$ 和 $\boldsymbol{x}^{*}$ 之间的差与 $\boldsymbol{a}_{R(k)+1}$ 正交。接下来的示例将对这一性质进行演示说明。

例 12.8　令

$$\boldsymbol{A}=\begin{bmatrix}1 & -1\\ 0 & 1\end{bmatrix},\qquad \boldsymbol{b}=\begin{bmatrix}2\\ 3\end{bmatrix}$$

该问题的解为 $\boldsymbol{x}^{*}=[5,3]^{\top}$。设定参数 $\mu=1$，初始点 $\boldsymbol{x}^{(0)}=\boldsymbol{0}$，图 12.4 给出了 Kaczmarz 算法的部分迭代过程。已知有 $\boldsymbol{a}_1^{\top}=[1,\ -1]$，$\boldsymbol{a}_2^{\top}=[0,\ 1]$，$b_1=2$，$b_2=3$。在图 12.4 中，经过点 $[2,\ 0]^{\top}$ 的对角线对应着集合 $\{\boldsymbol{x}:\boldsymbol{a}_1^{\top}\boldsymbol{x}=b_1\}$，经过点 $[0,\ 3]^{\top}$ 的水平线对应着集合 $\{\boldsymbol{x}:\boldsymbol{a}_2^{\top}\boldsymbol{x}=b_2\}$。为了对算法进行演示，开展 3 次迭代：

$$\boldsymbol{x}^{(1)}=\begin{bmatrix}0\\ 0\end{bmatrix}+(2-0)\frac{1}{2}\begin{bmatrix}1\\ -1\end{bmatrix}=\begin{bmatrix}1\\ -1\end{bmatrix}$$

$$\boldsymbol{x}^{(2)}=\begin{bmatrix}1\\ -1\end{bmatrix}+(3-(-1))\begin{bmatrix}0\\ 1\end{bmatrix}=\begin{bmatrix}1\\ 3\end{bmatrix}$$

$$\boldsymbol{x}^{(3)}=\begin{bmatrix}1\\ 3\end{bmatrix}+(2-(-2))\frac{1}{2}\begin{bmatrix}1\\ -1\end{bmatrix}=\begin{bmatrix}3\\ 1\end{bmatrix}$$

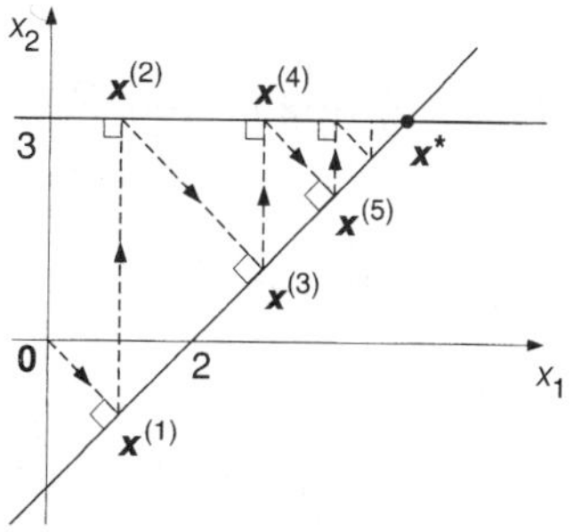

图 12.4　例 12.8 中 Kaczmarz 算法的部分迭代过程

与图 12.4 中演示的结果一致，在每次迭代下，都有

$$\boldsymbol{a}_{R(k)+1}^{\top}(\boldsymbol{x}^{(k+1)}-\boldsymbol{x}^{*})=0$$

成立。该算法能够收敛到 $\boldsymbol{x}^{*}$。■

12.5　一般意义下的线性方程组的求解

考虑一般意义下的线性方程组

$$\boldsymbol{Ax}=\boldsymbol{b}$$

其中，$\boldsymbol{A}\in\mathbb{R}^{m\times n}$，$\operatorname{rank}\boldsymbol{A}=r$，且有 $r\leqslant\min\{m,\ n\}$。当 $\boldsymbol{A}\in\mathbb{R}^{m\times n}$ 且 $\operatorname{rank}\boldsymbol{A}=n$ 时，方程有唯一解 $\boldsymbol{x}^{*}=\boldsymbol{A}^{-1}\boldsymbol{b}$。因此，为了求解该方程组，必须求解矩阵 $\boldsymbol{A}$ 的逆矩阵 $\boldsymbol{A}^{-1}$。本节讨论求解 $\boldsymbol{Ax}=\boldsymbol{b}$ 的一般方法，该方法定义了矩阵 $\boldsymbol{A}\in\mathbb{R}^{m\times n}$ 的伪逆或广义逆，当 $\boldsymbol{A}$ 的逆矩阵不存在时（如 $\boldsymbol{A}$ 不是方阵时），伪逆或广义逆将扮演着 $\boldsymbol{A}^{-1}$ 的角色。特别的，本节将讨论矩阵 $\boldsymbol{A}$ 的 Moore-Penrose 逆矩阵，用 $\boldsymbol{A}^{\dagger}$ 表示。

一个秩为 r 的矩阵可以表示一个列满秩（秩为 r）的矩阵和一个行满秩（秩为 r）的矩阵的乘积。矩阵的这种分解方式称为满秩分解，这是由 Gantmacher[45] 以及 Ben-Israel 和 Greville[6] 定义的。在接下来的引理中，将给出满秩分解的数学描述，并进行证明。

引理 12.3　满秩分解。 矩阵 $\boldsymbol{A}\in\mathbb{R}^{m\times n}$，$\operatorname{rank}\boldsymbol{A}=r\leqslant\min\{m, n\}$，那么，存在矩阵 $\boldsymbol{B}\in\mathbb{R}^{m\times r}$ 和矩阵 $\boldsymbol{C}\in\mathbb{R}^{r\times n}$，使得

$$\boldsymbol{A}=\boldsymbol{B}\boldsymbol{C}$$

其中，

$$\operatorname{rank}\boldsymbol{A}=\operatorname{rank}\boldsymbol{B}=\operatorname{rank}\boldsymbol{C}=r$$

□

证明： 由于 $\operatorname{rank}\boldsymbol{A}=r$，因此可从 $\boldsymbol{A}$ 中找出 r 个线性无关的列向量。不失一般性，可假设 $\boldsymbol{a}_1$，$\boldsymbol{a}_2$，…，$\boldsymbol{a}_r$ 是线性无关的，$\boldsymbol{a}_i$ 表示 $\boldsymbol{A}$ 中的第 i 个列向量；$\boldsymbol{A}$ 中剩余的列向量可以表示为 $\boldsymbol{a}_1$，$\boldsymbol{a}_2$，…，$\boldsymbol{a}_r$ 的线性组合。因此，可以按照如下的方式选择满秩矩阵 $\boldsymbol{B}$ 和 $\boldsymbol{C}$：

$$\boldsymbol{B}=[\boldsymbol{a}_1,\cdots,\boldsymbol{a}_r]\in\mathbb{R}^{m\times r}$$

$$\boldsymbol{C}=\begin{bmatrix}1 & \cdots & 0 & c_{1,r+1} & \cdots & c_{1,n}\\ \vdots & \ddots & \vdots & \vdots & \ddots & \vdots\\ 0 & \cdots & 1 & c_{r,r+1} & \cdots & c_{r,n}\end{bmatrix}\in\mathbb{R}^{r\times n}$$

其中，元素 $c_{i,j}$ 应该使得对于任意 $j=r+1$，…，n，有 $\boldsymbol{a}_j=c_{1,j}\boldsymbol{a}_1+\cdots+c_{r,j}\boldsymbol{a}_r$。因此，$\boldsymbol{A}=\boldsymbol{B}\boldsymbol{C}$。■

注意，如果 $m<n$，$\operatorname{rank}\boldsymbol{A}=m$，那么可按照如下方式选择 $\boldsymbol{B}$ 和 $\boldsymbol{C}$：

$$\boldsymbol{B}=\boldsymbol{I}_m,\quad \boldsymbol{C}=\boldsymbol{A}$$

其中，$\boldsymbol{I}_m$ 为 $m\times m$ 的单位阵。反之，如果 $m>n$，$\operatorname{rank}\boldsymbol{A}=n$，那么 $\boldsymbol{B}$ 和 $\boldsymbol{C}$ 可以表示为

$$\boldsymbol{B}=\boldsymbol{A},\quad \boldsymbol{C}=\boldsymbol{I}_n$$

例 12.9　令

$$\boldsymbol{A}=\begin{bmatrix}2 & 1 & -2 & 5\\ 1 & 0 & -3 & 2\\ 3 & -1 & -13 & 5\end{bmatrix}$$

可知 $\operatorname{rank}\boldsymbol{A}=2$。根据引理 12.3 的证明过程，可对 $\boldsymbol{A}$ 进行满秩分解，即

$$\boldsymbol{A}=\begin{bmatrix}2 & 1\\ 1 & 0\\ 3 & -1\end{bmatrix}\begin{bmatrix}1 & 0 & -3 & 2\\ 0 & 1 & 4 & 1\end{bmatrix}=\boldsymbol{B}\boldsymbol{C}$$

■

接下来引入 Moore-Penrose 逆矩阵的概念，并讨论其存在性和唯一性。为此，考虑矩阵方程

$$\boldsymbol{A}\boldsymbol{X}\boldsymbol{A}=\boldsymbol{A}$$

其中，$\boldsymbol{A}\in\mathbb{R}^{m\times n}$ 已知，$\boldsymbol{X}\in\mathbb{R}^{n\times m}$ 为未知待求的矩阵。注意，如果 $\boldsymbol{A}$ 是非奇异的方阵，那么该方程有唯一解 $\boldsymbol{X}=\boldsymbol{A}^{-1}$。可以将 $\boldsymbol{X}$ 认定为 Moore-Penrose 逆矩阵，也称为伪逆或广义逆矩阵。

定义 12.1　给定矩阵 $\boldsymbol{A}\in\mathbb{R}^{m\times n}$，如果矩阵 $\boldsymbol{A}^{\dagger}\in\mathbb{R}^{n\times m}$ 满足

$$\boldsymbol{A}\boldsymbol{A}^{\dagger}\boldsymbol{A}=\boldsymbol{A}$$

且存在两个矩阵 $\boldsymbol{U}\in\mathbb{R}^{n\times n}$，$\boldsymbol{V}\in\mathbb{R}^{m\times m}$，使得

$$\boldsymbol{A}^{\dagger}=\boldsymbol{U}\boldsymbol{A}^{\top}\quad 和\quad \boldsymbol{A}^{\dagger}=\boldsymbol{A}^{\top}\boldsymbol{V}$$

则称 $\boldsymbol{A}^{\dagger}$ 是矩阵 $\boldsymbol{A}$ 的伪逆。■

条件$A^\dagger=UA^\top=A^\top V$可以作如下解释：$A$ 的伪逆矩阵$A^\dagger$中的每一行都是矩阵$A^\top$中所有行向量的线性组合，$A^\dagger$中的每一列都是矩阵$A^\top$中所有列向量的线性组合。

对于矩阵$A\in\mathbb{R}^{m\times n}$，$m\geqslant n$，且 rank $A=n$，可以很容易验证下式就是矩阵A 的伪逆：

$$A^\dagger=(A^\top A)^{-1}A^\top$$

实际上，$A(A^\top A)^{-1}A^\top A=A$，如果定义$U=(A^\top A)^{-1}$，$V=A(A^\top A)^{-1}(A^\top A)^{-1}A^\top$，那么$A^\dagger=UA^\top=A^\top V$。注意，$A^\dagger A=I_n$。因此，$(A^\top A)^{-1}A^\top$经常称为矩阵$A$ 的左伪逆。这一伪逆公式出现在最小二乘分析过程中(见 12.1 节)。

对于矩阵$A\in\mathbb{R}^{m\times n}$，$m\leqslant n$，且 rank $A=m$，与上面类似，可以很容易验证下式就是矩阵A 的伪逆：

$$A^\dagger=A^\top(AA^\top)^{-1}$$

注意，$AA^\dagger=I_m$。因此，$A^\top(AA^\top)^{-1}$经常称为矩阵A 的右伪逆。这一公式出现在求方程$Ax=b$ 的最小范数解$\|x\|$的场合(见 12.3 节)。

定理 12.4　矩阵$A\in\mathbb{R}^{m\times n}$，如果$A$ 的伪逆$A^\dagger$存在，那么$A^\dagger$是唯一的。　□

证明：令$A_1^\dagger$和$A_2^\dagger$是矩阵A 的伪逆，只需要证明$A_1^\dagger=A_2^\dagger$即可。根据伪逆的定义，可知

$$AA_1^\dagger A=AA_2^\dagger A=A$$

存在矩阵U_1，$U_2\in\mathbb{R}^{n\times n}$和$V_1$，$V_2\in\mathbb{R}^{m\times m}$，使得

$$A_1^\dagger=U_1A^\top=A^\top V_1$$
$$A_2^\dagger=U_2A^\top=A^\top V_2$$

令

$$D=A_2^\dagger-A_1^\dagger, U=U_2-U_1, V=V_2-V_1$$

有

$$O=ADA, D=UA^\top=A^\top V$$

因此，由这两个方程可得

$$(DA)^\top DA=A^\top D^\top DA=A^\top V^\top ADA=O$$

这意味着

$$DA=O$$

由于$DA=O$，有

$$DD^\top=DAU^\top=O$$

这说明

$$D=A_2^\dagger-A_1^\dagger=O$$

因此，

$$A_2^\dagger=A_1^\dagger$$
■

由定理 12.4 可知，如果伪逆矩阵存在，那么它就是唯一的。接下来需要证明其存在性。可以证明，任意矩阵A 的伪逆可以由下式给出：

$$A^\dagger=C^\dagger B^\dagger$$

其中，$\boldsymbol{B}^\dagger$ 和 $\boldsymbol{C}^\dagger$ 分别是矩阵 $\boldsymbol{B}$ 和 $\boldsymbol{C}$ 的伪逆，而矩阵 $\boldsymbol{B}$ 和 $\boldsymbol{C}$ 是 $\boldsymbol{A}$ 的满秩分解，即 $\boldsymbol{A}=\boldsymbol{BC}$，$\boldsymbol{B}$ 和 $\boldsymbol{C}$ 都是满秩的(见引理 12.3)。已知 $\boldsymbol{B}^\dagger$ 和 $\boldsymbol{C}^\dagger$ 的计算公式分别为

$$\boldsymbol{B}^\dagger=(\boldsymbol{B}^\top\boldsymbol{B})^{-1}\boldsymbol{B}^\top,\qquad \boldsymbol{C}^\dagger=\boldsymbol{C}^\top(\boldsymbol{C}\boldsymbol{C}^\top)^{-1}$$

定理 12.5　矩阵 $\boldsymbol{A}\in\mathbb{R}^{m\times n}$的满秩分解为 $\boldsymbol{A}=\boldsymbol{BC}$，$\operatorname{rank}\boldsymbol{A}=\operatorname{rank}\boldsymbol{B}=\operatorname{rank}\boldsymbol{C}=r$，$\boldsymbol{B}\in\mathbb{R}^{m\times r}$，$\boldsymbol{C}\in\mathbb{R}^{r\times n}$，那么

$$\boldsymbol{A}^\dagger=\boldsymbol{C}^\dagger\boldsymbol{B}^\dagger$$ □

证明： 需要证明

$$\boldsymbol{A}^\dagger=\boldsymbol{C}^\dagger\boldsymbol{B}^\dagger=\boldsymbol{C}^\top(\boldsymbol{C}\boldsymbol{C}^\top)^{-1}(\boldsymbol{B}^\top\boldsymbol{B})^{-1}\boldsymbol{B}^\top$$

满足定义 12.1 中规定的关于伪逆矩阵的条件。首先，注意

$$\boldsymbol{A}\boldsymbol{C}^\dagger\boldsymbol{B}^\dagger\boldsymbol{A}=\boldsymbol{B}\boldsymbol{C}\boldsymbol{C}^\top(\boldsymbol{C}\boldsymbol{C}^\top)^{-1}(\boldsymbol{B}^\top\boldsymbol{B})^{-1}\boldsymbol{B}^\top\boldsymbol{B}\boldsymbol{C}=\boldsymbol{B}\boldsymbol{C}=\boldsymbol{A}$$

接下来，定义

$$\boldsymbol{U}=\boldsymbol{C}^\top(\boldsymbol{C}\boldsymbol{C}^\top)^{-1}(\boldsymbol{B}^\top\boldsymbol{B})^{-1}(\boldsymbol{C}\boldsymbol{C}^\top)^{-1}\boldsymbol{C}$$

$$\boldsymbol{V}=\boldsymbol{B}(\boldsymbol{B}^\top\boldsymbol{B})^{-1}(\boldsymbol{C}\boldsymbol{C}^\top)^{-1}(\boldsymbol{B}^\top\boldsymbol{B})^{-1}\boldsymbol{B}^\top$$

很容易验证矩阵 $\boldsymbol{U}$ 和 $\boldsymbol{V}$ 满足

$$\boldsymbol{A}^\dagger=\boldsymbol{C}^\dagger\boldsymbol{B}^\dagger=\boldsymbol{U}\boldsymbol{A}^\top=\boldsymbol{A}^\top\boldsymbol{V}$$

因此，

$$\boldsymbol{A}^\dagger=\boldsymbol{C}^\dagger\boldsymbol{B}^\dagger$$

就是矩阵 $\boldsymbol{A}$ 的伪逆。 ■

例 12.10　继续分析例 12.9。已知

$$\boldsymbol{A}=\begin{bmatrix}2 & 1 & -2 & 5\\ 1 & 0 & -3 & 2\\ 3 & -1 & -13 & 5\end{bmatrix}=\begin{bmatrix}2 & 1\\ 1 & 0\\ 3 & -1\end{bmatrix}\begin{bmatrix}1 & 0 & -3 & 2\\ 0 & 1 & 4 & 1\end{bmatrix}=\boldsymbol{BC}$$

计算

$$\boldsymbol{B}^\dagger=(\boldsymbol{B}^\top\boldsymbol{B})^{-1}\boldsymbol{B}^\top=\frac{1}{27}\begin{bmatrix}5 & 2 & 5\\ 16 & 1 & -11\end{bmatrix}$$

$$\boldsymbol{C}^\dagger=\boldsymbol{C}^\top(\boldsymbol{C}\boldsymbol{C}^\top)^{-1}=\frac{1}{76}\begin{bmatrix}9 & 5\\ 5 & 7\\ -7 & 13\\ 23 & 17\end{bmatrix}$$

因此，有

$$\boldsymbol{A}^\dagger=\boldsymbol{C}^\dagger\boldsymbol{B}^\dagger=\frac{1}{2052}\begin{bmatrix}125 & 23 & -10\\ 137 & 17 & -52\\ 173 & -1 & -178\\ 387 & 63 & -72\end{bmatrix}$$ ■

需要强调的是，如果 $\boldsymbol{A}=\boldsymbol{BC}$ 不是 $\boldsymbol{A}$ 的满秩分解，那么 $\boldsymbol{A}^\dagger=\boldsymbol{C}^\dagger\boldsymbol{B}^\dagger$ 就不总是成立。接下来的例子就属于这种情况[45]。

例 12.11　令

$$\boldsymbol{A}=\begin{bmatrix}1\end{bmatrix}$$

显然，$\boldsymbol{A}^{\dagger}=\boldsymbol{A}^{-1}=\boldsymbol{A}=[1]$。注意，$\boldsymbol{A}$ 可以表示为

$$\boldsymbol{A}=[0\ \ 1]\begin{bmatrix}1\\1\end{bmatrix}=\boldsymbol{BC}$$

这并不属于 $\boldsymbol{A}$ 的满秩分解。继续计算矩阵 $\boldsymbol{B}^{\dagger}$ 和 $\boldsymbol{C}^{\dagger}$：

$$\boldsymbol{B}^{\dagger}=\boldsymbol{B}^{\top}(\boldsymbol{BB}^{\top})^{-1}=\begin{bmatrix}0\\1\end{bmatrix}$$

$$\boldsymbol{C}^{\dagger}=(\boldsymbol{C}^{\top}\boldsymbol{C})^{-1}\boldsymbol{C}^{\top}=\begin{bmatrix}1/2 & 1/2\end{bmatrix}$$

（注意：由于 $\boldsymbol{B}$ 和 $\boldsymbol{C}$ 不属于满秩分解中的矩阵，因此，此处的 $\boldsymbol{B}^{\dagger}$ 和 $\boldsymbol{C}^{\dagger}$ 与例 12.10 中的 $\boldsymbol{B}^{\dagger}$ 和 $\boldsymbol{C}^{\dagger}$ 在意义上并不一致。）由此可得

$$\boldsymbol{C}^{\dagger}\boldsymbol{B}^{\dagger}=\begin{bmatrix}1/2\end{bmatrix}$$

这与 $\boldsymbol{A}^{\dagger}$ 并不相等。 ■

利用 $\boldsymbol{A}=\boldsymbol{BC}$ 可以将表达式

$$\boldsymbol{A}^{\dagger}=\boldsymbol{C}^{\dagger}\boldsymbol{B}^{\dagger}=\boldsymbol{C}^{\top}(\boldsymbol{CC}^{\top})^{-1}(\boldsymbol{B}^{\top}\boldsymbol{B})^{-1}\boldsymbol{B}^{\top}$$

简化为

$$\boldsymbol{A}^{\dagger}=\boldsymbol{C}^{\top}(\boldsymbol{B}^{\top}\boldsymbol{AC}^{\top})^{-1}\boldsymbol{B}^{\top}$$

这一简化公式的提出要归功于 C. C. MacDuffee，由 Ben-Israel 和 Greville 在 1959 年左右正式发表[6]。MacDuffee 是提出"由矩阵 $\boldsymbol{A}$ 的满秩分解能够推出这一简化公式"这一结论的第一人。但是，Ben-Israel 和 Greville 指出，MacDuffee 是在私人通信中提出这一结论的。因此，没有发现 MacDuffee 发表的包括这一结论的正式文献。

下面证明 $\boldsymbol{A}^{\dagger}$ 在求解线性方程 $\boldsymbol{Ax}=\boldsymbol{b}$ 时表现出的两个重要性质。

定理 12.6　某线性方程组为 $\boldsymbol{Ax}=\boldsymbol{b}$，$\boldsymbol{A}\in\mathbb{R}^{m\times n}$，$\operatorname{rank}\boldsymbol{A}=r$。向量 $\boldsymbol{x}^*=\boldsymbol{A}^{\dagger}\boldsymbol{b}$ 可在空间 $\mathbb{R}^n$ 中最小化 $\|\boldsymbol{Ax}-\boldsymbol{b}\|^2$；而且，在 $\mathbb{R}^n$ 中所有能够最小化 $\|\boldsymbol{Ax}-\boldsymbol{b}\|^2$ 的向量中，向量 $\boldsymbol{x}^*=\boldsymbol{A}^{\dagger}\boldsymbol{b}$ 的范数最小，且是唯一的。 □

证明：首先证明向量 $\boldsymbol{x}^*=\boldsymbol{A}^{\dagger}\boldsymbol{b}$ 可在空间 $\mathbb{R}^n$ 中最小化 $\|\boldsymbol{Ax}-\boldsymbol{b}\|^2$。注意对于任意向量 $\boldsymbol{x}\in\mathbb{R}^n$，有

$$\begin{aligned}\|\boldsymbol{Ax}-\boldsymbol{b}\|^2&=\|\boldsymbol{A}(\boldsymbol{x}-\boldsymbol{x}^*)+\boldsymbol{Ax}^*-\boldsymbol{b}\|^2\\&=\|\boldsymbol{A}(\boldsymbol{x}-\boldsymbol{x}^*)\|^2+\|\boldsymbol{Ax}^*-\boldsymbol{b}\|^2+2[\boldsymbol{A}(\boldsymbol{x}-\boldsymbol{x}^*)]^{\top}(\boldsymbol{Ax}^*-\boldsymbol{b})\end{aligned}$$

需要证明

$$[\boldsymbol{A}(\boldsymbol{x}-\boldsymbol{x}^*)]^{\top}(\boldsymbol{Ax}^*-\boldsymbol{b})=0$$

实际上，

$$\begin{aligned}[\boldsymbol{A}(\boldsymbol{x}-\boldsymbol{x}^*)]^{\top}(\boldsymbol{Ax}^*-\boldsymbol{b})&=(\boldsymbol{x}-\boldsymbol{x}^*)^{\top}(\boldsymbol{A}^{\top}\boldsymbol{Ax}^*-\boldsymbol{A}^{\top}\boldsymbol{b})\\&=(\boldsymbol{x}-\boldsymbol{x}^*)^{\top}(\boldsymbol{A}^{\top}\boldsymbol{AA}^{\dagger}b-\boldsymbol{A}^{\top}\boldsymbol{b})\end{aligned}$$

由于

$$\boldsymbol{A}^\top\boldsymbol{A}\boldsymbol{A}^\dagger=\boldsymbol{C}^\top\boldsymbol{B}^\top\boldsymbol{B}\boldsymbol{C}\boldsymbol{C}^\top(\boldsymbol{C}\boldsymbol{C}^\top)^{-1}(\boldsymbol{B}^\top\boldsymbol{B})^{-1}\boldsymbol{B}^\top=\boldsymbol{A}^\top$$

因此，

$$[\boldsymbol{A}(\boldsymbol{x}-\boldsymbol{x}^*)]^\top(\boldsymbol{A}\boldsymbol{x}^*-\boldsymbol{b})=(\boldsymbol{x}-\boldsymbol{x}^*)^\top(\boldsymbol{A}^\top\boldsymbol{b}-\boldsymbol{A}^\top\boldsymbol{b})=0$$

故有

$$\|\boldsymbol{A}\boldsymbol{x}-\boldsymbol{b}\|^2=\|\boldsymbol{A}(\boldsymbol{x}-\boldsymbol{x}^*)\|^2+\|\boldsymbol{A}\boldsymbol{x}^*-\boldsymbol{b}\|^2$$

由于

$$\|\boldsymbol{A}(\boldsymbol{x}-\boldsymbol{x}^*)\|^2\geqslant 0$$

因此可得

$$\|\boldsymbol{A}\boldsymbol{x}-\boldsymbol{b}\|^2\geqslant\|\boldsymbol{A}\boldsymbol{x}^*-\boldsymbol{b}\|^2$$

这意味着 $\boldsymbol{x}^*$ 能够最小化 $\|\boldsymbol{A}\boldsymbol{x}-\boldsymbol{b}\|^2$。

接下来证明在 $\mathbb{R}^n$ 中所有能够最小化 $\|\boldsymbol{A}\boldsymbol{x}-\boldsymbol{b}\|^2$ 的向量中，向量 $\boldsymbol{x}^*=\boldsymbol{A}^\dagger\boldsymbol{b}$ 的范数最小，且是唯一的。令 $\tilde{\boldsymbol{x}}$ 表示某个能够最小化 $\|\boldsymbol{A}\boldsymbol{x}-\boldsymbol{b}\|^2$ 的向量。有

$$\begin{aligned}\|\tilde{\boldsymbol{x}}\|^2&=\|(\tilde{\boldsymbol{x}}-\boldsymbol{x}^*)+\boldsymbol{x}^*\|^2\\&=\|\tilde{\boldsymbol{x}}-\boldsymbol{x}^*\|^2+\|\boldsymbol{x}^*\|^2+2\boldsymbol{x}^{*\top}(\tilde{\boldsymbol{x}}-\boldsymbol{x}^*)\end{aligned}$$

可以证明

$$\boldsymbol{x}^{*\top}(\tilde{\boldsymbol{x}}-\boldsymbol{x}^*)=0$$

注意

$$\begin{aligned}&\boldsymbol{x}^{*\top}(\tilde{\boldsymbol{x}}-\boldsymbol{x}^*)\\&\quad=(\boldsymbol{A}^\dagger\boldsymbol{b})^\top(\tilde{\boldsymbol{x}}-\boldsymbol{A}^\dagger\boldsymbol{b})\\&\quad=\boldsymbol{b}^\top\boldsymbol{B}(\boldsymbol{B}^\top\boldsymbol{B})^{-\top}(\boldsymbol{C}\boldsymbol{C}^\top)^{-\top}\boldsymbol{C}(\tilde{\boldsymbol{x}}-\boldsymbol{C}^\top(\boldsymbol{C}\boldsymbol{C}^\top)^{-1}(\boldsymbol{B}^\top\boldsymbol{B})^{-1}\boldsymbol{B}^\top\boldsymbol{b})\\&\quad=\boldsymbol{b}^\top\boldsymbol{B}(\boldsymbol{B}^\top\boldsymbol{B})^{-\top}(\boldsymbol{C}\boldsymbol{C}^\top)^{-\top}[\boldsymbol{C}\tilde{\boldsymbol{x}}-(\boldsymbol{B}^\top\boldsymbol{B})^{-1}\boldsymbol{B}^\top\boldsymbol{b}]\end{aligned}$$

其中，上标 $-\top$ 表示逆矩阵的转置。根据满秩分解，可得 $\|\boldsymbol{A}\boldsymbol{x}-\boldsymbol{b}\|^2=\|\boldsymbol{B}(\boldsymbol{C}\boldsymbol{x})-\boldsymbol{b}\|^2$。由于 $\tilde{\boldsymbol{x}}$ 最小化 $\|\boldsymbol{A}\boldsymbol{x}-\boldsymbol{b}\|^2$，矩阵 $\boldsymbol{C}$ 满秩，因此 $\boldsymbol{y}^*=\boldsymbol{C}\tilde{\boldsymbol{x}}$ 能够在空间 $\mathbb{R}^r$ 中最小化 $\|\boldsymbol{B}\boldsymbol{y}-\boldsymbol{b}\|^2$（证明过程留作习题 12.29）。根据定理 12.1 可知，由于矩阵 $\boldsymbol{B}$ 满秩，因此 $\boldsymbol{C}\tilde{\boldsymbol{x}}=\boldsymbol{y}^*=(\boldsymbol{B}^\top\boldsymbol{B})^{-1}\boldsymbol{B}^\top\boldsymbol{b}$。将其代入上式中，可得 $\boldsymbol{x}^{*\top}(\tilde{\boldsymbol{x}}-\boldsymbol{x}^*)=0$。

这样，可得

$$\|\tilde{\boldsymbol{x}}\|^2=\|\boldsymbol{x}^*\|^2+\|\tilde{\boldsymbol{x}}-\boldsymbol{x}^*\|^2$$

对于所有 $\tilde{\boldsymbol{x}}\neq\boldsymbol{x}^*$，有

$$\|\tilde{\boldsymbol{x}}-\boldsymbol{x}^*\|^2>0$$

因此，

$$\|\tilde{\boldsymbol{x}}\|^2>\|\boldsymbol{x}^*\|^2$$

即

$$\|\tilde{\boldsymbol{x}}\|>\|\boldsymbol{x}^*\|$$

这说明，在 $\mathbb{R}^n$ 中所有能够最小化 $\|\boldsymbol{A}\boldsymbol{x}-\boldsymbol{b}\|^2$ 的向量中，向量 $\boldsymbol{x}^*=\boldsymbol{A}^\dagger\boldsymbol{b}$ 的范数最小，且是唯一的。

■

广义逆矩阵有以下重要性质(证明过程留作习题 12.30):

a. $(\boldsymbol{A}^\top)^\dagger = (\boldsymbol{A}^\dagger)^\top$。

b. $(\boldsymbol{A}^\dagger)^\dagger = \boldsymbol{A}$。

普通的逆矩阵也存在类似的性质。需要指出的是,$(\boldsymbol{A}_1\boldsymbol{A}_2)^\dagger = \boldsymbol{A}_2^\dagger\boldsymbol{A}_1^\dagger$ 却不总是成立(证明过程留作习题 12.32).

需要特别指出的是,广义逆矩阵还可以按照另外的方式进行定义,即 Penrose 定义。具体而言,按照 Penrose 定义,矩阵 $\boldsymbol{A} \in \mathbb{R}^{m\times n}$ 的广义逆矩阵为满足下列性质的矩阵 $\boldsymbol{A}^\dagger \in \mathbb{R}^{n\times m}$,具有唯一性:

1. $\boldsymbol{A}\boldsymbol{A}^\dagger\boldsymbol{A} = \boldsymbol{A}$
2. $\boldsymbol{A}^\dagger\boldsymbol{A}\boldsymbol{A}^\dagger = \boldsymbol{A}^\dagger$
3. $(\boldsymbol{A}\boldsymbol{A}^\dagger)^\top = \boldsymbol{A}\boldsymbol{A}^\dagger$
4. $(\boldsymbol{A}^\dagger\boldsymbol{A})^\top = \boldsymbol{A}^\dagger\boldsymbol{A}$

Penrose 定义与定义 12.1 是等价的(证明过程留作习题 12.31)。关于广义逆矩阵及其应用的更多讨论,有兴趣的读者可参见 Ben-Israel 和 Greville 的著作[6]及 Campbell 和 Meyer 的著作[23]。

习题

12.1 给一块石头分别水平施加 1 N、2 N 和 3 N 的力,获得加速度分别为 3 m/s²、5 m/s² 和 6 m/s²。结合牛顿运动定律 $F = ma$,其中 F 表示力,a 表示加速度,利用最小二乘法估计石头的质量。

12.2 给一个弹簧分别施加 F=1 N、2 N 和 4 N 的拉力,弹簧的长度分别对应为 L =3 cm、4 cm 和 5 cm。假定拉力和弹簧长度服从胡克定律,即 $L = a + bF$,利用最小二乘法估计弹簧的自然长度 a 和劲度系数 b。

12.3 开展一个实验,估计重力加速度常数 g。从一定高度放下一个小球,使其自由落体,测量不同时刻下,小球所在位置与放下位置之间的距离。实验结果如下表所示:

时间(s)	1.00	2.00	3.00
距离(m)	5.00	19.5	44.0

下落距离 s 与下落时间 t 之间的关系式为

$$s = \frac{1}{2}gt^2$$

a. 基于以上实验结果,利用最小二乘法估计重力加速度常数 g。

b. 如果在 4.00 s 时又开展了一次测量,得到的距离为 78.5 m。利用递推最小二乘算法对问题 a 中得到的 g 进行更新。

12.4 存在一组语音信号,用有限实数序列 $x_1, x_2, \cdots, x_n$ 表示,如果将这组信号转录到磁带上,磁带上的信号采用另外一组有限实数序列 $y_1, y_2, \cdots, y_n$ 表示。

假定信号转录过程就是一个对原始信号进行简单缩放的过程(即记录的信号和原始信号之间的关系为 $y_i = \alpha x_i$,α 为与 i 无关的常数)。如果原始信号 $x_1, x_2, \cdots, x_n$ 和转录的信号 $y_1, y_2, \cdots, y_n$ 已知,试利用最小二乘法求出缩放因子 α 的表达式(假定至少有一个 x_i 不为零)。

12.5 可以通过测量流经电阻的电流大小 I 和电阻上的电压值 V 来估计电阻的阻值 R,根据欧姆定律,有 $V = IR$。为了估计 R,在电阻上通过 1 A 的电流,然后测量电阻上的电压值。共使用了 n 个电压测量设备，测得电压值分别为 $V_1, \cdots, V_n$。试利用最小二乘法推导阻值 R 的估计值就是电压测量值 $V_1, \cdots, V_n$ 的均值。

12.6 下表给出的是 X、Y 和 Z 共 3 家公司在 3 天内的股票价格：

	天		
	1	2	3
X	6	4	5
Y	1	1	3
Z	2	1	2

某投资分析师构建了一个利用公司 Y 和 Z 的股票价格来估计 X 股票价格的模型：

$$p_X = ap_Y + bp_Z$$

其中，p_X、p_Y和 p_Z分别表示公司 X、Y 和 Z 的股票价格，a 和 b 为实参数。试依托表中的数据利用最小二乘法估计参数 a 和 b 的值。

12.7 有两块不同的合金 A 和 B。合金 A 包含 30% 的金、40% 的银和 30% 的铂；合金 B 包含 10% 的金、20% 的银和 70% 的铂(指的都是重量比)。如果将两块合金融在一起，使其最终成分尽可能接近 5 盎司的金、3 盎司的银和 4 盎司的铂，利用最小二乘法估计这两块合金的各自重量。

12.8 背景：定义 $\boldsymbol{Ax}+\boldsymbol{w}=\boldsymbol{b}$，$\boldsymbol{w}$ 为白噪声向量。当 $\boldsymbol{b}$ 已知时，$\boldsymbol{x}$ 的最小二乘估计为以下最小化问题的解：

$$\text{minimize} \quad \|\boldsymbol{Ax}-\boldsymbol{b}\|^2$$

这称为维纳滤波器。

应用：给定一组声音信号 $\{u_k: k=1, \cdots, n\}$ $(u_k \in \mathbb{R})$，信号经过电话线缆进行传播，在每一时刻 k，信号的输入输出关系为 $y_k = ay_{k-1}+bu_k+v_k$，$y_k \in \mathbb{R}$ 表示输出，$u_k \in \mathbb{R}$ 表示输入，v_k表示白噪声。参数 a 和 b 为固定常数，初始条件为 $y_0=0$。

可以测量电话线缆的输出信号 $\{y_k\}$，但是无法直接测量输入信号 $\{u_k\}$ 和白噪声信号 $\{v_k\}$。当测量得到一组输出信号 $\{y_k: k=1, \cdots, n\}$ 之后，试利用最小二乘法计算输入信号 $\{u_k: k=1, \cdots, n\}$ 的估计值。

注意：向量 $\boldsymbol{v}=[v_1, \cdots, v_n]^\top$ 为白噪声向量，但是，$\boldsymbol{Dv}$($\boldsymbol{D}$ 为矩阵)一般不会是白噪声向量。

12.9 直线拟合。$[x_1, y_1]^\top, \cdots, [x_p, y_p]^\top$，$p \geqslant 2$，为空间 $\mathbb{R}^2$ 中的一组数据，希望能够确定一条直线，使其能够最好地拟合这些数据(所谓最好，指的是各数据点对应的误差平方和最小)，即寻找合适的 $a^*, b^* \in \mathbb{R}$，使得函数

$$f(a,b)=\sum_{i=1}^{p}(ax_i+b-y_i)^2$$

最小化。假定 x_i，$i=1, \cdots, p$ 不全相等，证明参数 a 和 b 分别存在唯一的估计值 a^* 和 b^*，能够实现最好的直线拟合，并求出 a^* 和 b^*，用下面的符号进行描述：

$$\overline{X}=\frac{1}{p}\sum_{i=1}^{p}x_i$$

$$\overline{Y}=\frac{1}{p}\sum_{i=1}^{p}y_i$$

$$\overline{X^2}=\frac{1}{p}\sum_{i=1}^{p}x_i^2$$

$$\overline{Y^2}=\frac{1}{p}\sum_{i=1}^{p}y_i^2$$

$$\overline{XY}=\frac{1}{p}\sum_{i=1}^{p}x_iy_i$$

12.10　在时刻 t_1，…，t_p 针对某个正弦信号 $y(t)=\sin(\omega t+\theta)$ 展开测量，其中 $-\pi/2\leqslant\omega t_i+\theta\leqslant\pi/2$，$i=1$，…，$p$，$t_i$ 不全相等，得到一组测量值 y_1，…，y_p。希望能够通过测量值估计出频率 ω 和相位 θ。

a. 将频率 ω 和相位 θ 的估计问题构建为求解线性方程组的问题。

b. 基于问题 a 的模型，确定频率 ω 和相位 θ 的最小二乘估计，采用下面的符号进行描述：

$$\overline{T}=\frac{1}{p}\sum_{i=1}^{p}t_i$$

$$\overline{T^2}=\frac{1}{p}\sum_{i=1}^{p}t_i^2$$

$$\overline{TY}=\frac{1}{p}\sum_{i=1}^{p}t_i\arcsin y_i$$

$$\overline{Y}=\frac{1}{p}\sum_{i=1}^{p}\arcsin y_i$$

12.11　给定一个点 $[x_0, y_0]^\top\in\mathbb{R}^2$，$y=mx$ 为平面 $\mathbb{R}^2$ 上的一条直线。试利用最小二乘法，寻找该直线上最接近点 $[x_0, y_0]$ 的点，其中两点之间的距离采用 $\mathbb{R}^2$ 中欧氏范数进行描述。

提示：直线 $y=mx$ 可表示为矩阵 $\boldsymbol{A}=[1, m]^\top$ 的值域空间。

12.12　考虑形如 $f(\boldsymbol{x})=\boldsymbol{a}^\top\boldsymbol{x}+c$ 的仿射函数 $f:\mathbb{R}^n\to\mathbb{R}$，其中，$\boldsymbol{a}\in\mathbb{R}^n$，$c\in\mathbb{R}$。

a. 给定 p 组数据对 $(\boldsymbol{x}_1, y_1)$，…，$(\boldsymbol{x}_p, y_p)$，其中，$\boldsymbol{x}_i\in\mathbb{R}^n$，$y_i\in\mathbb{R}$，$i=1$，…，$p$。希望寻找合适的仿射函数，能够最好地拟合这些数据对，所谓“最好”，指的是使得误差平方和

$$\sum_{i=1}^{p}(f(\boldsymbol{x}_i)-y_i)^2$$

达到最小。将该问题构造为一个优化问题，即最小化 $\|\boldsymbol{A}\boldsymbol{z}-\boldsymbol{b}\|^2$，$\boldsymbol{z}$ 为决策变量，请分别确定 $\boldsymbol{A}$、$\boldsymbol{z}$ 和 $\boldsymbol{b}$ 的表达式。

b. 如果这些数据对满足

$$\boldsymbol{x}_1+\cdots+\boldsymbol{x}_p=\boldsymbol{0}$$

$$y_1\boldsymbol{x}_1+\cdots+y_p\boldsymbol{x}_p=\boldsymbol{0}$$

假定存在仿射函数能够实现对数据对的最好拟合，且该函数是唯一的，那么，请找出这一函数。

12.13　考虑图 12.5 所示的系统，其输入输出对为 (u_1, y_1)，…，(u_n, y_n)，其中 $u_k\in\mathbb{R}$，$y_k\in\mathbb{R}$，$k=1$，…，n。

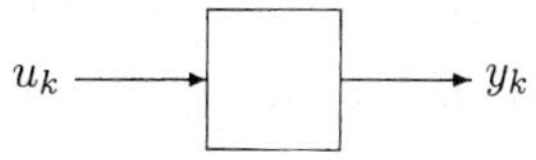

图 12.5　例 12.13 中系统的输入输出

a. 希望能够基于输入输出的测量值，确定该系统参数的线性估计。也就是说，确定一个 $\hat{\theta}_n\in\mathbb{R}$，能够拟合模型 $y_k=\hat{\theta}_n u_k$，$k=1$，…，n。试利用最小二乘法，确定关于 $\hat{\theta}_n$ 的估计值，用 u_1，…，u_n 和 y_1，…，y_n 表示。

b. 假定问题 a 中的数据满足关系：

$$y_k=\theta u_k+e_k$$

其中，$\theta\in\mathbb{R}$，对于所有 k，都有 $u_k=1$。证明当且仅当

$$\lim_{n\to\infty}\frac{1}{n}\sum_{k=1}^{n}e_k=0$$

时，问题 a 中得到的参数 $\hat{\theta}_n$ 能够随着 $n\to\infty$ 收敛到 θ。

12.14　某离散线性系统为 $x_{k+1}=ax_k+bu_k$，其中 u_k 为时刻 k 的输入，x_k 为时刻 k 的输出，a，$b\in\mathbb{R}$ 为系统参

数。假定当 $k\geq 0$ 时，系统输入保持恒定，$u_k=1$，测量得到的 4 个输出分别为 $x_0=0$，$x_1=1$，$x_2=2$，$x_3=8$。试根据这些测量数据计算参数 a 和 b 的最小二乘估计。

12.15 某离散线性系统为 $x_{k+1}=ax_k+bu_k$，其中 u_k为时刻 k 的输入，x_k为时刻 k 的输出，a，$b\in\mathbb{R}$ 为系统参数。测量得到 $n+1$ 组脉冲响应 h_0，…，h_n，试据此确定参数 a 和 b 的最小二乘估计。可以假设至少有一个脉冲响应 h_k非零。

注意：脉冲响应指的是当输入为 $u_0=1$，$u_k=0(k\neq 0)$，初始条件为 $x_0=0$ 下的系统输出序列。

12.16 某离散线性系统为 $x_{k+1}=ax_k+bu_k$，其中 u_k为时刻 k 的输入，x_k为时刻 k 的输出，a，$b\in\mathbb{R}$ 为系统参数。测量得到 $n+1$ 组阶跃响应 s_0，…，s_n，$n>1$。试据此确定参数 a 和 b 的最小二乘估计。可以假设至少有一个阶跃响应 s_k非零。

注意：阶跃响应指的是当输入为 $u_k=1(k\geq 0)$，初始条件为 $x_0=0$(即 $s_0=x_0=0$)下的系统输出序列。

12.17 存在一组离散信号 $\boldsymbol{x}\in\mathbb{R}^n$，时间刻度为$\{1，…，n\}$，$x_i$表示在时刻 i 的信号值。将信号 $a\boldsymbol{x}$ 通过某通道进行传播，其中 $a\in\mathbb{R}$ 表示传输通道的"幅值"，对于接收端而言是未知的。接收端接收到的信号为 $\boldsymbol{y}\in\mathbb{R}^n$，是被传送信号失真之后的结果(也就是说，$\boldsymbol{y}$ 不可能等于 $a\boldsymbol{x}$，无论 a 取何值)。试根据最小二乘准则构建一个用于估计 a 的模型，并求解(如果需要，可以进行任何合理的假设)。

12.18 矩阵 $\boldsymbol{A}\in\mathbb{R}^{m\times n}$，$\boldsymbol{b}\in\mathbb{R}^m$，$m\geq n$，$\operatorname{rank}\boldsymbol{A}=n$。考虑有约束的优化问题：

$$\begin{array}{ll}\text{minimize} & \frac{1}{2}\boldsymbol{x}^\top\boldsymbol{x}-\boldsymbol{x}^\top\boldsymbol{b}\\ \text{subject to} & \boldsymbol{x}\in\mathcal{R}(\boldsymbol{A})\end{array}$$

其中，$\mathcal{R}(\boldsymbol{A})$为矩阵 $\boldsymbol{A}$ 的值域空间。试推导该问题的全局最优解，用 $\boldsymbol{A}$ 和 $\boldsymbol{b}$ 表示。

12.19 求解优化问题：

$$\begin{array}{ll}\text{minimize} & \|\boldsymbol{x}-\boldsymbol{x}_0\|\\ \text{subject to} & \begin{bmatrix}1 & 1 & 1\end{bmatrix}\boldsymbol{x}=1\end{array}$$

其中，$\boldsymbol{x}_0=[0，-3，0]^\top$。

12.20 矩阵 $\boldsymbol{A}\in\mathbb{R}^{m\times n}$，$\boldsymbol{b}\in\mathbb{R}^m$，$m\leq n$，$\operatorname{rank}\boldsymbol{A}=m$，$\boldsymbol{x}_0\in\mathbb{R}^n$。考虑如下优化问题：

$$\begin{array}{ll}\text{minimize} & \|\boldsymbol{x}-\boldsymbol{x}_0\|\\ \text{subject to} & \boldsymbol{A}\boldsymbol{x}=\boldsymbol{b}\end{array}$$

证明该问题存在唯一解，即

$$\boldsymbol{x}^*=\boldsymbol{A}^\top(\boldsymbol{A}\boldsymbol{A}^\top)^{-1}\boldsymbol{b}+(\boldsymbol{I}_n-\boldsymbol{A}^\top(\boldsymbol{A}\boldsymbol{A}^\top)^{-1}\boldsymbol{A})\boldsymbol{x}_0$$

12.21 矩阵 $\boldsymbol{A}\in\mathbb{R}^{m\times n}$，$m\geq n$，$\operatorname{rank}\boldsymbol{A}=n$，$\boldsymbol{b}_1$，…，$\boldsymbol{b}_p\in\mathbb{R}^m$，考虑优化问题

$$\text{minimize}\quad \|\boldsymbol{A}\boldsymbol{x}-\boldsymbol{b}_1\|^2+\|\boldsymbol{A}\boldsymbol{x}-\boldsymbol{b}_2\|^2+\cdots+\|\boldsymbol{A}\boldsymbol{x}-\boldsymbol{b}_p\|^2$$

如果 $\boldsymbol{x}_i^*$ 是优化问题

$$\text{minimize}\ \|\boldsymbol{A}\boldsymbol{x}-\boldsymbol{b}_i\|^2$$

的解，$i=1$，…，p，那么，请求出上述问题的解，用 $\boldsymbol{x}_1^*$，…，$\boldsymbol{x}_p^*$ 表示。

12.22 矩阵 $\boldsymbol{A}\in\mathbb{R}^{m\times n}$，$m\geq n$，$\operatorname{rank}\boldsymbol{A}=n$，$\boldsymbol{b}_1$，…，$\boldsymbol{b}_p\in\mathbb{R}^m$，$\alpha_1$，…，$\alpha_p\in\mathbb{R}$，考虑优化问题

$$\text{minimize}\quad \alpha_1\|\boldsymbol{A}\boldsymbol{x}-\boldsymbol{b}_1\|^2+\alpha_2\|\boldsymbol{A}\boldsymbol{x}-\boldsymbol{b}_2\|^2+\cdots+\alpha_p\|\boldsymbol{A}\boldsymbol{x}-\boldsymbol{b}_p\|^2$$

如果 $\boldsymbol{x}_i^*$ 是优化问题

$$\text{minimize}\quad \|\boldsymbol{A}\boldsymbol{x}-\boldsymbol{b}_i\|^2$$

的解，$i=1$，…，p，假定 $\alpha_1+\cdots+\alpha_p>0$，那么，请求出上述问题的解，用 $\boldsymbol{x}_1^*$，…，$\boldsymbol{x}_p^*$ 和 α_1，…，α_p 表示。

12.23 令 $\boldsymbol{A}\in\mathbb{R}^{m\times n}$，$\boldsymbol{b}\in\mathbb{R}^m$，$m\leq n$，$\operatorname{rank}\boldsymbol{A}=m$，证明 $\boldsymbol{x}^*=\boldsymbol{A}^\top(\boldsymbol{A}\boldsymbol{A}^\top)^{-1}\boldsymbol{b}$ 是 $\mathcal{R}(\boldsymbol{A}^\top)$ 中能够满足 $\boldsymbol{A}\boldsymbol{x}^*=\boldsymbol{b}$ 的唯一向量。

12.24 本问题讨论的是从原有数据中移除(而非增加)一行数据的情况下，递推最小二乘算法的实现形式。

给定两个矩阵 $\boldsymbol{A}_0$ 和 $\boldsymbol{A}_1$，满足

$$\boldsymbol{A}_0 = \begin{bmatrix} \boldsymbol{A}_1 \\ \boldsymbol{a}_1^\top \end{bmatrix}$$

其中，$\boldsymbol{a}_1 \in \mathbb{R}^n$。类似地，给定两组向量 $\boldsymbol{b}^{(0)}$ 和 $\boldsymbol{b}^{(1)}$，满足

$$\boldsymbol{b}^{(0)} = \begin{bmatrix} \boldsymbol{b}^{(1)} \\ b_1 \end{bmatrix}$$

其中，$b_1 \in \mathbb{R}$。令 $\boldsymbol{x}^{(0)}$ 表示问题($\boldsymbol{A}_0$，$\boldsymbol{b}^{(0)}$)的最小二乘解，$\boldsymbol{x}^{(1)}$ 表示问题($\boldsymbol{A}_1$，$\boldsymbol{b}^{(1)}$)的最小二乘解。我们希望，当移除数据($\boldsymbol{a}_1$，b_1)之后，可以在 $\boldsymbol{x}^{(0)}$ 的基础上推导出 $\boldsymbol{x}^{(1)}$。令 $\boldsymbol{G}_0$ 和 $\boldsymbol{G}_1$ 表示分别对应于 $\boldsymbol{x}^{(0)}$ 和 $\boldsymbol{x}^{(1)}$ 的格拉姆矩阵。

a. 写出($\boldsymbol{A}_0$，$\boldsymbol{b}^{(0)}$)下的最小二乘解 $\boldsymbol{x}^{(0)}$ 和($\boldsymbol{A}_1$，$\boldsymbol{b}^{(1)}$)下的最小二乘解 $\boldsymbol{x}^{(1)}$。

b. 推导 $\boldsymbol{G}_1$ 的表达式，用 $\boldsymbol{G}_0$ 和 $\boldsymbol{a}_1$ 表示。

c. 令 $\boldsymbol{P}_0 = \boldsymbol{G}_0^{-1}$，$\boldsymbol{P}_1 = \boldsymbol{G}_1^{-1}$，推导 $\boldsymbol{P}_1$ 的表达式，用 $\boldsymbol{P}_0$ 和 $\boldsymbol{a}_1$ 表示(表达式中不应包括任意矩阵求逆运算)。

d. 推导 $\boldsymbol{A}_0^\top \boldsymbol{b}^{(0)}$ 的表达式，用 $\boldsymbol{G}_1$、$\boldsymbol{x}^{(0)}$ 和 $\boldsymbol{a}_1$ 表示。

e. 最后，在 $\boldsymbol{x}^{(0)}$ 的基础上推导出 $\boldsymbol{x}^{(1)}$ 的表达式，用 $\boldsymbol{x}^{(0)}$、$\boldsymbol{P}_1$、$\boldsymbol{a}_1$ 和 b_1 表示。基于该结果，结合问题 c 的结果，推导出当移除数据($\boldsymbol{A}_k$，$\boldsymbol{b}^{(k)}$)后，递推最小二乘算法的迭代公式。

12.25 证明在 Kaczmarz 算法中，如果 $\boldsymbol{x}^{(0)} = \boldsymbol{0}$，那么 $\boldsymbol{x}^{(k)} \in \mathcal{R}(\boldsymbol{A}^\top)$ 对于所有 k 都成立。

12.26 考虑 Kaczmarz 算法，初始点 $\boldsymbol{x}^{(0)} \neq \boldsymbol{0}$，

a. 证明优化问题

$$\begin{aligned} &\text{minimizing } \|\boldsymbol{x} - \boldsymbol{x}^{(0)}\| \\ &\text{subject to } \{\boldsymbol{x} : \boldsymbol{A}\boldsymbol{x} = \boldsymbol{b}\} \end{aligned}$$

存在唯一解。

b. 证明 Kaczmarz 算法能够收敛到问题 a 中得到的唯一解。

12.27 考虑 Kaczmarz 算法，初始点 $\boldsymbol{x}^{(0)} = \boldsymbol{0}$，$m = 1$，即 $\boldsymbol{A} = [\boldsymbol{a}^\top] \in \mathbb{R}^{1\times n}$，$\boldsymbol{a} \neq \boldsymbol{0}$，$0 < \mu < 2$。证明存在 $0 \leqslant \gamma < 1$，使得 $\|\boldsymbol{x}^{(k+1)} - \boldsymbol{x}^*\| \leqslant \gamma \|\boldsymbol{x}^{(k)} - \boldsymbol{x}^*\|$ 对于所有 $k \geqslant 0$ 都成立。

12.28 证明在 Kaczmarz 算法中，如果 $\mu = 1$，那么 $b_{R(k)+1} - \boldsymbol{a}_{R(k)+1}^\top \boldsymbol{x}^{(k+1)} = 0$ 对于所有 k 都成立。

12.29 在空间 $\mathbb{R}^n$ 上最小化 $\|\boldsymbol{A}\boldsymbol{x} - \boldsymbol{b}\|^2$，其中 $\boldsymbol{A} \in \mathbb{R}^{m\times n}$，$\boldsymbol{b} \in \mathbb{R}^m$。$\boldsymbol{x}^*$ 表示该问题的解，$\boldsymbol{A} = \boldsymbol{B}\boldsymbol{C}$ 为矩阵 $\boldsymbol{A}$ 的满秩分解，即 rank $\boldsymbol{A}$ = rank $\boldsymbol{B}$ = rank $\boldsymbol{C} = r$，$\boldsymbol{B} \in \mathbb{R}^{m\times r}$，$\boldsymbol{C} \in \mathbb{R}^{r\times n}$，试证明 $\|\boldsymbol{B}\boldsymbol{y} - \boldsymbol{b}\|$ 在 $\mathbb{R}^r$ 中的极小点为 $\boldsymbol{C}\boldsymbol{x}^*$。

12.30 证明广义逆矩阵的下列性质：

a. $(\boldsymbol{A}^\top)^\dagger = (\boldsymbol{A}^\dagger)^\top$

b. $(\boldsymbol{A}^\dagger)^\dagger = \boldsymbol{A}$

12.31 证明广义逆矩阵的 Penrose 定义与定义 12.1 是等价的。

12.32 构造两个矩阵 $\boldsymbol{A}_1$ 和 $\boldsymbol{A}_2$，使得 $(\boldsymbol{A}_1\boldsymbol{A}_2)^\dagger \neq \boldsymbol{A}_2^\dagger \boldsymbol{A}_1^\dagger$。

第 13 章　无约束优化问题和神经网络

13.1　引言

本章将前面讨论的方法应用到前馈神经网络的训练中，神经网络已经在很多领域中得到了实际应用，如电话回声消除和脑电波数据的解读等[108][72]。神经网络的核心是神经元之间的连接权重，确定权重的过程称为训练或学习。因此，有时也称权重为学习参数。常用的神经网络训练方法为反向传播算法，该算法基于无约束的优化问题，并利用梯度算法进行求解。本章将对神经网络进行简单介绍，并讨论如何利用前面几章中介绍的方法对神经网络进行训练。

人工神经网络可采用电路实现，由一些简单的电路元器件相互连接组成，这些元器件称为神经元。每个神经元表示一个映射，通常是多输入单输出的。具体而言，神经元的输出为输入之和的函数，如图 13.1 所示。该函数通常称为激活函数。可采用图 13.2 中的记法来描述一个神经元。需要指出的是，某个神经元的输出可以用作多个其他神经元的输入，因此，图 13.2 所示的神经元有多个箭头代表输出，实际上，指的都是同一个输出信号。前面提到过，神经网络可以采用模拟电路实现，那么输入输出对应的就是电流或电压。

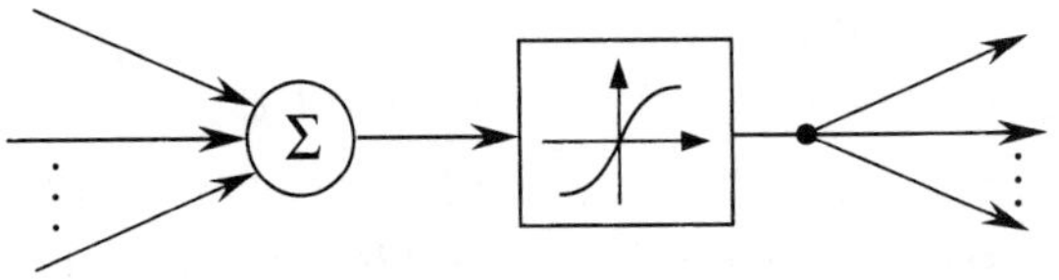

图 13.1　单个神经元

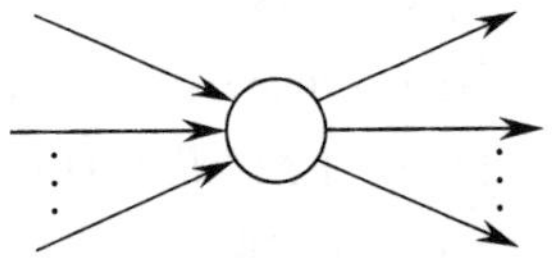

图 13.2　单个神经元的符号

神经网络包括多个相互连接的神经元，各神经元的输入为其他神经元输出信号的加权。这种相互连接的结构使得神经元之间能够进行数据或信息交互。在前馈神经网络中，神经元按照不同的层次进行连接，因此，数据只朝着一个方向流动。也就是说，每个神经元只接受来自上一层次神经元的输出信号，这意味着本层次神经元的输入是上一层次神经元输出信号的加权。前馈神经网络的结构如图 13.3 所示。网络的第一层称为输入层，最后一层称为输出层，输入层和输出层之间为中间层。

神经网络可以简单地认为是从 $\mathbb{R}^n$ 到 $\mathbb{R}^m$ 之间映射的一种特别实现，其中，n 表示输入 $x_1, \cdots, x_n$ 的数量，m 表示输出 $y_1, \cdots, y_m$ 的数量。映射的实现方式取决于神经网络中各神经元之间连接的权重。因此，只需要对网络中的权重进行调整，就可以实现对映射的修改。映射以权重的形式“存储”于所有的神经元，因此，神经网络是映射的分布式实现。另外，对于一个给定的输入，神经网络通过综合分析各神经元的输入输出关系，得到相应的输出。因此，神经网络可认为具有并行计算能力。神经网络的这种实现或近似某个映射的能力，具有非常高的实用价值。比如，模式识别和分类问题就可以视为函数实现或近似问题。

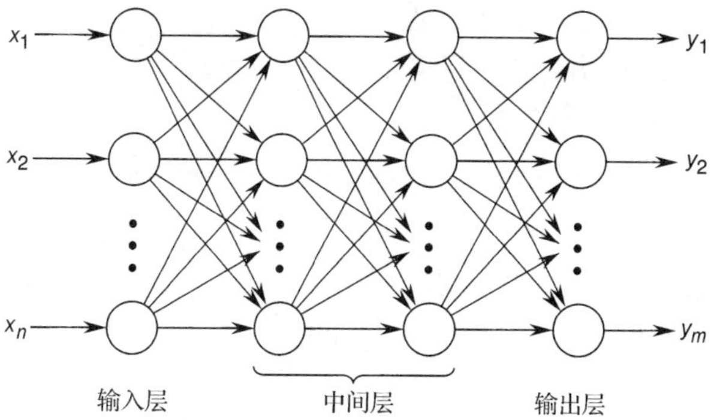

图 13.3　前馈神经网络的结构

给定一个映射 $\boldsymbol{F}:\mathbb{R}^n\to\mathbb{R}^m$，可以采用特定结构的神经网络实现。整个实现工作就归结为选择合适的连接权重。前面已经提到过，这是对神经网络进行训练的过程，或者说是神经网络进行学习的过程。利用给定映射下的一些输入输出示例来训练网络。具体而言，确定数据对 $(\boldsymbol{x}_{d,1},\boldsymbol{y}_{d,1}),\cdots,(\boldsymbol{x}_{d,p},\boldsymbol{y}_{d,p})\in\mathbb{R}^n\times\mathbb{R}^m$，其中 $\boldsymbol{y}_{d,i}$ 为映射 $\boldsymbol{F}$ 的输出，对应输入为 $\boldsymbol{x}_{d,i}$，即 $\boldsymbol{y}_{d,i}=\boldsymbol{F}(\boldsymbol{x}_{d,i})$，以数据对 $\{(\boldsymbol{x}_{d,1},\boldsymbol{y}_{d,1}),\cdots,(\boldsymbol{x}_{d,p},\boldsymbol{y}_{d,p})\}$ 作为训练集。在训练过程中，不断调整连接权重，使得网络实现的映射能够接近于实际映射 $\boldsymbol{F}$。由此可见，神经网络也可以视为函数逼近器。

上面提到的神经网络学习过程，可以认为是在教师指导下的学习。教师向网络提出问题，即 $\boldsymbol{x}_{d,1},\cdots,\boldsymbol{x}_{d,p}$，然后告诉网络正确的答案为 $\boldsymbol{y}_{d,1},\cdots,\boldsymbol{y}_{d,p}$。接下来，对神经网络进行训练，利用某个训练算法，以网络输出和指定输出之间的误差，即 $\boldsymbol{y}_{d,i}=\boldsymbol{F}(\boldsymbol{x}_{d,i})$ 和神经网络在输入 $\boldsymbol{x}_{d,i}$ 下的输出之间的差值为依据，对连接权重进行调整。完成训练之后，希望神经网络能够将训练集中的示例进行准确的推广，即网络能够准确实现映射 $\boldsymbol{F}$，对于任意输入，即使是在训练集之外的输入，都能够产生准确的输出。

接下来将会看到，神经网络的训练问题可以归纳为一个优化问题。因此，可以利用最优化理论和搜索方法（如最速下降法、共轭梯度法[69]和拟牛顿法）为网络选择合适的权重。我们将基于这些方法，设计神经网络的训练算法。

从字面上来看，前面提到的神经网络学习过程属于有监督学习；显然，还应该有一种学习是无监督学习。实际上，在总体层面上，神经网络的学习属于无监督学习。但是，无监督学习也并不能完全准确地描述神经网络的学习过程。因此，此处不深入讨论关于无监督学习方面的有关内容，有兴趣的读者可参阅参考文献[60]。

13.2　单个神经元训练

以图 13.4 所示的单个神经元为例，该神经元的激活函数为恒等式（斜率为 1 的线性函数），用于实现从 $\mathbb{R}^n$ 到 $\mathbb{R}$ 的线性映射：

$$y=\sum_{i=1}^{n}w_ix_i=\boldsymbol{x}^\top\boldsymbol{w}$$

其中，$\boldsymbol{x}=[x_1, \cdots, x_n]^{\top} \in \mathbb{R}^n$ 表示输入向量，$y \in \mathbb{R}$ 为输出，$\boldsymbol{w}=[w_1, \cdots, w_n]^{\top} \in \mathbb{R}^n$ 为权重向量。给定映射 $F: \mathbb{R}^n \to \mathbb{R}$，希望通过训练，使得该神经元 $w_1, \cdots, w_n$ 能够尽可能地逼近 F。为此，选定一组训练集 $\{(\boldsymbol{x}_{d,1}, y_{d,1}), \cdots, (\boldsymbol{x}_{d,p}, y_{d,p})\}$，共包括 p 组数据对，其中，$\boldsymbol{x}_{d,i} \in \mathbb{R}^n$，$y_{d,i} \in \mathbb{R}$，$i=1, \cdots, p$。$y_{d,i}=F(\boldsymbol{x}_{d,i})$ 表示在输入 $\boldsymbol{x}_{d,i}$ 下的"要求的"输出。因此，训练问题就可以归结为一个优化问题：

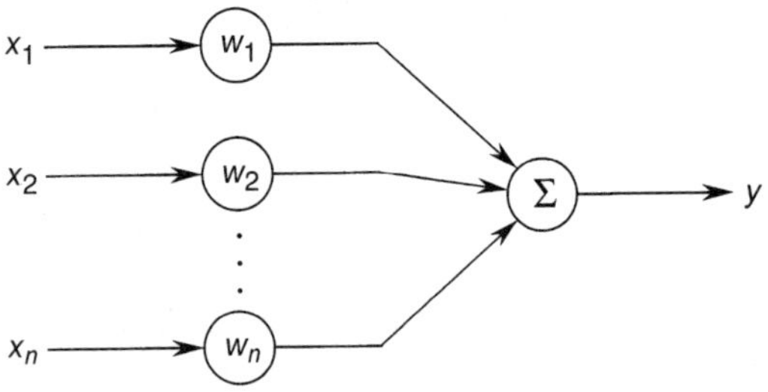

图 13.4　单个线性神经元

$$\text{minimize} \quad \frac{1}{2} \sum_{i=1}^{p} \left(y_{d,i} - \boldsymbol{x}_{d,i}^{\top} \boldsymbol{w}\right)^2$$

决策变量为 $\boldsymbol{w}=[w_1, \cdots, w_n]^{\top} \in \mathbb{R}^n$，目标函数为在相同的输入信号下，要求的输出 $y_{d,i}$ 与神经元的实际输出 $\boldsymbol{x}_{d,i}^{\top}\boldsymbol{w}$ 之间误差的平方和，前面乘以一个因子 1/2，主要是便于符号表示，不影响问题的最优解。

上述目标函数可以写为矩阵的形式。首先，定义矩阵 $\boldsymbol{X}_d \in \mathbb{R}^{n \times p}$ 和向量 $\boldsymbol{y}_d \in \mathbb{R}^p$：

$$\boldsymbol{X}_d = [\boldsymbol{x}_{d,1} \ \cdots \ \boldsymbol{x}_{d,p}]$$

$$\boldsymbol{y}_d = \begin{bmatrix} y_{d,1} \\ \vdots \\ y_{d,p} \end{bmatrix}$$

接下来可将优化问题写为

$$\text{minimize} \quad \frac{1}{2} \|\boldsymbol{y}_d - \boldsymbol{X}_d^{\top} \boldsymbol{w}\|^2$$

针对这一优化问题，需要分为 $p \leqslant n$ 和 $p > n$ 两种情况分别开展讨论。首先讨论 $p \leqslant n$ 的情况，即训练用数据对的数量不超过权重的数量。为了便于分析，假定 $\operatorname{rank} \boldsymbol{X}_d^{\top} = p$。此时，方程 $\boldsymbol{y}_d = \boldsymbol{X}_d^{\top} \boldsymbol{w}$ 存在无数个解，这意味着上述优化问题存在无数个解，能够使得目标函数的最优值为 0。因此，问题就成为如何选择合适的解，常用的做法是选择范数最小的解。这正是 12.3 节中讨论过的内容，可知最小范数解为 $\boldsymbol{w}^* = \boldsymbol{X}_d(\boldsymbol{X}_d^{\top}\boldsymbol{X}_d)^{-1}\boldsymbol{y}_d$。Kaczmarz 算法是一种高效的迭代求解算法(见 12.4 节)，针对这一问题的迭代公式为

$$\boldsymbol{w}^{(k+1)} = \boldsymbol{w}^{(k)} + \mu \frac{e_k \boldsymbol{x}_{d,R(k)+1}}{\|\boldsymbol{x}_{d,R(k)+1}\|^2}$$

其中，$\boldsymbol{w}^{(0)} = \boldsymbol{0}$，

$$e_k = y_{d,R(k)+1} - \boldsymbol{x}_{d,R(k)+1}^{\top} \boldsymbol{w}^{(k)}$$

$R(k)$ 表示整数集 $\{0, \cdots, p-1\}$ 中，对于某个正数 l，能够满足 $k = lp + R(k)$ 的整数；也就是说，$R(k)$ 是 k 除以 p 的余数(更多细节内容，请重温 12.4 节)。

Widrow 和 Hoff 将该算法应用到线性神经元的训练过程中(这方面的发展历史，可见参考文献[132])。图 13.5 描述的是带有训练算法的单个神经元，这经常被称为学习机(Adaline)，是自适应线性组件的缩写。

接下来考虑 $p>n$ 时的情况。这种情况下，训练集中数据对的数量超过了权重的数量。假定 rank $\boldsymbol{X}_d^\top=n$。由于 $\boldsymbol{X}_d\boldsymbol{X}_d^\top$ 是正定矩阵，因此目标函数$\frac{1}{2}\|\boldsymbol{y}_d-\boldsymbol{X}_d^\top\boldsymbol{w}\|^2$ 就成为关于 $\boldsymbol{w}$ 的严格凸二次型函数。针对这一问题，前面章节中介绍过的无约束优化问题的求解算法都是适用的。比如，可以使用梯度算法，构建如下迭代公式：

$$\boldsymbol{w}^{(k+1)}=\boldsymbol{w}^{(k)}+\alpha_k\boldsymbol{X}_d\boldsymbol{e}^{(k)}$$

其中，$\boldsymbol{e}^{(k)}=\boldsymbol{y}_d-\boldsymbol{X}_d^\top\boldsymbol{w}^{(k)}$。

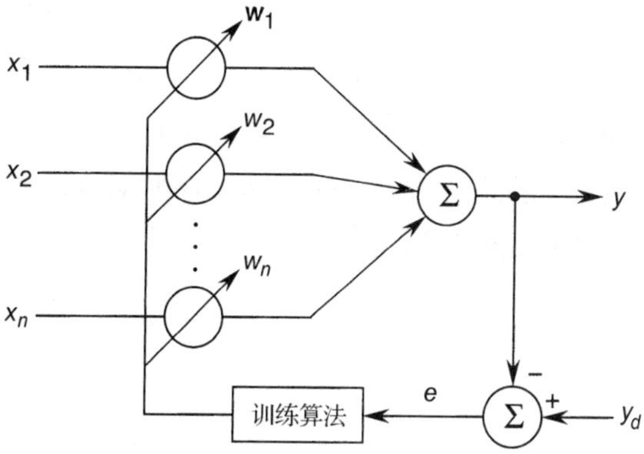

图 13.5　学习机

在上面的讨论中，假定神经元的激活函数为恒等式映射。实际上，上述过程可以推广到一般意义上的任意可微激活函数 f_a，具体而言，神经元的输出可以由如下函数给出：

$$y=f_a\left(\sum_{i=1}^{n}w_ix_i\right)=f_a\left(\boldsymbol{x}^\top\boldsymbol{w}\right)$$

在这种情况下，针对单个训练数据对 $(\boldsymbol{x}_d,\ y_d)$ 的迭代公式为

$$\boldsymbol{w}^{(k+1)}=\boldsymbol{w}^{(k)}+\mu\frac{e_k\boldsymbol{x}_d}{\|\boldsymbol{x}_d\|^2}$$

其中，误差 e_k 按照下式定义：

$$e_k=y_d-f_a\left(\boldsymbol{x}_d^\top\boldsymbol{w}^{(k)}\right)$$

关于该算法收敛性的讨论，见参考文献[64]。

13.3　反向传播算法

13.2 节讨论了单个神经元的训练问题。本节将讨论包含多个层次的神经网络的训练问题。为了简化描述，只考虑图 13.6 所示的三层网络，3 个层次分别为输入层、中间层和输出层。网络共有 n 个输入 x_i，$i=1,\ \cdots,\ n$；m 个输出 y_s，$s=1,\ \cdots,\ m$。中间层包括 l 个神经元，中间层神经元的输出为 z_j，$j=1,\ \cdots,\ l$。输入 $x_1,\ \cdots,\ x_n$ 分别在中间层的神经元上，可以认为输入层包括一些单输入单输出的线性神经元，激活函数为恒等式映射。图 13.6 中没有明确绘制输入层的神经元，而是将它们表示为信号分支器。中间层神经元的激活函数为 f_j^h，$j=1,\ \cdots,\ l$，输出层神经元的激活函数为 f_s^o，$s=1,\ \cdots,\ m$。所有的激活函数都是从 $\mathbb{R}$

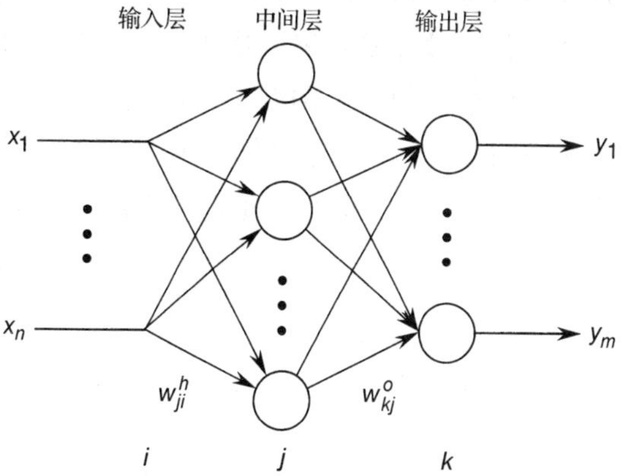

图 13.6　三层神经网络

到 $\mathbb{R}$ 的映射。

令 w_{ji}^h, $i=1, \cdots, n$; $j=1, \cdots, l$ 表示中间层输入对应的权重，从中间层到输出层的输入对应的权重为 w_{sj}^o, $j=1, \cdots, l$; $s=1, \cdots, m$。在这些权重给定后，神经网络也就实现了从 $\mathbb{R}^n$ 到 $\mathbb{R}^m$ 的映射。为了确定这一映射对应的函数关系，令 v_j 和 z_j 分别表示中间层第 j 个神经元的输入和输出，有

$$v_j = \sum_{i=1}^{n} w_{ji}^h x_i$$

$$z_j = f_j^h\left(\sum_{i=1}^{n} w_{ji}^h x_i\right)$$

输出层第 s 个神经元的输出为

$$y_s = f_s^o\left(\sum_{j=1}^{l} w_{sj}^o z_j\right)$$

因此，输入 x_i, $i=1, \cdots, n$ 和第 s 个输出 y_s 之间的关系为

$$\begin{aligned} y_s &= f_s^o\left(\sum_{j=1}^{l} w_{sj}^o f_j^h(v_j)\right) \\ &= f_s^o\left(\sum_{j=1}^{l} w_{sj}^o f_j^h\left(\sum_{i=1}^{n} w_{ji}^h x_i\right)\right) \\ &= F_s(x_1, \cdots, x_n) \end{aligned}$$

由此可得，该网络实现的映射为

$$\begin{bmatrix} y_1 \\ \vdots \\ y_m \end{bmatrix} = \begin{bmatrix} F_1(x_1, \cdots, x_n) \\ \vdots \\ F_m(x_1, \cdots, x_n) \end{bmatrix}$$

接下来讨论神经网络的训练问题。与 13.2 节的讨论过程类似，假定训练集包括一个数据对($\boldsymbol{x}_d$, $\boldsymbol{y}_d$), $\boldsymbol{x}_d \in \mathbb{R}^n$, $\boldsymbol{y}_d \in \mathbb{R}^m$。实际上，训练集可能会包括很多这样的数据对，通常针对每个数据对都要开展一次训练[65, 113]。因此，本节讨论的结果能够推广到一般意义下针对多组数据对的神经网络训练问题中。

神经网络的训练指的是调整网络的连接权重，使得在给定的输入 $\boldsymbol{x}_d = [x_{d1}, \cdots, x_{dn}]^\top$ 下，输出能够尽可能地接近于 $\boldsymbol{y}_d$。形式上，可以写为如下的优化问题：

$$\text{minimize} \quad \frac{1}{2}\sum_{s=1}^{m}(y_{ds} - y_s)^2$$

其中，y_s, $s=1, \cdots, m$ 表示神经网络在输入 $x_{d1}, \cdots, x_{dn}$ 下的实际输出：

$$y_s = f_s^o\left(\sum_{j=1}^{l} w_{sj}^o f_j^h\left(\sum_{i=1}^{n} w_{ji}^h x_i\right)\right)$$

这一问题的决策变量为所有权重，即 w_{ji}^h，w_{sj}^o，$i=1,\cdots,n$；$j=1,\cdots,l$；$s=1,\cdots,m$。为了简化表示，将它们写为向量的形式：

$$\boldsymbol{w}=\{w_{ji}^h,w_{sj}^o:i=1,\cdots,n,\ j=1,\cdots,l,\ s=1,\cdots,m\}$$

目标函数用 E 表示：

$$\begin{aligned}E(\boldsymbol{w})&=\frac{1}{2}\sum_{s=1}^{m}(y_{ds}-y_s)^2\\&=\frac{1}{2}\sum_{s=1}^{m}\left(y_{ds}-f_s^o\left(\sum_{j=1}^{l}w_{sj}^o f_j^h\left(\sum_{i=1}^{n}w_{ji}^h x_{di}\right)\right)\right)^2\end{aligned}$$

可利用步长固定梯度法来求解这一优化问题。为此，需要求出目标函数 E 关于 $\boldsymbol{w}$ 中每个元素的偏导数。为此，固定 i、j 和 s，首先求函数 E 关于 w_{sj}^o的偏导数。将函数 E 改写为

$$E(\boldsymbol{w})=\frac{1}{2}\sum_{p=1}^{m}\left(y_{dp}-f_p^o\left(\sum_{q=1}^{l}w_{pq}^o z_q\right)\right)^2$$

对于 $q=1,\cdots,l$，有

$$z_q=f_q^h\left(\sum_{i=1}^{n}w_{qi}^h x_{di}\right)$$

利用链式法则，可得

$$\frac{\partial E}{\partial w_{sj}^o}(\boldsymbol{w})=-(y_{ds}-y_s)\,f_s^{o'}\left(\sum_{q=1}^{l}w_{sq}^o z_q\right)z_j$$

其中，$f_s^{o'}:\mathbb{R}\to\mathbb{R}$ 表示函数f_s^o 的导数。为了简化描述，定义

$$\delta_s=(y_{ds}-y_s)\,f_s^{o'}\left(\sum_{q=1}^{l}w_{sq}^o z_q\right)$$

可以看出，δ_s是输出误差（即神经网络的实际输出 y_s和要求的输出 y_{ds}之间的差值）进行缩放的结果，缩放因子为$f_s^{o'}\left(\sum_{q=1}^{l}w_{sq}^o z_q\right)$，因此，可认为$\delta_s$为缩放了的输出误差。利用$\delta_s$的表达式，可得

$$\frac{\partial E}{\partial w_{sj}^o}(\boldsymbol{w})=-\delta_s z_j$$

接下来计算函数 E 关于 w_{ji}^h的偏导数。将函数 E 改写为

$$E(\boldsymbol{w})=\frac{1}{2}\sum_{p=1}^{m}\left(y_{dp}-f_p^o\left(\sum_{q=1}^{l}w_{pq}^o f_q^h\left(\sum_{r=1}^{n}w_{qr}^h x_{dr}\right)\right)\right)^2$$

利用链式法则，可得

$$\frac{\partial E}{\partial w_{ji}^h}(\boldsymbol{w})=-\sum_{p=1}^{m}(y_{dp}-y_p)\,f_p^{o'}\left(\sum_{q=1}^{l}w_{pq}^o z_q\right)w_{pj}^o f_j^{h'}\left(\sum_{r=1}^{n}w_{jr}^h x_{dr}\right)x_{di}$$

其中，$f_j^{h'}:\mathbb{R}\to\mathbb{R}$ 表示f_j^h 的导数。按照与前面类似的方式，可将上式简化为

$$\frac{\partial E}{\partial w_{ji}^h}(\boldsymbol{w})=-\left(\sum_{p=1}^m \delta_p w_{pj}^o\right)f_j^{h'}(v_j)x_{di}$$

至此，已经完成了设计梯度算法之前的准备工作，可以给出神经网络权重的迭代公式了。下面分别给出权重 w_{sj}^o和 w_{ji}^h的迭代更新公式：

$$\begin{aligned}
w_{sj}^{o(k+1)}&=w_{sj}^{o(k)}+\eta\delta_s^{(k)}z_j^{(k)}\\
w_{ji}^{h(k+1)}&=w_{ji}^{h(k)}+\eta\left(\sum_{p=1}^m \delta_p^{(k)}w_{pj}^{o(k)}\right)f_j^{h'}(v_j^{(k)})x_{di}
\end{aligned}$$

其中，η 表示步长，为一固定值：

$$\begin{aligned}
v_j^{(k)}&=\sum_{i=1}^n w_{ji}^{h(k)}x_{di}\\
z_j^{(k)}&=f_j^h\left(v_j^{(k)}\right)\\
y_s^{(k)}&=f_s^o\left(\sum_{q=1}^l w_{sq}^{o(k)}z_q^{(k)}\right)\\
\delta_s^{(k)}&=\left(y_{ds}-y_s^{(k)}\right)f_s^{o'}\left(\sum_{q=1}^l w_{sq}^{o(k)}z_q^{(k)}\right)
\end{aligned}$$

图 13.7 演示了输出层神经元权重 w_{sj}^o的更新方程，图 13.8 演示的是中间层神经元权重 w_{ji}^h的更新方程。

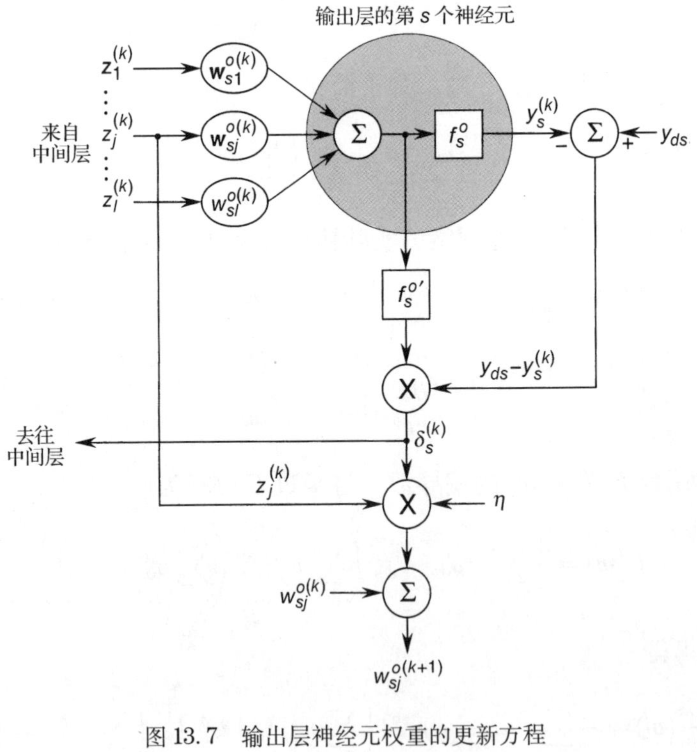

图 13.7 输出层神经元权重的更新方程

从图 13.7 和图 13.8 可以看出这两个更新方程被称为反向传播算法的原因。以图 13.8 为例，输出层的输出误差 $\delta_1^{(k)}$，…，$\delta_m^{(k)}$ 被传回到中间层，并将其应用到中间层神经元权重的更新方程中，体现出了反向传播的过程。在上面的讨论中，假设整个网络只有一个中间层。实际上，一个网络可能包括多个中间层。在这种情况下，权重的更新方程与上面的方程类似，输出误差在各中间层之间反向传播，并用于更新各层的权重。

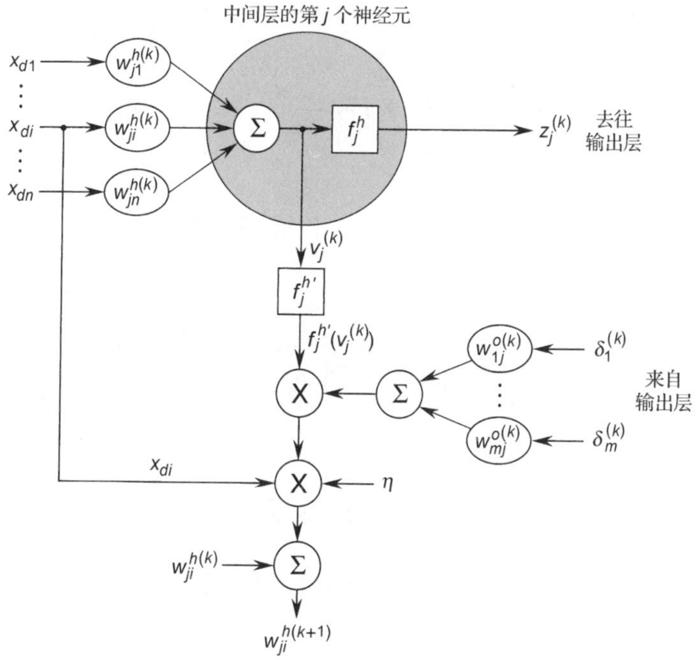

图 13.8　中间层神经元权重的更新方程

对反向传播算法进行定性的归纳说明。首先，利用输入 x_{di} 和当前的权重设置，依次计算 $v_j^{(k)}$，$\boldsymbol{z}_j^{(k)}$，$\boldsymbol{y}_s^{(k)}$，$\delta_s^{(k)}$，这是反向传播算法的正向传播阶段，将输入从输入层传播到输出层。然后，利用正向传播阶段得到的 $v_j^{(k)}$，$\boldsymbol{z}_j^{(k)}$，$\boldsymbol{y}_s^{(k)}$，$\delta_s^{(k)}$，对权重进行更新，这是反向传播阶段，将输出误差 $\delta_s^{(k)}$ 在整个网络中进行反向传播。下面利用一个示例对以上过程进行演示。

例 13.1　考虑图 13.9 所示简单的前馈神经网络。所有神经元的激活函数为 $f(v)=1/(1+\mathrm{e}^{-v})$，该函数有一个特别的性质，即 $f'(v)=f(v)(1-f(v))$，便于后续计算。利用这一性质，可得

$$
\begin{aligned}
\delta_1 &= (y_d - y_1) f'\left(\sum_{q=1}^{2} w_{1q}^{o} z_q\right) \\
&= (y_d - y_1) f\left(\sum_{q=1}^{2} w_{1q}^{o} z_q\right)\left(1 - f\left(\sum_{q=1}^{2} w_{1q}^{o} z_q\right)\right) \\
&= (y_d - y_1) y_1 (1 - y_1)
\end{aligned}
$$

令初始权重分别为 $w_{11}^{h(0)}=0.1$，$w_{12}^{h(0)}=0.3$，$w_{21}^{h(0)}=0.3$，$w_{22}^{h(0)}=0.4$，$w_{11}^{o(0)}=0.4$，$w_{12}^{o(0)}=0.6$。训练集数据对为 $\boldsymbol{x}_d=[0.2, 0.6]^{\top}$ 和 $y_d=0.7$。利用反向传播算法，开展一次迭代，对网络的权重进行更新，步长设定为 $\eta=10$。

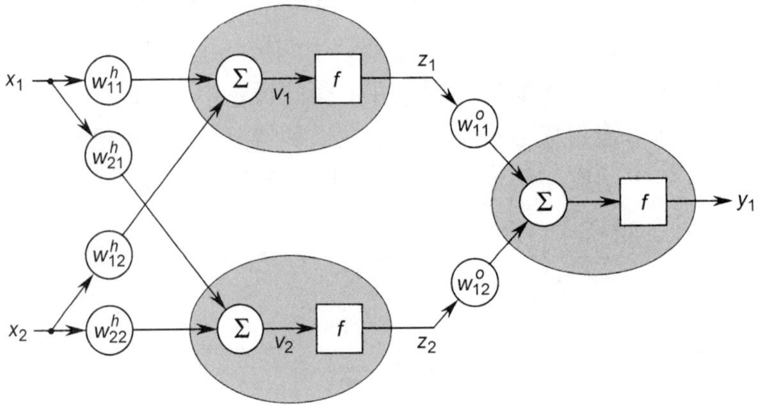

图 13.9　例 13.1 中的神经网络

首先，计算

$$v_1^{(0)} = w_{11}^{h(0)} x_{d1} + w_{12}^{h(0)} x_{d2} = 0.2$$
$$v_2^{(0)} = w_{21}^{h(0)} x_{d1} + w_{22}^{h(0)} x_{d2} = 0.3$$

然后，计算

$$z_1^{(0)} = f(v_1^{(0)}) = \frac{1}{1+\mathrm{e}^{-0.2}} = 0.5498$$
$$z_2^{(0)} = f(v_2^{(0)}) = \frac{1}{1+\mathrm{e}^{-0.3}} = 0.5744$$

由此可得

$$y_1^{(0)} = f\left(w_{11}^{o(0)} z_1^{(0)} + w_{12}^{o(0)} z_2^{(0)}\right) = f(0.5646) = 0.6375$$

输出误差为

$$\delta_1^{(0)} = (y_d - y_1^{(0)}) y_1^{(0)} (1 - y_1^{(0)}) = 0.014\ 44$$

正向传播阶段计算完成。

计算

$$w_{11}^{o(1)} = w_{11}^{o(0)} + \eta \delta_1^{(0)} z_1^{(0)} = 0.4794$$
$$w_{12}^{o(1)} = w_{12}^{o(0)} + \eta \delta_1^{(0)} z_2^{(0)} = 0.6830$$

结合关系式 $f'(v_j^{(0)}) = f(v_j^{(0)})(1 - f(v_j^{(0)})) = z_j^{(0)}(1 - z_j^{(0)})$，可得

$$w_{11}^{h(1)} = w_{11}^{h(0)} + \eta \delta_1^{(0)} w_{11}^{o(0)} z_1^{(0)} (1 - z_1^{(0)}) x_{d1} = 0.1029$$
$$w_{12}^{h(1)} = w_{12}^{h(0)} + \eta \delta_1^{(0)} w_{11}^{o(0)} z_1^{(0)} (1 - z_1^{(0)}) x_{d2} = 0.3086$$
$$w_{21}^{h(1)} = w_{21}^{h(0)} + \eta \delta_1^{(0)} w_{12}^{o(0)} z_2^{(0)} (1 - z_2^{(0)}) x_{d1} = 0.3042$$
$$w_{22}^{h(1)} = w_{22}^{h(0)} + \eta \delta_1^{(0)} w_{12}^{o(0)} z_2^{(0)} (1 - z_2^{(0)}) x_{d2} = 0.4127$$

这样就完成了反向传播算法的一次迭代。容易验证 $y_1^{(1)} = 0.6588$，因此 $|y_d - y_1^{(1)}| < |y_d - y_1^{(0)}|$，也就是说，更新了权重之后，神经网络的实际输出比之前更加接近于要求的输出了。

利用反向传播算法开展 15 次迭代之后，可得权重为

$$w_{11}^{o(15)} = 0.6365$$
$$w_{12}^{o(15)} = 0.8474$$
$$w_{11}^{h(15)} = 0.1105$$
$$w_{12}^{h(15)} = 0.3315$$
$$w_{21}^{h(15)} = 0.3146$$
$$w_{22}^{h(15)} = 0.4439$$

在以上权重下，神经网络针对输入 $\boldsymbol{x}_d = [0.2, 0.6]^\top$ 的实际输出为 $y_1^{(15)} = 0.6997$。 ■

在上面的例子中，激活函数定义为

$$f(v) = \frac{1}{1+\mathrm{e}^{-v}}$$

该函数称为 Sigmoid 函数，实际应用比较广泛。函数图像如图 13.10 所示。Sigmoid 函数有一种更为通用的形式：

$$g(v) = \frac{\beta}{1+\mathrm{e}^{-(v-\theta)}}$$

其中，参数 β 和 θ 分别表示尺度参数和移位(或位置)参数。参数 θ 有时可认为是阈值。当采用该函数作为神经网络的激活函数时，调整 β 和 θ 的值，能够影响到目标函数值。实际上，它们也可以采用反向传播算法进行迭代调整，只需要将它们视为额外的权重即可。具体而言，就是将激活函数为 g 的神经元表示为激活函数为 f、且带有两个附加权重的神经元，如图 13.11 所示。

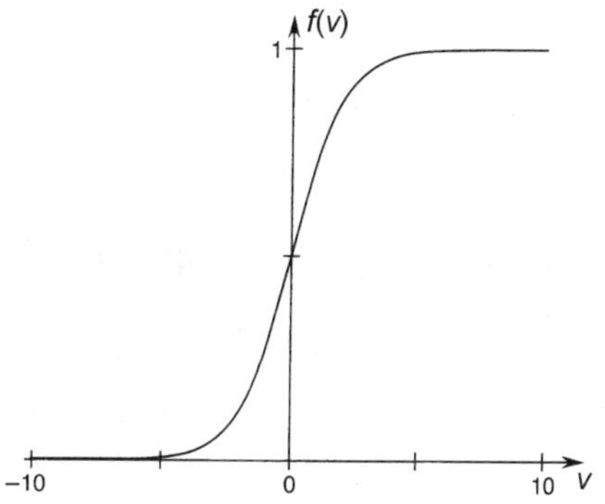

图 13.10　Sigmoid 函数

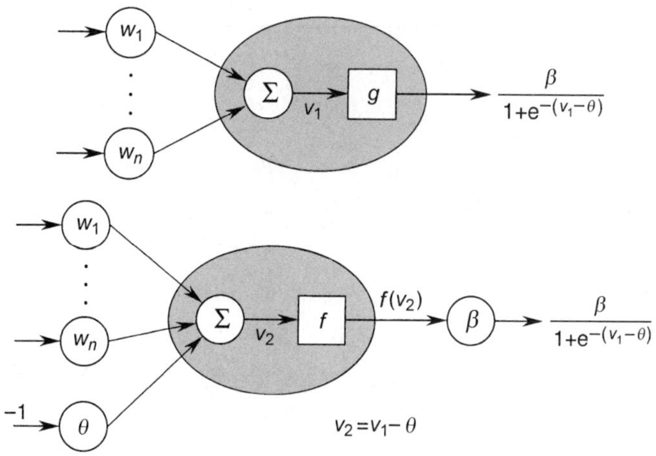

图 13.11　两个等价的神经元结构配置

例 13.2　继续考虑例 13.1 中的神经网络，为网络中的 3 个神经元的激活函数分别引入位置参数 θ_1、θ_2 和 θ_3。根据图 13.11 所示的配置方式，可以将位置参数引入到反向传播算法中，即

$$v_1 = w_{11}^h x_{d1} + w_{12}^h x_{d2} - \theta_1$$
$$v_2 = w_{21}^h x_{d1} + w_{22}^h x_{d2} - \theta_2$$
$$z_1 = f(v_1)$$
$$z_2 = f(v_2)$$
$$y_1 = f\left(w_{11}^o z_1 + w_{12}^o z_2 - \theta_3\right)$$
$$\delta_1 = (y_d - y_1)y_1(1 - y_1)$$

其中，f 为 Sigmoid 函数：

$$f(v) = \frac{1}{1 + \mathrm{e}^{-v}}$$

目标函数 E 关于位置参数的偏导数，即梯度向量中的有关元素分别为

$$\frac{\partial E}{\partial \theta_1}(\boldsymbol{w}) = \delta_1 w_{11}^o z_1(1 - z_1)$$
$$\frac{\partial E}{\partial \theta_2}(\boldsymbol{w}) = \delta_1 w_{12}^o z_2(1 - z_2)$$
$$\frac{\partial E}{\partial \theta_3}(\boldsymbol{w}) = \delta_1$$

■

在下面的例子中，利用例 13.2 中设计的网络来解决著名的异或问题[113]。

例 13.3　继续考虑例 13.2 中的神经网络，希望对其进行训练，使其能够逼近异或函数，如表 13.1 所示。可以看出，异或函数有 2 个输入，1 个输出。

表 13.1　异或函数的真值表

x_1	x_2	$F(x_1, x_2)$
0	0	0
0	1	1
1	0	1
1	1	0

构造如下数据对，组成网络的训练集：

$$\boldsymbol{x}_{d,1} = [0, 0]^\top, \qquad y_{d,1} = 0$$
$$\boldsymbol{x}_{d,2} = [0, 1]^\top, \qquad y_{d,2} = 1$$
$$\boldsymbol{x}_{d,3} = [1, 0]^\top, \qquad y_{d,3} = 1$$
$$\boldsymbol{x}_{d,4} = [1, 1]^\top, \qquad y_{d,4} = 0$$

接下来利用这些数据对，利用反向传播算法对网络进行训练。在训练过程中，按照循环使用的方式，每次迭代使用一个数据对。也就是说，在第 k 次迭代中，采用的训练集数据对为 $(\boldsymbol{x}_{d,R(k)+1}, y_{d,R(k)+1})$，按照 Kaczmarz 算法中的定义，$R(k)$ 表示集合 $\{0, 1, 2, 3\}$ 中能够对于某个正数 l，满足 $k = 4l + R(k)$ 的唯一整数，即 $R(k)$ 是 k 除以 4 的余数(见 12.4 节)。

经过训练，得到如下权重(见习题 13.5)：

$$w_{11}^o = -11.01$$
$$w_{12}^o = 10.92$$
$$w_{11}^h = -7.777$$
$$w_{12}^h = -8.403$$

$$w_{21}^h = -5.593$$
$$w_{22}^h = -5.638$$
$$\theta_1 = -3.277$$
$$\theta_2 = -8.357$$
$$\theta_3 = 5.261$$

利用这些权重，可以计算网络在训练集中的输入下对应的输出，如表 13.2 所示。由该神经网络实现的函数图像如图 13.12 所示。

表 13.2　例 13.3 中训练后网络的输出

x_1	x_2	y_1
0	0	0.007
0	1	0.99
1	0	0.99
1	1	0.009

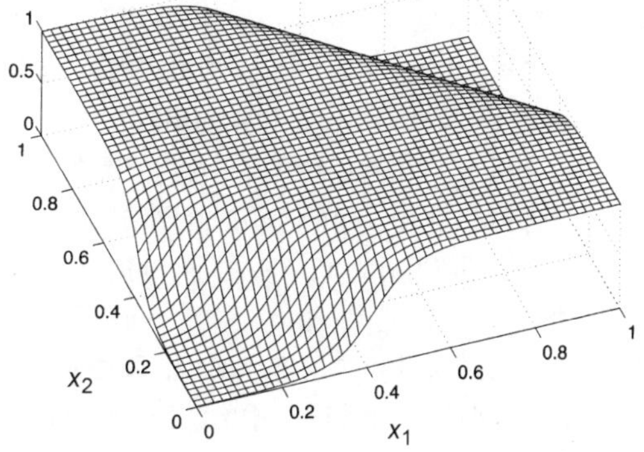

图 13.12　例 13.3 中训练后网络实现的函数图像　■

关于神经网络更为全面的讨论，可参见参考文献[58, 59, 137]；关于神经网络在最优化、信号处理和控制等问题中的应用，可参见参考文献[28, 67]。

习题

13.1　考虑某个线性单神经元，共有 n 个输入，如图 13.4 所示。给定 p 组训练数据对，用 $\boldsymbol{X}_d \in \mathbb{R}^{n\times p}$ 和 $\boldsymbol{y}_d \in \mathbb{R}^p$ 表示，$p>n$。为了完成神经元训练，构造目标函数并使其最小化：

$$f(\boldsymbol{w}) = \frac{1}{2}\|\boldsymbol{y}_d - \boldsymbol{X}_d^\top \boldsymbol{w}\|^2$$

a. 求目标函数的梯度；

b. 利用共轭梯度法进行网络训练，写出权重的迭代公式；

c. 希望利用该网络来逼近函数 $F:\mathbb{R}^2\to\mathbb{R}$：

$$F(\boldsymbol{x}) = (\sin x_1)(\cos x_2)$$

试利用问题 b 得到的权重迭代公式对该线性神经元进行训练，训练数据中的输入为

$$\{\boldsymbol{x} \ : \ x_1, x_2 = -0.5, 0, 0.5\}$$

可以使用习题 10.11 中编写的 MATLAB 程序；

d. 针对问题 c 中构建的目标函数，绘制其在 0.01、0.1、0.2 和 0.4 处的水平集，验证问题 c 的结果是否与水平集相符；

e. 绘制误差函数 $e(\boldsymbol{x}) = F(\boldsymbol{x}) - \boldsymbol{w}^{*\top}\boldsymbol{x}$ 关于 x_1 和 x_2 的图像，其中 $\boldsymbol{w}^*$ 表示问题 c 得到的最优权重向量。

13.2 考虑图 13.5 所示的学习机，假定有一个训练数据对($\boldsymbol{x}_d$, y_d)，其中 $\boldsymbol{x}_d \neq \boldsymbol{0}$。采用 Widrow-Hoff 算法对权重进行调整：

$$\boldsymbol{w}^{(k+1)} = \boldsymbol{w}^{(k)} + \mu \frac{e_k \boldsymbol{x}_d}{\boldsymbol{x}_d^\top \boldsymbol{x}_d}$$

其中 $e_k = y_d - \boldsymbol{x}_d^\top \boldsymbol{w}^{(k)}$。

a. 将 e_{k+1} 表示为 e_k 和 μ 的函数；

b. 确定 μ 的最大取值范围，使得在任意初始条件 $\boldsymbol{w}^{(0)}$ 下，都有 $e_k \to 0$。

13.3 继续考虑习题 13.2，若训练集中存在多组数据对，即$\{(\boldsymbol{x}_{d,1}, y_{d,1}), \cdots, (\boldsymbol{x}_{d,p}, y_{d,p})\}$，其中 $p \leqslant n$，rank $\boldsymbol{X}_d = p$($\boldsymbol{x}_{d,i}$ 为矩阵 $\boldsymbol{X}_d$ 的第 i 列)。采用如下训练算法：

$$\boldsymbol{w}^{(k+1)} = \boldsymbol{w}^{(k)} + \boldsymbol{X}_d(\boldsymbol{X}_d^\top \boldsymbol{X}_d)^{-1} \boldsymbol{\mu} \boldsymbol{e}^{(k)}$$

其中 $\boldsymbol{e}^{(k)} = \boldsymbol{y}_d - \boldsymbol{X}_d^\top \boldsymbol{w}^{(k)}$，$\boldsymbol{\mu}$ 为给定的 $p \times p$ 的常数矩阵。

a. 将 $\boldsymbol{e}^{(k+1)}$ 表示为 $\boldsymbol{e}^{(k)}$ 和 $\boldsymbol{\mu}$ 的函数；

b. 确定 $\boldsymbol{\mu}$ 应该满足的充要条件，使得在任意初始条件 $\boldsymbol{w}^{(0)}$ 下，都有 $\boldsymbol{e}^{(k)} \to \boldsymbol{0}$。

13.4 考虑例 13.1 中给出的三层神经网络，如图 13.9 所示。利用 MATLAB 实现针对该网络的反向传播算法。给定训练数据对为 $\boldsymbol{x}_d = [0, 1]^\top$ 和 $y_d = 1$，步长固定为 $\eta = 50$，初始权重设置与例 13.1 一致。据此对算法进行测试。

13.5 考虑例 13.3 中给出的神经网络，编写 MATLAB 程序实现例 13.3 中的训练算法，步长固定为 $\eta = 10$，训练数据对采用例 13.3 中的数据。计算训练后的神经网络在训练数据对中输入信号下的输出，并以表格的形式列出。

第 14 章　全局搜索算法

14.1　引言

前面章节中讨论的一些迭代算法，包括梯度方法、牛顿法、共轭梯度法和拟牛顿法等，能够从初始点出发，产生一个迭代序列。在很多时候，这一迭代序列往往只能收敛到局部极小点。因此，为了保证算法能够收敛到全局极小点，有时需要在全局极小点附近选择初始点。此外，这些方法需要计算目标函数的一阶导数(牛顿法还需要计算二阶导数)。

本章将讨论一些全局意义上的搜索方法，它们能够在整个可行集中开展搜索，以找到极小点。这些方法只需要计算目标函数值，不需要对目标函数求导。因此，它们的适用面更为广阔。在某些情况下，这些方法产生的解，可以作为如梯度方法、牛顿法等迭代方法的"较好"的初始点。在本章讨论的方法中，某些方法(具体而言，就是随机搜索方法)还可用于求解组合优化问题。在组合优化问题中，可行集是有限的(离散的)，但通常会非常大。

14.2　Nelder-Mead 单纯形法

该方法是由 Spendley, Hext 和 Himsworth 于 1962 年提出的[122]，Nelder 和 Mead 在 1965 年对其进行了完善[97]，现在通常称为 Nelder-Mead 单纯形法。近些年关于该算法的评述分析，见参考文献[82]，这是 Lagarias 等人撰写的一篇非常优秀的论文。本章采用了这篇论文中的一些符号和记法。

Nelder-Mead 单纯形法引入了单纯形的概念，不需要计算目标函数的梯度。所谓单纯形，指的是由 n 维空间中的 $n+1$ 个点 $\boldsymbol{p}_0$, $\boldsymbol{p}_1$, …, $\boldsymbol{p}_n$构成的几何形状，且满足

$$\det\begin{bmatrix}\boldsymbol{p}_0 & \boldsymbol{p}_1 & \cdots & \boldsymbol{p}_n\\ 1 & 1 & \cdots & 1\end{bmatrix}\neq 0$$

这一条件的含义为 $\mathbb{R}$ 中的两个点不重合，$\mathbb{R}^2$ 中的三个点不共线，$\mathbb{R}^3$ 中的四个点不共面，以此类推。因此，$\mathbb{R}$ 中的单纯形是一条线段，$\mathbb{R}^2$ 中的单纯形是一个三角形，$\mathbb{R}^3$ 中的单纯形是一个四面体。这说明，单纯形包围的 n 维空间具有有限的体积。

针对函数$f(\boldsymbol{x})$，$\boldsymbol{x}\in\mathbb{R}^n$ 的最小化问题，首先选择 $n+1$ 个点，使其构成一个初始单纯形。Jang, Sun 和 Mizutani 提出了一种构造单纯形的方式[67]。具体方式为选定初始点 $\boldsymbol{x}^{(0)}=\boldsymbol{p}_0$，按照下式产生其他点：

$$\boldsymbol{p}_i=\boldsymbol{p}_0+\lambda_i\boldsymbol{e}_i,\quad i=1,2,\cdots,n$$

其中，$\boldsymbol{e}_i$, $i=1, 2, \cdots, n$ 表示一组单位向量，是空间 $\mathbb{R}^n$ 的标准基，2.1 节已经讨论过了；系数 λ_i为正数，可以按照优化问题的规模确定其大小。按照这种方式产生的 $n+1$ 个点，

正好能够构成一个单纯形。初始单纯形确定之后，接下来就是一步步对其进行修改，使得产生的单纯形能够朝着函数极小点收敛。在每次迭代中，都要针对单纯形的每个点计算目标函数值。对于函数f最小化的优化问题而言，目标函数值最大的点将被另外的点代替。持续开展这一迭代过程，直到单纯形收敛到目标函数的极小点。

下面给出迭代过程中单纯形的更新规则。以一个二维问题作为示例，演示相关规则及其使用过程。如果针对n维问题，首先选定初始的$n+1$个点，构造初始单纯形；然后，针对每个点计算目标函数值，并对单纯形的这$n+1$个顶点按照目标函数f值由小到大的顺序进行排序：

$$f(\boldsymbol{p}_0) \leqslant f(\boldsymbol{p}_1) \leqslant \cdots \leqslant f(\boldsymbol{p}_n)$$

具体到二维问题，则令$\boldsymbol{p}_l$、$\boldsymbol{p}_{nl}$和$\boldsymbol{p}_s$表示单纯形的顶点，分别表示函数值最大、次大和最小的点。从求解函数f极小点的意义上来看，顶点$\boldsymbol{p}_s$是最好的，$\boldsymbol{p}_l$是最差的，$\boldsymbol{p}_{nl}$是次差(也可以说是次好)的。按照如下方式计算最好的n个点(只扣除最差的点)的重心$\boldsymbol{p}_g$：

$$\boldsymbol{p}_g = \sum_{i=0}^{n-1} \frac{\boldsymbol{p}_i}{n}$$

对于二维问题($n=2$)，最好点和次好点的重心为

$$\boldsymbol{p}_g = \frac{1}{2}(\boldsymbol{p}_{nl} + \boldsymbol{p}_s)$$

接下来开展反射操作，利用反射系数$\rho>0$在$\boldsymbol{p}_g$方向上对最差点$\boldsymbol{p}_l$进行反射，得到反射点$\boldsymbol{p}_r$：

$$\boldsymbol{p}_r = \boldsymbol{p}_g + \rho(\boldsymbol{p}_g - \boldsymbol{p}_l)$$

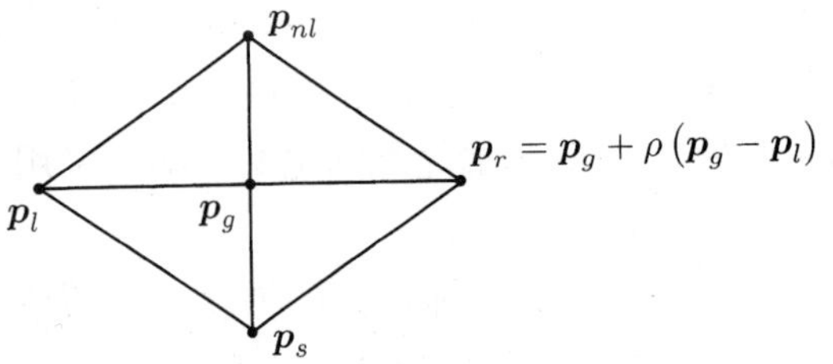

图 14.1 在$\boldsymbol{p}_g$方向上反射$\boldsymbol{p}_l$，反射系数为ρ

反射系数一般取$\rho=1$，反射过程如图 14.1 所示。计算$\boldsymbol{p}_r$下的目标函数值$f_r=f(\boldsymbol{p}_r)$，如果$f_0 \leqslant f_r < f_{n-1}$，即$f_r$位于$f_s=f(\boldsymbol{p}_s)$和$f_{nl}=f(\boldsymbol{p}_{nl})$之间，那么用反射点$\boldsymbol{p}_r$代替$\boldsymbol{p}_l$，构成一个新的单纯形，完成本次反射操作，判断是否得到极小点，以此决定是否开展新的迭代。如果开展新的迭代，则计算新的单纯形中最好点和次好点的重心(对于n维问题，则是去除最差点后n个点的重心)，做好下一次迭代的准备工作。

接下来，如果$f_r < f_s = f_0$，即$\boldsymbol{p}_r$对应的目标函数值比单纯形所有顶点对应的目标函数值都要小，则意味着$\boldsymbol{p}_r$的方向是有利于函数值下降的方向。在这种情况下，需要在这个方向进行延伸操作，得到延伸点$\boldsymbol{p}_e$：

$$\boldsymbol{p}_e = \boldsymbol{p}_g + \chi(\boldsymbol{p}_r - \boldsymbol{p}_g)$$

其中，$\chi>1$(可取$\chi=2$)表示延伸系数。延伸点$\boldsymbol{p}_e$位于直线$\boldsymbol{p}_l\boldsymbol{p}_g\boldsymbol{p}_r$上，超过了$\boldsymbol{p}_r$，如图 14.2 所示。计算$\boldsymbol{p}_e$对应的目标函数值$f_e$，如果$f_e < f_r$，则说明延伸操作是成功的，利用$\boldsymbol{p}_e$取代$\boldsymbol{p}_l$，构造新的单纯形；否则，如果$f_e \geqslant f_r$，说明延伸操作失败，利用$\boldsymbol{p}_r$代替$\boldsymbol{p}_l$。

最后，如果$f_r \geqslant f_{nl}$，利用反射点$\boldsymbol{p}_r$代替最差点$\boldsymbol{p}_l$构造新单纯形，那么可知反射点$\boldsymbol{p}_r$是

新单纯形中的最差点。此时在 $\boldsymbol{p}_g$ 方向上开展反射操作可能是毫无意义的。因此，在这种情况下，需要分情况开展两种不同类型的收缩操作。首先，如果 $f_r \geqslant f_{nl}$ 且 $f_r < f_l$，那么采用下式对 $(\boldsymbol{p}_r - \boldsymbol{p}_g)$ 进行收缩，得到收缩点 $\boldsymbol{p}_c$：

$$\boldsymbol{p}_c = \boldsymbol{p}_g + \gamma(\boldsymbol{p}_r - \boldsymbol{p}_g)$$

其中，$0 < \gamma < 1$（可取 0.5）为收缩系数。这种收缩称为外收缩，如图 14.3 所示。其次，如果 $f_r \geqslant f_{nl}$ 且 $f_r \geqslant f_l$，那么利用 $\boldsymbol{p}_l$ 代替 $\boldsymbol{p}_r$，完成收缩操作，得到收缩点 $\boldsymbol{p}_c$：

$$\boldsymbol{p}_c = \boldsymbol{p}_g + \gamma(\boldsymbol{p}_l - \boldsymbol{p}_g)$$

这种收缩称为内收缩，如图 14.4 所示。

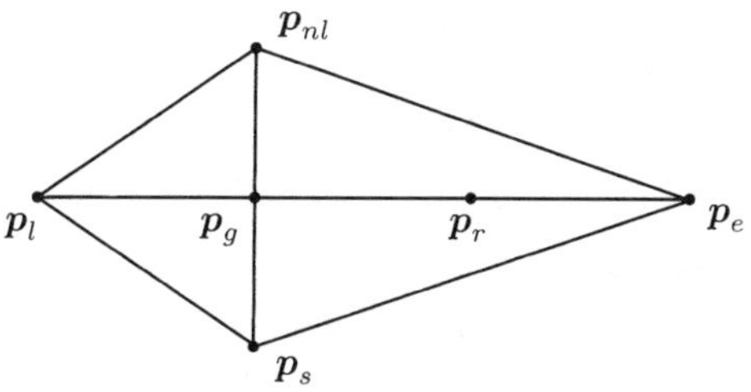

图 14.2　延伸操作，延伸系数为 χ

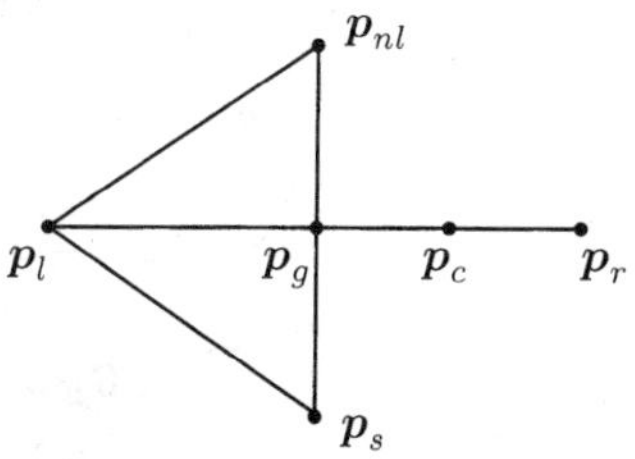

图 14.3　当 $f_r \in [f_{nl}, f_l)$ 时的外收缩操作

计算收缩点 $\boldsymbol{p}_c$ 对应的目标函数值 f_c，无论开展的是何种类型的收缩操作，如果 $f_c \leqslant f_l$，则说明收缩操作成功，利用 $\boldsymbol{p}_c$ 代替 $\boldsymbol{p}_l$，构造新的单纯形。但是，如果 $f_c > f_l$，则说明收缩操作失败，此时应按照如下方式构造新的单纯形：只保留 $\boldsymbol{p}_s$，单纯形中的其他各点与 $\boldsymbol{p}_s$ 的距离减半，由此产生新的点，构造新的单纯形，这称为压缩操作，如图 14.5 所示。压缩操作的公式为

$$\boldsymbol{v}_i = \boldsymbol{p}_s + \sigma(\boldsymbol{p}_i - \boldsymbol{p}_s), \quad i = 1, 2, \cdots, n$$

其中，$\sigma = 1/2$。这样可以产生 n 个新顶点 $\boldsymbol{v}_i$，$i = 1, 2, \cdots, n$，因此新构成单纯形的顶点为 $\boldsymbol{p}_s$，$\boldsymbol{v}_1$，$\cdots$，$\boldsymbol{v}_n$。

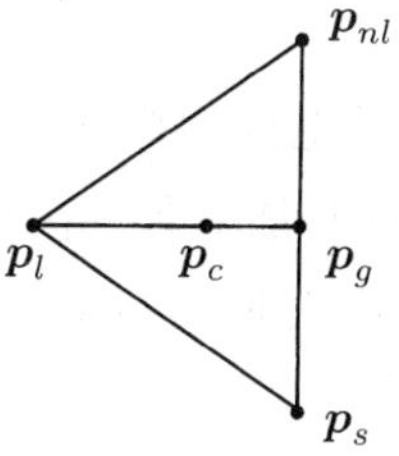

图 14.4　当 $f_r \geqslant f_l$ 时的内收缩操作

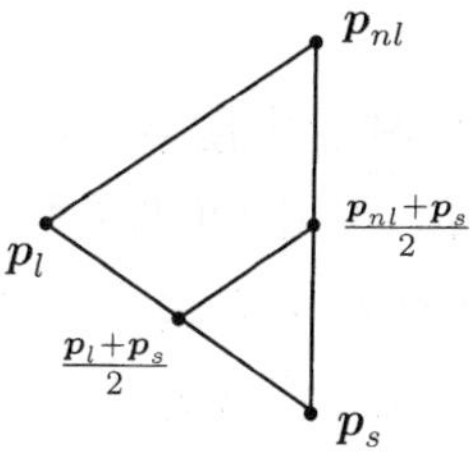

图 14.5　压缩操作

在迭代过程中，如果多个点对应的目标函数值相等，则需要用到平分决胜规则。Lagarias 等人给出的平分决胜规则为[82]，对于目标函数值相等的多个点，新产生的点，赋予更高的下标索引，即在下面的公式中，在目标函数值相等的前提下，新点排在“已有点”之右。

$$f(\boldsymbol{p}_0) \leqslant f(\boldsymbol{p}_1) \leqslant \cdots \leqslant f(\boldsymbol{p}_n)$$

图 14.6 演示了利用 Nelder-Mead 单纯形法搜索二元函数极小点时，最开始的几次迭代，

本图的绘制得到了参考文献[84]的第 225 页中一个图的启发。在图 14.6 中，初始单纯形包括 3 个顶点：$\boldsymbol{A}$、$\boldsymbol{B}$ 和 $\boldsymbol{C}$。通过延伸操作得到顶点 $\boldsymbol{D}$ 和 $\boldsymbol{E}$。通过反射操作得到顶点 $\boldsymbol{F}$，利用外收缩操作得到顶点 $\boldsymbol{G}$，利用内收缩操作得到顶点 $\boldsymbol{I}$。为了清晰起见，在得到了单纯形 $\boldsymbol{E}, \boldsymbol{H}, \boldsymbol{I}$ 之后，没有继续绘制。实际的搜索过程并没有结束，还可以继续进行迭代搜索。

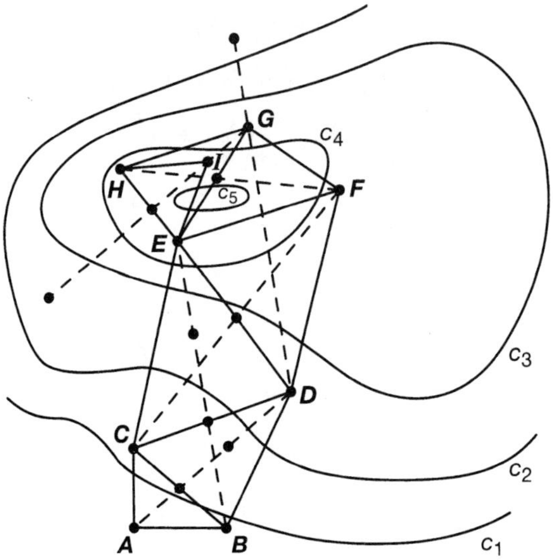

图 14.6　Nelder-Mead 单纯形法求解二元函数极小点时的部分搜索过程

Jang 等人在参考文献[67]中给出了以上方法的一种变体，其中的重心指的是整个单纯形的重心而不是最好的 n 个顶点的重心，也就是说，重心计算需要用到全部 $n+1$ 个点 $\boldsymbol{p}_g$。此外，Jang 等人设计的方法只用到了内收缩操作，没有用到外收缩操作。

14.3　模拟退火法

随机搜索

模拟退火法是一种随机搜索方法。随机搜索方法有时也称为概率搜索方法，是一种能够在优化问题的可行集中随机采样，逐步完成搜索的方法。Kirkpatrick 等人[75]根据 Metropolis等人提出的有关方法[91]，首次将模拟退火法应用到优化问题的求解中。更早的时候，Geman 和 Geman 将该方法应用在图像处理领域[48]。

与前面一致，假定需要求解的优化问题为

$$\begin{array}{ll} \text{maximize} & f(\boldsymbol{x}) \\ \text{subject to} & \boldsymbol{x} \in \Omega \end{array}$$

随机搜索方法的一个基本假设为可以从可行集 Ω 中进行随机采样。通常情况下，随机选定一个初始点 $\boldsymbol{x}^{(0)} \in \Omega$，并随机选定一个点，作为下一个迭代点的备选，一般都与 $\boldsymbol{x}^{(0)}$ 比较接近。

更为严格的表述为，对于任意可行点 $\boldsymbol{x} \in \Omega$，存在一个集合 $N(\boldsymbol{x}) \subset \Omega$，使得能够从该集合进行随机采样。通常情况下，$N(\boldsymbol{x})$ 中的元素与 $\boldsymbol{x}$ 比较接近，因此可认为 $N(\boldsymbol{x})$ 是 $\boldsymbol{x}$ 的一个“邻域”(此处指的是广义上的“邻域”$N(\boldsymbol{x})$，并一定特指接近于 $\boldsymbol{x}$ 的点)。所谓的

产生一个$N(\boldsymbol{x})$中的随机数，指的是存在一个位于$N(\boldsymbol{x})$上的分布函数，根据这一分布函数得到的采样点。经常指定均匀分布函数作为$N(\boldsymbol{x})$上的分布函数，有时也选用高斯分布或柯西分布函数。

在讨论模拟退火法之前，首先给出一种简单的随机搜索算法，称为朴素随机搜索算法。

朴素随机搜索算法

1. 令$k:=0$，选定初始点$\boldsymbol{x}^{(0)}\in\Omega$。
2. 从$N(\boldsymbol{x}^{(k)})$中随机选定一个备选点$\boldsymbol{z}^{(k)}$。
3. 如果$f(\boldsymbol{z}^{(k)})<f(\boldsymbol{x}^{(k)})$，则令$\boldsymbol{x}^{(k+1)}=\boldsymbol{z}^{(k)}$，否则令$\boldsymbol{x}^{(k+1)}=\boldsymbol{x}^{(k)}$。
4. 如果满足停止规则，就停止迭代。
5. 令$k:=k+1$，回到第 2 步。

可以看出，上述算法具有类似于$\boldsymbol{x}^{(k+1)}=\boldsymbol{x}^{(k)}+\boldsymbol{d}^{(k)}$的形式，其中，方向$\boldsymbol{d}^{(k)}$是随机产生的。在该算法中，$\boldsymbol{d}^{(k)}$可能为$\boldsymbol{0}$或下降方向。常用的停止规则为满足预先设定的迭代次数或目标函数达到某个值。

模拟退火法

朴素随机搜索算法的主要问题是有可能会在局部极小点附近“卡住”。这种现象很容易理解，比如，$\boldsymbol{x}^{(0)}$是一个局部极小点，$N(\boldsymbol{x}^{(0)})$足够小，使得其中的点对应的目标函数值不会比$\boldsymbol{x}^{(0)}$对应的目标函数值更小[即$\boldsymbol{x}^{(0)}$是函数f在$N(\boldsymbol{x}^{(0)})$上的全局极小点]，这样，算法将会卡住，找不到$N(\boldsymbol{x}^{(0)})$外部的点。为了解决这一问题，需要设计一种方法，使其能够跳出$N(\boldsymbol{x}^{(0)})$。一种解决途径为针对第k次迭代，保证“邻域”$N(\boldsymbol{x}^{(k)})$足够大。实际上，只要$N(\boldsymbol{x}^{(k)})$足够大，就可以保证算法能够(在某种意义上)收敛到全局极小点。极端的例子就是对于所有的$\boldsymbol{x}\in\Omega$，都设定$N(\boldsymbol{x})=\Omega$(在这种情况下，利用朴素随机搜索算法开展k次迭代，就等价于从Ω中随机抽取k组数据，然后从中选择使得目标函数值达到最小的数据)。但是，“邻域”设置太大，将导致搜索过程变慢，原因在于备选点的范围扩大了，导致寻找更好备选点的难度加大。

另外一种解决途径为对朴素随机搜索算法进行修改，使其能够“爬出”局部极小点的“邻域”。这意味着在两次迭代中，算法产生的新点可能会比当前点要差。模拟退火法中就设计了这样的机制。

模拟退火算法

1. 令$k:=0$，选定初始点$\boldsymbol{x}^{(0)}\in\Omega$。
2. 从$N(\boldsymbol{x}^{(k)})$中随机选定一个备选点$\boldsymbol{z}^{(k)}$。
3. 设计一枚特别的硬币，使其在一次抛投中出现正面的概率为$p(k,f(\boldsymbol{z}^{(k)}),f(\boldsymbol{x}^{(k)}))$。抛一次该硬币，如果出现正面，令$\boldsymbol{x}^{(k+1)}=\boldsymbol{z}^{(k)}$，否则令$\boldsymbol{x}^{(k+1)}=\boldsymbol{x}^{(k)}$。
4. 如果满足停止规则，就停止迭代。
5. 令$k:=k+1$，回到第 2 步。

需要指出的是，第 3 步中的“抛硬币”的说法只是关于随机决策的一种形象化描述，并不能按照字面意义进行理解。

与朴素随机搜索算法相同，模拟退火法的迭代过程也具有类似于 $\boldsymbol{x}^{(k+1)}=\boldsymbol{x}^{(k)}+\boldsymbol{d}^{(k)}$ 的形式，其中，方向 $\boldsymbol{d}^{(k)}$ 是随机产生的。但是，在模拟退火法中，$\boldsymbol{d}^{(k)}$ 可能是一个下降方向。在算法的进行过程中，在第 k 次迭代中，可以追踪到当前为止最好的点 $\boldsymbol{x}_{\text{best}}^{(k)}$，即能够使得对于所有 $i\in\{0,\cdots,k\}$，都有 $f(\boldsymbol{x}^{(j)})\leqslant f(\boldsymbol{x}^{(i)})$ 成立的 $\boldsymbol{x}^{(j)}$，$j\in\{0,\cdots,k\}$。$\boldsymbol{x}_{\text{best}}^{(k)}$ 按照以下方式进行更新：

$$\boldsymbol{x}_{\text{best}}^{(k)}=\begin{cases}\boldsymbol{x}^{(k)}, & f(\boldsymbol{x}^{(k)})<f(\boldsymbol{x}_{\text{best}}^{(k-1)})\\ \boldsymbol{x}_{\text{best}}^{(k-1)}, & \text{其他}\end{cases}$$

通过持续追踪并更新当前为止最好的点，可以将模拟退火算法简单视为一个搜索过程。搜索过程的最终输出为当前为止最好的点。这种说法不仅适用于模拟退火法，同样适用于其他随机搜索方法(包括接下来的两节中将要讨论的两种方法)。

模拟退火法与朴素随机搜索算法之间的最大区别在于步骤 3，在这一步骤中，模拟退火算法以一定的概率选择备选点作为下一次迭代点，即使这个备选点比当前的迭代点要差。这一概率称为接受概率。接受概率应该进行合理的设定，才能保证迭代过程的正确进行。常用的接受概率为

$$p(k,f(\boldsymbol{z}^{(k)}),f(\boldsymbol{x}^{(k)}))=\min\{1,\exp(-(f(\boldsymbol{z}^{(k)})-f(\boldsymbol{x}^{(k)}))/T_k)\}$$

其中，exp 表示指数函数，T_k 构成一组正数序列，称为温度进度表或冷却进度表。这种形式的接受概率是由玻尔兹曼提出的，使得模拟退火算法等价于 Gibbs 采样器(基于 Gibbs 分布的一种概率采样方法)。

注意，如果 $f(\boldsymbol{z}^{(k)})\leqslant f(\boldsymbol{x}^{(k)})$，那么 $p(k,f(\boldsymbol{z}^{(k)}),f(\boldsymbol{x}^{(k)}))=1$，意味着 $\boldsymbol{x}^{(k+1)}=\boldsymbol{z}^{(k)}$，即下一个迭代点为 $\boldsymbol{z}^{(k)}$。但是，如果 $f(\boldsymbol{z}^{(k)})>f(\boldsymbol{x}^{(k)})$，则仍有一定概率使得 $\boldsymbol{x}^{(k+1)}=\boldsymbol{z}^{(k)}$，这一概率为

$$\exp\left(-\frac{f(\boldsymbol{z}^{(k)})-f(\boldsymbol{x}^{(k)})}{T_k}\right)$$

需要指出的是，$f(\boldsymbol{z}^{(k)})$ 和 $f(\boldsymbol{x}^{(k)})$ 之间的差异越大，采用 $\boldsymbol{z}^{(k)}$ 作为下一个迭代点的可能性就越小。类似地，T_k 越小，采用 $\boldsymbol{z}^{(k)}$ 作为下一个迭代点的可能性就越小。通常的做法是令温度 T_k 单调递减到 0(表示冷却过程)。也就是说，随着迭代次数 k 的增加，算法趋向于更差点的可能性越来越小。这很容易从直观上进行理解，一开始，希望能够在整个可行集内进行搜索，随着迭代的开展，搜索的范围应该集中到全局极小点的附近区域，而不是遍历整个可行集。换句话说，最开始，算法在可行集内跳来跳去，以尽可能跳出局部极小点附近的区域，随着时间的推移，算法开始稳定在全局极小点附近的区域，将更多的时间投入到这一区域的搜索中。

“退火”一词来自冶金业，是一种能够改善金属品质的技术。基本的操作方式为先将金属加热到一定程度，然后以可控的方式对其进行冷却。首先，当金属被加热时，其中的原子开始变得活跃，脱离了原来的位置，内能增加。然后，随着冷却的进行，原子逐渐变得有序，内能减少。如果冷却过程足够慢，那么可以保证最终的内能将低于开始阶段的内能，这样可以改善金属的晶体结构，并减少存在的缺陷。

类似地，模拟退火算法中的温度参数也必须以可控的方式递减。具体而言，冷却过程

必须足够慢。Hajek 针对冷却问题发表了一篇非常有影响力的论文[56]，对冷却进度表对于模拟退火算法收敛到全局极小点的影响进行了严密的分析，并给出了一个合适的冷却进度表：

$$T_k = \frac{\gamma}{\log(k+2)}$$

其中，$\gamma > 0$ 为常数，需要根据具体问题确定(需要足够大，以保证算法能够跳出局部极小点附近的区域)。关于一般意义上的模拟退火算法，见参考文献[57]。

模拟退火法经常用于求解组合优化问题。这类问题的可行集是有限的(但通常会非常大)。著名的旅行商问题就是一个组合优化问题。旅行商问题有很多种不同的形式。最基本的旅行商问题，指的是在给定一组城市和各城市之间交通成本的前提下，确定最便宜的交通线路，能够从一个城市出发，游遍其他所有城市，且每个城市只能经过一次。关于如何利用模拟退火法求解这一问题，参见参考文献[67]的第 183 页。

14.4　粒子群优化算法

粒子群优化算法是一种随机搜索方法，由 James Kennedy 和 Russell C. Eberhart 于 1995 年提出[73]。前者是一位社会心理学家，后者是一位工程师。该方法是在社交互动原理的启发下得到的。粒子群优化算法与 14.3 节中讨论的随机搜索方法存在一个主要区别：在一次迭代中，粒子群优化算法并不是只更新单个迭代点 $\boldsymbol{x}^{(k)}$，而是更新一群(组)迭代点，称为群。群中每个点称为一个粒子。可以将群视为一个无序的群体，其中的每个成员都在移动，意在形成聚集，但移动方向是随机的(这种说法改编自 R. C. Eberhart 的一个演示文稿)。粒子群优化算法旨在模拟动物或昆虫的社会行为，如蜂群、鸟群和羚羊群等的形成过程。

下面讨论利用粒子群优化算法求取目标函数在 $\mathbb{R}^n$ 上极小点的过程。首先，在 $\mathbb{R}^n$ 中随机产生一组数据点，为每个点赋予一个速度，构成一个速度向量。这些点视为粒子所在的位置，以指定的速度运动。接下来，针对每个数据点计算对应的目标函数值。基于计算结果，产生一组新的数据点，赋予新的运动速度，这可以通过对原有的数据点及其运动速度进行某些操作完成，具体的操作方式稍后再讨论。

每个粒子都持续追踪其当前为止的最好位置，即截止到当前为止，它所经历的最好的位置(从目标函数值大小的意义上而言)。称这种某个粒子相关的当前为止最好位置为个体最好位置 pbest。对应地，全局当前为止最好位置(截止到当前为止，群中所有点的个体最好位置中的最好位置)指的是全局最好位置 gbest。

根据粒子的个体最好位置和群的全局最好位置，调整各粒子的运动速度，以此实现粒子的“交互”。在下面给出的 gbest 版本的粒子群优化算法中，每次迭代中，产生两个随机数，分别作为个体最好位置 pbest 和全局最好位置 gbest 的权重，以此构成 pbest 和 gbest 的一个组合值，可称为速度的随机项；再加上加权后的原有速度，可以实现对速度的更新。因此，粒子在个体最好位置和整个群的全局最好位置的共同作用下，朝着某个方向运动。与前面相同，常用的停止规则为达到预先设定的迭代次数，或者目标函数达到了某个值。

基本的粒子群优化算法

下面讨论 gbest 版粒子群优化算法的简化版本，在每次迭代中，粒子速度都朝着个体最好位置和全局最好位置调整。令 $f:\mathbb{R}^n \to \mathbb{R}$ 表示需要进行最小化的目标函数。d 表示群体的容量，群中各粒子的索引为 $i=1,2,\cdots,d$，即共有 d 个粒子。$\boldsymbol{x}_i \in \mathbb{R}^n$ 表示粒子 i 的位置，对应的速度为 $\boldsymbol{v}_i \in \mathbb{R}^n$。$\boldsymbol{p}_i$表示粒子 i 的 pbest，相应的，$\boldsymbol{g}$ 表示 gbest。

引入 Hadamard 积(Schur 积)算子，用符号$\circ$表示。其运算规则为，如果矩阵$\boldsymbol{A}$ 和$\boldsymbol{B}$ 维数相同，那么$\boldsymbol{A}\circ\boldsymbol{B}$ 表示由$\boldsymbol{A}$ 和$\boldsymbol{B}$ 的各元素对应相乘得到的矩阵，其维数与$\boldsymbol{A}$ 或$\boldsymbol{B}$ 相同。在 MATLAB 中，采用“.*”表示这一算子(表示元素之间的相乘)。因此，如果$\boldsymbol{A}$ 和$\boldsymbol{B}$ 同维，那么 `A.*B` 的结果为 `A` 和 `B` 中对应元素相乘后得到的矩阵。gbest 版的粒子群优化算法用到了 3 个实数参数，分别为 ω、c_1和 c_2，其算法步骤为：

gbest 版的粒子群优化算法

1. 令 $k:=0$。随机产生一个初始的粒子群，即产生 d 个粒子的位置$\boldsymbol{x}_i^{(0)}$ 及其对应的速度 $\boldsymbol{v}_i^{(0)}$，$p_i^{(0)}=\boldsymbol{x}_i^{(0)}$，$i=1,2,\cdots,d$；令 $\boldsymbol{g}^{(0)}=\arg\min_{\boldsymbol{x}\in\{\boldsymbol{x}_1^{(0)},\cdots,\boldsymbol{x}_d^{(0)}\}} f(\boldsymbol{x})$。
2. 针对每个 $i=1,2,\cdots,d$，随机产生两个 n 维向量 $\boldsymbol{r}_i^{(k)}$ 和 $\boldsymbol{s}_i^{(k)}$，按照均匀分布的原则抽取区间(0，1)中的随机数，构成这两个向量的元素。令

$$
\begin{aligned}
\boldsymbol{v}_i^{(k+1)} &= \omega\boldsymbol{v}_i^{(k)} + c_1\boldsymbol{r}_i^{(k)}\circ(\boldsymbol{p}_i^{(k)}-\boldsymbol{x}_i^{(k)}) + c_2\boldsymbol{s}_i^{(k)}\circ(\boldsymbol{g}^{(k)}-\boldsymbol{x}_i^{(k)})\\
\boldsymbol{x}_i^{(k+1)} &= \boldsymbol{x}_i^{(k)} + \boldsymbol{v}_i^{(k+1)}
\end{aligned}
$$

3. 针对每个 $i=1,2,\cdots,d$，如果$f(\boldsymbol{x}_i^{(k+1)})<f(\boldsymbol{p}_i^{(k)})$，令$\boldsymbol{p}_i^{(k+1)}=\boldsymbol{x}_i^{(k+1)}$；否则，令 $\boldsymbol{p}_i^{(k+1)}=\boldsymbol{p}_i^{(k)}$。
4. 如果存在 $i\in\{1,\cdots,d\}$，使得$f(\boldsymbol{x}_i^{(k+1)})<f(\boldsymbol{g}^{(k)})$，则令 $i^*=\arg\min_i f(\boldsymbol{x}_i^{(k+1)})$，$\boldsymbol{g}^{(k+1)}=\boldsymbol{x}_{i*}^{(k+1)}$；否则令$\boldsymbol{g}^{(k+1)}=\boldsymbol{g}^{(k)}$。
5. 如果满足停止条件，就停止迭代。
6. 令 $k:=k+1$，回到第 2 步。

在以上算法中，参数 ω 表示惯性参数，建议取稍微小于 1 的值。参数 c_1和 c_2决定了粒子趋向于“好位置”的程度，分别表示来自“认知”和“社会”部分的影响因素，即粒子本身最好位置和全局最好位置对其运动的影响。建议取值为 $c_1=c_2\approx 2$。

粒子群优化算法的变种

粒子群优化算法自 1995 年提出之后，不断修改完善。比如，Clerc 提出了一种收敛因子粒子群优化算法[29]，速度更新公式为

$$
\boldsymbol{v}_i^{(k+1)} = \kappa\left(\boldsymbol{v}_i^{(k)} + c_1\boldsymbol{r}_i^{(k)}\circ(\boldsymbol{p}_i^{(k)}-\boldsymbol{x}_i^{(k)}) + c_2\boldsymbol{s}_i^{(k)}\circ(\boldsymbol{g}^{(k)}-\boldsymbol{x}_i^{(k)})\right)
$$

κ 为收敛系数：

$$
\kappa = \frac{2}{\left|2-\phi-\sqrt{\phi^2-4\phi}\right|}
$$

其中，$\phi = c_1 + c_2$，$\phi > 4$。比如，当 $\phi = 4.1$ 时，有 $\kappa = 0.729$。收敛系数的作用在于加快收敛。

在实际应用粒子群优化算法时，往往希望为速度指定一个上限 $v_{\max}$。这样，算法中有关速度的部分都应该替换为

$$\min\{v_{\max}, \max\{-v_{\max}, v\}\}$$

关于粒子群优化算法最新的①文献综述以及相关的算法改进，建议参阅 *8th International Conference on Adaptive and Natural Computing Algorithms* 论文集的第一部分，该会议于 2007 年 6 月在波兰华沙举行[5]。论文集中的很多论文针对粒子群优化算法开展了广泛的讨论，包括粒子群优化算法在多目标优化问题中的应用、用于求解有约束优化问题的粒子群优化算法、适用于求解多个解的粒子群优化算法（即粒子群优化算法在多模优化问题中的应用）等主题。关于从数学方面对粒子群优化算法的分析，可见参考文献[30]。

14.5　遗传算法

算法的基本描述

遗传算法是一种基于种群的随机搜索方法，是在借鉴了遗传理论的基础上得到的。20 世纪 60 年代末 70 年代初，John Holland 首次提出了遗传算法的基本理念。自从这一理念提出之后，遗传算法已经在计算机编程和人工智能[61, 79, 94]、最优化[36, 67, 127]、神经网络训练[80]以及许多其他领域中得到了广泛的应用。

假定需要求解如下形式的最优化问题：

$$\begin{array}{ll} \text{maximize} & f(\boldsymbol{x}) \\ \text{subject to} & \boldsymbol{x} \in \Omega \end{array}$$

（需要注意的是，为了便于对遗传算法进行描述，将优化问题设定为最大化问题。）若利用遗传算法求解这一问题，首先从可行集 Ω 中选定一组初始点，用 $P(0)$ 表示，代表初始种群。然后，计算 $P(0)$ 中每个点对应的目标函数值，基于计算结果，产生一组新的点 $P(1)$。$P(1)$ 的产生源自于对 $P(0)$ 的交叉和变异操作，后面将会讨论。循环开展这一过程，产生种群序列 $P(2)$，$P(3)$，…，直到达到停止条件。交叉和变异操作的目的在于创建一个新种群，使得新种群目标函数的平均值能够大于上一代种群。概括起来，遗传算法就是针对种群迭代开展交叉和变异操作，产生新种群，直到满足预定的停止条件。

遗传算法的术语来自遗传学。在详细介绍算法之前，下面首先介绍遗传学的有关术语和定义。

染色体和表达模式　首先需要指出的是，实际上遗传算法并不是直接针对约束集 Ω 中的点进行操作的，而是对这些点进行编码后再进行相关操作。具体而言，首先需要将 Ω 映射为一个字符串的集合，这些字符串全部是等长的，称为染色体。每个染色体中的元素都是从一个字符串集合中提取的，该集合称为字符表。比如，常用的字符表为{0, 1}，此

---

① 截止到本书英文版的出版时间（2013 年）。——译者注

时染色体就是二进制字符串。L 表示染色体的长度，即字符串中字符的数量。每个染色体都对应着一个目标函数值，称为染色体的适应度。用 $\boldsymbol{x}$ 表示染色体，则 $f(\boldsymbol{x})$ 表示适应度。为了描述方便，统一使用 f 表示目标函数和染色体适应度的计算结果。为此，可假设 f 是一个非负函数。

字符串的长度、字符表和编码方式(将 Ω 映射为染色体)统称为表达模式。选择合适的表达模式是利用遗传算法求解最优化问题的第一步。

一旦选定了一个表达模式，接下来就是初始化染色体的第一代种群 $P(0)$，通常是从染色体集合中随机抽取一定数量的染色体。构成初始的染色体种群后，对其开展交叉和变异操作。在第 k 次迭代中，计算种群 $P(k)$ 中每个个体 $\boldsymbol{x}^{(k)}$ 对应的适应度 $f(\boldsymbol{x}^{(k)})$。整个种群的适应度计算完毕后，按照以下两个步骤构造一个新种群 $P(k+1)$。

选择和进化步骤　在选择步骤中，利用选择操作构造一个新的种群 $M(k)$，使其个体的数量与 $P(k)$ 相等。种群中个体的数量称为种群容量，用 N 表示。$M(k)$ 称为配对池，是在 $P(k)$ 的基础上进行随机处理后得到的，即 $M(k)$ 中每个个体 $\boldsymbol{m}^{(k)}$ 以概率

$$\frac{f(\boldsymbol{x}^{(k)})}{F(k)}$$

等于 $P(k)$ 中的 $\boldsymbol{x}^{(k)}$，其中 $F(k)=\sum f(\boldsymbol{x}_i^{(k)})$ 指的是对整个 $P(k)$ 进行求和。也就是说，染色体选入配对池的概率与其适应度成正比。

上面提到的选择模式称为轮盘赌模式。这很容易理解，假定轮盘上的每个口子都对应 $P(k)$ 中的一个染色体，某些染色体可能对应着多个口子。每个染色体对应的口子数量与其适应度成正比，为了给 $M(k)$ 选择染色体，转动轮盘，小球落入哪个口子，就选定对应的染色体进入 $M(k)$。一共开展类似操作 N 次，这样，配对池 $M(k)$ 共包括 N 个染色体。

另外一种选择模式为锦标赛模式。首先，从 $P(k)$ 中随机选定两个染色体，比较它们的适应度，将适应度大的放入配对池 $M(k)$。持续开展类似操作，直到配对池 $M(k)$ 中的染色体达到 N 个。

在进化步骤中，开展交叉和变异操作。选择一对染色体，称为父代，通过开展交叉操作，产生一对新染色体，称为子代。交叉操作指的是两个父代字符串相互交换一段子字符串。父代染色体是从配对池中随机抽取的，某个染色体被抽中用作交叉的概率为 p_c。假定某个染色体是否被选中与其他染色体是否被选中无关。

有多种不同的方式可用于父代染色体的选择。比如，如果从配对池中随机抽取两个染色体作为父代，假定配对池中有 N 个染色体，可令 $p_c=2/N$。类似地，如果从配对池中随机抽取 $2k$ 个染色体，构成 k 组父代染色体($k<N/2$)，可令 $p_c=2k/N$。在这两种情况下，父代的数量是固定的，概率 p_c 取决于父代的数量。还有一种选择父代染色体的方式，即给定概率 p_c，确定一个随机数作为父代的数量，以此选出需要进行交叉的父代，但需要保证父代数量的均值应该为 $p_cN/2$。

一旦确定了用于交叉的父代，就可以针对它们开展交叉操作了。有许多种不同类型的交叉操作。最简单的交叉操作为单点交叉，在这种交叉方式下，按照均匀分布的原则，首

先在 1 到 $L-1$ 之间抽取一个随机整数，将其称为交叉点，L 表示染色体的长度。然后对父代的两个染色体位于交叉点右侧的字符串片段进行交换，即完成了交叉操作，如图 14.7 所示。下面用示例进行说明。

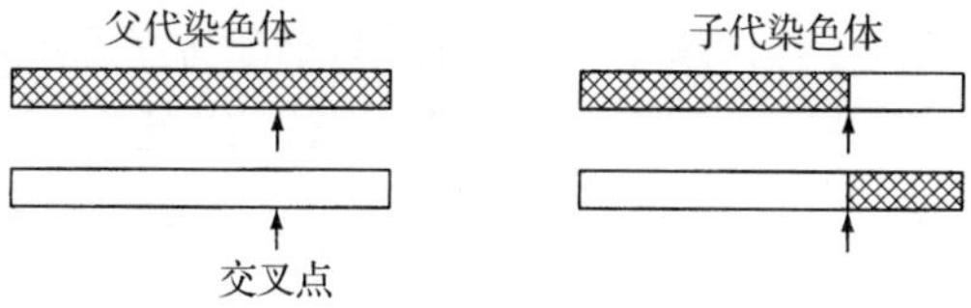

图 14.7　基本交叉操作

例 14.1　染色体长度为 $L=6$，编码采用二进制字符表 $\{0, 1\}$。一对父代染色体为 000000 和 111111，交叉点为 4，对其进行交叉操作之后，可得两个子代染色体 000011 和 111100。■

交叉操作还可以在多个交叉点上同时进行，如图 14.8 所示。下面采用示例进行说明。

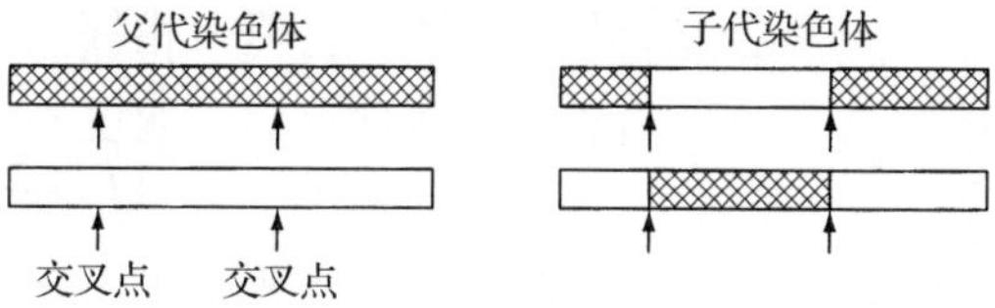

图 14.8　两个交叉点上的交叉操作

例 14.2　有两个染色体，分别为 000000000 和 111111111，长度为 $L=9$。有两个交叉点，分别为 3 和 7。开展交叉操作，可得两个子代染色体 000111100 和 111000011。■

完成交叉操作之后，利用子代染色体替代配对池中对应的父代染色体。这样，就实现了对配对池的修改，并使其保持了原来的容量。

接下来，需要进行变异操作。从配对池中逐一抽取染色体，以变异概率 p_m 随机改变其中的字符。当采用二进制编码时，字符的改变指的是求染色体对应位的补，即以概率 p_m 将 0 修改为 1，或将 1 修改为 0。如果字符表中包括两个以上的字符，那么字符的改变指的是从字符表中随机抽取一个其他字符来替换该字符。通常情况下，变异概率 p_m 比较小（如 0.01），因此，只有很少的染色体会经历变异操作，在这些变异了的染色体中，也是只有很少的字符被改变。这意味着相对于交叉操作，变异操作在遗传算法中起到的作用比较小。

通过对配对池 $M(k)$ 开展交叉操作和变异操作，得到一个新的种群 $P(k+1)$。在这一种群上，继续计算适应度，进行选择和进化，循环往复，直到得到问题的最优解。遗传算法的步骤可归纳为：

遗传算法步骤

1. 令 $k:=0$，产生一个初始种群 $P(0)$。
2. 评估 $P(k)$，即计算 $P(k)$ 中每个个体的适应度。
3. 如果满足停止规则，就停止迭代。

4. 从 $P(k)$ 中选择 $M(k)$。
5. 进化 $M(k)$，构成新种群 $P(k+1)$。
6. 令 $k:=k+1$，回到第 2 步。

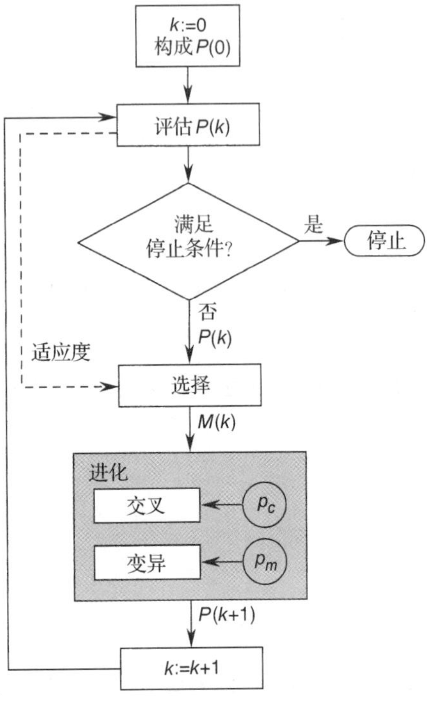

图 14.9 遗传算法的流程图

遗传算法的流程图如图 14.9 所示。

在遗传算法的迭代过程中，持续追踪当前为止最好的染色体，即适应度最高的染色体。在一次迭代后，当前为止最好的染色体作为最优解的备选。实际上，甚至可以将其复制到新一代种群中。这是精英主义者的做法，这种精英主义的策略容易导致种群被“超级染色体”主导。但是，实际应用经验表明，精英主义的策略很多时候可以提高算法的性能。

遗传算法有很多种不同的停止规则。比如，一种比较简单的停止规则为指定最大的迭代次数；另外一种停止规则为相邻两次迭代中，当前为止最好的染色体对应的适应度不再显著变化。

与前面几章中讨论的方法相比，遗传算法存在以下四个方面的差异。第一，不需要计算目标函数的导数(本章中讨论的其他方法也有这个性质)。第二，在每次迭代中，采用的是随机操作(与其他随机搜索方法是一致的)。第三，每次迭代是利用一组点而不是一个点开展搜索(与粒子群优化算法相似)。第四，对约束集进行编码，而不是直接在约束集本身上开展搜索。

下面给出一个利用遗传算法求解优化问题的示例。

例 14.3 MATLAB 中定义的函数 peaks 为 $f:\mathbb{R}^2\to\mathbb{R}$：

$$f(x,y)=3(1-x)^2\,\mathrm{e}^{-x^2-(y+1)^2}-10\left(\frac{x}{5}-x^3-y^5\right)\mathrm{e}^{-x^2-y^2}-\frac{\mathrm{e}^{-(x+1)^2-y^2}}{3}$$

(参考文献[67]的第 178 页至第 180 页中也有一个关于该函数的示例)要求计算函数 f 在约束集 $\Omega=\{[x,y]^\top\in\mathbb{R}^2:-3\leqslant x,y\leqslant 3\}$ 上的极大点。函数 f 在 Ω 上的图像如图 14.10 所示。利用 MATLAB 优化工具箱中的函数 `fminunc`，可得最优解为 $[-0.0093, 1.5814]^\top$，对应的目标函数值为 8.1062。

为了利用遗传算法求解该问题，首先选择二进制的表达模式，染色体长度设定为 $L=32$，其中，前 16 位用于表示变量 x，后 16 位用于表示变量 y。由于变量 x 和 y 都位于区间 $[-3,3]$，因此，可利用简单的变换和缩放操作，将区间 $[-3,3]$ 映射为区间 $[0,2^{16}-1]$。该区间下的整数可以采用 16 位的二进制字符串表示，这样就完成了 x 和 y 的编码工作。通常串联两个 16 位的字符串，即得到了一个染色体。比如，点 $[x,y]^\top=[-1,3]^\top$ 可被编码为(习题 14.4 给出了由十进制到二进制的简单转换算法)

$$\underbrace{0101010101010101}_{x=-1\text{的编码}}\ \underbrace{1111111111111111}_{y=3\text{的编码}}$$

令种群容量为 20，开展 50 次迭代。交叉概率 $p_c = 0.75$，变异概率 $p_m = 0.0075$。图 14.11 给出了每次迭代(每代种群)种群产生的最好的和最差的目标函数值以及目标函数值的均值。完成 50 次迭代后，得到的当前为止最好的点为 $[0.0615, 1.5827]^{\top}$，目标函数值为 8.1013。这一个结果已经与利用 MATLAB 得到的结果非常接近了。

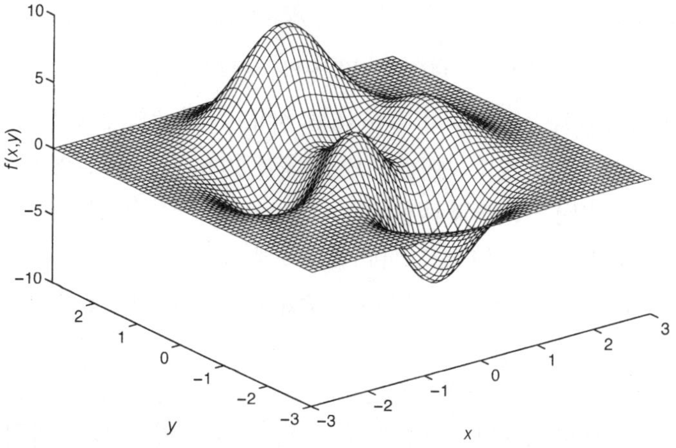

图 14.10　例 14.3 中函数 f 的图像

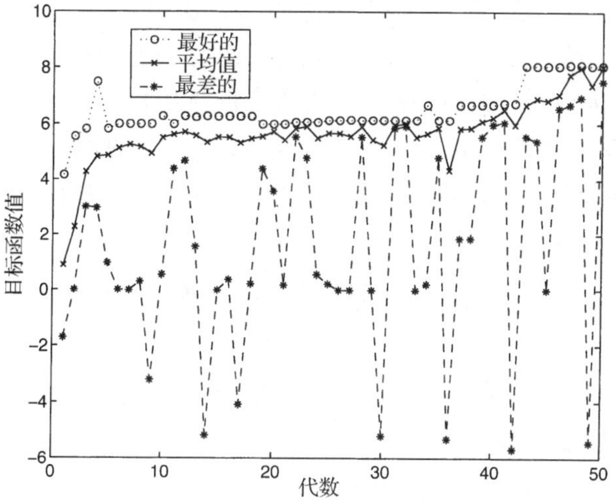

图 14.11　例 14.3 中每次迭代(每代种群)种群中产生的最好的和最差的目标函数值以及目标函数的均值

■

遗传算法性质分析

本节将解释为什么遗传算法能够求解优化问题。正如前面指出的，遗传算法是在自然选择中有关理念的启发下得到的[61]，在自然选择中，“适者生存”起到主导作用。遗传算法中的有关机制就是对这一理念的模仿。首先，确定一组染色体，构成一个种群，并选出适应度高的个体，利用这些个体中的编码信息，产生新一代染色体。新一代种群的产生应保证当代种群的适应度高的个体可以生存，且它们的信息能够得到保留和组合，以产生更好的子代。

在定量化深入描述遗传算法之前，需要先定义一些术语。为了简化描述，此处仅以二进制编码的染色体为例。首先引入模式这一术语，模式指的是一组具有某种共性的染色体。具体来说，模式就是指一组染色体，同一位置上的字符是相同的(或者都是0，或者都是1)。可利用一个扩展字符表{0，1，∗}上的字符串来表示模式。比如，字符串 $1*01$ 表示模式

$$1*01=\{1001,1101\}$$

字符串 $0*101*$ 表示模式

$$0*101*=\{001010,001011,011010,011011\}$$

在模式字符串中，0/1 表示该模式中的染色体在对应位置的编码限定为0/1，∗表示在相应的位置上，染色体可以为0或1。因此，模式描述的是一组具有某些共性的染色体。对于某个长度为 L 的染色体而言，如果其第 $j(j=1,\cdots,L)$ 个位置对应的编码与模式中第 j 个位置的编码相同，或模式中对应位置的编码为∗，则说明该染色体属于这一模式。容易得出，如果一个模式具有 r 个∗，那么它包括 2^r 个染色体。此外，长度为 L 的染色体对应着 2^L 个模式。

如果存在一个模式，描述的是优化问题的一些"较好"的解，那么希望 $P(k)$ 中匹配这一模式的染色体的数量能够随着 k 的增加而递增。这一递增过程受到很多因素的影响，下面将进行讨论。在接下来的讨论中，假定选择操作使用的是轮盘赌方法。

在解释遗传算法的工作原理时，一个关键的结论是如果某个模式包括一些染色体，其适应度在种群的平均适应度之上，那么在配对池 $M(k)$ 中能够匹配这一模式的染色体数量的期望值大于种群 $P(k)$ 中能够匹配这一模式的染色体数量的期望值。为了能够对这一观点进行量化描述，引入一些新的记法。令 H 表示某个给定的模式，$e(H,k)$ 表示 $P(k)$ 中能够匹配 H 的染色体数量，即集合 $P(k)\cap H$ 中元素的数量，$f(H,k)$ 表示 $P(k)$ 中能够匹配 H 的染色体的平均适应度，这意味着，如果 $H\cap P(k)=\{\boldsymbol{x}_1,\cdots,\boldsymbol{x}_{e(H,k)}\}$，有

$$f(H,k)=\frac{f(\boldsymbol{x}_1)+\cdots+f(\boldsymbol{x}_{e(H,k)})}{e(H,k)}$$

N 表示种群中染色体的数量，$F(k)$ 表示 $P(k)$ 中所有染色体的适应度之和。$\bar{F}(k)$ 表示种群中染色体的平均适应度，即

$$\begin{aligned}\bar{F}(k)&=\frac{F(k)}{N}\\&=\frac{1}{N}\sum f(\boldsymbol{x}_i^{(k)})\end{aligned}$$

令 $m(H,k)$ 表示 $M(k)$ 中能够匹配模式 H 的染色体的数量，即集合 $M(k)\cap H$ 的元素数量。

引理 14.1 *H 为给定的模式，$\mathcal{M}(H,k)$ 表示 $m(H,k)$ 的期望值，$P(k)$ 已知，则有*

$$\mathcal{M}(H,k)=\frac{f(H,k)}{\bar{F}(k)}e(H,k)$$ □

证明： 令 $P(k)\cap H=\{\boldsymbol{x}_1,\cdots,\boldsymbol{x}_{e(H,k)}\}$，此处所说的期望，指的是在 $P(k)$ 已知的前提下得到的期望值。对于每个 $\boldsymbol{m}^{(k)}\in M(k)$ 和每个 $i=1,\cdots,e(H,k)$，$\boldsymbol{m}^{(k)}=\boldsymbol{x}_i$ 的概率为 $f(\boldsymbol{x}_i)/F(k)$，因此 $M(k)$ 中等于 $\boldsymbol{x}_i$ 的染色体的数量期望值为

$$N\frac{f(\boldsymbol{x}_i)}{F(k)}=\frac{f(\boldsymbol{x}_i)}{\bar{F}(k)}$$

$P(k)\cap H$ 中能够被选择进入 $M(k)$ 的染色体的数量期望值为

$$\sum_{i=1}^{e(H,k)}\frac{f(\boldsymbol{x}_i)}{\bar{F}(k)}=e(H,k)\frac{\sum_{i=1}^{e(H,k)}f(\boldsymbol{x}_i)}{e(H,k)}\frac{1}{\bar{F}(k)}=\frac{f(H,k)}{\bar{F}(k)}e(H,k)$$

由于 $M(k)$ 中的染色体同时也属于 $P(k)$，因此，$M(k)\cap H$ 中的染色体也就是 $P(k)\cap H$ 中那些被选入 $M(k)$ 中的染色体，故有

$$\mathcal{M}(H,k)=\frac{f(H,k)}{\bar{F}(k)}e(H,k)$$ ■

引理 14.1 从定量的角度说明，如果模式 H 中染色体的平均适应度要超过种群的平均适应度，即 $f(H,k)/\bar{F}(k)>1$，那么配对池 $\mu(k)$ 中能够匹配 H 的染色体数量的期望值大于种群 $P(k)$ 中匹配 H 的染色体数量的期望值。

下面分析针对配对池中染色体开展进化操作所产生的影响。首先引入两个参数，用于描述模式的性质，分别为阶次和长度。模式 S 的阶次用符号 $o(S)$ 表示，指的是模式表达式固定字符的数量（不包括字符 $*$），需要指出的是，$o(S)$ 是遗传算法中的专用表示符号，注意避免与 5.6 节的高阶无穷小的符号相混淆。如果 S 中字符串的长度为 L，则阶次 $o(S)$ 就等于 L 减去 S 中字符 $*$ 的数量，比如，

$$o(1*01)=4-1=3$$

而

$$o(0*1*01)=6-2=4$$

模式 S 的长度用符号 $l(S)$ 表示，指的是模式中第 1 个固定字符和最后一个固定字符之间的距离，即最右边和最左边固定字符之间的距离，比如

$$l(1*01)=4-1=3$$
$$l(0*101*)=5-1=4$$
$$l(**1*)=0$$

对于模式 S，若其中染色体的长度为 L，则阶次 $o(S)$ 是一个 0 到 L 之间的整数，长度 $l(S)$ 是 0 到 $L-1$ 之间的整数。若模式表达式只由符号 $*$ 组成，则阶次为 0，长度也是 0。若模式只包括一个染色体（即表达式不包括符号 $*$），则阶次为 L，如 $o(1011)=4-0=4$。若模式表达式的第 1 个和最后一个位置都是固定字符，则模式的长度为 $L-1$，如 $l(0**1)=4-1=3$。

首先考虑进化过程中针对配对池中染色体的交叉操作，由下面的引理可知，对于 $M(k)\cap H$ 中的一个染色体，在交叉操作之后，其脱离 H 的概率存在上界，该上界正比于 p_c 和 $l(H)$。

引理 14.2　对于 $M(k)\cap H$ 中的一个染色体，其被选中进行交叉操作，且产生的子代中没有染色体属于模式 H 的概率上界为

$$p_c \frac{l(H)}{L-1} \qquad \square$$

证明: 考虑 $M(k) \cap H$ 中的一个染色体，被选中进行交叉操作的概率为 p_c。如果其子代中没有染色体属于 H，则交叉点必须位于 H 的第 1 个和最后一个固定字符之间。这一概率为 $l(H)/(L-1)$。因此，可知该染色体被选中进行交叉操作，且产生的子代中没有染色体属于模式 H 的概率上界为

$$p_c \frac{l(H)}{L-1} \qquad \blacksquare$$

由引理 14.2 可知，对于 $M(k) \cap H$ 中的一个染色体，其没有被选中进行交叉操作，或被选中交叉后产生的子代中至少有一个染色体属于 H 的概率下界为

$$1 - p_c \frac{l(H)}{L-1}$$

由此可见，如果 H 中的一个染色体被选中进行交叉操作，其他的父代染色体也属于 H，则产生的子代自然也属于 H(证明过程留作习题 14.5)。因此，对于 $M(k) \cap H$ 中的一个染色体，经过交叉操作(包括选择过程)，总能以一定的概率产生属于 H 的染色体(或者是自身，或者是子代染色体)，概率的下界由前面的公式给出。

接下来考虑针对配对池 $M(k)$ 开展变异操作产生的影响。

引理 14.3 对于 $M(k) \cap H$ 中的一个染色体，经过变异操作之后，其仍然属于模式 H 的概率为

$$(1-p_m)^{o(H)} \qquad \square$$

证明: 对于 $M(k) \cap H$ 中的一个染色体，当且仅当该染色体中与 H 表达式中的固定字符相对应的字符，在经过变异操作之后，没有发生改变，则意味着该染色体仍然属于 H。这一概率为 $(1-p_m)^{o(H)}$。 $\blacksquare$

变异概率 p_m 比较小，因此，$(1-p_m)^{o(H)}$ 近似等于

$$1 - p_m o(H)$$

以上引理综合到一起，得到定理 14.1。

定理 14.1 H 为给定的模式，$\mathcal{E}(H, k+1)$ 表示在给定 $P(k)$ 时，$e(H, k+1)$ 的期望值，则有

$$\mathcal{E}(H, k+1) \geqslant \left(1 - p_c \frac{l(H)}{L-1}\right)(1-p_m)^{o(H)} \frac{f(H,k)}{\bar{F}(k)} e(H,k) \qquad \square$$

证明: 对于 $M(k) \cap H$ 中的一个染色体，经过进化之后，如果产生的染色体仍然属于 H，则该染色体属于 $P(k+1) \cap H$。由引理 14.2 和引理 14.3 可知，这一事件的发生概率存在下界为

$$\left(1 - p_c \frac{l(H)}{L-1}\right)(1-p_m)^{o(H)}$$

由于 $M(k) \cap H$ 中每个染色体能够产生一个染色体位于 $P(k+1) \cap H$ 中，发生概率如上式所示，因此，当 $M(k)$ 给定时，$e(H, k+1)$ 的期望值下界为

$$\left(1-p_c\frac{l(H)}{L-1}\right)(1-p_m)^{o(H)}m(H,k)$$

当 $P(k)$ 给定时，可得 $e(H,\ k+1)$ 的期望值满足

$$\mathcal{E}(H,k+1)\geqslant\left(1-p_c\frac{l(H)}{L-1}\right)(1-p_m)^{o(H)}\mathcal{M}(H,k)$$

最后，利用引理 14.1，可证定理成立。■

定理 14.1 表示的是某个给定模式中，有多少染色体发生变化后，能够从一个种群转移到另外一个种群。有 3 个因素能够影响到这一变化，分别对应定理 14.1 中不等式右侧的三个因式，分别为 $1-p_c l(H)/(L-1)$，$(1-p_m)^{o(H)}$ 和 $f(H,\ k)/\bar{F}(k)$。可以看出，这三个因式越大，在下一个种群中能够匹配 H 的染色体数量期望值就越大。各因式的影响可以归纳为

- 因式 $f(H,\ k)/\bar{F}(k)$ 反映的是模式 H 平均适应度的作用。平均适应度越高，在下一个种群中能够匹配 H 的染色体数量期望值就越大。
- 因式 $1-p_c l(H)/(L-1)$ 反映的是交叉操作的影响。$p_c l(H)/(L-1)$ 越小，在下一个种群中能够匹配 H 的染色体数量期望值就越大。
- 因式 $(1-p_m)^{o(H)}$ 反映的是变异操作的影响。该因式越大，在下一个种群中能够匹配 H 的染色体数量期望值就越大。

总而言之，可以看出，如果模式长度偏短、阶次偏低且平均适应度超过平均水平，则从平均意义上来看，在相邻迭代中，种群中属于这一模式的染色体应该越来越多。需要注意的是，编码方式能够影响到算法的性能，具体来说，一种好的编码方式应该能够产生高适应度的模式，且保持较短的长度和较低的阶次。

实数编码的遗传算法

上面讨论的遗传算法采用的都是二进制字符串编码方式，以此对 Ω 中的变量进行编码（正是由于这个原因，遗传算法特别适合于求解组合优化问题，其约束集 Ω 不是 $\mathbb{R}^n$ 而是离散的）。采用二进制编码，能够应用模式理论对遗传算法进行分析，这已经在前面讨论过了。但是，这种编码方式也存在一些问题。令 $\boldsymbol{g}:\{0,\ 1\}^L\to\Omega$ 表示二进制解码函数，即如果 $\boldsymbol{x}$ 是一个二进制染色体，$\boldsymbol{g}(\boldsymbol{x})\in\Omega$ 就是约束集 $\Omega\subset\mathbb{R}^n$ 中的一个点，其二进制编码为 $\boldsymbol{x}$。由此可见，遗传算法针对的目标函数不再是 f 本身，而是 f 和解码函数 $\boldsymbol{g}$ 的一个复合函数。也就是说，遗传算法求解的优化问题可以写为

$$\begin{array}{ll}\text{maximize} & f(\boldsymbol{g}(\boldsymbol{x}))\\ \text{subject to} & \boldsymbol{x}\in\{\boldsymbol{y}\in\{0,1\}^L:\boldsymbol{g}(\boldsymbol{y})\in\Omega\}\end{array}$$

这个问题可能会比原来的优化问题复杂得多，比如，其目标函数可能存在额外的局部极大点，导致全局极大点搜索更加困难。

可以看出，在某些情况下，遗传算法最好能够直接针对原始的优化问题进行求解操作。也就是说，希望能够设计一种遗传算法，能够直接在 $\mathbb{R}^n$ 上操作。这种算法的步骤应该与二进制编码方式下的算法步骤相同（见图 14.9），只是种群中的元素是约束集 Ω 中的点，而不是二进制字符串。为此，需要定义合适的交叉和变异操作。

对于交叉操作，存在多种不同的处理方式。最简单的方式是求平均值：对于父代中的两个染色体 $\boldsymbol{x}$ 和 $\boldsymbol{y}$，产生新染色体 $\boldsymbol{z}=(\boldsymbol{x}+\boldsymbol{y})/2$，然后利用 $\boldsymbol{z}$ 任意代替 $\boldsymbol{x}$ 或 $\boldsymbol{y}$，构成子代(参考文献[103]讨论了这种交叉方式)。另外一种方式为计算 $\boldsymbol{z}_1=(\boldsymbol{x}+\boldsymbol{y})/2+\boldsymbol{w}_1$ 和 $\boldsymbol{z}_2=(\boldsymbol{x}+\boldsymbol{y})/2+\boldsymbol{w}_2$，其中 $\boldsymbol{w}_1$ 和 $\boldsymbol{w}_2$ 为两个随机向量(均值为零)，以此作为子代的染色体。如果 $\boldsymbol{z}_1$ 或 $\boldsymbol{z}_2$ 位于约束集 Ω 之外，需要进行一定的处理，如投影处理等(见 23.2 节)，将其拉回约束集 Ω 中。第三种方式为构造 $\boldsymbol{x}$ 和 $\boldsymbol{y}$ 的随机凸组合。具体而言，产生一个随机数 $\alpha\in(0,1)$，计算 $\boldsymbol{z}_1=\alpha\boldsymbol{x}+(1-\alpha)\boldsymbol{y}$ 和 $\boldsymbol{z}_2=(1-\alpha)\boldsymbol{x}+\alpha\boldsymbol{y}$ 作为子代的染色体。当约束集为凸集时，这种交叉方式能够保证子代始终位于约束集。第四种方式为对第三种方式产生的子代添加随机干扰，即 $\boldsymbol{z}_1=\alpha\boldsymbol{x}+(1-\alpha)\boldsymbol{y}+\boldsymbol{w}_1$ 和 $\boldsymbol{z}_2=(1-\alpha)\boldsymbol{x}+\alpha\boldsymbol{y}+\boldsymbol{w}_2$，其中 $\boldsymbol{w}_1$ 和 $\boldsymbol{w}_2$ 为两个随机向量(均值为零)。采用这种方式时，必须检查子代是否位于约束集，如果不是，需要采用投影等操作对其进行处理。

对于变异操作，一种比较简单的方式是在染色体上增加一个随机向量。具体而言，对于染色体 $\boldsymbol{x}$，变异操作后成为 $\boldsymbol{x}'=\boldsymbol{x}+\boldsymbol{w}$，$\boldsymbol{w}$ 是一个零均值的随机向量。这种变异方式也称为实数蠕变[103]。与上面讨论过的一样，必须保证变异后的染色体仍然位于约束集，如果不是，需要进行投影，保证其位于约束集。另外一种变异方式为利用染色体和约束集中任意一点的凸组合作为变异后的染色体，即先产生一个随机数 $\alpha\in(0,1)$，从约束集中随机抽取一点 $\boldsymbol{w}\in\Omega$ 计算 $\boldsymbol{x}'=\alpha\boldsymbol{x}+(1-\alpha)\boldsymbol{w}$ 作为变异后的染色体。当约束集为凸集时，变异后的染色体一定位于约束集。

例 14.4　继续考虑例 14.3 中的函数 $f:\mathbb{R}^2\to\mathbb{R}$，此处利用实数编码的遗传算法求函数 f 的极大点，采用上面介绍的第四种交叉方式和第二种变异方式。种群容量为 20，开展 50 次迭代。与例 14.3 一样，令交叉概率为 $p_c=0.75$，变异概率为 $p_m=0.0075$。图 14.12 给出了每次迭代(每代)种群中对应的最好的和最差的目标函数值以及目标函数值的均值。完成 50 次迭代后，当前为止最好的解为 $[-0.0096, 1.5845]^\top$，对应的目标函数值为 8.1061，比较接近于例 14.3 的计算结果。

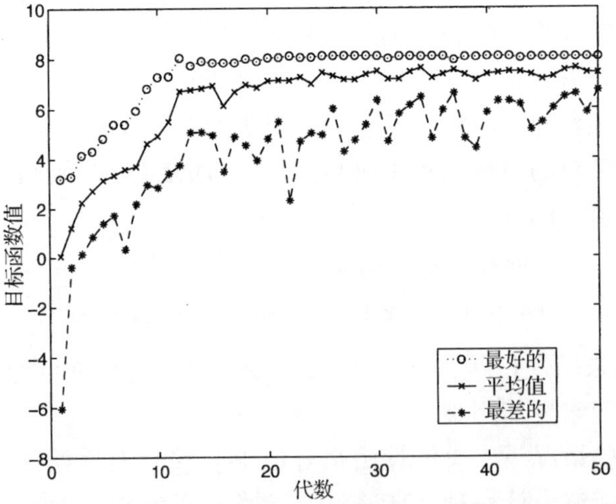

图 14.12　例 14.4 中每次迭代中(每代)种群中对应的最好的和最差的目标函数值以及目标函数的均值，采用实数编码遗传算法　■

习题

14.1　编写 MATLAB 程序，利用 Nelder-Mead 算法求解如下目标函数的极小点：

$$f(x_1,x_2)=(x_2-x_1)^4+12x_1x_2-x_1+x_2-3$$

约束集为 $\Omega=\{\boldsymbol{x}\in\mathbb{R}^2: x_1,\ x_2\in[-1,1]\}$。要求在函数 f 的水平集上标出迭代点，并将相邻的迭代点以直线相连，以演示整个优化过程。分别设定初始点为

$$\boldsymbol{x}^{(0)}=\begin{bmatrix}0.55\\0.7\end{bmatrix}\quad 和\quad \boldsymbol{x}^{(0)}=\begin{bmatrix}-0.9\\-0.5\end{bmatrix}$$

观察程序的运行结果。

14.2　编写 MATLAB 程序，实现朴素随机搜索法和模拟退火法。$\boldsymbol{x}^{(k)}$ 的邻域定义为

$$N(\boldsymbol{x}^{(k)})=\{\boldsymbol{x}: x_i^{(k)}-\alpha\leqslant x_i\leqslant x_i^{(k)}+\alpha\}$$

其中，$\alpha>0$ 为事先指定的参数，$\boldsymbol{z}^{(k)}$ 按照均匀分布原则在邻域 $N(\boldsymbol{x}^{(k)})$ 中随机抽取。利用例 14.3 中定义的 MATLAB 函数 `peaks` 对算法进行测试，并观察 α 变化所产生的影响。

14.3　编写 MATLAB 程序实现粒子群优化算法，利用例 14.3 中定义的 MATLAB 函数 `peaks` 对算法进行测试。

14.4　该问题是关于遗传算法的二进制编码方式的，分为 4 个部分：

a. 令 $(I)_{10}$ 表示一个十进制的整数，$a_m a_{m-1}\cdots a_0$ 为其二进制表示，即 a_i 为 0 或 1，

$$(I)_{10}=a_m2^m+a_{m-1}2^{m-1}+\cdots+a_12^1+a_02^0$$

试验证下式成立：

$$(I)_{10}=(((\cdots(((a_m2+a_{m-1})2+a_{m-2})2+a_{m-3})\cdots)2+a_1)2+a_0)$$

b. 问题 a 中的第 2 个表达式是关于十进制整数向二进制转换的一个简单公式，在等式两侧同时除以 2，余数为 a_0；得到的商继续除以 2，余数为 a_1；以此类推，可依次得到 a_2，…，a_m。利用这一思路，求出 $(I)_{10}=1995$ 的二进制表达式。

c. 令 $(F)_{10}$ 表示 $[0,1]$ 中某个二进制实数，令 $0.a_{-1}a_{-2}\cdots$ 表示其二进制表达式，有

$$(F)_{10}=a_{-1}2^{-1}+a_{-2}2^{-2}+\cdots$$

等式两侧同时乘以 2，乘积的整数部分为 a_{-1}；剩余的小数部分继续乘以 2，得到整数部分为 a_{-2}；以此类推，可依次得到 a_{-3}，a_{-4}，…。与部分 b 类似，这给出的是将十进制小数转换为二进制的简单公式，试利用这种方式，将 $(F)_{10}=0.7265625$ 转换为二进制表达式。

可以看出，结合问题 b 和问题 c 的内容，可将任意十进制正实数转换为二进制，具体的做法是将十进制正实数分为整数部分和小数部分分别进行转换，然后拼接即可。

d. 按照问题 c 中的做法，针对某些小数，产生的二进制表达式可能会无限长。在这种情况下，需要事先确定二进制表达式的位数，以保证其精度至少能够达到十进制小数的精度水平。如果十进制小数的精度为小数点后 d 位，那么二进制表达式的位数 b 必须满足 $2^{-b}\leqslant10^{-d}$，即 $b\geqslant3.32d$。请将 19.95 转换为二进制数字，精度水平至少与 19.95 保持一致(即小数点后两位)。

14.5　给定模式 H 中的两个染色体，如果在相应的位置交换两者的部分(或全部)字符，证明交换后得到的两个染色体仍然属于 H。由此可以得出结论，H 中的两个染色体，经过交叉操作之后，其子代染色体仍然属于 H。也就是说，交叉操作能够保持 H 的成员。

14.6　考虑两点交叉方式(见例 14.2)。给定一对长度为 L 的二进制染色体，按照均匀分布的原则，从 1，…，$L-1$ 中独立随机抽取两个整数，c_1 和 c_2，且 $c_1\leqslant c_2$。如果 $c_1=c_2$，则不交换任何字符(即两个父代染色体保持不变)；如果 $c_1<c_2$，则父代的两个染色体交换从 c_1+1 到 c_2 的字符串片段。

针对这种交叉方式，请证明以下引理。该引理与引理 14.2 类似。

引理： 对于 $M(k)\cap H$ 中的一个染色体，其被选中进行交叉操作，且子代染色体都不属于 H 的概率存在上界：

$$p_c\left[1-\left(1-\frac{l(H)}{L-1}\right)^2\right]$$

□

提示：两点交叉等价于两个单点交叉操作的组合(即连续开展两次单点交叉)。

14.7　针对 n 点交叉操作，推导与引理 14.2 类似的引理，并进行证明。

提示：参见习题 14.6。

14.8　利用 MATLAB 实现轮盘赌选择方式。

提示：利用 MATLAB 中的函数 `sum`、`cumsum` 和 `find`。

14.9　利用 MATLAB 实现单点交叉操作，假定已经给定两个二进制编码的父代染色体。

14.10　利用 MATLAB 函数 `xor` 实现变异操作，假定配对池中的染色体为二进制向量。

14.11　编写 MATLAB 程序，实现采用二进制编码的遗传算法。利用程序求如下函数的极大点：

a. $f(x)=-15\sin^2(2x)-(x-2)^2+160$，$|x|\leqslant 10$；

b. $f(x,y)=3(1-x)^2\mathrm{e}^{-x^2-(y+1)^2}-10\left(\dfrac{x}{5}-x^3-y^5\right)\mathrm{e}^{-x^2-y^2}-\dfrac{\mathrm{e}^{-(x+1)^2-y^2}}{3}$，$|x|,|y|\leqslant 3$(例 14.3 中已考虑过)。

14.12　编写 MATLAB 程序，实现实数编码的遗传算法。利用程序求解函数 $f(\boldsymbol{x})=x_1\sin(x_1)+x_2\sin(5x_2)$ 的极大点，约束集为 $\Omega=\{\boldsymbol{x}:0\leqslant x_1\leqslant 10,\ 4\leqslant x_2\leqslant 6\}$。

第三部分

线性规划

第 15 章　线性规划概述

15.1　线性规划简史

线性规划研究的是一类在线性约束条件下求解线性目标函数极值的问题，即确定一组决策变量，使得目标函数取得极大值或极小值。线性规划是一类特殊的有约束优化问题，所谓求取目标函数的极值，通常指的是求取极小值。任何满足约束条件的点称为可行点。在线性规划问题中，目标函数是线性的，可行点的集合由一组线性等式和/或不等式确定。

本章是全书第三部分的开始。这一部分将研究线性规划的求解方法，这些方法能够在众多的可行点中找出最优的可行点。线性规划的可行点通常有无穷多个，但接下来读者将会发现，只需要在有限数量的特殊可行点集合中进行搜索，就可以确定线性规划的解，这些点称为基本可行解。因此，理论上讲，通过比较基本可行解对应的目标函数值，就可以找到一个使目标函数取得极大值或极小值的解，即最优解，这种方法称为穷举法。对于绝大部分实际问题，基本可行解的数量往往也是巨大的，因此穷举法并不实用。通过下面的实例，可以对穷举法的计算量产生直观的印象。某工厂有 20 台不同的机器，生产 20 种不同的配件。假设每台机器都可以生产任何一种配件，并且每台机器生产每种配件的时间都是已知的。问题是，如何为每台机器分配一种配件，使得总生产时间最小？可能的分配方案有 20!(20 的阶乘)种。穷举法需要把这些可能的方案都列写出来，然后通过两两比较找出最优解。假设计算机处理每个分配方案的时间是 1 μs(10^{-6} s)，则需要耗费 77 147 年(每天工作 24 小时，每年工作 365 天)才能找到最优解。另外一种方法是，让规划人员根据经验进行优化配置。这种方法需要不断地试探，但只能给出接近最优解的次优解。试探法的运算结果如果与最优解之间的误差比较小，比如 10%，就可以合理地认为试探法已经不错了。但是，实际上这仍然不够。比如，如果公司的生产规模很大并且利润空间又很小，这 10% 的误差很有可能影响到公司的盈亏。

20 世纪 30 年代末，涌现出一些针对线性规划问题的高效求解算法。1939 年，Kantorovich 针对某些生产和运输规划问题，提出了一些解决方案。在第二次世界大战期间，Koopmans 为解决运输规划问题做出了重要贡献。1975 年，Kantorovich 和 Koopmans 因在资源优化配置方面的杰出贡献，分享了诺贝尔经济学奖。1947 年，丹齐格提出了一种求解线性规划问题的新方法，即今天所称的单纯形法(关于丹齐格对该方法的描述，可参见参考文献[34])。下一章将详细探讨这种方法。单纯形法既高效又简洁，被誉为 20 世纪对科学发展和工程实践影响最大的十种算法之一[40]。

单纯形法也有其缺点，在最差的情况下，寻优步数(算法时间)随着决策变量的增加呈指数增长。因此，在最差情况下，单纯形法具有指数复杂度。这引发了人们的研究兴趣，希望能够设计出具有多项式复杂度的新算法——即算法的运算时间不会超过以决策变量数量为因子的多项式。1979 年，Khachiyan 最早提出了此类算法。然而，该算法的理论意义胜过其实用价值。1984 年，Karmarkar 提出了一种具有多项式复杂度的线性规划求解算法，它可以解决诸如调度问题、路由问题和规划问题等复杂的现实问题，且计算效率高于单纯形法。受 Karmarkar 研究工作的启发，研究人员提出了其他一些非单纯形法，统称为内点法。这一类方法仍然是当前较为活跃的研究领域。关于 Karmarkar 算法及其相关算法的详细介绍，可参阅参考文献[42, 55, 71, 119, 124]。Khachiyan 和 Karmarkar 算法的基本思想将在第 18 章中进行介绍。

15.2　线性规划的简单例子

作为一类优化问题，线性规划的标准模型为

$$\begin{aligned} \text{minimize} \quad & \boldsymbol{c}^\top \boldsymbol{x} \\ \text{subject to} \quad & \boldsymbol{A}\boldsymbol{x} = \boldsymbol{b} \\ & \boldsymbol{x} \geqslant \boldsymbol{0} \end{aligned}$$

其中，$\boldsymbol{c} \in \mathbb{R}^n$，$\boldsymbol{b} \in \mathbb{R}^m$，$\boldsymbol{A} \in \mathbb{R}^{m\times n}$。向量不等式 $\boldsymbol{x}\geqslant\boldsymbol{0}$ 表示 $\boldsymbol{x}$ 中的所有元素都是非负的。线性规划也可能具有其他形式，比如，对目标函数不是取最小化而是取最大化，或者约束条件为不等式 $\boldsymbol{A}\boldsymbol{x}\geqslant\boldsymbol{b}$ 或 $\boldsymbol{A}\boldsymbol{x}\leqslant\boldsymbol{b}$。这些变体也是线性规划问题，实际上，它们都可以转换为标准形式。

本节将列举一些简单的线性规划问题示例，以说明线性规划的重要性及其在不同领域的应用。

例 15.1[123]　某制造商生产 4 种不同的产品，分别为 X_1、X_2、X_3和 X_4，生产过程需要 3 种资源：每周工作人数，原料 A 的质量(kg)，原料 B 的箱数。每种产品都有不同的资源需求。在制定每周的生产计划表时，制造商需要同时考虑现有工人的总数和两种原料的总量，如表 15.1 所示。每种生产决策都必须满足这些约束条件。参照表 15.1 中的数据，可得约束方程组为

$$\begin{aligned} x_1 + 2x_2 + x_3 + 2x_4 &\leqslant 20 \\ 6x_1 + 5x_2 + 3x_3 + 2x_4 &\leqslant 100 \\ 3x_1 + 4x_2 + 9x_3 + 12x_4 &\leqslant 75 \end{aligned}$$

表 15.1　例 15.1 中的数据

输　入	产品				资源总量
	X_1	X_2	X_3	X_4	
每周工作人数	1	2	1	2	20
原料 A 的质量	6	5	3	2	100
原料 B 的箱数	3	4	9	12	75
产量	x_1	x_2	x_3	x_4	

产量为负值没有实际意义，因此产量应该有非负约束条件：

$$x_i \geqslant 0, \qquad i = 1,2,3,4$$

假设产品 X_1、X_2、X_3和 X_4的单价分别为 6 美元、4 美元、7 美元和 5 美元。那么，对于任何生产决策(x_1, x_2, x_3, x_4)，总收入可以表示为

$$f(x_1,x_2,x_3,x_4)=6x_1+4x_2+7x_3+5x_4$$

这样，问题转化为在给定的约束条件下(3 个不等式约束和 4 个非负约束)，求解函数f的极大值。令$\boldsymbol{x}=[x_1, x_2, x_3, x_4]^\top$，问题可以写为更加紧凑的矩阵形式：

$$\begin{aligned}\text{maximize}\quad & \boldsymbol{c}^\top\boldsymbol{x}\\ \text{subject to}\quad & \boldsymbol{A}\boldsymbol{x}\leqslant\boldsymbol{b}\\ & \boldsymbol{x}\geqslant\boldsymbol{0}\end{aligned}$$

其中，

$$\boldsymbol{c}^\top=[6,4,7,5]$$
$$\boldsymbol{A}=\begin{bmatrix}1&2&1&2\\6&5&3&2\\3&4&9&12\end{bmatrix},\quad \boldsymbol{b}=\begin{bmatrix}20\\100\\75\end{bmatrix}$$

■

接下来给出的线性规划问题是，在保证维持健康所必需的基本营养需求的条件下，如何选择最经济的饮食方式。

例 15.2　食谱问题[88]。假设有n种不同的食物，第j种食物每份的价格为c_j。人体共需要m种基本营养成分。为了维持膳食平衡，每人每天至少需要摄取b_i单位的第i种营养成分。假设每份食物j中含有a_{ij}单位的第i种营养成分。用x_j表示食谱中第j种食物的份数。目标是合理选择x_j以最小化膳食总费用：

$$\text{minimize}\quad c_1x_1+c_2x_2+\cdots+c_nx_n$$

同时，需要满足营养元素约束条件：

$$\begin{aligned}a_{11}x_1+a_{12}x_2+\cdots+a_{1n}x_n&\geqslant b_1\\ a_{21}x_1+a_{22}x_2+\cdots+a_{2n}x_n&\geqslant b_2\\ &\vdots\\ a_{m1}x_1+a_{m2}x_2+\cdots+a_{mn}x_n&\geqslant b_m\end{aligned}$$

以及非负约束条件：

$$x_1\geqslant 0,\ x_2\geqslant 0,\ \cdots,\ x_n\geqslant 0$$

可将该问题写成更紧凑的矩阵形式：

$$\begin{aligned}\text{minimize}\quad & \boldsymbol{c}^\top\boldsymbol{x}\\ \text{subject to}\quad & \boldsymbol{A}\boldsymbol{x}\geqslant\boldsymbol{b}\\ & \boldsymbol{x}\geqslant\boldsymbol{0}\end{aligned}$$

其中，$\boldsymbol{x}=[x_1, x_2, \cdots, x_n]^\top$是$n$维列向量，$\boldsymbol{c}^\top$是$n$维行向量，$\boldsymbol{A}$是$m\times n$矩阵，$\boldsymbol{b}$是$m$维列向量。该问题称为食谱问题，在第 17 章中还将继续讨论。■

接下来，讨论制造业中的线性规划问题。

例 15.3　某制造商采用 3 台机器M_1、M_2和M_3生产两种不同的产品X_1和X_2。每台机器的可用时长都是有限的。这些产品在每台机器上的加工时长如表 15.2 所示。目标是使 3 台机器的使用总时长达到最大。

表 15.2　例 15.3 的数据

机　器	加工时长(小时/件)		可用时长(小时)
	X_1	X_2	
M_1	1	1	8
M_2	1	3	18
M_3	2	1	14
合计	4	5	

每种生产决策都必须满足可用时长的约束条件，利用表 15.2 中的数据可构造约束方程组：

$$\begin{aligned} x_1 + x_2 &\leqslant 8 \\ x_1 + 3x_2 &\leqslant 18 \\ 2x_1 + x_2 &\leqslant 14 \end{aligned}$$

其中，x_1和 x_2表示产量。3 台机器的使用总时长可表示为

$$f(x_1, x_2) = 4x_1 + 5x_2$$

令 $\boldsymbol{x} = [x_1, x_2]^{\top}$，将问题表示为矩阵形式：

$$\begin{aligned} \text{maximize} \quad & \boldsymbol{c}^{\top}\boldsymbol{x} \\ \text{subject to} \quad & \boldsymbol{A}\boldsymbol{x} \leqslant \boldsymbol{b} \\ & \boldsymbol{x} \geqslant \boldsymbol{0} \end{aligned}$$

其中，

$$\boldsymbol{c}^{\top} = [4, 5]$$

$$\boldsymbol{A} = \begin{bmatrix} 1 & 1 \\ 1 & 3 \\ 2 & 1 \end{bmatrix}, \quad \boldsymbol{b} = \begin{bmatrix} 8 \\ 18 \\ 14 \end{bmatrix}$$

■

接下来的示例讨论的是线性规划在运输业中的应用。

例 15.4　某制造公司的工厂分布在 A、B 和 C 三个城市，该公司的经销商遍布多个城市。公司在 A、B、C 三个城市的库存量分别为 30 件、40 件和 30 件。根据经销商的订单，公司需要向城市 D、E、F 和 G 分别运送 20 件、20 件、25 件和 35 件产品。每件产品在不同城市间的运费如表 15.3 所示。在该表中，最右一列和最后一行分别表示供应量和需求量。从各工厂到不同目的地的运输量为决策变量。

表 15.3　例 15.4 的数据

目的地 / 货源地	D	E	F	G	供应量
A	$7	$10	$14	$8	30
B	$7	$11	$12	$6	40
C	$5	$8	$15	$9	30
需求量	20	20	25	35	100

该问题可以描述为

$$\begin{aligned}
\text{minimize}\quad & 7x_{11}+10x_{12}+14x_{13}+8x_{14}+7x_{21}+11x_{22}+12x_{23}\\
& +6x_{24}+5x_{31}+8x_{32}+15x_{33}+9x_{34}\\
\text{subject to}\quad & x_{11}+x_{12}+x_{13}+x_{14}=30\\
& x_{21}+x_{22}+x_{23}+x_{24}=40\\
& x_{31}+x_{32}+x_{33}+x_{34}=30\\
& x_{11}+x_{21}+x_{31}=20\\
& x_{12}+x_{22}+x_{32}=20\\
& x_{13}+x_{23}+x_{33}=25\\
& x_{14}+x_{24}+x_{34}=35\\
& x_{11},x_{12},\cdots,x_{34}\geqslant 0
\end{aligned}$$

其中，有一个约束方程是冗余的，因为它可以由其余的约束方程得到。从该问题的数学模型可以看出，这是一个线性规划问题，它由 $3\times4=12$ 个决策变量和 $3+4-1=6$ 个线性无关的约束方程组成。显然，这些决策变量必须是非负的，因为负运输量没有实际意义。■

下面的示例研究的是一个电力工程中的线性规划问题。

例 15.5[100]　图 15.1 所示的是一个充电电路，其功能是采用 30 V 的电源为 3 个电压为 10 V、6 V 和 20 V 的并联电池充电。受物理条件的限制，电流 I_1、I_2、I_3、I_4和 I_5的最大值分别是 4 A、3 A、3 A、2 A 和 2 A。并且，电池不能放电，即电流 I_1、I_2、I_3、I_4和 I_5不能是负数。如何优化电流 I_1、I_2、I_3、I_4和 I_5的值，使得输送给电池的总能量达到最大值?

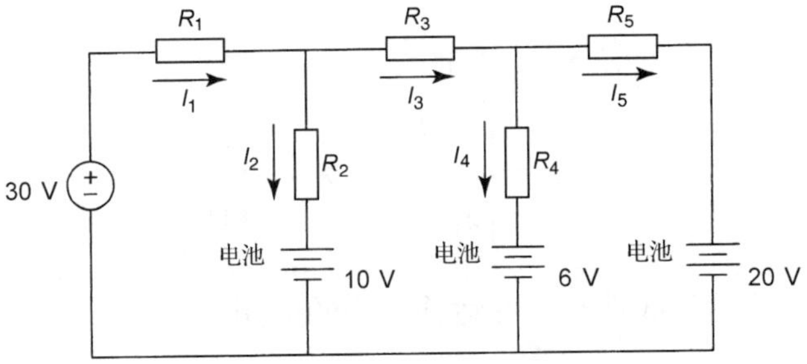

图 15.1　例 15.5 的电池充电电路

传送给电池的总电能是传送给每个电池的电能之和，可以表示为 $10I_2+6I_4+20I_5$ W，由电路结构可知(见图 15.1)，电流满足约束：$I_1=I_2+I_3$，$I_3=I_4+I_5$。因此，该问题可以描述为如下线性规划问题：

$$\begin{aligned}
\text{maximize}\quad & 10I_2+6I_4+20I_5\\
\text{subject to}\quad & I_1=I_2+I_3\\
& I_3=I_4+I_5\\
& I_1\leqslant 4\\
& I_2\leqslant 3\\
& I_3\leqslant 3\\
& I_4\leqslant 2\\
& I_5\leqslant 2\\
& I_1,I_2,I_3,I_4,I_5\geqslant 0
\end{aligned}$$

■

最后，研究一个无线通信的例子。

例 15.6　考虑图 15.2 所示的无线通信系统。在该通信系统中，共有 n 个“移动”用户，其中用户 $i(i=1, 2, \cdots, n)$ 向基站传输的信号的功率和衰减因子分别为 p_i 和 h_i（即基站实际接收用户 i 的信号功率为 $h_i p_i$）。当基站正在接收来自用户 i 的信号时，从其他用户发送到该基站的信号则被视为干扰（即用户 i 受到的干扰为 $\sum_{j\neq i} h_j p_j$）。为了保证基站和用户 i 之间通信的可靠性，信号-干扰比必须大于阈值 γ_i，这里的“信号”是指基站接收用户 i 的信号功率。

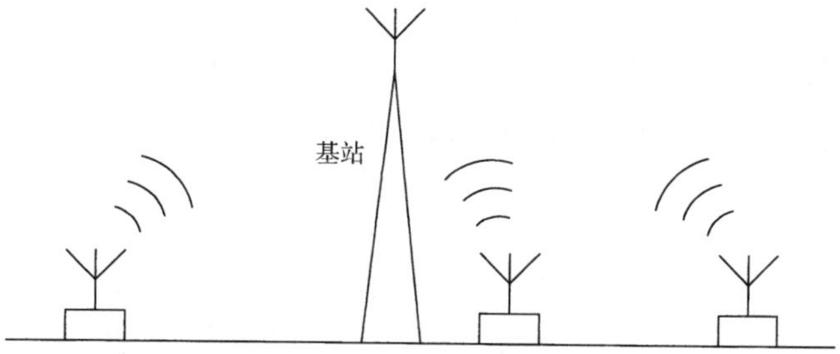

图 15.2　例 15.6 中的无线通信系统

在保证每个用户都能进行可靠通信的情况下，如何使总的信号传输功率达到最小？可将该问题表示成如下形式的线性规划问题：

$$\begin{aligned} \text{minimize} \quad & \boldsymbol{c}^\top \boldsymbol{x} \\ \text{subject to} \quad & \boldsymbol{A}\boldsymbol{x} \geqslant \boldsymbol{b} \\ & \boldsymbol{x} \geqslant \boldsymbol{0} \end{aligned}$$

下面给出矩阵 $\boldsymbol{A}$、向量 $\boldsymbol{b}$ 和 $\boldsymbol{c}$ 的表达式。总的传输功率为 $p_1+\cdots+p_n$，用户 i 的信号-干扰比为

$$\frac{h_i p_i}{\sum_{j\neq i} h_j p_j}$$

因此，问题可以表示为

$$\begin{aligned} \text{minimize} \quad & p_1+\cdots+p_n \\ \text{subject to} \quad & \frac{h_i p_i}{\sum_{j\neq i} h_j p_j} \geqslant \gamma_i,\ i=1,\cdots,n \\ & p_1,\cdots,p_n \geqslant 0 \end{aligned}$$

将以上方程改写为线性规划问题：

$$\begin{aligned} \text{minimize} \quad & p_1+\cdots+p_n \\ \text{subject to} \quad & h_i p_i - \gamma_i \sum_{j\neq i} h_j p_j \geqslant 0,\ i=1,\cdots,n \\ & p_1,\cdots,p_n \geqslant 0 \end{aligned}$$

由此可得，矩阵 $\boldsymbol{A}$、向量 $\boldsymbol{b}$ 和 $\boldsymbol{c}$ 为

$$\boldsymbol{c} = [1,\cdots,1]^\top$$

$$\boldsymbol{A} = \begin{bmatrix} h_1 & -\gamma_1 h_2 & \cdots & -\gamma_1 h_n \\ -\gamma_2 h_1 & h_2 & \cdots & -\gamma_2 h_n \\ \vdots & & \ddots & \vdots \\ -\gamma_n h_1 & -\gamma_n h_2 & \cdots & h_n \end{bmatrix}, \quad \boldsymbol{b} = \boldsymbol{0}$$

■

更多关于线性规划问题的案例以及其工程应用，可参阅参考文献[1，34，35，46，109]。有关线性规划在控制系统设计方面的应用，可参阅参考文献[33]。线性规划还为矩阵博弈论等理论性的应用奠定了基础(参考文献[18]对此进行了讨论)。

15.3　二维线性规划

线性规划的很多基本概念可以在二维空间中进行说明。因此，在讨论一般形式的线性规划问题之前，首先研究 $\mathbb{R}^2$ 中的线性规划。

考虑如下线性规划[123]：

$$\begin{array}{ll} \text{maximize} & \boldsymbol{c}^\top \boldsymbol{x} \\ \text{subject to} & \boldsymbol{A}\boldsymbol{x} \leqslant \boldsymbol{b} \\ & \boldsymbol{x} \geqslant \boldsymbol{0} \end{array}$$

其中，$\boldsymbol{x}=[x_1,x_2]^\top$，

$$\boldsymbol{c}^\top=[1,5],$$

$$\boldsymbol{A}=\begin{bmatrix}5 & 6\\ 3 & 2\end{bmatrix},\quad \boldsymbol{b}=\begin{bmatrix}30\\ 12\end{bmatrix}$$

方程组 $\{\boldsymbol{c}^\top\boldsymbol{x}=x_1+5x_2=f,\ f\in\mathbb{R}\}$ 代表 $\mathbb{R}^2$ 中的一个直线簇。当函数 f 等于某个实数时，就会确定该直线簇中的一条直线。比如，$x_1+5x_2=-5$，$x_1+5x_2=0$ 和 $x_1+5x_2=3$ 是该直线簇中相互平行的 3 条直线。可以通过选择 x_1 和 x_2 的值，使得在满足约束条件的情况下保证函数 f 取得极大值。取 $x_1=1$，$x_2=3$，该点满足约束条件，此时 $f=16$。接着选取 $x_1=0$，$x_2=5$，此时 $f=25$，显然 f 在该点处的函数值大于其在 $\boldsymbol{x}=[1,3]^\top$ 处的函数值。但是，满足约束条件的点有无穷多个，需要一种比试探法更好的方法来求解函数极值。在后面的章节中，将研究一种系统化的求解方法，该方法能够极大地简化线性规划问题的求解过程。

对于上述问题，可以采用图解法进行求解。首先，在 $\mathbb{R}^2$ 中绘制约束条件，如图 15.3 所示，阴影部分是可行域(满足约束条件 $\boldsymbol{A}\boldsymbol{x}\leqslant\boldsymbol{b}$，$\boldsymbol{x}\geqslant\boldsymbol{0}$ 的点 $\boldsymbol{x}$ 构成的集合)。

从几何的角度进行分析，求目标函数 $\boldsymbol{c}^\top\boldsymbol{x}=x_1+5x_2$ 在约束条件下的极大值问题可以描述为，寻找一条穿越阴影区域的直线 $f=x_1+5x_2$，使得这条直线的 f 值最大。此时，直线与阴影区域交点处的坐标值即为使 $\boldsymbol{c}^\top\boldsymbol{x}$ 取得极大值的点。在本例中，$[0,5]^\top$ 即为问题的解，如图 15.3 所示。

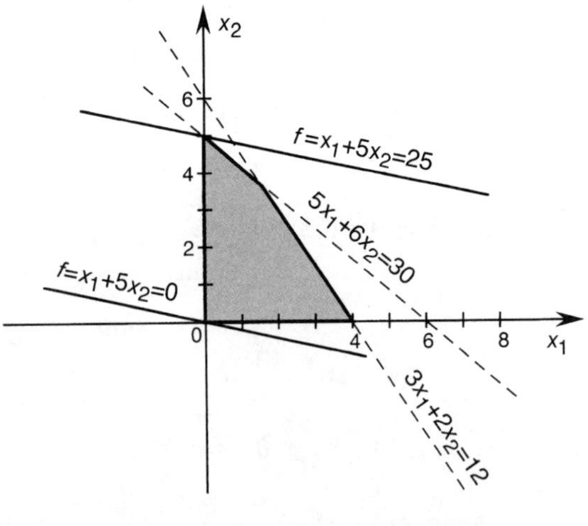

图 15.3　$\mathbb{R}^2$ 中线性规划的图解法

例 15.7　有两种类型的混凝土。第一种混凝土由 30% 的水泥、40% 的碎石和 30% 的沙子(指的是占总质量的比例)混合而成，第二种混凝土由 10% 的水泥、20% 的碎

石和 70% 的沙子混合而成。第一种和第二种混凝土每磅的售价分别为 5 美元和 1 美元。假设需要一种至少由 5 磅的水泥、3 磅的碎石和 4 磅的沙子组成的混凝土，那么，需要各自购买多少磅两种类型的混凝土才能使总费用最小?

问题可以表示为如下形式：

$$\begin{aligned} \text{minimize} \quad & \boldsymbol{c}^\top \boldsymbol{x} \\ \text{subject to} \quad & \boldsymbol{A}\boldsymbol{x} \geqslant \boldsymbol{b} \\ & \boldsymbol{x} \geqslant \boldsymbol{0} \end{aligned}$$

其中，

$$\boldsymbol{c}^\top = [5, 1]$$

$$\boldsymbol{A} = \begin{bmatrix} 0.3 & 0.1 \\ 0.4 & 0.2 \\ 0.3 & 0.7 \end{bmatrix}, \quad \boldsymbol{b} = \begin{bmatrix} 5 \\ 3 \\ 4 \end{bmatrix}$$

采用图解法，得到的解为$[0, 50]^\top$，这意味着需要购买 50 磅第二种混凝土(例 12.1 讨论的是该问题的一种变形，采用了不同的求解方法)。■

在某些情况下，当运用图解法进行求解时，最优直线$f = \boldsymbol{c}^\top \boldsymbol{x}$ 与可行域边界的交点可能不止一个。此时，所有交点对应的目标函数 $\boldsymbol{c}^\top \boldsymbol{x}$ 是相同的，因此这些点都是最优解。

15.4　凸多面体和线性规划

线性规划的任务是在一组线性等式和(或)线性不等式的约束条件下，求解线性目标函数

$$\boldsymbol{c}^\top \boldsymbol{x} = c_1 x_1 + c_2 x_2 + \cdots + c_n x_n$$

的极小(或极大)值。这里只讨论形如 $\boldsymbol{A}\boldsymbol{x} \leqslant \boldsymbol{b}$, $\boldsymbol{x} \geqslant \boldsymbol{0}$ 的约束条件。本节将从几何的角度讨论线性规划问题(本节所涉及的几何概念详见第 4 章)。满足约束条件的点集可视为有限个闭半空间的交集。因此，这些约束条件定义了一个凸多面体。为简单起见，假设这个凸多面体是非空有界的。换言之，这些约束方程定义了 $\mathbb{R}^n$ 中的一个多胞形 M。用 H 表示这个多面体的一个支撑超平面。如果 M 的维数小于 n，则多胞形 M 和超平面 H 的共有点集与 M 一致。如果 M 的维数等于 n，则多胞形 M 和超平面 H 的共有点集是多胞形的一个面。如果这个面是 $n-1$ 维的，则只存在一个支撑超平面，即这个面的包。如果面的维数小于 $n-1$，则会存在无穷多个支撑超平面，这些支撑超平面与多胞形的交点即是这个面，如图 15.4 所示。

求解线性规划的目标是在凸多胞形 M 上确定线性目标函数 $f(\boldsymbol{x}) = \boldsymbol{c}^\top \boldsymbol{x} = c_1 x_1 + \cdots + c_n x_n$ 的极大值。用 H 表示由如下方程定义的超平面：

$$\boldsymbol{c}^\top \boldsymbol{x} = 0$$

绘制多胞形 M 的一个支撑超平面 $\widetilde{H}$，使得该超平面与 H 平行，并且向量 $\boldsymbol{c}$ 指向的半平面不包含 M，如图 15.5 所示。超平面 $\widetilde{H}$ 的方程为

$$\boldsymbol{c}^\top \boldsymbol{x} = \beta$$

且对于所有 $\boldsymbol{x} \in M$，都有 $\boldsymbol{c}^\top \boldsymbol{x} \leqslant \beta$ 成立。令 $\widetilde{M}$ 表示由支撑超平面 $\widetilde{H}$ 和多胞形 M 的交集构

成的凸多胞形。接下来可以证明，f 在 $\widetilde{M}$ 上是个常数，并且 $\widetilde{M}$ 是 M 中所有使 f 取得极大值的点集。令 $\boldsymbol{y}$ 和 $\boldsymbol{z}$ 是 $\widetilde{M}$ 中的任意两点，则 $\boldsymbol{y}$ 和 $\boldsymbol{z}$ 也都在 $\widetilde{H}$ 内，因此

$$f(\boldsymbol{y}) = \boldsymbol{c}^{\top}\boldsymbol{y} = \beta = \boldsymbol{c}^{\top}\boldsymbol{z} = f(\boldsymbol{z})$$

该式表示 f 在 $\widetilde{M}$ 上是个常数。

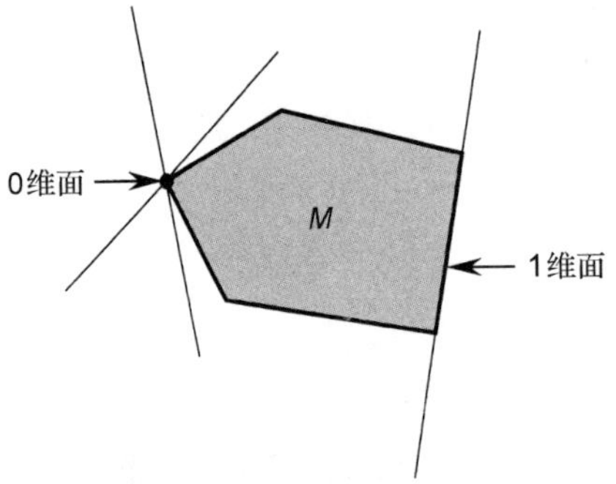

图 15.4　多胞形 M 上不同边界点处的支撑超平面

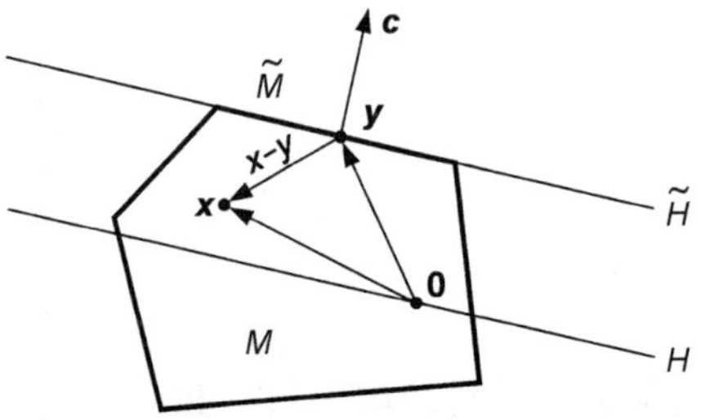

图 15.5　线性方程在多胞形 M 上的极大值

令 $\boldsymbol{y}$ 是 $\widetilde{M}$ 中的点，$\boldsymbol{x}$ 是 $M\backslash\widetilde{M}$ 中的点，即 $\boldsymbol{x}$ 是 M 中的一个点，但不在 $\widetilde{M}$ 中(见图 15.5)，那么，

$$\boldsymbol{c}^{\top}\boldsymbol{x} < \beta = \boldsymbol{c}^{\top}\boldsymbol{y}$$

则有

$$f(\boldsymbol{x}) < f(\boldsymbol{y})$$

因此，目标函数 f 在属于 M 但不属于 $\widetilde{M}$ 的点上的值要比 $\widetilde{M}$ 的点上的值小。这意味着目标函数 f 的极大值点 M 应该在 $\widetilde{M}$ 中。

如果 $\widetilde{M}$ 只包含一个点(这种情况是存在的)，则 f 仅在该点上取得极大值。当支撑超平面恰好经过 M 的一个极点时，这种情况就会发生，如图 15.6 所示。

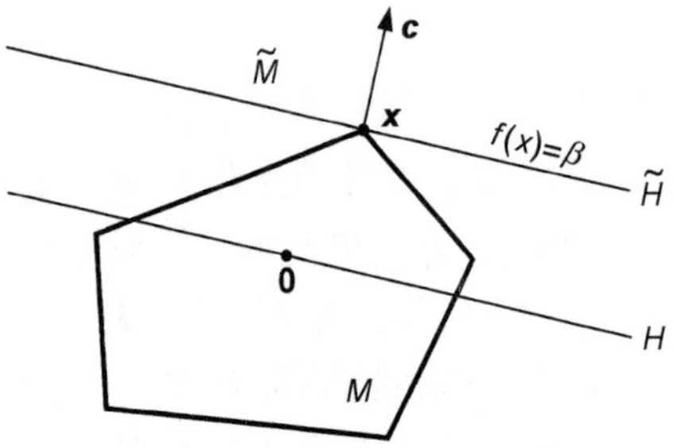

图 15.6　f 在多胞形 M 上的唯一极大值点

15.5　线性规划问题的标准型

线性规划问题可以写为标准型：

$$\begin{aligned} \text{minimize}\quad & \boldsymbol{c}^{\top}\boldsymbol{x} \\ \text{subject to}\quad & \boldsymbol{A}\boldsymbol{x} = \boldsymbol{b} \\ & \boldsymbol{x} \geqslant \boldsymbol{0} \end{aligned}$$

其中，$\boldsymbol{A}$ 是 $m \times n$ 实数矩阵，$m < n$，$\operatorname{rank} \boldsymbol{A} = m$。不失一般性，假设 $\boldsymbol{b} \geqslant \boldsymbol{0}$。如果列向量 $\boldsymbol{b}$ 中的第 i 个元素是负数，那么在第 i 个约束方程两边同乘以 -1，就可以使方程的右端项大于零。

线性规划问题的定理和求解方法大部分都是针对标准型得到的，任何形式的线性规划问题都可以转换为标准型。比如，某线性规划问题具有如下形式：

$$\begin{aligned} \text{minimize} \quad & \boldsymbol{c}^{\top}\boldsymbol{x} \\ \text{subject to} \quad & \boldsymbol{A}\boldsymbol{x} \geqslant \boldsymbol{b} \\ & \boldsymbol{x} \geqslant \boldsymbol{0} \end{aligned}$$

通过引入剩余变量 y_i，可以将该问题转换为标准型：

$$\begin{aligned} \text{minimize} \quad & \boldsymbol{c}^{\top}\boldsymbol{x} \\ \text{subject to} \quad & a_{i1}x_1 + a_{i2}x_2 + \cdots + a_{in}x_n - y_i = b_i, \quad i = 1, \cdots, m \\ & x_1 \geqslant 0, x_2 \geqslant 0, \cdots, x_n \geqslant 0 \\ & y_1 \geqslant 0, y_2 \geqslant 0, \cdots, y_m \geqslant 0 \end{aligned}$$

还可以写成更紧凑的矩阵形式：

$$\begin{aligned} \text{minimize} \quad & \boldsymbol{c}^{\top}\boldsymbol{x} \\ \text{subject to} \quad & \boldsymbol{A}\boldsymbol{x} - \boldsymbol{I}_m\boldsymbol{y} = [\boldsymbol{A}, -\boldsymbol{I}_m]\begin{bmatrix}\boldsymbol{x} \\ \boldsymbol{y}\end{bmatrix} = \boldsymbol{b} \\ & \boldsymbol{x} \geqslant \boldsymbol{0},\ \boldsymbol{y} \geqslant \boldsymbol{0} \end{aligned}$$

其中，$\boldsymbol{I}_m$ 是 $m \times m$ 单位矩阵。

如果约束条件具有如下形式：

$$\begin{aligned} \boldsymbol{A}\boldsymbol{x} &\leqslant \boldsymbol{b} \\ \boldsymbol{x} &\geqslant \boldsymbol{0} \end{aligned}$$

那么，通过引入松弛变量 y_i，可以将约束条件转换为

$$\begin{aligned} & \boldsymbol{A}\boldsymbol{x} + \boldsymbol{I}_m\boldsymbol{y} = [\boldsymbol{A}, \boldsymbol{I}_m]\begin{bmatrix}\boldsymbol{x} \\ \boldsymbol{y}\end{bmatrix} = \boldsymbol{b} \\ & \boldsymbol{x} \geqslant \boldsymbol{0},\ \boldsymbol{y} \geqslant \boldsymbol{0} \end{aligned}$$

其中，$\boldsymbol{y}$ 表示由松弛变量组成的向量。注意，剩余变量和松弛变量对目标函数 $\boldsymbol{c}^{\top}\boldsymbol{x}$ 没有任何贡献。

第一眼看上去，下面的两个线性规划问题

$$\begin{aligned} \text{minimize} \quad & \boldsymbol{c}^{\top}\boldsymbol{x} \\ \text{subject to} \quad & \boldsymbol{A}\boldsymbol{x} \geqslant \boldsymbol{b} \\ & \boldsymbol{x} \geqslant \boldsymbol{0} \end{aligned}$$

和

$$\begin{aligned} \text{minimize} \quad & \boldsymbol{c}^{\top}\boldsymbol{x} \\ \text{subject to} \quad & \boldsymbol{A}\boldsymbol{x} - \boldsymbol{I}_m\boldsymbol{y} = \boldsymbol{b} \\ & \boldsymbol{x} \geqslant \boldsymbol{0} \\ & \boldsymbol{y} \geqslant \boldsymbol{0} \end{aligned}$$

并不相同。第一个问题是一些半空间在 n 维空间的交集，第二个问题是一些半空间和超平面在 $(n+m)$ 维空间的交集。事实上，这两种表示方法在数学上是等价的，因为这两个问题的解是可以互推的。下面通过一个例子来说明这种等价性。

例 15.8　有不等式约束：

$$x_1 \leqslant 7$$

引入松弛变量 $x_2 \geqslant 0$ 后，将其转换为等式约束：

$$\begin{aligned} x_1 + x_2 &= 7 \\ x_2 &\geqslant 0 \end{aligned}$$

考虑集合 $C_1 = \{x_1 : x_1 \leqslant 7\}$ 和 $C_2 = \{x_1 : x_1 + x_2 = 7, x_2 \geqslant 0\}$，它们等价吗？很明显，答案是肯定的。下面给出它们之间等价性的几何解释。考虑第三个集合 $C_3 = \{[x_1, x_2]^\top : x_1 + x_2 = 7, x_2 \geqslant 0\}$，由图 15.7 可知，集合 C_3 包含了位于 x_1 轴上方半平面内的直线上的点。该集合是 $\mathbb{R}^2$ 中的子集，与 C_1($\mathbb{R}$ 中的子集)不是同一个集合。然而，可以将集合 C_3 投影到 x_1 轴上(见图 15.7)。每个点 $x_1 \in C_1$ 都可以对应到 C_3 在 x_1 轴的正交投影点 $[x_1, 0]^\top$，反之亦然。注意 $C_2 = \{x_1 : [x_1, x_2]^\top \in C_3\} = C_1$。■

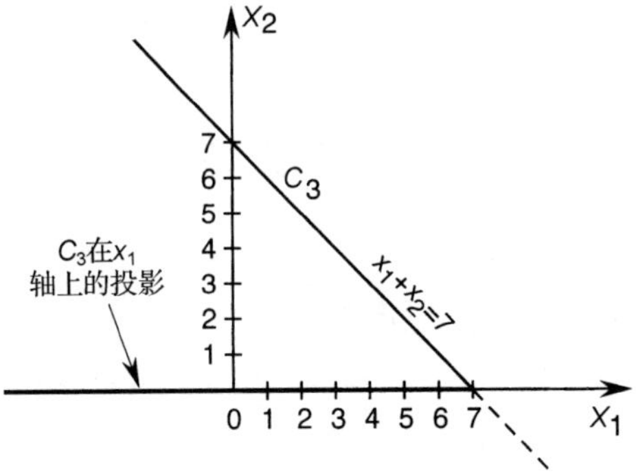

图 15.7　集合 C_3 在 x_1 轴上的投影

例 15.9　考虑不等式约束：

$$\begin{aligned} a_1x_1 + a_2x_2 &\leqslant b \\ x_1, x_2 &\geqslant 0 \end{aligned}$$

其中，a_1、a_2 和 b 都是正数。引入松弛变量 $x_3 \geqslant 0$ 后，得到

$$\begin{aligned} a_1x_1 + a_2x_2 + x_3 &= b \\ x_1, x_2, x_3 &\geqslant 0 \end{aligned}$$

定义集合

$$\begin{aligned} C_1 &= \{[x_1, x_2]^\top : a_1x_1 + a_2x_2 \leqslant b,\ x_1, x_2 \geqslant 0\} \\ C_2 &= \{[x_1, x_2]^\top : a_1x_1 + a_2x_2 + x_3 = b,\ x_1, x_2, x_3 \geqslant 0\} \\ C_3 &= \{[x_1, x_2, x_3]^\top : a_1x_1 + a_2x_2 + x_3 = b,\ x_1, x_2, x_3 \geqslant 0\} \end{aligned}$$

可以看出，C_3 和 C_1 是不同的。但是，C_3 在 (x_1, x_2) 平面的正交投影所得集合即为 C_1。可以将 C_3 在 (x_1, x_2) 平面的正交投影对应的点集 $[x_1, x_2, 0]^\top$ 与 C_1 中的点建立对应关系，如图 15.8 所示。注意，$C_2 = \{[x_1, x_2]^\top : [x_1, x_2, x_3]^\top \in C_3\} = C_1$。■

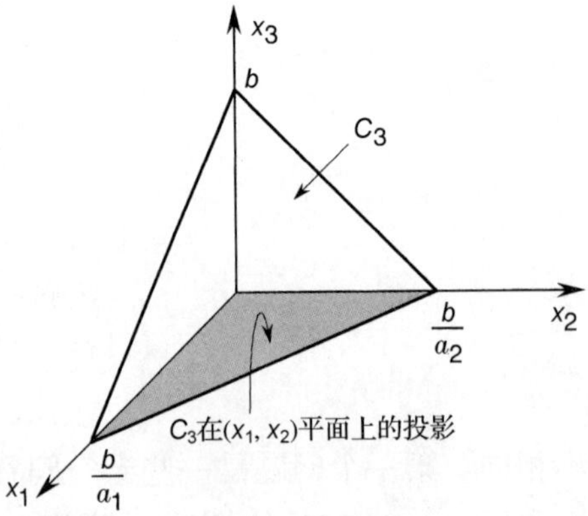

图 15.8　C_3 在 (x_1, x_2) 平面上的投影

例 15.10　求函数

$$f(x_1, x_2) = c_1x_1 + c_2x_2$$

的极大值。约束条件为

$$\begin{aligned} a_{11}x_1 + a_{12}x_2 &\leqslant b_1 \\ a_{21}x_1 + a_{22}x_2 &= b_2 \\ x_1, x_2, &\geqslant 0 \end{aligned}$$

为简单起见，假设 $a_{ij}>0$，b_1，$b_2 \geqslant 0$。可行集如图 15.9 所示，令 $C_1 \subset \mathbb{R}^2$ 表示满足约束条件的点集。

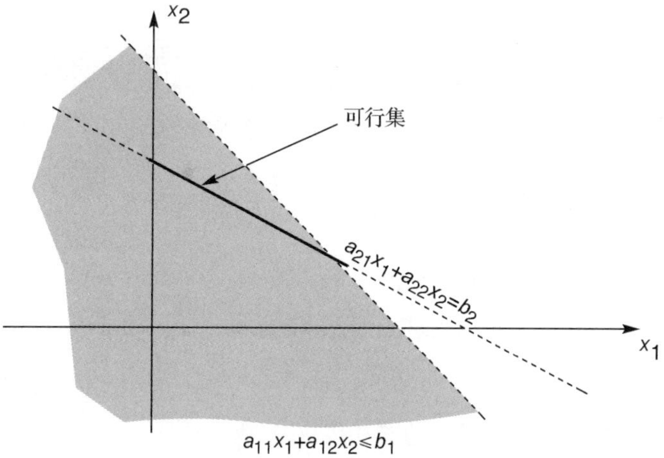

图 15.9　例 15.10 中的可行集

引入松弛变量，将约束条件转换为标准型：

$$
\begin{aligned}
a_{11}x_1 + a_{12}x_2 + x_3 &= b_1 \\
a_{21}x_1 + a_{22}x_2 &= b_2 \\
x_i \geqslant 0,\ i &= 1,2,3
\end{aligned}
$$

令 $C_2 \subset \mathbb{R}^3$ 表示满足约束条件的点集。如图 15.10 所示，该集合是一条线段（在 $\mathbb{R}^3$中）。将 C_2投影到(x_1, x_2)平面。投影集由点$[x_1, x_2, 0]^{\top}$组成，其中的 x_1 和 x_2 与点集$[x_1, x_2, x_3]^{\top} \in C_2$ 的元素对应相等，且有 $x_3 \geqslant 0$。在图 15.10 中，该集合用(x_1, x_2)平面中的粗实线表示，因此可以将这些投影点与集合 C_1 中的点建立对应关系。

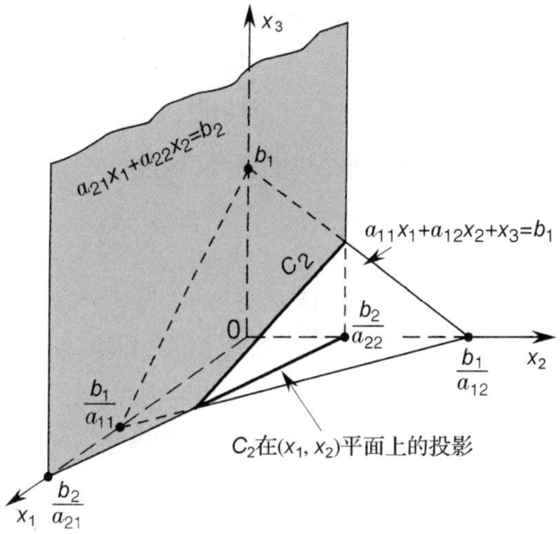

图 15.10　C_2在(x_1, x_2)平面上的投影　■

下面的例子演示了如何把一个一般形式的线性规划问题转换为标准型。

例 15.11　考虑优化问题

$$\begin{aligned}\text{maximize}\quad & x_2 - x_1\\ \text{subject to}\quad & 3x_1 = x_2 - 5\\ & |x_2| \leqslant 2\\ & x_1 \leqslant 0\end{aligned}$$

为将其转换为线性规划问题的标准型，需要开展如下步骤的操作：

1. 将目标函数变为 $x_1 - x_2$；
2. 进行替换操作，$x_1 = -x_1'$；
3. 将 $|x_2| \leqslant 2$ 改写为 $x_2 \leqslant 2$ 和 $-x_2 \leqslant 2$；
4. 引入松弛变量 x_3 和 x_4，将以上不等式变换为 $x_2 + x_3 = 2$ 和 $-x_2 + x_4 = 2$；
5. 令 $x_2 = u - v$，u，$v \geqslant 0$。

由此可以得到上述线性规划问题的标准型：

$$\begin{aligned}\text{minimize}\quad & -x_1' - u + v\\ \text{subject to}\quad & 3x_1' + u - v = 5\\ & u - v + x_3 = 2\\ & v - u + x_4 = 2\\ & x_1', u, v, x_3, x_4 \geqslant 0\end{aligned}$$

■

15.6　基本解

由 15.5 节可知，任何带有不等式约束的线性规划问题都可以转换为标准型，即问题的约束条件是线性等式，决策变量非负。具体形式为

$$\begin{aligned}\text{minimize}\quad & \boldsymbol{c}^\top \boldsymbol{x}\\ \text{subject to}\quad & \boldsymbol{A}\boldsymbol{x} = \boldsymbol{b}\\ & \boldsymbol{x} \geqslant \boldsymbol{0}\end{aligned}$$

其中，$\boldsymbol{c} \in \mathbb{R}^n$，$\boldsymbol{A} \in \mathbb{R}^{m\times n}$，$\boldsymbol{b} \in \mathbb{R}^m$，$m < n$，$\operatorname{rank} \boldsymbol{A} = m$，$\boldsymbol{b} \geqslant \boldsymbol{0}$。接下来的讨论针对的都是线性规划问题的标准型。

考虑方程组：

$$\boldsymbol{A}\boldsymbol{x} = \boldsymbol{b}$$

其中，$\operatorname{rank} \boldsymbol{A} = m$。为了求解这类方程组，通常从矩阵 $\boldsymbol{A}$ 的一部分列向量入手。为方便起见，可以将 $\boldsymbol{A}$ 中的列向量进行重新排序，将感兴趣的列向量排在前列。具体来说，从 $\boldsymbol{A}$ 中选择 m 个线性无关的列向量组成方阵 $\boldsymbol{B}$，对 $\boldsymbol{A}$ 的列向量进行重新排序，可使得 $\boldsymbol{B}$ 中的列向量位于 $\boldsymbol{A}$ 的前 m 列，即 $\boldsymbol{A}$ 可写为分块矩阵 $\boldsymbol{A} = [\boldsymbol{B}, \boldsymbol{D}]$，其中 $\boldsymbol{D}$ 是 $m\times(n-m)$ 矩阵，它由 $\boldsymbol{A}$ 中其余的列向量组成。矩阵 $\boldsymbol{B}$ 是非奇异的，因此，求解方程

$$\boldsymbol{B}\boldsymbol{x}_B = \boldsymbol{b}$$

可得到 m 维向量 $\boldsymbol{x}_B = \boldsymbol{B}^{-1}\boldsymbol{b}$。令 $\boldsymbol{x}$ 为 n 维向量，它的前 m 个元素等于 $\boldsymbol{x}_B$，其余元素为零，即 $\boldsymbol{x} = [\boldsymbol{x}_B^\top, \boldsymbol{0}^\top]^\top$，那么 $\boldsymbol{x}$ 是方程 $\boldsymbol{A}\boldsymbol{x} = \boldsymbol{b}$ 的一个解。

定义 15.1　$[\boldsymbol{x}_B^\top, \boldsymbol{0}^\top]^\top$是$\boldsymbol{Ax}=\boldsymbol{b}$在基$\boldsymbol{B}$下的基本解，向量$\boldsymbol{x}_B$中的元素称为基变量，$\boldsymbol{B}$中的列向量称为基本列向量。

如果基本解中的某些基变量为零，那么这个基本解称为退化的基本解。

满足$\boldsymbol{Ax}=\boldsymbol{b}$，$\boldsymbol{x}\geqslant\boldsymbol{0}$的向量$\boldsymbol{x}$称为可行解。

如果某个可行解也是基本解，那么称之为基本可行解。

如果基本可行解是退化的基本解，那么称之为退化的基本可行解。 ■

注意，对于任意基本可行解，都有$\boldsymbol{x}_B\geqslant\boldsymbol{0}$。

例 15.12　考虑等式

$$\boldsymbol{Ax}=\boldsymbol{b}$$

其中，

$$\boldsymbol{A}=[\boldsymbol{a}_1,\boldsymbol{a}_2,\boldsymbol{a}_3,\boldsymbol{a}_4]=\begin{bmatrix}1 & 1 & -1 & 4\\ 1 & -2 & -1 & 1\end{bmatrix},\quad \boldsymbol{b}=\begin{bmatrix}8\\ 2\end{bmatrix}$$

式中，$\boldsymbol{a}_i$表示矩阵$\boldsymbol{A}$的第i列。

可以看出，$\boldsymbol{x}=[6,2,0,0]^\top$是关于基$\boldsymbol{B}=[\boldsymbol{a}_1,\boldsymbol{a}_2]$的基本可行解，$\boldsymbol{x}=[0,0,0,2]^\top$是关于基$\boldsymbol{B}=[\boldsymbol{a}_3,\boldsymbol{a}_4]$的退化的基本可行解（与$[\boldsymbol{a}_1,\boldsymbol{a}_4]$和$[\boldsymbol{a}_2,\boldsymbol{a}_4]$相对应的基本可行解也是退化的）。$\boldsymbol{x}=[3,1,0,1]^\top$是可行解，但不是基本解。$\boldsymbol{x}=[0,2,-6,0]^\top$是关于基$\boldsymbol{B}=[\boldsymbol{a}_2,\boldsymbol{a}_3]$的基本解，但不是可行解。 ■

例 15.13　考虑等式

$$\boldsymbol{Ax}=\boldsymbol{b}$$

其中，

$$\boldsymbol{A}=\begin{bmatrix}2 & 3 & -1 & -1\\ 4 & 1 & 1 & -2\end{bmatrix},\quad \boldsymbol{b}=\begin{bmatrix}-1\\ 9\end{bmatrix}$$

下面寻找该方程组的解。注意，方程$\boldsymbol{Ax}=\boldsymbol{b}$的解都可以写为$\boldsymbol{x}=\boldsymbol{v}+\boldsymbol{h}$的形式，其中$\boldsymbol{v}$是$\boldsymbol{Ax}=\boldsymbol{b}$的特解，$\boldsymbol{h}$是$\boldsymbol{Ax}=\boldsymbol{0}$的一个解。

构造增广矩阵：

$$[\boldsymbol{A},\boldsymbol{b}]=\begin{bmatrix}2 & 3 & -1 & -1 & -1\\ 4 & 1 & 1 & -2 & 9\end{bmatrix}$$

利用初等行变换，将该矩阵转换成如下形式（见第 16 章）：

$$\begin{bmatrix}1 & 0 & \frac{2}{5} & -\frac{1}{2} & \frac{14}{5}\\ 0 & 1 & -\frac{3}{5} & 0 & -\frac{11}{5}\end{bmatrix}$$

相应的方程组为

$$x_1+\frac{2}{5}x_3-\frac{1}{2}x_4=\frac{14}{5}$$
$$x_2-\frac{3}{5}x_3=-\frac{11}{5}$$

求解可得

$$x_1 = \frac{14}{15} - \frac{2}{5}x_3 + \frac{1}{2}x_4$$
$$x_2 = -\frac{11}{5} + \frac{3}{5}x_3$$

其中，x_3和 x_4为任意实数。如果$[x_1, x_2, x_3, x_4]^\top$是一个解，则有

$$x_1 = \frac{14}{5} - \frac{2}{5}s + \frac{1}{2}t$$
$$x_2 = -\frac{11}{5} + \frac{3}{5}s$$
$$x_3 = s$$
$$x_4 = t$$

s 和 t 是任意实数，替换的分别是 x_3和 x_4。

将其写为向量的形式：

$$\begin{bmatrix} x_1 \\ x_2 \\ x_3 \\ x_4 \end{bmatrix} = \begin{bmatrix} \frac{14}{5} \\ -\frac{11}{5} \\ 0 \\ 0 \end{bmatrix} + s\begin{bmatrix} -\frac{2}{5} \\ \frac{3}{5} \\ 1 \\ 0 \end{bmatrix} + t\begin{bmatrix} \frac{1}{2} \\ 0 \\ 0 \\ 1 \end{bmatrix}$$

可见，带有参数 $s, t \in \mathbb{R}$ 的解有无穷多个。令 $s = t = 0$，可得 $\boldsymbol{Ax} = \boldsymbol{b}$ 的一个特解：

$$\boldsymbol{v} = \begin{bmatrix} \frac{14}{5} \\ -\frac{11}{5} \\ 0 \\ 0 \end{bmatrix}$$

其他解都可以写成 $\boldsymbol{v} + \boldsymbol{h}$ 的形式，其中，

$$\boldsymbol{h} = s\begin{bmatrix} -\frac{2}{5} \\ \frac{3}{5} \\ 1 \\ 0 \end{bmatrix} + t\begin{bmatrix} \frac{1}{2} \\ 0 \\ 0 \\ 1 \end{bmatrix}$$

基本解的个数最多为

$$\binom{n}{m} = \frac{n!}{m!(n-m)!} = \frac{4!}{2!(4-2)!} = 6$$

为了找到基本解中的可行解，则需要检查每个基本解的可行性。

令 $x_3 = x_4 = 0$，得到第 1 个候选的基本可行解，其相应的基为 $\boldsymbol{B} = [\boldsymbol{a}_1, \boldsymbol{a}_2]$，求解 $\boldsymbol{Bx}_B = \boldsymbol{b}$，得到 $\boldsymbol{x}_B = [14/5, -11/5]^\top$，因此 $\boldsymbol{x} = [14/5, -11/5, 0, 0]^\top$是一个基本解，但不是可行解。

令 $x_2 = x_4 = 0$，得到第 2 个候选的基本可行解，其相应的基为 $\boldsymbol{B} = [\boldsymbol{a}_1, \boldsymbol{a}_3]$，求解 $\boldsymbol{Bx}_B = \boldsymbol{b}$，得到 $\boldsymbol{x}_B = [4/3, 11/3]^\top$，因此 $\boldsymbol{x} = [4/3, 0, 11/3, 0]^\top$是一个基本可行解。

令 $x_2 = x_3 = 0$，得到第 3 个候选的基本可行解，由于矩阵

$$\boldsymbol{B} = [\boldsymbol{a}_1, \boldsymbol{a}_4] = \begin{bmatrix} 2 & -1 \\ 4 & -2 \end{bmatrix}$$

是奇异的，因此 $\boldsymbol{B}$ 不是基矩阵，即不存在关于矩阵 $\boldsymbol{B} = [\boldsymbol{a}_1, \boldsymbol{a}_4]$的基本解。

令 $x_1=x_4=0$，得到第 4 个候选的基本可行解，其相应的基为 $\boldsymbol{B}=[\boldsymbol{a}_2, \boldsymbol{a}_3]$，求解得到 $\boldsymbol{x}=[0, 2, 7, 0]^\top$，它是一个基本可行解。

令 $x_1=x_3=0$，得到第 5 个候选的基本可行解，其相应的基为 $\boldsymbol{B}=[\boldsymbol{a}_2, \boldsymbol{a}_4]$，求解得到 $\boldsymbol{x}=[0, -11/5, 0, -28/5]^\top$，它是一个基本解，但不是可行解。

最后，令 $x_1=x_2=0$，得到第 6 个候选的基本可行解，其相应的基为 $\boldsymbol{B}=[\boldsymbol{a}_3, \boldsymbol{a}_4]$，求解得到 $\boldsymbol{x}=[0, 0, 11/3, -8/3]^\top$，它是一个基本解，但不是可行解。 ■

15.7 基本解的性质

本节将讨论基本可行解在求解线性规划问题过程中的重要性。首先证明线性规划的基本定理，即求解线性规划时，仅需要考虑基本可行解。这是因为，目标函数的最优值(如果存在)总是可以在某个基本可行解上得到。首先给出以下定义。

定义 15.2 对于任何满足约束条件 $\boldsymbol{Ax}=\boldsymbol{b}$，$\boldsymbol{x}\geqslant 0$ 的向量 $\boldsymbol{x}$，如果它能够使目标函数 $\boldsymbol{c}^\top\boldsymbol{x}$ 取得极小值，那么就将其称为最优可行解。

如果最优可行解是基本解，那么它就是最优基本可行解。 ■

定理 15.1 线性规划基本定理。对于线性规划的标准型，有如下两个命题。

1. 如果存在可行解，那么一定存在基本可行解；
2. 如果存在最优可行解，那么一定存在最优基本可行解。 □

证明： 首先证明命题 1。假设 $\boldsymbol{x}=[x_1, \cdots, x_n]^\top$ 是一个可行解，并且有 p 个正元素。不失一般性，假设前 p 个元素是正值，其余的元素都是零。那么，根据 $\boldsymbol{A}$ 的向量形式 $\boldsymbol{A}=[\boldsymbol{a}_1, \cdots, \boldsymbol{a}_p, \cdots, \boldsymbol{a}_n]$，该基本解满足

$$x_1\boldsymbol{a}_1+x_2\boldsymbol{a}_2+\cdots+x_p\boldsymbol{a}_p=\boldsymbol{b}$$

下面分两种情况进行讨论。

情况 1：假设 $\boldsymbol{a}_1, \boldsymbol{a}_2, \cdots, \boldsymbol{a}_p$ 是线性无关的，则有 $p\leqslant m$。如果 $p=m$，那么 $\boldsymbol{x}$ 是基本解，证明完毕；另一方面，如果 $p<m$，那么由于 $\operatorname{rank}\boldsymbol{A}=m$，则可以从 $\boldsymbol{A}$ 中剩余的 $n-p$ 个列向量中找到 $m-p$ 个列向量，使得新组成的 m 个列向量构成一个基。因此，$\boldsymbol{x}$ 是对应于该基的一个(退化的)基本可行解。

情况 2：假设 $\boldsymbol{a}_1, \boldsymbol{a}_2, \cdots, \boldsymbol{a}_p$ 是线性相关的，则存在不全为零的数 y_i，$i=1, \cdots, p$ 使得

$$y_1\boldsymbol{a}_1+y_2\boldsymbol{a}_2+\cdots+y_p\boldsymbol{a}_p=\boldsymbol{0}$$

可以合理地假设至少有一个 y_i 是正数，因为如果所有的 y_i 都不是正数，在上式两边同时乘以 -1，就可以保证这一假设成立。将等式两边同乘以一个标量 ε 后，与方程 $x_1\boldsymbol{a}_1+x_2\boldsymbol{a}_2+\cdots+x_p\boldsymbol{a}_p=\boldsymbol{b}$ 相减得到

$$(x_1-\varepsilon y_1)\boldsymbol{a}_1+(x_2-\varepsilon y_2)\boldsymbol{a}_2+\cdots+(x_p-\varepsilon y_p)\boldsymbol{a}_p=\boldsymbol{b}$$

令

$$\boldsymbol{y}=[y_1, \cdots, y_p, 0, \cdots, 0]^\top$$

于是，对于任意的 ε，都有

$$\boldsymbol{A}[\boldsymbol{x}-\varepsilon\boldsymbol{y}]=\boldsymbol{b}$$

令 $\varepsilon=\min\{x_i/y_i: i=1, \cdots, p, y_i>0\}$。那么，$\boldsymbol{x}-\varepsilon\boldsymbol{y}$ 的前 p 个元素的值都是非负的，并且至少有一个元素的值是零。因此，存在一个最多有 $p-1$ 个正数的可行解。重复该过程，直到得到的可行解中正数元素对应的列向量 $\boldsymbol{A}$ 都是线性无关的，可以转到命题 1。至此，完成了第一部分的证明。

下面证明命题 2。假设 $\boldsymbol{x}=[x_1, \cdots, x_n]^\top$ 是一个最优可行解，并且只有前 p 个变量的值不是零。那么，需要考虑两种情况。第一种情况与命题 1 相同。第二种情况可采用与命题 1 相同的分析方式，此外，还需要证明，对于任意的 ε，$\boldsymbol{x}-\varepsilon\boldsymbol{y}$ 都是最优的。为了证明这一点，只需要证明 $\boldsymbol{c}^\top\boldsymbol{y}=0$ 即可。采用反证法，假设 $\boldsymbol{c}^\top\boldsymbol{y}\neq 0$，注意，对于足够小的 $\varepsilon(|\varepsilon|\leqslant\min\{|x_i/y_i|: i=1, \cdots, p, y_i\neq 0\})$，向量 $\boldsymbol{x}-\varepsilon\boldsymbol{y}$ 是可行的。选择 ε 使得 $\boldsymbol{c}^\top\boldsymbol{x}>\boldsymbol{c}^\top\boldsymbol{x}-\varepsilon\boldsymbol{c}^\top\boldsymbol{y}=\boldsymbol{c}^\top(\boldsymbol{x}-\varepsilon\boldsymbol{y})$，这与 $\boldsymbol{x}$ 的最优性相矛盾。然后，利用命题 1 的证明步骤可由给定的最优可行解得到一个最优基本可行解。■

例 15.14 考虑例 15.13 中的方程组，找到一个非基可行解，并利用线性规划基本定理的证明方法找到一个基本可行解。

回顾例 15.13 中给出的解，它具有如下形式：

$$\boldsymbol{x}=\begin{bmatrix}\frac{14}{5}\\-\frac{11}{5}\\0\\0\end{bmatrix}+s\begin{bmatrix}-\frac{2}{5}\\\frac{3}{5}\\1\\0\end{bmatrix}+t\begin{bmatrix}\frac{1}{2}\\0\\0\\1\end{bmatrix}$$

其中，$s, t\in\mathbb{R}$。注意，如果 $s=4$，$t=0$，那么

$$\boldsymbol{x}_0=\begin{bmatrix}\frac{6}{5}\\\frac{1}{5}\\4\\0\end{bmatrix}$$

是一个非基可行解。

可找出一组常数 y_i，$i=1, 2, 3$，满足

$$y_1\boldsymbol{a}_1+y_2\boldsymbol{a}_2+y_3\boldsymbol{a}_3=\boldsymbol{0}$$

比如

$$y_1=-\frac{2}{5}$$
$$y_2=\frac{3}{5}$$
$$y_3=1$$

注意，

$$\boldsymbol{A}(\boldsymbol{x}_0-\varepsilon\boldsymbol{y})=\boldsymbol{b}$$

其中，

$$\boldsymbol{y} = \begin{bmatrix} -\frac{2}{5} \\ \frac{3}{5} \\ 1 \\ 0 \end{bmatrix}$$

如果 $\varepsilon = 1/3$，则

$$\boldsymbol{x}_1 = \boldsymbol{x}_0 - \varepsilon\boldsymbol{y} = \begin{bmatrix} \frac{4}{3} \\ 0 \\ \frac{11}{3} \\ 0 \end{bmatrix}$$

是一个基本可行解。■

观察发现，线性规划基本定理将线性规划问题的求解转换为在有限数量的基本可行解上进行搜索，这极大地缩减了问题求解的工作量。换言之，只需要检验基本可行解的最优性即可。正如前面提到的，基本解的数量最大可以为

$$\binom{n}{m} = \frac{n!}{m!(n-m)!}$$

虽然它的个数是有限的，但可能非常大。比如，如果 $m = 5$，$n = 50$，那么

$$\binom{n}{m} = \binom{50}{5} = 2\ 118\ 760$$

这就是要进行最优性检验的基本可行解的个数。因此，需要一种更加有效的方法来求解线性规划问题。为此，下一节将分析线性规划基本定理的几何含义。在此基础上，第 16 章将介绍求解线性规划的单纯形法。

15.8　几何视角下的线性规划

首先回顾凸集的概念。对于任何 $\boldsymbol{x}, \boldsymbol{y} \in \Theta$ 和任意实数 α，$0 < \alpha < 1$，如果有 $\alpha\boldsymbol{x} + (1-\alpha)\boldsymbol{y} \in \Theta$ 成立，则称集合 $\Theta \subset \mathbb{R}^n$ 为凸集。换言之，如果集合中任意两点的连线上的点都在该集合内，那么该集合是凸集。

注意，满足如下约束条件的点集是凸集：

$$\boldsymbol{A}\boldsymbol{x} = \boldsymbol{b},\quad \boldsymbol{x} \geqslant \boldsymbol{0}$$

为了证明这一点，令 $\boldsymbol{x}_1$ 和 $\boldsymbol{x}_2$ 是满足约束条件的点，即 $\boldsymbol{A}\boldsymbol{x}_i = \boldsymbol{b}$，$\boldsymbol{x}_i \geqslant \boldsymbol{0}$，$i = 1, 2$。那么，对于所有 $\alpha \in (0, 1)$，都有 $\boldsymbol{A}(\alpha\boldsymbol{x}_1 + (1-\alpha)\boldsymbol{x}_2) = \alpha\boldsymbol{A}\boldsymbol{x}_1 + (1-\alpha)\boldsymbol{A}\boldsymbol{x}_2 = \boldsymbol{b}$ 成立。并且，对于 $\alpha \in (0, 1)$，都有 $\alpha\boldsymbol{x}_1 + (1-\alpha)\boldsymbol{x}_2 \geqslant \boldsymbol{0}$。

再回顾极点的概念。对于凸集 Θ 内的点 $\boldsymbol{x}$，如果在 Θ 中找不到两个不同的点 $\boldsymbol{x}_1$ 和 $\boldsymbol{x}_2$，对于某个 $\alpha \in (0, 1)$，使得 $\boldsymbol{x} = \alpha\boldsymbol{x}_1 + (1-\alpha)\boldsymbol{x}_2$ 成立，则称 $\boldsymbol{x}$ 为 Θ 的极点。换言之，极点并不在集合中其他两点的连线上。因此，如果 $\boldsymbol{x}$ 是极点，并且对于某些 $\boldsymbol{x}_1, \boldsymbol{x}_2 \in \Theta$ 和 $\alpha \in (0, 1)$，使得 $\boldsymbol{x} = \alpha\boldsymbol{x}_1 + (1-\alpha)\boldsymbol{x}_2$ 成立，则 $\boldsymbol{x}_1 = \boldsymbol{x}_2$。下面的定理说明，约束集的极点与基本可行解是等价的。

定理 15.2 Ω 表示由所有可行解组成的凸集，即集合中的所有 n 维向量 $\boldsymbol{x}$ 满足

$$\boldsymbol{A}\boldsymbol{x}=\boldsymbol{b}, \qquad \boldsymbol{x}\geqslant \boldsymbol{0}$$

其中，$\boldsymbol{A}\in\mathbb{R}^{m\times n}$，$m<n$。那么，$\boldsymbol{x}$ 是 Ω 的极点当且仅当 $\boldsymbol{x}$ 是 $\boldsymbol{A}\boldsymbol{x}=\boldsymbol{b}$，$\boldsymbol{x}\geqslant\boldsymbol{0}$ 的基本可行解。□

证明：

必要性。已知 $\boldsymbol{x}$ 满足 $\boldsymbol{A}\boldsymbol{x}=\boldsymbol{b}$，$\boldsymbol{x}\geqslant\boldsymbol{0}$，并且它有 p 个正值。不失一般性，假设前 p 个元素都是正值，其余的元素都是零，则

$$x_1\boldsymbol{a}_1+x_2\boldsymbol{a}_2+\cdots+x_p\boldsymbol{a}_p=\boldsymbol{b}$$

选定一组实数 y_i，$i=1$，…，p，使得下式成立：

$$y_1\boldsymbol{a}_1+y_2\boldsymbol{a}_2+\cdots+y_p\boldsymbol{a}_p=\boldsymbol{0}$$

下面要证明所有 $y_i=0$。将该等式两边同乘以 $\varepsilon>0$，然后与等式 $x_1\boldsymbol{a}_1+x_2\boldsymbol{a}_2+\cdots+x_p\boldsymbol{a}_p=\boldsymbol{b}$ 进行加减运算，得到

$$(x_1+\varepsilon y_1)\boldsymbol{a}_1+(x_2+\varepsilon y_2)\boldsymbol{a}_2+\cdots+(x_p+\varepsilon y_p)\boldsymbol{a}_p=\boldsymbol{b}$$
$$(x_1-\varepsilon y_1)\boldsymbol{a}_1+(x_2-\varepsilon y_2)\boldsymbol{a}_2+\cdots+(x_p-\varepsilon y_p)\boldsymbol{a}_p=\boldsymbol{b}$$

由于 $x_i>0$，$i=1, 2, \cdots, p$，因此可以选择合适的 $\varepsilon>0$，使得 $x_i+\varepsilon y_i$，$x_i-\varepsilon y_i\geqslant 0$ 对于 $i=1, 2, \cdots, p$ 都成立(比如，$\varepsilon=\min\{|x_i/y_i|: i=1, \cdots, p, y_i\neq 0\}$)。此时，向量

$$\boldsymbol{z}_1=[x_1+\varepsilon y_1, x_2+\varepsilon y_2,\cdots,x_p+\varepsilon y_p,0,\cdots,0]^\top$$
$$\boldsymbol{z}_2=[x_1-\varepsilon y_1, x_2-\varepsilon y_2,\cdots,x_p-\varepsilon y_p,0,\cdots,0]^\top$$

属于 Ω。注意，$\boldsymbol{x}=\frac{1}{2}\boldsymbol{z}_1+\frac{1}{2}\boldsymbol{z}_2$。由于 $\boldsymbol{x}$ 是极点，那么必有 $\boldsymbol{z}_1=\boldsymbol{z}_2$。因此，$y_i=0$，$i=1, 2, \cdots, p$，这意味着向量 $\boldsymbol{a}_i$，$i=1, 2, \cdots, p$ 是线性无关的，即 $\boldsymbol{x}$ 是基本可行解。

充分性。已知 $\boldsymbol{x}\in\Omega$ 是基本可行解，取 $\boldsymbol{y}$，$\boldsymbol{z}\in\Omega$，对于某个 $\alpha\in(0, 1)$，使得下式成立：

$$\boldsymbol{x}=\alpha\boldsymbol{y}+(1-\alpha)\boldsymbol{z}$$

下面通过证明 $\boldsymbol{y}=\boldsymbol{z}$ 来证明 $\boldsymbol{x}$ 是极点。因为 $\boldsymbol{y}$，$\boldsymbol{z}\geqslant\boldsymbol{0}$，并且 $\boldsymbol{x}$ 中的后面 $n-m$ 个元素都是零，所有 $\boldsymbol{y}$ 和 $\boldsymbol{z}$ 中的后面 $n-m$ 个元素也都是零。此外，由于 $\boldsymbol{A}\boldsymbol{y}=\boldsymbol{A}\boldsymbol{z}=\boldsymbol{b}$，即

$$y_1\boldsymbol{a}_1+\cdots+y_m\boldsymbol{a}_m=\boldsymbol{b}$$
$$z_1\boldsymbol{a}_1+\cdots+z_m\boldsymbol{a}_m=\boldsymbol{b}$$

将以上两个方程联立，得到

$$(y_1-z_1)\boldsymbol{a}_1+\cdots+(y_m-z_m)\boldsymbol{a}_m=\boldsymbol{0}$$

因为列向量 $\boldsymbol{a}_1$，…，$\boldsymbol{a}_m$ 是线性无关的，所以 $y_i=z_i$，$i=1$，…，m，即 $\boldsymbol{y}=\boldsymbol{z}$。因此，$\boldsymbol{x}$ 是 Ω 的极点。■

定理 15.2 说明，约束集 $\Omega=\{\boldsymbol{x}:\boldsymbol{A}\boldsymbol{x}=\boldsymbol{b}, \boldsymbol{x}\geqslant\boldsymbol{0}\}$ 中极点构成的集合就是 $\boldsymbol{A}\boldsymbol{x}=\boldsymbol{b}$，$\boldsymbol{x}\geqslant\boldsymbol{0}$ 的基本可行解的集合。将这一结论与线性规划基本定理(见定理 15.1)相结合，可以发现在求解线性规划问题时，只需要检查约束集的极点即可。

例 15.15 考虑线性规划问题：

$$\begin{aligned}\text{maximize}\quad & 3x_1+5x_2\\ \text{subject to}\quad & x_1+5x_2\leqslant 40\\ & 2x_1+x_2\leqslant 20\\ & x_1+x_2\leqslant 12\\ & x_1,x_2\geqslant 0\end{aligned}$$

引入松弛变量 x_3，x_4，x_5 后，将其转换为标准型：

$$\begin{aligned}\text{minimize} \quad & -3x_1-5x_2\\ \text{subject to} \quad & x_1+5x_2+x_3 =40\\ & 2x_1+x_2+x_4 =20\\ & x_1+x_2+x_5=12\\ & x_1,\cdots,x_5\geqslant 0\end{aligned}$$

接下来的讨论都针对该标准型。将以上约束表示为

$$x_1\begin{bmatrix}1\\2\\1\end{bmatrix}+x_2\begin{bmatrix}5\\1\\1\end{bmatrix}+x_3\begin{bmatrix}1\\0\\0\end{bmatrix}+x_4\begin{bmatrix}0\\1\\0\end{bmatrix}+x_5\begin{bmatrix}0\\0\\1\end{bmatrix}=\begin{bmatrix}40\\20\\12\end{bmatrix}$$
$$x_1,\cdots,x_5\geqslant 0$$

即 $x_1\boldsymbol{a}_1+x_2\boldsymbol{a}_2+x_3\boldsymbol{a}_3+x_4\boldsymbol{a}_4+x_5\boldsymbol{a}_5=\boldsymbol{b}$，$\boldsymbol{x}\geqslant\boldsymbol{0}$。注意，$\boldsymbol{x}=[0,0,40,20,12]^\top$ 是可行解，但目标函数在该点上的值为零。前面已经提到过，目标函数的极小值(如果存在)可以在约束集 Ω 的极点上得到。$[0,0,40,20,12]^\top$ 是可行集的极点，但并不是极值点，所以需要从其他极点中寻找最优解。为此，需要从当前极点移动到另一个使目标函数值减小的相邻极点上。在这里，如果两个极点各自对应的基本列向量仅相差一个向量，就称这两个极点为相邻极点。将 $\boldsymbol{x}=[0,0,40,20,12]^\top$ 代入约束方程，可得

$$0\boldsymbol{a}_1+0\boldsymbol{a}_2+40\boldsymbol{a}_3+20\boldsymbol{a}_4+12\boldsymbol{a}_5=\boldsymbol{b}$$

为了得到一个相邻极点，选择 $\boldsymbol{a}_1$ 为新基中的基本列向量，并移除原基本列向量 $\boldsymbol{a}_3$，$\boldsymbol{a}_4$ 和 $\boldsymbol{a}_5$ 中的某个列向量。首先，把 $\boldsymbol{a}_1$ 表示成原基本列向量的线性组合：

$$\boldsymbol{a}_1=1\boldsymbol{a}_3+2\boldsymbol{a}_4+1\boldsymbol{a}_5$$

上式两边同乘以 $\varepsilon_1>0$，得到

$$\varepsilon_1\boldsymbol{a}_1=\varepsilon_1\boldsymbol{a}_3+2\varepsilon_1\boldsymbol{a}_4+\varepsilon_1\boldsymbol{a}_5$$

将该方程与 $0\boldsymbol{a}_1+0\boldsymbol{a}_2+40\boldsymbol{a}_3+20\boldsymbol{a}_4+12\boldsymbol{a}_5=\boldsymbol{b}$ 的等号左右对应相加，整理后得到

$$\varepsilon_1\boldsymbol{a}_1+0\boldsymbol{a}_2+(40-\varepsilon_1)\boldsymbol{a}_3+(20-2\varepsilon_1)\boldsymbol{a}_4+(12-\varepsilon_1)\boldsymbol{a}_5=\boldsymbol{b}$$

接下来确定 ε_1，使得上述方程的系数都是非负的，并且令 $\boldsymbol{a}_3$，$\boldsymbol{a}_4$ 或 $\boldsymbol{a}_5$ 中的某个系数变为零。显然，$\varepsilon_1=10$ 满足该条件，代入方程后得到

$$10\boldsymbol{a}_1+30\boldsymbol{a}_3+2\boldsymbol{a}_5=\boldsymbol{b}$$

显然，对应的基本可行解(极点)为 $[10,0,30,0,2]^\top$，目标函数值是 -30，与原极点的目标函数值相比，这个基本可行解要优于上一个基本可行解。

下面采用与以上相同的步骤从当前极点移动到另一个相邻极点，希望使目标函数的值进一步减小。选择 $\boldsymbol{a}_2$ 作为新的基本列向量，利用当前的基本列向量进行线性表示：

$$\boldsymbol{a}_2=\frac{1}{2}\boldsymbol{a}_1+\frac{9}{2}\boldsymbol{a}_3+\frac{1}{2}\boldsymbol{a}_5$$

与前面类似，可得

$$\left(10-\frac{1}{2}\varepsilon_2\right)\boldsymbol{a}_1+\varepsilon_2\boldsymbol{a}_2+\left(30-\frac{9}{2}\varepsilon_2\right)\boldsymbol{a}_3+\left(2-\frac{1}{2}\varepsilon_2\right)\boldsymbol{a}_5=\boldsymbol{b}$$

令 $\varepsilon_2=4$，得到

$$8\boldsymbol{a}_1+4\boldsymbol{a}_2+12\boldsymbol{a}_3=\boldsymbol{b}$$

由此可得，这一组基本列向量下对应的基本可行解为$[8, 4, 12, 0, 0]^\top$，相应的目标函数值为 −44，小于目标函数在前一个极点上的值。再次重复以上过程，选择$\boldsymbol{a}_4$为新的基本列向量，并将它表示成原基本列向量 $\boldsymbol{a}_1$，$\boldsymbol{a}_2$ 和 $\boldsymbol{a}_3$ 的线性组合：

$$\boldsymbol{a}_4=\boldsymbol{a}_1-\boldsymbol{a}_2+4\boldsymbol{a}_3$$

类似地，有

$$(8-\varepsilon_3)\boldsymbol{a}_1+(4+\varepsilon_3)\boldsymbol{a}_2+(12-4\varepsilon_3)\boldsymbol{a}_3+\varepsilon_3\boldsymbol{a}_4=\boldsymbol{b}$$

ε_3 的最大取值是3，相应的基本可行解是$[5, 7, 0, 3, 0]^\top$，目标函数值是 −50。实际上，$[5, 7, 0, 3, 0]^\top$就是线性规划问题标准型的最优解。因此，原问题的最优解为$[5, 7]^\top$，这一结果也可以很容易地利用图解法得到，如图 15.11 所示。

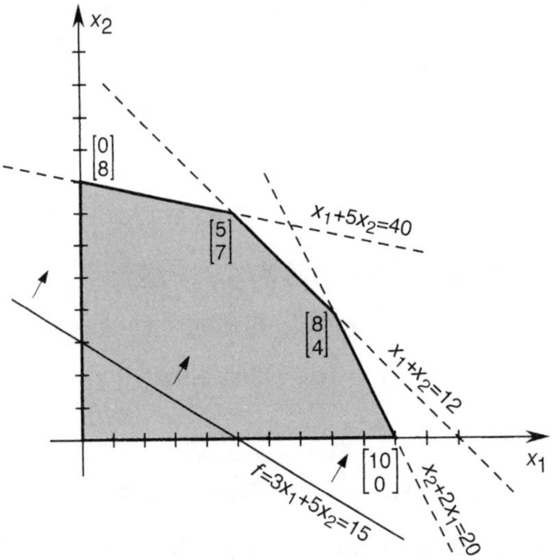

图 15.11 利用图解法求解例 15.15 中的线性规划问题 ■

这种从某个极点转移到一个相邻极点的操作方式就是单纯形法求解线性规划问题的思路。实际上，单纯形法就是对这种操作方式的一种精细化描述和处理方法。

习题

15.1 将如下线性规划问题转换为标准型：

$$\begin{array}{ll}\text{maximize} & 2x_1+x_2\\ \text{subject to} & 0\leqslant x_1\leqslant 2\\ & x_1+x_2\leqslant 3\\ & x_1+2x_2\leqslant 5\\ & x_2\geqslant 0\end{array}$$

15.2 考虑一个线性离散系统 $x_{k+1}=ax_k+bu_k$，其中 u_k 是在时刻 k 的输入，x_k 是在时刻 k 的输出，a, $b\in\mathbb{R}$ 是系统参数。初始条件为 $x_0=1$。在 $|u_i|\leqslant 1$, $i=0$, 1 的约束条件下，如何使 x_2 在时刻 2 的输出值最小？

试将该问题表示成线性规划问题，并将其转换为标准型。

15.3 考虑优化问题

$$\begin{array}{ll}\text{minimize} & c_1|x_1|+c_2|x_2|+\cdots+c_n|x_n| \\ \text{subject to} & \boldsymbol{Ax}=\boldsymbol{b}\end{array}$$

其中，$c_i\neq 0$, $i=1$, …, n。试将该问题转换成等价的线性规划标准型。

提示：对于任何 $x\in\mathbb{R}$，能够找到唯一的 x^+, $x^-\in\mathbb{R}$, x^+, $x^-\geqslant 0$，使得 $|x|=x^++x^-$, $x=x^+-x^-$。

15.4 每个线性规划问题的标准型都有非空的可行集吗？如果是，给出证明；如果不是，举例说明。

每个线性规划问题的标准型(假设有一个非空可行集)都有最优解吗？如果是，给出证明；如果不是，举例说明。

15.5 假设某计算机供应商有两个仓库，分别位于城市 A 和城市 B。该供应商收到的订单来自两个客户，分别位于城市 C 和城市 D。城市 C 和城市 D 的客户订单分别为 50 台和 60 台。城市 A 和城市 B 的库存量分别为 70 台和 80 台。每台计算机的运输成本按照如下方式计算：

A 到 C 是 1，A 到 D 是 2，B 到 C 是 3，B 到 D 是 4

如何分配各仓库到每个客户的运输量，以使总运费最小(假设运送的台数是实数)？试将该问题表示成线性规划问题，并将其转换为等价的标准型。

15.6 某计算机网络中有 6 台计算机，编号为 A 至 F。计算机之间按照如下方式进行互联：

AC(10)，BC(7)，BF(3)，CD(8)，DE(12)，DF(4)

括号中的数字表示信号最大传输速率(单位为 Mbps)。比如，AC(10)表示计算机 A 和计算机 C 是相互连通的，并且它们之间的最大传输速率(带宽)为 10 Mbps。

假设 A 和 B 需要分别传输数据到 E 和 F(此时，计算机网络中不存在其他通信)。在不允许出现回路的前提下，可以采用以上任何连通方式的组合。可以同时使用多个通路(例如 A 到 E)进行传输。在不超过最大传输速率的情况下，在同一个传输链路中，只要总传输速率不超过最大传输速率，链路带宽可以被链路中的计算机共享(两台计算机之间的总传输速率是双向传输速率之和)。

A 到 E 之间每 Mbps 的数据传输速率收益为 2 美元，B 到 F 之间每 Mbps 的数据传输速率收益为 3 美元，那么，如何才能使总收益达到最大？请将其描述为一个线性规划问题，并将其转换为标准型。

提示：绘制一个计算机连接的网络图，将最大数据传输速率标记在计算机间的连线上，并在这些连线上标注出共享这些连接的通路。

15.7 某个麦片生产商计划生产 1000 磅的麦片，这些麦片必须含有 10% 的纤维、2% 的脂肪和 5% 的糖分(按质量计算)。麦片是由 4 类食品原料按照一定的比例混合制成的，这 4 类原料中纤维、脂肪和糖分的组成各不相同，每磅的价格也各不相同：

原　料	1	2	3	4
% 纤维	3	8	16	4
% 脂肪	6	46	9	9
% 糖分	20	5	4	0
价格/磅	2	4	1	2

该生产商想确定每种原料的使用量以使原料购置成本最小。试将该问题描述为线性规划问题，并且分析该问题是否存在最优解。

15.8 假设某无线广播系统有 n 个发射器，发射器 j 的发射功率为 $p_j \geqslant 0$。无线广播的接收端位于 m 个地点。发射器 j 到地点 i 的通道增益为 $g_{i,j}$，即地点 i 接收到的来自发射器 j 的功率为 $g_{i,j}p_i$。地点 i 接收到的总功率是接收到的所有发射器功率之和。在每个地点的接收总功率不小于 P 的情况下，所有发射器的发射总功率最小值是多少？试将该问题描述为一个线性规划问题。

15.9 考虑线性方程组：

$$\begin{bmatrix} 2 & -1 & 2 & -1 & 3 \\ 1 & 2 & 3 & 1 & 0 \\ 1 & 0 & -2 & 0 & -5 \end{bmatrix} \begin{bmatrix} x_1 \\ x_2 \\ x_3 \\ x_4 \\ x_5 \end{bmatrix} = \begin{bmatrix} 14 \\ 5 \\ -10 \end{bmatrix}$$

该方程组是否存在基本解？如果有，找到所有的基本解。

15.10 采用图解法求解线性规划问题：

$$\begin{aligned} \text{maximize} \quad & 2x_1 + 5x_2 \\ \text{subject to} \quad & 0 \leqslant x_1 \leqslant 4 \\ & 0 \leqslant x_2 \leqslant 6 \\ & x_1 + x_2 \leqslant 8 \end{aligned}$$

15.11 MATLAB 中的优化工具箱提供了求解线性规划问题的函数 `linprog`。采用函数 `linprog` 求解例 15.5，其中初始条件是所有电流都为零。

第 16 章　单纯形法

16.1　利用行变换求解线性方程组

上一章的例子说明了求解线性规划问题与线性代数方程组的求解是密切相关的。本节针对一类含有 n 个变量的 n 维线性方程组，介绍一种运用初等行变换及其对应的初等矩阵进行求解的方法。这一方法在接下来的讨论中还将用到。关于求解线性代数方程组的数值方法，可参阅参考文献[41, 53]。

矩阵的初等行变换指的是下列矩阵代数运算的任何一种：

1. 交换矩阵中任意两行的位置；
2. 矩阵的某一行乘以一个非零实数；
3. 将矩阵的某一行乘以一个实数后加到另外一行。

对矩阵进行初等行变换，等价于用相应的初等矩阵左乘该矩阵。下面给出初等矩阵的定义。

定义 16.1　如果矩阵 $\boldsymbol{E}$ 是由单位矩阵 $\boldsymbol{I}$ 经过交换其中两行的位置得到的，那么 $\boldsymbol{E}$ 是第一类初等矩阵。 ■

将单位矩阵 $\boldsymbol{I}$ 的第 i 行和第 j 行交换后，可得第一类初等矩阵：

$$\boldsymbol{E}=\begin{bmatrix}1 & & & & & & & & \\ & \ddots & & & & & & & \\ & & 1 & & & & & & \\ & & & 0 & & \cdots & 1 & & \\ & & & & 1 & & & & \\ & & & \vdots & & \ddots & \vdots & & \\ & & & & & 1 & & & \\ & & & 1 & & \cdots & 0 & & \\ & & & & & & & 1 & \\ & & & & & & & & \ddots \\ & & & & & & & & & 1\end{bmatrix}\begin{matrix} \\ \\ \\ \longleftarrow \text{第} i \text{行} \\ \\ \\ \\ \longleftarrow \text{第} j \text{行} \\ \\ \\ \\ \end{matrix}$$

注意，$\boldsymbol{E}$ 是可逆的，且有 $\boldsymbol{E}=\boldsymbol{E}^{-1}$。

定义 16.2　如果 $\boldsymbol{E}$ 是由单位矩阵 $\boldsymbol{I}$ 的某一行乘以一个实数 $\alpha\neq 0$ 得到的，那么 $\boldsymbol{E}$ 是第二类初等矩阵。 ■

将单位矩阵 $\boldsymbol{I}$ 的第 i 行乘以 $\alpha\neq 0$，可得第二类初等矩阵：

$$
\boldsymbol{E}=\begin{bmatrix}1 & & & & & & \\ & \ddots & & & & 0 & \\ & & 1 & & & & \\ & & & \alpha & & & \\ & & & & 1 & & \\ & 0 & & & & \ddots & \\ & & & & & & 1\end{bmatrix}\begin{matrix} \\ \\ \\ \longleftarrow \text{第} i \text{行} \\ \\ \\ \\ \end{matrix}
$$

注意，$\boldsymbol{E}$ 是可逆的，有

$$
\boldsymbol{E}^{-1}=\begin{bmatrix}1 & & & & & & \\ & \ddots & & & & 0 & \\ & & 1 & & & & \\ & & & 1/\alpha & & & \\ & & & & 1 & & \\ & 0 & & & & \ddots & \\ & & & & & & 1\end{bmatrix}\begin{matrix} \\ \\ \\ \longleftarrow \text{第} i \text{行} \\ \\ \\ \\ \end{matrix}
$$

定义 16.3　如果矩阵 $\boldsymbol{E}$ 是由单位矩阵 $\boldsymbol{I}$ 的某行乘以 β 后，再加到另外一行得到的，那么 $\boldsymbol{E}$ 是第三类初等矩阵。 ■

将单位矩阵 $\boldsymbol{I}$ 的第 j 行放大 β 倍，再加到第 i 行，可得到第三类初等矩阵：

$$
\boldsymbol{E}=\begin{bmatrix}1 & & & & & & \\ & \ddots & & & & 0 & \\ & & 1 & \cdots & \beta & & \\ & & & \ddots & \vdots & & \\ & & & & 1 & & \\ & 0 & & & & \ddots & \\ & & & & & & 1\end{bmatrix}\begin{matrix} \\ \\ \longleftarrow \text{第} i \text{行} \\ \\ \longleftarrow \text{第} j \text{行} \\ \\ \\ \end{matrix}
$$

可以看出，$\boldsymbol{E}$ 是将单位矩阵的(i,j)处的元素(表示矩阵第 i 行第 j 列对应的元素，下同)改写为 β 后得到的矩阵。注意，$\boldsymbol{E}$ 是可逆的，有

$$
\boldsymbol{E}^{-1}=\begin{bmatrix}1 & & & & & & \\ & \ddots & & & & 0 & \\ & & 1 & \cdots & -\beta & & \\ & & & \ddots & \vdots & & \\ & & & & 1 & & \\ & 0 & & & & \ddots & \\ & & & & & & 1\end{bmatrix}\begin{matrix} \\ \\ \longleftarrow \text{第} i \text{行} \\ \\ \longleftarrow \text{第} j \text{行} \\ \\ \\ \end{matrix}
$$

定义 16.4　对矩阵进行第一类、第二类或第三类初等行变换，等价于对该矩阵左乘以相应类别的初等矩阵。 ■

因为初等矩阵是可逆的，所以可以按照类似的方式定义相应的逆初等行变换。

考虑一个 n 维线性系统，包括 n 个变量 x_1，x_2，…，x_n 和 n 个右端项 b_1，b_2，…，b_n，表示为矩阵形式：

$$\boldsymbol{Ax}=\boldsymbol{b}$$

其中，

$$\boldsymbol{x}=\begin{bmatrix}x_1\\ \vdots\\ x_n\end{bmatrix},\qquad \boldsymbol{b}=\begin{bmatrix}b_1\\ \vdots\\ b_n\end{bmatrix},\qquad \boldsymbol{A}\in\mathbb{R}^{n\times n}$$

如果 $\boldsymbol{A}$ 是可逆的，则有

$$\boldsymbol{x}=\boldsymbol{A}^{-1}\boldsymbol{b}$$

因此，求解方程组 $\boldsymbol{Ax}=\boldsymbol{b}$（$\boldsymbol{A}\in\mathbb{R}^{n\times n}$，可逆）的问题转化为计算 $\boldsymbol{A}^{-1}$。下面将证明，利用初等行变换可以高效地求解 $\boldsymbol{A}^{-1}$。

定理 16.1　矩阵 $\boldsymbol{A}\in\mathbb{R}^{n\times n}$ 是非奇异（可逆）的，当且仅当存在初等矩阵 $\boldsymbol{E}_i$，$i=1$，…，t 时，$\boldsymbol{E}_t\cdots\boldsymbol{E}_2\boldsymbol{E}_1\boldsymbol{A}=\boldsymbol{I}$ 成立。□

证明：

必要性。如果 $\boldsymbol{A}$ 是非奇异矩阵，那么它的第 1 列中至少包含一个非零元素，记为 $a_{j1}\neq0$。用第一类初等矩阵 $\boldsymbol{E}_1$ 左乘 $\boldsymbol{A}$：

$$\boldsymbol{E}_1=\begin{bmatrix}0 & & & & 1 & & & \\ & 1 & & & & & & \\ & & \ddots & & \vdots & & & \\ & & & 1 & & & & \\ 1 & & \cdots & & 0 & & & \\ & & & & & 1 & & \\ & & & & & & \ddots & \\ & & & & & & & 1\end{bmatrix}\longleftarrow \text{第}\,j\,\text{行}$$

由此就可以将非零元素 a_{j1} 移动到矩阵的(1，1)处。因此，在矩阵 $\boldsymbol{E}_1\boldsymbol{A}$ 中，$a_{11}\neq0$。注意，因为 $\boldsymbol{E}_1$ 是非奇异矩阵，所以 $\boldsymbol{E}_1\boldsymbol{A}$ 同样也是非奇异矩阵。

接下来，继续用第二类初等矩阵 $\boldsymbol{E}_2$ 左乘 $\boldsymbol{E}_1\boldsymbol{A}$：

$$\boldsymbol{E}_2=\begin{bmatrix}1/a_{11} & & & \\ & 1 & & \\ & & \ddots & \\ & & & 1\end{bmatrix}$$

可得矩阵 $\boldsymbol{E}_2\boldsymbol{E}_1\boldsymbol{A}$，该矩阵在(1，1)处的元素为 1。接下来，再对矩阵 $\boldsymbol{E}_2\boldsymbol{E}_1\boldsymbol{A}$ 进行一系列第三类初等行变换，即用 $n-1$ 个如下初等矩阵连续左乘 $\boldsymbol{E}_2\boldsymbol{E}_1\boldsymbol{A}$：

$$\boldsymbol{E}_3=\begin{bmatrix}1 & & & & \\ -a_{21} & 1 & & & \\ & & 1 & & \\ & & & \ddots & \\ & & & & 1\end{bmatrix},\cdots,\boldsymbol{E}_r=\begin{bmatrix}1 & & & & \\ & \ddots & & & \\ \vdots & & 1 & & \\ & & & \ddots & \\ -a_{n1} & & & & 1\end{bmatrix}$$

其中，$r=2+n-1=n+1$。经过运算后，得到一个非奇异矩阵

$$\boldsymbol{E}_r\boldsymbol{E}_{r-1}\cdots\boldsymbol{E}_2\boldsymbol{E}_1\boldsymbol{A}=\begin{bmatrix}1 & \bar{a}_{12} & \cdots & \bar{a}_{1n}\\0 & \bar{a}_{22} & \cdots & \bar{a}_{2n}\\\vdots & \vdots & \ddots & \vdots\\0 & \bar{a}_{n2} & \cdots & \bar{a}_{nn}\end{bmatrix}$$

因为 $\boldsymbol{E}_r\cdots\boldsymbol{E}_2\boldsymbol{E}_1\boldsymbol{A}$ 是非奇异矩阵，所以它的子矩阵

$$\begin{bmatrix}\bar{a}_{22} & \cdots & \bar{a}_{2n}\\\vdots & & \vdots\\\bar{a}_{n2} & \cdots & \bar{a}_{nn}\end{bmatrix}$$

也是非奇异矩阵。这意味着矩阵中一定存在某个非零元素 $\bar{a}_{j2}$，$2\leqslant j\leqslant n$。利用第一类初等变换，可以将该元素移动到(2, 2)处。因此，矩阵 $\boldsymbol{E}_{r+1}\boldsymbol{E}_r\cdots\boldsymbol{E}_2\boldsymbol{E}_1\boldsymbol{A}$ 的(2, 2)处的元素非零。采用第二类初等矩阵左乘该矩阵得到 $\boldsymbol{E}_{r+2}\boldsymbol{E}_{r+1}\boldsymbol{E}_r\cdots\boldsymbol{E}_2\boldsymbol{E}_1\boldsymbol{A}$，其中(2, 2)处的元素是1。与前面的处理方法一样，采用 $n-1$ 个第三类初等行变换，得到如下矩阵：

$$\boldsymbol{E}_s\cdots\boldsymbol{E}_r\cdots\boldsymbol{E}_1\boldsymbol{A}=\begin{bmatrix}1 & 0 & \tilde{a}_{13} & \cdots & \tilde{a}_{1n}\\0 & 1 & \tilde{a}_{23} & \cdots & \tilde{a}_{2n}\\0 & 0 & \tilde{a}_{33} & \cdots & \tilde{a}_{3n}\\\vdots & \vdots & \vdots & \ddots & \vdots\\0 & 0 & \tilde{a}_{n3} & \cdots & \tilde{a}_{nn}\end{bmatrix}$$

其中，$s=r+2+n-1=2(n+1)$。该矩阵是非奇异矩阵。因此，存在一个非零元素 $\tilde{a}_{j3}$，$3\leqslant j\leqslant n$。采用与前面类似的方式进行变换，可以得到：

$$\boldsymbol{E}_t\cdots\boldsymbol{E}_s\cdots\boldsymbol{E}_r\cdots\boldsymbol{E}_1\boldsymbol{A}=\boldsymbol{I}$$

其中，$t=n(n+1)$。

充分性。如果存在初等矩阵 $\boldsymbol{E}_1$，…，$\boldsymbol{E}_t$，使得 $\boldsymbol{E}_t\cdots\boldsymbol{E}_2\boldsymbol{E}_1\boldsymbol{A}=\boldsymbol{I}$，显然 $\boldsymbol{A}$ 是可逆的，并且 $\boldsymbol{A}^{-1}=\boldsymbol{E}_t\cdots\boldsymbol{E}_1$。 ■

定理16.1提供了一种求解 $\boldsymbol{A}^{-1}$(如果存在)的步骤。首先，构造矩阵[$\boldsymbol{A}$, $\boldsymbol{I}$]；其次，对矩阵[$\boldsymbol{A}$, I]进行初等行变换，得到 $\boldsymbol{E}_t\cdots\boldsymbol{E}_1[\boldsymbol{A},\boldsymbol{I}]=[\boldsymbol{I},\boldsymbol{B}]$，那么

$$\boldsymbol{B}=\boldsymbol{E}_t\cdots\boldsymbol{E}_1=\boldsymbol{A}^{-1}$$

例16.1　求矩阵

$$\boldsymbol{A}=\begin{bmatrix}2 & 5 & 10 & 0\\1 & 1 & 1 & 0\\-2 & -10 & -30 & 1\\-1 & -2 & -3 & 0\end{bmatrix}$$

的逆矩阵 $\boldsymbol{A}^{-1}$。

构造如下矩阵：

$$[\boldsymbol{A},\boldsymbol{I}]=\begin{bmatrix}2 & 5 & 10 & 0 & 1 & 0 & 0 & 0\\1 & 1 & 1 & 0 & 0 & 1 & 0 & 0\\-2 & -10 & -30 & 1 & 0 & 0 & 1 & 0\\-1 & -2 & -3 & 0 & 0 & 0 & 0 & 1\end{bmatrix}$$

对该矩阵进行第一类和第二类初等行变换后，可得

$$\begin{bmatrix} 1 & 1 & 1 & 0 & 0 & 1 & 0 & 0 \\ 0 & 3 & 8 & 0 & 1 & -2 & 0 & 0 \\ 0 & -8 & -28 & 1 & 0 & 2 & 1 & 0 \\ 0 & -1 & -2 & 0 & 0 & 1 & 0 & 1 \end{bmatrix}$$

交换该矩阵的第 2 行和第 3 行，然后进行第二类和第三类初等行变换，得到

$$\begin{bmatrix} 1 & 0 & -1 & 0 & 0 & 2 & 0 & 1 \\ 0 & 1 & 2 & 0 & 0 & -1 & 0 & -1 \\ 0 & 0 & 2 & 0 & 1 & 1 & 0 & 3 \\ 0 & 0 & -12 & 1 & 0 & -6 & 1 & -8 \end{bmatrix}$$

将该矩阵第 3 行乘以 1/2，然后进行一系列第三类初等行变换，得到

$$\begin{bmatrix} 1 & 0 & 0 & 0 & \frac{1}{2} & \frac{5}{2} & 0 & \frac{5}{2} \\ 0 & 1 & 0 & 0 & -1 & -2 & 0 & -4 \\ 0 & 0 & 1 & 0 & \frac{1}{2} & \frac{1}{2} & 0 & \frac{3}{2} \\ 0 & 0 & 0 & 1 & 6 & 0 & 1 & 10 \end{bmatrix}$$

最终可得 $\boldsymbol{A}$ 的逆矩阵为

$$\boldsymbol{A}^{-1} = \begin{bmatrix} \frac{1}{2} & \frac{5}{2} & 0 & \frac{5}{2} \\ -1 & -2 & 0 & -4 \\ \frac{1}{2} & \frac{1}{2} & 0 & \frac{3}{2} \\ 6 & 0 & 1 & 10 \end{bmatrix}$$

■

再回到求解方程组 $\boldsymbol{Ax} = \boldsymbol{b}(\boldsymbol{A} \in \mathbb{R}^{n \times n})$ 的问题上来。如果 $\boldsymbol{A}^{-1}$ 存在，那么该方程组的解是 $\boldsymbol{x} = \boldsymbol{A}^{-1}\boldsymbol{b}$。但是，在求解过程中，并不需要直接求出 $\boldsymbol{A}^{-1}$。从前面的讨论可以看出，$\boldsymbol{A}^{-1}$ 可以表示成一组初等矩阵乘积的形式：

$$\boldsymbol{A}^{-1} = \boldsymbol{E}_t \boldsymbol{E}_{t-1} \cdots \boldsymbol{E}_1$$

因此，

$$\boldsymbol{E}_t \cdots \boldsymbol{E}_1 \boldsymbol{A}\boldsymbol{x} = \boldsymbol{E}_t \cdots \boldsymbol{E}_1 \boldsymbol{b}$$

即

$$\boldsymbol{x} = \boldsymbol{E}_t \cdots \boldsymbol{E}_1 \boldsymbol{b}$$

基于以上分析，可以得到求解方程组 $\boldsymbol{Ax} = \boldsymbol{b}$ 的步骤：首先构造一个增广矩阵 $[\boldsymbol{A}, \boldsymbol{b}]$，然后对该增广矩阵进行一系列初等行变换，直到得到 $[\boldsymbol{I}, \tilde{\boldsymbol{b}}]$。

根据前面的讨论可得，如果 $\boldsymbol{x}$ 是 $\boldsymbol{Ax} = \boldsymbol{b}$ 的解，那么它也是 $\boldsymbol{EAx} = \boldsymbol{Eb}$ 的解，其中 $\boldsymbol{E} = \boldsymbol{E}_t \cdots \boldsymbol{E}_1$ 表示一系列初等行变换。因为 $\boldsymbol{EA} = \boldsymbol{I}$，$\boldsymbol{Eb} = \tilde{\boldsymbol{b}}$，所以 $\boldsymbol{x} = \tilde{\boldsymbol{b}}$ 是方程 $\boldsymbol{Ax} = \boldsymbol{b}$ 的解，其中 $\boldsymbol{A} \in \mathbb{R}^{n \times n}$ 可逆。

假设 $\boldsymbol{A} \in \mathbb{R}^{m \times n}$，$m < n$，$\operatorname{rank} \boldsymbol{A} = m$。矩阵 $\boldsymbol{A}$ 不是方阵。显然，在这种情况下，方程组 $\boldsymbol{Ax} = \boldsymbol{b}$ 有无穷多个解。不失一般性，假设 $\boldsymbol{A}$ 的前 m 列是线性无关的。那么，对增广矩阵 $[\boldsymbol{A}, \boldsymbol{b}]$ 进行初等行变换，可得

$$[\boldsymbol{I}, \boldsymbol{D}, \tilde{\boldsymbol{b}}]$$

其中, $\boldsymbol{D}$ 是 $m\times(n-m)$ 矩阵。令 $\boldsymbol{x}\in\mathbb{R}^n$ 是 $\boldsymbol{Ax}=\boldsymbol{b}$ 的解, 将其写为 $\boldsymbol{x}=[\boldsymbol{x}_B^\top, \boldsymbol{x}_D^\top]^\top$ 的形式, 其中 $\boldsymbol{x}_B\in\mathbb{R}^m$, $\boldsymbol{x}_D\in\mathbb{R}^{(n-m)}$, 则有 $[\boldsymbol{I}, \boldsymbol{D}]\boldsymbol{x}=\tilde{\boldsymbol{b}}$。可将该式写为 $\boldsymbol{x}_B+\boldsymbol{Dx}_D=\tilde{\boldsymbol{b}}$ 或 $\boldsymbol{x}_B=\tilde{\boldsymbol{b}}-\boldsymbol{Dx}_D$。显然, 对于任意 $\boldsymbol{x}_D\in\mathbb{R}^{(n-m)}$, 如果满足 $\boldsymbol{x}_B=\tilde{\boldsymbol{b}}-\boldsymbol{Dx}_D$, 那么向量 $\boldsymbol{x}=[\boldsymbol{x}_B^\top, \boldsymbol{x}_D^\top]^\top$ 是 $\boldsymbol{Ax}=\boldsymbol{b}$ 的解。特别的, 基本解 $[\tilde{\boldsymbol{b}}^\top, \boldsymbol{0}^\top]^\top$ 是 $\boldsymbol{Ax}=\boldsymbol{b}$ 的一组解。通常称基本解 $[\tilde{\boldsymbol{b}}^\top, \boldsymbol{0}^\top]^\top$ 为 $\boldsymbol{Ax}=\boldsymbol{b}$ 的特解。注意, $[-(\boldsymbol{Dx}_D)^\top, \boldsymbol{x}_D^\top]^\top$ 是 $\boldsymbol{Ax}=\boldsymbol{0}$ 的解。因此, $\boldsymbol{Ax}=\boldsymbol{b}$ 的解可以表示为

$$\boldsymbol{x}=\begin{bmatrix}\tilde{\boldsymbol{b}}\\ \boldsymbol{0}\end{bmatrix}+\begin{bmatrix}-\boldsymbol{D}\boldsymbol{x}_D\\ \boldsymbol{x}_D\end{bmatrix}$$

其中, $\boldsymbol{x}_D\in\mathbb{R}^{(n-m)}$。

16.2 增广矩阵的规范型

考虑线性方程组 $\boldsymbol{Ax}=\boldsymbol{b}$, $\operatorname{rank}\boldsymbol{A}=m$。对矩阵 $\boldsymbol{A}$ 进行初等行变换, 必要的话, 还需要对变量重新排序, 可将方程组 $\boldsymbol{Ax}=\boldsymbol{b}$ 转换为如下的规范型:

$$\begin{matrix} x_1 & & & +y_{1\,m+1}x_{m+1}+\cdots+y_{1n}x_n=y_{10}\\ & x_2 & & +y_{2\,m+1}x_{m+1}+\cdots+y_{2n}x_n=y_{20}\\ & & \ddots & \vdots\\ & & x_m & +y_{m\,m+1}x_{m+1}+\cdots+y_{mn}x_n=y_{m0}\end{matrix}$$

将上式表示成矩阵形式:

$$[\boldsymbol{I}_m, \boldsymbol{Y}_{m,n-m}]\boldsymbol{x}=\boldsymbol{y}_0$$

接下来给出典式的定义。

定义 16.5 在方程组 $\boldsymbol{Ax}=\boldsymbol{b}$ 的 n 个变量中, 如果存在 m 个变量, 每个变量都各自对应一个方程, 且只在这一个方程中出现; 该变量在对应的方程中的系数都是 1, 这种形式的方程组 $\boldsymbol{Ax}=\boldsymbol{b}$ 称为典式。 ■

如果对某个方程组中的方程和变量进行重新排序, 可以将方程组表示为 $[\boldsymbol{I}_m, \boldsymbol{Y}_{m,n-m}]\boldsymbol{x}=\boldsymbol{y}_0$ 的形式, 则意味着该方程组就是典式。如果方程组 $\boldsymbol{Ax}=\boldsymbol{b}$ 不是典式, 则可以采用初等行变换将其等价改写为典式。方程组 $\boldsymbol{Ax}=\boldsymbol{b}$ 的典式与原方程组的解是相同的, 称为在基 $\boldsymbol{a}_1, \cdots, \boldsymbol{a}_m$ 上的典式表达式。通常情况下, 根据 $\boldsymbol{A}$ 中的哪些列向量被变换成单位矩阵 $\boldsymbol{I}_m$ 中的列向量(即基列向量), 可得方程组的不同典式表达式。方程组典式表达式的增广矩阵 $[\boldsymbol{I}_m, \boldsymbol{Y}_{m,n-m}, \boldsymbol{y}_0]$ 称为在基 $\boldsymbol{a}_1, \cdots, \boldsymbol{a}_m$ 上的增广矩阵规范型。同理, 从 $\boldsymbol{A}$ 中选择的基向量不同, 方程组对应的增广矩阵规范型也不同。

在方程组的典式表达式中, 与基列向量相对应的变量称为基变量, 其他变量称为非基变量。具体而言, 在方程组的典式表达式 $[\boldsymbol{I}_m, \boldsymbol{Y}_{m,n-m}]\boldsymbol{x}=\boldsymbol{y}_0$ 中, 变量 $x_1, \cdots, x_m$ 是基变量, 其他变量都是非基变量。一般情况下, 基变量并不一定是前 m 个变量。从便于表示的角度出发, 可以不失一般性地假设方程的前 m 个变量为基变量。因此, 相应的基本解为

$$
\begin{aligned}
x_1 &= y_{10} \\
&\vdots \\
x_m &= y_{m0} \\
x_{m+1} &= 0 \\
&\vdots \\
x_n &= 0
\end{aligned}
$$

可写为向量形式：

$$
\boldsymbol{x} = \begin{bmatrix} \boldsymbol{y}_0 \\ \boldsymbol{0} \end{bmatrix}
$$

对于方程 $\boldsymbol{Ax}=\boldsymbol{b}$，考虑如下增广矩阵规范型：

$$
[\boldsymbol{I}_m, \boldsymbol{Y}_{m,n-m}, \boldsymbol{y}_0] = \begin{bmatrix} 1 & 0 & \cdots & 0 & y_{1\,m+1} & \cdots & y_{1n} & y_{10} \\ 0 & 1 & \cdots & 0 & y_{2\,m+1} & \cdots & y_{2n} & y_{20} \\ \vdots & \vdots & \ddots & \vdots & \vdots & & \vdots & \vdots \\ 0 & 0 & \cdots & 1 & y_{m\,m+1} & \cdots & y_{mn} & y_{m0} \end{bmatrix}
$$

由此可得

$$
\boldsymbol{b} = y_{10}\boldsymbol{a}_1 + y_{20}\boldsymbol{a}_2 + \cdots + y_{m0}\boldsymbol{a}_m
$$

增广矩阵规范型最后一列的各元素是向量 $\boldsymbol{b}$ 关于基 $\{\boldsymbol{a}_1, \cdots, \boldsymbol{a}_m\}$ 的坐标，其他列中各元素的含义与此类似，分别是 $\boldsymbol{A}$ 中对应的列向量关于基 $\{\boldsymbol{a}_1, \cdots, \boldsymbol{a}_m\}$ 的坐标。比如，增广矩阵规范型第 $j(j=1, \cdots, n)$ 列的元素表示 $\boldsymbol{a}_j$ 关于基 $\{\boldsymbol{a}_1, \cdots, \boldsymbol{a}_m\}$ 的坐标。因此，增广矩阵规范型的前 m 列可以构成一组基（标准基）。增广矩阵规范型的其他列可视为这些基向量的线性组合，组合系数就是这些列向量中自上而下的元素值。用 $\boldsymbol{a}'_i$，$i=1, \cdots, n+1$ 表示增广矩阵规范型的第 i 列，由于 $\boldsymbol{a}'_1, \cdots, \boldsymbol{a}'_m$ 构成一组标准基，对于 $m<j\leqslant n$，则有

$$
\boldsymbol{a}'_j = y_{1j}\boldsymbol{a}'_1 + y_{2j}\boldsymbol{a}'_2 + \cdots + y_{mj}\boldsymbol{a}'_m
$$

令 $\boldsymbol{a}_i(i=1, \cdots, n)$ 表示 $\boldsymbol{A}$ 的第 i 列向量，且有 $\boldsymbol{a}_{n+1}=\boldsymbol{b}$，则 $\boldsymbol{a}'_i = \boldsymbol{E}\boldsymbol{a}_i$，$i=1, \cdots, n+1$，其中 $\boldsymbol{E}$ 为非奇异矩阵，表示将 $[\boldsymbol{A}, \boldsymbol{b}]$ 转换成 $[\boldsymbol{I}_m, \boldsymbol{Y}_{m,n-m}, \boldsymbol{y}_0]$ 的一系列初等行变换。因此，对于 $m<j\leqslant n$，同样有

$$
\boldsymbol{a}_j = y_{1j}\boldsymbol{a}_1 + y_{2j}\boldsymbol{a}_2 + \cdots + y_{mj}\boldsymbol{a}_m
$$

16.3　更新增广矩阵

16.2 节指出，根据方程组 $\boldsymbol{Ax}=\boldsymbol{b}$ 的增广矩阵规范型可以得出，列向量 $\boldsymbol{a}_j(m<j\leqslant n)$ 可以用基向量 $\boldsymbol{a}_1, \cdots, \boldsymbol{a}_m$ 表示。因此，增广矩阵规范型中第 j 列的元素就是矩阵 $\boldsymbol{A}$ 中列向量 $\boldsymbol{a}_j$ 在基 $\boldsymbol{a}_1, \cdots, \boldsymbol{a}_m$ 上的坐标；向量 $\boldsymbol{b}$ 在基 $\boldsymbol{a}_1, \cdots, \boldsymbol{a}_m$ 上的坐标为增广矩阵规范型最后一列的各元素。

假设已知方程 $\boldsymbol{Ax}=\boldsymbol{b}$ 的典式表达式。现在考虑这样一个问题，如果用某个非基变量替换某个基变量，那么新的基变量对应的典式表达式形式如何？比如，用非基变量 $\boldsymbol{a}_q$，$m<q\leqslant n$ 替换基变量 $\boldsymbol{a}_p$，$1\leqslant p\leqslant m$。在用 $\boldsymbol{a}_q$ 替换 $\boldsymbol{a}_p$ 后，如果前 m 个向量仍然是线

性无关的，这些向量就构成了一个新的基矩阵，任何一个向量都可以表示成这些新的基向量的线性组合。

下面计算向量 $\boldsymbol{a}_1$，…，$\boldsymbol{a}_n$在新基上的坐标。这些坐标构成方程组 $\boldsymbol{Ax}=\boldsymbol{b}$ 关于新基的增广矩阵规范型。首先，在原矩阵上，$\boldsymbol{a}_q$可以表示为

$$\boldsymbol{a}_q=\sum_{i=1}^{m}y_{iq}\boldsymbol{a}_i=\sum_{\substack{i=1\\i\neq p}}^{m}y_{iq}\boldsymbol{a}_i+y_{pq}\boldsymbol{a}_p$$

注意，当且仅当 $y_{pq}\neq 0$ 时，向量组$\{\boldsymbol{a}_1, \cdots, \boldsymbol{a}_{p-1}, \boldsymbol{a}_q, \boldsymbol{a}_{p+1}, \cdots, \boldsymbol{a}_m\}$是线性无关的。由该方程可以求解得到 $\boldsymbol{a}_p$：

$$\boldsymbol{a}_p=\frac{1}{y_{pq}}\boldsymbol{a}_q-\sum_{\substack{i=1\\i\neq p}}^{m}\frac{y_{iq}}{y_{pq}}\boldsymbol{a}_i$$

利用原来的增广矩阵，可将任意向量 $\boldsymbol{a}_j(m<j\leqslant n)$表示为

$$\boldsymbol{a}_j=y_{1j}\boldsymbol{a}_1+y_{2j}\boldsymbol{a}_2+\cdots+y_{mj}\boldsymbol{a}_m$$

将以上两个方程联立可得

$$\boldsymbol{a}_j=\sum_{\substack{i=1\\i\neq p}}^{m}\left(y_{ij}-\frac{y_{pj}}{y_{pq}}y_{iq}\right)\boldsymbol{a}_i+\frac{y_{pj}}{y_{pq}}\boldsymbol{a}_q$$

用 y'_{ij}表示新的增广矩阵中的元素，可得

$$y'_{ij}=y_{ij}-\frac{y_{pj}}{y_{pq}}y_{iq},\ i\neq p$$

$$y'_{pj}=\frac{y_{pj}}{y_{pq}}$$

因此，采用以上方程，可以从原来的增广矩阵规范型推导出新的增广矩阵规范型。这些方程通常称为枢轴方程，y_{pq}称为枢轴元素。

利用以上公式对矩阵的变换称为关于元素(p, q)的枢轴变换。注意，关于元素(p, q)的枢轴变换产生了一个新的矩阵，这个矩阵的第 q 列元素中只有在(p, q)处是 1，其余位置都是 0。枢轴变换可以由一系列初等行变换得到，详见定理 16.1 的证明过程。

16.4　单纯形法

单纯形法的思想是从某基本可行解变换到另一个基本可行解，直到找到最优基本可行解。16.3 节中讨论的增广矩阵规范型在单纯形法中扮演着重要角色。

已知某个基本可行解：

$$\boldsymbol{x}=[x_1,\cdots,x_m,0,\cdots,0]^{\top},\quad x_i\geqslant 0,\quad i=1,\cdots,m$$

可以等价地表示为

$$x_1\boldsymbol{a}_1+\cdots+x_m\boldsymbol{a}_m=\boldsymbol{b}$$

16.3 节讨论了当基矩阵的某一列发生改变时，如何更新相应的增广矩阵规范型。也就是

说，用一个非基向量代替某个基向量，如何求解新基下的增广矩阵规范型。增广矩阵规范型的最后一列是基本解中的基变量，即 $x_i = y_{i0}$，$i = 1, \cdots, m$。基本解不一定是可行解，因为基变量可能是负值。在单纯形法中，希望能够从一个基本可行解变换到另外一个基本可行解。这意味着，在变换基列向量时，相应的增广矩阵规范型的最后一列要保证是非负值。本节将系统地讨论这个问题。

在本章接下来的内容中，一律假设下列方程的每个基本可行解都是非退化的基本可行解。这一假设只是为了便于分析。实际上，接下来的所有结论都可以拓展到包含退化基本可行解的情况。

$$\boldsymbol{A}\boldsymbol{x} = \boldsymbol{b}$$
$$\boldsymbol{x} \geqslant \boldsymbol{0}$$

假定存在一组基向量 $\boldsymbol{a}_1, \cdots, \boldsymbol{a}_m$，基本解 $\boldsymbol{x} = [y_{10}, \cdots, y_{m0}, 0, \cdots, 0]^\top$ 是可行的，即增广矩阵规范型的最后一列 $y_{i0}(i = 1, \cdots, m)$ 都大于零。下面要把一个非基向量 $\boldsymbol{a}_q(q > m)$ 变成一个基向量。利用当前的基向量来表示向量 $\boldsymbol{a}_q$：

$$\boldsymbol{a}_q = y_{1q}\boldsymbol{a}_1 + y_{2q}\boldsymbol{a}_2 + \cdots + y_{mq}\boldsymbol{a}_m$$

上式两边同时乘以 $\varepsilon > 0$：

$$\varepsilon\boldsymbol{a}_q = \varepsilon y_{1q}\boldsymbol{a}_1 + \varepsilon y_{2q}\boldsymbol{a}_2 + \cdots + \varepsilon y_{mq}\boldsymbol{a}_m$$

将基本解 $\boldsymbol{x} = [y_{10}, \cdots, y_{m0}, 0, \cdots, 0]^\top$ 代入方程 $\boldsymbol{A}\boldsymbol{x} = \boldsymbol{b}$，可得

$$y_{10}\boldsymbol{a}_1 + \cdots + y_{m0}\boldsymbol{a}_m = \boldsymbol{b}$$

将这两个等式联立，并进行简单处理，可得

$$(y_{10} - \varepsilon y_{1q})\boldsymbol{a}_1 + (y_{20} - \varepsilon y_{2q})\boldsymbol{a}_2 + \cdots + (y_{m0} - \varepsilon y_{mq})\boldsymbol{a}_m + \varepsilon\boldsymbol{a}_q = \boldsymbol{b}$$

显然，向量

$$\begin{bmatrix} y_{10} - \varepsilon y_{1q} \\ \vdots \\ y_{m0} - \varepsilon y_{mq} \\ 0 \\ \vdots \\ \varepsilon \\ \vdots \\ 0 \end{bmatrix}$$

是 $\boldsymbol{A}\boldsymbol{x} = \boldsymbol{b}$ 的一个解。ε 位于第 q 个元素的位置。如果 $\varepsilon = 0$，那么对应的就是原来的基本可行解。当 ε 由 0 开始增大时，向量中第 q 个元素的值逐渐变大。该向量中其他元素的值将会随着 ε 的增大而成比例地增大或减小，这取决于 y_{iq} 是负值还是正值。如果 ε 的取值足够小，就会得到一个可行解，但它不是基本解。随着 ε 的增大，向量中的某些元素会减小。当 ε 增加到某个值时，某个(些)元素会首先减小到零；ε 继续增加，另外一些元素也会逐渐减小到零；按照如下方式，选择一个最小的 ε：

$$\varepsilon = \min_i \{y_{i0}/y_{iq} : y_{iq} > 0\}$$

这样可使该向量的前 m 个元素中首次出现零，即得到一个新的基本可行解。在这个新的

基本可行解中，用 $\boldsymbol{a}_q$ 取代了原来的 $\boldsymbol{a}_p$，其中 p 可以通过求解 $p=\arg\min_i\{y_{i0}/y_{iq}: y_{iq}>0\}$ 得到。至此，得到了一个新的基 $\boldsymbol{a}_1, \cdots, \boldsymbol{a}_{p-1}, \boldsymbol{a}_{p+1}, \cdots, \boldsymbol{a}_m, \boldsymbol{a}_q$。显然，在新基中，$\boldsymbol{a}_q$ 取代了原来的 $\boldsymbol{a}_p$。因此可以说 $\boldsymbol{a}_q$ 进基，而 $\boldsymbol{a}_p$ 离基。如果 $\varepsilon=\min_i\{y_{i0}/y_{iq}: y_{iq}>0\}$ 对应的结果不止一个，则说明新的基本可行解是退化的，即在这一 ε 下，该向量的前 m 个元素中同时出现了两个或两个以上的零元素，此时可选定任一零元素对应的列向量为离基向量。如果 y_{iq} 中没有正值，那么向量 $[y_{10}-\varepsilon y_{1q}, \cdots, y_{m0}-\varepsilon y_{mq}, 0, \cdots, \varepsilon, \cdots, 0]^\top$ 中的元素会随着 ε 的增大而增大(或保持不变)，也就是说，无论 ε 的取值有多大，都不会得到新的可行解。这意味着，可行解中存在着无穷大的元素，即可行集 Ω 是无界的。

到目前为止，已经掌握了从一个基矩阵到另外一个基矩阵的变换方法，而且还能够保持基本解的可行性。但是，这一变换的前提是能够提前确定进基向量。为了能够实施单纯形法，还需要思考另外两个问题，一是如何选择进基向量；二是如何找到一个停止准则，即找到一种判断基本可行解是否为最优解的方法。假定已经找到一个基本可行解，单纯形法的主要思想就是从一个基本可行解(集合 Ω 中的极点)转移到另外一个基本可行解，使得目标函数值变得更小。由于可行集中极点的个数是有限的，因此一定能在有限的变换步骤内找到最优解。

通过更新增广矩阵规范型，可以从集合 Ω 中的一个极点转移到其相邻极点。从使得目标函数值下降的角度出发，究竟应该转移到哪个极点？何时停止转移操作？下面将针对这两个问题展开讨论。考虑基本可行解：

$$[\boldsymbol{x}_B^\top, \mathbf{0}^\top]^\top = [y_{10}, \cdots, y_{m0}, 0, \cdots, 0]^\top$$

其对应的增广矩阵规范型的前 m 列是单位矩阵。对于可行解 $\boldsymbol{x}$，目标函数值为

$$z = c_1x_1 + c_2x_2 + \cdots + c_nx_n$$

因此，对于以上基本解，目标函数值为

$$z = z_0 = \boldsymbol{c}_B^\top \boldsymbol{x}_B = c_1y_{10} + \cdots + c_my_{m0}$$

其中，$\boldsymbol{c}_B^\top = [c_1, c_2, \cdots, c_m]$。

为了考察基本可行解改变时目标函数值的变化，假设选择第 $q(m<q\leqslant n)$ 列向量进入基矩阵。为了更新增广矩阵规范型，令 $p=\arg\min_i\{y_{i0}/y_{iq}: y_{iq}>0\}$，$\varepsilon=y_{p0}/y_{pq}$，则新的基本可行解为

$$\begin{bmatrix} y_{10}-\varepsilon y_{1q} \\ \vdots \\ y_{m0}-\varepsilon y_{mq} \\ 0 \\ \vdots \\ \varepsilon \\ \vdots \\ 0 \end{bmatrix}$$

注意，该列向量中的第 q 个元素是 ε，第 p 个元素是 0。不难看出，也可以采用 16.3 节中的枢轴方程得到这个基本可行解。枢轴方程为

$$y'_{ij} = y_{ij} - \frac{y_{pj}}{y_{pq}} y_{iq}, \ i \neq p$$
$$y'_{pj} = \frac{y_{pj}}{y_{pq}}$$

其中，第 q 列向量进入基矩阵，第 p 列向量离开基矩阵[以元素(p, q)作为枢轴元素]。新的增广矩阵规范型的最后一列就是此时对应的基变量。

这个新的基本可行解对应的目标函数值为

$$\begin{aligned} z &= c_1(y_{10} - y_{1q}\varepsilon) + \cdots + c_m(y_{m0} - y_{mq}\varepsilon) + c_q\varepsilon \\ &= z_0 + [c_q - (c_1 y_{1q} + \cdots + c_m y_{mq})]\varepsilon \end{aligned}$$

其中，$z_0 = c_1 y_{10} + \cdots + c_m y_{m0}$，令

$$z_q = c_1 y_{1q} + \cdots + c_m y_{mq}$$

故有

$$z = z_0 + (c_q - z_q)\varepsilon$$

当 $z - z_0 = (c_q - z_q)\varepsilon < 0$ 时，说明新的基本可行解对应的目标函数值变小了(即 $z < z_0$)。因此，如果 $c_q - z_q < 0$，则说明 $\boldsymbol{a}_q$ 加入基矩阵后，目标函数值变小了。

反过来，如果对于所有的 $q = m+1, \cdots, n$ 都有 $c_q - z_q \geqslant 0$，那么可以证明，这个基本可行解就是最优解。16.1 节已经提到过，$\boldsymbol{Ax} = \boldsymbol{b}$ 的任何解都可以表示为

$$\boldsymbol{x} = \begin{bmatrix} \boldsymbol{y}_0 \\ \boldsymbol{0} \end{bmatrix} + \begin{bmatrix} -\boldsymbol{Y}_{m,n-m}\boldsymbol{x}_D \\ \boldsymbol{x}_D \end{bmatrix}$$

对于某个 $\boldsymbol{x}_D = [x_{m+1}, \cdots, x_n]^\top \in \mathbb{R}^{(n-m)}$，采用和上面类似的计算方法，可以得到目标函数值为

$$\boldsymbol{c}^\top \boldsymbol{x} = z_0 + \sum_{i=m+1}^{n} (c_i - z_i) x_i$$

其中，$z_i = c_1 y_{1i} + \cdots + c_m y_{mi}$，$i = m+1, \cdots, n$。对于任意一个可行解，都满足 $x_i \geqslant 0$，$i = 1, \cdots, n$。因此，如果对于所有 $i = m+1, \cdots, n$，都有 $c_i - z_i \geqslant 0$，那么任意可行解 $\boldsymbol{x}$ 都不可能使目标函数值 $\boldsymbol{c}^\top \boldsymbol{x}$ 小于 z_0。

令 $r_i = 0 (i = 1, \cdots, m)$，$r_i = c_i - z_i (i = m+1, \cdots, n)$，则称 r_i 为第 i 个简化价值系数或相对价值系数①。注意，基变量的检验数等于零。

以上分析可以归纳得到如下结论。

定理 16.2 基本可行解是最优解，当且仅当相应的检验数都是非负的。 □

这样，可以得到单纯形法的基本步骤。

单纯形法的算法如下所示。

1. 根据初始基本可行解构造增广矩阵规范型；
2. 计算非基变量的检验数；

① 国内有关教材通常称其为检验数，为了与国内的常用说法保持一致，接下来如无特别说明，都将其称为检验数。——译者注

3. 如果对于所有 j 都有 $r_j \geqslant 0$，则停止运算，当前基本可行解即是最优解；否则，进入下一步；
4. 从小于零的检验数中选择一个检验数 $r_q < 0$；
5. 如果不存在 $y_{iq} > 0$，则停止运算，问题有无界解；否则，计算 $p = \arg\min_i \{y_{i0}/y_{iq}: y_{iq} > 0\}$；如果求解得到多个满足条件的下标 i，则令 p 等于最小的下标值。
6. 以元素 (p, q) 为枢轴元素进行枢轴变换，更新增广矩阵规范型；
7. 转到步骤 2。

下面给出一个关于单纯形法的定理，该定理实际上已经在前面的讨论中证明过了。

定理 16.3　假定某个标准形式的线性规划问题存在最优可行解，利用单纯形法进行求解，当求解过程终止时，最后一步得到的检验数全部非负，那么此时的基本可行解就是最优解。 □

例 16.2　采用单纯形法求解线性规划问题(见习题 15.10)：

$$\begin{array}{ll} \text{maximize} & 2x_1 + 5x_2 \\ \text{subject to} & x_1 \leqslant 4 \\ & x_2 \leqslant 6 \\ & x_1 + x_2 \leqslant 8 \\ & x_1, x_2 \geqslant 0 \end{array}$$

引入松弛变量，将该问题转换为标准型：

$$\begin{array}{lrrrrrcl} \text{minimize} & -2x_1 & -5x_2 & -0x_3 & -0x_4 & -0x_5 & & \\ \text{subject to} & x_1 & & +x_3 & & & = & 4 \\ & & x_2 & & +x_4 & & = & 6 \\ & x_1 & +x_2 & & & +x_5 & = & 8 \\ & x_1, & x_2, & x_3, & x_4, & x_5 & \geqslant & 0 \end{array}$$

相应的增广矩阵规范型为

$$\begin{array}{cccccc} \boldsymbol{a}_1 & \boldsymbol{a}_2 & \boldsymbol{a}_3 & \boldsymbol{a}_4 & \boldsymbol{a}_5 & \boldsymbol{b} \\ 1 & 0 & 1 & 0 & 0 & 4 \\ 0 & 1 & 0 & 1 & 0 & 6 \\ 1 & 1 & 0 & 0 & 1 & 8 \end{array}$$

可以看出，增广矩阵规范型中的单位矩阵并未在前 3 列。可以通过调整该增广矩阵中的列向量的排列顺序，使增广矩阵的前 3 列恰好构成一个单位矩阵。实际上，从计算的角度来看，这并非必要。

该问题的初始基本可行解为

$$\boldsymbol{x} = [0, 0, 4, 6, 8]^{\top}$$

与变量 x_3、x_4 和 x_5 相对应的列向量 $\boldsymbol{a}_3$、$\boldsymbol{a}_4$ 和 $\boldsymbol{a}_5$ 构成单位矩阵，故基矩阵为 $\boldsymbol{B} = [\boldsymbol{a}_3, \boldsymbol{a}_4, \boldsymbol{a}_5] = \boldsymbol{I}_3$。

与该基本可行解相对应的目标函数值为 $z = 0$，计算非基变量 x_1 和 x_2 的检验数：

$$r_1 = c_1 - z_1 = c_1 - (c_3 y_{11} + c_4 y_{21} + c_5 y_{31}) = -2$$
$$r_2 = c_2 - z_2 = c_2 - (c_3 y_{12} + c_4 y_{22} + c_5 y_{32}) = -5$$

希望能够找到一个相邻的基本可行解，以使目标函数值变小。如果这样的解不止一个，则希望能够找到相应目标函数值最小的相邻基本可行解。通常的做法是，选择 r_j 中的最小值，令其对应的列向量 $\boldsymbol{a}_j$ 作为进基向量(例16.18介绍了另一种选择列向量进入基矩阵的方法)。在这个例子中，向量 $\boldsymbol{a}_2$ 成为进基向量，即选择 $\boldsymbol{a}_2$ 为新的基列向量；然后，计算 $p = \arg\min\{y_{i0}/y_{i2}: y_{i2} > 0\} = 2$。接下来，采用枢轴方程更新增广矩阵规范型：

$$y'_{ij} = y_{ij} - \frac{y_{2j}}{y_{22}}y_{i2},\ i \neq 2$$

$$y'_{2j} = \frac{y_{2j}}{y_{22}}$$

得到新的增广矩阵规范型：

$\boldsymbol{a}_1$	$\boldsymbol{a}_2$	$\boldsymbol{a}_3$	$\boldsymbol{a}_4$	$\boldsymbol{a}_5$	$\boldsymbol{b}$
1	0	1	0	0	4
0	1	0	1	0	6
1	0	0	−1	1	2

可以看出，$\boldsymbol{a}_2$ 进基，$\boldsymbol{a}_4$ 离基。相应的基本可行解为 $\boldsymbol{x} = [0, 6, 4, 0, 2]^\top$。非基向量的检验数为

$$r_1 = c_1 - z_1 = -2$$

$$r_4 = c_4 - z_4 = 5$$

因为 $r_1 = -2 < 0$，所以当前解不是最优解，选择向量 $\boldsymbol{a}_1$ 为进基向量，可使目标函数值变小。以元素(3, 1)为枢轴元素，开展枢轴变换，更新增广矩阵规范型，可得

$\boldsymbol{a}_1$	$\boldsymbol{a}_2$	$\boldsymbol{a}_3$	$\boldsymbol{a}_4$	$\boldsymbol{a}_5$	$\boldsymbol{b}$
0	0	1	1	−1	2
0	1	0	1	0	6
1	0	0	−1	1	2

相应的基本可行解为 $\boldsymbol{x} = [2, 6, 2, 0, 0]^\top$，非基变量检验数为

$$r_4 = c_4 - z_4 = 3$$

$$r_5 = c_5 - z_5 = 2$$

由于所有的检验数都是正值，当前的基本可行解 $\boldsymbol{x} = [2, 6, 2, 0, 0]^\top$ 已是最优解。因此，原问题的解是 $x_1 = 2$，$x_2 = 6$，目标函数值是34。■

由例16.2可以看出，可以采用单纯形法求解任意规模的线性规划问题。为了提高计算效率，下一节将讨论单纯形法的矩阵形式。

16.5　单纯形法的矩阵形式

考虑线性规划的标准型：

$$\begin{aligned}\text{minimize}\quad & \boldsymbol{c}^\top\boldsymbol{x}\\ \text{subject to}\quad & \boldsymbol{Ax} = \boldsymbol{b}\\ & \boldsymbol{x} \geqslant \boldsymbol{0}\end{aligned}$$

令 $\boldsymbol{A}$ 的前 m 列是基向量，这些列向量组成了 $m \times m$ 非奇异矩阵 $\boldsymbol{B}$。$\boldsymbol{A}$ 的非基列向量组成了 $m \times (n-m)$ 矩阵 $\boldsymbol{D}$，价值系数向量可相应地写为 $\boldsymbol{c}^\top = [\boldsymbol{c}_B^\top, \boldsymbol{c}_D^\top]$。那么，该线性规划

问题可以表示为

$$\begin{aligned}&\text{minimize} \quad \boldsymbol{c}_B^\top \boldsymbol{x}_B + \boldsymbol{c}_D^\top \boldsymbol{x}_D\\&\text{subject to} \quad [\boldsymbol{B}, \boldsymbol{D}]\begin{bmatrix}\boldsymbol{x}_B\\ \boldsymbol{x}_D\end{bmatrix} = \boldsymbol{B}\boldsymbol{x}_B + \boldsymbol{D}\boldsymbol{x}_D = \boldsymbol{b}\\&\qquad\qquad\quad \boldsymbol{x}_B \geqslant \boldsymbol{0},\ \boldsymbol{x}_D \geqslant \boldsymbol{0}\end{aligned}$$

如果 $\boldsymbol{x}_D = \boldsymbol{0}$，那么 $\boldsymbol{x} = [\boldsymbol{x}_B^\top, \boldsymbol{x}_D^\top]^\top = [\boldsymbol{x}_B^\top, \boldsymbol{0}]^\top$ 是关于基 $\boldsymbol{B}$ 的基本可行解。显然，基变量 $\boldsymbol{x}_B = \boldsymbol{B}^{-1}\boldsymbol{b}$，故基本可行解为

$$\boldsymbol{x} = \begin{bmatrix}\boldsymbol{B}^{-1}\boldsymbol{b}\\ \boldsymbol{0}\end{bmatrix}$$

相应的目标函数值为

$$z_0 = \boldsymbol{c}_B^\top \boldsymbol{B}^{-1}\boldsymbol{b}$$

另一方面，如果 $\boldsymbol{x}_D \neq \boldsymbol{0}$，那么 $\boldsymbol{x} = [\boldsymbol{x}_B^\top, \boldsymbol{x}_D^\top]^\top$ 不是基本解。此时，$\boldsymbol{x}_B$ 可以表示为

$$\boldsymbol{x}_B = \boldsymbol{B}^{-1}\boldsymbol{b} - \boldsymbol{B}^{-1}\boldsymbol{D}\boldsymbol{x}_D$$

相应的目标函数值为

$$\begin{aligned}z &= \boldsymbol{c}_B^\top \boldsymbol{x}_B + \boldsymbol{c}_D^\top \boldsymbol{x}_D\\&= \boldsymbol{c}_B^\top(\boldsymbol{B}^{-1}\boldsymbol{b} - \boldsymbol{B}^{-1}\boldsymbol{D}\boldsymbol{x}_D) + \boldsymbol{c}_D^\top \boldsymbol{x}_D\\&= \boldsymbol{c}_B^\top \boldsymbol{B}^{-1}\boldsymbol{b} + (\boldsymbol{c}_D^\top - \boldsymbol{c}_B^\top \boldsymbol{B}^{-1}\boldsymbol{D})\boldsymbol{x}_D\end{aligned}$$

定义

$$\boldsymbol{r}_D^\top = \boldsymbol{c}_D^\top - \boldsymbol{c}_B^\top \boldsymbol{B}^{-1}\boldsymbol{D}$$

可得

$$z = z_0 + \boldsymbol{r}_D^\top \boldsymbol{x}_D$$

向量 $\boldsymbol{r}_D$ 中的元素是非基变量的检验数。

如果 $\boldsymbol{r}_D \geqslant \boldsymbol{0}$，那么关于基 $\boldsymbol{B}$ 的基本可行解就是最优解。另一方面，如果 $\boldsymbol{r}_D$ 中存在负数，则可以通过将 $\boldsymbol{x}_D$ 中相应的值从零变为正数，使目标函数值变小，即变换基矩阵。

基于以上分析，接下来构造单纯形法的矩阵形式。在增广矩阵 $[\boldsymbol{A}, \boldsymbol{b}]$ 的底部增加一行价值系数向量 $\boldsymbol{c}^\top$，如下式所示：

$$\begin{bmatrix}\boldsymbol{A} & \boldsymbol{b}\\ \boldsymbol{c}^\top & 0\end{bmatrix} = \begin{bmatrix}\boldsymbol{B} & \boldsymbol{D} & \boldsymbol{b}\\ \boldsymbol{c}_B^\top & \boldsymbol{c}_D^\top & 0\end{bmatrix}$$

该矩阵称为线性规划的单纯形表，该单纯形表包含了线性规划的所有信息。

对单纯形表进行初等行变换，将其中的增广矩阵 $[\boldsymbol{A}, \boldsymbol{b}]$ 变换为规范型，等同于对单纯形表左乘矩阵

$$\begin{bmatrix}\boldsymbol{B}^{-1} & \boldsymbol{0}\\ \boldsymbol{0}^\top & 1\end{bmatrix}$$

可得

$$\begin{bmatrix}\boldsymbol{B}^{-1} & \boldsymbol{0}\\ \boldsymbol{0}^\top & 1\end{bmatrix}\begin{bmatrix}\boldsymbol{B} & \boldsymbol{D} & \boldsymbol{b}\\ \boldsymbol{c}_B^\top & \boldsymbol{c}_D^\top & 0\end{bmatrix} = \begin{bmatrix}\boldsymbol{I}_m & \boldsymbol{B}^{-1}\boldsymbol{D} & \boldsymbol{B}^{-1}\boldsymbol{b}\\ \boldsymbol{c}_B^\top & \boldsymbol{c}_D^\top & 0\end{bmatrix}$$

对以上单纯形表进行初等行变换，使得与基列向量相对应的最后一行元素变为零。这等同于对单纯形表左乘矩阵

$$\begin{bmatrix} \boldsymbol{I}_m & \boldsymbol{0} \\ -\boldsymbol{c}_B^\top & 1 \end{bmatrix}$$

可得

$$\begin{bmatrix} \boldsymbol{I}_m & \boldsymbol{0} \\ -\boldsymbol{c}_B^\top & 1 \end{bmatrix} \begin{bmatrix} \boldsymbol{I}_m & \boldsymbol{B}^{-1}\boldsymbol{D} & \boldsymbol{B}^{-1}\boldsymbol{b} \\ \boldsymbol{c}_B^\top & \boldsymbol{c}_D^\top & 0 \end{bmatrix} = \begin{bmatrix} \boldsymbol{I}_m & \boldsymbol{B}^{-1}\boldsymbol{D} & \boldsymbol{B}^{-1}\boldsymbol{b} \\ \boldsymbol{0}^\top & \boldsymbol{c}_D^\top - \boldsymbol{c}_B^\top \boldsymbol{B}^{-1}\boldsymbol{D} & -\boldsymbol{c}_B^\top \boldsymbol{B}^{-1}\boldsymbol{b} \end{bmatrix}$$

这个单纯形表是关于基 $\boldsymbol{B}$ 的标准单纯形表。注意，最后一列的前 m 个元素 $\boldsymbol{B}^{-1}\boldsymbol{b}$ 就是关于基 $\boldsymbol{B}$ 的基变量。最后一行中，$\boldsymbol{c}_D^\top - \boldsymbol{c}_B^\top \boldsymbol{B}^{-1}\boldsymbol{D}$ 是检验数，$-\boldsymbol{c}_B^\top \boldsymbol{B}^{-1}\boldsymbol{b}$ 是当前基本可行解下目标函数值取负后的结果。

对于线性规划问题，选择不同的基列向量，可以得到不同的标准单纯形表。如果两个基矩阵只相差一个列向量，则应如何在这两个基矩阵对应的标准单纯形表之间相互转换？正如前面分析的，可以采用初等行变换的方法来完成该变换，该过程称为标准单纯形表的更新过程。注意，更新单纯形表与更新增广矩阵规范型可以采用相同的更新方程，即

$$y'_{ij} = y_{ij} - \frac{y_{pj}}{y_{pq}} y_{iq},\ i \neq p$$

$$y'_{pj} = \frac{y_{pj}}{y_{pq}}$$

其中，y_{ij} 和 y'_{ij} 分别表示原增广矩阵规范型和更新后的增广矩阵规范型中 (i, j) 处的元素。

单纯形表为单纯形法提供了一种便捷的实现方式，在更新单纯形表的过程中，可以同时得到基变量和检验数。此外，单纯形表的右下角还给出了(取负后的)目标函数值。下面的例子将介绍单纯形表的使用方法。

例 16.3　考虑如下线性规划问题：

$$\begin{aligned} \text{maximize}\quad & 7x_1 + 6x_2 \\ \text{subject to}\quad & 2x_1 + x_2 \leqslant 3 \\ & x_1 + 4x_2 \leqslant 4 \\ & x_1, x_2 \geqslant 0 \end{aligned}$$

为了能够应用单纯形法，首先需要将该问题转换成标准型。将目标方程乘以 -1，把极大化变成极小化，并且引入两个非负松弛变量 x_3 和 x_4，由此可得单纯形表：

	$\boldsymbol{a}_1$	$\boldsymbol{a}_2$	$\boldsymbol{a}_3$	$\boldsymbol{a}_4$	$\boldsymbol{b}$
	2	1	1	0	3
	1	4	0	1	4
$\boldsymbol{c}^\top$	−7	−6	0	0	0

注意，它已经是关于基 $[\boldsymbol{a}_3, \boldsymbol{a}_4]$ 的标准单纯形表。因此，最后一行包含了检验数，最右一列包含了基变量的值。因为 $r_1 = -7$ 是最小的检验数，所以选择 $\boldsymbol{a}_1$ 为进基向量。分别计算 $y_{10}/y_{11} = 3/2$ 和 $y_{20}/y_{21} = 4$。由于 $y_{10}/y_{11} < y_{20}/y_{21}$，取 $p = \arg\min_i \{y_{i0}/y_{i1} : y_{i1} > 0\} = 1$，以单纯形表中 $(1, 1)$ 处的元素作为枢轴元素，得到第二个单纯形表：

$$\begin{matrix} 1 & \frac{1}{2} & \frac{1}{2} & 0 & \frac{3}{2} \\ 0 & \frac{7}{2} & -\frac{1}{2} & 1 & \frac{5}{2} \\ 0 & -\frac{5}{2} & \frac{7}{2} & 0 & \frac{21}{2} \end{matrix}$$

在该单纯形表中，只有$\boldsymbol{r}_2$是负的。因此，$q=2$(即令$\boldsymbol{a}_2$为进基向量)。因为

$$\frac{y_{10}}{y_{12}}=3, \qquad \frac{y_{20}}{y_{22}}=\frac{5}{7}$$

可得$p=2$。以该单纯形表中(2, 2)处的元素作为枢轴元素，得到第三个单纯形表：

$$\begin{matrix} 1 & 0 & \frac{4}{7} & -\frac{1}{7} & \frac{8}{7} \\ 0 & 1 & -\frac{1}{7} & \frac{2}{7} & \frac{5}{7} \\ 0 & 0 & \frac{22}{7} & \frac{5}{7} & \frac{86}{7} \end{matrix}$$

由于这一单纯形表的最后一行全部非负，所以对应的基本可行解就是最优的。因此，$x_1=8/7$, $x_2=5/7$, $x_3=0$, $x_4=0$是线性规划标准型的最优解，相应的目标函数值是$-86/7$。原问题的最优解是$x_1=8/7$, $x_2=5/7$，相应的目标函数值是86/7。■

采用单纯形法求解线性规划问题，有可能会产生退化的基本可行解。在这种情况下，y_{i0}/y_{iq}的最小值是零。这样，选择(p, q)处的元素作为枢轴元素进行枢轴变换之后，虽然基矩阵改变了，但是基本可行解没有改变(仍然是退化的)。如果初始基矩阵对应的是一个退化解，几次迭代后可能会再次回到该退化解，初始基矩阵将再次出现。整个过程将会无限重复，导致循环。这种情况虽然很少见，但显然是不希望出现的。针对这一问题，布兰德提供了一种选择q和p的简单规则，它可以解决循环的问题(见习题16.18)：

$$q=\min\{i: r_i<0\}$$
$$p=\min\{j: y_{j0}/y_{jq}=\min_i\{y_{i0}/y_{iq}: y_{iq}>0\}\}$$

16.6　两阶段单纯形法

单纯形法需要从一个标准的单纯形表开始运算，也就是说，需要一个初始基本可行解。如果采用穷举法寻找初始基本可行解，则需要任选m个基列向量，并将单纯形表转换成标准形式。当最右边的列向量是正值时，就会得到一个(初始的)基本可行解。否则，就需要更换基矩阵，重新开始计算。整个穷举过程可能需要尝试$\binom{n}{m}$次，因此并不实用。

某些线性规划问题有明显的初始基本可行解。比如，引入m个松弛变量$z_1, z_2, \cdots, z_m$后，约束条件$\boldsymbol{Ax}\leqslant\boldsymbol{b}$变成标准形式：

$$[\boldsymbol{A}, \boldsymbol{I}_m]\begin{bmatrix}\boldsymbol{x}\\ \boldsymbol{z}\end{bmatrix}=\boldsymbol{b}, \quad \begin{bmatrix}\boldsymbol{x}\\ \boldsymbol{z}\end{bmatrix}\geqslant\boldsymbol{0}$$

其中，$\boldsymbol{z}=[z_1, \cdots, z_m]^\top$。显然，可选择初始基本可行解为

$$\begin{bmatrix}\boldsymbol{0}\\ \boldsymbol{b}\end{bmatrix}$$

并且，基变量都是松弛变量。这与16.5节的例16.3的情形一致。

考虑线性规划问题的标准型：

$$\begin{aligned} \text{minimize} \quad & \boldsymbol{c}^\top \boldsymbol{x} \\ \text{subject to} \quad & \boldsymbol{A}\boldsymbol{x} = \boldsymbol{b} \\ & \boldsymbol{x} \geqslant \boldsymbol{0} \end{aligned}$$

初始基本可行解通常并不是显而易见的。因此，为了利用单纯形法求解一般形式的线性规划问题，需要设计一种系统化的方法来寻找初始基本可行解。对于标准形式的线性规划问题，可构造相应的人工问题：

$$\begin{aligned} \text{minimize} \quad & y_1 + y_2 + \cdots + y_m \\ \text{subject to} \quad & [\boldsymbol{A}, \boldsymbol{I}_m] \begin{bmatrix} \boldsymbol{x} \\ \boldsymbol{y} \end{bmatrix} = \boldsymbol{b} \\ & \begin{bmatrix} \boldsymbol{x} \\ \boldsymbol{y} \end{bmatrix} \geqslant \boldsymbol{0} \end{aligned}$$

其中，$\boldsymbol{y} = [y_1, \cdots, y_m]^\top$是由人工变量构成的人工向量。注意，人工问题有一个明显的初始基本可行解：

$$\begin{bmatrix} \boldsymbol{0} \\ \boldsymbol{b} \end{bmatrix}$$

因此，可以直接采用单纯形法求解该问题。

命题 16.1　*原线性规划问题存在基本可行解，当且仅当相应的人工问题存在一个使目标函数值为 0 的最优解。* □

证明：

必要性。原问题存在一个基本可行解 $\boldsymbol{x}$，*向量* $[\boldsymbol{x}^\top, \boldsymbol{0}^\top]^\top$ *则是人工问题的基本可行解。显然，在该解下，人工问题的目标函数值是0。因此，它就是人工问题的最优解，因为没有使目标函数为负值的可行解。*

充分性。假设人工问题存在一个使目标函数值为 0 的最优解。那么，这个最优解一定会是 $[\boldsymbol{x}^\top, \boldsymbol{0}^\top]^\top$ *的形式，其中* $\boldsymbol{x} \geqslant \boldsymbol{0}$。*代入人工问题的约束方程，可得* $\boldsymbol{A}\boldsymbol{x} = \boldsymbol{b}$ *成立，这意味着* $\boldsymbol{x}$ *是原问题的可行解。根据线性规划问题的基本定理（见定理 15.1），可知原问题必定存在基本可行解。* ■

假设原问题存在基本可行解，采用单纯形法求解人工问题得到的最优解对应的目标函数值为0。根据以上证明过程可知，在人工问题的最优解中，所有 $y_i = 0$，$i = 1, \cdots, m$。因此，如果不考虑可能存在的退化解，可认为基变量包含在前 n 个元素中，即任何一个人工变量都不是基变量，那么前 n 个元素就构成了原问题的一个基本可行解。如此一来，就可以将这个基本可行解（从人工问题的最优解中删除与人工变量对应的元素）作为原问题的初始基本可行解。因此，通过引入人工变量，可以采用两阶段单纯形法求解一般形式的线性规划问题。在第 1 阶段，引入人工变量，构造人工目标函数，找到基本可行解。在第 2 阶段，将第 1 阶段得到的基本可行解作为初始条件，采用单纯形法求解原问题。两阶段单纯形法如图 16.1 所示。

例 16.4 考虑线性规划问题:

$$\begin{aligned}\text{minimize}\quad & 2x_1+3x_2\\ \text{subject to}\quad & 4x_1+2x_2\geqslant 12\\ & x_1+4x_2\geqslant 6\\ & x_1,x_2\geqslant 0\end{aligned}$$

首先，引入剩余变量，将问题改写为标准型:

$$\begin{aligned}\text{minimize}\quad & 2x_1+3x_2\\ \text{subject to}\quad & 4x_1+2x_2-x_3=12\\ & x_1+4x_2-x_4=6\\ & x_1,\cdots,x_4\geqslant 0\end{aligned}$$

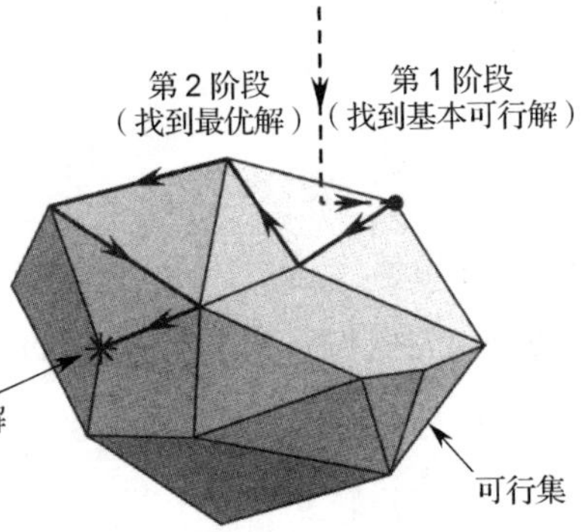

图 16.1 两阶段单纯形法

没有明显的基本可行解，单纯形法无法开展。因此，采用两阶段单纯形法。

第 1 阶段：引入人工变量 x_5，$x_6\geqslant0$，构造人工目标函数 x_5+x_6，可得人工问题的单纯形表:

	$\boldsymbol{a}_1$	$\boldsymbol{a}_2$	$\boldsymbol{a}_3$	$\boldsymbol{a}_4$	$\boldsymbol{a}_5$	$\boldsymbol{a}_6$	$\boldsymbol{b}$
	4	2	−1	0	1	0	12
	1	4	0	−1	0	1	6
$\boldsymbol{c}^\top$	0	0	0	0	1	1	0

更新单纯形表的最后一行，将其变换成标准形式:

$\boldsymbol{a}_1$	$\boldsymbol{a}_2$	$\boldsymbol{a}_3$	$\boldsymbol{a}_4$	$\boldsymbol{a}_5$	$\boldsymbol{a}_6$	$\boldsymbol{b}$
4	2	−1	0	1	0	12
1	4	0	−1	0	1	6
−5	−6	1	1	0	0	−18

由于检验数存在负值，因此该单纯形表中的基本可行解不是最优解。利用单纯形法开展基变换，可得新的单纯形表:

$\frac{7}{2}$	0	−1	$\frac{1}{2}$	1	$-\frac{1}{2}$	9
$\frac{1}{4}$	1	0	$-\frac{1}{4}$	0	$\frac{1}{4}$	$\frac{3}{2}$
$-\frac{7}{2}$	0	1	$-\frac{1}{2}$	0	$\frac{3}{2}$	−9

检验数中存在负值，意味着仍未得到最优基本可行解。再次进行基变换后得到

1	0	$-\frac{2}{7}$	$\frac{1}{7}$	$\frac{2}{7}$	$-\frac{1}{7}$	$\frac{18}{7}$
0	1	$\frac{1}{14}$	$-\frac{2}{7}$	$-\frac{1}{14}$	$\frac{2}{7}$	$\frac{6}{7}$
0	0	0	0	1	1	0

所有的检验数都非负，因此当前的基本可行解是最优解，且两个人工变量对应的列向量都已经不在基矩阵中。接下来转到第 2 阶段。

第 2 阶段：在第 1 阶段得到的单纯形表中，删除与人工变量相关的列向量。价值系数以原问题的目标函数为准，可得

	$\boldsymbol{a}_1$	$\boldsymbol{a}_2$	$\boldsymbol{a}_3$	$\boldsymbol{a}_4$	$\boldsymbol{b}$
	1	0	$-\frac{2}{7}$	$\frac{1}{7}$	$\frac{18}{7}$
	0	1	$\frac{1}{14}$	$-\frac{2}{7}$	$\frac{6}{7}$
$\boldsymbol{c}^\top$	2	3	0	0	0

对最后一行进行初等变换，使得与基向量相对应的最后一行元素为 0，将单纯形表转换成标准形式：

$$\begin{matrix} 1 & 0 & -\frac{2}{7} & \frac{1}{7} & \frac{18}{7} \\ 0 & 1 & \frac{1}{14} & -\frac{2}{7} & \frac{6}{7} \\ 0 & 0 & \frac{5}{14} & \frac{4}{7} & -\frac{54}{7} \end{matrix}$$

可以看出，所有检验数都是非负的，因此最优解是

$$\boldsymbol{x} = \left[\frac{18}{7}, \frac{6}{7}, 0, 0\right]^\top$$

目标函数的最优值是 54/7。 ■

16.7 修正单纯形法

当采用单纯形法求解线性规划问题的标准型（$\boldsymbol{A}$ 为 $m \times n$ 矩阵）时，经验表明，如果 m 远小于 n，那么在绝大多数情况下，枢轴变换仅仅涉及矩阵 $\boldsymbol{A}$ 的一小部分列向量。但是，一次枢轴变换需要更新单纯形表中的所有列向量。如果 $\boldsymbol{A}$ 的某一列在整个求解过程中从来没有成为过进基向量，那么对该列向量的所有计算都是多余的。因此，如果 m 远小于 n，那么对 $\boldsymbol{A}$ 中大多数列向量的计算都是无用的。修正单纯形法能够避免这些无用的计算，降低了求解最优解的计算量。

考虑单纯形法的某次迭代，令 $\boldsymbol{B}$ 是由 $\boldsymbol{A}$ 的列向量组成的当前基矩阵，$\boldsymbol{D}$ 是由 $\boldsymbol{A}$ 的其余列向量组成的非基矩阵。在这次迭代中，对单纯形表所进行的一系列初等行变换（由矩阵 $\boldsymbol{E}_1, \cdots, \boldsymbol{E}_k$ 表示）等价于对矩阵 $\boldsymbol{B}$、$\boldsymbol{D}$ 和向量 $\boldsymbol{b}$ 左乘 $\boldsymbol{B}^{-1} = \boldsymbol{E}_k \cdots \boldsymbol{E}_1$；当前的基本解为 $\boldsymbol{B}^{-1}\boldsymbol{b}$。这表明，为了得到当前的基本可行解，不必计算 $\boldsymbol{B}^{-1}\boldsymbol{D}$；$\boldsymbol{B}^{-1}$才是唯一需要的。在修正单纯形法中，并不计算 $\boldsymbol{B}^{-1}\boldsymbol{D}$，而是仅仅追踪基变量和修正的单纯形表$[\boldsymbol{B}^{-1}, \boldsymbol{B}^{-1}\boldsymbol{b}]$。注意，该单纯形表是 $m \times (m+1)$ 矩阵，原单纯形法的单纯形表是 $m \times (n+1)$ 矩阵。下面说明如何更新修正的单纯形表。假设 $\boldsymbol{a}_q$ 是进基向量，令 $\boldsymbol{y}_q = \boldsymbol{B}^{-1}\boldsymbol{a}_q$，$\boldsymbol{y}_0 = [y_{01}, \cdots, y_{0m}]^\top = \boldsymbol{B}^{-1}\boldsymbol{b}$ 和 $p = \arg\min_i \{y_{i0}/y_{iq} : y_{iq} > 0\}$（与单纯形法相同）。构造增广修正单纯形表 $[\boldsymbol{B}^{-1}, \boldsymbol{y}_0, \boldsymbol{y}_q]$，以最后一列的第 p 个元素作为枢轴元素进行枢轴变换。进行这一变换之后得到一个新的矩阵，矩阵的前 $m+1$ 列构成了更新的修正单纯形表（删除更新的增广修正单纯形表的最后一列，就可以得到更新的修正单纯形表）。很容易解释这一点。将 $\boldsymbol{B}^{-1}$ 写为 $\boldsymbol{B}^{-1} = \boldsymbol{E}_k \cdots \boldsymbol{E}_1$，用矩阵 $\boldsymbol{E}_{k+1}$表示上述枢轴变换（$\boldsymbol{E}_{k+1}\boldsymbol{y}_q = \boldsymbol{e}_p$ 是 $m \times m$ 单位矩阵的第 p 个列向量）。矩阵 $\boldsymbol{E}_{k+1}$为

$$\boldsymbol{E}_{k+1} = \begin{bmatrix} 1 & & -y_{1q}/y_{pq} & & 0 \\ & \ddots & \vdots & & \\ & & 1/y_{pq} & & \\ & & \vdots & \ddots & \\ 0 & & -y_{mq}/y_{pq} & & 1 \end{bmatrix}$$

经过这一枢轴变换，得到更新的增广单纯形表$[\boldsymbol{E}_{k+1}\boldsymbol{B}^{-1}, \boldsymbol{E}_{k+1}\boldsymbol{y}_0, \boldsymbol{e}_p]$。令 $\boldsymbol{B}_{\text{new}}$是新基，

则 $\boldsymbol{B}_{\text{new}}^{-1}=\boldsymbol{E}_{k+1}\cdots\boldsymbol{E}_1$。注意，$\boldsymbol{B}_{\text{new}}^{-1}=\boldsymbol{E}_{k+1}\boldsymbol{B}^{-1}$，并且与 $\boldsymbol{B}_{\text{new}}$ 相对应的基变量为 $\boldsymbol{y}_{0\text{new}}=\boldsymbol{E}_{k+1}\boldsymbol{y}_0$。因此，更新的单纯形表的确为 $[\boldsymbol{B}_{\text{new}}^{-1},\boldsymbol{y}_{0\text{new}}]=[\boldsymbol{E}_{k+1}\boldsymbol{B}^{-1},\boldsymbol{E}_{k+1}\boldsymbol{y}_0]$。

总结以上讨论，可以得到修正单纯形法的如下算法步骤。

修正单纯形法

1. 针对初始基本可行解构造修正的单纯形表 $[\boldsymbol{B}^{-1},\boldsymbol{y}_0]$；
2. 计算当前的检验数：
$$\boldsymbol{r}_D^\top=\boldsymbol{c}_D^\top-\boldsymbol{\lambda}^\top\boldsymbol{D}$$
其中，
$$\boldsymbol{\lambda}^\top=\boldsymbol{c}_B^\top\boldsymbol{B}^{-1}$$
3. 如果对所有 j 都有 $r_j\geqslant 0$ 成立，则算法停止，当前基本可行解已是最优解；
4. 从小于零的检验数中选择一个最小的检验数 $r_q<0$，计算
$$\boldsymbol{y}_q=\boldsymbol{B}^{-1}\boldsymbol{a}_q$$
5. 如果不存在 $y_{iq}>0$，则算法停止，问题有无界解；否则，计算
$$p=\arg\min_i\{y_{i0}/y_{iq}:y_{iq}>0\}$$
6. 构造增广的修正单纯形表 $[\boldsymbol{B}^{-1},\boldsymbol{y}_0,\boldsymbol{y}_q]$，以最后一列的第 p 个元素作为枢轴元素，开展枢轴变换，由新得到的增广修正单纯形表的前 $m+1$ 列组成更新的修正单纯形表(删除增广修正单纯形表的最后一列)。
7. 返回步骤2。

步骤2表明应分两步计算 $\boldsymbol{r}_D$，原因如下。首先 $\boldsymbol{r}_D=\boldsymbol{c}_D^\top-\boldsymbol{c}_B^\top B^{-1}D$。在计算 $\boldsymbol{c}_B^\top\boldsymbol{B}^{-1}\boldsymbol{D}$ 时，有两种不同的计算顺序，分别为 $(\boldsymbol{c}_B^\top\boldsymbol{B}^{-1})\boldsymbol{D}$ 或 $\boldsymbol{c}_B^\top(\boldsymbol{B}^{-1}\boldsymbol{D})$。前者是向量与矩阵的乘积，后者是矩阵与矩阵相乘之后，再进行向量与矩阵的相乘。显然，第一种计算方法更高效。

与单纯形法类似，可以采用基于修正单纯形法的两阶段法求解线性规划。具体来说，就是采用第1阶段得到的修正单纯形表作为第2阶段的初始单纯形表。接下来举例说明。

例 16.5　采用修正单纯形法求解线性规划：

$$\begin{array}{ll}\text{maximize} & 3x_1+5x_2\\ \text{subject to} & x_1+x_2\leqslant 4\\ & 5x_1+3x_2\geqslant 8\\ & x_1,x_2\geqslant 0\end{array}$$

首先，引入1个松弛变量和1个剩余变量，将该问题改写为标准型：

$$\begin{array}{ll}\text{minimize} & -3x_1-5x_2\\ \text{subject to} & x_1+x_2+x_3=4\\ & 5x_1+3x_2-x_4=8\\ & x_1,\cdots,x_4\geqslant 0\end{array}$$

该问题没有明显的基本可行解，因此应采用两阶段单纯形法。

第1阶段：引入人工变量 x_5，构造人工目标函数 x_5，得到人工问题的单纯形表为

	a_1	a_2	a_3	a_4	a_5	b
	1	1	1	0	0	4
	5	3	0	−1	1	8
$c^\top$	0	0	0	0	1	0

由初始基本可行解和相应的 $\boldsymbol{B}^{-1}$，利用修正单纯形法开展计算，可得如下修正单纯形表：

决策变量	$\boldsymbol{B}^{-1}$		$\boldsymbol{y}_0$
x_3	1	0	4
x_5	0	1	8

计算

$$\boldsymbol{\lambda}^\top = \boldsymbol{c}_B^\top \boldsymbol{B}^{-1} = [0,1]$$
$$\boldsymbol{r}_D^\top = \boldsymbol{c}_D^\top - \boldsymbol{\lambda}^\top \boldsymbol{D} = [0,0,0] - [5,3,-1] = [-5,-3,1] = [r_1, r_2, r_4]$$

因为 r_1 是最小的检验数，所以选择 $\boldsymbol{a}_1$ 作为进基向量。计算 $\boldsymbol{y}_1 = \boldsymbol{B}^{-1}\boldsymbol{a}_1$，此时 $\boldsymbol{y}_1 = \boldsymbol{a}_1$，得到增广的修正单纯形表：

决策变量	$\boldsymbol{B}^{-1}$		$\boldsymbol{y}_0$	$\boldsymbol{y}_1$
x_3	1	0	4	1
x_5	0	1	8	5

计算 $p = \arg\min_i\{y_{i0}/y_{iq}: y_{iq} > 0\} = 2$，以最后一列的第 2 个元素作为枢轴元素，进行枢轴变换，得到更新的修正单纯形表：

决策变量	$\boldsymbol{B}^{-1}$		$\boldsymbol{y}_0$
x_3	1	$-\frac{1}{5}$	$\frac{12}{5}$
x_1	0	$\frac{1}{5}$	$\frac{8}{5}$

再次计算

$$\boldsymbol{\lambda}^\top = \boldsymbol{c}_B^\top \boldsymbol{B}^{-1} = [0,0]$$
$$\boldsymbol{r}_D^\top = \boldsymbol{c}_D^\top - \boldsymbol{\lambda}^\top \boldsymbol{D} = [0,0,1] = [r_2, r_4, r_5] \geqslant \boldsymbol{0}^\top$$

检验数全部非负，因此人工问题的最优解是 $[8/5, 0, 12/5, 0, 0]^\top$，第 2 阶段的初始基本可行解是 $[8/5, 0, 12/5, 0]^\top$。

第 2 阶段：原问题（标准型）的单纯形表为

	a_1	a_2	a_3	a_4	b
	1	1	1	0	4
	5	3	0	−1	8
$c^\top$	−3	−5	0	0	0

采用第 1 阶段得到的修正单纯形表作为第 2 阶段的初始修正单纯形表，计算

$$\boldsymbol{\lambda}^\top = \boldsymbol{c}_B^\top \boldsymbol{B}^{-1} = [0,-3]\begin{bmatrix}1 & -\frac{1}{5}\\ 0 & \frac{1}{5}\end{bmatrix} = \left[0, -\frac{3}{5}\right]$$

$$\boldsymbol{r}_D^\top = \boldsymbol{c}_D^\top - \boldsymbol{\lambda}^\top \boldsymbol{D} = [-5,0] - \left[0,-\frac{3}{5}\right]\begin{bmatrix}1 & 0\\ 3 & -1\end{bmatrix} = \left[-\frac{16}{5}, -\frac{3}{5}\right] = [r_2, r_4]$$

将 $\boldsymbol{a}_2$ 作为进基向量，计算 $\boldsymbol{y}_2 = \boldsymbol{B}^{-1}\boldsymbol{a}_2$，得到

决策变量	$\boldsymbol{B}^{-1}$		$\boldsymbol{y}_0$	$\boldsymbol{y}_2$
x_3	1	$-\frac{1}{5}$	$\frac{12}{5}$	$\frac{2}{5}$
x_1	0	$\frac{1}{5}$	$\frac{8}{5}$	$\frac{3}{5}$

此时，$p=2$，以最后一列的第 2 个元素作为枢轴元素，开展枢轴变换得到更新的修正单纯形表：

决策变量	$\boldsymbol{B}^{-1}$		$\boldsymbol{y}_0$
x_3	1	$-\frac{1}{3}$	$\frac{4}{3}$
x_2	0	$\frac{1}{3}$	$\frac{8}{3}$

计算

$$\boldsymbol{\lambda}^\top = \boldsymbol{c}_B^\top \boldsymbol{B}^{-1} = [0, -5]\begin{bmatrix}1 & -\frac{1}{3}\\ 0 & \frac{1}{3}\end{bmatrix} = \left[0, -\frac{5}{3}\right]$$

$$\boldsymbol{r}_D^\top = \boldsymbol{c}_D^\top - \boldsymbol{\lambda}^\top \boldsymbol{D} = [-3, 0] - \left[0, -\frac{5}{3}\right]\begin{bmatrix}1 & 0\\ 5 & -1\end{bmatrix} = \left[\frac{16}{3}, -\frac{5}{3}\right] = [r_1, r_4]$$

将 $\boldsymbol{a}_4$ 作为进基向量，可得

决策变量	$\boldsymbol{B}^{-1}$		$\boldsymbol{y}_0$	$\boldsymbol{y}_4$
x_3	1	$-\frac{1}{3}$	$\frac{4}{3}$	$\frac{1}{3}$
x_2	0	$\frac{1}{3}$	$\frac{8}{3}$	$-\frac{1}{3}$

更新单纯形表，得到

决策变量	$\boldsymbol{B}^{-1}$		$\boldsymbol{y}_0$
x_4	3	-1	4
x_2	1	0	4

计算

$$\boldsymbol{\lambda}^\top = \boldsymbol{c}_B^\top \boldsymbol{B}^{-1} = [0, -5]\begin{bmatrix}3 & -1\\ 1 & 0\end{bmatrix} = [-5, 0]$$

$$\boldsymbol{r}_D^\top = \boldsymbol{c}_D^\top - \boldsymbol{\lambda}^\top \boldsymbol{D} = [-3, 0] - [-5, 0]\begin{bmatrix}1 & 1\\ 5 & 0\end{bmatrix} = [2, 5] = [r_1, r_3]$$

检验数都是正值。因此，$[0, 4, 0, 4]^\top$ 是最优解，原问题的最优解为 $[0, 4]^\top$。 ■

习题

16.1 本题考查矩阵的初等行变换和秩的概念。

a. 利用初等行变换将矩阵 $\boldsymbol{A}$ 变换成上三角形矩阵，并求矩阵的秩；

$$\boldsymbol{A} = \begin{bmatrix}1 & 2 & -1 & 3 & 2\\ 2 & -1 & 3 & 0 & 1\\ 3 & 1 & 2 & 3 & 3\\ 1 & 2 & 3 & 1 & 1\end{bmatrix}$$

b. 采用初等行变换将矩阵 $\boldsymbol{A}$ 变换成上三角形矩阵，然后根据 γ 的值讨论矩阵的秩。

$$\boldsymbol{A} = \begin{bmatrix}1 & \gamma & -1 & 2\\ 2 & -1 & \gamma & 5\\ 1 & 10 & -6 & 1\end{bmatrix}$$

16.2　考虑线性规划的标准型：

$$\begin{aligned}\text{minimize}\quad & 2x_1 - x_2 - x_3\\ \text{subject to}\quad & 3x_1 + x_2 + x_4 = 4\\ & 6x_1 + 2x_2 + x_3 + x_4 = 5\\ & x_1, x_2, x_3, x_4 \geqslant 0\end{aligned}$$

a. 写出该问题的 $\boldsymbol{A}$、$\boldsymbol{b}$ 和 $\boldsymbol{c}$；

b. 假设基矩阵由 $\boldsymbol{A}$ 的第 3 列和第 4 列组成，即[$\boldsymbol{a}_4$, $\boldsymbol{a}_3$]，写出相应的标准单纯形表；

c. 写出对应于该基矩阵的基本可行解及其对应的目标函数值；

d. 写出该基矩阵下所有决策变量的检验数；

e. c 中的基本可行解是否为最优解？如果是，则说明原因；如果不是，在单纯形表中确定枢轴元素，进行枢轴变换，得到新的基本可行解，使其对应的目标函数值更小；

f. 如果采用两阶段法求解该问题，在完成第 1 阶段后，得到人工问题的单纯形表为

$$\begin{array}{ccccccc} 0 & 0 & -1 & 1 & 2 & -1 & 3\\ 1 & \frac{1}{3} & \frac{1}{3} & 0 & -\frac{1}{3} & \frac{1}{3} & \frac{1}{3}\\ 0 & 0 & 0 & 0 & 1 & 1 & 0 \end{array}$$

试问原问题有无基本可行解？并给出理由。

g. 根据 f 中的单纯形表，找到第 2 阶段的初始标准单纯形表。

16.3　采用单纯形法求解线性规划：

$$\begin{aligned}\text{maximize}\quad & x_1 + x_2 + 3x_3\\ \text{subject to}\quad & x_1 + x_3 = 1\\ & x_2 + x_3 = 2\\ & x_1, x_2, x_3 \geqslant 0\end{aligned}$$

16.4　将如下线性规划转换为标准型，并采用单纯形法进行求解：

$$\begin{aligned}\text{maximize}\quad & 2x_1 + x_2\\ \text{subject to}\quad & 0 \leqslant x_1 \leqslant 5\\ & 0 \leqslant x_2 \leqslant 7\\ & x_1 + x_2 \leqslant 9\end{aligned}$$

16.5　考虑某线性规划问题的标准型，其系数矩阵为

$$\boldsymbol{A} = \begin{bmatrix} ? & ? & 0 & 1\\ ? & ? & 1 & 0 \end{bmatrix}, \qquad \boldsymbol{b} = \begin{bmatrix} 5\\ 6 \end{bmatrix}$$

$$\boldsymbol{c}^{\top} = \begin{bmatrix} 8 & 7 & ? & ? \end{bmatrix}$$

其中，“?”表示待确定的未知数。假设在某基矩阵下的标准单纯形表为

$$\begin{bmatrix} 0 & 1 & 1 & 2 & ?\\ 1 & 0 & 3 & 4 & ?\\ 0 & 0 & -1 & 1 & ? \end{bmatrix}$$

a. 求出 $\boldsymbol{A}$ 中所有未知数的值；

b. 求出 $\boldsymbol{c}$ 中所有未知数的值；

c. 求出上述标准单纯形表中的基本可行解；

d. 求出单纯形表中所有未知数的值。

16.6　考虑优化问题：

$$\begin{aligned}\text{minimize}\quad & c_1|x_1| + c_2|x_2| + \cdots + c_n|x_n|\\ \text{subject to}\quad & \boldsymbol{A}\boldsymbol{x} = \boldsymbol{b}\end{aligned}$$

引入变量

$$x_i = x_i^+ - x_i^- \quad \text{其中,}\ x_i^+ \geqslant 0,\ \ x_i^- \geqslant 0, \quad i = 1, 2, \cdots, n$$

且有

$$|x_i| = x_i^+ + x_i^-,\quad i = 1, 2, \cdots, n$$

可以将该问题转换成等价的线性规划问题的标准型(见习题 15.3),然后就可以在此基础上采用单纯形法进行求解。试用两三句话解释,为什么变量 x_i^+ 和 x_i^- 同时只能有一个为正,而不能同时为正,即必须满足 $x_i^+ x_i^- = 0$。

16.7　考虑某个标准形式下的线性规划问题(采用常规符号表示),向量 $\boldsymbol{x} = [1, 0, 2, 3, 0]^\top$ 是基本可行解,相应的检验数向量为 $\boldsymbol{r} = [0, 1, 0, 0, -1]^\top$,对应的目标函数值为 6。已知 $[-2, 0, 0, 0, 4]$ 位于 $\boldsymbol{A}$ 的零空间内。

a. 写出该基本可行解对应的标准单纯形表,并尽可能地为该表填充数据(用符号 * 表示根据当前信息无法确定的元素),并指明该单纯形表的维数;

b. 找到一个使目标函数严格小于 6 的可行解。

16.8　考虑某个标准形式下的线性规划问题(采用常规符号 $\boldsymbol{A}$, $\boldsymbol{b}$, $\boldsymbol{c}$ 表示),假设存在一个标准的单纯形表:

0	1	0	1	−1	5
1	2	0	0	−2	6
0	3	1	0	−3	7
0	4	0	0	−4	8

a. 找到该标准的单纯形表中的基本可行解及对应的目标函数值;

b. 找到该单纯形表中的所有检验数;

c. 该线性规划问题的可行解能否使目标函数值为任意负值?

d. 假设 $\boldsymbol{a}_2$ 是进基向量,计算新基下的标准单纯形表;

e. 找到一个使目标函数值为 −100 的可行解;

f. 为 $\boldsymbol{A}$ 的零空间确定一组基向量。

16.9　考虑规划问题:

$$\begin{aligned} \text{maximize}\quad & -x_1 - 2x_2 \\ \text{subject to}\quad & x_1 \geqslant 0 \\ & x_2 \geqslant 1 \end{aligned}$$

a. 将其转换成线性规划问题的标准型;

b. 采用两阶段法求解该问题的最优解,并给出目标函数的最优值。

16.10　考虑线性规划问题:

$$\begin{aligned} \text{minimize}\quad & -x_1 \\ \text{subject to}\quad & x_1 - x_2 = 1 \\ & x_1, x_2 \geqslant 0 \end{aligned}$$

a. 写出 x_1 为基变量时的基本可行解;

b. 针对问题 a,写出相应的增广矩阵规范型;

c. 如果采用单纯形法进行求解,那么在什么条件下算法终止?(换言之,满足了单纯形法的哪条停止规则?)

d. 证明目标函数能够在约束集上取得任意负值。

16.11　采用修正单纯形法求解如下问题的最优解和目标函数的最优值:

$$\begin{aligned} \text{minimize}\quad & x_1 + x_2 \\ \text{subject to}\quad & x_1 + 2x_2 \geqslant 3 \\ & 2x_1 + x_2 \geqslant 3 \\ & x_1, x_2 \geqslant 0 \end{aligned}$$

提示:选择 x_1 和 x_2 作为初始基变量。

16.12　采用修正单纯形法求解线性规划:

a. 在满足如下约束条件的情况下,最大化 $-4x_1 - 3x_2$:

$$5x_1 + x_2 \geqslant 11$$
$$-2x_1 - x_2 \leqslant -8$$
$$x_1 + 2x_2 \geqslant 7$$
$$x_1, x_2 \geqslant 0$$

b. 在满足如下约束条件的情况下，最大化 $6x_1 + 4x_2 + 7x_3 + 5x_4$：

$$x_1 + 2x_2 + x_3 + 2x_4 \leqslant 20$$
$$6x_1 + 5x_2 + 3x_3 + 2x_4 \leqslant 100$$
$$3x_1 + 4x_2 + 9x_3 + 12x_4 \leqslant 75$$
$$x_1, x_2, x_3, x_4 \geqslant 0$$

16.13 考虑线性规划问题标准型，其中，

$$\boldsymbol{A} = \begin{bmatrix} 0 & 2 & 0 & 1 \\ 1 & 1 & 0 & 0 \\ 0 & 3 & 1 & 0 \end{bmatrix}, \quad \boldsymbol{b} = \begin{bmatrix} 7 \\ 8 \\ 9 \end{bmatrix}, \quad \boldsymbol{c} = \begin{bmatrix} 6 \\ c_2 \\ 4 \\ 5 \end{bmatrix}$$

已知某个基矩阵对应的检验数向量为 $\boldsymbol{r}^{\top} = [0, 1, 0, 0]$。

a. 找到该问题的一个最优可行解；

b. 求 c_2 的值。

16.14 考虑线性规划问题：

$$\begin{aligned} \text{minimize} \quad & c_1x_1 + c_2x_2 \\ \text{subject to} \quad & 2x_1 + x_2 = 2 \\ & x_1, x_2 \geqslant 0 \end{aligned}$$

其中，$c_1, c_2 \in \mathbb{R}$。假设该问题存在一个最优可行解，但不是基本解。

a. 找到所有的基本可行解；

b. 找到 c_1 和 c_2 的所有可能的取值；

c. 对于每个基本可行解，计算非基变量的检验数。

16.15 假设采用单纯形法求解某线性规划问题，标准单纯形表如下所示：

$$\begin{matrix} 0 & \beta & 0 & 1 & 4 \\ 1 & \gamma & 0 & 0 & 5 \\ 0 & -3 & 1 & 0 & 6 \\ 0 & 2-\alpha & 0 & 0 & \delta \end{matrix}$$

对于下列 3 种情况，分别讨论参数 $\alpha,\beta,\gamma,\delta$ 的取值(范围)。

a. 目标函数是无界的，该问题无解；

b. 当前的基本可行解是最优解，对应的目标函数值是 7；

c. 当前的基本可行解不是最优解，如果将第 1 列从基 $\boldsymbol{A}$ 中移除，则目标函数值将会严格减小。

16.16 采用两阶段单纯形法求解线性规划问题标准型，在完成第 1 阶段后，得到标准单纯形表：

$$\begin{bmatrix} ? & 0 & 1 & 1 & ? & ? & 0 & 6 \\ ? & 0 & 0 & ? & ? & ? & 1 & \alpha \\ ? & 1 & 0 & ? & ? & ? & 0 & 5 \\ \gamma & 0 & 0 & \delta & ? & ? & \beta & 0 \end{bmatrix}$$

其中，α，β，γ 和 δ 都是需要求解的未知变量，“?”表示该位置处的元素尚未确定，仅知道 γ 等于 2 或 -1。

a. 求 α，β，γ 和 δ；

b. 该线性规划问题是否存在可行解？如果有，请找出；如果没有，请给出理由。

16.17 已知矩阵 $\boldsymbol{A} \in \mathbb{R}^{m \times n}$，向量 $\boldsymbol{b} \in \mathbb{R}^m$，$\boldsymbol{b} \geqslant \boldsymbol{0}$，设计一种满足下列条件的算法：(1) 如果存在满足 $\boldsymbol{Ax} \geqslant \boldsymbol{b}$ 的 $\boldsymbol{x}$，能够求解得到 $\boldsymbol{x}$。(2) 如果不存在这样的 $\boldsymbol{x}$，将会在输出中给出声明。

基于单纯形法进行设计，并详细介绍该算法的设计过程。

16.18 考虑下列线性规划问题(由 Beale 提出，见参考文献[42]的第 43 页)

$$\begin{aligned}\text{minimize}\quad & -\frac{3}{4}x_4+20x_5-\frac{1}{2}x_6+6x_7\\ \text{subject to}\quad & x_1+\frac{1}{4}x_4-8x_5-x_6+9x_7=0\\ & x_2+\frac{1}{2}x_4-12x_5-\frac{1}{2}x_6+3x_7=0\\ & x_3+x_6=1\\ & x_1,\cdots,x_7\geqslant 0\end{aligned}$$

a. 采用单纯形法求解该问题，令 q 表示最小检验数 r_q的下标(如果有多个下标 i 同时满足 y_{i0}/y_{iq}，则取最小的 i 作为 p)。选择 x_1，x_2和 x_3作为初始基变量进行求解。注意观察是否会发生循环。

b. 采用布兰德规则选择 q 和 p，并重复问题 a 的计算过程：

$$\begin{aligned}q&=\min\{i:r_i<0\}\\ p&=\min\{j:y_{j0}/y_{jq}=\min_i\{y_{i0}/y_{iq}:y_{iq}>0\}\}\end{aligned}$$

注意，如果最小化 y_{i0}/y_{iq}得到的下标 i 不止一个，则布兰德规则将会选择数值最小的下标 p。

16.19 考虑一个线性规划问题的标准型。假设初始基本可行解为 $\boldsymbol{x}^{(0)}$，经过单纯形法的一次迭代后得到 $\boldsymbol{x}^{(1)}$。

可以将 $\boldsymbol{x}^{(1)}$表示为如下形式：

$$\boldsymbol{x}^{(1)}=\boldsymbol{x}^{(0)}+\alpha_0\boldsymbol{d}^{(0)}$$

其中，在保证 $\boldsymbol{x}^{(0)}+\alpha\boldsymbol{d}^{(0)}$是可行解的情况下，$\alpha_0$ 能够在 $\alpha>0$ 上最小化 $\phi(\alpha)=f(\boldsymbol{x}^{(0)}+\alpha\boldsymbol{d}^{(0)})$。

a. 证明 $\boldsymbol{d}^{(0)}\in\mathcal{N}(\boldsymbol{A})$；

b. 假设初始基矩阵是 $\boldsymbol{A}$ 的前 m 列，第 1 次迭代使得 $\boldsymbol{a}_q$进入基矩阵，其中 $q>m$。令增广矩阵规范型的第 q 列为 $\boldsymbol{y}_q=[y_{1q},\cdots,y_{mq}]^\top$，试利用 $\boldsymbol{y}_q$ 将 $\boldsymbol{d}^{(0)}$表示出来。

16.20 编写简单的 MATLAB 函数实现单纯形法。函数的输入是 $\boldsymbol{c}$，$\boldsymbol{A}$，$\boldsymbol{b}$ 和 $\boldsymbol{v}$，其中 $\boldsymbol{v}$ 是由基向量的序号组成的向量。假设增广矩阵$[\boldsymbol{A},\boldsymbol{b}]$已经是规范型，即 $\boldsymbol{A}$ 的第 v_i个列向量是$[0,\cdots,1,\cdots,0]^\top$，1 出现在第 i 个元素处。函数的输出是问题的最优解和基向量的序号向量。利用例 16.2 对该 MATLAB 函数进行测试。

16.21 编写 MATLAB 程序实现两阶段单纯形法。可以采用习题 16.20 中编写的 MATLAB 函数。利用例 16.5 对该 MATLAB 函数进行测试。

16.22 编写简单的 MATLAB 函数实现修正单纯形法。函数的输入是 $\boldsymbol{c}$，$\boldsymbol{A}$，$\boldsymbol{b}$，$\boldsymbol{v}$ 和 $\boldsymbol{B}^{-1}$，$\boldsymbol{v}$ 是由基向量的序号组成的向量，即 $\boldsymbol{B}$ 中的第 i 个列向量是 $\boldsymbol{A}$ 中的第 v_i个列向量。函数的输出是最优解、基向量的序号向量和 $\boldsymbol{B}^{-1}$。利用例 16.2 对该 MATLAB 函数进行测试。

16.23 编写 MATLAB 程序实现两阶段修正单纯形法。可以借助于习题 16.22 中编写的 MATLAB 函数。利用例 16.5 对该 MATLAB 函数进行测试。

第 17 章　对　　偶

17.1　对偶线性规划

每个线性规划问题都有一个与之对应的对偶问题。对偶问题是以原问题的约束条件和目标函数为基础构造而来的。对偶问题也是一个线性规划问题，因此也可以采用单纯形法进行求解。然而，接下来将会发现，对偶问题的最优解还可以由原问题的最优解得到，反之亦然。另外，在某些情况下，利用对偶理论求解线性规划问题更为简单，而且有助于深入了解待求解问题的本质。本章讨论对偶的基本性质，并利用实例对这些性质进行解释说明。在对偶理论的启发下，单纯形法的性能得到了改进(即产生了对偶单纯形法)，涌现出了一些求解线性规划的非单纯形法(如 Khachiyan 算法和Karmarkar 算法)，本章不讨论这方面的内容。有关对偶单纯形算法的深入讨论以及对偶的其他方面的性质，可参见参考文献[88]。有关 Khachiyan 算法和 Karmarkar 算法的描述，可参阅第 18 章。

考虑如下形式的线性规划问题：

$$\begin{aligned} \text{minimize} \quad & \boldsymbol{c}^\top \boldsymbol{x} \\ \text{subject to} \quad & \boldsymbol{A}\boldsymbol{x} \geqslant \boldsymbol{b} \\ & \boldsymbol{x} \geqslant \boldsymbol{0} \end{aligned}$$

该问题称为原问题，其相应的对偶问题定义为

$$\begin{aligned} \text{maximize} \quad & \boldsymbol{\lambda}^\top \boldsymbol{b} \\ \text{subject to} \quad & \boldsymbol{\lambda}^\top \boldsymbol{A} \leqslant \boldsymbol{c}^\top \\ & \boldsymbol{\lambda} \geqslant \boldsymbol{0} \end{aligned}$$

其中，$\boldsymbol{\lambda} \in \mathbb{R}^m$ 是对偶向量。注意，原问题的价值系数 $\boldsymbol{c}$ 转移到了对偶问题的约束条件中，$\boldsymbol{A}\boldsymbol{x} \geqslant \boldsymbol{b}$ 的右端项 $\boldsymbol{b}$ 变成了对偶问题的价值系数。这说明在原问题和对偶问题中，$\boldsymbol{b}$ 和 $\boldsymbol{c}$ 的作用恰好是互逆的。这种对偶称为对称形式的对偶。

为了定义任意线性规划问题的对偶问题，可首先将给定的线性规划问题转换为与上述原问题结构形式相同的等价问题；然后，根据对称形式的对偶，得到等价问题的对偶，即为原问题的对偶问题。

注意，根据以上对偶的定义，对偶问题的对偶是原问题。为了证明这一点，将对偶问题表示为

$$\begin{aligned} \text{minimize} \quad & \boldsymbol{\lambda}^\top (-\boldsymbol{b}) \\ \text{subject to} \quad & \boldsymbol{\lambda}^\top (-\boldsymbol{A}) \geqslant -\boldsymbol{c}^\top \\ & \boldsymbol{\lambda} \geqslant \boldsymbol{0} \end{aligned}$$

根据对称形式的对偶关系，可得上述问题的对偶问题为

$$\begin{aligned} \text{maximize} \quad & (-\boldsymbol{c}^{\top})\boldsymbol{x} \\ \text{subject to} \quad & (-\boldsymbol{A})\boldsymbol{x} \leqslant -\boldsymbol{b} \\ & \boldsymbol{x} \geqslant \boldsymbol{0} \end{aligned}$$

整理后就可以得到原问题。

下面考虑线性规划问题的标准型，约束为 $\boldsymbol{A}\boldsymbol{x}=\boldsymbol{b}$。为了构造相应的对偶问题，首先将等式约束变换为不等式约束。$\boldsymbol{A}\boldsymbol{x}=\boldsymbol{b}$ 等价于

$$\begin{aligned} \boldsymbol{A}\boldsymbol{x} &\geqslant \boldsymbol{b} \\ -\boldsymbol{A}\boldsymbol{x} &\geqslant -\boldsymbol{b} \end{aligned}$$

因此，带有等式约束的原问题可以写为

$$\begin{aligned} \text{minimize} \quad & \boldsymbol{c}^{\top}\boldsymbol{x} \\ \text{subject to} \quad & \begin{bmatrix} \boldsymbol{A} \\ -\boldsymbol{A} \end{bmatrix} x \geqslant \begin{bmatrix} \boldsymbol{b} \\ -\boldsymbol{b} \end{bmatrix} \\ & \boldsymbol{x} \geqslant \boldsymbol{0} \end{aligned}$$

这与对称形式对偶关系中的原问题具有相同的结构，因此相应的对偶问题为

$$\begin{aligned} \text{maximize} \quad & [\boldsymbol{u}^{\top} \ \boldsymbol{v}^{\top}] \begin{bmatrix} \boldsymbol{b} \\ -\boldsymbol{b} \end{bmatrix} \\ \text{subject to} \quad & [\boldsymbol{u}^{\top} \ \boldsymbol{v}^{\top}] \begin{bmatrix} \boldsymbol{A} \\ -\boldsymbol{A} \end{bmatrix} \leqslant \boldsymbol{c}^{\top} \\ & \boldsymbol{u}, \boldsymbol{v} \geqslant \boldsymbol{0} \end{aligned}$$

对偶问题可整理为

$$\begin{aligned} \text{maximize} \quad & (\boldsymbol{u}-\boldsymbol{v})^{\top}\boldsymbol{b} \\ \text{subject to} \quad & (\boldsymbol{u}-\boldsymbol{v})^{\top}\boldsymbol{A} \leqslant \boldsymbol{c}^{\top} \\ & \boldsymbol{u}, \boldsymbol{v} \geqslant \boldsymbol{0} \end{aligned}$$

令 $\boldsymbol{\lambda}=\boldsymbol{u}-\boldsymbol{v}$，可将上述对偶问题改写为

$$\begin{aligned} \text{maximize} \quad & \boldsymbol{\lambda}^{\top}\boldsymbol{b} \\ \text{subject to} \quad & \boldsymbol{\lambda}^{\top}\boldsymbol{A} \leqslant \boldsymbol{c}^{\top} \end{aligned}$$

由于 $\boldsymbol{\lambda}=\boldsymbol{u}-\boldsymbol{v}$，$\boldsymbol{u}$，$\boldsymbol{v}\geqslant\boldsymbol{0}$，因此对偶向量 $\boldsymbol{\lambda}$ 不存在非负的约束。按照这种方式，就可以得到线性规划标准型的对偶问题。这种对偶关系称为非对称形式的对偶。

前面提到的这两种对偶关系如表 17.1 和表 17.2 所示。注意，和对称形式的对偶关系一样，在非对称形式的对偶中，对偶问题的对偶也是原问题。证明过程很简单，只需要将前面的推导过程反过来即可。

表 17.1 对称形式的对偶关系

原 问 题		对偶问题	
minimize	$\boldsymbol{c}^{\top}\boldsymbol{x}$	maximize	$\boldsymbol{\lambda}^{\top}\boldsymbol{b}$
subject to	$\boldsymbol{A}\boldsymbol{x}\geqslant\boldsymbol{b}$	subject to	$\boldsymbol{\lambda}^{\top}\boldsymbol{A}\leqslant\boldsymbol{c}^{\top}$
	$\boldsymbol{x}\geqslant\boldsymbol{0}$		$\boldsymbol{\lambda}\geqslant\boldsymbol{0}$

表 17.2 非对称形式的对偶关系

原 问 题		对偶问题	
minimize	$\boldsymbol{c}^{\top}\boldsymbol{x}$	maximize	$\boldsymbol{\lambda}^{\top}\boldsymbol{b}$
subject to	$\boldsymbol{A}\boldsymbol{x}=\boldsymbol{b}$	subject to	$\boldsymbol{\lambda}^{\top}\boldsymbol{A}\leqslant\boldsymbol{c}^{\top}$
	$\boldsymbol{x}\geqslant\boldsymbol{0}$		

前面已经提到过，任意形式的线性规划问题都存在对偶问题，可以采用对称形式的对偶关系构造得出。具体方法为，首先将原问题转换为与之等价的对称形式对偶关系中的原问题。然后，参照对称形式的对偶关系就可以得到对偶问题，对其进行整理后，即可得到非对称形式的对偶问题。在这两种形式的对偶中，对偶问题的对偶是原问题。因此，在表 17.1 和表 17.2 中的 4 个线性规划问题中，每个问题都既可以是原问题，也可以是对偶问题。从表 17.1 和表 17.2 中可以找出 4 对原问题-对偶问题组合。对于任意形式的线性规划问题，都可以将其转换成表 17.1 和表 17.2 中的线性规划问题，然后构造相应的对偶问题。

例 17.1 某线性规划问题为

$$\begin{aligned}\text{minimize}\quad & \boldsymbol{c}^\top \boldsymbol{x}\\ \text{subject to}\quad & \boldsymbol{A}\boldsymbol{x} \leqslant \boldsymbol{b}\end{aligned}$$

该问题在形式上与表 17.2 中的对偶问题比较接近，将上式重写为

$$\begin{aligned}\text{maximize}\quad & \boldsymbol{x}^\top(-\boldsymbol{c})\\ \text{subject to}\quad & \boldsymbol{x}^\top \boldsymbol{A}^\top \leqslant \boldsymbol{b}^\top\end{aligned}$$

参照表 17.2 中的原问题，可得上述问题的对偶问题：

$$\begin{aligned}\text{minimize}\quad & \boldsymbol{b}^\top \boldsymbol{\lambda}\\ \text{subject to}\quad & \boldsymbol{A}^\top \boldsymbol{\lambda} = -\boldsymbol{c}\\ & \boldsymbol{\lambda} \geqslant \boldsymbol{0}\end{aligned}$$

上式可等价改写为

$$\begin{aligned}\text{maximize}\quad & -\boldsymbol{\lambda}^\top \boldsymbol{b}\\ \text{subject to}\quad & \boldsymbol{\lambda}^\top \boldsymbol{A} = -\boldsymbol{c}^\top\\ & \boldsymbol{\lambda} \geqslant \boldsymbol{0}\end{aligned}$$

对偶向量取负，将上式改写为更加符合常规的形式：

$$\begin{aligned}\text{maximize}\quad & \boldsymbol{\lambda}^\top \boldsymbol{b}\\ \text{subject to}\quad & \boldsymbol{\lambda}^\top \boldsymbol{A} = \boldsymbol{c}^\top\\ & \boldsymbol{\lambda} \leqslant \boldsymbol{0}\end{aligned}$$

■

例 17.2 食谱问题[88]。例 15.2 中已经讨论过食谱问题。有 n 种不同类型的食物，在保证达到或者超过营养需求的情况下，制定最经济的食谱。令 a_{ij} 表示每份食物 j 中含有的第 i 种营养元素的总量，b_i 表示第 i 种营养元素的需求量，$1\leqslant i\leqslant m$，c_j 表示每份第 j 种食物的价格，x_i 表示食谱中第 i 种食物的数量。因此，食谱问题可以表示为

$$\begin{aligned}\text{minimize}\quad & c_1x_1 + c_2x_2 + \cdots + c_nx_n\\ \text{subject to}\quad & a_{11}x_1 + a_{12}x_2 + \cdots + a_{1n}x_n \geqslant b_1\\ & a_{21}x_1 + a_{22}x_2 + \cdots + a_{2n}x_n \geqslant b_2\\ & \qquad\vdots\\ & a_{m1}x_1 + a_{m2}x_2 + \cdots + a_{mn}x_n \geqslant b_m\\ & x_1, \cdots, x_n \geqslant 0\end{aligned}$$

下面，考虑一个销售营养品的健康食品店（提供所有 m 种营养元素的药品）。令 λ_i 表示在药品中第 i 种营养元素的单位价格，假设以该价格从健康食品店购买营养药品以满足营养

需求，$\boldsymbol{\lambda}^\top \boldsymbol{b}$ 就是该食品店的收入。因为价格是非负的，所以 $\boldsymbol{\lambda} \geqslant \mathbf{0}$。如果考虑用营养药品代替天然食物，为了获得与第 i 种食物相当的营养，购买药品的费用为 $\lambda_1 a_{1i} + \cdots + \lambda_m a_{mi}$。$c_i$ 为食物 i 的单位价格，对于食物 i 而言，通过购买药品获取其相应的营养成分，药品的采购成本不能高于食物 i 的价格，即

$$\lambda_1 a_{1i} + \cdots + \lambda_m a_{mi} \leqslant c_i$$

健康食品店如果要保持竞争力，必须保证

$$\begin{aligned}\lambda_1 a_{11} + \cdots + \lambda_m a_{m1} &\leqslant c_1\\ &\vdots\\ \lambda_1 a_{1n} + \cdots + \lambda_m a_{mn} &\leqslant c_n\end{aligned}$$

健康食品店所面临的问题就是制定价格 $\lambda_1, \cdots, \lambda_m$，以使收入最大化。由此可得，该问题可以表示为

$$\begin{array}{ll}\text{maximize} & \boldsymbol{\lambda}^\top \boldsymbol{b}\\ \text{subject to} & \boldsymbol{\lambda}^\top \boldsymbol{A} \leqslant \boldsymbol{c}^\top\\ & \boldsymbol{\lambda} \geqslant \mathbf{0}\end{array}$$

这就是食谱问题的对偶问题。 ■

例 17.3 考虑线性规划问题：

$$\begin{array}{ll}\text{maximize} & 2x_1 + 5x_2 + x_3\\ \text{subject to} & 2x_1 - x_2 + 7x_3 \leqslant 6\\ & x_1 + 3x_2 + 4x_3 \leqslant 9\\ & 3x_1 + 6x_2 + x_3 \leqslant 3\\ & x_1, x_2, x_3 \geqslant 0\end{array}$$

写出其对偶问题，并求对偶问题的最优解。

引入松弛变量 x_4，x_5，x_6，将原问题表示为标准型：

$$\begin{array}{ll}\text{minimize} & [\boldsymbol{c}^\top, \mathbf{0}^\top]\boldsymbol{x}\\ \text{subject to} & [\boldsymbol{A}, \boldsymbol{I}]\boldsymbol{x} = \boldsymbol{b}\\ & \boldsymbol{x} \geqslant \mathbf{0}\end{array}$$

其中，决策变量 $\boldsymbol{x} = [x_1, \cdots, x_6]^\top$，

$$\boldsymbol{A} = \begin{bmatrix} 2 & -1 & 7\\ 1 & 3 & 4\\ 3 & 6 & 1\end{bmatrix}, \quad \boldsymbol{b} = \begin{bmatrix} 6\\ 9\\ 3\end{bmatrix}, \quad \boldsymbol{c} = \begin{bmatrix} -2\\ -5\\ -1\end{bmatrix}$$

相应的对偶问题(非对称形式)为

$$\begin{array}{ll}\text{maximize} & \boldsymbol{\lambda}^\top \boldsymbol{b}\\ \text{subject to} & \boldsymbol{\lambda}^\top [\boldsymbol{A}, \boldsymbol{I}] \leqslant [\boldsymbol{c}^\top, \mathbf{0}^\top]\end{array}$$

注意，对偶问题的约束条件可写为

$$\begin{aligned}\boldsymbol{\lambda}^\top \boldsymbol{A} &\leqslant \boldsymbol{c}^\top\\ \boldsymbol{\lambda} &\leqslant \mathbf{0}\end{aligned}$$

采用单纯形法求解对偶问题。首先需要将该问题表示成标准型。用 $\boldsymbol{\lambda}$ 代替 $-\boldsymbol{\lambda}$ 并引入剩

余变量后得到

$$
\begin{aligned}
\text{minimize} \quad & 6\lambda_1 + 9\lambda_2 + 3\lambda_3 \\
\text{subject to} \quad & 2\lambda_1 + \lambda_2 + 3\lambda_3 - \lambda_4 = 2 \\
& -\lambda_1 + 3\lambda_2 + 6\lambda_3 - \lambda_5 = 5 \\
& 7\lambda_1 + 4\lambda_2 + \lambda_3 - \lambda_6 = 1 \\
& \lambda_1, \cdots, \lambda_6 \geqslant 0
\end{aligned}
$$

该问题没有明显的基本可行解。因此，采用两阶段单纯形法进行求解。

第1阶段。引入人工变量λ_7，λ_8，λ_9，构造人工目标函数$\lambda_7+\lambda_8+\lambda_9$，可得人工问题的初始单纯形表为

	λ_1	λ_2	λ_3	λ_4	λ_5	λ_6	λ_7	λ_8	λ_9	$\boldsymbol{c}$
	2	1	3	−1	0	0	1	0	0	2
	−1	3	6	0	−1	0	0	1	0	5
	7	4	1	0	0	−1	0	0	1	1
价值系数	0	0	0	0	0	0	1	1	1	0

选择单位矩阵作为基矩阵$\boldsymbol{B}$，确定初始基本可行解和相应的$\boldsymbol{B}^{-1}$，利用修正单纯形法开始计算

决策变量	$\boldsymbol{B}^{-1}$			$\boldsymbol{y}_0$
λ_7	1	0	0	2
λ_8	0	1	0	5
λ_9	0	0	1	1

计算可得非基变量的检验数：

$$
\begin{aligned}
\boldsymbol{r}_D^\top &= [0,0,0,0,0,0] - [8,8,10,-1,-1,-1] = [-8,-8,-10,1,1,1] \\
&= [r_1, r_2, r_3, r_4, r_5, r_6]
\end{aligned}
$$

因为r_3是最小的负值检验数，令第3个向量为进基向量，此时$\boldsymbol{y}_3=[3, 6, 1]^\top$，可得

决策变量	$\boldsymbol{B}^{-1}$			$\boldsymbol{y}_0$	$\boldsymbol{y}_3$
λ_7	1	0	0	2	3
λ_8	0	1	0	5	6
λ_9	0	0	1	1	1

容易得出，$p=1$，以最后1列的第1个元素作为枢轴元素，开展枢轴变换，得到更新的单纯形表：

决策变量	$\boldsymbol{B}^{-1}$			$\boldsymbol{y}_0$
λ_3	$\frac{1}{3}$	0	0	$\frac{2}{3}$
λ_8	−2	1	0	1
λ_9	$-\frac{1}{3}$	0	1	$\frac{1}{3}$

计算非基变量的检验数：

$$
\boldsymbol{r}_D^\top = \left[-\frac{4}{3}, -\frac{14}{3}, -\frac{7}{3}, 1, 1, \frac{10}{3}\right] = [r_1, r_2, r_4, r_5, r_6, r_7]
$$

以第2个列向量作为进基向量，得到

决策变量	B^{-1}			y_0	y_2
λ_3	$\frac{1}{3}$	0	0	$\frac{2}{3}$	$\frac{1}{3}$
λ_8	-2	1	0	1	1
λ_9	$-\frac{1}{3}$	0	1	$\frac{1}{3}$	$\frac{11}{3}$

更新单纯形表:

决策变量	B^{-1}			y_0
λ_3	$\frac{4}{11}$	0	$-\frac{1}{11}$	$\frac{7}{11}$
λ_8	$-\frac{21}{11}$	1	$-\frac{3}{11}$	$\frac{10}{11}$
λ_2	$-\frac{1}{11}$	0	$\frac{3}{11}$	$\frac{1}{11}$

计算非基变量的检验数:

$$r_D^\top = \left[\frac{74}{11}, -\frac{21}{11}, 1, -\frac{3}{11}, \frac{32}{11}, \frac{14}{11}\right] = [r_1, r_4, r_5, r_6, r_7, r_9]$$

以第 4 个列向量作为进基向量,得到

决策变量	B^{-1}			y_0	y_4
λ_3	$\frac{4}{11}$	0	$-\frac{1}{11}$	$\frac{7}{11}$	$-\frac{4}{11}$
λ_8	$-\frac{21}{11}$	1	$-\frac{3}{11}$	$\frac{10}{11}$	$\frac{21}{11}$
λ_2	$-\frac{1}{11}$	0	$\frac{3}{11}$	$\frac{1}{11}$	$\frac{1}{11}$

更新单纯形表:

决策变量	B^{-1}			y_0
λ_3	0	$\frac{4}{21}$	$-\frac{3}{21}$	$\frac{17}{21}$
λ_4	-1	$\frac{11}{21}$	$-\frac{3}{21}$	$\frac{10}{21}$
λ_2	0	$-\frac{1}{21}$	$\frac{6}{21}$	$\frac{1}{21}$

计算非基变量的检验数:

$$r_D^\top = [0, 0, 0, 1, 1, 1] = [r_1, r_5, r_6, r_7, r_8, r_9]$$

所有的检验数都是非负的,计算停止,第 1 阶段结束。

第 2 阶段。采用第 1 阶段得到的单纯形表(所有人工变量都是非基变量)作为第 2 阶段的初始单纯形表。注意,单纯形表中的价值系数应该是对偶问题标准型中的价值系数,由此计算得到非基变量的检验数为

$$r_D^\top = \left[-\frac{62}{7}, \frac{1}{7}, \frac{15}{7}\right] = [r_1, r_5, r_6]$$

第 1 个列向量为进基向量,得到增广的修正单纯形表:

决策变量	B^{-1}			y_0	y_1
λ_3	0	$\frac{4}{21}$	$-\frac{3}{21}$	$\frac{17}{21}$	$-\frac{25}{21}$
λ_4	-1	$\frac{11}{21}$	$-\frac{3}{21}$	$\frac{10}{21}$	$-\frac{74}{21}$
λ_2	0	$-\frac{1}{21}$	$\frac{6}{21}$	$\frac{1}{21}$	$\frac{43}{21}$

更新单纯形表,得到

决策变量	B^{-1}			y_0
λ_3	0	$\frac{7}{43}$	$\frac{1}{43}$	$\frac{36}{43}$
λ_4	-1	$\frac{19}{43}$	$\frac{15}{43}$	$\frac{24}{43}$
λ_1	0	$-\frac{1}{43}$	$\frac{6}{43}$	$\frac{1}{43}$

计算非基变量的检验数：

$$\boldsymbol{r}_D^\top = \left[\frac{186}{43}, \frac{15}{43}, \frac{39}{43}\right] = [r_2, r_5, r_6]$$

所有的检验数都是非负的，当前的基本可行解就是对偶问题标准型的最优解。因此，对偶问题的最优解为

$$\boldsymbol{\lambda} = \left[-\frac{1}{43}, 0, -\frac{36}{43}\right]^\top$$

■

17.2　对偶问题的性质

本节给出了对偶线性规划的一些基本结论，首先介绍弱对偶引理。

引理 17.1　**弱对偶引理。** 假设 $\boldsymbol{x}$ 和 $\boldsymbol{\lambda}$ 分别是线性规划的原问题和对偶问题（对称形式或非对称形式）的可行解，则 $\boldsymbol{c}^\top\boldsymbol{x} \geqslant \boldsymbol{\lambda}^\top\boldsymbol{b}$。 □

证明： 这里针对非对称形式的对偶关系证明该引理，对称形式对偶关系下的证明过程只需在此基础上稍加改动即可（见习题 17.1）。

因为 $\boldsymbol{x}$ 和 $\boldsymbol{\lambda}$ 分别是原问题和对偶问题的可行解，所以 $\boldsymbol{A}\boldsymbol{x} = \boldsymbol{b}$，$\boldsymbol{x} \geqslant \boldsymbol{0}$，$\boldsymbol{\lambda}^\top\boldsymbol{A} \leqslant \boldsymbol{c}^\top$。将等式 $\boldsymbol{\lambda}^\top\boldsymbol{A} \leqslant \boldsymbol{c}^\top$ 右乘以 $\boldsymbol{x} \geqslant 0$，可得 $\boldsymbol{\lambda}^\top\boldsymbol{A}\boldsymbol{x} \leqslant \boldsymbol{c}^\top\boldsymbol{x}$。由于 $\boldsymbol{A}\boldsymbol{x} = \boldsymbol{b}$，所以 $\boldsymbol{\lambda}^\top\boldsymbol{b} \leqslant \boldsymbol{c}^\top\boldsymbol{x}$。 ■

弱对偶引理说明，一个问题的可行解可以确定另外一个问题的最优值的边界。对偶问题的目标函数值不大于原问题的目标函数值，当然，对偶问题的最优值小于等于原问题的最优值，即“极大值≤极小值”①。因此，如果一个问题的目标函数值是无界的，则另外一个问题就没有可行解。换言之，如果极小化问题的极小值为 $-\infty$，或极大化问题的极大值为 $+\infty$，那么其对应的对偶问题的可行集一定是空集。

例 17.4　考虑线性规划问题：

$$\begin{array}{rl} \text{minimize} & x \\ \text{subject to} & x \leqslant 1 \end{array}$$

显然，该问题是无界的。参照例 17.1，可得其对偶问题：

$$\begin{array}{rl} \text{maximize} & \lambda \\ \text{subject to} & \lambda = 1 \\ & \lambda \leqslant 0 \end{array}$$

显然，该问题没有可行解。 ■

由弱对偶引理可知，如果原问题和对偶问题的可行解使得两个问题的目标函数值相同，那么相应的可行解一定是各自问题的最优解。

定理 17.1　假设 $\boldsymbol{x}_0$ 和 $\boldsymbol{\lambda}_0$ 分别是原问题和对偶问题（对称形式或非对称形式）的可行解，如果 $\boldsymbol{c}^\top\boldsymbol{x}_0 = \boldsymbol{\lambda}_0^\top\boldsymbol{b}$，那么 $\boldsymbol{x}_0$ 和 $\boldsymbol{\lambda}_0$ 分别是各自问题的最优解。 □

① 原问题是极小化问题，对偶问题是极大化问题，故有此说法。——译者注

证明：令 $\boldsymbol{x}$ 是原问题的可行解，因为 $\boldsymbol{\lambda}_0$ 是对偶问题的可行解，由弱对偶引理可知，$\boldsymbol{c}^\top\boldsymbol{x} \geqslant \boldsymbol{\lambda}_0^\top\boldsymbol{b}$。如果 $\boldsymbol{c}^\top\boldsymbol{x}_0 = \boldsymbol{\lambda}_0^\top\boldsymbol{b}$，则 $\boldsymbol{c}^\top\boldsymbol{x}_0 = \boldsymbol{\lambda}_0^\top\boldsymbol{b} \leqslant \boldsymbol{c}^\top\boldsymbol{x}$。因此，$\boldsymbol{x}_0$ 是原问题的最优解。

反过来，令 $\boldsymbol{\lambda}$ 是对偶问题的可行解，因为 $\boldsymbol{x}_0$ 是原问题的可行解，由弱对偶引理可知，$\boldsymbol{c}^\top\boldsymbol{x}_0 \geqslant \boldsymbol{\lambda}^\top\boldsymbol{b}$，如果 $\boldsymbol{c}^\top\boldsymbol{x}_0 = \boldsymbol{\lambda}_0^\top\boldsymbol{b}$，则 $\boldsymbol{\lambda}^\top\boldsymbol{b} \leqslant \boldsymbol{c}^\top\boldsymbol{x}_0 = \boldsymbol{\lambda}_0^\top\boldsymbol{b}$。因此，$\boldsymbol{\lambda}_0$ 是对偶问题的最优解。 ■

定理 17.1 可以按照如下方式进行解释。原问题试图极小化其目标函数，对偶问题试图极大化其目标函数。弱对偶引理说明，“极大值≤极小值”，因此，原问题和对偶问题的目标反而是达到对方的最优值。当它们的目标函数在某对可行解上取得相同值时，这两个解就分别是各自的最优解，此时有“极大值 = 极小值”成立。

定理 17.1 的逆命题也成立，即原问题的最优值(极小值，如果存在)一定等于对偶问题的最优值(极大值，如果存在)。实际上，还可以得到一个更强的结论，即对偶定理。

定理 17.2　对偶定理。如果原问题(对称形式或非对称形式)有最优解，那么其对偶问题也有最优解，并且它们的目标函数的最优值相同。 □

证明：首先证明该定理对非对称形式的对偶关系成立。假设原问题有最优解。那么，由线性规划基本定理可知，必定存在最优基本可行解。令 $\boldsymbol{B}$ 是由 m 个基向量组成的矩阵，$\boldsymbol{D}$ 是由 $n-m$ 个非基向量组成的矩阵，向量 $\boldsymbol{c}_B$ 是 $\boldsymbol{c}$ 中与基变量相对应的价值系数，向量 $\boldsymbol{c}_D$ 是 $\boldsymbol{c}$ 中与非基变量相对应的价值系数，向量 $\boldsymbol{r}_D$ 是非基变量的检验数。由定理 16.2 可知

$$\boldsymbol{r}_D^\top = \boldsymbol{c}_D^\top - \boldsymbol{c}_B^\top\boldsymbol{B}^{-1}\boldsymbol{D} \geqslant \boldsymbol{0}^\top$$

因此

$$\boldsymbol{c}_B^\top\boldsymbol{B}^{-1}\boldsymbol{D} \leqslant \boldsymbol{c}_D^\top$$

定义

$$\boldsymbol{\lambda}^\top = \boldsymbol{c}_B^\top\boldsymbol{B}^{-1}$$

则

$$\boldsymbol{c}_B^\top\boldsymbol{B}^{-1}\boldsymbol{D} = \boldsymbol{\lambda}^\top\boldsymbol{D} \leqslant \boldsymbol{c}_D^\top$$

实际上，$\boldsymbol{\lambda}$ 是对偶问题的可行解。证明过程比较简单，为了描述方便，可不失一般性地假设基向量位于 $\boldsymbol{A}$ 的前 m 列，则

$$\boldsymbol{\lambda}^\top\boldsymbol{A} = \boldsymbol{\lambda}^\top[\boldsymbol{B},\boldsymbol{D}] = [\boldsymbol{c}_B^\top,\boldsymbol{\lambda}^\top\boldsymbol{D}] \leqslant [\boldsymbol{c}_B^\top,\boldsymbol{c}_D^\top] = \boldsymbol{c}^\top$$

因此，$\boldsymbol{\lambda}^\top\boldsymbol{A} \leqslant \boldsymbol{c}^\top$，所以 $\boldsymbol{\lambda}^\top = \boldsymbol{c}_B^\top\boldsymbol{B}^{-1}$ 是可行解。

更进一步，$\boldsymbol{\lambda}$ 是对偶问题的最优可行解。注意，有

$$\boldsymbol{\lambda}^\top\boldsymbol{b} = \boldsymbol{c}_B^\top\boldsymbol{B}^{-1}\boldsymbol{b} = \boldsymbol{c}_B^\top\boldsymbol{x}_B$$

成立。由定理 17.1 可知，$\boldsymbol{\lambda}$ 是对偶问题的最优解。

下面证明该定理对于对称性形式的对偶关系也是成立的。首先，引入剩余变量，将对称形式对偶关系中的原问题等价转换为标准型：

$$\begin{aligned} &\text{minimize} \quad [\boldsymbol{c}^\top,\boldsymbol{0}^\top]\begin{bmatrix}\boldsymbol{x}\\ \boldsymbol{y}\end{bmatrix} \\ &\text{subject to} \quad [\boldsymbol{A},-\boldsymbol{I}]\begin{bmatrix}\boldsymbol{x}\\ \boldsymbol{y}\end{bmatrix} = \boldsymbol{b} \\ &\qquad\qquad \begin{bmatrix}\boldsymbol{x}\\ \boldsymbol{y}\end{bmatrix} \geqslant \boldsymbol{0} \end{aligned}$$

注意，$\boldsymbol{x}$ 是原问题的最优解等价于$[\boldsymbol{x}^\top, (\boldsymbol{A}\boldsymbol{x}-\boldsymbol{b})^\top]^\top$是其标准型的最优解。原问题标准型的对偶问题等价于对称形式对偶关系中的对偶问题。因此，以上关于非对称形式对偶关系的结论同样适用于对称形式。

证明完毕。■

例 17.5　例 17.2 讨论了食谱问题的对偶问题。由对偶定理可知，在满足营养需求的情况下，健康食品店的最大收入等于食谱的最小费用，即 $\boldsymbol{c}^\top\boldsymbol{x}=\boldsymbol{\lambda}^\top\boldsymbol{b}$。■

考虑非对称形式下的原问题和对偶问题，假设采用单纯形法得到了原问题的最优解，由对偶定理的证明过程可知，可以根据原问题最终单纯形表的最后一行得到对偶问题的最优解。首先，写出原问题的单纯形表：

$$\begin{bmatrix} \boldsymbol{A} & \boldsymbol{b} \\ \boldsymbol{c}^\top & 0 \end{bmatrix} = \begin{bmatrix} \boldsymbol{B} & \boldsymbol{D} & \boldsymbol{b} \\ \boldsymbol{c}_B^\top & \boldsymbol{c}_D^\top & 0 \end{bmatrix}$$

假设矩阵 $\boldsymbol{B}$ 是对应于基本可行解的基，那么最终单纯形表为

$$\begin{bmatrix} \boldsymbol{I} & \boldsymbol{B}^{-1}\boldsymbol{D} & \boldsymbol{B}^{-1}\boldsymbol{b} \\ \boldsymbol{0}^\top & \boldsymbol{r}_D^\top & -\boldsymbol{c}_B^\top\boldsymbol{B}^{-1}\boldsymbol{b} \end{bmatrix}$$

其中，$\boldsymbol{r}_D^\top=\boldsymbol{c}_D^\top-\boldsymbol{c}_B^\top\boldsymbol{B}^{-1}\boldsymbol{D}$。由对偶定理的证明过程可知，$\boldsymbol{\lambda}^\top=\boldsymbol{c}_B^\top\boldsymbol{B}^{-1}$是对偶问题的最优解，可以根据最终单纯形表得到。特别地，如果 rank $\boldsymbol{D}=m$，就可以根据向量 $\boldsymbol{r}_D$，采用如下方程计算 $\boldsymbol{\lambda}$：

$$\boldsymbol{\lambda}^\top\boldsymbol{D}=\boldsymbol{c}_D^\top-\boldsymbol{r}_D^\top$$

当然，也有可能 rank $\boldsymbol{D}<m$，在这种情况下，可以采用另外的线性方程组求解 $\boldsymbol{\lambda}$。注意，$\boldsymbol{\lambda}^\top\boldsymbol{B}=\boldsymbol{c}_B^\top$。因此，定义 $\boldsymbol{r}^\top=[\boldsymbol{0}^\top, \boldsymbol{r}_D^\top]$，将方程 $\boldsymbol{\lambda}^\top\boldsymbol{D}=\boldsymbol{c}_D^\top-\boldsymbol{r}_D^\top$ 和 $\boldsymbol{\lambda}^\top\boldsymbol{B}=\boldsymbol{c}_B^\top$ 联立后得到

$$\boldsymbol{\lambda}^\top\boldsymbol{A}=\boldsymbol{c}^\top-\boldsymbol{r}^\top$$

如果 $\boldsymbol{D}$ 具有某种特殊的结构，根据等式 $\boldsymbol{\lambda}^\top\boldsymbol{D}=\boldsymbol{c}_D^\top-\boldsymbol{r}_D^\top$ 很容易计算得到 $\boldsymbol{\lambda}$。具体而言，如果 $\boldsymbol{D}$ 中存在 $m\times m$ 单位矩阵，也就是说，对 $\boldsymbol{D}$ 中的列向量进行重新排序，可以将矩阵 $\boldsymbol{D}$ 表示为 $\boldsymbol{D}=[\boldsymbol{I}_m, \boldsymbol{G}]$，其中 $\boldsymbol{G}$ 是 $m\times(n-2m)$矩阵，此时 $\boldsymbol{\lambda}^\top\boldsymbol{D}=\boldsymbol{c}_D^\top-\boldsymbol{r}_D^\top$ 可写为

$$[\boldsymbol{\lambda}^\top, \boldsymbol{\lambda}^\top\boldsymbol{G}]=[\boldsymbol{c}_I^\top, \boldsymbol{c}_G^\top]-[\boldsymbol{r}_I^\top, \boldsymbol{r}_G^\top]$$

由此可知，$\boldsymbol{\lambda}$ 可由下式计算得到：

$$\boldsymbol{\lambda}^\top=\boldsymbol{c}_I^\top-\boldsymbol{r}_I^\top$$

因此，对偶问题的最优解可由 $\boldsymbol{D}$ 中单位矩阵中各列向量对应变量的价值系数 $\boldsymbol{c}$(可构成向量 $\boldsymbol{c}_I$)减去相应的检验数得到。

比如，对于线性规划问题，引入了松弛变量以构成标准型。如果最优基本可行解的基变量不包含任何松弛变量，那么矩阵 $\boldsymbol{D}$ 中可能会有一个单位矩阵。并且，在这种情况下，这个单位矩阵中各列向量对应的变量都是松弛变量，相应的检验数向量为 $\boldsymbol{c}_I=\boldsymbol{0}$。因此，$\boldsymbol{\lambda}=-\boldsymbol{r}_I$ 就是对偶问题的最优解。

例 17.6　例 17.3 中原问题标准型的单纯形表为

	$\boldsymbol{a}_1$	$\boldsymbol{a}_2$	$\boldsymbol{a}_3$	$\boldsymbol{a}_4$	$\boldsymbol{a}_5$	$\boldsymbol{a}_6$	$\boldsymbol{b}$
	2	−1	7	1	0	0	6
	1	3	4	0	1	0	9
	3	6	1	0	0	1	3
$\boldsymbol{c}^\top$	−2	−5	−1	0	0	0	0

采用单纯形法进行求解，得到如下最终单纯形表：

	$\frac{15}{43}$	0	1	$\frac{6}{43}$	0	$\frac{1}{43}$	$\frac{39}{43}$
	$-\frac{74}{43}$	0	0	$-\frac{21}{43}$	1	$-\frac{25}{43}$	$\frac{186}{43}$
	$\frac{19}{43}$	1	0	$-\frac{1}{43}$	0	$\frac{7}{43}$	$\frac{15}{43}$
$\boldsymbol{r}^\top$	$\frac{24}{43}$	0	0	$\frac{1}{43}$	0	$\frac{36}{43}$	$\frac{114}{43}$

根据单纯形表计算对偶问题的最优解：$\boldsymbol{\lambda}^\top\boldsymbol{D}=\boldsymbol{c}_D^\top-\boldsymbol{r}_D^\top$，即

$$[\lambda_1,\lambda_2,\lambda_3]\begin{bmatrix}2&1&0\\1&0&0\\3&0&1\end{bmatrix}=[-2,0,0]-\left[\frac{24}{43},\frac{1}{43},\frac{36}{43}\right]$$

求解以上方程，可得

$$\boldsymbol{\lambda}^\top=\left[-\frac{1}{43},0,-\frac{36}{43}\right]$$

这与例 17.3 的计算结果一致。 ■

下面针对原问题与对偶问题的最优解之间的关系给出总结性的结论。如果其中一个问题的目标函数是无界的，则另外一个问题不存在可行解；如果其中一个问题有最优可行解，则另外一个问题也有最优可行解(目标函数的最优值相同)；最后一种情况是，如果其中一个问题(如原问题)没有可行解，将会得到什么结论？显而易见，另外一个问题(对偶问题)不存在最优解。但是，对偶问题一定是无界的吗？答案是否定的。如果其中一个问题没有可行解，则另外一个问题既可能有可行解，也可能没有可行解。下面给出一个原问题及其对应的对偶问题都不存在可行解的例子。

例 17.7　考虑对偶问题：

$$\begin{aligned}\text{minimize}\quad & [1,-2]\boldsymbol{x}\\ \text{subject to}\quad & \begin{bmatrix}1&-1\\-1&1\end{bmatrix}\boldsymbol{x}\geqslant\begin{bmatrix}2\\-1\end{bmatrix}\\ & \boldsymbol{x}\geqslant\boldsymbol{0}\end{aligned}$$

该问题没有可行解，因为两个约束方程 $x_1-x_2\geqslant 2$ 和 $x_1-x_2\leqslant 1$ 之间是冲突的。根据对称形式的对偶关系，可得对偶问题为

$$\begin{aligned}\text{maximize}\quad & \boldsymbol{\lambda}^\top\begin{bmatrix}2\\-1\end{bmatrix}\\ \text{subject to}\quad & \boldsymbol{\lambda}^\top\begin{bmatrix}1&-1\\-1&1\end{bmatrix}\leqslant[1,-2]\\ & \boldsymbol{\lambda}\geqslant\boldsymbol{0}\end{aligned}$$

对偶问题同样不存在可行解，因为两个约束条件 $\lambda_1-\lambda_2\leqslant 1$ 和 $\lambda_1-\lambda_2\geqslant 2$ 之间同样是冲突的。 ■

下面给出互补松弛条件，从另外的角度描述了原问题和对偶问题最优解之间的关系。

定理 17.3 互补松弛条件。 $\boldsymbol{x}$ 和 $\boldsymbol{\lambda}$ 分别是原问题和对偶问题（对称形式或非对称形式）的可行解，它们分别是各自问题的最优解的充分必要条件为

1. $(\boldsymbol{c}^\top-\boldsymbol{\lambda}^\top\boldsymbol{A})\boldsymbol{x}=0$；

2. $\boldsymbol{\lambda}^\top(\boldsymbol{A}\boldsymbol{x}-\boldsymbol{b})=0$。 □

证明： 首先证明该定理对非对称形式的对偶关系成立。注意，这种情况下，条件 2 始终成立，因此只需要证明条件 1。

必要性。如果这两个解分别是各自问题的最优解，则由定理 17.2 可知，$\boldsymbol{c}^\top\boldsymbol{x}=\boldsymbol{\lambda}^\top\boldsymbol{b}$。因为 $\boldsymbol{A}\boldsymbol{x}=\boldsymbol{b}$，所以 $(\boldsymbol{c}^\top-\boldsymbol{\lambda}^\top\boldsymbol{A})\boldsymbol{x}=0$ 成立。

充分性。如果 $(\boldsymbol{c}^\top-\boldsymbol{\lambda}^\top\boldsymbol{A})\boldsymbol{x}=0$，那么 $\boldsymbol{c}^\top\boldsymbol{x}=\boldsymbol{\lambda}^\top\boldsymbol{A}\boldsymbol{x}=\boldsymbol{\lambda}^\top\boldsymbol{b}$。因此，由定理 17.1 可知，$\boldsymbol{x}$ 和 $\boldsymbol{\lambda}$ 都是最优解。

下面证明该定理对对称形式的对偶关系成立。

必要性。首先证明条件 1。如果这两个解都是最优解，则由定理 17.2 可知，$\boldsymbol{c}^\top\boldsymbol{x}=\boldsymbol{\lambda}^\top\boldsymbol{b}$。因为 $\boldsymbol{A}\boldsymbol{x}\geqslant\boldsymbol{b}$，$\boldsymbol{\lambda}\geqslant\boldsymbol{0}$，所以

$$(\boldsymbol{c}^\top-\boldsymbol{\lambda}^\top\boldsymbol{A})\boldsymbol{x}=\boldsymbol{c}^\top\boldsymbol{x}-\boldsymbol{\lambda}^\top\boldsymbol{A}\boldsymbol{x}=\boldsymbol{\lambda}^\top\boldsymbol{b}-\boldsymbol{\lambda}^\top\boldsymbol{A}\boldsymbol{x}=\boldsymbol{\lambda}^\top(\boldsymbol{b}-\boldsymbol{A}\boldsymbol{x})\leqslant 0$$

另一方面，因为 $\boldsymbol{\lambda}^\top\boldsymbol{A}\leqslant\boldsymbol{c}^\top$，$\boldsymbol{x}\geqslant\boldsymbol{0}$，所以 $(\boldsymbol{c}^\top-\boldsymbol{\lambda}^\top\boldsymbol{A})\boldsymbol{x}\geqslant 0$ 成立。因此，$(\boldsymbol{c}^\top-\boldsymbol{\lambda}^\top\boldsymbol{A})\boldsymbol{x}=0$。

注意 $\boldsymbol{A}\boldsymbol{x}\geqslant\boldsymbol{b}$ 和 $\boldsymbol{\lambda}\geqslant 0$，故有 $\boldsymbol{\lambda}^\top(\boldsymbol{A}\boldsymbol{x}-\boldsymbol{b})\geqslant 0$。同时，由于 $\boldsymbol{\lambda}^\top\boldsymbol{A}\leqslant\boldsymbol{c}^\top$，$\boldsymbol{x}\geqslant 0$，所以 $\boldsymbol{\lambda}^\top(\boldsymbol{A}\boldsymbol{x}-\boldsymbol{b})=(\boldsymbol{\lambda}^\top\boldsymbol{A}-\boldsymbol{c}^\top)\boldsymbol{x}\leqslant 0$ 成立。故条件 2 得证。

充分性。将条件 1 和条件 2 进行组合，可得 $\boldsymbol{c}^\top\boldsymbol{x}=\boldsymbol{\lambda}^\top\boldsymbol{A}\boldsymbol{x}=\boldsymbol{\lambda}^\top\boldsymbol{b}$。因此，由定理 17.1 可知，$\boldsymbol{x}$ 和 $\boldsymbol{\lambda}$ 都是最优解。 ■

如果 $\boldsymbol{x}$ 和 $\boldsymbol{\lambda}$ 是原问题及其对偶问题的可行解，条件 1 的 $(\boldsymbol{c}^\top-\boldsymbol{\lambda}^\top A)\boldsymbol{x}=0$ 可以改写为“如果 $x_i>0$，有 $\boldsymbol{\lambda}^\top\boldsymbol{a}_i=c_i$，$i=1, \cdots, n$ 成立”，也就是说，当 $\boldsymbol{x}$ 中的元素都是正数时，该元素在对偶问题中相对应的约束条件是等式。注意，“如果 $x_i>0$，有 $\boldsymbol{\lambda}^\top\boldsymbol{a}_i=c_i$，$i=1, \cdots, n$ 成立”与“如果 $\boldsymbol{\lambda}^\top\boldsymbol{a}_i<c_i$，有 $x_i=0$ 成立”之间是等价的。以此类推，可以写出条件 2 的类似表达式。

考虑非对称形式的对偶关系，其原问题的最优基本可行解为 $\boldsymbol{x}$，对应的检验数 $\boldsymbol{r}^\top=\boldsymbol{c}^\top-\boldsymbol{\lambda}^\top\boldsymbol{A}$，这种情况下，互补松弛条件可以写为 $\boldsymbol{r}^\top\boldsymbol{x}=\boldsymbol{0}$。

例 17.8 准备用 26 美元购买一些黄金，有 4 家可能的供货商，它们的报价（单位：美元/盎司）分别为 1/2，1，1/7 和 1/4。将 26 美元全部用于购买这 4 家经销商的黄金，x_i 表示付给经销商 $i(i=1, 2, 3, 4)$ 的资金。

a. 如何在这 4 家经销商中分配资金以购买到最大重量的黄金？写出这一问题对应的线性规划标准型；

b. 写出问题 a 的对偶问题，找到对偶问题的最优解；

c. 根据问题 b 的结果和互补松弛条件，确定 x_1，⋯，x_4的最优值。

解：

a. 相应的线性规划问题标准型为

$$\begin{aligned} \text{minimize} \quad & -(2x_1+x_2+7x_3+4x_4) \\ \text{subject to} \quad & x_1+x_2+x_3+x_4=26 \\ & x_1,x_2,x_3,x_4 \geqslant 0 \end{aligned}$$

b. 对偶问题为

$$\begin{aligned} \text{maximize} \quad & 26\lambda \\ \text{subject to} \quad & \lambda \leqslant -2 \\ & \lambda \leqslant -1 \\ & \lambda \leqslant -7 \\ & \lambda \leqslant -4 \end{aligned}$$

对偶问题的最优解显然是 $\lambda=-7$(注意，令 $\lambda'=-\lambda$，可得到等价的对偶问题)。

c. 由互补松弛条件可知，如果能够找到原问题的一个可行解 $\boldsymbol{x}$，满足$(-[2,1,7,4]-(-7)[1,1,1,1])\boldsymbol{x}=0$，这个解就是原问题的最优解。将上述条件重写为

$$[1,1,1,1]\boldsymbol{x}=26, \qquad \boldsymbol{x} \geqslant \boldsymbol{0}, \qquad [5,6,0,3]\boldsymbol{x}=0$$

由 $\boldsymbol{x}\geqslant\boldsymbol{0}$ 和 $[5,6,0,3]\boldsymbol{x}=0$ 可知 $x_1=x_2=x_4=0$；由 $[1,1,1,1]\boldsymbol{x}=26$ 可知 $\boldsymbol{x}=[0,0,26,0]^\top$。 ■

习题

17.1 针对对称形式的对偶关系，证明弱对偶定理。

17.2 给出习题 15.8 中优化问题的对偶问题。

17.3 考虑线性规划：

$$\begin{aligned} \text{maximize} \quad & 2x_1+3x_2 \\ \text{subject to} \quad & x_1+2x_2 \leqslant 4 \\ & 2x_1+x_2 \leqslant 5 \\ & x_1,x_2 \geqslant 0 \end{aligned}$$

a. 采用单纯形法求解该问题；

b. 写出该问题的对偶问题，并求对偶问题的最优解。

17.4 考虑线性规划：

$$\begin{aligned} \text{minimize} \quad & 4x_1+3x_2 \\ \text{subject to} \quad & 5x_1+x_2 \geqslant 11 \\ & 2x_1+x_2 \geqslant 8 \\ & x_1+2x_2 \geqslant 7 \\ & x_1,x_2 \geqslant 0 \end{aligned}$$

写出它的对偶问题，并对该对偶问题进行求解。注意将该问题与习题 16.12(a)进行比较。

17.5 考虑线性规划问题：

$$\begin{aligned} \text{maximize} \quad & x_1+2x_2 \\ \text{subject to} \quad & -2x_1+x_2+x_3=2 \\ & -x_1+2x_2+x_4=7 \\ & x_1+x_5=3 \\ & x_i \geqslant 0, \quad i=1,2,3,4,5 \end{aligned}$$

a. 写出它的对偶问题；

b. 已知原问题的最优解为 $\boldsymbol{x}^*=[3,5,3,0,0]^\top$，求对偶问题的最优解。

17.6　考虑线性规划问题：

$$\begin{array}{ll}\text{minimize} & \boldsymbol{c}^\top\boldsymbol{x}\\ \text{subject to} & \boldsymbol{A}\boldsymbol{x}\leqslant\boldsymbol{b}\end{array}$$

a. 写出它的对偶问题；

b. 假设 $\boldsymbol{b}=\boldsymbol{0}$，且存在向量 $\boldsymbol{y}\geqslant 0$，使得 $\boldsymbol{y}^\top\boldsymbol{A}+\boldsymbol{c}^\top=\boldsymbol{0}^\top$。该问题是否存在最优可行解？如果是，找到这个解，如果不是，说明原因。

17.7　将优化问题

$$\begin{array}{ll}\text{maximize} & -|x_1|-|x_2|-|x_3|\\ \text{subject to} & \begin{bmatrix}1 & 1 & -1\\ 0 & -1 & 0\end{bmatrix}\begin{bmatrix}x_1\\ x_2\\ x_3\end{bmatrix}=\begin{bmatrix}2\\ 1\end{bmatrix}\end{array}$$

转换成线性规划问题标准型，并对其进行求解。针对标准型，写出其对偶问题，并求对偶问题的最优解。

提示：针对每个决策变量，引入两个非负变量 $x_i^+\geqslant 0$，$x_i^-\geqslant 0$，以此替换相应的决策变量。注意，x_i^+ 和 x_i^- 不能同时非零，即如果 $x_i\geqslant 0$，那么 $x_i^+=x_i$，$x_i^-=0$；如果 $x_i<0$，那么 $x_i^+=0$，$x_i=-x_i^-$。参见习题 16.6。

17.8　考虑线性规划：

$$\begin{array}{ll}\text{minimize} & x_1+\cdots+x_n, \qquad x_1,\cdots,x_n\in\mathbb{R}\\ \text{subject to} & a_1x_1+\cdots+a_nx_n=1\\ & x_1,\cdots,x_n\geqslant 0\end{array}$$

其中，$0<a_1<a_2<\cdots<a_n$。

a. 写出对偶问题，并找出对偶问题的最优解，用 a_1，…，a_n 表示；

b. 应用对偶定理找到原问题的最优解；

c. 利用单纯形法求解原问题的最优解。试证明，如果从一个非最优的基本可行解开始求解，单纯形法在一步迭代后即停止的充分必要条件为：进基向量所对应变量的检验数在所有变量的检验数中是最小的。

17.9　某线性规划问题为

$$\begin{array}{ll}\text{maximize} & c_1x_1+\cdots+c_nx_n\\ \text{subject to} & x_1+\cdots+x_n=1\\ & x_1,\cdots,x_n\geqslant 0\end{array}$$

其中，c_1，…，$c_n\in\mathbb{R}$ 是常数。

a. 写出其对偶问题；

b. 已知对于所有 $i\neq 4$，$c_4>c_i$，试求对偶问题的最优解；

c. 根据 b 中的结果求该线性规划问题的最优解。

17.10　考虑线性规划问题：

$$\begin{array}{ll}\text{maximize} & \boldsymbol{c}^\top\boldsymbol{x}\\ \text{subject to} & \boldsymbol{A}\boldsymbol{x}\leqslant\boldsymbol{0}\\ & \boldsymbol{x}\geqslant\boldsymbol{0}\end{array}$$

其中，$\boldsymbol{c}=[1,1,\cdots,1]^\top$，假设该问题存在最优解。

a. 写出它的对偶问题；

b. 计算该问题的最优解；

c. 该问题的约束集有什么特点？

17.11 考虑某线性规划标准型。

a. 构造该问题的相应人工问题(为两阶段法做好准备);

b. 写出问题 a 中人工问题的对偶问题;

c. 试证明,如果原问题有可行解,那么问题 b 中给出的对偶问题有最优可行解。

17.12 考虑某个线性规划问题及其对偶问题(对称形式或非对称形式),试判断下列结论中哪些是可能成立的(即存在原问题和对偶问题,能够使得该结论成立),哪些是不可能成立的(该结论针对所有的原问题和对偶问题都不成立),并给出理由(判断过程中需要用到弱对偶引理和对偶定理)。

a. 原问题有可行解,对偶问题没有可行解;

b. 原问题有最优可行解,对偶问题没有最优可行解;

c. 原问题有可行解,但没有最优可行解,对偶问题有最优可行解。

17.13 考虑线性规划标准型,$\boldsymbol{x}$ 是问题的可行解。试证明,如果存在 $\boldsymbol{\lambda}$ 和 $\boldsymbol{\mu}$,使得

$$\begin{aligned}\boldsymbol{A}^{\top}\boldsymbol{\lambda}+\boldsymbol{\mu}&=\boldsymbol{c}\\ \boldsymbol{\mu}^{\top}\boldsymbol{x}&=0\\ \boldsymbol{\mu}&\geqslant 0\end{aligned}$$

成立,则 $\boldsymbol{x}$ 和 $\boldsymbol{\lambda}$ 分别是原问题和对偶问题的最优可行解。该条件称为线性规划的卡罗需-库恩-塔克(Karush-Kuhn-Tucker)最优性条件,将会在第 21 章和第 22 章中详细介绍。

17.14 考虑线性规划:

$$\begin{aligned}\text{maximize}\quad & \boldsymbol{c}^{\top}\boldsymbol{x}\\ \text{subject to}\quad & \boldsymbol{A}\boldsymbol{x}\leqslant\boldsymbol{b}\end{aligned}$$

其中,$\boldsymbol{c}\in\mathbb{R}^n$,$\boldsymbol{b}\in\mathbb{R}^m$,$\boldsymbol{A}\in\mathbb{R}^{m\times n}$。根据对称形式的对偶关系写出其对偶问题,并证明,在对偶问题中,如果约束条件矩阵也是 $\boldsymbol{A}$,则约束条件是等式。

提示:记 $\boldsymbol{x}=\boldsymbol{u}-\boldsymbol{v}$,其中 $\boldsymbol{u},\boldsymbol{v}\geqslant\boldsymbol{0}$。

17.15 考虑线性规划:

$$\begin{aligned}\text{minimize}\quad & x_1+x_2\\ \text{subject to}\quad & x_1+2x_2\geqslant 3\\ & 2x_1+x_2\geqslant 3\\ & x_1,x_2\geqslant 0\end{aligned}$$

该问题的最优解为$[1,1]^{\top}$(见习题 16.11)。写出该问题的对偶问题并对其进行求解,验证对偶定理。

17.16 考虑线性规划问题:

$$\begin{aligned}\text{minimize}\quad & \boldsymbol{c}^{\top}\boldsymbol{x},\qquad \boldsymbol{x}\in\mathbb{R}^n\\ \text{subject to}\quad & \boldsymbol{x}\geqslant\boldsymbol{0}\end{aligned}$$

对于该问题,有如下定理成立:

定理:该问题存在最优解的充分必要条件是 $\boldsymbol{c}\geqslant\boldsymbol{0}$。如果最优解存在,则最优解是 $\boldsymbol{0}$。

采用对偶定理证明该定理(见习题 22.15)。

17.17 已知矩阵 $\boldsymbol{A}$ 和向量 $\boldsymbol{b}$,证明存在 $\boldsymbol{x}\geqslant\boldsymbol{0}$,使得 $\boldsymbol{A}\boldsymbol{x}\geqslant\boldsymbol{b}$ 成立的充分必要条件是存在$\boldsymbol{y}\geqslant 0$,使得 $\boldsymbol{A}^{\top}\boldsymbol{y}\leqslant 0$ 和 $\boldsymbol{b}^{\top}\boldsymbol{y}\leqslant 0$ 同时成立。

17.18 已知矩阵 $\boldsymbol{A}$ 和向量 $\boldsymbol{b}$,证明存在 $\boldsymbol{x}\geqslant\boldsymbol{0}$,使得 $\boldsymbol{A}\boldsymbol{x}=\boldsymbol{b}$ 成立的充分必要条件是对于任意满足 $\boldsymbol{A}^{\top}\boldsymbol{y}\leqslant 0$ 的向量 $\boldsymbol{y}$,都有 $\boldsymbol{b}^{\top}\boldsymbol{y}\leqslant 0$ 成立。该结论称为 Farkas 变换定理。根据对偶定理讨论如下问题。

a. 考虑线性规划:

$$\begin{aligned}\text{minimize}\quad & \boldsymbol{0}^{\top}\boldsymbol{x}\\ \text{subject to}\quad & \boldsymbol{A}\boldsymbol{x}=\boldsymbol{b}\\ & \boldsymbol{x}\geqslant\boldsymbol{0}\end{aligned}$$

写出该问题的对偶问题,其中 $\boldsymbol{y}$ 表示对偶变量。

b. 证明该对偶问题的可行集是非空的。

提示：找出一个明显的可行点即可。

c. 假设任意满足 $\boldsymbol{A}^{\top}\boldsymbol{y}\leqslant\boldsymbol{0}$ 的 $\boldsymbol{y}$，都有 $\boldsymbol{b}^{\top}\boldsymbol{y}\leqslant 0$。此时，对偶问题是否有最优可行解？

提示：问题 b 中有一个明显的可行解。

d. 假设任意满足 $\boldsymbol{A}^{\top}\boldsymbol{y}\leqslant\boldsymbol{0}$ 的 $\boldsymbol{y}$，都有 $\boldsymbol{b}^{\top}\boldsymbol{y}\leqslant 0$。根据问题 b 和问题 c 的结果，证明存在 $\boldsymbol{x}\geqslant\boldsymbol{0}$，使得 $\boldsymbol{A}\boldsymbol{x}=\boldsymbol{b}$ 成立（证明 Farkas 变换定理的充分条件）。

e. 假设存在 $\boldsymbol{x}$ 满足 $\boldsymbol{A}\boldsymbol{x}=\boldsymbol{b}$，$\boldsymbol{x}\geqslant\boldsymbol{0}$，$\boldsymbol{y}$ 是满足 $\boldsymbol{A}^{\top}\boldsymbol{y}\leqslant 0$ 的任意向量，证明 $\boldsymbol{b}^{\top}\boldsymbol{y}\leqslant 0$（证明 Farkas 变换定理的必要条件）。

17.19 已知矩阵 $\boldsymbol{A}$ 和向量 $\boldsymbol{b}$。试证明，存在向量 $\boldsymbol{x}$，使得 $\boldsymbol{A}\boldsymbol{x}\leqslant\boldsymbol{b}$ 成立的充分必要条件是对于任意满足 $\boldsymbol{A}^{\top}\boldsymbol{y}=\boldsymbol{0}$ 的 $\boldsymbol{y}\geqslant 0$，都有 $\boldsymbol{b}^{\top}\boldsymbol{y}\geqslant 0$。该结论称为 Gale 变换定理。

17.20 已知矩阵 $\boldsymbol{A}$，试证明，存在向量 $\boldsymbol{x}$，使得 $\boldsymbol{A}\boldsymbol{x}<\boldsymbol{0}$ 成立的充分必要条件是对于任意满足 $\boldsymbol{A}^{\top}\boldsymbol{y}=0$ 的向量 $\boldsymbol{y}\geqslant 0$，有 $\boldsymbol{y}=0$（也就是说，$\boldsymbol{y}=0$ 是唯一同时满足 $\boldsymbol{A}^{\top}\boldsymbol{y}=0$ 和 $\boldsymbol{y}\geqslant 0$ 的向量）。该结论称为 Gordan 变换定理。

17.21 实数矩阵 $\boldsymbol{P}\in\mathbb{R}^{n\times n}$ 中所有元素的取值都位于区间 $[0, 1]$ 中，并且每行元素的和为 1，这类矩阵称为随机矩阵。向量 $\boldsymbol{x}\geqslant\boldsymbol{0}$ 满足 $\boldsymbol{x}^{\top}\boldsymbol{e}=1$，其中 $\boldsymbol{e}=[1, \cdots, 1]^{\top}$，这类向量 $\boldsymbol{x}$ 称为概率向量。

试证明，对于任意的随机矩阵 $\boldsymbol{P}$，存在一个概率向量 $\boldsymbol{x}$，使得 $\boldsymbol{x}^{\top}\boldsymbol{P}=\boldsymbol{x}^{\top}$ 成立。这是概率论中关于马尔可夫链的一个重要结论。下面针对线性规划，基于对偶理论讨论如下问题。

a. 考虑线性规划：

$$
\begin{aligned}
\text{maximize} \quad & \boldsymbol{x}^{\top}\boldsymbol{e} \\
\text{subject to} \quad & \boldsymbol{x}^{\top}\boldsymbol{P}=\boldsymbol{x}^{\top} \\
& \boldsymbol{x}\geqslant\boldsymbol{0}
\end{aligned}
$$

写出它的对偶问题。

b. 证明对偶问题不可行（对偶问题不存在可行解）。

提示：得出与 $\boldsymbol{P}\boldsymbol{y}>\boldsymbol{y}$ 相矛盾的结论，从向量 $\boldsymbol{y}$ 中最大的元素（记为 y_i）入手。

c. 原问题是否可行？原问题是否无界？

d. 根据问题 c 的结果推导如下结论：存在向量 $\boldsymbol{x}\geqslant\boldsymbol{0}$，使得 $\boldsymbol{x}^{\top}\boldsymbol{P}=\boldsymbol{x}^{\top}$ 和 $\boldsymbol{x}^{\top}\boldsymbol{e}=1$ 同时成立。

17.22 有一个“黑箱”，能够实现函数 ϕ。该黑箱按照如下方式定义：给定整数 m 和 n、矩阵 $\boldsymbol{A}\in\mathbb{R}^{m\times n}$ 和向量 $\boldsymbol{b}\in\mathbb{R}^{m}$，$\phi(m, n, \boldsymbol{A}, \boldsymbol{b})$ 的值是一个满足 $\boldsymbol{A}\boldsymbol{x}\geqslant\boldsymbol{b}$ 的向量 $\boldsymbol{x}=\phi(m, n, \boldsymbol{A}, \boldsymbol{b})$。换言之，黑箱能够求解线性可行问题。

给定 $\boldsymbol{A}\in\mathbb{R}^{m\times n}$，$\boldsymbol{b}\in\mathbb{R}^{m}$ 和 $\boldsymbol{c}\in\mathbb{R}^{n}$，考虑线性规划问题：

$$
\begin{aligned}
\text{minimize} \quad & \boldsymbol{c}^{\top}\boldsymbol{x} \\
\text{subject to} \quad & \boldsymbol{A}\boldsymbol{x}\geqslant\boldsymbol{b} \\
& \boldsymbol{x}\geqslant 0
\end{aligned}
$$

采用函数 ϕ 表示该问题的最优解，换言之，演示利用该黑箱求解该线性规划问题的过程。

提示：为黑箱确定一组合适的输入，使得其输出为上述线性规划问题的最优解，但只能使用一次黑箱。

17.23 本习题采用对偶理论分析目标函数的最优值对于约束扰动的灵敏性。

考虑原问题及其对偶问题（对称或非对称形式），如果原问题中的右端项 $\boldsymbol{b}$ 是可变的，当 $\boldsymbol{b}$ 存在一个扰动 $\Delta\boldsymbol{b}$ 时（用 $\boldsymbol{b}+\Delta\boldsymbol{b}$ 取代 $\boldsymbol{b}$），计算目标函数的改变量。

a. 为了更加精确地描述这一问题，令 $z(\boldsymbol{b})$ 表示原问题的最优值，$\boldsymbol{\lambda}$ 表示对偶问题的最优解。试计算 z 在 $\boldsymbol{b}$ 处的梯度 $\nabla z(\boldsymbol{b})$，用 $\boldsymbol{\lambda}$ 进行表示。在计算过程中，可以假设对偶问题的最优解始终保持在 $\boldsymbol{b}$ 的一个邻域内，但必须说明该假设的合理性。

提示：运用对偶定理说明 $z(\boldsymbol{b})$ 与 $\boldsymbol{b}$ 的关系。

b. 假设对偶问题最优解的第 1 个元素是 $\lambda_1 = 3$，如果 b_1 增加一个小量 Δb_1，试计算原问题目标函数最优值的改变量。

17.24 给定二次规划问题：

$$\begin{aligned} &\text{minimize} && \frac{1}{2}\boldsymbol{x}^\top \boldsymbol{x} \\ &\text{subject to} && \boldsymbol{A}\boldsymbol{x} \leqslant \boldsymbol{b} \end{aligned}$$

其中，$\boldsymbol{A} \in \mathbb{R}^{m\times n}$，$\boldsymbol{b} \in \mathbb{R}^m$。以该问题作为原问题。

考虑相应的对偶二次规划问题：

$$\begin{aligned} &\text{maximize} && -\frac{1}{2}\boldsymbol{y}^\top(\boldsymbol{A}\boldsymbol{A}^\top)\boldsymbol{y} - \boldsymbol{b}^\top \boldsymbol{y} \\ &\text{subject to} && \boldsymbol{y} \geqslant \boldsymbol{0} \end{aligned}$$

令 f_1 和 f_2 分别表示原问题与对偶问题的目标函数。

a. 写出这种情况下的弱对偶引理，并对其进行证明；

b. 试证明，如果 $\boldsymbol{x}_0$ 和 $\boldsymbol{y}_0$ 分别是原问题和对偶问题的可行解，并有 $f_1(\boldsymbol{x}_0) = f_2(\boldsymbol{y}_0)$，那么 $\boldsymbol{x}_0$ 和 $\boldsymbol{y}_0$ 分别是原问题和对偶问题的最优解。

提示：可以运用线性规划对偶问题的一些结论。

第 18 章　非单纯形法

18.1　引言

前面的章节讨论了单纯形法及其变体，即修正的单纯形法。单纯形法在实际线性规划问题的求解中应用非常广泛。但是，利用单纯形法求解线性规划问题所需要的时间会随着决策变量 $\boldsymbol{x}(\boldsymbol{x}\in\mathbb{R}^n)$ 维数 n 的增加而急剧上升。需要特别指出的是，已经证明在最差的情况下，该方法的求解时间与决策变量 $\boldsymbol{x}$ 的规模 n 之间呈现指数变化规律。1972 年，Klee 和 Minty 找到了一个线性规划问题算例（称为 Klee-Minty 算例），证实了这一指数变化规律的存在[76]。下面给出 Klee-Minty 算例[9]。假定维数 n 已知，令

$$\boldsymbol{c}=[10^{n-1},10^{n-2},\cdots,10^1,1]^\top$$

$$\boldsymbol{b}=[1,10^2,10^4,\cdots,10^{2(n-1)}]^\top$$

$$\boldsymbol{A}=\begin{bmatrix}1 & 0 & 0 & \cdots & 0\\ 2\times10^1 & 1 & 0 & \cdots & 0\\ 2\times10^2 & 2\times10^1 & 1 & \cdots & 0\\ \vdots & \vdots & \ddots & \ddots & \vdots\\ 2\times10^{n-1} & 2\times10^{n-2} & \cdots & 2\times10^1 & 1\end{bmatrix}$$

构造如下线性规划问题：

$$\begin{array}{ll}\text{maximize} & \boldsymbol{c}^\top\boldsymbol{x}\\ \text{subject to} & \boldsymbol{A}\boldsymbol{x}\leqslant\boldsymbol{b}\\ & \boldsymbol{x}\geqslant\boldsymbol{0}\end{array}$$

采用单纯形法求解上述线性规划问题的最优解需要 2^n-1 步。显然，针对这一问题，单纯形法的求解时间与变量 $\boldsymbol{x}$ 的规模 n 呈指数关系。这一关系也称为算法的复杂度。因此，单纯形法的复杂度被认为是指数级的，通常用 $O(2^n-1)$ 表示。

显然，对于任何一个线性规划问题的求解算法而言，所需要的求解时间都会随着决策变量 $\boldsymbol{x}$ 的规模 n 增加而增大。问题的关键在于求解时间的增加速度。正如之前看到的，单纯形法求解时间以指数规律增长。多年以来，计算机领域的专家一直采用指数复杂度和多项式复杂度来区分算法的复杂度。如果一个线性规划求解算法具有多项式复杂度，那么该算法的最优解求解时间的上界可以表示为一个 n 阶多项式。很明显，多项式复杂度要小于指数复杂度。因此，是否存在一个具有多项式复杂度的求解算法，是线性规划领域中的一个重要研究主题。1979 年，Khachiyan（有时也直接按照俄文转译为 Hačijan）[74] 提出了一种新的线性规划求解算法，复杂度为 $O(n^4L)$，部分地解决了这个问题。L 表示数字在计算机中的存储位数。之所以说 Khachiyan 算法（也称为椭球算法）只是部分地解决了这一问题，是因为其计算复杂度与 L 有关。L 越大，计算复杂度越高。这就意味着，所需的计算时间会随着计算精度的提高而增加。迄今为止，对线性规划问题而言，是否存在一

种多项式复杂度的求解算法，其复杂度仅取决于变量规模 n(也可以是约束条件个数)，仍然是一个尚未解决的开放问题[55]。无论在什么情况下，实际应用经验表明 Khachiyan 算法并不能取代单纯形法[14]。虽然已经在理论上证明了 Khachiyan 算法的复杂度优于单纯形法，但还尚需通过实践进行检验。

1984 年，Karmarkar 提出了另外一种求解线性规划问题的非单纯形法[71]。该算法的复杂度为 $O(n^{3.5}L)$，小于 Khachiyan 算法的复杂度。显然，该算法在复杂度方面也优于单纯形法，但也存在一些缺陷。在 Karmarkar 发表了该算法的论文之后，研究人员受此启发，沿着这一思路，针对 Karmarkar 算法进行了改进，这些算法统称为内点法。内点法中有一些具体的算法思路非常好，具有很高的计算效率，特别适合于求解决策变量的数量很大的线性规划问题[55]。

本章讨论求解线性规划问题的非单纯形法。下一节将讨论 Khachiyan 算法的基本思想；在此之后将着重介绍 Karmarkar 算法。

18.2 Khachiyan 算法

本节关于 Khachiyan 算法的内容来自于参考文献[8，9]。Khachiyan 算法的基础来自对偶的概念(见第 17 章)。本节仅仅是对 Khachiyan 算法的基本介绍，关于该算法的详细内容，可参阅参考文献[101]。

考虑如下线性规划问题(原问题)：

$$\begin{aligned} \text{minimize} \quad & \boldsymbol{c}^\top \boldsymbol{x} \\ \text{subject to} \quad & \boldsymbol{A}\boldsymbol{x} \geqslant \boldsymbol{b} \\ & \boldsymbol{x} \geqslant \boldsymbol{0} \end{aligned}$$

其对偶问题为

$$\begin{aligned} \text{maximize} \quad & \boldsymbol{\lambda}^\top \boldsymbol{b} \\ \text{subject to} \quad & \boldsymbol{\lambda}^\top \boldsymbol{A} \leqslant \boldsymbol{c}^\top \\ & \boldsymbol{\lambda} \geqslant \boldsymbol{0} \end{aligned}$$

这两个线性规划表示的是对称形式的对偶问题。由定理 17.1 可知，如果 $\boldsymbol{x}$ 和 $\boldsymbol{\lambda}$ 分别是原问题和对偶问题的可行解，并且满足 $\boldsymbol{c}^\top \boldsymbol{x} = \boldsymbol{\lambda}^\top \boldsymbol{b}$，那么 $\boldsymbol{x}$ 和 $\boldsymbol{\lambda}$ 分别是原问题和对偶问题的最优解。也就是说，通过寻找满足关系式

$$\begin{aligned} \boldsymbol{c}^\top \boldsymbol{x} &= \boldsymbol{b}^\top \boldsymbol{\lambda} \\ \boldsymbol{A}\boldsymbol{x} &\geqslant \boldsymbol{b} \\ \boldsymbol{A}^\top \boldsymbol{\lambda} &\leqslant \boldsymbol{c} \\ \boldsymbol{x} &\geqslant \boldsymbol{0} \\ \boldsymbol{\lambda} &\geqslant \boldsymbol{0} \end{aligned}$$

的向量 $[\boldsymbol{x}^\top, \boldsymbol{\lambda}^\top]^\top$，即可得到原问题的最优解。

注意，$\boldsymbol{c}^\top \boldsymbol{x} = \boldsymbol{b}^\top \boldsymbol{\lambda}$ 等价于下面两个不等式成立：

$$\begin{aligned} \boldsymbol{c}^\top \boldsymbol{x} - \boldsymbol{b}^\top \boldsymbol{\lambda} &\leqslant 0 \\ -\boldsymbol{c}^\top \boldsymbol{x} + \boldsymbol{b}^\top \boldsymbol{\lambda} &\leqslant 0 \end{aligned}$$

因此，可以将上面的关系式改写为

$$\begin{bmatrix} \boldsymbol{c}^\top & -\boldsymbol{b}^\top \\ -\boldsymbol{c}^\top & \boldsymbol{b}^\top \\ -\boldsymbol{A} & \boldsymbol{0} \\ -\boldsymbol{I}_n & \boldsymbol{0} \\ \boldsymbol{0} & \boldsymbol{A}^\top \\ \boldsymbol{0} & -\boldsymbol{I}_m \end{bmatrix} \begin{bmatrix} \boldsymbol{x} \\ \boldsymbol{\lambda} \end{bmatrix} \leqslant \begin{bmatrix} 0 \\ 0 \\ -\boldsymbol{b} \\ \boldsymbol{0} \\ \boldsymbol{c} \\ \boldsymbol{0} \end{bmatrix}$$

这样，就将求解原问题与对偶问题的最优解问题简化为寻找满足上述不等式的向量$[\boldsymbol{x}^\top, \boldsymbol{\lambda}^\top]^\top$。换言之，如果能够找到满足上述不等式的向量$[\boldsymbol{x}^\top, \boldsymbol{\lambda}^\top]^\top$，就得到了原问题和对偶问题的最优解。另一方面，如果不存在满足上述不等式的向量，原问题和对偶问题就没有最优可行解。为便于讨论，将上述不等式改写为矩阵形式：

$$\boldsymbol{Pz} \leqslant \boldsymbol{q}$$

其中，

$$\boldsymbol{P} = \begin{bmatrix} \boldsymbol{c}^\top & -\boldsymbol{b}^\top \\ -\boldsymbol{c}^\top & \boldsymbol{b}^\top \\ -\boldsymbol{A} & \boldsymbol{0} \\ -\boldsymbol{I}_n & \boldsymbol{0} \\ \boldsymbol{0} & \boldsymbol{A}^\top \\ \boldsymbol{0} & -\boldsymbol{I}_m \end{bmatrix}, \qquad \boldsymbol{z} = \begin{bmatrix} \boldsymbol{x} \\ \boldsymbol{\lambda} \end{bmatrix}, \qquad \boldsymbol{q} = \begin{bmatrix} 0 \\ 0 \\ -\boldsymbol{b} \\ \boldsymbol{0} \\ \boldsymbol{c} \\ \boldsymbol{0} \end{bmatrix}$$

在接下来关于 Khachiyan 算法的讨论中，$\boldsymbol{P}$, $\boldsymbol{z}$ 和 $\boldsymbol{q}$ 不再限于上面的具体形式；$\boldsymbol{Pz} \leqslant \boldsymbol{q}$ 就认为是一般的矩阵不等式，其中 $\boldsymbol{P}$, $\boldsymbol{z}$ 和 $\boldsymbol{q}$ 就是一般意义的矩阵和向量①。令向量 $\boldsymbol{q}$ 和 $\boldsymbol{z}$ 的维数分别为 r 和 s，则 $\boldsymbol{P} \in \mathbb{R}^{r\times s}$，$\boldsymbol{z} \in \mathbb{R}^s$，$\boldsymbol{q} \in \mathbb{R}^r$。

采用 Khachiyan 算法求解线性规划问题，首先要确定是否存在满足不等式 $\boldsymbol{Pz} \leqslant \boldsymbol{q}$ 的向量 $\boldsymbol{z}$，即上述线性不等式是否相容。如果有解，该算法就能够找到一个满足不等式的向量 $\boldsymbol{z}$。在接下来的讨论中，将任意满足不等式 $\boldsymbol{Pz} \leqslant \boldsymbol{q}$ 的向量都称为原问题的一个解。假设矩阵 $\boldsymbol{P}$ 和向量 $\boldsymbol{q}$ 中的元素都是有理数。对于实际问题而言，这一假设是自然成立的，因为能够在数字计算机上表示的线性规划问题都只包含有理数。实际上，可以进一步假设 $\boldsymbol{P}$ 和 $\boldsymbol{q}$ 中的所有元素都是整数。这是个不失一般性的假设，因为可以在不等式 $\boldsymbol{Pz} \leqslant \boldsymbol{q}$ 两边同乘以一个足够大的数，以确保不等式两边的系数都是整数。

在讨论 Khachiyan 算法之前，先引入椭球的概念。令向量 $\boldsymbol{z} \in \mathbb{R}^s$，$\boldsymbol{Q}$ 是 $s\times s$ 的非奇异矩阵，那么以 $\boldsymbol{z}$ 为中心、$\boldsymbol{Q}$ 为参数的椭球定义为集合

$$E_{\boldsymbol{Q}}(\boldsymbol{z}) = \{\boldsymbol{z} + \boldsymbol{Qy} : \boldsymbol{y} \in \mathbb{R}^s, \|\boldsymbol{y}\| \leqslant 1\}$$

下面讨论 Khachiyan 算法的基本思想。该算法是一种迭代算法，在每次迭代中，对 $\boldsymbol{z}^{(k)}$ 和 $\boldsymbol{Q}_k$ 更新，$\boldsymbol{z}^{(k)}$ 和 $\boldsymbol{Q}_k$ 可构成椭球 $\boldsymbol{E}_{\boldsymbol{Q}_k}(\boldsymbol{z}^{(k)})$。每次迭代产生的椭球都包含不等式 $\boldsymbol{Pz} \leqslant \boldsymbol{q}$ 的一个解。通过更新 $\boldsymbol{z}^{(k)}$ 和 $\boldsymbol{Q}_k$，不断缩小椭球，与此同时，始终保证椭球包含不等式的一个解。如果发现当前点 $\boldsymbol{z}^{(k)}$ 满足 $\boldsymbol{Pz}^{(k)} \leqslant \boldsymbol{q}$，那么算法终止，$\boldsymbol{z}^{(k)}$ 就是最优解；否则，继续迭代。算法预先设定的最大迭代次数 N，N 的大小取决于 L 和 s。这意味着 N 并不能自由设

① 此处的含义为：Khachiyan 算法的核心是求解不等式 $\boldsymbol{Pz} \leqslant \boldsymbol{q}$，而并不关心不等式由何而来。——译者注

定，而是通过一个关于 L 和 s 的公式计算得到。L 是常数，需要事先通过一个关于 $\boldsymbol{P}$ 和 $\boldsymbol{q}$ 的公式计算得出。当进行了 N 次迭代却没有找到最优解时，计算终止。此时，相应的椭球已经缩小到了计算精度误差的范围之内，如果最优解存在，那么一定能够在这个椭球内找到；否则，可判定问题无解。

从上面的讨论可以看出，Khachiyan 方法与经典单纯形法存在明显差异。该方法吸引了大量研究人员开展相关研究工作。但是，正如之前所提及的，该算法在求解实际线性规划问题时，应用价值并不高。因此，此处不深究 Khachiyan 算法的细节内容，感兴趣的读者可参阅参考文献[101]。

尽管在实际应用方面还存在不足，Khachiyan 方法却激发了有关研究人员的兴趣，大家开始着手寻求线性规划问题的高效求解算法，希望能够寻找一种具有多项式复杂度的算法。Karmarkar 就成功地提出了一种新的算法，称为 Karmarkar 算法(这将在 18.4 节中进行讨论)。

18.3　仿射尺度法

基本算法

本节介绍一种简单的算法：仿射尺度法。这是 18.4 节中将要介绍的 Karmarkar 方法的基础。仿射尺度法是一种内点法。这类方法与经典单纯形法之间的主要区别体现在一个方面，即内点法要求从可行集的内部开始迭代，且迭代过程始终在可行集内部向着最优的顶点移动；与之相反，单纯形法是从可行集的一个极点移动到另一个极点来寻找最优极点的。

考虑线性规划问题：

$$\begin{array}{ll}\text{minimize} & \boldsymbol{c}^{\top}\boldsymbol{x}\\ \text{subject to} & \boldsymbol{A}\boldsymbol{x}=\boldsymbol{b}\\ & \boldsymbol{x}\geqslant\mathbf{0}\end{array}$$

其中，可行性约束条件包含两部分：$\boldsymbol{A}\boldsymbol{x}=\boldsymbol{b}$ 和 $\boldsymbol{x}\geqslant\mathbf{0}$。假设可行解 $\boldsymbol{x}^{(0)}$ 是一个严格内点($\boldsymbol{x}^{(0)}$ 的所有元素都大于 0)。希望沿着某个搜索方向 $\boldsymbol{d}^{(0)}$ 寻找一个新的点 $\boldsymbol{x}^{(1)}$，从而减小目标函数值，也就是说，可按照如下方式构造 $\boldsymbol{x}^{(1)}$：

$$\boldsymbol{x}^{(1)}=\boldsymbol{x}^{(0)}+\alpha_0\boldsymbol{d}^{(0)}$$

其中，α_0 为步长。在梯度方法(详见第 8 章)中，通常选择目标函数的负梯度方向作为搜索方向。对于该线性规划问题，目标函数的负梯度方向是 $-\boldsymbol{c}$。然而，如果搜索方向选为 $\boldsymbol{d}^{(0)}=-\boldsymbol{c}$，那么点 $\boldsymbol{x}^{(1)}$ 有可能不在可行集内。由于 $\boldsymbol{x}^{(0)}$ 是可行点，所以有 $\boldsymbol{A}\boldsymbol{x}^{(0)}=\boldsymbol{b}$；下一个迭代点 $\boldsymbol{x}^{(1)}$ 应该满足 $\boldsymbol{A}\boldsymbol{x}^{(1)}=\boldsymbol{b}$。由这两个等式可得

$$\boldsymbol{A}\left(\boldsymbol{x}^{(1)}-\boldsymbol{x}^{(0)}\right)=\alpha_0\boldsymbol{A}\boldsymbol{d}^{(0)}=\mathbf{0}$$

这说明为了保证 $\boldsymbol{x}^{(1)}$ 在可行集内，向量 $\boldsymbol{d}^{(0)}$ 必须位于 $\boldsymbol{A}$ 的零空间内。

为了能够使 $\boldsymbol{d}^{(0)}$ 既是 $\boldsymbol{A}$ 的零空间向量又尽可能地“接近” $-\boldsymbol{c}$，通常将 $-\boldsymbol{c}$ 正交投影到 $\boldsymbol{A}$ 的零空间，并直接把投影作为 $\boldsymbol{d}^{(0)}$。任何向量在矩阵 $\boldsymbol{A}$ 的零空间上的正交投影都可以通

过对该向量左乘矩阵 $\boldsymbol{P}$ 得到，其中 $\boldsymbol{P}$ 称为正交投影算子(见 3.3 节和例 12.5)：

$$\boldsymbol{P}=\boldsymbol{I}_n-\boldsymbol{A}^\top(\boldsymbol{A}\boldsymbol{A}^\top)^{-1}\boldsymbol{A}$$

令 $\boldsymbol{d}^{(0)}$ 是 $-\boldsymbol{c}$ 在 $\boldsymbol{A}$ 的零空间上的正交投影，即

$$\boldsymbol{d}^{(0)}=-\boldsymbol{P}\boldsymbol{c}$$

容易证明 $\boldsymbol{A}\boldsymbol{P}\boldsymbol{c}=\boldsymbol{0}$，因此 $\boldsymbol{A}\boldsymbol{x}^{(1)}=\boldsymbol{b}$。总之，给定一个可行点 $\boldsymbol{x}^{(0)}$，就可以通过下式得到一个新的可行点 $\boldsymbol{x}^{(1)}$：

$$\boldsymbol{x}^{(1)}=\boldsymbol{x}^{(0)}-\alpha_0\boldsymbol{P}\boldsymbol{c}$$

步长 α_0 的选择方式将稍后进行介绍。$\boldsymbol{x}^{(1)}$ 的求解公式可视为梯度投影算法的一次迭代。23.3 节中将专门介绍梯度投影算法。

由图 18.1 可以看出，初始点 $\boldsymbol{x}^{(0)}$ 应该选择靠近可行集中心的点。如果从可行集的中心出发，可以在搜索方向上选取较大的步长；而从非中心点出发，只能选择较小的步长。因此，从中心点出发进行一次大步长的迭代，能够使目标函数值下降得更多。

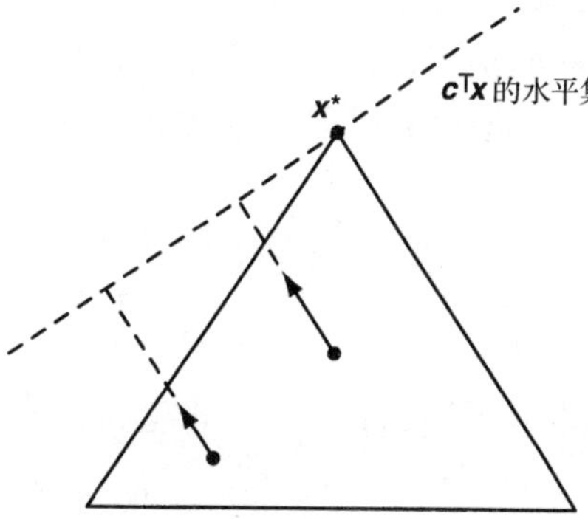

图 18.1　在中心点和非中心点采用梯度投影法的结果

假设初始点 $\boldsymbol{x}^{(0)}$ 是可行的，但不是中心点，则可以通过仿射尺度变换将其变换到中心。为简化分析，假设 $\boldsymbol{A}=[1,1,\cdots,1]/n$，$\boldsymbol{b}=[1]$。容易看出，可行集的中心是 $\boldsymbol{e}=[1,1,\cdots,1]^\top$，为了将 $\boldsymbol{x}^{(0)}$ 变换到 $\boldsymbol{e}$，需要采用如下仿射尺度变换：

$$\boldsymbol{e}=\boldsymbol{D}_0^{-1}\boldsymbol{x}^{(0)}$$

其中，$\boldsymbol{D}_0$ 是一个对角矩阵，其对角线上的值是向量 $\boldsymbol{x}^{(0)}$ 中的元素：

$$\boldsymbol{D}_0=\operatorname{diag}[x_1^{(0)},\cdots,x_n^{(0)}]=\begin{bmatrix}x_1^{(0)} & \cdots & 0\\ \vdots & \ddots & \vdots\\ 0 & \cdots & x_n^{(0)}\end{bmatrix}$$

因为 $\boldsymbol{x}^{(0)}$ 是严格内点，所以 $\boldsymbol{D}_0$ 是可逆的。对于一般形式的 $\boldsymbol{A}$ 和 $\boldsymbol{b}$，也可以采用这种仿射变换进行处理，但可能无法精确地变换到可行集的中心。如果希望变换后的点能够“接近”中心，至少应保证点 $\boldsymbol{e}$ 应该与正象限 $\{\boldsymbol{x}:\boldsymbol{x}\geqslant\boldsymbol{0}\}$ 各边界的距离相等。

经过仿射尺度变换后的初始点位于(或接近)可行集的中心，接下来就可以按照之前介绍的思路开展迭代求解了。对初始点 $\boldsymbol{x}^{(0)}$ 左乘矩阵 $\boldsymbol{D}_0^{-1}$，坐标系也随之改变。因此，应该将原来的线性规划问题变换到新的坐标系上。变换坐标系后的线性规划问题为

$$\begin{array}{ll}\text{minimize} & \bar{\boldsymbol{c}}_0^\top\bar{\boldsymbol{x}}\\ \text{subject to} & \bar{\boldsymbol{A}}_0\bar{\boldsymbol{x}}=\boldsymbol{b}\\ & \bar{\boldsymbol{x}}\geqslant\boldsymbol{0}\end{array}$$

其中，

$$\bar{\boldsymbol{c}}_0=\boldsymbol{D}_0\boldsymbol{c}$$
$$\bar{\boldsymbol{A}}_0=\boldsymbol{A}\boldsymbol{D}_0$$

在新的坐标系($\bar{\boldsymbol{x}}$)下，构造正交投影算子：

$$\bar{\boldsymbol{P}}_0 = \boldsymbol{I}_n - \bar{\boldsymbol{A}}_0^\top(\bar{\boldsymbol{A}}_0\bar{\boldsymbol{A}}_0^\top)^{-1}\bar{\boldsymbol{A}}_0$$

令 $\bar{\boldsymbol{d}}^{(0)}$ 为 $-\bar{\boldsymbol{c}}_0$ 在矩阵 $\bar{\boldsymbol{A}}_0$ 零空间上的正交投影，即

$$\bar{\boldsymbol{d}}^{(0)} = -\bar{\boldsymbol{P}}_0\bar{\boldsymbol{c}}_0$$

相应地，$\bar{\boldsymbol{x}}^{(1)}$ 的迭代公式为

$$\bar{\boldsymbol{x}}^{(1)} = \bar{\boldsymbol{x}}^{(0)} - \alpha_0\bar{\boldsymbol{P}}_0\bar{\boldsymbol{c}}_0$$

其中，$\bar{\boldsymbol{x}}^{(0)} = \boldsymbol{D}_0^{-1}\boldsymbol{x}^{(0)}$。利用变换

$$\boldsymbol{x}^{(1)} = \boldsymbol{D}_0\bar{\boldsymbol{x}}^{(1)}$$

可得到原坐标系下的 $\boldsymbol{x}^{(1)}$。

前面给出的是一次完整的迭代，从点 $\boldsymbol{x}^{(0)}$ 出发，变换并更新再逆变换得到下一个迭代点 $\boldsymbol{x}^{(1)}$。该过程可以表示成如下形式：

$$\boldsymbol{x}^{(1)} = \boldsymbol{x}^{(0)} + \alpha_0\boldsymbol{d}^{(0)}$$

其中，

$$\boldsymbol{d}^{(0)} = -\boldsymbol{D}_0\bar{\boldsymbol{P}}\boldsymbol{D}_0\boldsymbol{c}$$

不断重复上述迭代过程，将会得到一个序列$\{\boldsymbol{x}^{(k)}\}$，满足

$$\boldsymbol{x}^{(k+1)} = \boldsymbol{x}^{(k)} + \alpha_k\boldsymbol{d}^{(k)}$$

其中，

$$\begin{aligned}
\boldsymbol{D}_k &= \mathrm{diag}[x_1^{(k)}, \cdots, x_n^{(k)}]\\
\bar{\boldsymbol{A}}_k &= \boldsymbol{A}\boldsymbol{D}_k\\
\bar{\boldsymbol{P}}_k &= \boldsymbol{I}_n - \bar{\boldsymbol{A}}_k^\top(\bar{\boldsymbol{A}}_k\bar{\boldsymbol{A}}_k^\top)^{-1}\bar{\boldsymbol{A}}_k\\
\boldsymbol{d}^{(k)} &= -\boldsymbol{D}_k\bar{\boldsymbol{P}}_k\boldsymbol{D}_k\boldsymbol{c}
\end{aligned}$$

在算法的每次迭代中，都要保证 $\boldsymbol{x}^{(k)}$ 是可行的严格内点。采用上述方法选择 $\boldsymbol{d}^{(k)}$，可以使条件 $\boldsymbol{A}\boldsymbol{x}^{(k)} = \boldsymbol{b}$ 自动得到满足，即可行性能够得到保证；通过选择合适的步长 α_k，可保证 $x_i^{(k)} > 0(i = 1, 2, 3, \cdots, n)$，即严格内点的要求可以得到保证。接下来给出步长 α_k 的选择方法。

选择 α_k 的主要原则是要保证步长尽可能大，但又不能大到使得 $\boldsymbol{x}^{(k+1)}$ 中出现非正数的元素，即必须满足 $x_i^{(k+1)} = x_i^{(k)} + \alpha_k d_i^{(k)} > 0$，$i = 1, 2, 3, \cdots, n$。定义

$$r_k = \min_{\{i:d_i^{(k)}<0\}} -\frac{x_i^{(k)}}{d_i^{(k)}}$$

r_k表示使 $\boldsymbol{x}^{(k+1)}$ 的所有元素都非负的步长 α_k 的最大值。为了保证 $\boldsymbol{x}^{(k+1)}$ 是严格内点，令步长为 $\alpha_k = \alpha r_k$，$\alpha \in (0, 1)$。α 的常用值为 0.9 或 0.99(见参考文献[96]的第 572 页)。

与单纯形法不同，仿射尺度法在有限次迭代内无法得到最优解。因此，需要增加一个终止条件，可以采用 8.2 节中讨论的算法终止条件。比如，当

$$\frac{|\boldsymbol{c}\boldsymbol{x}^{(k+1)} - \boldsymbol{c}\boldsymbol{x}^{(k)}|}{\max\{1, |\boldsymbol{c}\boldsymbol{x}^{(k)}|\}} < \varepsilon$$

时，迭代停止，$\varepsilon>0$ 是预先设定的阈值。（参考文献[96]的第 572 页给出了一个类似的终止条件，并讨论了与其相对偶的另外一个终止条件。）

两阶段法

在利用仿射尺度法开展迭代计算之前，需要指定一个可行的初始点，且这个点必须是严格内点，下面将介绍一种寻找初始点的方法。初始点确定之后，就可以利用仿射尺度法对问题进行求解。两阶段方法包括两个求解阶段。在第一阶段，寻找一个可行的严格内点；在第二阶段，利用第一阶段的结果作为仿射尺度法的初始点，从而求出原问题的最优解。这一过程与 16.6 节中介绍过的两阶段单纯形法类似。

首先，讨论两阶段法中第一阶段的相关内容。令 $\boldsymbol{u}$ 为向量，其元素都为正值；向量 $\boldsymbol{v}$ 为

$$\boldsymbol{v}=\boldsymbol{b}-\boldsymbol{A}\boldsymbol{u}$$

如果 $\boldsymbol{v}=\mathbf{0}$，那么 $\boldsymbol{u}$ 就是一个可行的严格内点。令 $\boldsymbol{x}^{(0)}=\boldsymbol{u}$，进入第二阶段，即利用仿射尺度法进行迭代求解。如果 $\boldsymbol{v}\neq\mathbf{0}$，则需要构造一个人工问题并进行求解：

$$\begin{aligned}\text{minimize}\quad & y\\ \text{subject to}\quad & [\boldsymbol{A},\boldsymbol{v}]\begin{bmatrix}\boldsymbol{x}\\ y\end{bmatrix}=\boldsymbol{b}\\ & \begin{bmatrix}\boldsymbol{x}\\ y\end{bmatrix}\geqslant\mathbf{0}\end{aligned}$$

上述问题显然有一个可行的严格内点：

$$\begin{bmatrix}\boldsymbol{u}\\ 1\end{bmatrix}$$

将该点作为初始点，并运用仿射尺度法求解这一问题。因为人工问题的目标函数一定大于或等于 0，那么仿射尺度法一定能够得到最优解。

命题 18.1　线性规划的原问题存在可行解，当且仅当相应的人工问题有最优可行解，且对应的目标函数值为 0。 □

证明：

必要性。如果原问题存在可行解 $\boldsymbol{x}$，那么向量 $[\boldsymbol{x}^\top,0]^\top$ 是人工问题的一个可行解。显然，这个可行解对应的目标函数值是 0。由于不可能存在使目标函数值为负的解，因此这个可行解就是人工问题的最优解。

充分性。如果人工问题有一个使目标函数值为 0 的最优可行解，那么该最优解一定是 $[\boldsymbol{x}^\top,0]^\top$ 的形式，其中 $\boldsymbol{x}\geqslant\mathbf{0}$。故有 $\boldsymbol{A}\boldsymbol{x}=\boldsymbol{b}$，即 $\boldsymbol{x}$ 是原问题的可行解。 ■

假定线性规划原问题存在可行解。由命题 18.1 可知，如果利用仿射尺度法求解相应的人工问题（初始点为 $[\boldsymbol{u}^\top,1]^\top$），算法就会在目标函数值为 0 时终止，所得到的最优解具有 $[\boldsymbol{x}^\top,0]^\top$ 的形式。可以认为 $\boldsymbol{x}$ 很有可能会是可行集的严格内点。接下来给出简单说明。显然 $\boldsymbol{x}\geqslant 0$。注意，在人工问题最优可行解的所有子集中，前 n 个元素中有一个或多个元素为零的子集是很小或很薄的。比如，在三维空间 $\mathbb{R}^3$ 中，可以说二维平面就是很小或很

薄的。而且，三维空间中的二维平面容量为零。因此，即使存在某些最优解，其前 n 个元素中存在一个或多个零元素，仿射尺度法在这些最优解处终止的可能性也非常小，即 $\boldsymbol{x}$ 是严格内点的可能性非常大。

完成了第一阶段的计算之后，可以利用人工问题最优解的前 n 个元素作为仿射尺度法的初始点，开始求解原问题的最优解。这就是第二阶段的工作。

理论上讲，第一阶段产生的是第二阶段的初始可行点。然而，由于计算机存储和计算过程中常见的计算精度问题，第一阶段产生的解可能并不可行。此外，即使第二阶段的初始点是可行的，由于计算精度的问题，在迭代过程也有可能无法保证迭代点的可行性。有一些特殊的处理方法可以解决这类问题。关于仿射尺度法的数值实现，可参阅参考文献[42]的7.1.2节。

18.4 Karmarkar 算法

基本思想

Karmarkar 算法也是一种线性规划问题的求解算法，与仿射尺度法类似，在很多方面与经典的单纯形法存在明显区别。首先，Karmarkar 算法是一种内点法；其次，单纯形法直到找到最优解才停止计算，而 Karmarkar 算法在目标函数值小于或等于预设的精度后停止计算；第三，使用单纯形法时，必须首先将线性规划问题表示为标准形式，而 Karmarkar 算法要求首先将线性规划问题转化为另一种标准形式，称为 Karmarkar 标准型，这将在文中专门进行讨论。尽管有些新提出的内点法在计算效率和鲁棒性上优于 Karmarkar 算法，但是学习 Karmarkar 算法还是很有意义的，它可以为进一步学习更为先进的内点法打下基础。

Karmarkar 标准型

在利用 Karmarkar 方法求解线性规划问题之前，首先必须把问题转换为 Karmarkar 标准型：

$$\begin{aligned} \text{minimize} \quad & \boldsymbol{c}^\top \boldsymbol{x} \\ \text{subject to} \quad & \boldsymbol{A}\boldsymbol{x} = \boldsymbol{0} \\ & \sum_{i=1}^{n} x_i = 1 \\ & \boldsymbol{x} \geqslant \boldsymbol{0} \end{aligned}$$

其中，$\boldsymbol{x} = [x_1, x_2, \cdots, x_n]^\top$。正如在前面讨论 Khachiyan 算法时所提到的，可以不失一般性地假设 $\boldsymbol{A}$ 和 $\boldsymbol{c}$ 的所有元素都是整数。

首先，引入一些符号，以便于描述 Karmarkar 标准型。$\boldsymbol{e} = [1, 1, \cdots, 1]^\top$ 表示每个元素都是 1 的 n 维向量 $\mathbb{R}^n$，Ω 表示矩阵 $\boldsymbol{A}$ 的零空间，即

$$\Omega = \{\boldsymbol{x} \in \mathbb{R}^n : \boldsymbol{A}\boldsymbol{x} = \boldsymbol{0}\}$$

定义 $\mathbb{R}^n$ 中的单纯形 Δ：

$$\Delta = \{\boldsymbol{x} \in \mathbb{R}^n : \boldsymbol{e}^\top \boldsymbol{x} = 1,\ \boldsymbol{x} \geqslant \boldsymbol{0}\}$$

单纯形 Δ 的中心定义为

$$\boldsymbol{a}_0 = \frac{\boldsymbol{e}}{n} = \left[\frac{1}{n}, \cdots, \frac{1}{n}\right]^\top$$

显然，$\boldsymbol{a}_0 \in \Delta$。采用以上符号可将 Karmarkar 标准型表示为

$$\begin{array}{ll} \text{minimize} & \boldsymbol{c}^\top \boldsymbol{x} \\ \text{subject to} & \boldsymbol{x} \in \Omega \cap \Delta \end{array}$$

注意约束集(或可行集)$\Omega \cap \Delta$ 可表示为如下形式：

$$\begin{aligned} \Omega \cap \Delta &= \{\boldsymbol{x} \in \mathbb{R}^n : \boldsymbol{A}\boldsymbol{x} = \boldsymbol{0},\ \boldsymbol{e}^\top \boldsymbol{x} = 1,\ \boldsymbol{x} \geqslant \boldsymbol{0}\} \\ &= \left\{\boldsymbol{x} \in \mathbb{R}^n : \begin{bmatrix} \boldsymbol{A} \\ \boldsymbol{e}^\top \end{bmatrix} \boldsymbol{x} = \begin{bmatrix} \boldsymbol{0} \\ 1 \end{bmatrix},\ \boldsymbol{x} \geqslant \boldsymbol{0}\right\} \end{aligned}$$

例 18.1　考虑线性规划问题[125]：

$$\begin{array}{ll} \text{minimize} & 5x_1 + 4x_2 + 8x_3 \\ \text{subject to} & x_1 + x_2 + x_3 = 1 \\ & x_1, x_2, x_3 \geqslant 0 \end{array}$$

显然，该问题已经是 Karmarkar 标准型，其中 $\boldsymbol{c}^\top = [5, 4, 8]$，$\boldsymbol{A} = \boldsymbol{O}$。该问题的可行集如图 18.2 所示。■

例 18.2　考虑线性规划问题[110]：

$$\begin{array}{ll} \text{minimize} & 3x_1 + 3x_2 - x_3 \\ \text{subject to} & 2x_1 - 3x_2 + x_3 = 0 \\ & x_1 + x_2 + x_3 = 1 \\ & x_1, x_2, x_3 \geqslant 0 \end{array}$$

这已经是 Karmarkar 标准型，其中，$\boldsymbol{c}^\top = [3, 3, -1]$，$\boldsymbol{A} = [2, -3, 1]$。该问题的可行集如图 18.3[110]所示。

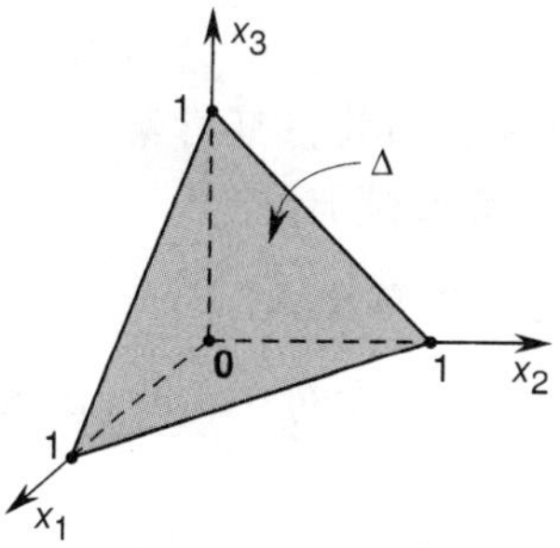

图 18.2　例 18.1 的可行集

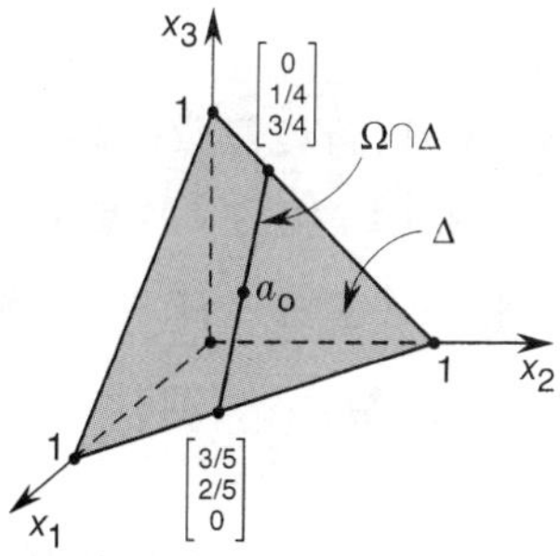

图 18.3　例 18.2 的可行集　■

接下来将证明，任何线性规划问题都可以等价转换为 Karmarkar 标准型。

Karmarkar 约束问题

采用 Karmarkar 算法求解具有 Karmarkar 标准型的线性规划问题，需要满足以下假设条件：

A. 单纯形 Δ 的中心 $\boldsymbol{a}_0$ 是一个可行点，即 $\boldsymbol{a}_0 \in \Omega$；

B. 在可行集内，目标函数的最小值是 0；

C. $(m+1)\times n$ 矩阵 $\begin{bmatrix}\boldsymbol{A}\\ \boldsymbol{e}^{\top}\end{bmatrix}$ 的秩为 $m+1$；

D. 给定一个终止参数 $q>0$，当在可行点 $\boldsymbol{x}$ 处满足

$$\frac{\boldsymbol{c}^{\top}\boldsymbol{x}}{\boldsymbol{c}^{\top}\boldsymbol{a}_0} \leqslant 2^{-q}$$

时，计算终止。

对于任何一个具有 Karmarkar 标准型的线性规划问题，如果满足以上 4 个假设条件，则称其为 Karmarkar 约束问题。接下来将分别讨论这些假设条件及其含义。

首先讨论假设 A。任何一个存在最优可行解的线性规划问题，一定能够转换成 Karmarkar标准型；而对于标准型，假设 A 一定成立。下节中将对此进行详细讨论。这说明，假设 A 并无实际约束意义。

接下来讨论假设 B。对于任何一个具有 Karmarkar 标准型的线性规划问题，如果能够预先知道目标函数在可行集上的最小值，就可以将其转换为满足假设 B 的 Karmarkar 标准型。比如，假设已知线性规划问题的目标函数最小值为 M，按照参考文献[110]中的做法，构造函数 $f(\boldsymbol{x}) = \boldsymbol{c}^{\top}\boldsymbol{x} - M$，根据可行集中 $\boldsymbol{e}^{\top}\boldsymbol{x}=1$ 这一约束，可得对于任意可行点 $\boldsymbol{x}$，都有

$$f(\boldsymbol{x}) = \boldsymbol{c}^{\top}\boldsymbol{x} - M = \boldsymbol{c}^{\top}\boldsymbol{x} - M\boldsymbol{e}^{\top}\boldsymbol{x} = (\boldsymbol{c}^{\top} - M\boldsymbol{e}^{\top})\boldsymbol{x} = \tilde{\boldsymbol{c}}^{\top}\boldsymbol{x}$$

其中，$\tilde{\boldsymbol{c}}^{\top} = \boldsymbol{c}^{\top} - M\boldsymbol{e}^{\top}$。可以看出，函数 $f(\boldsymbol{x})$ 的最小值是 0，并且它是关于 $\boldsymbol{x}$ 的线性函数。因此，可以用上述目标函数代替原来的目标函数，对最优解并无影响。这说明假设 B 是能够得到满足的。

例 18.3 回顾例 18.1 中的线性规划问题：

$$\begin{aligned}\text{minimize}\quad & 5x_1 + 4x_2 + 8x_3\\ \text{subject to}\quad & x_1 + x_2 + x_3 = 1\\ & x_1, x_2, x_3 \geqslant 0\end{aligned}$$

该问题满足假设 A(且满足假设 C)，但不满足假设 B，因为目标函数在可行集内的最小值是 4。可以用 $\tilde{\boldsymbol{c}}^{\top} = [1, 0, 4]$ 代替 $\boldsymbol{c}^{\top} = [5, 4, 8]$，使其满足假设 B。■

例 18.4 可以很容易地证明例 18.2 中的线性规划问题满足假设 A、B 和 C。■

假设 C 是一个在算法运行过程中必需的技术性假设。这一假设对于 Karmarkar 算法的更新方程非常有用。

假设 D 是 Karmarkar 算法终止条件的基础。当找到一个可行点满足 $\boldsymbol{c}^{\top}\boldsymbol{x}/\boldsymbol{c}^{\top}\boldsymbol{a}_0 \leqslant 2^{-q}$ 时，算法终止。对于任何一个精度有限的算法，类似的终止条件都是内在要求。注意，上述终止条件与 $\boldsymbol{c}^{\top}\boldsymbol{a}_0$ 有关，而 Karmarkar 算法的初始点是 $\boldsymbol{a}_0$，因此最优解的精度将会受到初始点的影响。

从一般形式到 Karmarkar 标准型的转换

下面讨论如何将一般形式的线性规划问题转换为等价的 Karmarkar 标准型。所谓

等价，指的是这两种不同形式下的最优解能够相互转换。前面已经提到过，任何线性规划问题都可以转换为标准型。因此，只要证明任意标准形式下的线性规划问题都可以转换为 Karmarkar 标准型即可。同时，下面讨论的转换方法[71]也能保证上一节中的假设 A 得到满足。

考虑标准形式的线性规划问题：

$$\begin{array}{ll} \text{minimize} & \boldsymbol{c}^\top \boldsymbol{x}, \qquad \boldsymbol{x} \in \mathbb{R}^n \\ \text{subject to} & \boldsymbol{A}\boldsymbol{x} = \boldsymbol{b} \\ & \boldsymbol{x} \geqslant \boldsymbol{0} \end{array}$$

不考虑是否满足假设 A，先给出一种比较简单的方法，将上述问题转换为 Karmarkar 标准型。为此，定义新变量 $\boldsymbol{z} \in \mathbb{R}^{n+1}$：

$$\boldsymbol{z} = \begin{bmatrix} \boldsymbol{x} \\ 1 \end{bmatrix}$$

同时定义 $\boldsymbol{c}' = [\boldsymbol{c}^\top, 0]^\top$ 和 $\boldsymbol{A}' = [\boldsymbol{A}, -\boldsymbol{b}]$。利用这些符号，可以将上述线性规划问题重写为

$$\begin{array}{ll} \text{minimize} & \boldsymbol{c}'^\top \boldsymbol{z}, \qquad \boldsymbol{z} \in \mathbb{R}^{n+1} \\ \text{subject to} & \boldsymbol{A}'\boldsymbol{z} = \boldsymbol{0} \\ & \boldsymbol{z} \geqslant \boldsymbol{0} \end{array}$$

接着还需要做进一步的处理，增加一个新的约束条件，即所有的决策变量之和为 1。为此，定义 $\boldsymbol{y} = [y_1, y_2, \cdots, y_n, y_{n+1}]^\top \in \mathbb{R}^{n+1}$，其中

$$y_i = \frac{x_i}{x_1 + \cdots + x_n + 1}, \qquad i = 1, \cdots, n$$

$$y_{n+1} = \frac{1}{x_1 + \cdots + x_n + 1}$$

这种由 $\boldsymbol{x}$ 到 $\boldsymbol{y}$ 的变换称为投影变换。可以证明(过程将稍后给出)：

$$\begin{aligned} \boldsymbol{c}^\top \boldsymbol{x} = 0 &\Leftrightarrow \boldsymbol{c}'^\top \boldsymbol{y} = 0 \\ \boldsymbol{A}\boldsymbol{x} = \boldsymbol{b} &\Leftrightarrow \boldsymbol{A}'\boldsymbol{y} = \boldsymbol{0} \\ \boldsymbol{x} \geqslant \boldsymbol{0} &\Leftrightarrow \boldsymbol{y} \geqslant \boldsymbol{0} \end{aligned}$$

这样，就可以将标准形式的线性规划问题转换为 Karmarkar 标准型：

$$\begin{array}{ll} \text{minimize} & \boldsymbol{c}'^\top \boldsymbol{y}, \qquad \boldsymbol{y} \in \mathbb{R}^{n+1} \\ \text{subject to} & \boldsymbol{A}'\boldsymbol{y} = \boldsymbol{0} \\ & \boldsymbol{e}^\top \boldsymbol{y} = 1 \\ & \boldsymbol{y} \geqslant \boldsymbol{0} \end{array}$$

对上述转换方法进行一些小的改进就可以保证假设 A 成立，此处采用参考文献[71]中的方法。首先，假定已经能够给出一个可行的严格内点 $\boldsymbol{a} = [a_1, a_2, \cdots, a_n]$，即满足 $\boldsymbol{A}\boldsymbol{a} = \boldsymbol{b}$ 且 $\boldsymbol{a} > \boldsymbol{0}$。具体如何得到可行的严格内点，稍后将进行说明。令 P_+ 表示 $\mathbb{R}^n$ 中的正象限，即 $P_+ = \{\boldsymbol{x} \in \mathbb{R}^n : \boldsymbol{x} \geqslant \boldsymbol{0}\}$，令 $\Delta = \{\boldsymbol{x} \in \mathbb{R}^{n+1} : \boldsymbol{e}^\top \boldsymbol{x} = 1, \boldsymbol{x} \geqslant \boldsymbol{0}\}$ 为 $\mathbb{R}^{n+1}$ 中的单纯形。定义映射 $\boldsymbol{T}: P_+ \to \Delta$ 为

$$\boldsymbol{T}(\boldsymbol{x}) = [T_1(\boldsymbol{x}), \cdots, T_{n+1}(\boldsymbol{x})]^\top$$

其中，

$$T_i(\boldsymbol{x}) = \frac{x_i/a_i}{x_1/a_1 + \cdots + x_n/a_n + 1}, \qquad i = 1, \cdots, n$$
$$T_{n+1}(\boldsymbol{x}) = \frac{1}{x_1/a_1 + \cdots + x_n/a_n + 1}$$

将映射 $\boldsymbol{T}$ 称为从正象限 P_+ 到单纯形 Δ 的投影变换(关于投影变换的有关入门知识，参见参考文献[68])。该投影变换 $\boldsymbol{T}$ 具有很多有意义的性质(见习题 18.4、习题 18.5 和习题 18.6)。具体而言，能够找到一个向量 $\boldsymbol{c}' \in \mathbb{R}^{n+1}$ 和矩阵 $\boldsymbol{A}' \in \mathbb{R}^{m\times(n+1)}$，使得对于每个向量 $\boldsymbol{x} \in \mathbb{R}^n$，都有

$$\boldsymbol{c}^\top \boldsymbol{x} = 0 \quad \Leftrightarrow \quad \boldsymbol{c}'^\top \boldsymbol{T}(\boldsymbol{x}) = 0$$
$$\boldsymbol{A}\boldsymbol{x} = \boldsymbol{b} \quad \Leftrightarrow \quad \boldsymbol{A}'\boldsymbol{T}(\boldsymbol{x}) = \boldsymbol{0}$$

(矩阵 $\boldsymbol{A}'$ 和向量 $\boldsymbol{c}'$ 的具体形式可见习题 18.5 和习题 18.6)。注意，对于任何一个 $\boldsymbol{x} \in \mathbb{R}^n$，都有 $\boldsymbol{e}^\top \boldsymbol{T}(\boldsymbol{x}) = 1$，这意味着 $\boldsymbol{T}(\boldsymbol{x}) \in \Delta$。此外，对于每个 $\boldsymbol{x} \in \mathbb{R}^n$，都有

$$\boldsymbol{x} \geqslant 0 \quad \Leftrightarrow \quad \boldsymbol{T}(\boldsymbol{x}) \geqslant 0$$

由此可构造线性规划问题($\boldsymbol{y}$ 表示决策变量)：

$$\begin{aligned} \text{minimize} \quad & \boldsymbol{c}'^\top \boldsymbol{y} \\ \text{subject to} \quad & \boldsymbol{A}'\boldsymbol{y} = \boldsymbol{0} \\ & \boldsymbol{e}^\top \boldsymbol{y} = 1 \\ & \boldsymbol{y} \geqslant \boldsymbol{0} \end{aligned}$$

可以看出，这个线性规划问题已经是 Karmarkar 标准型。此外，由 $\boldsymbol{c}'$ 和 $\boldsymbol{A}'$ 的定义可知，上述线性规划问题和原线性规划问题的标准型等价。这意味着已经将一个标准形式的线性规划问题转换为了等价的 Karmarkar 标准型。因为 $\boldsymbol{a}$ 是一个可行的严格内点，并且 $\boldsymbol{a}_0 = \boldsymbol{T}(\boldsymbol{a})$ 是单纯形 Δ 的中心(见习题 18.4)，所以 $\boldsymbol{a}_0$ 是转换后问题的一个可行点。因此，该问题满足上节中的假设 A。

在以上分析过程中，要求预先给出标准形式下的线性规划问题的一个可行的严格内点 $\boldsymbol{a}$。接下来将证明这一条件能够得到满足，即可以将任意一个线性规划问题进行适当处理，且表示为标准形式，据此可直接确定点 $\boldsymbol{a}$。考虑如下形式的线性规划问题：

$$\begin{aligned} \text{minimize} \quad & \boldsymbol{c}^\top \boldsymbol{x} \\ \text{subject to} \quad & \boldsymbol{A}\boldsymbol{x} \geqslant \boldsymbol{b} \\ & \boldsymbol{x} \geqslant \boldsymbol{0} \end{aligned}$$

任何一个线性规划问题都可以转换成上述形式。原因很简单，前面已经提到过，任何线性规划问题都可以转换为等价的标准形式；而任何标准形式下的线性规划问题都能转换成上述形式，因为 $\boldsymbol{A}\boldsymbol{x} = \boldsymbol{b}$ 可以写成 $\boldsymbol{A}\boldsymbol{x} \geqslant \boldsymbol{b}$ 且 $-\boldsymbol{A}\boldsymbol{x} \geqslant -\boldsymbol{b}$。上述问题的对偶问题为

$$\begin{aligned} \text{maximize} \quad & \boldsymbol{\lambda}^\top \boldsymbol{b} \\ \text{subject to} \quad & \boldsymbol{\lambda}^\top \boldsymbol{A} \leqslant \boldsymbol{c}^\top \\ & \boldsymbol{\lambda} \geqslant \boldsymbol{0} \end{aligned}$$

与 Khachiyan 算法中所采用的处理方式类似，将原问题和对偶问题结合起来，得到

$$
\begin{aligned}
\boldsymbol{c}^\top \boldsymbol{x} - \boldsymbol{b}^\top \boldsymbol{\lambda} &= 0 \\
\boldsymbol{A}\boldsymbol{x} &\geqslant \boldsymbol{b} \\
\boldsymbol{A}^\top \boldsymbol{\lambda} &\leqslant \boldsymbol{c} \\
\boldsymbol{x} &\geqslant \boldsymbol{0} \\
\boldsymbol{\lambda} &\geqslant \boldsymbol{0}
\end{aligned}
$$

在讨论 Khachiyan 算法时已经得出结论，即原问题存在最优解当且仅当能够找到满足上述关系式的($\boldsymbol{x}$, $\boldsymbol{\lambda}$)。该结论也可以由定理 17.1 得到。引入松弛变量 $\boldsymbol{u}$ 和剩余变量 $\boldsymbol{v}$，得到如下等式关系：

$$
\begin{aligned}
\boldsymbol{c}^\top \boldsymbol{x} - \boldsymbol{b}^\top \boldsymbol{\lambda} &= 0 \\
\boldsymbol{A}\boldsymbol{x} - \boldsymbol{v} &= \boldsymbol{b} \\
\boldsymbol{A}^\top \boldsymbol{\lambda} + \boldsymbol{u} &= \boldsymbol{c} \\
\boldsymbol{x}, \boldsymbol{\lambda}, \boldsymbol{u}, \boldsymbol{v} &\geqslant \boldsymbol{0}
\end{aligned}
$$

选择一组 $\boldsymbol{x}_0 \in \mathbb{R}^n$，$\boldsymbol{\lambda}_0 \in \mathbb{R}^m$，$\boldsymbol{u}_0 \in \mathbb{R}^n$，$\boldsymbol{v}_0 \in \mathbb{R}^m$，分别满足 $\boldsymbol{x}_0 > \boldsymbol{0}$，$\boldsymbol{\lambda}_0 > \boldsymbol{0}$，$\boldsymbol{u}_0 > \boldsymbol{0}$，$\boldsymbol{v}_0 > \boldsymbol{0}$。比如，可以令 $\boldsymbol{x}_0 = [1, \cdots, 1]^\top$，$\boldsymbol{\lambda}_0$，$\boldsymbol{u}_0$，$\boldsymbol{v}_0$也可照此选择。考虑如下线性规划问题：

$$
\begin{aligned}
\text{minimize} \quad & z \\
\text{subject to} \quad & \boldsymbol{c}^\top \boldsymbol{x} - \boldsymbol{b}^\top \boldsymbol{\lambda} + (-\boldsymbol{c}^\top \boldsymbol{x}_0 + \boldsymbol{b}^\top \boldsymbol{\lambda}_0) z = 0 \\
& \boldsymbol{A}\boldsymbol{x} - \boldsymbol{v} + (\boldsymbol{b} - \boldsymbol{A}\boldsymbol{x}_0 + \boldsymbol{v}_0) z = \boldsymbol{b} \\
& \boldsymbol{A}^\top \boldsymbol{\lambda} + \boldsymbol{u} + (\boldsymbol{c} - \boldsymbol{A}^\top \boldsymbol{\lambda}_0) z = \boldsymbol{c} \\
& \boldsymbol{x}, \boldsymbol{\lambda}, \boldsymbol{u}, \boldsymbol{v}, z \geqslant \boldsymbol{0}
\end{aligned}
$$

这一问题称为 Karmarkar 人工问题，可表示为矩阵形式：

$$
\begin{aligned}
\text{minimize} \quad & \tilde{\boldsymbol{c}}^\top \tilde{\boldsymbol{x}} \\
\text{subject to} \quad & \tilde{\boldsymbol{A}} \tilde{\boldsymbol{x}} = \tilde{\boldsymbol{b}} \\
& \tilde{\boldsymbol{x}} \geqslant \boldsymbol{0}
\end{aligned}
$$

其中，

$$
\begin{aligned}
&\tilde{\boldsymbol{x}} = [\boldsymbol{x}^\top, \boldsymbol{\lambda}^\top, \boldsymbol{u}^\top, \boldsymbol{v}^\top, z]^\top, \\
&\tilde{\boldsymbol{c}} = [\boldsymbol{0}_{2m+2n}^\top, 1]^\top, \\
&\tilde{\boldsymbol{A}} = \begin{bmatrix} \boldsymbol{c}^\top & -\boldsymbol{b}^\top & \boldsymbol{0}_n^\top & \boldsymbol{0}_m^\top & (-\boldsymbol{c}^\top \boldsymbol{x}_0 + \boldsymbol{b}^\top \boldsymbol{\lambda}_0) \\ \boldsymbol{A} & \boldsymbol{O}_{m\times m} & \boldsymbol{O}_{m\times n} & -\boldsymbol{I}_m & (\boldsymbol{b} - \boldsymbol{A}\boldsymbol{x}_0 + \boldsymbol{v}_0) \\ \boldsymbol{O}_{n\times n} & \boldsymbol{A}^\top & \boldsymbol{I}_n & \boldsymbol{O}_{n\times m} & (\boldsymbol{c} - \boldsymbol{A}^\top \boldsymbol{\lambda}_0) \end{bmatrix}, \quad \tilde{\boldsymbol{b}} = \begin{bmatrix} 0 \\ \boldsymbol{b} \\ \boldsymbol{c} \end{bmatrix}
\end{aligned}
$$

（下标表示矩阵或向量的大小或维数）。通过观察可以直接找出上述问题的一个可行的严格内点：

$$
\begin{bmatrix} \boldsymbol{x} \\ \boldsymbol{\lambda} \\ \boldsymbol{u} \\ \boldsymbol{v} \\ z \end{bmatrix} = \begin{bmatrix} \boldsymbol{x}_0 \\ \boldsymbol{\lambda}_0 \\ \boldsymbol{u}_0 \\ \boldsymbol{v}_0 \\ 1 \end{bmatrix}
$$

可以看出，当且仅当存在 $\boldsymbol{x}$，$\boldsymbol{\lambda}$，$\boldsymbol{\mu}$ 和 $\boldsymbol{v}$，使得关系式

$$\begin{aligned} \boldsymbol{c}^\top\boldsymbol{x}-\boldsymbol{b}^\top\boldsymbol{\lambda}&=0\\ \boldsymbol{A}\boldsymbol{x}-\boldsymbol{v}&=\boldsymbol{b}\\ \boldsymbol{A}^\top\boldsymbol{\lambda}+\boldsymbol{u}&=\boldsymbol{c}\\ \boldsymbol{x},\boldsymbol{\lambda},\boldsymbol{u},\boldsymbol{v}&\geqslant\boldsymbol{0}\end{aligned}$$

成立时，Karmarkar 人工问题的目标函数达到最小值 0。由此可见，Karmarkar 人工问题等价于线性规划的原问题：

$$\begin{array}{rl} \text{minimize} & \boldsymbol{c}^\top\boldsymbol{x}\\ \text{subject to} & \boldsymbol{A}\boldsymbol{x}\geqslant\boldsymbol{b}\\ & \boldsymbol{x}\geqslant\boldsymbol{0}\end{array}$$

注意，原线性规划问题和 Karmarkar 人工问题的主要区别在于 Karmarkar 人工问题有一个明确的严格可行内点，因而能够满足本节开始时引入的假设。

具体算法

本节介绍 Karmarkar 算法。需要指出的是，该算法针对的是 Karmarkar 约束问题，即能够满足假设 A、B、C 和 D 的具有 Karmarkar 标准型的线性规划问题。为方便起见，再次给出这一类问题的模型：

$$\begin{array}{rll} \text{minimize} & \boldsymbol{c}^\top\boldsymbol{x}, & \boldsymbol{x}\in\mathbb{R}^n\\ \text{subject to} & \boldsymbol{x}\in\Omega\cap\Delta & \end{array}$$

其中，$\Omega=\{\boldsymbol{x}\in\mathbb{R}^n:\boldsymbol{A}\boldsymbol{x}=\boldsymbol{0}\}$，$\Delta=\{\boldsymbol{x}\in\mathbb{R}^n:\boldsymbol{e}^\top\boldsymbol{x}=1,\ \boldsymbol{x}\geqslant\boldsymbol{0}\}$。Karmarkar 算法是一种迭代算法。在给定初始点 $\boldsymbol{x}^{(0)}$ 和参数 q 后，产生一个迭代序列 $\boldsymbol{x}^{(1)}$，$\boldsymbol{x}^{(2)}$，…，$\boldsymbol{x}^{(N)}$。该算法的步骤如下。

1. **初始化**：令 $k:=0$；$\boldsymbol{x}^{(0)}=\boldsymbol{a}_0=\boldsymbol{e}/n$；
2. **更新**：令 $\boldsymbol{x}^{(k+1)}=\Psi(\boldsymbol{x}^{(k)})$，其中 Ψ 是一个更新映射；
3. **检查终止条件**：如果 $\boldsymbol{c}^\top\boldsymbol{x}^{(k)}/\boldsymbol{c}^\top\boldsymbol{x}^{(0)}\leqslant 2^{-q}$ 成立，那么算法终止；
4. **迭代**：令 $k:=k+1$；返回步骤 2。

更新映射 Ψ 是整个算法的关键。首先，以第一次迭代为例进行简单说明。在第一次迭代开始时，初始点 $\boldsymbol{x}^{(0)}=\boldsymbol{a}_0$，利用常用的更新方程

$$\boldsymbol{x}^{(1)}=\boldsymbol{x}^{(0)}+\alpha\boldsymbol{d}^{(0)}$$

可得到下一个迭代点 $\boldsymbol{x}^{(1)}$，α 是步长，$\boldsymbol{d}^{(0)}$ 是更新方向。α 的取值范围是 $(0,1)$，Karmarkar 建议步长取值为 1/4[71]。接着讨论更新方向 $\boldsymbol{d}^{(0)}$ 的确定方法。目标函数的梯度是 $\boldsymbol{c}$，因此目标函数的最快下降方向为 $-\boldsymbol{c}$。但是，因为 $\boldsymbol{x}^{(1)}$ 必须限制在如下的可行集中，故通常不能以此作为更新方向：

$$\begin{aligned}\Omega\cap\Delta&=\{\boldsymbol{x}\in\mathbb{R}^n:\boldsymbol{A}\boldsymbol{x}=\boldsymbol{0},\boldsymbol{e}^\top\boldsymbol{x}=1,\boldsymbol{x}\geqslant\boldsymbol{0}\}\\ &=\left\{\boldsymbol{x}\in\mathbb{R}^n:\begin{bmatrix}\boldsymbol{A}\\ \boldsymbol{e}^\top\end{bmatrix}x=\begin{bmatrix}0\\1\end{bmatrix},\boldsymbol{x}\geqslant\boldsymbol{0}\right\}\\ &=\left\{\boldsymbol{x}\in\mathbb{R}^n:\boldsymbol{B}_0\boldsymbol{x}=\begin{bmatrix}0\\1\end{bmatrix},\boldsymbol{x}\geqslant\boldsymbol{0}\right\}\end{aligned}$$

其中，$\boldsymbol{B}_0\in\mathbb{R}^{(m+1)\times n}$，按下式构造：

$$\boldsymbol{B}_0 = \begin{bmatrix} \boldsymbol{A} \\ \boldsymbol{e}^\top \end{bmatrix}$$

注意，$\boldsymbol{x}^{(0)} \in \Omega \cap \Delta$，为了保证 $\boldsymbol{x}^{(1)} = \boldsymbol{x}^{(0)} + \alpha \boldsymbol{d}^{(0)} \in \Omega \cap \Delta$，$\boldsymbol{d}^{(0)}$ 必定是 $\boldsymbol{B}_0$ 的零空间中的一个向量。因此，可将 $-\boldsymbol{c}$ 在 $\boldsymbol{B}_0$ 的零空间的正交投影确定为 $\boldsymbol{d}^{(0)}$，相应的投影变换矩阵 $\boldsymbol{P}_0$ 为

$$\boldsymbol{P}_0 = \boldsymbol{I}_n - \boldsymbol{B}_0^\top (\boldsymbol{B}_0 \boldsymbol{B}_0^\top)^{-1} \boldsymbol{B}_0$$

由假设 C 可知 $\boldsymbol{B}_0 \boldsymbol{B}_0^\top$ 是非奇异的，因此上述投影算子存在。具体而言，可选择更新方向 $\boldsymbol{d}^{(0)} = -r\hat{\boldsymbol{c}}^{(0)}$，其中，

$$\hat{\boldsymbol{c}}^{(0)} = \frac{\boldsymbol{P}_0 \boldsymbol{c}}{\|\boldsymbol{P}_0 \boldsymbol{c}\|}$$

尺度参数 r 是单纯形 Δ 中的最大内切球的半径（见习题 18.7），可知向量 $\boldsymbol{d}^{(0)} = r\hat{\boldsymbol{c}}^{(0)}$ 与投影 $\hat{\boldsymbol{c}}^{(0)}$ 的方向一致，$\hat{\boldsymbol{c}}^{(0)}$ 是 $\boldsymbol{c}$ 在 B_0 的零空间的投影，故可保证 $\boldsymbol{x}^{(1)} = \boldsymbol{x}^{(0)} + \alpha \boldsymbol{d}^{(0)}$ 位于约束集 $\Omega \cap \Delta$ 内。实际上，$\boldsymbol{x}^{(1)}$ 属于集合 $\Omega \cap \Delta \cap \{\boldsymbol{x}: \|\boldsymbol{x} - \boldsymbol{a}_0\| \leqslant r\}$。由此可知，$\boldsymbol{x}^{(1)}$ 是 Δ 的严格内点。

接下来，介绍一般意义下的更新映射 $\boldsymbol{x}^{(k+1)} = \Psi(\boldsymbol{x}^{(k)})$。基本思路与从 $\boldsymbol{x}^{(0)}$ 到 $\boldsymbol{x}^{(1)}$ 的更新过程是一致的。注意，$\boldsymbol{x}^{(k)}$ 一般不位于单纯形的中心，因此首先需要将其变换到中心位置，定义一个对角矩阵 $\boldsymbol{D}_k$：

$$\boldsymbol{D}_k = \begin{bmatrix} x_1^{(k)} & \cdots & 0 \\ \vdots & \ddots & \vdots \\ 0 & \cdots & x_n^{(k)} \end{bmatrix}$$

该矩阵的对角元素就是 $\boldsymbol{x}^{(k)}$ 中的各元素。

可以证明，只要 $\boldsymbol{x}^{(0)}$ 是 Δ 中的一个严格内点，那么对于任意 k，$\boldsymbol{x}^{(k)}$ 都是 Δ 中的一个严格内点（见习题 18.10）。由此可知，$\boldsymbol{D}_k$ 是非奇异的，其逆矩阵为

$$\boldsymbol{D}_k^{-1} = \begin{bmatrix} 1/x_1^{(k)} & \cdots & 0 \\ \vdots & \ddots & \vdots \\ 0 & \cdots & 1/x_n^{(k)} \end{bmatrix}$$

考虑映射关系 $\boldsymbol{U}_k: \Delta \to \Delta$，$\boldsymbol{U}_k(\boldsymbol{x}) = \boldsymbol{D}_k^{-1}\boldsymbol{x}/\boldsymbol{e}^\top \boldsymbol{D}_k^{-1}\boldsymbol{x}$。注意，$\boldsymbol{U}_k(\boldsymbol{x}^{(k)}) = \boldsymbol{e}/n = \boldsymbol{a}_0$。利用 $\boldsymbol{U}_k$ 将变量 $\boldsymbol{x}$ 映射为 $\bar{\boldsymbol{x}} = \boldsymbol{U}_k(\boldsymbol{x})$，这样，$\boldsymbol{x}^{(k)}$ 被映射为单纯形 Δ 的中心。$\boldsymbol{U}_k$ 是一个可逆映射，即 $\boldsymbol{x} = \boldsymbol{U}_k^{-1}\bar{\boldsymbol{x}} = \boldsymbol{D}_k\bar{\boldsymbol{x}}/\boldsymbol{e}^\top \boldsymbol{D}_k\bar{\boldsymbol{x}}$。令 $\bar{\boldsymbol{x}}^{(k)} = \boldsymbol{U}_k(\boldsymbol{x}^{(k)}) = \boldsymbol{a}_0$，参照前面讨论过的从 $\boldsymbol{x}^{(0)} = \boldsymbol{a}_0$ 到 $\boldsymbol{x}^{(1)}$ 的变换方法，利用更新公式 $\bar{\boldsymbol{x}}^{(k+1)} = \bar{\boldsymbol{x}}^{(k)} + \alpha \boldsymbol{d}^{(k)}$ 将 $\bar{\boldsymbol{x}}^{(k)}$ 更新到 $\bar{\boldsymbol{x}}^{(k+1)}$。因此，为了确定更新方向 $\boldsymbol{d}^{(k)}$，需要将原来的线性规划问题的决策变量 $\boldsymbol{x}$ 替换为新变量 $\bar{\boldsymbol{x}}$：

$$\begin{aligned} \text{minimize} \quad & \boldsymbol{c}^\top \boldsymbol{D}_k \bar{\boldsymbol{x}} \\ \text{subject to} \quad & \boldsymbol{A}\boldsymbol{D}_k \bar{\boldsymbol{x}} = \boldsymbol{0} \\ & \bar{\boldsymbol{x}} \in \Delta \end{aligned}$$

很容易验证，上述关于变量 $\bar{\boldsymbol{x}}$ 的线性规划问题和原线性规划问题是等价的，即 $\boldsymbol{x}^*$ 是原问题的最优解，当且仅当 $\boldsymbol{U}_k(\boldsymbol{x}^*)$ 是上述问题的最优解。根据映射关系 $\bar{\boldsymbol{x}} = \boldsymbol{U}_k(\boldsymbol{x}) = \boldsymbol{D}_k^{-1}\boldsymbol{x}/\boldsymbol{e}^\top \boldsymbol{D}_k^{-1}\boldsymbol{x}$，重

写相应的目标方程和约束条件，即可证明这一点(证明过程留作习题 18.8)。按照之前的做法，令

$$\boldsymbol{B}_k=\begin{bmatrix}\boldsymbol{AD}_k\\ \boldsymbol{e}^\top\end{bmatrix}$$

设定搜索方向 $\boldsymbol{d}^{(k)}=-r\hat{\boldsymbol{c}}^{(k)}$，其中 $\hat{\boldsymbol{c}}^{(k)}$ 是 $-(\boldsymbol{c}^\top\boldsymbol{D}_k)^\top=-\boldsymbol{D}_k\boldsymbol{c}$ 在矩阵 $\boldsymbol{B}_k$ 的零空间的归一化投影，$r=1/\sqrt{n(n-1)}$。为了确定 $\hat{\boldsymbol{c}}^{(k)}$，定义投影算子 $\boldsymbol{P}_k$：

$$\boldsymbol{P}_k=\boldsymbol{I}_n-\boldsymbol{B}_k^\top(\boldsymbol{B}_k\boldsymbol{B}_k^\top)^{-1}\boldsymbol{B}_k$$

$\boldsymbol{B}_k\boldsymbol{B}_k^\top$ 是非奇异的(见习题 18.9)，因此上述投影算子存在。$\hat{\boldsymbol{c}}^{(k)}$ 可由下式给出：

$$\hat{\boldsymbol{c}}^{(k)}=\frac{\boldsymbol{P}_k\boldsymbol{D}_k\boldsymbol{c}}{\|\boldsymbol{P}_k\boldsymbol{D}_k\boldsymbol{c}\|}$$

因此，更新方向 $\boldsymbol{d}^{(k)}$ 为

$$\boldsymbol{d}^{(k)}=-r\hat{\boldsymbol{c}}^{(k)}=-r\frac{\boldsymbol{P}_k\boldsymbol{D}_k\boldsymbol{c}}{\|\boldsymbol{P}_k\boldsymbol{D}_k\boldsymbol{c}\|}$$

这样可保证更新后的向量 $\bar{\boldsymbol{x}}^{(k+1)}=\bar{\boldsymbol{x}}^{(k)}+\alpha\boldsymbol{d}^{(k)}$ 位于可行集 $\{\bar{\boldsymbol{x}}:\boldsymbol{AD}_k\bar{\boldsymbol{x}}=\boldsymbol{0}\}\cap\Delta$ 内。在完成这些工作之后，还需要利用逆映射 $\boldsymbol{U}_k^{-1}$ 将 $\bar{\boldsymbol{x}}^{(k+1)}$ 逆变换为 $\boldsymbol{x}^{(k+1)}$：

$$\boldsymbol{x}^{(k+1)}=\boldsymbol{U}_k^{-1}(\bar{\boldsymbol{x}}^{(k+1)})=\frac{\boldsymbol{D}_k\bar{\boldsymbol{x}}^{(k+1)}}{\boldsymbol{e}^\top\boldsymbol{D}_k\bar{\boldsymbol{x}}^{(k+1)}}$$

由此得到的 $\boldsymbol{x}^{(k+1)}$ 位于集合 $\Omega\cap\Delta$ 中，这很容易证明。$\boldsymbol{U}_k$ 和 $\boldsymbol{U}_k^{-1}$ 都是从 Δ 到 Δ 的映射，只需要在上面的等式两边左乘 $\boldsymbol{A}$，结合 $\boldsymbol{AD}_k\bar{\boldsymbol{x}}^{(k+1)}=\boldsymbol{0}$，即可得出 $\boldsymbol{Ax}^{(k+1)}=\boldsymbol{0}$ 的结论。

更新映射 $\boldsymbol{x}^{(k+1)}=\Psi(\boldsymbol{x}^{(k)})$ 可归纳如下。

1. 求矩阵

$$\boldsymbol{D}_k=\begin{bmatrix}x_1^{(k)}&\cdots&0\\ \vdots&\ddots&\vdots\\ 0&\cdots&x_n^{(k)}\end{bmatrix}$$

$$\boldsymbol{B}_k=\begin{bmatrix}\boldsymbol{AD}_k\\ \boldsymbol{e}^\top\end{bmatrix}$$

2. 计算 $\boldsymbol{B}_k$ 零空间的正交投影算子

$$\boldsymbol{P}_k=\boldsymbol{I}_n-\boldsymbol{B}_k^\top(\boldsymbol{B}_k\boldsymbol{B}_k^\top)^{-1}\boldsymbol{B}_k$$

3. 计算 $\boldsymbol{c}$ 在 $\boldsymbol{B}_k$ 零空间上的归一化正交投影

$$\hat{\boldsymbol{c}}^{(k)}=\frac{\boldsymbol{P}_k\boldsymbol{D}_k\boldsymbol{c}}{\|\boldsymbol{P}_k\boldsymbol{D}_k\boldsymbol{c}\|}$$

4. 计算更新方向 $\boldsymbol{d}^{(k)}=-r\hat{\boldsymbol{c}}^{(k)}$，其中 $r=1/\sqrt{n(n-1)}$。
5. 计算 $\bar{\boldsymbol{x}}^{(k+1)}=\bar{\boldsymbol{x}}^{(k)}+\alpha\boldsymbol{d}^{(k)}$，其中 α 是预先设定的步长，$\alpha\in(0,1)$。
6. 采用逆变换 $\boldsymbol{U}_k^{-1}$ 计算 $\boldsymbol{x}^{(k+1)}$

$$\boldsymbol{x}^{(k+1)} = \boldsymbol{U}_k^{-1}(\bar{\boldsymbol{x}}^{(k+1)}) = \frac{\boldsymbol{D}_k\bar{\boldsymbol{x}}^{(k+1)}}{\boldsymbol{e}^\top\boldsymbol{D}_k\bar{\boldsymbol{x}}^{(k+1)}}$$

第 2 步中，$\boldsymbol{P}_k$的计算只在第 3 步中计算 $\boldsymbol{P}_k\boldsymbol{D}_k\boldsymbol{c}$ 时用到，因此可以将这两步合并，从而不需要显式地计算 $\boldsymbol{P}_k$。具体方法是，首先求解线性方程组 $\boldsymbol{B}_k\boldsymbol{B}_k^\top\boldsymbol{y} = \boldsymbol{B}_k\boldsymbol{D}_k\boldsymbol{c}$（变量为 $\boldsymbol{y}$），然后利用方程 $\boldsymbol{P}_k\boldsymbol{D}_k\boldsymbol{c} = \boldsymbol{D}_k\boldsymbol{c} - \boldsymbol{B}_k^\top\boldsymbol{y}$ 计算 $\boldsymbol{P}_k\boldsymbol{D}_k\boldsymbol{c}$。

关于 Karmarkar 算法的详细介绍，可参阅参考文献[42，55，71，124]；关于该算法的一般性介绍，可参阅参考文献[110]。如果想了解其他非单纯形法，可参阅参考文献[42，55，96，119]。参考文献[26]中讨论了求解线性规划问题的连续梯度方法。关于线性规划问题在 1984 年前后的进展状况，可参阅期刊 SIAM News 中的一系列论文（共 3 篇），这些论文发表在 1989 年 3 月出版的第 22 卷第 2 期。在第一篇文章中，作者 Wright 介绍了线性规划问题的近期研究进展①以及在 19 世纪早期的发展历史；在第二篇论文中，作者 Anstreicher 着重讨论了自 1984 年之后兴起的内点法；在第三篇论文中，作者 Monma 对内点法的计算机实现进行了综述分析。

习题

18.1 编写一个简单的 MATLAB 函数，实现仿射尺度法。函数的输入为 $\boldsymbol{c}$，$\boldsymbol{A}$，$\boldsymbol{b}$ 和 $\boldsymbol{x}^{(0)}$，其中初始点 $\boldsymbol{x}^{(0)}$ 是一个严格可行点。利用例 16.2 中的问题对该函数进行测试，初始点 $\boldsymbol{x}^{(0)} = [2, 3, 2, 3, 3]^\top$。

18.2 编写 MATLAB 程序实现两阶段仿射尺度法，可直接调用习题 18.1 中编写的函数。利用例 16.5 中的问题对该程序进行测试。

18.3 对于形如

$$\begin{aligned}\text{minimize}\quad & \boldsymbol{c}^\top\boldsymbol{x}\\ \text{subject to}\quad & \boldsymbol{A}\boldsymbol{x} \geqslant \boldsymbol{b}\\ & \boldsymbol{x} \geqslant \boldsymbol{0}\end{aligned}$$

的线性规划问题，其对应的 Karmarkar 人工问题可以直接利用仿射尺度法求解。编写一个简单的 MATLAB 程序，实现这一个过程，即利用仿射尺度法求解这一问题的人工问题。可以直接调用习题 18.1 中的函数。利用例 15.15 中的问题对程序进行测试。

18.4 向量 $\boldsymbol{a} \in \mathbb{R}^n$，$\boldsymbol{a} > \boldsymbol{0}$，令 $\boldsymbol{T} = [T_1, \cdots, T_{n+1}]$表示以 $\mathbb{R}^n$ 中的正象限 P_+ 到 $\mathbb{R}^{n+1}$ 中的单纯形 Δ 的投影变换：

$$T_i(\boldsymbol{x}) = \begin{cases} \dfrac{x_i/a_i}{x_1/a_1+\cdots+x_n/a_n+1}, & 1 \leqslant i \leqslant n \\ \dfrac{1}{x_1/a_1+\cdots+x_n/a_n+1}, & i = n+1 \end{cases}$$

试证明变换 $\boldsymbol{T}$ 的下列性质成立[71]。

1. $\boldsymbol{T}$ 是一对一的映射，即 $\boldsymbol{T}(\boldsymbol{x}) = \boldsymbol{T}(\boldsymbol{y})$ 意味着 $\boldsymbol{x} = \boldsymbol{y}$；
2. $\boldsymbol{T}$ 将 P_+ 映射为 $\Delta \backslash \{\boldsymbol{x}: x_{n+1} = 0\} \triangleq \{\boldsymbol{x} \in \Delta: x_{n+1} > 0\}$，即对于任意 $\boldsymbol{y} \in \{\boldsymbol{x} \in \Delta: x_{n+1} > 0\}$，存在一个 $\boldsymbol{x} \in P_+$，使得 $\boldsymbol{y} = \boldsymbol{T}(\boldsymbol{x})$；
3. $\boldsymbol{T}$ 的逆变换 $\boldsymbol{T}^{-1} = [T_1^{-1}, \cdots, T_n^{-1}]^\top$ 在 $\{\boldsymbol{x} \in \Delta: x_{n+1} > 0\}$ 上存在，且 $T_i^{-1}(\boldsymbol{y}) = a_i y_i / y_{n+1}$；
4. $\boldsymbol{T}$ 将 $\boldsymbol{a}$ 映射到单纯形 Δ 的中心，即 $\boldsymbol{T}(\boldsymbol{a}) = \boldsymbol{e}/(n+1) = [1/(n+1), \cdots, 1/(n+1)] \in \mathbb{R}^{n+1}$；

① 截止到论文发表时。——译者注

5. 假定存在向量 $\boldsymbol{x}$ 满足 $\boldsymbol{Ax}=\boldsymbol{b}$ 和 $\boldsymbol{y}=\boldsymbol{T}(\boldsymbol{x})$，令 $\boldsymbol{x}'=[y_1a_1, \cdots, y_na_n]^\top$，则有 $\boldsymbol{Ax}'=\boldsymbol{b}y_{n+1}$。

18.5 T 为习题 18.4 中定义的投影变换，矩阵 $\boldsymbol{A}\in\mathbb{R}^{m\times n}$。试证明，当且仅当存在一个矩阵 $\boldsymbol{A}'\in\mathbb{R}^{m\times(n+1)}$ 满足 $\boldsymbol{A}'\boldsymbol{T}(\boldsymbol{x})=\boldsymbol{0}$ 时，$\boldsymbol{Ax}=\boldsymbol{b}$ 成立。

提示：令矩阵 $\boldsymbol{A}'$的第 i 列为 a_i，乘以 $\boldsymbol{A}$ 的第 i 列，得到($i=1, 2, \cdots, n$)，第($n+1$)列为 $-\boldsymbol{b}$。

18.6 $\boldsymbol{T}$ 为习题 18.4 中定义的投影变换，$\boldsymbol{c}\in\mathbb{R}^n$为给定向量。证明当且仅当存在一个向量 $\boldsymbol{c}'\in\mathbb{R}^{n+1}$满足 $\boldsymbol{c}^\top\boldsymbol{x}=0$ 时，$\boldsymbol{c}'^\top\boldsymbol{T}(\boldsymbol{x})=0$ 成立。

提示：需利用习题 18.4 中的性质 3，而向量 $\boldsymbol{c}'=[c'_1, \cdots, c'_{n+1}]^\top$ 中的各元素分别为$c'_i=a_ic_i$，$i=1, \cdots, n$ 和 $c'_{n+1}=0$。

18.7 $\Delta=\{\boldsymbol{x}\in\mathbb{R}^n: \boldsymbol{e}^\top\boldsymbol{x}=1, \boldsymbol{x}\geqslant\boldsymbol{0}\}$ 为 $\mathbb{R}^n(n>1)$ 中的一个单纯形，其中心为 $\boldsymbol{a}_0=\boldsymbol{e}/n$。$\{\boldsymbol{x}\in\mathbb{R}^n: \|\boldsymbol{x}-\boldsymbol{a}_0\|\leqslant r\}$ 表示中心为 $\boldsymbol{a}_0$，半径为 r 的球体。当$\{\boldsymbol{x}\in\mathbb{R}^n: \|\boldsymbol{x}-\boldsymbol{a}_0\|=r, \boldsymbol{e}^\top\boldsymbol{x}=1\}\subset\Delta$ 成立时，称该球体内切于单纯形 Δ。试证明内切球的最大半径为$r=1/\sqrt{n(n-1)}$。

18.8 考虑如下的 Karmarkar 约束问题：

$$\begin{array}{rl}\text{minimize} & \boldsymbol{c}^\top\boldsymbol{x}\\ \text{subject to} & \boldsymbol{Ax}=\boldsymbol{0}\\ & \boldsymbol{x}\in\Delta\end{array}$$

$\boldsymbol{x}_0\in\Delta$ 为 Δ 的一个严格内点，$\boldsymbol{D}$ 为对角矩阵，其对角元素恰好是 $\boldsymbol{x}_0$的各元素。定义映射 $\boldsymbol{U}:\Delta\to\Delta$ 为 $\boldsymbol{U}(\boldsymbol{x})=\boldsymbol{D}^{-1}\boldsymbol{x}/\boldsymbol{e}^\top\boldsymbol{D}^{-1}\boldsymbol{x}$。$\bar{\boldsymbol{x}}=\boldsymbol{U}(\boldsymbol{x})$表示变换决策变量，试证明，将决策变量 $\boldsymbol{x}$ 变换为 $\bar{\boldsymbol{x}}$ 之后的线性规划问题

$$\begin{array}{rl}\text{minimize} & \boldsymbol{c}^\top\boldsymbol{D}\bar{\boldsymbol{x}}\\ \text{subject to} & \boldsymbol{AD}\bar{\boldsymbol{x}}=\boldsymbol{0}\\ & \bar{\boldsymbol{x}}\in\Delta\end{array}$$

与原来的线性规划问题等价，即 $\boldsymbol{x}^*$ 是原问题的最优解，当且仅当 $\bar{\boldsymbol{x}}^*=\boldsymbol{U}(\boldsymbol{x}^*)$是变换后问题的最优解。

18.9 令 $\boldsymbol{A}\in\mathbb{R}^{m\times n}$，$m<n$，$\Omega=\{\boldsymbol{x}:\boldsymbol{Ax}=\boldsymbol{0}\}$，矩阵 $\boldsymbol{A}$ 满足

$$\operatorname{rank}\begin{bmatrix}\boldsymbol{A}\\ \boldsymbol{e}^\top\end{bmatrix}=m+1$$

$\boldsymbol{x}_0\in\Delta\cap\Omega$ 为 $\Delta\subset\mathbb{R}^n$的一个严格内点，$\boldsymbol{D}$ 为对角矩阵，其对角元素恰好是 $\boldsymbol{x}_0$的各元素。定义矩阵 $\boldsymbol{B}$ 为

$$\boldsymbol{B}=\begin{bmatrix}\boldsymbol{AD}\\ \boldsymbol{e}^\top\end{bmatrix}$$

试证明，$\operatorname{rank}\boldsymbol{B}=m+1$，即 $\boldsymbol{BB}^\top$ 是非奇异的。

18.10 试证明，在 Karmarkar 算法中，$\boldsymbol{x}^{(k)}$ 是 Δ 中的严格内点。

第 19 章　整数规划

19.1　概述

本章研究一类新的线性规划问题。相对于普通的线性规划问题，这一类问题增加了决策变量是整数这一额外的约束条件，称为整数线性规划，简称为整数规划。整数规划问题在实际中很常见。比如，在例 15.1 中，决策变量是生产能力，用实数表示；如果生产能力表示的是产品的实际生产数量，自然就需要增加一个决策变量为整数的约束条件。如果最优解是非常大的数值，忽略整数约束条件对最终结果就可能影响不大。但是，当最优解是相对较小的整数(10 的量级)时，忽略整数约束条件就会导致非常错误的结果。

在本章中，采用符号 $\mathbb{Z}$ 表示整数集，$\mathbb{Z}^n$ 表示整数向量集，向量中的 n 个元素都是整数，$\mathbb{Z}^{m\times n}$ 代表 $m\times n$ 的整数矩阵集合。基于此，可以将整数线性规划问题表示为如下形式：

$$\begin{array}{ll}\text{minimize} & \boldsymbol{c}^\top \boldsymbol{x}\\ \text{subject to} & \boldsymbol{A}\boldsymbol{x}=\boldsymbol{b}\\ & \boldsymbol{x}\geqslant \boldsymbol{0}\\ & \boldsymbol{x}\in\mathbb{Z}^n\end{array}$$

19.2　幺模矩阵

有一类整数规划问题可以采用求解标准线性规划问题的方法进行求解。首先，引入一些定义和背景知识。这些内容需要用到 2.2 节中关于子式的定义。

定义 19.1　对于 $m\times n$ 的整数矩阵 $\boldsymbol{A}\in\mathbb{Z}^{m\times n}(m\leqslant n)$，如果其所有 m 阶非零子式为 ±1(即 1 或 -1)，那么 $\boldsymbol{A}$ 就是幺模矩阵。■

幺模矩阵在线性方程组和整数基本解的求解过程中发挥着重要作用。考虑线性方程 $\boldsymbol{A}\boldsymbol{x}=\boldsymbol{b}(\boldsymbol{A}\in\mathbb{Z}^{m\times n},\ m\leqslant n)$，令其基矩阵为 $\boldsymbol{B}$(由 m 个线性无关的列向量组成的 $m\times m$ 矩阵)。那么，$\boldsymbol{A}$ 是一个幺模矩阵，等价于对于任意基矩阵 $\boldsymbol{B}$ 都有 $|\det \boldsymbol{B}|=1$。下面的引理给出了幺模矩阵和整数基本解的关系。

引理 19.1　对于线性方程 $\boldsymbol{A}\boldsymbol{x}=\boldsymbol{b}$，其中 $\boldsymbol{A}\in\mathbb{Z}^{m\times n}(m\leqslant n)$ 是幺模矩阵，$\boldsymbol{b}\in\mathbb{Z}^m$，它的所有基本解是整数解。□

证明： 假设矩阵 $\boldsymbol{A}$ 的前 m 个列向量组成一个基，$\boldsymbol{B}$ 是包含前 $m\times m$ 个向量的可逆矩阵，那么相应的基本解为

$$\boldsymbol{x}^*=\begin{bmatrix}\boldsymbol{B}^{-1}\boldsymbol{b}\\ \boldsymbol{0}\end{bmatrix}$$

因为 $\boldsymbol{A}$ 的所有元素均为整数，那么 $\boldsymbol{B}$ 也是一个整数矩阵。此外，因为 $\boldsymbol{A}$ 是幺模矩阵，那么 $|\det(\boldsymbol{B})|=1$，这意味着 $\boldsymbol{B}^{-1}$ 也是一个整数矩阵(见参考文献[62]的第 21 页)。因此，$\boldsymbol{x}^*$ 是一个整数向量。■

推论 19.1　如果线性规划的约束方程为

$$\begin{aligned} \boldsymbol{A}\boldsymbol{x} &= \boldsymbol{b} \\ \boldsymbol{x} &\geqslant \boldsymbol{0} \end{aligned}$$

其中，$\boldsymbol{A}$ 是幺模矩阵，$\boldsymbol{A}\in\mathbb{Z}^{m\times n}$，$m\leqslant n$，$\boldsymbol{b}\in\mathbb{Z}^m$，那么所有基本可行解都是整数。□

由幺模矩阵的性质可知，可以采用单纯形法求解一类特殊的整数规划问题。考虑如下整数规划问题：

$$\begin{array}{ll} \text{minimize} & \boldsymbol{c}^\top\boldsymbol{x} \\ \text{subject to} & \boldsymbol{A}\boldsymbol{x}=\boldsymbol{b} \\ & \boldsymbol{x}\geqslant\boldsymbol{0} \\ & \boldsymbol{x}\in\mathbb{Z}^n \end{array}$$

其中，$\boldsymbol{A}$ 是幺模矩阵，$\boldsymbol{A}\in\mathbb{Z}^{m\times n}$，$m\leqslant n$，$\boldsymbol{b}\in\mathbb{Z}^m$。那么根据上述推论可知，线性规划问题

$$\begin{array}{ll} \text{minimize} & \boldsymbol{c}^\top\boldsymbol{x} \\ \text{subject to} & \boldsymbol{A}\boldsymbol{x}=\boldsymbol{b} \\ & \boldsymbol{x}\geqslant\boldsymbol{0} \end{array}$$

的最优基本可行解是一个整数向量。这意味着通过采用单纯形法求解上述线性规划问题，得到的最优解就是原整数规划问题的最优解。

例 19.1　考虑整数规划问题：

$$\begin{array}{ll} \text{maximize} & 2x_1+5x_2 \\ \text{subject to} & x_1+x_3=4 \\ & x_2+x_4=6 \\ & x_1+x_2+x_5=8 \\ & x_1,x_2,x_3,x_4,x_5\geqslant 0 \\ & x_1,x_2,x_3,x_4,x_5\in\mathbb{Z} \end{array}$$

把问题写为矩阵形式：

$$\boldsymbol{A}=\begin{bmatrix} 1 & 0 & 1 & 0 & 0 \\ 0 & 1 & 0 & 1 & 0 \\ 1 & 1 & 0 & 0 & 1 \end{bmatrix},\qquad \boldsymbol{b}=\begin{bmatrix} 4 \\ 6 \\ 8 \end{bmatrix}$$

注意 $\boldsymbol{b}\in\mathbb{Z}^3$，且 $\boldsymbol{A}$ 是一个幺模矩阵。因此，上述整数规划问题可以转换为线性规划问题：

$$\begin{array}{ll} \text{maximize} & 2x_1+5x_2 \\ \text{subject to} & x_1+x_3=4 \\ & x_2+x_4=6 \\ & x_1+x_2+x_5=8 \\ & x_1,x_2,x_3,x_4,x_5\geqslant 0 \end{array}$$

该问题已经在例 16.2 中采用单纯形法得到了最优解 $[2,6,2,0,0]^\top$，显然这是一个整数向量。■

通常情况下，如果矩阵 $\boldsymbol{A}$ 不是幺模矩阵，采用单纯形法求解其对应的线性规划问题就会得到一个非整数最优解。但是，在某些情况下，即使矩阵 $\boldsymbol{A}$ 不是一个幺模矩阵，单纯形法仍然可以得到一个最优的整数基本可行解。假设 $\boldsymbol{A}\in\mathbb{Z}^{m\times n}(m\leqslant n)$，$\boldsymbol{b}\in\mathbb{Z}^m$。注意，只要所有基本可行解对应的 $m\times m$ 基矩阵 $\boldsymbol{B}$ 都满足 $|\det\boldsymbol{B}|=1$，根据引理 19.1就可以得到基本可行解都是整数向量的结论。反之，如果矩阵 $\boldsymbol{A}$ 的某个基矩阵 $\boldsymbol{B}$ 满足 $|\det\boldsymbol{B}|\neq 1$，其对应的基本解就是不可行的。下面的例子可以说明这一点。

例 19.2 考虑整数规划问题：

$$\begin{array}{ll}\text{minimize} & -x_1-2x_2\\ \text{subject to} & -2x_1+x_2+x_3=2\\ & -x_1+x_2+x_4=3\\ & x_1+x_5=3\\ & x_i\geqslant 0,\quad i=1,\cdots,5\\ & x_i\in\mathbb{Z},\quad i=1,\cdots,5\end{array}$$

这个整数规划问题可以用单纯形法进行求解吗？可以很容易地证明矩阵

$$\boldsymbol{A}=\begin{bmatrix}-2&1&1&0&0\\-1&1&0&1&0\\1&0&0&0&1\end{bmatrix}$$

不是幺模矩阵。实际上，它有且只有一个基矩阵的行列式不是 ±1。选取矩阵 $\boldsymbol{A}$ 的第 1 列，第 4 列和第 5 列，记为 $\boldsymbol{B}=[\boldsymbol{a}_1,\boldsymbol{a}_4,\boldsymbol{a}_5]$，得到 $\det\boldsymbol{B}=-2$。结合矩阵 $\boldsymbol{B}$ 和向量 $\boldsymbol{b}=[2,2,3]^\top$，可得矩阵 $\boldsymbol{B}$ 下对应的基本解 $\boldsymbol{B}^{-1}\boldsymbol{b}=[-1,2,4]^\top$。可以看出，这一组解并不是可行的(但恰好是一个整数向量)。对该问题而言，由于其他基矩阵对应的行列式绝对值均为 1，因此，采用单纯形法求解相应的线性规划问题得到的最优解将是整数解。同时，这也是原整数规划问题的最优解。

首先列写初始单纯形表：

	$\boldsymbol{a}_1$	$\boldsymbol{a}_2$	$\boldsymbol{a}_3$	$\boldsymbol{a}_4$	$\boldsymbol{a}_5$	$\boldsymbol{b}$
	−2	1	1	0	0	2
	−1	1	0	1	0	3
	1	0	0	0	1	3
$\boldsymbol{c}^\top$	−1	−2	0	0	0	0

由于 $r_2=-2$，因此选择 $\boldsymbol{a}_2$ 为进基变量。计算 y_{i0}/y_{i2}，$y_{i2}>0$，以确定枢轴元素：

$$\frac{y_{10}}{y_{12}}=\frac{2}{1}\quad 和\quad \frac{y_{20}}{y_{22}}=\frac{3}{1}$$

因此，y_{12} 为枢轴元素。进行初等行变换得到第二个单纯形表：

	$\boldsymbol{a}_1$	$\boldsymbol{a}_2$	$\boldsymbol{a}_3$	$\boldsymbol{a}_4$	$\boldsymbol{a}_5$	$\boldsymbol{b}$
	−2	1	1	0	0	2
	1	0	−1	1	0	1
	1	0	0	0	1	3
$\boldsymbol{r}^\top$	−5	0	2	0	0	4

由于 $r_1=-5<0$，因此选择 $\boldsymbol{a}_1$ 为新的进基向量。继续计算 y_{i0}/y_{i2}，$y_{i2}>0$，从而确定枢轴

元素：

$$\frac{y_{20}}{y_{21}}=\frac{1}{1} \quad \text{和} \quad \frac{y_{30}}{y_{31}}=\frac{3}{1}$$

因此，y_{21}为枢轴元素。进行初等行变换得到第三个单纯形表：

	$\boldsymbol{a}_1$	$\boldsymbol{a}_2$	$\boldsymbol{a}_3$	$\boldsymbol{a}_4$	$\boldsymbol{a}_5$	$\boldsymbol{b}$
	0	1	−1	2	0	4
	1	0	−1	1	0	1
	0	0	1	1	1	2
$\boldsymbol{r}^\top$	0	0	−3	5	0	9

由于 $r_3=-3<0$，因此选择 $\boldsymbol{a}_3$ 为进基向量，继续计算 y_{i0}/y_{i2}，$y_{i2}>0$，从而确定枢轴元素：

$$\frac{y_{30}}{y_{33}}=\frac{2}{1}$$

因此，y_{33}为枢轴元素。进行初等行变换得到第四个单纯形表：

	$\boldsymbol{a}_1$	$\boldsymbol{a}_2$	$\boldsymbol{a}_3$	$\boldsymbol{a}_4$	$\boldsymbol{a}_5$	$\boldsymbol{b}$
	0	1	0	1	1	6
	1	0	0	0	1	3
	0	0	1	−1	1	2
$\boldsymbol{r}^\top$	0	0	0	2	3	15

由于所有的检验数都大于零，这意味着当前解即是最优解，最优解为$[3,6,2,0,0]^\top$。■

接下来研究如下形式的整数规划问题：

$$\begin{aligned} \text{minimize} \quad & \boldsymbol{c}^\top\boldsymbol{x} \\ \text{subject to} \quad & \boldsymbol{A}\boldsymbol{x}\leqslant\boldsymbol{b} \\ & \boldsymbol{x}\geqslant\boldsymbol{0} \\ & \boldsymbol{x}\in\mathbb{Z}^n \end{aligned}$$

在 15.5 节中已经讨论过，可以通过引入松弛变量将不等式约束 $\boldsymbol{Ax}\leqslant\boldsymbol{b}$ 转换为标准形式，即 $\boldsymbol{Ax}=\boldsymbol{b}$。这样，约束条件的标准型就成为$[\boldsymbol{A},\boldsymbol{I}]\boldsymbol{y}=\boldsymbol{b}$(向量 $\boldsymbol{y}$ 包含 $\boldsymbol{x}$ 和松弛变量)，为了处理形如$[\boldsymbol{A},\boldsymbol{I}]$的这类矩阵，需要引入如下定义：

定义 19.2　对于一个 $m\times n$ 的整数矩阵 $\boldsymbol{A}\in\mathbb{Z}^{m\times n}$，如果它的所有非零子式都是 ±1(-1或 1)，那么矩阵 $\boldsymbol{A}$ 是完全幺模的。■

这里的子式是指满足 $p\leqslant\min(m,n)$的 p 阶子式。上述定义的另一种说法是，在矩阵 $\boldsymbol{A}\in\mathbb{Z}^{m\times n}$的所有子矩阵中，当且仅当所有可逆方阵的行列式为 ±1 时，矩阵 $\boldsymbol{A}$ 是完全幺模矩阵。$\boldsymbol{A}$ 的子矩阵是通过移除 $\boldsymbol{A}$ 的一些行或列得到的。由该定义不难发现，如果一个整数矩阵是完全幺模矩阵，那么该矩阵中各元素的取值只能为 0，1 或 −1。下面的命题给出了矩阵 $\boldsymbol{A}$ 的完全幺模性和矩阵$[\boldsymbol{A},\boldsymbol{I}]$的幺模性之间的关系(见习题 19.3)。

命题 19.1　如果 $m\times n$ 整数矩阵 $\boldsymbol{A}\in\mathbb{Z}^{m\times n}$是完全幺模的，那么矩阵$[\boldsymbol{A},\boldsymbol{I}]$是幺模的。□

证明：已知矩阵 $\boldsymbol{A}$ 满足命题 19.1 的假设，那么接下来要证明矩阵$[\boldsymbol{A},\boldsymbol{I}]$的任意 $m\times m$ 可逆子矩阵的行列式等于 1 或 −1。首先，因为 $\boldsymbol{A}$ 是完全幺模的，如果$[\boldsymbol{A},\boldsymbol{I}]$的可逆子

矩阵只包含 $\boldsymbol{A}$ 的某些列，那么其行列式的值必定是 1 或 -1。其次，$m \times m$ 的子矩阵 $\boldsymbol{I}$ 满足 $\det \boldsymbol{I} = 1$。

接下来研究由 $\boldsymbol{A}$ 的 k 个列向量和 $\boldsymbol{I}$ 的 $m-k$ 个列向量组成的 $[\boldsymbol{A}, \boldsymbol{I}]$ 的可逆子矩阵。不失一般性，假设该子矩阵包含 $\boldsymbol{A}$ 的最后 k 个列向量和 $\boldsymbol{I}$ 的前 $m-k$ 个列向量，如下所示：

$$\boldsymbol{B} = \begin{bmatrix} \boldsymbol{a}_{n-k+1} & \cdots & \boldsymbol{a}_n & \boldsymbol{e}_1 & \cdots & \boldsymbol{e}_{m-k} \end{bmatrix} = \begin{bmatrix} \boldsymbol{B}_{m-k,k} & \boldsymbol{I}_{m-k} \\ \boldsymbol{B}_{k,k} & \boldsymbol{O} \end{bmatrix}$$

其中，$\boldsymbol{e}_i$ 指单位矩阵的第 i 个列向量。之所以说这种做法不失一般性，是因为上面这种形式的矩阵 $\boldsymbol{B}$ 是可以经过交换行或列的位置得到的，每次交换行或列的位置改变的只是行列式的符号。此外，注意 $\det \boldsymbol{B} = \pm \det \boldsymbol{B}_{k,k}$（见习题 19.4 和习题 2.4）。因为矩阵 $\boldsymbol{B}$ 可逆，所以矩阵 $\boldsymbol{B}_{k,k}$ 可逆。并且，因为 $\boldsymbol{B}_{k,k}$ 是 $\boldsymbol{A}$ 的子矩阵，而 $\boldsymbol{A}$ 是完全幺模矩阵，所以 $\det \boldsymbol{B}_{k,k} = \pm 1$。因此，$\det \boldsymbol{B} = \pm 1$。总而言之，矩阵 $[\boldsymbol{A}, \boldsymbol{I}]$ 的任意 $m \times m$ 可逆子矩阵的行列式等于 1 或 -1，这意味着 $[\boldsymbol{A}, \boldsymbol{I}]$ 是一个幺模矩阵。 ■

将以上结论与引理 19.1 结合起来，可以得到如下推论。

推论 19.2 考虑线性规划的约束条件：

$$\begin{aligned} [\boldsymbol{A}, \boldsymbol{I}]\boldsymbol{x} &= \boldsymbol{b} \\ \boldsymbol{x} &\geqslant \boldsymbol{0} \end{aligned}$$

其中，矩阵 $\boldsymbol{A} \in \mathbb{Z}^{m \times n}$ 是完全幺模的，$\boldsymbol{b} \in \mathbb{Z}^m$。它的所有基本可行解都是整数解。 □

如果 $\boldsymbol{A}$ 是完全幺模矩阵，就可以采用单纯形法求解如下形式的整数规划问题：

$$\begin{aligned} \text{minimize} \quad & \boldsymbol{c}^\top \boldsymbol{x} \\ \text{subject to} \quad & \boldsymbol{A}\boldsymbol{x} \leqslant \boldsymbol{b} \\ & \boldsymbol{x} \geqslant \boldsymbol{0} \\ & \boldsymbol{x} \in \mathbb{Z}^n \end{aligned}$$

其中，$\boldsymbol{b} \in \mathbb{Z}^m$。首先，考虑相应的线性规划问题：

$$\begin{aligned} \text{minimize} \quad & \boldsymbol{c}^\top \boldsymbol{x} \\ \text{subject to} \quad & \boldsymbol{A}\boldsymbol{x} \leqslant \boldsymbol{b} \\ & \boldsymbol{x} \geqslant \boldsymbol{0} \end{aligned}$$

如果 $\boldsymbol{A}$ 是一个完全幺模矩阵，那么由上述推论可知，可以通过引入松弛变量 $\boldsymbol{z}$ 将上述问题转化为标准形式：

$$\begin{aligned} \text{minimize} \quad & \boldsymbol{c}^\top \boldsymbol{x} \\ \text{subject to} \quad & [\boldsymbol{A}, \boldsymbol{I}] \begin{bmatrix} \boldsymbol{x} \\ \boldsymbol{z} \end{bmatrix} = \boldsymbol{b} \\ & \boldsymbol{x}, \boldsymbol{z} \geqslant \boldsymbol{0} \end{aligned}$$

该问题的最优基本可行解是一个整数向量。这意味着，可以采用单纯形法求解上述线性规划问题，从而得到原整数规划问题的一个最优解。应当注意，虽然只要求最优解中的 $\boldsymbol{x}$ 为整数，但由于矩阵 $\boldsymbol{A}$ 和向量 $\boldsymbol{b}$ 中的元素都为整数，因此实际上最优解中的松弛变量 $\boldsymbol{z}$ 也是整数（见习题 19.5）。

例 19.3 考虑整数规划问题:

$$\begin{aligned} \text{maximize} \quad & 2x_1 + 5x_2 \\ \text{subject to} \quad & x_1 \leqslant 4 \\ & x_2 \leqslant 6 \\ & x_1 + x_2 \leqslant 8 \\ & x_1, x_2 \geqslant 0 \\ & x_1, x_2 \in \mathbb{Z} \end{aligned}$$

将该问题写为矩阵形式:

$$\boldsymbol{A} = \begin{bmatrix} 1 & 0 \\ 0 & 1 \\ 1 & 1 \end{bmatrix}, \qquad \boldsymbol{b} = \begin{bmatrix} 4 \\ 6 \\ 8 \end{bmatrix}$$

容易验证矩阵 $\boldsymbol{A}$ 是完全幺模矩阵。因此，该整数规划问题的最优解可以通过求解如下线性规划问题得到:

$$\begin{aligned} \text{maximize} \quad & 2x_1 + 5x_2 \\ \text{subject to} \quad & x_1 + x_3 = 4 \\ & x_2 + x_4 = 6 \\ & x_1 + x_2 + x_5 = 8 \\ & x_1, x_2, x_3, x_4, x_5 \geqslant 0 \end{aligned}$$

求解过程可参见例 16.2。 ■

前面已经讨论过，即使$[\boldsymbol{A}, \boldsymbol{I}]$不是幺模矩阵，单纯形法仍有可能求出原整数规划问题的一个最优解。在某些特殊情况下，即使$\boldsymbol{A}$不是完全幺模矩阵，上述方法仍有可能得到整数规划问题的最优解，下面的例子可以说明这一点。

例 19.4 考虑整数规划问题:

$$\begin{aligned} \text{maximize} \quad & x_1 + 2x_2 \\ \text{subject to} \quad & -2x_1 + x_2 \leqslant 2 \\ & x_1 - x_2 \geqslant -3 \\ & x_1 \leqslant 3 \\ & x_1 \geqslant 0,\ x_2 \geqslant 0,\ x_1, x_2 \in \mathbb{Z} \end{aligned}$$

首先，把上述问题表示为如下等价形式:

$$\begin{aligned} \text{minimize} \quad & -x_1 - 2x_2 \\ \text{subject to} \quad & -2x_1 + x_2 \leqslant 2 \\ & -x_1 + x_2 \leqslant 3 \\ & x_1 \leqslant 3 \\ & x_1 \geqslant 0,\ x_2 \geqslant 0,\ x_1, x_2 \in \mathbb{Z} \end{aligned}$$

接下来，通过引入松弛变量 x_3, x_4, x_5，将上述问题转换为标准形式:

$$\begin{aligned} \text{minimize} \quad & -x_1 - 2x_2 \\ \text{subject to} \quad & -2x_1 + x_2 + x_3 = 2 \\ & -x_1 + x_2 + x_4 = 3 \\ & x_1 + x_5 = 3 \\ & x_i \geqslant 0, \quad i = 1, \cdots, 5 \end{aligned}$$

该问题与例 19.2 相同，可以采用单纯形法进行求解，得到的最优解为$[3,6,2,0,0]^\top$。因此，原问题的最优解为$\boldsymbol{x}^*=[3,6]^\top$。

注意，该问题中的矩阵

$$\boldsymbol{A}=\begin{bmatrix}-2 & 1\\ -1 & 1\\ 1 & 0\end{bmatrix}$$

并不是完全幺模矩阵，因为它有一个元素的值为 -2，不等于 0、-1 或 1。实际上，矩阵$[\boldsymbol{A},\boldsymbol{I}]$也不是幺模矩阵。然而，本题目采用单纯形法仍然得到了原整数规划问题的最优解。■

19.3　Gomory 割平面法

1958 年，Ralph E. Gomory 提出了一种求解整数规划问题的方法[54]，通过增加约束条件，把由单纯形法得到的非整数解从可行集中去除。新增加的约束条件又称为 Gomory 割平面，它不会去除可行集中的整数解。该方法通过不断增加约束条件，直到得到一个整数最优解。

在介绍 Gomory 割平面法之前，首先定义向下取整算子。

定义 19.3　符号$\lfloor x\rfloor$表示对实数 x 向下取整，即$\lfloor x\rfloor$等于对 x 向 $-\infty$ 方向取值，得到的第一个整数。■

比如，$\lfloor 3.4\rfloor=3$，$\lfloor -3.4\rfloor=-4$。

考虑整数规划问题：

$$\begin{aligned}\text{minimize}\quad & \boldsymbol{c}^\top\boldsymbol{x}\\ \text{subject to}\quad & \boldsymbol{A}\boldsymbol{x}=\boldsymbol{b}\\ & \boldsymbol{x}\geqslant\boldsymbol{0}\\ & \boldsymbol{x}\in\mathbb{Z}^n\end{aligned}$$

利用单纯形法可求得线性规划问题

$$\begin{aligned}\text{minimize}\quad & \boldsymbol{c}^\top\boldsymbol{x}\\ \text{subject to}\quad & \boldsymbol{A}\boldsymbol{x}=\boldsymbol{b}\\ & \boldsymbol{x}\geqslant\boldsymbol{0}\end{aligned}$$

的一个最优基本可行解。按照惯常的做法，假设前 m 个列向量组成了最优基本可行解的基矩阵，则相应的标准型增广矩阵为

$$\begin{array}{cccccccccc}\boldsymbol{a}_1 & \boldsymbol{a}_2 & \cdots & \boldsymbol{a}_i & \cdots & \boldsymbol{a}_m & \boldsymbol{a}_{m+1} & \cdots & \boldsymbol{a}_n & \boldsymbol{y}_0\\ 1 & 0 & \cdots & 0 & \cdots & 0 & y_{1,m+1} & \cdots & y_{1,n} & y_{10}\\ 0 & 1 & \cdots & 0 & \cdots & 0 & y_{2,m+1} & \cdots & y_{2,n} & y_{20}\\ \vdots & \vdots & & \vdots & & \vdots & & & \vdots & \vdots\\ 0 & 0 & \cdots & 1 & \cdots & 0 & y_{i,m+1} & \cdots & y_{i,n} & y_{i0}\\ \vdots & \vdots & & \vdots & & \vdots & & & \vdots & \vdots\\ 0 & 0 & \cdots & 0 & \cdots & 1 & y_{m,m+1} & \cdots & y_{m,n} & y_{m0}\end{array}$$

假设最优基本可行解中的第 i 个元素 y_{i0} 不是整数。注意，任意可行向量 $\boldsymbol{x}$ 都满足等式约束：

$$x_i + \sum_{j=m+1}^{n} y_{ij} x_j = y_{i0}$$

这实际上就是约束条件 $\boldsymbol{A}\boldsymbol{x}=\boldsymbol{b}$ 的第 i 行。利用这个等式构造出新增的约束条件，就能将当前的非整数最优解从可行集中去除，同时又不会去除整数可行解。为此，考虑不等式约束

$$x_i + \sum_{j=m+1}^{n} \lfloor y_{ij} \rfloor x_j \leqslant y_{i0}$$

因为 $\lfloor y_{ij} \rfloor \leqslant y_{ij}$，所以对于任何满足上面等式约束的向量 $\boldsymbol{x} \geqslant \boldsymbol{0}$，也满足这一不等式约束。也就是说，任意可行解 $\boldsymbol{x}$ 都满足该不等式约束。此外，对于任意整数可行向量 $\boldsymbol{x}$，不等式约束的左边都是一个整数。因此，任意整数可行解 $\boldsymbol{x}$ 还满足

$$x_i + \sum_{j=m+1}^{n} \lfloor y_{ij} \rfloor x_j \leqslant \lfloor y_{i0} \rfloor$$

将前面的等式约束减去该不等式约束，可以得到

$$\sum_{j=m+1}^{n} (y_{ij} - \lfloor y_{ij} \rfloor) x_j \geqslant y_{i0} - \lfloor y_{i0} \rfloor$$

任意整数可行解 $\boldsymbol{x}$ 都满足该约束条件。注意，将最优基本可行解代入这一不等式后，可发现不等式左侧为零，而右侧是一个正数，因此最优基本可行解并不满足该不等式。由此可知，在原来的线性规划问题上增加该不等式约束，新的约束条件将会使现有的非整数最优基本可行解变得不可行，但同时可以保证所有的整数可行向量仍然可行。这个新的约束称为 Gomory 割平面方程。

引入剩余变量 x_{n+1}，将新的线性规划问题转化为标准形式，可得等式约束：

$$\sum_{j=m+1}^{n} (y_{ij} - \lfloor y_{ij} \rfloor) x_j - x_{n+1} = y_{i0} - \lfloor y_{i0} \rfloor$$

为方便起见，仍然把这个等式约束称为割平面方程。将该方程加入矩阵 $\boldsymbol{A}$ 和向量 $\boldsymbol{b}$ 中，或者直接加入其标准型中(如可直接加入单纯形表)，可得到一个新的标准形式的线性规划问题。接下来，就可以用单纯形法进行求解，然后验证得到的最优基本可行解是否为整数规划的最优解。如果该最优基本可行解满足整数约束则计算结束，这就是原整数规划问题的最优解。如果该向量不满足整数约束，则再次引入割平面方程，重复该过程。上述求解过程称为 Gomory 割平面方法。

在割平面方法的应用过程中，引入了足够多的割平面方程，使得最优解满足整数约束条件。需要注意的是，求解过程中引入的松弛变量以及割平面方程代入的其他变量并不要求必须为整数。

在下面的两个例子中，割平面方程将直接加入单纯形表中，以此演示割平面法的运行过程。

例 19.5 考虑整数规划问题①：

$$
\begin{aligned}
\text{maximize} \quad & 3x_1 + 4x_2 \\
\text{subject to} \quad & \frac{2}{5}x_1 + x_2 \leqslant 3 \\
& \frac{2}{5}x_1 - \frac{2}{5}x_2 \leqslant 1 \\
& x_1, x_2 \geqslant 0 \\
& x_1, x_2 \in \mathbb{Z}
\end{aligned}
$$

首先采用图解法求解该问题。相应的线性规划问题(去掉整数约束)的约束集 Ω 可以通过计算极点得到：

$$
\boldsymbol{x}^{(1)} = \begin{bmatrix} 0 & 0 \end{bmatrix}^\top, \ \boldsymbol{x}^{(2)} = \begin{bmatrix} \frac{5}{2} & 0 \end{bmatrix}^\top, \ \boldsymbol{x}^{(3)} = \begin{bmatrix} 0 & 3 \end{bmatrix}^\top, \ \boldsymbol{x}^{(4)} = \begin{bmatrix} \frac{55}{14} & \frac{10}{7} \end{bmatrix}^\top
$$

图 19.1 中的阴影部分就是线性规划问题的可行集 Ω，整数规划问题的可行集如图 19.2 所示，显然可以采用图解法进行求解。该方法通过寻找穿过整数规划可行集的直线 $f=3x_1+4x_2$，使得 f 最大，以得到最优解。可以先绘制 $f=0$ 时的直线，然后再逐渐增加 f 的值，也就是在可行集中将直线向着 f 不断增大的方向滑动，直至穿过可行集中的最后一个整数点，这个点就对应着目标函数的最大值。由图 19.2 可以看出，整数规划问题的最优解是 $[2, 2]^\top$。

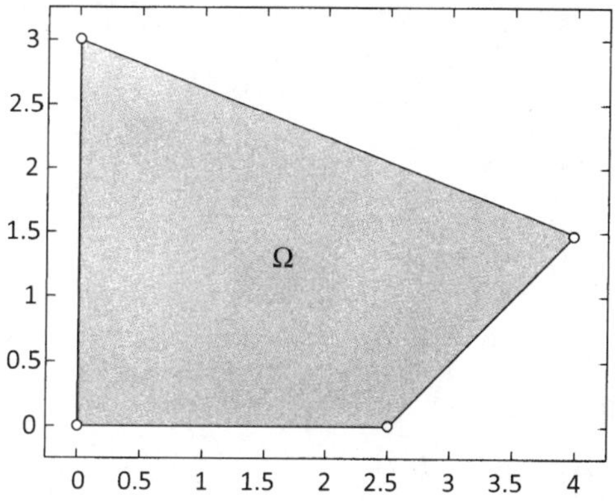

图 19.1 例 19.5 中线性规划问题的可行集

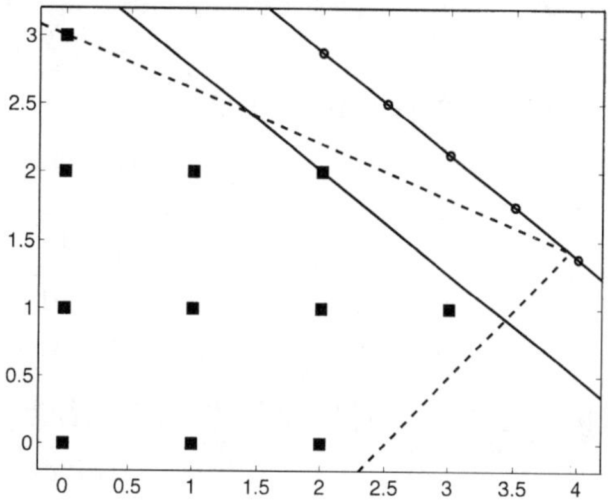

图 19.2 例 19.5 中的整数规划的图解法

下面采用 Gomory 割平面方法进行求解。首先把相应的线性规划问题写成标准形式：

$$
\begin{aligned}
\text{maximize} \quad & 3x_1 + 4x_2 \\
\text{subject to} \quad & \frac{2}{5}x_1 + x_2 + x_3 = 3 \\
& \frac{2}{5}x_1 - \frac{2}{5}x_2 + x_4 = 1 \\
& x_1, x_2, x_3, x_4 \geqslant 0
\end{aligned}
$$

需要注意的是，只需要保证最优解的前两项为整数即可。采用单纯形法进行求解，构造初始单纯形表：

	$\boldsymbol{a}_1$	$\boldsymbol{a}_2$	$\boldsymbol{a}_3$	$\boldsymbol{a}_4$	$\boldsymbol{b}$
	$\frac{2}{5}$	1	1	0	3
	$\frac{2}{5}$	$-\frac{2}{5}$	0	1	1
$\boldsymbol{c}^\top$	-3	-4	0	0	0

① 感谢 David Schvartzman Cohenca 求解此问题。

将 $\boldsymbol{a}_2$ 作为进基变量，第 1 行中第 2 列的元素作为枢轴元素，得到第二个单纯形表：

$$\begin{array}{cccccc} & \boldsymbol{a}_1 & \boldsymbol{a}_2 & \boldsymbol{a}_3 & \boldsymbol{a}_4 & \boldsymbol{b} \\ & \frac{2}{5} & 1 & 1 & 0 & 3 \\ & \frac{14}{25} & 0 & \frac{2}{5} & 1 & \frac{11}{5} \\ \boldsymbol{r}^\top & -\frac{7}{5} & 0 & 4 & 0 & 12 \end{array}$$

接下来，选取第 2 行中第 1 列的元素作为枢轴元素，可得

$$\begin{array}{cccccc} & \boldsymbol{a}_1 & \boldsymbol{a}_2 & \boldsymbol{a}_3 & \boldsymbol{a}_4 & \boldsymbol{b} \\ & 0 & 1 & \frac{10}{14} & -\frac{10}{14} & \frac{20}{14} \\ & 1 & 0 & \frac{10}{14} & \frac{25}{14} & \frac{55}{14} \\ \boldsymbol{r}^\top & 0 & 0 & 5 & \frac{5}{2} & \frac{35}{2} \end{array}$$

相应的最优基本可行解为

$$\begin{bmatrix} \frac{55}{14} & \frac{10}{7} & 0 & 0 \end{bmatrix}^\top$$

该基本可行解不满足整数约束条件。

根据单纯形表的第 1 行，引入割平面方程：

$$\frac{10}{14}x_3 + \frac{4}{14}x_4 - x_5 = \frac{6}{14}$$

将该约束条件加入单纯形表中：

$$\begin{array}{ccccccc} & \boldsymbol{a}_1 & \boldsymbol{a}_2 & \boldsymbol{a}_3 & \boldsymbol{a}_4 & \boldsymbol{a}_5 & \boldsymbol{b} \\ & 0 & 1 & \frac{10}{14} & -\frac{10}{14} & 0 & \frac{20}{14} \\ & 1 & 0 & \frac{10}{14} & \frac{25}{14} & 0 & \frac{55}{14} \\ & 0 & 0 & \frac{10}{14} & \frac{4}{14} & -1 & \frac{6}{14} \\ \boldsymbol{r}^\top & 0 & 0 & 5 & \frac{5}{2} & 0 & \frac{35}{2} \end{array}$$

选取第 3 行中第 3 列的元素作为枢轴元素，可得

$$\begin{array}{ccccccc} & \boldsymbol{a}_1 & \boldsymbol{a}_2 & \boldsymbol{a}_3 & \boldsymbol{a}_4 & \boldsymbol{a}_5 & \boldsymbol{b} \\ & 0 & 1 & 0 & -1 & 1 & 1 \\ & 1 & 0 & 0 & \frac{3}{2} & 1 & \frac{7}{2} \\ & 0 & 0 & 1 & \frac{2}{5} & -\frac{7}{5} & \frac{3}{5} \\ \boldsymbol{r}^\top & 0 & 0 & 0 & \frac{1}{2} & 7 & \frac{29}{2} \end{array}$$

相应的基本可行解为 $[7/2, 1, 3/5, 0, 0]^\top$，仍然不满足整数约束条件。

接下来，根据单纯形表的第 2 行，引入割平面方程：

$$\frac{1}{2}x_4 - x_6 = \frac{1}{2}$$

将该约束加入单纯形表中：

$$\begin{array}{cccccccc} & \boldsymbol{a}_1 & \boldsymbol{a}_2 & \boldsymbol{a}_3 & \boldsymbol{a}_4 & \boldsymbol{a}_5 & \boldsymbol{a}_6 & \boldsymbol{b} \\ & 0 & 1 & 0 & -1 & 1 & 0 & 1 \\ & 1 & 0 & 0 & \frac{3}{2} & 1 & 0 & \frac{7}{2} \\ & 0 & 0 & 1 & \frac{2}{5} & -\frac{7}{5} & 0 & \frac{3}{5} \\ & 0 & 0 & 0 & \frac{1}{2} & 0 & -1 & \frac{1}{2} \\ \boldsymbol{r}^\top & 0 & 0 & 0 & \frac{1}{2} & 7 & 0 & \frac{29}{2} \end{array}$$

选取第 4 行中第 4 列的元素作为枢轴元素，可得

	$\boldsymbol{a}_1$	$\boldsymbol{a}_2$	$\boldsymbol{a}_3$	$\boldsymbol{a}_4$	$\boldsymbol{a}_5$	$\boldsymbol{a}_6$	$\boldsymbol{b}$
	0	1	0	0	1	−2	2
	1	0	0	0	1	3	2
	0	0	1	0	$-\frac{7}{5}$	$\frac{4}{5}$	$\frac{1}{5}$
	0	0	0	1	0	−2	1
$\boldsymbol{r}^\top$	0	0	0	0	7	1	14

在这个最优基本可行解中，前两个元素都是整数，因此可以得出结论，原整数规划问题的最优解是$[2, 2]^\top$，这与图 19.2 中的图解法得到的结果一致。■

在例 19.5 中，通过引入割平面方程得到的线性规划问题的最优解并不是一个整数向量。因为只有前两个值是原整数规划问题的解，因此只要它们是整数，就意味着已经得到了原问题的最优解。正如前面提到过的，松弛变量和割平面方程所引入的变量并不要求是整数。然而，如果线性规划问题中不等式约束的系数都是整数，那么松弛变量和割平面方程引入的变量也都自动成为整数(见习题 19.9)。下面的例子可以说明这一点。

例 19.6　考虑整数规划问题：

$$\begin{array}{rl} \text{maximize} & 3x_1 + 4x_2 \\ \text{subject to} & 3x_1 - x_2 \leqslant 12 \\ & 3x_1 + 11x_2 \leqslant 66 \\ & x_1, x_2 \geqslant 0 \\ & x_1, x_2 \in \mathbb{Z} \end{array}$$

该整数规划问题的图解法如图 19.3 所示，与例 19.5 中的方法相同，移动直线 $f = 3x_1 + 4x_2$，寻找能够使 f 最大的可行整数点来求取最优解。可以看出，最优解为$[5, 4]^\top$。

接下来采用割平面方法求解该问题。首先，通过引入松弛变量 x_3 和 x_4 将相应的线性规划问题转换为标准形式。初始单纯形表为

	$\boldsymbol{a}_1$	$\boldsymbol{a}_2$	$\boldsymbol{a}_3$	$\boldsymbol{a}_4$	$\boldsymbol{b}$
	3	−1	1	0	12
	3	11	0	1	66
$\boldsymbol{c}^\top$	−3	−4	0	0	0

采用单纯形法进行两次迭代，得到最终的单纯形表：

	$\boldsymbol{a}_1$	$\boldsymbol{a}_2$	$\boldsymbol{a}_3$	$\boldsymbol{a}_4$	$\boldsymbol{b}$
	1	0	$\frac{11}{36}$	$\frac{1}{36}$	$\frac{11}{2}$
	0	1	$-\frac{1}{12}$	$\frac{1}{12}$	$\frac{9}{2}$
$\boldsymbol{r}^\top$	0	0	$\frac{7}{12}$	$\frac{5}{12}$	$\frac{69}{2}$

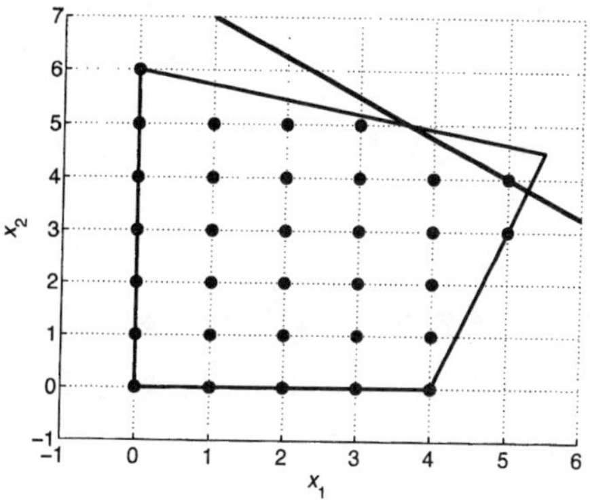

图 19.3　图解法求例 19.6 中的整数规划问题，其中整数可行解用黑色实点来表示

最优解为

$$\boldsymbol{x}^* = \begin{bmatrix} \frac{11}{2} & \frac{9}{2} & 0 & 0 \end{bmatrix}^\top$$

可以看出，前两项都不是整数。选择基变量 $x_1^* = 11/2$ 来构造割平面方程。单纯形表的第 1 行对应的等式约束为

$$x_1 + \frac{11}{36}x_3 + \frac{1}{36}x_4 = \frac{11}{2}$$

利用前面介绍过的向下取整算子，对该方程进行处理可得

$$x_1 \leqslant 5$$

在原来的线性规划中加入这个约束，可得新的可行集，此时对应的最优解如图 19.4 所示。可以看出，最优解的第一个变量是整数，但第二个变量不是。这也意味着一次割平面不能满足要求。

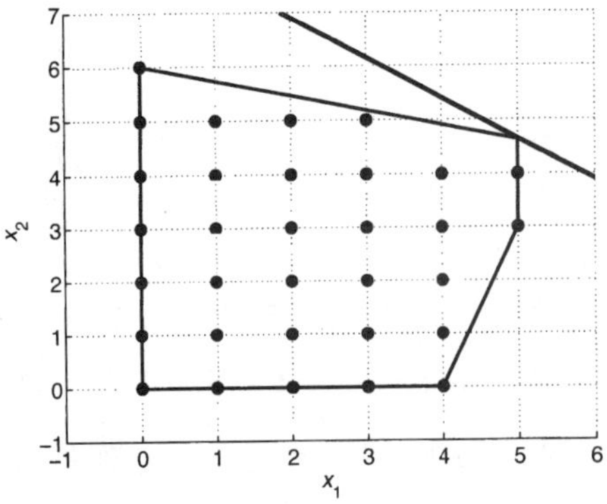

图 19.4　在例 19.6 中增加约束条件$x_1 \leqslant 5$后的可行集

继续采用 Gomory 割平面法进行求解，围绕 $x_1^*=11/2$ 构造的割平面方程为

$$\frac{11}{36}x_3 + \frac{1}{36}x_4 - x_5 = \frac{1}{2}$$

将该方程加入原单纯形表中，得到一个新的单纯形表：

	$\boldsymbol{a}_1$	$\boldsymbol{a}_2$	$\boldsymbol{a}_3$	$\boldsymbol{a}_4$	$\boldsymbol{a}_5$	$\boldsymbol{b}$
	1	0	$\frac{11}{36}$	$\frac{1}{36}$	0	$\frac{11}{2}$
	0	1	$-\frac{1}{12}$	$\frac{1}{12}$	0	$\frac{9}{2}$
	0	0	$\frac{11}{36}$	$\frac{1}{36}$	-1	$\frac{1}{2}$
$\boldsymbol{r}^\top$	0	0	$\frac{7}{12}$	$\frac{5}{12}$	0	$\frac{69}{2}$

在这种情况下，无法一眼看出基本可行解。可以采用两阶段法进行求解，计算得到

	$\boldsymbol{a}_1$	$\boldsymbol{a}_2$	$\boldsymbol{a}_3$	$\boldsymbol{a}_4$	$\boldsymbol{a}_5$	$\boldsymbol{b}$
	1	0	0	0	1	5
	0	1	0	$\frac{1}{11}$	$-\frac{3}{11}$	$\frac{51}{11}$
	0	0	1	$\frac{1}{11}$	$-\frac{36}{11}$	$\frac{18}{11}$
$\boldsymbol{r}^\top$	0	0	0	$\frac{4}{11}$	$\frac{21}{11}$	$\frac{369}{11}$

所有的检验数都非负，因此可得最优基本可行解：

$$\boldsymbol{x}^* = \begin{bmatrix} 5 & \frac{51}{11} & \frac{18}{11} & 0 & 0 \end{bmatrix}^\top$$

和前面的图示法分析结果一致，第二个变量不是整数。

接下来，利用另外一个基变量 $x_2^*=51/11$ 构造割平面方程，根据单纯形表的第 2 行，可构造割平面方程：

$$\frac{1}{11}x_4 + \frac{8}{11}x_5 - x_6 = \frac{7}{11}$$

更新单纯形表可得

	$\boldsymbol{a}_1$	$\boldsymbol{a}_2$	$\boldsymbol{a}_3$	$\boldsymbol{a}_4$	$\boldsymbol{a}_5$	$\boldsymbol{a}_6$	$\boldsymbol{b}$
	1	0	0	0	1	0	5
	0	1	0	$\frac{1}{11}$	$-\frac{3}{11}$	0	$\frac{51}{11}$
	0	0	1	$\frac{1}{11}$	$-\frac{36}{11}$	0	$\frac{18}{11}$
	0	0	0	$\frac{1}{11}$	$\frac{8}{11}$	-1	$\frac{7}{11}$
$\boldsymbol{r}^\top$	0	0	0	$\frac{4}{11}$	$\frac{21}{11}$	0	$\frac{369}{11}$

类似地，没有明显的基本可行解。采用两阶段法可得

	a_1	a_2	a_3	a_4	a_5	a_6	b
	1	0	0	$-\frac{1}{8}$	0	$\frac{11}{8}$	$\frac{33}{8}$
	0	1	0	$\frac{1}{8}$	0	$-\frac{3}{8}$	$\frac{39}{8}$
	0	0	1	$\frac{1}{2}$	0	$-\frac{9}{2}$	$\frac{9}{2}$
	0	0	0	$\frac{1}{8}$	1	$-\frac{11}{8}$	$\frac{7}{8}$
$r^\top$	0	0	0	$\frac{1}{8}$	0	$\frac{21}{8}$	$\frac{255}{8}$

对应的最优基本可行解仍然不能满足整数约束，第 1 项和第 2 项都不是整数。

利用上面单纯形表中的第 2 行构造割平面方程，得到

	a_1	a_2	a_3	a_4	a_5	a_6	a_7	b
	1	0	0	$-\frac{1}{8}$	0	$\frac{11}{8}$	0	$\frac{33}{8}$
	0	1	0	$\frac{1}{8}$	0	$-\frac{3}{8}$	0	$\frac{39}{8}$
	0	0	1	$\frac{1}{2}$	0	$-\frac{9}{2}$	0	$\frac{9}{2}$
	0	0	0	$\frac{1}{8}$	1	$-\frac{11}{8}$	0	$\frac{7}{8}$
	0	0	0	$\frac{1}{8}$	0	$\frac{5}{8}$	-1	$\frac{7}{8}$
$r^\top$	0	0	0	$\frac{1}{8}$	0	$\frac{21}{8}$	0	$\frac{255}{8}$

再次利用两阶段法可得

	a_1	a_2	a_3	a_4	a_5	a_6	a_7	b
	1	0	0	0	1	0	0	5
	0	1	0	0	$-\frac{1}{2}$	0	$\frac{1}{2}$	4
	0	0	1	0	$-\frac{7}{2}$	0	$\frac{1}{2}$	1
	0	0	0	1	$\frac{5}{2}$	0	$-\frac{11}{2}$	7
	0	0	0	0	$-\frac{1}{2}$	1	$-\frac{1}{2}$	0
$r^\top$	0	0	0	0	1	0	2	31

（注意，基本可行解是退化的，对应的基矩阵不唯一。）相应的最优基本可行解为

$$[5\ \ 4\ \ 1\ \ 7\ \ 0\ \ 0\ \ 0]^\top$$

这一组解满足整数约束，因此原来整数规划问题的最优解是$[5, 4]^\top$，这与图 19.3 中的图解法得到的结果一致。

在本例中，线性规划问题的最优解是一个整数向量。与例 19.5 的不同之处在于，本例中整数规划问题的约束方程系数全部都是整数。 ■

不要求所有变量为整数的线性规划问题称为混合整数规划问题。割平面法也适用于混合整数规划问题。实际上，例 19.5 就是一个混合整数规划问题，因为引入的松弛变量并不要求是整数。此外，割平面方法的思想已经在非单纯形法和非线性规划的求解算法中得到了应用。

关于其他求解整数规划问题的方法，可参阅参考文献[119]。

习题

19.1　证明如果 $\boldsymbol{A}$ 是完全幺模矩阵，那么其所有子矩阵也都是完全幺模矩阵。

19.2　证明如果 $\boldsymbol{A}$ 是完全幺模矩阵，那么 $\boldsymbol{A}^\top$ 也是完全幺模矩阵。

19.3　证明 $\boldsymbol{A}$ 是完全幺模矩阵，当且仅当$[\boldsymbol{A}, \boldsymbol{I}]$是完全幺模矩阵。该结论比命题 19.1 更强。

19.4　考虑命题 19.1 中的矩阵 $\boldsymbol{B}$：

$$\boldsymbol{B} = \begin{bmatrix} \boldsymbol{B}_{m-k,k} & \boldsymbol{I}_{m-k} \\ \boldsymbol{B}_{k,k} & \boldsymbol{O} \end{bmatrix}$$

证明 $\det \boldsymbol{B} = \pm \det \boldsymbol{B}_{k,k}$。

19.5　考虑约束：

$$\begin{aligned} \boldsymbol{Ax} &\leqslant \boldsymbol{b} \\ \boldsymbol{x} &\in \mathbb{Z}^n \end{aligned}$$

其中，$\boldsymbol{A}$ 和 $\boldsymbol{b}$ 中的元素全部为整数。引入松弛变量向量 $\boldsymbol{z}$，得到等价约束：

$$\begin{aligned} [\boldsymbol{A}, \boldsymbol{I}] \begin{bmatrix} \boldsymbol{x} \\ \boldsymbol{z} \end{bmatrix} &= \boldsymbol{b} \\ \boldsymbol{x} &\in \mathbb{Z}^n \\ \boldsymbol{z} &\geqslant \boldsymbol{0} \end{aligned}$$

证明：如果 $\boldsymbol{z}$ 和 $\boldsymbol{x}$ 满足约束条件，那么 $\boldsymbol{z}$ 是一个整数向量。

19.6　采用 MATLAB 编写程序，绘制图 19.1 和图 19.2。

19.7　考虑标准形式的约束条件 $\boldsymbol{Ax} = \boldsymbol{b}$，假设在此基础上增加一个割平面方程后得到新约束条件：

$$\bar{\boldsymbol{A}} \begin{bmatrix} \boldsymbol{x} \\ x_{n+1} \end{bmatrix} = \bar{\boldsymbol{b}}$$

如果 x_{n+1} 和整数向量 $\boldsymbol{x}$ 共同满足这一约束条件，证明 x_{n+1} 为整数。

19.8　考虑整数规划的标准形式：

$$\begin{array}{ll} \text{minimize} & \boldsymbol{c}^\top \boldsymbol{x} \\ \text{subject to} & \boldsymbol{Ax} = \boldsymbol{b} \\ & \boldsymbol{x} \geqslant \boldsymbol{0} \\ & \boldsymbol{x} \in \mathbb{Z}^n \end{array}$$

证明：如果采用基于单纯形法的割平面法进行求解，那么最优基本可行解(包括割平面法引入的变量)是一个整数向量(借鉴习题 19.7 的结论)。

19.9　考虑整数规划问题：

$$\begin{array}{ll} \text{minimize} & \boldsymbol{c}^\top \boldsymbol{x} \\ \text{subject to} & \boldsymbol{Ax} \leqslant \boldsymbol{b} \\ & \boldsymbol{x} \geqslant \boldsymbol{0} \\ & \boldsymbol{x} \in \mathbb{Z}^n \end{array}$$

通过引入松弛变量将其转换为标准形式。采用基于单纯形法的割平面法进行求解，证明最终的最优基本可行解(包括松弛变量和割平面法引入的变量)是整数向量(借鉴习题 19.5 和习题 19.8 的结论)。

19.10　采用图解法求解例 19.5 中的线性规划问题的对偶问题的整数解。

第四部分

有约束非线性优化问题

第 20 章　仅含等式约束的优化问题

20.1　引言

这一部分将讨论形如

$$\begin{aligned} &\text{minimize} && f(\boldsymbol{x}) && \\ &\text{subject to} && h_i(\boldsymbol{x})=0, && i=1,\cdots,m \\ & && g_j(\boldsymbol{x})\leqslant 0, && j=1,\cdots,p \end{aligned}$$

的一类有约束非线性优化问题的求解方法，其中，$\boldsymbol{x}\in\mathbb{R}^n$，$f:\mathbb{R}^n\to\mathbb{R}$，$h_i:\mathbb{R}^n\to\mathbb{R}$，$g_j:\mathbb{R}^n\to\mathbb{R}$，$m\leqslant n$。利用向量进行表示，可写为如下所示的标准型：

$$\begin{aligned} &\text{minimize} && f(\boldsymbol{x}) \\ &\text{subject to} && \boldsymbol{h}(\boldsymbol{x})=\boldsymbol{0} \\ & && \boldsymbol{g}(\boldsymbol{x})\leqslant\boldsymbol{0} \end{aligned}$$

其中，$\boldsymbol{h}:\mathbb{R}^n\to\mathbb{R}^m$，$\boldsymbol{g}:\mathbb{R}^n\to\mathbb{R}^p$。可按照与线性规划相类似的方式，定义非线性有约束优化问题的可行点和可行集：

定义 20.1　满足所有约束条件的点称为可行点，所有可行点组成的集合

$$\{\boldsymbol{x}\in\mathbb{R}^n:\boldsymbol{h}(\boldsymbol{x})=\boldsymbol{0},\ \boldsymbol{g}(\boldsymbol{x})\leqslant\boldsymbol{0}\}$$

称为可行集。 ■

实际上，这种形式的优化问题也不是什么新问题了，第三部分已经研究过的线性规划

$$\begin{aligned} &\text{minimize} && \boldsymbol{c}^\top\boldsymbol{x} \\ &\text{subject to} && \boldsymbol{A}\boldsymbol{x}=\boldsymbol{b} \\ & && \boldsymbol{x}\geqslant\boldsymbol{0} \end{aligned}$$

就是这类问题的一个特例。

第二部分中已经提到过，可以不失一般性的只考虑极小化目标函数的情况。这是因为，极大化问题可以很容易地转化为极小化问题：

$$\text{maximize}\,f(\boldsymbol{x})=\text{minimize}\,-f(\boldsymbol{x})$$

下面给出一个有约束非线性优化问题的具体例子。

例 20.1　考虑优化问题：

$$\begin{aligned} &\text{minimize} && (x_1-1)^2+x_2-2 \\ &\text{subject to} && x_2-x_1=1 \\ & && x_1+x_2\leqslant 2 \end{aligned}$$

这个问题已经是标准型，目标函数为 $f(x_1,x_2)=(x_1-1)^2+x_2-2$，等式约束函数为 $h(x_1,x_2)=x_2-x_1-1$，不等式约束函数为 $g(x_1,x_2)=x_1+x_2-2$。该问题比较简单，

可以利用图解法求解，如图 20.1 所示。图中的粗实线表示满足约束条件的点集(可行集)。开口向下的抛物线表示目标函数 f 的水平集，抛物线越靠近下方，目标函数值越小。因此，可行集与某条抛物线的相切点，就是问题的最优解。在本例中，极小点处于 $f=-1/4$ 对应的水平集上，即目标函数的极小点为 $\boldsymbol{x}^*=[1/2, 3/2]^\top$。

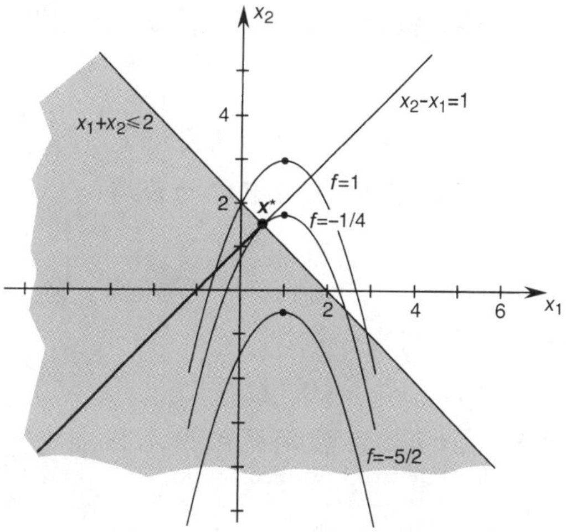

图 20.1　利用图解法求解例 20.1 ■

本章接下来将讨论仅包含等式约束的优化问题，后续章节中将讨论一般形式的有约束优化问题。

20.2　问题描述

本章将讨论形如

$$\begin{array}{ll} \text{minimize} & f(\boldsymbol{x}) \\ \text{subject to} & \boldsymbol{h}(\boldsymbol{x})=\boldsymbol{0} \end{array}$$

的一类有约束优化问题，其中 $\boldsymbol{x}\in\mathbb{R}^n$，$f:\mathbb{R}^n\to\mathbb{R}$，$\boldsymbol{h}:\mathbb{R}^n\to\mathbb{R}^m$，$h=[h_1, \cdots, h_m]^\top$，$m\leqslant n$。假定函数 $\boldsymbol{h}$ 连续可微，即 $\boldsymbol{h}\in\mathcal{C}^1$。引入如下定义：

定义 20.2　对于满足约束 $h_1(\boldsymbol{x}^*)=0, \cdots, h_m(\boldsymbol{x}^*)=0$ 的点 $\boldsymbol{x}^*$，如果梯度向量 $\nabla h_1(\boldsymbol{x}^*), \cdots, \nabla h_m(\boldsymbol{x}^*)$ 是线性无关的，则称点 $\boldsymbol{x}^*$ 为该约束的一个正则点。■

令 $D\boldsymbol{h}(\boldsymbol{x}^*)$ 为向量 $\boldsymbol{h}=[h_1, \cdots, h_m]^\top$ 在 $\boldsymbol{x}^*$ 处的雅可比矩阵：

$$D\boldsymbol{h}(\boldsymbol{x}^*)=\begin{bmatrix} Dh_1(\boldsymbol{x}^*) \\ \vdots \\ Dh_m(\boldsymbol{x}^*) \end{bmatrix}=\begin{bmatrix} \nabla h_1(\boldsymbol{x}^*)^\top \\ \vdots \\ \nabla h_m(\boldsymbol{x}^*)^\top \end{bmatrix}$$

那么，当且仅当 $\operatorname{rank} D\boldsymbol{h}(\boldsymbol{x}^*)=m$(即雅可比矩阵行满秩)时，$\boldsymbol{x}^*$ 是正则点。

线性约束的集合 $h_1(\boldsymbol{x})=0, \cdots, h_m(\boldsymbol{x})=0$，$h_i:\mathbb{R}^n\to\mathbb{R}$ 定义的是一个曲面：

$$S=\{\boldsymbol{x}\in\mathbb{R}^n: h_1(\boldsymbol{x})=0,\cdots,h_m(\boldsymbol{x})=0\}$$

如果 S 上的所有点都是正则点，那么曲面 S 的维数为 $n-m$。

例 20.2　令 $n=3$ 和 $m=1$(在空间 $\mathbb{R}^3$ 中开展讨论)，如果 S 中的所有点都是正则点，那么集合 S 是一个二维曲面。比如，

$$h_1(\boldsymbol{x})=x_2-x_3^2=0$$

则 $\nabla h_1(\boldsymbol{x})=[0,1,-2x_3]^\top$，对于所有 $\boldsymbol{x}\in\mathbb{R}^3$ 都有 $\nabla h_1(\boldsymbol{x})\neq\boldsymbol{0}$。在这种情况下，有

$$\dim S=\dim\{\boldsymbol{x}:h_1(\boldsymbol{x})=0\}=n-m=2$$

曲面 S 如图 20.2 所示。■

例 20.3　令 $n=3$ 和 $m=2$，如果 S 中的所有点都是正则点，那么 S 是一个一维对象(即 $\mathbb{R}^3$ 空间中的一条曲线)。比如，

$$h_1(\boldsymbol{x})=x_1$$
$$h_2(\boldsymbol{x})=x_2-x_3^2$$

则有 $\nabla h_1(\boldsymbol{x})=[1,0,0]^\top$ 和 $\nabla h_2(\boldsymbol{x})=[0,1,-2x_3]^\top$。可以看出，向量 $\nabla h_1(\boldsymbol{x})$ 和 $\nabla h_2(\boldsymbol{x})$ 在 $\mathbb{R}$ 空间是线性无关的，故有

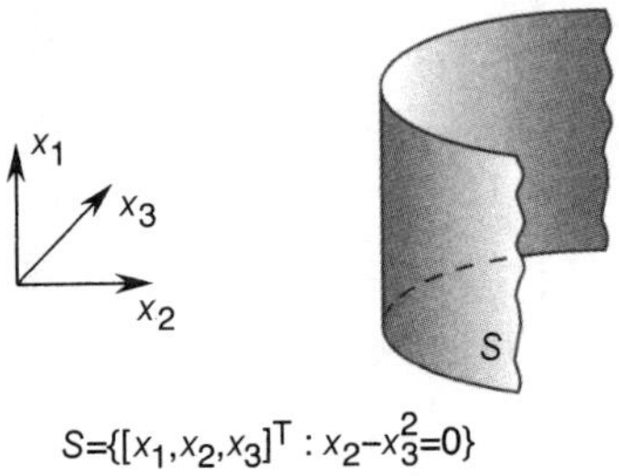

图 20.2　$\mathbb{R}^3$ 空间中的二维曲面

$$\dim S=\dim\{\boldsymbol{x}:h_1(\boldsymbol{x})=0,\ h_2(\boldsymbol{x})=0\}=n-m=1$$

曲面 S 如图 20.3 所示。

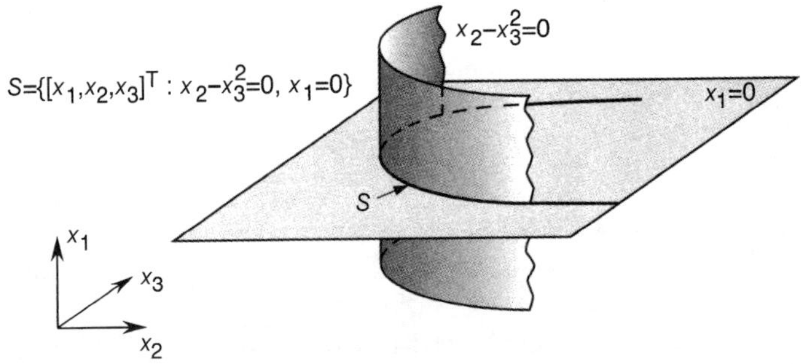

图 20.3　$\mathbb{R}^3$ 空间中的一维曲面 ■

20.3　切线空间和法线空间

本节将讨论曲面上某点处切线空间和法线空间的概念，首先给出曲面 S 上曲线的定义。

定义 20.3　曲面 S 上的曲线 C，是由 $t\in(a,b)$ 连续参数化的一组点构成的集合 $\{\boldsymbol{x}(t)\in S:t\in(a,b)\}$。也就是说，$\boldsymbol{x}:(a,b)\to S$ 是连续函数。■

曲线的直观定义如图 20.4 所示。由曲线定义可知，曲线上的所有点都满足曲面方程。如果曲线 C 通过一个点 $\boldsymbol{x}^*$，那么必然存在 $t^*\in(a,b)$，使得 $\boldsymbol{x}(t^*)=\boldsymbol{x}^*$。

直观上看，可以把曲线 $C=\{\boldsymbol{x}(t):t\in(a,b)\}$ 视为某个点在曲面 S 上运动时经过点 $\boldsymbol{x}$ 的路径，$\boldsymbol{x}(t)$ 表示点在 t 时刻的位置。

定义 20.4　如果对于所有 $t \in (a, b)$，

$$\dot{\boldsymbol{x}}(t) = \frac{\mathrm{d}\boldsymbol{x}}{\mathrm{d}t}(t) = \begin{bmatrix} \dot{x}_1(t) \\ \vdots \\ \dot{x}_n(t) \end{bmatrix}$$

都存在，那么曲线 $C = \{\boldsymbol{x}(t): t \in (a, b)\}$ 是可微的。

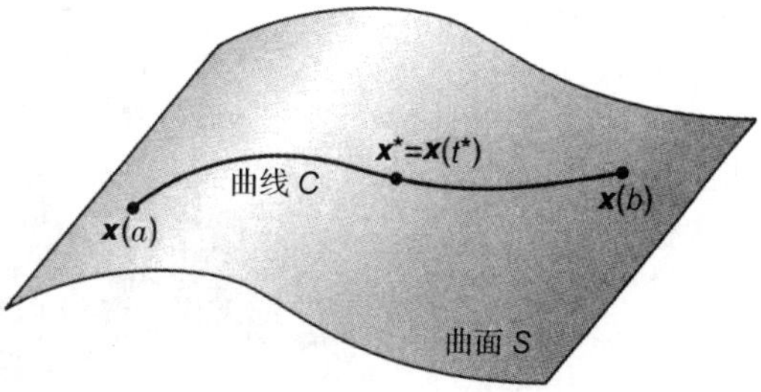

图 20.4　曲面上的曲线

如果对于所有 $t \in (a, b)$，

$$\ddot{\boldsymbol{x}}(t) = \frac{\mathrm{d}^2\boldsymbol{x}}{\mathrm{d}t^2}(t) = \begin{bmatrix} \ddot{x}_1(t) \\ \vdots \\ \ddot{x}_n(t) \end{bmatrix}$$

都存在，那么曲线 $C = \{\boldsymbol{x}(t): t \in (a, b)\}$ 是二次可微的。■

需要注意的是，$\dot{\boldsymbol{x}}(t)$ 和 $\ddot{\boldsymbol{x}}(t)$ 均是 n 维向量。可以把 $\dot{\boldsymbol{x}}(t)$ 和 $\ddot{\boldsymbol{x}}(t)$ 分别视为运动路径为 C 的某个点 $\boldsymbol{x}(t)$ 在 t 时刻的速度和加速度。向量 $\dot{\boldsymbol{x}}(t)$ 指向 $\boldsymbol{x}(t)$ 的瞬时运动方向。因此，向量 $\dot{\boldsymbol{x}}(t^*)$ 在 $\boldsymbol{x}^*$ 处与曲线 C 相切，如图 20.5 所示。

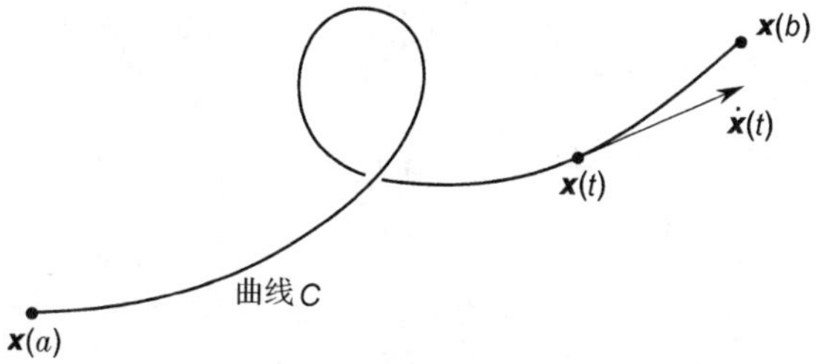

图 20.5　曲线可微的几何解释

基于前面的准备知识，下面就可以引入切线空间的概念了。考虑集合：

$$S = \{\boldsymbol{x} \in \mathbb{R}^n : \boldsymbol{h}(\boldsymbol{x}) = \boldsymbol{0}\}$$

$\boldsymbol{h} \in \mathcal{C}^1$，$S$ 就是 $\mathbb{R}^n$ 空间中的一个曲面。

定义 20.5　曲面 $S = \{\boldsymbol{x} \in \mathbb{R}^n: h(\boldsymbol{x}) = \boldsymbol{0}\}$ 中点 $\boldsymbol{x}^*$ 处的切线空间为集合 $T(\boldsymbol{x}^*) = \{\boldsymbol{y}: D\boldsymbol{h}(\boldsymbol{x}^*)\boldsymbol{y} = \boldsymbol{0}\}$。■

可以看出，切线空间 $T(\boldsymbol{x}^*)$ 是矩阵 $D\boldsymbol{h}(\boldsymbol{x}^*)$ 的零空间：

$$T(\boldsymbol{x}^*) = \mathcal{N}(D\boldsymbol{h}(\boldsymbol{x}^*))$$

因此，切线空间是 $\mathbb{R}^n$ 的子空间。

假设 $\boldsymbol{x}^*$ 是正则点，那么切线空间的维数为 $n-m$，m 是等式约束 $h_i(\boldsymbol{x}^*) = 0$ 的数量。切线空间经过原点，但是，为了方便起见，切线空间经常被描绘为一个经过点 $\boldsymbol{x}^*$ 的平面。为此，定义点 $\boldsymbol{x}^*$ 处的切平面为

$$TP(\boldsymbol{x}^*) = T(\boldsymbol{x}^*) + \boldsymbol{x}^* = \{\boldsymbol{x} + \boldsymbol{x}^* : \boldsymbol{x} \in T(\boldsymbol{x}^*)\}$$

图 20.6 给出了切平面的几何解释，切平面与切线空间之间的关系如图 20.7 所示。

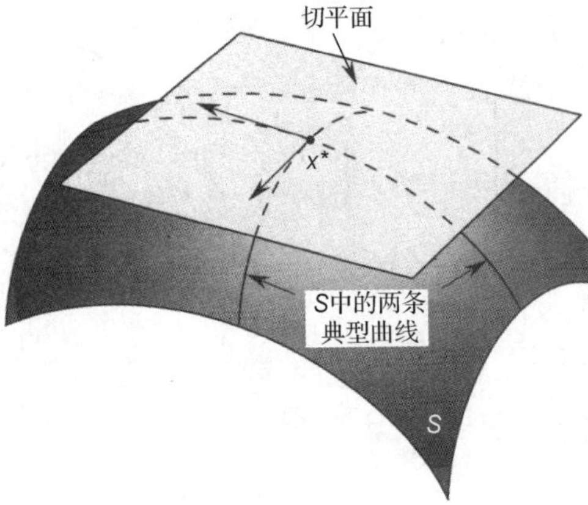

图 20.6　曲面 S 在 $\boldsymbol{x}^*$ 点处的切平面

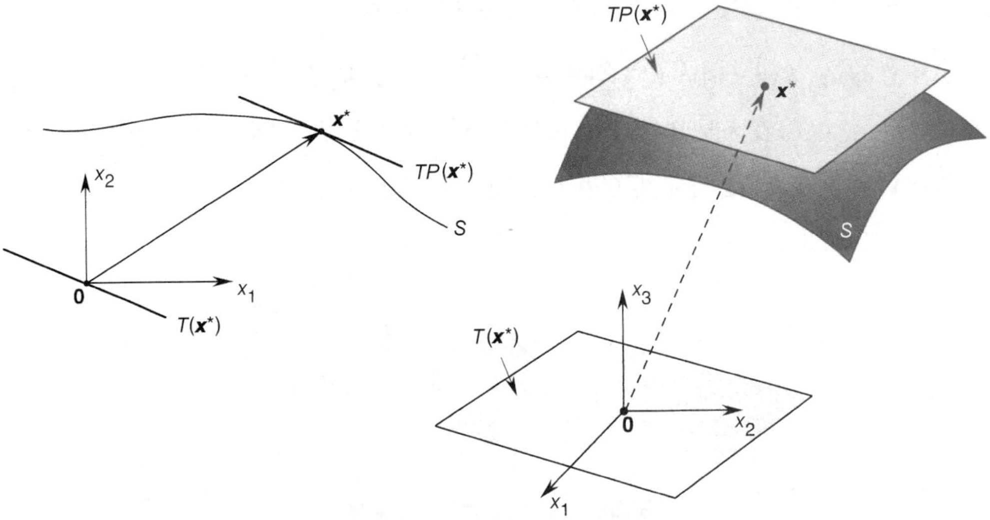

图 20.7　$\mathbb{R}^2$ 和 $\mathbb{R}^3$ 上的切线空间和切平面

例 20.4　已知

$$S=\{\boldsymbol{x}\in\mathbb{R}^3: h_1(\boldsymbol{x})=x_1=0,\ h_2(\boldsymbol{x})=x_1-x_2=0\}$$

那么，S 就是 $\mathbb{R}^3$ 坐标系的 x_3 轴，如图 20.8 所示。$\boldsymbol{h}(\boldsymbol{x})$ 的导数为

$$D\boldsymbol{h}(\boldsymbol{x})=\begin{bmatrix}\nabla h_1(\boldsymbol{x})^\top\\ \nabla h_2(\boldsymbol{x})^\top\end{bmatrix}=\begin{bmatrix}1 & 0 & 0\\ 1 & -1 & 0\end{bmatrix}$$

对于任意的 $\boldsymbol{x}\in S$，∇h_1 和 ∇h_2 都是线性无关的，所以 S 上的所有点都是正则点。因此，S 上任意点处的切线空间为

$$\begin{aligned}T(\boldsymbol{x})&=\{\boldsymbol{y}:\nabla h_1(\boldsymbol{x})^\top\boldsymbol{y}=0,\ \nabla h_2(\boldsymbol{x})^\top\boldsymbol{y}=0\}\\ &=\left\{\boldsymbol{y}:\begin{bmatrix}1 & 0 & 0\\ 1 & -1 & 0\end{bmatrix}\begin{bmatrix}y_1\\ y_2\\ y_3\end{bmatrix}=\boldsymbol{0}\right\}\\ &=\{[0,0,\alpha]^\top:\alpha\in\mathbb{R}\}\\ &=\mathbb{R}^3\text{坐标系的}x_3\text{轴}\end{aligned}$$

在这个例子中，任意点 $\boldsymbol{x} \in S$ 处的切线空间 $T(\boldsymbol{x})$ 都是 $\mathbb{R}^3$ 的一维子空间。

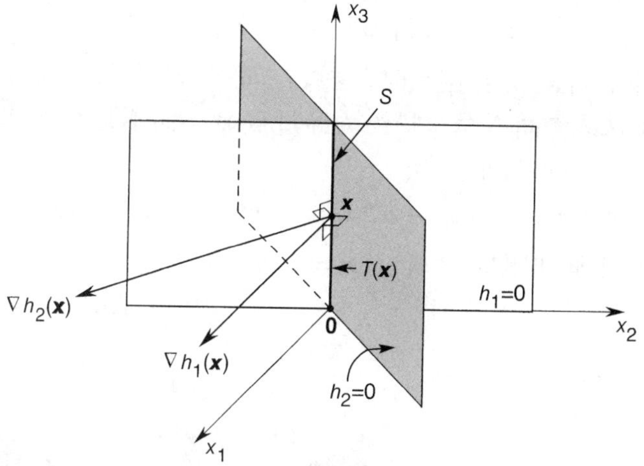

图 20.8　曲面 $S = \{x \in \mathbb{R}^3 : x_1 = 0,\ x_1 - x_2 = 0\}$ ■

直觉上，曲面中某个点处的切线空间，应该是该点处所有切向量的集合。前面已经提到过，对于曲面中经过某点的曲线，其导数是曲线的切向量，自然也是曲面的切向量。当 $\boldsymbol{x}^*$ 是正则点时，这一直觉就是准确的，据此给出如下定理：

定理 20.1　假设 $\boldsymbol{x}^* \in S$ 是一个正则点且 $T(\boldsymbol{x}^*)$ 是 $\boldsymbol{x}^*$ 处的切线空间。当且仅当曲面 S 中存在一条经过点 $\boldsymbol{x}^*$ 的可微曲线，其在 $\boldsymbol{x}^*$ 处的导数为 $\boldsymbol{y}$ 时，有 $\boldsymbol{y} \in T(\boldsymbol{x}^*)$ 成立。 □

证明：

必要性。已知 S 中存在一条曲线 $\{\boldsymbol{x}(t) : t \in (a, b)\}$，对于某个 $t^* \in (a, b)$，有 $\boldsymbol{x}(t^*) = \boldsymbol{x}^*$，$\dot{\boldsymbol{x}}(t^*) = \boldsymbol{y}$。对于任意 $t \in (a, b)$，有

$$\boldsymbol{h}(\boldsymbol{x}(t)) = \boldsymbol{0}$$

利用链式法则求函数 $\boldsymbol{h}(\boldsymbol{x}(t))$ 关于 t 的微分，可得对于任意 $t \in (a, b)$，有

$$\frac{\mathrm{d}}{\mathrm{d}t}\boldsymbol{h}(\boldsymbol{x}(t)) = D\boldsymbol{h}(\boldsymbol{x}(t))\dot{\boldsymbol{x}}(t) = \boldsymbol{0}$$

因此，在 t^* 处有

$$D\boldsymbol{h}(\boldsymbol{x}^*)\boldsymbol{y} = \boldsymbol{0}$$

故有 $\boldsymbol{y} \in T(\boldsymbol{x}^*)$。

充分性。这一证明过程需要用到隐函数定理，建议参阅参考文献[88]的第 325 页。■

下面引入法线空间的概念。

定义 20.6　曲面 $S = \{\boldsymbol{x} \in \mathbb{R}^n : \boldsymbol{h}(\boldsymbol{x}) = \boldsymbol{0}\}$ 中点 $\boldsymbol{x}^*$ 处的法线空间 $N(\boldsymbol{x}^*)$ 定义为 $N(\boldsymbol{x}^*) = \{\boldsymbol{x} \in \mathbb{R}^n : \boldsymbol{x} = D\boldsymbol{h}(\boldsymbol{x}^*)^\top \boldsymbol{z},\ \boldsymbol{z} \in \mathbb{R}^m\}$。 ■

法线空间可以表示为

$$N(\boldsymbol{x}^*) = \mathcal{R}\left(D\boldsymbol{h}(\boldsymbol{x}^*)^\top\right)$$

也就是说，法线空间实际上是矩阵 $D\boldsymbol{h}(\boldsymbol{x}^*)^\top$ 的值域。注意，法线空间 $N(\boldsymbol{x}^*)$ 是由向量

$\nabla h_1(\boldsymbol{x}^*)$, ⋯, $\nabla h_m(\boldsymbol{x}^*)$张成的子空间，即

$$\begin{aligned}N(\boldsymbol{x}^*) &= \text{span}[\nabla h_1(\boldsymbol{x}^*), \cdots, \nabla h_m(\boldsymbol{x}^*)] \\ &= \{\boldsymbol{x} \in \mathbb{R}^n : \boldsymbol{x} = z_1 \nabla h_1(\boldsymbol{x}^*) + \cdots + z_m \nabla h_m(\boldsymbol{x}^*),\ z_1, \cdots, z_m \in \mathbb{R}\}\end{aligned}$$

法线空间包含零向量。当$\boldsymbol{x}^*$是正则点时，法线空间$N(\boldsymbol{x}^*)$的维数为m。按照与切线空间相同的处理方式，把法线空间$N(\boldsymbol{x}^*)$描绘为经过点$\boldsymbol{x}^*$（而不是经过$\mathbb{R}^n$的原点）的平面更加方便。为此，定义$\boldsymbol{x}^*$处的法平面为

$$NP(\boldsymbol{x}^*) = N(\boldsymbol{x}^*) + \boldsymbol{x}^* = \{\boldsymbol{x} + \boldsymbol{x}^* \in \mathbb{R}^n : \boldsymbol{x} \in N(\boldsymbol{x}^*)\}$$

$\mathbb{R}^3$中的法线空间和法平面如图 20.9 所示($n=3$, $m=1$)。

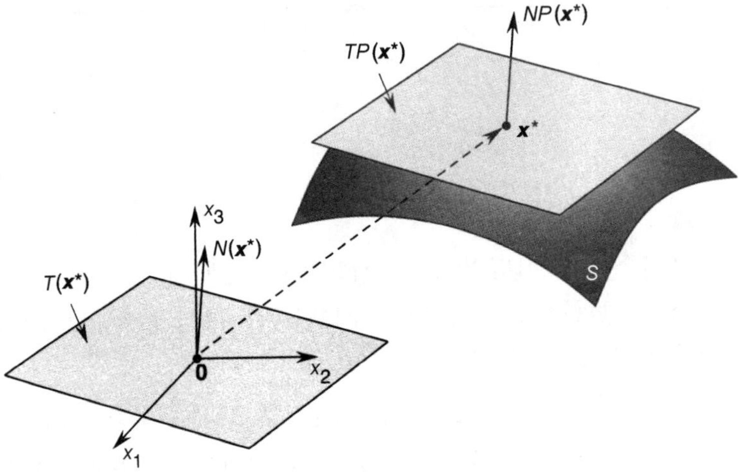

图 20.9　$\mathbb{R}^3$中的法线空间

可以证明，切线空间和法线空间互为正交补(见 3.3 节)。

引理 20.1　$T(\boldsymbol{x}^*)=N(\boldsymbol{x}^*)^\perp$，$T(\boldsymbol{x}^*)^\perp=N(\boldsymbol{x}^*)$。 □

证明： 由$T(\boldsymbol{x}^*)$的定义，

$$T(\boldsymbol{x}^*) = \{\boldsymbol{y} \in \mathbb{R}^n : \boldsymbol{x}^\top \boldsymbol{y} = 0,\ 任意\ \boldsymbol{x} \in N(\boldsymbol{x}^*)\}$$

可得$T(\boldsymbol{x}^*)=N(\boldsymbol{x}^*)^\perp$。由习题 3.11，可得$T(\boldsymbol{x}^*)^\perp=N(\boldsymbol{x}^*)$。 ■

根据引理 20.1，可以对$\mathbb{R}^n$进行直和分解(见 3.3 节)：

$$\mathbb{R}^n = N(\boldsymbol{x}^*) \oplus T(\boldsymbol{x}^*)$$

即对于任意向量$\boldsymbol{v} \in \mathbb{R}^n$，存在仅有的一对向量$\boldsymbol{w} \in N(\boldsymbol{x}^*)$和$\boldsymbol{y} \in T(\boldsymbol{x}^*)$，使得

$$\boldsymbol{v} = \boldsymbol{w} + \boldsymbol{y}$$

20.4　拉格朗日条件

本节讨论有约束极值问题的一阶必要条件，即著名的拉格朗日定理。为了更好地理解这一定理的基本思想，首先考虑只包含两个决策变量和一个等式约束的优化问题。令$h:\mathbb{R}^2 \to \mathbb{R}$为约束函数，已知函数定义域中点$\boldsymbol{x}$处的梯度$\nabla h(\boldsymbol{x})$与通过该点的$h(\boldsymbol{x})$水平集正交。选择点$\boldsymbol{x}^*=[x_1^*, x_2^*]^\top$使得$h(\boldsymbol{x}^*)=0$，且$\nabla h(\boldsymbol{x}^*) \neq \boldsymbol{0}$，经过点$\boldsymbol{x}^*$的水平集为集合

$\{\boldsymbol{x}:h(\boldsymbol{x})=0\}$。可利用曲线$\{\boldsymbol{x}(t)\}$在$\boldsymbol{x}^*$邻域内对水平集进行参数化，$\boldsymbol{x}(t)$为一个连续可微的向量函数$\boldsymbol{x}:\mathbb{R}\to\mathbb{R}^2$：

$$\boldsymbol{x}(t)=\begin{bmatrix}x_1(t)\\x_2(t)\end{bmatrix},\quad t\in(a,b),\quad \boldsymbol{x}^*=\boldsymbol{x}(t^*),\quad \dot{\boldsymbol{x}}(t^*)\neq\boldsymbol{0},\quad t^*\in(a,b)$$

接下来就可以证明，$\nabla h(\boldsymbol{x}^*)$与$\dot{\boldsymbol{x}}(t^*)$正交。由于$h$在曲线$\{\boldsymbol{x}(t):t\in(a,b)\}$上是常数，即对于任意$t\in(a,b)$，有

$$h(\boldsymbol{x}(t))=0$$

因此，对于任意$t\in(a,b)$，有

$$\frac{\mathrm{d}}{\mathrm{d}t}h(\boldsymbol{x}(t))=0$$

利用链式法则，可得

$$\frac{\mathrm{d}}{\mathrm{d}t}h(\boldsymbol{x}(t))=\nabla h(\boldsymbol{x}(t))^\top\dot{\boldsymbol{x}}(t)=0$$

因此，$\nabla h(\boldsymbol{x}^*)$与$\dot{\boldsymbol{x}}(t^*)$正交。

如果$\boldsymbol{x}^*$是$f:\mathbb{R}\to\mathbb{R}^2$在集合$\{\boldsymbol{x}:h(\boldsymbol{x})=0\}$上的极小点。可以证明，$\nabla f(\boldsymbol{x}^*)$与$\dot{\boldsymbol{x}}(t^*)$正交。构造关于$t$的复合函数：

$$\phi(t)=f(\boldsymbol{x}(t))$$

该函数在$t=t^*$时取得极小值。根据无约束极值问题的一阶必要条件可知

$$\frac{\mathrm{d}\phi}{\mathrm{d}t}(t^*)=0$$

利用链式法则，可得

$$0=\frac{\mathrm{d}}{\mathrm{d}t}\phi(t^*)=\nabla f(\boldsymbol{x}(t^*))^\top\dot{\boldsymbol{x}}(t^*)=\nabla f(\boldsymbol{x}^*)^\top\dot{\boldsymbol{x}}(t^*)$$

因此，$\nabla f(\boldsymbol{x}^*)$与$\dot{\boldsymbol{x}}(t^*)$正交。由于$\dot{\boldsymbol{x}}(t^*)$与曲线$\{\boldsymbol{x}(t)\}$在点$\boldsymbol{x}^*$处相切，因此，$\nabla f(\boldsymbol{x}^*)$与曲线$\{\boldsymbol{x}(t)\}$在点$\boldsymbol{x}^*$处正交，如图 20.10 所示。

前面已经证明过，$\nabla h(\boldsymbol{x}^*)$也与$\dot{\boldsymbol{x}}(t^*)$正交。因此，向量$\nabla h(\boldsymbol{x}^*)$与$\nabla f(\boldsymbol{x}^*)$平行。也就是说，$\nabla f(\boldsymbol{x}^*)$等于$\nabla h(\boldsymbol{x}^*)$与一个标量之积。如此一来，就可以给出这种情况（两个决策变量和一个约束条件）下的拉格朗日定理。

定理 20.2　$n=2$，$m=1$ 时的拉格朗日定理。设点$\boldsymbol{x}^*$是函数$f:\mathbb{R}^2\to\mathbb{R}$的一个极小点，约束条件是$h(\boldsymbol{x})=0$，$h:\mathbb{R}^2\to\mathbb{R}$，那么，$\nabla f(\boldsymbol{x}^*)$与$\nabla h(\boldsymbol{x}^*)$平行，即如果$\nabla h(\boldsymbol{x}^*)\neq\boldsymbol{0}$，则存在标量$\lambda^*$，使得

$$\nabla f(\boldsymbol{x}^*)+\lambda^*\nabla h(\boldsymbol{x}^*)=\boldsymbol{0}$$

□

定理 20.2 中的λ^*称为拉格朗日乘子。需要指出的是，该定理对极大化问题也同样成立。图 20.11 给出了一个求极大值情况下的例子，图中的$\boldsymbol{x}^*$是f在集合$\{\boldsymbol{x}:h(\boldsymbol{x})=0\}$上的极大点。

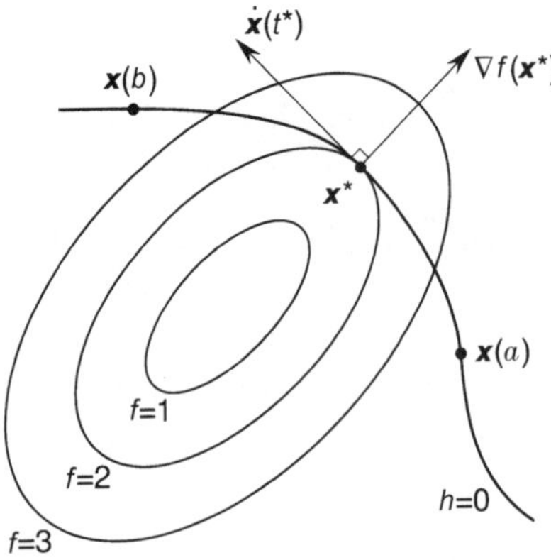

图 20.10　梯度$\nabla f(\boldsymbol{x}^*)$与曲线$\{\boldsymbol{x}(t)\}$在点$\boldsymbol{x}^*$处正交，$\boldsymbol{x}^*$是函数$f$在曲线上的极小点

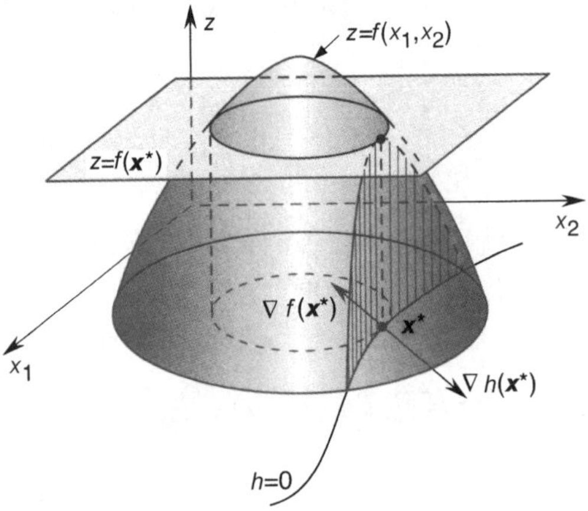

图 20.11　$n=2$，$m=1$ 情况下的拉格朗日定理

拉格朗日定理是局部极小点的一阶必要条件，即拉格朗日条件，包括两个方程：

$$\nabla f(\boldsymbol{x}^*) + \lambda^* \nabla h(\boldsymbol{x}^*) = \mathbf{0}$$
$$h(\boldsymbol{x}^*) = 0$$

拉格朗日条件是必要条件而不是充分条件。图 20.12 中给出了一些满足拉格朗日条件的点，其中有一个点不是极值点(既不是极大点也不是极小点)。

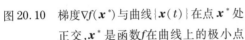

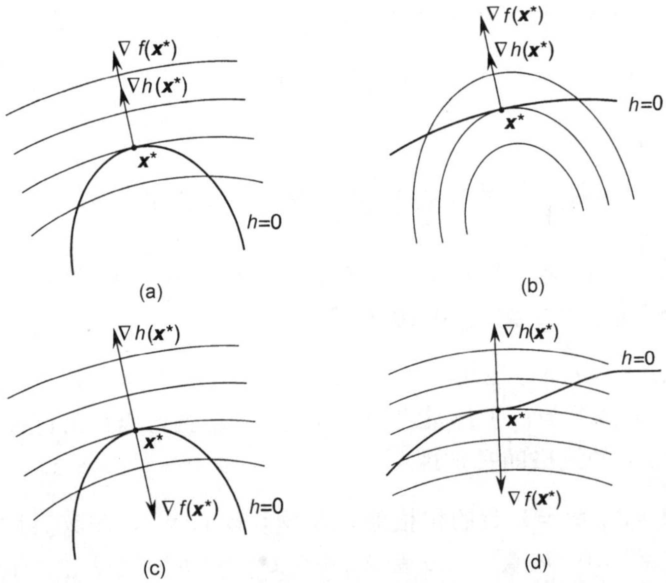

图 20.12　四个拉格朗日条件满足的例子。(a)极大点；(b)极小点；(c)极小点；(d)不是极值点[120]

接下来可将这种特殊情况下的拉格朗日定理推广到一般情况下，即$f:\mathbb{R}^n\to\mathbb{R}$，$\boldsymbol{h}:\mathbb{R}^n\to\mathbb{R}^m$，$m\leqslant n$。

定理 20.3　拉格朗日定理。$\boldsymbol{x}^*$是$f:\mathbb{R}^n\to\mathbb{R}$的局部极小点(或极大点)，约束条件为$\boldsymbol{h}(\boldsymbol{x})=\mathbf{0}$，$\boldsymbol{h}:\mathbb{R}^n\to\mathbb{R}^m$，$m\leqslant n$。如果$\boldsymbol{x}^*$是正则点，那么存在$\boldsymbol{\lambda}^*\in\mathbb{R}^m$，使得

$$Df(\boldsymbol{x}^*) + \boldsymbol{\lambda}^{*\top} D\boldsymbol{h}(\boldsymbol{x}^*) = \boldsymbol{0}^\top$$ □

证明： 找出一个 $\boldsymbol{\lambda}^* \in \mathbb{R}^m$，使得

$$\nabla f(\boldsymbol{x}^*) = -D\boldsymbol{h}(\boldsymbol{x}^*)^\top \boldsymbol{\lambda}^*$$

即可。也就是说，证明 $\nabla f(\boldsymbol{x}^*) \in \mathcal{R}(D\boldsymbol{h}(\boldsymbol{x}^*)^\top) = N(\boldsymbol{x}^*)$ 即可。根据引理 20.1 可知，$N(\boldsymbol{x}^*) = T(\boldsymbol{x}^*)^\perp$。因此，只要证明 $\nabla f(\boldsymbol{x}^*) \in T(\boldsymbol{x}^*)^\perp$。

令

$$\boldsymbol{y} \in T(\boldsymbol{x}^*)$$

那么，根据定理 20.1 可知，存在可微曲线 $\{\boldsymbol{x}(t): t \in (a, b)\}$，使得对于任意 $t \in (a, b)$，有

$$\boldsymbol{h}(\boldsymbol{x}(t)) = \boldsymbol{0}$$

和存在 $t^* \in (a, b)$，满足

$$\boldsymbol{x}(t^*) = \boldsymbol{x}^*, \quad \dot{\boldsymbol{x}}(t^*) = \boldsymbol{y}$$

考虑复合函数 $\phi(t) = f(\boldsymbol{x}(t))$。易知 t^* 是该函数的局部极小点，根据无约束局部极小点的一阶必要条件（见定理 6.1），得

$$\frac{\mathrm{d}\phi}{\mathrm{d}t}(t^*) = 0$$

利用链式法则，得

$$\frac{\mathrm{d}\phi}{\mathrm{d}t}(t^*) = Df(\boldsymbol{x}^*)\dot{\boldsymbol{x}}(t^*) = Df(\boldsymbol{x}^*)\boldsymbol{y} = \nabla f(\boldsymbol{x}^*)^\top \boldsymbol{y} = 0$$

所以，对于任意 $\boldsymbol{y} \in T(\boldsymbol{x}^*)$，有

$$\nabla f(\boldsymbol{x}^*)^\top \boldsymbol{y} = 0$$

即

$$\nabla f(\boldsymbol{x}^*) \in T(\boldsymbol{x}^*)^\perp$$

证明完毕。 ■

拉格朗日定理表明，如果 $\boldsymbol{x}^*$ 是极值点，那么目标函数 f 在该点处梯度可以表示为关于约束函数在该点处梯度的线性组合。定理 20.3 中的向量 $\boldsymbol{\lambda}^*$ 称为拉格朗日乘子向量，其组成元素称为拉格朗日乘子。

从拉格朗日定理的证明过程可以看出，拉格朗日条件更加紧凑的形式是 $\nabla f(\boldsymbol{x}^*) \in N(\boldsymbol{x}^*)$。如果不满足这一条件，那么 $\boldsymbol{x}^*$ 不是极值点，如图 20.13 所示。

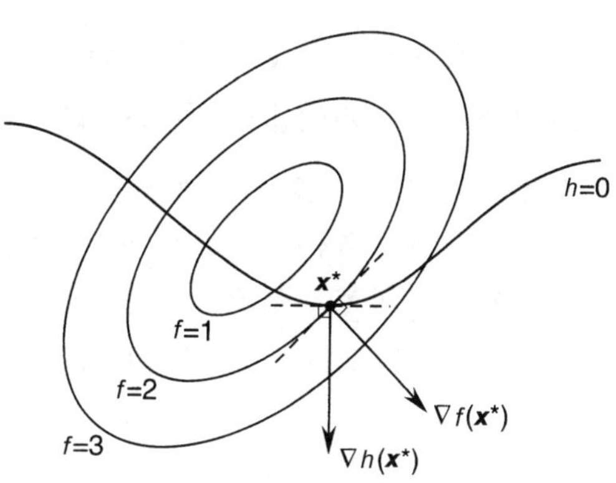

图 20.13　不满足拉格朗日条件的例子

需要注意的是，正则性是拉格朗日定理的必需假设，该假设的作用至关重要，如下面的例子所示。

例 20.5　考虑如下优化问题：

$$\begin{aligned} &\text{minimize} \quad f(x) \\ &\text{subject to} \quad h(x) = 0 \end{aligned}$$

其中，$f(x)=x$，等式约束函数为

$$h(x)=\begin{cases}x^2, & x<0\\ 0, & 0\leqslant x\leqslant 1\\ (x-1)^2, & x>1\end{cases}$$

显然，可行集为$[0,1]$。易知$x^*=0$是局部极小点。由于$f'(x^*)=1$，$h'(x^*)=0$。因此，x^*不满足拉格朗日必要条件。可以看出，x^*不是正则点，这正是拉格朗日定理不适用的原因。■

为了便于描述，引入拉格朗日函数$l:\mathbb{R}^n\times\mathbb{R}^m\to\mathbb{R}$：

$$l(\boldsymbol{x},\boldsymbol{\lambda})\triangleq f(\boldsymbol{x})+\boldsymbol{\lambda}^\top\boldsymbol{h}(\boldsymbol{x})$$

可利用拉格朗日函数表示局部极小点$\boldsymbol{x}^*$的拉格朗日条件，即存在一个向量$\boldsymbol{\lambda}^*$，满足

$$Dl(\boldsymbol{x}^*,\boldsymbol{\lambda}^*)=\mathbf{0}^\top$$

其中，求导运算D指的是求关于变量$[\boldsymbol{x}^\top,\boldsymbol{\lambda}^\top]^\top$的导数。换句话说，拉格朗日定理给定的必要条件，等价于将拉格朗日方程视为无约束优化问题的目标函数对应的一阶必要条件。

令$D_x l$表示l关于$\boldsymbol{x}$的导数，$D_\lambda l$表示l关于$\boldsymbol{\lambda}$的导数，有

$$Dl(\boldsymbol{x},\boldsymbol{\lambda})=[D_x l(\boldsymbol{x},\boldsymbol{\lambda}),D_\lambda l(\boldsymbol{x},\boldsymbol{\lambda})]$$

注意有$D_x l(\boldsymbol{x},\boldsymbol{\lambda})=Df(\boldsymbol{x})+\boldsymbol{\lambda}^\top D\boldsymbol{h}(\boldsymbol{x})$和$D_\lambda l(\boldsymbol{x},\boldsymbol{\lambda})=\boldsymbol{h}(\boldsymbol{x})^\top$。因此，局部极小点$\boldsymbol{x}^*$的拉格朗日条件可以表达为存在$\boldsymbol{\lambda}^*$，满足

$$D_x l(\boldsymbol{x}^*,\boldsymbol{\lambda}^*)=\mathbf{0}^\top$$
$$D_\lambda l(\boldsymbol{x}^*,\boldsymbol{\lambda}^*)=\mathbf{0}^\top$$

即

$$Dl(\boldsymbol{x}^*,\boldsymbol{\lambda}^*)=\mathbf{0}^\top$$

这说明拉格朗日条件确实可以写为$Dl(\boldsymbol{x}^*,\boldsymbol{\lambda}^*)=\mathbf{0}^\top$。

通过求解拉格朗日条件

$$D_x l(\boldsymbol{x},\boldsymbol{\lambda})=\mathbf{0}^\top$$
$$D_\lambda l(\boldsymbol{x},\boldsymbol{\lambda})=\mathbf{0}^\top$$

可找出可能的极值点。这一方程组包括$n+m$个方程和$n+m$个未知数。需要注意的是，拉格朗日条件是必要而非充分条件，即满足上述方程的点$\boldsymbol{x}^*$不一定是极值点。

例 20.6　给定固定面积的纸板，利用这一纸板制作一个封闭的盒子，使得体积最大。可以利用拉格朗日条件来解决该问题，x_1，x_2和x_3分别表示盒子的尺寸，设给定纸板的面积是A。则该问题可以表示为

$$\begin{array}{ll}\text{maximize} & x_1x_2x_3\\ \text{subject to} & x_1x_2+x_2x_3+x_3x_1=\dfrac{A}{2}\end{array}$$

目标函数为$f(\boldsymbol{x})=-x_1x_2x_3$，约束函数为$h(\boldsymbol{x})=x_1x_2+x_2x_3+x_3x_1-A/2$，则有$\nabla f(\boldsymbol{x})=-[x_2x_3,x_1x_3,x_1x_2]^\top$和$\nabla h(\boldsymbol{x})=[x_2+x_3,x_1+x_3,x_1+x_2]^\top$。可以看出，所有可行点

都是正则点。根据拉格朗日条件可知，当尺寸满足

$$\begin{aligned} x_2x_3 - \lambda(x_2 + x_3) &= 0 \\ x_1x_3 - \lambda(x_1 + x_3) &= 0 \\ x_1x_2 - \lambda(x_1 + x_2) &= 0 \\ x_1x_2 + x_2x_3 + x_3x_1 &= \frac{A}{2} \end{aligned}$$

时，盒子体积可能最大，$\lambda \in \mathbb{R}$。

求解该方程组。首先证明 x_1, x_2, x_3和 λ 不能为零。假设 $x_1=0$，根据约束条件(第 4 个方程)可得 $x_2x_3=A/2$，由拉格朗日条件中的第 2 个和第 3 个方程得到的结果是 $\lambda x_2=\lambda x_3=0$，代入第 1 个方程可得 $x_2x_3=0$。这与约束条件矛盾。类似地，也可证明 x_2和 x_3不能为零。

接下来假设 $\lambda=0$，那么 3 个拉格朗日方程相加，得 $x_2x_3+x_1x_3+x_1x_2=0$，这与约束条件矛盾。

下面求解拉格朗日方程中的 x_1, x_2, x_3。首先，分别在第 1 个和第 2 个方程分别乘以 x_1和 x_2，然后相减，得 $x_3\lambda(x_1-x_2)=0$。因为 x_3和 λ 都不能为零，可得 $x_1=x_2$。同样可得 $x_2=x_3$。因此，代入约束条件，可以求得 $x_1 = x_2 = x_3 = \sqrt{A/6}$。

需要指出的是，上述求解过程中忽略了 x_1, x_2, x_3是正数这一限制条件，因此可以使用拉格朗日方程求解该问题。上述拉格朗日条件方程组有唯一解，且解是正数。因此，增加变量 x_1, x_2, x_3为正数这一约束条件，与不考虑变量为正数这一约束的问题所对应的解是一致的。■

接下来讨论一个目标函数和约束条件都是二次函数的例子。

例 20.7　某优化问题的约束集为椭圆

$$\{[x_1, x_2]^\top : h(\boldsymbol{x}) = x_1^2 + 2x_2^2 - 1 = 0\}$$

试求目标函数

$$f(\boldsymbol{x}) = x_1^2 + x_2^2$$

的极值。由于目标函数和约束条件函数的梯度分别为

$$\begin{aligned} \nabla f(\boldsymbol{x}) &= [2x_1, 2x_2]^\top \\ \nabla h(\boldsymbol{x}) &= [2x_1, 4x_2]^\top \end{aligned}$$

故可得

$$D_x l(\boldsymbol{x}, \lambda) = D_x[f(\boldsymbol{x}) + \lambda h(\boldsymbol{x})] = [2x_1 + 2\lambda x_1, 2x_2 + 4\lambda x_2]$$

$$D_\lambda l(\boldsymbol{x}, \lambda) = h(\boldsymbol{x}) = x_1^2 + 2x_2^2 - 1$$

令 $D_x l(\boldsymbol{x}, \lambda)=\boldsymbol{0}^\top$和 $D_\lambda l(\boldsymbol{x}, \lambda)=0$，可得 3 个方程组成的方程组：

$$\begin{aligned} 2x_1 + 2\lambda x_1 &= 0 \\ 2x_2 + 4\lambda x_2 &= 0 \\ x_1^2 + 2x_2^2 &= 1 \end{aligned}$$

方程组包括3 个未知数。可以证明所有可行点都是正则点。根据第 1 个方程，可得 $x_1=0$ 或 $\lambda=-1$。当 $x_1=0$ 时，根据第 2 个和第 3 个方程可得 $\lambda=-1/2$, $x_2=\pm 1/\sqrt{2}$。当 $\lambda=-1$

时，由第 2 个和第 3 个方程可得 $x_1=\pm1$ 和 $x_2=0$。由此可得所有满足拉格朗日极值条件的点：

$$\boldsymbol{x}^{(1)}=\begin{bmatrix}0\\1/\sqrt{2}\end{bmatrix},\quad \boldsymbol{x}^{(2)}=\begin{bmatrix}0\\-1/\sqrt{2}\end{bmatrix},\quad \boldsymbol{x}^{(3)}=\begin{bmatrix}1\\0\end{bmatrix},\quad \boldsymbol{x}^{(4)}=\begin{bmatrix}-1\\0\end{bmatrix}$$

由于

$$f(\boldsymbol{x}^{(1)})=f(\boldsymbol{x}^{(2)})=\frac{1}{2}$$

$$f(\boldsymbol{x}^{(3)})=f(\boldsymbol{x}^{(4)})=1$$

因此，如果存在极小点，那么就是 $\boldsymbol{x}^{(1)}$ 和 $\boldsymbol{x}^{(2)}$；如果存在极大点，就是 $\boldsymbol{x}^{(3)}$ 和 $\boldsymbol{x}^{(4)}$。实际上，$\boldsymbol{x}^{(1)}$ 和 $\boldsymbol{x}^{(2)}$ 的确是极小点，而 $\boldsymbol{x}^{(3)}$ 和 $\boldsymbol{x}^{(4)}$ 是极大点，如图 20.14 所示。 ■

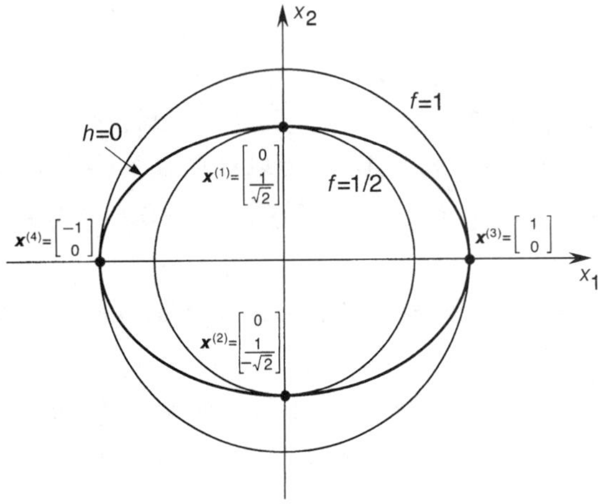

图 20.14 利用图解法求解例 20.7

在这个例子中，目标函数 f 和约束函数 h 都是包括两个变量的二次函数。接下来，将这一例子推广到更为一般的情况，即目标函数 f 和约束函数 h 都是包含 n 个变量的二次函数。

例 20.8 考虑优化问题：

$$\text{maximize}\quad \frac{\boldsymbol{x}^\top\boldsymbol{Q}\boldsymbol{x}}{\boldsymbol{x}^\top\boldsymbol{P}\boldsymbol{x}}$$

其中，$\boldsymbol{Q}=\boldsymbol{Q}^\top\geqslant0$ 和 $\boldsymbol{P}=\boldsymbol{P}^\top>0$。可以看出，如果点 $\boldsymbol{x}=[x_1,\cdots,x_n]^\top$ 是该问题的解，那么该点乘以任意非零向量后，得到的向量

$$t\boldsymbol{x}=[tx_1,\cdots,tx_n]^\top,\quad t\neq0$$

同样也是该问题的解。证明过程很简单，即

$$\frac{(t\boldsymbol{x})^\top\boldsymbol{Q}(t\boldsymbol{x})}{(t\boldsymbol{x})^\top\boldsymbol{P}(t\boldsymbol{x})}=\frac{t^2\boldsymbol{x}^\top\boldsymbol{Q}\boldsymbol{x}}{t^2\boldsymbol{x}^\top\boldsymbol{P}\boldsymbol{x}}=\frac{\boldsymbol{x}^\top\boldsymbol{Q}\boldsymbol{x}}{\boldsymbol{x}^\top\boldsymbol{P}\boldsymbol{x}}$$

因此，为了保证解的唯一性，进一步增加如下约束：

$$\boldsymbol{x}^\top\boldsymbol{P}\boldsymbol{x}=1$$

故优化问题可以写为

$$\begin{aligned}&\text{maximize}\quad \boldsymbol{x}^\top\boldsymbol{Q}\boldsymbol{x}\\&\text{subject to}\quad \boldsymbol{x}^\top\boldsymbol{P}\boldsymbol{x}=1\end{aligned}$$

将目标函数和约束方程分别改写为

$$f(\boldsymbol{x})=\boldsymbol{x}^\top\boldsymbol{Q}\boldsymbol{x}$$
$$h(\boldsymbol{x})=1-\boldsymbol{x}^\top\boldsymbol{P}\boldsymbol{x}$$

该问题的所有可行点都是正则点(证明过程留作习题 20.13)。下面利用拉格朗日条件求解这一问题。首先构造拉格朗日函数：

$$l(\boldsymbol{x},\lambda)=\boldsymbol{x}^{\top}\boldsymbol{Q}\boldsymbol{x}+\lambda(1-\boldsymbol{x}^{\top}\boldsymbol{P}\boldsymbol{x})$$

由拉格朗日条件，可得

$$D_x l(\boldsymbol{x},\lambda)=2\boldsymbol{x}^{\top}\boldsymbol{Q}-2\lambda\boldsymbol{x}^{\top}\boldsymbol{P}=\boldsymbol{0}^{\top}$$
$$D_\lambda l(\boldsymbol{x},\lambda)=1-\boldsymbol{x}^{\top}\boldsymbol{P}\boldsymbol{x}=0$$

考虑到 $\boldsymbol{P}=\boldsymbol{P}^{\top}$ 和 $\boldsymbol{Q}=\boldsymbol{Q}^{\top}$，第 1 个方程可以写为

$$\boldsymbol{Q}\boldsymbol{x}-\lambda\boldsymbol{P}\boldsymbol{x}=\boldsymbol{0}$$

整理可得

$$(\lambda\boldsymbol{P}-\boldsymbol{Q})\boldsymbol{x}=\boldsymbol{0}$$

根据假设 $\boldsymbol{P}>0$ 可知，$\boldsymbol{P}^{-1}$ 一定存在。将 $(\lambda\boldsymbol{P}-\boldsymbol{Q})\boldsymbol{x}=\boldsymbol{0}$ 左乘 $\boldsymbol{P}^{-1}$，可得

$$(\lambda\boldsymbol{I}_n-\boldsymbol{P}^{-1}\boldsymbol{Q})\boldsymbol{x}=\boldsymbol{0}$$

等价于

$$\boldsymbol{P}^{-1}\boldsymbol{Q}\boldsymbol{x}=\lambda\boldsymbol{x}$$

因此，如果解存在，那一定是 $\boldsymbol{P}^{-1}\boldsymbol{Q}$ 的特征向量，拉格朗日乘子是对应的特征值。令 $\boldsymbol{x}^*$ 表示问题的最优解，λ^* 表示最优解对应的拉格朗日乘子。由 $\boldsymbol{x}^{*\top}\boldsymbol{P}\boldsymbol{x}^*=1$ 和 $\boldsymbol{P}^{-1}\boldsymbol{Q}\boldsymbol{x}^*=\lambda^*\boldsymbol{x}^*$，可得

$$\lambda^*=\boldsymbol{x}^{*\top}\boldsymbol{Q}\boldsymbol{x}^*$$

由此可见，λ^* 是目标函数的极大值，实际上，它也是 $\boldsymbol{P}^{-1}\boldsymbol{Q}$ 的最大特征值。■

在这一问题中，可求出满足拉格朗日条件的点，由于拉格朗日条件只是必要条件，因此，它们只是等式约束条件下目标函数极值点的候选对象。为了判断这些候选点是极小点、极大点或两者皆不是，还需要一些更强的条件，最好是充分必要条件。下一节将讨论极值点的二阶必要条件和二阶充分条件。

20.5　二阶条件

已知 $f:\mathbb{R}^n\to\mathbb{R}$ 和 $\boldsymbol{h}:\mathbb{R}^n\to\mathbb{R}^m$ 是二次连续可微函数，即 $f,\ \boldsymbol{h}\in\mathcal{C}^2$。拉格朗日函数为

$$l(\boldsymbol{x},\boldsymbol{\lambda})=f(\boldsymbol{x})+\boldsymbol{\lambda}^{\top}\boldsymbol{h}(\boldsymbol{x})=f(\boldsymbol{x})+\lambda_1h_1(\boldsymbol{x})+\cdots+\lambda_mh_m(\boldsymbol{x})$$

记 $\boldsymbol{L}(\boldsymbol{x},\boldsymbol{\lambda})$ 是 $l(\boldsymbol{x},\boldsymbol{\lambda})$ 关于 $\boldsymbol{x}$ 的黑塞矩阵：

$$\boldsymbol{L}(\boldsymbol{x},\boldsymbol{\lambda})=\boldsymbol{F}(\boldsymbol{x})+\lambda_1\boldsymbol{H}_1(\boldsymbol{x})+\cdots+\lambda_m\boldsymbol{H}_m(\boldsymbol{x})$$

其中，$\boldsymbol{F}(\boldsymbol{x})$ 是 f 在 $\boldsymbol{x}$ 处的黑塞矩阵；$\boldsymbol{H}_k(\boldsymbol{x})$ 是 h_k，$k=1,\cdots,m$ 在 $\boldsymbol{x}$ 处的黑塞矩阵：

$$\boldsymbol{H}_k(\boldsymbol{x})=\begin{bmatrix}\frac{\partial^2h_k}{\partial x_1^2}(\boldsymbol{x}) & \cdots & \frac{\partial^2h_k}{\partial x_n\partial x_1}(\boldsymbol{x})\\ \vdots & & \vdots\\ \frac{\partial^2h_k}{\partial x_1\partial x_n}(\boldsymbol{x}) & \cdots & \frac{\partial^2h_k}{\partial^2x_n}(\boldsymbol{x})\end{bmatrix}$$

记

$$[\boldsymbol{\lambda}\boldsymbol{H}(\boldsymbol{x})]=\lambda_1\boldsymbol{H}_1(\boldsymbol{x})+\cdots+\lambda_m\boldsymbol{H}_m(\boldsymbol{x})$$

这样，可将拉格朗日函数写为

$$\boldsymbol{L}(\boldsymbol{x},\boldsymbol{\lambda})=\boldsymbol{F}(\boldsymbol{x})+[\boldsymbol{\lambda}\boldsymbol{H}(\boldsymbol{x})]$$

定理 20.4　二阶必要条件。 设 $\boldsymbol{x}^*$ 是 $f:\mathbb{R}^n\to\mathbb{R}$ 在约束条件 $\boldsymbol{h}(\boldsymbol{x})=\boldsymbol{0}$，$\boldsymbol{h}:\mathbb{R}^n\to\mathbb{R}^m$，$m\leqslant n$，$f$，$\boldsymbol{h}\in\mathcal{C}^2$ 下的局部极小点。如果 $\boldsymbol{x}^*$ 是正则点，那么存在 $\boldsymbol{\lambda}^*\in\mathbb{R}^m$ 使得

1. $Df(\boldsymbol{x}^*)+\boldsymbol{\lambda}^{*\top}D\boldsymbol{h}(\boldsymbol{x}^*)=\boldsymbol{0}^\top$。
2. 对于所有 $\boldsymbol{y}\in T(\boldsymbol{x}^*)$，都有 $\boldsymbol{y}^\top\boldsymbol{L}(\boldsymbol{x}^*,\boldsymbol{\lambda}^*)\boldsymbol{y}\geqslant 0$。 □

证明： 根据拉格朗日定理可得，存在 $\boldsymbol{\lambda}^*\in\mathbb{R}^m$ 满足 $Df(\boldsymbol{x}^*)+\boldsymbol{\lambda}^{*\top}D\boldsymbol{h}(\boldsymbol{x}^*)=\boldsymbol{0}^\top$。接下来证明定理的第 2 部分。设 $\boldsymbol{y}\in T(\boldsymbol{x}^*)$，即 $\boldsymbol{y}$ 属于曲面 $S=\{\boldsymbol{x}\in\mathbb{R}^n:\boldsymbol{h}(\boldsymbol{x})=\boldsymbol{0}\}$ 在 $\boldsymbol{x}^*$ 处的切线空间。由于 $\boldsymbol{h}\in\mathcal{C}^2$，根据定理 20.1 可知，曲面 S 上存在一条二次可微的曲线 $\{\boldsymbol{x}(t):t\in(a,b)\}$，使得对于某个 $t^*\in(a,b)$ 有

$$\boldsymbol{x}(t^*)=\boldsymbol{x}^*,\quad \dot{\boldsymbol{x}}(t^*)=\boldsymbol{y}$$

$\boldsymbol{x}^*$ 是 f 的局部极小点，则 t^* 是函数 $\phi(t)=f(\boldsymbol{x}(t))$ 的局部极小点。根据无约束极小化问题的二阶必要条件(见定理 6.2)可得

$$\frac{\mathrm{d}^2\phi}{\mathrm{d}t^2}(t^*)\geqslant 0$$

已知

$$\frac{\mathrm{d}}{\mathrm{d}t}(\boldsymbol{y}(t)^\top\boldsymbol{z}(t))=\boldsymbol{z}(t)^\top\frac{\mathrm{d}\boldsymbol{y}}{\mathrm{d}t}(t)+\boldsymbol{y}(t)^\top\frac{\mathrm{d}\boldsymbol{z}}{\mathrm{d}t}(t)$$

利用链式法则可得

$$\begin{aligned}\frac{\mathrm{d}^2\phi}{\mathrm{d}t^2}(t^*)&=\frac{\mathrm{d}}{\mathrm{d}t}[Df(\boldsymbol{x}(t^*))\dot{\boldsymbol{x}}(t^*)]\\&=\dot{\boldsymbol{x}}(t^*)^\top\boldsymbol{F}(\boldsymbol{x}^*)\dot{\boldsymbol{x}}(t^*)+Df(\boldsymbol{x}^*)\ddot{\boldsymbol{x}}(t^*)\\&=\boldsymbol{y}^\top\boldsymbol{F}(\boldsymbol{x}^*)\boldsymbol{y}+Df(\boldsymbol{x}^*)\ddot{\boldsymbol{x}}(t^*)\geqslant 0\end{aligned}$$

对于任意 $t\in(a,b)$，都有 $\boldsymbol{h}(\boldsymbol{x}(t))=\boldsymbol{0}$，可得

$$\frac{\mathrm{d}^2}{\mathrm{d}t^2}\boldsymbol{\lambda}^{*\top}\boldsymbol{h}(\boldsymbol{x}(t))=0$$

因此，对于任意的 $t\in(a,b)$，有

$$\begin{aligned}\frac{\mathrm{d}^2}{\mathrm{d}t^2}\boldsymbol{\lambda}^{*\top}\boldsymbol{h}(\boldsymbol{x}(t))&=\frac{\mathrm{d}}{\mathrm{d}t}\left[\boldsymbol{\lambda}^{*\top}\frac{\mathrm{d}}{\mathrm{d}t}\boldsymbol{h}(\boldsymbol{x}(t))\right]\\&=\frac{\mathrm{d}}{\mathrm{d}t}\left[\sum_{k=1}^m\lambda_k^*\frac{\mathrm{d}}{\mathrm{d}t}h_k(\boldsymbol{x}(t))\right]\\&=\frac{\mathrm{d}}{\mathrm{d}t}\left[\sum_{k=1}^m\lambda_k^*Dh_k(\boldsymbol{x}(t))\dot{\boldsymbol{x}}(t)\right]\\&=\sum_{k=1}^m\lambda_k^*\frac{\mathrm{d}}{\mathrm{d}t}(Dh_k(\boldsymbol{x}(t))\dot{\boldsymbol{x}}(t))\\&=\sum_{k=1}^m\lambda_k^*\left[\dot{\boldsymbol{x}}(t)^\top\boldsymbol{H}_k(\boldsymbol{x}(t))\dot{\boldsymbol{x}}(t)+Dh_k(\boldsymbol{x}(t))\ddot{\boldsymbol{x}}(t)\right]\\&=\dot{\boldsymbol{x}}^\top(t)[\boldsymbol{\lambda}^*\boldsymbol{H}(\boldsymbol{x}(t))]\dot{\boldsymbol{x}}(t)+\boldsymbol{\lambda}^{*\top}D\boldsymbol{h}(\boldsymbol{x}(t))\ddot{\boldsymbol{x}}(t)\\&=0\end{aligned}$$

将 $t=t^*$ 代入上式，可得

$$\boldsymbol{y}^\top[\boldsymbol{\lambda}^*\boldsymbol{H}(\boldsymbol{x}^*)]\boldsymbol{y}+\boldsymbol{\lambda}^{*\top}D\boldsymbol{h}(\boldsymbol{x}^*)\ddot{\boldsymbol{x}}(t^*)=0$$

把上式与不等式

$$\boldsymbol{y}^\top\boldsymbol{F}(\boldsymbol{x}^*)\boldsymbol{y}+Df(\boldsymbol{x}^*)\ddot{\boldsymbol{x}}(t^*)\geqslant 0$$

相加，可得

$$\boldsymbol{y}^\top\left(\boldsymbol{F}(\boldsymbol{x}^*)+[\boldsymbol{\lambda}^*\boldsymbol{H}(\boldsymbol{x}^*)]\right)\boldsymbol{y}+(Df(\boldsymbol{x}^*)+\boldsymbol{\lambda}^{*\top}D\boldsymbol{h}(\boldsymbol{x}^*))\ddot{\boldsymbol{x}}(t^*)\geqslant 0$$

根据拉格朗日定理，可知 $Df(\boldsymbol{x}^*)+\boldsymbol{\lambda}^{*\top}D\boldsymbol{h}(\boldsymbol{x}^*)=\boldsymbol{0}^\top$。因此，有

$$\boldsymbol{y}^\top\left(\boldsymbol{F}(\boldsymbol{x}^*)+[\boldsymbol{\lambda}^*\boldsymbol{H}(\boldsymbol{x}^*)]\right)\boldsymbol{y}=\boldsymbol{y}^\top\boldsymbol{L}(\boldsymbol{x}^*,\boldsymbol{\lambda}^*)\boldsymbol{y}\geqslant 0$$

证明完毕。 ■

$\boldsymbol{L}(\boldsymbol{x},\boldsymbol{\lambda})$在这一定理中的作用，与无约束极小化问题中目标函数$f$的黑塞矩阵$\boldsymbol{F}(\boldsymbol{x})$所起到的作用类似。但是，需要注意的是，$\boldsymbol{L}(\boldsymbol{x}^*,\boldsymbol{\lambda}^*)\geqslant 0$ 仅在 $T(\boldsymbol{x}^*)$上成立，而不是在整个 $\mathbb{R}^n$上成立。

这只是局部极小点的必要而非充分条件。下面不加证明地给出严格局部极小点的充分条件。

定理 20.5　二阶充分条件。 函数 f, $\boldsymbol{h}\in\mathcal{C}^2$，如果存在点 $\boldsymbol{x}^*\in\mathbb{R}^n$和 $\boldsymbol{\lambda}^*\in\mathbb{R}^m$，使得

1. $Df(\boldsymbol{x}^*)+\boldsymbol{\lambda}^{*\top}D\boldsymbol{h}(\boldsymbol{x}^*)=\boldsymbol{0}^\top$。
2. 对于所有 $\boldsymbol{y}\in T(\boldsymbol{x}^*)$, $\boldsymbol{y}\neq\boldsymbol{0}$，都有 $\boldsymbol{y}^\top\boldsymbol{L}(\boldsymbol{x}^*,\boldsymbol{\lambda}^*)\boldsymbol{y}>0$。

那么，$\boldsymbol{x}^*$是 f 在约束条件 $\boldsymbol{h}(\boldsymbol{x})=\boldsymbol{0}$ 下的严格局部极小点。 □

证明： 关于这一定理的证明，可参阅参考文献[88]的第 334 页。 ■

定理 20.5 表明，如果 $\boldsymbol{x}^*$满足拉格朗日条件，且 $\boldsymbol{L}(\boldsymbol{x}^*,\boldsymbol{\lambda}^*)$在 $T(\boldsymbol{x}^*)$上正定，那么 $\boldsymbol{x}^*$就是严格局部极小点。反之，当 $\boldsymbol{L}(\boldsymbol{x}^*,\boldsymbol{\lambda}^*)$在 $T(\boldsymbol{x}^*)$上负定时，就是一个严格局部极大点。下面通过例子对这个定理进行演示说明。

例 20.9　某优化问题为

$$\text{maximize}\quad \frac{\boldsymbol{x}^\top\boldsymbol{Q}\boldsymbol{x}}{\boldsymbol{x}^\top\boldsymbol{P}\boldsymbol{x}}$$

其中，

$$\boldsymbol{Q}=\begin{bmatrix}4&0\\0&1\end{bmatrix},\qquad \boldsymbol{P}=\begin{bmatrix}2&0\\0&1\end{bmatrix}$$

前面已经提到，可以将这一问题等价改写为

$$\begin{array}{ll}\text{maximize} & \boldsymbol{x}^\top\boldsymbol{Q}\boldsymbol{x}\\ \text{subject to} & \boldsymbol{x}^\top\boldsymbol{P}\boldsymbol{x}=1\end{array}$$

改写后的问题对应的拉格朗日函数为

$$l(\boldsymbol{x},\lambda)=\boldsymbol{x}^\top\boldsymbol{Q}\boldsymbol{x}+\lambda(1-\boldsymbol{x}^\top\boldsymbol{P}\boldsymbol{x})$$

由拉格朗日条件可得

$$(\lambda \boldsymbol{I} - \boldsymbol{P}^{-1}\boldsymbol{Q})\boldsymbol{x} = \boldsymbol{0}$$

其中,

$$\boldsymbol{P}^{-1}\boldsymbol{Q} = \begin{bmatrix} 2 & 0 \\ 0 & 1 \end{bmatrix}$$

λ 只有两个取值能够满足 $(\lambda \boldsymbol{I} - \boldsymbol{P}^{-1}\boldsymbol{Q})\boldsymbol{x} = \boldsymbol{0}$, 即 $\boldsymbol{P}^{-1}\boldsymbol{Q}$ 的两个特征值 $\lambda_1 = 2$ 和 $\lambda_2 = 1$。前面已经讨论过, 这一问题的解所对应的拉格朗日乘子就是矩阵 $\boldsymbol{P}^{-1}\boldsymbol{Q}$ 的最大特征值, 即 $\lambda^* = \lambda_1 = 2$; 这一特征值对应的特征向量就是该问题的解。对应于 $\lambda^* = 2$、满足约束 $\boldsymbol{x}^\top \boldsymbol{P}\boldsymbol{x} = 1$ 的特征向量为 $\pm \boldsymbol{x}^*$:

$$\boldsymbol{x}^* = \left[\frac{1}{\sqrt{2}}, 0\right]^\top$$

已知向量对 $(\pm \boldsymbol{x}^*, \lambda^*)$ 满足拉格朗日条件。可以证明, 点 $\pm \boldsymbol{x}^*$ 实际上都是严格局部极大点。下面证明点 $\boldsymbol{x}^*$ 是严格局部极大点。关于 $-\boldsymbol{x}^*$ 是严格局部极大点的证明可照此进行。首先计算拉格朗日函数的黑塞矩阵, 可得

$$\boldsymbol{L}(\boldsymbol{x}^*, \lambda^*) = 2\boldsymbol{Q} - 2\lambda \boldsymbol{P} = \begin{bmatrix} 0 & 0 \\ 0 & -2 \end{bmatrix}$$

集合 $\{\boldsymbol{x} : 1 - \boldsymbol{x}^\top \boldsymbol{P}\boldsymbol{x} = 0\}$ 的切线空间 $T(\boldsymbol{x}^*)$ 为

$$\begin{aligned} T(\boldsymbol{x}^*) &= \{\boldsymbol{y} \in \mathbb{R}^2 : \boldsymbol{x}^{*\top} \boldsymbol{P}\boldsymbol{y} = 0\} \\ &= \{\boldsymbol{y} : [\sqrt{2}, 0]\boldsymbol{y} = 0\} \\ &= \{\boldsymbol{y} : \boldsymbol{y} = [0, a]^\top,\ a \in \mathbb{R}\} \end{aligned}$$

对于任意 $\boldsymbol{y} \in T(\boldsymbol{x}^*)$, $\boldsymbol{y} \neq \boldsymbol{0}$, 有

$$\boldsymbol{y}^\top \boldsymbol{L}(\boldsymbol{x}^*, \lambda^*)\boldsymbol{y} = [0, a]\begin{bmatrix} 0 & 0 \\ 0 & -2 \end{bmatrix}\begin{bmatrix} 0 \\ a \end{bmatrix} = -2a^2 < 0$$

这说明, 在 $T(\boldsymbol{x}^*)$ 上 $\boldsymbol{L}(\boldsymbol{x}^*, \lambda^*) < 0$, 因此, $\boldsymbol{x}^* = [1/\sqrt{2}, 0]^\top$ 为一个严格局部极大点。同样可以证明 $-\boldsymbol{x}^*$ 也是一个严格局部极大点。将 $\boldsymbol{x}^*$ 代入目标函数, 可得

$$\frac{\boldsymbol{x}^{*\top} \boldsymbol{Q}\boldsymbol{x}^*}{\boldsymbol{x}^{*\top} \boldsymbol{P}\boldsymbol{x}^*} = 2$$

这与预期的结果一致, 正好是 $\boldsymbol{P}^{-1}\boldsymbol{Q}$ 的最大特征值。再次指出的是, 对于任意 $t \neq 0$, 如果 $\boldsymbol{x}^*$ 是问题 maximize $\dfrac{\boldsymbol{x}^\top \boldsymbol{Q}\boldsymbol{x}}{\boldsymbol{x}^\top \boldsymbol{P}\boldsymbol{x}}$ 的解, 那么 $t\boldsymbol{x}^*$ 也是该问题的解。 ■

20.6 线性约束下二次型函数的极小化

考虑优化问题:

$$\begin{aligned} &\text{minimize} \quad \frac{1}{2}\boldsymbol{x}^\top \boldsymbol{Q}\boldsymbol{x} \\ &\text{subject to} \quad \boldsymbol{A}\boldsymbol{x} = \boldsymbol{b} \end{aligned}$$

其中, $\boldsymbol{Q} > 0$, $\boldsymbol{A} \in \mathbb{R}^{m \times n}$, $m < n$, rank $\boldsymbol{A} = m$。此问题是二次规划的一个特例(一般形式的

二次规划问题还包括约束 $\boldsymbol{x}\geqslant\boldsymbol{0}$)，这一约束集包括无限多个可行点(见 2.3 节)。利用拉格朗日定理可以证明，该优化问题存在唯一解；本节最后利用一个示例演示了这一结论在最优控制中的应用。

首先构造拉格朗日函数：

$$l(\boldsymbol{x},\boldsymbol{\lambda})=\frac{1}{2}\boldsymbol{x}^{\top}\boldsymbol{Q}\boldsymbol{x}+\boldsymbol{\lambda}^{\top}(\boldsymbol{b}-\boldsymbol{A}\boldsymbol{x})$$

导出拉格朗日条件：

$$D_x l(\boldsymbol{x}^*,\boldsymbol{\lambda}^*)=\boldsymbol{x}^{*\top}\boldsymbol{Q}-\boldsymbol{\lambda}^{*\top}\boldsymbol{A}=\boldsymbol{0}^{\top}$$

整理可得

$$\boldsymbol{x}^*=\boldsymbol{Q}^{-1}\boldsymbol{A}^{\top}\boldsymbol{\lambda}^*$$

等式两边同时左乘矩阵 $\boldsymbol{A}$，有

$$\boldsymbol{A}\boldsymbol{x}^*=\boldsymbol{A}\boldsymbol{Q}^{-1}\boldsymbol{A}^{\top}\boldsymbol{\lambda}^*$$

由于 $\boldsymbol{A}\boldsymbol{x}^*=\boldsymbol{b}$，$\boldsymbol{A}\boldsymbol{Q}^{-1}\boldsymbol{A}^{\top}$ 是可逆阵(由 $\boldsymbol{Q}>0$ 且 $\boldsymbol{A}$ 的秩为 m 得出)，可求得 $\boldsymbol{\lambda}^*$ 为

$$\boldsymbol{\lambda}^*=(\boldsymbol{A}\boldsymbol{Q}^{-1}\boldsymbol{A}^{\top})^{-1}\boldsymbol{b}$$

由此可得

$$\boldsymbol{x}^*=\boldsymbol{Q}^{-1}\boldsymbol{A}^{\top}(\boldsymbol{A}\boldsymbol{Q}^{-1}\boldsymbol{A}^{\top})^{-1}\boldsymbol{b}$$

$\boldsymbol{x}^*$ 是唯一的候选极小点。为了确定 $\boldsymbol{x}^*$ 的确是极小点，只需证明它满足二阶充分条件即可。首先计算拉格朗日函数在 $(\boldsymbol{x}^*,\boldsymbol{\lambda}^*)$ 处的黑塞矩阵，有

$$\boldsymbol{L}(\boldsymbol{x}^*,\boldsymbol{\lambda}^*)=\boldsymbol{Q}$$

显然，黑塞矩阵正定。因此，$\boldsymbol{x}^*$ 是严格局部极小点。实际上，$\boldsymbol{x}^*$ 也是全局极小点，这将在第 22 章进行证明。

当 $\boldsymbol{Q}=\boldsymbol{I}_n$ 为 $n\times n$ 单位矩阵时，该问题就简化为 12.3 节所考虑的问题。具体来说，12.3 节的优化问题是在 $\boldsymbol{A}\boldsymbol{x}=\boldsymbol{b}$ 的约束条件下，使得范数 $\|\boldsymbol{x}\|$ 极小化。目标函数为 $f(\boldsymbol{x})=\|\boldsymbol{x}\|$，它在 $\boldsymbol{x}=\boldsymbol{0}$ 处是不可微的。这决定了无法使用拉格朗日定理进行求解，因为该定理要求目标函数可微。为解决这一问题，可将该问题等价转换为

$$\begin{aligned}&\text{minimize} && \frac{1}{2}\|\boldsymbol{x}\|^2\\&\text{subject to} && \boldsymbol{A}\boldsymbol{x}=\boldsymbol{b}\end{aligned}$$

目标函数 $\|\boldsymbol{x}\|^2/2$ 与 $\|\boldsymbol{x}\|$ 具有相同的极小点。实际上，如果 $\boldsymbol{x}^*$ 对于所有 $\boldsymbol{x}\in\mathbb{R}^n$，满足 $\boldsymbol{A}\boldsymbol{x}=\boldsymbol{b}$ 和 $\|\boldsymbol{x}^*\|\leqslant\|\boldsymbol{x}\|$，那么自然有 $\|\boldsymbol{x}^*\|^2/2\leqslant\|\boldsymbol{x}\|^2/2$。反之亦成立。在约束条件 $\boldsymbol{A}\boldsymbol{x}=\boldsymbol{b}$ 下极小化 $\|\boldsymbol{x}\|^2/2$ 的问题，等价于本节最开始所给出的优化问题，只需将参数 $\boldsymbol{Q}$ 设定为 $\boldsymbol{Q}=\boldsymbol{I}_n$，因此，易知这一问题的解为 $\boldsymbol{x}^*=\boldsymbol{A}^{\top}(\boldsymbol{A}\boldsymbol{A}^{\top})^{-1}\boldsymbol{b}$，与 12.3 节中得到的解是一致的。

例 20.10　考虑离散时间线性系统模型：

$$x_k=ax_{k-1}+bu_k,\qquad k\geqslant 1$$

初始条件 x_0 已知。可将序列 $\{x_k\}$ 理解为受外部输入信号 $\{u_k\}$ 控制的离散时间信号。按照控制领域中的说法，x_k 称为 k 时刻的状态。当初始条件 x_0 已知时，控制目标是选择控制

信号 $\{u_k\}$，使状态在 $[1, N]$ 中各时刻保持较"小"的值，同时控制信号也"不太大"。极小化函数

$$\frac{1}{2}\sum_{i=1}^{N} x_i^2$$

可满足状态序列 $\{x_k\}$ 保持较"小"的要求。另一方面，为保证控制信号"不太大"，应极小化

$$\frac{1}{2}\sum_{i=1}^{N} u_i^2$$

这两个目标本质上是矛盾的，不能同时满足。通常，极小化状态将使得控制输入较大，而极小化控制输入将导致状态较大。显然，需要对这两个目标进行折中处理，极小化这两个目标的加权和是一种常见的解决方式。具体而言，将该问题表示为

$$\begin{array}{ll} \text{minimize} & \dfrac{1}{2}\displaystyle\sum_{i=1}^{N}\left(qx_i^2 + ru_i^2\right) \\ \text{subject to} & x_k = ax_{k-1} + bu_k,\ k = 1, \cdots, N,\ x_0 \text{ 已知} \end{array}$$

其中，参数 q 和 r 分别表示保持较"小"的状态和保持"不太大"的控制信号的相对重要度。这是一个线性二次型调节器问题[15, 20, 85, 86, 99]。这种将保持较"小"的状态和保持"不太大"的控制信号这两个相互冲突的目标加权求和构造为一个目标函数的处理方式，是加权求和法的一个典型应用(见 24.4 节)。

为了求解上述问题，可将其改写为一个二次规划问题。定义

$$\boldsymbol{Q} = \begin{bmatrix} q\boldsymbol{I}_N & \boldsymbol{O} \\ \boldsymbol{O} & r\boldsymbol{I}_N \end{bmatrix}$$

$$\boldsymbol{A} = \begin{bmatrix} 1 & & \cdots & 0 & -b & & \cdots & 0 \\ -a & 1 & & \vdots & & -b & & \vdots \\ & \ddots & \ddots & \vdots & & & \ddots & \\ 0 & & -a & 1 & 0 & \cdots & & -b \end{bmatrix}$$

$$\boldsymbol{b} = \begin{bmatrix} ax_0 \\ 0 \\ \vdots \\ 0 \end{bmatrix}, \qquad \boldsymbol{z} = [x_1, \cdots, x_N, u_1, \cdots, u_N]^\top$$

利用这些符号，可将该问题写为前面讨论过的二次规划问题：

$$\begin{array}{ll} \text{minimize} & \dfrac{1}{2}\boldsymbol{z}^\top\boldsymbol{Q}\boldsymbol{z} \\ \text{subject to} & \boldsymbol{A}\boldsymbol{z} = \boldsymbol{b} \end{array}$$

其中，$\boldsymbol{Q}$ 为 $2N\times 2N$ 的矩阵，$\boldsymbol{A}$ 为 $N\times 2N$ 的矩阵，$\boldsymbol{b}\in\mathbb{R}^N$，这一问题的解为

$$\boldsymbol{z}^* = \boldsymbol{Q}^{-1}\boldsymbol{A}^\top(\boldsymbol{A}\boldsymbol{Q}^{-1}\boldsymbol{A}^\top)^{-1}\boldsymbol{b}$$

$\boldsymbol{z}^*$ 的前 N 个元素表示 $[1, N]$ 中各时刻的最优状态信号，后 N 个元素表示最优控制信号。

$\boldsymbol{z}^*$ 的表达式涉及矩阵求逆运算，这些运算的计算量非常大。在最优控制领域，有一些充分利用 $\boldsymbol{z}^*$ 表达式的特殊结构来降低计算复杂度的方法，可参见参考文献[15, 20, 85, 86, 99]。■

接下来的示例中，直接应用了上述讨论结果。

例 20.11　信用卡持有人困境问题。假设当前有 10 000 美元的信用卡账单，账户按月计息，月利率2% 。由于利率的存在，账户欠款每月都会增加，为了避免这一点，每个月可以支付一定数量的还款。在接下来的 10 个月中，计划每月还一定金额，使还款总额最小且每月的偿还难度最低。

这一问题与例 20.10 中的线性二次型调节器类似，可按照同样的方法求解。设定当前时间为 0，x_k 为第 k 月末账户欠款，u_k 是第 k 月的偿还金额，满足

$$x_k = 1.02x_{k-1} - u_k, \qquad k = 1, \cdots, 10$$

也就是说，当月的账户欠款等于上一月的账户余额加上应付利息，再减去当月的偿还金额。因此，可构建优化问题：

$$\begin{array}{ll} \text{minimize} & \dfrac{1}{2}\displaystyle\sum_{i=1}^{10}\left(qx_i^2 + ru_i^2\right) \\ \text{subject to} & x_k = 1.02x_{k-1} - u_k,\ k = 1, \cdots, 10,\ x_0 = 10\ 000 \end{array}$$

可以看出，这就是一个线性二次型调节器问题。参数 q 和 r 分别表示减少债务和每月还款难度的相对重要度。如果希望尽快减少债务总额，q 就应该大于 r，而且，这一愿望越迫切，q 相对于 r 应该越大；反之，如果越不情愿还款，r 相对于 q 就越大。

根据例 20.10 给出的公式可得到这一问题的解。图 20.15 描述的是 $q=1$，$r=10$ 时，10 个月中每月的账户欠款和还款金额。可以看出，债务总额在 10 个月后减少到不足 1000 美元，但是第一个月需还款接近 3000 美元。如果觉得还 3000 美元的压力太大，可以通过提升 r 相对于 q 的重要度来降低还款金额。但是，如果增加的程度太大会导致其他问题。比如，图 20.16 给出的是 $q=1$，$r=300$ 时，每月的账户欠款和还款金额，可以看出，虽然每月还款金额不超过 400 美元，但是每月欠款利息占了还款的大部分，而且债务总额在 10 个月后仍超过 10 000 美元。

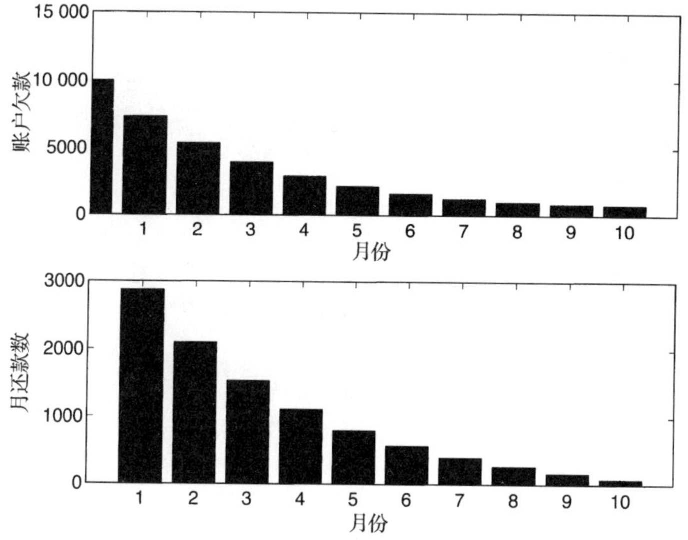

图 20.15　$q=1$ 和 $r=10$ 时每月账户欠款和还款金额

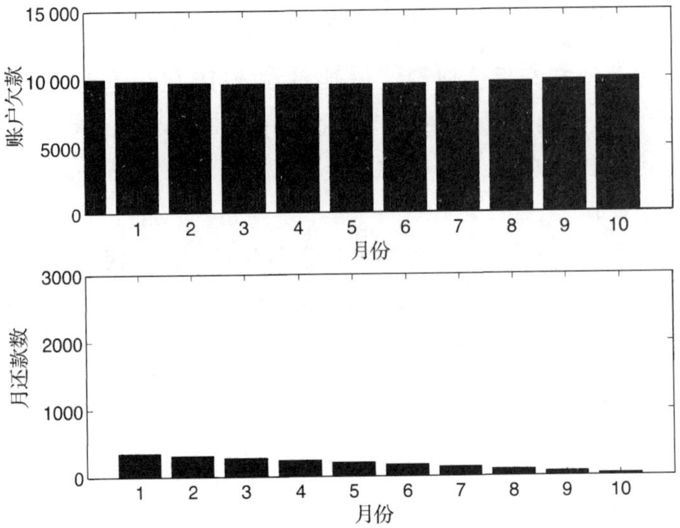

图 20.16　$q=1$, $r=300$ 时每月账户欠款和还款金额 ■

目标函数是二次函数且约束条件是线性或二次函数的优化问题，是一类比较特殊的问题，关于这类问题在通信和信号处理领域的应用，可参阅文献[105, 106]。

习题

20.1　考虑在空间 $\mathbb{R}^2$ 内的约束方程：

$$h(x_1,x_2)=(x_1-2)^2=0 \quad 和 \quad g(x_1,x_2)=(x_2+1)^3\leqslant 0$$

请找出所有的可行点，它们是否都是正则点？给出理由。

20.2　求出下列优化问题的局部极值点：

a. minimize $x_1^2+2x_1x_2+3x_2^2+4x_1+5x_2+6x_3$

subject to $x_1+2x_2=3$

$4x_1+5x_3=6$

b. maximize $4x_1+x_2^2$

subject to $x_1^2+x_2^2=9$

c. maximize x_1x_2

subject to $x_1^2+4x_2^2=1$

20.3　找出函数

$$f(\boldsymbol{x})=(\boldsymbol{a}^\top\boldsymbol{x})(\boldsymbol{b}^\top\boldsymbol{x}),\ \ \boldsymbol{x}\in\mathbb{R}^3$$

在约束

$$\begin{aligned}x_1+x_2&=0\\x_2+x_3&=0\end{aligned}$$

下的极大点和极小点。其中，

$$\boldsymbol{a}=\begin{bmatrix}0\\1\\0\end{bmatrix} \quad 和 \quad \boldsymbol{b}=\begin{bmatrix}1\\0\\1\end{bmatrix}$$

20.4　考虑优化问题：

$$\begin{array}{ll}\text{minimize} & f(\boldsymbol{x})\\ \text{subject to} & h(\boldsymbol{x})=0\end{array}$$

其中，$f:\mathbb{R}^2\to\mathbb{R}$，$h:\mathbb{R}^2\to\mathbb{R}$，$\nabla f(\boldsymbol{x})=[x_1,x_1+4]^\top$。已知 $\boldsymbol{x}^*$ 是一个最优解，且有 $\nabla h(\boldsymbol{x}^*)=[1,4]^\top$。试求 $\nabla f(\boldsymbol{x}^*)$。

20.5　考虑优化问题：

$$\begin{array}{ll}\text{minimize} & \|\boldsymbol{x}-\boldsymbol{x}_0\|^2\\ \text{subject to} & \|\boldsymbol{x}\|^2=9\end{array}$$

其中，$\boldsymbol{x}_0=[1,\sqrt{3}]^\top$。

a. 找出此问题中所有满足拉格朗日条件的点；

b. 利用二阶条件，判断问题 a 中得到的点是否局部极小点。

20.6　需要制造一个容积为 $V(V>0)$ 立方英尺但表面积最小的封闭盒子。

a. 令 a、b 和 c 分别表示满足盒子设计要求的长、宽和高，推导出 a、b 和 c 必须满足的拉格朗日条件；

b. 如果 $\boldsymbol{x}^*$ 是正则点，这意味着什么？$\boldsymbol{x}^*=[a,b,c]^\top$ 是正则点吗？

c. 求出 a、b 和 c；

d. 问题 c 中找出的 $\boldsymbol{x}^*=[a,b,c]^\top$ 是否满足二阶充分条件？

20.7　找出下列两个函数的局部极值：

a. $f(x_1,x_2,x_3)=x_1^2+3x_2^2+x_3$，约束为 $x_1^2+x_2^2+x_3^2=16$

b. $f(x_1,x_2)=x_1^2+x_2^2$，约束为 $3x_1^2+4x_1x_2+6x_2^2=140$

20.8　考虑问题：

$$\begin{array}{ll}\text{minimize} & 2x_1+3x_2-4, \qquad x_1,x_2\in\mathbb{R}\\ \text{subject to} & x_1x_2=6\end{array}$$

a. 利用拉格朗日定理找出所有可能的局部极小点和局部极大点；

b. 使用二阶充分条件找出严格局部极小点和严格局部极大点；

c. 问题 b 中得到的点是全局极小点或全局极大点吗？给出理由。

20.9　找出函数

$$f(x_1,x_2)=\frac{18x_1^2-8x_1x_2+12x_2^2}{2x_1^2+2x_2^2}$$

的所有极大点。

20.10　求出优化问题

$$\begin{array}{ll}\text{maximize} & \boldsymbol{x}^\top\begin{bmatrix}3 & 4\\ 0 & 3\end{bmatrix}\boldsymbol{x}\\ \text{subject to} & \|\boldsymbol{x}\|^2=1\end{array}$$

的所有解。

20.11　存在矩阵 $\boldsymbol{A}$，$\boldsymbol{A}^\top\boldsymbol{A}$ 特征值的取值范围为 1 到 20（即最小特征值为 1 而最大特征值是 20）。设 $\boldsymbol{x}$ 是一个向量，满足 $\|\boldsymbol{x}\|=1$，令 $\boldsymbol{y}=\boldsymbol{A}\boldsymbol{x}$。试利用拉格朗日乘子法确定 $\|\boldsymbol{y}\|$ 的取值范围。

提示：$\|\boldsymbol{y}\|$ 的最大值？$\|\boldsymbol{y}\|$ 的最小值？

20.12　考虑矩阵 $\boldsymbol{A}\in\mathbb{R}^{m\times n}$。按下式定义 $\boldsymbol{A}$ 的诱导范数，记为 $\|\boldsymbol{A}\|_2$：

$$\|\boldsymbol{A}\|_2=\max\{\|\boldsymbol{A}\boldsymbol{x}\|:\boldsymbol{x}\in\mathbb{R}^n,\ \|\boldsymbol{x}\|=1\}$$

上式右边的范数 $\|\cdot\|$ 就是常用的欧氏范数。

已知 $\boldsymbol{A}^\top\boldsymbol{A}$ 的特征值为 $\lambda_1,\cdots,\lambda_n$（从大到小排列），试结合拉格朗日定理用这些特征值将 $\|\boldsymbol{A}\|_2$ 表示出来（见定理 3.8）。

20.13　设 $\boldsymbol{P}=\boldsymbol{P}^\top$ 是一个正定矩阵，证明任何满足 $1-\boldsymbol{x}^\top\boldsymbol{P}\boldsymbol{x}=0$ 的点 $\boldsymbol{x}$ 是正则点。

20.14　考虑优化问题：

$$\begin{aligned} &\text{maximize} \quad ax_1 + bx_2, \qquad x_1, x_2 \in \mathbb{R} \\ &\text{subject to} \quad x_1^2 + x_2^2 = 2 \end{aligned}$$

其中 $a, b \in \mathbb{R}$。证明如果$[1, 1]^\top$是该问题的解，那么 $a = b$。

20.15 考虑优化问题：

$$\begin{aligned} &\text{minimize} \quad x_1x_2 - 2x_1, \qquad x_1, x_2 \in \mathbb{R} \\ &\text{subject to} \quad x_1^2 - x_2^2 = 0 \end{aligned}$$

a. 直接应用拉格朗日定理证明如果此问题有解，则解只能是$[1, 1]^\top$或$[-1, 1]^\top$；

b. 利用二阶必要条件证明$[-1, 1]^\top$不可能是该问题的解；

c. 利用二阶充分条件证明$[1, 1]^\top$是一个严格局部极小点。

20.16 已知$\boldsymbol{A} \in \mathbb{R}^{m\times n}$，$m \leqslant n$，rank $\boldsymbol{A} = m$，$\boldsymbol{x}_0 \in \mathbb{R}^n$。设$\boldsymbol{x}^*$是$\boldsymbol{A}$的零空间中最接近$\boldsymbol{x}_0$的点(在欧氏范数意义下)。

a. 证明$\boldsymbol{x}^*$与$\boldsymbol{x}^* - \boldsymbol{x}_0$是正交的；

b. 确定$\boldsymbol{x}^*$的表达式，用$\boldsymbol{A}$和$\boldsymbol{x}_0$表示。

20.17 考虑优化问题：

$$\begin{aligned} &\text{minimize} \quad \frac{1}{2}\|\boldsymbol{Ax} - \boldsymbol{b}\|^2 \\ &\text{subject to} \quad \boldsymbol{Cx} = \boldsymbol{d} \end{aligned}$$

其中$\boldsymbol{A} \in \mathbb{R}^{m\times n}$，$m > n$，$\boldsymbol{C} \in \mathbb{R}^{p\times n}$，$p < n$，并且$\boldsymbol{A}$和$\boldsymbol{C}$都是满秩的。希望可以找到该问题的解(用$\boldsymbol{A}$，$\boldsymbol{b}$，$\boldsymbol{C}$和$\boldsymbol{d}$表示)。

a. 利用拉格朗日定理求解该问题；

b. 将该问题写为二次型问题，并利用20.6节的公式求解。

20.18 考虑优化问题：

$$\begin{aligned} &\text{minimize} \quad \frac{1}{2}\boldsymbol{x}^\top\boldsymbol{Qx} - \boldsymbol{c}^\top\boldsymbol{x} + d \\ &\text{subject to} \quad \boldsymbol{Ax} = \boldsymbol{b} \end{aligned}$$

目标函数为一般形式的二次型函数，约束为线性方程，$\boldsymbol{Q} = \boldsymbol{Q}^\top > 0$，$\boldsymbol{A} \in \mathbb{R}^{m\times n}$，$m < n$，rank $\boldsymbol{A} = m$，d是常数。试推导出该问题的一个闭式解。

20.19 已知$\boldsymbol{L}$是一个$n\times n$实对称矩阵，$\mathcal{M}$是$\mathbb{R}^n$的子空间，$m < n$。$\{\boldsymbol{b}_1, \cdots, \boldsymbol{b}_m\} \subset \mathbb{R}^n$为$\mathcal{M}$的一组基，$\boldsymbol{B}$是$n\times m$矩阵，第$i$列为$\boldsymbol{b}_i$。$\boldsymbol{L}_{\mathcal{M}} = \boldsymbol{B}^\top\boldsymbol{LB}$是一个$m\times m$矩阵。证明$\boldsymbol{L}$在$\mathcal{M}$上是半正定的(正定的)当且仅当$L_{\mathcal{M}}$是半正定的(正定的)。

注意：可利用这一结论检验在某个点的切线空间上，拉格朗日函数在该点的黑塞矩阵是否正定。

20.20 序列$\{x_k\}$，$x_k \in \mathbb{R}$由如下的递归公式产生：

$$x_{k+1} = ax_k + bu_k, \quad k \geqslant 0 \qquad (a, b \in \mathbb{R},\ a, b \neq 0)$$

其中u_0，u_1，u_2，⋯是"控制输入"序列，初始条件$x_0 \neq 0$已知。上述递归公式称为离散时间线性系统。希望找出控制输入u_0和u_1，使$x_2 = 0$且平均输入能量$(u_0^2 + u_1^2)/2$最小。记最优输入为u_0^*和u_1^*。

a. 确定u_0^*和u_1^*表达式，用a，b和x_0表示；

b. 利用二阶充分条件证明问题a中的点$\boldsymbol{u}^* = [u_0^*, u_1^*]^\top$是一个严格局部极小点。

20.21 考虑离散时间线性系统$x_k = 2x_{k-1} + u_k$，$k \geqslant 1$，初始值为$x_0 = 1$。请确定控制输入u_1和u_2的值，极小化

$$x_2^2 + \frac{1}{2}u_1^2 + \frac{1}{3}u_2^2$$

20.22 考虑离散时间线性系统$x_{k+1} = x_k + 2u_k$，$0 \leqslant k \leqslant 2$，初始值为$x_0 = 3$。使用拉格朗日定理求得最优的控制序列$\{u_0, u_1, u_2\}$，使得系统从初始状态$x_0$转移到$x_3 = 9$，同时极小化

$$\frac{1}{2}\sum_{k=0}^{2} u_k^2$$

第21章　含不等式约束的优化问题

21.1　卡罗需-库恩-塔克(Karush-Kuhn-Tucker)条件

第20章讨论了只包含等式约束的约束优化问题，本章将讨论同时包含不等式约束的优化问题，此类问题的处理方法与第20章中的方法类似。接下来将会看到，含不等式约束的优化问题也可以利用拉格朗日乘子法进行求解。

考虑一般形式的优化问题：

$$\begin{aligned}\text{minimize}\quad & f(\boldsymbol{x})\\ \text{subject to}\quad & \boldsymbol{h}(\boldsymbol{x})=\mathbf{0}\\ & \boldsymbol{g}(\boldsymbol{x})\leqslant\mathbf{0}\end{aligned}$$

其中，$f:\mathbb{R}^n\to\mathbb{R}$，$\boldsymbol{h}:\mathbb{R}^n\to\mathbb{R}^m$，$m\leqslant n$，$\boldsymbol{g}:\mathbb{R}^n\to\mathbb{R}^p$。针对这一问题，引入以下定义。

定义 21.1　对于一个不等式约束 $g_j(\boldsymbol{x})\leqslant 0$，如果在 $\boldsymbol{x}^*$ 处 $g_j(\boldsymbol{x}^*)=0$，那么称该不等式约束是 $\boldsymbol{x}^*$ 处的起作用约束；如果在 $\boldsymbol{x}^*$ 处 $g_j(\boldsymbol{x}^*)<0$，那么称该约束是 $\boldsymbol{x}^*$ 处的不起作用约束。■

按惯例，把等式约束 $h_i(\boldsymbol{x})=0$ 视为总是起作用的约束。

定义 21.2　设 $\boldsymbol{x}^*$ 满足 $\boldsymbol{h}(\boldsymbol{x}^*)=\mathbf{0}$，$\boldsymbol{g}(\boldsymbol{x}^*)\leqslant\mathbf{0}$，$J(\boldsymbol{x}^*)$ 表示起作用不等式约束的下标集：

$$J(\boldsymbol{x}^*)\triangleq\{j:g_j(\boldsymbol{x}^*)=0\}$$

如果向量

$$\nabla h_i(\boldsymbol{x}^*),\quad \nabla g_j(\boldsymbol{x}^*),\quad 1\leqslant i\leqslant m,\quad j\in J(\boldsymbol{x}^*)$$

是线性无关的，则称 $\boldsymbol{x}^*$ 是一个正则点。■

下面证明某个点是局部极小点所应该满足的一阶必要条件，此必要条件也称为卡罗需-库恩-塔克(Karush-Kuhn-Tucker)条件(以下简称为KKT条件)。在其他文献中，也常称为库恩-塔克条件。

定理 21.1　KKT 条件。 设 f，$\boldsymbol{h}$，$\boldsymbol{g}\in\mathcal{C}^1$，设 $\boldsymbol{x}^*$ 是问题 $\boldsymbol{h}(\boldsymbol{x})=\mathbf{0}$，$\boldsymbol{g}(\boldsymbol{x})\leqslant\mathbf{0}$ 的一个正则点和局部极小点，那么必然存在 $\boldsymbol{\lambda}^*\in\mathbb{R}^m$ 和 $\boldsymbol{\mu}^*\in\mathbb{R}^p$，使得以下条件成立：

1. $\boldsymbol{\mu}^*\geqslant\mathbf{0}$；
2. $Df(\boldsymbol{x}^*)+\boldsymbol{\lambda}^{*\top}D\boldsymbol{h}(\boldsymbol{x}^*)+\boldsymbol{\mu}^{*\top}D\boldsymbol{g}(\boldsymbol{x}^*)=\mathbf{0}^\top$；
3. $\boldsymbol{\mu}^{*\top}\boldsymbol{g}(\boldsymbol{x}^*)=0$。□

在定理21.1中，$\boldsymbol{\lambda}^*$ 为拉格朗日乘子向量，$\boldsymbol{\mu}^*$ 为KKT乘子向量，$\boldsymbol{\lambda}^*$ 和 $\boldsymbol{\mu}^*$ 的元素分别称为拉格朗日乘子和KKT乘子。

在证明此定理之前，先讨论其含义。通过观察定理可知 $\mu_j^* \geqslant 0$(第 1 个条件)和 $g_j(\boldsymbol{x}^*) \leqslant 0$，因此，条件

$$\boldsymbol{\mu}^{*\top}\boldsymbol{g}(\boldsymbol{x}^*) = \mu_1^* g_1(\boldsymbol{x}^*) + \cdots + \mu_p^* g_p(\boldsymbol{x}^*) = 0$$

意味着，如果 $g_j(\boldsymbol{x}^*) < 0$，那么 $\mu_j^* = 0$。也就是说，对于所有的 $j \notin J(\boldsymbol{x}^*)$，$\mu_j^* = 0$ 恒成立，即不起作用约束对应的 KKT 乘子 μ_j^* 等于 0；其他 KKT 乘子 μ_i^*，$i \in J(\boldsymbol{x}^*)$ 是非负的，它们可以等于 0 也可以不等于 0。

例 21.1　图 21.1 给出了 KKT 定理的几何解释。本例中的问题是二维的情况，只包含不等式约束 $g_j(\boldsymbol{x}) \leqslant 0$，$j = 1, 2, 3$。观察图可知点 $\boldsymbol{x}^*$ 的确是极小点。由于 $g_3(\boldsymbol{x}^*) < 0$，故 $g_3(\boldsymbol{x}) \leqslant 0$ 是不起作用约束，因此 $\mu_3^* = 0$。由 KKT 定理可得：

$$\nabla f(\boldsymbol{x}^*) + \mu_1^* \nabla g_1(\boldsymbol{x}^*) + \mu_2^* \nabla g_2(\boldsymbol{x}^*) = \mathbf{0}$$

或

$$\nabla f(\boldsymbol{x}^*) = -\mu_1^* \nabla g_1(\boldsymbol{x}^*) - \mu_2^* \nabla g_2(\boldsymbol{x}^*)$$

其中 $\mu_1^* > 0$，$\mu_2^* > 0$。对该例子来说，利用图示的方法可以很容易地解释 KKT 条件，从图中可以清楚地看出，$\nabla f(\boldsymbol{x}^*)$ 必须是向量 $-\nabla g_1(\boldsymbol{x}^*)$ 和 $-\nabla g_2(\boldsymbol{x}^*)$ 的线性组合，且系数必须是正数。类似地，此结论也可以从上面的式子中得出(其中 μ_1^* 和 μ_2^* 是 KKT 乘子)。

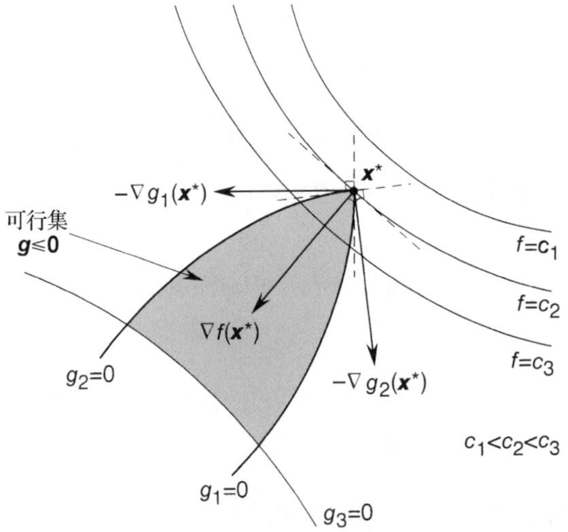

图 21.1　KKT 定理的解释　■

KKT 条件是极小点的必要条件，因此，应按照必要条件的使用方式利用 KKT 条件求解极小点。具体而言，就是搜索满足 KKT 条件的点，并把这些点作为极小点的候选对象。总结起来，KKT 条件由以下 5 部分组成(包括 3 个等式和 2 个不等式)：

1. $\boldsymbol{\mu}^* \geqslant \mathbf{0}$；
2. $Df(\boldsymbol{x}^*) + \boldsymbol{\lambda}^{*\top} D\boldsymbol{h}(\boldsymbol{x}^*) + \boldsymbol{\mu}^{*\top} D\boldsymbol{g}(\boldsymbol{x}^*) = \mathbf{0}^\top$；
3. $\boldsymbol{\mu}^{*\top}\boldsymbol{g}(\boldsymbol{x}^*) = 0$；
4. $\boldsymbol{h}(\boldsymbol{x}^*) = \mathbf{0}$；
5. $\boldsymbol{g}(\boldsymbol{x}^*) \leqslant \mathbf{0}$。

下面给出 KKT 定理的证明。

KKT 定理的证明：设 $\boldsymbol{x}^*$ 是 f 在集合 $\{\boldsymbol{x}:\boldsymbol{h}(\boldsymbol{x})=\boldsymbol{0},\ \boldsymbol{g}(\boldsymbol{x})\leqslant\boldsymbol{0}\}$ 上的一个正则的局部极小点。那么，$\boldsymbol{x}^*$ 也是 f 在集合 $\{\boldsymbol{x}:\boldsymbol{h}(\boldsymbol{x})=\boldsymbol{0},\ g_j(\boldsymbol{x})=0,\ j\in J(\boldsymbol{x}^*)\}$ 上的一个正则的局部极小点（证明过程留作习题 21.16）。注意该集合中的约束条件都是等式，因此，由拉格朗日定理可知，存在向量 $\boldsymbol{\lambda}^*\in\mathbb{R}^m$ 和 $\boldsymbol{\mu}^*\in\mathbb{R}^p$，使得

$$Df(\boldsymbol{x}^*)+\boldsymbol{\lambda}^{*\top}D\boldsymbol{h}(\boldsymbol{x}^*)+\boldsymbol{\mu}^{*\top}D\boldsymbol{g}(\boldsymbol{x}^*)=\boldsymbol{0}^\top$$

其中，对于任意 $j\notin J(\boldsymbol{x}^*)$，$\mu_j^*=0$ 恒成立。为了完成证明，还需要说明对于所有 $j\in J(\boldsymbol{x}^*)$，$\mu_j^*\geqslant 0$ 恒成立（也就是说，对于所有 $j=1,\cdots,p$，$\mu_j^*\geqslant 0$ 恒成立，即 $\boldsymbol{\mu}^*\geqslant\boldsymbol{0}$ 恒成立）。下面用反证法进行证明，假设存在 $j\in J(\boldsymbol{x}^*)$ 使得 $\mu_j^*<0$。设 $\hat{S}$ 和 $\hat{T}(\boldsymbol{x}^*)$ 分别为定义在其他所有起作用约束（第 j 个约束条件除外）上点 $\boldsymbol{x}^*$ 处的曲面和切线空间：

$$\hat{S}=\{\boldsymbol{x}:\boldsymbol{h}(\boldsymbol{x})=\boldsymbol{0},g_i(\boldsymbol{x})=0,i\in J(\boldsymbol{x}^*),i\neq j\}$$

$$\hat{T}(\boldsymbol{x}^*)=\{\boldsymbol{y}:D\boldsymbol{h}(\boldsymbol{x}^*)\boldsymbol{y}=\boldsymbol{0},Dg_i(\boldsymbol{x}^*)\boldsymbol{y}=0,i\in J(\boldsymbol{x}^*),i\neq j\}$$

有以下结论成立：由 $\boldsymbol{x}^*$ 的正则性可知，存在 $\boldsymbol{y}\in\hat{T}(\boldsymbol{x}^*)$，使得

$$Dg_j(\boldsymbol{x}^*)\boldsymbol{y}\neq 0$$

为了证明该结论成立，假设对所有 $\boldsymbol{y}\in\hat{T}(\boldsymbol{x}^*)$ 都有 $\nabla g_j(\boldsymbol{x}^*)^\top\boldsymbol{y}=Dg_j(\boldsymbol{x}^*)\boldsymbol{y}=0$ 成立。这意味着 $\nabla g_j(\boldsymbol{x}^*)\in\hat{T}(\boldsymbol{x}^*)^\perp$，由引理 20.1 可知，这反过来意味着

$$\nabla g_j(\boldsymbol{x}^*)\in\operatorname{span}[\nabla h_k(\boldsymbol{x}^*),k=1,\cdots,m,\nabla g_i(\boldsymbol{x}^*),i\in J(\boldsymbol{x}^*),i\neq j]$$

但这与 $\boldsymbol{x}^*$ 是正则点的事实矛盾，从而证明上述论断是成立的。不失一般性，假设存在 $\boldsymbol{y}$ 使得 $Dg_j(\boldsymbol{x}^*)\boldsymbol{y}<0$。

给出拉格朗日条件：

$$Df(\boldsymbol{x}^*)+\boldsymbol{\lambda}^{*\top}D\boldsymbol{h}(\boldsymbol{x}^*)+\mu_j^*Dg_j(\boldsymbol{x}^*)+\sum_{i\neq j}\mu_i^*Dg_i(\boldsymbol{x}^*)=\boldsymbol{0}^\top$$

在上式右乘向量 $\boldsymbol{y}$，考虑到 $\boldsymbol{y}\in\hat{T}(\boldsymbol{x}^*)$，可得

$$Df(\boldsymbol{x}^*)\boldsymbol{y}=-\mu_j^*Dg_j(\boldsymbol{x}^*)\boldsymbol{y}$$

因为 $Dg_j(\boldsymbol{x}^*)\boldsymbol{y}<0$，结合之前的假设 $\mu_j^*<0$，有

$$Df(\boldsymbol{x}^*)\boldsymbol{y}<0$$

因为 $\boldsymbol{y}\in\hat{T}(\boldsymbol{x}^*)$，根据定理 20.1，可在 $\hat{S}$ 上找到一条可微曲线 $\{\boldsymbol{x}(t):t\in(a,b)\}$，存在 $t^*\in(a,b)$，使得 $\boldsymbol{x}(t^*)=\boldsymbol{x}^*$ 和 $\dot{\boldsymbol{x}}(t^*)=\boldsymbol{y}$。此时，有

$$\frac{\mathrm{d}}{\mathrm{d}t}f(\boldsymbol{x}(t^*))=Df(\boldsymbol{x}^*)\boldsymbol{y}<0$$

上式意味着存在 $\delta>0$，使得对于 $t\in(t^*,t^*+\delta]$，有

$$f(\boldsymbol{x}(t))<f(\boldsymbol{x}(t^*))=f(\boldsymbol{x}^*)$$

另一方面，

$$\frac{\mathrm{d}}{\mathrm{d}t}g_j(\boldsymbol{x}(t^*))=Dg_j(\boldsymbol{x}^*)\boldsymbol{y}<0$$

且对于某个 $\varepsilon>0$ 和所有 $t\in[t^*, t^*+\varepsilon]$，有 $g_j(\boldsymbol{x}(t))\leqslant 0$。因此，对于所有 $t\in(t^*, t^*+\min\{\delta, \varepsilon\}]$，有 $g_j(\boldsymbol{x}(t))\leqslant 0$ 和 $f(\boldsymbol{x}(t))<f(\boldsymbol{x}^*)$ 成立。因为点 $\boldsymbol{x}(t)$，$t\in(t^*, t^*+\min\{\delta, \varepsilon\}]$ 位于 $\hat{S}$ 内，它们是比 $\boldsymbol{x}^*$ 具有更小目标函数值的可行点。这与 $\boldsymbol{x}^*$ 是局部极小点的假设矛盾，证明完毕。 ■

例 21.2　已知如图 21.2 所示的电路，试列出如下问题的 KKT 条件并求解：

a. 试确定电阻 $R\geqslant 0$ 的值，使得该电阻消耗的电能最大；

b. 试确定电阻 $R\geqslant 0$ 的值，使得传输到 10 Ω 电阻上的电能最大。

解：

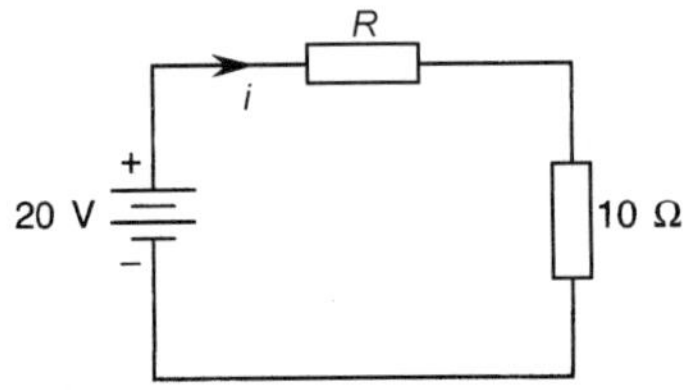

图 21.2　例 21.2 中的电路

a. 电阻 R 消耗的电能为 $p=i^2R$，其中 $i=\dfrac{20}{10+R}$。

该优化问题可以表示为

$$\begin{array}{ll}\text{minimize} & -\dfrac{400R}{(10+R)^2}\\ \text{subject to} & -R\leqslant 0\end{array}$$

目标函数的导数为

$$-\frac{400(10+R)^2-800R(10+R)}{(10+R)^4}=-\frac{400(10-R)}{(10+R)^3}$$

因此，KKT 条件为

$$\begin{aligned}-\frac{400(10-R)}{(10+R)^3}-\mu&=0\\ \mu&\geqslant 0\\ \mu R&=0\\ -R&\leqslant 0\end{aligned}$$

分两种情况求解这一 KKT 条件。第一种情况：假设 $\mu>0$，那么 $R=0$，这与第一个条件矛盾。第二种情况：假设 $\mu=0$，由第一个条件得 $R=10$。因此，KKT 条件的唯一解为 $R=10$，$\mu=0$。

b. 10 Ω 电阻消耗的电能为 $p=i^2 10$，其中 $i=20/(10+R)$。该优化问题可以表示为

$$\begin{array}{ll}\text{minimize} & -\dfrac{4000}{(10+R)^2}\\ \text{subject to} & -R\leqslant 0\end{array}$$

目标函数的导数为

$$\frac{8000}{(10+R)^3}$$

因此，KKT 条件为

$$\begin{aligned}\frac{8000}{(10+R)^3}-\mu&=0\\ \mu&\geqslant 0\\ \mu R&=0\\ -R&\leqslant 0\end{aligned}$$

同样分两种情况求解这个问题。第一种情况：假设 $\mu > 0$，那么 $R=0$，是可行解。第二种情况：假设 $\mu = 0$，但是与第一个条件矛盾。因此，KKT 条件的唯一解为 $R=0, \mu = 8$。■

如果是极大化目标函数的情况，即优化问题具有以下形式：

$$\begin{array}{ll} \text{maximize} & f(\boldsymbol{x}) \\ \text{subject to} & \boldsymbol{h}(\boldsymbol{x}) = \boldsymbol{0} \\ & \boldsymbol{g}(\boldsymbol{x}) \leqslant \boldsymbol{0} \end{array}$$

则 KKT 条件可以写为

1. $\boldsymbol{\mu}^* \geqslant \boldsymbol{0}$;
2. $-Df(\boldsymbol{x}^*) + \boldsymbol{\lambda}^{*\top} D\boldsymbol{h}(\boldsymbol{x}^*) + \boldsymbol{\mu}^{*\top} D\boldsymbol{g}(\boldsymbol{x}^*) = \boldsymbol{0}^\top$;
3. $\boldsymbol{\mu}^{*\top}\boldsymbol{g}(\boldsymbol{x}^*) = 0$;
4. $\boldsymbol{h}(\boldsymbol{x}^*) = \boldsymbol{0}$;
5. $\boldsymbol{g}(\boldsymbol{x}^*) \leqslant \boldsymbol{0}$。

将目标函数乘以 -1，可将极大化问题转化为极小化问题。由此就可得到极大化问题的 KKT 条件。这一 KKT 条件可进一步写成

1. $\boldsymbol{\mu}^* \leqslant \boldsymbol{0}$;
2. $Df(\boldsymbol{x}^*) + \boldsymbol{\lambda}^{*\top} D\boldsymbol{h}(\boldsymbol{x}^*) + \boldsymbol{\mu}^{*\top} D\boldsymbol{g}(\boldsymbol{x}^*) = \boldsymbol{0}^\top$;
3. $\boldsymbol{\mu}^{*\top}\boldsymbol{g}(\boldsymbol{x}^*) = 0$;
4. $\boldsymbol{h}(\boldsymbol{x}^*) = \boldsymbol{0}$;
5. $\boldsymbol{g}(\boldsymbol{x}^*) \leqslant \boldsymbol{0}$。

这一形式的 KKT 条件，是通过把前一个 KKT 条件中的 $\boldsymbol{\mu}^*$ 和 $\boldsymbol{\lambda}^*$ 改变符号且第二个条件乘以 -1 得到的。

对于不等式约束中存在 $\boldsymbol{g}(\boldsymbol{x}) \geqslant \boldsymbol{0}$ 的情况，同样可以写出 KKT 条件。具体而言，考虑如下优化问题：

$$\begin{array}{ll} \text{minimize} & f(\boldsymbol{x}) \\ \text{subject to} & \boldsymbol{h}(\boldsymbol{x}) = \boldsymbol{0} \\ & \boldsymbol{g}(\boldsymbol{x}) \geqslant \boldsymbol{0} \end{array}$$

把不等式约束函数乘以 -1，得到 $-\boldsymbol{g}(\boldsymbol{x}) \leqslant \boldsymbol{0}$。因此，这一情况下的 KKT 条件为

1. $\boldsymbol{\mu}^* \geqslant \boldsymbol{0}$;
2. $Df(\boldsymbol{x}^*) + \boldsymbol{\lambda}^{*\top} D\boldsymbol{h}(\boldsymbol{x}^*) - \boldsymbol{\mu}^{*\top} D\boldsymbol{g}(\boldsymbol{x}^*) = \boldsymbol{0}^\top$;
3. $\boldsymbol{\mu}^{*\top}\boldsymbol{g}(\boldsymbol{x}^*) = 0$;
4. $\boldsymbol{h}(\boldsymbol{x}^*) = \boldsymbol{0}$;
5. $\boldsymbol{g}(\boldsymbol{x}^*) \leqslant \boldsymbol{0}$。

与前面的做法类似，改变 $\boldsymbol{\mu}^*$ 的符号，可得

1. $\boldsymbol{\mu}^* \leqslant \boldsymbol{0}$;
2. $Df(\boldsymbol{x}^*) + \boldsymbol{\lambda}^{*\top} D\boldsymbol{h}(\boldsymbol{x}^*) + \boldsymbol{\mu}^{*\top} D\boldsymbol{g}(\boldsymbol{x}^*) = \boldsymbol{0}^\top$;

3. $\boldsymbol{\mu}^{*\top}\boldsymbol{g}(\boldsymbol{x}^*)=0$;
4. $\boldsymbol{h}(\boldsymbol{x}^*)=\mathbf{0}$;
5. $\boldsymbol{g}(\boldsymbol{x}^*)\geqslant\mathbf{0}$。

优化问题

$$\begin{array}{ll}\text{maximize} & f(\boldsymbol{x})\\ \text{subject to} & \boldsymbol{h}(\boldsymbol{x})=\mathbf{0}\\ & \boldsymbol{g}(\boldsymbol{x})\geqslant\mathbf{0}\end{array}$$

的 KKT 条件与定理 21.1 相比，除问题本身的不等式约束符号相反外，其他部分都相同。

例 21.3 图 21.3 中的点 $\boldsymbol{x}_1$ 和点 $\boldsymbol{x}_2$ 是可行点，即 $g(\boldsymbol{x}_1)\geqslant0$ 和 $g(\boldsymbol{x}_2)\geqslant0$，都满足 KKT 条件。

点 $\boldsymbol{x}_1$ 是极大点，该点的 KKT 条件(对应的 KKT 乘子为 μ_1)为

1. $\mu_1\geqslant0$;
2. $\nabla f(\boldsymbol{x}_1)+\mu_1\nabla g(\boldsymbol{x}_1)=\mathbf{0}$;
3. $\mu_1 g(\boldsymbol{x}_1)=0$;
4. $g(\boldsymbol{x}_1)\geqslant0$。

点 $\boldsymbol{x}_2$ 是 f 的极小点，该点的 KKT 条件(对应的 KKT 乘子为 μ_2)为

1. $\mu_2\leqslant0$;
2. $\nabla f(\boldsymbol{x}_2)+\mu_2\nabla g(\boldsymbol{x}_2)=\mathbf{0}$;
3. $\mu_2 g(\boldsymbol{x}_2)=0$;
4. $g(\boldsymbol{x}_2)\geqslant0$。

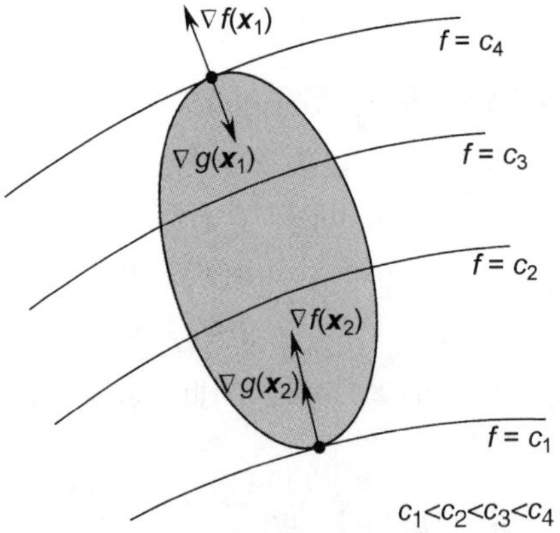

图 21.3 满足 KKT 条件的点($\boldsymbol{x}_1$ 是极大点，$\boldsymbol{x}_2$ 是极小点) ■

例 21.4 考虑优化问题：

$$\begin{array}{ll}\text{minimize} & f(x_1,x_2)\\ \text{subject to} & x_1,x_2\geqslant0\end{array}$$

其中，

$$f(x_1,x_2)=x_1^2+x_2^2+x_1x_2-3x_1$$

该问题的 KKT 条件为

1. $\boldsymbol{\mu}=[\mu_1,\mu_2]^\top\leqslant\boldsymbol{0}$；
2. $Df(\boldsymbol{x})+\boldsymbol{\mu}^\top=\boldsymbol{0}^\top$；
3. $\boldsymbol{\mu}^\top\boldsymbol{x}=0$；
4. $\boldsymbol{x}\geqslant\boldsymbol{0}$。

目标函数的一阶导数为

$$Df(\boldsymbol{x})=[2x_1+x_2-3,\ x_1+2x_2]$$

代入 KKT 条件中的第 2 个条件，可得

$$\begin{aligned}2x_1+x_2+\mu_1&=3\\x_1+2x_2+\mu_2&=0\\\mu_1x_1+\mu_2x_2&=0\end{aligned}$$

由此可得，KKT 条件包括 3 个方程和 4 个变量，并且每个变量都有非负约束。为了找到一个解$(\boldsymbol{x}^*,\boldsymbol{\mu}^*)$，首先尝试

$$\mu_1^*=0,\quad x_2^*=0$$

可得

$$x_1^*=\frac{3}{2},\quad \mu_2^*=-\frac{3}{2}$$

这一组解同时满足 KKT 条件和可行条件。类似地，可以尝试

$$\mu_2^*=0,\quad x_1^*=0$$

得到

$$x_2^*=0,\quad \mu_1^*=3$$

明显与μ_1^* 的非负约束条件矛盾。

由于 KKT 条件只是极小点的必要条件，因此上述满足 KKT 条件的可行点只是极小点的候选对象，不能保证该点就是极小点。下一节将给出某个点是极小点的充分条件。 ■

将例 21.4 中的优化问题推广为一般意义上的问题：

$$\begin{aligned}\text{minimize}\quad & f(\boldsymbol{x})\\\text{subject to}\quad & \boldsymbol{x}\geqslant\boldsymbol{0}\end{aligned}$$

该问题的 KKT 条件为

$$\begin{aligned}\boldsymbol{\mu}&\leqslant\boldsymbol{0}\\\nabla f(\boldsymbol{x})+\boldsymbol{\mu}&=\boldsymbol{0}\\\boldsymbol{\mu}^\top\boldsymbol{x}&=0\\\boldsymbol{x}&\geqslant\boldsymbol{0}\end{aligned}$$

从上式中把$\boldsymbol{\mu}$ 消掉可得

$$\begin{aligned}\nabla f(\boldsymbol{x})&\geqslant\boldsymbol{0}\\\boldsymbol{x}^\top\nabla f(\boldsymbol{x})&=0\\\boldsymbol{x}&\geqslant\boldsymbol{0}\end{aligned}$$

图 21.4 描述了 $\mathbb{R}^2$ 中可能满足这些条件的部分可行点。

如果想了解关于 KKT 条件的更多知识，建议参阅参考文献[90]的第 7 章。

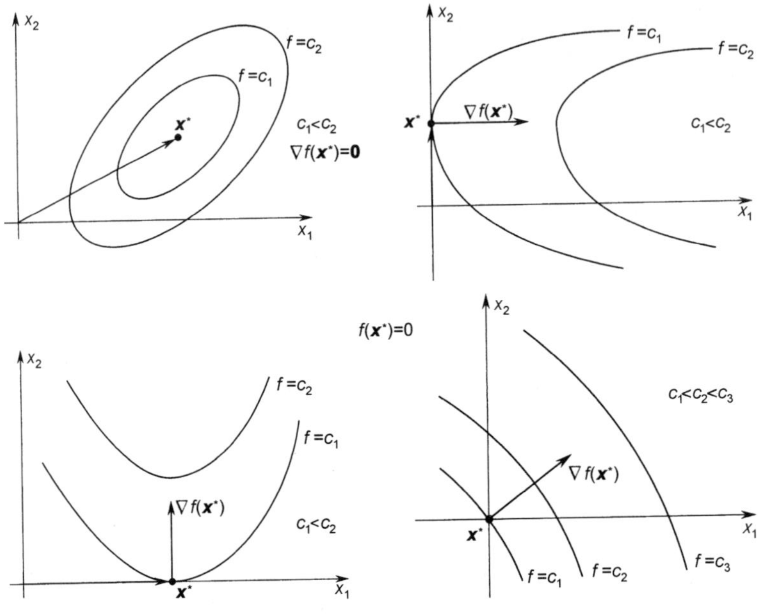

图 21.4　决策变量是正数的约束条件下的优化问题中满足 KKT 条件的点示例[13]

21.2　二阶条件

与只包含等式约束的极值问题一样，对于包含不等式约束的极值问题，同样可以给出二阶充分必要条件。为此，定义如下矩阵：

$$\boldsymbol{L}(\boldsymbol{x},\boldsymbol{\lambda},\boldsymbol{\mu}) = \boldsymbol{F}(\boldsymbol{x}) + [\boldsymbol{\lambda H}(\boldsymbol{x})] + [\boldsymbol{\mu G}(\boldsymbol{x})]$$

其中，$\boldsymbol{F}(\boldsymbol{x})$ 是 f 在点 $\boldsymbol{x}$ 处的黑塞矩阵，$[\boldsymbol{\lambda H}(\boldsymbol{x})]$ 与之前一样，表示

$$[\boldsymbol{\lambda H}(\boldsymbol{x})] = \lambda_1 \boldsymbol{H}_1(\boldsymbol{x}) + \cdots + \lambda_m \boldsymbol{H}_m(\boldsymbol{x})$$

类似地，$[\boldsymbol{\mu G}(\boldsymbol{x})]$ 表示

$$[\boldsymbol{\mu G}(\boldsymbol{x})] = \mu_1 \boldsymbol{G}_1(\boldsymbol{x}) + \cdots + \mu_p \boldsymbol{G}_p(\boldsymbol{x})$$

其中，$\boldsymbol{G}_k(\boldsymbol{x})$ 是 g_k 在 $\boldsymbol{x}$ 处的黑塞矩阵：

$$\boldsymbol{G}_k(\boldsymbol{x}) = \begin{bmatrix} \frac{\partial^2 g_k}{\partial x_1^2}(\boldsymbol{x}) & \cdots & \frac{\partial^2 g_k}{\partial x_n \partial x_1}(\boldsymbol{x}) \\ \vdots & & \vdots \\ \frac{\partial^2 g_k}{\partial x_1 \partial x_n}(\boldsymbol{x}) & \cdots & \frac{\partial^2 g_k}{\partial^2 x_n}(\boldsymbol{x}) \end{bmatrix}$$

在接下来的定理中，用

$$T(\boldsymbol{x}^*) = \{\boldsymbol{y} \in \mathbb{R}^n : D\boldsymbol{h}(\boldsymbol{x}^*)\boldsymbol{y} = \boldsymbol{0},\ Dg_j(\boldsymbol{x}^*)\boldsymbol{y} = 0,\ j \in J(\boldsymbol{x}^*)\}$$

代表由起作用约束所定义曲面的切线空间。

定理 21.2　**二阶必要条件**。设 $\boldsymbol{x}^*$ 是函数 $f:\mathbb{R}^n \to \mathbb{R}^m$ 在约束条件 $\boldsymbol{h}(\boldsymbol{x}) = \boldsymbol{0}$，$\boldsymbol{g}(\boldsymbol{x}) \leqslant \boldsymbol{0}$

下的局部极小点，其中 $\boldsymbol{h}:\mathbb{R}^n\to\mathbb{R}^m(m\leqslant n)$，$\boldsymbol{g}:\mathbb{R}^n\to\mathbb{R}^p$，且 f，$\boldsymbol{h}$，$\boldsymbol{g}\in\mathcal{C}^2$。假设 $\boldsymbol{x}^*$ 是正则点，那么存在 $\boldsymbol{\lambda}^*\in\mathbb{R}^m$ 和 $\boldsymbol{\mu}^*\in\mathbb{R}^p$，使得

1. $\boldsymbol{\mu}^*\geqslant\mathbf{0}$，$Df(\boldsymbol{x}^*)+\boldsymbol{\lambda}^{*\top}D\boldsymbol{h}(\boldsymbol{x}^*)+\boldsymbol{\mu}^{*\top}D\boldsymbol{g}(\boldsymbol{x}^*)=\mathbf{0}^\top$，$\boldsymbol{\mu}^{*\top}\boldsymbol{g}(\boldsymbol{x}^*)=0$；
2. 对于所有 $\boldsymbol{y}\in T(\boldsymbol{x}^*)$，都有 $\boldsymbol{y}^\top\boldsymbol{L}(\boldsymbol{x}^*,\boldsymbol{\lambda}^*,\boldsymbol{\mu}^*)\boldsymbol{y}\geqslant 0$ 成立。 □

证明： 第 1 个结论就是 KKT 定理的结果。下面证明第 2 个结论，因为 $\boldsymbol{x}^*$ 是 $\{\boldsymbol{x}:\boldsymbol{h}(\boldsymbol{x})=\mathbf{0},\boldsymbol{g}(\boldsymbol{x})\leqslant\mathbf{0}\}$ 上的局部极小点，所以它也是 $\{\boldsymbol{x}:\boldsymbol{h}(\boldsymbol{x})=\mathbf{0},g_i(\boldsymbol{x})=\mathbf{0},j\in J(\boldsymbol{x}^*)\}$ 上的局部极小点；也就是说，当把起作用约束视为等式约束时，点 $\boldsymbol{x}^*$ 是局部极小点（证明过程留作习题 21.16）。因此，仅含等式约束（见定理 20.4）的极值问题的二阶必要条件在此处是成立的，由此即可完成第 2 个结论的证明。 ■

下面给出不等式约束极值问题的二阶充分条件。该条件中需要使用如下集合：

$$\tilde{T}(\boldsymbol{x}^*,\boldsymbol{\mu}^*)=\{\boldsymbol{y}:D\boldsymbol{h}(\boldsymbol{x}^*)\boldsymbol{y}=\mathbf{0},Dg_i(\boldsymbol{x}^*)\boldsymbol{y}=0,i\in\tilde{J}(\boldsymbol{x}^*,\boldsymbol{\mu}^*)\}$$

其中，$\tilde{J}(\boldsymbol{x}^*,\boldsymbol{\mu}^*)=\{i:g_i(\boldsymbol{x}^*)=0,\mu_i^*>0\}$。注意 $\tilde{J}(\boldsymbol{x}^*,\boldsymbol{\mu}^*)$ 是 $J(\boldsymbol{x}^*)$ 的子集，即 $\tilde{J}(\boldsymbol{x}^*,\boldsymbol{\mu}^*)\subset J(\boldsymbol{x}^*)$ 成立。这意味着，$T(\boldsymbol{x}^*)$ 是 $\tilde{T}(\boldsymbol{x}^*,\boldsymbol{\mu}^*)$ 的子集，即 $T(\boldsymbol{x}^*)\subset\tilde{T}(\boldsymbol{x}^*,\boldsymbol{\mu}^*)$。

定理 21.3　二阶充分条件。 假定 f，$\boldsymbol{g}$，$\boldsymbol{h}\in\mathcal{C}^2$，$\boldsymbol{x}^*\in\mathbb{R}^n$ 是一个可行点，存在向量 $\boldsymbol{\lambda}^*\in\mathbb{R}^m$ 和 $\boldsymbol{\mu}^*\in\mathbb{R}^p$，使得

1. $\boldsymbol{\mu}^*\geqslant\mathbf{0}$，$Df(\boldsymbol{x}^*)+\boldsymbol{\lambda}^{*\top}D\boldsymbol{h}(\boldsymbol{x}^*)+\boldsymbol{\mu}^{*\top}D\boldsymbol{g}(\boldsymbol{x}^*)=\mathbf{0}^\top$，$\boldsymbol{\mu}^{*\top}\boldsymbol{g}(\boldsymbol{x}^*)=0$；
2. 对于所有 $\boldsymbol{y}\in\tilde{T}(\boldsymbol{x}^*,\boldsymbol{\mu}^*)$，$\boldsymbol{y}\neq\mathbf{0}$，都有 $\boldsymbol{y}^\top\boldsymbol{L}(\boldsymbol{x}^*,\boldsymbol{\lambda}^*,\boldsymbol{\mu}^*)\boldsymbol{y}>0$。

那么，$\boldsymbol{x}^*$ 是优化问题 $\boldsymbol{h}(\boldsymbol{x})=\mathbf{0}$，$\boldsymbol{g}(\boldsymbol{x})\leqslant 0$ 的严格局部极小点。 □

证明： 关于该定理的证明，可参阅参考文献[88]的第 345 页。 ■

对于严格局部极大点，存在一个与定理 21.3 类似的结论。区别在于 KKT 乘子 $\boldsymbol{\mu}^*\leqslant\mathbf{0}$ 和 $\boldsymbol{L}(\boldsymbol{x}^*,\boldsymbol{\lambda}^*)$ 在 $\tilde{T}(\boldsymbol{x}^*,\boldsymbol{\mu}^*)$ 上负定。

例 21.5　考虑优化问题：

$$\begin{array}{ll}\text{minimize} & x_1x_2\\ \text{subject to} & x_1+x_2\geqslant 2\\ & x_2\geqslant x_1\end{array}$$

a. 写出该问题的 KKT 条件。

b. 求出满足 KKT 条件的所有点（和 KKT 乘子），并分别判断各点是否为正则点。

c. 在问题 b 求出的点中，找出同时满足二阶必要条件的点。

d. 在问题 c 求出的点中，找出同时满足二阶充分条件的点。

e. 在问题 c 求出的点中，找出局部极小点。

解：

a. 记 $f(\boldsymbol{x})=x_1x_2$，$g_1(\boldsymbol{x})=2-x_1-x_2$，$g_2(\boldsymbol{x})=x_1-x_2$，可得 KKT 条件为

$$\begin{aligned}x_2-\mu_1+\mu_2&=0\\x_1-\mu_1-\mu_2&=0\\\mu_1(2-x_1-x_2)+\mu_2(x_1-x_2)&=0\\\mu_1,\mu_2&\geqslant 0\\2-x_1-x_2&\leqslant 0\\x_1-x_2&\leqslant 0\end{aligned}$$

b. 易知$\mu_1\neq 0$和$\mu_2\ngtr 0$，因此 KKT 条件只有唯一解：$x_1^*=x_2^*=1$，$\mu_1^*=1$，$\mu_2^*=0$。对于该点，有$Dg_1(\boldsymbol{x}^*)=[-1,-1]$和$Dg_2(\boldsymbol{x}^*)=[1,-1]$，因此$\boldsymbol{x}^*$是正则点。

c. 两个约束条件在$\boldsymbol{x}^*$处都是起作用约束，由$\boldsymbol{x}^*$是正则点可得$\boldsymbol{T}(\boldsymbol{x}^*)=\{\boldsymbol{0}\}$，意味着$\boldsymbol{x}^*$满足二阶必要条件。

d. 有

$$\boldsymbol{L}(\boldsymbol{x}^*,\boldsymbol{\mu}^*)=\begin{bmatrix}0&1\\1&0\end{bmatrix}$$

此外，有$\widetilde{T}(\boldsymbol{x}^*,\boldsymbol{\mu}^*)=\{\boldsymbol{y}:[-1,\ -1]\boldsymbol{y}=0\}=\{\boldsymbol{y}:y_1=-y_2\}$。取$\boldsymbol{y}=[1,\ -1]^\top\in\widetilde{T}(\boldsymbol{x}^*,\boldsymbol{\mu}^*)$，则$\boldsymbol{y}^\top\boldsymbol{L}(\boldsymbol{x}^*,\boldsymbol{\mu}^*)\boldsymbol{y}=-2<0$，表明$\boldsymbol{x}^*$不能满足二阶充分条件。

e. 事实上，点$\boldsymbol{x}^*$不是局部极小点。为了证明这一点，可绘制目标函数的约束集和水平集，发现按照可行方向$[1,\ 1]^\top$移动，目标函数值是增加的；但是按照可行方向$[-1,\ 1]^\top$移动，目标函数值是减小的。 ■

在第 20 章中采用图解法求解了例 20.1 中的优化问题，下面采用解析方法求解。

例 21.6　求解$f(\boldsymbol{x})=(x_1-1)^2+x_2-2$，其约束条件为

$$\begin{aligned}h(\boldsymbol{x})&=x_2-x_1-1=0\\g(\boldsymbol{x})&=x_1+x_2-2\leqslant 0\end{aligned}$$

对于所有$\boldsymbol{x}\in\mathbb{R}^2$，有

$$Dh(\boldsymbol{x})=[-1,1],\quad Dg(\boldsymbol{x})=[1,1]$$

显然，$\nabla h(\boldsymbol{x})$和$\nabla g(\boldsymbol{x})$是线性无关的，所以所有的可行点都是正则点。首先写出 KKT 条件；然后求出目标函数的导数$Df(\boldsymbol{x})=[2x_1-2,\ 1]$，再给出 KKT 条件：

$$\begin{aligned}Df(\boldsymbol{x})+\lambda Dh(\boldsymbol{x})+\mu Dg(\boldsymbol{x})=[2x_1-2-\lambda+\mu,1+\lambda+\mu]&=\boldsymbol{0}^\top\\\mu(x_1+x_2-2)&=0\\\mu&\geqslant 0\\x_2-x_1-1&=0\\x_1+x_2-2&\leqslant 0\end{aligned}$$

为了求出满足上述条件的所有点，可假定$\mu>0$，此时有$x_1+x_2-2=0$。因此，需要求解如下包含 4 个方程的方程组：

$$\begin{aligned}2x_1-2-\lambda+\mu&=0\\1+\lambda+\mu&=0\\x_2-x_1-1&=0\\x_1+x_2-2&=0\end{aligned}$$

求解该问题，得

$$x_1=\frac{1}{2},\ \ x_2=\frac{3}{2},\ \ \lambda=-1,\ \ \mu=0$$

因为 $\mu=0$，与之前的假设 $\mu>0$ 矛盾，因此这一组解不能满足 KKT 条件。

接下来，假设 $\mu=0$，此时需要求解如下方程组：

$$\begin{aligned}2x_1-2-\lambda&=0\\1+\lambda&=0\\x_2-x_1-1&=0\end{aligned}$$

同时还必须满足

$$g(x_1,x_2)=x_1+x_2-2\leqslant 0$$

求解上述问题，可得

$$x_1=\frac{1}{2},\ \ x_2=\frac{3}{2},\ \ \lambda=-1$$

注意 $\boldsymbol{x}^*=[1/2,3/2]^\top$ 满足约束条件 $g(\boldsymbol{x}^*)\leqslant 0$。因此，点 $\boldsymbol{x}^*$ 满足 KKT 条件，是极小点的候选对象。

现在验证 $\boldsymbol{x}^*=[1/2,3/2]^\top$，$\lambda^*=-1$，$\mu^*=0$ 是否满足二阶充分条件。为此，构造如下矩阵：

$$\begin{aligned}\boldsymbol{L}(\boldsymbol{x}^*,\lambda^*,\mu^*)&=\boldsymbol{F}(\boldsymbol{x}^*)+\lambda^*\boldsymbol{H}(\boldsymbol{x}^*)+\mu^*\boldsymbol{G}(\boldsymbol{x}^*)\\&=\begin{bmatrix}2&0\\0&0\end{bmatrix}+(-1)\begin{bmatrix}0&0\\0&0\end{bmatrix}+(0)\begin{bmatrix}0&0\\0&0\end{bmatrix}\\&=\begin{bmatrix}2&0\\0&0\end{bmatrix}\end{aligned}$$

确定子空间：

$$\tilde{T}(\boldsymbol{x}^*,\mu^*)=\{\boldsymbol{y}:Dh(\boldsymbol{x}^*)\boldsymbol{y}=0\}$$

注意，因为 $\mu^*=0$，起作用约束 $g(\boldsymbol{x}^*)=0$ 没有参与到 $\widetilde{T}(\boldsymbol{x}^*,\mu^*)$ 的计算；同时注意，在此情况下，$T(\boldsymbol{x}^*)=\{\boldsymbol{0}\}$。易知有

$$\tilde{T}(\boldsymbol{x}^*,\mu^*)=\{\boldsymbol{y}:[-1,1]\boldsymbol{y}=0\}=\{[a,a]^\top:a\in\mathbb{R}\}$$

判断 $\boldsymbol{L}(\boldsymbol{x}^*,\lambda^*,\mu^*)$ 在 $\widetilde{T}(\boldsymbol{x}^*,\mu^*)$ 上的正定性。因为有

$$\boldsymbol{y}^\top\boldsymbol{L}(\boldsymbol{x}^*,\lambda^*,\mu^*)\boldsymbol{y}=[a,a]\begin{bmatrix}2&0\\0&0\end{bmatrix}\begin{bmatrix}a\\a\end{bmatrix}=2a^2$$

所以，$\boldsymbol{L}(\boldsymbol{x}^*,\lambda^*,\mu^*)$ 在 $\widetilde{T}(\boldsymbol{x}^*,\mu^*)$ 上是正定的。实际上，$\boldsymbol{L}(\boldsymbol{x}^*,\lambda^*,\mu^*)$ 只在 $\mathbb{R}^2$ 中是正定的。

这说明 $\boldsymbol{x}^*=[1/2,3/2]^\top$ 满足二阶充分条件，因此 $\boldsymbol{x}^*$ 是一个严格的局部极小点。■

习题

21.1　考虑优化问题：

$$\begin{aligned}\text{minimize}\quad & x_1^2+4x_2^2\\\text{subject to}\quad & x_1^2+2x_2^2\geqslant 4\end{aligned}$$

a. 求出满足 KKT 条件的所有点；

b. 利用二阶充分条件，判断问题 a 所求结果是不是极小点。

21.2 求出下列问题的局部极值点：

a. $x_1^2+x_2^2-2x_1-10x_2+26$ subject to $\frac{1}{5}x_2-x_1^2\leqslant 0$, $5x_1+\frac{1}{2}x_2\leqslant 5$；

b. $x_1^2+x_2^2$ subject to $x_1\geqslant 0$, $x_2\geqslant 0$, $x_1+x_2\geqslant 5$；

c. $x_1^2+6x_1x_2-4x_1-2x_2$ subject to $x_1^2+2x_2\leqslant 1$, $2x_1-2x_2\leqslant 1$。

21.3 求出 $x_1^2+x_2^2$的局部极小点，其约束条件为 $x_1^2+2x_1x_2+x_2^2=1$, $x_1^2-x_2\leqslant 0$。

21.4 写出习题 15.8 中优化问题的 KKT 条件。

21.5 考虑优化问题：

$$\begin{aligned} \text{minimize} \quad & x_2-(x_1-2)^3+3 \\ \text{subject to} \quad & x_2\geqslant 1 \end{aligned}$$

其中，x_1和 x_2是实数变量。回答下列问题，并给出详细的理由。

a. 写出问题的 KKT 条件，并求出满足条件的所有点，然后检查每个点是否是正则点；

b. 判断问题 a 中求出的点是否满足二阶必要条件；

c. 判断问题 b 中求出的点是否满足二阶充分条件。

21.6 考虑优化问题：

$$\begin{aligned} \text{minimize} \quad & x_2 \\ \text{subject to} \quad & x_2\geqslant -(x_1-1)^2+3 \end{aligned}$$

a. 求出满足 KKT 条件的所有点；

b. 对于问题 a 中求出的每个点 $\boldsymbol{x}^*$，求出 $T(\boldsymbol{x}^*)$, $N(\boldsymbol{x}^*)$和 $\widetilde{T}(\boldsymbol{x}^*)$；

c. 在问题 a 求出的点中找出所有能够满足二阶必要条件的点。

21.7 某优化问题的目标函数为$(x_1-2)^2+(x_2-1)^2$(可能是极大化，也可能是极小化)，约束条件为

$$\begin{aligned} x_2-x_1^2&\geqslant 0 \\ 2-x_1-x_2&\geqslant 0 \\ x_1&\geqslant 0 \end{aligned}$$

点 $\boldsymbol{x}^*=\boldsymbol{0}$ 满足 KKT 条件。

a. $\boldsymbol{x}^*$是否满足极值点的一阶必要条件？求出 KKT 乘子；

b. $\boldsymbol{x}^*$是否满足极值点的二阶必要条件？给出详细的判断过程。

21.8 考虑优化问题：

$$\begin{aligned} \text{minimize} \quad & f(\boldsymbol{x}) \\ \text{subject to} \quad & \boldsymbol{x}\in\Omega \end{aligned}$$

其中，$f(\boldsymbol{x})=x_1x_2^2$, $\boldsymbol{x}=[x_1, x_2]^\top$, $\Omega=\{\boldsymbol{x}\in\mathbb{R}^2: x_1=x_2, x_1\geqslant 0\}$。

a. 求出所有满足 KKT 条件的点；

b. 问题 a 中求出的每个点是否满足二阶必要条件？

c. 问题 a 中求出的每个点是否满足二阶充分条件？

21.9 考虑优化问题：

$$\begin{aligned} \text{minimize} \quad & \frac{1}{2}\|\boldsymbol{Ax}-\boldsymbol{b}\|^2 \\ \text{subject to} \quad & x_1+\cdots+x_n=1 \\ & x_1,\cdots,x_n\geqslant 0 \end{aligned}$$

a. 写出上述问题的 KKT 条件；

b. 如果可行点 $\boldsymbol{x}^*$是该问题的正则点，试对 $\boldsymbol{x}^*$的性质进行详细说明。该问题的可行点中是否存在非正则点？如果存在，则求解之；如果不存在，给出理由。

21.10　给定 $g:\mathbb{R}^n\to\mathbb{R}$ 和 $\boldsymbol{x}_0\in\mathbb{R}^n$，其中 $g(\boldsymbol{x}_0)>0$。考虑如下问题：

$$\begin{aligned}\text{minimize}\quad & \frac{1}{2}\|\boldsymbol{x}-\boldsymbol{x}_0\|^2\\ \text{subject to}\quad & g(\boldsymbol{x})\leqslant 0\end{aligned}$$

假设 $\boldsymbol{x}^*$ 是该问题的一个最优解，且 $g\in\mathcal{C}^1$。试利用 KKT 定理分别判断下列等式或不等式是否成立：

i. $g(\boldsymbol{x}^*)<0$

ii. $g(\boldsymbol{x}^*)=0$

iii. $(\boldsymbol{x}^*-\boldsymbol{x}_0)^\top\nabla g(\boldsymbol{x}^*)<0$

iv. $(\boldsymbol{x}^*-\boldsymbol{x}_0)^\top\nabla g(\boldsymbol{x}^*)=0$

v. $(\boldsymbol{x}^*-\boldsymbol{x}_0)^\top\nabla g(\boldsymbol{x}^*)>0$

21.11　有一个正方形的房间，其 4 个角分别坐落在 $[0,0]^\top$，$[0,2]^\top$，$[2,0]^\top$ 和 $[2,2]^\top$（只考虑平面的情况，即在二维空间 $\mathbb{R}^2$ 中开展讨论）。

a. 猜测一下该房间中距离点 $[3,4]^\top$ 最近的点是哪一个？

b. 试用二阶充分条件证明找出的点是一个严格的局部极小点。

提示：求距离的最小值相当于求距离平方的最小值。

21.12　考虑二次规划问题：

$$\begin{aligned}\text{minimize}\quad & \frac{1}{2}\boldsymbol{x}^\top\boldsymbol{Q}\boldsymbol{x}\\ \text{subject to}\quad & \boldsymbol{A}\boldsymbol{x}\leqslant\boldsymbol{b}\end{aligned}$$

其中，$\boldsymbol{Q}=\boldsymbol{Q}^\top>0$，$\boldsymbol{A}\in\mathbb{R}^{m\times n}$，$\boldsymbol{b}\geqslant\boldsymbol{0}$。试找出所有满足 KKT 条件的点。

21.13　考虑线性规划问题：

$$\begin{aligned}\text{minimize}\quad & ax_1+bx_2\\ \text{subject to}\quad & cx_1+dx_2=e\\ & x_1,x_2\geqslant 0\end{aligned}$$

其中，a，b，c，d，$e\in\mathbb{R}$ 都是非零常数。已知 $\boldsymbol{x}^*$ 是该问题的一个最优的基本可行解。

a. 写出 $\boldsymbol{x}^*$ 处的 KKT 条件（详细说明拉格朗日乘子和 KKT 乘子的个数）；

b. $\boldsymbol{x}^*$ 是否是正则点？给出理由；

c. 求出该问题的切线空间 $T(\boldsymbol{x}^*)$（由起作用约束定义）；

d. 如果所有非基变量对应的检验数都严格为正，那么 $\boldsymbol{x}^*$ 是否满足二阶充分条件？给出理由。

21.14　考虑优化问题：

$$\begin{aligned}\text{minimize}\quad & \boldsymbol{c}^\top\boldsymbol{x}\\ \text{subject to}\quad & \boldsymbol{A}\boldsymbol{x}\leqslant\boldsymbol{0}\end{aligned}$$

其中，$\boldsymbol{A}\in\mathbb{R}^{m\times n}$，$m<n$，且 $\boldsymbol{A}$ 满秩。试用 KKT 定理证明，如果上述问题有解，那么目标函数最优值为 0。

21.15　考虑线性规划问题标准型（见第 15 章）：

a. 写出该问题的 KKT 条件；

b. 试利用问题 a 的结果，证明如果该线性规划问题存在最优可行解，那么该线性规划问题的对偶问题存在一个可行解，这一可行解下对偶问题的目标函数值与原问题的最优值相等（可与定理 17.1 对比）；

c. 试利用问题 a 和 b 中的结果，证明如果 $\boldsymbol{x}^*$ 是原问题的最优可行解，那么对偶问题存在可行解 $\boldsymbol{\lambda}^*$，使得 $(\boldsymbol{c}^\top-\boldsymbol{\lambda}^{*\top}\boldsymbol{A})\boldsymbol{x}^*=0$ 成立（可与定理 17.3 对比）。

21.16　考虑约束集 $S=\{\boldsymbol{x}:\boldsymbol{h}(\boldsymbol{x})=\boldsymbol{0},\ \boldsymbol{g}(\boldsymbol{x})\leqslant 0\}$。设 $\boldsymbol{x}^*\in S$ 是 f 在 S 上的正则局部极小点，设 $J(\boldsymbol{x}^*)$ 是起作用不等式约束的下标集，试证明 $\boldsymbol{x}^*$ 也是 f 在集合 $S'=\{\boldsymbol{x}:\boldsymbol{h}(\boldsymbol{x})=\boldsymbol{0},\ g_j(\boldsymbol{x})=0,\ j\in J(\boldsymbol{x}^*)\}$ 上的正则局部极小点。

21.17　利用二阶充分条件求解优化问题：

$$\begin{aligned} \text{minimize} \quad & x_1^2 + x_2^2 \\ \text{subject to} \quad & x_1^2 - x_2 - 4 \leqslant 0 \\ & x_2 - x_1 - 2 \leqslant 0 \end{aligned}$$

可参考图 22.1 中演示的利用图解法求解这一问题的过程。

21.18 利用二阶充分条件求解优化问题：

$$\begin{aligned} \text{minimize} \quad & x_1^2 + x_2^2 \\ \text{subject to} \quad & x_1 - x_2^2 - 4 \geqslant 0 \\ & x_1 - 10 \leqslant 0 \end{aligned}$$

可参考图 22.2 中演示的利用图解法求解这一问题的过程。

21.19 考虑优化问题：

$$\begin{aligned} \text{minimize} \quad & x_1^2 + x_2^2 \\ \text{subject to} \quad & 4 - x_1 - x_2^2 \leqslant 0 \\ & 3x_2 - x_1 \leqslant 0 \\ & -3x_2 - x_1 \leqslant 0 \end{aligned}$$

图 22.3 中利用图解法求解了这一问题。从图中可推断出该问题有两个严格的局部极小点，试验证这两个点是否满足二阶充分条件。

21.20 考虑优化问题：

$$\begin{aligned} \text{minimize} \quad & 3x_1 \\ \text{subject to} \quad & x_1 + x_2^2 \geqslant 2 \end{aligned}$$

该问题仅含有一个不等式约束。

a. 判断点 $\boldsymbol{x}^* = [2, 0]^\top$ 是否满足 KKT(一阶必要)条件?

b. 判断点 $\boldsymbol{x}^* = [2, 0]^\top$ 是否满足二阶必要条件(含不等式约束的情况)?

c. 判断点 $\boldsymbol{x}^* = [2, 0]^\top$ 是否是局部极小点?

(可与习题 6.15 进行比较，在习题 6.15 中，优化问题的约束为集合约束。)

21.21 考虑优化问题：

$$\begin{aligned} \text{minimize} \quad & \frac{1}{2}\|\boldsymbol{x}\|^2 \\ \text{subject to} \quad & \boldsymbol{a}^\top \boldsymbol{x} = b \\ & \boldsymbol{x} \geqslant \boldsymbol{0} \end{aligned}$$

其中，$\boldsymbol{a} \in \mathbb{R}^n$，$\boldsymbol{a} \geqslant \boldsymbol{0}$ 和 $b \in \mathbb{R}$，$b > 0$。试说明如果该问题存在最优解，那么最优解是唯一的，并用 $\boldsymbol{a}$ 和 b 来表示最优解。

21.22 考虑优化问题：

$$\begin{aligned} \text{minimize} \quad & (x_1 - a)^2 + (x_2 - b)^2, \qquad x_1, x_2 \in \mathbb{R} \\ \text{subject to} \quad & x_1^2 + x_2^2 \leqslant 1 \end{aligned}$$

其中，a，$b \in \mathbb{R}$ 是给定常数，且满足 $a^2 + b^2 \geqslant 1$。

a. 设 $\boldsymbol{x}^* = [x_1^*, x_2^*]^\top$ 是该问题的最优解。试利用无约束优化问题的一阶必要条件，说明 $(x_1^*)^2 + (x_2^*)^2 = 1$ 成立；

b. 试利用 KKT 定理，证明 $\boldsymbol{x}^* = [x_1^*, x_2^*]^\top$ 是唯一的，且具有 $x_1^* = \alpha a$，$x_2^* = \alpha b$ 的形式，其中 $\alpha \in \mathbb{R}$ 是正常数；

c. 求(问题 b 中的) α 的表达式，用 a 和 b 表示。

21.23 考虑优化问题：

$$\begin{aligned} \text{minimize} \quad & x_1^2 + (x_2 + 1)^2, \qquad x_1, x_2 \in \mathbb{R} \\ \text{subject to} \quad & x_2 \geqslant \exp(x_1) \end{aligned}$$

[$\exp(x) = \mathrm{e}^x$ 表示 x 的指数]。设 $\boldsymbol{x}^* = [x_1^*, x_2^*]^\top$ 是该问题的解。

a. 写出 $\boldsymbol{x}^*$ 应该满足的 KKT 条件；

b. 证明 $x_2^* = \exp(x_1^*)$；

c. 证明 $-2 < x_1^* < 0$。

21.24 考虑优化问题：

$$\begin{array}{ll} \text{minimize} & \boldsymbol{c}^\top \boldsymbol{x} + 8 \\ \text{subject to} & \frac{1}{2}\|\boldsymbol{x}\|^2 \leqslant 1 \end{array}$$

其中，$\boldsymbol{c} \in \mathbb{R}^n$，$\boldsymbol{c} \neq \boldsymbol{0}$。假设 $\boldsymbol{x}^* = \alpha \boldsymbol{e}$ 是该问题的一个最优解，其中 $\alpha \in \mathbb{R}$，$\boldsymbol{e} = [1, \cdots, 1]^\top$，且对应目标函数值为 4。

a. 证明 $\|\boldsymbol{x}^*\|^2 = 2$；

b. 求出 α 和 $\boldsymbol{c}$(可能与 n 有关)。

21.25 考虑如下的等式约束问题：

$$\begin{array}{ll} \text{minimize} & f(\boldsymbol{x}) \\ \text{subject to} & \boldsymbol{h}(\boldsymbol{x}) = \boldsymbol{0} \end{array}$$

可以把上述问题转化为等价的优化问题：

$$\begin{array}{ll} \text{minimize} & f(\boldsymbol{x}) \\ \text{subject to} & \frac{1}{2}\|\boldsymbol{h}(\boldsymbol{x})\|^2 \leqslant 0 \end{array}$$

试写出上述等价问题(包含不等式约束)的 KKT 条件，并解释为什么此情况下 KKT 定理不适用。

第 22 章　凸优化问题

22.1　引言

总体而言，前面两章中讨论的关于非线性优化问题的求解还是存在一定困难的。这种困难可能源自目标函数，也可能源自约束条件，或者同时来自两者。很多时候，即使目标函数比较简单且易于处理，由于约束条件的存在也会使得问题变得很难求解。下面通过 3 个例子来说明这一点。

例 22.1　考虑优化问题：

$$\begin{array}{ll} \text{minimize} & x_1^2 + x_2^2 \\ \text{subject to} & x_2 - x_1 - 2 \leqslant 0 \\ & x_1^2 - x_2 - 4 \leqslant 0 \end{array}$$

这一问题的图示化求解方法如图 22.1 所示，可以看出，目标函数在约束条件下和无约束条件下的极小点都是一样的。在极小点处，所有的约束条件都是不起作用约束。如果能够提前知道这个事实，就可以用第二部分中无约束优化问题的求解方法来求解这个问题。

例 22.2　考虑优化问题：

$$\begin{array}{ll} \text{minimize} & x_1^2 + x_2^2 \\ \text{subject to} & x_1 - 10 \leqslant 0 \\ & x_1 - x_2^2 - 4 \geqslant 0 \end{array}$$

这一问题的图示化求解方法如图 22.2 所示。可以看出，在极小点处，只有一个约束条件起作用。如果能够事先知道这一点，就可以将其视为等式约束问题，采用拉格朗日乘子法求解。

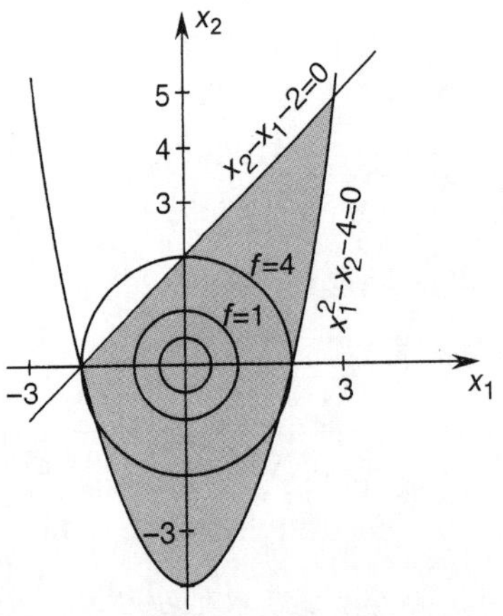

图 22.1　目标函数在有约束条件和无约束条件下极小值相同的情况

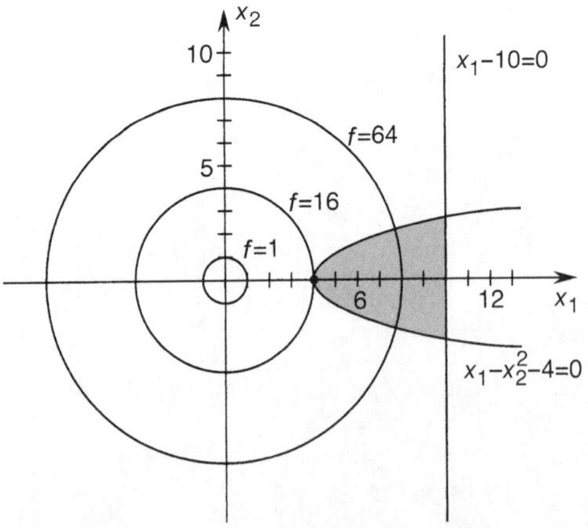

图 22.2　只有一个约束条件起作用的情况

例 22.3　考虑优化问题：

$$\begin{aligned}&\text{minimize} && x_1^2+x_2^2\\&\text{subject to} && 4-x_1-x_2^2\leqslant 0\\& && 3x_2-x_1\leqslant 0\\& && -3x_2-x_1\leqslant 0\end{aligned}$$

这一问题的图示化求解方法如图 22.3 所示。可以看出，在这一问题中，在无约束的情况下，目标函数只有一个全局极小值；但是，约束条件的存在导致目标函数存在相同的两个局部极小值（对应不同的极小点）。■

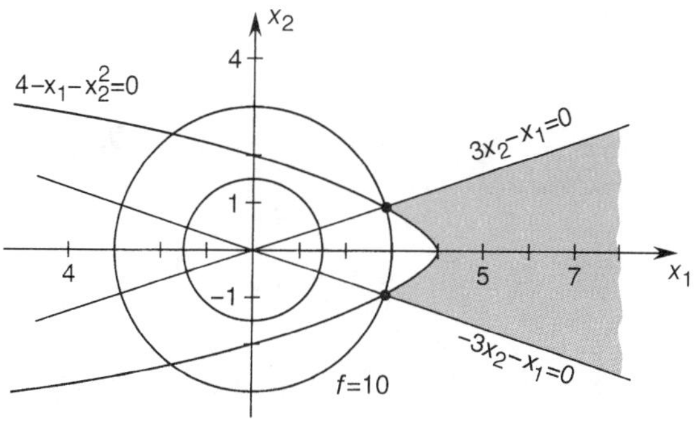

图 22.3　约束条件的存在导致局部极小点的数量增加的情况

如果把优化问题的可行域限定为凸集，那么上面 3 个例子求解过程中遇到的困难都可以被消除。不可否认的是，某些实际问题并不能够满足这一假设。尽管如此，这一假设条件下的优化问题求解仍然得到了足够的关注，这是因为此类优化问题能够给出全局最优解。下一节将引入凸函数的概念，这一概念在此类问题的求解过程发挥着重要作用。

22.2 凸函数

首先给出实值函数图像的定义。

定义 22.1　函数 $f:\Omega\to\mathbb{R}$，$\Omega\subset\mathbb{R}^n$ 的图像为集合 $\Omega\times\mathbb{R}\subset\mathbb{R}^{n+1}$ 中的点集：

$$\left\{\begin{bmatrix}\boldsymbol{x}\\ f(\boldsymbol{x})\end{bmatrix}:\boldsymbol{x}\in\Omega\right\}$$ ■

函数 f 的图像可以形象地描绘成 $f(\boldsymbol{x})$ 关于 $\boldsymbol{x}$ 的“图形”上的点集，如图 22.4 所示。下面给出实值函数上图（epigraph）的概念。

定义 22.2　函数 $f:\Omega\to\mathbb{R}$，$\Omega\subset\mathbb{R}^n$ 的上图，记为 epi(f)，是集合 $\Omega\times\mathbb{R}$ 中的点集：

$$\text{epi}(f)=\left\{\begin{bmatrix}\boldsymbol{x}\\ \beta\end{bmatrix}:\ \boldsymbol{x}\in\Omega,\ \beta\in\mathbb{R},\ \beta\geqslant f(\boldsymbol{x})\right\}$$ ■

函数 f 的上图 epi(f) 就是位于集合 $\Omega\times\mathbb{R}$ 中的在函数 f 的图像上和图像上方的点集，如图 22.4 所示。epi(f) 是集合 $\mathbb{R}^{n+1}$ 的子集。

第一部分中已经讨论过关于凸集的概念。已知如果集合 $\Omega\subset\mathbb{R}^n$ 是凸集，那么 $\forall\boldsymbol{x}_1,\boldsymbol{x}_2\in\Omega$，$\alpha\in(0,1)$，有 $\alpha\boldsymbol{x}_1+(1-\alpha)\boldsymbol{x}_2\in\Omega$（见 4.3 节）。据此，给出凸函数的定义。

定义 22.3　如果函数 $f:\Omega\to\mathbb{R}$，$\Omega\subset\mathbb{R}^n$ 的上图是凸集，那么函数 f 是集合 Ω 上的凸函数。■

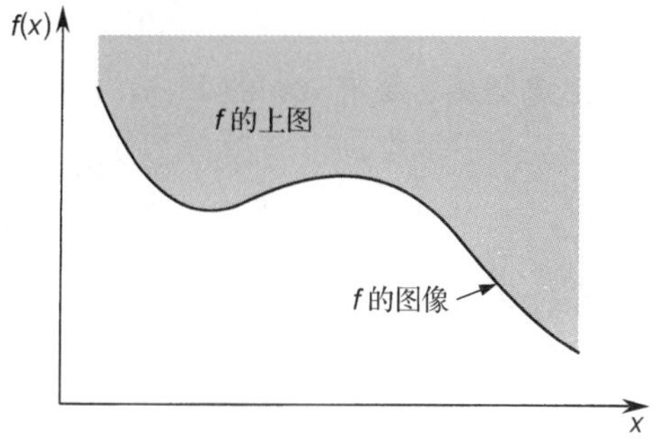

图 22.4　函数 $f:\mathbb{R}\to\mathbb{R}$ 的图像及上图

定理 22.1　如果函数 $f:\Omega\to\mathbb{R}$, $\Omega\subset\mathbb{R}^n$ 是集合 Ω 上的凸函数，那么 Ω 是凸集。 □

证明： 利用反证法证明。假设 Ω 不是凸集，那么集合 Ω 中存在两点 $\boldsymbol{y}_1$ 和 $\boldsymbol{y}_2$，存在某个 $\alpha\in(0,1)$，有

$$\boldsymbol{z}=\alpha\boldsymbol{y}_1+(1-\alpha)\boldsymbol{y}_2\notin\Omega$$

令

$$\beta_1=f(\boldsymbol{y}_1),\quad \beta_2=f(\boldsymbol{y}_2)$$

可知

$$\begin{bmatrix}\boldsymbol{y}_1\\ \beta_1\end{bmatrix},\quad \begin{bmatrix}\boldsymbol{y}_2\\ \beta_2\end{bmatrix}$$

位于 f 的图像上，因此也位于 f 的上图。令

$$\boldsymbol{w}=\alpha\begin{bmatrix}\boldsymbol{y}_1\\ \beta_1\end{bmatrix}+(1-\alpha)\begin{bmatrix}\boldsymbol{y}_2\\ \beta_2\end{bmatrix}$$

有

$$\boldsymbol{w}=\begin{bmatrix}\boldsymbol{z}\\ \alpha\beta_1+(1-\alpha)\beta_2\end{bmatrix}$$

注意 $\boldsymbol{z}\notin\Omega$，因此 $\boldsymbol{w}\notin\text{epi}(f)$，故 $\text{epi}(f)$ 不是凸集，f 不是凸函数。 ■

接下来给出凸函数的一条非常重要的性质，有时将其作为凸函数的定义。

定理 22.2　对于定义在凸集 $\Omega\subset\mathbb{R}^n$ 上的函数 $f:\Omega\to\mathbb{R}$，f 是凸函数当且仅当对于任意 $\boldsymbol{x},\boldsymbol{y}\in\Omega$ 和任意 $\alpha\in(0,1)$，都有

$$f(\alpha\boldsymbol{x}+(1-\alpha)\boldsymbol{y})\leqslant\alpha f(\boldsymbol{x})+(1-\alpha)f(\boldsymbol{y})$$ □

证明：

充分性。已知对于任意 $\boldsymbol{x},\boldsymbol{y}\in\Omega$ 和 $\alpha\in(0,1)$，有

$$f(\alpha\boldsymbol{x}+(1-\alpha)\boldsymbol{y})\leqslant\alpha f(\boldsymbol{x})+(1-\alpha)f(\boldsymbol{y})$$

令 $[\boldsymbol{x}^\top,a]^\top$ 和 $[\boldsymbol{y}^\top,b]^\top$ 是 $\text{epi}(f)$ 中的两点，$a,b\in\mathbb{R}$，由 $\text{epi}(f)$ 的定义可知

$$f(\boldsymbol{x})\leqslant a,\quad f(\boldsymbol{y})\leqslant b$$

将它们代入上面的不等式，可得

$$f(\alpha\boldsymbol{x}+(1-\alpha)\boldsymbol{y})\leqslant\alpha a+(1-\alpha)b$$

因为 Ω 是凸集，故有 $\alpha\boldsymbol{x}+(1-\alpha)\boldsymbol{y}\in\Omega$。结合函数上图的定义，可知

$$\begin{bmatrix}\alpha\boldsymbol{x}+(1-\alpha)\boldsymbol{y}\\ \alpha a+(1-\alpha)b\end{bmatrix}\in\text{epi}(f)$$

这表明 $\text{epi}(f)$ 是一个凸集，因此 f 是凸函数。

必要性。已知 $f:\Omega\to\mathbb{R}$ 是凸函数。设 $\boldsymbol{x},\boldsymbol{y}\in\Omega$ 和

$$f(\boldsymbol{x})=a,\quad f(\boldsymbol{y})=b$$

因此，

$$\begin{bmatrix} \boldsymbol{x} \\ a \end{bmatrix}, \begin{bmatrix} \boldsymbol{y} \\ b \end{bmatrix} \in \mathrm{epi}(f)$$

由于f是凸函数，因此其上图为 $\mathbb{R}^{n+1}$中的一个凸子集。由此可知，对于任意 $\alpha \in (0, 1)$，都有

$$\alpha \begin{bmatrix} \boldsymbol{x} \\ a \end{bmatrix} + (1-\alpha) \begin{bmatrix} \boldsymbol{y} \\ b \end{bmatrix} = \begin{bmatrix} \alpha\boldsymbol{x} + (1-\alpha)\boldsymbol{y} \\ \alpha a + (1-\alpha) b \end{bmatrix} \in \mathrm{epi}(f)$$

这意味着对于任意 $\alpha \in (0, 1)$，都有

$$f(\alpha\boldsymbol{x} + (1-\alpha)\boldsymbol{y}) \leqslant \alpha a + (1-\alpha)b = \alpha f(\boldsymbol{x}) + (1-\alpha) f(\boldsymbol{y})$$

证明完毕。■

图 22.5 给出了定理 22.2 的几何解释。可以看出，该定理表明，如果函数f:$\Omega \to \mathbb{R}$ 是定义在凸集 Ω 上的凸函数，那么对于任意 $\boldsymbol{x}$，$\boldsymbol{y} \in \Omega$，在空间 $\mathbb{R}^{n+1}$中连接两点 $[\boldsymbol{x}^\top, f(\boldsymbol{x})]^\top$和$[\boldsymbol{y}^\top, f(\boldsymbol{y})]^\top$之间线段上的所有点，都位于函数$f$的图像或上图。

根据定理 22.2 可以直接推出，任意一个凸函数乘以一个非负因子之后仍然是凸函数，而多个凸函数之和仍然为凸函数，这可归纳为定理 22.3。

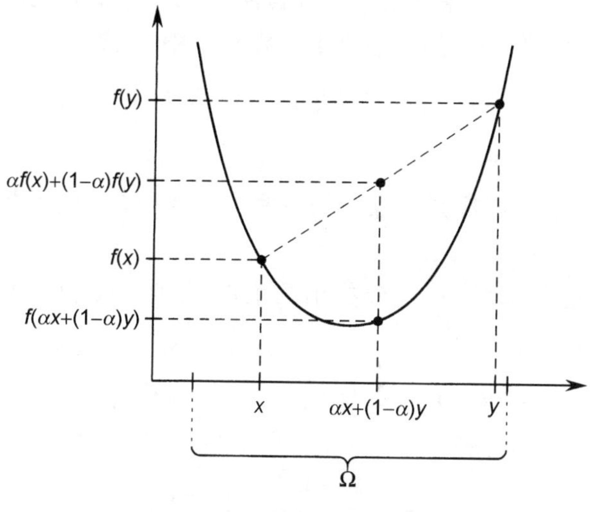

图 22.5　定理 22.2 的几何解释

定理 22.3　假设函数f, f_1和f_2都是凸函数，那么，对于 $\forall a \geqslant 0$，函数 af 也是凸函数；$f_1 + f_2$也是凸函数。□

证明： 设$\boldsymbol{x}$, $\boldsymbol{y} \in \Omega$ 和 $\alpha \in (0, 1)$。方便起见，记$\bar{f} = af$，由于函数f是凸函数，且$a \geqslant 0$，故有

$$\begin{aligned} \bar{f}(\alpha\boldsymbol{x} + (1-\alpha)\boldsymbol{y}) &= af(\alpha\boldsymbol{x} + (1-\alpha)\boldsymbol{y}) \\ &\leqslant a\left(\alpha f(\boldsymbol{x}) + (1-\alpha) f(\boldsymbol{y})\right) \\ &= \alpha(af(\boldsymbol{x})) + (1-\alpha)(af(\boldsymbol{y})) \\ &= \alpha \bar{f}(\boldsymbol{x}) + (1-\alpha)\bar{f}(\boldsymbol{y}) \end{aligned}$$

这意味着函数 $\bar{f}$ 为凸函数。

记 $f_3=f_1+f_2$，由于 f_1 和 f_2 都是凸函数，故有

$$\begin{aligned}f_3(\alpha\boldsymbol{x}+(1-\alpha)\boldsymbol{y})&=f_1(\alpha\boldsymbol{x}+(1-\alpha)\boldsymbol{y})+f_2(\alpha\boldsymbol{x}+(1-\alpha)\boldsymbol{y})\\&\leqslant(\alpha f_1(\boldsymbol{x})+(1-\alpha)f_1(\boldsymbol{y}))+(\alpha f_2(\boldsymbol{x})+(1-\alpha)f_2(\boldsymbol{y}))\\&=\alpha(f_1(\boldsymbol{x})+f_2(\boldsymbol{x}))+(1-\alpha)(f_1(\boldsymbol{y})+f_2(\boldsymbol{y}))\\&=\alpha f_3(\boldsymbol{x})+(1-\alpha)f_3(\boldsymbol{y})\end{aligned}$$

说明函数 f_3 是凸函数。■

定理22.3表明，给定一组凸函数 $f_1,\cdots,f_\ell$ 和一组非负实数 $c_1,\cdots,c_\ell$，函数 $c_1f_2+\cdots+c_\ell f_\ell$ 也是凸函数。与定理22.3的证明过程类似，可以证明函数 $\max\{f_1,\cdots,f_\ell\}$ 也是凸函数(证明过程留作习题22.6)。

下面给出严格凸函数的定义。

定义 22.4 对于定义在凸集 $\Omega\subset\mathbb{R}^n$ 上的函数 $f:\Omega\to\mathbb{R}$，如果对于任意 $\boldsymbol{x},\boldsymbol{y}\in\Omega$，$\boldsymbol{x}\neq\boldsymbol{y}$ 和 $\alpha\in(0,1)$，都有

$$f(\alpha\boldsymbol{x}+(1-\alpha)\boldsymbol{y})<\alpha f(\boldsymbol{x})+(1-\alpha)f(\boldsymbol{y})$$

则函数 f 是 Ω 上的严格凸函数。■

由该定义可以看出，对于严格凸函数，连接两点 $[\boldsymbol{x}^\top,f(\boldsymbol{x})]^\top$ 和 $[\boldsymbol{y}^\top,f(\boldsymbol{y})]^\top$ 的线段上的所有点(不包括两个端点)，都严格位于函数 f 的图像上方。

定义 22.5 对于定义在凸集 $\Omega\subset\mathbb{R}^n$ 上的函数 $f:\Omega\to\mathbb{R}$，当 $-f$ 是(严格)凸函数时，f 是(严格)凹函数。■

对于严格凹函数而言，连接其图像上任意两点的线段(不包括两个端点)总是严格位于函数图像的下方。

证明一个函数不是凸函数，仅需要找出两个点 $\boldsymbol{x},\boldsymbol{y}\in\Omega$ 和一个 $\alpha\in(0,1)$，使得定理22.2中的不等式不能成立即可。

例 22.4 函数 $f(\boldsymbol{x})=x_1x_2$，试问函数 f 在集合 $\Omega=\{\boldsymbol{x}:x_1\geqslant0,\ x_2\geqslant0\}$ 上是否为凸函数？

答案是否定的。选定两个点，分别为 $\boldsymbol{x}=[1,2]^\top\in\Omega$ 和 $\boldsymbol{y}=[2,1]^\top\in\Omega$，构造新点

$$\alpha\boldsymbol{x}+(1-\alpha)\boldsymbol{y}=\begin{bmatrix}2-\alpha\\1+\alpha\end{bmatrix}$$

代入函数 f，可得

$$f(\alpha\boldsymbol{x}+(1-\alpha)\boldsymbol{y})=(2-\alpha)(1+\alpha)=2+\alpha-\alpha^2$$

而

$$\alpha f(\boldsymbol{x})+(1-\alpha)f(\boldsymbol{y})=2$$

取 $\alpha=1/2\in(0,1)$，代入上式，可得

$$f\left(\frac{1}{2}\boldsymbol{x}+\frac{1}{2}\boldsymbol{y}\right)=\frac{9}{4}>\frac{1}{2}f(\boldsymbol{x})+\frac{1}{2}f(\boldsymbol{y})$$

这意味着 f 不是 Ω 上的凸函数。■

例22.4实际是一个二次型函数，关于二次型函数是否为凸函数的判别条件，有如下结论：

命题 22.1　如果函数 $f:\Omega\to\mathbb{R}$，$\Omega\subset\mathbb{R}^n$ 是二次型函数 $f(\boldsymbol{x})=\boldsymbol{x}^\top\boldsymbol{Q}\boldsymbol{x}$，$\boldsymbol{Q}\in\mathbb{R}^{n\times n}$，$\boldsymbol{Q}=\boldsymbol{Q}^\top$，那么 f 是 Ω 上的凸函数，当且仅当对所有 $\boldsymbol{x}$，$\boldsymbol{y}\in\Omega$，恒有 $(\boldsymbol{x}-\boldsymbol{y})^\top\boldsymbol{Q}(\boldsymbol{x}-\boldsymbol{y})\geqslant 0$ 成立。□

证明： 这一结论可直接根据定理 22.2 证出。根据定理 22.2 可知，函数 $f(\boldsymbol{x})=\boldsymbol{x}^\top\boldsymbol{Q}\boldsymbol{x}$ 是凸函数，当且仅当对于 $\alpha\in(0,1)$ 和任意 $\boldsymbol{x}$，$\boldsymbol{y}\in\mathbb{R}^n$，都有

$$f(\alpha\boldsymbol{x}+(1-\alpha)\boldsymbol{y})\leqslant\alpha f(\boldsymbol{x})+(1-\alpha)f(\boldsymbol{y})$$

或

$$\alpha f(\boldsymbol{x})+(1-\alpha)f(\boldsymbol{y})-f(\alpha\boldsymbol{x}+(1-\alpha)\boldsymbol{y})\geqslant 0$$

将 $f(\boldsymbol{x})=\boldsymbol{x}^\top\boldsymbol{Q}\boldsymbol{x}$ 代入上式中，可得

$$\begin{aligned}
&\alpha\boldsymbol{x}^\top\boldsymbol{Q}\boldsymbol{x}+(1-\alpha)\boldsymbol{y}^\top\boldsymbol{Q}\boldsymbol{y}-(\alpha\boldsymbol{x}+(1-\alpha)\boldsymbol{y})^\top\boldsymbol{Q}(\alpha\boldsymbol{x}+(1-\alpha)\boldsymbol{y})\\
&=\alpha\boldsymbol{x}^\top\boldsymbol{Q}\boldsymbol{x}+\boldsymbol{y}^\top\boldsymbol{Q}\boldsymbol{y}-\alpha\boldsymbol{y}^\top\boldsymbol{Q}\boldsymbol{y}-\alpha^2\boldsymbol{x}^\top\boldsymbol{Q}\boldsymbol{x}\\
&\quad-(2\alpha-2\alpha^2)\boldsymbol{x}^\top\boldsymbol{Q}\boldsymbol{y}-(1-2\alpha+\alpha^2)\boldsymbol{y}^\top\boldsymbol{Q}\boldsymbol{y}\\
&=\alpha(1-\alpha)\boldsymbol{x}^\top\boldsymbol{Q}\boldsymbol{x}-2\alpha(1-\alpha)\boldsymbol{x}^\top\boldsymbol{Q}\boldsymbol{y}+\alpha(1-\alpha)\boldsymbol{y}^\top\boldsymbol{Q}\boldsymbol{y}\\
&=\alpha(1-\alpha)(\boldsymbol{x}-\boldsymbol{y})^\top\boldsymbol{Q}(\boldsymbol{x}-\boldsymbol{y})
\end{aligned}$$

由此可得，f 是凸函数，当且仅当

$$\alpha(1-\alpha)(\boldsymbol{x}-\boldsymbol{y})^\top\boldsymbol{Q}(\boldsymbol{x}-\boldsymbol{y})\geqslant 0$$

证明完毕。■

例 22.5　例 22.4 中 $f(\boldsymbol{x})=x_1x_2$ 也可以写成 $f(\boldsymbol{x})=\boldsymbol{x}^\top\boldsymbol{Q}\boldsymbol{x}$ 的形式，其中

$$\boldsymbol{Q}=\frac{1}{2}\begin{bmatrix}0 & 1\\ 1 & 0\end{bmatrix}$$

函数的定义域 $\Omega=\{\boldsymbol{x}:\boldsymbol{x}\geqslant\boldsymbol{0}\}$，选择 $\boldsymbol{x}=[2,2]^\top\in\Omega$，$\boldsymbol{y}=[1,3]^\top\in\Omega$，有

$$\boldsymbol{y}-\boldsymbol{x}=\begin{bmatrix}-1\\ 1\end{bmatrix}$$

计算可得

$$(\boldsymbol{y}-\boldsymbol{x})^\top\boldsymbol{Q}(\boldsymbol{y}-\boldsymbol{x})=\frac{1}{2}[-1,1]\begin{bmatrix}0 & 1\\ 1 & 0\end{bmatrix}\begin{bmatrix}-1\\ 1\end{bmatrix}=-1<0$$

因此，由命题 22.1 可知，f 不是定义在 Ω 上的凸函数。■

如果凸函数可微，则具有如下性质：

定理 22.4　设 $f:\Omega\to\mathbb{R}$，$f\in\mathcal{C}^1$ 是定义在开凸集 $\Omega\in\mathbb{R}^n$ 上的可微函数，那么 f 是 Ω 上的凸函数，当且仅当对于任意 $\boldsymbol{x}$，$\boldsymbol{y}\in\Omega$，有

$$f(\boldsymbol{y})\geqslant f(\boldsymbol{x})+Df(\boldsymbol{x})(\boldsymbol{y}-\boldsymbol{x})$$

□

证明：

必要性。已知 $f:\Omega\to\mathbb{R}$ 是可微的凸函数，由定理 22.2 可知，对于任意 $\boldsymbol{y}$，$\boldsymbol{x}\in\Omega$ 和 $\alpha\in(0,1)$，有

$$f(\alpha\boldsymbol{y}+(1-\alpha)\boldsymbol{x})\leqslant\alpha f(\boldsymbol{y})+(1-\alpha)f(\boldsymbol{x})$$

整理后，可得

$$f(\boldsymbol{x}+\alpha(\boldsymbol{y}-\boldsymbol{x}))-f(\boldsymbol{x})\leqslant\alpha(f(\boldsymbol{y})-f(\boldsymbol{x}))$$

两边同时除以 α，有

$$\frac{f(\boldsymbol{x}+\alpha(\boldsymbol{y}-\boldsymbol{x}))-f(\boldsymbol{x})}{\alpha}\leqslant f(\boldsymbol{y})-f(\boldsymbol{x})$$

取 $\alpha\to0$ 的极限，则左侧就是函数 f 在点 $\boldsymbol{x}$ 处沿着 $\boldsymbol{y}-\boldsymbol{x}$ 方向的方向导数(见6.2节)，可得

$$Df(\boldsymbol{x})(\boldsymbol{y}-\boldsymbol{x})\leqslant f(\boldsymbol{y})-f(\boldsymbol{x})$$

整理可得

$$f(\boldsymbol{y})\geqslant f(\boldsymbol{x})+Df(\boldsymbol{x})(\boldsymbol{y}-\boldsymbol{x})$$

充分性。已知 Ω 是凸集，$f:\Omega\to\mathbb{R}$ 可微，且对于任意 $\boldsymbol{x}$，$\boldsymbol{y}\in\Omega$，有

$$f(\boldsymbol{y})\geqslant f(\boldsymbol{x})+Df(\boldsymbol{x})(\boldsymbol{y}-\boldsymbol{x})$$

令 $\boldsymbol{u}$，$\boldsymbol{v}\in\Omega$ 和 $\alpha\in(0,1)$，由于 Ω 是凸集，可得

$$\boldsymbol{w}=\alpha\boldsymbol{u}+(1-\alpha)\boldsymbol{v}\in\Omega$$

根据已知条件，可得

$$f(\boldsymbol{u})\geqslant f(\boldsymbol{w})+Df(\boldsymbol{w})(\boldsymbol{u}-\boldsymbol{w})$$

和

$$f(\boldsymbol{v})\geqslant f(\boldsymbol{w})+Df(\boldsymbol{w})(\boldsymbol{v}-\boldsymbol{w})$$

在第1个和第2个不等式的两端分别乘以 α 和 $(1-\alpha)$，两式相加可得

$$\alpha f(\boldsymbol{u})+(1-\alpha)f(\boldsymbol{v})\geqslant f(\boldsymbol{w})+Df(\boldsymbol{w})(\alpha\boldsymbol{u}+(1-\alpha)\boldsymbol{v}-\boldsymbol{w})$$

将

$$\boldsymbol{w}=\alpha\boldsymbol{u}+(1-\alpha)\boldsymbol{v}$$

代入上式，可得

$$\alpha f(\boldsymbol{u})+(1-\alpha)f(\boldsymbol{v})\geqslant f(\alpha\boldsymbol{u}+(1-\alpha)\boldsymbol{v})$$

因此，由定理22.2可知 f 是凸函数。 ■

定理22.4中关于 Ω 是开集的假设不是必需的，只要 $f\in\mathcal{C}^1$ 定义在某个包含 Ω 的开集上(比如定义在 $\mathbb{R}^n$ 上的 $f\in\mathcal{C}^1$)即可。

定理22.4的几何解释如图22.6所示。令 $\boldsymbol{x}_0\in\Omega$，函数 $\ell(\boldsymbol{x})=f(\boldsymbol{x}_0)+Df(\boldsymbol{x}_0)(\boldsymbol{x}-\boldsymbol{x}_0)$ 是函数 f 在点 $\boldsymbol{x}_0$ 处的线性近似。定理22.4表明，函数 f 的图像总是位于线性近似函数的上方。换言之，在定义域内任意一点处，凸函数 f 的线性近似总是位于其上图 epi(f) 的下方。

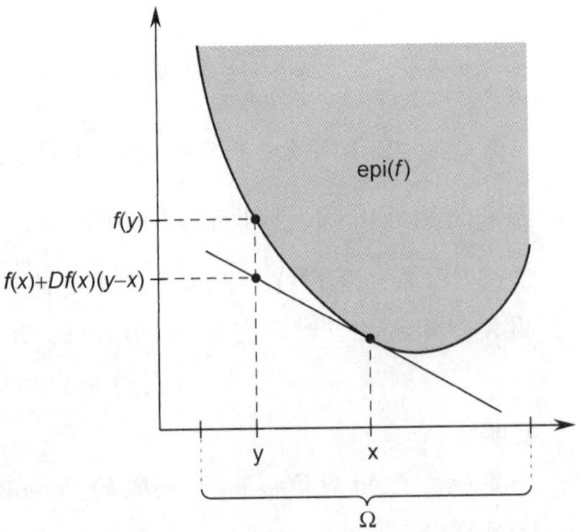

图22.6 定理22.4的几何解释

根据这一几何解释，可以定义不可微函数 f 的广义梯度。函数 $f:\Omega\to\mathbb{R}$ 定义在开凸

集 $\Omega \subset \mathbb{R}^n$上，如果对于所有 $\boldsymbol{y} \in \Omega$，都有

$$f(\boldsymbol{y}) \geqslant f(\boldsymbol{x}) + \boldsymbol{g}^{\top}(\boldsymbol{y} - \boldsymbol{x})$$

则称向量 $\boldsymbol{g} \in \mathbb{R}^n$为函数$f$定义在点 $\boldsymbol{x} \in \Omega$ 处的次梯度。与标准梯度一样，如果 $\boldsymbol{g}$ 是次梯度，那么对于给定的 $\boldsymbol{x}_0 \in \Omega$，函数 $\ell(\boldsymbol{x}) = f(\boldsymbol{x}_0) + \boldsymbol{g}^{\top}(\boldsymbol{x} - \boldsymbol{x}_0)$位于上图 epi($f$)的下方。

对于连续的二阶可微函数，可以利用如下定理判断其是否为凸函数。

定理 22.5 函数$f:\Omega \to \mathbb{R}, f \in \mathcal{C}^2$定义在开凸集 $\Omega \subset \mathbb{R}^n$上。$f$是定义在 Ω 上的凸函数，当且仅当对于任意 $\boldsymbol{x} \in \Omega$，$f$在点 $\boldsymbol{x}$ 处的黑塞矩阵 $\boldsymbol{F}(\boldsymbol{x})$ 半正定。 □

证明：

充分性。令 $\boldsymbol{x}, \boldsymbol{y} \in \Omega$，由于$f \in \mathcal{C}^2$，由泰勒定理可知，存在 $\alpha \in (0, 1)$，满足

$$f(\boldsymbol{y}) = f(\boldsymbol{x}) + Df(\boldsymbol{x})(\boldsymbol{y} - \boldsymbol{x}) + \frac{1}{2}(\boldsymbol{y} - \boldsymbol{x})^{\top}\boldsymbol{F}(\boldsymbol{x} + \alpha(\boldsymbol{y} - \boldsymbol{x}))(\boldsymbol{y} - \boldsymbol{x})$$

由于$\boldsymbol{F}(\boldsymbol{x} + \alpha(\boldsymbol{y} - \boldsymbol{x}))$是半正定的，故有

$$(\boldsymbol{y} - \boldsymbol{x})^{\top}\boldsymbol{F}(\alpha\boldsymbol{y} + (1 - \alpha)\boldsymbol{x})(\boldsymbol{y} - \boldsymbol{x}) \geqslant 0$$

因此

$$f(\boldsymbol{y}) \geqslant f(\boldsymbol{x}) + Df(\boldsymbol{x})(\boldsymbol{y} - \boldsymbol{x})$$

根据定理 22.4，可知f是凸函数。

必要性。利用反证法进行证明。假设存在 $\boldsymbol{x} \in \Omega$，使得 $\boldsymbol{F}(\boldsymbol{x})$不是半正定的。即存在 $\boldsymbol{d} \in \mathbb{R}^n$使得 $\boldsymbol{d}^{\top}\boldsymbol{F}(\boldsymbol{x})\boldsymbol{d} < 0$。已知 Ω 是开集，所以点 $\boldsymbol{x}$ 是内点。由黑塞矩阵的连续性可知，存在非零实数 s 使得 $\boldsymbol{x} + s\boldsymbol{d} \in \Omega$，记 $\boldsymbol{y} = \boldsymbol{x} + s\boldsymbol{d}$，那么对于连接点 $\boldsymbol{x}$ 和点 $\boldsymbol{y}$ 线段上的任意一点 $\boldsymbol{z}$，有 $\boldsymbol{d}^{\top}\boldsymbol{F}(\boldsymbol{z})\boldsymbol{d} < 0$。由泰勒定理可知，存在 $\alpha \in (0, 1)$，使得

$$\begin{aligned} f(\boldsymbol{y}) &= f(\boldsymbol{x}) + Df(\boldsymbol{x})(\boldsymbol{y} - \boldsymbol{x}) + \frac{1}{2}(\boldsymbol{y} - \boldsymbol{x})^{\top}\boldsymbol{F}(\boldsymbol{x} + \alpha(\boldsymbol{y} - \boldsymbol{x}))(\boldsymbol{y} - \boldsymbol{x}) \\ &= f(\boldsymbol{x}) + Df(\boldsymbol{x})(\boldsymbol{y} - \boldsymbol{x}) + \frac{1}{2}s^2\boldsymbol{d}^{\top}\boldsymbol{F}(\boldsymbol{x} + \alpha s\boldsymbol{d})\boldsymbol{d} \end{aligned}$$

由于$\alpha \in (0, 1)$，因此点 $\boldsymbol{x} + \alpha s\boldsymbol{d}$ 位于连接点 $\boldsymbol{x}$ 和点 $\boldsymbol{y}$ 的线段上。故有

$$\boldsymbol{d}^{\top}\boldsymbol{F}(\boldsymbol{x} + \alpha s\boldsymbol{d})\boldsymbol{d} < 0$$

由于 $s \neq 0$，可得 $s^2 > 0$，结合上式，可得

$$f(\boldsymbol{y}) < f(\boldsymbol{x}) + Df(\boldsymbol{x})(\boldsymbol{y} - \boldsymbol{x})$$

根据定理 22.4，可知f不是凸函数。 ■

定理 22.5 可以扩展到定义域是非开集的情况，只需把条件修改为对于任意 $\boldsymbol{x}, \boldsymbol{y} \in \Omega$，有$(\boldsymbol{y} - \boldsymbol{x})^{\top}\boldsymbol{F}(\boldsymbol{x})(\boldsymbol{y} - \boldsymbol{x}) \geqslant 0$(假设$f \in \mathcal{C}^2$定义在包含 Ω 的某个开集上，比如，$f \in \mathcal{C}^2$定义在 $\mathbb{R}^n$上)。可以采用与上面类似的方法进行证明。

根据凹函数的定义可知，函数$f:\Omega \to \mathbb{R}, f \in \mathcal{C}^2$ 在凸集 $\Omega \to \mathbb{R}^n$ 上是凹的，当且仅当对于任意 $\boldsymbol{x} \in \Omega$，$f$的黑塞矩阵 $\boldsymbol{F}(\boldsymbol{x})$半负定。

例 22.6 判断下列函数是否是凸函数、凹函数或者两者都不是。

1. $f:\mathbb{R} \to \mathbb{R}, f(x) = -8x^2$。

2. $f:\mathbb{R}^3\to\mathbb{R}$, $f(\boldsymbol{x})=4x_1^2+3x_2^2+5x_3^2+6x_1x_2+x_1x_3-3x_1-2x_2+15$。

3. $f:\mathbb{R}^2\to\mathbb{R}$, $f(\boldsymbol{x})=2x_1x_2-x_1^2-x_2^2$。

解:

1. 利用定理22.5进行判断。首先计算函数的黑塞矩阵,对于该函数,黑塞矩阵就是二阶导数。对于任意 $x\in\mathbb{R}$,有 $(\mathrm{d}^2f/\mathrm{d}x^2)(x)=-16<0$。因此,$f$ 是 $\mathbb{R}$ 上的凹函数。

2. 函数 f 的黑塞矩阵为

$$\boldsymbol{F}(\boldsymbol{x})=\begin{bmatrix}8 & 6 & 1\\ 6 & 6 & 0\\ 1 & 0 & 10\end{bmatrix}$$

$\boldsymbol{F}(\boldsymbol{x})$ 的各阶顺序主子式为

$$\Delta_1=8>0$$

$$\Delta_2=\det\begin{bmatrix}8 & 6\\ 6 & 6\end{bmatrix}=12>0$$

$$\Delta_3=\det\boldsymbol{F}(\boldsymbol{x})=114>0$$

对于任意 $\boldsymbol{x}\in\mathbb{R}^3$,$\boldsymbol{F}(\boldsymbol{x})$ 都是正定矩阵。因此,f 是 $\mathbb{R}^3$ 上的凸函数。

3. 函数 f 的黑塞矩阵为

$$\boldsymbol{F}(\boldsymbol{x})=\begin{bmatrix}-2 & 2\\ 2 & -2\end{bmatrix}$$

对于任意 $\boldsymbol{x}\in\mathbb{R}^2$,$\boldsymbol{F}(\boldsymbol{x})$ 是半负定矩阵。因此,f 是 $\mathbb{R}^2$ 上的凹函数。 ■

22.3　凸优化问题

本节将讨论目标函数是凸函数、约束集是凸集的优化问题,此类问题称为凸优化问题或凸规划。线性规划、二次规划(目标函数为二次型函数、约束方程为线性方程)都可以归为凸规划。凸优化问题有很多独特之处。比较特别的一点是对于某些问题而言,局部极小点就是全局极小点。此外,极小点的一阶必要条件是凸优化问题的充分条件。

接下来的定理将证明,在凸优化问题中,局部极小点就是全局极小点。

定理22.6　已知 $f:\Omega\to\mathbb{R}$ 是定义在凸集 $\Omega\subset\mathbb{R}^n$ 上的凸函数,集合 Ω 中某一点是 f 的全局极小点,当且仅当它是 f 的局部极小点。 □

证明: 必要性显然成立。

充分性。通过反证法证明。假设 $\boldsymbol{x}^*$ 不是 f 在 Ω 上的全局极小点,那么,存在 $\boldsymbol{y}\in\Omega$,使得 $f(\boldsymbol{y})<f(\boldsymbol{x}^*)$。已知 f 是凸函数,因此对于 $\alpha\in(0,1)$,有

$$f(\alpha\boldsymbol{y}+(1-\alpha)\boldsymbol{x}^*)\leqslant\alpha f(\boldsymbol{y})+(1-\alpha)f(\boldsymbol{x}^*)$$

因为 $f(\boldsymbol{y})<f(\boldsymbol{x}^*)$,故有

$$\alpha f(\boldsymbol{y})+(1-\alpha)f(\boldsymbol{x}^*)=\alpha(f(\boldsymbol{y})-f(\boldsymbol{x}^*))+f(\boldsymbol{x}^*)<f(\boldsymbol{x}^*)$$

因此，对于任意 $\alpha \in (0,1)$，有

$$f(\alpha \boldsymbol{y} + (1-\alpha)\boldsymbol{x}^*) < f(\boldsymbol{x}^*)$$

由此可知，存在一个任意接近于 $\boldsymbol{x}^*$ 的点，其对应的目标函数值更小。比如，对于收敛于 $\boldsymbol{x}^*$ 的序列 $\{\boldsymbol{y}_n\}$

$$\boldsymbol{y}_n = \frac{1}{n}\boldsymbol{y} + \left(1 - \frac{1}{n}\right)\boldsymbol{x}^*$$

有 $f(\boldsymbol{y}_n) < f(\boldsymbol{x}^*)$。因此，$\boldsymbol{x}^*$ 不是局部极小点，与已知条件相冲突。证明完毕。■

下面证明全局极值点组成的集合是凸集，为此引入如下引理：

引理 22.1　函数 $g:\Omega \to \mathbb{R}$ 是定义在凸集 $\Omega \subset \mathbb{R}^n$ 上的凸函数，那么，对于任意 $c \in \mathbb{R}$，集合

$$\Gamma_c = \{\boldsymbol{x} \in \Omega : g(\boldsymbol{x}) \leqslant c\}$$

是凸集。□

证明： 令 $\boldsymbol{x}, \boldsymbol{y} \in \Gamma_c$，有 $g(\boldsymbol{x}) \leqslant c$ 和 $g(\boldsymbol{y}) \leqslant c$，由于 g 是凸函数，所以对于任意 $\alpha \in (0,1)$，有

$$g(\alpha \boldsymbol{x} + (1-\alpha)\boldsymbol{y}) \leqslant \alpha g(\boldsymbol{x}) + (1-\alpha) g(\boldsymbol{y}) \leqslant c$$

即 $\alpha \boldsymbol{x} + (1-\alpha)\boldsymbol{y} \in \Gamma_c$，这说明 Γ_c 是凸集。■

推论 22.1　函数 $f:\Omega \to \mathbb{R}$ 是定义在凸集 $\Omega \subset \mathbb{R}^n$ 上的凸函数，那么 f 在 Ω 上的全局极小点组成的集合是凸集。□

证明： 设

$$c = \min_{\boldsymbol{x} \in \Omega} f(\boldsymbol{x})$$

上述结论可以很容易地由引理 22.1 得出。■

下面证明，如果目标函数是连续可微的凸函数，那么某个点是极小点所应该满足的一阶必要条件（见定理 6.1）同时也是充分条件。首先给出如下引理。

引理 22.2　函数 $f:\Omega \to \mathbb{R}$ 为定义在凸集 $\Omega \subset \mathbb{R}^n$ 上的凸函数，$f \in \mathcal{C}^1$ 定义在包含 Ω 的开集上。选定点 $\boldsymbol{x}^* \in \Omega$，如果对于任意 $\boldsymbol{x} \in \Omega$，$\boldsymbol{x} \neq \boldsymbol{x}^*$，都有

$$Df(\boldsymbol{x}^*)(\boldsymbol{x} - \boldsymbol{x}^*) \geqslant 0$$

那么，$\boldsymbol{x}^*$ 是在 Ω 上的全局极小点。□

证明： 由于 f 是凸函数，依据定理 22.4 可知，对于任意 $\boldsymbol{x} \in \Omega$，有

$$f(\boldsymbol{x}) \geqslant f(\boldsymbol{x}^*) + Df(\boldsymbol{x}^*)(\boldsymbol{x} - \boldsymbol{x}^*)$$

由 $Df(\boldsymbol{x}^*)(\boldsymbol{x} - \boldsymbol{x}^*) \geqslant 0$ 可知，$f(\boldsymbol{x}) \geqslant f(\boldsymbol{x}^*)$。■

对于任意 $\boldsymbol{x} \in \Omega$，向量 $\boldsymbol{x} - \boldsymbol{x}^*$ 可认为是点 $\boldsymbol{x}^*$ 处的一个可行方向（见定义 6.2）。利用引理 22.2，可推出如下定理：

定理 22.7　设函数 $f:\Omega \to \mathbb{R}$ 是定义在凸集 $\Omega \subset \mathbb{R}^n$ 上的凸函数，$f \in \mathcal{C}^1$ 定义在包含 Ω 的开集上。$\boldsymbol{x}^* \in \Omega$，对于点 $\boldsymbol{x}^*$ 处的任意可行方向 $\boldsymbol{d}$，有

$$\boldsymbol{d}^{\top}\nabla f(\boldsymbol{x}^*)\geqslant 0$$

那么，$\boldsymbol{x}^*$ 是 f 在 Ω 上的一个全局极小点。 □

证明： 令 $\boldsymbol{x}\in\Omega$，$\boldsymbol{x}\neq\boldsymbol{x}^*$，由于 Ω 是凸集，因此，对于任意 $\alpha\in(0,1)$，有

$$\boldsymbol{x}^*+\alpha(\boldsymbol{x}-\boldsymbol{x}^*)=\alpha\boldsymbol{x}+(1-\alpha)\boldsymbol{x}^*\in\Omega$$

因此，向量 $\boldsymbol{d}=\boldsymbol{x}-\boldsymbol{x}^*$ 是在点 $\boldsymbol{x}^*$ 处的可行方向(见定义 6.2)。根据已知条件，有

$$Df(\boldsymbol{x}^*)(\boldsymbol{x}-\boldsymbol{x}^*)=\boldsymbol{d}^{\top}\nabla f(\boldsymbol{x}^*)\geqslant 0$$

由引理 22.2 可知，$\boldsymbol{x}^*$ 是 f 在 Ω 上的一个全局极小点。 ■

根据定理 22.7，可以很容易得出下面的推论(注意与推论 6.1 相比较)。

推论 22.2　函数 $f:\Omega\to\mathbb{R}$，$f\in\mathcal{C}^1$ 是定义在凸集 $\Omega\subset\mathbb{R}^n$ 上的凸函数。存在点 $\boldsymbol{x}^*\in\Omega$，使得

$$\nabla f(\boldsymbol{x}^*)=\boldsymbol{0}$$

那么，$\boldsymbol{x}^*$ 是 f 在 Ω 上的全局极小点。 □

考虑如下有约束优化问题：

$$\begin{array}{ll}\text{minimize} & f(\boldsymbol{x})\\ \text{subject to} & \boldsymbol{h}(\boldsymbol{x})=\boldsymbol{0}\end{array}$$

假定可行域是凸集，这一条件容易满足，比如，$\boldsymbol{h}(\boldsymbol{x})=\boldsymbol{A}\boldsymbol{x}-\boldsymbol{b}$ 就可以满足这一假设。接下来的定理表明，如果可行域是凸集，则拉格朗日条件就是极小点的充分条件。

定理 22.8　函数 $f:\mathbb{R}^n\to\mathbb{R}$，$f\in\mathcal{C}^1$ 是可行域

$$\Omega=\{\boldsymbol{x}\in\mathbb{R}^n:\boldsymbol{h}(\boldsymbol{x})=\boldsymbol{0}\}$$

上的凸函数。$\boldsymbol{h}:\mathbb{R}^n\to\mathbb{R}^m$，$\boldsymbol{h}\in\mathcal{C}^1$，且 Ω 是凸集。假设存在 $\boldsymbol{x}^*\in\Omega$ 和 $\boldsymbol{\lambda}^*\in\mathbb{R}^m$，使得

$$Df(\boldsymbol{x}^*)+\boldsymbol{\lambda}^{*\top}D\boldsymbol{h}(\boldsymbol{x}^*)=\boldsymbol{0}^{\top}$$

那么，$\boldsymbol{x}^*$ 是 f 在 Ω 上的全局极小点。 □

证明： 依据定理 22.4 可知，对于 $\boldsymbol{x}\in\Omega$，有

$$f(\boldsymbol{x})\geqslant f(\boldsymbol{x}^*)+Df(\boldsymbol{x}^*)(\boldsymbol{x}-\boldsymbol{x}^*)$$

将 $Df(\boldsymbol{x}^*)=-\boldsymbol{\lambda}^{*\top}D\boldsymbol{h}(\boldsymbol{x}^*)$ 代入上面的不等式，得

$$f(\boldsymbol{x})\geqslant f(\boldsymbol{x}^*)-\boldsymbol{\lambda}^{*\top}D\boldsymbol{h}(\boldsymbol{x}^*)(\boldsymbol{x}-\boldsymbol{x}^*)$$

由于 Ω 是凸集，对于任意 $\alpha\in(0,1)$，有 $(1-\alpha)\boldsymbol{x}^*+\alpha\boldsymbol{x}\in\Omega$。因此，对于 $\alpha\in(0,1)$，有

$$\boldsymbol{h}(\boldsymbol{x}^*+\alpha(\boldsymbol{x}-\boldsymbol{x}^*))=\boldsymbol{h}((1-\alpha)\boldsymbol{x}^*+\alpha\boldsymbol{x})=\boldsymbol{0}$$

上式左乘 $\boldsymbol{\lambda}^{*\top}$，减去 $\boldsymbol{\lambda}^{*\top}\boldsymbol{h}(\boldsymbol{x}^*)=0$，再除以 α，可得

$$\frac{\boldsymbol{\lambda}^{*\top}\boldsymbol{h}(\boldsymbol{x}^*+\alpha(\boldsymbol{x}-\boldsymbol{x}^*))-\boldsymbol{\lambda}^{*\top}\boldsymbol{h}(\boldsymbol{x}^*)}{\alpha}=0$$

其中，$\alpha\in(0,1)$。对上式取 $\alpha\to 0$ 的极限，等号左侧就成为函数 $\boldsymbol{\lambda}^{*\top}\boldsymbol{h}$ 在点 $\boldsymbol{x}^*$ 处沿着 $\boldsymbol{x}-\boldsymbol{x}^*$ 方向的方向导数(见 6.2 节)，可得

$$\boldsymbol{\lambda}^{*\top}D\boldsymbol{h}(\boldsymbol{x}^*)(\boldsymbol{x}-\boldsymbol{x}^*)=0$$

因此，

$$f(\boldsymbol{x}) \geqslant f(\boldsymbol{x}^*)$$

这说明 $\boldsymbol{x}^*$ 是 f 在 Ω 上的全局极小点。 ■

考虑一般约束条件下的优化问题:

$$\begin{array}{ll} \text{minimize} & f(\boldsymbol{x}) \\ \text{subject to} & \boldsymbol{h}(\boldsymbol{x}) = \boldsymbol{0} \\ & \boldsymbol{g}(\boldsymbol{x}) \leqslant \boldsymbol{0} \end{array}$$

和前面一样，假设可行集是凸集。如果 $\{\boldsymbol{x}:\boldsymbol{h}(\boldsymbol{x})=\boldsymbol{0}\}$ 和 $\{\boldsymbol{x}:\boldsymbol{g}(\boldsymbol{x})\leqslant\boldsymbol{0}\}$ 都是凸集，可行集作为这两个凸集的交集，自然也是一个凸集。这就可以满足这一假设(见定理 4.1)。前面已经提到过，$\boldsymbol{h}(\boldsymbol{x})=\boldsymbol{A}\boldsymbol{x}-\boldsymbol{b}$ 就可以保证 $\{\boldsymbol{x}:\boldsymbol{h}(\boldsymbol{x})=\boldsymbol{0}\}$ 是凸集。对于 $\boldsymbol{g}(\boldsymbol{x})$，如果 $\boldsymbol{g}=[g_1,\cdots,g_p]^\top$ 的每个元素都是凸函数，那么集合 $\{\boldsymbol{x}:\boldsymbol{g}(\boldsymbol{x})\leqslant\boldsymbol{0}\}$ 就是凸集。这很容易理解，集合 $\{\boldsymbol{x}:\boldsymbol{g}(\boldsymbol{x})\leqslant\boldsymbol{0}\}$ 是集合 $\{\boldsymbol{x}:g_i(\boldsymbol{x})\leqslant 0,\ i=1,\cdots,p\}$ 的交集，而这些集合都是凸集(依据引理 22.1)，因此它们的交集也是凸的。

针对上述问题，下面证明 KKT 条件是极小点的充分条件。

定理 22.9　$f:\mathbb{R}^n\to\mathbb{R}$，$f\in\mathcal{C}^1$ 是可行域 Ω

$$\Omega = \{\boldsymbol{x}\in\mathbb{R}^n : \boldsymbol{h}(\boldsymbol{x}) = \boldsymbol{0}, \boldsymbol{g}(\boldsymbol{x}) \leqslant \boldsymbol{0}\}$$

上的凸函数。$\boldsymbol{h}:\mathbb{R}^n\to\mathbb{R}^m$，$\boldsymbol{g}:\mathbb{R}^n\to\mathbb{R}^p$，$\boldsymbol{h}$，$\boldsymbol{g}\in\mathcal{C}^1$，$\Omega$ 是凸集。假设存在点 $\boldsymbol{x}^*\in\Omega$，$\boldsymbol{\mu}^*\in\mathbb{R}^p$ 和 $\boldsymbol{\lambda}^*\in\mathbb{R}^m$，使得

1. $\boldsymbol{\mu}^*\geqslant 0$;
2. $Df(\boldsymbol{x}^*)+\boldsymbol{\lambda}^{*\top}D\boldsymbol{h}(\boldsymbol{x}^*)+\boldsymbol{\mu}^{*\top}D\boldsymbol{g}(\boldsymbol{x}^*)=\boldsymbol{0}^\top$;
3. $\boldsymbol{\mu}^{*\top}\boldsymbol{g}(\boldsymbol{x}^*)=0$。

那么，$\boldsymbol{x}^*$ 是 f 在 Ω 上的全局极小点。 □

证明：令 $\boldsymbol{x}\in\Omega$，f 是凸函数，根据定理 22.4 可得

$$f(\boldsymbol{x}) \geqslant f(\boldsymbol{x}^*) + Df(\boldsymbol{x}^*)(\boldsymbol{x}-\boldsymbol{x}^*)$$

将条件 2 代入上式，可得

$$f(\boldsymbol{x}) \geqslant f(\boldsymbol{x}^*) - \boldsymbol{\lambda}^{*\top}D\boldsymbol{h}(\boldsymbol{x}^*)(\boldsymbol{x}-\boldsymbol{x}^*) - \boldsymbol{\mu}^{*\top}D\boldsymbol{g}(\boldsymbol{x}^*)(\boldsymbol{x}-\boldsymbol{x}^*)$$

参照定理 22.8 的证明过程，可以证明 $\boldsymbol{\lambda}^{*\top}D\boldsymbol{h}(\boldsymbol{x}^*)(\boldsymbol{x}-\boldsymbol{x}^*)=0$。接下来证明 $\boldsymbol{\mu}^{*\top}D\boldsymbol{g}(\boldsymbol{x}^*)(\boldsymbol{x}-\boldsymbol{x}^*)\leqslant 0$。注意，由于 Ω 是凸集，对于任意 $\alpha\in(0,1)$，有 $(1-\alpha)\boldsymbol{x}^*+\alpha\boldsymbol{x}\in\Omega$，因此，对于任意 $\boldsymbol{x}\in\Omega$，有

$$\boldsymbol{g}(\boldsymbol{x}^*+\alpha(\boldsymbol{x}-\boldsymbol{x}^*)) = \boldsymbol{g}((1-\alpha)\boldsymbol{x}^*+\alpha\boldsymbol{x}) \leqslant \boldsymbol{0}$$

左乘 $\boldsymbol{\mu}^{*\top}\geqslant\boldsymbol{0}^\top$(根据条件 1)，再同时减去 $\boldsymbol{\mu}^{*\top}\boldsymbol{g}(\boldsymbol{x}^*)=0$(根据条件 3)，然后同时除以 α，可得

$$\frac{\boldsymbol{\mu}^{*\top}\boldsymbol{g}(\boldsymbol{x}^*+\alpha(\boldsymbol{x}-\boldsymbol{x}^*)) - \boldsymbol{\mu}^{*\top}\boldsymbol{g}(\boldsymbol{x}^*)}{\alpha} \leqslant 0$$

对上式取 $\alpha\to 0$ 的极限，可得 $\boldsymbol{\mu}^{*\top}D\boldsymbol{g}(\boldsymbol{x}^*)(\boldsymbol{x}-\boldsymbol{x}^*)\leqslant 0$。

由此可得，对于任意 $\boldsymbol{x}\in\Omega$，有

$$\begin{aligned} f(\boldsymbol{x}) &\geqslant f(\boldsymbol{x}^*) - \boldsymbol{\lambda}^{*\top}D\boldsymbol{h}(\boldsymbol{x}^*)(\boldsymbol{x}-\boldsymbol{x}^*) - \boldsymbol{\mu}^{*\top}D\boldsymbol{g}(\boldsymbol{x}^*)(\boldsymbol{x}-\boldsymbol{x}^*) \\ &\geqslant f(\boldsymbol{x}^*) \end{aligned}$$

证明完毕。 ■

例 22.7 某银行账户初始存款为 0 美元。在每个月初，储户存一些钱到该账户。记 x_k 为第 $k(k=1,2,\cdots)$ 个月向该账户中的存钱数量。假设月利率为 $r>0$，并且每个月的利息在月末存入账户(计复利)。储户希望 n 个月期间存钱的总数量不超过 $D(D>0)$ 美元的前提下，使得 n 个月后账户中钱的数量能够达到最大值。

为了求解这个问题，首先将问题建模为一个线性规划，是一个凸优化问题。设 y_k 是在第 k 个月末账户中的钱数，则有 $y_k=(1+r)(y_{k-1}+x_k)$，$k\geqslant 1$ 且 $y_0=0$。显然，目标是最大化 y_n，约束条件为 $x_k\geqslant 0$，$k=1,\cdots,n$ 和 $x_1+\cdots+x_n\leqslant D$。容易推出

$$y_n=(1+r)^n x_1+(1+r)^{n-1}x_2+\cdots+(1+r)x_n$$

令 $\boldsymbol{c}^\top=[(1+r)^n,(1+r)^{n-1},\cdots,(1+r)]$，$\boldsymbol{e}^\top=[1,\cdots,1]$，$\boldsymbol{x}=[x_1,\cdots,x_n]^\top$，问题可以写为

$$\begin{aligned} \text{maximize} \quad & \boldsymbol{c}^\top\boldsymbol{x} \\ \text{subject to} \quad & \boldsymbol{e}^\top\boldsymbol{x}\leqslant D \\ & \boldsymbol{x}\geqslant \mathbf{0} \end{aligned}$$

很明显，这是一个线性规划。

根据直觉就可以得出，最优策略是在第 1 个月存 D 美元。可以利用定理 22.9 证明这个优化策略的确是最优的。设 $\boldsymbol{x}^*=[D,0,\cdots,0]^\top\in\mathbb{R}^n$，因为该问题是一个凸优化问题，所以只要证明 $\boldsymbol{x}^*$ 满足 KKT 条件(见定理 22.9)就足够了。该问题的 KKT 条件为

$$\begin{aligned} -\boldsymbol{c}^\top+\mu^{(1)}\boldsymbol{e}^\top-\boldsymbol{\mu}^{(2)\top}&=0 \\ \mu^{(1)}(\boldsymbol{e}^\top\boldsymbol{x}^*-D)&=0 \\ \boldsymbol{\mu}^{(2)\top}\boldsymbol{x}^*&=0 \\ \boldsymbol{e}^\top\boldsymbol{x}^*-D&\leqslant 0 \\ -\boldsymbol{x}^*&\leqslant\mathbf{0} \\ \mu^{(1)}&\geqslant 0 \\ \boldsymbol{\mu}^{(2)}&\geqslant\mathbf{0} \\ \boldsymbol{e}^\top\boldsymbol{x}&\leqslant D \\ \boldsymbol{x}&\geqslant\mathbf{0} \end{aligned}$$

其中，$\mu^{(1)}\in\mathbb{R}$，$\boldsymbol{\mu}^{(2)}\in\mathbb{R}^n$。令 $\mu^{(1)}=(1+r)^n$ 和 $\boldsymbol{\mu}^{(2)}=(1+r)^n\boldsymbol{e}-\boldsymbol{c}$，那么此时显然满足 KKT 条件。因此，$\boldsymbol{x}^*$ 是全局极大点。 ■

参考文献[7]对凸性和优化问题的有关主题开展了详细的讨论。关于凸优化理论的扩展内容，建议参阅参考文献[136]的第 10 章。另外，凸优化理论是研究不可微优化问题的一个前提条件[38]。

22.4 半定规划

半定规划是凸规划问题的一个分支，求解的是线性矩阵不等式约束下的线性目标函数的极小值。线性矩阵不等式约束定义了一个凸可行集，要求在该可行集上使得目标函数达到极小值。半定规划可以视为线性规划的扩展，只是把线性规划中的向量不等式约束替换为矩阵不等式约束(见习题 22.20)。如果想要更深入地理解半定规划的相关知识，建议阅

读 Vandenberghe 和 Boyd 的综述性论文[128]。

线性矩阵不等式及其性质

考虑 $n+1$ 个实对称矩阵：

$$\boldsymbol{F}_i = \boldsymbol{F}_i^{\top} \in \mathbb{R}^{m\times m},\ \ i=0,1,\cdots,n$$

和向量

$$\boldsymbol{x} = [x_1,\cdots,x_n]^{\top} \in \mathbb{R}^n$$

那么

$$\begin{aligned}\boldsymbol{F}(\boldsymbol{x}) &= \boldsymbol{F}_0 + x_1\boldsymbol{F}_1 + \cdots + x_n\boldsymbol{F}_n \\ &= \boldsymbol{F}_0 + \sum_{i=1}^{n} x_i\boldsymbol{F}_i\end{aligned}$$

是向量 $\boldsymbol{x}$ 的一个仿射函数，因为 $\boldsymbol{F}(\boldsymbol{x})$ 包括一个线性项 $\sum_{i=1}^{n} x_i\boldsymbol{F}_i$ 和一个常数项 $\boldsymbol{F}_0$。

考虑不等式约束：

$$\boldsymbol{F}(\boldsymbol{x}) = \boldsymbol{F}_0 + x_1\boldsymbol{F}_1 + \cdots + x_n\boldsymbol{F}_n \geqslant 0$$

该约束可以视为能够满足

$$\boldsymbol{z}^{\top}\boldsymbol{F}(\boldsymbol{x})\boldsymbol{z} \geqslant 0\ ,\ \text{所有}\ \ \boldsymbol{z}\in\mathbb{R}^m$$

的点 $\boldsymbol{x}$ 的集合。也就是说，保证 $\boldsymbol{F}(\boldsymbol{x})$ 是半正定的[一般记为 $\boldsymbol{F}(\boldsymbol{x})\geqslant 0$]。$\boldsymbol{F}_i$ 代表常数矩阵，$\boldsymbol{x}$ 是未知数，$\boldsymbol{F}(\boldsymbol{x})=\boldsymbol{F}(\boldsymbol{x})^{\top}$ 是 $\boldsymbol{x}$ 的仿射函数。因此，从形式上来看，表达式 $\boldsymbol{F}(\boldsymbol{x}) = \boldsymbol{F}_0 + x_1\boldsymbol{F}_1 + \cdots + x_n\boldsymbol{F}_n \geqslant 0$ 可以称为线性矩阵不等式(Linear Matrix Inequality，LMI)，但是实际上称为仿射矩阵不等式更合适。容易验证，集合 $\{\boldsymbol{x}:\boldsymbol{F}(\boldsymbol{x})\geqslant 0\}$ 是凸集(证明过程留作习题 22.20)。

以此类推，对于形如 $\boldsymbol{F}(\boldsymbol{x})>0$ 的线性矩阵不等式而言，其要求为 $\boldsymbol{F}(\boldsymbol{x})$ 正定(不仅仅是半正定)。同样也很容易证明，集合 $\{\boldsymbol{x}:\boldsymbol{F}(\boldsymbol{x})>0\}$ 是凸集。

一个包含多个线性矩阵不等式的系统

$$\boldsymbol{F}_1(\boldsymbol{x})\geqslant 0,\ \boldsymbol{F}_2(\boldsymbol{x})\geqslant 0,\ \cdots,\ \boldsymbol{F}_k(\boldsymbol{x})\geqslant 0$$

可以综合为一个单独的线性矩阵不等式的形式：

$$\boldsymbol{F}(\boldsymbol{x}) = \begin{bmatrix}\boldsymbol{F}_1(\boldsymbol{x}) & & & \\ & \boldsymbol{F}_2(\boldsymbol{x}) & & \\ & & \ddots & \\ & & & \boldsymbol{F}_k(\boldsymbol{x})\end{bmatrix} \geqslant 0$$

比如，形如

$$\boldsymbol{A}\boldsymbol{x} \leqslant \boldsymbol{b}$$

的线性不等式($\boldsymbol{A}$ 为 $m\times n$ 常实数矩阵)可以表示为 m 个线性矩阵不等式：

$$b_i - \boldsymbol{a}_i^{\top}\boldsymbol{x} \geqslant 0,\quad i=1,2,\cdots,m$$

其中，$\boldsymbol{a}_i^{\top}$ 是矩阵 $\boldsymbol{A}$ 的第 i 行。可以把每个标量不等式视为一个线性矩阵不等式，然后可

以把 m 个线性矩阵不等式综合为线性矩阵不等式:

$$\boldsymbol{F}(\boldsymbol{x})=\begin{bmatrix} b_1-\boldsymbol{a}_1^\top\boldsymbol{x} & & & \\ & b_2-\boldsymbol{a}_2^\top\boldsymbol{x} & & \\ & & \ddots & \\ & & & b_m-\boldsymbol{a}_m^\top\boldsymbol{x}\end{bmatrix}\geqslant 0$$

根据前面的讨论结果,下面给出一个半定规划的例子:

$$\begin{aligned}\text{minimize}\quad & \boldsymbol{c}^\top\boldsymbol{x}\\ \text{subject to}\quad & \boldsymbol{F}(\boldsymbol{x})\geqslant 0\end{aligned}$$

接下来将讨论矩阵的一些性质。这些性质有助于将多个线性矩阵不等式或非线性矩阵不等式转化为等价的线性矩阵不等式。首先从简单的性质入手。令 $\boldsymbol{P}$ 是一个非奇异的 $n\times n$ 矩阵,$\boldsymbol{x}=\boldsymbol{M}\boldsymbol{z}$,$\boldsymbol{M}\in\mathbb{R}^{n\times n}$且 $\det\boldsymbol{M}\neq 0$,则有

$$\boldsymbol{x}^\top\boldsymbol{P}\boldsymbol{x}\geqslant 0\ ,\ \text{当且仅当}\quad \boldsymbol{z}^\top\boldsymbol{M}^\top\boldsymbol{P}\boldsymbol{M}\boldsymbol{z}\geqslant 0;$$

即

$$\boldsymbol{P}\geqslant 0\ ,\ \text{当且仅当}\quad \boldsymbol{M}^\top\boldsymbol{P}\boldsymbol{M}\geqslant 0$$

类似地,有

$$\boldsymbol{P}>0\ ,\ \text{当且仅当}\quad \boldsymbol{M}^\top\boldsymbol{P}\boldsymbol{M}>0$$

对于方阵

$$\begin{bmatrix}\boldsymbol{A} & \boldsymbol{B}\\ \boldsymbol{B}^\top & \boldsymbol{D}\end{bmatrix}$$

结合上述性质,可得

$$\begin{bmatrix}\boldsymbol{A} & \boldsymbol{B}\\ \boldsymbol{B}^\top & \boldsymbol{D}\end{bmatrix}\geqslant 0\ ,\ \text{当且仅当}\quad \begin{bmatrix}\boldsymbol{O} & \boldsymbol{I}\\ \boldsymbol{I} & \boldsymbol{O}\end{bmatrix}\begin{bmatrix}\boldsymbol{A} & \boldsymbol{B}\\ \boldsymbol{B}^\top & \boldsymbol{D}\end{bmatrix}\begin{bmatrix}\boldsymbol{O} & \boldsymbol{I}\\ \boldsymbol{I} & \boldsymbol{O}\end{bmatrix}\geqslant 0$$

其中,$\boldsymbol{I}$ 是一个相应维数的单位阵。将上述性质的条件项展开,可得

$$\begin{bmatrix}\boldsymbol{A} & \boldsymbol{B}\\ \boldsymbol{B}^\top & \boldsymbol{D}\end{bmatrix}\geqslant 0\ ,\ \text{当且仅当}\quad \begin{bmatrix}\boldsymbol{D} & \boldsymbol{B}^\top\\ \boldsymbol{B} & \boldsymbol{A}\end{bmatrix}\geqslant 0$$

接下来引入 Schur 补的概念,这在线形矩阵不等式的研究过程中非常有用。给定方阵

$$\begin{bmatrix}\boldsymbol{A}_{11} & \boldsymbol{A}_{12}\\ \boldsymbol{A}_{21} & \boldsymbol{A}_{22}\end{bmatrix}$$

其中,$\boldsymbol{A}_{11}$和$\boldsymbol{A}_{22}$是子方阵。假设矩阵$\boldsymbol{A}_{11}$是可逆的,则有

$$\begin{bmatrix}\boldsymbol{I} & \boldsymbol{O}\\ -\boldsymbol{A}_{21}\boldsymbol{A}_{11}^{-1} & \boldsymbol{I}\end{bmatrix}\begin{bmatrix}\boldsymbol{A}_{11} & \boldsymbol{A}_{12}\\ \boldsymbol{A}_{21} & \boldsymbol{A}_{22}\end{bmatrix}\begin{bmatrix}\boldsymbol{I} & -\boldsymbol{A}_{11}^{-1}\boldsymbol{A}_{12}\\ \boldsymbol{O} & \boldsymbol{I}\end{bmatrix}=\begin{bmatrix}\boldsymbol{A}_{11} & \boldsymbol{O}\\ \boldsymbol{O} & \boldsymbol{A}_{22}-\boldsymbol{A}_{21}\boldsymbol{A}_{11}^{-1}\boldsymbol{A}_{12}\end{bmatrix}$$

其中,

$$\boldsymbol{\Delta}_{11}=\boldsymbol{A}_{22}-\boldsymbol{A}_{21}\boldsymbol{A}_{11}^{-1}\boldsymbol{A}_{12}$$

为$\boldsymbol{A}_{11}$的 Schur 补。当$\boldsymbol{A}_{12}=\boldsymbol{A}_{21}^\top$时,可得

$$\begin{bmatrix} \boldsymbol{I} & \boldsymbol{O} \\ -\boldsymbol{A}_{21}\boldsymbol{A}_{11}^{-1} & \boldsymbol{I} \end{bmatrix} \begin{bmatrix} \boldsymbol{A}_{11} & \boldsymbol{A}_{21}^{\top} \\ \boldsymbol{A}_{21} & \boldsymbol{A}_{22} \end{bmatrix} \begin{bmatrix} \boldsymbol{I} & -\boldsymbol{A}_{11}^{-1}\boldsymbol{A}_{21}^{\top} \\ \boldsymbol{O} & \boldsymbol{I} \end{bmatrix} = \begin{bmatrix} \boldsymbol{A}_{11} & \boldsymbol{O} \\ \boldsymbol{O} & \boldsymbol{\Delta}_{11} \end{bmatrix}$$

其中，

$$\boldsymbol{\Delta}_{11} = \boldsymbol{A}_{22} - \boldsymbol{A}_{21}\boldsymbol{A}_{11}^{-1}\boldsymbol{A}_{21}^{\top}$$

因此，有

$$\begin{bmatrix} \boldsymbol{A}_{11} & \boldsymbol{A}_{21}^{\top} \\ \boldsymbol{A}_{21} & \boldsymbol{A}_{22} \end{bmatrix} > 0 \text{ ，当且仅当 } \begin{bmatrix} \boldsymbol{A}_{11} & \boldsymbol{O} \\ \boldsymbol{O} & \boldsymbol{\Delta}_{11} \end{bmatrix} > 0$$

即

$$\begin{bmatrix} \boldsymbol{A}_{11} & \boldsymbol{A}_{21}^{\top} \\ \boldsymbol{A}_{21} & \boldsymbol{A}_{22} \end{bmatrix} > 0 \text{ ，当且仅当 } \quad \boldsymbol{A}_{11} > 0 \quad \text{和} \quad \boldsymbol{\Delta}_{11} > 0$$

继续考虑矩阵：

$$\begin{bmatrix} \boldsymbol{A}_{11} & \boldsymbol{A}_{12} \\ \boldsymbol{A}_{21} & \boldsymbol{A}_{22} \end{bmatrix}$$

可以按照相同的方式定义 $\boldsymbol{A}_{22}$ 的 Schur 补，假设 $\boldsymbol{A}_{22}$ 是可逆的，有

$$\begin{bmatrix} \boldsymbol{I} & -\boldsymbol{A}_{12}\boldsymbol{A}_{22}^{-1} \\ \boldsymbol{O} & \boldsymbol{I} \end{bmatrix} \begin{bmatrix} \boldsymbol{A}_{11} & \boldsymbol{A}_{12} \\ \boldsymbol{A}_{21} & \boldsymbol{A}_{22} \end{bmatrix} \begin{bmatrix} \boldsymbol{I} & \boldsymbol{O} \\ -\boldsymbol{A}_{22}^{-1}\boldsymbol{A}_{21} & \boldsymbol{I} \end{bmatrix} = \begin{bmatrix} \boldsymbol{\Delta}_{22} & \boldsymbol{O} \\ \boldsymbol{O} & \boldsymbol{A}_{22} \end{bmatrix}$$

其中，$\boldsymbol{\Delta}_{22} = \boldsymbol{A}_{11} - \boldsymbol{A}_{12}\boldsymbol{A}_{22}^{-1}\boldsymbol{A}_{21}$ 是 $\boldsymbol{A}_{22}$ 的 Schur 补。因此，当 $\boldsymbol{A}_{12} = \boldsymbol{A}_{21}^{\top}$ 时，有

$$\begin{bmatrix} \boldsymbol{A}_{11} & \boldsymbol{A}_{21}^{\top} \\ \boldsymbol{A}_{21} & \boldsymbol{A}_{22} \end{bmatrix} > 0 \text{ ，当且仅当 } \quad \boldsymbol{A}_{22} > 0 \quad \text{和} \quad \boldsymbol{\Delta}_{22} > 0$$

优化、控制系统设计以及信号处理中的许多问题都可以转化为线性矩阵不等式的形式。确定是否存在一个点 $\boldsymbol{x}$ 使得 $\boldsymbol{F}(\boldsymbol{x}) > 0$ 成立的问题称为可行性问题。如果不存在这样一个 $\boldsymbol{x}$，则称线形矩阵不等式问题是不可行的。

例 22.8　利用一个简单的例子来演示线性矩阵不等式的可行性问题。令 $\boldsymbol{A} \in \mathbb{R}^{m \times m}$ 是已知的常实数方阵，问题为确定 $\boldsymbol{A}$ 的特征值是否都在复平面的左半平面上。众所周知，矩阵 $\boldsymbol{A}$ 的特征值全部位于复平面的左半平面，当且仅当存在一个对称的常实数正定矩阵 $\boldsymbol{P}$，使得

$$\boldsymbol{A}^{\top}\boldsymbol{P} + \boldsymbol{P}\boldsymbol{A} < 0$$

或者

$$-\boldsymbol{A}^{\top}\boldsymbol{P} - \boldsymbol{P}\boldsymbol{A} > 0$$

（这称为李雅普诺夫不等式[16]）。因此，$\boldsymbol{A}$ 的所有特征值都位于复平面的左半平面等价于矩阵不等式

$$\begin{bmatrix} \boldsymbol{P} & \boldsymbol{O} \\ \boldsymbol{O} & -\boldsymbol{A}^{\top}\boldsymbol{P} - \boldsymbol{P}\boldsymbol{A} \end{bmatrix} > 0$$

是可行的，即存在 $\boldsymbol{P} = \boldsymbol{P}^{\top} > 0$ 使得 $\boldsymbol{A}^{\top}\boldsymbol{P} + \boldsymbol{P}\boldsymbol{A} < 0$。

下面证明，确定 $\boldsymbol{P}=\boldsymbol{P}^\top>0$ 使得 $\boldsymbol{A}^\top\boldsymbol{P}+\boldsymbol{P}\boldsymbol{A}<0$，实际上就是求解线性矩阵不等式问题。为此，设

$$\boldsymbol{P}=\begin{bmatrix} x_1 & x_2 & \cdots & x_m \\ x_2 & x_{m+1} & \cdots & x_{2m-1} \\ \vdots & & & \vdots \\ x_m & x_{2m-1} & \cdots & x_n \end{bmatrix}$$

其中

$$n=\frac{m(m+1)}{2}$$

定义以下矩阵：

$$\boldsymbol{P}_1=\begin{bmatrix} 1 & 0 & 0 & \cdots & 0 \\ 0 & 0 & 0 & \cdots & 0 \\ 0 & 0 & 0 & \cdots & 0 \\ \vdots & & & & \vdots \\ 0 & 0 & 0 & \cdots & 0 \end{bmatrix}$$

$$\boldsymbol{P}_2=\begin{bmatrix} 0 & 1 & 0 & \cdots & 0 \\ 1 & 0 & 0 & \cdots & 0 \\ 0 & 0 & 0 & \cdots & 0 \\ \vdots & & & & \vdots \\ 0 & 0 & 0 & \cdots & 0 \end{bmatrix}$$

$$\vdots$$

$$\boldsymbol{P}_n=\begin{bmatrix} 0 & 0 & 0 & \cdots & 0 \\ 0 & 0 & 0 & \cdots & 0 \\ 0 & 0 & 0 & \cdots & 0 \\ \vdots & & & & \vdots \\ 0 & 0 & 0 & \cdots & 1 \end{bmatrix}$$

注意 $\boldsymbol{P}_i$ 的非零元素是与 $\boldsymbol{P}$ 中的 $\boldsymbol{x}_i$ 相对应的。令

$$\boldsymbol{F}_i=-\boldsymbol{A}^\top\boldsymbol{P}_i-\boldsymbol{P}_i\boldsymbol{A},\quad i=1,2,\cdots,n$$

可得

$$\begin{aligned}\boldsymbol{A}^\top\boldsymbol{P}+\boldsymbol{P}\boldsymbol{A}&=x_1\left(\boldsymbol{A}^\top\boldsymbol{P}_1+\boldsymbol{P}_1\boldsymbol{A}\right)+x_2\left(\boldsymbol{A}^\top\boldsymbol{P}_2+\boldsymbol{P}_2\boldsymbol{A}\right)+\cdots\\&\quad+x_n\left(\boldsymbol{A}^\top\boldsymbol{P}_n+\boldsymbol{P}_n\boldsymbol{A}\right)\\&=-x_1\boldsymbol{F}_1-x_2\boldsymbol{F}_2-\cdots-x_n\boldsymbol{F}_n\\&<0\end{aligned}$$

令

$$\boldsymbol{F}(\boldsymbol{x})=x_1\boldsymbol{F}_1+x_2\boldsymbol{F}_2+\cdots+x_n\boldsymbol{F}_n$$

可得当且仅当 $\boldsymbol{F}(\boldsymbol{x})>0$ 时，有

$$\boldsymbol{P}=\boldsymbol{P}^\top>0 \quad 和 \quad \boldsymbol{A}^\top\boldsymbol{P}+\boldsymbol{P}\boldsymbol{A}<0$$

注意该线性矩阵不等式是严格不等式。绝大多数不等式数值求解方法无法求解严格不等式，通常将严格不等式(>)视为非严格不等式(≥)处理。 ■

线性矩阵不等式的求解器

不等式 $\boldsymbol{F}(\boldsymbol{x}) = \boldsymbol{F}_0 + x_1\boldsymbol{F}_1 + \cdots + x_n\boldsymbol{F}_n \geqslant 0$ 是线性矩阵不等式的规范型表达式。因为计算效率方面的问题，线性矩阵不等式的数值解法不能直接针对规范型表达式进行求解。在求解之前，需要对线性矩阵不等式进行结构化处理。

可以使用 MATLAB 的线性矩阵不等式工具箱求解线性矩阵不等式，这是一种比较高效的求解方式。该工具箱包括 3 种求解器，针对的是不同的线性矩阵不等式问题，下面将进行详细讨论。

求取线性矩阵不等式约束下的可行解

下面讨论 MATLAB 中的一个用于求解可行性问题的线性不等式约束求解器。这一求解器针对的是形如

$$\boldsymbol{N}^\top \boldsymbol{\mathcal{L}}(\boldsymbol{X}_1,\cdots,\boldsymbol{X}_k)\boldsymbol{N} \leqslant \boldsymbol{M}^\top \boldsymbol{\mathcal{R}}(\boldsymbol{X}_1,\cdots,\boldsymbol{X}_k)\boldsymbol{M}$$

的线性不等式约束问题。其中，$\boldsymbol{X}_1$，⋯，$\boldsymbol{X}_k$是矩阵变量，$\boldsymbol{N}$ 是左侧外部因子，$\boldsymbol{M}$ 是右侧外部因子，$\boldsymbol{\mathcal{L}}(\boldsymbol{X}_1, \cdots, \boldsymbol{X}_k)$是左侧内部因子，$\boldsymbol{\mathcal{R}}(\boldsymbol{X}_1, \cdots, \boldsymbol{X}_k)$是右侧内部因子。通常情况下，矩阵$\boldsymbol{\mathcal{L}}(\cdot)$和$\boldsymbol{\mathcal{R}}(\cdot)$是对称的块矩阵。需要指出的是，左侧指的是不等式 $0\leqslant\boldsymbol{X}$ 的较小一侧，而并非实际方向。因此，对于不等式 $\boldsymbol{X}\geqslant 0$ 中，矩阵 $\boldsymbol{X}$ 在右侧，因为 $\boldsymbol{X}$ 在不等式较大的一侧。

现在给出利用这一求解器求解线性不等式约束问题的流程。首先，利用函数 `setlmis([])`初始化线性矩阵不等式；其次，使用指令 `lmivar` 声明矩阵变量；命令 `lmiterm` 可以指定当前问题的所有线性矩阵不等式约束；接下来，利用命令 `getlmis` 来获取问题的内部表达式；接着使用命令 `feasp` 求解线性矩阵不等式问题的可行解；最后，使用命令 `dec2mat` 来提取矩阵变量的值。总的来说，用于求解线性矩阵不等式问题可行解的 MATLAB 程序，其结构上应该具备如下形式：

```
setlmis([])
lmivar
lmiterm
.
.
.
lmiterm
getlmis
feasp
dec2mat
```

下面详细分析以上代码或命令。

首先，利用命令

```
X = lmivar(type,structure)
```

为给定的线性矩阵不等式系统生成一个新矩阵变量 `X`，参数 `type` 指定的是变量 `X` 的结

构。X 有 3 种不同的结构：当 type =1 时，X 为对称的块对角矩阵；当 type =2 时，X 为全矩阵；当 type =3 时，X 为其他类型的矩阵。第 2 个参数 structure 指定的是矩阵变量 X 的结构附加信息。比如，若要定义形如

$$\boldsymbol{X}=\begin{bmatrix}\boldsymbol{D}_1 & \boldsymbol{O} & \cdots & \boldsymbol{O}\\ \boldsymbol{O} & \boldsymbol{D}_2 & \cdots & \boldsymbol{O}\\ \vdots & & \ddots & \vdots\\ \boldsymbol{O} & \boldsymbol{O} & \cdots & \boldsymbol{D}_r\end{bmatrix}$$

的矩阵变量 $\boldsymbol{X}$，$\boldsymbol{D}_i$ 是一个对称方阵，应使用 type =1；该矩阵变量共包括 r 个子块，参数 structure 应该是一个 $r\times 2$ 的矩阵，其第 i 行描述的是第 i 个子块的结构，其每行的第 1 个元素指定相应子块的尺寸，第 2 个元素指定子块的类型。比如，

```
X = lmivar(1,[3 1])
```

指定了一个完全对称的 3 ×3 矩阵变量。而

```
X = lmivar(2,[2 3])
```

指定了一个 2 ×3 全矩阵变量。矩阵变量

$$\boldsymbol{S}=\left[\begin{array}{cc|cc} s_1 & 0 & 0 & 0\\ 0 & s_1 & 0 & 0\\ \hline 0 & 0 & s_2 & s_3\\ 0 & 0 & s_3 & s_4\end{array}\right]$$

可以用如下的命令声明：

```
S = lmivar(1,[2 0;2 1])
```

注意上述命令中的参数 structure，第 1 行的第 2 个元素为 0，即 structure(1,2) =0，表示指定的是一个对角块矩阵：

$$\boldsymbol{D}_1 = s_1\boldsymbol{I}_2$$

注意第 2 个子块是一个 2 ×2 的对称全矩阵。

接下来详细分析用于指定线性矩阵不等式系统中各项的命令：

```
lmiterm(termid,A,B,flag)
```

首先简要介绍一下该命令中 4 个参数的含义。第 1 个参数 termid 是一个 4 元素的行向量，用于指定线性矩阵不等式系统中的每一个线性矩阵不等式中的各项，其中，termid(1) =n 表示这一项位于第 n 个线性矩阵不等式的左侧；termid(1) = -n 表示这一项位于第 n 个线性矩阵不等式的右侧。输入 termid 的中间两个元素指定的是块的位置。因此，termid(2:3) =[i j]表示对于左侧或右侧的内部因子而言(由 termid(1)指定)，该项所处的位置为(i, j)。termid(4) =0 表示常数项；termid(4) =X 表示 $\boldsymbol{AXB}$ 中的变量项；termid(4) = -X 表示 $\boldsymbol{AX}^\top\boldsymbol{B}$ 中的变量项。lmiterm 中的第 2 个和第 3 个参数，即 A 和 B 指定的是左外因子和右外因子的值，分别针对的是变量项 $\boldsymbol{AXB}$ 和 $\boldsymbol{AX}^\top\boldsymbol{B}$ 中常量外因子的值。lmiterm 中第 4 个参数用于指定一种描述表示

$$\boldsymbol{AXB}+(\boldsymbol{AXB})^\top$$

的紧凑形式，flag ='s'表示描述的是对称表达式。以如下形式的线性矩阵不等式为例，

对上述命令的使用方式进行说明：

$$PA+(PA)^{\top}\leqslant 0$$

该线性矩阵不等式共包括两项，可以用下面的语句描述：

```
lmiterm([1 1 1 P],1,A)
lmiterm([1 1 1 -P],A',1)
```

此外，也可以利用参数 flag 用一个命令进行描述：

```
lmiterm([1 1 1 P],1,A,'s')
```

完成以上工作后，可以用如下命令来求解该可行性问题：

```
[tmin,xfeas] = feas(lmis)
```

一般情况下，线性矩阵不等式可行性问题可以归纳为如下形式：

$$\begin{aligned}&\text{确定}\quad \boldsymbol{x}\\&\text{使得}\quad \boldsymbol{L}(\boldsymbol{x})\leqslant \boldsymbol{R}(\boldsymbol{x})\end{aligned}$$

可构造一个辅助凸规划问题：

$$\begin{aligned}&\text{minimize}\quad t\\&\text{subject to}\quad \boldsymbol{L}(\boldsymbol{x})\leqslant \boldsymbol{R}(\boldsymbol{x})+t\boldsymbol{I}\end{aligned}$$

当 t 的极小值是负数时，上述线性矩阵不等式系统有可行解。命令 feasp 可求解这一问题，在求解过程中，每次迭代中的 t 值都可以显示出来。

最后，利用命令

```
P = dec2mat(lmis,xfeas,P)
```

可将由线性矩阵不等式求解器得到的结果转化成矩阵变量。

例 22.9　已知

$$\boldsymbol{A}_1=\begin{bmatrix}-1 & 0\\0 & -1\end{bmatrix}\quad \text{和}\quad \boldsymbol{A}_2=\begin{bmatrix}-2 & 0\\1 & -1\end{bmatrix}$$

试利用前面提到的 MATLAB 的线性矩阵不等式工具箱中的命令，编写程序求出矩阵 $\boldsymbol{P}$，使得 $\boldsymbol{P}\geqslant 0.5\boldsymbol{I}_2$ 且

$$\begin{aligned}\boldsymbol{A}_1^{\top}\boldsymbol{P}+\boldsymbol{P}\boldsymbol{A}_1\leqslant 0\\\boldsymbol{A}_2^{\top}\boldsymbol{P}+\boldsymbol{P}\boldsymbol{A}_2\leqslant 0\end{aligned}$$

程序代码如下：

```
A_1 = [-1 0;0 -1];
A_2 = [-2 0;1 -1];
setlmis([])
P = lmivar(1,[2,1])
lmiterm([1 1 1 P],A_1',1,'s')
lmiterm([2 1 1 P],A_2',1,'s')
lmiterm([3 1 1 0],.5)
lmiterm([-3 1 1 P],1,1)
lmis=getlmis;
[tmin,xfeas] = feasp(lmis);
P = dec2mat(lmis,xfeas,P)
```

■

线性矩阵不等式约束下线性目标函数极小化

MATLAB 的线性矩阵不等式工具箱中还有一个用于求解凸规划问题

$$\begin{aligned}&\text{minimize} \quad \boldsymbol{c}^\top \boldsymbol{x}\\&\text{subject to} \quad \boldsymbol{A}(\boldsymbol{x}) \leqslant \boldsymbol{B}(\boldsymbol{x})\end{aligned}$$

的求解器，其中，$\boldsymbol{A}(\boldsymbol{x}) \leqslant \boldsymbol{B}(\boldsymbol{x})$ 是线性矩阵不等式一般结构的简写方式。

该求解器通过函数 `mincx` 调用。在调用该求解器之前，首先应该与前面一样，指定线性矩阵的不等式约束，然后声明线性目标函数，最后才能够调用函数 `mincx`。接下来通过一个例子对函数 `feasp` 和 `mincx` 的用法进行说明。

例 22.10 考虑优化问题：

$$\begin{aligned}&\text{minimize} \quad \boldsymbol{c}^\top \boldsymbol{x}\\&\text{subject to} \quad \boldsymbol{A}\boldsymbol{x} \leqslant \boldsymbol{b}\end{aligned}$$

其中，

$$\boldsymbol{c}^\top = \begin{bmatrix} 4 & 5 \end{bmatrix}$$

$$\boldsymbol{A} = \begin{bmatrix} 1 & 1 \\ 1 & 3 \\ 2 & 1 \end{bmatrix}, \quad \boldsymbol{b} = \begin{bmatrix} 8 \\ 18 \\ 14 \end{bmatrix}$$

首先解决可行性问题，即利用求解器 `feasp`，求出一个 $\boldsymbol{x}$ 满足 $\boldsymbol{A}\boldsymbol{x} \leqslant \boldsymbol{b}$。然后，利用求解器 `mincx` 求得该问题的极小点。下面给出的 MATLAB 代码能够解决这两个问题。

```
% Enter problem data
A = [1 1;1 3;2 1];
b = [8 18 14]';
c = [-4 -5]';
setlmis([]);
X = lmivar(2,[2 1]);
lmiterm([1 1 1 X],A(1,:),1);
lmiterm([1 1 1 0],-b(1));
lmiterm([1 2 2 X],A(2,:),1);
lmiterm([1 2 2 0],-b(2));
lmiterm([1 3 3 X],A(3,:),1);
lmiterm([1 3 3 0],-b(3));
lmis = getlmis;
%------------------------------------
disp('-------------feasp result---------------')
[tmin,xfeas] = feasp(lmis);
x_feasp = dec2mat(lmis,xfeas,X)
disp('-------------mincx result---------------')
[objective,x_mincx] = mincx(lmis,c,[0.0001 1000 0 0 1])
```

函数 `feasp` 的结果为

$$\boldsymbol{x}_{\text{feasp}} = \begin{bmatrix} -64.3996 \\ -25.1712 \end{bmatrix}$$

函数 `mincx` 的结果为

$$x_{\text{mincx}} = \begin{bmatrix} 3.0000 \\ 5.0000 \end{bmatrix}$$ ■

下面通过例子讨论函数 defcx 的用法，该函数可以用来构造向量 $\boldsymbol{c}$ 供线性矩阵不等式求解器 mincx 使用。

例 22.11 求解优化问题：

$$\begin{aligned} \text{minimize} \quad & \text{trace}(\boldsymbol{P}) \\ \text{subject to} \quad & \boldsymbol{A}^{\top}\boldsymbol{P} + \boldsymbol{P}\boldsymbol{A} \leqslant 0 \\ & \boldsymbol{P} \geqslant 0 \end{aligned}$$

其中，矩阵 $\boldsymbol{P}$ 的迹 trace($\boldsymbol{P}$)是 $\boldsymbol{P}$ 的对角线元素之和。可以利用函数 mincx 求解该问题。但是，为了能够应用函数 mincx，必须指定向量 $\boldsymbol{c}$，满足

$$\boldsymbol{c}^{\top}\boldsymbol{x} = \text{trace}(\boldsymbol{P})$$

在指定了线性矩阵不等式且通过命令(如命令 lmisys = getlmis)获得了内部表达式之后，就可以用下面的 MATLAB 代码获得期望的 $\boldsymbol{c}$ 了：

```
q = decnbr(lmisys);
c = zeros(q,1);
for j = 1:q
    Pj = defcx(lmisys,j,P);
    c(j) = trace(Pj);
end
```

得到向量 $\boldsymbol{c}$ 以后，就可以利用函数 mincx 来求解这一问题。 ■

线性矩阵不等式约束下的广义特征值极小化问题

这一类问题可以描述为

$$\begin{aligned} \text{minimize} \quad & \lambda \\ \text{subject to} \quad & \boldsymbol{C}(\boldsymbol{x}) \leqslant \boldsymbol{D}(\boldsymbol{x}) \\ & 0 \leqslant \boldsymbol{B}(\boldsymbol{x}) \\ & \boldsymbol{A}(\boldsymbol{x}) \leqslant \lambda\boldsymbol{B}(\boldsymbol{x}) \end{aligned}$$

此处需要明确区分两种不同形式的线性矩阵不等式约束，分别为标准形式和线性分式形式，前者形如 $\boldsymbol{C}(\boldsymbol{x}) \leqslant \boldsymbol{D}(\boldsymbol{x})$，后者形如 $\boldsymbol{A}(\boldsymbol{x}) \leqslant \lambda\boldsymbol{B}(\boldsymbol{x})$，包含广义特征值 λ。线性矩阵不等式约束下的广义特征值极小化问题，可以使用求解器 gevp 解决。函数 gevp 的调用方式为

```
[lopt,xopt] = gevp{lmisys,nflc}
```

返回值 lopt 是广义特征值的全局极小值，xopt 是最优决策向量变量。参数 lmisys 表示的线性矩阵不等式系统 $\boldsymbol{C}(\boldsymbol{x}) \leqslant \boldsymbol{D}(\boldsymbol{x})$，$0 \leqslant \boldsymbol{B}(\boldsymbol{x})$ 或者当 $\lambda = 1$ 时的 $\boldsymbol{A}(\boldsymbol{x}) \leqslant \lambda\boldsymbol{B}(\boldsymbol{x})$。与前面的两个求解器一样，矩阵变量形式的最优值可由 dec2mat 得到。线性分式约束的数目由 nflc 指定。函数 gevp 还有其他的输入参数，都是可选的。关于这一求解器的更多信息，建议参考 MATLAB 的鲁棒控制工具箱(Robust Control Toolbox)使用手册中关于 LMI Lab 的内容。

例 22.12　求能够使得

$$\boldsymbol{P} > 0$$

$$\boldsymbol{A}^{\top}\boldsymbol{P} + \boldsymbol{P}\boldsymbol{A} \leqslant -\alpha\boldsymbol{P}$$

成立的最小的 α，其中，

$$\boldsymbol{A} = \begin{bmatrix} -1.1853 & 0.9134 & 0.2785 \\ 0.9058 & -1.3676 & 0.5469 \\ 0.1270 & 0.0975 & -3.0000 \end{bmatrix}$$

该问题是关于求解稳定线性微分方程 $\dot{\boldsymbol{x}} = \boldsymbol{A}\boldsymbol{x}$ 衰减率的。可以使用如下代码构造相应的线性矩阵不等式系统，求取满足条件的最小 α：

```
A = [-1.1853   0.9134    0.2785
    0.9058  -1.3676   0.5469
    0.1270   0.0975  -3.0000];
setlmis([]);
P = lmivar(1,[3 1])
lmiterm([-1 1 1 P],1,1)     % P
lmiterm([1 1 1 0],.01)      % P >= 0.01*I
lmiterm([2 1 1 P],1,A,'s') % linear fractional constraint---LHS
lmiterm([-2 1 1 P],1,1)    % linear fractional constraint---RHS
lmis = getlmis;
[gamma,P_opt] = gevp(lmis,1);
P = dec2mat(lmis,P_opt,P)
alpha = -gamma
```

结果为

$$\alpha = 0.6561 \quad \text{和} \quad \boldsymbol{P} = \begin{bmatrix} 0.6996 & -0.7466 & -0.0296 \\ -0.7466 & 0.8537 & -0.2488 \\ -0.0296 & -0.2488 & 3.2307 \end{bmatrix}$$

注意，此处用 $\boldsymbol{P} > 0.01\boldsymbol{I}$ 替换了 $\boldsymbol{P} > 0$。■

系统与控制理论中更多的关于线性矩阵不等式的例子，可参阅 Boyd 等人的著作[16]。

在 MATLAB 命令窗口输入命令 lmidem，可得到线性矩阵不等式工具箱(LMI Control Toolbox)的手册，由此可快速入门①。除了 MATLAB 中这个自带的工具箱，还有一个类似的工具箱 LMITOOL，它是法国国家信息与自动化研究所(INRIA)开发的 Scilab 工具箱的内置软件包。Scilab 为数值优化提供了免费的软件包，可以从 Scilab 共同体(Scilab Consortium)的网站上下载能够运行在 MATLAB 平台上的 LMITOOL。

此外，还有一个求解 LMI 的软件包 YALMIP，是由瑞士苏黎世联邦理工学院(ETH)自动控制实验室开发的。YALMIP 被评价为是“MATLAB 中求解优化问题的直观、灵活的建模语言”。

线性矩阵不等式是现代优化问题的主要工具。Gill，Murray 和 Wright 评价数值线性代数的一段话，也可以用于评价本章的内容，参见参考文献[52]的第 2 页。原文摘录

① 在最新版的 MATLAB 中，并没有独立的 LMI Control Toolbox，它实际上是 Robust Control Toolbox 的一部分。前面讨论的 3 个求解器，也都属于 Robust Control Toolbox——译者注。

如下：

> 现代优化方法的核心是线性代数的相关方法。数值线性代数方法不是只运用于优化领域，而是运用于科学计算的所有领域，包括近似计算、常微分方程和偏微分方程的求解等。数值线性代数对于现代科学计算的重要性，无论如何估计都是不过分的。如果没有快速可靠的线性代数理论知识，就不可能提出高效的优化方法；如果没有线性代数的基础知识，就不可能正确理解利用数值方法求解理论问题的整个过程。

习题

22.1 确定参数 α 的取值范围，使得函数

$$f(x_1,x_2,x_3)=2x_1x_3-x_1^2-x_2^2-5x_3^2-2\alpha x_1x_2-4x_2x_3$$

是凹函数。

22.2 给定函数：

$$f(\boldsymbol{x})=\frac{1}{2}\boldsymbol{x}^\top\boldsymbol{Q}\boldsymbol{x}-\boldsymbol{x}^\top\boldsymbol{b}$$

其中 $\boldsymbol{Q}=\boldsymbol{Q}^\top>0$ 且 $\boldsymbol{x},\ \boldsymbol{b}\in\mathbb{R}^n$。定义函数 $\boldsymbol{\phi}:\mathbb{R}\to\mathbb{R}$，其中 $\phi(\alpha)=f(\boldsymbol{x}+\alpha\boldsymbol{d})$，$\boldsymbol{x},\ \boldsymbol{d}\in\mathbb{R}^n$是固定向量且 $\boldsymbol{d}\neq\boldsymbol{0}$。试证明 $\phi(\alpha)$是关于 α 的严格凸二次型函数。

22.3 试证明$f(\boldsymbol{x})=x_1x_2$是集合 $\Omega=\{[a,\ ma]^\top:a\in\mathbb{R}\}$ 上的凸函数，其中 m 为给定的任意非负常数。

22.4 已知集合 $\Omega=\{\boldsymbol{x}:h(\boldsymbol{x})=c\}$ 为凸集，$h:\mathbb{R}^n\to\mathbb{R}$，$c\in\mathbb{R}$。试证明 h 在集合 Ω 上既是凸函数也是凹函数。

22.5 求函数

$$f(x)=|x|,\quad x\in\mathbb{R}$$

在 $x=0$ 和 $x=1$ 处的所有次梯度。

22.6 已知集合 $\Omega\subset\mathbb{R}^n$是一个凸集，函数 $f_i:\Omega\to\mathbb{R}$，$i=1,\ \cdots,\ \ell$ 是凸函数。试证明$\max\{f_1,\ \cdots,\ f_\ell\}$是一个凸函数。（提示：$\max\{f_1,\ \cdots,\ f_\ell\}$表示从 Ω 到 $\mathbb{R}$ 的函数，对于任意 $\boldsymbol{x}\in\Omega$，其函数值是$f_i(\boldsymbol{x})$，$i=1,\ \cdots,\ \ell$ 中的最大值）

22.7 已知集合 $\Omega\subset\mathbb{R}^n$是一个开凸集。试证明，当且仅当对于任意 $\boldsymbol{x},\ \boldsymbol{y}\in\Omega$，$(\boldsymbol{x}-\boldsymbol{y})^\top\boldsymbol{Q}(\boldsymbol{x}-\boldsymbol{y})\geqslant0$ 均成立时，对称矩阵 $\boldsymbol{Q}\in\mathbb{R}^n$是半正定矩阵；证明将上述不等式条件中的$\geqslant$替换为$>$，矩阵 $\boldsymbol{Q}$ 为正定矩阵。

22.8 考虑问题：

$$\begin{aligned}\text{minimize}\quad&\frac{1}{2}\|\boldsymbol{A}\boldsymbol{x}-\boldsymbol{b}\|^2\\\text{subject to}\quad&x_1+\cdots+x_n=1\\&x_1,\cdots,x_n\geqslant0\end{aligned}$$

（习题21.9 中也给出了同样的问题）。这是一个凸规划吗？如果是，给出详细证明。如果不是，给出理由。

22.9 考虑优化问题：

$$\begin{aligned}\text{minimize}\quad&f(\boldsymbol{x})\\\text{subject to}\quad&\boldsymbol{x}\in\Omega\end{aligned}$$

其中，$f(\boldsymbol{x})=x_1x_2^2$，$\boldsymbol{x}=[x_1,\ x_2]^\top$，$\Omega=\{\boldsymbol{x}\in\mathbb{R}^2:x_1=x_2,\ x_1\geqslant0\}$（习题 21.8 也给出了同样的问题）。试证明该问题是一个凸优化问题。

22.10 考虑凸优化问题：

$$\begin{aligned}\text{minimize}\quad&f(\boldsymbol{x})\\\text{subject to}\quad&\boldsymbol{x}\in\Omega\end{aligned}$$

假设点 $\boldsymbol{y} \in \Omega$ 和 $\boldsymbol{z} \in \Omega$ 是局部极小点。试确定最大的点集 $G \subset \Omega$，确保 G 中每一个点都是全局极小点。

22.11 已知定义在 $\mathbb{R}^3$ 上的一个凸优化问题。

a. 考虑下面 3 个可行解：$[1,0,0]^\top$，$[0,1,0]^\top$，$[0,0,1]^\top$，假设它们对应的目标函数值都为 1。那么点 $(1/3)[1,1,1]^\top$ 的目标函数值是多少？给出理由。

b. 已知问题 a 中的 3 个点都是全局极小点，那么点 $(1/3)[1,1,1]^\top$ 是否是全局极小点？给出理由。

22.12 考虑优化问题：

$$\begin{array}{ll} \text{minimize} & \frac{1}{2}\boldsymbol{x}^\top \boldsymbol{Q}\boldsymbol{x} \\ \text{subject to} & \boldsymbol{A}\boldsymbol{x} = \boldsymbol{b} \end{array}$$

其中，$\boldsymbol{Q} \in \mathbb{R}^{n\times n}$，$\boldsymbol{Q} = \boldsymbol{Q}^\top > 0$，$\boldsymbol{A} \in \mathbb{R}^{m\times n}$，rank $\boldsymbol{A} = m$。

a. 找到所有满足拉格朗日条件的点(用 $\boldsymbol{Q}$，$\boldsymbol{A}$ 和 $\boldsymbol{b}$ 表示)；

b. 这些(或这个)点是该问题的全局极小点吗？

22.13 设 $f:\mathbb{R}^n \to \mathbb{R}$，$f \in \mathcal{C}^1$ 是定义在可行集

$$\Omega = \{\boldsymbol{x} \in \mathbb{R}^n : \boldsymbol{a}_i^\top \boldsymbol{x} + b_i \geqslant 0,\ \ i = 1,\cdots,p\}$$

的凸函数，$\boldsymbol{a}_1,\cdots,\boldsymbol{a}_p \in \mathbb{R}^n$，$b_1,\cdots,b_p \in \mathbb{R}$。假设存在 $\boldsymbol{x}^* \in S$ 和 $\boldsymbol{\mu}^* \in \mathbb{R}^p$，$\boldsymbol{\mu}^* \leqslant \boldsymbol{0}$，使得

$$Df(\boldsymbol{x}^*) + \sum_{j\in J(\boldsymbol{x}^*)} \mu_j^* \boldsymbol{a}_j^\top = \boldsymbol{0}^\top$$

其中，$J(\boldsymbol{x}^*) = \{i : \boldsymbol{a}_i^\top \boldsymbol{x}^* + b_i = 0\}$。试证明 $\boldsymbol{x}^*$ 是 f 在 Ω 上的全局极小点。

22.14 考虑优化问题：minmize $\|\boldsymbol{x}\|^2 (\boldsymbol{x} \in \mathbb{R}^n)$ subject to $\boldsymbol{a}^\top \boldsymbol{x} \geqslant b$。其中，$\boldsymbol{a} \in \mathbb{R}^n$ 是非零向量，$b \in \mathbb{R}$，$b > 0$。已知 $\boldsymbol{x}^*$ 是问题的一个解。

a. 证明约束集是凸集；

b. 利用 KKT 定理证明 $\boldsymbol{a}^\top \boldsymbol{x}^* = b$；

c. 证明 $\boldsymbol{x}^*$ 是唯一的，并将 $\boldsymbol{x}^*$ 写为 $\boldsymbol{a}$ 和 b 的表达式。

22.15 某优化问题为

$$\begin{array}{ll} \text{minimize} & \boldsymbol{c}^\top \boldsymbol{x}, \qquad \boldsymbol{x} \in \mathbb{R}^n \\ \text{subject to} & \boldsymbol{x} \geqslant \boldsymbol{0} \end{array}$$

对于该问题有以下定理(见习题 17.16)：

定理：当且仅当 $\boldsymbol{c} \geqslant \boldsymbol{0}$ 时，该问题有解。如果解存在，那么 $\boldsymbol{0}$ 是该问题的解。

a. 证明该问题是一个凸优化问题；

b. 利用一阶必要条件(针对的是集合约束下的优化问题)证明该定理；

c. 利用 KKT 条件证明该定理。

22.16 考虑标准形式的线性规划问题。

a. 推导该问题的 KKT 条件；

b. 详细解释为什么此情况下 KKT 条件是最优性的充分条件；

c. 写出标准形式下原问题(见第 17 章)的对偶问题；

d. 假设 $\boldsymbol{x}^*$ 和 $\boldsymbol{\lambda}^*$ 分别是原问题和对偶问题的可行解。试利用 KKT 条件证明，如果互补松弛条件 $(\boldsymbol{c}^\top - \boldsymbol{\lambda}^{*\top}\boldsymbol{A})\boldsymbol{x}^* = 0$ 成立，那么 $\boldsymbol{x}^*$ 是原问题的最优解。请将这一结论与习题 21.15 的结果进行比较。

22.17 考虑两个定义在时间区间 $[1, n]$ 上的实值离散信号 $\boldsymbol{s}^{(1)}$ 和 $\boldsymbol{s}^{(2)}$，设 $s_i^{(1)}$ 和 $s_i^{(2)}$ 分别是信号 $\boldsymbol{s}^{(1)}$ 和 $\boldsymbol{s}^{(2)}$ 在时刻 i 的值。已知两个信号的能量是 1[即 $(s_1^{(1)})^2 + \cdots + (s_n^{(1)})^2 = 1$ 和 $(s_1^{(2)})^2 + \cdots + (s_n^{(2)})^2 = 1$]。设 S_a 为由 $\boldsymbol{s}^{(1)}$ 和 $\boldsymbol{s}^{(2)}$ 线性组合得到的所有信号组成的集合，且具有如下性质，即 S_a 中的每个信号，在任意时刻的值都不小于 $a \in \mathbb{R}$。对于任意 $\boldsymbol{s} \in S_a$，都可以表示为 $\boldsymbol{s} = x_1\boldsymbol{s}^{(1)} + x_2\boldsymbol{s}^{(2)}$，$x_1$ 和 x_2 称为 $\boldsymbol{s}$ 的系数。

希望在 S_a 中找到一个信号，使得该信号系数的平方和最小。

a. 将上述问题建模成一个优化模型；

b. 写出该问题的 KKT 条件；

c. 假设已找出一个满足 KKT 条件的点，请问该点是否能够满足二阶充分条件？

d. 判断该问题是否为凸优化问题。

22.18 所谓概率向量指的是满足如下条件的任意向量 $\boldsymbol{p} \in \mathbb{R}^n$：$p_i > 0$，$i = 1, \cdots, n$，且 $p_1 + \cdots + p_n = 1$。已知 $\boldsymbol{p} \in \mathbb{R}^n$ 和 $\boldsymbol{q} \in \mathbb{R}^n$ 为两个概率向量，定义函数

$$D(\boldsymbol{p}, \boldsymbol{q}) = p_1 \log\left(\frac{p_1}{q_1}\right) + \cdots + p_n \log\left(\frac{p_n}{q_n}\right)$$

其中，log 为自然对数函数。

a. 设 Ω 为所有概率向量（n 已知）的集合，试证明 Ω 是凸集；

b. 证明对于任意确定的 $\boldsymbol{p}$，函数 $f(\boldsymbol{q}) = D(\boldsymbol{p}, \boldsymbol{q})$ 在 Ω 上是凸函数；

c. 试证明，对于任意概率向量 $\boldsymbol{p}$ 和 $\boldsymbol{q}$，$D(\boldsymbol{p}, \boldsymbol{q}) \geqslant 0$ 恒成立。而且，当且仅当 $\boldsymbol{p} = \boldsymbol{q}$ 时，$D(\boldsymbol{p}, \boldsymbol{q}) = 0$ 成立；

d. 试为问题 c 的结论找到一个合适的应用领域。

22.19 设 $\Omega \in \mathbb{R}^n$ 为非空的闭凸集，给定 $\boldsymbol{z} \in \mathbb{R}^n$，满足 $\boldsymbol{z} \notin \Omega$。某优化问题为

$$\begin{array}{ll} \text{minimize} & \|\boldsymbol{x} - \boldsymbol{z}\| \\ \text{subject to} & \boldsymbol{x} \in \Omega \end{array}$$

该问题存在最优解吗？如果有，最优解是否唯一？请证明你的结论。

提示：(i) 如果 $\boldsymbol{x}_1$ 和 $\boldsymbol{x}_2$ 为最优解，那么 $\boldsymbol{x}_3 = (\boldsymbol{x}_1 + \boldsymbol{x}_2)/2$ 与最优解有什么关系？(ii) 对于三角不等式 $\|\boldsymbol{x} + \boldsymbol{y}\| \leqslant \|\boldsymbol{x}\| + \|\boldsymbol{y}\|$，当且仅当 $\boldsymbol{x} = \alpha\boldsymbol{y}$（$\alpha$ 为某个非负实数）或 $\boldsymbol{x} = 0$ 或 $\boldsymbol{y} = 0$ 时，不等式的等号才成立。

22.20 本问题是关于半定规划的。

a. 试证明，如果 $\boldsymbol{A} \in \mathbb{R}^{n\times n}$ 和 $\boldsymbol{B} \in \mathbb{R}^{n\times n}$ 是对称矩阵，且 $\boldsymbol{A} \geqslant 0$，$\boldsymbol{B} \geqslant 0$，那么对于任意 $\alpha \in (0, 1)$，恒有 $\alpha\boldsymbol{A} + (1-\alpha)\boldsymbol{B} \geqslant 0$。符号"$\geqslant 0$"表示半正定。

b. 考虑如下的半定规划问题，即目标函数为线性的，约束为线性的矩阵不等式：

$$\begin{array}{ll} \text{minimize} & \boldsymbol{c}^\top \boldsymbol{x} \\ \text{subject to} & \boldsymbol{F}_0 + \displaystyle\sum_{j=1}^{n} x_j \boldsymbol{F}_j \geqslant 0 \end{array}$$

其中，$\boldsymbol{x} = [x_1, \cdots, x_n]^\top \in \mathbb{R}^n$ 是决策变量，$\boldsymbol{c} \in \mathbb{R}^n$，且 $\boldsymbol{F}_0, \boldsymbol{F}_1, \cdots, \boldsymbol{F}_n \in \mathbb{R}^{m\times m}$ 是对称的。证明该问题是凸优化问题。

c. 考虑线性规划问题：

$$\begin{array}{ll} \text{minimize} & \boldsymbol{c}^\top \boldsymbol{x} \\ \text{subject to} & \boldsymbol{A}\boldsymbol{x} \geqslant \boldsymbol{b} \end{array}$$

其中，$\boldsymbol{A} \in \mathbb{R}^{m\times n}$，$\boldsymbol{b} \in \mathbb{R}^m$，不等式 $\boldsymbol{A}\boldsymbol{x} \geqslant \boldsymbol{b}$ 是线性不等式的组合。证明该线性规划问题可以被转化为问题 b 中描述的问题。

提示：考虑对角阵 $\boldsymbol{F}_j$。

22.21 需要将一个蛋糕分给 n 个孩子，第 i 个孩子得到的蛋糕比例为 x_i。将向量 $\boldsymbol{x} = [x_1, \cdots, x_n]^\top$ 称为一个划分。要求每个孩子至少能够得到一部分蛋糕，且蛋糕在最后完全分完。同时，对于第一个分得蛋糕的孩子（$i = 1$）还有一个强制的附加条件，即其分到的蛋糕至少是其他任意孩子的两倍。对于满足上述要求的划分，称为可行划分。

如果一个可行的划分 $\boldsymbol{x}$，对于其他任意划分 $\boldsymbol{y}$，都有

$$\sum_{i=1}^{n} \frac{y_i - x_i}{x_i} \leqslant 0$$

则称该划分 $\boldsymbol{x}$ 是一个平等比例划分。

a. 设 Ω 为所有可行划分的集合，证明 Ω 是凸集；

b. 证明一个可行划分是平等比例划分，当且仅当它是优化问题

$$\begin{aligned}\text{maximize}\quad & \sum_{i=1}^{n}\log(x_i)\\ \text{subject to}\quad & \boldsymbol{x}\in\Omega\end{aligned}$$

的解。

22.22 已知 $U_i:\mathbb{R}\to\mathbb{R}$，$U_i\in\mathcal{C}^1$，$i=1,\cdots,n$ 为一组递增的凹函数，考虑如下优化问题：

$$\begin{aligned}\text{maximize}\quad & \sum_{i=1}^{n}U_i(x_i)\\ \text{subject to}\quad & \sum_{i=1}^{n}x_i\leqslant C\end{aligned}$$

其中，$C>0$ 为给定常量。

a. 证明该优化问题是一个凸优化问题。

b. 试证明，$\boldsymbol{x}^*=[x_1^*,\cdots,x_n^*]^\top$ 是优化问题的最优解，当且仅当存在一个标量 $\mu^*\geqslant 0$，使得 $x_i^*=\arg\max_x(U_i(x)-\mu^*x)$。[$U_i(x)$可以理解为 x 的效益，μ^* 可以理解为 x 的单位价格]。

c. 证明 $\sum_{i=1}^{n}x_i^*=C$。

22.23 确定一个函数 $f:\mathbb{R}^2\to\mathbb{R}$，集合 $\Omega=\{\boldsymbol{x}:g(\boldsymbol{x})\leqslant 0\}$ 和正则点 $\boldsymbol{x}^*\in\Omega$，使得下列条件能够同时得到满足：

1. $\boldsymbol{x}^*$ 满足关于集合约束 Ω 下优化问题的一阶必要条件(定理 6.1)；
2. $\boldsymbol{x}^*$ 满足关于不等式约束 $g(\boldsymbol{x})\leqslant 0$ 下优化问题的 KKT 条件(定理 21.1)；
3. $\boldsymbol{x}^*$ 满足关于集合约束 Ω 下优化问题的二阶必要条件(定理 6.2)；
4. $\boldsymbol{x}^*$ 不满足不等式约束 $g(\boldsymbol{x})\leqslant 0$ 下优化问题的二阶必要条件(定理 21.2)。

针对所选择的 f，$\Omega=\{\boldsymbol{x}:g(\boldsymbol{x})\leqslant 0\}$ 和 $\boldsymbol{x}^*$，说明它们是如何同时满足上述所有条件的。

22.24 本问题是关于非线性优化问题对偶理论的，类似于线性规划问题的对偶理论(见第 17 章)(习题 17.24 提到了关于二次规划问题的对偶理论)。

考虑如下优化问题：

$$\begin{aligned}\text{minimize}\quad & f(\boldsymbol{x})\\ \text{subject to}\quad & \boldsymbol{g}(\boldsymbol{x})\leqslant \boldsymbol{0}\end{aligned}$$

其中，$f:\mathbb{R}^n\to\mathbb{R}$ 是凸函数，$\boldsymbol{g}:\mathbb{R}^n\to\mathbb{R}^m$ 的每个函数都是凸函数，并且 $f,\boldsymbol{g}\in\mathcal{C}^1$，称该问题为原问题。该问题的对偶问题定义为

$$\begin{aligned}\text{maximize}\quad & q(\boldsymbol{\mu})\\ \text{subject to}\quad & \boldsymbol{\mu}\geqslant \boldsymbol{0}\end{aligned}$$

其中，目标函数 q 为

$$q(\boldsymbol{\mu})=\min_{\boldsymbol{x}\in\mathbb{R}^n} l(\boldsymbol{x},\boldsymbol{\mu})$$

其中，$l(\boldsymbol{x},\boldsymbol{\mu})=f(\boldsymbol{x})+\boldsymbol{\mu}^\top\boldsymbol{g}(\boldsymbol{x})$ 为拉格朗日函数。

证明以下结论：

a. 如果 $\boldsymbol{x}_0$ 和 $\boldsymbol{\mu}_0$ 分别是原问题与对偶问题的可行点，则有 $f(\boldsymbol{x}_0)\geqslant q(\boldsymbol{\mu}_0)$。类似于引理 17.1，这称为非线性规划的弱对偶引理。

b. 如果 $\boldsymbol{x}_0$ 和 $\boldsymbol{\mu}_0$ 分别是原问题与对偶问题的可行点，且 $f(\boldsymbol{x}_0)=q(\boldsymbol{\mu}_0)$，则 $\boldsymbol{x}_0$ 和 $\boldsymbol{\mu}_0$ 分别是原问题与对偶问题的最优解。

c. 如果原问题有最优(可行)解，则对偶问题也有最优(可行)解，且原问题和对偶问题的目标函数最优值相等(假定最优解都是正则点)。类似于定理 17.2，这是非线性规划的对偶定理。

22.25　已知矩阵

$$\boldsymbol{M}=\begin{bmatrix}1 & \gamma & -1\\ \gamma & 1 & 2\\ -1 & 2 & 5\end{bmatrix}$$

其中，γ 为参数。

a. 求 $\boldsymbol{M}(1,1)$ 的 Schur 补；

b. 求 $\boldsymbol{M}(2{:}3, 2{:}3)$（位于 $\boldsymbol{M}$ 右下方的 2×2 子矩阵，采用的是 MATLAB 中的矩阵表示方法）的 Schur 补。

22.26　将李雅普诺夫不等式

$$\boldsymbol{A}^{\top}\boldsymbol{P}+\boldsymbol{P}\boldsymbol{A}<0$$

表示为线性矩阵不等式的规范型表达式，其中，

$$\boldsymbol{A}=\begin{bmatrix}0 & 1\\ -1 & -2\end{bmatrix}$$

22.27　已知矩阵 $\boldsymbol{A}$，$\boldsymbol{B}$ 和 $\boldsymbol{R}$，且 $\boldsymbol{R}=\boldsymbol{R}^{\top}>0$。需要确定一个对称正定矩阵 $\boldsymbol{P}$，满足二次不等式：

$$\boldsymbol{A}^{\top}\boldsymbol{P}+\boldsymbol{P}\boldsymbol{A}+\boldsymbol{P}\boldsymbol{B}\boldsymbol{R}^{-1}\boldsymbol{B}^{\top}\boldsymbol{P}<0$$

试将该不等式表示为线性矩阵不等式的形式（注意不要把该不等式与黎卡提代数不等式相混淆，后者中第 3 项的符号是负的）。

22.28　已知矩阵

$$\boldsymbol{A}=\begin{bmatrix}-0.9501 & -0.4860 & -0.4565\\ -0.2311 & -0.8913 & -0.0185\\ -0.6068 & -0.7621 & -0.8214\end{bmatrix}$$

请编写 MATLAB 程序，求矩阵 $\boldsymbol{P}$，使其满足 $0.1\boldsymbol{I}_3\leqslant\boldsymbol{P}\leqslant\boldsymbol{I}_3$ 和 $\boldsymbol{A}^{\top}\boldsymbol{P}+\boldsymbol{P}\boldsymbol{A}\leqslant 0$。

第 23 章　有约束优化问题的求解算法

23.1　引言

本书第二部分讨论了无约束优化问题的求解算法。本章将针对特殊约束条件下的优化问题，讨论一些比较简单的求解算法。第二部分讨论过的无约束优化问题的求解算法是这些算法的基础。

在接下来的两节中，首先讨论投影法，然后讨论用于求解线性等式约束问题的投影梯度法；在 23.4 节中，讨论拉格朗日法；最后，讨论罚函数法。本章旨在简单介绍有约束优化问题的部分求解算法及其原理，若要更深入地学习这方面的内容，可参阅参考文献[11]。

23.2　投影法

第二部分讨论过的优化算法大都具有通用的迭代公式：

$$\boldsymbol{x}^{(k+1)} = \boldsymbol{x}^{(k)} + \alpha_k \boldsymbol{d}^{(k)}$$

其中，$\boldsymbol{d}^{(k)}$ 是关于$\nabla f(\boldsymbol{x}^{(k)})$的函数。$\boldsymbol{x}^{(k)}$ 的取值不受任何特定集合的限制。由于有约束优化问题要求决策变量必须在预先设定的约束集取值，因此，这种算法无法直接用于求解有约束优化问题。

考虑优化问题：

$$\begin{aligned} \text{minimize} \quad & f(\boldsymbol{x}) \\ \text{subject to} \quad & \boldsymbol{x} \in \Omega \end{aligned}$$

如果用以上算法解决此约束问题，那么迭代点 $\boldsymbol{x}^{(k)}$ 可能不满足约束条件。因此，需要对上述算法进行改进，把约束条件考虑进来。一种比较简单的改进方式就是引入投影。具体方法为如果 $\boldsymbol{x}^{(k)} + \alpha_k \boldsymbol{d}^{(k)}$ 在 Ω 内，那么就令 $\boldsymbol{x}^{(k+1)} = \boldsymbol{x}^{(k)} + \alpha_k \boldsymbol{d}^{(k)}$；否则，如果 $\boldsymbol{x}^{(k)} + \alpha_k \boldsymbol{d}^{(k)}$ 不在 Ω 内，那么应该将其投影到 Ω 中，并将投影结果作为 $\boldsymbol{x}^{(k+1)}$。

首先考虑一种特殊的约束集：

$$\Omega = \{\boldsymbol{x} : l_i \leqslant x_i \leqslant u_i,\ i = 1, \cdots, n\}$$

这种情况下，约束集 Ω 是 $\mathbb{R}^n$ 中的一个“方框”；因此，这种形式的约束集 Ω 被称为框式约束。对于点 $\boldsymbol{x} \in \mathbb{R}^n$，按下式定义 $\boldsymbol{y} = \boldsymbol{\Pi}[\boldsymbol{x}] \in \mathbb{R}^n$：

$$y_i = \min\{u_i, \max\{l_i, x_i\}\} = \begin{cases} u_i, & x_i > u_i \\ x_i, & l_i \leqslant x_i \leqslant u_i \\ l_i, & x_i < l_i \end{cases}$$

则点 $\boldsymbol{\Pi}[\boldsymbol{x}]$ 称为 $\boldsymbol{x}$ 到 Ω 上的投影，$\boldsymbol{\Pi}$ 称为投影算子。注意，$\boldsymbol{\Pi}[\boldsymbol{x}]$ 是 Ω 中“最接近”$\boldsymbol{x}$ 的点。利用投影算子 $\boldsymbol{\Pi}$，可对前面的无约束优化问题求解算法进行改进：

$$x^{(k+1)} = \Pi[x^{(k)} + \alpha_k d^{(k)}]$$

采用这种迭代方式，每步的迭代点 $x^{(k)}$ 都在 Ω 内。基于此，上述算法称为投影算法。

对于更为一般的情况，可定义 x 到 Ω 上的投影为

$$\Pi[x] = \arg\min_{z\in\Omega} \|z - x\|$$

在这种情况下，$\Pi[x]$ 也是 Ω 中"最接近"x 的点。该投影算子仅在某些特定类型的约束集下存在明确定义，如闭凸集(见习题 22.19)。对于某些集合 Ω，无法显式求解 arg min。如果能够明确定义投影算子 Π，就可以应用如下所示的投影算法：

$$x^{(k+1)} = \Pi[x^{(k)} + \alpha_k d^{(k)}]$$

在某些情况下，投影 $\Pi[x]$ 存在明确的计算公式。比如，前面已经给出了框式约束下的投影算子。再如，当 Ω 是一个线性簇时，投影也有明确的公式，这将在下节中讨论。通常情况下，即使明确定义了投影 Π，计算某个点 x 的投影 $\Pi[x]$ 可能也并不容易，很多时候投影 $\Pi[x]$ 的计算不得不采用数值方法，而利用数值方法求解 $\Pi[x]$ 本身可能就是一个数值优化问题。实际上，$\Pi[x]$ 的计算可能与求解原优化问题一样困难。比如，考虑如下优化问题：

$$\begin{array}{ll} \text{minimize} & \|x\|^2 \\ \text{subject to} & x \in \Omega \end{array}$$

很明显，这一问题的解可写为 $\Pi[0]$。如果 $0 \notin \Omega$，则计算投影与求解这一优化问题是等价的。

下面以梯度法中使用的投影法(见第 8 章)为例进行分析。已知向量 $-\nabla f(x)$ 是函数 f 在 x 处的最快下降方向。这是无约束优化问题中梯度法的算法基础，其迭代公式为 $x^{(k+1)} = x^{(k)} - \alpha_k \nabla f(x^{(k)})$，$\alpha_k$ 为步长。步长 α_k 的选择方式决定了梯度法不同的实现形式。比如，在最速下降法中，步长为 $\alpha_k = \arg\min_{\alpha\geqslant 0} f(x^{(k)} - \alpha\nabla f(x^{(k)}))$。

将投影算子引入梯度法，可得如下迭代公式：

$$x^{(k+1)} = \Pi[x^{(k)} - \alpha_k \nabla f(x^{(k)})]$$

这一算法称为投影梯度法。

例 23.1　某优化问题为

$$\begin{array}{ll} \text{minimize} & \frac{1}{2}x^\top Q x \\ \text{subject to} & \|x\|^2 = 1 \end{array}$$

其中，$Q = Q^\top > 0$，要求利用步长固定投影梯度法求解。

a. 推导出此算法的更新方程(即写出 $x^{(k+1)}$ 的计算公式，用 $x^{(k)}$、Q 和固定步长 α 表示)。可假定在计算迭代点 $x^{(k)}$ 的过程中，投影算子的幅角一直都不会为 0。

b. 即使步长 $\alpha > 0$ 取任意小的值，该算法是否仍不可能收敛到一个最优解？

c. 证明当 $0 < \alpha < 1/\lambda_{\max}$($\lambda_{\max}$ 是 Q 的最大特征值)时，步长固定投影梯度法(步长为 α)收敛到最优解的前提是 $x^{(0)}$ 与 Q 的最小特征值对应的特征向量之间不正交(假定矩阵 A 不存在重复的特征值)。

解:

a. 在这种情况下,投影算子只是将向量映射到单位圆上的最近点。因此,如果 $\boldsymbol{x}\neq\boldsymbol{0}$,则投影算子为 $\boldsymbol{\Pi}[\boldsymbol{x}]=\boldsymbol{x}/\|\boldsymbol{x}\|$。由此可得更新方程为

$$\boldsymbol{x}^{(k+1)}=\beta_k(\boldsymbol{x}^{(k)}-\alpha\boldsymbol{Q}\boldsymbol{x}^{(k)})=\beta_k(\boldsymbol{I}-\alpha\boldsymbol{Q})\boldsymbol{x}^{(k)}$$

其中,$\beta_k=1/\|(\boldsymbol{I}-\alpha\boldsymbol{Q})\boldsymbol{x}^{(k)}\|$(即进行归一化处理,使得 $\boldsymbol{x}^{(k+1)}$ 的范数为 1,满足约束集的要求)。

b. 如果初始迭代点 $\boldsymbol{x}^{(0)}$ 是 $\boldsymbol{Q}$ 的一个特征向量,那么对所有的 k 有 $\boldsymbol{x}^{(k)}=\boldsymbol{x}^{(0)}$。因此,如果对应的特征值不是最小的,那么算法显然将卡在非最优点处无法继续迭代。

c. 已知

$$\begin{aligned}\boldsymbol{x}^{(k+1)}&=\beta_k(\boldsymbol{I}-\alpha\boldsymbol{Q})\boldsymbol{x}^{(k)}\\&=\beta_k(\boldsymbol{I}-\alpha\boldsymbol{Q})(y_1^{(k)}\boldsymbol{v}_1+\cdots+y_n^{(k)}\boldsymbol{v}_n)\\&=\beta_k(y_1^{(k)}(\boldsymbol{I}-\alpha\boldsymbol{Q})\boldsymbol{v}_1+\cdots+y_n^{(k)}(\boldsymbol{I}-\alpha\boldsymbol{Q})\boldsymbol{v}_n)\end{aligned}$$

又有 $(\boldsymbol{I}-\alpha\boldsymbol{Q})\boldsymbol{v}_i=(1-\alpha\lambda_i)\boldsymbol{v}_i$,$\lambda_i$ 是对应于 $\boldsymbol{v}_i$ 的特征值。因此,

$$\boldsymbol{x}^{(k+1)}=\beta_k(y_1^{(k)}(1-\alpha\lambda_1)\boldsymbol{v}_1+\cdots+y_n^{(k)}(1-\alpha\lambda_n)\boldsymbol{v}_n)$$

这意味着 $y_i^{(k+1)}=\beta_k y_i^{(k)}(1-\alpha\lambda_i)$,即 $y_i^{(k)}=\beta^{(k)}y_i^{(0)}(1-\alpha\lambda_i)^k$,其中 $\beta^{(k)}=\Pi_{i=0}^{k-1}\beta_k$。可将 $\boldsymbol{x}^{(k)}$ 重写为

$$\begin{aligned}\boldsymbol{x}^{(k)}&=\sum_{i=1}^{n}y_i^{(k)}\boldsymbol{v}_i\\&=y_1^{(k)}\left(\boldsymbol{v}_1+\sum_{i=2}^{n}\frac{y_i^{(k)}}{y_1^{(k)}}\boldsymbol{v}_i\right)\end{aligned}$$

假定 $y_1^{(0)}\neq 0$,可得

$$\frac{y_i^{(k)}}{y_1^{(k)}}=\frac{y_i^{(0)}(1-\alpha\lambda_i)^k}{y_1^{(0)}(1-\alpha\lambda_1)^k}=\frac{y_i^{(0)}}{y_1^{(0)}}\left(\frac{1-\alpha\lambda_i}{1-\alpha\lambda_1}\right)^k$$

由 $(1-\alpha\lambda_i)/(1-\alpha\lambda_1)<1$(在 $i>1$ 且 $\alpha<1/\lambda_{\max}$ 的情况下,$\lambda_i>\lambda_1$)可推得

$$\frac{y_i^{(k)}}{y_1^{(k)}}\to 0$$

这意味着 $\boldsymbol{x}^{(k)}\to\boldsymbol{v}_1$。 ■

23.3 求解含线性约束优化问题的投影梯度法

本节将讨论形如

$$\begin{aligned}&\text{minimize} && f(\boldsymbol{x})\\&\text{subject to} && \boldsymbol{A}\boldsymbol{x}=\boldsymbol{b}\end{aligned}$$

的优化问题,其中,$f:\mathbb{R}^n\to\mathbb{R}$,$\boldsymbol{A}\in\mathbb{R}^{m\times n}$,$m<n$,rank $\boldsymbol{A}=m$,$\boldsymbol{b}\in\mathbb{R}^m$。本节始终假设 $f\in\mathcal{C}^1$。在该问题中,约束集是 $\Omega=\{\boldsymbol{x}:\boldsymbol{A}\boldsymbol{x}=\boldsymbol{b}\}$。约束集这种特定结构决定了可以利用正交投影算子作为 $\boldsymbol{\Pi}$(见 3.3 节)。具体来说,$\boldsymbol{\Pi}[\boldsymbol{x}]$ 可以定义为如下的正交投影算子矩阵 $\boldsymbol{P}$(见例 12.5):

$$P = I_n - A^\top(AA^\top)^{-1}A$$

正交投影算子 P 有两个重要性质(见定理3.5):

1. $P = P^\top$;
2. $P^2 = P$。

除此之外,本节还将用到正交投影算子 P 的另外一个性质,如下所示。

引理 23.1　设 $v \in \mathbb{R}^n$,那么当且仅当 $v \in \mathcal{R}(A^\top)$ 时,$Pv = 0$,即 $\mathcal{N}(P) = \mathcal{R}(A^\top)$。此外,当且仅当 $v \in \mathcal{R}(P)$,有 $Av = 0$,即 $\mathcal{N}(A) = \mathcal{R}(P)$。

证明:

必要性。易知有

$$\begin{aligned} Pv &= (I_n - A^\top(AA^\top)^{-1}A)v \\ &= v - A^\top(AA^\top)^{-1}Av \end{aligned}$$

如果 $Pv = 0$,则

$$v = A^\top(AA^\top)^{-1}Av$$

因此,$v \in \mathcal{R}(A^\top)$。

充分性。假设存在 $u \in \mathbb{R}^m$,使得 $v = A^\top u$。那么,有

$$\begin{aligned} Pv &= (I_n - A^\top(AA^\top)^{-1}A)A^\top u \\ &= A^\top u - A^\top(AA^\top)^{-1}AA^\top u \\ &= 0 \end{aligned}$$

因此,$\mathcal{N}(P) = \mathcal{R}(A^\top)$。

类似地,可以证明 $\mathcal{N}(A) = \mathcal{R}(P)$。 ■

在无约束优化问题中,点 x^* 是局部极小点的一阶必要条件是 $\nabla f(x^*) = 0$(见 6.2 节)。在仅含等式约束的优化问题中,拉格朗日条件起到一阶必要条件的作用(见 20.4 节)。当约束集为 $\{x : Ax = b\}$ 的形式时,拉格朗日条件可以写成 $P\nabla f(x^*) = 0$。

命题 23.1　x^* ($x^* \in \mathbb{R}^n$) 为可行点,那么当且仅当 x^* 满足拉格朗日条件时,$P\nabla f(x^*) = 0$ 成立。 □

证明: 由引理 23.1 可知,当且仅当 $\nabla f(x^*) \in \mathcal{R}(A^\top)$ 时,$P\nabla f(x^*) = 0$ 成立。这等价于存在 $\lambda^* \in \mathbb{R}^m$,使得 $\nabla f(x^*) + A^\top\lambda^* = 0$ 成立,加上可行性方程 $Ax = b$ 一起,可组成拉格朗日条件。 ■

在迭代点 $x^{(k)} \in \Omega$ 处,投影梯度算法的迭代公式为

$$x^{(k+1)} = \Pi[x^{(k)} - \alpha_k \nabla f(x^{(k)})]$$

当约束为线性方程组时,投影算子 Π 可用矩阵 P 表示:

$$\Pi[x^{(k)} - \alpha_k \nabla f(x^{(k)})] = x^{(k)} - \alpha_k P \nabla f(x^{(k)})$$

利用代数方法可以推出这一公式(推导过程留作习题 23.4),但是从几何的角度进行说明更加直观。在本章所讨论的有约束优化问题中,向量 $-\nabla f(x)$ 不一定是一个可行方向。换句话说,如果 $x^{(k)}$ 是可行点,通过算法 $x^{(k+1)} = x^{(k)} - \alpha_k \nabla f(x^{(k)})$ 得到的 $x^{(k+1)}$ 不一定是可

行点。如果用一个指向可行方向的向量代替 $-\nabla f(\boldsymbol{x}^{(k)})$，可解决这一问题。需要注意的是，可行方向的集合就是矩阵 $\boldsymbol{A}$ 的零空间 $\mathcal{N}(\boldsymbol{A})$。因此，应该先将向量 $-\nabla f(\boldsymbol{x})$ 投影到 $\mathcal{N}(\boldsymbol{A})$ 上。此处的投影等价于左乘矩阵 $\boldsymbol{P}$。由此可得，在投影梯度算法中，可按照如下公式更新 $\boldsymbol{x}^{(k)}$：

$$\boldsymbol{x}^{(k+1)} = \boldsymbol{x}^{(k)} - \alpha_k \boldsymbol{P}\nabla f(\boldsymbol{x}^{(k)})$$

下面讨论投影梯度算法的性质。

命题 23.2　在投影梯度算法中，如果 $\boldsymbol{x}^{(0)}$ 是可行的，那么每个 $\boldsymbol{x}^{(k)}$ 就都是可行的；也就是说，对于任意 $k\geqslant 0$，恒有 $\boldsymbol{A}\boldsymbol{x}^{(k)}=\boldsymbol{b}$。 □

证明： 利用归纳法证明。假设当 $k=0$ 时，结果成立；当前假设 $\boldsymbol{A}\boldsymbol{x}^{(k)}=\boldsymbol{b}$，需证明 $\boldsymbol{A}\boldsymbol{x}^{(k+1)}=\boldsymbol{b}$ 成立。注意 $\boldsymbol{P}\nabla f(\boldsymbol{x}^{(k)})\in\mathcal{N}(\boldsymbol{A})$，因此，

$$\begin{aligned}\boldsymbol{A}\boldsymbol{x}^{(k+1)} &= \boldsymbol{A}(\boldsymbol{x}^{(k)} - \alpha_k \boldsymbol{P}\nabla f(\boldsymbol{x}^{(k)}))\\ &= \boldsymbol{A}\boldsymbol{x}^{(k)} - \alpha_k \boldsymbol{A}\boldsymbol{P}\nabla f(\boldsymbol{x}^{(k)})\\ &= \boldsymbol{b}\end{aligned}$$

证明完毕。 ■

投影梯度算法沿着方向 $-\boldsymbol{P}\nabla f(\boldsymbol{x}^{(k)})$ 更新 $\boldsymbol{x}^{(k)}$，$-\boldsymbol{P}\nabla f(\boldsymbol{x}^{(k)})$ 是函数 f 在 $\boldsymbol{A}\boldsymbol{x}=\boldsymbol{b}$ 所定义的表面上，在 $\boldsymbol{x}^{(k)}$ 处的最速下降方向。下面给出证明。设 $\boldsymbol{x}$ 是任意可行点，$\boldsymbol{d}$ 是可行方向且 $\|\boldsymbol{d}\|=1$。f 在 $\boldsymbol{x}$ 处沿着方向 $\boldsymbol{d}$ 的增长率为 $\langle\nabla f(\boldsymbol{x}),\boldsymbol{d}\rangle$。由于 $\boldsymbol{d}$ 是可行方向，故 $\boldsymbol{d}$ 位于 $\mathcal{N}(\boldsymbol{A})$ 内，根据引理 23.1，有 $\boldsymbol{d}\in\mathcal{R}(\boldsymbol{P})=\mathcal{R}(\boldsymbol{P}^{\top})$。因此存在 $\boldsymbol{v}$，使得 $\boldsymbol{d}=\boldsymbol{P}\boldsymbol{v}$ 成立，有

$$\langle\nabla f(\boldsymbol{x}),\boldsymbol{d}\rangle = \langle\nabla f(\boldsymbol{x}),\boldsymbol{P}^{\top}\boldsymbol{v}\rangle = \langle\boldsymbol{P}\nabla f(\boldsymbol{x}),\boldsymbol{v}\rangle$$

由柯西-施瓦茨不等式可得

$$\langle\boldsymbol{P}\nabla f(\boldsymbol{x}),\boldsymbol{v}\rangle \leqslant \|\boldsymbol{P}\nabla f(\boldsymbol{x})\|\|\boldsymbol{v}\|$$

当且仅当向量 $\boldsymbol{v}$ 与向量 $\boldsymbol{P}\nabla f(\boldsymbol{x})$ 处于平行方向时，等式成立。因此，向量 $-\boldsymbol{P}\nabla f(\boldsymbol{x})$ 是函数 f 在 $\boldsymbol{x}$ 处下降速率最快的可行方向。

第 8 章中已经讨论了梯度法在无约束优化问题中的应用，此处继续讨论梯度法在有约束优化问题中的应用。假设存在一个可行的初始点 $\boldsymbol{x}^{(0)}$，即 $\boldsymbol{A}\boldsymbol{x}^{(0)}=\boldsymbol{b}$。点 $\boldsymbol{x}=\boldsymbol{x}^{(0)}-\alpha\boldsymbol{P}\nabla f(\boldsymbol{x}^{(0)})$，标量 $\alpha\in\mathbb{R}$ 为步长。根据命题 23.2 可知，$\boldsymbol{x}$ 也是可行点。利用 f 在 $\boldsymbol{x}^{(0)}$ 处的泰勒级数展开式，并结合 $\boldsymbol{P}=\boldsymbol{P}^2=\boldsymbol{P}^{\top}\boldsymbol{P}$，可得

$$\begin{aligned}f(\boldsymbol{x}^{(0)}-\alpha\boldsymbol{P}\nabla f(\boldsymbol{x}^{(0)})) &= f(\boldsymbol{x}^{(0)}) - \alpha\nabla f(\boldsymbol{x}^{(0)})^{\top}\boldsymbol{P}\nabla f(\boldsymbol{x}^{(0)}) + o(\alpha)\\ &= f(\boldsymbol{x}^{(0)}) - \alpha\|\boldsymbol{P}\nabla f(\boldsymbol{x}^{(0)})\|^2 + o(\alpha)\end{aligned}$$

因此，如果 $\boldsymbol{P}\nabla f(\boldsymbol{x}^{(0)})\neq 0$，即 $\boldsymbol{x}^{(0)}$ 不满足拉格朗日条件，那么就选择一个足够小的 α 使 $f(\boldsymbol{x})<f(\boldsymbol{x}^{(0)})$ 成立，这意味着 $\boldsymbol{x}=\boldsymbol{x}^{(0)}-\alpha\boldsymbol{P}\nabla f(\boldsymbol{x}^{(0)})$ 相对于 $\boldsymbol{x}^{(0)}$ 更加接近于极小点。这就是投影梯度算法 $\boldsymbol{x}^{(k+1)}=\boldsymbol{x}^{(k)}-\alpha_k\boldsymbol{P}\nabla f(\boldsymbol{x}^{(k)})$ 的基础。初始点 $\boldsymbol{x}^{(0)}$ 满足 $\boldsymbol{A}\boldsymbol{x}^{(0)}=\boldsymbol{b}$，$\alpha_k$ 为步长。与无约束优化问题的梯度法一样，步长 α_k 的选择方式决定了算法的性质。如果步长小，算法迭代进展较慢，而步长过大可能会导致迭代过程出现锯齿。投影最速下降法是投影梯度算法一种常见的实现方式，其步长 α_k 为

$$\alpha_k = \mathop{\arg\min}_{\alpha\geqslant 0} f(\boldsymbol{x}^{(k)} - \alpha\boldsymbol{P}\nabla f(\boldsymbol{x}^{(k)}))$$

投影最速下降法是一种下降算法，因为每次迭代，目标函数值都会减小，下面的定理将证明这一点。

定理 23.1　设 $\{\boldsymbol{x}^{(k)}\}$ 是投影最速下降法产生的序列，如果 $\boldsymbol{P}\nabla f(\boldsymbol{x}^{(k)})\neq 0$，那么 $f(\boldsymbol{x}^{(k+1)}<f(\boldsymbol{x}^{(k)}))$。 □

证明： 投影最速下降法的迭代公式为

$$\boldsymbol{x}^{(k+1)}=\boldsymbol{x}^{(k)}-\alpha_k\boldsymbol{P}\nabla f(\boldsymbol{x}^{(k)})$$

其中，$\alpha_k\geqslant 0$ 是函数

$$\phi_k(\alpha)=f(\boldsymbol{x}^{(k)}-\alpha\boldsymbol{P}\nabla f(\boldsymbol{x}^{(k)}))$$

在 $\alpha\geqslant 0$ 时的极小点。因此，对于所有 $\alpha\geqslant 0$，有

$$\phi_k(\alpha_k)\leqslant\phi_k(\alpha)$$

利用链式法则，有

$$\begin{aligned}\phi_k'(0)&=\frac{\mathrm{d}\phi_k}{\mathrm{d}\alpha}(0)\\&=-\nabla f(\boldsymbol{x}^{(k)}-0\boldsymbol{P}\nabla f(\boldsymbol{x}^{(k)}))^{\top}\boldsymbol{P}\nabla f(\boldsymbol{x}^{(k)})\\&=-\nabla f(\boldsymbol{x}^{(k)})^{\top}\boldsymbol{P}\nabla f(\boldsymbol{x}^{(k)})\end{aligned}$$

由于 $\boldsymbol{P}=\boldsymbol{P}^2=\boldsymbol{P}^{\top}\boldsymbol{P}$，$\boldsymbol{P}\nabla f(\boldsymbol{x}^{(k)})\neq\boldsymbol{0}$，故有

$$\phi_k'(0)=-\nabla f(\boldsymbol{x}^{(k)})^{\top}\boldsymbol{P}^{\top}\boldsymbol{P}\nabla f(\boldsymbol{x}^{(k)})=-\|\boldsymbol{P}\nabla f(\boldsymbol{x}^{(k)})\|^2<0$$

这说明存在 $\bar{\alpha}>0$，对于所有 $\alpha\in(0,\bar{\alpha}]$，使得 $\phi_k(0)>\phi_k(\alpha)$ 成立。因此，有

$$f(\boldsymbol{x}^{(k+1)})=\phi_k(\alpha_k)\leqslant\phi_k(\bar{\alpha})<\phi_k(0)=f(\boldsymbol{x}^{(k)})$$

证明完毕。 ■

在定理 23.1 中，证明投影最速下降法具有下降性质需要用到 $\boldsymbol{P}\nabla f(\boldsymbol{x}^{(k)})\neq\boldsymbol{0}$ 这一假设条件。如果对于某个 k，有 $\boldsymbol{P}\nabla f(\boldsymbol{x}^{(k)})=\boldsymbol{0}$ 成立，由命题 23.1 可知，这说明点 $\boldsymbol{x}^{(k)}$ 满足拉格朗日条件。这一条件可用作算法的停止准则。在这种情况下，$\boldsymbol{x}^{(k+1)}=\boldsymbol{x}^{(k)}$。如果函数 f 是凸函数，$\boldsymbol{P}\nabla f(\boldsymbol{x}^{(k)})=\boldsymbol{0}$ 实际上就意味着 $\boldsymbol{x}^{(k)}$ 是 f 在约束集 $\{\boldsymbol{x}:\boldsymbol{A}\boldsymbol{x}=\boldsymbol{b}\}$ 上的全局极小点。下面的命题将证明这一点。

命题 23.3　当且仅当 $\boldsymbol{P}\nabla f(\boldsymbol{x}^*)=\boldsymbol{0}$ 时，点 $\boldsymbol{x}^*\in\mathbb{R}^n$ 是凸函数 f 在约束集 $\{\boldsymbol{x}:\boldsymbol{A}\boldsymbol{x}=\boldsymbol{b}\}$ 上的全局极小点。 □

证明： 令 $\boldsymbol{h}(\boldsymbol{x})=\boldsymbol{A}\boldsymbol{x}-\boldsymbol{b}$；由此可把约束写为 $\boldsymbol{h}(\boldsymbol{x})=\boldsymbol{0}$，这样，就可以把约束写为常见的形式了。

注意 $D\boldsymbol{h}(\boldsymbol{x})=\boldsymbol{A}$，因此，当且仅当 $\boldsymbol{x}^*$ 满足拉格朗日条件，$\boldsymbol{x}^*\in\mathbb{R}^n$ 是 f 的全局极小点（见定理 22.8）。由命题 23.1 可知，当且仅当 $\boldsymbol{P}\nabla f(\boldsymbol{x}^*)=\boldsymbol{0}$，满足拉格朗日条件。证明完毕。 ■

参考文献[78]中讨论了投影最速下降法在线性离散系统中的最少燃料问题和最小振幅控制问题的应用。

23.4　拉格朗日法

本节讨论基于拉格朗日函数的求解方法(见 20.4 节)，该方法的基本思路是利用梯度法在更新决策变量的同时更新拉格朗日乘子向量。本节先讨论仅包含等式约束的情形，再讨论包含不等式约束的情形。

针对仅含等式约束优化问题的拉格朗日法

考虑仅含等式约束的优化问题：

$$\begin{aligned} \text{minimize} \quad & f(\boldsymbol{x}) \\ \text{subject to} \quad & \boldsymbol{h}(\boldsymbol{x}) = \mathbf{0} \end{aligned}$$

其中，$\boldsymbol{h}:\mathbb{R}^n \to \mathbb{R}^m$。该问题的拉格朗日函数为

$$l(\boldsymbol{x}, \boldsymbol{\lambda}) = f(\boldsymbol{x}) + \boldsymbol{\lambda}^\top \boldsymbol{h}(\boldsymbol{x})$$

假定f, $\boldsymbol{h} \in \mathcal{C}^2$，用$\boldsymbol{L}(\boldsymbol{x}, \boldsymbol{\lambda})$表示拉格朗日函数的黑塞矩阵。

针对这一问题的拉格朗日法更新方程为

$$\begin{aligned} \boldsymbol{x}^{(k+1)} &= \boldsymbol{x}^{(k)} - \alpha_k(\nabla f(\boldsymbol{x}^{(k)}) + D\boldsymbol{h}(\boldsymbol{x}^{(k)})^\top \boldsymbol{\lambda}^{(k)}) \\ \boldsymbol{\lambda}^{(k+1)} &= \boldsymbol{\lambda}^{(k)} + \beta_k \boldsymbol{h}(\boldsymbol{x}^{(k)}) \end{aligned}$$

可以看出，$\boldsymbol{x}^{(k)}$的更新方程是一种使得拉格朗日函数关于自变量$\boldsymbol{x}$极小化的梯度算法，$\boldsymbol{\lambda}^{(k)}$的更新方程也是一种梯度算法，使得拉格朗日函数关于自变量$\boldsymbol{\lambda}$极大化。由于仅仅用到了梯度，因此，该方法也称为一阶拉格朗日法。

如果拉格朗日法收敛，那么迭代点序列的极限必须满足拉格朗日条件。特别的，任意不动点都必须满足拉格朗日条件。所谓不动点，指的是某个迭代点，在该点下利用更新方程产生的新点与之相等。在拉格朗日法中，需要同时更新向量$\boldsymbol{x}^{(k)}$和$\boldsymbol{\lambda}^{(k)}$，因此，不动点应该是一个向量对。如果一阶拉格朗日法收敛，那么其极限就必定是一个不动点。这一点可以归纳为引理 23.2，这一引理是显而易见的，此处略去证明过程。

引理 23.2　对于一阶拉格朗日算法，在更新$\boldsymbol{x}^{(k)}$和$\boldsymbol{\lambda}^{(k)}$的过程中，产生的向量对$(\boldsymbol{x}^*, \boldsymbol{\lambda}^*)$是一个不动点，当且仅当其满足拉格朗日条件。　□

在接下来的讨论中，用$(\boldsymbol{x}^*, \boldsymbol{\lambda}^*)$表示一个可满足拉格朗日条件的向量对，假定$\boldsymbol{L}(\boldsymbol{x}^*, \boldsymbol{\lambda}^*) > 0$，同时假定$\boldsymbol{x}^*$是一个正则点。利用这些假设条件足以证明算法是局部收敛的。为了描述方便，认定α_k和β_k为常数，分别用α和β表示。

定理 23.2　对于一阶拉格朗日算法，当α和β足够小时，存在$(\boldsymbol{x}^*, \boldsymbol{\lambda}^*)$的一个邻域使得如果$(\boldsymbol{x}^{(0)}, \boldsymbol{\lambda}^{(0)})$包含在此邻域中，那么该算法就至少能够线性收敛到$(\boldsymbol{x}^*, \boldsymbol{\lambda}^*)$。　□

证明： 对$\boldsymbol{x}$和$\boldsymbol{\lambda}$进行适当的缩放，可以保证以上假设条件成立，更新方程的步长也可以适当调整。因此，不失一般性，可认为$\beta = \alpha$。

为了描述方便，首先引入一些特定的符号。对于向量对$(\boldsymbol{x}, \boldsymbol{\lambda})$，令$\boldsymbol{w} = [\boldsymbol{x}^\top, \boldsymbol{\lambda}^\top]^\top$表示由向量$\boldsymbol{x}$和$\boldsymbol{\lambda}$组成的$n+m$维向量；同样地，可以按照类似的方式定义$\boldsymbol{w}^{(k)} = [\boldsymbol{x}^{(k)\top}, \boldsymbol{\lambda}^{(k)\top}]^\top$和

$\boldsymbol{w}^*=[\boldsymbol{x}^{*\top},\ \boldsymbol{\lambda}^{*\top}]^\top$。定义映射 $\boldsymbol{U}:\mathbb{R}^{n\times m}\to\mathbb{R}^{n\times m}$：

$$\boldsymbol{U}(\boldsymbol{w})=\begin{bmatrix}\boldsymbol{x}-\alpha(\nabla f(\boldsymbol{x})+D\boldsymbol{h}(\boldsymbol{x})^\top\boldsymbol{\lambda})\\ \boldsymbol{\lambda}+\alpha\boldsymbol{h}(\boldsymbol{x})\end{bmatrix}$$

由此，拉格朗日算法可重写为

$$\boldsymbol{w}^{(k+1)}=\boldsymbol{U}(\boldsymbol{w}^{(k)})$$

这样，可将 $\|\boldsymbol{w}^{(k+1)}-\boldsymbol{w}^*\|$ 用 $\|\boldsymbol{w}^{(k)}-\boldsymbol{w}^*\|$ 表示，$\|\cdot\|$ 表示常用的欧氏范数。由定理 23.2 可知，$\boldsymbol{w}^*=[\boldsymbol{x}^{*\top},\ \boldsymbol{\lambda}^{*\top}]^\top$ 是 $\boldsymbol{w}^{(k+1)}=\boldsymbol{U}(\boldsymbol{w}^{(k)})$ 的一个不动点。因此，有

$$\|\boldsymbol{w}^{(k+1)}-\boldsymbol{w}^*\|=\|\boldsymbol{U}(\boldsymbol{w}^{(k)})-\boldsymbol{U}(\boldsymbol{w}^*)\|$$

令 $D\boldsymbol{U}$ 表示 $\boldsymbol{U}$ 的(矩阵)导数：

$$D\boldsymbol{U}(\boldsymbol{w})=\boldsymbol{I}+\alpha\begin{bmatrix}-\boldsymbol{L}(\boldsymbol{x},\boldsymbol{\lambda}) & -D\boldsymbol{h}(\boldsymbol{x})^\top\\ D\boldsymbol{h}(\boldsymbol{x}) & \boldsymbol{O}\end{bmatrix}$$

由中值定理(见定理 5.9)，可得

$$\boldsymbol{U}(\boldsymbol{w}^{(k)})-\boldsymbol{U}(\boldsymbol{w}^*)=\boldsymbol{G}(\boldsymbol{w}^{(k)})(\boldsymbol{w}^{(k)}-\boldsymbol{w}^*)$$

其中，矩阵 $\boldsymbol{G}(\boldsymbol{w}^{(k)})$ 指的是对矩阵 $\boldsymbol{U}$ 在连接 $\boldsymbol{w}^{(k)}$ 和 $\boldsymbol{w}^*$ 的线段上的某些点处求导，得到的矩阵导数 $D\boldsymbol{U}$(需要注意的是，在 $D\boldsymbol{U}$ 的每一行，进行求导的点可能都不一样)。在等式两边同时取范数，得

$$\|\boldsymbol{U}(\boldsymbol{w}^{(k)})-\boldsymbol{U}(\boldsymbol{w}^*)\|\leqslant\|\boldsymbol{G}(\boldsymbol{w}^{(k)})\|\|\boldsymbol{w}^{(k)}-\boldsymbol{w}^*\|$$

综上可得

$$\|\boldsymbol{w}^{(k+1)}-\boldsymbol{w}^*\|\leqslant\|\boldsymbol{G}(\boldsymbol{w}^{(k)})\|\|\boldsymbol{w}^{(k)}-\boldsymbol{w}^*\|$$

可以证明，对于足够小的 $\alpha>0$，有 $\|D\boldsymbol{U}(\boldsymbol{w}^*)\|<1$，这一结论来自参考文献[11]的 4.4 节。令

$$\boldsymbol{M}=\begin{bmatrix}-\boldsymbol{L}(\boldsymbol{x}^*,\boldsymbol{\lambda}^*) & -D\boldsymbol{h}(\boldsymbol{x}^*)^\top\\ D\boldsymbol{h}(\boldsymbol{x}^*) & \boldsymbol{O}\end{bmatrix}$$

则有 $D\boldsymbol{U}(\boldsymbol{w}^*)=\boldsymbol{I}+\alpha\boldsymbol{M}$。因此，为了证明上述结论，必须证明 $\boldsymbol{M}$ 的所有特征值都位于复平面的左半平面中。

对于任何复向量 $\boldsymbol{y}$，令 $\boldsymbol{y}^{\mathrm{H}}$ 表示其复共轭转置(或厄米特共轭)，令 $\Re(\boldsymbol{y})$ 表示实部。λ 为 $\boldsymbol{M}$ 的一个特征值，$\boldsymbol{w}=[\boldsymbol{x}^\top,\ \boldsymbol{\lambda}^\top]^\top\neq\boldsymbol{0}$ 为对应的特征向量，有 $\Re(\boldsymbol{w}^{\mathrm{H}}\boldsymbol{M}\boldsymbol{w})=\Re(\lambda)\|\boldsymbol{w}\|^2$。根据 $\boldsymbol{M}$ 的结构易知

$$\begin{aligned}\Re(\boldsymbol{w}^{\mathrm{H}}\boldsymbol{M}\boldsymbol{w})&=-\Re(\boldsymbol{x}^{\mathrm{H}}\boldsymbol{L}(\boldsymbol{x}^*,\boldsymbol{\lambda}^*)\boldsymbol{x})-\Re(\boldsymbol{x}^{\mathrm{H}}D\boldsymbol{h}(\boldsymbol{x}^*)^\top\boldsymbol{\lambda})+\Re(\boldsymbol{\lambda}^{\mathrm{H}}D\boldsymbol{h}(\boldsymbol{x}^*)\boldsymbol{x})\\&=-\Re(\boldsymbol{x}^{\mathrm{H}}\boldsymbol{L}(\boldsymbol{x}^*,\boldsymbol{\lambda}^*)\boldsymbol{x})\end{aligned}$$

由假设条件 $\boldsymbol{L}(\boldsymbol{x}^*,\ \boldsymbol{\lambda}^*)>0$ 可知，如果 $\boldsymbol{x}\neq\boldsymbol{0}$，则有 $\Re(\boldsymbol{x}^{\mathrm{H}}\boldsymbol{L}(\boldsymbol{x}^*,\ \boldsymbol{\lambda}^*)\boldsymbol{x})>0$。由此可得，如果 $\boldsymbol{x}$ 非零，则有 $\Re(\lambda)<0$。下面证明 $\boldsymbol{x}$ 非零。

假设 $\boldsymbol{x}=\boldsymbol{0}$。因为 $\boldsymbol{w}$ 是 $\boldsymbol{M}$ 的一个特征向量，所以有 $\boldsymbol{M}\boldsymbol{w}=\lambda\boldsymbol{w}$。去掉 $\boldsymbol{w}$ 的前 n 个元素，有 $D\boldsymbol{h}(\boldsymbol{x}^*)^\top\boldsymbol{\lambda}=\boldsymbol{0}$。由 $\boldsymbol{x}$ 的正则性假设可知，$\boldsymbol{\lambda}=0$。这与 $\boldsymbol{w}\neq0$ 的假设矛盾。因此，必然是 $\boldsymbol{x}\neq0$。这就完成了整个证明过程，即对于足够小的 $\alpha>0$，$\|D\boldsymbol{U}(\boldsymbol{w}^*)\|<1$ 成立。

基于这一结论，可以选择合适的常数 $\eta>0$ 和 $\kappa<1$，使得对于所有满足 $\|\boldsymbol{w}-\boldsymbol{w}^*\|\leqslant\eta$ 的 $\boldsymbol{w}=[\boldsymbol{x}^\top,\boldsymbol{\lambda}^\top]^\top$，有 $\|\boldsymbol{G}(\boldsymbol{w})\|\leqslant\kappa$（这可以根据 $\boldsymbol{D}\boldsymbol{U}$ 和范数的连续性得出）。

假设 $\|\boldsymbol{w}^{(0)}-\boldsymbol{w}^*\|\leqslant\eta$，利用归纳法证明，对所有 $k\geqslant0$，有 $\|\boldsymbol{w}^{(k)}-\boldsymbol{w}^*\|\leqslant\eta$ 和 $\|\boldsymbol{w}^{(k+1)}-\boldsymbol{w}^*\|\leqslant\kappa\|\boldsymbol{w}^{(k)}-\boldsymbol{w}^*\|$ 成立，即得出 $\boldsymbol{w}^{(k)}$ 至少以线性速度收敛到 $\boldsymbol{w}^*$ 的结论。当 $k=0$ 时，结论成立，因为由假设可知 $\|\boldsymbol{w}^{(0)}-\boldsymbol{w}^*\|\leqslant\eta$，并且有

$$\|\boldsymbol{w}^{(1)}-\boldsymbol{w}^*\|\leqslant\|\boldsymbol{G}(\boldsymbol{w}^{(0)})\|\|\boldsymbol{w}^{(0)}-\boldsymbol{w}^*\|\leqslant\kappa\|\boldsymbol{w}^{(0)}-\boldsymbol{w}^*\|$$

假设结论对于 k 也成立。这意味着 $\|\boldsymbol{G}(\boldsymbol{w}^{(k)})\|\leqslant\kappa$。而

$$\|\boldsymbol{w}^{(k+1)}-\boldsymbol{w}^*\|\leqslant\|\boldsymbol{G}(\boldsymbol{w}^{(k)})\|\|\boldsymbol{w}^{(k)}-\boldsymbol{w}^*\|\leqslant\kappa\|\boldsymbol{w}^{(k)}-\boldsymbol{w}^*\|\leqslant\eta$$

这意味着 $\|\boldsymbol{G}(\boldsymbol{w}^{(k+1)})\|\leqslant\kappa$，由此可得

$$\|\boldsymbol{w}^{(k+2)}-\boldsymbol{w}^*\|\leqslant\|\boldsymbol{G}(\boldsymbol{w}^{(k+1)})\|\|\boldsymbol{w}^{(k+1)}-\boldsymbol{w}^*\|\leqslant\kappa\|\boldsymbol{w}^{(k+1)}-\boldsymbol{w}^*\|$$

即结论在 $k+1$ 时也成立，证明完毕。 ■

针对含不等式约束优化问题的拉格朗日法

考虑含不等式约束的优化问题：

$$\begin{array}{ll}\text{minimize} & f(\boldsymbol{x})\\ \text{subject to} & \boldsymbol{g}(\boldsymbol{x})\leqslant\boldsymbol{0}\end{array}$$

其中，$\boldsymbol{g}:\mathbb{R}^n\to\mathbb{R}^p$。该问题的拉格朗日函数为

$$l(\boldsymbol{x},\boldsymbol{\mu})=f(\boldsymbol{x})+\boldsymbol{\mu}^\top\boldsymbol{g}(\boldsymbol{x})$$

假定 $f,\boldsymbol{g}\in\mathcal{C}^2$，$\boldsymbol{L}(\boldsymbol{x},\boldsymbol{\mu})$ 表示拉格朗日函数的黑塞矩阵。

求解该问题的拉格朗日算法为

$$\begin{aligned}\boldsymbol{x}^{(k+1)}&=\boldsymbol{x}^{(k)}-\alpha_k(\nabla f(\boldsymbol{x}^{(k)})+D\boldsymbol{g}(\boldsymbol{x}^{(k)})^\top\boldsymbol{\mu}^{(k)})\\ \boldsymbol{\mu}^{(k+1)}&=[\boldsymbol{\mu}^{(k)}+\beta_k\boldsymbol{g}(\boldsymbol{x}^{(k)})]_+\end{aligned}$$

其中，$[\cdot]_+=\max\{\cdot,0\}$（针对每个元素进行操作）。和23.3节一样，关于 $\boldsymbol{x}^{(k)}$ 的更新方程是一种梯度法，能够使得拉格朗日函数关于自变量 $\boldsymbol{x}$ 极小化。而 $\boldsymbol{\mu}^{(k)}$ 的更新方程是一种投影梯度法，能够使得拉格朗日函数关于自变量 $\boldsymbol{\mu}$ 极大化。采用梯度投影法的原因在于KKT乘子向量必须是非负的。

如果算法收敛，那么迭代点序列的极限就必须满足KKT条件。与上一小节类似，此处也引入不动点的概念来解释这一结论。下面给出引理23.3，由于该结论显而易见，此处略去证明过程。

引理 23.3 对于拉格朗日算法，在更新 $\boldsymbol{x}^{(k)}$ 和 $\boldsymbol{\mu}^{(k)}$ 的过程中，$(\boldsymbol{x}^*,\boldsymbol{\mu}^*)$ 称为不动点，当且仅当其满足KKT条件。 □

和上一小节类似，$(\boldsymbol{x}^*,\boldsymbol{\mu}^*)$ 表示一个可满足KKT条件的向量对。假设 $\boldsymbol{L}(\boldsymbol{x}^*,\boldsymbol{\mu}^*)>0$，同时假设 $\boldsymbol{x}^*$ 是正则点。利用这些假设条件就可以证明算法是局部收敛的。将 α_k 和 β_k 视为常数（与 k 无关），分别用 α 和 β 表示。下面分为两个阶段来分析拉格朗日算法的性能。在第1阶段，“不起作用”约束条件对应的乘子在有限的时间内减小到零，此后一直保持为零。在第2阶段，$\boldsymbol{x}^{(k)}$ 开始迭代，“起作用的”约束条件的乘子至少以线性的速度收敛到各自的解。

定理23.3　对于拉格朗日算法，当α和β足够小时，存在$(\boldsymbol{x}^*, \boldsymbol{\mu}^*)$的一个邻域，使得如果$(\boldsymbol{x}^{(0)}, \boldsymbol{\mu}^{(0)})$在此邻域中，那么(1)不起作用约束条件的乘子在有限的时间内减小到零，此后一直保持为零；(2)算法至少以线性速度收敛到$(\boldsymbol{x}^*, \boldsymbol{\mu}^*)$。□

证明：与定理23.2的证明过程类似，对$\boldsymbol{x}$和$\boldsymbol{\mu}$进行缩放处理，保证上述假设成立，可以改变更新方程的步长。因此，不失一般性，令$\beta=\alpha$。

采用和上一小节中同样的记号，对于向量$(\boldsymbol{x}, \boldsymbol{\mu})$，令$\boldsymbol{w}=[\boldsymbol{x}^\top, \boldsymbol{\mu}^\top]^\top$表示由$\boldsymbol{x}$和$\boldsymbol{\mu}$组合形成的$(n+p)$维向量。按照类似的方式，可分别定义$\boldsymbol{w}^{(k)}=[\boldsymbol{x}^{(k)\top}, \boldsymbol{\mu}^{(k)\top}]^\top$和$\boldsymbol{w}^*=[\boldsymbol{x}^{*\top}, \boldsymbol{\mu}^{*\top}]^\top$。定义映射$\boldsymbol{U}$：

$$\boldsymbol{U}(\boldsymbol{w})=\begin{bmatrix}\boldsymbol{x}-\alpha(\nabla f(\boldsymbol{x})+D\boldsymbol{g}(\boldsymbol{x})^\top\boldsymbol{\mu})\\ \boldsymbol{\mu}+\alpha\boldsymbol{g}(\boldsymbol{x})\end{bmatrix}$$

类似地，定义映射$\boldsymbol{\Pi}$：

$$\boldsymbol{\Pi}[\boldsymbol{w}]=\begin{bmatrix}\boldsymbol{x}\\ [\boldsymbol{\mu}]_+\end{bmatrix}$$

这样，更新方程可重写为

$$\boldsymbol{w}^{(k+1)}=\boldsymbol{\Pi}[\boldsymbol{U}(\boldsymbol{w}^{(k)})]$$

因为$\boldsymbol{\Pi}$表示到凸集$\{\boldsymbol{w}=[\boldsymbol{x}^\top, \boldsymbol{\mu}^\top]^\top: \boldsymbol{\mu}\geqslant\boldsymbol{0}\}$上的投影，所以$\boldsymbol{\Pi}$是非扩张映射(见参考文献[12]的命题3.2)，这意味着$\|\boldsymbol{\Pi}(\boldsymbol{v})-\boldsymbol{\Pi}(\boldsymbol{w})\|\leqslant\|\boldsymbol{v}-\boldsymbol{w}\|$。

可将$\|\boldsymbol{w}^{(k+1)}-\boldsymbol{w}^*\|$用$\|\boldsymbol{w}^{(k)}-\boldsymbol{w}^*\|$表示，$\|\cdot\|$表示常用的欧氏范数。由引理23.3可知，$\boldsymbol{w}^*=[\boldsymbol{x}^{*\top}, \boldsymbol{\mu}^{*\top}]^\top$是$\boldsymbol{w}^{(k+1)}=U(\boldsymbol{w}^{(k)})$的一个不动点。因此，由$\boldsymbol{\Pi}$的非扩张性可得

$$\begin{aligned}\|\boldsymbol{w}^{(k+1)}-\boldsymbol{w}^*\|&=\|\boldsymbol{\Pi}[\boldsymbol{U}(\boldsymbol{w}^{(k)})]-\boldsymbol{\Pi}[\boldsymbol{U}(\boldsymbol{w}^*)]\|\\&\leqslant\|\boldsymbol{U}(\boldsymbol{w}^{(k)})-\boldsymbol{U}(\boldsymbol{w}^*)\|\end{aligned}$$

令$D\boldsymbol{U}$表示$\boldsymbol{U}$的(矩阵)导数

$$D\boldsymbol{U}(\boldsymbol{w})=\boldsymbol{I}+\alpha\begin{bmatrix}-\boldsymbol{L}(\boldsymbol{x},\boldsymbol{\mu}) & -D\boldsymbol{g}(\boldsymbol{x})^\top\\ D\boldsymbol{g}(\boldsymbol{x}) & \boldsymbol{O}\end{bmatrix}$$

由中值定理，可得

$$\boldsymbol{U}(\boldsymbol{w}^{(k)})-\boldsymbol{U}(\boldsymbol{w}^*)=\boldsymbol{G}(\boldsymbol{w}^{(k)})(\boldsymbol{w}^{(k)}-\boldsymbol{w}^*)$$

其中，矩阵$\boldsymbol{G}(\boldsymbol{w}^{(k)})$指的是对矩阵$\boldsymbol{U}$在连接$\boldsymbol{w}^{(k)}$和$\boldsymbol{w}^*$的线段上的某些点处求导，得到的矩阵导数$D\boldsymbol{U}$(需要注意的是，在$D\boldsymbol{U}$的每一行，进行求导的点可能都不一样)。在等式两边同时取范数，可得

$$\|\boldsymbol{U}(\boldsymbol{w}^{(k)})-\boldsymbol{U}(\boldsymbol{w}^*)\|\leqslant\|\boldsymbol{G}(\boldsymbol{w}^{(k)})\|\|\boldsymbol{w}^{(k)}-\boldsymbol{w}^*\|$$

由此可得

$$\|\boldsymbol{w}^{(k+1)}-\boldsymbol{w}^*\|\leqslant\|\boldsymbol{G}(\boldsymbol{w}^{(k)})\|\|\boldsymbol{w}^{(k)}-\boldsymbol{w}^*\|$$

设$\boldsymbol{g}_A$表示$\boldsymbol{g}$中在$\boldsymbol{x}^*$处的起作用约束条件(对应于向量$\boldsymbol{g}$的一行)，$\boldsymbol{g}_{\bar{A}}$代表$\boldsymbol{g}$中的其他约束条件[由于$\boldsymbol{x}^*$是正则点，故$D\boldsymbol{g}_A(\boldsymbol{x}^*)$满秩]。对于KKT向量$\boldsymbol{\mu}$，将其分为两个子向

量$\boldsymbol{\mu}_A$和$\boldsymbol{\mu}_{\bar{A}}$，分别对应起作用约束和不起作用约束(注意：$\boldsymbol{\mu}_{\bar{A}}^* = \mathbf{0}$ 为 $\boldsymbol{x}^*$ 处对应的不起作用约束的 KKT 乘子，为零向量)。令 $\boldsymbol{w}_A = [\boldsymbol{x}^\top, \boldsymbol{\mu}_A^\top]^\top$，

$$\boldsymbol{U}_A(\boldsymbol{w}_A) = \begin{bmatrix} \boldsymbol{x} - \alpha(\nabla f(\boldsymbol{x}) + D\boldsymbol{g}_A(\boldsymbol{x})^\top \boldsymbol{\mu}_A) \\ \boldsymbol{\mu}_A + \alpha \boldsymbol{g}_A(\boldsymbol{x}) \end{bmatrix}$$

可得

$$D\boldsymbol{U}_A(\boldsymbol{w}_A) = \boldsymbol{I} + \alpha \begin{bmatrix} -\boldsymbol{L}(\boldsymbol{x}, \boldsymbol{\mu}_A) & -D\boldsymbol{g}_A(\boldsymbol{x})^\top \\ D\boldsymbol{g}_A(\boldsymbol{x}) & \boldsymbol{O} \end{bmatrix}$$

利用中值定理，可确定能够使得 $\boldsymbol{U}_A(\boldsymbol{w}_A^{(k)}) - \boldsymbol{U}_A(w_A^*) = \boldsymbol{G}_A(\boldsymbol{w}_A^{(k)})(\boldsymbol{w}_A^{(k)} - \boldsymbol{w}_A^*)$成立的 $\boldsymbol{G}_A$。

下面从 4 个论断入手，完成本定理的证明。

论断 1：对足够小的 $\alpha > 0$，$\|D\boldsymbol{U}_A(\boldsymbol{w}_A^*)\| < 1$ 成立。

证明过程与定理 23.2 的证明过程类似，此处不再给出证明过程。

论断 1 成立，意味着可以选择合适的常数 $\eta > 0$，$\delta > 0$ 和 $\kappa_A < 1$，使得对于所有满足 $\|\boldsymbol{w} - \boldsymbol{w}^*\| \leqslant \eta$ 的 $\boldsymbol{w} = [\boldsymbol{x}^\top, \boldsymbol{\mu}^\top]^\top$，有 $\|\boldsymbol{G}_A(\boldsymbol{w}_A)\| \leqslant \kappa_A$和 $\boldsymbol{g}_{\bar{A}}(\boldsymbol{x}) \leqslant -\delta \boldsymbol{e}$ 成立，其中 $\boldsymbol{e}$ 是所有元素均为 1 的向量。不等式 $\|\boldsymbol{G}_A(\boldsymbol{w}_A)\| \leqslant \kappa_A$ 可基于论断 1 以及 $D\boldsymbol{U}_A(\cdot)$和范数的连续性得出；同时，由于 $\boldsymbol{g}_{\bar{A}}(\boldsymbol{x}^*) \leqslant \mathbf{0}$ ($\boldsymbol{x}^*$ 处的不起作用约束)，故有不等式 $\boldsymbol{g}_{\bar{A}}(\boldsymbol{x}) \leqslant -\delta \boldsymbol{e}$ 。

令 $\kappa = \max\{\|\boldsymbol{G}(\boldsymbol{w})\| : \|\boldsymbol{w} - \boldsymbol{w}^*\| \leqslant \eta\}$，$\kappa$ 至少为 1，否则，可令 $\kappa = 1$；选定 $\varepsilon > 0$，使得 $\varepsilon \kappa^{\varepsilon/(\alpha\delta)} \leqslant \eta$。之所以能够这样选择，其依据为当 $\varepsilon \to 0$ 时，该不等式的左边趋近于 0。为便于推理，可假设 $\kappa_0 = \varepsilon/(\alpha\delta)$ 是整数；否则，用大于它的最小整数代替 $\varepsilon/(\alpha\delta)$(即对 $\varepsilon/(\alpha\delta)$进行圆整处理)即可。

在接下来的证明中，令 $\boldsymbol{w}^{(0)}$ 满足 $\|\boldsymbol{w}^{(0)} - \boldsymbol{w}^*\| \leqslant \varepsilon$。

论断 2：当 $k = 0, \cdots, k_0$ 时，$\|\boldsymbol{w}^{(k)} - \boldsymbol{w}^*\| \leqslant \eta$。

首先利用归纳法推导出 $\|\boldsymbol{w}^{(k)} - \boldsymbol{w}^*\| \leqslant \varepsilon \kappa^k$(当 $k \leqslant k_0$ 时，其上界为 η)。$k = 0$ 时，可得 $\|\boldsymbol{w}^{(0)} - \boldsymbol{w}^*\| \leqslant \varepsilon = \varepsilon \kappa^0$ 成立。假设 $\|\boldsymbol{w}^{(k)} - \boldsymbol{w}^*\| \leqslant \varepsilon \kappa^k$ 对于所有 $k < k_0$ 均成立。由 $\|\boldsymbol{w}^{(k+1)} - \boldsymbol{w}^*\| \leqslant \|\boldsymbol{G}(\boldsymbol{w}^{(k)})\| \|\boldsymbol{w}^{(k)} - \boldsymbol{w}^*\|$ 和 $\|\boldsymbol{w}^{(k)} - \boldsymbol{w}^*\| \leqslant \eta$，可得

$$\|\boldsymbol{w}^{(k+1)} - \boldsymbol{w}^*\| \leqslant \|\boldsymbol{G}(\boldsymbol{w}^{(k)})\| \|\boldsymbol{w}^{(k)} - \boldsymbol{w}^*\| \leqslant \kappa(\varepsilon \kappa^k) = \varepsilon \kappa^{k+1}$$

由此可知，$\|\boldsymbol{w}^{(k)} - \boldsymbol{w}^*\| \leqslant \varepsilon \kappa^k$ 对于 $k = k_0$ 也成立。

论断 3：当 $k = 0, \cdots, k_0$ 时，$\boldsymbol{\mu}_{\bar{A}}^{(k)}$ 随 k 单调非增，且 $\boldsymbol{\mu}_{\bar{A}}^{(k_0)} = 0$ (等于 $\boldsymbol{\mu}_{\bar{A}}^*$)。

由论断 2 可知，对所有 $k = 0, \cdots, k_0$，$\boldsymbol{g}_{\bar{A}}(\boldsymbol{x}^{(k)}) \leqslant -\delta \boldsymbol{e}$ 成立。因此，当 $k < k_0$ 时，有

$$\begin{aligned} \boldsymbol{\mu}_{\bar{A}}^{(k+1)} &= [\boldsymbol{\mu}_{\bar{A}}^{(k)} + \alpha \boldsymbol{g}_{\bar{A}}(\boldsymbol{x}^{(k)})]_+ \\ &\leqslant [\boldsymbol{\mu}_{\bar{A}}^{(k)} - \alpha \delta \boldsymbol{e}]_+ \\ &\leqslant \boldsymbol{\mu}_{\bar{A}}^{(k)} \end{aligned}$$

非增单调性得证。

接下来证明 $\boldsymbol{\mu}_{\bar{A}}^{(k_0)} = \mathbf{0}$ 。假设对于某个不起作用的约束 l，存在 $\mu_l^{(k_0)} > 0$。根据上面的非增单调性可知，当 $k = 0, \cdots, k_0$ 时，$\mu_l^{(k)} > 0$，因此，

$$\begin{aligned} \mu_l^{(k_0)} &= \mu_l^{(k_0-1)} + \alpha g_l(\boldsymbol{x}^{(k_0-1)}) \\ &= \mu_l^{(0)} + \sum_{k=0}^{k_0-1} \alpha g_l(\boldsymbol{x}^{(k)}) \end{aligned}$$

根据论断 2 可知，对所有 $k=0, \cdots, k_0-1$，$g_l(\boldsymbol{x}^{(k)}) \leqslant -\delta$ 成立。因此，有 $\mu_l^{(k_0)} \leqslant \varepsilon - k_0\alpha\delta \leqslant 0$，这与前面的结论是矛盾的。

最后，证明论断 4，完成定理的证明。

论断 4：当 $k \geqslant k_0$ 时，有 $\boldsymbol{\mu}_{\bar{A}}^{(k)} = \boldsymbol{0} = \boldsymbol{\mu}_{\bar{A}}^*$，$\|\boldsymbol{w}_A^{(k+1)} - \boldsymbol{w}_A^*\| \leqslant \kappa_A \|\boldsymbol{w}_A^{(k)} - \boldsymbol{w}_A^*\|$ 和 $\|\boldsymbol{w}^{(k)} - \boldsymbol{w}^*\| \leqslant \eta$ 成立。

利用归纳法进行证明。当 $k=k_0$ 时，根据论断 2，$\|\boldsymbol{w}(k_0) - \boldsymbol{w}^*\| \leqslant \eta$ 成立；根据论断 3，可知 $\boldsymbol{\mu}_{\bar{A}}^{(k_0)} = \boldsymbol{0}$。因此，有

$$\boldsymbol{w}_A^{(k_0+1)} = \boldsymbol{\Pi}[\boldsymbol{U}_A(\boldsymbol{w}_A^{(k_0)}) + \alpha D\boldsymbol{g}_{\bar{A}}(\boldsymbol{x}^{(k_0)})^\top \boldsymbol{\mu}_{\bar{A}}^{(k_0)}] = \boldsymbol{\Pi}[\boldsymbol{U}_A(\boldsymbol{w}_A^{(k_0)})]$$

由于 $\boldsymbol{\mu}_{\bar{A}}^* = \boldsymbol{0}$，因此，可以类推出 $\boldsymbol{w}_A^* = \boldsymbol{\Pi}[\boldsymbol{U}_A(\boldsymbol{w}_A^*)]$ 成立。因此，

$$\begin{aligned}\|\boldsymbol{w}_A^{(k_0+1)} - \boldsymbol{w}_A^*\| &= \|\boldsymbol{\Pi}[\boldsymbol{U}_A(\boldsymbol{w}_A^{(k_0)})] - \boldsymbol{\Pi}[\boldsymbol{U}_A(\boldsymbol{w}_A^*)]\| \\ &\leqslant \|\boldsymbol{U}_A(\boldsymbol{w}_A^{(k_0)}) - \boldsymbol{U}_A(\boldsymbol{w}_A^*)\| \\ &\leqslant \|\boldsymbol{G}_A(\boldsymbol{w}_A^{(k_0)})\|\|\boldsymbol{w}_A^{(k_0)} - \boldsymbol{w}_A^*\|\end{aligned}$$

由于 $\|\boldsymbol{w}(k_0) - \boldsymbol{w}^*\| \leqslant \eta$，故有 $\|\boldsymbol{G}_A(\boldsymbol{w}_A^{(k_0)})\| \leqslant \kappa_A$。由此可推导出 $\|\boldsymbol{w}_A^{(k_0+1)} - \boldsymbol{w}_A^*\| \leqslant \kappa_A \|\boldsymbol{w}_A^{(k_0)} - \boldsymbol{w}_A^*\|$。

假设当 $k \geqslant k_0$ 时，论断 4 成立。由于 $\boldsymbol{g}_{\bar{A}}(\boldsymbol{x}^{(k)}) \leqslant -\delta\boldsymbol{e}$，

$$\boldsymbol{\mu}_{\bar{A}}^{(k+1)} = [\boldsymbol{\mu}_{\bar{A}}^{(k)} + \alpha\boldsymbol{g}_{\bar{A}}(\boldsymbol{x}^{(k)})]_+ \leqslant [\boldsymbol{0} - \alpha\delta\boldsymbol{e}]_+ = \boldsymbol{0}$$

即 $\boldsymbol{\mu}_{\bar{A}}^{(k+1)} = \boldsymbol{0}$，由此可得

$$\begin{aligned}\boldsymbol{w}_A^{(k+2)} &= \boldsymbol{\Pi}[\boldsymbol{U}_A(\boldsymbol{w}_A^{(k+1)}) + \alpha D\boldsymbol{g}_{\bar{A}}(\boldsymbol{x}^{(k+1)})^\top \boldsymbol{\mu}_{\bar{A}}^{(k+1)}] \\ &= \boldsymbol{\Pi}[\boldsymbol{U}_A(\boldsymbol{w}_A^{(k+1)})]\end{aligned}$$

现利用与 $k=k_0$ 时相同的证明过程，可得 $\|\boldsymbol{w}_A^{(k+2)} - \boldsymbol{w}_A^*\| \leqslant \kappa_A \|\boldsymbol{w}_A^{(k+1)} - \boldsymbol{w}_A^*\|$。最后，有

$$\|\boldsymbol{w}^{(k+1)} - \boldsymbol{w}^*\| = \|\boldsymbol{w}_A^{(k+1)} - \boldsymbol{w}_A^*\| \leqslant \kappa_A\|\boldsymbol{w}_A^{(k)} - \boldsymbol{w}_A^*\| \leqslant \eta$$

由于 $\kappa_A < 1$，因此论断 4 表明 $\boldsymbol{w}^{(k)}$ 至少以线性速度收敛到 $\boldsymbol{w}^*$。■

上述证明过程源于参考文献[25]。关于拉格朗日算法的实际应用，如在传感器网络的分布式速率控制中的应用，可参见参考文献[24, 25, 93]。

23.5 罚函数法

考虑一般形式的有约束优化问题：

$$\begin{aligned}&\text{minimize} \quad f(\boldsymbol{x}) \\ &\text{subject to} \quad \boldsymbol{x} \in \Omega\end{aligned}$$

本节考虑利用无约束优化问题的求解方法来求解该问题。具体而言，就是将有约束优化问题近似处理为如下的无约束优化问题：

$$\text{minimize} \quad f(\boldsymbol{x}) + \gamma P(\boldsymbol{x})$$

其中，$\gamma \in \mathbb{R}$ 是大于零的常数，$P: \mathbb{R}^n \to \mathbb{R}$ 是给定函数。求解该无约束优化问题，把得到的

解近似作为原问题的极小点。常数 γ 称为惩罚因子，函数 $P(\boldsymbol{x})$ 称为罚函数。下面给出罚函数的正式定义。

定义 23.1　对于上述有约束优化问题，如果满足下列 3 个条件，则称函数 $P:\mathbb{R}^n\to\mathbb{R}$ 为罚函数。

1. P 是连续的；
2. 对所有 $\boldsymbol{x}\in\mathbb{R}^n$，$P(\boldsymbol{x})\geqslant 0$ 成立；
3. $P(\boldsymbol{x})=0$，当且仅当 $\boldsymbol{x}$ 是可行点(即 $\boldsymbol{x}\in\Omega$)。 ■

显然，为了使得无约束优化问题能够很好地近似有约束优化问题，必须选择合适的罚函数 P。罚函数的作用在于对可行集之外的点进行“惩罚”。

下面讨论如何选择罚函数，考虑有约束优化问题：

$$\begin{aligned} &\text{minimize} \quad f(\boldsymbol{x}) \\ &\text{subject to} \quad g_i(\boldsymbol{x})\leqslant 0, \quad i=1,\cdots,p \end{aligned}$$

其中，$f:\mathbb{R}^n\to\mathbb{R}$，$g_i:\mathbb{R}^n\to\mathbb{R}$，$i=1,\cdots,p$。仅考虑这种类型的优化问题(只包含不等式约束)是没有问题的，因为等式约束 $\boldsymbol{h}(\boldsymbol{x})=\boldsymbol{0}$ 就等价于不等式约束 $\|\boldsymbol{h}(\boldsymbol{x})\|^2\leqslant 0$(见习题 21.25)。对于上述约束问题，一种很自然的做法是利用约束函数 $g_1,\cdots,g_p$ 来构造罚函数 P，一种常见的构造方式为

$$P(\boldsymbol{x})=\sum_{i=1}^{p} g_i^{+}(\boldsymbol{x})$$

其中，

$$g_i^{+}(\boldsymbol{x})=\max\{0,g_i(\boldsymbol{x})\}=\begin{cases}0, & g_i(\boldsymbol{x})\leqslant 0\\ g_i(\boldsymbol{x}), & g_i(\boldsymbol{x})>0\end{cases}$$

这种罚函数称为绝对值罚函数，因为其等于 $\sum|g_i(\boldsymbol{x})|$，实际上是对 $\boldsymbol{x}$ 所有无法满足的约束条件进行求和。下面通过例子对该类型的罚函数进行说明。

例 23.2　函数 $g_1,g_2:\mathbb{R}\to\mathbb{R}$ 分别为 $g_1(x)=x-2$ 和 $g_2(x)=-(x+1)^3$。$\{x\in\mathbb{R}: g_1(x)\leqslant 0, g_2(x)\leqslant 0\}$ 所定义的可行集是区间 $[-1,2]$。针对这一问题，可按照如下方式构造 g^{+}：

$$g_1^{+}(x)=\max\{0,g_1(x)\}=\begin{cases}0, & x\leqslant 2\\ x-2, & \text{其他}\end{cases}$$

$$g_2^{+}(x)=\max\{0,g_2(x)\}=\begin{cases}0, & x\geqslant -1\\ -(x+1)^3, & \text{其他}\end{cases}$$

可得罚函数 P 为

$$P(x)=g_1^{+}(x)+g_2^{+}(x)=\begin{cases}x-2, & x>2\\ 0, & -1\leqslant x\leqslant 2\\ -(x+1)^3, & x<-1\end{cases}$$

函数 g^{+} 如图 23.1 所示。 ■

绝对值罚函数在满足 $g_i(\boldsymbol{x})=0$ 的点 $\boldsymbol{x}$ 上可能不是可微的，比如，例23.2 中的罚函数 P 在点 $x=2$ 处是不可微的（注意 P 在点 $x=-1$ 处是可微的）。因此，在这些情况下，不能使用涉及求导的优化方法。库朗-贝尔特拉米（Courant-Beltrami）罚函数能够确保罚函数可微：

$$P(\boldsymbol{x})=\sum_{i=1}^{p}\left(g_i^+(\boldsymbol{x})\right)^2$$

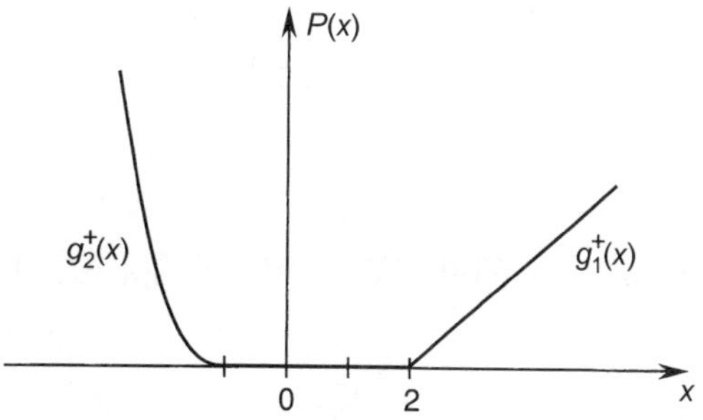

图 23.1　例 23.2 中的 g^+

在接下来的讨论中，不假设罚函数 P 的具体形式，仅假设 P 满足定义 23.1 中的 3 个条件。

利用罚函数法求解有约束优化问题需要构造并解决相关的无约束优化问题，并把无约束优化问题的解作为原约束问题的解。当然，无约束优化问题的解（近似解）不可能与约束问题的解（真正解）完全一样。无约束优化问题的解是否近似于真正解，取决于惩罚因子 γ 和罚函数 P。惩罚因子 γ 越大，违反约束的点受罚更重，近似解就与真正解越接近。理论上，当惩罚因子 $\gamma\to\infty$ 时，罚函数法得到的就是有约束问题的真正解。在本节的后半部分，将对罚函数法的这种性质进行分析。

例 23.3　考虑问题：

$$\begin{aligned}&\text{minimize} \quad \boldsymbol{x}^\top\boldsymbol{Q}\boldsymbol{x}\\&\text{subject to} \quad \|\boldsymbol{x}\|^2=1\end{aligned}$$

其中，$\boldsymbol{Q}=\boldsymbol{Q}^\top>0$。

a. 利用罚函数 $P(\boldsymbol{x})=(\|\boldsymbol{x}\|^2-1)^2$ 和惩罚因子 γ，写出原问题对应的无约束优化问题，使得其最优解 $\boldsymbol{x}_\gamma$ 近似于原问题的解；

b. 证明对于任何 γ，$\boldsymbol{x}_\gamma$ 都是 $\boldsymbol{Q}$ 的一个特征值；

c. 证明当 $\gamma\to\infty$ 时，$\|\boldsymbol{x}_\gamma\|^2-1=O(1/\gamma)$。

解：

a. 可构造相应的无约束优化问题：

$$\text{minimize}\,\boldsymbol{x}^\top\boldsymbol{Q}\boldsymbol{x}+\gamma(\|\boldsymbol{x}\|^2-1)^2$$

b. 根据极小点的一阶必要条件，可得 $\boldsymbol{x}_\gamma$ 满足

$$2\boldsymbol{Q}\boldsymbol{x}_\gamma+4\gamma(\|\boldsymbol{x}_\gamma\|^2-1)\boldsymbol{x}_\gamma=0$$

整理可得

$$\boldsymbol{Q}\boldsymbol{x}_\gamma=2\gamma(1-\|\boldsymbol{x}_\gamma\|^2)\boldsymbol{x}_\gamma=\lambda_\gamma\boldsymbol{x}_\gamma$$

其中，λ_γ 是一个标量。因此，$\boldsymbol{x}_\gamma$ 是 $\boldsymbol{Q}$ 的一个特征向量（这与例 20.8 一致）。

c. $\lambda_\gamma=2\gamma(1-\|\boldsymbol{x}_\gamma\|^2)\leqslant\lambda_{\max}$，$\lambda_{\max}$ 是 $\boldsymbol{Q}$ 的最大特征值。因此，当 $\gamma\to\infty$ 时，$\|\boldsymbol{x}_\gamma\|^2-1=-\lambda_{\max}/(2\gamma)=O(1/\gamma)$。■

下面分析一般意义下的罚函数法。在分析之前，先引入一些符号和记法。用 $\boldsymbol{x}^*$ 表示优化问题的一个解(全局极小点)。P 为此问题的罚函数。对 $k=1, 2, \cdots$，令 $\gamma_k \in \mathbb{R}$ 是一个给定的正数。定义伴随函数 $q(\gamma_k, \cdot): \mathbb{R}^n \to \mathbb{R}$:

$$q(\gamma_k, \boldsymbol{x}) = f(\boldsymbol{x}) + \gamma_k P(\boldsymbol{x})$$

对于每个 k，都可构造一个伴随的无约束优化问题:

$$\text{minimize} \quad q(\gamma_k, \boldsymbol{x})$$

用 $\boldsymbol{x}^{(k)}$ 表示 $q(\gamma_k, \boldsymbol{x})$ 的极小点。下面的引理给出了有约束问题与伴随的无约束优化问题之间的关联关系。

引理 23.4 假设 $\{\gamma_k\}$ 是一个非减序列，即对于任意 k，有 $\gamma_k \leqslant \gamma_{k+1}$。那么，对于任意 k，下列不等式成立:

1. $q(\gamma_{k+1}, \boldsymbol{x}^{(k+1)}) \geqslant q(\gamma_k, \boldsymbol{x}^{(k)})$;
2. $P(\boldsymbol{x}^{(k+1)}) \leqslant P(\boldsymbol{x}^{(k)})$;
3. $f(\boldsymbol{x}^{(k+1)}) \geqslant f(\boldsymbol{x}^{(k)})$;
4. $f(\boldsymbol{x}^*) \geqslant q(\gamma_k, \boldsymbol{x}^{(k)}) \geqslant f(\boldsymbol{x}^{(k)})$。 □

证明: 先证明第 1 个不等式。结合 q 的定义，加上 $\{\gamma_k\}$ 是一个非减序列，可得

$$q(\gamma_{k+1}, \boldsymbol{x}^{(k+1)}) = f(\boldsymbol{x}^{(k+1)}) + \gamma_{k+1} P(\boldsymbol{x}^{(k+1)}) \geqslant f(\boldsymbol{x}^{(k+1)}) + \gamma_k P(\boldsymbol{x}^{(k+1)})$$

又因为 $\boldsymbol{x}^{(k)}$ 是 $q(\gamma_k, \boldsymbol{x})$ 的极小点，故有

$$q(\gamma_k, \boldsymbol{x}^{(k)}) = f(\boldsymbol{x}^{(k)}) + \gamma_k P(\boldsymbol{x}^{(k)}) \leqslant f(\boldsymbol{x}^{(k+1)}) + \gamma_k P(\boldsymbol{x}^{(k+1)})$$

由此可知，第 1 个不等式得证。

接下来证明第 2 个不等式。因为 $\boldsymbol{x}^{(k)}$ 和 $\boldsymbol{x}^{(k+1)}$ 分别是 $q(\gamma_k, \boldsymbol{x})$ 和 $q(\gamma_{k+1}, \boldsymbol{x})$ 的极小点，所以有

$$q(\gamma_k, \boldsymbol{x}^{(k)}) = f(\boldsymbol{x}^{(k)}) + \gamma_k P(\boldsymbol{x}^{(k)}) \leqslant f(\boldsymbol{x}^{(k+1)}) + \gamma_k P(\boldsymbol{x}^{(k+1)})$$
$$q(\gamma_{k+1}, \boldsymbol{x}^{(k+1)}) = f(\boldsymbol{x}^{(k+1)}) + \gamma_{k+1} P(\boldsymbol{x}^{(k+1)}) \leqslant f(\boldsymbol{x}^{(k)}) + \gamma_{k+1} P(\boldsymbol{x}^{(k)})$$

将这两个不等式相加，可得

$$\gamma_k P(\boldsymbol{x}^{(k)}) + \gamma_{k+1} P(\boldsymbol{x}^{(k+1)}) \leqslant \gamma_{k+1} P(\boldsymbol{x}^{(k)}) + \gamma_k P(\boldsymbol{x}^{(k+1)})$$

整理可得

$$(\gamma_{k+1} - \gamma_k) P(\boldsymbol{x}^{(k+1)}) \leqslant (\gamma_{k+1} - \gamma_k) P(\boldsymbol{x}^{(k)})$$

已知 $\gamma_{k+1} \geqslant \gamma_k$，如果 $\gamma_{k+1} > \gamma_k$，则 $P(\boldsymbol{x}^{(k+1)}) \leqslant P(\boldsymbol{x}^{(k)})$ 成立；如果 $\gamma_{k+1} = \gamma_k$，则 $\boldsymbol{x}^{(k+1)} = \boldsymbol{x}^{(k)}$，因此有 $P(\boldsymbol{x}^{(k+1)}) = P(\boldsymbol{x}^{(k)})$。无论如何，总有 $P(\boldsymbol{x}^{(k+1)}) \leqslant P(\boldsymbol{x}^{(k)})$。

证明第 3 个不等式。因为 $\boldsymbol{x}^{(k)}$ 是 $q(\gamma_k, \boldsymbol{x})$ 的极小点，故有

$$q(\gamma_k, \boldsymbol{x}^{(k)}) = f(\boldsymbol{x}^{(k)}) + \gamma_k P(\boldsymbol{x}^{(k)}) \leqslant f(\boldsymbol{x}^{(k+1)}) + \gamma_k P(\boldsymbol{x}^{(k+1)})$$

整理可得

$$f(\boldsymbol{x}^{(k+1)}) \geqslant f(\boldsymbol{x}^{(k)}) + \gamma_k (P(\boldsymbol{x}^{(k)}) - P(\boldsymbol{x}^{(k+1)}))$$

前面已经证得 $P(\boldsymbol{x}^{(k)}) - P(\boldsymbol{x}^{(k+1)}) \geqslant 0$，已知 $\gamma_k > 0$，因此，可得

$$f(\boldsymbol{x}^{(k+1)}) \geqslant f(\boldsymbol{x}^{(k)})$$

最后，证明第 4 个不等式。因为 $\boldsymbol{x}^{(k)}$ 是 $q(\gamma_k, \boldsymbol{x})$ 的极小点，故有

$$f(\boldsymbol{x}^*) + \gamma_k P(\boldsymbol{x}^*) \geqslant q(\gamma_k, \boldsymbol{x}^{(k)}) = f(\boldsymbol{x}^{(k)}) + \gamma_k P(\boldsymbol{x}^{(k)})$$

因为 $\boldsymbol{x}^*$ 是有约束优化问题的极小点，故有 $P(\boldsymbol{x}^*)=0$。因此，有

$$f(\boldsymbol{x}^*) \geqslant f(\boldsymbol{x}^{(k)}) + \gamma_k P(\boldsymbol{x}^{(k)})$$

因为 $P(\boldsymbol{x}^{(k)}) \geqslant 0$，$\gamma_k \geqslant 0$，有

$$f(\boldsymbol{x}^*) \geqslant q(\gamma_k, \boldsymbol{x}^{(k)}) \geqslant f(\boldsymbol{x}^{(k)})$$

证明完毕。 ■

利用这一引理可以证明以下定理。

定理 23.4　目标函数 f 连续，当 $k\to\infty$ 时，$\gamma_k\to\infty$。那么，序列 $\{\boldsymbol{x}^{(k)}\}$ 的任意收敛子序列的极限是约束优化问题的一个解。 □

证明： 设 $\{\boldsymbol{x}^{(m_k)}\}$ 是序列 $\{\boldsymbol{x}^{(k)}\}$ 的一个收敛子序列（关于序列和子序列的讨论，参见 5.1 节）。$\{\boldsymbol{x}^{(m_k)}\}$ 的极限为 $\hat{\boldsymbol{x}}$。由引理 23.4 可知，序列 $\{q(\gamma_k, \boldsymbol{x}^{(k)})\}$ 是非减的，且其上界为 $f(\boldsymbol{x}^*)$。因此，序列 $\{q(\gamma_k, \boldsymbol{x}^{(k)})\}$ 存在极限 $q^* = \lim_{k\to\infty} q(\gamma_k, \boldsymbol{x}^{(k)})$，且满足 $q^* \leqslant f(\boldsymbol{x}^*)$（见定理 5.3）。函数 f 连续，又由引理 23.4 可知有 $f(\boldsymbol{x}^{(m_k)}) \leqslant f(\boldsymbol{x}^*)$，所以

$$\lim_{k\to\infty} f\left(\boldsymbol{x}^{(m_k)}\right) = f\left(\lim_{k\to\infty} \boldsymbol{x}^{(m_k)}\right) = f(\hat{\boldsymbol{x}}) \leqslant f(\boldsymbol{x}^*)$$

因为序列 $\{f(\boldsymbol{x}^{(m_k)})\}$ 和 $\{q(\gamma_{m_k}, \boldsymbol{x}^{(m_k)})\}$ 都收敛，所以序列 $\{\gamma_{m_k} P(\boldsymbol{x}^{(m_k)})\} = \{q(\gamma_{m_k}, \boldsymbol{x}^{(m_k)}) - f(\boldsymbol{x}^{(m_k)})\}$ 也收敛，且

$$\lim_{k\to\infty} \gamma_{m_k} P(\boldsymbol{x}^{(m_k)}) = q^* - f(\hat{\boldsymbol{x}})$$

由引理 23.4 可知，序列 $\{P(\boldsymbol{x}^{(k)})\}$ 是非增的，且其下界为 0。因此，$\{P(\boldsymbol{x}^{(k)})\}$ 收敛（再次参见定理 5.3），则 $\{P(\boldsymbol{x}^{(m_k)})\}$ 同样收敛。因为随着 k 趋于无穷，$\gamma_{m_k}\to\infty$，故有

$$\lim_{k\to\infty} P(\boldsymbol{x}^{(m_k)}) = 0$$

根据 P 的连续性可得

$$0 = \lim_{k\to\infty} P(\boldsymbol{x}^{(m_k)}) = P\left(\lim_{k\to\infty} \boldsymbol{x}^{(m_k)}\right) = P(\hat{\boldsymbol{x}})$$

因此，$\hat{\boldsymbol{x}}$ 是可行点。前面已经得出 $f(\boldsymbol{x}^*) \geqslant f(\hat{\boldsymbol{x}})$，因此 $\hat{\boldsymbol{x}}$ 必为有约束优化问题的一个解。 ■

如果进行无限多次极小化计算，随着惩罚因子 $\gamma_k\to\infty$，那么定理 23.4 能保证任何收敛子序列的极限都是有约束优化问题的极小点 $\boldsymbol{x}^*$。显然，这一定理在实际应用中是受限的。实际上，利用罚函数法求解无约束优化问题的最优解时，期望只通过一次极小化计算便可求得最优解，进而得到原问题的最优解。换句话说，在 $\gamma>0$ 为一个给定常数的情况下，通过求解伴随的无约束优化问题［最小化 $f(\boldsymbol{x})+\gamma P(\boldsymbol{x})$］，获得原问题的精确解。可以证明，这的确是可以做到的，这种情况下的罚函数称为精确的罚函数。但是，精确的罚函数要求是不可微的[10]，请看下面的例子。

例 23.4　考虑优化问题：

$$\begin{aligned} &\text{minimize} \quad f(x) \\ &\text{subject to} \quad x \in [0,1] \end{aligned}$$

其中，$f(x)=5-3x$。显然，最优解为 $x^*=1$。

利用罚函数法求解此问题，假定罚函数 P 在点 $x^*=1$ 处是可微的。因为对于任意 $x\in[0,1]$，有 $P(x)=0$，故 $P'(x^*)=0$。令 $g=f+\gamma P$，那么对于任意有界的 $\gamma>0$，有 $g'(x^*)=f'(x^*)+\gamma P'(x^*)\neq 0$。因此，$x^*=1$ 不能满足局部极小点 g 的一阶必要条件，P 不是精确罚函数。■

通过这个特殊的问题，可证明精确罚函数不可微的必要性。

命题 23.4　考虑问题：

$$\begin{aligned} &\text{minimize} \quad f(\boldsymbol{x}) \\ &\text{subject to} \quad \boldsymbol{x} \in \Omega \end{aligned}$$

其中，$\Omega\subset\mathbb{R}^n$ 是凸集。设极小点 $\boldsymbol{x}^*$ 位于 Ω 的边界上，且在 $\boldsymbol{x}^*$ 处存在一个可行方向 $\boldsymbol{d}$ 满足 $\boldsymbol{d}^\top\nabla f(\boldsymbol{x}^*)>0$。如果 P 是精确罚函数，那么 P 在 $\boldsymbol{x}^*$ 处是不可微的。□

证明：利用反证法进行证明。假设 P 在 $\boldsymbol{x}^*$ 处是可微的，因为对所有 $\boldsymbol{x}\in\Omega$ 有 $P(\boldsymbol{x})=0$，所以 $\boldsymbol{d}^\top\nabla P(\boldsymbol{x}^*)=0$。令 $g=f+\gamma P$，那么对于任意有界的 $\gamma>0$，有 $\boldsymbol{d}^\top\nabla g(\boldsymbol{x}^*)>0$ 成立，这意味着 $\nabla g(\boldsymbol{x}^*)\neq\boldsymbol{0}$。因此，$\boldsymbol{x}^*$ 不是 g 的局部极小点，说明 P 不是精确罚函数。■

注意：如果没有 $\boldsymbol{d}^\top\nabla f(\boldsymbol{x}^*)>0$ 的假设，那么命题 23.4 的结论就不成立。比如，对于一个凸优化问题，满足 $\nabla f(\boldsymbol{x}^*)=0$，选择一个可微的罚函数 P，很明显，有 $\nabla g(\boldsymbol{x}^*)=\nabla f(\boldsymbol{x}^*)+\gamma\nabla P(\boldsymbol{x}^*)=0$ 成立。在这种情况下，尽管函数 P 可微，但显然是一个精确罚函数。

本章旨在讨论罚函数法的基础知识。关于不可微函数的优化问题的深入讨论，可参见参考文献[38]。参考文献[11, 96]深入探讨了罚函数法，包括不可微的精确罚函数问题。这些文献还讨论了可微的精确罚函数问题，这些内容已经超出了本章的范围。

习题

23.1　考虑有约束优化问题：

$$\begin{aligned} &\text{maximize} \quad f(\boldsymbol{x}) \\ &\text{subject to} \quad \|\boldsymbol{x}\|=1 \end{aligned}$$

其中 $f(\boldsymbol{x})=\frac{1}{2}\boldsymbol{x}^\top\boldsymbol{Q}\boldsymbol{x}$，$\boldsymbol{Q}=\boldsymbol{Q}^\top$。请用步长固定投影梯度法求解，迭代公式为

$$\boldsymbol{x}^{(k+1)}=\boldsymbol{\Pi}[\boldsymbol{x}^{(k)}+\alpha\nabla f(\boldsymbol{x}^{(k)})]$$

其中 $\alpha>0$，$\boldsymbol{\Pi}$ 表示投影算子，定义为 $\boldsymbol{\Pi}[\boldsymbol{x}]=\arg\min_{\boldsymbol{z}\in\Omega}\|\boldsymbol{z}-\boldsymbol{x}\|$，$\Omega$ 是约束集。

a. 已知 $\boldsymbol{x}\neq\boldsymbol{0}$，试求出 $\boldsymbol{\Pi}[\boldsymbol{x}]$ 的公式(关于 $\boldsymbol{x}$ 的显式表达式)；

b. 在接下来的问题中，令

$$\boldsymbol{Q}=\begin{bmatrix}1 & 0\\ 0 & 2\end{bmatrix}$$

试求该优化问题的解；

c. 设 $y^{(k)}=x_1^{(k)}/x_2^{(k)}$，试推导出 $y^{(k+1)}$ 关于 $y^{(k)}$ 和 α 的表达式；

d. 假设 $x_2^{(0)}\neq 0$，试用问题 b 和问题 c 的结果证明，对于任意 $\alpha>0$，$\boldsymbol{x}^{(k)}$ 收敛到该优化问题的某个解（即算法能够正常运行）；

e. 在问题 d 中，如果 $x_2^{(0)}=0$，结果又会如何？

23.2 考虑如下问题：

$$\begin{array}{ll}\text{minimize} & f(\boldsymbol{x})\\ \text{subject to} & \boldsymbol{x}\in\Omega\end{array}$$

其中，$f(\boldsymbol{x})=\boldsymbol{c}^\top\boldsymbol{x}$，$\boldsymbol{c}\in\mathbb{R}^n$ 是已知的非零向量（线性规划是该问题的一个特例）。拟使用步长固定投影梯度法

$$\boldsymbol{x}^{(k+1)}=\boldsymbol{\Pi}[\boldsymbol{x}^{(k)}-\nabla f(\boldsymbol{x}^{(k)})]$$

求解这一问题。其中，$\boldsymbol{\Pi}$ 是投影到 Ω 上的投影算子（假设对于任意 $\boldsymbol{y}$，$\boldsymbol{\Pi}[\boldsymbol{y}]=\arg\min_{\boldsymbol{x}\in\Omega}\|\boldsymbol{y}-\boldsymbol{x}\|^2$ 是唯一的）。

a. 假设对于某个 k，$\boldsymbol{x}^{(k)}$ 是该问题的全局极小点。此时是否必然有 $\boldsymbol{x}^{(k+1)}=\boldsymbol{x}^{(k)}$？详细说明原因；

b. 假设对于某个 k，$\boldsymbol{x}^{(k+1)}=\boldsymbol{x}^{(k)}$ 成立。那么，$\boldsymbol{x}^{(k)}$ 是否必然是此问题的全局极小点？详细说明原因。

23.3 考虑优化问题：

$$\begin{array}{ll}\text{minimize} & f(\boldsymbol{x})\\ \text{subject to} & \boldsymbol{x}\in\Omega\end{array}$$

其中，$f:\mathbb{R}^2\to\mathbb{R}$，$f\in\mathcal{C}^1$，$\Omega=[-1,1]^2=\{\boldsymbol{x}:-1\leqslant x_i\leqslant 1,\ i=1,2\}$。考虑使用投影最速下降法

$$\boldsymbol{x}^{(k+1)}=\boldsymbol{\Pi}[\boldsymbol{x}^{(k)}-\alpha_k\nabla f(\boldsymbol{x}^{(k)})]$$

求解该问题。其中，$\boldsymbol{\Pi}$ 是投影到 Ω 上的投影算子，$\alpha_k=\arg\min_{\alpha\geqslant 0}f(\boldsymbol{x}^{(k)}-\alpha\nabla f(\boldsymbol{x}^{(k)}))$。请证明如下结论：

当且仅当 $\boldsymbol{x}^{(k)}$ 满足一阶必要条件时，$\boldsymbol{x}^{(k+1)}=\boldsymbol{x}^{(k)}$ 成立。

分为两种情况进行证明：

a. $\boldsymbol{x}^{(k)}$ 是 Ω 的内点；

b. $\boldsymbol{x}^{(k)}$ 是 Ω 的边界点。

提示：进一步考虑如下两种子情况：(i) $\boldsymbol{x}^{(k)}$ 是拐点；(ii) $\boldsymbol{x}^{(k)}$ 不是拐点。对于子情况 (i)，证明 $\boldsymbol{x}^{(k)}=[1,1]^\top$ 下结论成立即可；对于情况 (ii)，证明 $\boldsymbol{x}^{(k)}\in\{\boldsymbol{x}:x_1=1,\ -1<x_2<1\}$ 下结论成立即可。

23.4 已知 $\boldsymbol{A}\in\mathbb{R}^{m\times n}$，$m<n$，$\operatorname{rank}\boldsymbol{A}=m$ 和 $\boldsymbol{b}\in\mathbb{R}^m$。定义 $\Omega=\{\boldsymbol{x}:\boldsymbol{A}\boldsymbol{x}=\boldsymbol{b}\}$，令 $\boldsymbol{x}_0\in\Omega$。试证明对于任意 $\boldsymbol{y}\in\mathbb{R}^n$，有

$$\boldsymbol{\Pi}[\boldsymbol{x}_0+\boldsymbol{y}]=\boldsymbol{x}_0+\boldsymbol{P}\boldsymbol{y}$$

其中，$\boldsymbol{P}=\boldsymbol{I}-\boldsymbol{A}^\top(\boldsymbol{A}\boldsymbol{A}^\top)^{-1}\boldsymbol{A}$。

提示：利用习题 6.7 和例 12.5 的结果。

23.5 函数 $f:\mathbb{R}^n\to\mathbb{R}$ 为 $f(\boldsymbol{x})=\frac{1}{2}\boldsymbol{x}^\top\boldsymbol{Q}\boldsymbol{x}-\boldsymbol{x}^\top\boldsymbol{c}$，其中 $\boldsymbol{Q}=\boldsymbol{Q}^\top>0$。求解函数 f 在 $\{\boldsymbol{x}:\boldsymbol{A}\boldsymbol{x}=\boldsymbol{b}\}$ 上的极小值，$\boldsymbol{A}\in\mathbb{R}^{m\times n}$，$m<n$，$\operatorname{rank}\boldsymbol{A}=m$。试证明，在这种情况下，投影最速下降法的更新方程为

$$\boldsymbol{x}^{(k+1)}=\boldsymbol{x}^{(k)}-\frac{\boldsymbol{g}^{(k)\top}\boldsymbol{P}\boldsymbol{g}^{(k)}}{\boldsymbol{g}^{(k)\top}\boldsymbol{P}\boldsymbol{Q}\boldsymbol{P}\boldsymbol{g}^{(k)}}\boldsymbol{P}\boldsymbol{g}^{(k)}$$

其中，

$$\boldsymbol{g}^{(k)}=\nabla f(\boldsymbol{x}^{(k)})=\boldsymbol{Q}\boldsymbol{x}^{(k)}-\boldsymbol{c}$$

$$\boldsymbol{P}=\boldsymbol{I}_n-\boldsymbol{A}^\top(\boldsymbol{A}\boldsymbol{A}^\top)^{-1}\boldsymbol{A}$$

23.6 考虑优化问题：

$$\begin{array}{ll}\text{minimize} & \frac{1}{2}\|\boldsymbol{x}\|^2\\ \text{subject to} & \boldsymbol{A}\boldsymbol{x}=\boldsymbol{b}\end{array}$$

其中，$\boldsymbol{A}\in\mathbb{R}^{m\times n}$，$m<n$，$\operatorname{rank}\boldsymbol{A}=m$。试证明，如果 $\boldsymbol{x}^{(0)}\in\{\boldsymbol{x}:\boldsymbol{A}\boldsymbol{x}=\boldsymbol{b}\}$，那么投影最速下降法一步即

可收敛到最优解。

23.7 试证明在投影最速下降法中，对于任意 k，有

a. $\boldsymbol{g}^{(k+1)\top}\boldsymbol{P}\boldsymbol{g}^{(k)}=0$；

b. 向量 $\boldsymbol{x}^{(k+1)}-\boldsymbol{x}^{(k)}$ 与向量 $\boldsymbol{x}^{(k+2)}-\boldsymbol{x}^{(k+1)}$ 正交。

23.8 考虑优化问题：

$$\begin{array}{ll}\text{minimize} & f(\boldsymbol{x})\\ \text{subject to} & \boldsymbol{x}\in\Omega\end{array}$$

其中，$\Omega\subset\mathbb{R}^n$。如果使用罚函数法求解此问题，需要构造并求解一个伴随的无约束优化问题，其罚函数为 P，惩罚因子 $\gamma>0$。

a. 写出伴随的无约束优化问题，罚函数为 P，惩罚因子为 γ；

b. 设 $\boldsymbol{x}^*$ 为有约束问题的全局极小点，$\boldsymbol{x}^\gamma$ 为伴随的无约束优化问题(问题 a 中已给出)的全局极小点。证明如果 $\boldsymbol{x}^\gamma\notin\Omega$，则 $f(\boldsymbol{x}^\gamma)<f(\boldsymbol{x}^*)$。

23.9 利用罚函数法求解优化问题：

$$\begin{array}{ll}\text{minimize} & x_1^2+2x_2^2\\ \text{subject to} & x_1+x_2=3\end{array}$$

提示：使用罚函数 $P(x)=(x_1+x_2-3)^2$。要求必须求出精确解而不是近似解。

23.10 考虑如下简单的优化问题：

$$\begin{array}{ll}\text{minimize} & x\\ \text{subject to} & x\geqslant a\end{array}$$

其中，$a\in\mathbb{R}$。试用罚函数法求解此问题，且罚函数为

$$P(x)=(\max\{a-x,0\})^2$$

(库朗-贝尔特拉米罚函数)。给定 $\varepsilon>0$，找到惩罚因子 γ 的最小值，使得罚函数法求出的解距离该问题的解不超过 ε(ε 可认为是预设的精度)。

23.11 考虑优化问题：

$$\begin{array}{ll}\text{minimize} & \frac{1}{2}\|\boldsymbol{x}\|^2\\ \text{subject to} & \boldsymbol{A}\boldsymbol{x}=\boldsymbol{b}\end{array}$$

其中，$\boldsymbol{A}\in\mathbb{R}^{m\times n}$，$\boldsymbol{b}\in\mathbb{R}^m$，$m\leqslant n$，$\operatorname{rank}\boldsymbol{A}=m$。$\boldsymbol{x}^*$ 为该问题的解。如果使用罚函数法求解该问题，且罚函数为

$$P(\boldsymbol{x})=\|\boldsymbol{A}\boldsymbol{x}-\boldsymbol{b}\|^2$$

设 $\boldsymbol{x}_\gamma^*$ 为对应的无约束优化问题的解，该无约束优化问题的惩罚因子为 $\gamma>0$，即 $\boldsymbol{x}_\gamma^*$ 是如下问题的解：

$$\text{minimize}\quad \frac{1}{2}\|\boldsymbol{x}\|^2+\gamma\|\boldsymbol{A}\boldsymbol{x}-\boldsymbol{b}\|^2$$

a. 已知

$$\boldsymbol{A}=\begin{bmatrix}1 & 1\end{bmatrix},\qquad \boldsymbol{b}=[1]$$

试证明，当 $\gamma\to\infty$ 时，$\boldsymbol{x}_\gamma^*$ 收敛到有约束优化问题的解 $\boldsymbol{x}^*$；

b. 证明当 $\gamma\to\infty$ 时，有 $\boldsymbol{x}_\gamma^*\to\boldsymbol{x}^*$。

提示：存在正交矩阵 $\boldsymbol{U}\in\mathbb{R}^{m\times m}$ 和 $\boldsymbol{V}^\top\in\mathbb{R}^{n\times n}$，使得

$$\boldsymbol{A}=\boldsymbol{U}[\boldsymbol{S},\boldsymbol{O}]\boldsymbol{V}^\top$$

其中，

$$\boldsymbol{S}=\operatorname{diag}\left(\sqrt{\lambda_1(\boldsymbol{A}\boldsymbol{A}^\top)},\cdots,\sqrt{\lambda_m(\boldsymbol{A}\boldsymbol{A}^\top)}\right)$$

是对角矩阵，且对角元素是 $\boldsymbol{A}\boldsymbol{A}^\top$ 特征值的平方根。

这一过程称为奇异值分解(见参考文献[62]的第 411 页)。

第 24 章　多目标优化

24.1　引言

如果某个优化问题只包括一个目标函数，则称为单目标优化问题。但是，绝大多数工程实际问题需要设计者同时处理多个目标，而这些目标之间往往存在冲突，即改进一个目标会导致另一个目标恶化。这种目标函数之间存在冲突的多目标问题不存在唯一的最优解。这一类问题有时也称为多准则或向量优化问题，指的是找到一个决策变量，能够满足给定的约束条件下，实现对向量函数的优化，该向量函数的各元素就是目标函数。多目标优化问题可表示为

$$\text{minimize} \quad \boldsymbol{f}(\boldsymbol{x}) = \begin{bmatrix} f_1(x_1, x_2, \cdots, x_n) \\ f_2(x_1, x_2, \cdots, x_n) \\ \vdots \\ f_\ell(x_1, x_2, \cdots, x_n) \end{bmatrix}$$

$$\text{subject to } x \in \Omega$$

其中，$\boldsymbol{f}:\mathbb{R}^n \to \mathbb{R}^\ell$，$\Omega \subset \mathbb{R}^n$，约束集 Ω 通常为

$$\Omega = \{\boldsymbol{x} : \boldsymbol{h}(\boldsymbol{x}) = \boldsymbol{0},\ \boldsymbol{g}(\boldsymbol{x}) \leqslant \boldsymbol{0}\}$$

其中，

$$\boldsymbol{h} : \mathbb{R}^n \to \mathbb{R}^m, \quad \boldsymbol{g} : \mathbb{R}^n \to \mathbb{R}^p, \quad m \leqslant n$$

总的来说，存在 3 种不同类型的多目标优化问题：

- 极小化所有的目标函数。
- 极大化所有的目标函数。
- 极小化某些目标函数，极大化其余的目标函数。

后两类问题可以等价转换为第一类问题，即极小化问题。

24.2　帕累托解

多目标函数给各个决策变量分配一个位于多目标函数空间中的多目标向量函数值，如图 24.1 和图 24.2 所示。在图 24.1 中，决策向量是点 $\boldsymbol{x} \in \mathbb{R}^2$，目标函数向量为$\boldsymbol{f}:\mathbb{R}^2 \to \mathbb{R}^2$；在图 24.2 中，决策变量是点 $\boldsymbol{x} \in \mathbb{R}^2$，而目标函数向量为$\boldsymbol{f}:\mathbb{R}^2 \to \mathbb{R}^3$。单目标优化问题的目标是找到一个解，主要关注决策向量空间；而在多目标问题中，通常对目标函数空间更感兴趣。正如 Miettinen 指出的，多目标问题在某种意义上无法进行明确的定义，因为目标函数空间中不存在自然排序（见参考文献[92]的第 11 页）。Miettinen 通过一个简单的实

例对这一点进行了说明[92]。比如，某些时候可以认为$[1, 1]^\top$小于$[3, 3]^\top$，但是如何比较$[1, 3]^\top$和$[3, 1]^\top$？通常情况下，求解多目标优化问题需要在多个目标之间寻找合适的折中。简而言之，在多目标优化问题中，综合考虑所有的目标函数，对于某个解，在可行集内没有其他解能够对目标进行改进，那么这个解就是最优解。多目标优化问题最优解的正式定义是由 Francis Y. Edgeworth 于 1881 年提出的，帕累托(Pareto)在 1896 年对其进行了推广。现在，习惯于将多目标优化问题的最优解称为帕累托极小点(帕累托解)。下面给出帕累托极小点的正式定义。

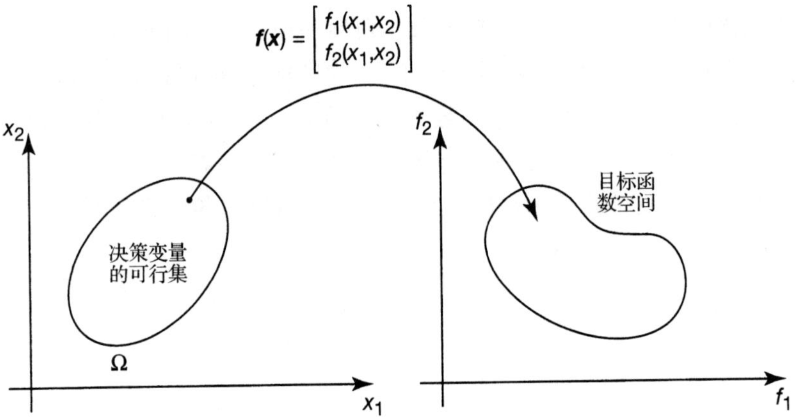

图 24.1　在二维空间内，决策变量与多目标向量函数值之间的对应关系

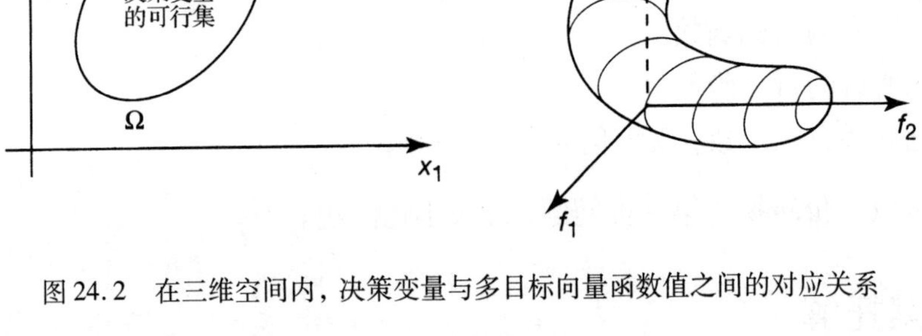

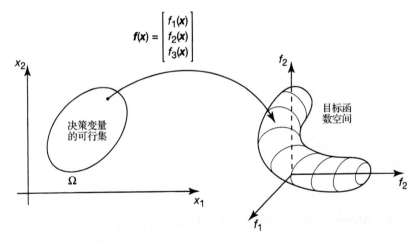

图 24.2　在三维空间内，决策变量与多目标向量函数值之间的对应关系

定义 24.1　已知$\boldsymbol{f}:\mathbb{R}^n\to\mathbb{R}^\ell$，$\boldsymbol{x}\in\Omega$。考虑优化问题：

$$\begin{array}{ll}\text{minimize} & \boldsymbol{f}(\boldsymbol{x}) \\ \text{subject to} & \boldsymbol{x}\in\Omega\end{array}$$

对于一个点$\boldsymbol{x}^*\in\Omega$，如果不存在$\boldsymbol{x}\in\Omega$，使得对于$i=1, 2, \cdots, \ell$，有

$$f_i(\boldsymbol{x})\leqslant f_i(\boldsymbol{x}^*)$$

成立；且至少对于一个i，有

$$f_i(\boldsymbol{x})<f_i(\boldsymbol{x}^*)$$

成立，则 $\boldsymbol{x}^*$ 是一个帕累托极小点。帕累托极小点也称为非支配解，它意味着不存在一个可行的决策变量 $\boldsymbol{x}$ 能够使得在某些目标函数减少的同时不会导致至少一个其他目标函数增加。■

帕累托极小点(最优解)的集合称为帕累托前沿，如图 24.3 所示。绝大多数多目标优化算法用到了"支配"这一概念。如果解是帕累托解，那么这个解就是非支配解。

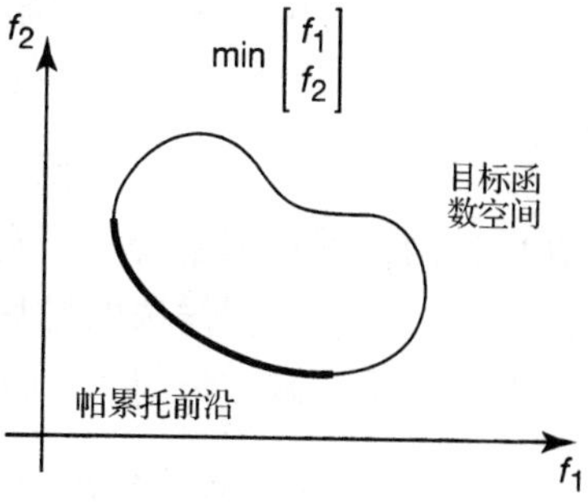

图 24.3　用粗线标记的帕累托前沿

图 24.4 演示了 4 类双目标优化的帕累托前沿。左上方的图对应的是目标函数向量中的各元素均为极小化时的帕累托前沿，用min-min表示。类似地，min-max 表示一个目标函数取极小化而另一个目标函数取极大化；以此类推。

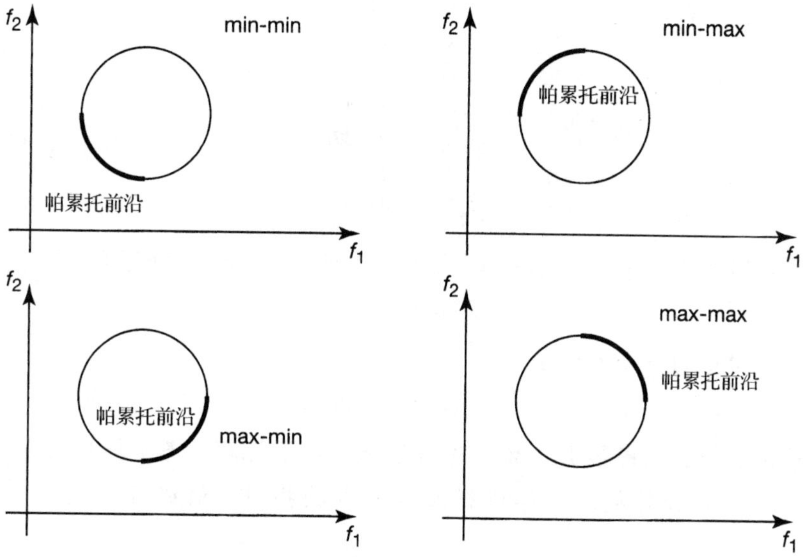

图 24.4　双目标优化的帕累托前沿

24.3　帕累托前沿的求解

在求解帕累托前沿时，需要对两个解进行比较，从候选的帕累托解集合中移除支配解。因此，帕累托前沿只包含非支配解。

下面引入一些符号和记法。记

$$\boldsymbol{x}^{*r} = [x_1^{*r}, x_2^{*r}, \cdots, x_n^{*r}]^\top$$

为第 r 个候选的帕累托解，$r=1, 2, \cdots, R$，R 是当前候选的帕累托解的数目。令

$$\boldsymbol{f}(\boldsymbol{x}^{*r}) = [f_1(\boldsymbol{x}^{*r}), f_2(\boldsymbol{x}^{*r}), \cdots, f_\ell(\boldsymbol{x}^{*r})]^\top$$

表示 $\boldsymbol{x}^{*r}$下的目标函数值。对于任何新的候选解 $\boldsymbol{x}^j$，计算目标函数向量$\boldsymbol{f}(\boldsymbol{x}^j)$；然后，将新的候选解与当前帕累托解进行比较，可能会出现以下 3 种情况：

- $\boldsymbol{x}^j$至少支配一个当前的帕累托解。

- $\boldsymbol{x}^j$不支配任何当前的帕累托解。
- $\boldsymbol{x}^j$受到一个当前的帕累托解支配。

如果$\boldsymbol{x}^j$至少支配一个当前的帕累托解，那么就从集合删除被支配的解，并将新的解$\boldsymbol{x}^j$加到候选的帕累托解集合中。在第2种情况下，当新的候选解$\boldsymbol{x}^j$不支配任何现有候选的帕累托解时，将$\boldsymbol{x}^j$加到候选的帕累托解集合中。对于第3种情况，当新的候选解至少受到一个候选的帕累托解支配时，不改变现有候选的帕累托解集合。

例 24.1　考虑双目标极小化问题，决策变量和目标函数空间之间的对应关系为

$\boldsymbol{x}^{(i)\top}$	$\boldsymbol{f}(\boldsymbol{x}^{(i)})^\top$
[5,6]	[30,45]
[4,5]	[22,29]
[3,7]	[19,53]
[6,8]	[41,75]
[1,4]	[13,45]
[6,7]	[42,55]
[2,5]	[37,46]
[3,6]	[28,37]
[2,7]	[12,51]
[4,7]	[41,67]

要求找到该问题的非支配解。如果点$\boldsymbol{x}^*$是非支配解，那么对于所有i和所有$\boldsymbol{x}$，都有

$$f_i(\boldsymbol{x}^*) \leqslant f_i(\boldsymbol{x})$$

且至少对于目标向量的一个元素j，有

$$f_j(\boldsymbol{x}^*) < f_j(\boldsymbol{x})$$

为了确定帕累托前沿，先将第1组数据作为候选的帕累托解，将其与其他点进行比较，根据比较的结果决定是否替换。持续进行比较和替换操作，最终可得到候选的帕累托解集合：

$\boldsymbol{x}^{(i)\top}$	$\boldsymbol{f}(\boldsymbol{x}^{(i)})^\top$
[4,5]	[22,29]
[1,4]	[13,45]
[2,7]	[12,51]

■

下面基于以上思路，给出一个帕累托前沿的生成算法。这是在对 Osyczka 提出的算法进行稍微修改后得到的(见参考文献[98]的第100页至第101页)。令J表示为得到最优解而必须进行分析的候选解的数目，R是当前候选的帕累托解数量。ℓ是目标函数的数量，即目标函数向量的维数，n是决策空间的维数，即$\boldsymbol{x}$的元素个数。该算法包括8个步骤。

帕累托前沿的生成算法

1. 生成初始解$\boldsymbol{x}^1$，计算$\boldsymbol{f}^{*1}=\boldsymbol{f}(\boldsymbol{x}^1)$。以$\boldsymbol{x}^1$作为候选的帕累托解。初始化$R$和$j$，令$R:=1$，$j:=1$。
2. 令$j:=j+1$。如果$j\leqslant J$，则生成解$\boldsymbol{x}^j$，转到第3步。否则，算法停止，因为已考虑了所有的候选解。

3. 令 $r := 1$, $q := 0$(q 表示从当前候选的帕累托解集合中移除的解的数量)。
4. 如果对于所有 $i = 1, 2, \cdots, \ell$ ，都有

$$f_i(\boldsymbol{x}^j) < f_i(\boldsymbol{x}^{*r})$$

则令 $q := q + 1$, $\boldsymbol{f}^{*R} := \boldsymbol{f}(\boldsymbol{x}^j)$，将 $\boldsymbol{x}^{*r}$ 标记为应被排除的解，转到第 6 步。

5. 如果对于所有 $i = 1, 2, \cdots, \ell$ ，都有

$$f_i(\boldsymbol{x}^j) \geqslant f_i(\boldsymbol{x}^{*r})$$

转到第 2 步。

6. 令 $r := r + 1$，如果 $r \leqslant R$，转到第 4 步。
7. 如果 $q \neq 0$，则从候选的帕累托解集合中移除在第 4 步中标记过的解，将解 $\boldsymbol{x}^j$ 作为新的候选帕累托解，加入帕累托解集合中，转到第 2 步。
8. 令 $R := R + 1$, $\boldsymbol{x}^{*R} := \boldsymbol{x}^j$, $\boldsymbol{f}^{*R} := \boldsymbol{f}(\boldsymbol{x}^j)$，转到第 2 步。

例 24.2　利用以上算法求解多目标优化问题：

$$\begin{aligned} \text{minimize} \quad & \begin{bmatrix} -(x_1^2 + x_2) \\ x_1 + x_2^2 \end{bmatrix} \\ \text{subject to} \quad & 2 \leqslant x_1 \leqslant 6 \\ & 5 \leqslant x_2 \leqslant 9 \end{aligned}$$

要求得到帕累托前沿。执行 100 次迭代，在每次迭代中，随机生成 50 个可行点。利用上述算法从这个可行点集合提取候选的帕累托解。图 24.5 展示了在 100 次迭代后所获得的帕累托解，同时还包括目标函数在(x_1, x_2)平面上的水平集。图 24.6 展示了该算法在 100 次迭代后，在目标函数空间中产生的帕累托前沿。帕累托最优解用“×”进行标记，算法的最后一次迭代开始时随机生成的候选解用“·”标记。

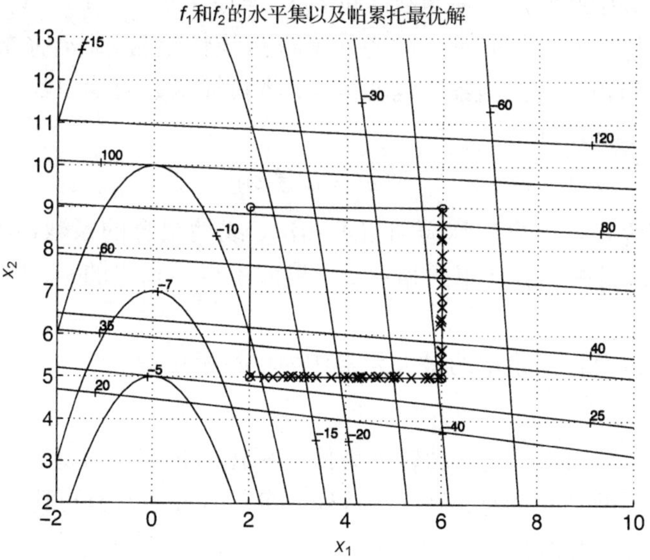

图 24.5　决策空间中的帕累托解和目标函数 f_1 与 f_2 的水平集

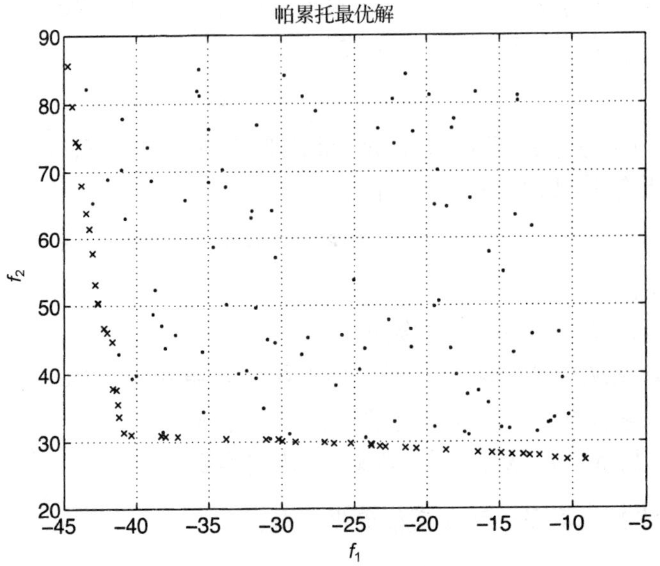

图 24.6　例 24.2 的帕累托前沿(×)以及最后一次迭代随机生成的候选解(·)　■

前面讨论了帕累托前沿的求解算法，该算法比较简单。还有其他一些求解多目标优化问题的方法，如遗传算法等[31, 37, 98]。

24.4　多目标优化到单目标优化的转换

在某些情况下，可以将多目标优化问题转换为单目标优化问题，这样，就可以利用前面讨论过的一些常用方法进行求解了。本节讨论 4 种将多目标优化问题转换为单目标优化问题的方法。本节始终假定目标函数向量 $\boldsymbol{f}(\boldsymbol{x}) = [f_1(x), \cdots, f_\ell(\boldsymbol{x})]^\top$ 已知。

第 1 种方法是将目标函数向量中的各元素进行线性组合(组合系数必须为正数)，以此作为单目标优化问题的目标函数。也就是说，将目标函数向量中各元素的凸组合作为单目标函数，即单目标函数为

$$f(\boldsymbol{x}) = \boldsymbol{c}^\top \boldsymbol{f}(\boldsymbol{x})$$

向量 $\boldsymbol{c}$ 的元素全部为正。该方法称为加权求和法，线性组合的系数(即 $\boldsymbol{c}$ 的元素)称为权值，反映的是目标向量中的各元素的相对重要度。不得不指出的是，权值的确定可能非常困难。

第 2 种方法是以目标向量中的最大元素作为单目标函数：

$$f(\boldsymbol{x}) = \max\{f_1(\boldsymbol{x}), \cdots, f_\ell(\boldsymbol{x})\}$$

实际上，这就是将多目标极小化问题转换为使目标函数的最大元素极小化的问题。因此，称为极小极大法。需要注意的是，只有在目标向量的各元素具有可比性或彼此相容的情况下，才能应用此方法。所谓彼此相容，指的是它们具有相同的单位(如长度单位都为 m，或质量单位都为 kg)。这种方法的局限性是产生的单目标函数可能是不可微的，因此，无法使用那些要求目标函数可微的优化求解算法(如梯度法)。接下来将会看到，目标函数向量中各元素为线性函数、约束为线性方程的极小极大问题可简化为线性规划问题。

例 24.3　已知向量 $\boldsymbol{v}_1, \cdots, \boldsymbol{v}_p \in \mathbb{R}^n$，标量 $u_1, \cdots, u_p$，考虑极小极大问题：

$$\begin{aligned} \text{minimize} \quad & \max\{\boldsymbol{v}_1^\top \boldsymbol{x} + u_1, \cdots, \boldsymbol{v}_p^\top \boldsymbol{x} + u_p\} \\ \text{subject to} \quad & \boldsymbol{A}\boldsymbol{x} \leqslant \boldsymbol{b} \end{aligned}$$

其中，$\boldsymbol{A} \in \mathbb{R}^{m\times n}$，$\boldsymbol{b} \in \mathbb{R}^m$。称该问题为 P1。

a. 考虑优化问题：

$$\begin{aligned} \text{minimize} \quad & y \\ \text{subject to} \quad & \boldsymbol{A}\boldsymbol{x} \leqslant \boldsymbol{b} \\ & y \geqslant \boldsymbol{v}_i^\top \boldsymbol{x} + u_i, \quad i = 1, \cdots, p \end{aligned}$$

该问题的决策变量为向量$[\boldsymbol{x}^\top, y]^\top$。称此问题为 P2。证明 $\boldsymbol{x}^*$ 是 P1 的最优解当且仅当$[\boldsymbol{x}^{*\top}, y^*]^\top$是 P2 的最优解，其中，$y^* = \max\{\boldsymbol{v}_1^\top \boldsymbol{x}^* + u_1, \cdots, \boldsymbol{v}_p^\top \boldsymbol{x}^* + u_p\}$。

提示：当且仅当 $y \geqslant a$，$y \geqslant b$，$y \geqslant c$ 同时成立时，$y \geqslant \max\{a, b, c\}$。

b. 根据问题 a，构造线性规划问题：

$$\begin{aligned} \text{minimize} \quad & \hat{\boldsymbol{c}}^\top \boldsymbol{z} \\ \text{subject to} \quad & \hat{\boldsymbol{A}}\boldsymbol{z} \leqslant \hat{\boldsymbol{b}} \end{aligned}$$

使得其与 P1 等价(指的是由一个问题的解可以推出另一个问题的解)。试找出这一问题的解与 P1 的解之间的关系。

解：

a. 必要性。已知 $\boldsymbol{x}^*$ 是 P1 的最优解，令 $y^* = \max\{\boldsymbol{v}_1^\top \boldsymbol{x}^* + u_1, \cdots, \boldsymbol{v}_p^\top \boldsymbol{x}^* + u_p\}$，则$[\boldsymbol{x}^{*\top}, y^*]^\top$是 P2 的可行解。令$[\boldsymbol{x}^\top, y]^\top$为 P2 的任意可行点。根据提示信息，可知

$$y \geqslant \max\{\boldsymbol{v}_1^\top \boldsymbol{x} + u_1, \cdots, \boldsymbol{v}_p^\top \boldsymbol{x} + u_p\}$$

此外，$\boldsymbol{x}$ 是 P1 的可行点，故

$$\begin{aligned} y &\geqslant \max\{\boldsymbol{v}_1^\top \boldsymbol{x} + u_1, \cdots, \boldsymbol{v}_p^\top \boldsymbol{x} + u_p\} \\ &\geqslant \max\{\boldsymbol{v}_1^\top \boldsymbol{x}^* + u_1, \cdots, \boldsymbol{v}_p^\top \boldsymbol{x}^* + u_p\} \\ &= y^* \end{aligned}$$

因此，在线性规划问题 P2 中，$[\boldsymbol{x}^{*\top}, y^*]^\top$是最优的。

充分性。采用反证法，假定在 $\boldsymbol{x}^*$ 不是 P1 的最优解，那么在 P1 中必然存在一个可行点 $\boldsymbol{x}'$，满足

$$\begin{aligned} y' &= \max\{\boldsymbol{v}_1^\top \boldsymbol{x}' + u_1, \cdots, \boldsymbol{v}_p^\top \boldsymbol{x}' + u_p\} \\ &< \max\{\boldsymbol{v}_1^\top \boldsymbol{x}^* + u_1, \cdots, \boldsymbol{v}_p^\top \boldsymbol{x}^* + u_p\} \\ &= y^* \end{aligned}$$

显然，$[\boldsymbol{x}'^\top, y']^\top$是 P2 的可行点，其对应的目标函数值($y'$)小于$[\boldsymbol{x}^{*\top}, y^*]^\top$对应的目标函数值。因此，$[\boldsymbol{x}^{*\top}, y^*]^\top$不是 P2 中的最优解。这与已知条件相矛盾，故充分性得证。

b. 定义

$$\boldsymbol{z}=\begin{bmatrix}\boldsymbol{x}\\ y\end{bmatrix},\quad \hat{\boldsymbol{c}}=\begin{bmatrix}\boldsymbol{0}\\ 1\end{bmatrix},\quad \hat{\boldsymbol{A}}=\begin{bmatrix}\boldsymbol{A} & 0\\ \boldsymbol{v}_1^\top & -1\\ \vdots & \vdots\\ \boldsymbol{v}_p^\top & -1\end{bmatrix},\quad \hat{\boldsymbol{b}}=\begin{bmatrix}\boldsymbol{b}\\ -u_1\\ \vdots\\ -u_p\end{bmatrix}$$

构造优化问题:

$$\begin{aligned}&\text{minimize} && \hat{\boldsymbol{c}}^\top \boldsymbol{z}\\ &\text{subject to} && \hat{\boldsymbol{A}}\boldsymbol{z}\leqslant \hat{\boldsymbol{b}}\end{aligned}$$

由问题 a 中的结论可知,如果得到了这个线性规划问题的一个解,那么前 n 个元素就是极小极大问题的一个解。 ■

如果目标向量的元素全部非负,那么以目标函数向量的 p 范数作为单目标函数

$$f(\boldsymbol{x})=\|\boldsymbol{f}(\boldsymbol{x})\|_p$$

也可以将原问题转换为单目标优化问题。这是第 3 种方法。极小极大方法可视为该方法的一个特例,即 $p=\infty$;当 $p=1$ 时,这种方法就是一种权值相同的加权求和法。当 p 为有限值时,为了使目标函数可微(以便于能够应用梯度法进行求解),可用 p 范数的 p 次方来代替范数本身:

$$f(\boldsymbol{x})=\|\boldsymbol{f}(\boldsymbol{x})\|_p^p=(f_1(\boldsymbol{x}))^p+\cdots+(f_\ell(\boldsymbol{x}))^p$$

第 4 种方法是将目标向量中的一个元素作为单目标函数,其他元素全部作为约束条件。对于给定的目标函数向量 $\boldsymbol{f}$,可构造单目标优化问题为

$$\begin{aligned}&\text{minimize} && f_1(\boldsymbol{x})\\ &\text{subject to} && f_2(\boldsymbol{x})\leqslant b_2\\ &&& \vdots\\ &&& f_\ell(\boldsymbol{x})\leqslant b_\ell\end{aligned}$$

其中,b_2,…,b_ℓ 是常量,分别表示对目标 f_2,…,f_ℓ 的期望值。显然,只有确定了这些期望值之后,才能够应用该方法。

24.5 存在不确定性的线性规划

本节讨论如何用多目标优化方法求解包括不确定性因素的线性规划。在这一类问题中,约束条件或目标函数中存在一些不确定性。

约束存在不确定性的线性规划

考虑包含不确定约束的线性规划,本小节的知识基础为 Wang 在参考文献[131]第 30 章中讨论的模糊线性规划。一般形式的线性规划问题为

$$\begin{aligned}&\text{minimize} && \boldsymbol{c}^\top \boldsymbol{x}\\ &\text{subject to} && \boldsymbol{A}\boldsymbol{x}\leqslant \boldsymbol{b}\\ &&& \boldsymbol{x}\geqslant 0\end{aligned}$$

约束可以按行表示为

$$(\boldsymbol{Ax})_i \leqslant b_i, \quad i = 1, 2, \cdots, m$$

假定约束条件的上下界是不确定的，所谓不确定，指的是不等式的右端项在某个给定的范围内波动，即约束条件可表示为

$$(\boldsymbol{Ax})_i \leqslant b_i + \theta t_i, \quad i = 1, 2, \cdots, m$$

其中，$\theta \in [0, 1]$，$t_i > 0$，$i = 1, 2, \cdots, m$。

下面讨论这一类问题的求解方法。首先，求解以下两个线性规划问题：

$$\begin{aligned} \text{minimize} \quad & \boldsymbol{c}^\top \boldsymbol{x} \\ \text{subject to} \quad & (\boldsymbol{Ax})_i \leqslant b_i, \quad i = 1, 2, \cdots, m \\ & \boldsymbol{x} \geqslant 0 \end{aligned}$$

和

$$\begin{aligned} \text{minimize} \quad & \boldsymbol{c}^\top \boldsymbol{x} \\ \text{subject to} \quad & (\boldsymbol{Ax})_i \leqslant b_i + t_i, \quad i = 1, 2, \cdots, m \\ & \boldsymbol{x} \geqslant 0 \end{aligned}$$

假定这两个线性规划的解分别为 $\boldsymbol{x}^{(1)}$ 和 $\boldsymbol{x}^{(0)}$。令 $z_1 = \boldsymbol{c}^\top \boldsymbol{x}^{(1)}$，$z_0 = \boldsymbol{c}^\top \boldsymbol{x}^{(0)}$。利用这些定义，可以构造一个函数：

$$\mu_0(\boldsymbol{x}) = \begin{cases} 0, & \boldsymbol{c}^\top \boldsymbol{x} < z_0 \\ \frac{\boldsymbol{c}^\top \boldsymbol{x} - z_0}{z_1 - z_0}, & z_0 \leqslant \boldsymbol{c}^\top \boldsymbol{x} \leqslant z_1 \\ 1, & \boldsymbol{c}^\top \boldsymbol{x} > z_1 \end{cases}$$

该函数表征的是对不确定性约束条件的“惩罚度”。函数曲线如图 24.7 所示。当 $\boldsymbol{c}^\top \boldsymbol{x} \leqslant z_0$ 时，$\mu_0(\boldsymbol{x}) = 0$，表示惩罚度最低。当 $\boldsymbol{c}^\top \boldsymbol{x} \geqslant z_1$ 时，$\mu_0(\boldsymbol{x}) = 1$，对应最高惩罚度。当 $z_0 \leqslant \boldsymbol{c}^\top \boldsymbol{x} \leqslant z_1$ 时，惩罚度在 0 到 1 的范围内取值。

接下来，定义另外一个罚函数：

$$\mu_i(\boldsymbol{x}) = \begin{cases} 0, & (\boldsymbol{Ax})_i - b_i < 0 \\ \frac{(\boldsymbol{Ax})_i - b_i}{t_i}, & 0 \leqslant (\boldsymbol{Ax})_i - b_i \leqslant t_i \\ 1, & (\boldsymbol{Ax})_i - b_i > t_i \end{cases}$$

该函数表征的是不满足第 i 个约束条件的“惩罚度”，函数曲线如图 24.8 所示。

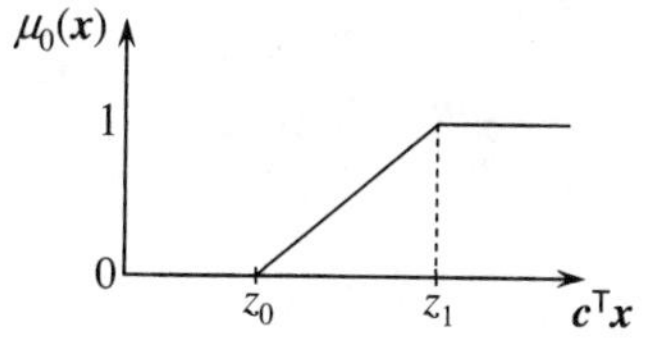

图 24.7　函数 $\mu_0(\boldsymbol{x})$

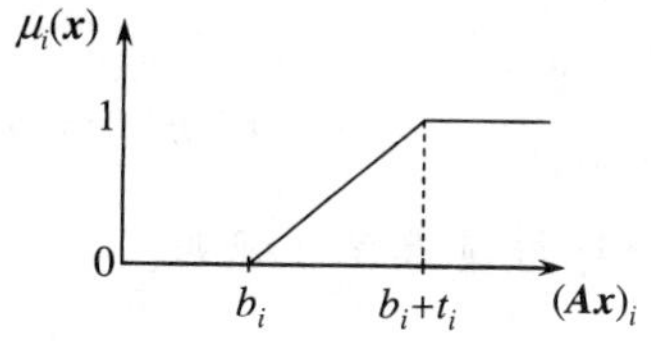

图 24.8　函数 $\mu_i(\boldsymbol{x})$

利用前面定义的这两类函数，可将原来的线性规划问题转化成多目标优化问题，目标是使这两类函数极小化，即尽可能不违背约束条件：

$$\begin{aligned} \text{minimize} \quad & \begin{bmatrix} \mu_0(\boldsymbol{x}) \\ \mu_1(\boldsymbol{x}) \\ \vdots \\ \mu_m(\boldsymbol{x}) \end{bmatrix} \\ \text{subject to} \quad & \boldsymbol{x} \geqslant \boldsymbol{0} \end{aligned}$$

可利用极小极大方法将多目标优化问题转换为单目标优化问题进行求解：

$$\begin{array}{ll} \text{minimize} & \max\{\mu_0(\boldsymbol{x}), \mu_1(\boldsymbol{x}), \cdots, \mu_m(\boldsymbol{x})\} \\ \text{subject to} & \boldsymbol{x} \geqslant \mathbf{0} \end{array}$$

参照例 24.3，这一问题可等价转换为

$$\begin{array}{ll} \text{minimize} & \theta \\ \text{subject to} & \mu_0(\boldsymbol{x}) \leqslant \theta \\ & \mu_i(\boldsymbol{x}) \leqslant \theta, \quad i=1,2,\cdots,m \\ & \theta \in [0,1],\ \boldsymbol{x} \geqslant \mathbf{0} \end{array}$$

将函数 μ_0 和 μ_i，$i=1, 2, \cdots, m$ 代入上式，可得

$$\begin{array}{ll} \text{minimize} & \theta \\ \text{subject to} & \boldsymbol{c}^\top \boldsymbol{x} \leqslant z_0 + \theta(z_1 - z_0) \\ & (\boldsymbol{A}\boldsymbol{x})_i \leqslant b_i + \theta t_i, \quad i=1,2,\cdots,m \\ & \theta \in [0,1],\ \boldsymbol{x} \geqslant \mathbf{0} \end{array}$$

例 24.4　考虑线性规划问题：

$$\begin{array}{ll} \text{minimize} & -\dfrac{1}{2}x_1 - x_2 \\ \text{subject to} & x_1 + x_2 \leqslant 5 \\ & x_2 \leqslant 3 \\ & x_1 \geqslant 0,\ x_2 \geqslant 0 \end{array}$$

约束条件的变动范围参数为 $t_1 = 2$，$t_2 = 1$。

a. 分析求解这两个线性规划问题，得到最优解 $\boldsymbol{x}^{(1)}$ 和 $\boldsymbol{x}^{(0)}$，在此基础上，确定 z_1 和 z_0；

b. 将该问题等价转换为一个线性规划问题(需要引入 θ)；

c. 将问题 b 中得到的线性规划问题转换为标准型。

解：a. 利用图解法可以得到两个线性规划的解：

$$\boldsymbol{x}^{(1)} = [2,3]^\top \quad \text{和} \quad \boldsymbol{x}^{(0)} = [3,4]^\top$$

可得

$$z_1 = \boldsymbol{c}^\top \boldsymbol{x}^{(1)} = -4 \quad \text{和} \quad z_0 = \boldsymbol{c}^\top \boldsymbol{x}^{(0)} = -5\frac{1}{2}$$

b. 该问题可转换为线性规划：

$$\begin{array}{ll} \text{minimize} & \theta \\ \text{subject to} & \mu_0(\boldsymbol{x}) \leqslant \theta \\ & \mu_1(\boldsymbol{x}) \leqslant \theta \\ & \mu_2(\boldsymbol{x}) \leqslant \theta \\ & \theta \in [0,1],\ \boldsymbol{x} \geqslant \mathbf{0} \end{array}$$

其中，

$$\mu_0(\boldsymbol{x}) = \begin{cases} 0, & -\frac{1}{2}x_1 - x_2 < -5\frac{1}{2} \\ \frac{-\frac{1}{2}x_1 - x_2 + 5\frac{1}{2}}{3/2}, & -5\frac{1}{2} \leqslant -\frac{1}{2}x_1 - x_2 \leqslant -4 \\ 1, & -\frac{1}{2}x_1 - x_2 > -4 \end{cases}$$

$$\mu_1(\boldsymbol{x}) = \begin{cases} 0, & x_1 + x_2 - 5 < 0 \\ \frac{x_1+x_2-5}{2}, & 0 \leqslant x_1 + x_2 - 5 \leqslant 2 \\ 1, & x_1 + x_2 - 5 > 2 \end{cases}$$

$$\mu_2(\boldsymbol{x}) = \begin{cases} 0, & x_2 - 3 < 0 \\ x_2 - 3, & 0 \leqslant x_2 - 3 \leqslant 1 \\ 1, & x_2 - 3 > 1 \end{cases}$$

c. 将上述函数代入问题 b 中给出的线性规划，可得

$$\begin{array}{ll} \text{minimize} & \theta \\ \text{subject to} & \boldsymbol{c}^\top \boldsymbol{x} \leqslant z_0 + \theta(z_1 - z_0) \\ & (\boldsymbol{Ax})_i \leqslant b_i + (1-\theta)t_i, \quad i = 1, 2 \\ & \theta \in [0, 1],\ \boldsymbol{x} \geqslant \boldsymbol{0} \end{array}$$

将相关矩阵或变量代入后，可得

$$\begin{array}{ll} \text{minimize} & \theta \\ \text{subject to} & \frac{1}{2}x_1 + x_2 \geqslant 5\frac{1}{2} - \frac{3}{2}\theta \\ & x_1 + x_2 \leqslant 5 + 2\theta \\ & x_2 \leqslant 3 + \theta \\ & \theta \in [0, 1],\ \boldsymbol{x} \geqslant \boldsymbol{0} \end{array}$$

令 $x_3 = \theta$，可将上述问题转换为

$$\begin{array}{ll} \text{minimize} & x_3 \\ \text{subject to} & x_1 + 2x_2 + 3x_3 \geqslant 11 \\ & x_1 + x_2 - 2x_3 \leqslant 5 \\ & x_2 - x_3 \leqslant 3 \\ & x_3 \leqslant 1 \\ & x_i \geqslant 0, \quad i = 1, 2, 3 \end{array}$$

这一问题可以转换为线性规划标准型，如下所示：

$$\begin{array}{ll} \text{minimize} & x_3 \\ \text{subject to} & x_1 + 2x_2 + 3x_3 - x_4 = 11 \\ & x_1 + x_2 - 2x_3 + x_5 = 5 \\ & x_2 - x_3 + x_6 = 3 \\ & x_3 + x_7 = 1 \\ & x_i \geqslant 0, \quad i = 1, 2, \cdots, 7 \end{array}$$

■

价值系数存在不确定性的线性规划

下面讨论价值系数存在不确定性的线性规划求解方法。假定价值系数的不确定性可以采用如下的三角形函数进行描述：

$$\mu(x; a, b, c) = \begin{cases} 0, & x < a \\ (x-a)/(b-a), & a \leqslant x < b \\ (c-x)/(c-b), & b \leqslant x \leqslant c \\ 0, & x > c \end{cases}$$

当 $a=1$, $b=2$, $c=6$ 时，三角形函数如图 24.9 所示。这可以用于对价值系数的不确定性进行建模。按照参考文献[131]的第 386 页中的记法，符号 $\tilde{c}_i=(c_i^-, c_i^0, c_i^+)$ 表示由三角形函数 $\mu(x;c_i^-, c_i^0, c_i^+)$ 描述的不确定系数 c_i。那么，线性规划问题

$$\begin{aligned} \text{minimize} \quad & \boldsymbol{c}^\top \boldsymbol{x} \\ \text{subject to} \quad & \boldsymbol{A}\boldsymbol{x} \leqslant \boldsymbol{b} \\ & \boldsymbol{x} \geqslant \boldsymbol{0} \end{aligned}$$

就成为

$$\begin{aligned} \text{minimize} \quad & \begin{bmatrix} \boldsymbol{c}^-\boldsymbol{x} \\ \boldsymbol{c}^0\boldsymbol{x} \\ \boldsymbol{c}^+\boldsymbol{x} \end{bmatrix} \\ \text{subject to} \quad & \boldsymbol{A}\boldsymbol{x} \leqslant \boldsymbol{b} \\ & \boldsymbol{x} \geqslant \boldsymbol{0} \end{aligned}$$

其中，

$$\boldsymbol{c}^- = \begin{bmatrix} c_1^- & \cdots & c_n^- \end{bmatrix},\ \boldsymbol{c}^0 = \begin{bmatrix} c_1^0 & \cdots & c_n^0 \end{bmatrix},\ \boldsymbol{c}^+ = \begin{bmatrix} c_1^+ & \cdots & c_n^+ \end{bmatrix}$$

很明显，这是一个多目标优化问题。Wang 在参考文献[131]中建议，极小化中心 $\boldsymbol{c}^0\boldsymbol{x}$，极大化 $(\boldsymbol{c}^0-\boldsymbol{c}^-)\boldsymbol{x}$，极小化右边 $(\boldsymbol{c}^+-\boldsymbol{c}^0)\boldsymbol{x}$，而不是同时极小化 $\boldsymbol{c}^-\boldsymbol{x}$、$\boldsymbol{c}^0\boldsymbol{x}$ 和 $\boldsymbol{c}^+\boldsymbol{x}$。这能够使得三角形函数向左边倾斜。因此，上述多目标优化问题可转换为下面的多目标优化问题：

$$\begin{aligned} \text{minimize} \quad & \begin{bmatrix} -(\boldsymbol{c}^0-\boldsymbol{c}^-)\boldsymbol{x} \\ \boldsymbol{c}^0\boldsymbol{x} \\ (\boldsymbol{c}^+-\boldsymbol{c}^0)\boldsymbol{x} \end{bmatrix} \\ \text{subject to} \quad & \boldsymbol{A}\boldsymbol{x} \leqslant \boldsymbol{b} \\ & \boldsymbol{x} \geqslant \boldsymbol{0} \end{aligned}$$

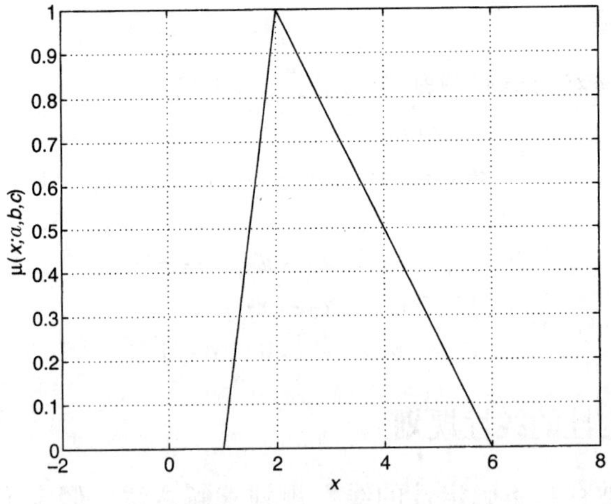

图 24.9　三角形函数 $\mu(x;a, b, c)$, $a=1$, $b=2$, $c=6$

约束方程的系数存在不确定性的线性规划

线性规划中约束方程的系数也可能是不确定的。假定约束方程的系数矩阵 $\boldsymbol{A}$ 的不确

定性也可以采用前面给出的三角形函数进行描述。也就是说，系数矩阵 $\boldsymbol{A}$ 的元素 a_{ij}，可用函数 $\tilde{a}_{ij}=\mu(x;a_{ij}^-,\ a_{ij}^0,\ a_{ij}^+)$表示。由此，约束方程的系数存在不确定性的线性规划问题可表示为

$$\begin{aligned}\text{minimize}\quad & \boldsymbol{c}^\top\boldsymbol{x}\\ \text{subject to}\quad & \begin{bmatrix}\boldsymbol{A}^-\boldsymbol{x}\\ \boldsymbol{A}^0\boldsymbol{x}\\ \boldsymbol{A}^+\boldsymbol{x}\end{bmatrix}\leqslant\begin{bmatrix}\boldsymbol{b}\\ \boldsymbol{b}\\ \boldsymbol{b}\end{bmatrix}\\ & \boldsymbol{x}\geqslant\boldsymbol{0}\end{aligned}$$

其中，$\boldsymbol{A}^-=[a_{ij}^-]$，$\boldsymbol{A}^0=[a_{ij}^0]$和$\boldsymbol{A}^+=[a_{ij}^+]$。

一般意义上的不确定线性规划问题

一般意义上的不确定线性规划问题指的是上述 3 类线性规划问题的组合。线性规划问题

$$\begin{aligned}\text{minimize}\quad & \tilde{\boldsymbol{c}}^\top\boldsymbol{x}\\ \text{subject to}\quad & \tilde{\boldsymbol{A}}\boldsymbol{x}\leqslant\tilde{\boldsymbol{b}}\\ & \boldsymbol{x}\geqslant\boldsymbol{0}\end{aligned}$$

就是一个一般意义上的不确定问题，波浪符(~)表示相应的矩阵或向量存在不确定性，即

$$\tilde{\boldsymbol{c}}=\left(\boldsymbol{c}^-,\boldsymbol{c}^0,\boldsymbol{c}^+\right),\quad \tilde{\boldsymbol{A}}=\left(\boldsymbol{A}^-,\boldsymbol{A}^0,\boldsymbol{A}^+\right),\quad \tilde{\boldsymbol{b}}=\left(\boldsymbol{b}^-,\boldsymbol{b}^0,\boldsymbol{b}^+\right)$$

因此，这个不确定线性规划问题可以转换为多目标优化问题：

$$\begin{aligned}\text{minimize}\quad & \begin{bmatrix}-\left(\boldsymbol{c}^0-\boldsymbol{c}^-\right)\boldsymbol{x}\\ \boldsymbol{c}^0\boldsymbol{x}\\ \left(\boldsymbol{c}^+-\boldsymbol{c}^0\right)\boldsymbol{x}\end{bmatrix}\\ \text{subject to}\quad & \begin{bmatrix}\boldsymbol{A}^-\boldsymbol{x}\\ \boldsymbol{A}^0\boldsymbol{x}\\ \boldsymbol{A}^+\boldsymbol{x}\end{bmatrix}\leqslant\begin{bmatrix}\boldsymbol{b}^-\\ \boldsymbol{b}^0\\ \boldsymbol{b}^+\end{bmatrix}\\ & \boldsymbol{x}\geqslant\boldsymbol{0}\end{aligned}$$

习题

24.1　编写 MATLAB 程序，实现本章给出的帕累托前沿生成算法，利用例 24.1 对程序进行测试。

24.2　考虑多目标优化问题：

$$\begin{aligned}\text{minimize}\quad & \boldsymbol{f}(\boldsymbol{x})\\ \text{subject to}\quad & \boldsymbol{x}\in\Omega\end{aligned}$$

其中，$\boldsymbol{f}:\mathbb{R}^n\to\mathbb{R}^\ell$。

a. 某单目标问题为

$$\begin{aligned}\text{minimize}\quad & \boldsymbol{c}^\top\boldsymbol{f}(\boldsymbol{x})\\ \text{subject to}\quad & \boldsymbol{x}\in\Omega\end{aligned}$$

其中，$\boldsymbol{c}\in\mathbb{R}^n$，$\boldsymbol{c}>\boldsymbol{0}$(即利用加权求和法将多目标问题转换为上述单目标问题)。证明如果 $\boldsymbol{x}^*$ 是单目标问题的全局极小点，那么 $\boldsymbol{x}^*$ 就是多目标问题的帕累托极小点。并证明这一结论的逆命题并不

一定成立，即如果 $\boldsymbol{x}^*$ 是多目标问题的帕累托极小点，那么不一定存在 $\boldsymbol{c}>\boldsymbol{0}$ 使得 $\boldsymbol{x}^*$ 是单目标问题的全局极小点。

b. 假定对于所有 $\boldsymbol{x}\in\Omega$，有 $\boldsymbol{f}(\boldsymbol{x})\geqslant\boldsymbol{0}$。求解单目标优化问题：

$$\begin{array}{ll}\text{minimize} & (f_1(\boldsymbol{x}))^p+\cdots+(f_\ell(\boldsymbol{x}))^p\\ \text{subject to} & \boldsymbol{x}\in\Omega\end{array}$$

其中，$p\in\mathbb{R}$，$p>0$(即用 p 范数法将多目标问题转换为单目标问题)。证明，如果 $\boldsymbol{x}^*$ 是单目标问题的全局极小点，那么 $\boldsymbol{x}^*$ 就是多目标问题的帕累托极小点。并证明这一结论的逆命题并不一定成立，即如果 $\boldsymbol{x}^*$ 是多目标问题的帕累托极小点，那么不一定存在 $p>0$ 使得 $\boldsymbol{x}^*$ 是单目标问题的全局极小点。

c. 求解单目标优化问题：

$$\begin{array}{ll}\text{minimize} & \max\{f_1(\boldsymbol{x}),\cdots,f_\ell(\boldsymbol{x})\}\\ \text{subject to} & \boldsymbol{x}\in\Omega\end{array}$$

即利用极小极大法将多目标问题转换为上述单目标问题。试证明，如果 $\boldsymbol{x}^*$ 是多目标问题的帕累托极小点，那么 $\boldsymbol{x}^*$ 不一定是单目标问题的全局极小点。并证明，如果 $\boldsymbol{x}^*$ 是单目标问题的全局极小点，那么 $\boldsymbol{x}^*$ 不一定就是多目标问题的帕累托极小点。

24.3 已知 $\boldsymbol{f}:\mathbb{R}^n\to\mathbb{R}^\ell$。考虑含不等式约束的多目标问题：

$$\begin{array}{ll}\text{minimize} & \boldsymbol{f}(\boldsymbol{x})\\ \text{subject to} & \boldsymbol{x}\in\Omega\end{array}$$

已知 $\boldsymbol{f}\in\mathcal{C}^1$，$\boldsymbol{f}$ 的所有元素都是凸函数，Ω 是凸集。存在 $\boldsymbol{x}^*$ 和 $\boldsymbol{c}^*>\boldsymbol{0}$，使得 $\boldsymbol{x}^*$ 处的任何可行方向 $\boldsymbol{d}$，有

$$\boldsymbol{c}^{*\top}Df(\boldsymbol{x}^*)\boldsymbol{d}\geqslant 0$$

证明 $\boldsymbol{x}^*$ 是帕累托极小点。

24.4 已知 $\boldsymbol{f}:\mathbb{R}^n\to\mathbb{R}^\ell$ 和 $\boldsymbol{h}:\mathbb{R}^n\to\mathbb{R}^m$。考虑含等式约束的多目标问题：

$$\begin{array}{ll}\text{minimize} & \boldsymbol{f}(\boldsymbol{x})\\ \text{subject to} & \boldsymbol{h}(\boldsymbol{x})=\boldsymbol{0}\end{array}$$

已知 $\boldsymbol{f}$，$\boldsymbol{h}\in\mathcal{C}^1$，$\boldsymbol{f}$ 的所有元素都是凸函数，约束集是凸集。证明如果存在 $\boldsymbol{x}^*$，$\boldsymbol{c}^*>\boldsymbol{0}$ 和 $\boldsymbol{\lambda}^*$，使得

$$\begin{aligned}\boldsymbol{c}^{*\top}D\boldsymbol{f}(\boldsymbol{x}^*)+\boldsymbol{\lambda}^{*\top}D\boldsymbol{h}(\boldsymbol{x}^*)&=\boldsymbol{0}^\top\\ \boldsymbol{h}(\boldsymbol{x}^*)&=\boldsymbol{0}\end{aligned}$$

那么 $\boldsymbol{x}^*$ 是帕累托极小点。这可认为是有约束多目标优化问题的拉格朗日条件。

24.5 已知 $\boldsymbol{f}:\mathbb{R}^n\to\mathbb{R}^\ell$，$\boldsymbol{g}:\mathbb{R}^n\to\mathbb{R}^p$。考虑含不等式约束的多目标问题：

$$\begin{array}{ll}\text{minimize} & \boldsymbol{f}(\boldsymbol{x})\\ \text{subject to} & \boldsymbol{g}(\boldsymbol{x})\leqslant\boldsymbol{0}\end{array}$$

设 $\boldsymbol{f}$，$\boldsymbol{g}\in\mathcal{C}^1$，$\boldsymbol{f}$ 的所有元素都是凸函数，约束集是凸集。试证明，如果存在 $\boldsymbol{x}^*$，$\boldsymbol{c}^*>\boldsymbol{0}$ 和 $\boldsymbol{\mu}^*$，使得

$$\begin{aligned}\boldsymbol{\mu}^*&\geqslant\boldsymbol{0}\\ \boldsymbol{c}^{*\top}D\boldsymbol{f}(\boldsymbol{x}^*)+\boldsymbol{\mu}^{*\top}D\boldsymbol{g}(\boldsymbol{x}^*)&=\boldsymbol{0}^\top\\ \boldsymbol{\mu}^{*\top}\boldsymbol{g}(\boldsymbol{x}^*)&=0\\ \boldsymbol{g}(\boldsymbol{x}^*)&\leqslant\boldsymbol{0}\end{aligned}$$

那么 $\boldsymbol{x}^*$ 是帕累托极小点。这可认为是有约束多目标优化问题的 KKT 条件。

24.6 已知 $\boldsymbol{f}:\mathbb{R}^n\to\mathbb{R}^\ell$，$\boldsymbol{h}:\mathbb{R}^n\to\mathbb{R}^m$ 和 $\boldsymbol{g}:\mathbb{R}^n\to\mathbb{R}^p$。考虑一般形式的有约束多目标问题：

$$\begin{array}{ll}\text{minimize} & \boldsymbol{f}(\boldsymbol{x})\\ \text{subject to} & \boldsymbol{h}(\boldsymbol{x})=\boldsymbol{0}\\ & \boldsymbol{g}(\boldsymbol{x})\leqslant\boldsymbol{0}\end{array}$$

设$\boldsymbol{f}$, $\boldsymbol{g}$, $\boldsymbol{h}\in\mathcal{C}^1$, $\boldsymbol{f}$的所有元素都是凸函数，约束集是凸集。试证明，如果存在$\boldsymbol{x}^*$, $\boldsymbol{c}^*>\boldsymbol{0}$, $\boldsymbol{\lambda}^*$和$\boldsymbol{\mu}^*$, 使得

$$
\begin{aligned}
\boldsymbol{\mu}^* &\geqslant \boldsymbol{0} \\
\boldsymbol{c}^{*\top}D\boldsymbol{f}(\boldsymbol{x}^*)+\boldsymbol{\lambda}^{*\top}D\boldsymbol{h}(\boldsymbol{x}^*)+\boldsymbol{\mu}^{*\top}D\boldsymbol{g}(\boldsymbol{x}^*) &= \boldsymbol{0}^\top \\
\boldsymbol{\mu}^{*\top}\boldsymbol{g}(\boldsymbol{x}^*) &= 0 \\
\boldsymbol{h}(\boldsymbol{x}^*) &= \boldsymbol{0} \\
\boldsymbol{g}(\boldsymbol{x}^*) &\leqslant \boldsymbol{0}
\end{aligned}
$$

那么，$\boldsymbol{x}^*$是帕累托极小点。

24.7　已知$f_1:\mathbb{R}^n\to\mathbb{R}$和$f_2:\mathbb{R}^n\to\mathbb{R}$, f_1, $f_2\in\mathcal{C}^1$。考虑极小极大问题：

$$\text{minimize } \max\{f_1(\boldsymbol{x}), f_2(\boldsymbol{x})\}$$

试证明，如果$\boldsymbol{x}^*$是局部极小点，那么

(1)存在μ_1^*, $\mu_2^*\in\mathbb{R}$, 使得

$$\mu_1^*,\mu_2^*\geqslant 0,\qquad \mu_1^*\nabla f_1(\boldsymbol{x}^*)+\mu_2^*\nabla f_2(\boldsymbol{x}^*)=\boldsymbol{0},\qquad \mu_1^*+\mu_2^*=1$$

(2)如果$f_i(\boldsymbol{x}^*)<\max\{f_1(\boldsymbol{x}^*), f_2(\boldsymbol{x}^*)\}$，则$\mu_i^*=0$。

提示：考虑问题，minimize z subject to $z\geqslant f_i(\boldsymbol{x})$, $i=1, 2$。

参考文献

1. J. S. Arora, *Introduction to Optimum Design.* New York: McGraw-Hill Book Co., 1989.
2. R. G. Bartle, *The Elements of Real Analysis, 2nd ed.* New York: Wiley, 1976.
3. M. S. Bazaraa, H. D. Sherali, and C. M. Shetty, *Nonlinear Programming: Theory and Algorithms, 2nd ed.* New York: Wiley, 1993.
4. A. Bhaya and E. Kaszkurewicz, *Control Perspectives on Numerical Algorithms and Matrix Problems.* Philadelphia: Society for Industrial and Applied Mathematics, 2006.
5. B. Beliczynski, A. Dzielinski, M. Iwanowski, and B. Ribeiro, Eds., *Adaptive and Natural Computing Algorithms*, vol. 4431 of *Lecture Notes in Computer Science.* Berlin: Springer, 2007.
6. A. Ben-Israel and T. N. E. Greville, *Generalized Inverses: Theory and Applications.* New York: Wiley-Interscience, 1974.
7. L. D. Berkovitz, *Convexity and Optimization in* $\mathbb{R}^n$. Hoboken, NJ: Wiley, 2002.
8. C. C. Berresford, A. M. Rockett, and J. C. Stevenson, "Khachiyan's algorithm, Part 1: A new solution to linear programming problems," *Byte*, vol. 5, no. 8, pp. 198–208, Aug. 1980.
9. C. C. Berresford, A. M. Rockett, and J. C. Stevenson, "Khachiyan's algorithm, Part 2: Problems with the algorithm," *Byte*, vol. 5, no. 9, pp. 242–255, Sept. 1980.
10. D. P. Bertsekas, "Necessary and sufficient conditions for a penalty method to be exact," *Mathematical Programming*, vol. 9, no. 1, pp. 87–99, Aug. 1975.
11. D. P. Bertsekas, *Nonlinear Programming: 2nd ed.* Belmont, MA: Athena Scientific, 1999.
12. D. P. Bertsekas and J. N. Tsitsiklis, *Parallel and Distributed Computation: Numerical Methods.* Belmont, MA: Athena Scientific, 1997.
13. K. G. Binmore, *Calculus.* Cambridge, England: Cambridge University Press, 1986.
14. R. G. Bland, D. Goldfarb, and M. J. Todd, "The ellipsoid method: A survey," *Operations Research*, vol. 29, pp. 1039–1091, 1981.
15. V. G. Boltyanskii, *Mathematical Methods of Optimal Control.* New York: Holt, Rinehart and Winston, 1971.
16. S. Boyd, L. El Ghaoui, E. Feron, and V. Balakrishnan, *Linear Matrix Inequalities in System and Control Theory.* Philadelphia, PA: SIAM, 1994.
17. R. P. Brent, *Algorithms for Minimization without Derivatives.* Englewood Cliffs, NJ: Prentice Hall, 1973.

18. L. Brickman, *Mathematical Introduction to Linear Programming and Game Theory.* New York: Springer-Verlag, 1989.

19. C. G. Broyden, "Quasi-Newton methods," in *Optimization Methods in Electronics and Communications* (K. W. Cattermole and J. J. O'Reilly, Eds.), vol. 1 of *Mathematical Topics in Telecommunications.* New York: Wiley, 1984, pp. 105–110,

20. A. E. Bryson and Y.-C. Ho, *Applied Optimal Control: Optimization, Estimation, and Control*, rev. print. Washington, DC: Hemisphere Publishing Corporation, 1975.

21. B. D. Bunday, *Basic Optimization Methods.* London: Edward Arnold, 1984.

22. J. Campbell, *The Improbable Machine.* New York: Simon and Schuster, 1989.

23. S. L. Campbell and C. D. Meyer, Jr., *Generalized Inverses of Linear Transformations.* New York: Dover Publications, 1991.

24. E. K. P. Chong and B. E. Brewington, "Distributed communications resource management for tracking and surveillance networks," in *Proceedings of the Conference on Signal and Data Processing of Small Targets 2005* (SPIE Vol. 5913), part of the *SPIE Symposium on Optics & Photonics*, San Diego, California, July 31–Aug. 4, 2005, pp. 280–291.

25. E. K. P. Chong and B. E. Brewington, "Decentralized rate control for tracking and surveillance networks," *Ad Hoc Networks*, special issue on *Recent Advances in Wireless Sensor Networks*, vol. 5, no. 6, pp. 910–928, Aug. 2007.

26. E. K. P. Chong, S. Hui, and S. H. Żak, "An analysis of a class of neural networks for solving linear programming problems," *IEEE Transactions on Automatic Control*, special section on *Neural Networks in Control, Identification, and Decision Making*, vol. 44, no. 11, pp. 1995–2006, Nov. 1999.

27. E. K. P. Chong and S. H. Żak, "Single-dimensional search methods," in *Wiley Encyclopedia of Operations Research and Management Science*, 2011, ISBN: 978-0-470-40063-0.

28. A. Cichocki and R. Unbehauen, *Neural Networks for Optimization and Signal Processing.* Chichester, England: Wiley, 1993.

29. M. Clerc, "The swarm and the queen: Towards a deterministic and adaptive particle swarm optimization," in *Proceedings of the Congress of Evolutionary Computation*, Washington, DC, July 1999, pp. 1951–1957.

30. M. Clerc and J. Kennedy, "The particle swarm: Explosion, stability and convergence in a multidimensional complex space," *IEEE Transactions on Evolutionary Computation*, vol. 6, pp. 58–73, Feb. 2002.

31. C. A. Coello Coello, D. A. Van Veldhuizen, and G. B. Lamont, *Evolutionary Algorithms for Solving Multi-Objective Problems.* New York: Kluwer Academic/Plenum Publishers, 2002.

32. S. D. Conte and C. de Boor, *Elementary Numerical Analysis: An Algorithmic Approach, 3rd ed.* New York: McGraw-Hill Book Co., 1980.

33. M. A. Dahleh and I. J. Diaz-Bobillo, *Control of Uncertain Systems: A Linear Programming Approach.* Upper Saddle River, NJ: Prentice Hall, 1995.

34. G. B. Dantzig, *Linear Programming and Extensions.* Princeton, NJ: Princeton University Press, 1963.

35. G. B. Dantzig and M. N. Thapa, *Linear Programming*, vol. 1, *Introduction.* New York: Springer-Verlag, 1997.

36. L. Davis, Ed., *Genetic Algorithms and Simulated Annealing*, Research Notes in Artificial Intelligence. London: Pitman, 1987.

37. K. Deb, *Multi-objective Optimization Using Evolutionary Algorithms.* Chichester, England: Wiley, 2001.

38. V. F. Dem'yanov and L. V. Vasil'ev, *Nondifferentiable Optimization.* New York: Optimization Software, Inc., Publications Division, 1985.

39. J. E. Dennis, Jr. and R. B. Schnabel, *Numerical Methods for Unconstrained Optimization and Nonlinear Equations.* Englewood Cliffs, NJ: Prentice Hall, 1983.

40. J. Dongarra and F. Sullivan, "The top 10 algorithms," *Computing in Science and Engineering*, pp. 22–23, Jan./Feb. 2000.

41. V. N. Faddeeva, *Computational Methods of Linear Algebra.* New York: Dover Publications, 1959.

42. S.-C. Fang and S. Puthenpura, *Linear Optimization and Extensions: Theory and Algorithms.* Englewood Cliffs, NJ: Prentice Hall, 1993.

43. R. Fletcher, *Practical Methods of Optimization, 2nd ed.* Chichester, England: Wiley, 1987.

44. F. R. Gantmacher, *The Theory of Matrices*, vol. 1. New York: Chelsea Publishing Co., 1959.

45. F. R. Gantmacher, *The Theory of Matrices, 2nd ed.* Moscow: Nauka, revised 1966. In Russian.

46. S. I. Gass, *An Illustrated Guide to Linear Programming.* New York: McGraw-Hill Book Co., 1970.

47. I. M. Gel'fand, *Lectures on Linear Algebra.* New York: Interscience Publishers, 1961.

48. S. Geman and D. Geman, "Stochastic relaxation, Gibbs distribution, and the Bayesian restoration of images," *IEEE Transactions on Pattern Analysis and Machine Intelligence*, vol. 6, pp. 721–741, 1984.

49. P. E. Gill and W. Murray, "Safeguarded steplength algorithms for optimization using descent methods," Tech. Rep. NPL NAC 37, National Physical Laboratory, Division of Numerical Analysis and Computing, Teddington, England, Aug. 1974.

50. P. E. Gill, W. Murray, M. A. Saunders, and M. H. Wright, "Two step-length algorithms for numerical optimization," Tech. Rep. SOL 79-25, Systems Optimization Laboratory, Department of Operations Research, Stanford University, Stanford, CA, Dec. 1979.

51. P. E. Gill, W. Murray, and M. H. Wright, *Practical Optimization.* London: Academic Press, 1981.

52. P. E. Gill, W. Murray, and M. H. Wright, *Numerical Linear Algebra and Optimization.* Redwood City, CA: Addison-Wesley, 1991.

53. G. H. Golub and C. F. Van Loan, *Matrix Computations, 3rd ed..* Baltimore, MD: The Johns Hopkins University Press, 1983.

54. R. E. Gomory, "Outline of an algorithm for integer solutions to linear programs," *Bulletin of the American Mathematical Society*, vol. 64, no. 5, pp. 275–278, Sep. 1958.

55. C. C. Gonzaga, "Path-following methods for linear programming," *SIAM Review*, vol. 34, no. 2, pp. 167–224, June 1992.

56. B. Hajek, "Cooling schedules for optimal annealing," *Mathematics of Operations Research*, vol. 13, no. 2, pp. 311–329, 1988.

57. J. Hannig, E. K. P. Chong, and S. R. Kulkarni, "Relative frequencies of generalized simulated annealing," *Mathematics of Operations Research*, vol. 31, no. 1, pp. 199–216, Feb. 2006.

58. R. L. Harvey, *Neural Network Principles.* Englewood Cliffs, NJ: Prentice Hall, 1994.

59. S. Haykin, *Neural Networks: A Comprehensive Foundation, 2nd ed.* Upper Saddle River, NJ: Prentice Hall, 1999.

60. J. Hertz, A. Krogh, and R. G. Palmer, *Introduction to the Theory of Neural Computation*, vol. 1 of *Santa Fe Institute Studies in the Sciences of Complexity.* Redwood City, CA: Addison-Wesley, 1991.

61. J. H. Holland, *Adaptation in Natural and Artificial Systems: An Introductory Analysis with Applications to Biology, Control, and Artificial Intelligence.* Cambridge, MA: MIT Press, 1992.

62. R. A. Horn and C. R. Johnson, *Matrix Analysis.* Cambridge, England: Cambridge University Press, 1985.

63. A. S. Householder, *The Theory of Matrices in Numerical Analysis.* New York: Dover Publications, 1975.

64. S. Hui and S. H. Żak, "The Widrow-Hoff algorithm for McCulloch-Pitts type neurons," *IEEE Transactions on Neural Networks*, vol. 5, no. 6, pp. 924–929, Nov. 1994.

65. D. R. Hush and B. G. Horne, "Progress in supervised neural networks: What's new since Lippmann," *IEEE Signal Processing Magazine*, pp. 8–39, Jan. 1993.

66. S. Isaak and M. N. Manougian, *Basic Concepts of Linear Algebra.* New York: W. W. Norton & Co., 1976.

67. J.-S. R. Jang, C.-T. Sun, and E. Mizutani, *Neuro-Fuzzy and Soft Computing: A Computational Approach to Learning and Machine Intelligence.* Upper Saddle River, NJ: Prentice Hall, 1997.

68. W. E. Jenner, *Rudiments of Algebraic Geometry.* New York: Oxford University Press, 1963.

69. E. M. Johansson, F. U. Dowla, and D. M. Goodman, "Backpropagation learning for multi-layer feed-forward neural networks using the conjugate gradient method," *International Journal of Neural Systems*, vol. 2, no. 4, pp. 291–301, 1992.

70. S. Kaczmarz, "Approximate solution of systems of linear equations," *International Journal of Control*, vol. 57, no. 6, pp. 1269–1271, 1993. A reprint of the original paper: S. Kaczmarz, "Angenäherte Auflösung von Systemen linearer Gleichunger," *Bulletin International de l'Academie Polonaise des Sciences et des Lettres, Serie A*, pp. 355–357, 1937.

71. N. Karmarkar, "A new polynomial-time algorithm for linear programming," *Combinatorica*, vol. 4, no. 4, pp. 373–395, 1984.

72. M. F. Kelly, P. A. Parker, and R. N. Scott, "The application of neural networks to myoelectric signal analysis: A preliminary study," *IEEE Transactions on Biomedical Engineering*, vol. 37, no. 3, pp. 221–230, Mar. 1990.

73. J. Kennedy and R. C. Eberhart, with Y. Shi, *Swarm Intelligence*. San Francisco: Morgan Kaufmann, 2001.

74. L. G. Khachiyan, "A polynomial algorithm in linear programming," *Soviet Mathematics Doklady*, vol. 20, no. 1, pp. 191–194, 1979.

75. S. Kirkpatrick, C. D. Gelatt, Jr., and M. P. Vecchi, "Optimization by simulated annealing," *Science*, vol. 220, no. 4598, pp. 671–680, 1983.

76. V. Klee and G. J. Minty, "How good is the simplex algorithm?" in *Inequalities-III* (O. Shisha, Ed.), New York: Academic Press, 1972, pp. 159–175.

77. D. E. Knuth, *The Art of Computer Programming*, vol. 1, *Fundamental Algorithms, 2nd ed.* Reading, MA: Addison-Wesley, 1973.

78. L. Kolev, "Iterative algorithm for the minimum fuel and minimum amplitude problems for linear discrete systems," *International Journal of Control*, vol. 21, no. 5, pp. 779–784, 1975.

79. J. R. Koza, *Genetic Programming: On the Programming of Computers by Means of Natural Selection*. Cambridge, MA: MIT Press, 1992.

80. T. Kozek, T. Roska, and L. O. Chua, "Genetic algorithm for CNN template learning," *IEEE Transactions on Circuits and Systems, I: Fundamental Theory and Applications*, vol. 40, no. 6, pp. 392–402, June 1993.

81. K. Kuratowski, *Introduction to Calculus, 2nd ed.*, vol. 17 of *International Series of Monographs in Pure and Applied Mathematics*. Warsaw, Poland: Pergamon Press, 1969.

82. J. C. Lagarias, J. A. Reeds, M. H. Wright, and P. E. Wright, "Convergence properties of the Nelder-Mead simplex method in low dimensions," *SIAM Journal on Optimization*, vol. 9, no. 1, pp. 112–147, 1998.

83. S. Lang, *Calculus of Several Variables, 3rd ed.* New York: Springer-Verlag, 1987.

84. J. M. Layton, *Multivariable Control Theory*. Stevenage, England: Peter Peregrinus on behalf of the Institution of Electrical Engineers, 1976.

85. E. B. Lee and L. Markus, *Foundations of Optimal Control Theory*. Malabar, FL: Robert E. Krieger Publishing Company, 1986.

86. G. Leitmann, *The Calculus of Variations and Optimal Control: An Introduction*. New York: Plenum Press, 1981.

87. D. G. Luenberger, *Optimization by Vector Space Methods*. New York: Wiley, 1969.

88. D. G. Luenberger and Y. Ye, *Linear and Nonlinear Programming, 3rd ed.* New York, NY: Springer Science + Business Media, 2008.

89. I. J. Maddox, *Elements of Functional Analysis, 2nd ed.* Cambridge, England: Cambridge University Press, 1988.

90. O. L. Mangasarian, *Nonlinear Programming.* New York: McGraw-Hill Book Co., 1969.

91. N. Metropolis, A. W. Rosenbluth, M. N. Rosenbluth, H. Teller, and E. Teller, "Equation of state calculations by fast computing machines," *Journal of Chemical Physics*, vol. 21, no. 6, pp. 1087–1092, 1953.

92. K. M. Miettinen, *Nonlinear Multiobjective Optimization.* Norwell, MA: Kluwer Academic Publishers, 1998.

93. S. A. Miller and E. K. P. Chong, "Flow-rate control for managing communications in tracking and surveillance networks," in *Proceedings of the Conference on Signal and Data Processing of Small Targets 2007* (SPIE Vol. 6699), part of the *SPIE Symposium on Optics & Photonics*, San Diego, California, Aug. 26–30, 2007.

94. M. Mitchell, *An Introduction to Genetic Algorithms.* Cambridge, MA: MIT Press, 1996.

95. A. Mostowski and M. Stark, *Elements of Higher Algebra.* Warsaw, Poland: PWN—Polish Scientific Publishers, 1958.

96. S. G. Nash and A. Sofer, *Linear and Nonlinear Programming.* New York: McGraw-Hill Book Co., 1996.

97. J. A. Nelder and R. Mead, "A simplex method for function minimization," *Computer Journal*, vol. 7, no. 4, pp. 308–313, 1965.

98. A. Osyczka, *Evolutionary Algorithms for Single and Multicriteria Design Optimization.* Heidelberg, Germany: Physica-Verlag, 2002.

99. D. H. Owens, *Multivariable and Optimal Systems.* London: Academic Press, 1981.

100. T. M. Ozan, *Applied Mathematical Programming for Production and Engineering Management.* Englewood Cliffs, NJ: Prentice Hall, 1986.

101. C. H. Papadimitriou and K. Steiglitz, *Combinatorial Optimization: Algorithms and Complexity.* Englewood Cliffs, NJ: Prentice Hall, 1982.

102. P. C. Parks, "S. Kaczmarz (1895–1939)," *International Journal of Control*, vol. 57, no. 6, pp. 1263–1267, 1993.

103. R. J. Patton and G. P. Liu, "Robust control design via eigenstructure assignment, genetic algorithms and gradient-based optimisation," *IEE Proceedings on Control Theory and Applications*, vol. 141, no. 3, pp. 202–208, May 1994.

104. A. L. Peressini, F. E. Sullivan, and J. J. Uhl, Jr., *The Mathematics of Nonlinear Programming.* New York: Springer-Verlag, 1988.

105. A. Pezeshki, L. L. Scharf, M. Lundberg, and E. K. P. Chong, "Constrained quadratic minimizations for signal processing and communications," in *Pro-*

ceedings of the Joint 44th IEEE Conference on Decision and Control and European Control Conference (CDC-ECC'05), Seville, Spain, Dec. 12–15, 2005, pp. 7949–7953.

106. A. Pezeshki, L. L. Scharf, and E. K. P. Chong, "The geometry of linearly and quadratically constrained optimization problems for signal processing and communications," *Journal of the Franklin Institute*, special issue on *Modelling and Simulation in Advanced Communications*, vol. 347, no. 5, pp. 818–835, June 2010.

107. M. J. D. Powell, "Convergence properties of algorithms for nonlinear optimization," *SIAM Review*, vol. 28, no. 4, pp. 487–500, Dec. 1986.

108. S. S. Rangwala and D. A. Dornfeld, "Learning and optimization of machining operations using computing abilities of neural networks," *IEEE Transactions on Systems, Man and Cybernetics*, vol. 19, no. 2, pp. 299–314, Mar./Apr. 1989.

109. G. V. Reklaitis, A. Ravindran, and K. M. Ragsdell, *Engineering Optimization: Methods and Applications.* New York: Wiley-Interscience, 1983.

110. A. M. Rockett and J. C. Stevenson, "Karmarkar's algorithm: A method for solving large linear programming problems," *Byte*, vol. 12, no. 10, pp. 146–160, Sept. 1987.

111. H. L. Royden, *Real Analysis, 3rd ed.* New York: Macmillan Company, 1988.

112. W. Rudin, *Principles of Mathematical Analysis, 3rd ed.* New York: McGraw-Hill Book Co., 1976.

113. D. E. Rumelhart, J. L. McClelland, and the PDP Research Group, *Parallel Distributed Processing: Explorations in the Microstructure of Cognition*, vol. 1, *Foundations.* Cambridge, MA: MIT Press, 1986.

114. D. Russell, *Optimization Theory.* New York: W. A. Benjamin, 1970.

115. S. L. Salas and E. Hille, *Calculus: One and Several Variables, 4th ed.* New York: Wiley, 1982.

116. L. L. Scharf, L. T. McWhorter, E. K. P. Chong, J. S. Goldstein, and M. D. Zoltowski, "Algebraic equivalence of conjugate direction and multistage Wiener filters," in *Proceedings of the Eleventh Annual Workshop on Adaptive Sensor Array Processing (ASAP)*, Lexington, Massachusetts, Mar. 11–13, 2003.

117. L. L. Scharf, E. K. P. Chong, and Z. Zhang, "Algebraic equivalence of matrix conjugate direction and matrix multistage filters for estimating random vectors," in *Proceedings of the 43rd IEEE Conference on Decision and Control (CDC'04)*, Atlantis Resort, Paradise Island, Bahamas, Dec. 14–17, 2004, pp. 4175–4179.

118. L. L. Scharf, E. K. P. Chong, M. D. Zoltowski, J. S. Goldstein, and I. S. Reed, "Subspace expansion and the equivalence of conjugate direction and multistage Wiener filters," *IEEE Transactions on Signal Processing*, vol. 56, no. 10, pp. 5013–5019, Oct. 2008.

119. A. Schrijver, *Theory of Linear and Integer Programming.* New York: Wiley, 1986.

120. R. T. Seeley, *Calculus of Several Variables: An Introduction.* Glenview, IL: Scott, Foresman and Co., 1970.

121. J. R. Silvester, "Determinants of block matrices," *The Mathematical Gazette*, vol. 48, no. 51, pp. 460–467, Nov. 2000.

122. W. Spendley, G. R. Hext, and F. R. Himsworth, "Sequential application of simplex designs in optimization and evolutionary operation," *Technometrics*, vol. 4, pp. 441–461, 1962.

123. W. A. Spivey, *Linear Programming: An Introduction.* New York: Macmillan Company, 1963.

124. R. E. Stone and C. A. Tovey, "The simplex and projective scaling algorithms as iteratively reweighted least squares methods," *SIAM Review*, vol. 33, no. 2, pp. 220–237, June 1991.

125. G. Strang, *Introduction to Applied Mathematics.* Wellesley, MA: Wellesley-Cambridge Press, 1986.

126. G. Strang, *Linear Algebra and Its Applications.* New York: Academic Press, 1980.

127. T. W. Then and E. K. P. Chong, "Genetic algorithms in noisy environments," in *Proceedings of the 9th IEEE Symposium on Intelligent Control*, pp. 225–230, Aug. 1994.

128. L. Vandenberghe and S. Boyd, "Semidefinite programming," *SIAM Review*, vol. 38, no. 1, pp. 49–95, Mar. 1996.

129. P. P. Varaiya, *Notes on Optimization.* New York: Van Nostrand Reinhold Co., 1972.

130. D. J. Velleman, *How To Prove It: A Structured Approach.* Cambridge, England: Cambridge University Press, 1994.

131. L.-X. Wang, *A Course in Fuzzy Systems and Control.* Upper Saddle River, NJ: Prentice Hall, 1999.

132. B. Widrow and M. A. Lehr, "30 years of adaptive neural networks: Perceptron, madaline, and backpropagation," *Proceedings of the IEEE*, vol. 78, no. 9, pp. 1415–1442, Sept. 1990.

133. D. J. Wilde, *Optimum Seeking Methods.* Englewood Cliffs, NJ: Prentice Hall, 1964.

134. R. E. Williamson and H. F. Trotter, *Multivariable Mathematics, 2nd ed.* Englewood Cliffs, NJ: Prentice Hall, 1979.

135. W. I. Zangwill, *Nonlinear Programming: A Unified Approach.* Englewood Cliffs, NJ: Prentice Hall, 1969.

136. G. Zoutendijk, *Mathematical Programming Methods.* Amsterdam, The Netherlands: North-Holland, 1976.

137. J. M. Zurada, *Introduction to Artificial Neural Systems.* St. Paul, MN: West Publishing Co., 1992.